有 机 化 学

（第二版）

蒋硕健　丁有骏　李明谦　编

北京大学出版社

北　京

图书在版编目(CIP)数据

有机化学/蒋硕健编. —2 版. —北京:北京大学出版社,1996.12
ISBN 978-7-301-03291-6

Ⅰ. 有… Ⅱ. 蒋… Ⅲ. 有机化学 Ⅳ.062

书　　　名:有机化学(第二版)
著作责任者:蒋硕健　丁有骏　李明谦　编
责 任 编 辑:朱新邨
标 准 书 号:ISBN 978-7-301-03291-6/O · 0386
出 版 发 行:北京大学出版社
地　　　址:北京市海淀区成府路 205 号　100871
网　　　址:http://www.pup.cn　　新浪官方微博:@北京大学出版社
电 子 信 箱:zpup@pup.pku.edu.cn
电　　　话:邮购部 62752015　发行部 62750672　编辑部 62767347　出版部 62754962
印 　刷 　者:北京大学印刷厂
经 　销 　者:新华书店
　　　　　　787 毫米×1092 毫米　16 开本　31.75 印张　800 千字
　　　　　　1996 年 12 月第 2 版　2019 年 5 月第 9 次印刷
定　　　价:65.00 元

第 二 版 序

本书第一版在加强有机化学的理论、反应、分析、命名(含英文命名)以及与生物学发展相关知识等内容方面,具有显著特色。自1989年秋第一版问世以来,一直受到同行与历届学生的好评。

在多年的使用过程中,我们非常注意听取同行与学生的建议,不断地改进与充实教学内容。加之教学改革的深入发展和伴随而来的教学计划与课程内容要求上的变化,为适应教学需要,我们对第一版作了必要的修改、删减与补充,篇幅有了大幅度减少。主要体现在:

(1)第二版保持了第一版加强基本理论、基础知识、基本反应和基本技能等内容和特色。同时对其中部分重复(含相关课程)的内容进行了删繁精简,使第二版的相应内容显得更为简练。

(2)第二版的有关章节里适当增加了一些新的研究成果的介绍,使学生了解有机化学某些新的发展。如增加了富勒烯、具有生理功能的寡糖和多糖、二倍半萜、高分子相转移催化剂等的介绍。

(3)第二版的篇幅与第一版相比,有较大变化。第一版为上、下两册,第二版改为一册;第一版约1500千字,第二版约为850千字;第一版为23章,第二版将环烷烃并入烷烃一章、烯烃与双烯烃和炔烃合为一章、羧酸与羧酸衍生物归为一章、含硫和含磷化合物分别写进醇酚醚与胺两章、光谱合并成一章,第二版改写为18章。

(4)第二版书后仍附有机化合物英文命名,删去了全部习题解答。

第二版书中习题的修改与编写工作由贾欣茹副教授执笔完成。

本书在教学与修改过程中,杨福良教授、黄祖琇教授及诸多同仁曾陆续提供了许多宝贵的意见与建议,对修改与再版起了积极的推动作用。借此表示诚挚的谢意!

由于水平有限,书中缺点谬误在所难免,恳请读者批评指正。

编　者

1996年5月于北京大学化学与分子工程学院

1

第 一 版 序

本书是在近几年来为北京大学生物系生化等专业和中国医科大学在北大的医预科进行有机化学教学的基础上,逐步修改编写而成的。

生物科学近 20 年来得到了巨大的发展,其特点之一是与化学紧密地结合,特别是有机化学已经成为生物科学十分重要的基础,没有足够的有机化学知识,深入理解生物化学的内容是很困难的。同时,近 20 年来有机化学本身也有了很大发展。

为了适应这种新情况和提高教学质量,我们在教材内容上作了如下的一些改革与加强。

(1) 加强了理论内容。全书基本上以有机化合物结构与性能的关系来叙述有机化学的内容。第一章介绍了分子轨道理论与过渡状态理论,第四章介绍了共振论,并在各章中反复运用这些理论。本书中还提前介绍了立体化学,如第二章就开始介绍构象的问题,第七章介绍了旋光异构,使学生能较早地接触到立体化学的概念,以便在学习中反复应用,得到巩固。

(2) 加强了有机反应的内容。全书基本上按结构与反应历程来归纳有机反应,运用理论解释一些重要的反应现象,注意介绍在合成中应用的新试剂,反应的立体化学,适当引进控制反应、提高产率的观点与方法,以及设计多步有机合成路线应考虑的问题与技巧。还注意介绍在合成上与理论上重要的新发展,如周环反应、光化学与过渡金属有机化合物的化学。

(3) 加强了有机分析的内容。除介绍化学分析外,还介绍了近代物理分析方法,增加了红外光谱、核磁共振和紫外光谱与质谱三章,同时在有机化学实验内容中,加进了有机分析的内容。

(4) 加强了有机化合物命名的内容。命名是有机化学基本内容之一,它对学生以后查阅文摘、书刊、字典有很大的帮助。本书根据 1980 年有机化合物命名修订建议,介绍了我国命名的原则,同时在书后简单介绍了有机化合物的英文命名,包括 IUPAC 的系统命名与美国化学文摘上使用的系统命名。

(5) 注意联系生物科学的实际。加强了糖、氨基酸、蛋白质、萜和甾族化合物、杂环、核酸和生物碱等与天然产物有关章节的基础知识与理论,介绍了生物合成与同位素的应用,同时在一些章节中,增加了一些与生物科学有关的内容,以增加学生对生物和有机化学的兴趣。

(6) 习题与解答。我们认为学生对所学内容必须经过自己的思考与咀嚼才能真正掌握,所以每章都选了大量的习题供学生选择练习。书后附有习题选解,可作为完成作业后的对照或碰到难点不能解决时的帮助,目的是便于学生自学和避免学生在作业上花费过多的时间。

我们通过近几年的教学实践表明:这些内容学生是可以接受的,而且可以引起学生对有机化学的兴趣和爱好。作为一本书,我们认为应该使内容全面一些,这样适应面可以广一些。但是教师可以根据需要与可能有选择地进行讲授,学生也可以有选择地进行学习。

本书在编写过程中,得到北京大学化学系冯新德教授的关怀和支持,并得到了我们教学小组全体同志的大力支持与帮助。全书共二十三章,另外还有有机化合物英文命名简介、习题与解答。在写作过程中,冉瑞成等同志提供了宝贵的意见。

北京医学院王序教授生前审阅了全部书稿,北京医学院药学系有机化学教研室部分同志以及北京大学生物系部分同志也对本书的编写提供了许多宝贵意见。在此谨向他们表示诚挚的谢意!

由于我们水平有限,缺点错误在所难免,恳请读者批评指正。

编　者

1983 年 2 月于北京大学化学系

目　录

1

2

5

第一章　绪　　论

1.1　有机化学研究的对象

有机化学是研究有机化合物的来源、制备、结构、性能、应用以及有关理论与方法的科学。

什么叫有机化合物？有机化合物是含碳的化合物,除含碳外,还含有氢、氧、氮、硫、磷、卤素等元素。组成有机化合物的元素并不多,但其数量却是十分惊人的,迄今已知的1100余万种化合物中,绝大多数属有机化合物。无机化合物所涉及的元素遍布整个周期表,但却只有数十万个。这主要是由于碳可以形成比较稳定的共价键;可以连成直链、支链与环;可以形成单、双与叁键等之故。

为什么叫有机化合物？因为最初得到的有机化合物都是从有生命的动植物机体中分离出来的,不像无机化合物是从无生命的矿物中得到的,所以把从有生命的动植物机体中得到的化合物叫有机化合物。可能正是这个原因,在19世纪初以前,人们一直认为动植物体内的有机物是靠一种神秘不可知的"生命力"所造成的,人工是合成不出来的。这种"生命力"学说的错误观念一直到1828年才被德国化学家魏勒(F. Wöhler)所动摇,他用典型的无机化合物氰酸钾(银)与氯化铵,合成了有机化合物——尿素。

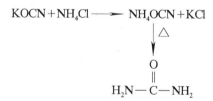

随后人们又陆续地合成出成千上万的有机化合物,包括那些十分复杂的蛋白质、核酸也被合成出来。这些事实说明了根本不存在什么神秘的"生命力"。这段科学史告诫我们,在探索一些未知领域的奥秘时,必须把握辩证唯物主义世界观,谨防唯心主义的渗入,将自己引入歧途。

有机化学的发展促进了石油化学、基本有机合成、塑料、纤维、橡胶、油漆、染料、医药、农药、化肥、合成洗涤剂和感光材料等工业的发展,同时也促进了生物学的发展。借助于有机化学的基础与研究方法,对生物体中的蛋白质、核酸、碳水化合物、油脂、维生素和酶等有机化合物的结构与性能已能逐步认识;生命现象中的遗传、新陈代谢、能量转换和神经活动等的阐明,也必定要从生物体中的有机化合物的结构、性能和相互转化来研究解决。所以有机化学是生物学,特别是分子生物学的基础。

1.2　有机化合物的结构

有机化合物之所以数量繁多,主要是由于碳原子与碳、氢、氧、氮、硫、磷等原子可以形成

1

各种不同的共价键相连的、稳定的分子结构。因此,了解共价键是了解有机化合物分子结构的关键。要了解共价键,必须了解碳原子与相关元素的原子如何结合成分子,分子中电子的分布及相连接的原子在空间的位置等问题。

1. 八电子规则与化学键

当原子化合、形成分子时,往往要使外层电子满足惰性气体的电子结构,即八电子(除氦为二电子外,其余惰性气体均为八电子)结构,这样才能使化合物稳定,这就是八电子规则。

当锂与氟化合时,锂转移一个电子给氟,形成 Li^+F^-,而 Li^+ 与 F^- 都满足了惰性气体的外层电子结构,这种键叫离子键。钠和氯化合与锂和氟化合相似,不同的是 Na^+ 与 Cl^- 外层均为八电子。

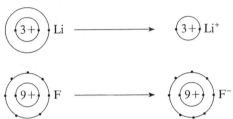

当碳和氢化合时,则是相互间共用一对电子,这种键叫共价键,如甲烷的结构:

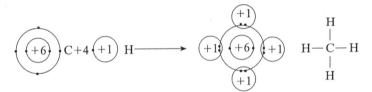

甲烷分子中,每个原子的外层电子都满足惰性气体的电子结构(碳为八电子,氢为二电子,与氦相同),所以形成了稳定的分子结构。碳的外层有 4 个电子(未成对),可以形成 4 个共价键,但不能形成 5 个共价键。因为它的外层只有 4 个可成键的电子,这就是共价键的饱和性,碳原子为 4 价。

共价键的一对电子可以用两点":"表示,也可以用短横"—"表示。如甲烷:

$$H\!:\!\overset{\displaystyle H}{\underset{\displaystyle H}{C}}\!:\!H \qquad H\!-\!\overset{\displaystyle H}{\underset{\displaystyle H}{C}}\!-\!H$$

原子间共用一对电子的共价键称为单键,也称 σ 键;共用两对电子的称为双键;共用三对电子的称为三键。共用的电子对来自一个原子的,称为配价键。整个分子中,每个原子的外层电子都要满足八电子规则(氢为二电子),否则将形成不稳定的化合物或活泼的中间体。共用的电子对可视为平分在两个原子上。按此原则,若一个原子上所分配的电子数超过原来的电子数,则该原子带负电荷,若少于原来的电子数,则带正电荷。根据这些原则写出的结构式称为电子式。

CH_4	H:C:H (with H above and below)	H—C—H (with H above and below)

CH_4 H:C:H   structure with H top, H—C—H middle, H bottom

C_2H_4 H:C::C:H   H₂C=CH₂ structure

C_2H_2 H:C⋮C:H   H—C≡C—H

HNO_3 electron formula   H—O—N=O with ↓O

NH_4^+ electron formula   H—N—H structure with H top and bottom

CH_3^+ electron formula   H—C—H structure

$CH_3·$ electron formula   H—C—H structure

电子式告诉我们分子中原子排列的顺序、价键数目、价电子在分子结构中所起的作用(单键、双、三键及配价键),电荷的大致分布及化合物的稳定性。所以它在有机化学中是很有用的,我们应该做到按电子式的原则,熟练地写出电子式。

2. 共价键的方向性

讨论共价键的方向性问题,必须了解成键原子的价电子轨道如何形成,分子轨道和原子轨道的形状与空间位置。根据量子力学的价键理论,概括起来说:共价键是由成键两原子的价电子轨道(杂化轨道)、相同位相、最大限度重叠而形成的,重叠越多,共价键愈稳定。

所谓原子轨道是指原子内的电子运动出现几率最大的空间区域。处于不同能层的电子有不同的轨道。最低能层为 $1s$ 轨道,第二能层为 $2s$ 轨道和比它能量稍高一些的 3 个能量相等的 $2p_x$, $2p_y$, $2p_z$ 轨道,第三能层为 $3s$ 轨道和 3 个能量等同的 $3p_x$, $3p_y$, $3p_z$ 轨道与 5 个能量相等的 3d 轨道。$3s$, $3p$, $3d$ 能量依次升高。随着原子所在的周期升高,轨道能层亦上升。s, p, d 轨道的形状各不相同:s 轨道为圆球状,p 轨道为哑铃形,原子核处于哑铃两球的中间,哑铃两端对称的球状部分处于正负不同位相,3 个能量相同的 p 轨道分别沿三维坐标轴向分布,而且互相垂直,原子核处于三维坐标的原点。5 个 d 轨道的形状则不相同,见图 1-1, 1-2, 1-3。

图 1-1　1s 与 2s 轨道

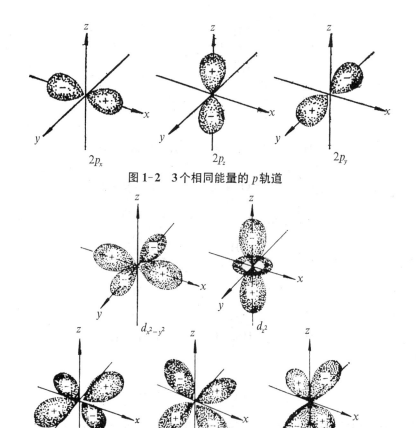

图 1-2 3个相同能量的 p 轨道

图 1-3 5个相同能量的 d 轨道

原子轨道在成键过程中,有一种增强轨道的成键能力,使体系更趋稳定的趋势。正是在这种内在趋势的驱动下,出现了杂化轨道,但不是任何轨道都能杂化,它必须满足一定条件,其一就是杂化的轨道必须能量相近。如碳原子的外层电子轨道为 $2s^2 2p_x^1 2p_y^1 2p_z$。它满足能量相近及相关条件,所以它们可以杂化,形成 4 个能量等同、每个轨道上有一个电子的 sp^3 杂化轨道,也可以形成 3 个等同的 sp^2 杂化轨道和 1 个 p 轨道,还可形成两个等同的 sp 杂化轨道和两个 p 轨道,每个杂化轨道上都有一个价电子。杂化轨道的组成不同(如 sp^3 杂化是 1 个 $2s$ 轨道和 3 个 p 轨道),形成的杂化轨道的大小与方向也各异,但它们的共同点是使电子云向一个方向聚集(见图 1-4,1-5,1-6)。若在该方向上与另一原子的适当轨道重叠,显然比未杂化的 s 轨道或 p 轨道的重叠更加有效,生成的共价键更稳固,方向性更强。

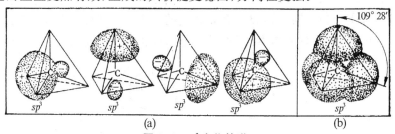

图 1-4 sp^3 杂化轨道

(a) 每个 sp^3 杂化轨道指向正四面体的一个角; (b) 碳核周围4个 sp^3 轨道的排列

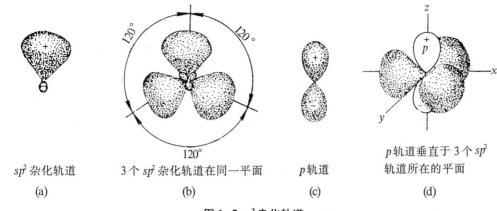

sp^2 杂化轨道	3个 sp^2 杂化轨道在同一平面	p 轨道	p 轨道垂直于 3 个 sp^2 轨道所在的平面
(a)	(b)	(c)	(d)

图 1-5 sp^2 杂化轨道

(a) sp^2 杂化轨道; (b) 3个 sp^2 轨道在同一平面; (c) p_z 轨道垂直于 3 个 sp^2 所在的平面;
(d) 3个 sp^2 轨道与 1 个 p 轨道在碳核周围的排列

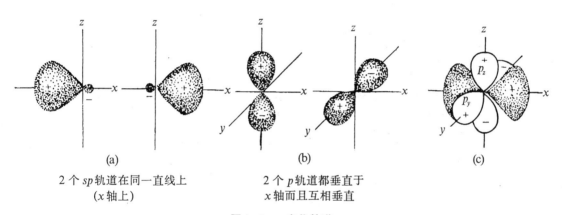

(a)	(b)	(c)
2个 sp 轨道在同一直线上 （x 轴上）	2个 p 轨道都垂直于 x 轴而且互相垂直	

图 1-6 sp 杂化轨道

(a) 2个 sp 轨道在一直线上（x 轴上）; (b) 2个 p 轨道都垂直于 x 轴, 并互相垂直;
(c) 2个 sp 轨道与 2 个 p 轨道在碳核周围的排布

分子轨道可近似地用原子轨道的线性组合来表示。两个原子轨道可以形成两个分子轨道如 ψ_1 与 ψ_2 分别为原子 1 与 2 的原子轨道的波函数, c_1 和 c_2 为系数, 成键与反键轨道的波函数可表示为:

$$\psi_{\text{成键}} = c_1\psi_1 + c_2\psi_2 \qquad \psi_{\text{反键}} = c_1\psi_1 - c_2\psi_2$$

这种关系叫原子轨道的线性组合。反键轨道位能较高, 不稳定, 一般不存在电子, 只有处在激发状态才有电子存在。这方面的深入阐述属量子力学的内容, 不在本课程之内。简单地讲, 分子轨道是由两个原子的价电子轨道重叠而形成的, 但形成分子轨道的原子轨道必须满足: 能量相近条件、对称性匹配条件、轨道最大重叠条件及分子中的电子必须按照鲍里原则、洪特规则与能量最低原理排布在分子轨道上。

由于杂化轨道有更强的方向性, 同时成键必须满足最大限度的轨道重叠, 这就决定了共价键的方向性, 因而也相应地决定了分子的形状及相应的共价键参数。如甲烷分子, 碳的价电子轨道以 sp^3 杂化形成 4 个 sp^3 杂化轨道与 4 个氢的 $1s$ 轨道重叠, 形成 4 个共价键, 每个碳氢键之间的键角为 $109°28'$, 分子呈四面体状; 乙烯分子中的碳, 以 sp^2 杂化形成 3 个 sp^2 杂化轨道,分别与碳、氢的原子轨道形成 3 个 σ 键,其键角为 120°,分子呈平面三角形,碳原子上还有 1 个与此平面垂直的 p 轨道。

这里顺便要提及的是我们熟悉的氨分子,根据氮的电子结构 $1s^2 2s^2 2p_x^1 2p_y^1 2p_z^1$ 可以与氢形成 3 个 N—H 共价键,而它们的键角应为 90°。但观察到的键角为 107°,与 109°28′ 相差不多,因此认为氮的原子轨道也进行了 sp^3 杂化。这样,3 个氢的 s 轨道与 3 个 sp^3 轨道形成 3 个 σ 键,剩下的 1 个 sp^3 轨道上有一对电子可以不形成共价键,而氨分子仍符合八电子规则,所以是稳定的。这一对未成键的电子称为未共享电子对。为什么氨中 3 个 N—H 键的键角比 109°28′ 略小呢? 这是因为未共享电子对受到原子核的吸引束缚不如其他成键轨道的电子对受到原子核的吸引束缚大。成键轨道的电子受到 2 个原子核的吸引,而它只受 1 个原子核的吸引,所以未共享电子对的轨道大,因而压缩其他 3 个成键轨道,使键角变小。这对未共享电子虽然不能形成共价键,但是可以形成配价键。这对未共享电子对氨或胺的性质有极其重要的影响。与氮相似,在 sp^3 杂化轨道出现成对未共享电子的还有氧等元素,所不同的是它的外层比氮多 1 个电子,当氧与氢化合时,形成 2 个 O—H 共价键,另外 2 个 sp^3 轨道上还各有一对未共享电子。这些内容在后面将陆续讨论。

3. 共价键的键参数与分子间的力

(1) 共价键的键参数

键长、键角、键能、极性键等键参数是反映共价键性质的重要物理量。

键长:即成键的两原子核间最远与最近距离的平均值。因为成键的两原子核对成键的一对电子有吸引力,但同时两原子核间又有排斥力,因此也可以把吸引力与排斥力达到平衡时,两原子核间距离称为键长(其单位:nm)。若两原子间键型不变,键长受与其相连的其他元素影响较小,因此可以根据键长判断两原子间的键型。键型不仅是指单、双和叁键,还与 sp^3,sp^2,sp 不同杂化轨道形成的键有关(见表 1-1)。

表1-1 不同键型与键长

键 型		键长/nm	键 型	键长/nm
C—H	sp^3-s	0.110	C=C(烯烃)	0.134
	sp^2-s	0.108	C=O(酮)	0.122
	$sp-s$	0.106	C=N(肟)	0.129
C—C(烷烃)		0.154	C=C(苯)	0.139
C—O(醇)		0.143	C≡C(炔)	0.120
C—N(胺)		0.147	C≡N(腈)	0.116
C—Cl(氯代烷)		0.176		
C—Br(溴代烷)		0.194		
C—I(碘代烷)		0.214		

键能:双原子分子的键能是使分子分裂成两个原子所需要的能量。如:

$$H—H \longrightarrow 2\ H· +435\ kJ/mol$$

对于多原子分子,如甲烷有 4 个碳氢键,甲烷分解成碳与氢原子需 1662 kJ/mol 的能量。若按 4 个 C—H 键平均,其键能为:415.5 kJ/mol。但实际上,甲烷分解时每步的键离解能是不一样的,而 C—H 的键能是取离解能的平均值,所以要注意区别键能与键离解能。表 1-2 为一些共价键的键能。

$$CH_4 \longrightarrow CH_3\cdot + H\cdot + 435 \text{ kJ/mol} \quad (\text{键离解能})$$

$$CH_3\cdot \longrightarrow \cdot CH_2 + H\cdot + 444 \text{ kJ/mol} \quad (\text{键离解能})$$

$$\cdot CH_2 \longrightarrow \cdot \overset{\cdot}{C}H\cdot + H\cdot + 444 \text{ kJ/mol} \quad (\text{键离解能})$$

$$\cdot \overset{\cdot}{C}H\cdot \longrightarrow \cdot \overset{\cdot}{\underset{\cdot}{C}}\cdot + H\cdot + 339 \text{ kJ/mol} \quad (\text{键离解能})$$

C—H 的键能 $= 1662 \div 4 = 415.5$ kJ/mol

表 1-2　共价键的键能(kJ/mol)

H	C	N	O	F	Si	S	Cl	Br	I	
435	415.5	389	464	565	318	347	431	364	297	H
	347[a]	305[b]	360[c]	485[d]	301	272	339	285	218	C
		163	222[e]	272			192			N
			197	188	452		218	201	234	O
				155	565		255	255		F
					222		381	310	234	Si
						251	255	259		S
							243	218	209	Cl
								192	180	Br
									151	I

a C=C 610,　C≡C 836
b C=N 614.5, C≡N 890.3
c C=O 735.7(醛),　748.2(酮)
d 由 CF₄ 测出
e 由亚硝酸酯与硝酸酯测出

键能与键离解能是很有用的数据。从它们的大小可以知道键的稳定性。相同类型的键中,键能越大则键愈稳定;由键能可以计算化合物的生成热与化学反应的反应热。在计算中,一般把放出的热量作为负值,吸收的热量作为正值(见下例)。

计算甲醇与溴化氢反应生成溴甲烷与水的反应热

$$CH_3OH \quad + \quad HBr \quad \longrightarrow \quad CH_3Br \quad + \quad H_2O$$

3 C—H = −3×415.5	1 H—Br = −1×364	3 C—H = −3×415.5	2 H—O = −2×464
1 C—O = −1×360		1 C—Br = −1×285	
1 H—O = −1×464			

生成热: $\Delta H^{\ominus}CH_3OH = -2070.5$　$\Delta H^{\ominus}CH_3Br = -1531.5$

$\Delta H^{\ominus}HBr = -364$　$\Delta H^{\ominus}H_2O = -928$ kJ/mol

反应热: $\Delta H^{\ominus}CH_3Br + \Delta H^{\ominus}H_2O - \Delta H^{\ominus}CH_3OH - \Delta H^{\ominus}HBr$

$= -25$ kJ/mol

($\Delta H^{\ominus}$ 指标准状态下的生成热)

由于键能是指分解所需要的热量,所以转化成生成热需加负号。此反应的反应热为 -25 kJ/mol,是放热反应。

键角:键与键之间的夹角称键角。饱和碳的 4 个键角均为 $109°28'$。在分子内,键角可受其他原子(基团)和未共享电子对所占轨道等影响而有变化,如果改变过大就会影响键的稳定性。

极性共价键:由于成键两原子电负性(原子吸引电子的能力)不同,使两原子间形成共价键的电子云不是平均分配在两个原子核之间,而是偏向于电负性较大的原子,这种键称为极性

$$\begin{array}{ccc} \overset{\delta^+}{H}-\overset{\delta^-}{Cl} & & H-\overset{\overset{\displaystyle H}{\displaystyle |}}{\underset{\underset{\displaystyle H}{\displaystyle |}}{C}}-\overset{\delta^+\;\delta^-}{Cl} \end{array}$$

共价键。常用 δ^- 表示电子云大的一端，δ^+ 表示电子云小的一端。如氯化氢、氯甲烷：一些原子的电负性相对值见表 1-3。

表 1-3　鲍林的原子电负性相对值

H							He
2.1							—
Li	Be	B	C	N	O	F	Ne
1.0	1.5	2.0	2.5	3.0	3.5	4.0	—
Na	Mg	Al	Si	P	S	Cl	Ar
0.9	1.2	1.5	1.8	2.1	2.5	3.0	—
K						Br	
0.8						2.8	
Rb						I	
0.8						2.5	

键的极性大小以键的偶极矩来度量，单位为德拜(Debye)——D。偶极矩是一个向量，常用 ↦ 表示其方向，箭头指向负极的方向。键的偶极矩(μ)等于电荷(e)乘以正负电荷中心之间的距离 d，即

$$\mu(D) = e(10^{-10}\,esu) \times d(10^{-8}\,cm)$$

对于双原子分子，键的偶极矩就是分子的偶极矩。对于多原子分子的偶极矩，则是所有极性键偶极矩的向量之和。如四氯化碳每个碳氯键都是极性键，但是这些极性键偶极矩向量之和为零。在氯甲烷中，碳氯键的偶极矩没有被抵消，偶极矩向量之和为 1.86 D。因此一个分子的偶极矩不仅和键的极性有关，还和键的方向性有关。$\mu=0$ 的分子为非极性分子，$\mu\neq0$ 的分子为极性分子。

$$\begin{array}{ccc} H-Cl & & \\ \mu=1.03\,D & \mu=1.86\,D & \mu=0 \end{array}$$

由于分子具有极性，分子间相互作用力就会增加，因而影响到它的沸点、熔点与溶解度。

（2）分子间的力

分子中相连原子之间存在强烈的吸引力，这种吸引力叫做化学键，它是决定分子化学性质的重要因素。在物质的聚集态中，分子之间还存在着一种较弱的吸引力，把它统称为范德华引力，它是决定物质的沸点、熔点、气化热、熔化热、溶解度、粘度、表面张力等物理化学性质的重要因素。从本质上讲，这种吸引力是由于分子中电荷分布不均匀(或瞬间分布不均)而出现的静电作用力。归纳起来大致有 4 种。

a. 偶极-偶极作用力(静电力)：这种作用力产生于极性分子的偶极矩间静电相互作用。如氯甲烷分子中，氯原子电负性较大，氯原子一端带有部分负电荷，而碳原子上带有部分正电荷。

8

这样一分子带负电荷的一端吸引另一分子带正电荷的一端而排斥其带负电荷的一端,于是分子间出现正负极相吸的排列,即

$$\overset{\delta^+}{A}-\overset{\delta^-}{B}\cdots\overset{\delta^+}{A}-\overset{\delta^-}{B}\cdots$$

b. 诱导力:在极性分子旁或某种电场中,非极性分子的电荷分布将受到影响而产生诱导偶极矩。由此而引起分子间的静电力,称为诱导力。

c. 色散力:非极性分子具有瞬间的周期性变化的偶极矩,伴随这种周期变化的偶极矩有一同步的电场,它使邻近的分子极化,邻近极化了的分子又反过来使瞬间偶极矩的变化幅度增加。这样的反复作用下也产生一种静电力,称为色散力。

d. 氢键:许多实验结果表明,氢原子可以同时与 2 个电负性很大、原子半径较小且带有未共享电子对的原子(如 O,N,F 等)相结合。如 X—H⋯Y,X,Y 都是电负性很大、原子半径较小且带有未共享电子对的原子。X—H 中,X 有极强的电负性,使 X—H 键上的电子云密度偏向 X 一端,而 H 显示部分正电荷;另一分子中的 Y 上也集中着电子云而显负性,它与 H 以静电引力相结合,这就是氢键的本质。所以一般把形成氢键的静电引力也称为范德华引力,所不同的是它具有饱和性和方向性。这种力一般在 40 kJ/mol 以下,比一般的键能小得多。

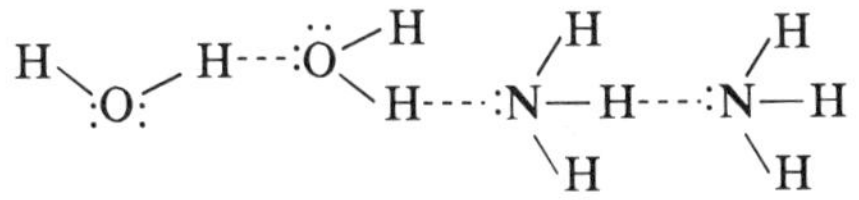

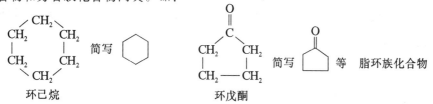

分子间的这些作用力,对生物大分子,如蛋白质、酶、核酸等分子形状及生理功能显示极为重要的作用。在分子组装,特别是功能分子的组装等分子工程学的研究中,越来越受到人们的重视。

4. 有机化合物的分类与一般特征

有机化合物种类繁多,根据其分子结构分类的方法也很多,但一般按碳原子连接方式(碳骨架)和决定分子的主要化学性质的原子或基团(功能团)来分类。

(1)碳骨架分类

a. 开链化合物:这类化合物的碳骨架呈线型链状。因为最早是从油脂中发现的,所以又称为脂肪族化合物。如下列化合物:

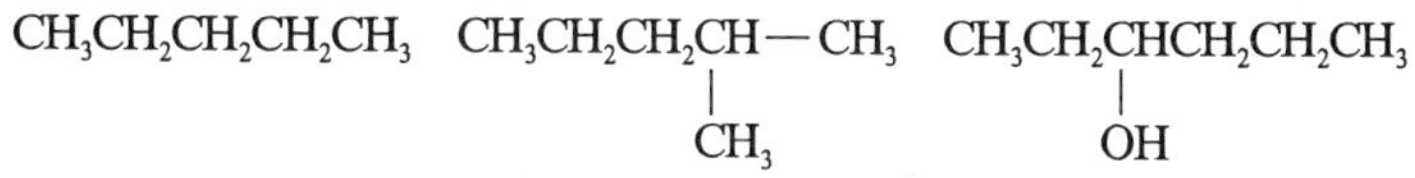

$$CH_3CH_2CH_2CH_2CH_3 \quad CH_3CH_2CH_2CH-CH_3 \quad CH_3CH_2CHCH_2CH_2CH_3$$

（CH_3 下方于第二式，OH 下方于第三式）

  戊烷   2-甲基己烷   3-己醇

b. 碳环化合物:这类化合物分子中含有由碳原子组成的环。根据碳环的特点,又分为脂环族化合物和芳香族化合物两类。如:

（环己烷结构式） 简写 （六边形）   （环戊酮结构式） 简写 （五边形带羰基） 等 脂环族化合物

     环己烷   环戊酮

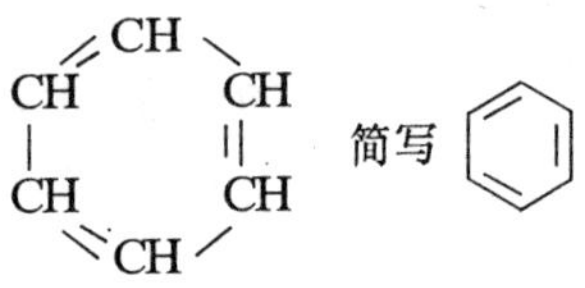

苯 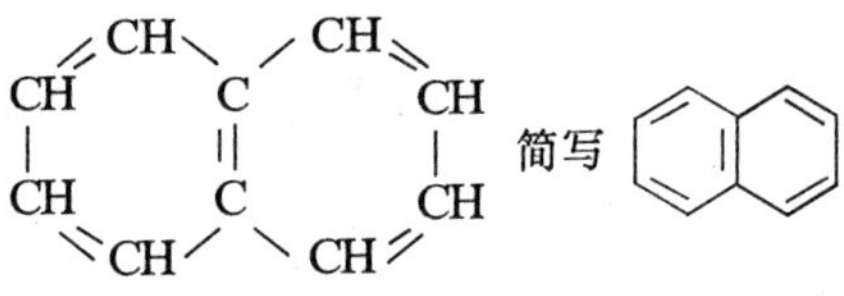　　　　　　　　　　　萘　　　　　　　　　　　　　　等 芳香族化合物

c. 杂环化合物:这类化合物的环中,除碳原子外还有氧、氮、硫等元素。如:

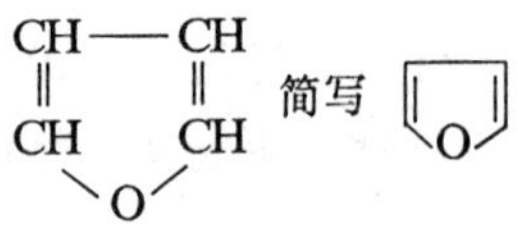

呋喃 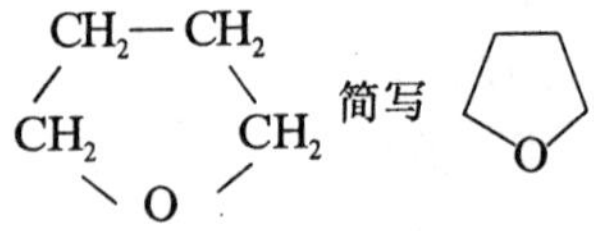　　　　　　　　　四氢呋喃 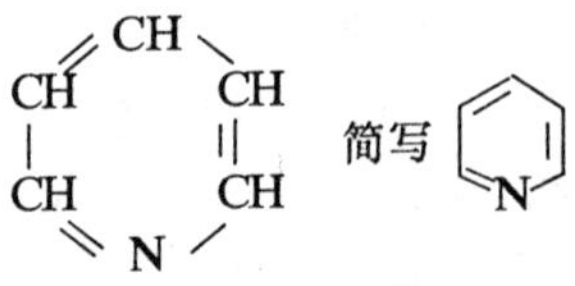　　　　　　　　　　吡啶

(2) 官能团分类

表 1-4　按官能团分类的化合物类别

化 合 物 类 别	官 能 团
烯烃	$\diagup C = C \diagdown$
炔烃	$-C \equiv C-$
卤代烃	$-X$ (F, Cl, Br, I)
醇、酚	$-OH$
醚	$-O-$
醛	$-CH = O$
酮	$-CO-$
羧酸	$-COOH$
胺	$-NH_2$
硝基化合物	$-NO_2$

有机化合物由于主要以共价键连接而成,它们是以分子的形式存在。由于分子之间的作用力往往很小,所以与无机化合物比较,它们的沸点、熔点均低,挥发性较大、有气味,闪点低、易燃烧,除少数低分子量醇、醛、酮、胺、腈外,在水中溶解度小,它们服从"相似相溶"原则。这些属于有机化合物的一般特征。

1.3 有机化合物的反应

1. 有机反应历程

有机反应的主要特点并不是简单地由反应物到产物,而是中间经过几步反应,往往要形成不稳定的中间体,最后到达产物,即

$$A + B \longrightarrow D \longrightarrow \cdots \longrightarrow C$$
反应物　　　　中间体　　　　　　　　产物

关于某一反应经过几步,每步反应是如何进行的,哪步反应最快等,这些统称为该反应的反应历程或反应机理。

有机化合物主要是由共价键组成的,化合物分子间的反应,必然包含着反应物分子中共价键的断裂和新的共价键的形成,从而形成新的化合物分子。根据键的断裂与形成的方式,有机反应历程大致可分为3类:

(1) 键的异裂

键断裂时,成键的一对电子留在原成键两原子(片段)中的一个上,这种反应称为离子型反应。由于反应试剂的不同,离子型反应包括亲电反应与亲核反应两种。在反应中,提供一对电子形成新的键的试剂为亲核试剂,这一反应为亲核反应。如:

$$CH_3CH_2I + :CN^- \longrightarrow CH_3CH_2-CN + I^-$$
反应底物　亲核试剂　　　产物

$$(CH_3)_3C-Br + H_2\ddot{O} \longrightarrow (CH_3)_3C-OH + \overset{+}{H}\overset{-}{Br}$$

其反应历程如下:

$$(CH_3)_3C-Br \longrightarrow (CH_3)_3C^+ + Br^-$$

$$(CH_3)_3C^+ + :\ddot{O}H_2 \longrightarrow (CH_3)_3C-\overset{+}{O}H_2 \longrightarrow (CH_3)_3C-OH + H^+$$
反应中间体　亲核试剂　　　　中间体　　　　　　产物

反应中接收一对电子形成新的键的试剂为亲电试剂,这一反应为亲电反应。如:

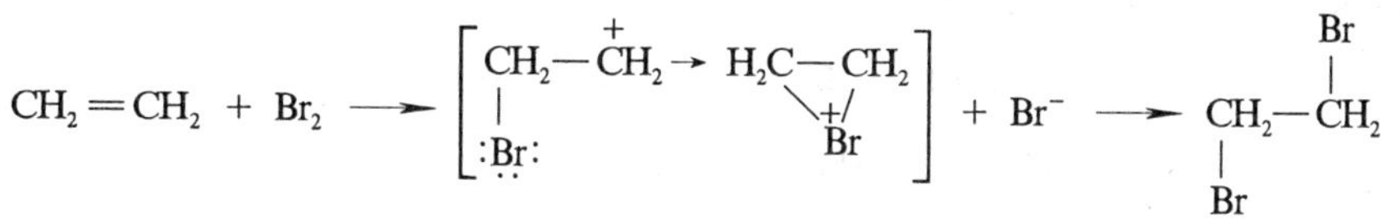

$$CH_2=CH_2 + Br_2 \longrightarrow \left[\begin{array}{c} CH_2-\overset{+}{C}H_2 \rightarrow H_2C-CH_2 \\ | \qquad\qquad \overset{+}{/} \\ :\ddot{Br}: \qquad\qquad Br \end{array} \right] + Br^- \longrightarrow \begin{array}{c} Br \\ | \\ CH_2-CH_2 \\ | \\ Br \end{array}$$
反应产物　亲电试剂　　　　　　中间体　　　　　　　　产物

(2) 键的均裂

键断裂时,成键的一对电子平均分配在键合的2个原子(片段)上,因此原键合的2个原子(片段)上各带有1个未成对电子,称此电子为孤电子,称这种片段(基团)为自由基,有这种中间体产生的反应为自由基反应。如紫外光照射下的甲烷氯化反应:

$$CH_4 + Cl_2 \xrightarrow{hv} CH_3Cl + HCl$$

中间体:　　　$$Cl_2 \xrightarrow{hv} 2Cl\cdot$$

$$CH_4 + Cl\cdot \longrightarrow \cdot CH_3 + HCl$$

$$\cdot CH_3 + Cl_2 \longrightarrow CH_3Cl + Cl\cdot$$

(3) 键的断裂与形成协同进行

旧的键断裂与新的键形成是同时发生的,并且成键电子在一封闭的环内运动,没有离子或自由基中间体产生,也不能分辨键的断裂是均裂还是异裂,称这种反应为周环反应,或者称为协同反应。如乙烯在紫外光照射下的环加成反应:

$$\begin{array}{ccc}
\begin{array}{c} CH_2 \\ \| \\ CH_2 \end{array} + \begin{array}{c} CH_2 \\ \| \\ CH_2 \end{array} & \xrightarrow{h\nu} & \left[\begin{array}{c} CH_2 \cdots CH_2 \\ \vdots \quad \vdots \\ CH_2 \cdots CH_2 \end{array} \right] \longrightarrow \begin{array}{c} CH_2 - CH_2 \\ | \qquad | \\ CH_2 - CH_2 \end{array}
\end{array}$$

总之反应历程决定于反应物的分子结构与反应条件。上述反应历程中生成的正碳离子与自由基都是不稳定的中间体,因为这些基团中碳的外层都没有满足八电子。它们的结构如下:

甲基自由基($\cdot CH_3$)的孤电子处于 p 轨道,3 个 C—H 键是由 $sp^2 - s$ 形成的 σ 键,因此碳和 3 个氢原子处在同一平面上,p 轨道与此平面垂直(见图 1-7)。

甲基正碳离子 $^+CH_3$ 的碳也是以 sp^2 杂化轨道与氢成键的,所以有一个空的 p 轨道和碳、氢所处的平面垂直(见图 1-8):

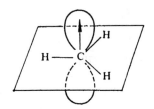

图 1-7　甲基自由基

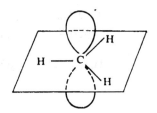

图 1-8　甲基正碳离子

有机反应历程是复杂的,这里只是简要的概括。反应历程是反映反应的真实内在的情况,所以唯有了解反应历程,才能深入了解反应与反应物结构的关系。

在多步反应历程中,决定整个反应速度的是最慢的一步,如叔丁基溴与水作用生成叔丁醇与溴化氢的反应共有 3 步,实验测得第一步最慢,它决定整个反应的速度。

$$(CH_3)_3C-Br \xrightarrow{\ k_1\ } (CH_3)_3C^+ + :Br^- \tag{1}$$

$$(CH_3)_3C^+ + H_2O \xrightarrow{\ k_2\ } (CH_3)_3C-^+OH_2 \tag{2}$$

$$(CH_3)_3C-\overset{+}{O}H_2 \xrightarrow{\ k_3\ } (CH_3)_3C-OH + H^+ \tag{3}$$

$$k_1 < k_2 < k_3$$

反应速度 $v = v_1 = k_1 [(CH_3)_3CBr]$。$k_1$,$k_2$,$k_3$ 分别代表历程中 (1),(2),(3) 步反应的速度常数。v_1 为 (1) 步反应速度,虽然此反应与水有关,但总的反应速度则与水无关,而只与卤代烷浓度有关,就是由于第一步反应最慢的缘故。

2. 反应速度、活化能与过渡状态

有机反应由于涉及共价键的断裂与再生,一般比无机离子间的反应速度慢得多,所以研究它的反应速度,对生产控制、了解化合物的活性与反应机理都是很有用的。

分子间的碰撞是发生反应的前提,但并不是每一次碰撞都能发生反应,只有具备一定动能以上的分子在适当位置上的碰撞才能发生反应,所以反应速率服从下列公式关系:

反应速率 =(反应物的碰撞频率)×(足够能量碰撞的分数)×(适当取向碰撞的分数)

反应物碰撞频率与反应物的分子量和温度有关,当温度与反应物固定后,就只与反应物的浓度有关。浓度愈大,碰撞频率愈大,因而反应速率就越快。如氯甲烷与氢氧化钠反应,氯甲烷的水解速度与氯甲烷和碱(HO⁻)的浓度成正比。

$$CH_3Cl + HO^- \longrightarrow CH_3OH + Cl^-$$

$$v=k[\text{CH}_3\text{Cl}][\text{HO}^-]$$

足够能量的碰撞分数与活化能(E)的大小有关。活化能,即能进行有效碰撞分子所具有的最低能量。在绝对温度 T °K 时,这种有效碰撞占整个碰撞中的分数等于 $\text{e}^{-E/RT}$,所以温度愈高,有效碰撞的分数愈大。

适当取向的碰撞占整个碰撞的分数依赖于反应物分子的形状和反应的种类,如上述反应则要求 HO^- 碰撞到连接氯的碳原子的背后才能有效地进行反应(见图1-9):

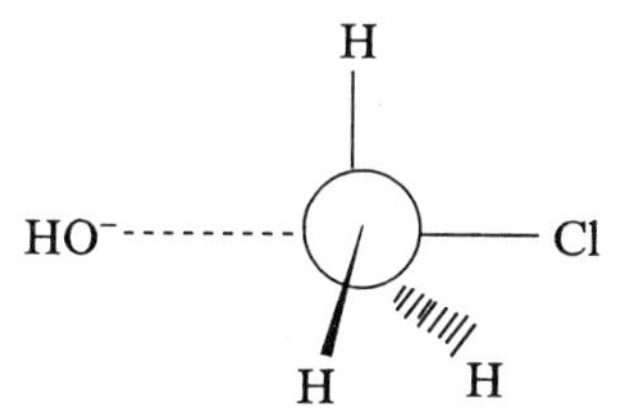

图1-9　氯甲烷与碱反应时,HO^- 需从与氯相连的碳原子背后进攻

所以反应速度常数 k 等于:$k=pz\text{e}^{-E/RT}$。式中 p 为取向分数(或几率因子),z 为单位浓度下分子的碰撞频率,E 为活化能(kJ/mol),R 为气体常数(8.309 J/℃·mol),T 为反应时的绝对温度。

利用反应速率来比较化合物的反应活性时,只能在化合物分子结构差别不大、相同浓度、相同温度、相同类型反应的情况下,反应速率的差别才能主要反映在 $\exp(-E/RT)$ 上。即活化能(E)大,反应速率小,化合物反应活性低;反之活性则高。如 CH_3Cl,CH_3Br,CH_3I 与 OH^- 的反应活化能为 $E_{\text{CH}_3\text{Cl}}>E_{\text{CH}_3\text{Br}}>E_{\text{CH}_3\text{I}}$,因此反应活性为:$\text{CH}_3\text{I}>\text{CH}_3\text{Br}>\text{CH}_3\text{Cl}$。

所谓过渡状态是人们假想在反应物分子有效碰撞后到形成产物之间,旧的键在逐步断裂,新的键逐渐接近形成,中间要经过的一种状态,称为过渡状态(见图1-10),它的位能最高,它与反应物位能之差就是活化能。因此有效碰撞的分子需要具有活化能以上的动能,才能使反应通过过渡状态。虽然人们没有分离出来过渡状态,但这种设想是符合逻辑的。

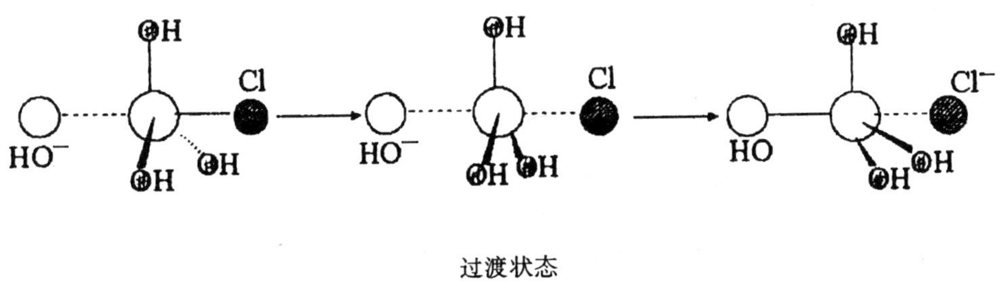

过渡状态

图1-10　氯甲烷与 HO^- 反应的过渡状态和过渡状态的形成过程

为了直观地了解反应进程中的能量关系,我们以反应进程为横坐标,反应物、过渡状态和产物的位能为纵坐标,作出反应的位能图(见图1-11)。

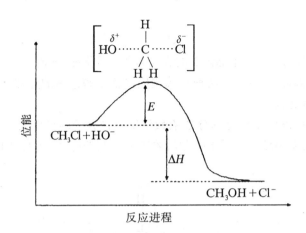

图 1-11 氯甲烷和碱反应的位能图

图上位能最高点就是过渡状态。过渡状态与反应物位能之差即为活化能（E），产物与反应物位能之差即为反应热 ΔH。

这里要注意的是过渡状态与中间产物为两个不同的概念：过渡状态是反应物的反应进行到产物或中间产物过程中所经过的位能最高点的状态；而中间产物则是连续多步反应中的一个中间不稳定的产物，它不是反应物到产物过程中位能最高的状态。如叔丁基氯与碱的反应，其反应历程是叔丁基氯先离解成叔丁基正碳离子与 Cl^-，然后叔丁基正碳离子与 HO^- 反应生成叔丁醇。这个反应的位能图，见图 1-12。

$$(CH_3)_3C—Cl \longrightarrow (CH_3)_3C^+ + Cl^- \tag{1}$$

$$(CH_3)_3C^+ + HO^- \longrightarrow (CH_3)_3C—OH \tag{2}$$

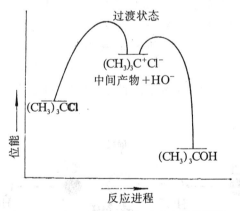

图 1-12 叔丁基氯化物与碱反应的位能图

从图中看到有两个位能高峰，一个是叔丁基氯离解反应的过渡状态，一个是叔丁基正碳离子与 HO^- 反应的过渡状态，在两个位能高峰中间的低处是不稳定的中间体——叔丁基正碳离子。在位能图中，通过最高位能过渡状态的一步是反应速度最慢的一步，也是决定反应速度的一步。

由于提出了过渡状态，人们想到通过过渡状态的结构来预测反应的活化能，而且不断取得了成功。在有机化学上，常用哈蒙德假定来比较类似化合物进行同类反应的活化能，这假定是:对于任何简单反应,过渡状态的几何形象较类似于位能接近的一边的化合物或中间体的几何形象。

3. 酸碱反应

在有机反应中,有大量的酸碱反应,因此回顾一下酸碱理论是非常必要的。对有机化学最重要的是勃郎斯德-劳尔(Bronsted-Lowry)与路易斯(Lewis)的酸碱定义。

(1)勃郎斯德-劳尔的酸碱定义

酸是供给质子的化合物,碱是接受质子的化合物,因此酸碱反应是质子由酸转移到碱上的反应。如:

$$
\begin{array}{cccc}
\underset{\text{酸}}{HCl} + \underset{\text{碱}}{H_2O} \rightleftharpoons \underset{\text{共轭酸}}{H_3O^+} + \underset{\text{共轭碱}}{Cl^-}
\end{array}
$$

$$
\begin{array}{cccc}
\underset{\text{酸}}{H_3O^+} + \underset{\text{碱}}{OH^-} \rightleftharpoons \underset{\text{共轭酸}}{H_2O} + \underset{\text{共轭碱}}{H_2O}
\end{array}
$$

(2)路易斯的酸碱定义

酸是电子对的接受体,碱是电子对的给予体。如:

$$
\underset{\text{酸}}{H^+} + \underset{\text{碱}}{R\ddot{N}H_2} \rightleftharpoons R\overset{+}{N}H_3
$$

$$
\underset{\text{酸}}{(CH_3)_3C^+} + \underset{\text{碱}}{:NH_3} \rightleftharpoons (CH_3)_3C\text{—}\overset{+}{N}H_3
$$

$$
AlCl_3 + R\ddot{N}H_2 \rightleftharpoons \begin{array}{c} H \\ | \\ R\overset{+}{N}\text{—}\bar{A}lCl_3 \\ | \\ H \end{array}
$$

$$
F_3B + :\ddot{O}(C_2H_5) \rightleftharpoons F_3\bar{B}\text{—}\overset{+}{O}(C_2H_5)_2
$$

从上例看出,路易斯酸都具有空的外层轨道,路易斯碱都常有(一对)未共享电子对或 p 电子对。

习 题

1. 假定下列化合物是完全共价的,每个原子(除氢外)的外层都是完整的八电子体以及两个原子可共享一对以上电子,试写出它们的简单电子结构。

(a) N_2H_4 (b) H_2SO_4 (c) CH_3NH_2 (d) $COCl_2$ (e) HNO_2 (f) CH_2Cl_2

(g) Na_2CO_3 (h) C_2H_4 (i) CH_2O (j) C_2H_2 (k) NH_4^+

2. 将下列共价键按极性大小排序(用箭头表示电子偏移的方向)。

(a) C—H,N—H,B—H,F—H,O—H

(b) C—Cl,C—Br,C—F,C—I

3. N—F 键的极性比 N—H 键的极性大,但 NF_3 的偶极矩确比 NH_3 小,请说明原因并画出其分子的立体形状与偶极矩的方向(NH_3,$\mu = 1.5$ D;NF_3,$\mu = 0.2$ D)。

4. 将下列化合物中标有"＊"的碳碳键，按照键长增加排列其顺序。

(a) $CH_3C \overset{*}{\equiv} CH$ $CH_3CH_2 \overset{*}{-} CH_3$ $CH_3CH \overset{*}{=} CH_2$

(b) $CH_3 \overset{*}{-} C \equiv CH$ $CH_3 \overset{*}{-} CH_2CH_3$ $CH_3 \overset{*}{-} C = CH_2$

(c) $CH_3 \overset{*}{-} Cl$ $CH_3 \overset{*}{-} Br$ $CH_3 \overset{*}{-} I$

5. 预测下列化合物偶极矩大小的顺序:

(a) CH_2Cl_2, CH_3Cl, $CHCl_3$, CCl_4

(b) 顺 $-1,2-ClCH = CHCl$, 反 $-1,2-ClCH = CHCl$

6. 计算下列反应的反应热:

(a) $H_2 + Cl_2 \longrightarrow 2HCl$ (b) $C_2H_6 + Br_2 \longrightarrow C_2H_5Br + HBr$

7. 分析下列两步反应:

$$A \underset{k_2}{\overset{k_1}{\rightleftharpoons}} B \underset{k_4}{\overset{k_3}{\rightleftharpoons}} C$$

从下边位能图判断:

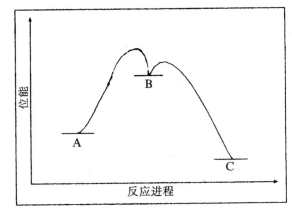

(a) 反应有几个过渡状态? 哪一个对反应速度影响最大?

(b) 正确排出 k_1, k_2, k_3, k_4 的大小顺序。

(c) 整个反应 $A \longrightarrow C$ 是放热,还是吸热?

(d) B, C 两个产物中哪一个比较不稳定,为什么?

8. 指出下列化合物中,哪些是酸,哪些是碱,并扼要说明理由。

(a) CH_3OH (b) $CH_3CH_2 - NH_2$ (c) BF_3 (d) $AlCl_3$

(e) $ZnCl_2$ (f) $(CH_3)_3C^+$ (g) H^+ (h) NH_3

(i) $HC \equiv C^-$ (j) $SnCl_4$ (k) H_2O

9. 比较下列各对化合物酸性大小:

(a) H_2SO_4 与 CH_3COOH (b) CH_3NH_2 与 CH_3OH

(c) CH_3CH_2SH 与 CH_3CH_2OH (d) NH_3 与 NH_4^+

10. 写出下列碱的共轭酸:

(a) $CH_3CH_2OCH_2CH_3$ (b) $C_2H_5O^-$ (c) $(CH_3CH_2)_2NH$

(d) [吡啶结构图，含N]   (e) CH_3COO^- (f) H_2O

第二章 烷烃与环烷烃

烃是指含有碳、氢两种元素的化合物,因此又称为碳氢化合物。烃中的碳如果连成链状,称为开链烃;如果碳链关成环,称为环烃。根据能否进一步加氢,烃又可分为饱和烃与不饱和烃。饱和烃就是不能再加氢的烃,此时碳原子已达到与其他原子结合的最大限度,即碳与其他原子结合已达完满程度,所以又称为烷烃或环烷烃。

Ⅰ. 烷 烃

烷烃是以通式为 C_nH_{2n+2} 的碳氢化合物的总称,式中 n 为碳原子数。符合此通式的一系列化合物又称为同系物。由于碳链可形成支链,所以四碳以上的烷烃又出现分子式相同而结构不同的化合物,称此为同分异构物。如:

$$C_5H_{12}, \quad CH_3CH_2CH_2CH_2CH_3 \text{(戊烷)}, \quad \underset{\underset{CH_3}{|}}{\overset{\overset{CH_3}{|}}{CH_3CHCH_2CH_3}} \text{(异戊烷)}, \quad \underset{\underset{CH_3}{|}}{\overset{\overset{CH_3}{|}}{CH_3C-CH_3}} \text{(新戊烷)}$$

2.1 烷烃的命名

有机化合物的命名是有机化学的重要内容之一。因为不知命名,就无从查找、识别这些有机化合物。下面将主要介绍我国的系统命名,对某些较重要的普通命名也作一些简单的介绍。由于许多参考书、手册、文摘和文献都是英文的,所以掌握英文的命名也是很必要的。在本书后附录中有"有机化合物的英文命名简介",可以作为自学的参考材料。

1. 普通命名

十个碳以下的烷用甲、乙、丙、丁、戊、己、庚、辛、壬、癸来表示,十个碳以上的烷用十一、十二、十三等表示。如 CH_4 叫甲烷,$CH_3(CH_2)_4CH_3$ 叫正己烷,$CH_3(CH_2)_{10}CH_3$ 叫正十二烷。用正、异、新来表示部分异构体。

正、异、新的命名正是反映了人们对烷烃认识逐步深入的过程。开始时,认为直链烷烃是一种正常现象,所以称直链烷烃为正烷烃。后来发现链的末端可以有一个甲基的支链,认为这

$$\overset{\overset{CH_3}{|}}{CH_3-CH}\sim$$

种异构体是一种异常现象,所以称这种烷烃为异烷烃。再后来又发现在一个碳上可连 4 个烷基,认为这种异构体是一种新发现,所以称一个碳上连 4 个烷基的异构体为新烷烃,例如:

$$CH_3(CH_2)_4CH_3 \qquad \underset{\underset{}{}}{\overset{\overset{CH_3}{|}}{CH_3CHCH_2CH_2CH_3}} \qquad \underset{\underset{CH_3}{|}}{\overset{\overset{CH_3}{|}}{CH_3-C-CH_2CH_3}}$$

正己烷   异己烷   新己烷

但是下列化合物不能叫异己烷,因为甲基支链不是在末端。

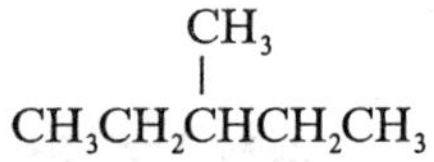

$$CH_3CH_2CHCH_2CH_3$$
$$\overset{|}{\underset{}{CH_3}}$$

这种命名只适用于一些含碳原子数较少的烷烃异构体的命名,如上述 6 个碳的己烷就有些异构体没法命名,但这种命名仍经常在简单烷烃的命名中应用。

2. 系统命名

我国的系统命名是在 IUPAC 系统命名基础上制订的,但因我国文字的特点,有些地方与 IUPAC 系统命名不完全相同。下面主要是根据我国 1980 年修订建议而介绍的。

烷烃:

(1) 直链烷烃命名时不需加正字,根据碳原子数叫某烷,如 CH_4 叫甲烷, $CH_3(CH_2)_4CH_3$ 叫己烷, $CH_3(CH_2)_{10}CH_3$ 叫十二烷。

(2) 对于支链烷烃,选择最长的链作为主链,叫某烷。主链外的支链作为取代基。烷烃去掉一个氢后余下的部分叫烷基,如 CH_3— 叫甲基, CH_3CH_2— 叫乙基, $CH_3CH_2CH_2$— 叫丙基。

(3) 主链上的编号是从最靠近取代基的一端开始的。若两端都有取代基,而且距末端都是相同的距离,编号取第二个取代基距末端近的一端开始编号。若第二个取代基也是相同距离,则看第三个取代基,余此类推。若从两端编号取代基所在位置的数字完全一样,则应选择基团复杂程度小的一边开始编号。

(4) 按取代基由小到大的顺序,将编号与取代基依次列在主链名称的前面,编号与取代基间用短横连接起来。

(5) 如果支链上还有支链或取代基,则支链上的编号是由主链相连处开始编号,注明支链上取代基的位置与名称,将它作为一个整体放在括号内,括号外冠以支链的位置。但对于简单的支链现仍保留普通命名。

基团大小究竟如何划分? 下面介绍划分规则的主要内容:

a. 单原子取代基,按原子序数大小排列,如 $Cl > O > C > H$。若原子序数相同,则按原子量大小排序,如 $D > H$, $^{14}C > ^{12}C$。

b. 比较各基团大小顺序时,首先比较直接相连的第一个原子的原子序数。若为相同原子,则依次比较与它相连的原子。根据最先遇到的差别来判定基团大小的顺序。如: $CH_3CH_2— > —CH_3$, $(CH_3)_2CH— > CH_3CH_2CH_2—$, $ClCH_2CH_2— > CH_3CH_2—$。

c. 对于含有双键或叁键的原子,则每个原子都可看成连有 2 个或 3 个相同的原子。如:

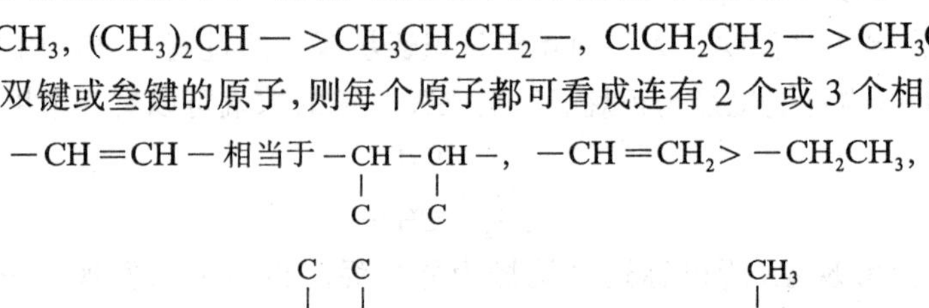

$$-CH=CH-\ 相当于\ -\overset{|}{\underset{C}{CH}}-\overset{|}{\underset{C}{CH}}-,\quad -CH=CH_2 > -CH_2CH_3,$$

$$-C\equiv C-\ 相当于\ -\overset{C}{\underset{C}{\overset{|}{C}}}-\overset{C}{\underset{C}{\overset{|}{C}}}-,\quad -C\equiv CH > -\overset{CH_3}{\underset{CH_3}{\overset{|}{C}}}-CH_2CH_3$$

这个顺序规则是一种人为的序列规定,它并不反映基团的真实空间体积的大小,这一点是要注意的。

下面举几个例子看看如何运用这些命名原则:

【例1】
$$
\begin{array}{c}
\text{CH}_2\text{—CH}_3 \\
| \\
\text{CH}_2 \\
| \\
\text{CH}_3\text{CH}_2\text{CH—CH—CH}_3 \\
| \\
\text{CH}_2\text{—CH}_3
\end{array}
$$
4-甲基-3-乙基庚烷

【例2】
$$
\begin{array}{c}
\overset{7}{\text{CH}_3}\overset{6}{\text{CH}_2}\overset{5}{\text{CH}}\overset{4}{\text{CH}_2}\overset{3}{\text{CH}}\overset{2}{\text{CH}_2}\overset{1}{\text{CH}_3} \\
| \qquad\quad | \\
\text{CH}_2 \quad\; \text{CH}_3 \\
| \\
\text{CH}_3
\end{array}
$$
3-甲基-5-乙基庚烷

【例3】
$$
\begin{array}{c}
\overset{1}{\text{CH}_3}\overset{2}{\text{CH}}\overset{3}{\text{CH}}\overset{4}{\text{CH}_2}\overset{5}{\text{CH}_2}\overset{6}{\text{CH}}\overset{7}{\text{CH}}\overset{8}{\text{CH}_2}\overset{9}{\text{CH}}\overset{10}{\text{CH}_3} \\
| \;\; | \qquad\qquad | \;\; | \qquad | \\
\text{CH}_3\text{CH}_3 \qquad\; \text{CH}_3\text{CH}_3 \quad\;\; \text{CH}_3
\end{array}
$$
2,3,6,7,9-五甲基癸烷

【例4】
$$
\begin{array}{c}
\text{CH}_3 \\
| \\
\text{CH—CH}_3 \\
| \\
\text{CH}_3 \quad \text{CHCH}_3 \\
| \qquad\;\; | \\
\text{CH}_3\text{CH}_2\text{CHCH—CH—CH}_2\text{CH}_2\text{CH}_2\text{CH}_3 \\
\overset{1}{}\;\;\overset{2}{}\;\;\overset{3}{}\;|\;\overset{4}{}\;\;\overset{5}{}\;\;\overset{6}{}\;\;\overset{7}{}\;\;\overset{8}{}\;\;\overset{9}{} \\
\text{CH—CH}_3 \\
| \\
\text{CH}_3
\end{array}
$$
3-甲基-4-异丙基-5-(1,2-二甲基丙基)壬烷

2.2　烷烃的结构

1. 烷的结构与结构式

烷中的碳是以 sp^3 杂化形成 4 个相等的轨道与其他碳或氢原子成键,键角为 $109°28'$。

甲烷是由碳的 4 个 sp^3 轨道与 4 个氢的 s 轨道形成 σ 键而组成的。这 4 个碳氢键都是等同的,它们的方向相当于碳处在正四面体的中心,这 4 个键向着四面体的 4 个顶点(见图 2-1)。

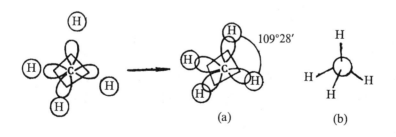

图　2-1

(a) 碳的 4 个 sp^3 轨道与 4 个氢的 s 轨道形成甲烷;　(b) 甲烷的立体形象

乙烷也是由碳的 sp^3 轨道成键的,碳碳之间以 sp^3—sp^3 组成 σ 键,碳氢之间以 sp^3—s 组成 σ 键。每个碳的 4 个键的方向都相当于碳处在正四面体的中心,4 个键伸向四面体的 4 个顶点,键角都是 $109°28'$(见图 2-2)。

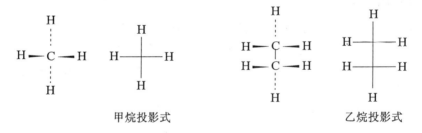

图　2-2

(a) 两个碳的 sp^3 轨道与 6 个氢的 s 轨道形成乙烷；　(b) 乙烷分子的立体形象

在纸面上用棍球表示立体形象是比较麻烦的,也容易发生错误。为了突出明确它的立体形象,可以用虚线"┄┄┄"表示键伸向纸后,用实线"——"表示键在纸面上,用"🢒"表示键突向纸的前面,如乙烷的立体形象可以表示成下式:

乙烷的透视式　　　　　　　　　乙烷的棍球式

因为这种式子相当于把放在纸面上的分子稍许从侧面观察透视的结果,所以叫透视式。

另外还可用费歇尔(E. Fischer)投影式来表示。投影式就是把分子的立体形象投影在纸面上的式子,分子不同的放法就有不同的投影式。甲烷的费歇尔投影式就是把如下状态放在纸面上的立体结构投影在纸面上的式子。在费歇尔投影式中,十字交点就是碳原子,横线上所连基团表示突向纸面,直线所连基团表示伸向纸后。

甲烷投影式　　　　　　　　　乙烷投影式

2. σ 键的旋转与构象

乙烷分子是否一定按上述投影式与透视式存在? 不一定。因为 σ 键的轨道呈轴对称,可以绕键轴旋转而并不影响原子轨道的交盖,所以乙烷可以有无数种式子,而上面所列的投影式、透视式只是其旋转到一定位置的式子而已。

sp^3-sp^3　　　　　　　　sp^3-sp^3　　对称轴

为了表示 σ 键旋转不同角度的结构,可用纽曼(M. S. Newman)投影式来表示。它是把旋转的键轴放在垂直于纸面的位置,然后沿键轴垂直由上向下投影,如乙烷两个极端的纽曼投影式表示如下:

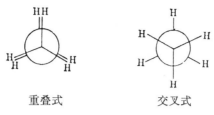

重叠式   交叉式

纽曼投影式

在化合物分子中，σ 键可以旋转，但有一定障碍，因为非成键的原子如靠得太近，在它的范德华半径内就会产生斥力(在此半径外为吸力)，所以重叠式的位能比交叉式高。乙烷碳碳键旋转过程中，分子的位能变化见图 2-3。

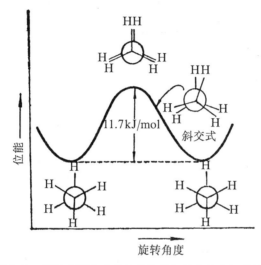

图 2-3 乙烷分子中碳碳键旋转引起的位能变化曲线

由于 σ 键旋转角度不同，产生的不同结构称为构象异构。乙烷的交叉式构象转变成重叠式构象仅需 11.7 kJ/mol，这个位能差(或称势垒)是很小的，所以乙烷的不同构象间很易相互转化，一般不能分离出纯的构象异构体。但可以说乙烷中交叉式比重叠式存在的几率大，因为它位能低，平衡有利于交叉式。若分子中旋转障碍很大，也可以得到稳定的构象异构体。

由于甲基的范德华半径比氢大些，丁烷分子中间 2 个碳原子的 σ 键旋转所引起的位能变化就比乙烷复杂一些，如交叉式中就有反式交叉式与邻位交叉式：反式交叉式所处空间位阻最小，位能最低；邻位交叉式空间位阻大些，位能就稍高些。重叠式也有反错重叠式与顺叠重叠式两种，它们的位能比前两种都高些，而顺叠空间位阻最大，位能最高(见图 2-4)。

当两个基团互相接近时，范德华引力将逐渐增大，达到某一距离时，引力达到最高点，这个距离就等于两个基团范德华半径之和。当两个基团更接近时，则引力迅速转变成斥力，所以范德华半径实际上可视为基团大小的度量。表 2-1 列出一些基团的范德华半径，这对了解空间位阻大小是有帮助的。

21

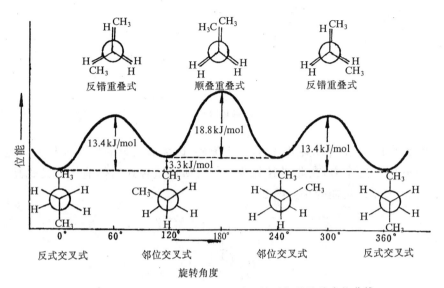

图 2-4 丁烷中间两个碳原子的 σ 键旋转引起的位能变化曲线

表 2-1 一些基团和原子的范德华半径/nm

H	0.12	N	0.15	S	0.185	Br	0.195
CH₂	0.20	P	0.19	F	0.135	I	0.215
CH₃	0.20	O	0.14	Cl	0.18		

2.3 物 理 性 质

烷烃是非极性分子,因为 C—C 键没有极性,C—H 键只有很小的极性。由于碳的电负性(2.5)与氢的电负性(2.1)相差很小,且整个分子中每个键的偶极矩又互相抵消,所以烷的偶极矩为零。

1. 沸点

烷的沸点随分子量增加而增加。对于直链烷烃,大约每增加一个 CH_2,沸点升高 20—30℃。对于烷的异构体,则支链越多,沸点越低。在室温时,C_1—C_4 的烷烃为气体,C_5—C_{17} 为液体,C_{18} 以上为固体。

2. 熔点

对于直链烷烃,其熔点随分子量增加而增加,但没有沸点那样有规律。对于烷的异构体,则更不规律。

为什么会出现这种情况? 因为沸点、熔点和分子间作用力有关。分子间作用力有:范德华引力、偶极力与氢键等。烷烃是非极性分子,所以分子间只有范德华引力,而此引力和分子的接触面积成正比,所以分子量越大,沸点越高。在异构体中支链越多,分子越趋于球形,接触面就会减少,所以沸点降低。至于熔点则不仅涉及分子间作用力,还和分子间是否能规整紧密地堆积有关。如正戊烷熔点为 -130℃,异戊烷为 -160℃,新戊烷为 -17℃,就是因为新戊烷分子规整,能堆砌紧密,所以分子间作用力大,熔点高。

3. 溶解度

在有机化合物中存在相似相溶的原则。烷烃为非极性化合物,可溶于非极性溶剂中,如汽油、苯、醚、四氯化碳;而不溶于极性溶剂中,如水。

4. 比重

烷烃的比重随分子量增加而增加。最高接近0.8,都比水轻。

表 2-2　烷烃的物理常数

名　称	分　子　式	熔点/℃	沸点/℃	密度/g·cm^{-3} (20 ℃)
甲烷	CH_4	−182	−162	
乙烷	CH_3CH_3	−183	−88.5	
丙烷	$CH_3CH_2CH_3$	−188	−42	
正丁烷	$CH_3(CH_2)_2CH_3$	−138	0	
正戊烷	$CH_3(CH_2)_3CH_3$	−130	36	0.626
正己烷	$CH_3(CH_2)_4CH_3$	−95	69	0.659
正庚烷	$CH_3(CH_2)_5CH_3$	−90.5	98	0.684
正辛烷	$CH_3(CH_2)_6CH_3$	−59	126	0.703
正壬烷	$CH_3(CH_2)_7CH_3$	−54	151	0.718
正癸烷	$CH_3(CH_2)_8CH_3$	−30	174	0.730
正十一烷	$CH_3(CH_2)_9CH_3$	−26	196	0.740
正十二烷	$CH_3(CH_2)_{10}CH_3$	−10	216	0.749
正十三烷	$CH_3(CH_2)_{11}CH_3$	−6	234	0.757
正十四烷	$CH_3(CH_2)_{12}CH_3$	5.5	252	0.764
正十五烷	$CH_3(CH_2)_{13}CH_3$	10	266	0.769
正十六烷	$CH_3(CH_2)_{14}CH_3$	18	280	0.775
正十七烷	$CH_3(CH_2)_{15}CH_3$	22	292	
正十八烷	$CH_3(CH_2)_{16}CH_3$	28	308	
正十九烷	$CH_3(CH_2)_{17}CH_3$	32	320	
正二十烷	$CH_3(CH_2)_{18}CH_3$	36		
异丁烷	$(CH_3)_2CHCH_3$	−159	−12	
异戊烷	$(CH_3)_2CHCH_2CH_3$	−160	28	0.620
新戊烷	$(CH_3)_4C$	−17	9.5	
异己烷	$(CH_3)_2CH(CH_2)_2CH_3$	−159	60	0.654
3-甲基戊烷	$CH_3CH_2CH(CH_3)CH_2CH_3$	−118	63	0.676
2,2-二甲基丁烷	$(CH_3)_3CCH_2CH_3$	−98	50	0.649
2,3-二甲基丁烷	$(CH_3)_2CHCH(CH_3)_2$	−129	58	0.668

2.4 化 学 性 质

烷烃通常被认为是不活泼的化合物,因为与酸(如硫酸、盐酸)、碱(如氢氧化钠等)、氧化剂(如高锰酸钾、重铬酸钾)在一般情况下都不起反应。也就是说,烷烃进行异裂反应是不活泼的。但是在适当条件下,如高温、有催化剂存在时也可以进行反应,像卤化、硝化、氧化、裂解等,而这些反应都是属于自由基反应。也就是说,烷烃进行均裂反应是活泼的。下面着重介绍卤化反应。

1. 卤化反应的历程(甲烷氯化的历程)

大多数有机反应并不是由反应物到产物的一步反应,而是经过许多步的反应。因此深入地了解一个反应必须了解它的反应历程。根据反应历程才能正确地分析结构与性能的关系,才有可能发现各种反应之间内在的联系,还可以帮助找到控制反应与提高产率的途径。有机反应历程还可以帮助我们归纳、总结和记忆大量的有机反应。所以反应历程是有机化学理论中的一个重要组成部分。有机反应历程不是凭空推想出来的,而是根据实验事实和逻辑推理导出的,关于这些内容将在以后的反应中逐步地介绍。

甲烷氯化可有下列一些步骤:

$$Cl_2 \xrightarrow[\text{或 } hv]{250℃\text{以上}} 2Cl\cdot \tag{1}$$

$$CH_4 + Cl\cdot \longrightarrow CH_3\cdot + HCl \tag{2}$$

$$CH_3\cdot + Cl_2 \longrightarrow CH_3Cl + Cl\cdot \tag{3}$$

$$CH_3Cl + Cl\cdot \longrightarrow \cdot CH_2Cl + HCl \tag{4}$$

$$\cdot CH_2Cl + Cl_2 \longrightarrow CH_2Cl_2 + Cl\cdot \tag{5}$$

$$\cdots\cdots\cdots\cdots\cdots\cdots\cdots\cdots\cdots\cdots\cdots\cdots$$

$$\cdots\cdots\cdots\cdots\cdots\cdots\cdots\cdots\cdots\cdots\cdots\cdots$$

$$CH_3\cdot + Cl\cdot \longrightarrow CH_3Cl \tag{6}$$

$$Cl\cdot + Cl\cdot \longrightarrow Cl_2 \tag{7}$$

$$CH_3\cdot + CH_3\cdot \longrightarrow CH_3-CH_3 \tag{8}$$

氯气在高温或紫外线照射下发生均裂得到氯的自由基。自由基是带有未成对孤电子的基团或原子。由于自由基外层电子没有满足八电子,所以是很活泼的中间体。氯的自由基再夺取甲烷上的氢原子产生氯化氢,同时又生成甲基自由基。甲基自由基也是一活泼的中间体,可以与氯反应生成氯甲烷和氯的自由基。氯的自由基又可以重复上述反应,这样反复进行下去,直到自由基相互结合,使自由基消失,反应才停止。只要产生少量活性中间体,就可以使活性中间体反应不断地传递下去,直到活性中间体消失,反应才停止。这种反应称为链锁反应。若这种反应的活性中间体为自由基,则称为自由基链锁反应。

在自由基链锁反应中主要可以分为3个阶段:反应(1)称为链引发阶段,就是产生自由基的阶段;反应(2)至(5)为链生长阶段,在这个阶段自由基不断地反应,并不断地延续下去;反应(6)至(8)为链终止阶段,这些反应使自由基消失,因而使反应终止。

甲烷氯化不仅可以得到一氯代产物,而且可以得到二氯代、三氯代与四氯代产物等,由于这些产物的沸点差距较大,可以用分馏方法将它们分开,所以工业上仍用此方法生产氯甲烷。氯甲烷与多氯甲烷都是很有用的溶剂与试剂。

2. 甲烷氯化产物的控制

是否有办法在甲烷氯化时控制主要生成 CH_3Cl?从以上反应历程可以看到,在生成 CH_3Cl 时,主要的竞争反应是下列两个反应:

$$CH_4 + Cl\cdot \longrightarrow CH_3\cdot + HCl$$
$$CH_3Cl + Cl\cdot \longrightarrow \cdot CH_2Cl + HCl$$

因此反应时若 CH_4 多,CH_3Cl 少,这样就可以减少 CH_2Cl_2,$CHCl_3$,CCl_4 的生成,而实际上,就是在氯化时少用氯,使甲烷大大过量。反应完后将 CH_3Cl 分离纯化,把未反应的甲烷再回收使用,这样就可以得到较高产率的氯甲烷。

3. 丙烷的氯化,$1°,2°$ 和 $3°$ 氢的活性

丙烷分子上有两种氢,一为分子两端甲基上的氢,称为 $1°$(一级)氢或伯氢;一为分子中间亚甲基上的氢,称为 $2°$(二级)氢或仲氢。也就是说只连有 1 个烃基的碳上所带的氢称为 $1°$ 氢;连有两个烃基的碳上所带的氢称为 $2°$ 氢;连有 3 个烃基碳上的氢称为 $3°$(三级)氢或叔氢,如异丁烷分子中间碳上的氢。这 3 种氢所连的碳原子也可称为 $1°,2°,3°$ 碳原子或伯、仲、叔碳原子。

$$CH_3-CH_2-CH_3 \qquad\qquad \overset{\displaystyle CH_3}{\underset{\displaystyle }{CH_3CH-CH_3}}$$
$$\text{丙烷} \qquad\qquad\qquad \text{异丁烷}$$

丙烷氯化究竟是取代 $1°$ 氢,还是 $2°$ 氢?实验得到有 45% 取代 $1°$ 氢,有 55% 取代 $2°$ 氢:

$$CH_3CH_2CH_3 \xrightarrow[h\nu,25℃]{Cl_2} CH_3CH_2CH_2Cl + \underset{\displaystyle Cl}{CH_3CHCH_3}$$
$$\qquad\qquad\qquad\quad 45\% \qquad\qquad 55\%$$

为什么会得到这样的比率?需要从它的反应历程来考虑。产物的比率和下列两个反应的速率有关。

$$CH_3CH_2CH_3 + Cl\cdot \longrightarrow \begin{cases} CH_3CH_2CH_2\cdot \xrightarrow{Cl_2} CH_3CH_2CH_2Cl \\ CH_3\overset{\displaystyle }{\underset{\displaystyle \cdot}{C}HCH_3} \xrightarrow{Cl_2} CH_3\underset{\displaystyle Cl}{CHCH_3} \end{cases}$$

丙烷有 6 个 $1°$ 氢、2 个 $2°$ 氢,因此氯自由基对 $1°$ 氢的碰撞几率为 3/4,对 $2°$ 氢为 1/4,按推理,氯原子上 $1°$ 碳与 $2°$ 碳几率之比应为 $3:1$。这个推理是假定所有氢的活性是一样的。但是实际氯化上 $1°$ 碳与 $2°$ 碳之比为 $1:3.7$,这说明 $1°$ 氢与 $2°$ 氢的活性并不一样,它们的活性比为 $1:3.7$:

$$1°H:2°H = \frac{45}{6}:\frac{55}{2} = 1:3.7$$

$2°$ 氢要比 $1°$ 氢活泼。同样以异丁烷进行氯化,所得一氯代产物有 64% 取代 $1°$ 氢,36% 取代 $3°$ 氢:

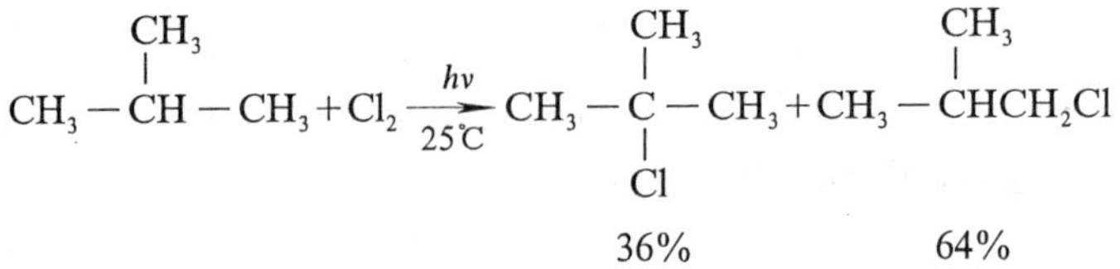

$$CH_3-\overset{\overset{\displaystyle CH_3}{|}}{CH}-CH_3+Cl_2\xrightarrow[25℃]{h\nu}CH_3-\overset{\overset{\displaystyle CH_3}{|}}{\underset{\underset{\displaystyle Cl}{|}}{C}}-CH_3+CH_3-\overset{\overset{\displaystyle CH_3}{|}}{CH}CH_2Cl$$

36%　　　　　　64%

异丁烷有 9 个 1°氢,1 个 3°氢。按碰撞几率 1°与 3°氢之比应为 9:1,但实际产物为 16:9,也就是 3°氢的活性为 1°氢的 5 倍:

$$1°\,H:3°\,H=\frac{64}{9}:\frac{36}{1}=1:5.1$$

从上述实验结果可以得到氯化时 1°,2°,3°氢的活性比为 1:3.7:5.1。

当用等摩尔的甲烷与乙烷同少量氯进行氯化时,所得氯甲烷与氯乙烷的比例为 1:400。

$$CH_3Cl\xleftarrow{CH_4}Cl_2\xrightarrow{C_2H_6}C_2H_5Cl$$

1　　　　光,25℃　　　400

这些实验结果证实 1°H 比甲烷上的氢活泼,活性比为 267:1。

$$1°\,H:甲烷\,H=\frac{400}{6}:\frac{1}{4}=267:1$$

为什么氯化取代氢时,烷烃氢的活性为 3°H>2°H>1°H>CH₄ 的氢? 活性大小就是反应速率大小的比较。但是氯化是一个多步反应,应该比较决定反应速率的一步才是有意义的。在氯化的多步反应中,取代氢的反应有两步:

$$RH+Cl\cdot \longrightarrow \cdot R+HCl \tag{1}$$
$$R\cdot +Cl_2 \longrightarrow R-Cl+Cl\cdot \tag{2}$$

这两步是连续反应,而其中反应(1)是比较慢的一步反应,因此反应(1)是决定反应速率的一步,所以只需要比较反应(1),就可以得到氯取代氢的活性比较。反应速率是由活化能决定的,而活化能的大小可以从过渡状态的结构分析来预测。对于自由基反应,往往可以从反应中间体自由基的结构来判断活化能的高低。以丙烷的 2°氢氯化为例,从反应(1)的过程可以看到,当氯原子撞击到烷烃的氢以后,氯原子将吸引氢,使得碳氢键逐步地断裂分开,碳由 sp^3 杂化逐步变成 sp^2 杂化,氢与氯逐步接近形成氢氯键,在这个过程中,位能最高点的状态就是过渡状态(见图 2-5)。

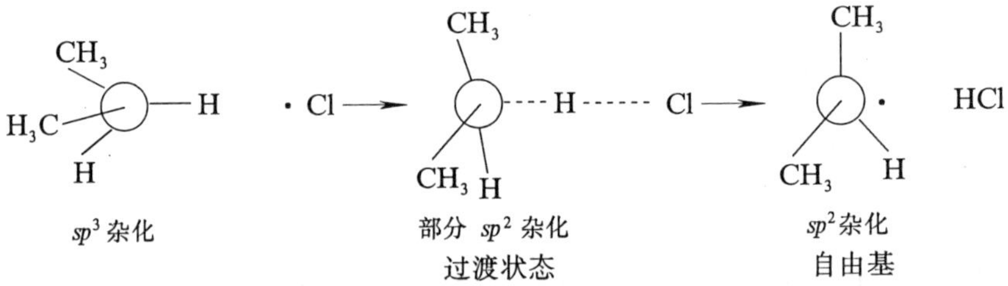

图 2-5　丙烷与氯原子反应的过程

$$R-H\qquad \cdot Cl \longrightarrow R\cdots H\cdots Cl \longrightarrow R\cdot \qquad H-Cl$$

过渡状态的结构在一定程度上更类似于自由基,所以自由基的位能高,则过渡状态的位能高。而活化能为过渡状态与反应物位能之差,所以自由基位能高,则活化能也高。因此,比较烷烃氯化时 3°,2°,1°氢与甲烷上的氢的活性,也就是比较 3°,2°,1°与甲基自由基位能的高低。自由基位能的高低用另一种术语,就是自由基稳定性的高低,因为自由基位能高,自由基就有比较大的动力促使变成位能低的产物,所以不稳定;反之,自由基位能低,则自由基变化的动力较小,所以比较稳定。活性大小是与活化能相联系的,而稳定性大小是与位能相联系的。

自由基的稳定性与自由基的结构有什么关系?从下列烷烃的离解能可以看出形成自由基所需的能量大小顺序:

$$CH_3 \cdot > 1° > 2° > 3°$$

$$CH_3-H \longrightarrow CH_3 \cdot + H \cdot \qquad \Delta H = 435\,kJ/mol$$

$$CH_3CH_2-H \longrightarrow CH_3CH_2 \cdot + H \cdot \qquad 410\,kJ/mol$$

$$CH_3CH_2CH_2-H \longrightarrow CH_3CH_2CH_2 \cdot + H \cdot \qquad 410\,kJ/mol$$

$$\underset{\underset{H}{|}}{CH_3CHCH_3} \longrightarrow \underset{\cdot}{CH_3CHCH_3} + H \cdot \qquad 397\,kJ/mol$$

$$\underset{\underset{H}{|}}{\overset{\overset{CH_3}{|}}{CH_3CCH_3}} \longrightarrow \overset{\overset{CH_3}{|}}{\underset{\cdot}{CH_3CCH_3}} + H \cdot \qquad 381\,kJ/mol$$

把上述不同烷烃上的不同碳氢键的离解能,作为相应自由基位能的参比能量,可以得到这些自由基位能高低的顺序是:

$$\cdot CH_3 > 1° > 2° > 3°$$

因此自由基稳定性的顺序就是:

$$3° > 2° > 1° > \cdot CH_3$$

为什么会有这样的顺序?这与自由基碳上相连的甲基上 C—H σ 键可以同自由基上 p 轨道发生超共轭有关。超共轭是指甲基上的碳氢键的 σ 轨道(或烷基上的碳碳键的 σ 轨道)可以和自由基的 p 轨道发生部分重叠,使 σ 键上电子云部分离开原来的区域,这种现象称为超共轭,或称 $\sigma—p$ 的超共轭,这种电子云离开原来的区域的现象称为离域现象(见图 2-6)。离域及使电荷分散都可使得体系变得比较稳定,这是一很重要的规律。

图 2-6　烷基自由基的超共轭

3° 自由基,如叔丁基自由基有 9 个碳氢 σ 键,由于单键可以旋转,因此有 9 个碳氢 σ 键可以与自由基的 p 轨道发生超共轭,所以最稳定。由于超共轭,使叔丁基自由基的位能比甲基自由基降低了 54 kJ/mol,这种降低的能量称为超共轭能。而 2° 自由基,如异丙基自由基有 6 个碳氢 σ 键可以发生超共轭,稳定性次于 3° 自由基,超共轭能为 38 kJ/mol。1° 自由基,如乙基自由基只有 3 个碳氢 σ 键可以发生超共轭,稳定性又低些,超共轭能为 25 kJ/mol。甲基自由基没有超共轭,因为自由基碳上所连的 σ 键和自由基的 p 轨道是处在垂直方向的位置,不能发生重叠,所以没有超共轭,因此甲基自由基最不稳定。只有在相邻碳上的碳氢或碳碳 σ 键才能发生超共轭,但后者的超共轭效应小一些。

由于烷烃上的 1°,2°,3° 氢和甲烷上的氢分别与氯原子反应,得到 1°,2°,3° 和甲基自

由基,所以 1°, 2°, 3°氢和甲烷上的氢的氯化取代反应的活性顺序为:

$$3° > 2° > 1° > CH_4$$

4. 卤素的活性与选择性

当丙烷溴化时得到 97% 2-溴丙烷,叔丁烷溴化时得到大于 99% 2-溴-2-甲基丙烷:

$$CH_3CH_2CH_3 \xrightarrow[hv,146℃]{Br_2} CH_3CH_2CH_2Br + CH_3\underset{\underset{Br}{|}}{CH}CH_3$$

3%   97%

$$CH_3\underset{\underset{\ }{|}}{\overset{\overset{CH_3}{|}}{CH}}CH_3 \xrightarrow[hv,146℃]{Br_2} CH_3\overset{\overset{CH_3}{|}}{CH}CH_2Br + CH_3-\overset{\overset{CH_3}{|}}{\underset{\underset{Br}{|}}{C}}-CH_3$$

痕量   >99%

从这些结果可以得到溴化时烷烃氢的活性比为:

$$3° : 2° : 1° = 1600 : 82 : 1$$

3°, 2°, 1°氢的活性差别比氯化时大,所以溴化的选择性比氯化的选择性高。

为什么溴化时的选择性比氯化时强?这是由于溴原子的活性比氯原子低。氟、氯、溴、碘原子的活性次序为:

$$F· > Cl· > Br· > I·$$

活性高的试剂进行反应的活化能低,过渡状态来得早,相对地较接近反应物的状态。试剂活性低,活化能高,过渡状态来得晚,相对地较接近于产物的状态。所以溴化时过渡状态比氯化时更接近于自由基的状态,也就是说自由基稳定的因素在过渡状态中影响更大,因此 3°, 2°与 1°自由基稳定性因素在溴化过渡状态中影响更大,所以 3°, 2°与 1°氢的活性差别也就更突出。而氯化时过渡状态相对地较接近于反应物,因此自由基稳定性的因素在过渡状态中影响较小,所以 3°, 2°与 1°氢的活性差别不大,反应的选择性较低(见图 2-7)。

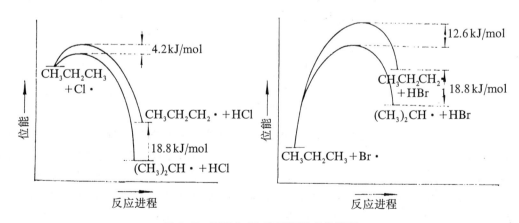

图 2-7 丙烷与氯、溴原子反应位能图

从卤化反应这个例子可以看到:预测和比较反应活性的大小,需根据反应历程,抓住起决定因素的一步反应,通过对这步反应中间体结构的分析,运用有机结构理论判断中间体的稳定

28

性,从而预测过渡状态位能的高低,达到预测反应活化能的相对大小。这种方法在以后还要讨论。

在实验室进行氯化时,常用二氯化硫酰来代替氯,用少量过氧化物(如过氧化苯甲酰)引发,在 70～90℃进行反应,如:

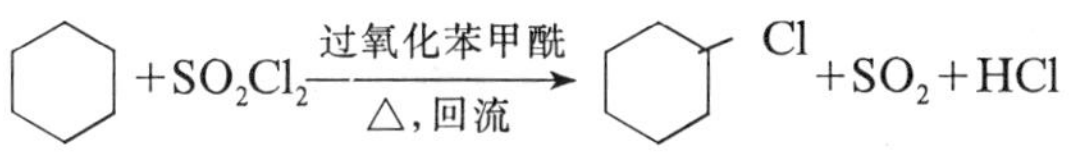

$$\text{环己烷} + SO_2Cl_2 \xrightarrow[\triangle,回流]{过氧化苯甲酰} \text{氯代环己烷} + SO_2 + HCl$$

烷烃也可在高温下进行硝化与磺化反应。

5. 燃烧

烷烃的燃烧反应生成二氧化碳和水,同时放出大量热能,使烷烃成为重要能源资源。燃烧是一个很复杂的反应,其中主要是自由基链锁反应,它需要高温才能使碳碳、碳氢键断裂,产生自由基。烷基自由基可与氧发生反应,而且可以很快衍生出许多自由基,因此反应速度会越来越快,甚至成倍增加。在不同含量的氧气情况下,它可以很好燃烧,也可能出现爆炸,所以控制氧气的含量至关重要,烷烃燃烧给人类带来是福还是祸,关键在此。

6. 热裂

烷烃在高温下可使 C—C, C—H 键断裂,生成分子量比较小的烷、烯及氢气等。这种反应在石油化工中非常重要,因为石油中 $C_5 \sim C_{10}$ 汽油馏分不能满足需要,需从高碳馏分热裂来得到低碳馏分,以达到增加汽油的产量,也利用此方法使轻馏分裂解成乙烯、丙烯、丁二烯等化工原料。

2.5 烷烃的天然来源

烷烃大量地存在于石油、页岩油、天然气和沼气中。石油是各种烃类的混合物,它大致含有以下的组成。

表 2-3　石油各馏分的组成

名　　称		主要成分	沸点或凝固点范围
石 油 气		$C_1 - C_4$ 的烷烃	常温常压下为气体
汽　　油		$C_5 - C_{12}$ 的烷烃	40 — 200℃
煤　　油		$C_{11} - C_{16}$ 的烷烃	200 — 270℃
柴油	轻 柴 油	$C_{15} - C_{18}$ 的烷烃	270 — 340℃
	重 柴 油		
重油	润 滑 油	$C_{16} - C_{20}$ 的烷烃与环烷烃	
	石　蜡	$C_{20} - C_{30}$ 的烷烃	凝固点在 50℃ 以上
渣油	地　蜡	$C_{30} - C_{40}$ 的高级烃	固　　体
	沥　青		

某些动物身上也可以分泌出一些烷烃,如一种蚂蚁可以分泌正十一烷及正十三烷,蚂蚁利用这些烷烃来传递警戒信息。又如雌虎蛾腹部可分泌 2-甲基十七烷,雌虎蛾用它来引诱雄蛾,因此人们也利用它来诱捕雄蛾,这类分泌物称为外激素。近年来由于许多杀虫剂引起了污染及抗药性,利用外激素诱杀害虫是一受到重视的方向。

Ⅱ. 环 烷 烃

环烷烃是链形烷烃两端的碳原子相互以 σ 键结合形成的环状化合物。根据环的数目可以分为单环烃与多环烃,也可以按环的大小程度分为小环烃、中环烃、大环烃等。单环烃的通式为 C_nH_{2n} 与烯烃互为异构体。书写环的结构式时可简化为用一条线代表单键,线的交点为碳原子(含相应的氢原子)。如:

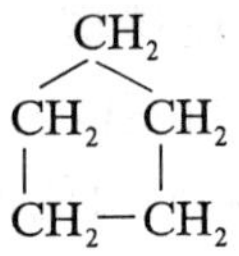

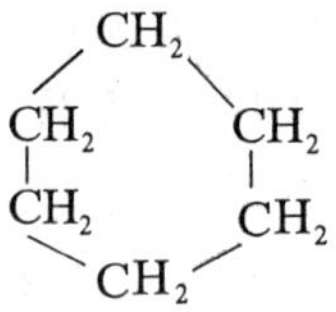

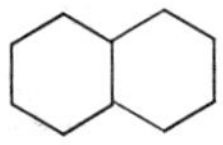

环戊烷 ; 环己烷 ; 十氢化萘

2.6 环烷烃的命名

对单环烷烃的命名可以在相应烷烃的名称前加环字,例如:

环己烷 环丁烷 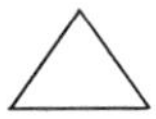 环丙烷

对于带有取代基的单环烷烃,取代基名称放在母体名称之前,编号采用最小编号数目的原则。例如:

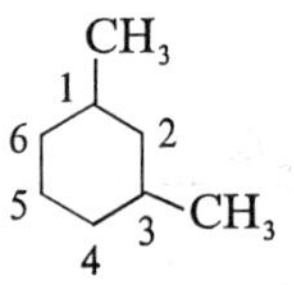

1,3-二甲基环己烷 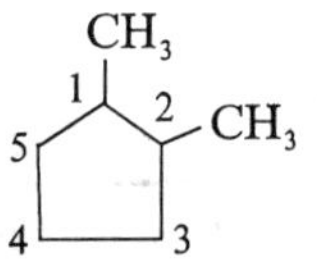 1,2-二甲基环戊烷

1. 双环烷烃的命名

在双环烃中,两个环共用一个碳原子的叫螺环,共用两个相间碳原子的叫桥环,共用相邻两个碳原子的叫骈环。

2. 桥环、骈环与螺环的命名

编号是从桥头先沿最长的桥编号到另一个桥头,再由另一桥头沿其次长的桥编号,名称的书写顺序为环数、方括号内分别写明各桥头碳之间的碳原子(不包括桥头碳)数目,顺序由大到小,数字之间在右下角用圆点隔开,最后写上桥环烃碳原子总数的烷烃的名称。如:

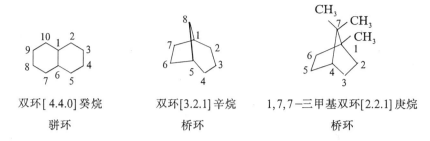

双环[4.4.0]癸烷　　双环[3.2.1]辛烷　　1,7,7-三甲基双环[2.2.1]庚烷
骈环　　　　　　　　桥环　　　　　　　　桥环

螺环的编号是从两个环共用的碳原子旁的一个原子开始,由小环编到大环。如:

$$螺[3.4]辛烷$$

多元环烃的命名就更复杂些,限于篇幅不在此介绍。

2.7 环烷烃的化学性质

环烷烃的反应和相应的开链烷烃相似,但是三、四员的环烷烃却与烯烃相似,可以开环进行加成反应。

$$
\triangle
\begin{cases}
\xrightarrow{\text{Ni, H}_2,\ 80℃} & \underset{\substack{|\\H}}{CH_2}CH_2\underset{\substack{|\\H}}{CH_2} \\[6pt]
\xrightarrow{\text{Cl}_2,\ \text{FeCl}_3} & \underset{\substack{|\\Cl}}{CH_2}CH_2\underset{\substack{|\\Cl}}{CH_2} \\[6pt]
\xrightarrow[\text{2) H}_2\text{O}]{\text{1) 浓 H}_2\text{SO}_4} & \underset{\substack{|\\OH}}{CH_2}CH_2\underset{\substack{|\\H}}{CH_2} \\[6pt]
\xrightarrow{\text{HBr}} & \underset{\substack{|\\H}}{CH_2}CH_2\underset{\substack{|\\Br}}{CH_2}
\end{cases}
$$

$$
CH_3-CH=CH_2
\begin{cases}
\xrightarrow{\text{Ni, H}_2} & CH_3CH_2CH_3 \\[6pt]
\xrightarrow{\text{Cl}_2} & CH_3\underset{\substack{|\\Cl}}{C}H\underset{\substack{|\\Cl}}{C}H_2 \\[6pt]
\xrightarrow{\text{HBr}} & CH_3\underset{\substack{|\\Br}}{C}HCH_3 \\[6pt]
\xrightarrow[\text{2) H}_2\text{O}]{\text{1) H}_2\text{SO}_4} & CH_3\underset{\substack{|\\OH}}{C}HCH_3
\end{cases}
$$

$$
\square \xrightarrow[200℃]{\text{Ni, H}_2} CH_3CH_2CH_2CH_3
$$

环丙烷一般不如丙烯活泼,在与卤素加成时,需有路易斯酸作为催化剂。没有催化剂时,卤素需要光照或加热才能进行烷的取代反应,但不能开环进行加成反应。奇怪的是环丙烷与硫酸及其他质子酸的水溶液反应时比丙烯快得多:

31

$$\triangle + Cl_2 \xrightarrow{h\nu} \triangle{-}Cl + HCl$$

环丁烷的活泼性比环丙烷又差些,环丁烷在三氯化铁催化下进行氯化也不能开环,只有在强烈条件下加氢才能开环。环戊烷则和开链烷烃相似,在强烈条件下加氢也不能开环。

2.8 环烷烃的结构

1. 环烷烃中的张力

(1) 角张力

任何与正常键角的偏差都可造成张力,影响稳定性,这种影响称为角张力。从实验测知,环丙烷与环丁烷易开环,其环上碳碳键之间的键角分别为 60° 与 90°,其成环的碳原子在同一平面上。根据量子力学的观点,环烷烃的碳是 sp^3 杂化轨道成键的,两个键之间的夹角应为 109°28′,碳与碳的 sp^3 轨道才能达到最大限度的重叠。在环丙烷中两个碳碳键之间夹角只有 60°,因此 sp^3 轨道不能形成轴对称重叠,也就不能达到最大重叠(见图 2-8)。所以碳碳之间形成的 σ 键不如正常形成的 σ 键稳定,位能较高,易开环恢复正常键角。环丁烷与此类似,只不过它的键角为 90°,与正常的键角偏差小一些。五员以上的环,其成环的碳原子可以不在同一平面上,从而基本上能保持 109°28′ 的键角,如环戊烷、环己烷、环辛烷等。

(2) 扭转张力

在两个 sp^3 杂化的碳原子之间任何与稳定的交叉式构象的偏差都会使稳定性下降,位能升高,此影响称为扭转张力。

(3) 空间张力

非成键原子或基团,相距如大于范德华半径之和,则将发生范德华引力;若小于范德华半径,则将产生斥力,引起不稳定,此影响称为空间张力。

(4) 偶极作用力

非成键原子或基团间的偶极相吸与相斥,以及氢键都会影响稳定性。

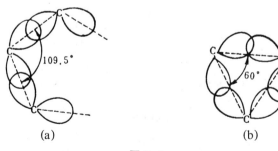

图 2-8

(a) 键角为 109.5°,sp^3-sp^3 得到充分重叠; (b) 环丙烷键角为 60°,sp^3-sp^3 得不到充分重叠

2. 环己烷及其衍生物的构象

在环烷烃中,由于单键旋转受到限制,因此可以得到一些不同构象的异构体,或以某种构象为主的异构体,而且构象不同也将影响这些异构体的稳定性与化学反应,所以在环烷烃中,

研究它的构象以及构象与反应性能的关系也就更显得重要。

在环烷烃中,环己烷最稳定,环己烷的衍生物在合成产物与天然界中存在最广,因此环己烷在环烷烃中最重要,所以首先着重讨论它。

对于一个分子的构象,要综合考虑各种张力的影响。下面以环己烷为例,进行构象稳定性的分析。没有角张力的环己烷(即键角为109.5°)的构象有3种:椅式、船式与扭曲船式。从扭转张力看,3种构象的纽曼投影式为:

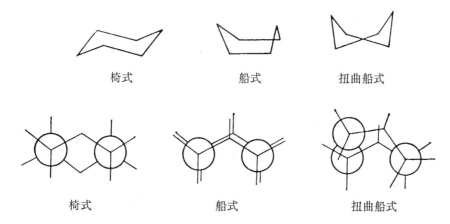

椅式   船式   扭曲船式

椅式   船式   扭曲船式

从以上纽曼投影式可清楚地看出椅式环己烷相邻碳都是交叉式;船式中有两对碳是重叠式,其余为交叉式;扭曲船式中相邻碳中没有重叠式,而是错开一些的交叉式。所以,船式扭转张力最大,扭曲船式次之,椅式最小。从空间张力看:

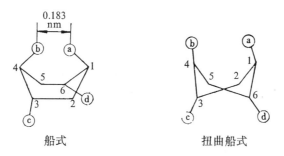

船式   扭曲船式

船式中1,4碳上的氢相距只有0.183 nm,在范德华半径0.25 nm之内,有空间张力。扭曲船式中1,4碳上的氢相距较远,空间张力较小。椅式中1,4碳上的氢相距很远,没有空间张力。综合起来看,椅式环己烷最稳定;扭曲船式次之,位能较椅式高23 kJ/mol;船式最不稳定,位能较椅式高29.7 kJ/mol。

椅式、船式、扭曲船式随着键的旋转是可以互相转换的。当椅式将它的两条腿向上翻转时,中间将经过一个张力最大的构象——半椅式,它比椅式位能高46 kJ/mol,然后由半椅式变为扭曲船式与船式。船式可将原来的椅背往下翻,中间经过半椅式变为椅式,不过与原来的椅式相比,椅背变成了椅脚,椅脚变成了椅背。由椅式变成翻转的椅式的整个过程中,位能的变化见图2-9。

从位能图可以看到,由椅式转变到船式中间要经过位能较高的半椅式,但是位能差别还不算很大,在室温时就可以互相转变,所以环己烷的各种构象是处在可逆变化的平衡状态中。由于椅式的位能最低,平衡有利于椅式的存在。在室温时,椅式与扭曲船式之比大致为10000:1。船式的位能更高,存在的比例也就更小了。所以,环己烷在室温时99.9%以上都是以椅式存在,但是椅式又是和它的翻转椅式处在动态的平衡之中。

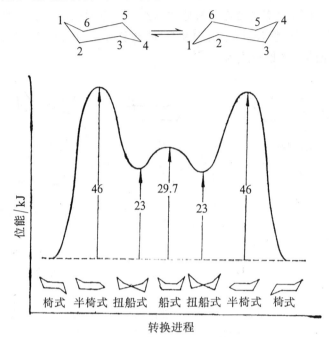

图 2-9   环己烷由椅式转换为船式过程中位能的变化

只有在低温时(−89℃),才能测出环己烷以一种椅式的构象存在。

(1) 一取代环己烷,平键与直键

椅式环己烷中,每个碳上两个氢所处的位置是不同的。椅式环己烷中,1,3,5三个碳在一个平面,2,4,6三个碳在一个平面,而且这两个平面是互相平行的。环己烷中每个碳上的两个氢,一个与这组平面垂直,称为直键;另一个与这组平面大致平行,称为平键。直键又简称为 a 键,平键又简称为 e 键。

直键 a   平键 e

当椅式环己烷变成翻转的椅式时,原来的平键都变成直键,而原来的直键都变成平键。

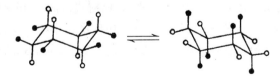

黑球为平键,圈为直键   黑球为直键,圈为平键
椅式环己烷翻转后平直键的变化

34

在 1,3 位直键之间距离最近,只有 0.23 nm。如果 1,3 位直键为两个氢,由于氢的范德华半径小,它们相互间没有空间张力;但如果换了一个比氢大的取代基就有空间张力,就会影响构象的稳定性。例如甲基环己烷可以有两种构象:平键甲基环己烷与直键甲基环己烷。

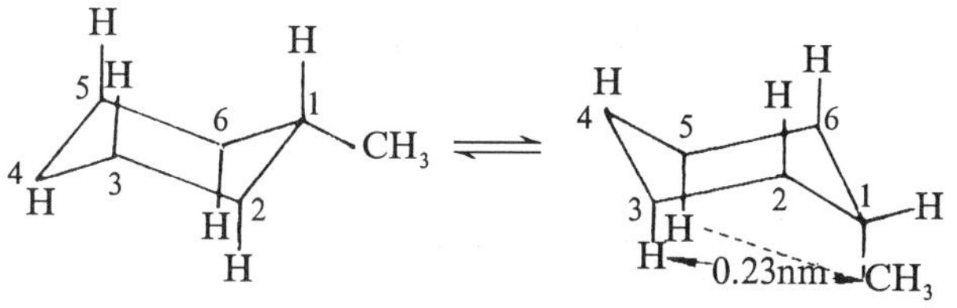

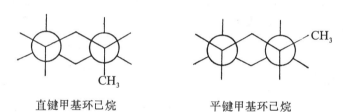

对这两种构象,从空间张力来分析:直键甲基环己烷中,甲基与 3,5 直键氢间有空间张力;但平键甲基环己烷中,甲基与 3,5 直键氢间没有空间张力。从扭转张力看:平键甲基环己烷中,甲基处在最稳定的反式构象;而直键甲基环己烷中,甲基处在空间位阻较大的邻式构象。

直键甲基环己烷　　　　　　　平键甲基环己烷

从空间张力与扭转张力看,都是平键环己烷比直键环己烷稳定,它们之间位能差为 7.1 kJ/mol。测得平键构象占 85%,直键构象占 15%。从表 2-4 可看到取代基愈大,影响平直键取代基间位能之差愈大,因此平键取代的构象所占的比例愈大。

表 2-4　平、直键—取代环己烷构象间位能差

基　　团	$-\Delta G°$(平⇌直)/(kJ·mol^{-1})	基　　团	$-\Delta G°$/(kJ·mol^{-1})
CH_3-	7.1	F	1.0
CH_3CH_2-	7.5	Cl	2.1
$HC\equiv C-$	1.7	Br	2.1
$(CH_3)_2CH-$	8.8	I	1.9
$(CH_3)_3C-$	20.9~25.1	OH	4.2
C_6H_5-	13.0	OCH_3	2.3
		CN	0.8
		COOH	5.9
		NH_2	~6.3

由于所有取代基都比氢大,因此平键取代都比直键取代稳定。由于叔丁基空间位阻最大,所以叔丁基环己烷几乎全部以平键取代物存在。

(2) 二取代环己烷,顺反异构

当环己烷的两个碳上都带有甲基时,则有顺反异构。两个取代基在环的同一面叫顺式,在环的异面叫反式。如 1,4-二甲基环己烷就有顺式与反式两种构型。

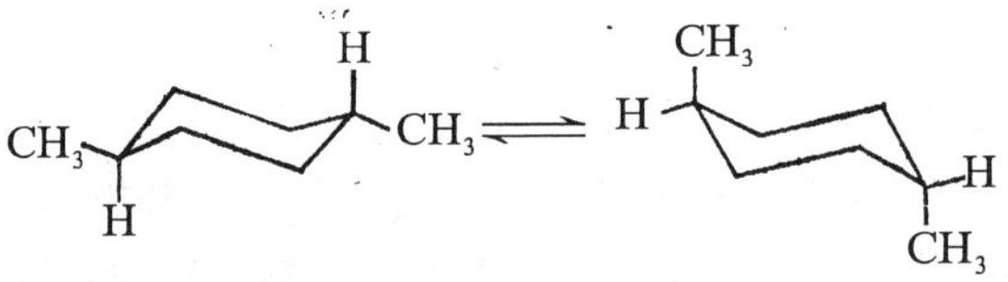

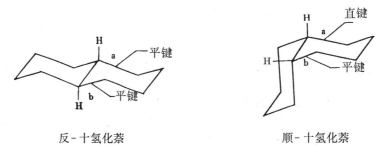

双平键　　　　　　　　双直键

反-1,4-二甲基环己烷

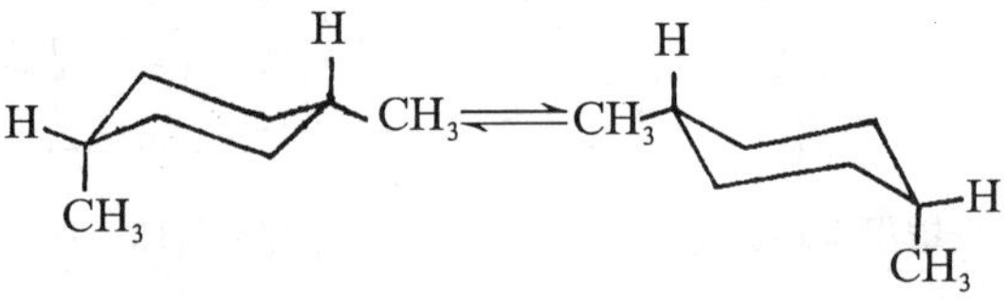

直平键　　　　　　　　平直键

顺-1,4-二甲基环己烷

顺、反异构不是构象异构,而是构型异构,因为这两种异构不能通过键的旋转而改变顺式或反式。如双平键的反-1,4-二甲基环己烷通过键旋转可变成双直键的1,4-二甲基环己烷,但两个甲基仍处在环的两面,所以仍是反式。但双平键构象最稳定,占99.0%。

对于1,2-与1,3-二取代环己烷,在分析它们构象的稳定性时,不仅要考虑平、直键对稳定性的影响,还要考虑这两个基团(原子)相互作用(如空间位阻、极性斥力与吸力、氢键等)对稳定性的影响。如反-1,2-二溴环己烷,不仅溴原子体积较大,而双平键构象的两个溴原子间斥力也相当大。两相综合,它们的双平键和双直键构象各占一半。

3. 十氢化萘的构象

十氢化萘是由两个环己烷骈联形成,环己烷均以椅式存在。骈联处两个碳原子上的氢在环的同一面,称为顺-十氢化萘;在环的异面,称为反-十氢化萘。

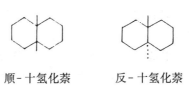

反-十氢化萘　　　　　　　　　　顺-十氢化萘

顺反异构也可用平面的式子来表示,在环上的氢或取代基,若在环平面之上,用实线表示;在环平面之下,用虚线表示。

顺-十氢化萘　　　　　　反-十氢化萘

顺-与反-十氢化萘中,以反式比较稳定。若将十氢化萘中骈联的环看成环己烷的两个取代基 a 与 b,则反-十氢化萘中环己烷的两个取代基均处于平键的位置,而顺-十氢化萘中环己烷的两个取代基 a 处于直键,b 处于平键,所以顺-十氢化萘的稳定性比反式低。

这种通过对不同构象稳定性的分析,从而判定何种构象稳定,存在几率以及联系到它的物理与化学性能的方法称之为构象分析,是有机化学理论的一个新领域。

习　题

1. 写出下列诸化合物的结构式:

(a) 2,2,4-三甲基戊烷

(b) 3,4-二甲基-4-乙基庚烷

(c) 2-甲基-3-乙基己烷

(d) 异戊烷

(e) 新己烷

(f) 4-叔丁基辛烷

(g) 2,2-二甲基丙烷

(h) 2-甲基-3-乙基庚烷

2. 给出下列化合物的系统命名:

(a)
$$CH_3CH_2CH_2CHCH_2{-}CHCH_3$$
$$CH_3{-}\underset{\underset{CH_3}{|}}{\overset{|}{C}}{-}CH_3 \quad CH_2CH_3$$

(b)
$$CH_3CH \quad CHCH_2CH_2CH_3$$
$$\underset{CH_3}{|} \quad \underset{CH_2CH_2CH_3}{|}$$

(c)
$$CH_3CHCH_2CH_2CHCH_3$$
$$\underset{CH_3}{|} \qquad \underset{CH_3}{|}$$

3. 写出下列各取代基的结构式:

乙基、异丙基、异丁基、二级丁基、异戊基、新戊基、三级戊基。

4. 试在第一题中找出一个符合下列条件的化合物:

(a) 没有叔氢原子

(b) 有一个叔氢原子

(c) 有两个叔氢原子

(d) 没有仲氢原子

(e) 有两个仲氢原子

(f) 仲氢原子的数目是伯氢原子的 1/3

5. 不查表,试将下列烃类化合物按沸点降低的次序排列。

(a) 3,3-二甲基戊烷

(b) 正庚烷

(c) 2-甲基庚烷

(d) 2-甲基己烷

(e) 正戊烷

6. 试写出异己烷一氯代时所得全部产物的结构并用系统命名法命名。

7. 当等摩尔甲烷与乙烷混合物进行一氯代时,产物中氯甲烷和氯乙烷之比为 1:400,试解释其原因。

8. 作出下面化合物键旋转的位能曲线。只考虑标有"＊"号的键的旋转,近似地比较各种构象位能的高低,并画出相应的构象。

$$(CH_3)_2CH \overset{*}{-\!\!\!-\!\!\!-} CH(CH_3)_2$$

9. 试根据键能数据计算 $CH_4 + Br_2 \longrightarrow CH_3Br + HBr$ 的反应 ΔH,并说明反应是吸热还是放热。

10. 完成下列反应式,并写出其一氯代的自由基反应历程。

(a) $C_2H_6 + Cl_2 \xrightarrow{250℃} ?$

(b) $CH_2{=\!\!=}CH{-}CH_3 + Cl_2 \xrightarrow{h\nu} ?$

(c) $C_6H_5CH_3 + Cl_2 \xrightarrow{h\nu}$?

11. 给出下列化合物的命名:

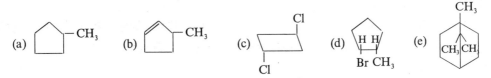

(a)　　　　　　(b)　　　　　　(c)　　　　　　(d)　　　　　　(e)

12. 画出下列各化合物最稳定的构象式:

(a) 顺-1,3-二叔丁基环己烷　　　　　　(b) 反-1,3-二叔丁基环己烷

(c) 顺-4-叔丁基甲基环己烷　　　　　　(d) 顺-1,3-环己二醇

13. 反-1,2-二甲基环己烷大约以 90% 的二平键构象存在。而反-1,2-二溴环己烷(或反-1,2-二氯环己烷)以等量的二平键和二直键构象存在;而且二直键构象的数量随着溶剂极性的增加而减少。试说明二甲基与二溴或二氯化合物间差别的原因(提示:注意甲基与溴间极性差别)。

14. (a) 试解释反-十氢化萘比顺-十氢化萘稳定的原因。

(b) 顺和反-十氢化萘之间稳定性之差为 8.4 kJ/mol。只有在非常激烈的条件下,才能从一个转变成另一个。但是环己烷的椅式和扭船式稳定性之差约为 25.1 kJ/mol,在室温下却能很快地互变,怎样解释这个差别。

15. 写出下列各个反应所得的主要有机产物的结构。

(a) 环丙烷+Cl_2,$FeCl_3$　　　　　　(b) 环丙烷+Cl_2 (300℃)

(c) 环丙烷+浓 H_2SO_4　　　　　　(d) 环戊烷+Cl_2,$FeCl_3$

(e) 环戊烷+Cl_2 (300℃)　　　　　　(f) 环戊烷+浓 H_2SO_4

第三章　烯烃与炔烃

分子中具有碳碳双键或叁键的烃分别叫做烯烃或炔烃。它们都属于不饱和烃。不饱和烃意味着它们还能与其他原子(或基团)结合生成饱和的烃类化合物或其衍生物。由于它们结构上和主要化学性质有着共同的特点,即都具有 π 键与不饱和性,因此将它们放在一起进行讨论。

Ⅰ. 烯　　烃

烯烃分子中所含碳碳双键的数目和位置的不同,常常又分为单烯烃、双烯烃(聚集双烯、隔离双烯、共轭双烯)、多烯烃等。天然界存在许多烯烃类化合物。许多热带植物的叶子可以产生乙烯。乙烯有催熟作用,它还可以加速树叶死亡与脱落。天然界中还有许多结构复杂的烯类化合物,如萜类与甾族中的某些化合物。天然橡胶就是其中重要的一种,具有如下结构:

$$\begin{matrix} & CH_3 \\ & | \\ \leftarrow CH_2 - C = CH - CH_2 \rightarrow_n \end{matrix}$$

近年来又发现一种结构复杂、性能特殊的全碳分子的烯,称为富勒烯——C_{60} 和 C_{70} 等。

3.1　烯烃的结构

1. 乙烯

乙烯分子中的碳原子轨道为 sp^2 杂化,碳上的 3 个 sp^2 轨道处于同一平面上,角度互为 $120°$,碳原子上还有一个和该平面垂直的 p 轨道(见图 3-1)。

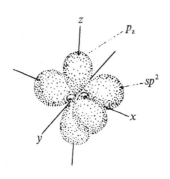

图 3-1　sp^2 杂化的碳原子上的 3 个 sp^2 轨道与 1 个 p 轨道

碳碳双键是由两个 sp^2 轨道重叠形成 σ 键和两个处在同一平面的同位相的 p 轨道从侧面重叠形成的 π 键组成。σ 键的轨道呈轴对称,而 π 键的轨道呈平面对称(见图 3-2)。

碳氢键是由碳的 sp^2 轨道与氢的 s 轨道形成的。若要从侧面重叠,必须互相平行,这样

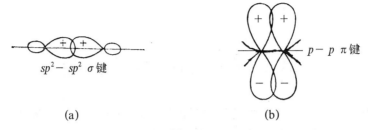

(a)   (b)

图 3-2

(a) σ 键的轨道呈轴对称重叠；(b) π 键的轨道呈侧面重叠,平面对称

必然要求两个碳原子的 sp^2 轨道都在同一平面上,所以乙烯分子上的碳氢键都在同一平面上,键角为 120°(见图 3-3)。

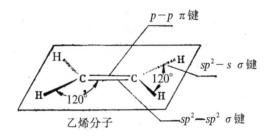

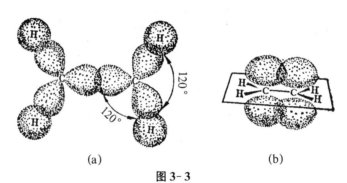

(a)   (b)

图 3-3

(a) 两个碳原子的 sp^2 轨道都处在同一平面；(b) 两个碳原子的 p 轨道的重叠

碳碳双键和单键不同,它不能旋转,因为旋转就要破坏 p 轨道与 p 轨道的重叠,也就破坏了 π 键(见图 3-4)。

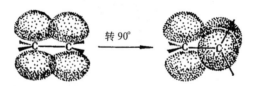

图 3-4 碳碳双键旋转将使 p 轨道间不能重叠,破坏 π 键

由于碳碳双键不能旋转,使下列化合物可以稳定地成为两个异构体:取代基在双键同一侧

$$
\underset{H}{\overset{H_3C}{>}}C=C\underset{H}{\overset{CH_3}{<}} \qquad 与 \qquad \underset{H}{\overset{H_3C}{>}}C=C\underset{CH_3}{\overset{H}{<}}
$$

40

的叫顺式异构体;取代基在双键两侧的叫反式异构体。这种异构现象叫顺反异构或叫几何异构。

碳碳双键的键长为 0.134 nm,比碳碳单键(0.154 nm)短。乙烯上的碳氢键长为 0.108 nm,比乙烷上的碳氢键长(0.110 nm)短。这是由于乙烯的碳氢键为 sp^2—s 组成,乙烷的碳氢键为 sp^3—s 组成,而 sp^2 轨道的 p 成分比 sp^3 少,所以 sp^2 轨道比 sp^3 轨道短,使乙烯的碳氢键长较短。碳碳双键的键能为 611 kJ/mol,比碳碳单键的键能 347 kJ/mol 大,但比它的两倍小,这也说明碳碳双键不是由两个 σ 键组成的。

双烯烃的结构大致与乙烯相似,但双键数目不同。因双键位置不同,可分为 3 种:

2. 聚集双烯

两个双键连在一个碳上的双烯,如丙二烯(CH_2=C=CH_2)。在丙二烯分子中,头尾两个碳为 sp^2 杂化,中间的碳为 sp 杂化,所形成的两个 π 键不是在一个平面上,而是互相垂直的,不能互相重叠(见图 3-5)。

图 3-5 (a) 丙二烯 π 键的轨道图; (b) 丙二烯两个 π 键互相垂直

3. 隔离双烯

两个双键之间隔着两个以上的单键,如 1,4-戊二烯。由于 π 键之间隔离着亚甲基,因此 π 键之间不能发生重叠。

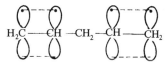

1,4-戊二烯

4. 共轭双烯

两个双键之间仅隔着一个单键,如 1,3-丁二烯(CH_2=CH—CH=CH_2),当整个分子处在同一平面时,两个 π 键是相互平行的,可以发生重叠,使原来两个 π 键上的电子云离域,这种现象叫共轭,或称为 π—π 共轭。p,π 或 π,π 轨道的重叠,都称为共轭,而 σ,p 或 σ,π 轨道的重叠都称为超共轭。共轭实际是形成了一种新的化学键,有些书上称为大 π 键。

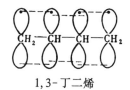

1,3-丁二烯

由于共轭使共轭双烯烃变稳定,从测得的双烯烃的氢化热看出,由于双键共轭使 1,3-戊二烯比 1,4-戊二烯能量降低了 28 kJ/mol,这个能量称为共轭能。

1,3-丁二烯分子中,C_1—C_2,C_3—C_4 键长为 0.136 nm,比乙烯的双键键长稍长;C_2—C_3 键长为 0.146 nm,比乙烷分子的碳碳键(0.154 nm)短,因为 C_2—C_3 键是由 sp^2—sp^2 组成的,而乙烷的碳碳键是由 sp^3—sp^3 组成的,加之大 π 键的作用,使键长趋于均匀化,所以 C_2—C_3 的键短些。

π-π 共轭必然使 1,3-丁二烯整个分子都处在同一平面上,否则 π-π 之间的轨道将不能重叠,也就不能发生共轭。因此,1,3-丁二烯只可能有两个较稳定的构象(见下式)。C_2—C_3 的其他旋转角度都将破坏共轭体系。

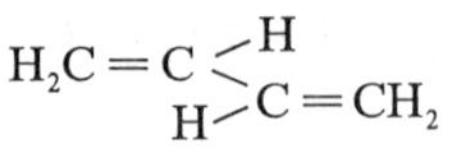

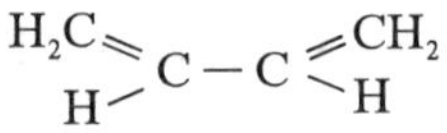

$$H_2C=C{<}^H_{C=CH_2}\qquad H_2C{=}^H_{\,}C-C{<}^{CH_2}_H$$

3.2 烯烃的命名

烯烃的命名原则基本与烷烃相同。但在系统命名中,选含有碳碳双键最长的链为主链,编号从距离双键最近的一端开始。书写时要分别标出双键的位置(编号)与双键的数目。如:

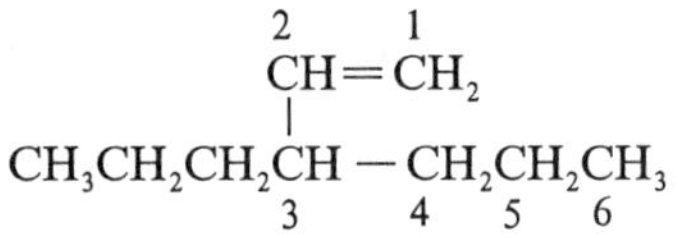

$$\overset{2}{C}H=\overset{1}{C}H_2$$
$$CH_3CH_2\underset{3}{C}H_2CH-\underset{4}{C}H_2\underset{5}{C}H_2\underset{6}{C}H_3 \qquad 3-丙基-1-己烯$$

$$CH_3CH_2CH=CH_2 \qquad 1-丁烯$$
$$CH_3CH=CHCH_3 \qquad 2-丁烯$$

$$\overset{1}{C}H_2=\overset{2}{C}H-\overset{3}{C}H=\overset{4}{C}H-\overset{5}{C}H_3 \qquad 1,3-戊二烯$$

$$\overset{1}{C}H_2=\overset{2}{C}H-\overset{3}{C}H_2-\overset{4}{C}H=\overset{5}{C}H_2 \qquad 1,4-戊二烯$$

关于顺反异构的命名现有两种标记构型的方法:

1. 用顺反异构标记

双键旁的两个基团在同一侧的叫顺式,在两侧的叫反式,如下列化合物的命名。

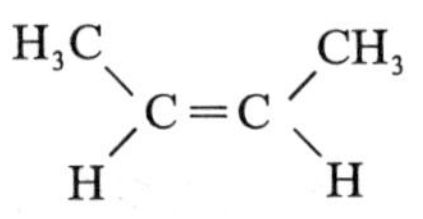

$$\underset{H}{\overset{H_3C}{>}}C=C\underset{H}{\overset{CH_3}{<}} \qquad \underset{H}{\overset{H_3C}{>}}C=C\underset{CH_3}{\overset{H}{<}} \qquad \underset{H}{\overset{H_3CH_2C}{>}}C=C\underset{CH_2CH_2CH_3}{\overset{H}{<}}$$

顺-2-丁烯 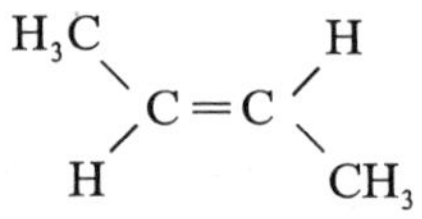 　　　　　反-2-丁烯 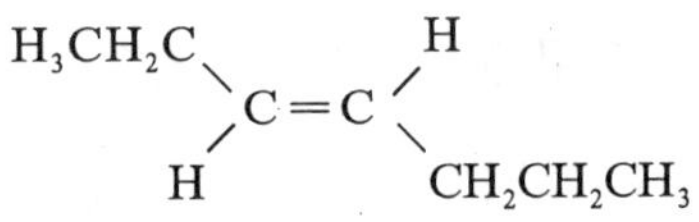 　　　　　　反-3-庚烯

但是对于双键旁具有 3 个以上基团的烯类化合物用顺、反来标记顺、反异构就有困难,所以在 1980 年"命名修订建议"中建议取消顺、反标记的方法,采用 Z,E 标记的方法。但对于简单的二取代烯烃仍保留顺、反标记的方法。

2. 用 Z,E 标记

Z,E 标记是根据基团大小的顺序来命名的,如对于下列烯烃:

Z 式 E 式

若 a>b, d>e, 大的基团在同一侧的叫 Z 式; 大的基团在两侧的叫 E 式。

根据基团的序列规定, 下列化合物可以分别命名如下:

(E)-2-氯-2-戊烯 (Z)-2-氯-2-戊烯 $Cl->CH_3-$

$C_2H_5->H-$

(E, E)-2, 4-己二烯 (Z, E)-2,4-己二烯 (Z, Z)-2,4-己二烯

3.3 物 理 性 质

烯烃的物理性质与烷烃很相似。沸点随分子量增加而增高。对于直链烯烃每增加一个 CH_2, 增加沸点 20～30℃。在同分异构体中, 支链烯烃比直链烯烃沸点低。同分子量的烯烃顺式异构体比反式异构体沸点略高, 而熔点则相反。不溶于水, 易溶于非极性溶剂。比重小于水。

烯烃可以有弱的极性, 特别是不对称烯烃, 这是因为烯烃的 π 电子易被极化之故。如: 丙烯的偶极矩为 0.35 D, 顺-2-丁烯的偶极矩为 0.33 D, 而反-2-丁烯偶极矩则为零。

表 3-1 烯烃的物理常数

名　　称	分 子 式	熔点/℃	沸点/℃	密度/g·cm⁻³(20℃)
乙 烯	$CH_2=CH_2$	−169	−102	
丙 烯	$CH_2=CHCH_3$	−185	−48	
1-丁烯	$CH_2=CHCH_2CH_3$	−184	−6.5	
1-戊烯	$CH_2=CHCH_2CH_2CH_3$	−138	30	0.643
1-己烯	$CH_2=CH(CH_2)_3CH_3$	−138	63.5	0.675
1-庚烯	$CH_2=CH(CH_2)_4CH_3$	−119	93	0.698
1-辛烯	$CH_2=CH(CH_2)_5CH_3$	−104	122.5	0.716
1-壬烯	$CH_2=CH(CH_2)_6CH_3$		146	0.731
1-癸烯	$CH_2=CH(CH_2)_7CH_3$	−87	171	0.743
(Z)-2-丁烯	顺-$CH_3CH=CHCH_3$	−139	4	
(E)-2-丁烯	反-$CH_3CH=CHCH_3$	−106	1	
异丁烯	$CH_2=C(CH_3)_2$	−141	−7	
(Z)-2-戊烯	顺-$CH_3CH=CHCH_2CH_3$	−151	37	0.655
(E)-2-戊烯	反-$CH_3CH=CHCH_2CH_3$	−135	36	0.647
3-甲基-1-丁烯	$CH_2=CHCH(CH_3)_2$	−135	25	0.648
2-甲基-2-丁烯	$CH_3CH=C(CH_3)_2$	−123	39	0.660
2,3-二甲基-2-丁烯	$(CH_3)_2C=C(CH_3)_2$	−74	73	0.705

3.4 化 学 性 质

从前面的结构分析看到,烯烃的碳碳双键(官能团)是由 σ 键与 π 键组成, π 键的电子云分布在两原子核所处平面的上、下,易受试剂进攻,加之与双键相连碳(称 α-碳)上的 σ 键相互影响,所以烯烃的化学反应主要在双键与 α-碳上进行。下面逐一讨论。

1. 加成反应

(1) 加氢

烯烃在没有催化剂存在时加氢很困难,但是在有镍、铂或钯等过渡金属存在下,室温就可以加氢,而且反应可以定量地完成。这些过渡金属在反应过程中并没有消耗掉,也没有改变反应的平衡,只是降低了反应的活化能,加速了反应的进行。这种物质称为催化剂。如 1,2-二甲基环戊烯在钯的催化作用下,加氢得到顺-1,2-二甲基环戊烷。两个氢原子是从双键的同侧加上去的,叫顺式加成。催化加氢都按此方式进行。

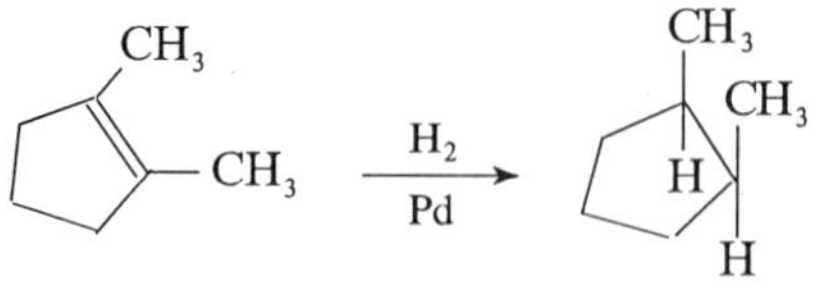

加氢反应是一个可逆反应,所以加氢催化剂往往也是脱氢的催化剂:

$$R-CH=CH-R+H_2 \underset{\text{脱氢}}{\overset{\text{加氢}}{\rightleftharpoons}} R-CH_2CH_2-R + 热$$

究竟进行加氢还是脱氢,与反应条件有关。当将氢大大过量时,并适当加压和在较低温度下反应,则适于加氢。若在高温(因为脱氢是一吸热反应,温度高,平衡有利于脱氢),并用氮气不断将反应体系与催化剂表面的氢气带走,则可以进行脱氢反应。

在生物体内也存在加氢与脱氢的可逆反应,如在丁二酸脱氢酶催化下,可使丁二酸脱氢形成反-丁烯二酸,这个反应也是可逆的:

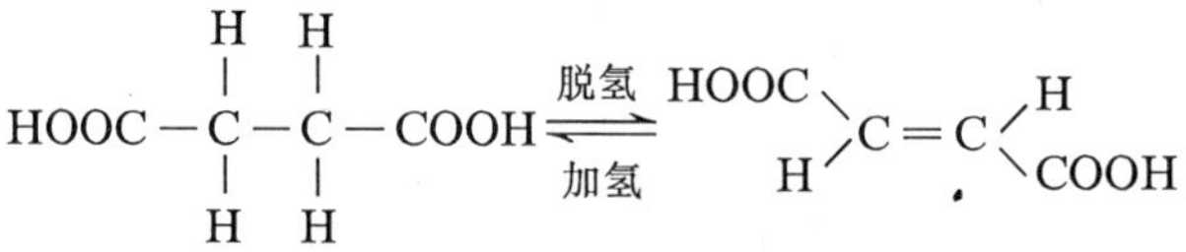

很有意思的是这个酶催化反应得不到顺-丁烯二酸,顺-丁烯二酸也变不回丁二酸。

催化加氢反应的历程可以用图 3-6 来表示,氢气与烯烃为金属催化剂的表面所吸附,这种吸附是一种化学吸附,然后再逐步转移氢到双键上。由于反应是在烯烃分子被吸附的一面进行,所以加氢是顺式加成。

加氢不仅在合成上应用,而且由于这个反应可以 100% 完成,所以根据加氢时氢消耗的体积,可以定量地测定双键的含量。

加氢是一放热反应,可以通过氢化热的测定来判断烯烃的稳定性。因为氢化热正好反映了烷烃与烯烃之间能量的差别,所以可用来比较烯烃的稳定性。如反-2-丁烯的氢化热为115kJ/mol,而顺-2-丁烯的氢化热为120kJ/mol。所以反-2-丁烯比顺-2-丁烯稳定。从结构上看,顺-2-丁烯上的两个甲基在同一侧,有一定空间阻碍,使4个碳原子不能完全在一共平面上,因而减少了π键中的$p-p$轨道的重叠,所以稳定性较差。

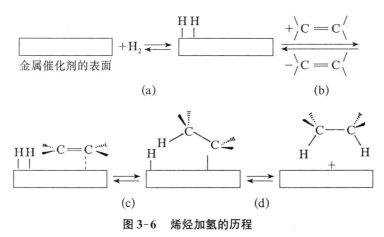

图 3-6　烯烃加氢的历程

表 3-2　一些烯烃的氢化热(kJ/mol)

烯　　烃	氢化热	烯　　烃	氢化热
乙　烯	137	2-甲基-1-丁烯	119
1-丁烯	127		
1-戊烯	126	反-2-丁烯	115
3-甲基-1-丁烯	127	反-2-戊烯	115
顺-2-丁烯	120	2-甲基-2-丁烯	113
顺-2-戊烯	120	2,3-二甲基-2-丁烯	111

从表中可以看出,烯烃的稳定性顺序大致为:

$$R_2C = CR_2 > R_2C = CHR > R_2C = CH_2, RCH = CHR > RCH = CH_2 > CH_2 = CH_2$$

(2) 亲电加成

所谓亲电加成是指亲电试剂(一种本身缺少一对电子,又有能力从反应中得到电子,并形成共价键的试剂)首先进攻烯烃的双键,并得到一对电子形成共价键,从而产生正碳离子中间体。这一步最慢,是决定反应速度的一步。然后不稳定的正碳离子中间体与亲核试剂(一种带有一对电子,又有能力给出这对电子形成共价键的试剂)反应,形成加成产物。具有这种历程的反应称为亲电加成反应。如下列反应:

（2）

45

由于第一步反应是决定整个加成反应速度的,所以该反应的速度为烯烃与亲电试剂的浓度所决定。

亲电加成中,常用的亲电试剂有: 易被极化的卤素,如 $^{\delta+}Br-Br^{\delta-}$; 质子酸(如 HX, H_2SO_4 等)中的氢质子;含有空轨道的金属离子,如 $(CH_3COO)Hg^+$, Ag^+ 等;未满足 8 电子的缺电子化合物,如二硼烷 $(BH_3)_2$(硼只有 6 个电子); 还有正碳离子等。亲核试剂有: 卤素负离子如 $:\!\overset{..}{B}r\!:^-$, $:\!\overset{..}{C}l\!:^-$; 质子酸的共轭碱如 HSO_4^-, HO^-, $RCOO^-$ 等;以及带有未成键电子对的化合物如水、醇、过氧化氢(HOOH)等。 所以亲电加成是范围广泛的一类反应。由于烯烃结构的不同和亲电试剂的各异,加成反应的方式与取向以及反应速度的快慢均有不同,这是在学习过程中需要注意的。

a. 与卤素的加成

氯与溴很易与烯烃发生加成反应。它与烷烃的卤素取代反应不同,不需要高温或紫外光照射,在常温情况溶剂(如四氯化碳)中就可以加成。当溴与烯烃发生加成后,溴的红棕色就消失了,很易识别,所以常用溴的四氯化碳溶液来鉴别双键的存在,区别烷烃与烯烃。氟太活泼,反应难以控制,不仅有加成,也有取代反应。碘太不活泼,不能发生加成反应。

溴的加成与加氢不同,它不是顺式加成,而是反式加成。

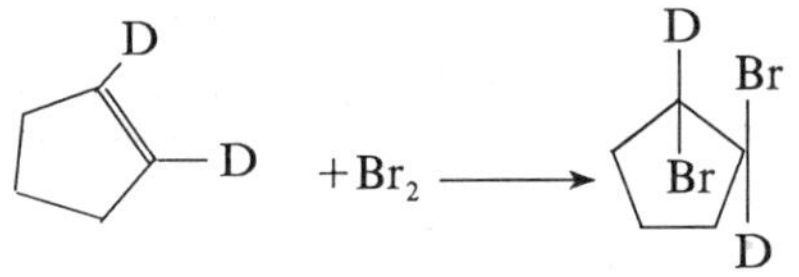

现认为加溴的历程是溴在双键 π 电子影响下,首先发生极化 $Br^{\delta+}-Br^{\delta-}$,然后极化的溴的正端与 π 电子反应形成含溴的三员环中间体,并分离出溴的负离子。溴与碳成键后仍留有未成键的 p 电子对,可以同正碳离子的空 p 轨道从侧面重叠,由于这两个 p 轨道不是沿着键轴方向重叠,所以这个键是不稳定的,原来正碳离子的碳仍保留有正碳离子的性质,所以用虚线表示这个碳溴键,正荷仍写在原来的碳处(有时也可把正荷写在溴上)。溴负离子就从带有正电荷同时连接溴的那个碳原子背后进攻,将环打开,形成二溴的加成物,这样将保证溴是反式加成。

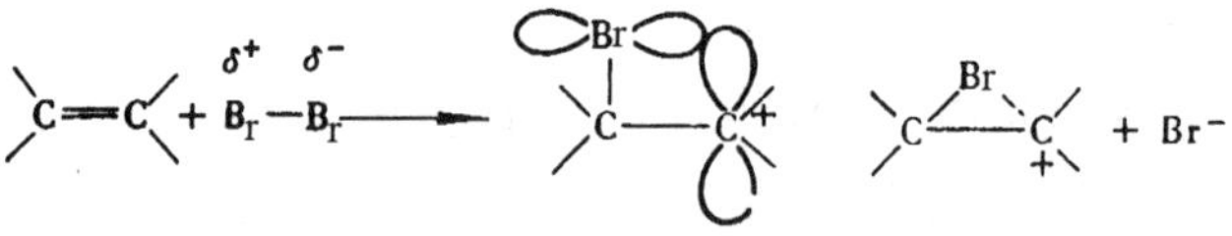

三员环中间体

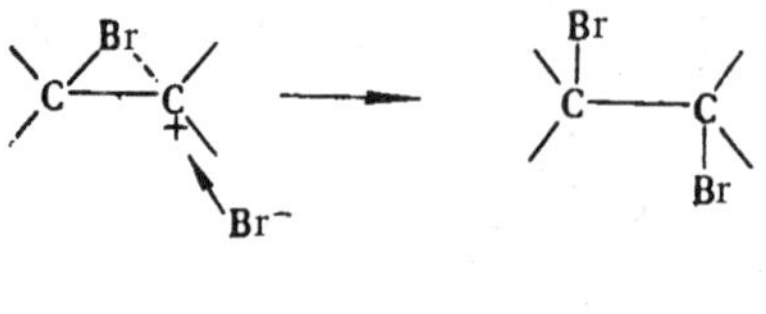

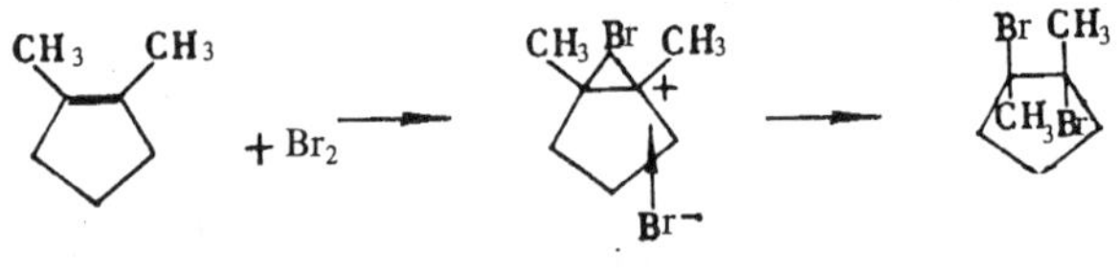

46

为什么认为溴负离子后来上去？这可用下列实验证实,如在溴中加水与氯化钠,然后通乙烯,则不仅得到二溴化物,还得到1-氯-2-溴乙烷与2-溴乙醇。这说明了氯负离子参与了反应,因此也说明溴负离子参与了反应。

但是乙烯单独同水或与水和氯化钠都不发生反应。这个实验说明,若没有溴首先起作用,就不能发生反应,所以氯、溴的负离子和水不可能首先起作用。

b. 与卤化氢、次氯酸和硫酸反应

乙烯与它们加成分别得到卤乙烷、氯乙醇和硫酸乙酯。但与不对称烯烃反应,则可能出现2种产物,这就需要讨论加成的取向问题,即主要产物。如:

$$CH_3CH = CH_2 + HBr \xrightarrow{\text{冰醋酸}} CH_3\underset{\underset{Br}{|}}{CH} - CH_3 + CH_3CH_2 - CH_2Br$$

主要产物   次要产物

$$CH_3CH = CH_2 + H_2SO_4 \rightleftharpoons CH_3\underset{\underset{OSO_3H}{|}}{CH}CH_3 + CH_3CH_2CH_2 - OSO_3H$$

主要产物   次要产物

$$CH_3CH = CH_2 + HOCl \longrightarrow CH_3\underset{\underset{Cl}{|}}{CH} - \underset{\underset{OH}{|}}{CH_2} + CH_3 - \underset{\underset{OH}{|}}{CH}CH_2Cl$$

次要产物   主要产物

为什么按这种加成取向呢？这与正碳离子中间体的稳定性有关。

$$CH_3CH = CH_2 + HX \longrightarrow \begin{cases} CH_3\overset{+}{CH} - CH_3 \xrightarrow{X^-} CH_3\underset{\underset{CH_3}{}}{\overset{\overset{X}{|}}{CH}} - CH_3 & (1) \\ CH_3CH_2\overset{+}{CH_2} \xrightarrow{X^-} CH_3CH_2CH_2 - X & (2) \end{cases}$$

式中HX的$X = Br^-$,Cl^-,HSO_4^-,HO^-。(1)式中中间体为2°正碳离子,(2)式中中间体为1°正碳离子。正碳离子稳定性2°>1°,2°位能较低,所以形成2°正碳离子多,反应活化能也较低,因此X^-负离子主要加在2°正碳离子上。这种X^-负离子主要加在双键烷基取代最多的碳原子上的规律,叫马尔柯尼柯夫规律。

为什么2°正碳离子比1°的稳定？这与超共轭有关。正碳离子的碳原子也是sp^2杂化,所以邻近碳上的碳氢或碳碳σ键可以和正碳离子的空p轨道发生重叠,使电荷分散,因而使正碳离子稳定。这也是σ—p的超共轭,凡是σ键与p轨道或π键发生部分重叠,产生离域的现象,都称为超共轭。

3°正碳离子有9个σ键可以参与超共轭,所以最稳定;2°正碳离子有6个σ键可以参与超共轭,所以次之;1°正碳离子有3个σ键可以参与超共轭(见图3-7),所以又次之;甲基正碳离子没有σ键可以参与超共轭,所以最不稳定。

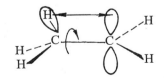

图3-7 1°正碳离子有3个σ键可与空p轨道发生超共轭

$$CH_3\overset{+}{\underset{CH_3}{C}}CH_3 > CH_3\overset{+}{C}HCH_3 > CH_3\overset{+}{C}H_2 > H_3\overset{+}{C}$$

正是正碳离子这种稳定性的规律,就不难理解下面的实验事实:

（1）　　　　$(CH_3)_2C = CH_2 + HBr \longrightarrow [(CH_3)_2\overset{+}{C}-CH_3] \xrightarrow{Br^-} (CH_3)_2\underset{Br}{C}-CH_3$

　　　　　　　　　　　　　　　　　　　　　　　　　　　　　　叔丁基溴

（2）　　　　$(CH_3)_2CHCH = CH_2 + HBr \longrightarrow (CH_3)_2CH\underset{Br}{C}H-CH_3 + (CH_3)_2\underset{Br}{C}CH_2CH_3$

　　　　　　　　　　　　　　　　　　　　　　　　　　　　　　　　　　主要产物

（3）　　　　$(CH_3)_3CCH = CH_2 + HBr \longrightarrow (CH_3)_3C\underset{Br}{C}H-CH_3 + (CH_3)_2\underset{Br}{C}-CH(CH_3)_2$

　　　　　　　　　　　　　　　　　　　　　　　　　　　　　　　　　主要产物

这些实验结果,不仅涉及加成的取向问题,而且反应(2)与(3)中出现了正碳离子重排的现象,反应(2)与(3)生成的中间体分别为:

$$[(CH_3)_2\underset{3}{C}H-\underset{2}{\overset{+}{C}}H-\underset{1}{C}H_3 \rightleftharpoons (CH_3)_2\overset{+}{C}-CH_2CH_3],\quad 3^\circ\ 碳上的氢重排到\ 2^\circ\ 碳上,产生\ 3^\circ\ 正碳离子$$

$$[(CH_3)_3\underset{3}{C}\underset{2}{\overset{+}{C}}H-\underset{1}{C}H_3 \rightleftharpoons (CH_3)_2\overset{+}{C}-CH(CH_3)_2],\quad 甲基重排到\ 2^\circ\ 碳上,产生\ 3^\circ\ 正碳离子$$

这种重排的内在动力就是 3° 正碳离子比 2° 稳定,使体系更加趋于稳定。这种现象的出现虽使反应变得复杂化,但也是有一定规律的:它总是在正碳离子相邻碳之间进行(又称 1,2-位重排),总是往形成最稳定的正碳离子方向重排。而且这种现象在质子酸参与的亲电加成反应中普遍存在,如与硫酸的反应:

$$(CH_3)_3CCH = CH_2 + H_2SO_4 \rightleftharpoons [(CH_3)_3C\overset{+}{C}H-CH_3 \rightleftharpoons (CH_3)_2\overset{+}{C}CH(CH_3)_2] \underset{HSO_4^-}{\rightleftharpoons}$$

$$(CH_3)_2\underset{OSO_3H}{C}CH(CH_3)_2 \xrightarrow{H_2O} (CH_3)_2\underset{OH}{C}CH(CH_3)_2$$

硫酸与烯烃反应生成的硫酸酯遇水(或醇)极易分解生成醇(或醚),所以常用此方法来由烯烃制备醇(或醚)。

从正碳离子中间体的稳定性顺序决定反应速度快慢的顺序这一结果,不难得出烯烃的反应活性次序,即:$(CH_3)_2C = CH_2 > CH_3CH = CHCH_3,\ CH_3CH_2CH = CH_2,\ CH_3CH = CH_2 > CH_2 = CH_2$。实验事实也说明了这一点,如:

$$CH_2 = CH_2 + 98\%H_2SO_4 \longrightarrow CH_3CH_2OSO_3H \xrightarrow[\triangle]{H_2O} CH_3CH_2OH + H_2SO_4$$

$$CH_3CH = CH_2 + 80\%H_2SO_4 \longrightarrow CH_3\underset{OSO_3H}{C}HCH_3 \xrightarrow[\triangle]{H_2O} CH_3\underset{OH}{C}HCH_3 + H_2SO_4$$

$$(CH_3)_2C = CH_2 + 63\%H_2SO_4 \longrightarrow (CH_3)_3C\underset{OSO_3H}{C}-CH_3 \xrightarrow[\triangle]{H_2O} (CH_3)_3C-OH + H_2SO_4$$

由于异丁烯加酸形成 3° 正碳离子,它最稳定,所以最易加成,用稀硫酸即可反应。乙烯、丙稀在此条件下则不反应。

从亲电加成的反应历程可以看出,与烯烃反应的同类型质子酸,其酸性愈强,反应活性愈高。如卤化氢的活性顺序为: $HI > HBr > HCl$。

c. 共轭双烯的加成

共轭双烯与卤素、卤化氢的加成大体与单烯相似,但由于共轭双烯的大 π 键影响,加成时有其自身的特点,即出现 1,2- 与 1,4- 两种加成方式。以加溴化氢为例:

$$\underset{1 \quad 2 \quad 3 \quad 4}{CH_2 = CH - CH = CH_2} + HBr \longrightarrow \underset{\underset{H}{|}}{CH_2} - CH = CH - CH_2 + \underset{\underset{Br \quad H}{| \quad |}}{CH_2 - CH - CH} = CH_2$$

1,4 加成　　　　　　1,2 加成

1- 溴 -2- 丁烯　　　　3- 溴 -1- 丁烯

作为双键加成应该是 1,2- 加成,为什么共轭双烯有 1,4- 加成? 这是因为氢质子首先加到 C_1 (或 C_4) 上,形成一个较稳定的烯丙基型正碳离子中间体。由于此正碳离子上空的 p 轨道可以和 π 键重叠共轭,使正碳离子变稳定。但氢质子不能加到 C_2 (或 C_3) 上,因为氢质子加到 C_2 (或 C_3) 上,形成的正碳离子的空 p 轨道不能和 π 键共轭,得到的是不稳定的正碳离子中间体。

$$H^+ + CH_2 = CH - CH = CH_2 \longrightarrow \underset{\underset{H}{|}}{CH_2} - \overset{+}{C}H - CH - CH_2$$

烯丙基型正碳离子较稳定

$$H^+ + CH_2 = CH - CH = CH_2 \longrightarrow \overset{+}{C}H_2 - \underset{\underset{H}{|}}{CH} - CH - CH_2$$

根据测得烷烃的碳氢键离解能 (kJ/mol) 为:

$$R - H \longrightarrow R^+ + H + e + \Delta H$$

$$CH_3^+ \quad CH_3CH_2^+ \quad CH_3\overset{+}{C}H - CH_3 \quad CH_2 = CH - CH_2^+ \quad \underset{\underset{+}{CH_3\overset{\overset{CH_3}{|}}{C} - CH_3}}{}$$

1393　　1255　　　1159　　　　1142　　　　　1100

所以正碳离子的稳定性为 3° > 烯丙基 > 2° > 1° > CH_3^+ 正碳离子,这一顺序与前面从结构分析得到的顺序基本一致。因此氢质子加到 C_1 上有利于形成较稳定的烯丙基正碳离子。由于正碳原子上空的 p 轨道与 π 键重叠共轭,使正电荷分散在整个共轭体系上,这一方面使烯丙基正碳离子更稳定;另一方面正电荷也不是均匀分布在 C_2,C_3 和 C_4 上,而是间隔地分布在 C_2 和 C_4 上。像下式:

$$\underset{1 \quad\quad 2 \quad\quad 3 \quad\quad 4}{CH_3 - \overset{\delta+}{CH} \overline{} CH \overline{} \overset{\delta+}{CH_2}}$$

烯丙基正碳离子的电荷分布

所以溴负离子可以上 C_2 和 C_4。这样,溴负离子上 C_2,即得 1,2- 加成产物;上 C_4,则得 1,4- 加成产物。

$$CH_2=CH-CH=CH_2+H^+ \longrightarrow CH_3-\overset{\delta+}{CH} \dashrightarrow CH \dashrightarrow \overset{\delta+}{CH_2} \begin{array}{l} \overset{Br^-}{\nearrow} CH_3CH=CH-CH_2Br \\ \overset{Br^-}{\searrow} CH_3CH-CH=CH_2 \\ \qquad\qquad | \\ \qquad\qquad Br \end{array}$$

该反应 1,2- 与 1,4- 加成产物的比例受温度控制,如:

$$CH_2=CH-CH=CH_2+HBr \longrightarrow$$

$$\begin{array}{c} \xrightarrow{-80℃} \underset{H}{CH_2-CH=CH-CH_2Br} \ (20\%), \ \underset{H}{CH_2-CH-CH=CH_2} \ (80\%) \\[2mm] \xrightarrow{40℃} \underset{H}{CH_2-CH=CH-CH_2Br} \ (80\%), \ \underset{H}{CH_2-CH-CH=CH_2} \ (20\%) \end{array} \Bigg\} 40℃$$

为什么在低温与高温反应时,1,2- 加成与 1,4- 加成产物的比率不一样?

在烯丙基型正碳离子上,C_2 为 2° 碳,C_4 为 1° 碳,在 C_2 上带正荷比在 C_4 上更稳定,因此溴负离子上 C_2 比上 C_4 的过渡状态稳定些,所以 1,2- 加成比 1,4- 加成快些(见图 3-8)。

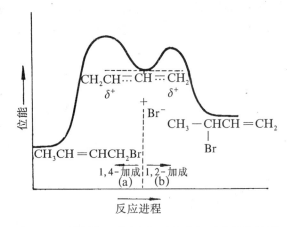

图 3-8 烯丙基正碳离子与溴负离子反应的位能图

(a) 1,4- 加成的过渡状态位能高,产物位能低

(b) 1,2- 加成的过渡状态位能比 1,4- 加成的低,产物位能比 1,4- 加成的高

但是 1,4- 加成产物比 1,2- 加成产物稳定,因为 1,4- 加成产物双键旁有两个烷基与 π 键超共轭,1,2- 加成产物双键旁只有一个烷基与 π 键超共轭,所以 1,4- 加成产物比较稳定,平衡有利于 1,4- 加成产物。但是 1,2- 加成产物与 1,4- 加成产物进行互相转变需要有一定的活化能,在低温时进行这种相互转变的能量是不够的,所以在这时平衡不起作用,产物主要是由 1,2- 与 1,4- 加成反应的速度控制的。当高温反应时,分子有足够的动能可以进行相互间的转变,因此产物主要由 1,4- 与 1,2- 加成物的平衡位置来控制,所以高温时 1,4- 加成产物比较多。

共轭双烯加卤素与加卤化氢相似,也有 1,2- 与 1,4- 加成,而且 1,2- 与 1,4- 加成物的比例也同样与温度有关。低温时 1,2- 加成产物多,高温时 1,4- 加成产物多。这种低温时由反应速率控制产物比例的现象称为速度控制或动力学控制。在高温时由产物间平衡控制产物比例的现象称为平衡控制或热力学控制。这两种观点常用来分析生成多种产物的反应产物比例。

50

d. 与乙酸汞的反

烯烃在四氢呋喃中,可与乙酸汞和水作用生成羟基烷基汞化合物。然后再用硼氢化钠($NaBH_4$)还原去汞,即可得到醇。用这种方法制醇,重排很少,比用硫酸水解法要优越;而且反应快,产率高,常在 90% 以上。

$$CH_3CH_2CH_2CH=CH_2 + CH_3COOHg^+ \longrightarrow CH_3CH_2CH_2\overset{+}{C}H-CH_2 \overset{H_2O}{\longrightarrow} CH_3CH_2CH_2\overset{\displaystyle OH}{\underset{\displaystyle HgOOCCH_3}{C}H-CH_2}$$
HgOOCCH₃ 处 反式加成

$$\overset{NaBH_4}{\longrightarrow} CH_3CH_2CH_2\overset{\displaystyle OH}{CH}-CH_3 + Hg + CH_3COO^-$$

$$(CH_3)_3C-CH=CH_2 \xrightarrow[H_2O]{(CH_3COO)_2Hg,\ 四氢呋喃} \xrightarrow{NaBH_4} (CH_3)_3C-\overset{\displaystyle }{\underset{\displaystyle OH}{CH}}-CH_3$$
(94%)

烯烃与 CH_3COOHg^+ 反应形成的正碳离子中间体也可与醇反应。再经 $NaBH_4$ 还原就可得到醚。如:

$$R-CH=CH_2 + CH_3COOHg^+ \longrightarrow R\overset{+}{C}H-CH_2 \overset{C_2H_5OH}{\longrightarrow} R\overset{\displaystyle OC_2H_5}{\underset{\displaystyle HgOOCCH_3}{CH}}-CH_2 \overset{NaBH_4}{\longrightarrow} R-\overset{\displaystyle OC_2H_5}{CH}-CH_3$$

e. 与二硼烷的反应

二硼烷 $(BH_3)_2$ 可以与烯烃发生加成反应形成有机硼化物,然后用双氧水 (H_2O_2) 氧化可以得到醇与硼酸。这是制醇的又一方法。

$$3CH_3CH=CH_2 + \frac{1}{2}(BH_3)_2 \longrightarrow (CH_3CH_2CH_2)_3B \xrightarrow{H_2O_2/OH^-} 3CH_3CH_2CH_2OH + H_3BO_3$$

从上面反应最终结果看,其最终产物为 1°醇,好像加成的取向是反马氏规律的,但从亲电加成的结果看,它仍符合马氏规律。因为亲电试剂是未满足八电子的硼,而亲核试剂是硼烷上提供的负氢,所以亲电加成的产物是 $(CH_3CH_2CH_2)_3B$。亲电试剂加在不对称烯烃中双键含氢原子多的碳上。从它形成四中心的过渡状态看出,正电荷在 2°碳上比在 1°碳上稳定,所以硼加

$$CH_3CH=CH_2 + BH_3 \longrightarrow \left[\begin{matrix} \overset{\delta+}{CH_3CH}-CH_2 \\ \vdots \qquad | \ ^{\delta-} \\ H\cdots\cdots B \\ | \end{matrix} \right] \longrightarrow CH_3-\overset{\displaystyle }{\underset{\displaystyle H}{CH}}-\overset{\displaystyle }{\underset{\displaystyle B-}{CH_2}}$$
四中心过渡状态

在双键含氢多的碳上。而且它的加成是顺式的。这一反应是利用末端双键制备 1°醇最好的方法。

这里要注意的是二硼烷与烷基硼化合物遇空气都会着火,所以制备、储存与使用二硼烷都比较麻烦。因此常采用在反应过程中产生二硼烷,接着与烯烃反应,最后加碱性的双氧水水溶液,就可以得到醇。这样可省去许多麻烦。如:

$$3\ NaBH_4 + 4\ BF_3 \longrightarrow 2\ (BH_3)_2 + 3\ NaBF_3 \quad (产生二硼烷)$$

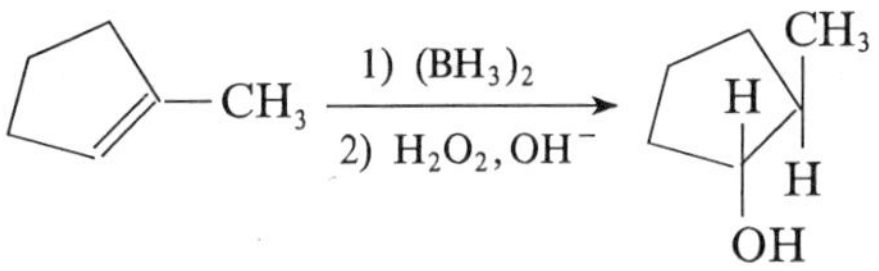

反-2-甲基环戊醇（86%）

（3）自由基加成

丙烯与无水 HBr 在过氧化氢存在下进行加成反应，加成的取向正好与马氏规律相反：

$$CH_3CH = CH_2 + HBr \xrightarrow{\text{过氧化物}} CH_3CH_2CH_2Br$$

为什么在过氧化物存在下，出现这样的加成结果？这是因为在过氧化物存在下，加成反应不是亲电加成，而是自由基加成反应。其历程为：

$$ROOR \xrightarrow{\triangle} 2\ RO\cdot$$

$$RO\cdot + HBr \longrightarrow ROH + Br\cdot$$

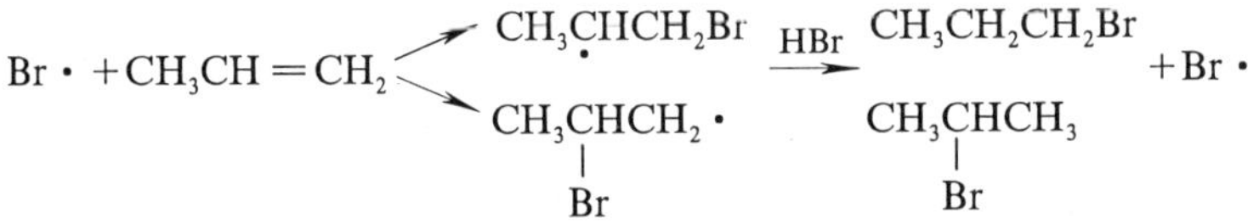

在第二章讲过，2°碳自由基比 1°碳自由基稳定，位能低，反应活化能也低。所以溴原子连在丙烯双键末端碳上，先生成 2°自由基中间体，再与 HBr 作用，得到加成产物，其取向与马氏规律相反。称这种现象为过氧化效应，这种效应只对溴化氢有效。

共轭双烯也可以进行自由基加成，而且与亲电加成一样，有 1,2-加成与 1,4-加成两种方式。

（4）狄尔斯-阿德耳(Diels-Alder)反应 —— 共轭双烯的环状 1,4-加成

丁二烯与顺丁烯二酸酐在苯溶液中加热，可以生成环状的 1,4-加成物。这种反应是共轭

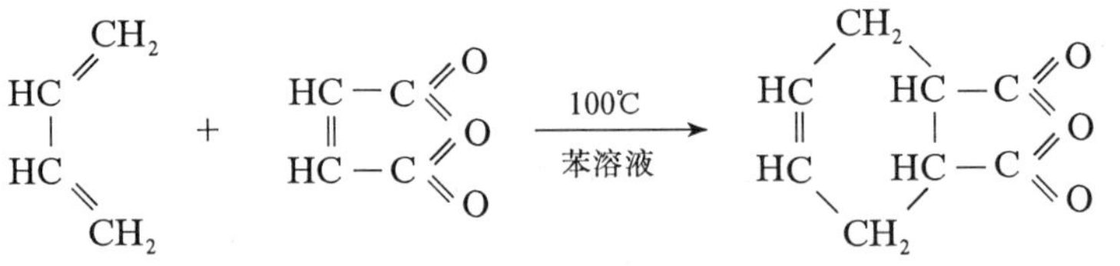

顺丁烯二酸酐　　　　　　　环状 1,4-加成物(100%)

双烯的特征反应，产率高，产物可以结晶，所以常用于共轭双烯的鉴定与分析。

共轭双烯的环状 1,4-加成的反应物可分为两部分：一为共轭双烯部分，要求双烯必须处于顺式构象(构型)，若在丁二烯骨架上带有给电子基团，对反应有利，产率高，反应温度也低，如 2,3-二甲基丁二烯与丙烯醛的反应就比丁二烯快 5 倍；另一为含有碳碳双键或三键的化合物，又称之为亲双烯体部分。若双键上带有吸电子基团，有利于此反应进行。如带有 —CHO, —COR, —COOR, —CN, —NO_2 等。若将上面反应中亲双烯体部分改为乙烯，则反应温度需在 200℃ 才能反应，而且产率仅有 20%。

实验证实共轭双烯上带吸电子基,亲双烯体上带给电子基,将它们放在一起反应,同样可很快地进行 1,4- 环状加成。

这一反应的特点是立体专一性强。主要表现在:

a. 反应为顺式加成,产物中仍保持亲双烯体的构型。 如:

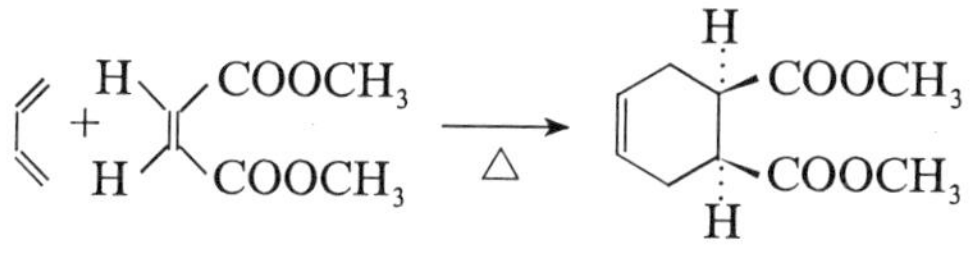

顺-丁烯二酸二甲酯　　　　　　　　顺-4- 环己烯-1, 2-二甲酸二甲酯

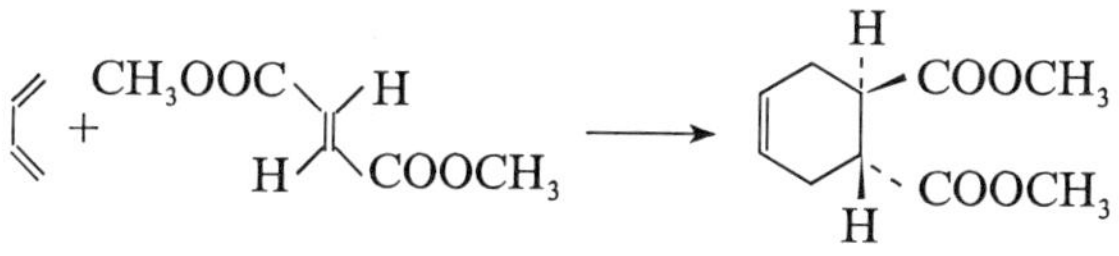

反-丁烯二酸二甲酯　　　　　　　反-4-环己烯-1,2-二甲酸二甲酯

b. 固定为反式构象的共轭双烯不能进行此反应。

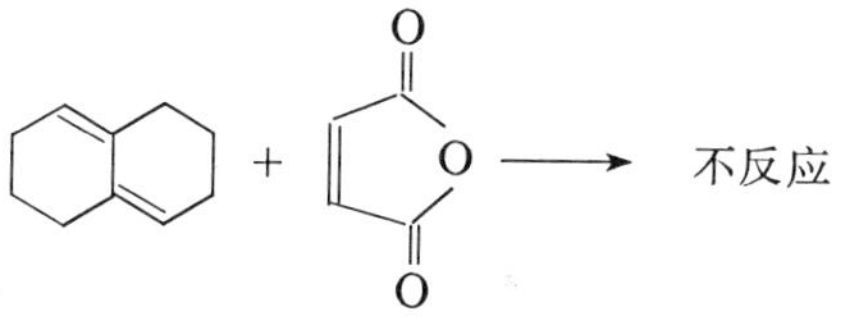

c. 环状共轭双烯与顺丁烯二酸酐类反应得内型加成产物。 如:

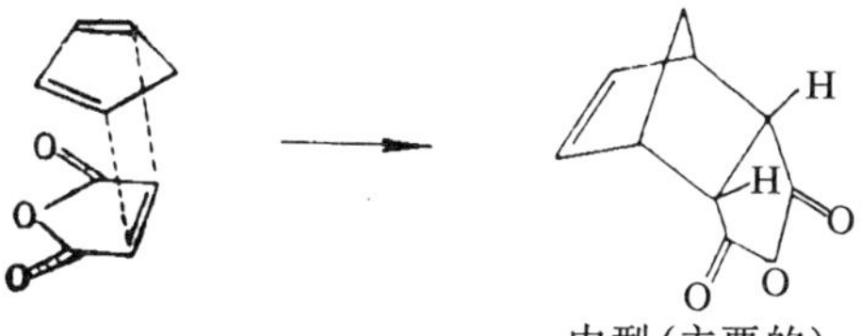

内型(主要的)

这可能是共轭双烯反应生成的双键上的 π 键与酸酐上的 π 键相吸的缘故。

2. 聚合反应

烯烃可以打开双键连接成具有重复链节单元的高分子量(上万至几百万)化合物。这种化合物称为聚合物,这种反应称为聚合反应。合成聚合物的起始原料 (或化合物) 称为单体,它以重复链节单元形式在聚合物中出现。聚合物的名称往往是单体名称前加聚字。如乙烯前加聚字的聚乙烯就是乙烯的聚合物。

聚合反应大多为链锁反应,活泼中间体可以是正碳离子、负碳离子、自由基或配位络合物,因此聚合反应又分为正离子聚合、负离子聚合、自由基聚合与配位络合聚合。各种聚合使用的引发剂(即用来产生聚合反应活泼中间体的化合物)与反应条件也各不相同。

(1) 正离子聚合

常以路易斯酸(如 BF_3 等)为引发剂,产生正碳离子活泼中间体,进行链锁反应,最终得聚合物,如聚异丁烯:

$$BF_3 + H_2O \rightleftharpoons H^+ + BF_3(OH)^-$$
$$\text{(微量)}$$

$$H^+ + (CH_3)_2C = CH_2 \rightleftharpoons (CH_3)_2\overset{+}{C} - CH_3$$

$$(CH_3)_3C^+ + (CH_3)_2C = CH_2 \longrightarrow (CH_3)_3C - CH_2 - \underset{\underset{CH_3}{|}}{\overset{\overset{CH_3}{|}}{C^+}} \longrightarrow \cdots \longrightarrow \text{聚异丁烯}$$

聚异丁烯可用来制作橡胶,称异丁橡胶。

（2）负离子聚合

聚合引发方式大致有两种：一是单电子转移引发,如以萘钠或碱金属为引发剂；二是负离子加成引发,如用氨基钠(钾)或丁基(烷基)锂等为引发剂。这两种引发均是产生活泼的负碳离子中间体,然后按链锁反应方式完成聚合,得相应的聚合物。例如：

萘钠引发：$\left[\text{⬡⬡} \right]^{\cdot \bar{\cdot}} Na^+ + CH_2 = \underset{\underset{Ph}{|}}{CH} \longrightarrow \text{⬡⬡} + \cdot CH_2 - \underset{\underset{Ph}{|}}{\overset{\cdot \cdot}{C}HNa}$

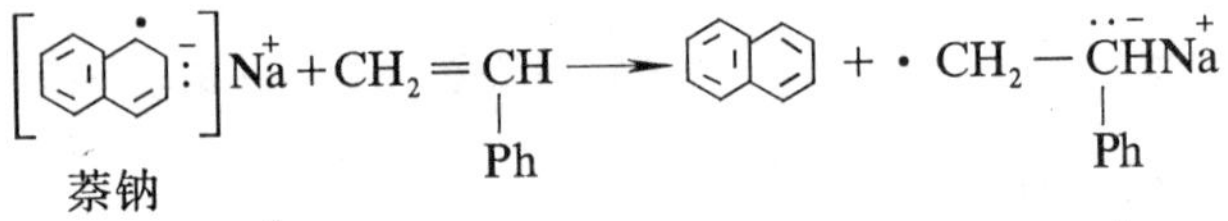

萘钠

$2 \cdot CH_2 - \underset{\underset{Ph}{|}}{\bar{C}HNa^+} \longrightarrow Na^+\underset{\underset{Ph}{|}}{\bar{C}H} - CH_2 - CH_2 - \underset{\underset{Ph}{|}}{\bar{C}HNa^+} \text{(双负离子中间体)}$

$\downarrow CH_2 = \underset{\underset{Ph}{|}}{CH}$

聚合物 $\longleftarrow \cdots \longleftarrow Na^+\underset{\underset{Ph}{|}}{\bar{C}H} - CH_2 - \underset{\underset{Ph}{|}}{CH} - CH_2CH_2\underset{\underset{Ph}{|}}{CH} - CH_2 - \underset{\underset{Ph}{|}}{\bar{C}HNa^+}$

金属钠引发：$Na + CH_2 = CH - CH = CH_2 \longrightarrow Na^+\bar{C}H_2 - CH = CH - \dot{C}H_2$

$2Na^+\bar{C}H_2CH = CH - \dot{C}H_2 \longrightarrow Na^+\bar{C}H_2 - CH = CH - CH_2 - CH_2CH = CH - \bar{C}H_2Na^+$

这个双负离子活泼中间体可两边与丁二烯反应,最终得聚丁二烯。

烷基锂引发：$RLi + CH_2 = \underset{\underset{X}{|}}{CH} \longrightarrow R - CH_2 - \underset{\underset{X}{|}}{\bar{C}HLi^+} \xrightarrow{CH_2 = \underset{\underset{X}{|}}{CH}} RCH_2 - \underset{\underset{X}{|}}{CH} - CH_2 - \underset{\underset{X}{|}}{\bar{C}HLi}$

$\longrightarrow \longrightarrow \cdots \longrightarrow$ 得到聚合物

（3）自由基聚合

聚合反应由自由基引发产生活泼中间体自由基,按链锁反应方式进行聚合,得到聚合物。常用过氧化物为引发剂,如：

$$ROOR \xrightarrow{\triangle} 2RO\cdot$$

$$RO\cdot + CH_2 = CH_2 \longrightarrow ROCH_2 - \dot{C}H_2 \xrightarrow{CH_2 = CH_2} ROCH_2CH_2CH_2\dot{C}H_2 \longrightarrow \cdots \longrightarrow \text{聚乙烯}$$

（4）配位络合聚合

这种聚合常在无水、无氧、无二氧化碳的情况下,用三乙基铝与三氯化钛为催化剂(引发剂)进行聚合,如：

$$CH_3CH=CH_2 \xrightarrow[\text{加氢气油}]{Al(C_2H_5)_3/TiCl_3} \underset{n}{+\!\!(CH-CH_2)\!\!+} \quad \text{聚丙烯}$$

（结构中 CH 上连 CH₃）

为什么叫配位络合聚合？因为催化剂钛是过渡性元素，具有许多空的 d 轨道，可以和烯烃上双键的 π 电子发生配位络合，使烯烃按一定位置络合在催化剂的表面上，并使双键活化。活化的双键与同一钛原子上连的乙基(该乙基是三乙基铝提供给它的)发生加成形成新的烷基，这个烷基又可摆回到原来乙基的位置，在原来配位络合丙烯的地方留下空位。这个空位又可按同样的模式络合丙烯并使之活化，再与烷基加成形成分子量大一些的烷基，它又可摆回原来乙基的位置，在络合丙烯的地方留下空位。这样反复进行，得到高分子量的聚丙烯。这种在催化剂表面某些特定位置的聚合，所得到的聚合物结构规整。聚丙烯链上，甲基有规律地相间出现，同时它们在链的一边，所以也称这种聚合为定向聚合。

这里只提及到烯烃的几种聚合反应，要运用这些反应来制备烯烃的聚合物时，还需注意聚合反应的各种条件，如单体(烯烃)的纯度、引发剂(催化剂)的选择与用量、环境(温度、水、氧气等杂物、溶剂、压力等)等对聚合反应的影响。同时不是任何烯烃都可以聚合成聚合物，一般只有乙烯及其一取代与1,1-二取代衍生物才能聚合成聚合物。

3. 氧化反应

烯烃的双键比较容易被氧化剂如高锰酸钾、四氧化锇、臭氧、有机过氧酸等氧化，得到二醇、醛、酮、羧酸、环氧化合物等。

(1) 高锰酸钾氧化

碱性或中性稀的高锰酸钾水溶液在室温很易将烯烃的双键氧化成顺式二醇：

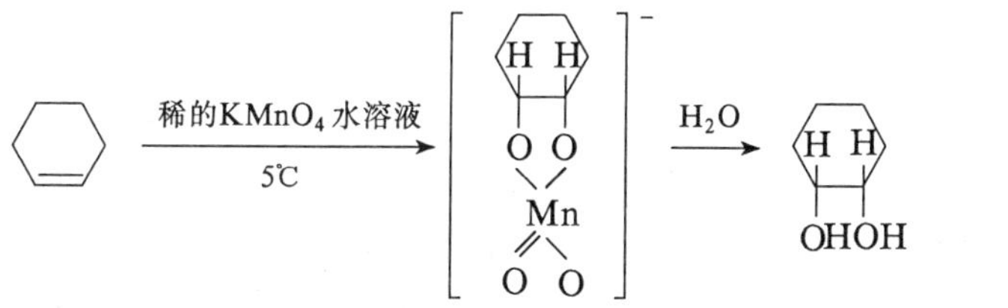

顺-1,2-环己二醇

若用较浓的高锰酸钾水溶液反应或在反应时加热，往往可将形成的二元醇进一步氧化发生碳碳断裂而得到二酸。如上反应可得己二酸。若双键碳上还有两个取代烷基，氧化可得到酮。如下式：

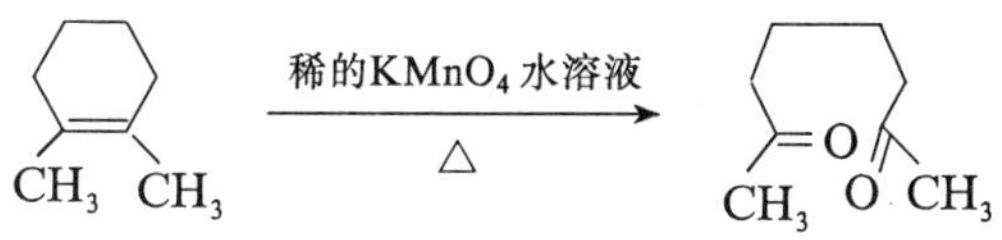

四氧化锇(又称锇酸)与烯烃反应，先打开 π 键形成环状锇酸酯，用双氧水水解得顺式二元醇，同时锇酸恢复原状，因此锇酸类似催化剂的作用。

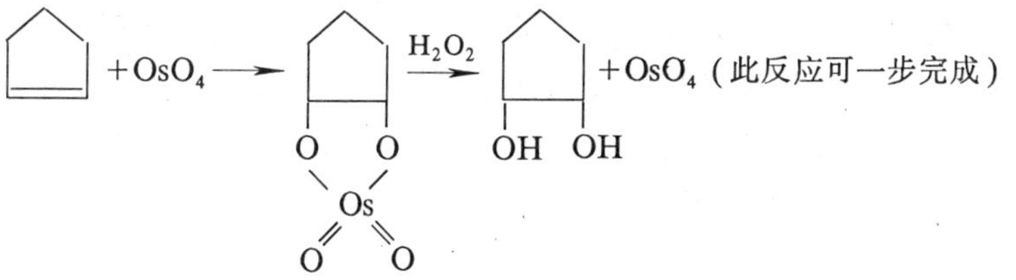

55

(2) 臭氧氧化

臭氧在低温下(−80℃)与烯烃反应,先得到分子臭氧化物,然后很快重排成过氧化物,这种化合物很不稳定,加热会引起爆炸。所以反应物不经分离,直接用锌粉与水或二甲硫醚进行水解还原得到酮或醛。若用硼氢化钠还原可以得到醇。臭氧可通过臭氧发生器得到。

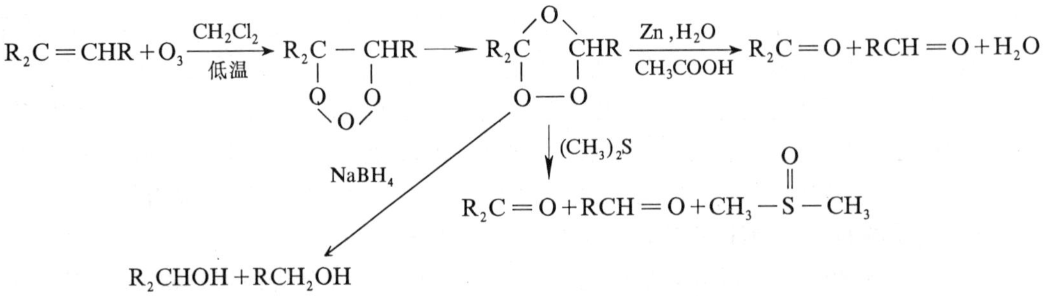

此反应可用来测定烯烃双键的位置。如:

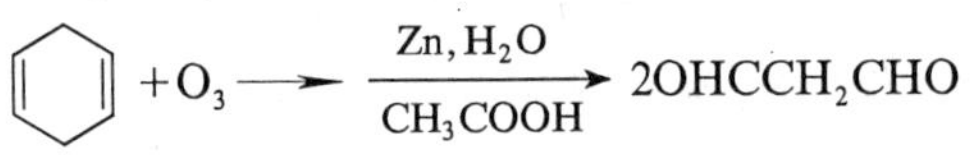

因为它只断裂双键,因此从得到产物的结构就可推测烯烃的结构。

(3) 过氧酸的氧化

烯烃与有机过氧酸反应可以得到环氧化合物,环氧化合物在酸催化下水解可得到反式二元醇:

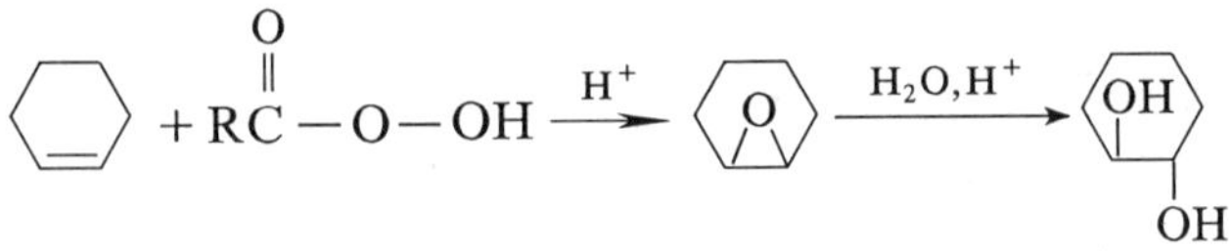

反式-1,2-环己二醇

过氧酸常用有机酸与双氧水在少量强酸催化作用下得到。实验室常用的过氧酸有过氧甲酸、过氧乙酸、过氧苯甲酸等。由于过氧酸易发生爆炸,操作中要十分小心。

烯烃氧化生成环氧化合物的途径很多,如烃基过氧化氢($R-O-OH$)在催化剂存在下,与烯烃反应也可得环氧化合物。工业上用银(氧化银)作催化剂使乙烯与氧气作用生产环氧乙烷,但此法不能用于其他烯烃。

4. 烯烃上 α 氢的卤代反应

丙烯高温卤化不是进行加成反应,而是取代反应,所得产物为3-氯丙烯。高温溴化也得相同结果,而在低温则是加成产物。

为什么在高温时得到这样的结果呢?现在认为在高温时进行的是自由基反应。氯在高温(500～600℃)下分解成氯自由基,它从丙烯的 α 碳上夺走氢原子形成氯化氢和烯丙基自由基中间体,该自由基的 p 轨道与 π 键形成 $p-\pi$ 共轭,而稳定。若是自由基加成反应则在2°碳上形成2°自由基中间体,它的 p 轨道只能与相邻碳上的 σ 键形成超共轭。这种 $p-\sigma$ 超共轭的稳定作用不如 $p-\pi$ 共轭的稳定作用大,即稳定性 $CH_2=CH-\overset{\cdot}{C}H_2 > CH_3\overset{\cdot}{C}HCH_2Cl$。加之高温时自由基加成反应是可逆的。所以烯丙基自由基与氯作用得到3-氯丙烯,而不是加成产物:

$$Cl_2 \xrightarrow{\text{高温}} 2Cl\cdot$$

$$Cl\cdot + CH_2 = CH-CH_3 \begin{cases} CH_3\overset{\cdot}{C}H-CH_2Cl \xrightarrow{Cl_2} CH_3CH-CH_2Cl + Cl\cdot \\ \qquad\qquad\qquad\qquad\qquad\qquad\quad\ | \\ \qquad\qquad\qquad\qquad\qquad\qquad\quad Cl \\ HCl + CH_2 = CH-CH_2\cdot \\ \qquad\qquad\qquad\quad | \xrightarrow{Cl_2} CH_2 = CH-CH_2Cl + Cl\cdot \end{cases}$$

在实验室常用过氧化物产生自由基来引发反应,这样就不需要高温。实验室常用 N-溴代丁二酰亚胺来作溴化试剂。如:

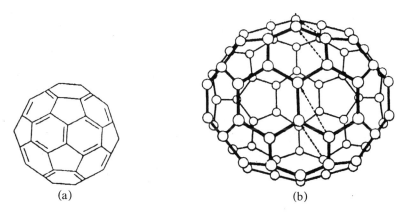

3.5 富 勒 烯

富勒烯是在八十年代中期才被证实稳定存在的一类新的全碳分子的笼形化合物。经常讲的碳六十(C_{60})、碳七十(C_{70})是富勒烯系列制备时含量最高、稳定性最好的两个化合物。除此之外,还发现了 C_{24}, C_{28}, C_{32}, C_{50}; C_{62}, C_{64}, C_{66}, C_{68}; C_{72}, C_{76}, C_{78}, C_{84} 以及 C_{180}, C_{240}, C_{540}, C_{720} 等所谓超富勒烯。由于含量的关系,近十年来研究最多的也是 C_{60} 和 C_{70}(见图 3-9(a),(b))。

(a) (b)

图 3-9

(a) C_{60} 分子结构示意图; (b) C_{70} 分子结构示意图

1. C_{60} 与 C_{70} 的基本结构

C_{60} 是由 12 个五边形环与 20 个六边形环所构成,60 个碳原子占据着 60 个顶点,形成近似足球状对称的多面体。每个五边形环与 5 个六边形环相骈连,五边形环为单键,两个六边形环的共用边则为双键。单键键长为 0.1455 nm,双键键长为 0.1391 nm。分子直径为 0.71 nm。60 个碳原子处于等价的位置,在核磁碳谱中,仅存化学位移为 143 的谱线。相邻碳原子近

似以 sp^2 杂化轨道共价键结合,另一 p 电子形成 π 键,60 个 π 电子形成近似球状的大共轭体系,球体中空。红外谱线为 1429, 1183, 577, 528 cm^{-1} 4 处吸收峰。

C_{70} 分子是由 70 个碳原子所构成的橄榄球状封闭的多面体,分子内含 12 个五边形环和 25 个六边形环。70 个碳原子可以分为 5 组等价的原子。在核磁碳谱中,相应的化学位移分别为 130.8, 147.8, 148.3, 150.8 及 144.4。

2. C_{60} 与 C_{70} 化学简介

由于 C_{60} 与 C_{70} 结构的特点,它们一方面具有中空的碳笼,可在笼内形成内包物,又可在笼表面形成衍生物。另一方面,分子中的单双键形成了封闭的近似球状的大共轭体系,具有三维芳香性特征,又有烯烃的性质,可以进行多种加成反应如氯化、溴化、芳基化、羟基化、胺化、氧化等,可在 C_{60} 或 C_{70} 上加上相应的基团或原子。它们都具有一些特殊的物理与化学性质,所以 C_{60} 与 C_{70} 的化学受到很大的关注。

3. C_{60} 与 C_{70} 的制备

C_{60} 与 C_{70} 的制备方法有多种,目前比较普遍采用的是石墨棒电弧蒸发法。即在强电流下,使一对石墨电极间形成电弧,电弧放电过程中使石墨气化,在高温下碳原子或石墨碎片相互碰撞,连接,而生成各种全碳分子。此外也有用苯燃烧法,即用一定比例的苯与氧气混合,控制一定压力、火焰温度等,燃烧时产生全碳分子。也可用高温激光法,即将石墨加热到高温,然后用激光照射使其蒸发,等等。

分离 C_{60} 与 C_{70} 等常用升华法与萃取法两种方法,配合适当的其他方法进一步精制。

Ⅱ. 炔 烃

3.6 炔烃的结构与命名

乙炔是炔烃中最简单的一个。它是由碳的两个 sp 杂化轨道和两个互相垂直的 p 轨道结合而成的。所以乙炔的三键是由两个 sp 轨道重叠形成的 σ 键和两对 p 轨道重叠形成的两个 π 键组成的。两个 π 键处在碳 碳键的上下左右,实际上形成了一个中空的圆柱体,π 电子云分布在圆柱体上(见图 3-10,11)。乙炔中的碳氢键是碳的 sp 轨道与氢的 s 轨道重叠形成的 σ 键。

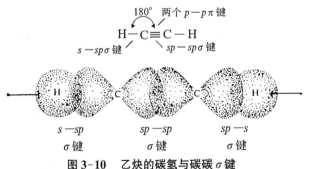

图 3-10　乙炔的碳氢与碳碳 σ 键

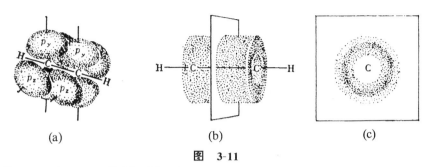

图 3-11

(a) 乙炔的 p_y—p_y 与 p_z—p_z 形成的两个 π 键； (b) 乙炔 π 电子云的形状； (c) π 电子云的截面形状

乙炔的碳碳三键键长为 0.120 nm，比碳碳单键、双键都短。乙炔的碳氢键长为 0.106 nm，比乙烷、乙烯的碳氢键短。不仅如此，而且碳碳三键旁的碳碳键长也比单键、双键旁的碳碳键短，这是因为三键旁的键有 sp 轨道参与，而碳碳双键与单键旁的键分别有 sp^2 与 sp^3 轨道参与，由于 sp 轨道 s 成分大，比 sp^2, sp^3 轨道都短，所以三键旁的键也比较短（见表 3-2）。

表 3-2 烷、烯、炔键长的比较

键　型	$\overset{3}{CH_3}-\overset{2}{C}\equiv\overset{1}{C}-H$	$\overset{3}{CH_3}-\overset{2}{CH}=\overset{1}{CH}-H$	$\overset{3}{CH_3}-\overset{2}{CH}-\overset{1}{CH_2}-H$
C_1—C_2	0.120 nm	0.134 nm	0.154 nm
C_1—H	0.106 nm	0.108 nm	0.110 nm
C_2—C_3	0.146 nm	0.150 nm	0.154 nm

碳碳三键的键能为 837 kJ/mol，比碳碳双键 611 kJ/mol 与单键 347 kJ/mol 的键能大。但是三键的键能不是单键的 3 倍，大致符合 $347(\sigma)+264(\pi)+264(\pi)=875$ kJ/mol，这也说明碳碳三键是由一个 σ 键与两个 π 键组成。这个键能是炔键均裂的键能，但炔键上的碳氢键进行异裂的离解能是比较小的，所以炔烃上的氢显有一定酸性。

$$HC\equiv CH \longrightarrow HC\equiv C^{-}+H^{+}$$

乙炔分子是线型的，所以不存在顺反异构：

$$\overset{180°}{\frown}\quad\overset{180°}{\frown}$$
$$CH_3-C\equiv C-CH_3$$

但是可以有三键的位置异构。如：

$$CH_3-C\equiv C-CH_3 \qquad H-C\equiv C-CH_2CH_3$$

炔烃与烷烃不同，炔烃可以有偶极矩，如丙炔的偶极矩为 0.80 D。这是由于丙炔中炔键旁的碳碳键是由 sp^3 与 sp 轨道组成，sp^3 轨道中 p 成分多，轨道长，电子云离甲基碳较远，而 sp 轨道中 p 成分少，轨道短，电子云离炔键碳近，因此碳碳键的电子对靠近炔键的碳，所以有极性。

$$\overset{\delta^+}{H_3C}\longrightarrow \overset{\delta^-}{\vdots C}\equiv C-H$$

炔烃的系统命名与烯烃相似,也是取含三键最长的链为主链,编号由距三键最近的一端开始。如:

$$\overset{1}{CH_3}-\overset{2}{C}\equiv\overset{3}{C}-\overset{4}{CH}-CH_3$$
$$\underset{\overset{|}{6}CH_3}{\overset{|}{5}CH_2}$$

4-甲基-2-己炔

普通命名中可以把炔看成是乙炔的衍生物,三键旁的烷基都作为取代基,如上述化合物可称为甲基仲丁基乙炔。

3.7 物 理 性 质

炔烃是低极性的化合物,它的物理性质基本上和烷、烯相似。微溶于水,但很易溶于有机溶剂中,如石油醚、苯、四氯化碳、丙酮等,比水轻。沸点随碳链增长而增加,很有意思的是,炔烃的三键在中间的比在末端的沸点与熔点都高很多(见表3-3)。

表3-3 炔烃的物理常数

名 称	分 子 式	熔点/℃	沸点/℃	密度/g·cm⁻³, (20℃)
乙炔	$HC\equiv CH$	−82	−75	0.62
丙炔	$HC\equiv CCH_3$	−101.5	−23	0.67
1-丁炔	$HC\equiv CCH_2CH_3$	−122	9(8)	0.67
1-戊炔	$HC\equiv C(CH_2)_2CH_3$	−98	40	0.695
1-己炔	$HC\equiv C(CH_2)_3CH_3$	−124	72	0.791
1-庚炔	$HC\equiv C(CH_2)_4CH_3$	−80	100	0.733
1-辛炔	$HC\equiv C(CH_2)_5CH_3$	−70	126	0.747
1-壬炔	$HC\equiv C(CH_2)_6CH_3$	−65	151	0.763
1-癸炔	$HC\equiv C(CH_2)_7CH_3$	−36	182	0.770
2-丁炔	$CH_3-C\equiv C-CH_3$	−24	27	0.694
2-戊炔	$CH_3C\equiv CCH_2CH_3$	−101	55	0.714
3-甲基-1-丁炔	$HC\equiv CCH(CH_3)_2$		29	0.665
2-己炔	$CH_3C\equiv C(CH_2)_2CH_3$	−92	84	0.730
3-己炔	$CH_3CH_2C\equiv CCH_2HC_3$	−51	81	0.725
3,3-二甲基-1-丁炔	$HC\equiv C-C(CH_3)_3$	−81	38	0.669
4-辛炔	$CH_3(CH_2)_2C\equiv C(CH_2)_2CH_3$		131	0.748
5-癸炔	$CH_3(CH_2)_3C\equiv C(CH_2)_3CH_3$		175	0.769

乙炔在水中有一定的溶解度,0℃时1 L水可溶1.7 L乙炔。在有机溶剂中的溶解度比在水中大得多,1 L丙酮在25℃,101 kPa下可溶29.8 L乙炔。溶解度随压力加大而增加,在1212 kPa下,1 L丙酮可溶300 L乙炔。乙炔在压力下很易发生爆炸,但乙炔的丙酮溶液是比较稳定的。所以在储存乙炔的钢瓶中常填以用丙酮浸透的多孔物质,如硅藻土、石棉、软木等,再在1010～1212 kPa下,将乙炔压入钢瓶使之溶解在丙酮内,这样可以减少爆炸的危险。

3.8 化 学 性 质

炔烃在化学性质上与烯烃很类似,可以进行加成、氧化等反应,但不同的是碳碳三键上的氢具有弱酸性,可以成盐,进行烷基化。

1. 加成反应

炔烃的加成反应与烯烃相似。催化加氢、亲电加成、自由基加成等反应的历程与烯烃加成一样。

(1) 加氢

炔烃进行催化加氢,一般不能停留在烯烃阶段,可直接得到烷烃。但用部分中毒的催化剂,如钯沉积在硫酸钡上,并用乙酸铅或喹啉处理后的催化剂或硼化镍 (Ni_2B)(由乙酸镍与硼氢化钠反应得到)作催化剂,可以加一分子氢,而得到顺式烯烃。

$$CH_3C\equiv CCH_2CH_2CH_3 + H_2 \xrightarrow[\text{喹啉}]{Pd/BaSO_4} \begin{array}{c} CH_3 \\ H \end{array}\!\!>\!C=C\!<\!\begin{array}{c} CH_2CH_2CH_3 \\ H \end{array}$$
(Z)-2-己烯

$$RC\equiv CH + 2H_2 \xrightarrow{Pd} RCH_2CH_3$$

炔烃与二硼烷加成得到三乙烯基硼烷,再用乙酸处理也可得到顺式加成的烯烃。用金属锂或钠在液氨或乙胺中,于低温下也可还原炔烃得到反式烯烃。

$$3\,C_2H_5-C\equiv CCH_3 + \frac{1}{2}(BH_3)_2 \xrightarrow{0℃} \left(\begin{array}{c} C_2H_5 \\ H \end{array}\!\!>\!C=C\!<\!\begin{array}{c} CH_3 \\ H \end{array} \right)_3 B \xrightarrow[0℃]{CH_3COOH} \begin{array}{c} C_2H_5 \\ H \end{array}\!\!>\!C=C\!<\!\begin{array}{c} CH_3 \\ H \end{array}$$
(Z)-2-戊烯

$$CH_3CH_2CH_2-C\equiv C-CH_2CH_2CH_3 \xrightarrow[-78℃]{Na,C_2H_5NH_2} CH_3CH_2CH_2\!\!>\!C=C\!<\!\begin{array}{c} H \\ CH_2CH_2CH_3 \end{array}$$
(E)-4-辛烯

(2) 亲电加成

炔烃像烯烃一样,可与卤素(氯、溴)、卤化氢、水(Hg^{2+}作用下)等进行亲电加成反应,而且一般都服从马氏规律;并为反式加成。加成时可控制加一分子上述试剂,得到烯。炔烃的亲电加成并未因有三键变得容易,相反却比较困难。这与反应过程中生成的乙烯基正碳离子中间体很不稳定有关。从分析加 H^+ 形成的中间体 $R-\overset{+}{C}=C\!<\!^H_H$ 与 $R-\overset{+}{C}H-CH_3$ 的稳定性大小来看,就可理解这一问题(见图 3-11)。乙烯基正碳离子上空的 p 轨道是属于 sp 杂化碳上的 p 轨道,而烷基正碳离子上空的 p 轨道则属于 sp^2 杂化碳上的 p 轨道。sp 杂化的碳原子,其电负性比 sp^2 杂化的电负性大,因此它容忍正电荷的能力比 sp^2 杂化碳原子小。从超共轭现象分析,乙烯基正碳离子空的 p 轨道虽然与 sp^2 杂化碳上的一个 $C-H$ σ 键同平面,但 sp^2-s 形成的 σ 键上的电子云离域比 sp^3-s σ 键上电子离域要困难得多。因为 sp^2 杂化轨道的 s 成分较多,电子更靠近碳核,受到的束缚比 sp^3 杂化轨道要大,超共轭困难。所以它的稳定性差,位能高,活化能大,反应困难(见图 3-12)。

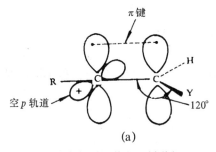
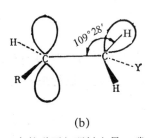

p 空轨道不能与 π 键共轭，只能与 R 基上 σ 键超共轭

p 空轨道可与双键上另一碳的 σ 键及 R 基上 σ 键超共轭

图 3-12

(a) 炔烃生成的正碳离子中间体；(b) 烯烃生成的正碳离子中间体

a. 与卤素加成

$$CH_3-C\equiv C-CH_3 \begin{cases} \xrightarrow[-20℃]{Br_2} \underset{Br}{\overset{CH_3}{>}}C=C\underset{CH_3}{\overset{Br}{<}} \\ \xrightarrow[25℃]{2Br_2} CH_3CBr_2CBr_2-CH_3 \end{cases}$$

b. 与卤化氢、氢氰酸和羧酸的加成

$$CH_3C\equiv CH+HCl \longrightarrow CH_3\underset{Cl}{\overset{}{C}}=CH_2 \xrightarrow{HCl} CH_3-CCl_2-CH_3$$

$$HC\equiv CH+HCl \xrightarrow{HgCl_2} CH_2=CHCl \quad 氯乙烯$$

$$HC\equiv CH+HCN \xrightarrow{NH_4Cl,CuCl} CH_2=CH-CN \quad 丙烯腈$$

$$HC\equiv CH+CH_3COOH \xrightarrow{Hg(OAc)_2} CH_2=CH\underset{\underset{O}{\overset{|}{O-CCH_3}}}{} \quad 乙酸乙烯酯$$

氯乙烯、丙烯腈和乙酸乙烯酯是 3 个重要的高分子单体,在自由基引发下,聚合可分别得聚氯乙烯、聚丙烯腈(人造羊毛原料)和聚乙酸乙烯酯。它们都是非常重要的聚合物,有着广泛的用途。

c. 加水

炔烃在强酸与二价汞盐存在下可与水加成形成烯醇,然后重排得到醛或酮:

$$HC\equiv CH+H_2O \xrightarrow[H_2SO_4]{HgSO_4} CH_2=CH\underset{OH}{\overset{|}{}} \rightleftharpoons CH_3CHO \quad 醛$$

$$CH_3C\equiv CH+H_2O \xrightarrow[H_2SO_4]{HgSO_4} CH_3\underset{OH}{\overset{|}{C}}=CH_2 \rightleftharpoons CH_3\underset{O}{\overset{\|}{C}}-CH_3 \quad 酮$$

前面提到三乙烯基硼烷加乙酸分解得烯。若用碱性双氧水氧化,则得烯醇,羟基的位置是反马氏规律的。末端炔得到的烯醇重排后变成醛;非末端炔,则得到酮。

$$(CH_3CH=CH)_3B \xrightarrow[\quad]{H_2O_2,\ OH^-} 3CH_3 \cdot CH=\underset{\overset{|}{OH}}{CH} \rightleftharpoons 3CH_3CH_2CHO$$

$$\left(\underset{H}{\overset{H_3C}{\diagdown}} C=C \underset{CH_3}{\overset{\diagup}{}} \right)_3 B \xrightarrow[\quad]{H_2O_2,\ OH^-} 3\ \underset{H}{\overset{H_3C}{\diagdown}} C=C \underset{OH}{\overset{\diagup CH_3}{}} \rightleftharpoons 3CH_3CH_2\underset{\overset{||}{O}}{C}-CH_3$$

（3）自由基加成

炔烃的自由基加成与烯烃一样,得到的是反马氏规律的反式加成产物。此反应也仅限于溴化氢在过氧化物或紫外光照射下完成。

$$CH_3C\equiv CH + HBr \xrightarrow[-60℃]{h\nu} \underset{H}{\overset{CH_3}{\diagdown}} C=C \underset{H}{\overset{\diagup Br}{}} \quad (88\%)$$

（4）亲核加成

炔烃能进行亲核加成反应,这是烯烃所没有的性质。

$$HC\equiv CH + RO^- \xrightarrow[150℃,压力下]{ROH} \underset{负离子中间体}{RO-CH=CH^-} \xrightarrow{ROH} \underset{产物}{ROCH=CH_2} + RO^-$$

这里首先进攻炔烃的试剂是给出一对电子的负离子(亲核试剂),得到的中间产物为负碳离子,然后从醇中夺得氢质子(质子亲电)完成反应。这与前面的亲电加成的过程正好相反。

2. 氯化反应

炔烃可以被高锰酸钾和臭氧氧化,使三键断裂,生成羧酸或二氧化碳。若用冷的中性稀高锰酸钾水溶液氧化炔烃,则得到邻二酮。如:

$$CH_3CH_2C\equiv C-CH_3 \xrightarrow[中性]{KMnO_4,\ H_2O} \left[CH_3CH_2-\underset{\overset{|}{OH}}{\overset{\overset{|}{OH}}{C}}-\underset{\overset{|}{OH}}{\overset{\overset{|}{OH}}{C}}-CH_3 \right] \xrightarrow{-2H_2O} CH_3CH_2\underset{\overset{||}{O}}{C}-\underset{\overset{||}{O}}{C}-CH_3 \\ (90\%)$$

$$CH_3CH_2C\equiv C-CH_3 \xrightarrow[\triangle]{KMnO_4,\ OH^-} CH_3CH_2COO^- + CH_3COO^- \xrightarrow{H^+} CH_3CH_2COOH + CH_3COOH$$

$$CH_3CH_2CH_2CH_2C\equiv CH \xrightarrow[\triangle]{KMnO_4,\ OH^-} \xrightarrow{H^+} CH_3CH_2CH_2CH_2COOH + CO_2$$

$$CH_3CH_2C\equiv C-CH_3 \xrightarrow[2)\ H_2O]{1)\ O_3} CH_3CH_2COOH + CH_3COOH$$

此反应常用来测定炔烃中三键的位置。

末端炔可以进行氧化偶联,即 $R-C\equiv CH$ 在铜盐与胺的络合物催化下,与氧气反应可以发生偶联,而且产率很高。这是相应烯烃所没有的。

$$2CH_3\underset{\overset{|}{OH}}{CH}-C\equiv CH + O_2 \xrightarrow[H_2O]{CuCl,\ NH_4Cl} CH_3\underset{\overset{|}{OH}}{CH}-C\equiv C-C\equiv C-\underset{\overset{|}{OH}}{CH}-CH_3 \\ (90\%)$$

用双末端炔进行氧化偶联反应,可以得到大环的二聚体、三聚体等。这是一种制备大的碳环化合物的方法。

3. 末端炔基氢的反应

从前面炔烃的结构分析得知 $-C\equiv C-H$ 上的 $C-H$ σ 键是以 $sp-s$ 轨道成键,sp 杂化轨道中 s 成分多,所以 $sp-s$ 成键的一对电子相对 sp^3-s,sp^2-s 成键的一对电子更靠近炔烃的碳原子核,相当于氢与一个电负性较大的原子相连,所以它可以给出氢质子而显一定酸性。可以与强碱(如 $NaNH_2$)成盐(如碱金属炔化合物),与一价铜或银盐形成不溶于水的铜或银的炔化合物。但三键不在末端的炔烃无此反应。如:

$$(1)\ CH_3C\equiv CH+NaNH_2\xrightarrow{\text{液 NH}_3}CH_3C\equiv C^-Na^++NH_3$$

$$(2)\ CH_3C\equiv CH+Cu(NH_3)_2^+OH^-\longrightarrow CH_3C\equiv CCu\downarrow+H_2O+NH_3$$

$$(3)\ CH_3C\equiv CH+Ag(NH_3)_2^+OH^-\longrightarrow CH_3C\equiv CAg\downarrow+H_2O+NH_3$$

(2),(3) 两反应可用来测定末端炔的存在和分离末端炔烃:

$$CH_3C\equiv CAg+CN^-+H_2O\longrightarrow CH_3C\equiv CH+Ag(CN)_2^-+OH^-$$

同时碱金属炔化合物与水作用又放出炔烃:

$$RC\equiv C^-Na^++H_2O\longrightarrow RC\equiv CH+NaOH$$

所以末端上氢的酸性比氨大,比水小。但它比烯烃双键上的氢和烷烃上的氢的酸性都大。

$$酸性:\qquad H_2O>R-C\equiv CH>NH_3$$

$$H-C\equiv C-H>CH_2=CH_2>CH_3CH_3$$

碱金属炔化合物的碳—金属键是以离子键存在,炔的负碳离子是一强亲核试剂。可以与 $1°$ 卤代烷发生亲核取代反应,与羧基化合物的极性碳氧双键发生亲核加成反应等。这些留在以后讨论。

4. 聚合反应

乙炔、苯乙炔等炔烃与烯烃相似,在适当催化剂(引发剂)作用下,可以得到相应的聚合物。如:

$$n\ HC\equiv CH\xrightarrow{\text{催化剂}}\!\!\!-\!\!\!\!(CH=CH)_n\quad 聚乙炔$$

$$n\ \text{⬡}-C\equiv CH\xrightarrow{\text{催化剂}}\!\!\!-\!\!\!\!(CH=C)_n\quad 聚苯乙炔$$

这类聚合物是目前研究有机导电体常用的材料。

3.8　共振论简介

共振论是用来描述有机化合物的结构与性能的一种理论。这一理论是鲍林(L.Pauling)于 1931 年在经典结构式的基础上提出来的,它在有机化学中至今仍然应用广泛。其要点是:

(1) 当一化合物分子可以用两个或两个以上经典结构式(即电子式)表示时,这些电子式只有电子排列的不同,没有原子位置及未成对电子数的改变,这时就有共振。共振在此处的意思是指化合物的结构是这些共振式的叠加。每个共振式并不代表化合物的真实结构。如烯丙基正碳离子可以写成如下的共振式,式中 ↔ 表示它们之间进行了叠加,有时也用一种单一叠加式表示。

$$[^+CH_2-CH=CH_2 \longleftrightarrow CH_2=CH-\overset{+}{C}H_2] \qquad \overset{\delta+}{CH_2} \cdots\cdots CH \cdots\cdots \overset{\delta+}{CH_2}$$

(2) 在共振式中,能量越低的对杂种(叠加)贡献愈大;具有相同稳定性的式子对杂种贡献大。共振式稳定性大小,大致有如下规律:满足八电子结构的共振式比未满足八电子结构的稳定;电荷分离多的结构的共振式不如电荷分离少的稳定;在满足八电子结构但有电荷分离的共振式中,电负性大的原子带负电荷与电负性小的原子带正电荷的共振式比较稳定;改变了键长、键角的共振式稳定性较差。

(3) 共振式的杂种(叠加),即真实的结构,比任何共振式都稳定。

共振论反映了有机化学中共轭效应、电子离域、电荷分布、键长与稳定性变化的关系等事实,因此能定性概括、解释与预测许多现象,而且应用比较简单和直观,所以共振论与分子轨道理论在有机化学中都得到广泛的应用。

3.9　烯烃与炔烃的谱图特征

1. 核磁共振谱线特征

由于 π 键电子云作用的各向异性效应,烯烃与炔烃上氢的化学位移分别在 4.5 ～ 5.9 与 2 ～ 3。

2. 红外谱带的特征

由于烯烃与炔烃成键轨道的类型与键型不同,其谱带的位置也有差异。它们的伸缩振动频率分别在:

C—H:	C=C—H	C≡C—H	
	$3100 \sim 3000 cm^{-1}$	$\sim 3300 cm^{-1}$	
C—C:	C=C	C=C—C=C	C≡C
	$1650 cm^{-1}$	$1597 cm^{-1}$	$2200 \sim 2100 cm^{-1}$

3. 紫外光谱的特征显示

简单的 —C=C— 和 —C≡C— 的 $\lambda_{max} 180 \sim 200$ nm 有吸收带,—C=C—C=C— 的 $\lambda_{max} 210 \sim 250$ nm 有强吸收带。

习　　题

1. 写出下列各化合物的结构式

(a) 3,6-二甲基-1-辛烯　　　　　　　　(b) 3-氯丙烯

65

(c) 2,4,4-三甲基-2-戊烯   (d) E-3,4-二甲基-3-己烯

(e) (Z)-3-氯-4-甲基-3-己烯   (f) (E)-1-氯代-2-氯丙烯

2. 给出下列化合物的系统命名

(a) 异丁烯   (b) Z-CH_3CH_2CH=$CHCH_2CH_3$

(c) $(CH_3)_3CCH$=CH_2 (d) $\underset{H_3C}{\overset{H}{\diagdown}}C=C\underset{CH_3}{\overset{CH_2Cl}{\diagup}}$

3. 指出下列化合物中,哪一个有几何异构现象。画出异构体的结构,并分别指出是 Z 还是 E。

(a) 2-戊烯   (b) 3-甲基-4-乙基-3-己烯   (c) 2,4-己二烯

4. 写出异丁烯与下列试剂反应所得产物的结构和名称。

(a) H_2, Ni   (b) Cl_2 (c) Br_2

(d) I_2 (e) HBr   (f) HBr (过氧化物)

(g) HI   (h) HI (过氧化物)   (i) H_2SO_4

(j) H_2O, H^+ (k) Br_2, H_2O (l) Br_2+NaCl(水溶液)

5. 按照稳定性增加的顺序排列下述化合物,并扼要说明理由。

(a) 1-丁烯   (b) 顺-2-丁烯   (c) 反-2-丁烯

6. 在下列各对烯烃中,预计哪一个对硫酸的加成有更大的反应活性。

(a) 丙烯还是 2-丁烯   (b) 2-丁烯还是异丁烯

(c) 1-戊烯还是 2-甲基-1-丁烯   (d) 丙烯还是 3,3,3-三氯丙烯

7. 写出 HI 与下列化合物加成所得主要产物的结构。

(a) 2-丁烯   (b) 2-戊烯

(c) 2-甲基-1-丁烯   (d) 2-甲基-2-丁烯

(e) 3-甲基-1-丁烯 (有两个产物)

8. 试推测用高锰酸钾氧化得到下列产物的烯烃结构。

(a) $CH_3\overset{\overset{\displaystyle CH_3}{|}}{C}HCOOH$ 和 CO_2 (b) $(CH_3)_2C$=O 和 CH_3COOH

(c) $HOOCCH_2CH_2CH_2COOH$

9. 试给出臭氧化后加锌粉水解生成下列产物的烯烃结构。

(a) $CH_3CH_2CH_2CHO$ 和 HCHO   (b) 只有 $CH_3\underset{\underset{\displaystyle O}{\|}}{C}CH_3$

(c) CH_3CHO, HCHO 和 $OHCCH_2CHO$

(d) 这些烯烃分别用高锰酸钾氧化时将产生什么?

10. 用化学方法区别下列异构体。

(a) CH_3CH=$CHCHBrCH_3$ 和 CH_3CH_2CH=$CBrCH_3$

(b) $\bigcirc$ 和 CH_2=$CHCH_2CH_2CH$=CH_2

(c) $\overset{\qquad CH_2OH}{\bigcirc}$ 和 $CH_3CH_2CH_2CH$=$CHCH_2CH_2OH$

(d) 2-甲基-1-丁烯, 2-甲基-2-丁烯和异戊烷

(e) $CH_3CH_2CH = C(CH_3)_2$ 和 $CH_3CH_2 \overset{\overset{\displaystyle CH_3}{|}}{C} = CHCH_3$

(f) 环丙烷和丙烯

(g) 1,2-二甲基环丙烷和环戊烷

(h) 环戊烷和环戊烯

11. 写出下列反应的产物:

(a) $CH_3CH = CH_2 \xrightarrow{Cl_2,\ 常温}$?

(b) $CH_3CH = CH_2 \xrightarrow{Cl_2,\ 400℃}$?

(c)  + NBS ⟶ ?　(NBS: N-溴代丁二酰亚胺)

12. (a) 写出下列反应生成物的结构,并扼要说明原因。

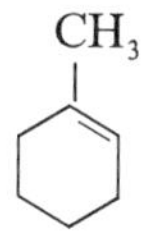

+ HOBr ⟶ ?

(b) 试说明下列反应结果(*表示 ^{14}C):

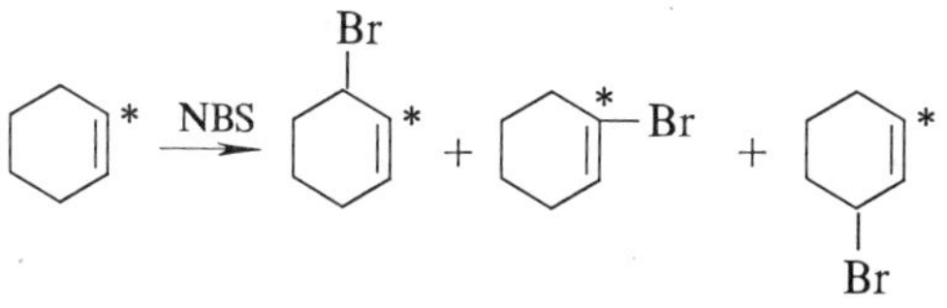

(50%)　　(25%)　　(25%)

13. 环己烯与次溴酸(HOBr)反应,得到反-2-溴环己醇。讨论其反应机制,同时标明中间物的状态和产物的立体化学,并画出此反应的能量简图。

14. 写出下列各个反应所得的主要有机产物的结构。

(a) 环丙烷 + Cl_2, $FeCl_3$ 　　　　　　(b) 环丙烷 + Cl_2 (300℃)

(c) 环丙烷 + 浓 H_2SO_4 　　　　　　(d) 环戊烷 + Cl_2, $FeCl_3$

(e) 环戊烷 + Cl_2 (300℃) 　　　　　(f) 环戊烷 + 浓 H_2SO_4

(g) 环戊烯 + Br_2-CCl_4 　　　　　　(h) 环戊烯 + Br_2 (300℃)

(i) 1-甲基环己烯 + HCl 　　　　　　(j) 1-甲基环己烯 + HBr (过氧化物)

(k) 环戊烯 + 冷 $KMnO_4$ 水溶液 　　(l) 环戊烯 + HCO_2OH

(m) 环戊烯 + 热 $KMnO_4$ 水溶液 　　(n) 1-甲基环戊烯 + 冷浓 H_2SO_4

(o) 3-甲基环戊烯 + O_3, 然后加 H_2O/Zn 　(p) 环戊二烯 + 顺丁烯二酸酐

15. 试略述下列各化合物的一种可能的实验室合成方法。只能用所给有机原料,另加任何需要的溶剂和无机试剂,这方法应能给出较高的产率与相当纯的产物。可不写反应平衡方程式,只需在箭头上写出必要的试剂和条件。

例如:　$CH_3CH_2OH \xrightarrow{H^+,\ 加热} CH_2 = CH_2 \xrightarrow{H_2,\ Ni} CH_3CH_3$

(a) 自乙烷合成乙烯 　　　　　　　　(b) 自丙烷合成丙烯

(c) 自丙烷合成 2-溴丙烷 　　　　　　(d) 自丙烷合成 1,2-二溴丙烷

(e) 自丙烷合成 1,2-丙二醇   (f) 自 2-溴丙烷合成 1-溴丙烷

(g) 自 1-碘丙烷合成 1-氯-2-丙醇   (h) 自丙烷合成异丙醇

(i) 自溴代环己烷合成 3-溴环己烯

16. 某烃 C_8H_{16} 与 O_3 反应后用水与锌粉水解只得到一种产物,试写出此烃所有可能的结构式。

17. 在甲醇溶液中,溴对乙烯的加成不仅产生二溴乙烷,而且还产生 $Br—CH_2CH_2OCH_3$,怎样解释这一反应结果?试写出该反应的历程。

18. 一烃类化合物(C_5H_{10}),不与溴水反应,但在紫外光下与 1 mol 溴反应,得一种单一产物(C_5H_9Br),用碱处理此产物转变成另一烃(C_5H_8),然后用臭氧氧化并还原水解此臭氧化物,得戊二醛。试写出各步反应的历程。

19. 写出分子式为 C_5H_8 的化合物的全部异构体和它们的名称,并指出可与 $Ag(NH_3)_2^+$,$Cu(NH_3)^+$ 反应的异构体。

20. 乙炔上的氢很容易被金属 Ag,Cu,Na 等离子所取代,而在乙烷和乙烯中就没有这种性质。试说明原因。

21. 下列化合物和 1 mol 溴反应生成的主要产物是什么?

(a) $(CH_3)_2C=CHCH_2CH=CH_2$ (b) $CH_3CH=CHCH_2C≡CH$

(c) $CH_3CH=CHCH=CH_2$ (d) $CH_3CH=CHCH=CHCH=CH_2$

22. 描述区别下列各组化合物的简单化学试验。

(a) 2-戊炔和正戊烷   (b) 1-戊炔和 1-戊烯

(c) 1-戊炔和 2-戊炔   (d) 正戊烷和 1,3-戊二烯

23. 一个烃分子式为 C_6H_{10},能与 2 mol Br_2 反应,能与 Cu_2Cl_2 的氨溶液生成沉淀。写出该烃可能的结构式及各步反应式。

24. 化合物 C_6H_{12}(A),(A)与 Cl_2 反应生成 $C_6H_{12}Cl_2$(B),(B)与氢氧化钾乙醇溶液反应生成两个异构体(C)和(D),其分子式均为 C_6H_{10},(C)被 $KMnO_4$ 氧化得一种酸 $C_3H_6O_2$(E),而用 $KMnO_4$ 氧化(D)得两种酸:CH_3COOH 和 $HOOCCOOH$,试写出 A,B,C,D,E 的结构及各步反应式。

25. 由指定的原料和常用试剂合成下列化合物。

Ⅰ. 由丙炔制备

(a) 丙酮   (b) 2-溴丙烯   (c) 2,3-二甲基丁烷

Ⅱ.(a) 由异丙基乙炔合成 4-甲基-2-戊炔

(b) 由 2-戊醇合成 2-戊炔

(c) 由乙炔合成 1,3-丁二烯

26. 如何实现下列转变?

(a) 丙炔转变成顺-2-庚烯

(b) 1-丁炔转变成丁醛

(c) 1-丁炔转变成丁酮

(d) 苯乙炔转变成 1,4-二苯基-1,3-丁二炔

27. 完成下列反应:

(a) 1,3-戊二烯加二甲氧酰基乙炔

(b) 1,3-丁二烯加反-丁烯二酸二甲酯

28. 试说明四氰基乙烯比乙烯与1,3-丁二烯反应时速度快得多的原因。

29. (a) 当1-辛烯和N-溴代丁二酰亚胺作用时,不仅得到3-溴-1-辛烯,也得到1-溴-2-辛烯。对此你如何解释。

(b) 带有 ^{14}C 标记的丙烯 $(CH_3CH=\,^{14}CH_2)$ 经自由基溴化反应转化成3-溴丙烯,推测产物中的标记原子 ^{14}C 的位置将在哪里?

第四章　芳　香　烃

芳香烃是指含有苯环或骈联苯环的化合物,如苯、萘、蒽等都属于芳香族化合物。苯是芳香族化合物中最具有代表性的化合物,因此我们首先讨论它。

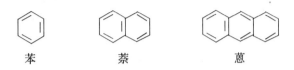

苯　　　　　　　萘　　　　　　　蒽

4.1　苯　的　结　构

苯的结构式最早是由凯库勒(A. Kekule)提出的。这个结构式虽然满足了苯的分子式 C_6H_6

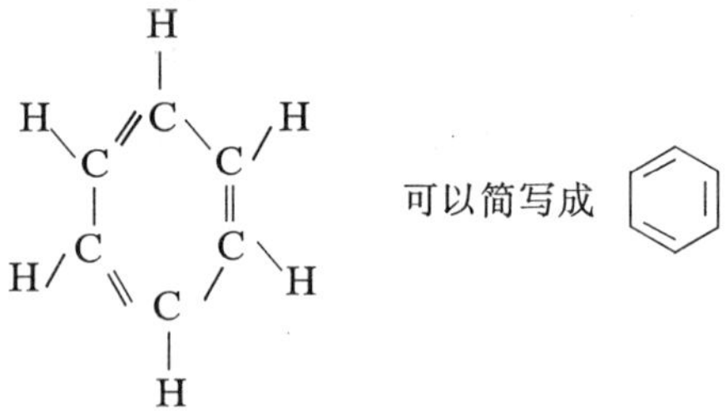

苯的凯库勒结构式

可以简写成

的电子式的要求,并符合苯加成物的结构与一取代苯只有一个的事实:

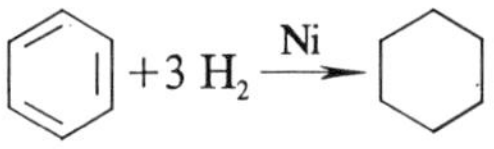

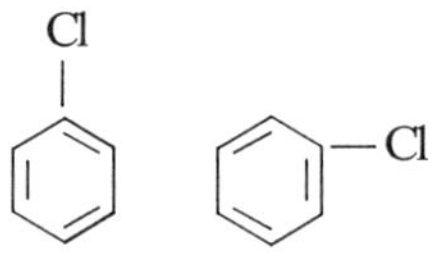

$$\bigcirc + 3H_2 \xrightarrow{Ni} \bigcirc$$

同一化合物

但是不能说明下列现象:

a. 邻二取代苯只有一个,但根据凯库勒式子应有两个异构体。

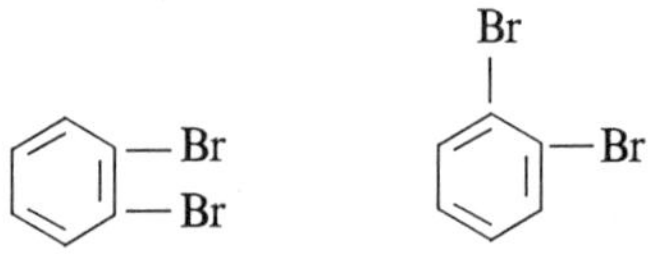

b. 苯环具有特殊的稳定性。按凯库勒式苯环有 3 个双键,应很易进行加成与氧化反应,但实际却很不容易进行这些反应,表 4-1 比较了环己烯与苯的反应性能的情况。

表 4-1　环己烯与苯的反应性能比较

试　　剂	环　　己　　烯	苯
KMnO$_4$	迅速氧化退色	无 反 应
Br$_2$-CCl$_4$	迅速加成退色	无 反 应
H$_2$/Ni	在 25 ℃，1.36×10^5 Pa 迅速加氢	在 100～200 ℃，1.02×10^7 Pa 才能加氢

另外，从氢化热可以看到很有意义的结果。若把环己烯的氢化热 119.7 kJ/mol 作为每个双键的氢化热，则设想的环己三烯的氢化热应为 $3 \times 119.7 = 359.1$ kJ/mol。苯的氢化热为 208.4 kJ/mol，说明苯比环己三烯稳定。

相反，苯却很易进行取代反应，如苯与浓硝酸和浓硫酸的混合酸在 50 ℃ 左右即可进行取代反应得硝基苯。

c. 苯的 6 个碳碳键长均相等，键长为 0.139 nm，介于碳碳单键键长 0.154 nm 与双键键长 0.134 nm 之间，也介于丁二烯的单键键长 0.146 nm 与双键键长 0.134 nm 之间。按凯库勒结构式，单键与双键应该是不一样长的。这些说明凯库勒的苯的结构式不能完全、正确地反映苯的结构，事实上这也就是表明经典的电子式已不能完全、正确地反映像苯那样高度共轭的结构。

根据分子轨道理论，苯的 6 个碳都是以 sp^2 杂化轨道相互形成 σ 键。它们连成一个平面的正六员环，键角为 120°，每个碳上有一个 p 轨道和环的平面垂直，因此这些 p 轨道可以相互重叠，发生共轭，形成一个大 π 键：π 电子云像两个中空的炸糖圈位于苯环的上下（见图 4-1），6 个 p 电子在 6 个碳上离域，使苯环稳定，同时使苯环上的碳碳键长都一样。另外，由于 π 电子结合不如 σ 电子牢，并且浮于环的上下，因此易为亲电试剂进攻，进行亲电取代反应；但是进行加成反应将破坏共轭体系，使稳定性降低，所以苯不易进行加成反应。

究竟苯的结构式应如何表示？

凯库勒苯的结构式简单，符合经典结构式，所以至今仍在应用。但是在使用时，应了解到凯库勒式中的 3 个双键是相互共轭的，单键、双键已均匀化了。在本书中主要仍使用凯库勒苯的结构式。

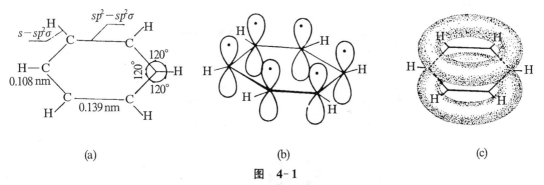

(a)　　　　　　　　　　　(b)　　　　　　　　　　　(c)

图　4-1

(a) 苯环的键长、键角与 σ 键；　(b) 苯环上相互平行的 p 轨道；　(c) p 电子相互重叠形成的大 π 键

用分子轨道的图示来表示苯的结构嫌太复杂了，但是 6 个 p 轨道形成的大 π 键可以用一个圆圈来表示。所以苯的结构式可写成：⬡ 。

根据共振论，苯可以写出多个符合八电子规则，没有原子排列顺序改变的共振式，其中最

稳定的有两个,因此苯可用这两个共振式的共振来表示:

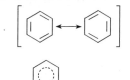

也可用共振式的杂种来表示:

后 3 种表示法在本书中也有应用。

4.2 芳香性与 $4n+2$ 规则

我们用环状闭合的共轭体系和共振论解释了苯环的稳定性。但是,按这种解释,环丁二烯与环辛四烯都应该比相应的丁二烯与 1, 3, 5, 7-辛四烯稳定得多。因为它们都具有环状闭合的共轭体系和两个完全相同能量的共振式:

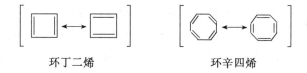

环丁二烯   环辛四烯

但实际情况是:环丁二烯极其不稳定,只有在低温时才能存在;环辛四烯的性能和开链共轭多烯完全一样,很容易聚合,加成,氧化。所以关于苯具有高度稳定性的问题,仅仅从环闭合的共轭体系考虑是不够的,还必须考虑成键轨道的能量对体系稳定性的影响。

苯的共轭体系是由 6 个碳上的 p 轨道组成的,因此有 6 个 π 分子轨道。能量最低,最稳定的 π_1 分子轨道没有波节;其次为能量较高的 π_2 与 π_3 分子轨道,它们能量相等,并都有一个波节。这种能量相同的轨道称为简并轨道。能量再高一些的为 π_4 与 π_5 分子轨道,它们也是简并轨道,各有两个波节。最高的为 π_6 分子轨道,有 3 个波节。在同样的范围内,波节愈多,波长愈短,能量愈高。在这 6 个分子轨道中:π_1, π_2, π_3 为成键轨道,π_4, π_5, π_6 为反键轨道(见图 4-2)。

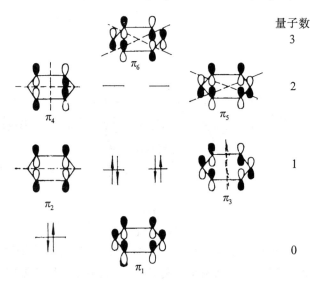

图 4-2 苯的 π 分子轨道与能级

正相用黑色表示,波节用虚线表示,同相轨道重叠成键,异相轨道重叠形成波节

苯分子有 6 个 π 电子全部排在 π_1, π_2, π_3 3 个成键轨道中,因此能充分发挥成键轨道使体系稳定的作用,所以苯环稳定。

苯的分子轨道的状态与具有环闭共轭体系的单环化合物的分子轨道是有共同性的,即都具有一个能量最低的 π 分子轨道(量子数为零);其他能量较高的 π 分子轨道(量子数为 n, n＝1, 2, 3,…),只要轨道数目允许,就尽可能地按简并成对的轨道存在。如环辛四烯是由 8 个 p 轨道组成的共轭体系,所以有 8 个 π 分子轨道,它们的能级分布见图 4-3。

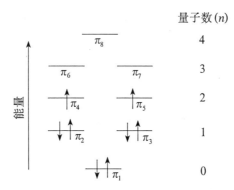

图 4-3　平面结构的环辛四烯的 π 分子轨道能级图

环辛四烯有 8 个 π 电子,不能全部排满成键轨道,因此不能充分发挥成键轨道的稳定作用,所以它的稳定性并不比开链共轭的辛四烯高,因此可以像共轭多烯一样进行加成、聚合、氧化反应。

凡是具有环闭共轭体系的单环化合物,若它的能量低于相应的开链共轭多烯,则称这个化合物具有芳香性;若高于相应的开链共轭多烯,则称这个化合物具有反芳香性;若等于相应的开链共轭多烯,则称为非芳香性。如苯的能量低于 1, 3, 5-己三烯,则为具有芳香性;而环丁二烯的能量高于丁二烯,则为具有反芳香性。

根据量子力学,休克尔(E. Hückel)认为具有环闭共轭体系的单环化合物,若要将 π 的成键轨道填满,对于能级最低,即量子数为零的轨道需要两个电子;对于其他能量较高的成键轨道,即量子数为 1 至 n 的轨道(注意此处 n 是指 π 的成键轨道的最高量子数),由于同一量子数有两个能量相同的轨道,每个轨道需要两个电子,所以总共需要 $4n+2$ 个 π 电子才能填满 π 的成键轨道。因此休克尔提出:凡是具有环闭共轭体系的单环化合物,必须具有 $4n+2$ 个 π 电子 (n＝0, 1, 2, …),才能具有芳香性。这个规律称为休克尔 $4n+2$ 规则。

苯具有 6 个 π 电子,符合 4×1+2＝6,有芳香性。环丁二烯有 4 个 π 电子,环辛四烯有 8 个 π 电子,都不符合 $4n+2$ 规则,所以没有芳香性。

对于稠环化合物,只要它的外沿是一个环闭的共轭体系,外沿上的 π 电子数符合 $4n+2$,这个化合物就可以有芳香性。如萘、蒽、菲都符合 $4n+2$ 规则,所以都具有芳香性。芘的整个分子有 16 个 π 电子,不符合 $4n+2$ 的关系,但它外沿的环闭共轭体系上只有 14 个 π 电子,符合 $4n+2$ 规则,所以仍具有芳香性。

萘　10 个 π 电子　　蒽　14 个 π 电子　　芘　整个分子 16 个 π 电子;外沿有 14 个 π 电子

这类具有芳香性的化合物有哪些性质呢？归纳起来大致有：(1)芳香性化合物比相应的开链共轭多烯稳定。如苯的稳定性大于己三烯。(2)芳香性化合物具有 π 键的环电流与抗磁性。这一性质可用核磁共振仪鉴别出来。(3)芳香性化合物在化学性质上，往往热稳定性增加；与亲电试剂不发生加成，而起取代反应；对氧化剂稳定性增加。这些特性称为芳香特性。但是对一些具有环闭共轭体系，又符合 $4n+2$ 规则的单环离子芳香性化合物，如环戊二烯负离子等化合物，则不能完全符合上述芳香特性，如它们不能进行亲电取代反应，因为遇到硫酸、硝酸就变回环戊二烯。但是仍具有 π 键的环电流与抗磁性。除上述具有芳香性的化合物外，还有一类杂环化合物具有芳香性，这些内容将在后面讨论。

4.3 芳香烃的分类与命名

芳香烃一般可分为苯、联苯、稠环芳烃及它们的衍生物。

1. 取代苯与带有官能基的苯化合物的命名

系统命名中，一般将化合物分为 5 部分：官能基、碳骨架、取代基、官能基衍生物与立体化学标志。关于后两部分，将在以后章节的命名中讨论。官能基是化合物中反应性能活泼的基团，但是在命名中不是将所有活泼的基团都作为官能基，而是规定了以下基团等作为官能基：

$$-COOH > -SO_3H > -COX \ (X=F, Cl, Br, I, \cdots) > -CONH_2$$
$$> -CN > -CHO > \underset{\underset{O}{\|}}{-C-} > -OH > -NH_2$$

除这些基团外，其他基团都作为取代基，如卤原子 (X)，$-NO_2$，$-NO$ 等。若化合物中含有两个以上官能基，则以上列优先顺序中优先的作为官能基，其他官能基则作为取代基。同一基团作为官能基与取代基的叫法是不同的，如下列所示：

基　团	$-OH$	$-NH_2$	$-COOH$	$-(C)OOH$ 此碳包括在骨架内	$-SO_3H$
作为官能基的名称	醇(连于烃基) 酚(连于芳基)	胺	甲酸	酸	磺酸
作为取代基的名称	羟基	氨基	羧基		磺酸 磺酸基

关于其他官能基，将在以后章节讨论。官能基与所连碳骨架组成母体或称索引化合物，其名称以碳骨架名称加官能基名称组成。若有取代基，则在母体名称前加取代基名称。若无官能基，则以碳骨架作为母体；若有多个碳骨架时，则以下列优先顺序中优先的碳骨架作为母体：

杂环 > 碳环 > 碳链

其他碳骨架作为取代基。官能基与取代基在苯环上的定位是以官能基所在位置为起点，按取代基定位数最小方向顺序定位；若无官能基，则以最小取代基所在位置为 1 进行定位。定位数标在取代基名称前。对于二取代苯，还可以用邻($o-$)、间($m-$)、对($p-$)来表示取代基的位置。

下面以一些实例说明命名方法：

—SO₃H 为官能基
称：苯磺酸

—COOH 为官能基
称：苯甲酸

—OH 为官能基
称：苯酚

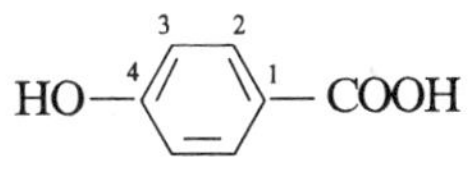

HO—⁴〇³ ²〇¹—COOH

—OH 与—COOH 中，—COOH 为优先官能基，所以—COOH 作为官能基，—OH 为取代基，苯甲酸为该化合物母体或索引化合物
　　称：4-羟基苯甲酸，
　　　　对-羟基苯甲酸或 *p*-羟基苯甲酸

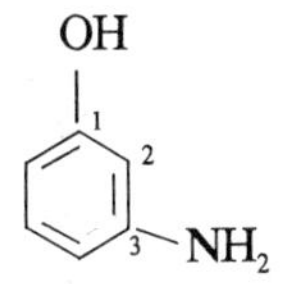

OH
¹〇²—NH₂

—OH 与—NH₂ 中，—OH 为优先官能基，所以—OH 作为官能基，—NH₂ 作为取代基，苯酚为该化合物母体或索引化合物
　　称：3-氨基苯酚，间-氨基苯酚或 *m*-氨基苯酚

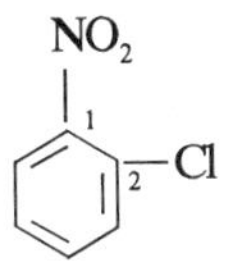

NO₂
¹〇²—Cl

—NO₂，—Cl 均为取代基，但—NO₂ 小于—Cl，所以编号从—NO₂ 开始
　　称：1-硝基-2-氯苯
　　　　邻-氯硝基苯
　　　　或 *o*-氯硝基苯

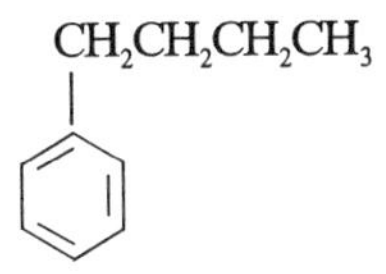

CH₂CH₂CH₂CH₃
〇

无官能基，有两个骨架，苯环优先于丁基骨架，所以苯作为母体
　　称：丁基苯

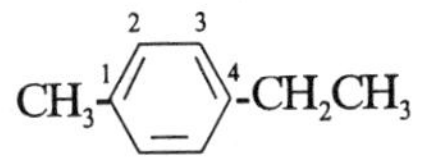

CH₃—¹〇² ³ ⁴—CH₂CH₃

甲基小于乙基，所以从甲基开始编号
　　称：4-乙基甲苯
　　　　对-乙基甲苯或
　　　　p-乙基甲苯

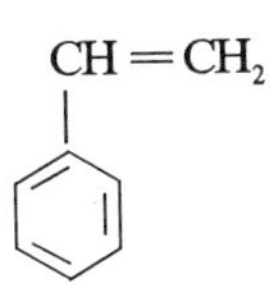

CH=CH₂
〇

无官能基，有两个骨架，苯为优先骨架
　　称：乙烯基苯(现常用苯乙烯系不规范的习惯命名，称为普通命名)

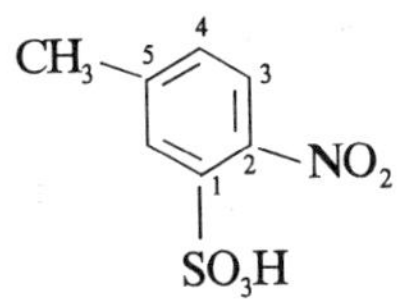

CH₃—⁵〇⁴ ³ ²—NO₂
　　　¹
　　　SO₃H

—SO₃H 为官能基，编号从—SO₃H 连的位置开始。向右旋编号两个取代基的编号为 2 与 5；向左旋编号为 3 与 6，所以应选前一种编号
　　称：5-甲基-2-硝基苯磺酸

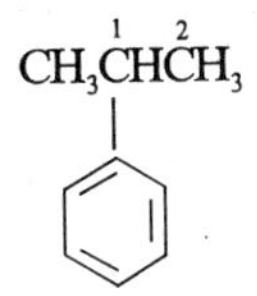

CH₃CHCH₃
　¹ ²
〇

称：(1-甲基乙基)苯
(现常用异丙苯系不规范的习惯命名，或称普通命名)

对于取代复杂的烃基苯也可以最长的烃链作为母体。如：

75

$$\underset{1}{\underset{|}{CH_3}}\underset{2}{\overset{CH_3}{\underset{|}{CH}}}\underset{3}{CH_2}\underset{4}{CH_2}\underset{5}{CH_3}$$

称：2-甲基-2-苯基戊烷

正规称： (1, 1-二甲基丁基)苯

对于环骨架与官能团间以脂链相连，而且链中不带有杂原子(即碳以外的原子)、双与三键，则将环骨架与脂链骨架联合起来与官能团组成母体。这种命名称为连接命名法。现举例如下：

$\langle \hexagon \rangle$—CH₂CH₂OH

骨架为 $\langle \hexagon \rangle$—CH₂CH₂—，

母体或索引化合物

为 $\langle \hexagon \rangle$—CH₂CH₂OH

称：苯乙醇

$CH_3 \overset{4}{\underset{3}{\langle \hexagon \rangle}} \overset{2}{\underset{}{}} CH_2COOH$

骨架为 $\langle \hexagon \rangle$CH₂C—，

官能基为 $(C)\!\!<\!\!\overset{O}{\underset{OH}{}}$

母体或索引化合物

为 $\langle \hexagon \rangle$CH₂COOH

称：4-甲基苯乙酸

$\langle \hexagon \rangle \overset{\beta}{\underset{|}{\overset{\alpha}{CHCH_2OH}}}$
                      Cl

骨架为 $\langle \hexagon \rangle$—C—C

官能基—OH，取代基为—Cl

母体或索引化合物为

$\langle \hexagon \rangle$CH₂CH₂OH

称：β-氯代苯乙醇

$CH_3 \overset{3}{\underset{}{\langle \hexagon \rangle}} \overset{2}{\underset{1}{}} \overset{\gamma}{\underset{|}{\overset{\beta}{}}}\overset{\alpha}{} CHCH_2CH_2OH$
                                              CH₃

称：3, γ-二甲基苯丙醇

$\langle \hexagon \rangle$—CH＝CHCOOH

因碳链中有双键,不能用连接命名法,应以官能基所连的骨架组成母体或索引化合物即 2-丙烯酸,所以苯环在此处作为取代基

称：3-苯基-2-丙烯酸

2. 联苯及取代联苯的命名

两个苯环间以单键连接起来的化合物称为联苯。联苯类化合物的系统命名是以联苯或联苯加官能基为母体。分别从两个苯环相连处开始编号：

联苯

4, 4′-二甲基联苯

4′-氨基-4-联苯磺酸

3. 稠环芳烃的命名

两个或两个以上苯环彼此间共用相邻两个原子的化合物叫稠环芳烃。它们的母体各有自己的名称,一般是用英文译音的第一个字上加草字头来命名的。其母体均有自身的特定编号方法。也可用 α, β, γ 表示位置。如：

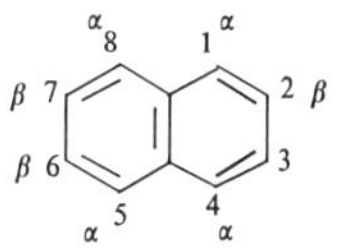

萘 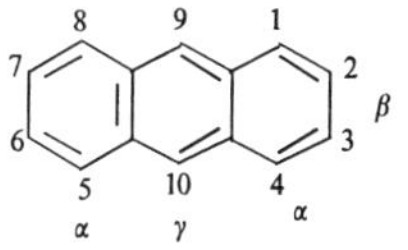　　　　　　　　　蒽 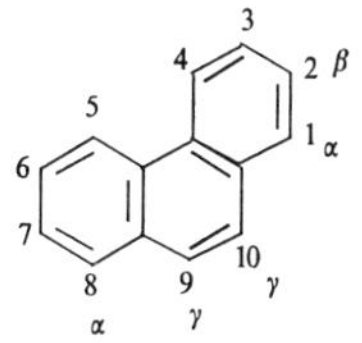　　　　　　　　　菲

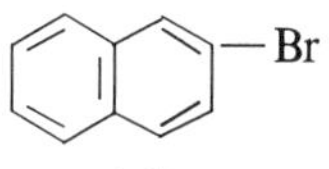

2-溴萘
β-溴萘

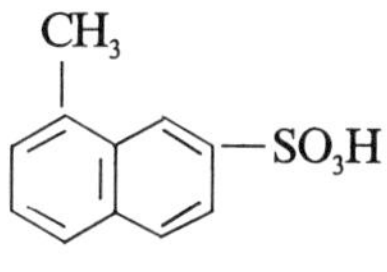

8-甲基-2-萘磺酸

4.4　苯及其同系物的物理性质

苯及其低级同系物都是无色的液体,不溶于水,易溶于石油醚、四氯化碳、乙醚、丙酮等有机溶剂。烷基苯沸点随烷基加大而增加,每增加一个亚甲基,沸点增加 20~30 ℃。熔点的规律比较复杂,不仅与分子量大小有关,还与分子的形状及分子的对称性关系很大。二取代苯中,对位的就比邻、间位的熔点高,这是因为分子对称,容易结晶,如二甲苯:邻、间、对二甲苯的熔点分别为 -25 ℃, -48 ℃, 13 ℃。又如四甲基苯的熔点: 1,2,4,5-四甲苯　80 ℃; 1,2,3,5-四甲苯　-24 ℃; 1,2,3,4-四甲苯　-6.5 ℃。

同理,由于苯是高度对称的,熔点也较高,为 5.5 ℃;但上了一个甲基,则破坏了对称性,熔点就降为 -95 ℃。对二甲苯是制造合成纤维的重要原料,工业上就是从混合二甲苯中用分级结晶的方法分离出来的。

结晶化合物的溶解需要克服晶体分子间的作用力,而结晶分子间作用力较大,所以对称分子往往比非对称的分子溶解度小。苯及其低级同系物比重小于水。

苯及其同系物的蒸气是有毒的,能损坏造血器官和神经系统,要很好注意。

表 4-2　苯及其同系物的物理性质

化合物名称	熔点/℃	沸点/℃	密度/g·cm^{-3}(20 ℃)
苯	5.5	80.1	0.879
甲苯	-95	111	0.866
邻-二甲苯	-25	144	0.880
间-二甲苯	-48	139	0.864
对-二甲苯	13	138	0.861
1,2,3-三甲苯	-25	176	0.895
1,2,4-三甲苯	-44	169	0.876
1,3,5-三甲苯	-45	165	0.864
乙苯	-95	136	0.867
正丙苯	-99	159	0.862
异丙苯	-96	152	0.862
联苯	70	255	
萘	80.5	218	
蒽	218	340	
菲	101	340	

4.5 苯及其同系物的化学性质

苯可以由煤的干馏与石油裂解得到,也可从石油经过其他化学加工制得。苯环及其侧链烃上 α 氢,可以进行许多反应,如苯环的加成反应、亲电取代反应、侧链上的卤化反应、氧化反应等,所以苯及其同系物是一类重要的化工原料。

1. 加成反应

苯比烯烃、炔烃难于进行加成反应,如与溴的四氯化碳溶液、溴化氢都不能发生反应。但是苯在强烈的或特殊条件下还是可以发生加成反应,不过生成的产物不能停留在环己二烯及环己烯加成物的阶段,而是加成到饱和。这是由于苯环较稳定,如果要进行加成必须在强烈的条件下才有可能,但是一经加成后,环闭的共轭体系就被破坏,加成容易进行下去,所以不能停留在加成打开一个或两个双键的阶段上。如苯用镍作催化剂进行氢化,在 1.50×10^7 Pa 下需要 $150 \sim 200\ \text{℃}$ 才能氢化,得到的是环己烷,而得不到环己烯或环己二烯;而烯烃与炔烃加氢,在相同条件下,于室温即可加氢。

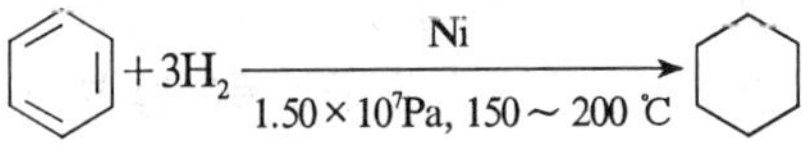

苯与氯气在没有紫外光照与过氧化物作用下,是不发生加成反应的,但是经紫外光照射或过氧化物引发就可以发生自由基加成反应,生成 1, 2, 3, 4, 5, 6-六氯环己烷,简称 666,即常用的一种杀虫剂 666。但是烯烃、炔烃不需要紫外光照或过氧化物引发就可以与氯气发生亲电加成反应。

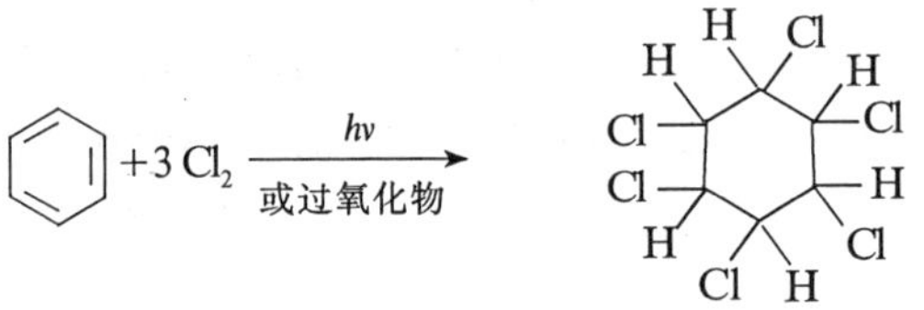

1, 2, 3, 4, 5, 6-六氯环己烷 (666)

2. 取代反应

由于在苯环上下有 π 电子云暴露,加之 π 键是由 p 轨道侧面重叠,不如 σ 键 sp^2 轨道轴对称重叠得那样好,因此比较容易与亲电试剂作用,进行亲电取代反应。这是这类化合物的共同点。

(1) 卤代反应

苯与溴、氯在一般情况下,不发生取代反应,但在三卤化铁或铁粉存在下加热能发生取代反应,得到卤代苯和少量二卤代苯。如:

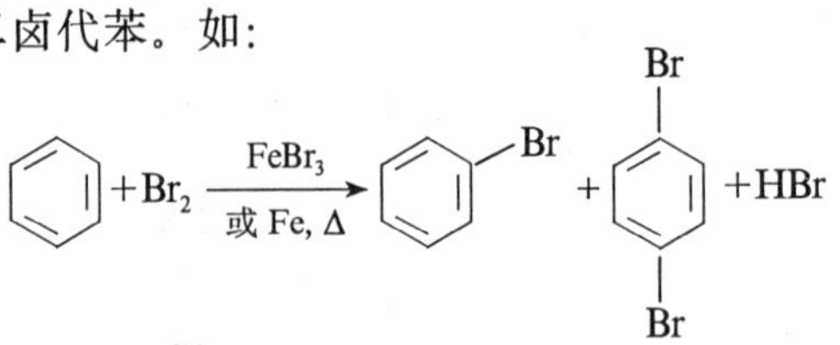

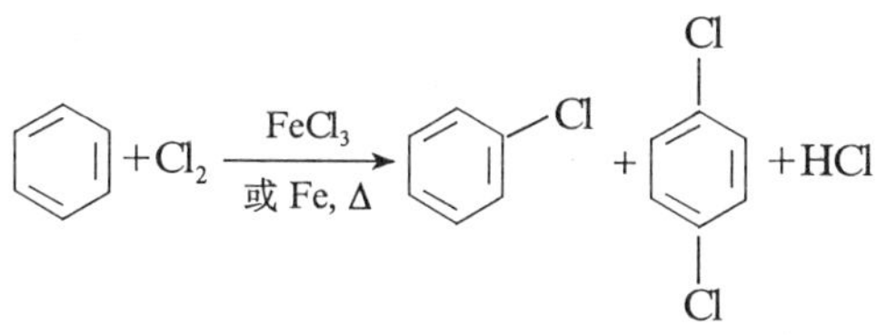

若用烷基苯在相应条件下，同样得到在苯环上邻与对位的取代产物。如：

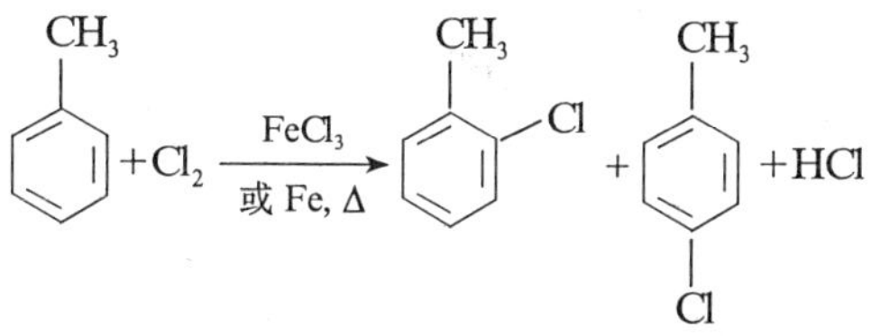

(58%)　(42%)
邻-氯代甲苯　对-氯代甲苯

（2）硝化反应

苯与浓硝酸和浓硫酸的混合酸作用生成硝基苯，在此条件下，一般得不到二取代产物。浓硫酸在这里，一方面是提供质子起催化作用；另一方面吸水，促进硝化反应的进行。

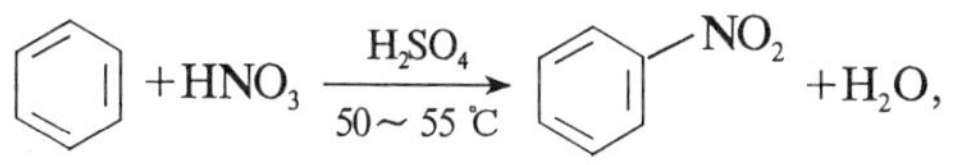

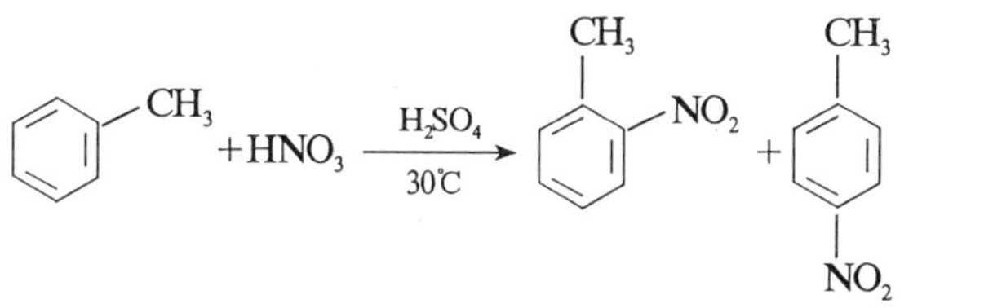

(58%)　(38%)
邻-硝基甲苯　对-硝基甲苯

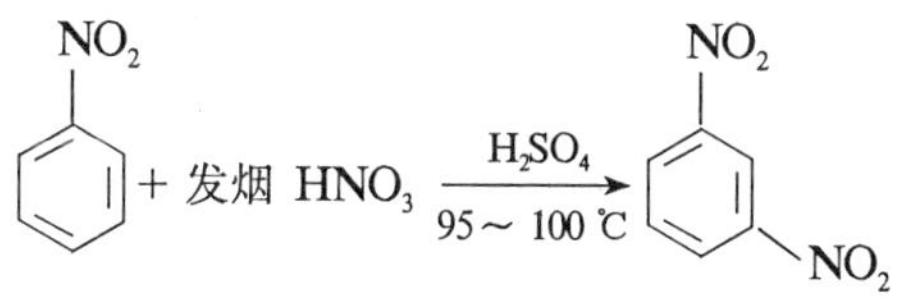

间-二硝基苯

产物为硝基苯和硝基甲苯。若提高反应温度，还可以得三硝基苯和三硝基甲苯。它们都是烈性炸药，操作时必须非常小心，因此不能用蒸馏法进行分离。

硝酸具有相当强的氧化性，特别是在高温反应时，显得更为突出。所以对于一些易被氧化的化合物，如苯胺、苯酚等，进行硝化反应时必须在较低的温度进行，或将氨基、羟基保护起来，硝化后再去掉保护基。

（3）磺化反应

苯与发烟硫酸或三氧化硫在室温能很快反应生成苯磺酸，与浓硫酸加热也可生成苯磺酸。但要得到二取代产物，需提高温度。

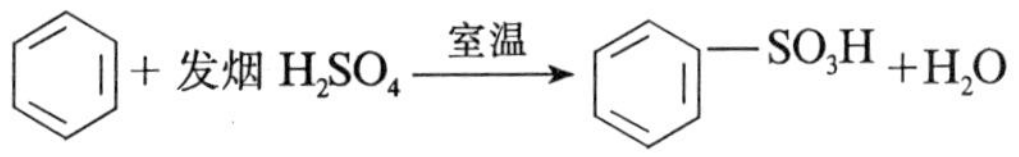

$$\text{C}_6\text{H}_6 + \text{发烟 } H_2SO_4 \xrightarrow{\text{室温}} \text{C}_6\text{H}_5-SO_3H + H_2O$$

苯磺酸

磺化试剂的反应活性:$SO_3 >$ 发烟 $H_2SO_4 >$ 浓 H_2SO_4。

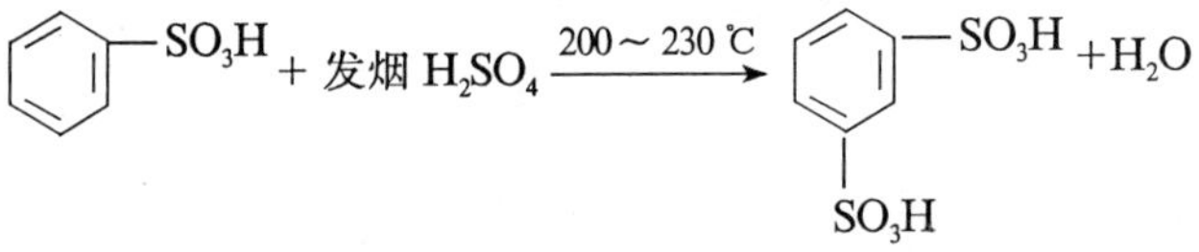

$$\text{C}_6\text{H}_5-SO_3H + \text{发烟 } H_2SO_4 \xrightarrow{200\sim230\ ℃} \text{(间)}-SO_3H, -SO_3H + H_2O$$

甲苯比苯易磺化,用浓 H_2SO_4 在 0 ℃ 就可磺化,得邻位甲基苯磺酸(43%)和对位甲基苯磺酸(53%)。但在 100 ℃ 时磺化,则主要是对位产物(79%),邻位产物不多(13%)。这是因为高温(100 ℃ 以上)时,磺化反应与卤化、硝化不同,它是可逆反应,有利于生成更加稳定的产物。此外,磺酸基体积较大,邻位空间位阻大,邻位产物位能较高;而对位产物基本上无空间位阻,位能较低,所以有利于形成:

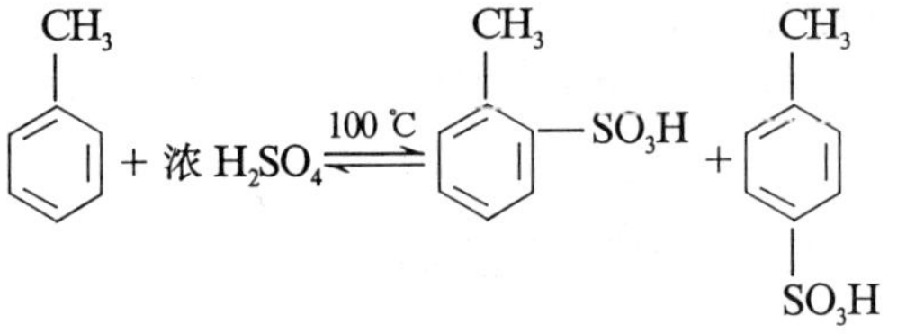

(13%)　　　(79%)

利用磺化反应在高温是可逆的这一性质,在苯磺酸产物中,通入过热蒸汽,可使磺酸基脱去,得到苯。

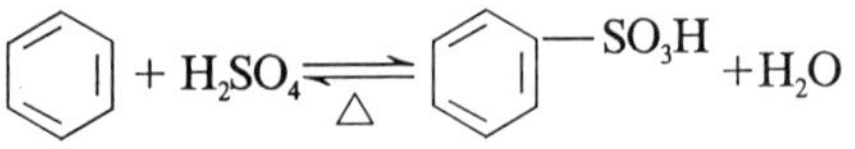

$$\text{C}_6\text{H}_6 + H_2SO_4 \underset{\triangle}{\rightleftharpoons} \text{C}_6\text{H}_5-SO_3H + H_2O$$

(4) 傅氏烷基化反应(Friedel-Crafts)

在无水三氯化铝等酸性催化剂存在下,卤代烷、烯烃与醇可以和苯发生烷基取代反应:

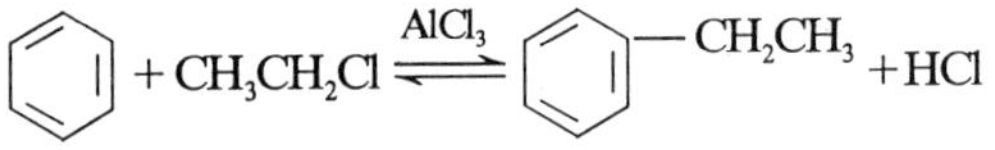

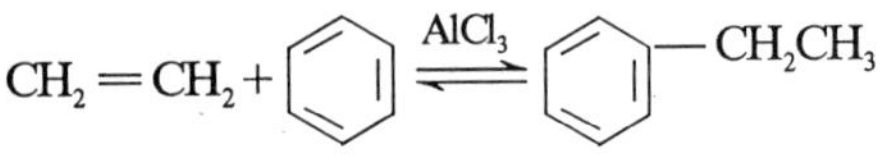

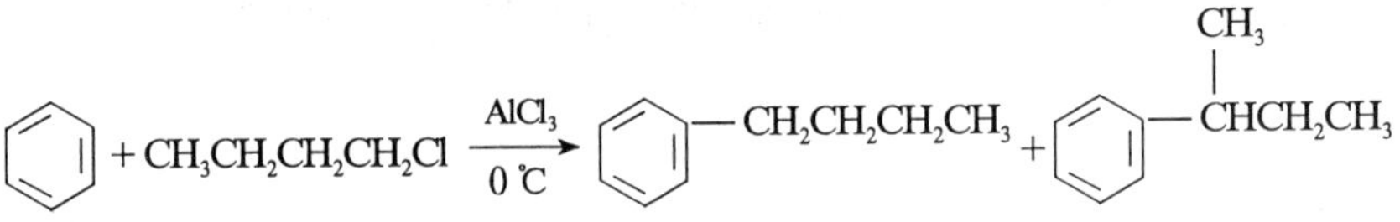

$$\text{C}_6\text{H}_6 + CH_3CH_2Cl \xrightarrow{AlCl_3} \text{C}_6\text{H}_5-CH_2CH_3 + HCl$$

$$CH_2 = CH_2 + \text{C}_6\text{H}_6 \xrightarrow{AlCl_3} \text{C}_6\text{H}_5-CH_2CH_3$$

$$\text{C}_6\text{H}_6 + CH_3CH_2OH \xrightarrow{AlCl_3\text{或 } HF} \text{C}_6\text{H}_5-CH_2CH_3$$

$$\text{C}_6\text{H}_6 + CH_3CH_2CH_2CH_2Cl \xrightarrow[0\ ℃]{AlCl_3} \text{C}_6\text{H}_5-CH_2CH_2CH_2CH_3 + \text{C}_6\text{H}_5-CHCH_2CH_3(CH_3)$$

(34%)　　　(66%)

80

除用 $AlCl_3$ 作催化剂外,还常用无水的 $FeCl_3$, $SbCl_5$, $SnCl_4$, BF_3, $TiCl_4$, $ZnCl_2$ 等作为傅氏催化剂,其催化活性顺序依次降低。当用烯烃或醇作为烷基化试剂时,还可用无水强质子酸作为催化剂,它们的催化活性次序为 $HF > H_2SO_4 > H_3PO_4$。

多卤代烷同样是烷基化试剂,可以制备多苯基烷烃。如二氯甲烷与苯反应可得二苯基甲烷,三氯甲烷与苯反应可得三苯基甲烷,但四氯化碳与苯反应只能得到三苯基氯甲烷。卤代苯不能作为烷基化试剂,因为它的卤原子很不活泼。

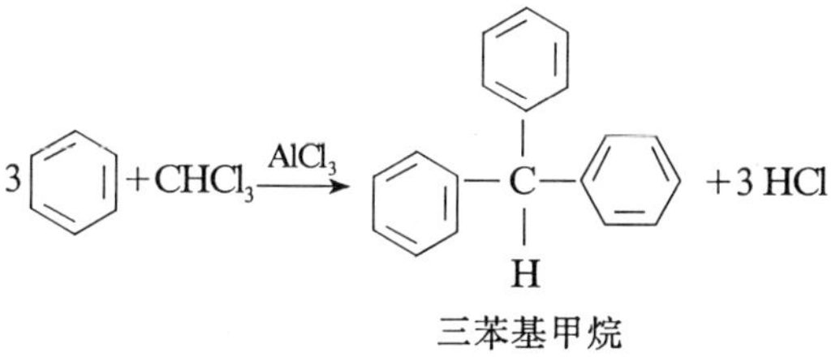

三苯基甲烷

傅氏烷基化反应,也是可逆反应。所以二烷基苯与苯在 $AlCl_3$ 存在下,加热回流可得到一取代苯。烷基化反应往往得到一取代和二取代,甚至三取代的混合物。

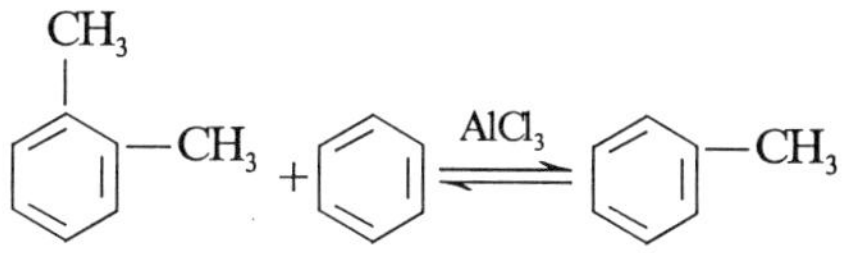

(5) 傅氏酰基化反应

苯与酰氯(卤)或酸酐在无水三氯化铝催化下,可发生取代反应得到酮:

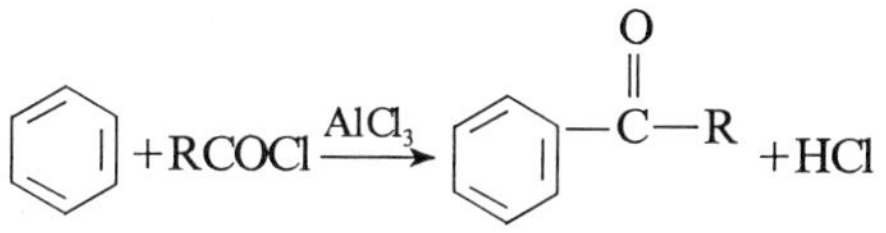

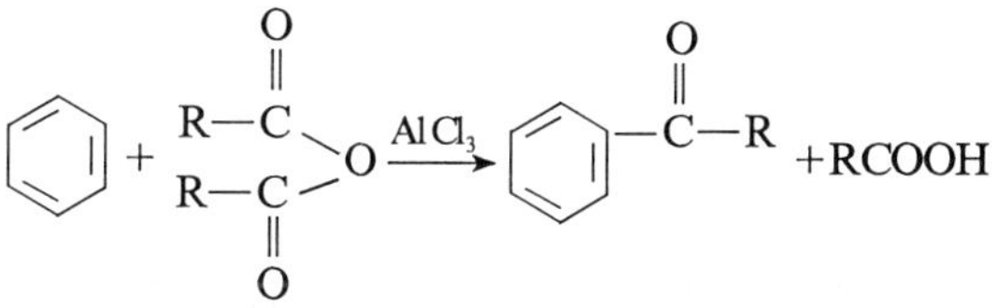

这是制备芳香酮的一种方法。若将此酮还原也可得到直链烷基苯。用此方法制备 3 个碳以上直链烷基苯,比烷基化法优越,因为它没有异构产物和二取代产物。如:

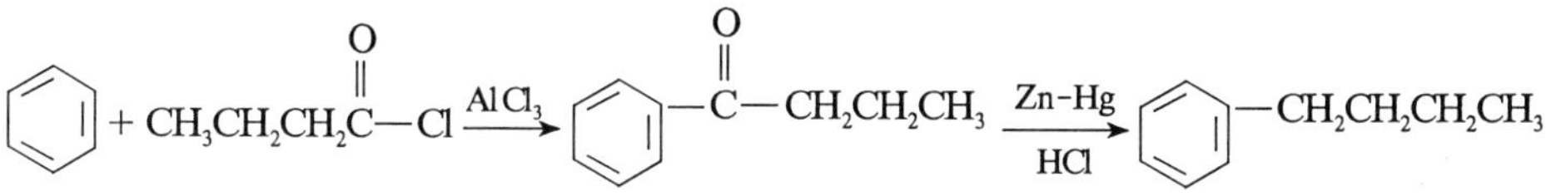

正丁基苯

3. 取代反应机理

苯环(芳环)上的亲电取代反应历程大致是:亲电试剂在催化剂作用下,首先形成亲电性更强的正性离子或显正性的分子。第二步正性离子或显正性的分子与苯环(芳环)上 π 电子结合(或者说从苯环上得到电子)，形成新的 σ 键，同时，生成正碳离子中间体。第三步正碳离子中间体破坏了芳香性，位能升高，不稳定性增加。这种"离子"具有降低位能、趋于稳定的内在动力，所以消除一个氢质子而恢复其芳香性，使其稳定。这样就得到稳定的芳香性取代产物。

第一步　亲电性正离子或正性分子的产生

卤代：　$Cl_2 + FeCl_3 \rightleftharpoons FeCl_4^- + Cl^+$

　　　　$Br_2 + FeBr_3 \rightleftharpoons FeBr_4^- + Br^+$

硝化：　$HO\!-\!NO_2 + H^+ \rightleftharpoons H_2O + NO_2^+$

磺化：　$2H_2SO_4 \rightleftharpoons H_3O^+ + HSO_4^- + SO_3$

烷基化：　$CH_3CH_2CH_2CH_2Cl + AlCl_3 \rightleftharpoons AlCl_4^- + CH_3CH_2CH_2CH_2^+ \rightleftharpoons CH_3^+CHCH_2CH_3$

　　　　$AlCl_3 + H_2O\,(微量) \longrightarrow H^+ + AlCl_3(OH)^-$

　　　　$CH_2 = CH_2 + H^+ \rightleftharpoons CH_3\overset{+}{C}H_2$

　　　　$CH_3CH_2OH + H^+ \rightleftharpoons CH_3\overset{+}{C}H_2 + H_2O$

酰基化：　$RCOCl + AlCl_3 \rightleftharpoons R\!-\!\overset{\overset{\displaystyle \overset{+}{O}\,AlCl_3^-}{\|}}{C}\!-\!Cl \rightleftharpoons R\!-\!\overset{+}{C}\!=\!O + AlCl_4^-$

以 E^+ 代表：Cl^+，Br^+，$\overset{+}{N}O_2$，SO_3，$CH_3\overset{+}{C}H_2$，$R\!-\!\overset{+}{C}\!=\!O$，进行下一步反应：

第二步　

正碳离子中间体

第三步　

取代产物

由此历程看出，亲电取代反应实际上是亲电加成与消除两步反应组成，最终得到的是取代产物。从表观看是亲电的正性离子或显正性的分子取代了苯环(芳环)上的氢质子，所以称为取代反应。所谓显正性的分子是指三氧化硫。它是由于形成配价键的缘故，硫上带正电荷，是亲电试剂。

虽然亲电取代反应的历程类同，但是由于亲电试剂性质上的差异，每种反应类型又有各自的特点。如：烷基化和磺化反应是可逆的；烷基化反应时，由于烷基的活化作用与烷基正碳离子有重排现象，往往得到二取代和烷基异构化产物；酰基化反应的催化剂用量往往需要酰卤等摩尔以上的量才行，这是因为催化剂三氯化铝不仅与酰卤的羰基形成配价络合，促进酰卤离解成羰基正碳离子,与苯环(芳环)发生取代反应。而且它还可以与生成的酮羰基发生配价络合,所以催化剂的用量必须超过酰卤的摩尔数,才能使反应正常进行。这也是酰基化反应完成后,需要用盐酸水溶液水解才能得到酮的原因。

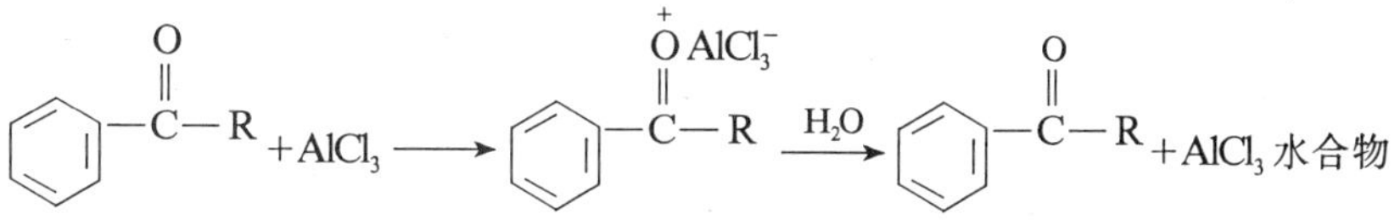

对于取代反应的这些共性与个性。在学习过程中是应该予以注意的。

4. 苯环(芳环)上取代基对取代反应的影响

在前面讲到的取代反应中发现:苯与甲苯硝化时,甲苯比苯来得容易;苯与硝基苯硝化时,苯比硝基苯来得容易。而且甲苯与硝基苯硝化时,硝基取代的位置也不同。为什么有这样现象呢?这是取代基的影响所致。

(1) 定位效应与活化作用

当一元取代苯进行取代反应时,将有 5 个位置可以取代: 2 个邻位、2 个间位和 1 个对位。按理取代产物的比率应为邻:间:对 $=2:2:1$,即邻位占 40%,间位占 40%,对位占 20%。但是实际情况并非如此,如前述,甲苯硝化,邻位产物占 58%, 对位占 38%,间位不到 4%,即邻、对位产物都比理想的多,这种效应叫邻、对位定位效应,甲基叫邻对位定位基团。而硝基苯硝化,邻位产物占 6.4%,对位占 0.3%,间位占 93.3%,即间位产物大大超过理想的数量,这种效应叫间位定位效应,硝基叫间位定位基团。

另外,苯硝化需要 $50\sim60\ ℃$ 才有比较合适的速度,硝基苯需要 $100\ ℃$,而甲苯只要 $30\ ℃$。从硝化的温度可以看出甲苯易于硝化,硝基苯不易硝化。如果定量比较,可取等摩尔的苯与甲苯混合进行硝化,测定产物中硝基苯与硝基甲苯摩尔比就可以得到硝化相对速度之比,这样得到硝化相对速率为:苯:甲苯:硝基苯 $=1:24.5:6\times10^{-8}$。

对于这种现象,我们称甲基起了使苯环活化的作用,而硝基起了使苯环钝化(减活化)的作用。

究竟有哪些基团是邻对位或间位定位基团呢?哪些基团起活化或钝化作用?根据实验知道:

a. 邻对位定位基 $-NR_2$, $-NHR$, $-NH_2$, $-OH$, $-\underset{\underset{O}{\|}}{N}HCR$, $-OR$, $-\underset{\underset{O}{\|}}{O}CR$, $-R$, $-Ar$, $-X$

上式中,X 为 F, Cl, Br, I,Ar 代表芳基,如苯基,萘基等。这些取代基与苯环直接相连的原子上一般只有单键。如上列基团和苯环直接相连的原子氮、氧、碳、卤素上都只有单键,并且除碳以外,都带有未成键的电子对。这些电子对可与苯环上 π 电子共轭,并通过 π 键向苯环给电子,烷基上的碳—氢和碳—碳 σ 键上的一对电子,可与苯环上 π 电子发生超共轭,而显弱给电子能力,从而使苯环电子云密度增加(卤素除外)。

b. 间位定位基 $-\overset{+}{N}R_3$, $-NO_2$, $-CF_3$, $-CCl_3$, $-CN$, $-SO_3H$, $-CHO$, $-COR$, $-COOR$, $-CONR_2$

这些取代基与苯环相连的原子或有正电荷,或以单键、重键、配价键与其他电负性更强的原子组成基团,它们具有向苯环吸电子的能力,从而降低了苯环上的电子云密度。

邻对位定位基除卤素外,均使苯环活化。间位定位基和卤素均使苯环钝化。

活化作用最强的有: —$\ddot{N}H_2$, —$\ddot{N}HR$, —$\ddot{N}R_2$ 和—$\ddot{O}H$

活化作用中等的有: —$\ddot{N}HCOR$, —$\ddot{O}R$ 和—$\ddot{O}COR$

活化作用弱的有: —R 和—Ar

钝化作用弱的有: —$\ddot{\ddot{F}}:$, —$\ddot{\ddot{C}l}:$, —$\ddot{\ddot{B}r}:$, —$\ddot{\ddot{I}}:$

钝化作用中等的有: —CN, —SO_3H, —CHO, —COR, —COOH, —COOR, —$CONR_2$

钝化作用最强的有: —$\overset{+}{N}R_3$, —NO_2, —CF_3

活化与钝化的相对值可以从硝化的相对速度得到取代基相对速度分类(见表4-3)。

表 4-3 取代基相对速度分类

—$N(CH_3)_2$	2×10^{11}	强活化		—Cl	0.033	弱钝化
—OCH_3	2×10^5	中活化		—Br	0.030	
—CH_3	24.5	弱活化		—NO_2	6×10^{-8}	强钝化
—$C(CH_3)_3$	15.5			—$\overset{+}{N}(CH_3)_3$	1.2×10^{-8}	
—H	1.0					

还应该提到同一个定位取代基,反应条件不同,取代产物的比例也不同,特别是反应温度不同,可改变产物比例。同一个一元取代苯在不同取代反应中所得产物比例也不同。如甲苯

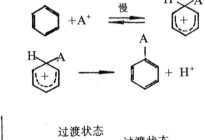

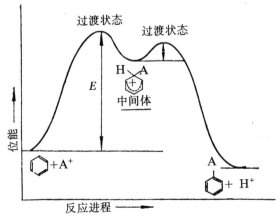

图 4-4 苯亲电取代反应的位能图

磺化反应,在 0 ℃ 时得邻位产物 43%,对位产物 53%;而在 100 ℃ 时,邻位产物仅 13%,而对位为 79%。

(2) 定位效应与活化作用的理论

为什么取代基有定位效应与活化或钝化作用? 这首先应了解定位效应与活化、钝化作用都是一个反应速度的问题。如果在邻对位取代反应比间位快,就显邻对位定位效应;若取代苯比苯的取代反应快就显活化作用。对于同类反应,其反应速度快慢与活化能高低有关,而活化能的高低往往可通过与中间体结构的稳定性分析来判别。为了分析中间体结构与反应速度之间关系,就需要了解这些反应的历程。与苯环取代反应有关的历程有两步,慢的一步决定反应速度。所以在研究这个反应时,应着重分析形成正碳离子一步。形成正碳离子中间体的这一类反应,反应快慢决定于正碳离子的稳定性,因为正碳离子稳定,位能低,它的过渡状态的位能也低,因此活化能就低,反应就快(见图 4-4)。

当苯环上带有给电子取代基时,将使正碳离子的电荷有一定分散,因而使正碳离子稳定,活化能较低,从而使反应较快,起到使苯环活化的作用。相反,当苯环上带有吸电子取代基时,则使正碳离子电荷更集中,因而更不稳定,活化能高,反应慢,起到钝化作用。

为什么吸电子和给电子取代基会起不同的定位效应? 从前面的介绍可以看到,给电子取代基对苯环起活化作用,同时也是邻对位定位基;而吸电取代基起钝化作用,同时也是间位定位基。这反映了给电子取代基使苯环活化,而使邻对位更加活化,因此起邻对位定位效应。吸电子取代基使苯环钝化,但使邻对位更加钝化,因此取代基上间位,起间位定位作用。

对这种现象现有两种解释:

a. 运用过滤状态理论与共振论分析取代反应中间体的稳定性

以此判断苯环上取代基对于邻、间、对位取代反应相对速度的影响,从而说明取代基的定位效应。以甲苯为例,当亲电试剂 A^+ 上到对位时,生成正碳离子中间体 I。正碳离子上的空 p 轨

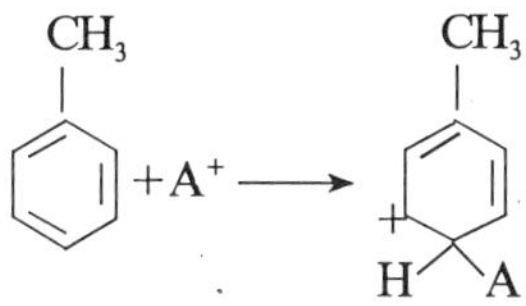

道可以和剩下的共轭双键上的 p 轨道发生共轭,产生离域现象,所以 I 式不能代表真实的正碳离子中间体的结构。根据共振论,真实的中间体是 I 式和其他没有改变原子排列,仅有电子排列不同的共振式的杂种,而这些共振式中又以较稳定的共振式对杂种的贡献大。如这个中间体可用下列 3 个较稳定的共振式的杂种来表示:

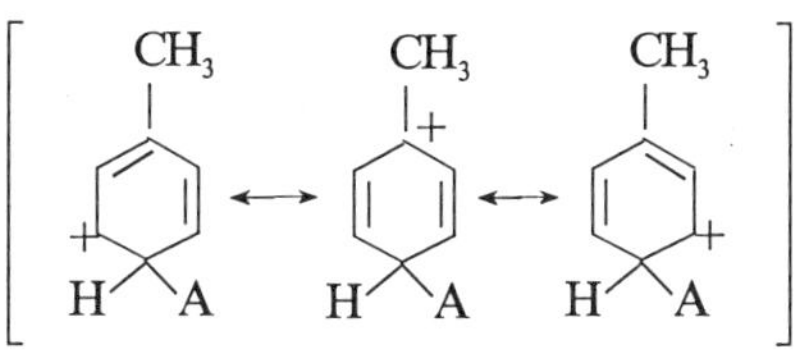

最稳定

在Ⅰ，Ⅱ，Ⅲ 3个共振式中，以Ⅱ式最稳定：因为甲基连在带正荷的碳上，而甲基为给电子基团正好补充相连碳原子上电荷的不足，使电荷分布均匀一些，故其最稳定。由于稳定的共振式对杂种的贡献大，而杂种比最稳定的共振式的能量还低，所以有Ⅱ式的存在，反映了甲苯对位取代的正碳离子中间体比较稳定。

Ⅰ，Ⅱ，Ⅲ 3个共振式的杂种或叠加也可以用右式表示。正电荷不是均匀分布在环的5个碳原子上，而是如右图所示，交替分布的。

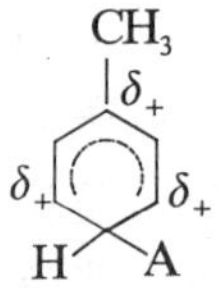

当 A⁺ 进攻邻位时，生成的正碳离子中间体也可以用3个较稳定的共振式来表示，其中也有一个最稳定。即像 A⁺ 进攻对位时一样，甲基连在带正电荷的碳上的共振式。

A⁺ 进攻间位生成的正碳离子中间体也可用3个较稳定的共振式表示，但是没有一个共振式的甲基和带正电荷的碳相连，因此没有最稳定的共振式。

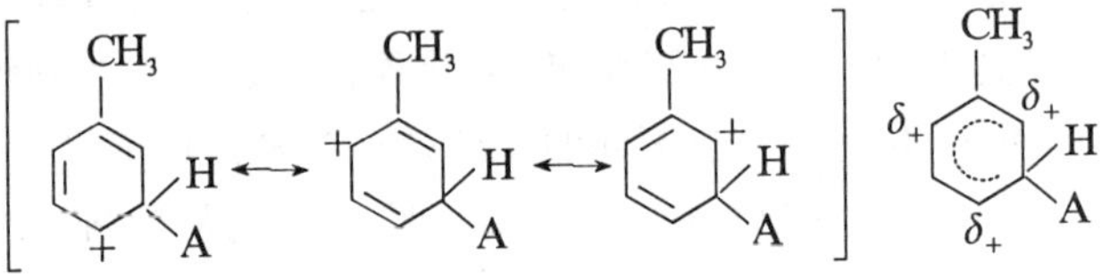

所以间位取代形成的正碳离子中间体的稳定性较邻、对位取代的正碳离子中间体低。也就是位能较高，因此生成间位取代的正碳离子中间体的活化能较生成邻、对位取代的正碳离子中间体高。取代邻、对位较取代间位速度快，所以甲基显邻对位定位效应。

再以硝基苯为例，当 A⁺ 进攻邻位与对位时，生成的正碳离子中间体均可分别用3个较稳定的共振式来表示，但是每组共振式中都有硝基直接连在带正电荷的碳上，由于硝基是吸电子基团，使正电荷更为集中，造成这种共振式稳定性降低，因此使得相应的正碳离子中间体的稳定性较差。

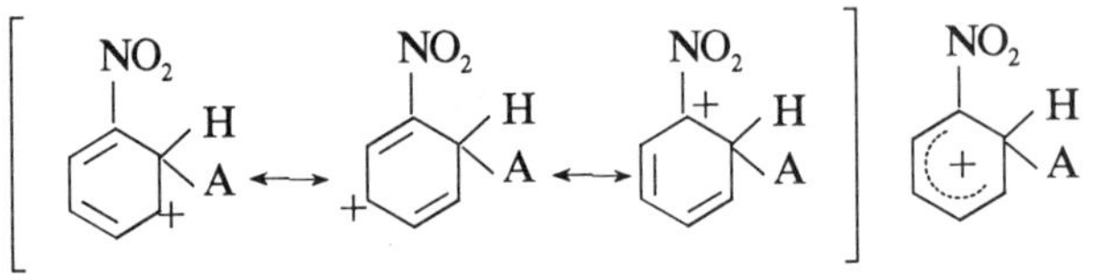

不稳定

当 A⁺ 进攻间位，生成的正碳离子中间体也可用3个较稳定的共振式表示。这些共振式中没有带正电荷的碳与硝基相连，因此没有稳定性较差的共振式。

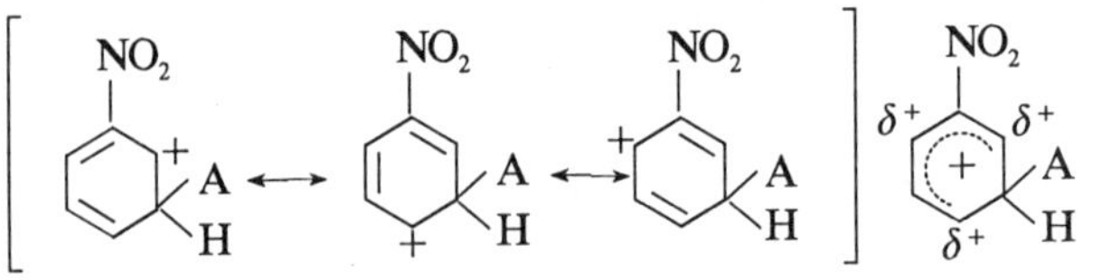

从上述分析看到，只有间位取代的正碳离子中间体的共振式中没有稳定性较差的共振式，所以间位取代的正碳离子中间体相对稳定性较高，即位能相对较低。因此生成间位取代的正碳离子中间体的活化能较低，反应速度较快，所以硝基显间位定位效应。

b. 根据分子中的电荷分布，运用共轭效应与诱导效应来解释定位效应

86

什么叫共轭效应与诱导效应？共轭效应是指一基团在共轭体系上引起电子偏离的效应，这效应可随共轭体系传至很远，而且是按交替方式传递。如下列化合物电荷分布的情况为：

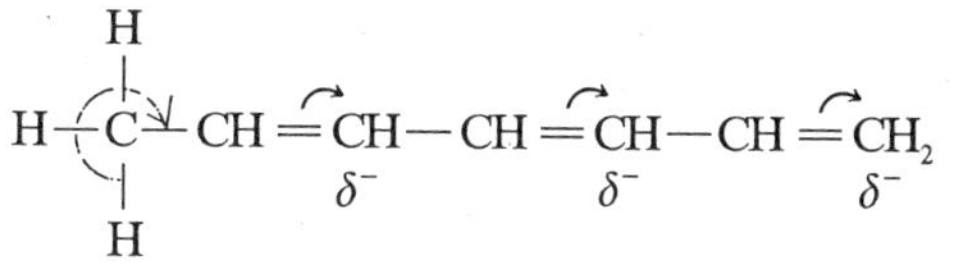

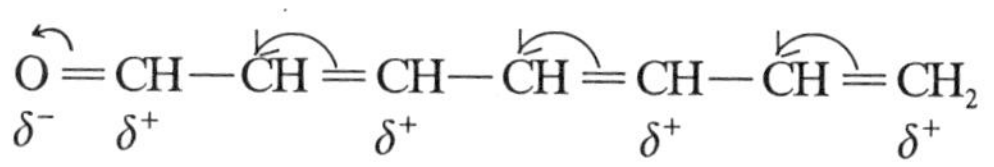

$$H-\overset{\overset{H}{|}}{\underset{\underset{H}{|}}{C}}-CH=CH-CH=CH-CH=CH_2$$
$$\underset{\delta^-}{} \qquad \underset{\delta^-}{} \qquad \underset{\delta^-}{}$$

$$\underset{\delta^-}{O}=\underset{\delta^+}{CH}-CH=\underset{\delta^+}{CH}-CH=\underset{\delta^+}{CH}-CH=\underset{\delta^+}{CH_2}$$

⌢ 表示 π 电子偏离的方向，⌢ 的起止表示 π 电子移动的起止。⌢ 也可用来表示超共轭电子偏离的方向。

诱导效应是指通过 σ 键或空间传递取代基吸电子或给电子的影响，而这影响随距离增加而迅速降低，一般只能传递两三个原子。如：

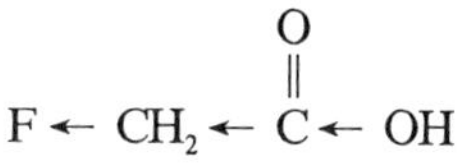

$$F \leftarrow CH_2 \leftarrow \overset{\overset{O}{\parallel}}{C} \leftarrow OH$$

→ 表示诱导效应使 σ 电子偏离的方向。

甲基的共轭效应与诱导效应都是给电子的，所以甲基使苯环上电荷密度增加，使苯环活化，有利于亲电取代反应，同时使苯环上电荷分布发生如下变动：

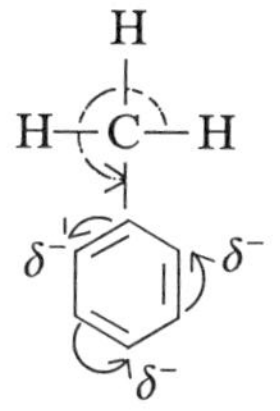

甲苯的电荷分布

甲苯的邻、对位电荷密度相对较高，因此亲电试剂易进攻邻、对位，所以甲基显邻、对位定位效应。

硝基的共轭效应与诱导效应都是吸电子的，所以硝基使苯环上的电荷密度减少，表现出使苯环钝化，不利于亲电取代反应，同时使苯环上电荷分布发生如下变动：

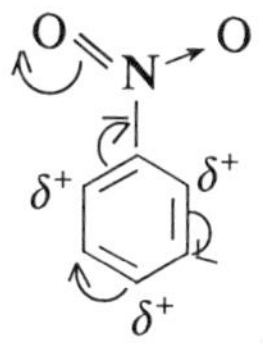

硝基苯的电荷分布

硝基使苯环上电荷密度减少，特别是使邻、对位减少更多，而间位上电荷密度相对较高，所以亲电试剂易上间位，硝基起间位定位作用。

为什么卤素对苯环起钝化作用，但又是邻、对位定位基呢？对于这个问题，需要用共轭效应与诱导效应来解释。

甲苯的甲基在诱导效应与共轭效应上都是给电子的，硝基苯的硝基都是吸电子的。但卤代苯的卤素却具有吸电子诱导效应与给电子共轭效应。从诱导效应讲，卤素是一强吸电子基团,使苯环上电子云密度降低,所以使苯环钝化。但是卤素有一对未成键的 p 电子可以与苯环上的 π 电子共轭,当 A^+ 进攻对位时,可形成如下正碳离子中间体:

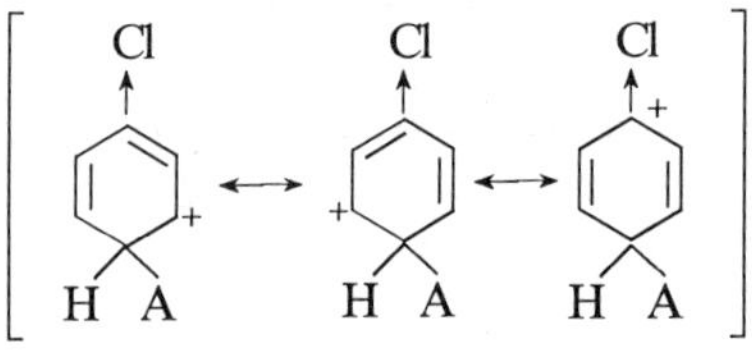

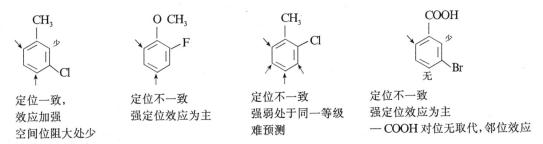

按理讲,Ⅲ 应该是很不稳定的,但是氯上有一对电子可以和正碳离子的空 p 轨道发生共轭,用共振式可以表示为氯鎓离子结构,及共振式的杂种,此结构可以满足八电子结构,是比较稳定的结构,位能较低。

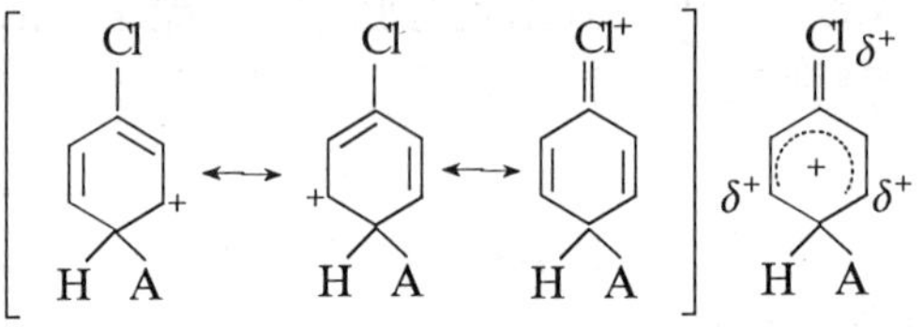

同样,进攻邻位所得的正碳离子中间体的共振式中,也有较稳定的氯鎓离子结构,所以中间体也是比较稳定的。但是进攻间位所得正碳离子中间体,则没有这种稳定的共振式,因而其位能较高,所以氯显邻、对位定位效应。但是氯的吸电子诱导效应比共轭效应强,因此苯环上各个位置都显电子云密度降低的状况,因而引起苯环钝化。

当苯环上有两个取代基时,若两个取代基的定位效应一致时,定位效应就得到加强。当两个取代基的定位效应不一致时,情况比较复杂,一般以强定位效应基团(即活化能力强的)为主;若两取代基定位强弱处在同一等级,则很难预测主要产物是什么。另外还要考虑空间位阻(即空间位阻大的地方取代几率少)和邻位效应,即当两个取代基中一为间位定位基,一为邻、对位定位基,而且处于间位时,取代主要上间位基团的邻位,而不上其对位,这个效应现还没有很好的解释。见下例:

定位一致,
效应加强
空间位阻大处少

定位不一致
强定位效应为主

定位不一致
强弱处于同一等级
难预测

定位不一致
强定位效应为主
—COOH 对位无取代,邻位效应

5. 苯环侧链上 α 氢的卤素取代

当甲苯与氯气在紫外光照射下或在 $160 \sim 180\ ℃$ 时,可以在甲基上发生氯化反应,生成 α-氯代、二氯代、三氯代甲苯,而不在苯环上发生加成反应。这个反应的历程和烷烃卤化相同,属自由基链锁反应。

88

引发:
$$Cl_2 \xrightarrow[\text{高温}]{hv\ \text{或}} 2\ Cl\cdot$$

生长阶段:

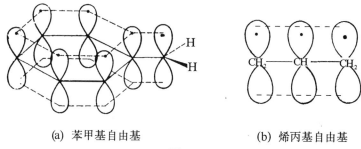

$$CH_3 + Cl\cdot \longrightarrow CH_2\cdot + HCl \qquad \text{慢} \tag{1}$$

$$CH_2\cdot + Cl_2 \longrightarrow CH_2Cl + Cl\cdot \qquad \text{快} \tag{2}$$

在生长阶段反应(1)为较慢的一步,所以是决定速度的一步,因此在分析反应活性时应着重分析这一步反应。

为什么不在苯环上进行取代或加成,而在甲基上取代? 这主要是由于苯甲基自由基是一较稳定的自由基,若在苯环上取代或加成,都得不到这样稳定的自由基中间体,因此在侧甲基上取代速度要比在苯环上快得多,所以取代反应在侧甲基上进行。

苯甲基自由基和烯丙基自由基稳定的道理是相同的,都是因为自由基的 p 轨道可以和苯环及双键的 π 键发生共轭,使电子离域,稳定性增加(见图 4-5)。

(a) 苯甲基自由基 (b) 烯丙基自由基

图 4-5

(a) 苯甲基自由基的 p 轨道与苯环上 π 键发生共轭; (b) 烯丙基自由基的 p 轨道与 π 键发生共轭

自由基稳定性的次序大致为:

$$\begin{matrix}\text{烯丙基}\\\text{苯甲基}\end{matrix} > 3° > 2° > 1° > CH_3\cdot,\ \text{乙烯基}\left(\begin{matrix}H\\H\end{matrix}{>}C{=}C{<}{}^{H}_{\cdot}\right)$$

还可以发现在进行取代反应时,苯环侧链上 α 氢比其他位置上的氢活泼得多,如:

$$CH_2CH_3 + Cl_2 \xrightarrow{hv} Cl{-}CHCH_3\ (56\%) + CH_2CH_2Cl\ (44\%)$$

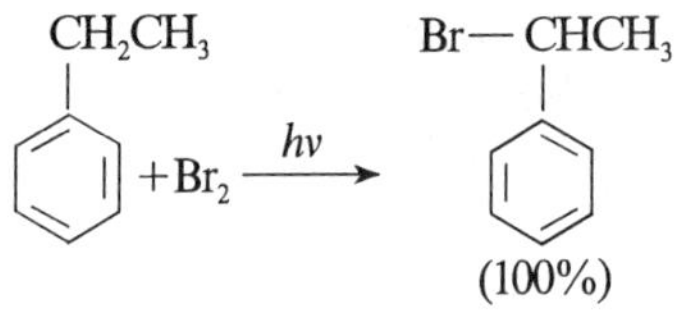

这也是由于在 α 位取代时生成的自由基中间体可受到苯环的共轭稳定,而 β 位取代生成的自由基中间体就得不到苯环共轭稳定。还可以看到,用溴取代时 100% 上 α 位,而用氯取代只有 56% 上 α 位。这是由于溴的活性不如氯大,因此溴化的选择性比氯化高,这在第二章烷烃取代反应中已经叙述过。

6. 氧化反应

苯及其同系物在室温下,不能使稀的中性或碱性高锰酸钾水溶液退色,这与烯烃、炔烃不同。但是烷基苯却可以在较高温度下被高锰酸钾、重铬酸钾 - 硫酸等强氧化剂的水溶液氧化生成苯甲酸,二烷基苯可以被氧化生成苯二甲酸。但是叔丁基苯的氧化显著地比甲苯、乙苯、异丙苯缓慢,这是因为它没有活泼的 α 氢,因此不易形成自由基进行氧化。在强烈条件下,苯环被氧化,所以形成三甲基乙酸(2, 2 - 二甲基丙酸)。

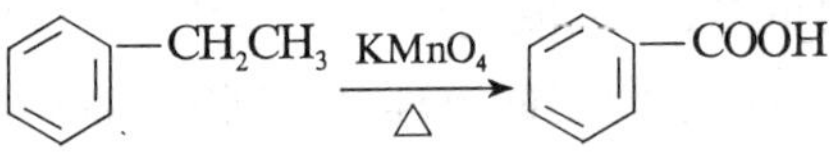

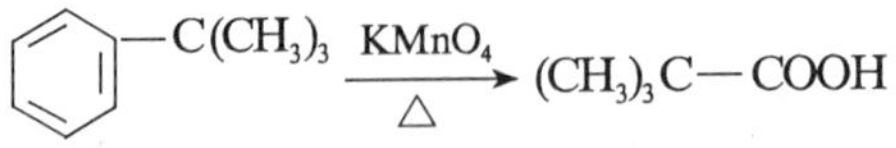

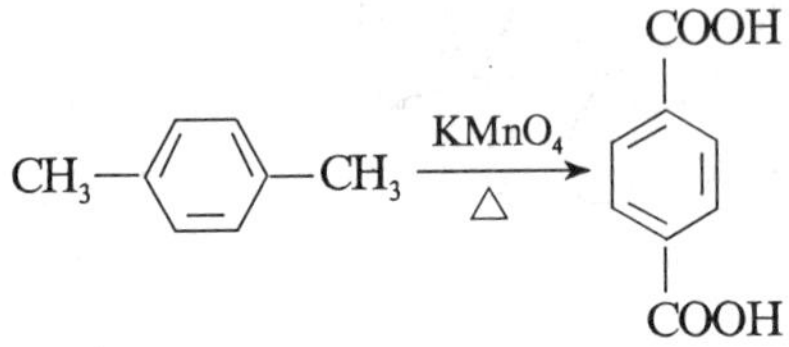

甲苯在乙酸酐中用铬酸酐(CrO$_3$)氧化,可以得到 ⟨ ⟩—CH(OAc)$_2$ 结晶。将其水解,可得苯甲醛。

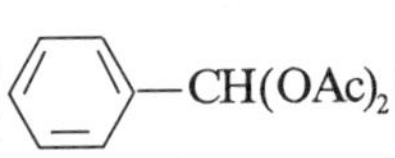

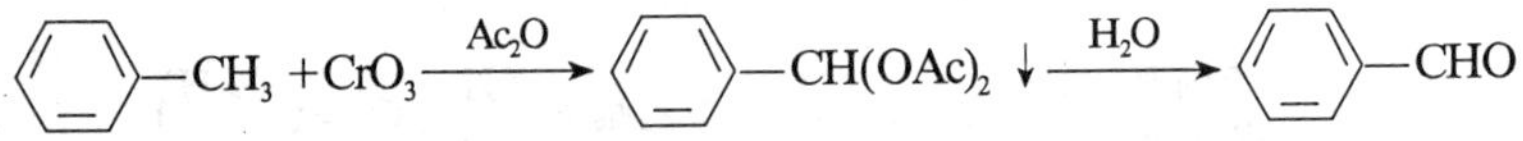

苯在高温和催化剂存在下可被氧氧化,生成顺丁烯二酸酐(又名马来酸酐):

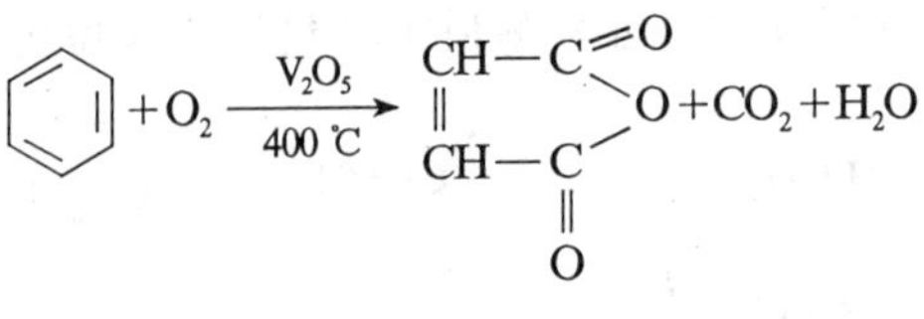

马来酸酐是重要化工原料(Ac$_2$O 为乙酸酐的缩写)。

4.6 亲电取代反应在合成上的应用

实验室合成中,总是希望得到纯净的产物,副产物要尽可能少,如果得到混合物,也要容易进行分离纯化。因此在合成时,首先要考虑引进基团的先后顺序,使所需要的产物为主要成分。如合成溴代硝基苯时,若以苯为原料,先硝化,后溴化,则所得产物为间溴代硝基苯;若先溴化,后硝化,则所得产物主要为对溴代硝基苯,可以用重结晶方法纯化,其次为邻溴代硝基苯,分离纯化比较困难。

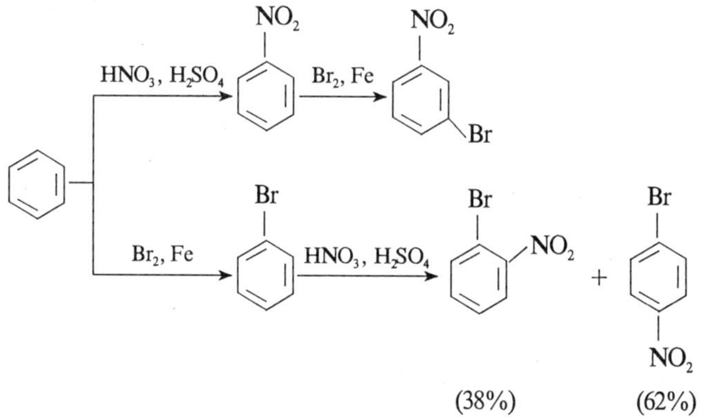

若合成中涉及转化一个基团为其他基团时,必须要考虑在什么时候转化,使取代反应有利于生成所需要的产物。如合成硝基苯甲酸,若以甲苯为原料,先氧化,后硝化,则所得产物为间硝基苯甲酸;若先硝化,后氧化,则所得产物为邻与对硝基苯甲酸。

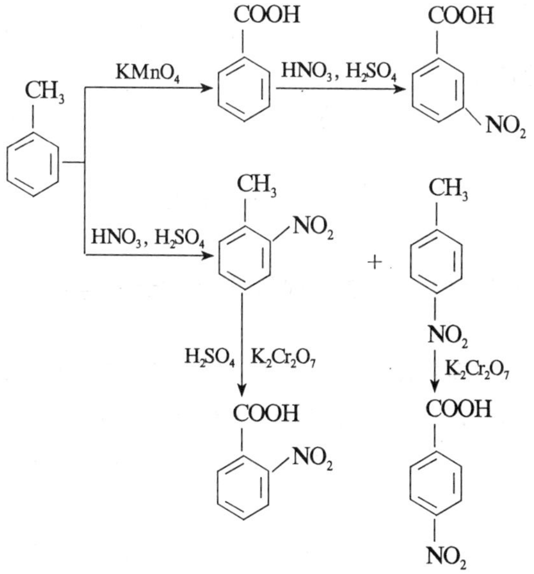

采取一定措施,还可使取代基上到指定的位置。例如以苯胺为原料合成对硝基苯胺,则应先将苯胺乙酰化,增加邻位取代的空间阻碍,使对位取代产物增加,然后再水解将乙酰基去掉,得对硝基苯胺;若欲得邻硝基苯胺,则先将 N-乙酰基苯胺磺化,然后再硝化。由于对位

已为磺酸基取代,所以硝基只能上邻位。将所得产物用稀酸水解去掉乙酰基,用过热蒸汽去掉磺酸基,即得到邻硝基苯胺。

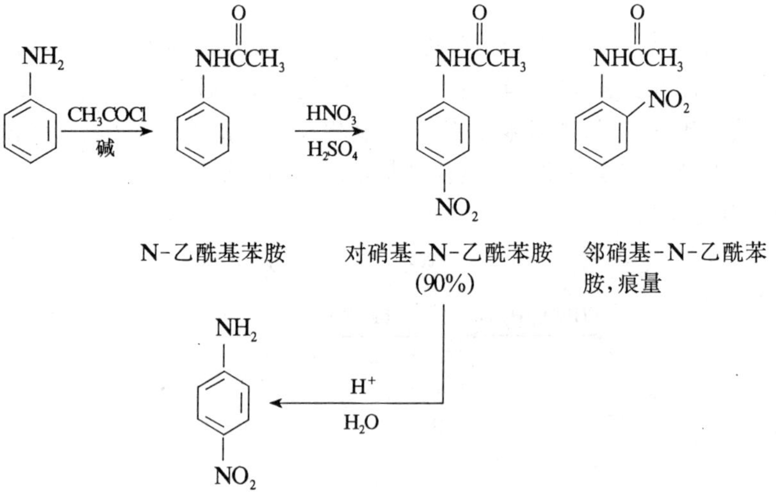

N-乙酰基苯胺　　　对硝基-N-乙酰苯胺　　邻硝基-N-乙酰苯
　　　　　　　　　　　　　(90%)　　　　　胺,痕量

对硝基苯胺

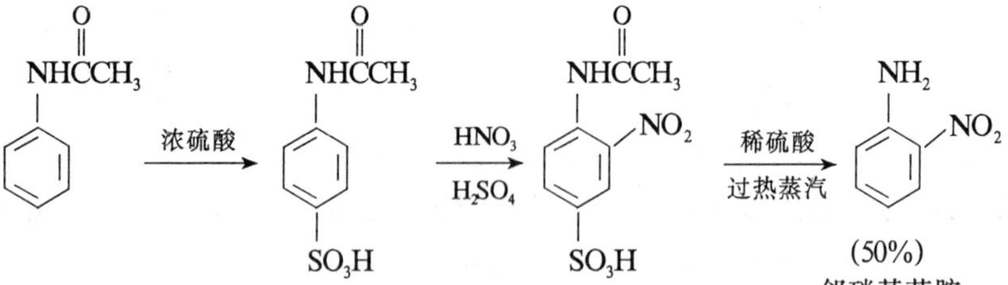

　　　　　　　　　　　　　　　　　　　　　　　　　　　(50%)
　　　　　　　　　　　　　　　　　　　　　　　　　　邻硝基苯胺

　　合成时还要考虑产物的分离。间位定位基所得间位产物往往较纯,因为主要产物只有一个。邻、对位定位基所得产物主要有邻、对位产物,但对位产物往往可用重结晶法纯化,因为对位产物分子对称,较易结晶,所以得到纯对位产物较容易,得到纯邻位产物较难。

4.7 稠 环 芳 烃

　　稠环芳烃是具有骈联苯环的芳烃,都是固体,比重大于 1,存在于煤焦油中,许多有致癌作用。
　　稠环芳烃分子呈平面型,所有碳上 p 电子轨道都平行重叠形成环状闭合的共轭体系。但与苯有所不同,电子云密度没有完全均匀化,分子中碳碳键长不完全相等,如萘分子中 C_α—C_β 间键长最短,α 位电子云密度最大,β 位次之。在蒽分子中,也是 C_α—C_β 间键长最短,γ 位电子云密度最高。

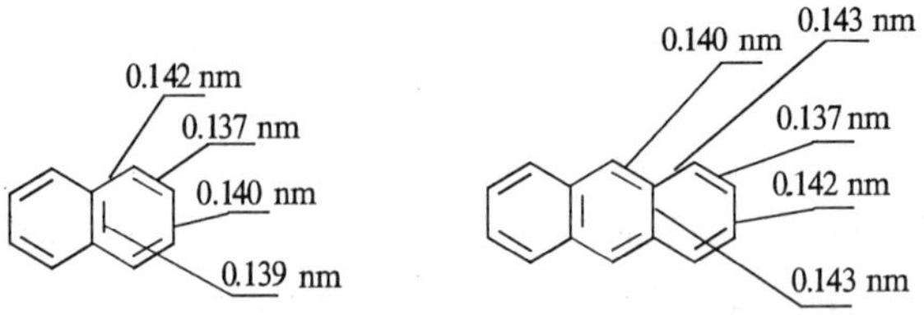

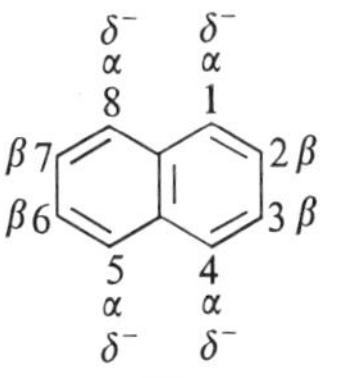

萘

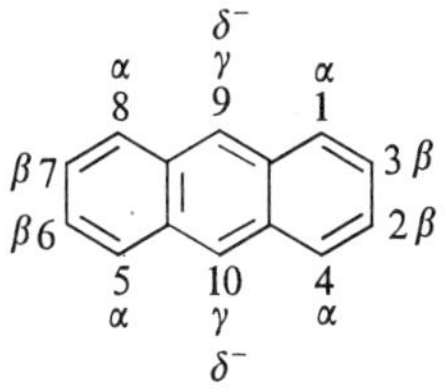

蒽

上列经典结构式不能满意地反映萘、蒽的真实情况。萘的结构可以 3 个较稳定的共振式的叠加来表示。

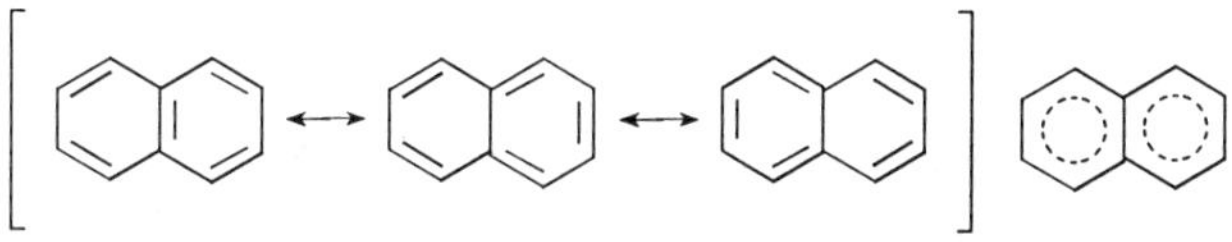

萘的共振式

从这 3 个共振式的叠加可以看到，C_α—C_β 键是由两个双键和一个单键叠加成的，而 C_β—C_β 键是由一个双键和两个单键叠加而成的，所以 C_α—C_β 键的双键成分比 C_β—C_β 键多，因此 C_α—C_β 键长比 C_β—C_β 键短，这些结果与实验事实相符。不过在经常使用中，仍用经典结构式，但应理解结构式中存在有共轭作用，双键已不是简单的双键了。

1. 萘

萘是煤焦油中含量最大的一种稠环芳烃。萘为无色片状结晶。熔点 80.3 ℃,沸点 218 ℃,不溶于水,溶于醇、醚、苯等溶剂,易升华。萘是重要的工业原料。萘可以像苯一样进行亲电取代反应,而且比苯活泼;萘比苯容易进行氧化与还原。

(1) 亲电取代反应

萘可以进行卤化、磺化、硝化与傅氏反应。萘的 α 位较活泼,所以一元取代主要为 α 取代。萘比苯活泼得多,当大量苯与萘在一起进行亲电取代反应时,仍然主要与萘反应,所以萘的取代反应可以苯作为溶剂。

a. 卤代反应

由于萘很活泼,氯代时只要用很弱的催化剂碘就可进行,而溴代时甚至可以不用催化剂。

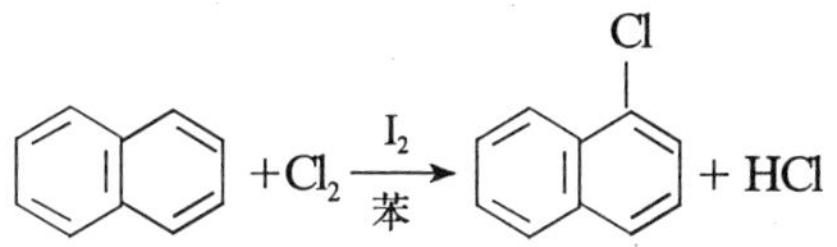

1-氯萘(92%)

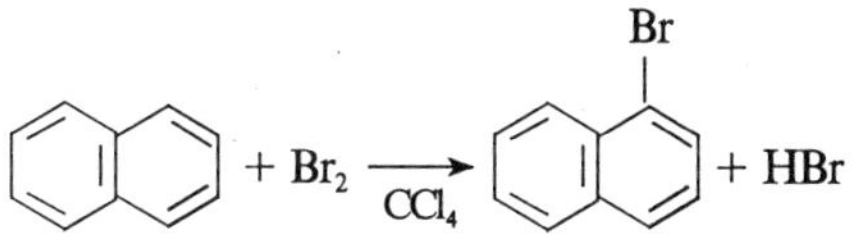

1-溴萘(72%)

b. 磺化反应

萘与浓硫酸在低温 0 ～ 60 ℃时,磺化主要产物为 α-萘磺酸,但在 150 ～ 173 ℃ 高温时,长时间反应则产物主要为 β-萘磺酸。

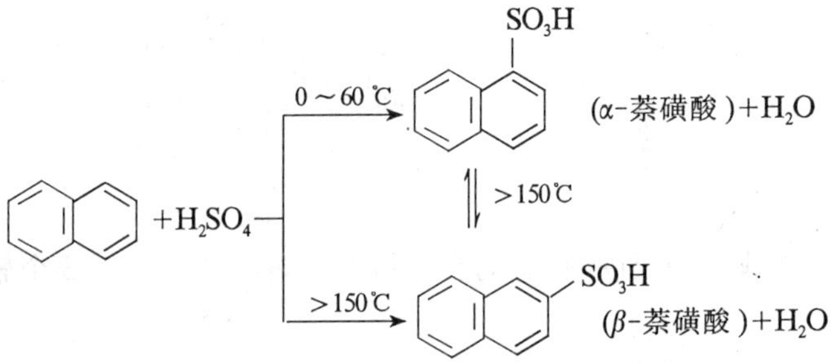

为什么温度高低，磺化的反应产物不一样呢？因为在低温时，磺化的逆反应速度很慢，基本上是一个不可逆反应，由于萘的 α 位较活泼，取代反应较快，所以在低温时，取代产物主要为 α-萘磺酸。

由于 α 位上取代的磺酸基与邻近 α 位上的氢是互相平行的，而且靠得很近，所以有一定的空间阻碍。而 β 位上取代的磺酸基与相邻的氢是以 60° 角分开的，空间阻碍比较小，所以 β-萘磺酸比 α-萘磺酸稳定。因此达到平衡时，β-萘磺酸将占主要的成分。在高温时，磺化的正逆反应速度都加快，可以较快地达到平衡，所以产物主要是 β-萘磺酸。从这个反应可以看到，低温磺化上 α 位是由于动力学控制的原因，而高温磺化上 β 位是由于热力学控制的原因。

由于 α-萘磺酸稳定性较差，高温水解脱磺酸基比 β-萘磺酸快，所以将α-与 β-萘磺酸的混合物通水蒸汽加热，可使 α-异构体水解成萘，而被水汽蒸出除去，留下纯的 β-萘磺酸。因此，高温制得的粗 β-萘磺酸可以用这种方法进行纯化。

c. 硝化反应

萘用硫酸与硝酸的混合酸硝化所得主要产物是 α-硝基萘。

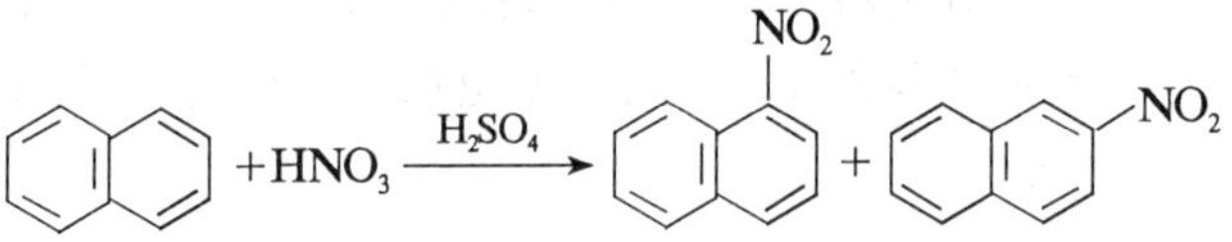

α-硝基萘 (95.5%)　　β-硝基萘 (4.5 %)

d. 傅氏酰基化反应

当萘与酰氯在无水三氯化铝催化下，于四氯乙烷溶剂中反应，酰基主要上 α 位；在硝基苯中反应，酰基主要上 β 位。

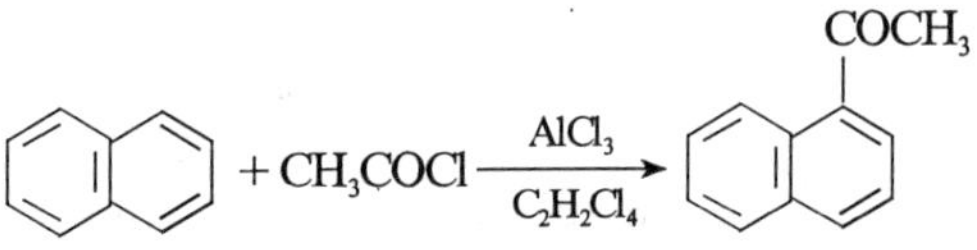

乙酰氯　　α-萘乙酮 (93%)

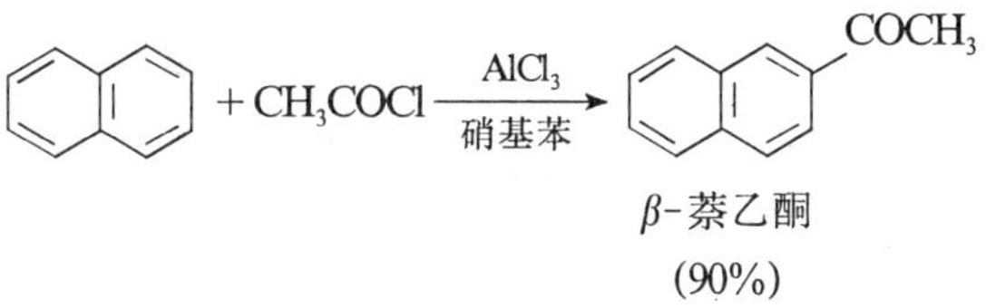

$$\text{(萘)} + CH_3COCl \xrightarrow[\text{硝基苯}]{AlCl_3} \text{β-萘乙酮 (COCH}_3\text{)}$$

β-萘乙酮
(90%)

萘与其他稠环芳烃进行傅氏烷基化的产率都不好,这可能是由于萘等太活泼,使催化剂直接与芳环作用,失去了催化的能力。

为什么萘的 α 位较活泼? 对这个问题还是要用过渡状态理论与共振论来解释。取代基上 α 位形成的正碳离子中间体可以有两个较稳定的共振式。

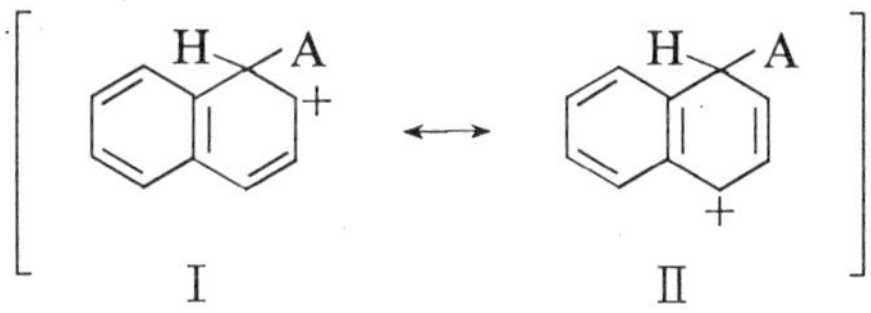

Ⅰ   Ⅱ

上 β 位的正碳离子中间体只有一个较稳定的共振式: 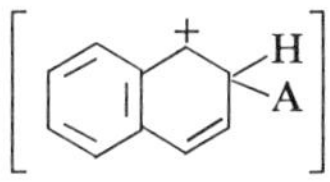 。根据共振论,稳定的

共振式越多越稳定,所以上 α 位的正碳离子中间体比上 β 位的中间体稳定,因此取代反应上 α 位比 β 位快,显示 α 位比 β 位活泼。

一元取代萘进行亲电取代反应时,同样显示定位作用。当取代基是活化基团时,亲电取代主要上同环的 α 位(即 1 位);当取代基为吸电子(钝化)基时,则取代反应主要发生在异环的 5 位或 8 位;当有空间位阻或较高温度时,取代反应往往发生在空阻小的位置或获得最稳定的产物的位置。

(2) 加成反应

萘比苯易加氢。萘催化加氢可得十氢化萘。还可用金属钠与醇加一分子或两分子氢到萘上,但不能加到苯上:

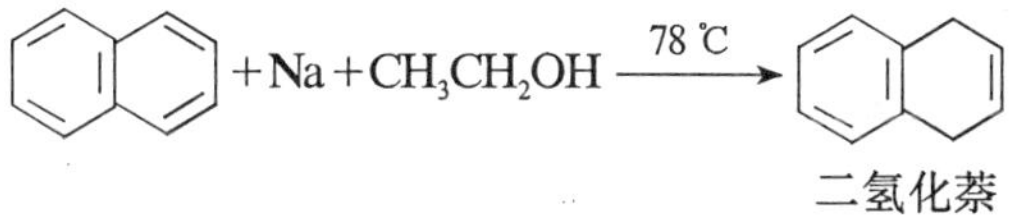

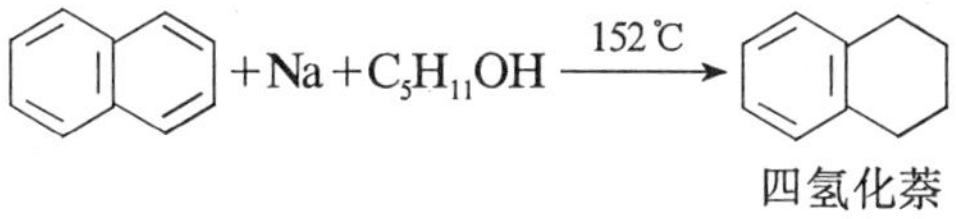

二氢化萘

四氢化萘

同样,萘在低温、紫外光照射下也很容易加一分子或两分子卤素,但温度稍高就会失去卤化氢,生成一取代或二取代卤代萘:

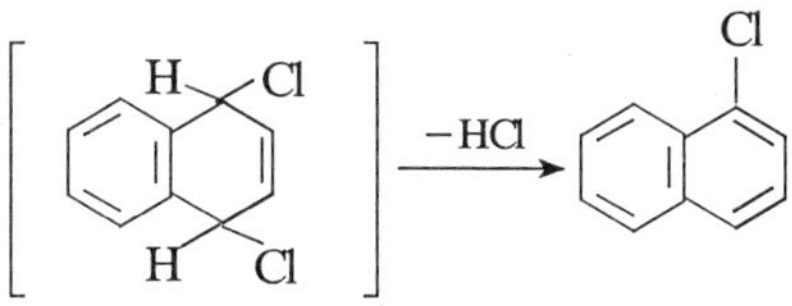

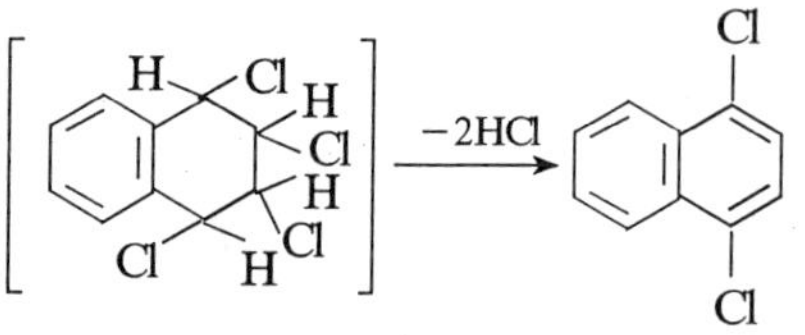

(3) 氧化反应

萘比苯易被氧化,一般不能用氧化侧链的办法来制备萘甲酸:

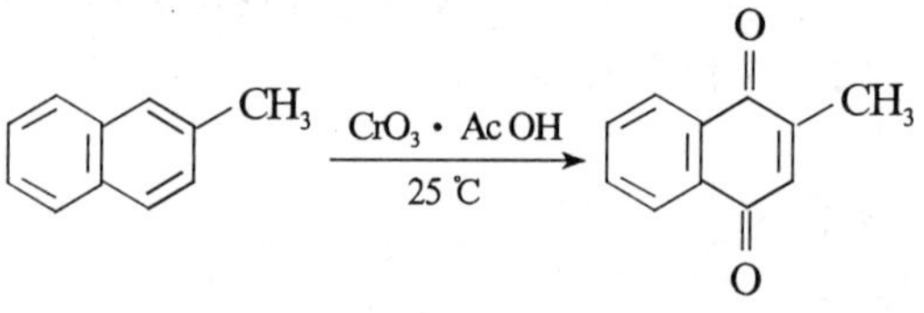

2-甲基-1, 4-萘醌

萘在五氧化二钒催化下高温空气氧化,生成邻苯二甲酸酐。这是一重要化工原料。

2. 蒽与菲

蒽与菲都存在于煤焦油中,其结构、命名与物理数据如下:

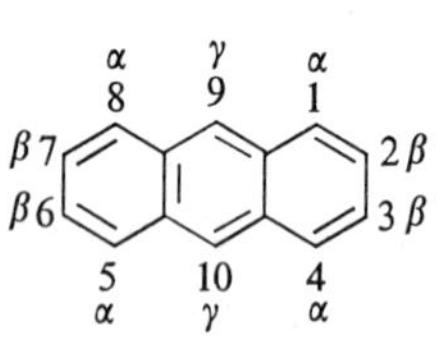

蒽

m.p. 216.2 ℃
b.p. 340 ℃
紫外光照下蓝色荧光

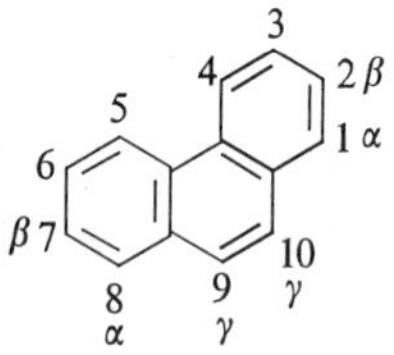

菲

m.p. 101℃
b.p. 340 ℃
蓝色荧光

蒽与菲都是9,10位活泼,易在这些位置进行加成、取代和氧化反应。如蒽与菲都可在9, 10位加溴形成9,10-二溴-9,10-二氢蒽与菲,并都很易脱去溴化氢形成9-溴蒽与菲。蒽与菲都可用醇与钠进行9,10位加氢,形成9,10-二氢蒽与菲。蒽与菲也可用重铬酸钾的硫酸溶液氧化成9,10-蒽醌与菲醌。

蒽与菲进行亲电取代时,常伴随着加成反应。这是因为它们形成的正碳离子中间体稳定性相同,而取代产物与加成产物的能量相差不多之故。

3. 致癌烃

在稠环芳烃中,有许多具有致癌性,如3, 4-苯骈芘,5, 10-二甲基-1, 2-苯骈蒽等都具有很强的致癌性质。

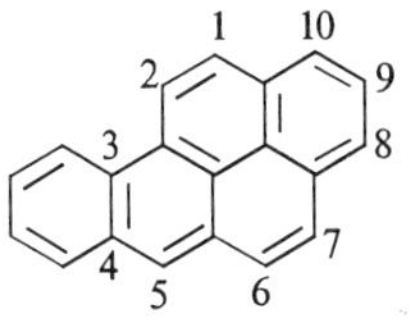

3,4-苯骈芘

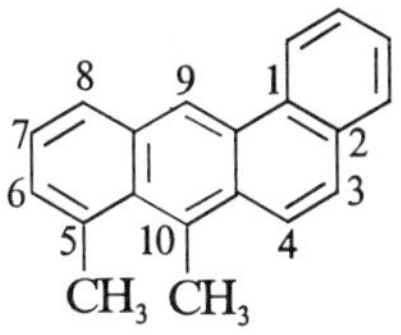

5,10-二甲基-1,2-苯骈蒽

现已发现在香烟的烟雾中,在汽车排出的废气中,在煤、石油燃烧未尽的烟气中以及在炎热的夏天柏油马路散发出的蒸气中都有 3,4-苯骈芘,所以如何防止工业烟筒的烟与汽车尾气对环境的污染是保护环境的一个重要方面。

习　题

1. 写出下列化合物的结构。

(a) 间硝基苯酚

(b) 邻溴硝基苯

(c) 2-甲氧基苯甲酸

(d) 对氨基苯磺酸

(e) 联苯

(f) 邻甲基苯胺

(g) 1,3-二硝基-4-氟苯

(h) 对二氯苯

(i) 2-氨基-3-硝基-5-溴苯甲酸

(j) N-甲基-3-乙基苯胺

2. 给出下列化合物所有可能的异构体的结构和名称。

(a) 三甲苯

(b) 二溴硝基苯

(c) 溴氯甲苯

(d) 三硝基甲苯

3. 试指出下列化合物中哪些有芳香性并简要说明理由。

(a) C_9H_{10} 单环

(b) $C_9H_9^+$ 单环

(c) $C_9H_9^-$ 单环

(d)

(e)

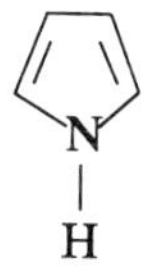

(f)

(g)

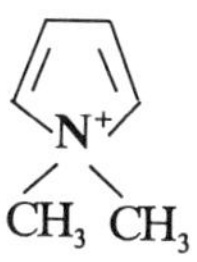

(h)

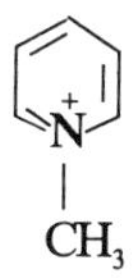

(i)

(j)

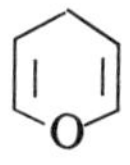

(k)

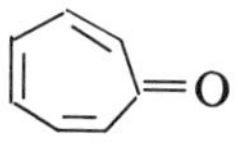

4. 写出符合下列芳香族化合物的结构式。

(a) C_8H_{10} 能给出一个一硝基衍生物

(b) $C_6H_3Br_3$ 能给出三个一硝基衍生物

5. 写出下列化合物环上单溴代时,可能生成的主要产物的结构和名称。指出在每一情况中,溴代作用比苯本身的溴代是快还是慢。

(a) 乙酰苯胺($C_6H_5NHCOCH_3$)

(b) 碘苯(C_6H_5I)

(c) 仲丁苯 $\left(C_6H_5CH \begin{smallmatrix} CH_3 \\ \\ C_2H_5 \end{smallmatrix} \right)$

(d) N-甲基苯胺($C_6H_5NHCH_3$)

(e) 苯甲酸乙酯($C_6H_5COOC_2H_5$)

(f) 乙氧基苯($C_6H_5OC_2H_5$)

(g) 二苯甲烷($C_6H_5CH_2C_6H_5$)

(h) 苯甲腈(C_6H_5CN)

(i) 三氟甲苯($C_6H_5CF_3$)

(j) 联苯($C_6H_5{-}C_6H_5$)

6. 预测下列化合物单硝化时所得主要产物的结构

(a)

(b)

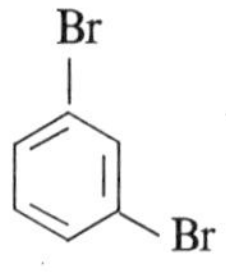

(c)

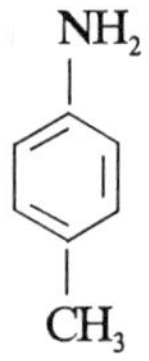

(d)

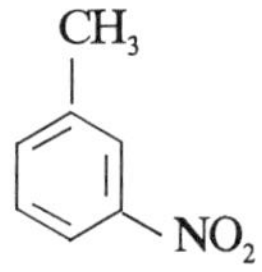

(e)

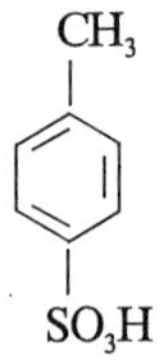

(f)

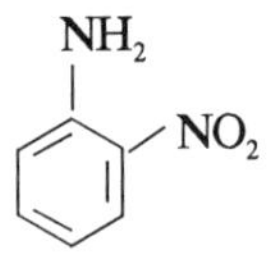

(g)

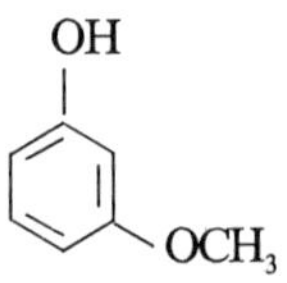

(h)

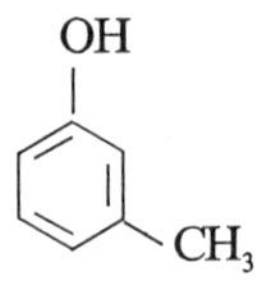

(i) 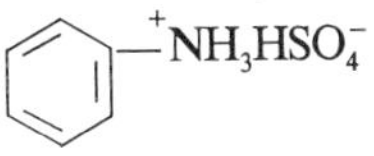

7. 试写出下列化合物单磺化时所得主要产物的结构及名称。

(a) 甲氧基苯　　(b) 苯磺酸

(c) 水杨醛(邻羟基苯甲醛)　　(d) 邻二甲苯

(e) 间二甲苯　　(f) 对二甲苯

8. 给出下列反应产物的结构式。

(a) 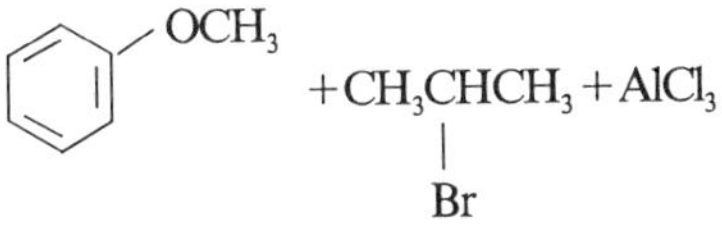

(b) 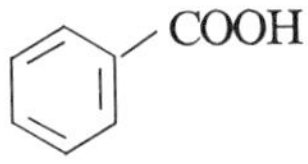 + 浓 HNO_3 + 浓 H_2SO_4

(c) 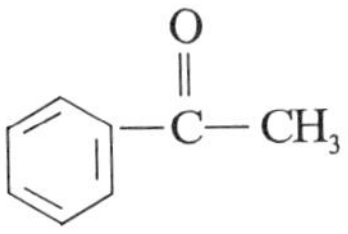 + Br_2 + $FeCl_3$

(d) 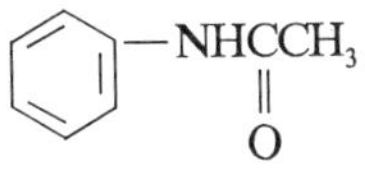 + H_2SO_4

(e) 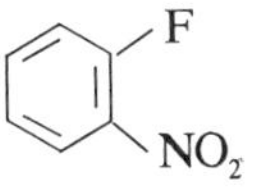 + $CH_3CH_2CH_2NH_2$

9. 试将下列各组化合物按环上硝化反应的活泼性排列，将最活泼的置于前面。

(a) 苯，1, 3, 5-三甲苯，甲苯，间二甲苯，对二甲苯

(b) 乙酰苯胺，乙酰基苯，苯胺，苯

(c) 苯，溴苯，硝基苯，甲苯

10. 以二取代苯为原料，用亲电取代反应能否制得下列纯净的化合物？试提出制备的方法(用反应式表示)。

(a) 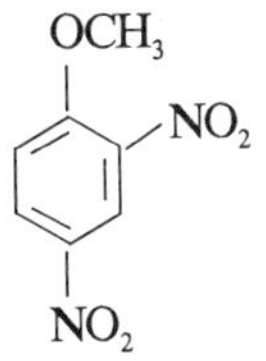

(b) 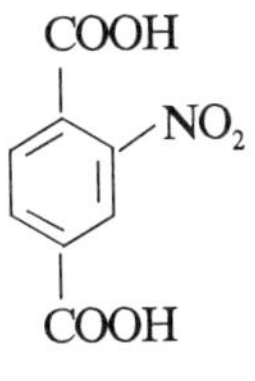

(c) 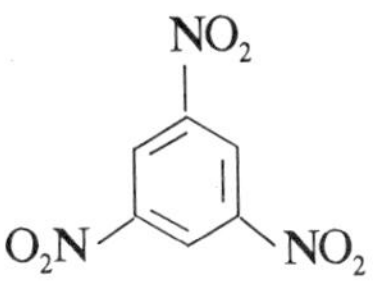

(d) 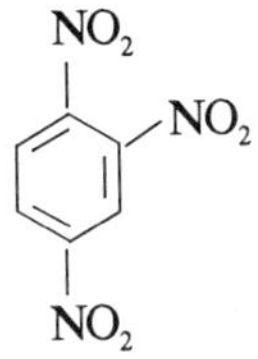

(e)

Cl
Cl
NO$_2$
(benzene ring structure)

(f)

OH
Br
Br
(benzene ring structure)

(g)

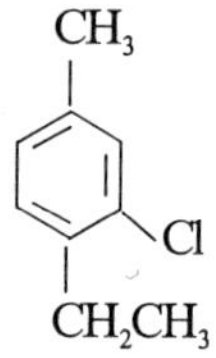

CH$_3$
Cl
CH$_2$CH$_3$
(benzene ring structure)

(h)

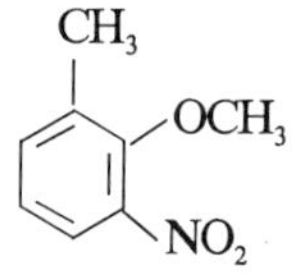

CH$_3$
OCH$_3$
NO$_2$
(benzene ring structure)

(i)

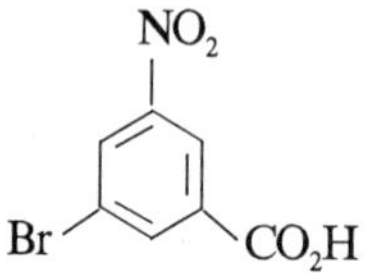

NO$_2$
Br
CO$_2$H
(benzene ring structure)

(j)

OCH$_3$
NO$_2$
CHO
(benzene ring structure)

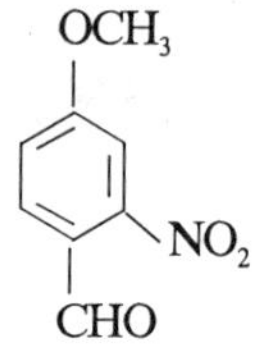

11. 指出下列化合物在硝化时,哪一个环将受到进攻,并写出主要产物的结构。

(a)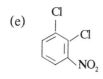

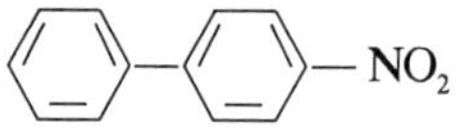

(b)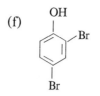

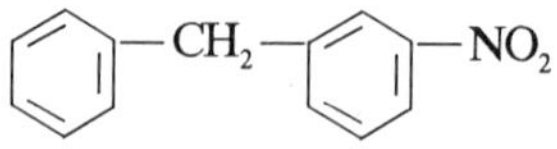

(c)

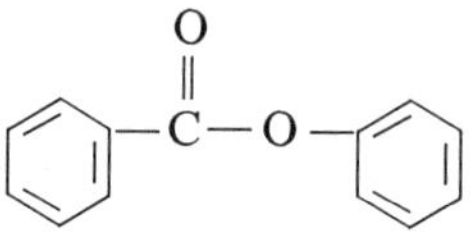

(benzene)—C(=O)—O—(benzene)

12. 将下列各组中的化合物按其对亲电取代反应的活泼性次序排列,并指出每组中哪个的产物异构体百分比最高,哪个最低。

(a) $C_6H_5{}^+N(CH_3)_3$, $C_6H_5CH_2{}^+N(CH_3)_3$,

$C_6H_5CH_2CH_2{}^+N(CH_3)_3$, $C_6H_5CH_2CH_2CH_2{}^+N(CH_3)_3$

(b) $C_6H_5NO_2$, $C_6H_5CH_2NO_2$, $C_6H_5CH_2CH_2NO_2$

13. 根据这章所学的,试预测下列各反应的主要产物。

(a) $(CH_3)_3{}^+NCH = CH_2 + HI$

(b) $CH_2 = CHCF_3 + HBr$

14. 试述以苯或甲苯为起始原料,用实验室方法合成下列化合物,可用任何必要的脂肪族或无机试剂(假定可以从邻对位混合物中分离出纯的对位异构体)。

(a) 对硝基甲苯   (b) 对溴硝基苯

(c) 间溴苯磺酸   (d) 对溴苯甲酸

(e) 1,3,5-三硝基苯   (f) 4-硝基-2-溴甲苯

(g) 3-硝基-4-溴苯甲酸   (h) 4-硝基-1,2-二溴苯

15. 由对二甲苯合成 2-硝基对苯二甲酸。试列出两种方法,并比较与说明哪种方法好。

16. 写出正丙基苯与下列各物反应得到的主要有机产物的结构(如有一种以上的产物时,指出以哪个为主)。

(a) H_2, Ni, 200 ℃, 1.01×10^4 kPa

(b) 冷的稀 $KMnO_4$ 溶液

(c) $K_2Cr_2O_7$, H_2SO_4 加热

(d) 沸腾的 NaOH 水溶液

(e) 沸腾的盐酸

(f) H_2SO_4, SO_3

(g) I_2, Fe

(h) Br_2, 加热, 光

(i) $C_6H_5CH_2Cl$, $AlCl_3$, 0 ℃

(j) C_6H_5Cl, $AlCl_3$, 80 ℃

(k) 异丁烯, HF

(l) CO, HCl, $AlCl_3$

17. 写出 1-苯基丙烯与下列各物反应所得主要有机产物的结构。

(a) H_2, Ni, 室温, 低压

(b) Br_2-CCl_4

(c) 过量 Br_2, Fe

(d) HBr

(e) HBr(过氧化物)

(f) 冷的浓 H_2SO_4

(g) 热的 $KMnO_4$ 溶液

(h) HCO_2OH

(i) Br_2, 300 ℃

18. 试比较:

(a) 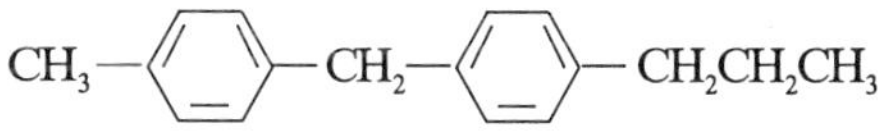 $CH_3-\langle\!\!\!=\!\!\!\rangle-CH_2-\langle\!\!\!=\!\!\!\rangle-CH_2CH_2CH_3$ 中各碳原子上氢被溴原子夺取难易的次序,把最活泼的标记为1,其余依次排列。

(b) 苯乙烯,对氯苯乙烯,对甲基苯乙烯与 HCl 加成的次序。

19. (a) 写出 1 mol Br_2 与 1-苯基-1, 3-丁二烯加成的全部可能产物的结构式。

(b) 在这些可能产物中,哪些符合中间产物形成最稳定的正碳离子?

(c) 实际上只得到 1-苯基-3, 4-二溴-1-丁烯,对这一事实应如何解释?

20. 从苯或甲苯开始,用恰当的实验室方法合成下列化合物。可用任何需要的脂肪族或无机试剂(假定对位异构体能从邻、对位混合物中分离出来)。

(a) 苯乙烯   (b) 3-苯基丙烯

(c) 1-苯基丙炔   (d) 反-1-苯基丙烯

(e) 顺-1-苯基丙烯   (f) 对叔丁基甲苯

(g) 对溴苄基溴 （Br—⟨ ⟩—CH₂Br）

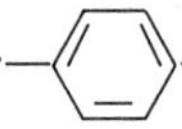

21. 提出区别下列各组化合物的简单化学试验

(a) 苯和环己烷   (b) 氯苯和乙苯

(c) 苯和 1-己烯   (d) 硝基苯和间二溴苯

(e) 甲苯和正庚烷

22. 写出萘与下列化合物反应所得主要产物的结构和名称。

(a) CrO_3, CH_3COOH (b) O_2, V_2O_5

(c) Na, $C_5H_{11}OH$ (d) H_2, Ni

(e) HNO_3, H_2SO_4 (f) Br_2

(g) 浓 H_2SO_4, 160 ℃   (h) CH_3COCl, $AlCl_3$, CS_2 或 $C_2H_2Cl_4$

(i) CH_3COCl, $AlCl_3$, $C_6H_5NO_2$

(j) 己二酸酐, $AlCl_3$, $C_6H_5NO_2$

23. 写出下列化合物与 HNO_3 - H_2SO_4 反应的主要产物的结构和名称。

(a) 1-甲基萘   (b) 2-甲基萘

(c) 1-硝基萘   (d) 2-硝基萘

(e) α-萘磺酸   (f) β-萘磺酸

(g) N-(1-萘基)乙酰胺   (h) N-(2-萘基)乙酰胺

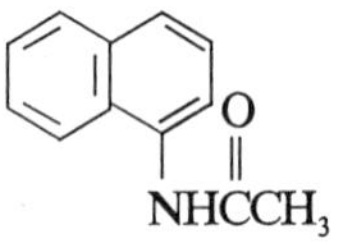

(i) α-萘酚   (j) β-萘酚

24. 说明 2, 6-二甲基-N-乙酰苯胺溴化时发生在 "3" 位的原因。

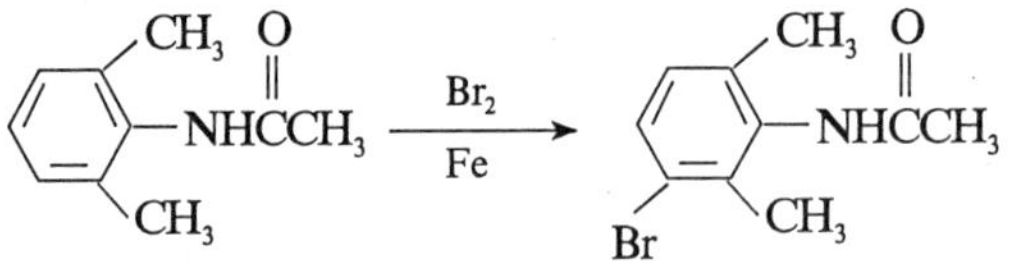

第五章 旋 光 异 构

5.1 异构现象的分类

具有相同分子式,但具有不同结构的化合物称为异构体. 前面几章已经介绍过几种异构体,究竟有哪几种异构体呢? 异构体主要可分为两大类: 构造异构与立体结构异构.

1. 构造异构

构造异构是指具有相同的分子式,但由于分子中原子结合的顺序不同而产生的异构. 构造异构可分为:

(1) 碳架异构

碳架异构是由碳架中原子结合的顺序不同而产生的异构,如丁烷与异丁烷是碳架异构.

$$CH_3CH_2CH_2CH_3$$
丁烷

$$\underset{\text{异丁烷}}{CH_3\overset{\overset{\displaystyle CH_3}{|}}{C}HCH_3}$$

(2) 取代位置异构

取代位置异构是由于取代基在碳链或环上位置不同而产生的异构,如 α-萘酚与 β-萘酚属于取代位置异构.

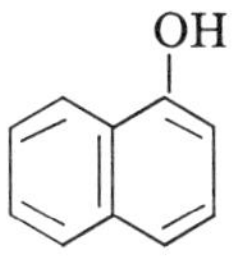

α-萘酚 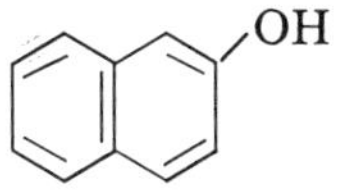   β-萘酚

(3) 官能基的异构

官能基的异构是由于官能基的不同而形成的异构,如乙醇与二甲醚,1,3-丁二烯与1-丁炔都是官能基异构.

$$CH_3CH_2OH \qquad\qquad CH_3OCH_3$$
乙醇   甲醚

$$CH_2=CH-CH=CH_2 \qquad CH_3CH_2C\equiv CH$$
1,3-丁二烯   1-丁炔

(4) 互变异构

互变异构是由于活泼氢可以改变在分子内的位置,而且是可逆的,这样产生的异构称为互变异构,如乙烯醇与乙醛.

$$CH_2=CH-OH \rightleftharpoons CH_3CHO$$
乙烯醇   乙醛

总之,这些异构体是由于分子内原子结合的顺序的不同,亦即构造不同而产生的。

2. 立体结构异构

立体结构异构是指具有相同的分子式,相同的构造,但是由于分子内的原子在空间排布的位置不同而产生的异构。立体结构异构有:

(1) 顺反异构

顺反异构是指由于共价键的旋转受到阻碍而产生原子在空间排布的位置不同的异构体。如第二、三章中讲到的顺与反-2-丁烯及顺与反-1,4-二甲基环己烷都是顺反异构。

(2) 构象异构

构象异构是指由于分子内单键旋转位置不同而产生的异构,因此这种异构可以通过单键旋转而互相转化。一个化合物往往是处在各种构象异构的动态平衡中,而最稳定的构象存在的几率最大。如第二章中讲到的丁烷的反式交义与邻式交义,平键与直键甲基环己烷都属于构象异构。

(3) 立体异构

立体异构是由于分子内手征性碳原子所连接的4个不同基团在空间排列顺序不同而产生的异构。立体异构和顺反异构与构象异构不同,它们不能在没有键的断裂情况下,由于键的旋转而互相转化,这种立体结构称为构型。所以立体异构与顺反异构都是由于构型不同而产生的异构。

在立体异构、顺反异构与构象异构中,凡是和它的镜像不能重合的异构体可以有旋光性,称为旋光异构或光活性物质。一对互为镜像而又不能重合的异构体称为一对对映体。因此立体结构异构若从有无光学活性的角度来看,又可分成两大类,有旋光性的和无旋光性的立体结构异构。

构造、构型、构象及旋光异构之间的关系是,具有相同的构造可以有不同的构型;具有相同的构型可以以不同的构象存在;具有相同的构造,但由于构型或构象的不同产生的异构属于立体结构的异构,凡是立体结构的异构中,与它的镜像不能重合的叫旋光异构。

5.2 旋光异构、对称性与手征性构型

图 5-1 左手与右手不能互相重合

什么叫旋光异构? 即相当于实物与它的镜像不能相互重合的异构,如左手与右手互为镜像,但左手与右手不能互相重合,也就是左手的手套戴在右手上总是不合适的(见图 5-1)。所以这种实物与它的镜像不能相互重合的现象称为手征性。具有手征性的分子可以使透过的偏振光的偏振面发生偏转,这种性质称为旋光性,具有这种性质的异构体称为旋光异构体。互为镜像,但又不能重合的一对异构体称为一对对映体。如乳酸就具有手征性,有一对不能重合的对映体(见图 5-2)。

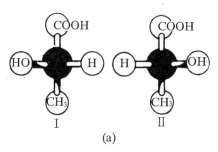

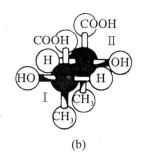

$$图\quad 5\text{-}2$$

(a) 乳酸的一对对映体； (b) 乳酸的一对对映体不能重合

是否任何实物与镜像都是不能重合？不是的，如一个圆球，一个长方形的盒子，它们的实物与镜像都是可以重合的。必须具有不对称的结构，即没有对称面与对称中心的结构才能有实物与镜像不能重合的手征性。对称面就是可以将结构剖成两半，而这两半互为镜像的面叫对称面。如通过圆球心的面，将长方形盒子分成各一半的面都是对称面。对称中心即从结构上任一点通过中心，然后延伸同样距离可以得到与它对称的结构，即为镜影的结构，这个中心就叫对称中心。如圆球的圆心，通过长方形盒子对角线的中点就是对称中心(见图 5-3)。一个结构若具有对称面或对称中心，只要具备其中一种对称性，这个结构就不具有手征性。在一般有机化合物的结构中，往往只需用对称面就可判断这分子是否具有手征性。

对于丙酸，可以沿着羧基与甲基的一条棱，通过碳将分子剖成两半，而这两半是互为镜像的，所以丙酸没有手征性(见图 5-4)。

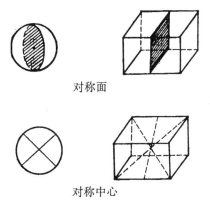

对称面

对称中心

图 5-3 圆球与长方形盒子的对称面与对称中心

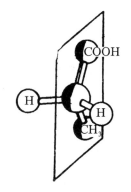

图 5-4 丙酸有一沿着羧基、甲基
与中间碳的对称面

对于乳酸，则找不到对称面，以羧基、甲基与中间碳形成的面将分子剖成两半，一半带有羟基，一半带有氢，是不对称的。任意选择乳酸中其他两个基团与中间碳形成的面，将分子剖成两半都是不对称的。所以乳酸有手征性，具有旋光性，和它的对映体是不能重合的(见图 5-5)。

从这两个例子可以看到，碳周围的 4 个基团中如有两个相同就有对称面，因此没有手征性；如果 4 个基团都不相同，就找不着对称面，有手征性，因此这种碳称为手征性碳原子，或不对称碳原子，在结构式中常用"*"标出。如乳酸的结构式可以写成：

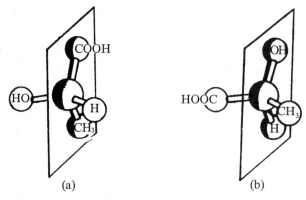

图 5-5

(a) 乳酸以羧基、甲基与中间碳形成的面;

(b) 以羟基、氢与中间碳形成的面将分子剖成两半都是不对称的

$$CH_3 - \overset{\overset{\displaystyle H}{|}}{\underset{\underset{\displaystyle OH}{|}}{C}}^* - COOH$$

乳酸(中间 C* 为手征碳原子)

  一个手征碳原子周围所连的基团在空间排列的顺序(即构型)只能有两种情况,如乳酸和它的镜影结构中羟基、羧基、甲基与氢在空间排列的顺序就不一样,若把氢放在离我们最远处,观察羟基、羧基与甲基的顺序,可以发现一个是顺时针转的方向,一个为反时针转的方向。 所以一个手征碳原子有两种构型(见图 5-6)。

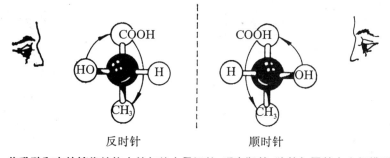

    反时针   顺时针

图 5-6 将乳酸和它的镜像结构中的氢放在最远处,观察羟基、羧基与甲基在空间排列的顺序

  凡是由于手征碳原子构型不同引起的异构称为立体异构。 在立体异构中,凡是具有旋光性的又叫旋光异构。如乳酸有两个立体异构,同时这两个立体异构也都是旋光异构。

  具有手征碳原子有可能形成旋光异构,但这不是根本的条件,下面将介绍具有两个以上手征碳原子的立体异构中可以有无旋光性的立体异构。无旋光性的根本条件是结构与其镜影能重合或结构具有对称性。所以只要分子结构与其镜影不能重合或没有对称性,不管是否具有手征碳原子的结构,都可以有旋光性。

5.3 具有手征碳原子的旋光异构

  这种旋光异构是较常遇见的,分子内的手征碳原子可以有一个、两个或多个。

1. 具有一个手征碳原子的旋光异构

具有一个手征碳原子的化合物只有一对对映体。以相等各占一半的一对对映体组成的混合物称为外消旋体,常用 dl 表示。如乳酸就是具有一个手征碳原子的化合物,有一对对映体。

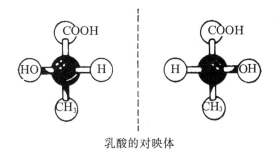

COOH
HO
H
CH_3
COOH
H
OH
CH_3
乳酸的对映体

费歇尔(Fischer)投影式

对映体以棍球的立体形式来表示很不方便,所以一般常使用费歇尔投影式。如将上述乳酸的棍球模型垂直投影于纸面上,可以得到两个式子:

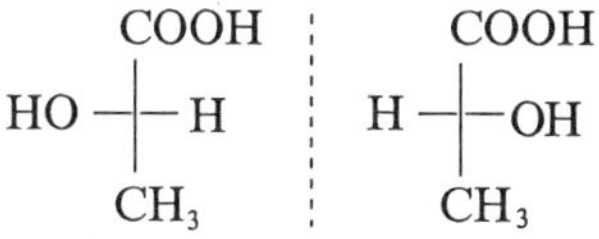

COOH
HO
H
CH_3
COOH
H
OH
CH_3
乳酸对映体的费歇尔投影式

十字的交点为碳,十字左右的两个基团如羟基与氢突出纸面,十字上下两个基团如羧基与甲基伸向纸后,应该用这样的立体感来观察这个式子。为了表示十字左右两个基团突出纸面,上下两个基团伸入纸内,也可用下式表示:

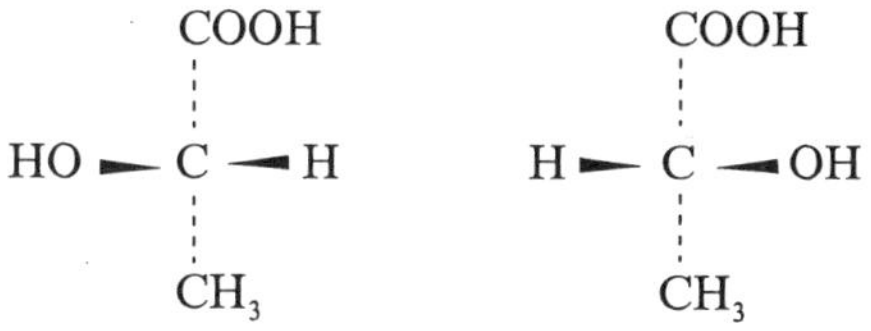

COOH
HO
C
H
CH_3
COOH
H
C
OH
CH_3
◄ 表示伸出纸面的键, ⋮ 表示伸向纸后的键

乳酸的对映体是否就只有这一种投影式?不是的,用不同的方式投影就可以得到不同的投影式,可以写出好几个投影式。若将投影的结构在纸面上转180°,就可得到如下的投影式:

COOH
H
OH
CH_3
CH_3
HO
H
COOH
COOH
H
OH
CH_3
CH_3
HO
H
COOH
在平面转 180°

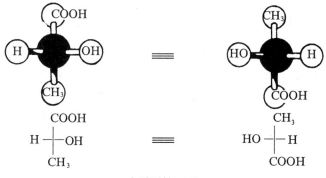

如果以下列居中间的式子的羧基与中间碳的键为轴(即固定羧基),分别按顺时针与反时针方向将另 3 个基团依次转 120°,就可得如下右边和左边的投影式:

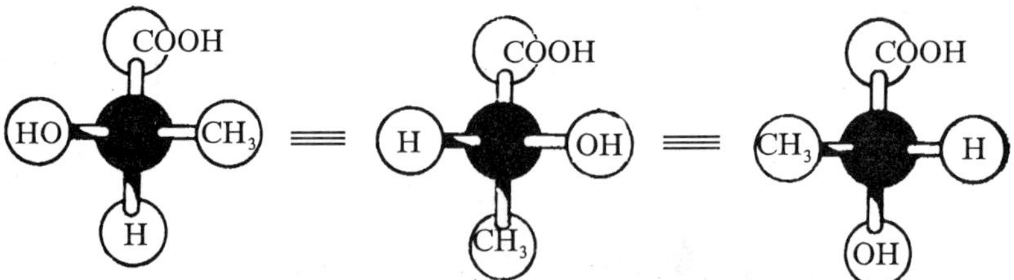

反时针转 120°　　　　　　　　顺时针转 120°

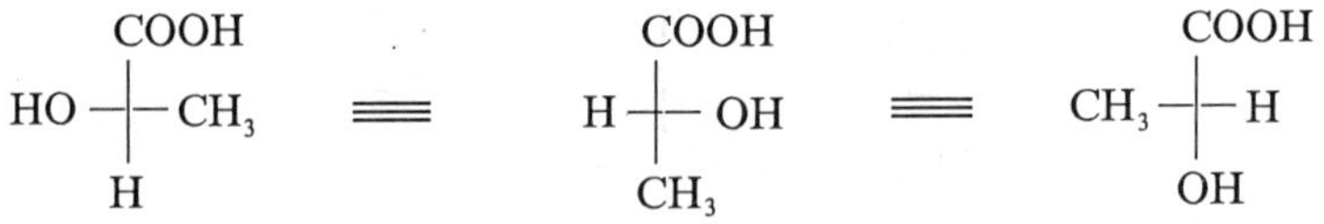

从上述例子可以看到:投影式可以在纸面上旋转 180°,或固定 1 个基团,另 3 个基团依次改变位置,这些投影式都是同一化合物。但若将投影式转 90°,则是另一化合物(对映体)。如:

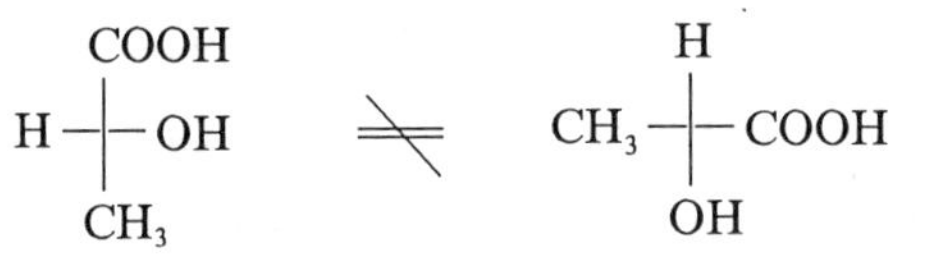

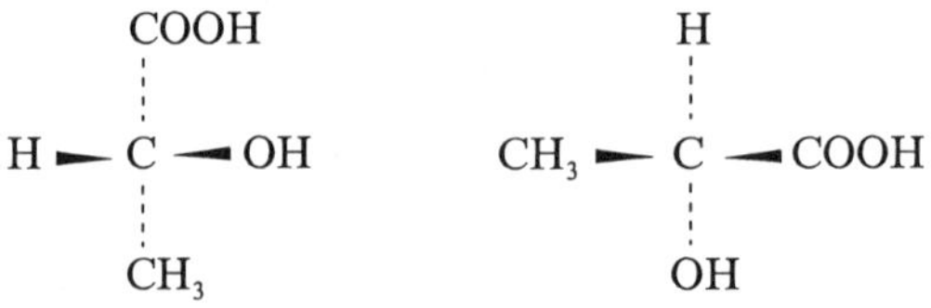

(R)-乳酸　　　　　　　　(S)-乳酸

一个化合物可以写出许多投影式,但一般将最长的碳链作为一直链垂直投影在纸面上,同时要尽可能把最高氧化状态的基团放在上面,所以上述乳酸对映体的投影式应写成:

乳酸的费歇尔投影式

2. 构型与构型的标记

立体异构与顺反异构都属于构型异构。构型虽然都是指结构中原子在空间排列的顺序,但对于立体异构与顺反异构中构型所指的并不完全相同。立体异构的构型是指手征碳原子所连 4 个不同基团在空间排列的顺序,而顺反异构的构型是指由于共价键的旋转受阻碍而产生的基团或原子在空间的排列。为了标记一个分子的构型,对于顺反异构在第三章已介绍可以用顺、反及 Z, E 来标记;对于立体异构可以用 D, L 及 R, S 来标记。

(1) D, L 标记法

乳酸的一对对映体具有相同的构造,但具有不同的构型。它们具有相同的旋光度,但旋光的方向相反,左旋与右旋的异构体各为哪种构型? 直到 1951 年,还没有实验方法可以测得。但为了避免在确定构型上的混乱,以甘油醛作为标准,假设右旋的甘油醛具有如下结构,定为 D 构型,因此它的对映体就是左旋的,定为 L 构型。这里 D 和 L 表示构型,(+)表示旋光方向为右旋,(−)表示为左旋。

$$\begin{array}{c} CHO \\ H-\overset{|}{\underset{|}{C}}-OH \\ CH_2OH \end{array} \qquad \begin{array}{c} CHO \\ HO-\overset{|}{\underset{|}{C}}-H \\ CH_2OH \end{array}$$

D (+)-甘油醛   L (−)-甘油醛

以甘油醛为基础,通过化学方法合成其他化合物,如果这些反应没有改变手征碳原子的构型,这样所得到的化合物仍具有原来手征碳原子的构型。如甘油醛经过氧化与还原等步骤可以得到乳酸,这样由 D-甘油醛制得的乳酸即为 D-乳酸,但是它的旋光方向却是(−)的,所以旋光方向与构型并没有直接的对应关系。 通过这种方法,可以得到一系列化合物的相对构型。

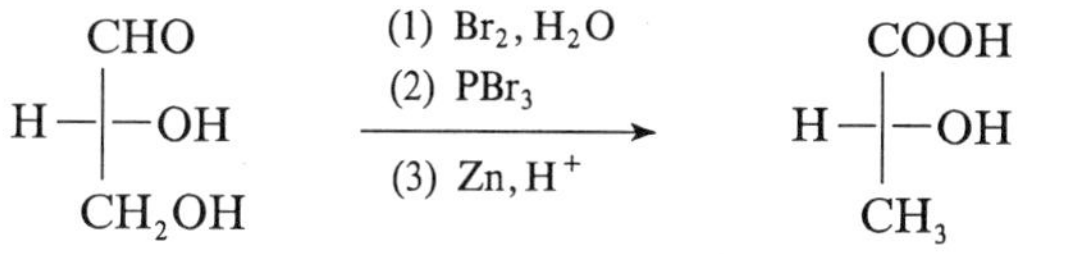

$$\begin{array}{c} CHO \\ H-\overset{|}{\underset{|}{C}}-OH \\ CH_2OH \end{array} \xrightarrow[\text{(3) Zn, H}^+]{\substack{\text{(1) Br}_2, \text{H}_2\text{O} \\ \text{(2) PBr}_3}} \begin{array}{c} COOH \\ H-\overset{|}{\underset{|}{C}}-OH \\ CH_3 \end{array}$$

D (+)-甘油醛   D (−)-乳酸

$$\begin{array}{c} CHO \\ H-\overset{|}{\underset{|}{C}}-OH \\ CH_2OH \end{array} \longrightarrow \begin{array}{c} COOH \\ HO-\overset{|}{\underset{|}{C}}-H \\ CH_3 \end{array}$$

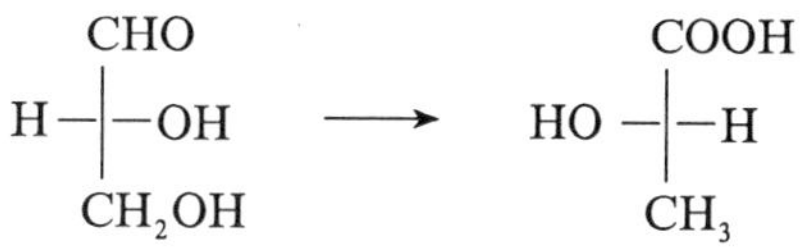

L (−)-甘油醛   L (−)-乳酸

1951 年,拜捷沃特(Bijvoet)用 X 射线测定了(+)酒石酸铷钠的绝对构型。 很巧的是,所得的绝对构型和按假设的 D-甘油醛的结构导出的构型正好一致,这样也就证实假设的 D-甘油醛的构型就是真实构型,因此过去由 D-甘油醛导出的相对构型也就是绝对构型了。

但是 D, L 标记法只适用于与甘油醛结构类似的化合物,像糖类的化合物。如果结构没有什么类似,用不同的原子或基团去与甘油醛的基团类比,就很容易出现不同的类比,这样所得构型也就不一样,很易造成混乱。如乳酸,以羧基对应醛基,甲基对应羟甲基所得构型与以羧基对应羟甲基,甲基对应醛基所得构型就不一样(见图 5-7)。所以近年除在糖、氨基酸等类化合物中仍使用 D, L 标记法外,现使用另一种标记方法,叫 R, S 标记法。

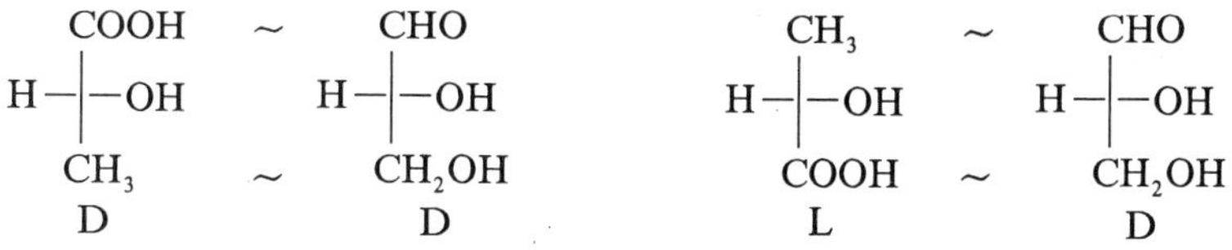

$$\begin{array}{cccc} COOH & & CHO \\ H-\overset{|}{\underset{|}{C}}-OH & \sim & H-\overset{|}{\underset{|}{C}}-OH & \\ CH_3 & & CH_2OH \\ D & & D \end{array} \qquad \begin{array}{cccc} CH_3 & & CHO \\ H-\overset{|}{\underset{|}{C}}-OH & \sim & H-\overset{|}{\underset{|}{C}}-OH \\ COOH & & CH_2OH \\ L & & D \end{array}$$

图 5-7 乳酸用不同方法与 D-甘油醛类比可以得到的构型

(2) R, S 标记法

R, S 标记法是将手征碳原子上的 4 个取代基中最小的放在最远处,由前面观察另 3 个取代基由大到小的顺序,如为顺时针方向转即为 R 构型,反时针方向转即为 S 构型(见图 5-8)。

基团大小顺序的规定与用 Z, E 标记顺反异构的规定相同。下面是几个用 R, S 标记构型的例子。

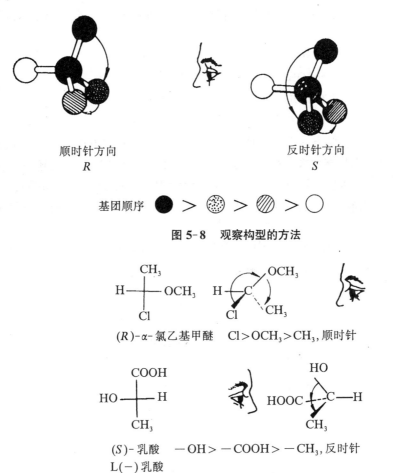

顺时针方向　　　　　　　　　反时针方向
R　　　　　　　　　　　　　S

基团顺序　● ＞ ⊛ ＞ ⦸ ＞ ○

图 5-8　观察构型的方法

(R)-α-氯乙基甲醚　　Cl＞OCH₃＞CH₃, 顺时针

(S)-乳酸　　—OH＞—COOH＞—CH₃, 反时针
L(−)乳酸

3. 具有两个手征碳原子的旋光异构

当主链有两个以上碳原子时,就会有构象的问题,构象是否会影响分子对称性? 如丁烷,可有如下两种构象:

$$\text{I} \rightleftharpoons \text{II}$$

I　　　　　　　　　　II

这两种构象都没有对称性,而且 I 与 II 互为对映体,但是由于单键旋转比较容易,I 与 II 可以互相转化,并且 I, II 存在的几率也相等,所以不会产生旋光,因此一般不考虑构象对分子对称性的影响。但是当有某种稳定的构象时,也需要考虑构象对分子对称性的影响。

110

2,3,4-三羟基丁酸的立体异构:

$$\overset{4}{C}H_2\overset{3}{\underset{*}{C}H}\overset{2}{\underset{*}{C}H}\overset{1}{C}OOH$$
$$\underset{OH}{|}\ \underset{OH}{|}\ \underset{OH}{|}$$

这个分子有几个手征碳原子? C_1羧基是一平面结构,可以有对称面,C_4上连有两个相同的原子氢,所以 C_1 与 C_4 都不是手征碳原子。C_2 与 C_3 所连的 4 个基团都不相同,所以 C_2 与 C_3 是手征碳原子,而且是不相同的手征碳原子。

具有两个不相同的手征碳原子的分子有 4 个立体异构,因为 C_2 与 C_3 各有两种构型。设 C_2 的两种构型 R 与 S 分别为 A^+ 与 A^-,C_3 的两种构型 R 与 S 分别为 B^+ 与 B^-,因此这 4 个立体异构体分别为:

$$\underset{\underbrace{\quad\quad}_{dl}}{\begin{matrix}A^+ & A^-\\ | & |\\ B^+ & B^-\end{matrix}}\qquad\qquad \underset{\underbrace{\quad\quad}_{dl}}{\begin{matrix}A^+ & A^-\\ | & |\\ B^- & B^+\end{matrix}}$$

这 4 个立体异构体分别为两对对映体,但这两对对映体之间不是实物与镜像的关系,旋光度也不一样。凡是具有相同构造,又不是对映体的异构体称为非对映体,如 $A^+—B^+$ 与 $A^+—B^-$ 间就是非对映体。

这些长链分子的投影式一般是用最长的碳链垂直投影于纸面上,十字两边所连的基团表示突出在纸面上,十字上下所连的基团表示伸向纸后。当然这种构象的链不是直的,而是弯的,不过把它当成直的投影在纸上。2,3,4-三羟基丁酸的一种立体异构可以写成如下式子:

$$\begin{matrix}&COOH\\ H-&|&-OH\\ H-&|&-OH\\ &CH_2OH\end{matrix}\qquad\qquad \begin{matrix}&COOH\\ H-&C&-OH\\ H-&C&-OH\\ &CH_2OH\end{matrix}$$

在这个式子中,十字两边的氢与羟基都突出纸面,而十字上下的键,包括羧基与羟甲基都伸向纸的后面。

这个投影式也可像前述具有一个手征碳原子化合物的投影式一样,写成许多其他的投影式,如可以将投影式在平面上转 180°,或以一个手征碳原子为中心,固定一个基团,然后顺序改变其他 3 个基团的位置,这样所得的投影式都代表同一化合物,如下列投影式:

$$\begin{matrix}&CH_2OH\\ HO-&|&-H\\ HO-&|&-H\\ &COOH\end{matrix}\qquad\text{在平面上转}\ 180°$$

$$\begin{matrix}&COOH\\ H-&|&-OH\\ HO-&|&-CH_2OH\\ &H\end{matrix}\equiv \begin{matrix}&COOH\\ H-&|&-OH\\ HOH_2C-&|&-H\\ &OH\end{matrix}\equiv \begin{matrix}&COOH\\ H-&|&-OH\\ H-&|&-OH\\ &CH_2OH\end{matrix}\equiv \begin{matrix}&OH\\ HOOC-&|&-H\\ H-&|&-OH\\ &CH_2OH\end{matrix}\equiv \begin{matrix}&H\\ HO-&|&-COOH\\ H-&|&-OH\\ &CH_2OH\end{matrix}$$

固定 $\begin{matrix}&COOH\\ H-&|&-OH\end{matrix}$ 顺序,改变其他 3 个基团的位置　　　固定 $\begin{matrix}H-&|&-OH\\ &CH_2OH\end{matrix}$ 顺序,改变其他 3 个基团的位置

但一般把最长碳链作为一直链垂直投影在纸面上,同时尽可能把最高氧化状态的基团放在上面,所以这个化合物一般应写成右式。

$$
\begin{array}{c}
\text{COOH} \\
\text{H}-\!\!\!\!-\text{OH} \\
\text{H}-\!\!\!\!-\text{OH} \\
\text{CH}_2\text{OH}
\end{array}
$$

2,3,4-三羟基丁酸的 4 个旋光异构的投影式:

$$
\begin{array}{cccc}
\text{COOH} & \text{COOH} & \text{COOH} & \text{COOH} \\
\text{H}-\!\!-\text{OH} & \text{HO}-\!\!-\text{H} & \text{H}-\!\!-\text{OH} & \text{HO}-\!\!-\text{H} \\
\text{H}-\!\!-\text{OH} & \text{HO}-\!\!-\text{H} & \text{HO}-\!\!-\text{H} & \text{H}-\!\!-\text{OH} \\
\text{CH}_2\text{OH} & \text{CH}_2\text{OH} & \text{CH}_2\text{OH} & \text{CH}_2\text{OH}
\end{array}
$$

$$\underbrace{\qquad\qquad}_{dl}\qquad\qquad\underbrace{\qquad\qquad}_{dl}$$

如何用 D, L 及 R, S 来标记这些化合物的构型? 对于具有两个以上手征碳原子的糖类等化合物进行 D, L 标记构型时,选择离最高氧化状态基团最远的手征碳原子与 D-甘油醛比较,如下列化合物由于离最高氧化状态基团最远的手征碳原子都与 D-甘油醛相同,所以它们都是 D-构型。

$$
\begin{array}{ccccc}
\text{CHO} & \text{CHO} & \text{CHO} & \text{CHO} & \text{COOH} \\
\text{H}-\!\!-\text{OH} & \text{H}-\!\!-\text{OH} & \text{HO}-\!\!-\text{H} & \text{H}-\!\!-\text{OH} & \text{HO}-\!\!-\text{H} \\
\text{CH}_2\text{OH} & \text{H}-\!\!-\text{OH} & \text{H}-\!\!-\text{OH} & \text{HO}-\!\!-\text{H} & \text{H}-\!\!-\text{OH} \\
 & \text{CH}_2\text{OH} & \text{CH}_2\text{OH} & \text{H}-\!\!-\text{OH} & \text{CH}_2\text{OH} \\
 & & & \text{CH}_2\text{OH} & \\
\text{D} & \text{D} & \text{D} & \text{D} & \text{D}
\end{array}
$$

R, S 标记则分别标出各个手征碳原子的构型。如下列化合物中手征碳原子 C_2 上的 4 个基团的大小顺序为 $-\text{OH} > -\text{COOH} > -\underset{\underset{\text{OH}}{|}}{\text{CHCH}_2\text{OH}} > -\text{H}$,$C_3$ 上的 4 个基团大小顺序为 $-\text{OH} > -\underset{\underset{\text{OH}}{|}}{\text{CHCOOH}} > -\text{CH}_2\text{OH} > \text{H}$,因此可以标记如下:

$$
\begin{array}{cccc}
\text{COOH} & \text{COOH} & \text{COOH} & \text{COOH} \\
\text{H}-\!\!-\text{OH} & \text{HO}-\!\!-\text{H} & \text{H}-\!\!-\text{OH} & \text{HO}-\!\!-\text{H} \\
\text{H}-\!\!-\text{OH} & \text{HO}-\!\!-\text{H} & \text{HO}-\!\!-\text{H} & \text{H}-\!\!-\text{OH} \\
\text{CH}_2\text{OH} & \text{CH}_2\text{OH} & \text{CH}_2\text{OH} & \text{CH}_2\text{OH} \\
2R, 3R & 2S, 3S & 2R, 3S & 2S, 3R
\end{array}
$$

酒石酸的立体异构:

$$\overset{1}{\text{HOOC}}-\overset{2}{\underset{\underset{\text{OH}}{|}}{\overset{*}{\text{CH}}}}-\overset{3}{\underset{\underset{\text{OH}}{|}}{\overset{*}{\text{CH}}}}-\text{COOH}$$

酒石酸

酒石酸有两个相同的手征碳原子 C_2 与 C_3。C_2 与 C_3 各有两个构型,用 A^+ 与 A^- 表示,因此该分子的构型有

$$
\begin{array}{cc}
A^+ & A^- \\
| & | \\
A^+ & A^-
\end{array}
\qquad
\begin{array}{cc}
A^+ & A^- \\
| & | \\
A^- & A^+
\end{array}
$$

$$\underbrace{\hspace{2cm}}_{dl} \qquad \underbrace{\hspace{2cm}}_{一个东西}$$

而 $A^+ \cdots A^-$ 与 $A^- \cdots A^+$ 是同一化合物,并且具有对称面,所以该化合物不具有手征性,因此没有旋光性,称为内消旋体,常用 meso 表示。具有两个相同手征碳原子的化合物可以有一对对映体和一个内消旋体。

酒石酸的 3 种立体异构的投影式和 D, L 及 R, S 构型标记如下:

$$
\begin{array}{c}
COOH \\
H{-}\overset{2}{|}{-}OH \\
HO{-}\overset{3}{|}{-}H \\
COOH \\
L \\
2R\ 3R
\end{array}
\qquad
\begin{array}{c}
COOH \\
HO{-}\overset{2}{|}{-}H \\
H{-}\overset{3}{|}{-}OH \\
COOH \\
D \\
2S\ 3S
\end{array}
\qquad
\begin{array}{c}
COOH \\
H{-}\overset{2}{|}{-}OH \\
\overline{} \quad 对称面\\
H{-}\overset{3}{|}{-}OH \\
COOH \\
\ \\
2R\ 3S
\end{array}
$$

$$\underbrace{\hspace{5cm}}_{对映体\ dl} \qquad \underbrace{\hspace{2cm}}_{内消旋体\ meso}$$

从上面讨论看到:有一个手征性碳原子的分子有 2 个旋光异构体;具有 2 个不同手征性碳原子的分子,有 4 个旋光异构体;若分子中有 3 个不同的手征性碳原子,就有 8 个旋光异构体;如果一个分子中有 n 个不同的手征性碳原子,则它的旋光异构体数目就等于 2^n。

5.4　没有手征碳原子的旋光异构

从上面的例子可以看到,一个分子虽然有手征碳原子,但从整个分子看是对称的,如酒石酸内消旋体,就无旋光性。相反,一个分子如无手征碳原子,只要整个分子是不对称的,也可以有旋光性。决定分子有无旋光性,最根本的因素是分子不对称。下面举 3 种没有手征碳原子的旋光异构。

1. 联苯类的旋光异构

联苯的两个苯环是在同一平面上,但当每个环的邻位为两个不同的较大的基团取代后,两个环若在同一平面时,取代基团空间位阻就太大,需将两个环扭成互相垂直或一定倾斜度,使两个基团互相错开,形成一稳定的构象。这个构象找不到对称面,因为沿着任何一个苯环切割,都不能将分子分成对称的两半,所以具有手征性,有旋光性。如 6,6′-二硝基-2,2′-联苯二甲酸就可分离出一对对映异构体。

这种对映异构体间不是构型的差别,而是构象的差别。如果给以足够的能量,使两苯环间的单键旋转,可将图 (5-9) 中的 Ⅰ 转变成 Ⅱ,其间旋光度也随之发生变化。当转变达到平衡时,左旋与右旋体完全相等,旋光度相互抵消而失去旋光现象,这种现象称为消旋化。而消旋化的速度反映了转变的速度,因此可以用测定旋光度测出。

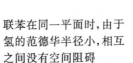

联苯在同一平面时,由于
氢的范德华半径小,相互
之间没有空间阻碍

6,6′-二硝基-2,2′-联苯二甲酸
由于硝基与羧基的范德华半
径大,相互之间空间位阻大

6,6′-二硝基-2,2′-联苯二甲酸的对映异构体

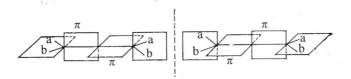

Ⅰ　　　　　　　　Ⅲ　　　　　　　Ⅱ

基团间空间位阻最大

图5-9　联苯类旋光异构体转变成对映体的过程

2. 丙二烯型的旋光异构

当丙二烯两端各取代了两个不同的取代基时,就可以有旋光异构。因为丙二烯的碳链是不能旋转的,而两端碳与取代基的平面又是互相垂直的,按任一平面都不能将分子剖成对称的两半,所以没有对称面,有旋光性,可以有一对对映体(见图5-10)。

图5-10　丙二烯型旋光异构的对映异构体

3. 环己六醇类的旋光异构

环己六醇与六六六($C_6H_6Cl_6$)都没有手征性碳原子,但可以有不对称的顺反异构。它们都可以有9种顺反异构体,其中有一对对映体。如:

　　　　　　　(式中: | 表示羟基或氯)

5.5 旋光异构体的性质

1. 旋光性

旋光异构体的一个特点是当偏振光通过它的溶液时,可使偏振光振动的偏振面发生偏转,这种现象叫做旋光现象。

什么叫偏振光? 光是一种电磁波,其振动方向垂直于光波前进的方向。普通光是由各种垂直于前进方向的振动的光波所组成(见图 5-11, 5-12)。当普通光经过尼可尔(Nicol)棱镜时,

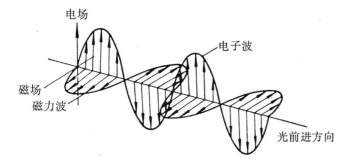

图 5-11 光是一种电磁波,它的电场与磁场振动的方向垂直于光前进的方向

图 5-12 普通光在垂直于它前进方向的任何方向都有电磁场振动

仅允许一种垂直方向的电场振动的光波通过。这种光就叫偏振光。光前进振动的平面,叫偏振面(见图 5-13)。

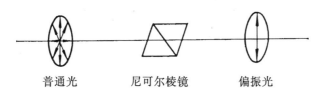

普通光　　　　尼可尔棱镜　　　　偏振光

图 5-13 普通光的偏振化

将偏振光通过旋光异构体溶液的管子(溶剂应是非旋光性物质),再经过一个尼可尔棱镜,如果按前一棱镜放的位置,则发现光透不过,需要偏转一定角度才能透过。这就是因为偏振光的偏振面有了一定偏转,向左偏叫(-)或1,向右偏转叫(+)或 d。尼可尔棱镜偏转的角度叫旋光度,用 α 表示(见图 5-14)。

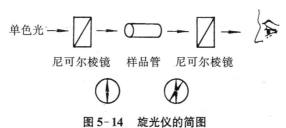

单色光　→　尼可尔棱镜　样品管　尼可尔棱镜

图 5-14 旋光仪的简图

旋光度随测定时所用的溶液的浓度、盛液管的长度、温度、光波波长和溶液性质而改变。

但在一定条件下,不同旋光活性物质的旋光度有一定值,通常用比旋光度[α] 表示:

$$[\alpha]^t_\lambda = \frac{\alpha}{c \times L}$$

式中,$[\alpha]^t_\lambda$ 为在温度 t,波长 λ 下的比旋光度;c 为溶液浓度(g/ml);L 为溶液管的长度(dm,1 dm＝10 cm)。

2. 物理性质

旋光异构对映体的物理性质除旋光方向和在旋光性溶剂中的溶解度外,旋光度、熔点、沸点、溶解度(非旋光性溶剂中)都完全相同。但非对映体的物理性质却完全不同。

外消旋体是由 1:1 的 d 与 l 对映体的混合物组成,它的物理性质和纯的对映体不同,它没有旋光性,熔点、比重与折光指数都不相同,而且熔点范围很狭窄,但沸点与纯的对映体相同。外消旋体常用 dl 或 ± 表示。几种旋光异构体的物理常数见表 5-1。

表 5-1　一些旋光异构体的物理常数

名　　称	熔点/℃	比旋光度 $[\alpha]^{20}_D$	溶解度 (g/100 g 水)	pK_a	比重/g·cm^{-3}
D-(−)乳酸	26	−3.8	∞	3.76	
L-(+)乳酸	26	+3.8	∞	3.76	
dl-乳酸	18	—	∞	3.76	
(+)酒石酸	170	+12	139	3.82	1.760
(−)酒石酸	170	−12	139	3.82	1.760
(±)酒石酸	206	—	20.6		1.687
m-酒石酸	140	—	125		1.666

3. 生理作用性质

对映异构体间的差别除旋光性外,极为重要的差别是在生物作用上的不同,如微生物生长过程中,只能利用右旋丙氨酸;氯霉素有 4 个旋光异构体,有抗菌作用的只有 D(−)-苏型氯霉素(苏型 threo 指两个手征碳原子的构型相同,都是 R 或都是 S,赤型 erythro 指两个手征碳原子的构型一个为 R,一个为 S)。

(+)-麻黄素不仅没有药效,而且还干扰(−)-麻黄素的作用。味精的谷氨酸 HOOC CH$_2\overset{*}{C}$HCOOH 中只有右旋的才有鲜

味。在生命中起着重要作用的葡萄糖,只有右旋的才能在动物的新陈代谢中起作用,才能被发酵。青霉菌用外消旋的酒石酸培养时,它只消耗(+)对映体。

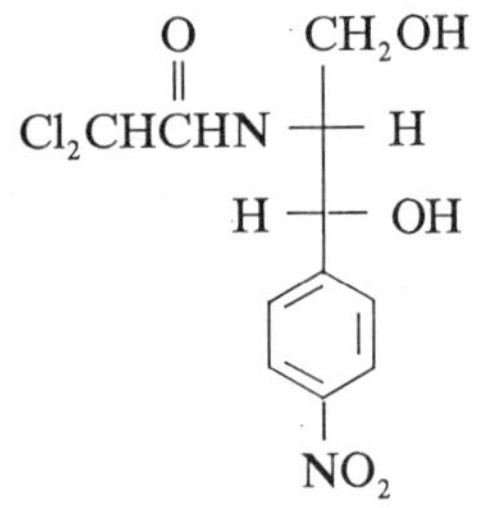

为什么对映体在生理活性上有这样大的差别?这是因为生理上的化学作用受一种重要的催化剂 —— 酶的催化,或与酶产生的化合物作用,而这些化合物都是有旋光性的。

$2R\,3R$ D(−)-苏型氯霉素

116

4. 化学性质

对映体与非旋光性试剂作用时,具有相同的化学性质;与旋光性试剂作用时,则有不同的化学活性。

为什么旋光性试剂对于对映体有不同的活性呢? 当用一对对映体分别和一无旋光性的试剂反应,这两个对映体的能量是完全相等的,它们加上试剂后形成的两个过渡状态也是对映体,能量完全相等,因此这两个反应的活化能完全相等,所以反应速度也相等。当用一对对映体分别和一旋光性试剂反应时,反应物能量完全相等,但它们的过渡状态就不是对映体,因此具有不同的能量,所以反应活化能不同,反应速度也不同,由此表现出不同的活性。

$$A^+ + B \longrightarrow [A^+ - B] \left.\begin{array}{c} \\ \\ \end{array}\right\}dl$$
$$A^- + B \longrightarrow [A^- - B]$$
$$A^+ + B^+ \longrightarrow [A^+ - B^+] \left.\begin{array}{c} \\ \\ \end{array}\right\}\text{非对映体}$$
$$A^- + B^+ \longrightarrow [A^- - B^+]$$

因此准确地说,对映体只有在非手征性条件下性能相同,而在手征性条件下性能不同。

5.6 外消旋混合物的拆分

一般合成具有手征性的分子时,都是得到外消旋的混合物。要得到纯的旋光异构体,则需进行外消旋体的拆分。但对映体物理性质相同,不能用一般的蒸馏、结晶、色层分离的方法。要进行拆分,则需要在手征性条件下分离。

1. 化学分离法

将外消旋体与一旋光性化合物变成非对映体,然后用一般分离方法分开,最后再恢复到原来的化合物,即得到纯的旋光异构体。

如果外消旋体是酸,可用旋光性生物碱(胺类)与之作用,形成两个非对映体;外消旋的胺可用旋光性的酸与它反应形成两个非对映体,然后用分级结晶的方法将它们分开,再用酸或碱水解得到纯的对映体。

如果外消旋化合物既不是酸也不是碱,则可设法在化合物上接一个羧基或氨基,然后按上述方法进行拆分。但接上去的部分必须是易于去掉的。

常用于拆分的生物碱有(-)奎宁、(-)马钱子碱、(+)辛可宁等;旋光性酸有酒石酸、樟脑磺酸等。

分级结晶很繁琐,现有用色层分离或离子交换的方法。利用对映体被旋光性吸附剂(或离子交换树脂)吸附(或交换)的速度不一样来进行分离。如旋光性淀粉柱色层拆分外消旋苯丙氨酸、纸色层分离半胱氨酸,用旋光性 α- 氨基酸制备的旋光性离子交换树脂分离外消旋氨基酸衍生物等。

2. 晶种结晶法

这种方法是在外消旋体的过饱和溶液中,加入少量左旋体或右旋体的晶种,这时与晶种相同的异构体便优先结晶析出,而且往往可以超过晶种的一倍。过滤后,滤液中就是另一异构体过量,再加外消旋体,加温溶解,冷却后另一异构体就优先结晶析出。这样加少量一种旋光异构体,就可反复操作将 D 与 L 分开。这种方法经济,工业上氯霉素就是用此法拆分的。

3. 生化分离法

利用生物体内的酶对反应物的专一性作用,来达到分离目的。如乙酰水解酶只水解 L - 构型的乙酰基丙氨酸中的乙酰基,L - 氨基酸氧化酶,则氧化(-)丙氨酸。又如青霉菌只消耗右旋酒石酸,则剩下的就是纯的(-)酒石酸。

5.7 旋光异构在反应机制测定上的应用

旋光异构不仅在生理上有重要的作用,对测定反应机制也非常重要。下面以溴与烯烃加成反应为例加以说明。

溴与 2 - 丁烯加成得到 2,3 - 二溴丁烷,有两个相同的手征性碳原子,应该得到一对对映体与一个内消旋体。

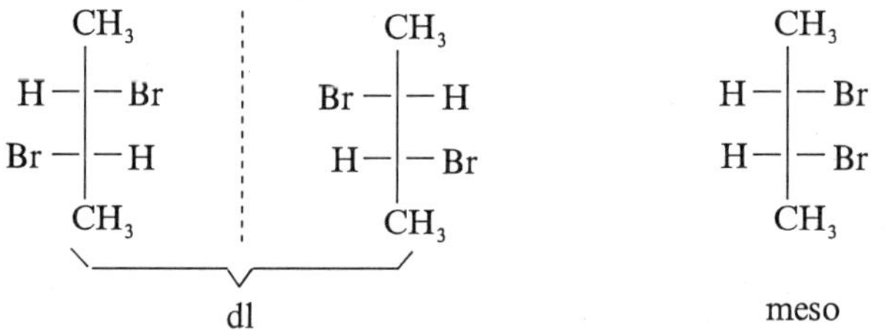

但是通过分析产物的立体结构,发现顺 - 2 - 丁烯加溴只得到外消旋物,而反 - 2 - 丁烯加溴只得到内消旋物。根据可能的反应机制顺或反式加成来分析,只有反式加成才符合这些实验结果。所以得到烯烃加卤素为反式加成的机制。

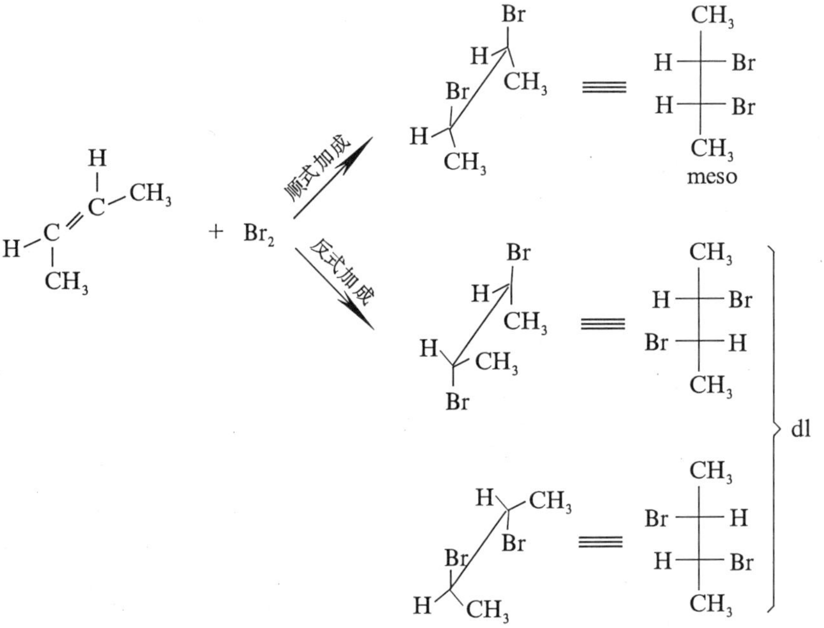

118

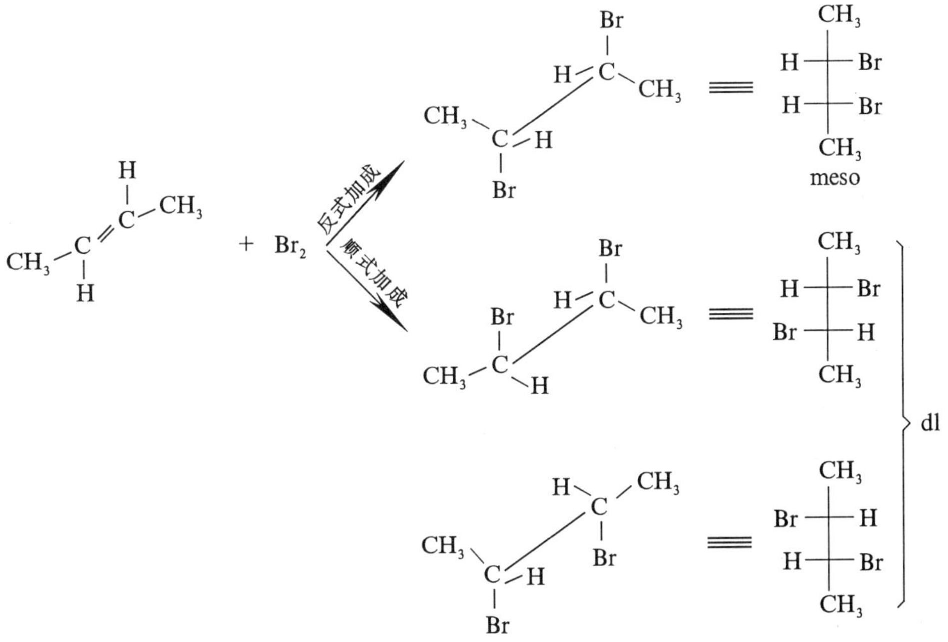

习　　题

1. 试解释下列各项的含义。

(a) 旋光性

(b) 右旋；左旋

(c) 对映体

(d) 比旋光度

(e) 手性分子

(f) 构型与构象

(g) 手性现象

(h) 手性中心

(i) 非对映体

(j) 内消旋化合物

(k) S,R

(l) 外消旋化合物

(m) 构型异构体

(n) 构象异构体

2. 画出并用 R 和 S 标定下列对映体(假若有对映体的话)。

(a) 3-溴己烷

(b) 甲基-3-氯-3-戊烷

(c) 1,3-二氯戊烷

(d) 2,2,5-三甲基-3-氯己烷

3. 写出下列化合物所有的立体异构体的费歇尔投影式,标明哪些是成对的对映体和内消旋化合物,说出哪些异构体可能有旋光性,并以 R 和 S 标定每个异构体。

(a) 2-甲基-1,2-二溴丁烷

(b) 1-氘-1-氯丁烷

(c) $CH_3CHBrCH(OH)CH_3$

(d) $C_6H_5CH(CH_3)CH(CH_3)C_6H_5$

(e) $CH_3CH_2CH(CH_3)CH_2CH_2CH(CH_3)CH_2CH_3$

(f) $HOCH_2CHCH_2OH$

$\qquad\quad\ \ |$

$\qquad\quad\ \ OH$

(g)
$$\begin{array}{c} CH_2-CHCl \\ | \qquad | \\ CH_2-CHCl \end{array}$$

(h)
$$\begin{array}{c} CH_2-CHCl \\ | \qquad | \\ ClCH-CH_2 \end{array}$$

4. 将下列化合物的透视式写成费歇尔投影式,并用 R 和 S 标定不对称碳原子。

(a)
$$\begin{array}{c} H_5C_2 \quad H \\ \diagdown C \diagup \\ Br \quad Cl \end{array}$$

(b)
$$\begin{array}{c} CH_3 \quad CH_3 \\ \diagdown \quad \diagup \\ Cl\cdots C - C\cdots H \\ \diagup \quad \diagdown \\ H \qquad Cl \end{array}$$

(c)
$$\begin{array}{c} H \quad F \\ \diagdown C \diagup \\ Cl \quad Br \end{array}$$

(d)
$$\begin{array}{c} CH_3 \quad H \\ \diagdown C \diagup \\ D \quad OH \end{array}$$

(e)
$$\begin{array}{c} C_2H_5 \qquad Br \\ \diagdown \quad \diagup \\ H\cdots C - C\cdots CH_3 \\ \diagup \qquad \diagdown \\ D \qquad CH_3 \end{array}$$

(f)
$$\begin{array}{c} CH_3 \qquad OH \\ \diagdown \quad \diagup \\ HO\cdots C - C\cdots H \\ \diagup \qquad \diagdown \\ H \qquad CH_3 \end{array}$$

5. 下列反应产物经过仔细分馏或重结晶,将各组分分离出来,问各反应可收集到多少馏分? 哪些是外消旋混合物? 试画出各馏分化合物的投影式,以 R 和 S 标定及说明收集到的馏分有无旋光性。

(a) (S)-3-氯-1-丁烯 + HCl $\longrightarrow$?

(b) 1-氯戊烷 + Cl_2 (300℃) $\longrightarrow$ $C_5H_{10}Cl_2$

(c) 内消旋 $\begin{array}{c} HOCH_2CHCHCH_2OH \\ \quad\ \ | \ \ | \\ \quad\ \ OH\,OH \end{array}$ + HNO_3 $\longrightarrow$ $\begin{array}{c} HOCH_2CHCHCOOH \\ \quad\ \ | \ \ | \\ \quad\ \ OH\,OH \end{array}$

6. 在研究丙烷氯化产物时,已分离出分子式为 $C_3H_6Cl_2$ 的 4 种产物(A, B, C, D),再将每个二氯产物进一步氯化所得到的三氯产物($C_3H_5Cl_3$)的数目已由气体色谱确定,A 给出 1 个三氯产物;B 给出 2 个;C 和 D 各给出 3 个。A, B, C, D 的结构是怎样的? 有无对映体?

7. 下列叙述不正确,试举出恰当的例子说明之。

(a) 具有不对称碳原子的分子必定有旋光性。

(b) 旋光性分子必定具有不对称碳原子。

8. 顺-2-丁烯与 Cl_2, H_2O 反应只生成苏-氯醇,反-2-丁烯与 Cl_2, H_2O 反应只生成赤-氯醇。问形成醇的立体化学是怎样的? 如何由反应机制来说明?

$$\begin{array}{c} CH_3 \\ Cl \overset{2}{\rule{1.5em}{0.4pt}} H \\ H \overset{3}{\rule{1.5em}{0.4pt}} OH \\ CH_3 \end{array}$$ 和对映体

$$\begin{array}{c} CH_3 \\ H \rule{1.5em}{0.4pt} Cl \\ H \rule{1.5em}{0.4pt} OH \\ CH_3 \end{array}$$ 和对映体

苏-氯醇 $(2R, 3R)$ 　　　　　　赤-氯醇 $(2S, 3R)$

9. 将 (S)-2-甲基-1-丁醇与过量的外消旋的 $\begin{array}{c} CH_3CHCOOH \\ \quad\ \ | \\ \quad\ \ Cl \end{array}$ 作

$$\begin{array}{c} CH_3CHCOCH_2CHCH_2CH_3 \\ \ \ | \quad\ \ || \qquad\ \ | \\ \ \ Cl \quad\ O \qquad CH_3 \end{array}$$

用以形成酯,然后仔细蒸馏反应混合物,所得 3 个馏分都有旋光性。试画出各馏分的化合物的立体化学式。

120

10. 试判断下列结构式哪些与

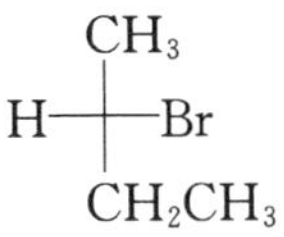

$$
\begin{array}{c}
CH_3 \\
H \overline{\qquad} Br \\
CH_2CH_3
\end{array}
$$

是同一个化合物？哪些是其对映体？

(a) 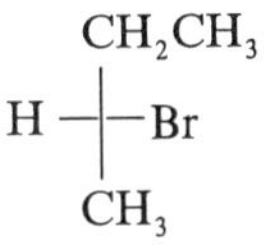
$$
\begin{array}{c}
CH_2CH_3 \\
H \overline{\qquad} Br \\
CH_3
\end{array}
$$

(b) 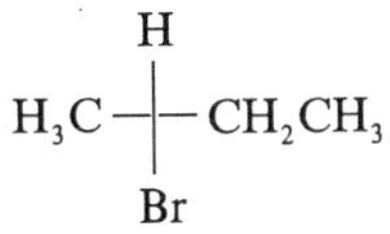
$$
\begin{array}{c}
H \\
H_3C \overline{\qquad} CH_2CH_3 \\
Br
\end{array}
$$

(c)

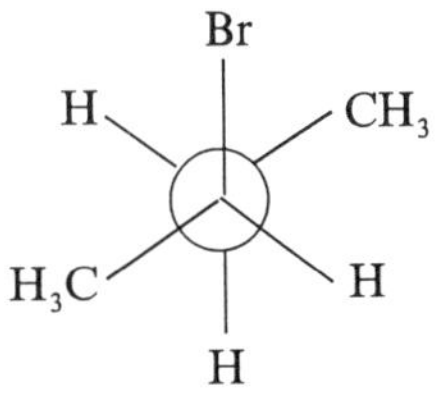

(d)

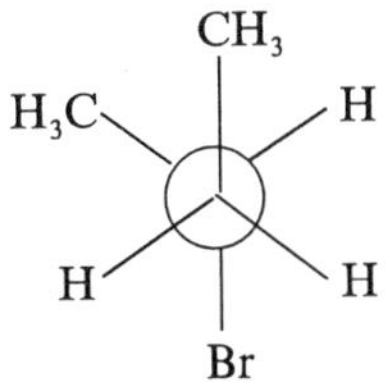

(e)

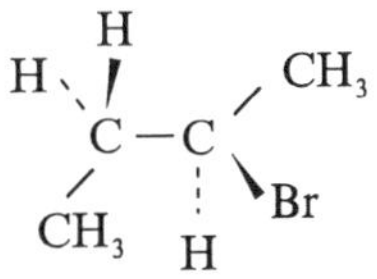

(f)

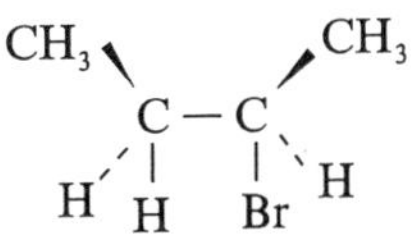

11. 试判断下列构型的分子是否具有手征性？

(a)

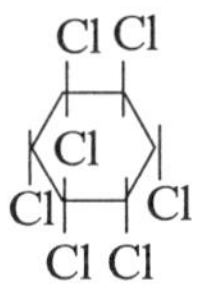

(b)

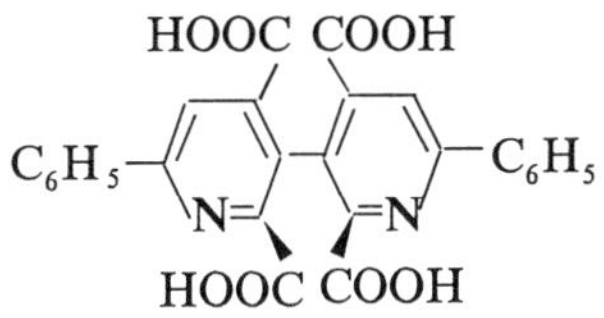

(c)

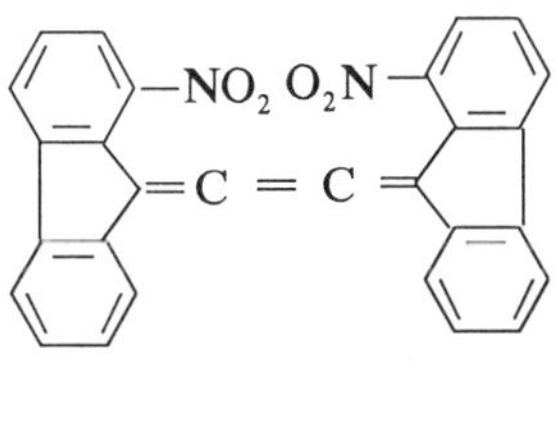

(d)

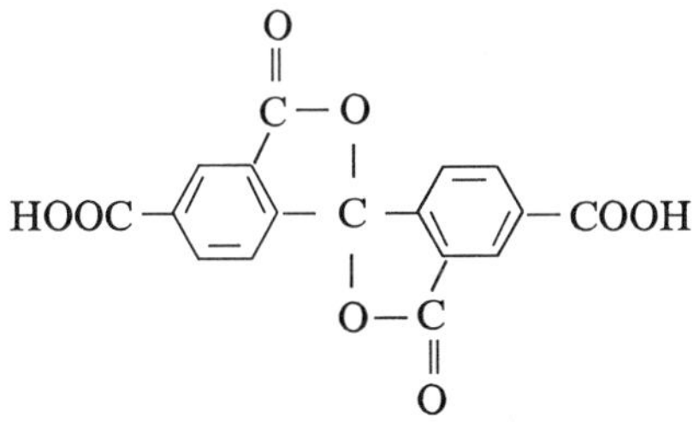

12. 有一酒石酸的衍生物是有旋光性的,但是使用重氮甲烷酯化或水解都生成无旋光性的物质,这物质是什么？

13. 用化学和物理方法解析下列外消旋化合物。

(a) $CH_3CH_2CH(CH_2)CH_3$

(b) $CH_3CH_2CH(CH_3)COOH$

(c) $CH_3CH_2CH(OH)CH_3$

14. 在 1,2-环己二甲酸中,有顺反异构体和旋光异构体。试写出它们的立体构型与构象异构体。

15. 试写出下列反应产物(1,2,3,4-丁四醇)的立体构型。

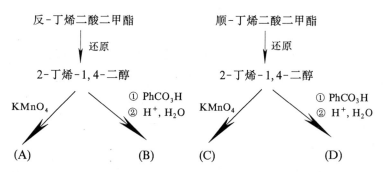

16. 将一分子量为 230 的化合物 600mg 溶于 5ml 溶剂中,然后放入 20cm 长的旋光管中,通过钠光测得旋光度为 +2.53°。试求这化合物的比旋光度$[\alpha]_D$?

第六章 卤 代 烃

烃上的氢被卤素取代之后叫卤代烃。根据不同烃基可分为脂肪族、脂环族与芳香族卤代烃等。一卤代烃中根据卤原子所连碳原子结构,可分为 1°, 2°, 3° 卤代烃、烯丙基类卤代烃、烯类卤代烃、卤代芳烃及 α-卤代烷基芳烃。这些结构上的差别常对卤素的活性有相当大的影响。

6.1 卤代烃的命名

卤代烃一般采用系统命名,取最长碳链为主链,把卤素作为取代基,编号的规则与烷烃一样。将立体构型标记写在名称的前面。如:

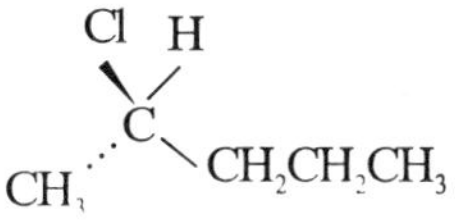

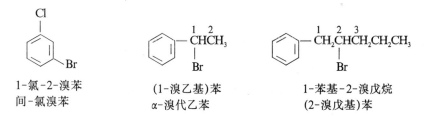

R-2-氯戊烷

3-(氯甲基)戊烷

不饱和卤代烃的系统命名与烯烃和炔烃相同。如:

$CH_3CH=CHCHCH_3$ (Cl)

4-氯-2-戊烯

$CH_3CHCH=CHCl$ (CH_3)

3-甲基-1-氯-1-丁烯

卤代芳烃的系统命名与芳香烃相同,卤素作为取代基。同样可用编号或用邻、对、间来定位。如:

1-氯-2-溴苯
间-氯溴苯

(1-溴乙基)苯
α-溴代乙苯

1-苯基-2-溴戊烷
(2-溴戊基)苯

对于简单的卤代烃也常用普通命名,即以烃基的名称后加卤素名称组成。如:

CH_3CHCH_3 (Br)

异丙基溴

$(CH_3)_3C—CH_2Br$

新戊基溴

$CH_2=CH—CH_2Cl$

烯丙基氯

CH_2CH_2 (Br Br)

乙撑基二溴化物

$CH_2CH_2CH_2$ (Br Br)

丙撑基二溴化物

123

6.2　卤代烃的结构

卤代烷的碳卤键是由碳的 sp^3 轨道与卤素的只含一个电子的 p 轨道重叠而形成的 σ 键,由于卤素的电负性较大,使成键的一对电子偏靠卤原子一边,致碳卤键有极 $\delta^+C \rightarrow \ddot{\underset{\cdot\cdot}{X}}{:}^{\delta^-}$ 性。同时卤原上还有三对未共享的电子对。

芳香环或碳碳双键上取代的卤素,由于卤原子上未共享的电子对可以和芳香环或双键上的 π 电子共轭,因此碳卤键具有一定双键性质。所以它的键长、偶极矩与活性都比相应的卤代烷小。

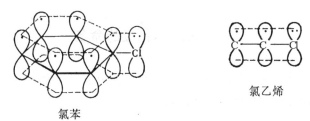

氯苯　　　　　　　　　　　氯乙烯

氯甲基苯(也叫氯化苄)和烯丙基氯的氯(卤)原子很活泼,易于离解成苯甲基正碳离子和烯丙基正碳离子。这是因为此正碳离子上的空 p 轨道可以与苯环或双键上的 π 电子形成 $p-\pi$ 共轭体系,使正电荷分散、体系变得稳定的缘故。

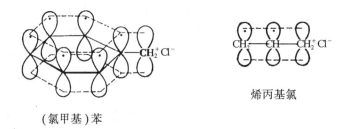

(氯甲基)苯　　　　　　　　　烯丙基氯

碳卤键的极性大小决定于卤素的电负性与可极化性综合的影响。我们知道卤素的电负性大小顺序是 F>Cl>Br>I。而卤素随周期增高,其原子半径增大,价电子离原子核也越远,特别是未共享的孤电子对受原子核的控制就更松,它易受外电场影响而极化,这种性质称为可极化性。碘的价电子离核最远,它的可极化性最强,所以卤素可极化性的顺序与电负性的顺序正相反,为 I>Br>Cl>F。从表 6-1 列出的一些卤代烃的键长与偶极矩数据,可以归纳出卤素对碳卤键极性影响的大体规律。

表 6-1　一些卤代烃的碳—卤键长与偶极矩

化合物	CH_3F	CH_3Cl	CH_3Br	CH_3I	$CH_2=CHBr$	$CH_2=CHCl$	CH_3CH_2Cl	CH_3CH_2Br
碳卤键长 / nm	0.138	0.178	0.193	0.214	0.185	0.173		
偶极矩/D	1.82	1.94	1.79	1.64	1.44	1.41	2.05	2.02

碳卤键的偶极矩:　C—Cl>C—F>C—Br>C—I。

6.3 卤代烃的物理性质

卤代烃的沸点一般随分子量增加而升高,所以具有相同烃基的卤代烃中,以氟化物沸点最低,碘化物沸点最高。在异构体中,支链越多,沸点越低。

碘代烃、溴代烃及多卤代烃的比重都大于1,而一氟及一氯代烃比重都小于一。烃基相同时,比重按 F<Cl<Br<I 增加。

卤代烃大多为液体。虽然碳卤键有极性,但卤代烃不溶于水。这可能是因为卤代烃不能与水形成氢键的缘故。它们能以任意比例与烃类混溶,并能溶解许多有机化合物,因此是常用的有机溶剂,如用来提取组织内的脂肪以及作为干洗剂等。

分子中卤原子增多,则可燃性降低,而其蒸气又比空气重,所以可用来作为灭火剂。因为它们的蒸气较重,可以覆盖在着火的区域,使与空气隔绝,达到灭火的作用。如四氯化碳就可以作灭火剂。表 6-2 列出一些卤代烃的物理常数。

表 6-2　卤代烃的物理常数

化 合 物 基 团 名 称	氟化物	氯 化 物		溴 化 物		碘 化 物	
	沸点/℃	沸点/℃	密度/g·cm⁻³ (20℃)	沸点/℃	密度/g·cm⁻³ (20℃)	沸点/℃	密度/g·cm⁻³ (20℃)
甲　　基	−78.4	−24.2		3.6		42.4	2.279
乙　　基	−37.4	12.3		38.4	1.440	72.3	1.933
正 丙 基	−2.5	46.6	0.890	71.0	1.335	102.3	1.747
正 丁 基	32.5	78.5	0.884	102	1.276	130	1.617
正 戊 基	62.8	90.8	0.883	130	1.223	157	1.517
正 己 基	91.5	134	0.882	156	1.173	180	1.441
异 丙 基	−9.4	36.5	0.859	60	1.310	89.5	1.705
异 丁 基		69	0.835	91	1.261	120	1.605
仲 丁 基		68	0.871	91	1.258	119	1.595
叔 丁 基		51	0.840	73	1.222	100分解	
卤代乙烯		−14		16		56	
丙 烯 基		45	0.938	71	1.398	103	
卤 代 苄		179	1.102	201		93 (1.33 k Pa)	
二卤甲烷		40	1.336	99	2.49	180分解	3.325
三卤甲烷		61	1.489	151	2.89	升华	4.008
四卤甲烷		77	1.595	189.5	3.42	升华	4.32
卤 代 苯		132		156		189	

C—X 键的红外特征峰:

C—F $1000\text{—}1350\ \mathrm{cm^{-1}}$(强), C—Cl $700\sim750\ \mathrm{cm^{-1}}$(中)

C—Br 与 C—I 均在 $700\ \mathrm{cm^{-1}}$ 以下, $500\sim700\ \mathrm{cm^{-1}}$

—CH_2—X 上质子在核磁共振氢谱上化学位移一般在 $2.16\sim4.4$ 之间。

6.4 一卤代烃的化学性质

由于卤素的电负性与可极化性较大,所以卤代烷的碳卤键具有极性,可以进行许多反应。不饱和碳的碳卤键由于卤素的未成键(未共享)的电子对可与双键、三键上的 π 键发生 $p-\pi$ 共轭,使碳卤键具有一定双键的性质。键能比饱和碳上的碳卤键高,反应活性降低,所以它们的反应性能差别较大。下面将分别讨论饱和与不饱和碳上卤素的取代与消除反应;与金属锂、钠、镁、铝等直接反应或通过间接方法形成多种有机金属化合物。

1. 饱和碳上卤原子的亲核取代与消除反应

亲核取代反应与消除反应是两类重要反应,但是它们常常相伴发生,互为副反应。以哪一类反应为主,往往取决于卤代烷的结构、亲核试剂的碱性与亲核性、溶剂极性的大小、离去基团离去的难易与反应温度的高低等诸多因素。如叔丁基溴在乙醇钠作用下可以取代溴,得到 7% 乙基叔丁基醚,这是亲核取代反应;同时脱去溴化氢得 93% 异丁烯,这是消除反应。而 1-溴丁烷在乙醇钠作用下得 90% 乙基正丁基醚与 10% 1-丁烯。

$$
\underset{\underset{CH_3}{|}}{\overset{\overset{CH_3}{|}}{CH_3-C-Br}}+C_2H_5\overset{-}{O}Na^+ \xrightarrow[25\,℃]{C_2H_5OH} (CH_3)_3C-OC_2H_5 + \underset{\quad}{CH_3-\overset{\overset{CH_3}{|}}{C}=CH_2}
$$
$$
(7\ \%) \qquad\qquad (93\ \%)
$$

$$
CH_3CH_2CH_2CH_2Br + C_2H_5\overset{-}{O}Na^+ \xrightarrow[25\,℃]{C_2H_5OH} CH_3CH_2CH_2CH_2OC_2H_5 + CH_3CH_2CH=CH_2
$$
$$
(90\ \%) \qquad\qquad\qquad (10\ \%)
$$

上面两个反应的差别就在于烷基结构不同,前者为 3° 卤代烷,以消除反应为主;后者为 1° 卤代烷,以亲核取代反应为主。

反应温度升高不利于取代反应。如:

$$
\underset{\underset{CH_3}{|}}{\overset{\overset{Cl}{|}}{CH_3-C-CH_3}} \xrightarrow{80\%\ 乙醇水溶液} \underset{\underset{OH}{|}}{\overset{\overset{CH_3}{|}}{CH_3-C-CH_3}}+\underset{\underset{OC_2H_5}{|}}{\overset{\overset{CH_3}{|}}{CH_3-C-CH_3}}+\underset{\quad}{CH_3\overset{\overset{CH_3}{|}}{C}=CH_2}
$$

$$
\underset{\text{取代产物}}{\underbrace{\qquad\qquad\qquad\qquad}}
$$

	取代产物	
25℃	(83 %)	(17 %)
65℃	(64 %)	(36 %)

亲核试剂的碱性强,有利于消除反应。如:

$$CH_3-\underset{\underset{\displaystyle Br}{|}}{CH}-\underset{\underset{\displaystyle CH_3}{|}}{CH}-CH_3 + Cl^- \xrightarrow{\text{丙酮}} CH_3-\underset{\underset{\displaystyle Cl}{|}}{CH}-\underset{\underset{\displaystyle CH_3}{|}}{CH}-CH_3 + CH_3C=CH-CH_3 + CH_3\underset{\underset{\displaystyle CH_3}{|}}{CH}-CH=CH_2$$

$$\text{(50\%)}\text{(50\%)}$$

$$(CH_3)_2CH-\underset{\underset{\displaystyle Br}{|}}{CHCH_3} + CH_3COO^- \xrightarrow{\text{丙酮}} (CH_3)_2CHCH-OCOCH_3 + \text{烯烃}$$

$$\underset{\underset{\displaystyle CH_3}{}}{}$$

$$\text{(11\%)}\text{(}\sim\text{89\%)}$$

这里碱性 $CH_3COO^- > Cl^-$。因前者共轭酸是乙酸,为一弱酸,而后者的共轭酸是盐酸 (HCl),则是强酸。

上述仅是几个典型的事例,更多的情况则需要从诸多影响因素中分析出主要影响因素,这是学习过程中应该注意的。

2. 亲核取代反应

由于卤代烷上碳卤键具有极性,卤原子上显负电性,与卤素相连的碳原子带有一定量的正电性。这样,与卤素相连的碳原子就容易受亲核试剂(即带有未共享电子对的分子或负离子)的进攻,卤原子带着碳卤间的一对电子以负离子的形式离去,碳与亲核试剂上的一对电子形成新的共价键:

$$\overset{\delta+}{R}-\overset{\delta-}{X}+:Z \longrightarrow R-Z+X^-$$
$$\text{亲核试剂}$$

这种起始于亲核试剂的进攻而发生的取代反应,称为亲核取代反应,常用 S_N 来表示(S 代表取代反应,N 代表亲核试剂进攻)。

亲核取代反应种类很多,在合成上很有用,表 6-3 列出一些常见的取代反应类型与取代反应产物的种类。

表 6-3 一些在合成上较重要的取代反应

反 应	用 于 合 成
$R-X+OH^- \longrightarrow R-OH+:X^-$	醇
$R-X+H_2O \longrightarrow R-OH+:X^-$	醇
$R-X+:OR'^- \longrightarrow R-OR'$	醚
$R-X+:C^-\equiv CR' \longrightarrow R-C\equiv CR'$	炔
$R-X+R^-M^+ \longrightarrow R-R'$	烷
$R-X+:I^- \longrightarrow R-I$	碘代烷
$R-X+:CN^- \longrightarrow R-CN$	腈
$R-X+R'COO^- \longrightarrow R'COOR$	酯
$R-X+:NH_3 \longrightarrow R-NH_2$	一级胺

反　　　　　应	用　于　合　成
$R—X+:NH_2R' \longrightarrow R—NHR'$	二级胺
$R—X+:NHR'R'' \longrightarrow R—NR'R''$	三级胺
$R—X+:NR'R''R''' \longrightarrow R—^+NR'R''R'''X^-$	四级胺盐
$R—X+:SH^- \longrightarrow R—SH$	硫醇
$R—X+:SR'^- \longrightarrow R—SR'$	硫醚
$R—X+N_3^- \longrightarrow R—N_3$	烷基叠氮化合物
$R—X+(C_2H_5OC)_2CH:^- \longrightarrow (C_2H_5OC)CH—R$ 　　　　$\underset{O}{\parallel}$　　　　　　　　$\underset{O}{\parallel}$	取代丙二酸酯
$R—X+CH_3C—CH:^-—COC_2H_5 \longrightarrow CH_3C—CH—COC_2H_5$ 　　　$\underset{O}{\parallel}$　　$\underset{O}{\parallel}$　　　　　　$\underset{O}{\parallel}$ $\underset{R}{|}$ $\underset{O}{\parallel}$	取代乙酰乙酸乙酯
$R—X+P(C_6H_5)_3 \longrightarrow [R—P(C_6H_5)_3]^+X^-$	四级磷盐

（1）取代反应历程

S_N2 与 S_N1 取代反应。反应历程一般是通过测定反应速度与反应物浓度的关系，以及分析产物构型来推断的。卤代烷与碘化钠在丙酮溶液中的取代反应是这类反应的典型例子：

$$R—X+I^- \xrightarrow{\text{丙酮}} R—I+X^-$$

由实验得知该反应的反应速度与卤代烷和碘负离子的乘积成正比：

$$v \propto [RX][I^-]$$

同时产物的构型发生转换，即由 R 转换成 S。而叔丁基溴与乙醇加热回流得到乙基叔丁基醚的反应速度，与乙醇浓度无关，只与叔丁基溴浓度有关。

$$v \propto [(CH_3)_3C—Br]$$

旋光性的 R-2-溴辛烷与水反应得到外消旋的 dl-2-辛醇。

从上述实验结果看出，它们属于两种不同的反应过程。推断其历程如下：

前者为：

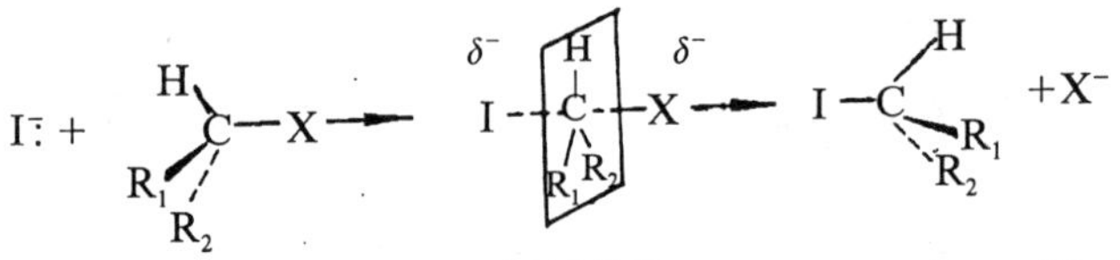

即 I^- 或其他亲核试剂是从 C—X 键的轴向背面进攻，把卤原子顶去，同时发生构型的转换，这种现象叫瓦尔登（Walden）转换。这种历程叫 S_N2 历程，即亲核取代双分子历程。

后者为：

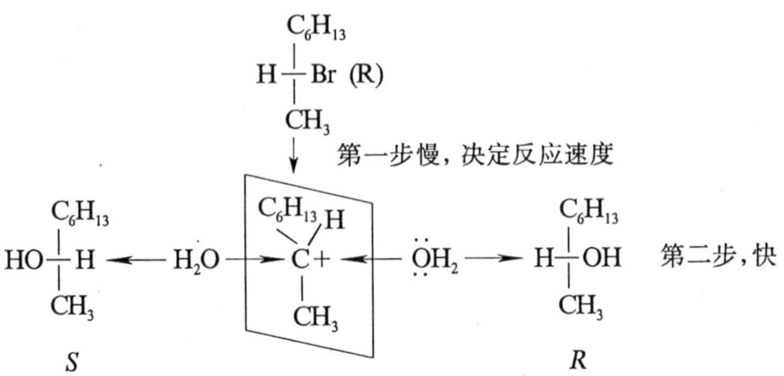

第一步慢，决定反应速度

第二步，快

128

即第一步卤代烷离解成正碳离子,并且是最慢的决定反应速度的一步;第二步正碳离子与亲核试反应得到产物。称这种取代历程为 S_N1 取代反应。由于正碳离子为 sp^2 杂化轨道成平面状,亲核试剂可在平面的前后两面进攻,而且几率相同,所以得到的产物是外消旋的。

(2) 影响反应的因素

从取代反应历程的关键环节(即 S_N1 反应形成的正碳离子稳定性和 S_N2 反应形成的过渡状态能量高低)来分析影响这类反应的因素:

由于 S_N1 反应形成正碳离子一步是决定其反应速度的一步,根据过渡状态理论形成稳定正碳离子的卤代烷进行第一步反应快,因而使整个 S_N1 反应速度也就快。因此,卤代烷形成的正碳离子稳定性顺序也就是进行 S_N1 反应速度快慢的顺序:

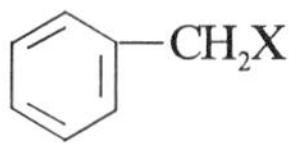

$$\text{C}_6\text{H}_5\text{—CH}_2\text{X} , \text{CH}_2\text{=CH—CH}_2\text{X}, 3° > 2° > 1° > \text{CH}_3\text{X}$$

由于在形成正碳离子过程中首先是碳卤键进一步极化,因此溶剂的极性大,可以加强这种极化,而有利于正碳离子的形成,所以溶剂极性愈高愈利于加快 S_N1 反应的进行。

$$\text{R—X} \longrightarrow \begin{bmatrix} \overset{\delta+}{\text{R}} \cdots \overset{\delta-}{\text{X}} \end{bmatrix} \longrightarrow \text{R}^+ + \text{X}^-$$
过渡状态
极性增加

由于 S_N2 反应是亲核试剂沿碳卤键轴从卤原子的背面进攻碳原子,形成一个同时有 5 个基团(原子)在反应中心碳原子上的过渡状态,使过渡状态更显拥挤,位能升高,反应活化能也高,反应速度慢。所以减小过渡状态拥挤程度,可以降低其位能,有利于反应进行;减少烷基的空间阻障,便于亲核试剂从卤原子的背面进攻,有利反应加快。亲核能力强的试剂有利于接近反应中心碳核形成过渡状态,离去基团易于离去,有利于反应较快通过过渡状态。因此不难看出,影响 S_N2 取代反应的主要因素是烷基的结构、试剂的亲核能力和离去基团离去的难易等,当然反应条件如温度、溶剂及反应物浓度等也有一定影响。

烷基结构对 S_N2 取代反应速度的影响,见表 6-4 中的实验数据和图 6-1。

表 6-4　不同结构卤代烷与碘化钠取代反应的相对速度

卤　代　烷	相　对　反　应　速　度	
$\text{CH}_3\text{—X}$	30	
$\text{CH}_3\text{CH}_2\text{—X}$	1	α 碳上有支链
$(\text{CH}_3)_2\text{CH—X}$	0.03	
$(\text{CH}_3)_3\text{C—X}$	≈ 0	
$\text{CH}_3\text{CH}_2\text{CH}_2\text{—X}$	0.4	
$(\text{CH}_3)_2\text{CHCH}_2\text{—X}$	0.03	β 碳上有支链
$(\text{CH}_3)_3\text{CCH}_2\text{—X}$	0.00001	
$\text{CH}_2\text{=CH—CH}_2\text{—X}$	40	
$\text{C}_6\text{H}_5\text{CH}_2\text{—X}$	120	

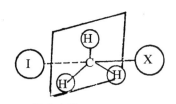

没有支链
位阻较小,位能较低

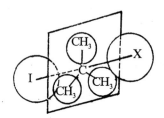

α碳上有支链位阻大,
位能高

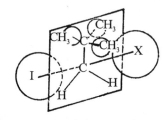

β碳上有支链位阻大,
位能高

**图 6-1　没有支链及 α, β 碳上有支链的卤代烷与碘化钠取代反应的
过渡状态及它们位阻的情况**

从表 6-4 中看到,不同结构卤代烷以 S_N2 历程的反应速度快慢顺序:$CH_3X > 1° > 2° > 3°$。烯丙基卤和苯甲基卤反应的相对速度最快,但它不是空间位阻的因素,而是它们 π 电子的影响,使卤原子易于离去,而可形成 $p-\pi$ 共轭稳定的正碳离子之故。

a. 亲核试剂对取代反应速度的影响

试剂的亲核性是它与反应物的反应中心碳原子的亲合力。在比较试剂的亲核性时,一般讲,试剂的反应原子在同一周期内的,试剂的碱性(试剂与氢质子的亲合力)强,其亲核性也强。如 CH_3O^- 碱性比 CH_3OH 强,它的亲核性也强。

$$CH_3O^- + CH_3I \longrightarrow CH_3OCH_3 + I^- \quad 快$$

$$CH_3OH + CH_3I \longrightarrow CH_3\overset{+}{O}CH_3 + I^- \quad 很慢$$
$$H$$

当试剂的反应原子在同一族中,则周期高的亲核性强。亲核性呈现如下顺序:$I^- > Br^- > Cl^- > F^-$; $R_3P: > R_3N:$; $RS^- > RO^-$,而它们相对应的碱性顺序正好相反。在一般情况下,亲核试剂比其共轭酸的亲核性强。所以,经常用共轭酸的 pK_a 值大小来判断其相应负离子的亲核性强弱。见表 6-5。亲核试剂浓度与反应速度成正比,所以试剂浓度高反应快。

表 6-5　同一周期亲核试剂的亲核性顺序与共轭酸的 pK_a

亲核试剂	$NH_2^- > HO^- > CN^- > CH_3COO^- > F^- > H_2O > HSO_4^-$						
共轭酸	NH_3	H_2O	HCN	CH_3COOH	HF	H_3O^+	H_2SO_4
pK_a	35	15.7	9.2	4.8	3.2	−1.7	−5

b. 离去基团性质对取代反应速度的影响

卤甲烷与氢氧化钠反应时生成甲醇,卤离子离去,卤离子就是离去基团。它们的相对反应速度见表6-6。

表6-6　卤代烷与 OH^- 的取代反应的相对速度

取　代　反　应	相　对　速　度
$CH_3I+OH^- \longrightarrow CH_3OH+I^-$	150
$CH_3Br+OH^- \longrightarrow CH_3OH+Br^-$	50
$CH_3Cl+OH^- \longrightarrow CH_3OH+Cl^-$	1
$CH_3F+OH^- \longrightarrow CH_3OH+F^-$	10^{-2}

从表中看到,碘甲烷反应速度最快、氟甲烷反应最慢,说明碘负离子易离去,氟负离子就难于离去。从它们负离子的共轭酸比较发现,其酸性强弱顺序为 $HI>HBr>HCl>HF$,即共轭酸酸性强的负离子容易离去。所以也常用亲核试剂的共轭酸的 pK_a 大小来判别离去基团离去的难易。表6-7列出部分离去基团共轭酸的 pK_a。

表6-7　一些离去基团共轭酸的 pK_a

离去基团	I^-	Br^-	Cl^-	$^-OSO_3H$	H_2O	F^-	HO^-
共轭酸	HI	HBr	HCl	H_2SO_4	H_3O^+	HF	H_2O
pK_a	-9.5	-9	-7	-5	-1.7	3.2	15.7

从上表中 pK_a 大小与卤甲烷取代反应速度数据比较,不难发现离去基团共轭酸的 pK_a 愈小,该离去基团愈易离去。反之,则不易离去,即负离子碱性愈强,愈不易离去。

c. 溶剂对 S_N2 反应速度的影响

溴甲烷与碘化钠在丙酮中反应比在甲醇中快500倍,说明溶剂对 S_N2 反应速度的影响是很大的。甲醇和丙酮都是极性溶剂,所不同的是甲醇的氧上有氢质子,称它为质子型溶剂;丙酮氧上没有氢,称为非质子型溶剂。前者氧上的氢可以与碘负离子形成弱的键,将碘负离子包围起来,从而降低其亲核性;而丙酮则没有这种作用,所以碘负离子可以充分发挥其亲核作用,而使反应加快。从表6-8中的数据可以进一步了解不同溶剂对 S_N2 反应速度的影响。

表6-8　叠氮负离子 (N_3^-) 与1-溴丁烷在不同溶剂中的反应速度

$N_3^- + CH_3CH_2CH_2CH_2Br \longrightarrow CH_3CH_2CH_2CH_2N_3 + Br^-$	
溶　　剂	相对速度
甲　　醇　　　　CH_3OH	1
二甲基亚砜(DMSO)　$CH_3-\overset{\uparrow}{\underset{O}{S}}-CH_3$	1300
N,N-二甲基甲酰胺(DMF)　$HC-N\overset{CH_3}{\underset{CH_3}{<}}$ （$\overset{O}{\parallel}$）	2800
乙　　腈　　　　CH_3CN	5000
六甲基磷酰三胺(HMPT)　$[(CH_3)_2N]_3P=O$	2000000

但是不能认为极性愈强的溶剂对反应愈有利，因为亲核试剂常见有两种类型：一种是负离子型，如上面讲到的 I^-，N_3^- 等；另一种是分子型，如 :NH_3，$R\ddot{O}H$，$H_2\ddot{O}$，$R\ddot{S}H$，R_3P: 等。对于后者，溶剂极性高对反应有利，它有利于过渡状态的稳定，加快反应速度。而溶剂极性过高则对负离子型亲核试剂的反应不利，它不利于其过渡状态的稳定。当然还要考虑溶剂能否有利于形成均相反应体系。

(3) S_N1 与 S_N2 反应影响因素的比较

它们都属取代反应，但历程不同，因此影响反应速度的因素也各异。现扼要归纳于表 6-9中。

表 6-9　亲核取代反应小结

比 较 内 容	S_N1	S_N2
反应特点		
动力学方程	$v=k\,[RX]$	$v=k\,[RX][Z{:}]$
正碳离子重排	有可能	无可能
立体化学	外消旋体混合物	构型转换产物
影响反应速度因素		
反应物(RX)	$3°>2°$	$CH_3X>1°>2°$
离去基团	易离去的基团速度快	易离去的基团速度快
亲核试剂	亲核性强、弱影响不大	需强亲核试剂
溶　　剂	极性大、可溶的溶剂速度快	一般需非质子型极性可溶的溶剂

(4) $AgNO_3$ 乙醇溶液与 NaI 丙酮溶液用于卤代烷结构的测定

由于 NO_3^- 是很弱的亲核试剂，所以不能进行 S_N2 与 E2 反应；而 Ag^+ 可与卤原子上未成键电子对发生络合，使卤原子更易以 AgX 离去，形成烷基正碳离子。所以 $AgNO_3$ 与卤代烷的反应是按 S_N1 与 E1 历程进行的，Ag^+ 在此起了催化促进的作用。一些重金属盐，如汞、铜盐也有类似作用。

$$R—\ddot{X}{:}+Ag^+ \rightleftharpoons R{:}\ddot{X}{:}Ag^+ \xrightarrow{慢} AgX\downarrow + RONO_2 + 烯烃$$

从 AgX 沉淀的速度可以判断此反应的速度，而卤代烷进行 S_N1 与 E1 反应的速率为：

$$RI>RBr>RCl$$

$$\langle \text{苯} \rangle—CH_2X,\ CH_2=CHCH_2X,\ 3°>2°>1°>CH_3X$$

因此，从产生 AgX 沉淀速度可以明显地区别出不同类型的卤代烷。如在卤代烷中加 $AgNO_3$ 乙醇溶液，在室温立即出沉淀的有 RI，$\langle \text{苯} \rangle—CH_2X$，$CH_2=CH—CH_2X$ 与 $3°$ 卤代烷；在室温下，放置 2 min 出沉淀的有 $2°$ 卤代烷；加热后出沉淀的有 $1°$ 卤代烷；不出沉淀的有：$CH_2=CHX$，$\langle \text{苯} \rangle—X$，$CHCl_3$，$CCl_4$ 等。所以，$AgNO_3$-乙醇溶液是鉴别卤代烷结构的一种简便的方法。

NaI-丙酮溶液与卤代烷的反应是按 S_N2 历程进行的，因此卤代烷的活性次序为：

$$RBr>RCl$$

$$\text{\Large $\bigcirc$}\!\!-\!CH_2X, \quad CH_2\!=\!CH\!-\!CH_2X, \quad 1°>2°>3° \quad 卤代烷$$

如在卤代烷中加 NaI-丙酮溶液,在室温,立即有沉淀产生的有 1° 溴代烷,苯甲基卤,烯丙基卤;在 50℃,放置 3 min,内有沉淀的有 1° 氯代烷、2° 溴代烷;50℃,放置长时间出沉淀的有 3° 卤代烷、氯代环己烷等。所以,NaI-丙酮与 AgNO$_3$ 乙醇溶液的测试是很方便的鉴定卤代烷结构的方法。

3. 消除反应

消除反应是使反应物上失去两个原子(或基团),形成一个 π 键的反应。卤代烷的消除反应是从卤代烷上失去一分子卤化氢,得到相应的烯烃。在许多情况下,消除反应的同时也伴有取代反应。取代反应有 S$_N$1 和 S$_N$2 两种历程,消除反应也相应的有 E1 和 E2 两种历程。

$$(CH_3)_3C\!-\!Br \xrightarrow{C_2H_5OH} [(CH_3)_3C^+] \longrightarrow (CH_3)_3C\!-\!OC_2H_5 + (CH_3)_2C\!=\!CH_2$$
$$\qquad\qquad\qquad\qquad\qquad\qquad (81\%)\,S_N1 \qquad\quad (19\%)E1$$

$$CH_3\underset{\overset{|}{Br}}{C}HCH_2CH_3 + C_2H_5O^-\longrightarrow$$

CH$_3$CH$=$CHCH$_3$ + C$_2$H$_5$OH + Br$^-$
主要产物,E2

$$CH_3CH_2\underset{\overset{|}{CH_3}}{C}H\!-\!OC_2H_5 + Br^-$$
少量产物,S$_N$2

(1) 消除反应历程——E1 与 E2 消除反应

a. E1 反应:从实验结果发现 E1 反应的速度只与卤代烷的浓度有关。所以叫 E1 消除反应,与 S$_N$1 相类似,也是一级反应,产物也有重排结构。

$$v \propto [(CH_3)_3CBr]$$

b. E2 反应:实验证明这类反应是二级反应,其反应速度与卤代烷和碱的浓度成正比,即

$$v \propto [RX][碱]$$

同时根据产物分析,发现外消旋的 1,2-二苯基-1,2-二溴乙烷消除反应,得到的是反式 1,2-二苯基-1-溴乙烯;而内消旋的 1,2-二苯基-1,2-二溴乙烷消除反应,得到的是顺式 1,2-二苯基-1-溴乙烯。

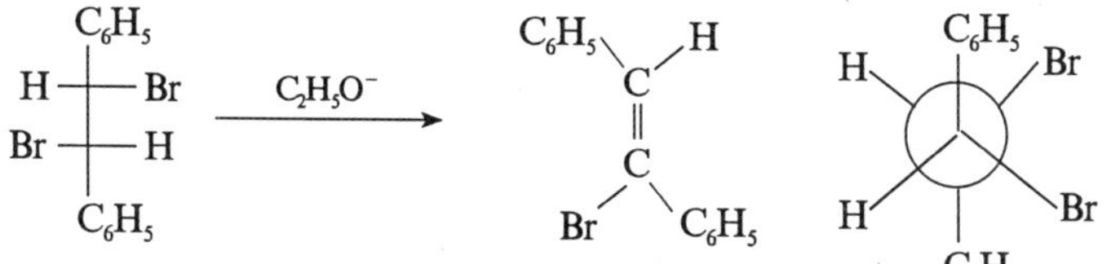

133

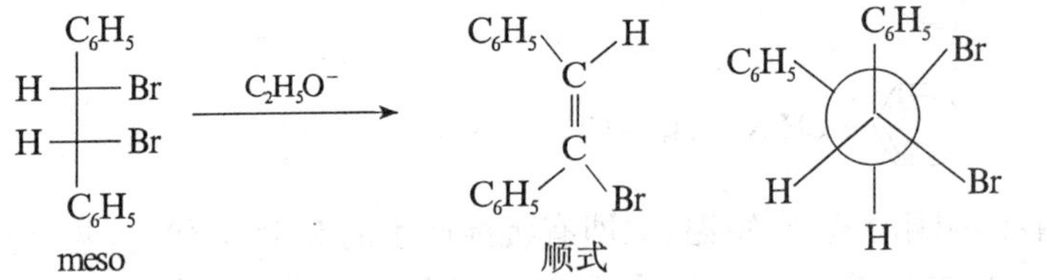

meso   顺式

另外,反应还与 β 氢及离去基团的活性有关:如 β 氢换为活性低的重氢 D,消除反应即减慢;活性较低的氯代烷换为活性较高的溴代烷,消除反应加快。

根据这些事实可看到,脱去 HX 时,氢与卤原子需处于反式构象,而且氢和卤原子需同时下来;否则氢先下来形成负碳离子,或卤原子先下来形成正碳离子,由于单键旋转都不可能得到这样高度的立体专一性。因此认为 E2 消除反应是反式消除,现提出如下历程:

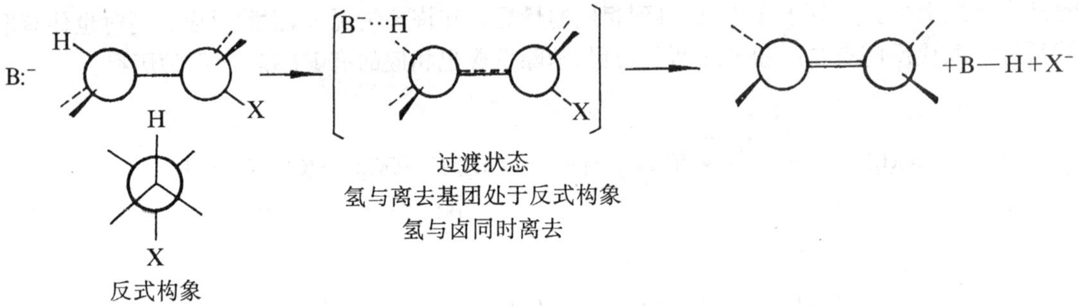

过渡状态
氢与离去基团处于反式构象
氢与卤同时离去

反式构象

在过渡状态时,将要离去的氢与卤离子处于反式构象,B—H—C—C—X 在同一个平面上,这种立体化学过程叫反式消除;而且 H 与 X 在同一时间掉下,这种现象叫协同反应,这种历程叫 E2 历程,即二级消除反应历程。

例如下面反应只有式中所示的一种产物,就是因为只有这种消除才符合 B⁻···D—C—C—Br 在同一平面的要求。

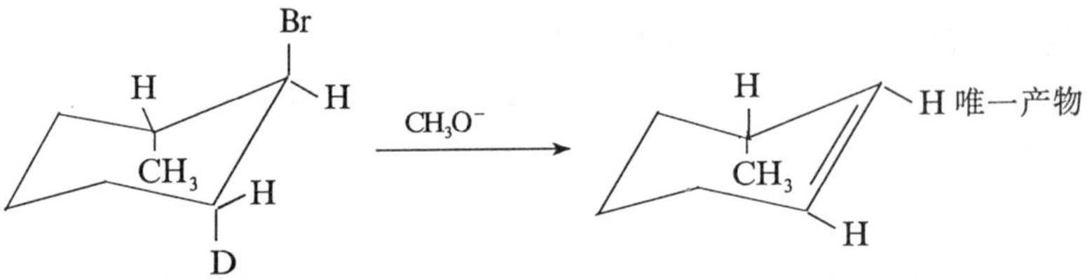

唯一产物

(2) 影响消除反应的因素

消除反应与取代反应不同之处在于:碱(亲核试剂)进攻的不是反应中心碳原子(或 S_N1 反应为正碳离子),而是与反应中心碳原子相连碳上的氢;新形成的键不是 σ 键,而是 π 键。E1 反应与 S_N1 反应的关键一步相同,即形成正碳离子一步。所以凡有利于形成稳定的正碳离子的条件,均有利于 E1 消除反应速度的加快。E2 反应则要碱(亲核试剂)有利于夺走 β-氢与卤原子离去,同时有利于 π 键形成的构象,这样才有利于消除反应速度的提高。

由于 E1 反应的速度只与卤代烷浓度有关,所以影响 E1 消除反应的因素比较简单,一是有利于形成稳定正碳离子的烷基结构,如 3°>2°>1°;二是在极性高的溶剂中,促使碳卤键极性加大,有利卤离子离去,形成正碳离子的都有利于 E1 反应。

由于 E2 反应的速度决定于卤代烷与碱(亲核试剂)两者的浓度,情况相对复杂一些,还涉及到碱性的强度、β-氢的数目与空间障碍、离去基团的性质及与 β-氢的构象等。下面分别加以扼要讨论。

a. 烷基结构的影响

由于试剂进攻 β-氢,氢的数目愈多对反应愈有利,而与反应中心碳原子的空间位阻无关。所以消除反应速度是 $3° > 2° > 1°$ 卤代烷,正好与 S_N2 反应相反。请看表6-10中数据。

表6-10　不同结构的溴代烷与醇钠反应的取代与消除产物的比例

$$R—Br + C_2H_5O^- \xrightarrow[]{C_2H_5OH} R—OC_2H_5 + 烯$$

R—Br	取代产物(%)	消除产物(%)
CH_3CH_2Br	99	1
$CH_3CH_2CH_2CH_2Br$	90	10
$(CH_3)_2CHBr$	20	80
$(CH_3CH_2)CHBr$	12	88
$(CH_3)_3CBr$	～0	～100
$(CH_3)_2CHCH_2Br$	40	60

从表中看到 $3°$ 卤代烷易进行消除反应。

b. 亲核试剂对消除反应速度的影响

因为试剂是同 β-氢反应,所以亲核试剂碱性愈强,亲核性愈弱,愈有利于 E2 反应。

c. 消除反应的方向

消除反应(E1 和 E2)生成的烯烃中,一般都以双键碳上取代烷基多的烯烃为主,这个规律称为扎依切夫(Zaitsev)规律。如:

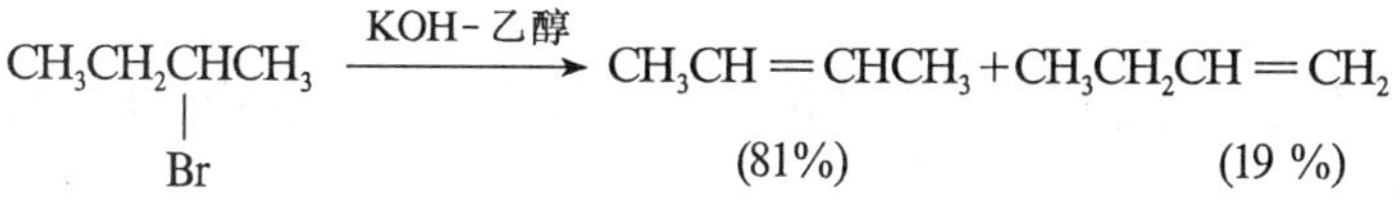

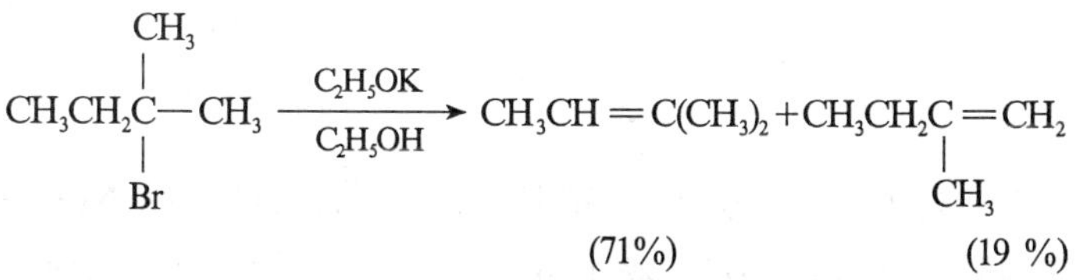

$$CH_3CH_2CHCH_3 \; (Br) \xrightarrow{KOH-乙醇} \underset{(81\%)}{CH_3CH=CHCH_3} + \underset{(19\%)}{CH_3CH_2CH=CH_2}$$

$$CH_3CH_2\overset{CH_3}{\underset{Br}{C}}CH_3 \xrightarrow[C_2H_5OH]{C_2H_5OK} \underset{(71\%)}{CH_3CH=C(CH_3)_2} + \underset{\underset{CH_3}{|}}{CH_3CH_2C=CH_2} \; (19\%)$$

这是第三章中讲到的取代烷基多的烯烃由于超共轭影响而稳定。所以生成取代烷基多的烯烃的过渡状态位能较低,反应较快。

但是有时也会出现相反的情况:当试剂的空间位阻很大时,它进攻位阻小的 β 氢。如:

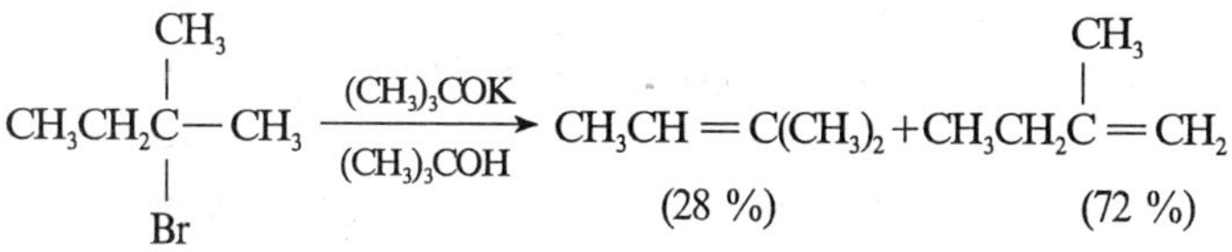

$$CH_3CH_2\overset{CH_3}{\underset{Br}{C}}CH_3 \xrightarrow[(CH_3)_3COH]{(CH_3)_3COK} \underset{(28\%)}{CH_3CH=C(CH_3)_2} + \underset{\underset{CH_3}{|}}{CH_3CH_2C=CH_2} \; (72\%)$$

主要产物是反扎依切夫规律的。有时由于受形成消除所需的反式构象限制时,也会出现上面的情况。如:

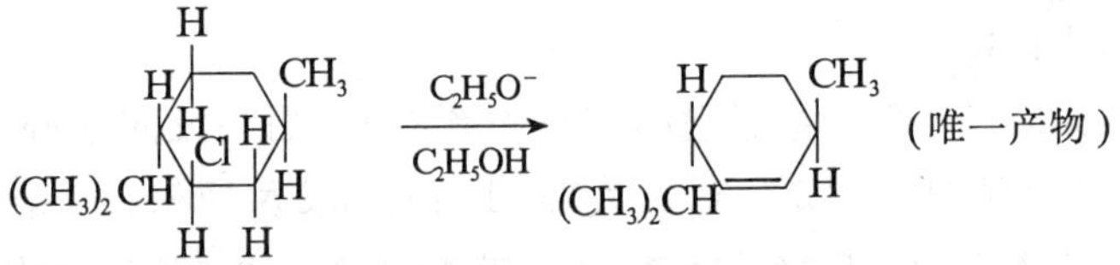

当消除反应可以得顺反两种异构时,往往是得到最稳定的反式构象的消除产物为主。

(3) E1 与 E2 消除反应的比较(见下表)

比 较 内 容	E1	E2
反应特征		
动力学方程	$v=k_r[RX]$	$v=k_r[RX][碱]$
正碳离子重排现象	有可能	不可能
消除反应的取向	得高取代的烯烃	得高取代的烯烃
影响消除反应的因素		
烷基	$3°>2°$	$3°>2°>1°$
离去基团	好的离去基团	好的离去基团
碱性(试剂)	弱碱即可反应	强碱性
溶 剂	好的离子化溶剂	一般性溶剂(弱极性)

4. 不饱和碳上卤原子的取代与消除反应

(1) 取代反应

不饱和碳上卤素是指乙烯基卤与卤代芳环上的卤素。由于这些卤原子上的 p 电子与双键或芳环上的 π 电子发生共轭,使活性大大降低,因此上述的 S_N1 与 S_N2 反应的条件在此都不合适。

但是在强烈条件下,如高温、高压、强碱也可使卤代苯发生取代反应,如氯代苯与 NaOH 的水溶液在高温、高压下可以得到苯酚。

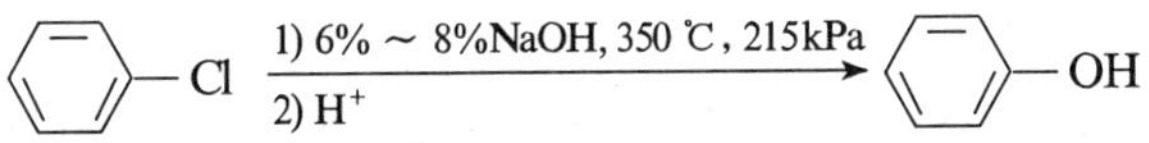

当卤代苯的邻或对位带有吸电子基团,如 $\overset{+}{—N}(CH_3)_3$,$—NO_2$,$—CN$,$—SO_3H$,$—COOH$,$—CHO$ 等时,可使卤素活化,易于进行亲核取代,而且吸电子取代基愈多,卤素愈活泼。如氯代苯的邻位或对位取代有一、二与三个硝基,在与碱发生取代反应时,反应温度由 350 ℃ (氯代苯反应温度)分别降为 160 ℃,130 ℃ 与温热,说明它们都比氯代苯活泼,而三硝基氯苯最活泼。

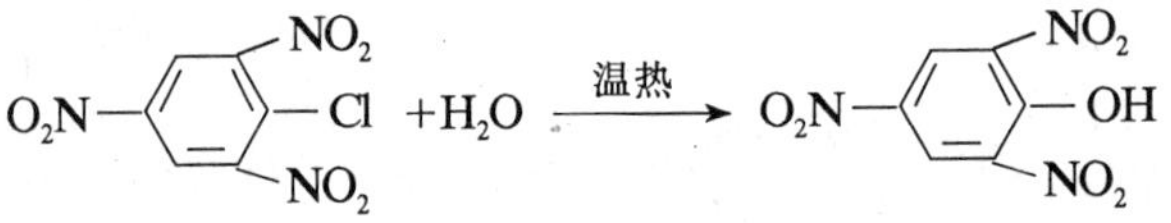

2,4,6-三硝基氯苯　　　　　　　　2,4,6-三硝基苯酚

但是苯环上带有给电子基团,如$—NH_2$,$—OH$,$—OR$,$—R$ 的卤代苯则使卤素减活化,需要比卤代苯更强烈的条件才能反应。这里观察到的规律与苯环上亲电取代反应的规律正好

相反，这究竟是什么原因？

这个反应也是双分子亲核取代反应，但与 S_N2 反应不同，它的历程有两步，决定反应速度的是第一步：

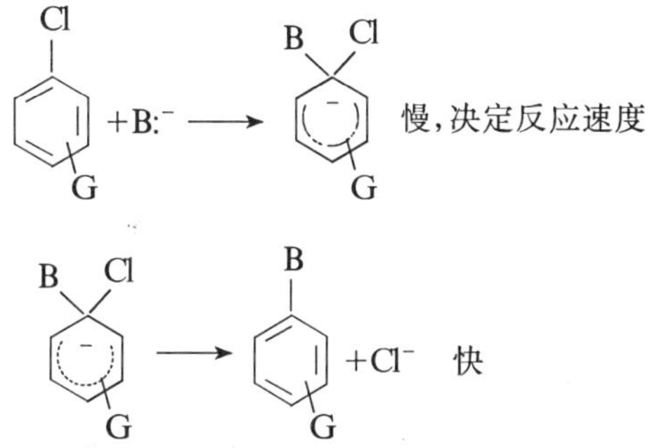

从它的反应历程看到，亲核取代反应的形式与亲电取代反应有相似之处，只是亲核取代反应的进攻试剂是负离子或有未成键电子对的分子如 H_2O，NH_3 等，而不是正离子。反应形成的中间体为负碳离子，而不是正碳离子；离去的是卤素负离子，而不是氢质子。由于与卤原子相连的碳上正电性增加，使其有利于亲核试剂的进攻，加快了第一步的反应速度。从中间体的共振式可以看到，当卤原子的邻对位有吸电子基团时，可以得到中间体负碳离子上直接连有吸电子基团的、具有最稳定的共振式，使第一步反应的活化能降低，有利于反应加快。

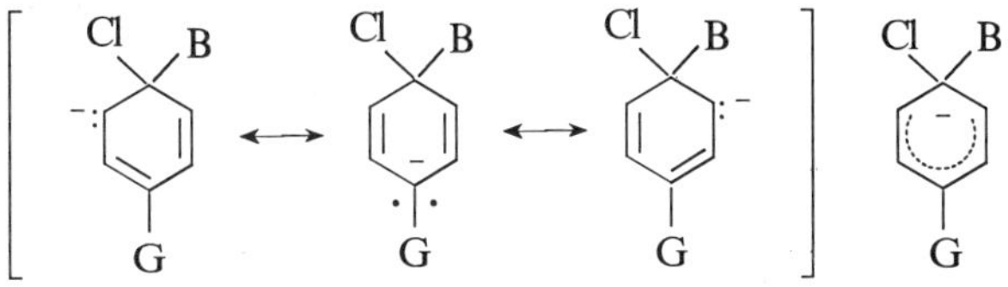

最稳定

当吸电子基团 G 在邻位时，也同样得到最稳定的共振结构式，所以在卤代苯邻、对位取代吸电子基团，将活化亲核取代反应；相反，G 为给电子基团，则使负离子中间体的负电荷更显增加，稳定性降低，特别是邻、对位取代给电子基团更为不稳定，所以亲核取代反应活性降低。在亲核取代反应中，卤代烷的活性次序为：RI＞RBr＞RCl＞RF。但在卤代苯的亲核取代反应中，最活泼的是氟苯，其他的活性差别不明显。

（2）消除反应

碳碳双键上的卤素脱卤化氢比卤代烷难，因此常用强碱、浓碱、高温才能脱卤化氢形成炔烃。如用 $NaNH_2$、乙醇钠、KOH 的乙醇溶液或用熔融的 KOH，温度需在 100～200 ℃，所以从二卤化物制炔时也需要这样的条件。

$$\begin{matrix}-CX_2CH_2- \\ -CHXCHX-\end{matrix} \xrightarrow[\substack{100\sim200℃ \\ 快}]{KOH\text{-}乙醇} -\underset{X}{\underset{|}{C}}=\underset{|}{C}- \xrightarrow[\substack{100\sim200℃ \\ 慢}]{KOH\text{-}乙醇} -C\equiv C-$$

但是在这种强烈强碱条件下，炔键很容易发生位置转移，在使用 KOH、醇钠时，往往得不到末端炔键。

$$\underset{1,1\text{-二氯丁烷}}{CH_3CH_2CH_2CHCl_2} \xrightarrow{KOH\text{-}乙醇} \underset{2\text{-丁炔}}{CH_3C\equiv CCH_3}$$

$$CH_3CH_2C \equiv CH \xrightarrow[\triangle]{KOH-乙醇溶液} CH_3C \equiv CCH_3$$

然而 $NaNH_2$ 却是制备末端炔烃的有效试剂,这可能由于 $NaNH_2$ 是一强碱,可与末端炔键上的氢生成稳定的钠盐有关。此反应一般是在 $NaNH_2$ 的矿物油悬浮液中,于 $150 \sim 165\ ℃$ 缓慢滴加二卤代烷,即可得到炔的钠盐,加水即可得到末端有炔键的炔烃:

$$\left.\begin{array}{l} RCH_2CX_2CH_3 \\ RCH_2CHXCH_2X \\ RCH_2CH_2CHCl_2 \end{array}\right\} + 2NaNH_2 \longrightarrow RCH_2C \equiv CH \xrightarrow{NaNH_2} RCH_2C \equiv C^-Na^+ + NH_3$$

$$\downarrow H_2O$$

$$RCH_2C \equiv CH + NaOH$$

$NaNH_2$ 还可使炔键在中间的炔烃异构化成为末端带炔键的炔烃。

卤代苯上有给电子基团时,只有很强的碱作用下才能得到取代产物。如在钠氨与液氨中可以得到相应的取代氨基产物。但在此条件下往往得到两个异构产物。如:

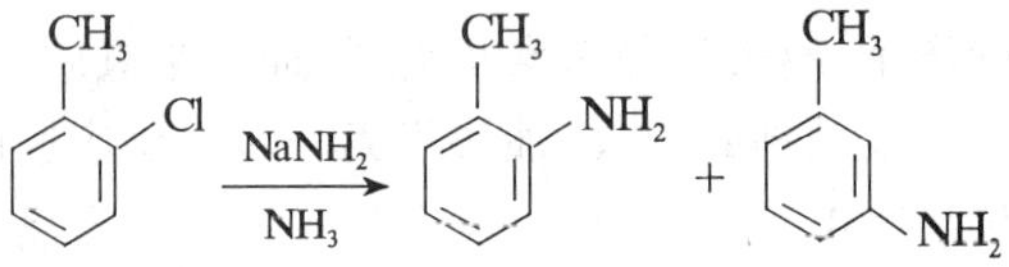

认为在这样条件下的取代反应,其反应历程与前面讲的活化氯苯的取代反应历程不同,这里是在强碱作用下先进行了消除反应,得到苯炔类中间体,然后在炔键两端进行亲核加成,最终得取代产物。

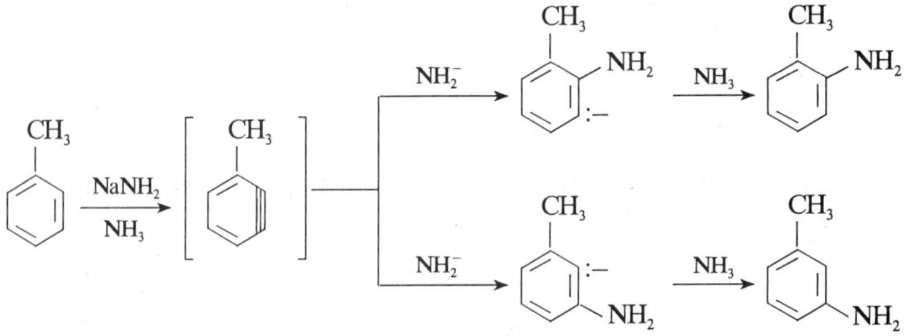

苯炔的存在可通过与共轭双烯,如呋喃存在下产生苯炔时,得到 1,4-环加成产物来证实。

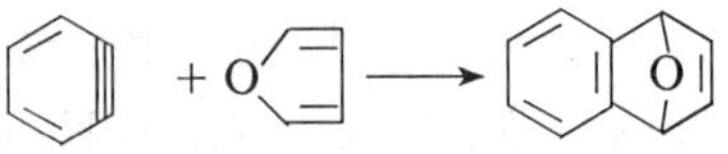

苯炔　　　呋喃　　　1,4-环加成物

5. 与金属反应

卤代烃可直接与锂、钠、钾、镁、铝等金属反应形成有机金属化合物,许多其他有机金属化合物也可通过间接的方法合成。碳—金属键的性质随不同金属有很大变化,但基本上可分为3类:离子键、共价键与介于这两种键之间的键。碳与钠、钾形成的键基本上是离子键,这类化合物太活泼,遇水爆炸,见空气燃烧。碳与铅、锡、汞形成的键基本上是共价键,这类化合物活

138

泼性较差,在空气中可以稳定存在,可以进行蒸馏。碳与锂、镁、镉形成的键介于离子键与共价键之间,有相当的稳定性,又有相当的活泼性,在合成上用处很大。下面着重介绍镁、锂与镉的有机金属化合物,即格氏(V. Grignard)试剂、烃基锂、烃基铜锂与二烃基镉。

$$-\overset{|}{\underset{}{C}}:^-M^+ \qquad -\overset{|}{\underset{}{C}}:^{\delta^-}M^{\delta^+} \qquad -\overset{|}{\underset{}{C}}-M$$

离子键　　　　　介于离子键与共价键之间　　　　　共价键
$(M=Na^+, K^+\cdots)$　　　$(M=Mg, Li\cdots)$　　　$(M=Pb, Sn, Hg\cdots)$

(1) 格氏试剂

卤代烃与镁屑在无水乙醚中回流,可得有机镁化合物 RMgX。这类化合物是用途很广的合成试剂,最先是由格林纳德在 1900 年发现,所以称为格氏试剂。为使镁与卤代烃顺利反应,可加少量碘以促进反应。

$$RX + Mg \xrightarrow{\text{无水乙醚, I}_2} RMgX$$

卤代烷的活泼次序为:$RI>RBr>RCl>RF$。但氯代烷与镁反应太迟钝,碘代烷又较贵,所以实验室合成常用溴代烷。

溴代苯可用一般方法制成格氏试剂,但氯代苯与氯乙烯则不行,需用四氢呋喃作为溶剂才行:

$$\text{〔苯〕}-Br + Mg \xrightarrow{\text{无水乙醚}} \text{〔苯〕}-MgBr$$

$$CH_2=CHCl + Mg \xrightarrow{\text{四氢呋喃}} CH_2=CHMgCl$$

这里乙醚或四氢呋喃不仅是反应溶剂,更重要的是它与格化试剂络合,而使格氏试剂变得稳定。四氢呋喃的络合能力更强。

格氏试剂是一种很活泼的试剂,卤代物上带有—COOH, $\geq C=O$, —COOR, —C≡N, —SO₃H, —OH, —NH₂, —NO₂ 等基团,则得不到格氏试剂;但带有烷基、芳基、—OR 与氯仍可得到格氏试剂。如对溴代氯苯与镁反应可得对氯代苯基溴化镁,而不影响环上的氯。

$$Cl-\text{〔苯〕}-Br + Mg \longrightarrow Cl-\text{〔苯〕}-MgBr$$

对溴代氯苯　　　　　对氯代苯基溴化镁

格氏试剂中,碳镁电负性相差为 1.3,所以碳镁键是高度极性的共价键,接近离子键。由于格氏试剂在反应中相当于一个负碳离子,可以起到亲核试剂与强碱的作用,因此应用很广泛。它可以与下列几类化合物反应:与带有活泼氢的化合物,如水、醇、$\overset{-\delta\ \ \delta+}{C-Mg}$
胺、末端炔、质子酸等反应;与活泼卤代烷,如 3° 卤代烷、烯丙基卤、烷氧基甲基卤等反应;与电正性较低(失去电子形成正离子的能力较低的金属)的金属卤化物,如三氯化铝、二氯化汞、二氯化锌、二氯化镉、四氯化硅等反应;与带有极性的双键或三键,如碳氧双键(醛、酮、酯、酰卤、二氧化碳等)、碳氮三键(—C≡N)等的加成反应;与环氧化合物,如环氧乙烷、环氧丙烷等反应,得到一系列相应化合物。下面仅举几例说明:

$$C_2H_5MgBr + HOH \longrightarrow CH_3CH_3 + Mg(OH)Br$$

$$C_2H_5MgBr + ROH \longrightarrow CH_3CH_3 + Mg(OR)Br$$

$$C_2H_5MgBr + CH_2=CH_2CH_2Cl \longrightarrow CH_2=CHCH_2-CH_2CH_3 + MgClBr$$

$$2C_2H_5MgBr + ZnCl_2 \longrightarrow (C_2H_5)_2Zn + 2MgClBr$$

$$C_2H_5MgBr + \underset{\text{甲醛}}{CH_2O} \longrightarrow C_2H_5CH_2OMgBr \xrightarrow{H_2O,\ H^+} \underset{\text{醇}}{C_2H_5CH_2OH}$$

$$C_2H_5MgBr + CH_3CN \longrightarrow \overset{CH_3}{\underset{}{C_2H_5C}}=NMgBr \xrightarrow{H_2O} \underset{\text{酮}}{\overset{CH_3}{C_2H_5C}=O}$$

$$C_2H_5MgBr + \underset{O}{CH_2-CH_2} \longrightarrow C_2H_5-CH_2-CH_2OMgBr \xrightarrow{H^+} \underset{\text{醇}}{C_2H_5CH_2CH_2OH}$$

（2）烃基锂

烃基锂是由金属锂与卤代烃反应得到的,脂肪族与芳香族的锂化合物都可用此方法得到。卤代烃的活性次序为:RI＞RBr＞RCl,烷基与芳基氟化物很少用于合成有机锂化物。

$$R-X(\text{或 } Ar-X) + 2Li \xrightarrow{\text{醚或苯、石油醚}} RLi(\text{或 } ArLi) + LiX$$

氯乙烯在合成乙烯基锂时需要金属锂与钠的混合物。

$$\underset{\text{氯乙烯}}{CH_2=CHCl} + Li(2\%Na) \xrightarrow{\text{乙醚}} \underset{\text{乙烯基锂}}{CH_2=CHLi} + LiBr$$

烃基锂的化学性质与格氏试剂很相似,它同样可与带有活泼氢的化合物、活泼的卤代烷、电正性较小的金属卤化物以及与带有极性的双键、三键及含氧三员环反应,而且比格氏试剂更活泼一些。例如格氏试剂一般不同羧酸盐发生羰基加成,但烃基锂可以反应:

$$R-COOM + 2CH_3Li \xrightarrow{\text{乙醚}} \underset{O}{R-C-CH_3}$$

又如,格氏试剂往往不能加到空间位阻大的酮上,但烃基锂可以。

$$\underset{O}{(CH_3)_3C-C-C(CH_3)_3} + (CH_3)_3CLi \longrightarrow [(CH_3)_3C]_3C-O^-Li^+ \xrightarrow{H^+} [(CH_3)_3C]_3C-OH$$

烃基锂还有一个优点,即不仅可溶于醚,也可溶于石油醚、苯等烃类化合物。

（3）二烃基铜锂

二烃基铜锂是一新发展的、很有用的有机合成试剂,它是由烃基锂与碘化亚铜反应得到。如:

$$2CH_3Li + CuI \xrightarrow{\text{乙醚},0℃} \underset{\text{二甲基铜锂}}{(CH_3)_2CuLi}$$

二烃基铜锂可与碘代或溴代烃偶合得到很好产率的烃:

$$R-X + R'_2CuLi \longrightarrow R-R' + R'Cu + LiX \qquad (X=Br, I)$$

卤代烃的烃基可以是烷基、芳基与乙烯基,但格氏试剂只能与活泼的卤代烃反应:

$$\langle\!\!\!\!\bigcirc\!\!\!\!\rangle\!-I + (CH_3)_2CuLi \longrightarrow \langle\!\!\!\!\bigcirc\!\!\!\!\rangle\!-CH_3 + CH_3Cu + LiI$$

在与乙烯基卤化物反应时,仍能保持原来烯烃的构型。

$$\underset{H}{\overset{C_8H_{17}}{\diagdown}}C=C\underset{I}{\overset{H}{\diagup}} + (C_4H_9)_2CuLi \xrightarrow[\text{乙醚}]{-95\,\text{℃}} \underset{H}{\overset{C_8H_{17}}{\diagdown}}C=C\underset{C_4H_9}{\overset{H}{\diagup}}$$

反-1-碘-1-癸烯   反-5-十四烯(74%)

二烃基铜锂与酰氯、醛可以迅速反应,但与酮则反应很缓慢,与酯、酰胺、腈则几乎不反应。

$$\underset{}{\overset{O}{\overset{\|}{RC}}}-Cl + (CH_3)_2CuLi \xrightarrow[\text{低温}]{\text{乙醚}} \overset{O}{\overset{\|}{RC}}-CH_3$$

(4) 二烃基镉

格氏试剂与二氯化镉反应可以得到二烃基镉。

$$2RMgCl + CdCl_2 \xrightarrow{\text{乙醚}} R_2Cd + 2\,MgCl_2$$

二烃基镉与二烃基铜锂有相似之处,与酮反应缓慢,与酯、酰胺几乎不反应,所以与酰卤反应得到酮,是合成酮的一种试剂:

$$C_2H_5O\!-\!\overset{O}{\overset{\|}{C}}CH_2CH_2\overset{O}{\overset{\|}{C}}\!-\!Cl + (CH_3CH_2CH_2)_2Cd \xrightarrow{\text{苯}} C_2H_5O\overset{O}{\overset{\|}{C}}\!-\!CH_2CH_2\overset{O}{\overset{\|}{C}}\!-\!CH_2CH_2CH_3$$

二烃基镉的烃基可以是一级烷基、乙烯基或苯基,而二级与三级烷基镉不稳定,不能用来作为试剂。

卤代烃形成的有机金属化合物,是有机合成上非常重要的一类试剂。有关反应将在后面章节中陆续讨论。

6. 还原

卤代烷可用催化加氢的方法还原成为烷烃:

$$CH_3(CH_2)_{14}CH_2I + H_2 \xrightarrow{Pd/CaCO_3} CH_3(CH_2)_{14}CH_3$$

还可用锌加盐酸、氢化锂铝 (LiAlH_4) 等化学还原剂还原。

$$CH_3(CH_2)_{14}CH_2I \xrightarrow{Zn+HCl} CH_3(CH_2)_{14}CH_3 \quad (85\%)$$

$$4\,RX + LiAlH_4 \xrightarrow{\text{四氢呋喃}} 4\,RH + LiAlX_4$$

卤代芳烃可用镁与甲醇、钠与戊醇、镍铝合金氢氧化钠水溶液还原。

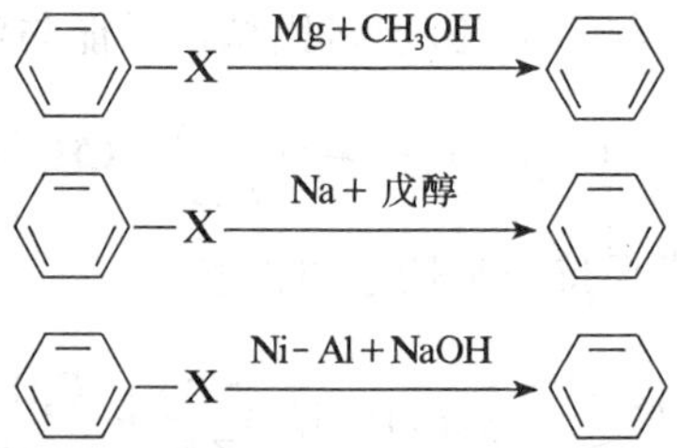

6.5 多卤代烃

当同一个碳原子上带有一个以上卤原子的多卤代烃,分子中的碳卤键比一卤代烃上的碳卤键稳定,特别是多氟代烃更显突出。如聚四氟乙烯是一全氟代烃,十分稳定,能耐高温(400 ℃)、氧化、酸碱,甚至王水都不能将其腐蚀。又如二氯甲烷、三氯甲烷、三氯乙烯、四氯乙烯等不易水解,常用来作为有机溶剂。

多卤代烃的沸点比相同分子量的烷烃、一卤代烃低很多,特别是多氟代烃沸点更显得低。如二氟二氯甲烷,又称氟里昂,沸点为 -29 ℃,稍许加压即可液化,过去常用于冷冻剂、喷雾剂等。但近年来的研究表明,它对大气中臭氧层有明显的破坏作用,使紫外线无阻挡地射入地球,对地球上的动植物及人类生存造成威胁,受到人们的严重关注,世界环境保护组织已作出禁止或限制使用氟里昂的决定。

许多多卤代烃有着重要的生理活性。如烯丙基氯和氯化苄有强烈的催泪作用,全氟代十氢化萘可代替血液用于临床,一种控制体内代谢速度的激素——甲状腺素中含有碘代苯环,还有许多农药中也含有多卤代烃类化合物如 666,DDT,DDE 等。

甲状腺素:

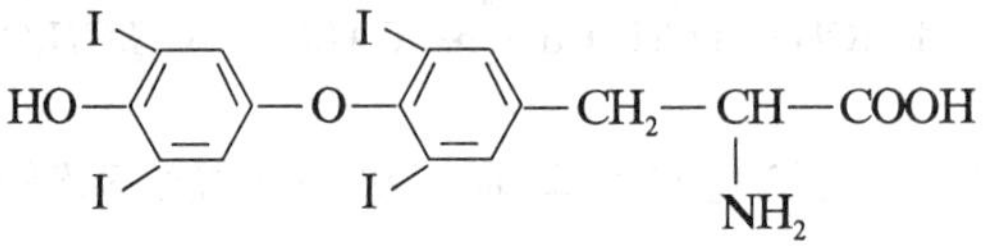

六六六:　　$C_6H_6Cl_6$

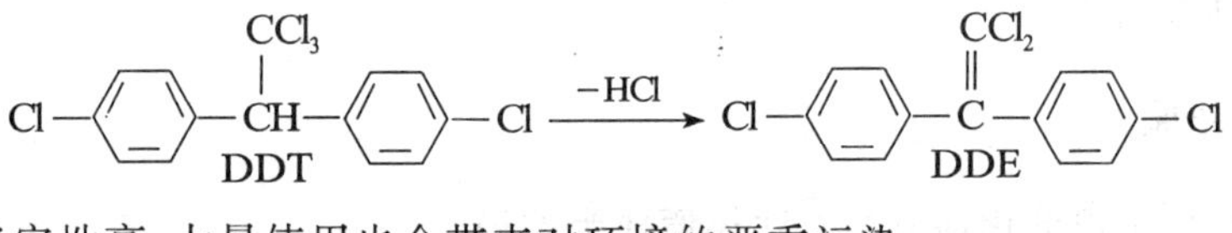

由于多卤代烃的稳定性高,大量使用也会带来对环境的严重污染。

6.6 相转移催化剂简介

在有机合成中,经常遇到非均相有机反应。这类反应速度很慢,效果很差。像卤代烷与无机盐(氰化钠)的 S_N2 亲核取代反应、分子量较大的烯烃与高锰酸钾的氧化反应等往往呈油/水两相体系,反应效果很差。虽然卤代烷与氰化钠的亲核取代反应可在水与醇混合溶剂体系中形成均相反应,但由于水与醇为质子型极性溶剂,其分子中的—OH 可与无机盐(氰化钠)的负离子(CN^-)溶剂化,就严重地降低了 CN^- 离子的亲核活性,取代反应的速度仍然很低。若选用强非质子型溶剂,虽不致降低CN^-离子的亲核活性,但这类溶剂价格较贵,而且反应后产物

142

的分离与溶剂回收都较困难,给使用带来诸多不便。70 年代初发展了一种新的方法,叫相转移催化。这种方法是在反应物处于两相(油/水)的体系中,加入一种既能溶于水、又在油相中有相当的溶解性的物质(化合物),即可大大提高非均相反应的速度,称这种物质(化合物)为相转移催化剂。如季铵盐、季鏻盐类离子型化合物。由于离子型化合物一般都是以离子对的形式存在的,利用它与无机盐(氰化钠)反应物之间的负离子交换,将亲核性较强的负离子带入油相,而使反应加快。这一过程称为相转移,即将水相中亲核性较强的负离子 (CN^-),通过季铵盐转移到有机相(油相)中,与有机反应物(卤代烷)进行反应。以腈的合成为例,将其大致过程归列如下:

$$\text{油相} \quad R-X + Q^+CN^- \longrightarrow RCN + Q^+X^-$$

$$------\Vert------\Vert- \text{油水相界}$$

$$\text{水相} \quad X^- + Q^+CN^- \rightleftharpoons CN^- + Q^+X^-$$

这是一个循环往复的过程,只需加少量相转移催化剂 (Q^+),就可往复不断地将 CN^- 离子从水相转移到油相中,使其摆脱质子溶剂对它亲核活性的影响,从而达到提高反应速度的目的。

由于相转移催化对非均相(油水)反应显著的促进作用,近 20 年来对相转移催化剂的研究和应用发展很快。特别是在解决使相转移催化剂具有使用与回收方便,低毒不污染环境、可重复使用,可选择性络合金属离子等方面,将相转移催化剂固载化在高聚物上,取得引人注目的进展。下面扼要介绍几种高分子相转移催化剂及其应用。

(1) 具有季铵盐或季鏻盐结构型的高分子相转移催化剂

它是由普通的相转移催化剂季铵盐和季鏻盐衍生出来的。即是将季铵盐或季鏻盐以共价键连接在不溶性高分子(如交联聚苯乙烯树脂)侧链上(或者连接在硅胶、氧化铝表面)。起相转移催化作用的仍是季铵盐或季鏻盐。其一般结构通式为:Ⓟ—◯—$CH_2\overset{+}{N}R_3$,Ⓟ—◯—$CH_2\overset{+}{P}R_3$,式中Ⓟ为交联聚合物。如:

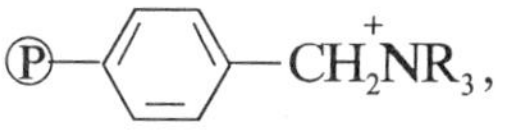

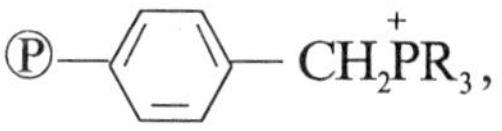

Ⓟ—◯—$CH_2NHCO(CH_2)_{10}\overset{+}{N}(C_4H_9)_3$ Ⓟ—◯—$CH_2NHCO(CH_2)_{10}\overset{+}{P}(C_4H_9)_3$

(2) 具有冠醚和穴醚结构型的高分子相转移催化剂

它是由冠醚和穴醚衍生而来的,其活性功能基是冠醚和穴醚。通过共价链将冠醚或穴醚连接在交联聚苯乙烯树脂上或将冠醚与或与甲醛和苯酚反应,制得交联的酚醛型饱和漆酚冠醚高聚物。这种冠醚和穴醚结构型高分子相转移催化剂,在使用中可大大降低冠醚的毒性及对环境的污染。它们的特点是对阳离子(碱金属离子)具有选择性络合的能力。当它们与阳离子络合后就形成了具有与季铵盐类似的特性,促进阴离子(负离子)在相间的交换,加速反应进行。其结构形式如下:

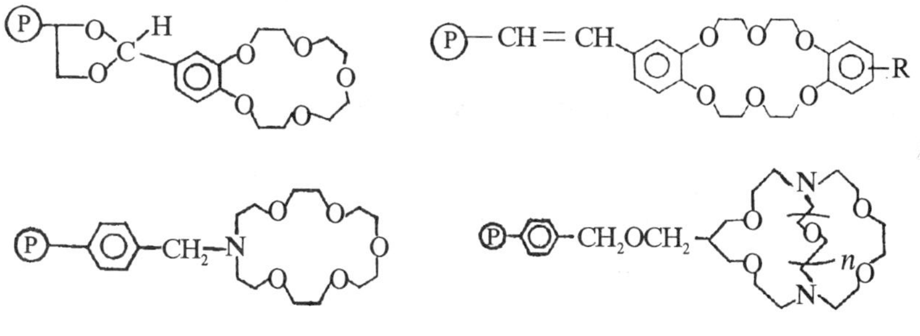

143

（3）聚乙二醇及其衍生物类

根据聚乙二醇端羟基醚化程度分为 3 种：

聚乙二醇，$HO\!\!\left(CH_2CH_2O\right)_n\!\!H$，按其分子量大小有很多等级。如分子量为 400，600，800 等的聚乙二醇(PEG)。

聚乙二醇单醚，一般结构为 $RO\!\!\left(CH_2CH_2O\right)_n\!\!H$。如 $C_{12}H_{25}O\!\!\left(CH_2CH_2O\right)_n\!\!H$，$C_8H_{17}\!\!-\!\!C_6H_4\!\!-\!\!O\!\!\left(CH_2CH_2O\right)_n\!\!H$ 等。

聚乙二醇双醚，一般结构为 $RO\!\!\left(CH_2CH_2O\right)_n\!\!R$。如聚乙二醇双甲醚，$CH_3O\!\!\left(CH_2CH_2O\right)_n\!\!CH_3$ 等。

还有将聚乙二醇接枝到高分子上，如接枝到交联聚苯乙烯、交联聚醚、酚醛树脂等上，但起作用的都是分子中的多个氧乙撑基($-OCH_2CH_2-$)单元结构。

这些高分子相转移催化剂广泛用在腈的合成、卤素的交换反应、醚的合成、二氯卡宾的产生、酯的水解等反应中，均获得较好的效果。冠醚与聚乙二醇类还常用在氧化还原反应中，如烯烃的高锰酸钾氧化、重铬酸钾氧化卤代烷成醛、还原醛酮的羰基成亚甲基的 Wolf – Kishner 还原等反应。

近年来又发展了一些新的相转移催化剂类型，如大环酯类、大环聚硫醚类以及苯乙烯与氧乙烯星状嵌段共聚物类等，它们都可以说是由冠醚类和聚乙二醇衍生出来的。

6.7 卤代烃的制备反应

1. 烃类的卤化反应

$$CH_4 + Cl_2 \xrightarrow[\text{或高温}]{hv} CH_3Cl \longrightarrow CH_2Cl_2 \longrightarrow CHCl_3 \longrightarrow CCl_4$$

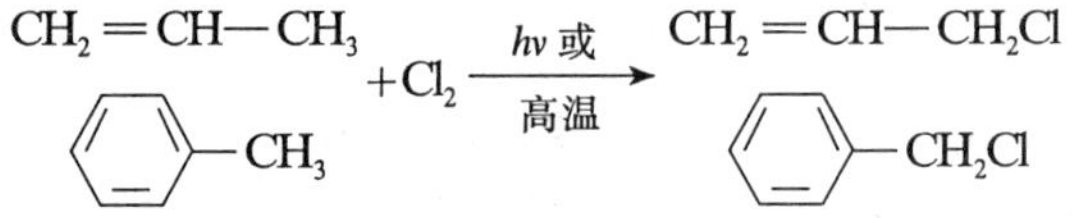

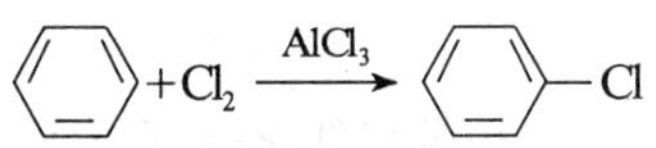

2. 烯烃的加成反应

$$RCH\!=\!CH_2 + X_2 \longrightarrow \underset{\underset{X}{|}\quad\underset{X}{|}}{RCH\!-\!CH_2}$$

$$RCH\!=\!CH_2 + HX \longrightarrow \underset{\underset{X}{|}}{RCH\!-\!CH_3}$$

$$RCH\!=\!CH_2 + HOX \longrightarrow \underset{\underset{OH}{|}\quad\underset{X}{|}}{R\!-\!CH\!-\!CH_2}$$

144

3. 卤代烷的置换

$$RX + I^- \xrightarrow{\text{丙酮}} R{-}I + X^-$$

其他反应将在后面介绍。

习　题

1. 写出下列化合物的系统命名。

(a) $\underset{\underset{\displaystyle CH_3}{|}}{CH_3CHCH_2}\underset{\underset{\displaystyle Cl}{|}}{CHCH_3}$

(b)

(c) ⬡—CH_2Cl

(d) $CH_3\underset{\underset{\displaystyle Br}{|}}{CH}\underset{\underset{\displaystyle CH_2Cl}{|}}{CH}CH_2CH_2CH_3$

(e) $CH_3CH_2\underset{\underset{\displaystyle CH_3}{\overset{\overset{\displaystyle CH_3}{|}}{|}}}{C}{-}\underset{\underset{\displaystyle CH_3}{\overset{\overset{\displaystyle Cl}{|}}{|}}}{C}CH_3$

(f)

(g) $CH_2{=}CCl_2$

2. 写出下列化合物的结构。

(a) 乙撑二溴化物

(b) 1,3-二氯丙烯

(c) 溴化苄

(d) 3-乙基-2-苯基-3-氯庚烷

3. 估计下列化合物按照 S_N1 和 S_N2 机理进行反应的快慢,并扼要说明原因。

(a) $PhCH_2Br$

(b) Ph_2CHBr

(c) $PhCOCH_2Br$

(d)

4. 写出正丁基溴和下列化合物反应所得主要产物的结构。

(a) NH_3

(b) $C_6H_5NH_2$

(c) $NaCN$

(d) C_2H_5ONa

(e) CH_3SNa

5. 写出正丁基溴转化成下列化合物时最可能的副反应方程式。

(a) 用氢氧化钠水溶液使其转变成 1-丁醇

(b) 用氢氧化钾乙醇溶液使其转变成 1-丁烯

(c) 用乙炔钠使其转变成 1-己炔

6. 用 ^{18}O 标记的 (R)-2-丁醇进行了下列反应:

$$CH_3CH_2\underset{\underset{\displaystyle CH_3}{|}}{C}H\overset{^{18}OH}{} \xrightarrow{CH_3SO_2Cl} CH_3CH_2\underset{\underset{\displaystyle CH_3}{|}}{C}H\overset{^{18}O-SO_2CH_3}{} \xrightarrow[\text{H}_2\text{O, 二氧六环}]{OH^-} CH_3CH_2\underset{\underset{\displaystyle CH_3}{|}}{C}H\overset{OH}{} + CH_3SO_2{-}\overset{18}{O}{}^-$$

问所得产物的构型是什么？

7. 解释下列现象：

(a)（S）3-甲基-3-溴己烷在丙酮水溶液中得到外消旋的 3-甲基-3-己醇。

$$\underset{\underset{CH_3}{|}}{\overset{\overset{Br}{|}}{CH_3CH_2CH_2CCH_2CH_3}} \xrightarrow[\text{丙酮}]{H_2O} (\pm)\ \underset{\underset{CH_3}{|}}{\overset{\overset{OH}{|}}{CH_3CH_2CH_2CCH_2CH_3}}$$

(b) 当正丙基溴在 HMPT 中用乙炔锂处理，得到 1-戊炔，产率为 75%。而改用异丙基溴，则主要产物为乙炔与丙烯（HMPT=$[(CH_3)_2N]_3PO$）。

$$HC\equiv C^-Li^+ + CH_3CH_2CH_2Br \xrightarrow{HMPT} CH_3CH_2CH_2C\equiv CH \quad 75\%$$

$$HC\equiv C^-Li^+ + \underset{\underset{CH_3CHCH_3}{}}{\overset{\overset{Br}{|}}{}} \xrightarrow{HMPT} HC\equiv CH + CH_3CH=CH_2$$

8. 预测下列每组反应中哪一个快？并解释其原因。

(a)（1）$(CH_3)_3CBr \xrightarrow[\triangle]{H_2O} (CH_3)_3COH + HBr$

（2）$(CH_3)_2CHBr \xrightarrow[\triangle]{H_2O} (CH_3)_2CHOH + HBr$

(b)（1）$\underset{\underset{CH_3}{|}}{\overset{\overset{CH_3}{|}}{CH_3CH_2CHCH_2Br}} + CN^- \longrightarrow \underset{\underset{CH_3}{|}}{\overset{\overset{CH_3}{|}}{CH_3CH_2CHCH_2CN}} + Br^-$

（2）$CH_3CH_2CH_2CH_2Br + CN^- \longrightarrow CH_3CH_2CH_2CH_2CN + Br^-$

(c)（1）$CH_3CH_2Br + SH^- \xrightarrow{CH_3OH\ 溶剂} CH_3CH_2SH + Br^-$

（2）$CH_3CH_2Br + SH^- \xrightarrow{DMF\ 溶剂} CH_3CH_2SH + Br^-$

(d)（1）$(CH_3)_2CHBr + NH_3 \xrightarrow{CH_3OH} (CH_3)_2CH\overset{+}{N}H_3Br^-$

（2）$CH_3CH_2CH_2Br + NH_3 \xrightarrow{CH_3OH} CH_3CH_2CH_2\overset{+}{N}H_3Br^-$

(e)（1）$CH_3Br + (CH_3)_3N \longrightarrow (CH_3)_4\overset{+}{N}Br^-$

（2）$CH_3Br + (CH_3)_3P \longrightarrow (CH_3)_4\overset{+}{P}Br^-$

(f)（1）$CH_3CH_2Br + SCN^- \xrightarrow{C_2H_5OH/H_2O} CH_3CH_2SCN + Br^-$

（2）$CH_3CH_2Br + SCN^- \xrightarrow{C_2H_5OH/H_2O} CH_3CH_2NCS + Br^-$

9. 预测下列反应的主要产物。

(a) $(CH_3)_3CCl + CN^- \longrightarrow$?

(b) $CH_3CH_2CH_2CH_2CH_2Br + CN^- \longrightarrow$?

(c) $(CH_3)_2CHCH_2CHBrCH=CH_2 + ACO^- \longrightarrow$?

(d) $(CH_3)_2CHCH_2CHBrCH=CH_2 + CH_3CH_2O^- \longrightarrow$?

(e) $BrCH_2CBr=CH_2 + PhCH_2MgBr \longrightarrow$?

(f) $(CH_3)_3CCHClCH=CH_2+CH_3CH_2O^- \longrightarrow$?

10. 下列亲核取代反应哪些可以进行？说明其原因。

(a) $CH_3CN+I^- \longrightarrow CH_3I+CN^-$

(b) $CH_3OSO_2OCH_3+Cl^- \longrightarrow CH_3Cl+CH_3OSO_2O^-$

(c) $CH_3CH_2OH+F^- \longrightarrow CH_3CH_2F+OH^-$

11. 用不同的亲核试剂与异丙基碘反应,预测下列每对试剂中哪一个取代/消除比例大？

(a) SCN^- 与 OCN^- (b) I^- 与 Cl^-

(c) $(CH_3)_3N$ 与 $(CH_3)_3P$ (d) CH_3S^- 与 CH_3O^-

12. 以卤代烷与 NaOH 在水和乙醇混合物中的反应作为一个例子,试列一表,一行是 S_N1,另一行是 S_N2,就下列各点比较这两种机理：

(a) 立体化学

(b) 动力学级别

(c) 有重排出现

(d) CH_3X,C_2H_5X,异-C_3H_7X,叔-C_4H_9X 的相对速度

(e) RCl,RBr,RI 的相对速度

(f) 升高温度对速率的影响

(g) 加倍[RX]对速率的影响

(h) 加倍[OH^-]对速率的影响

(i) 增加溶剂的水含量对速率的影响

(j) 增加溶剂的醇含量对速率的影响

13. 画出顺-1-甲基-4-溴环己烷的两个椅式构象,并指出其中最有利于氢氧离子从背面进攻的构象。画出从背面进攻所生成的醇的构象,并说明最后产物是顺-或反-4-甲基环己醇？

14. 按稳定性大小排列下述各组正碳离子的顺序。

(a) CH_3^+, $CH_3\overset{+}{C}HCH_3$, $(CH_3)_3C^+$

(b) $CH_2=CHCH_2^+$, $(CH_3)_2C=CHCH_2^+$, $CH_3CH=CHCH_2^+$

(c) $CH_3CH=CHCH_2^+$, $CH_3\overset{+}{C}HCH_2CH_3$, $CH_2=CHCH_2CH_2^+$

15. 有一反-1-苯基-1-丙烯用 Cl_2-CCl_4 溶液处理后,得到产物 A,分子式为 $C_9H_{10}Cl_2$。再用叔丁醇钾的叔丁醇溶液处理时,得到(E)-1-苯基-1-氯-1-丙烯。问 A 的结构,并用透视式来说明其原因。此处加成与消除反应的立体化学是怎样的。

16. 给出下列反应的主要产物。

(a)

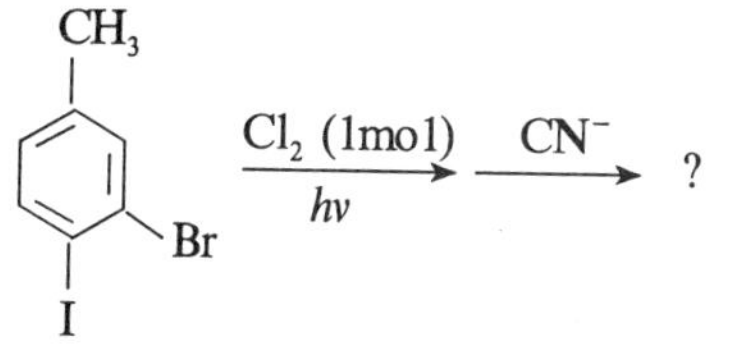

$$\xrightarrow[hv]{Cl_2 \text{ (1mol)}} \xrightarrow{CN^-} \text{ ?}$$

(b)

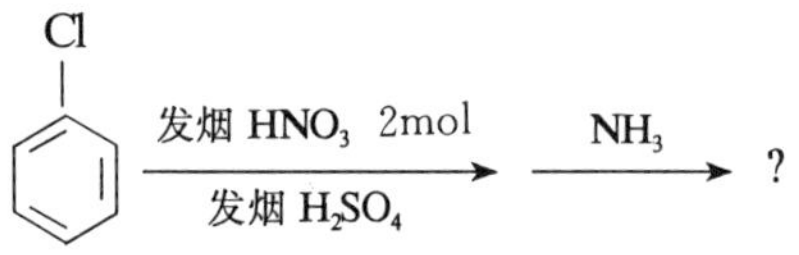

$$\xrightarrow[\text{发烟 } H_2SO_4]{\text{发烟 } HNO_3 \ 2mol} \xrightarrow{NH_3} ?$$

(c)

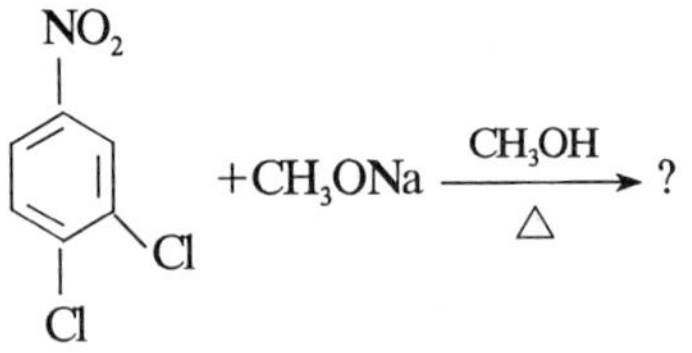

$$+ CH_3ONa \xrightarrow[\triangle]{CH_3OH} ?$$

(d)

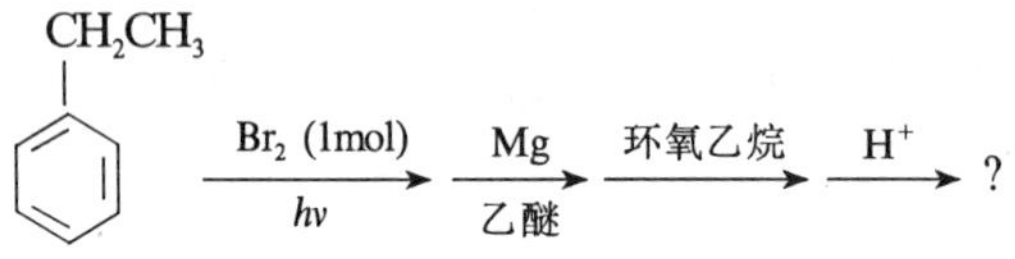

$$\xrightarrow[h\nu]{Br_2 \ (1mol)} \xrightarrow[\text{乙醚}]{Mg} \xrightarrow{\text{环氧乙烷}} \xrightarrow{H^+} ?$$

(e)

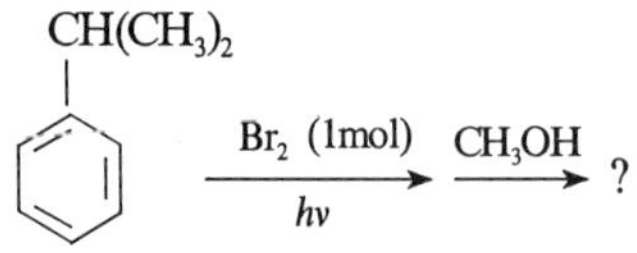

$$\xrightarrow[h\nu]{Br_2 \ (1mol)} \xrightarrow{CH_3OH} ?$$

(f)

$$\xrightarrow[NH_3, \ 150\,℃]{NaNH_2} ?$$

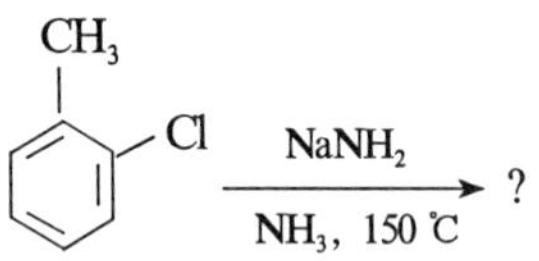

17. 写出下列各试剂和溴苯反应所得主要有机产物的结构。

(a) Mg，乙醚 　　　　　　　　　(b) 沸腾的 10% NaOH 水溶液

(c) 沸腾的 KOH 醇溶液 　　　　　(d) 乙炔钠

(e) 乙醇钠 　　　　　　　　　　　(f) NH_3，100℃

(g) 沸腾的 NaCN 水溶液 　　　　　(h) HNO_3，H_2SO_4

(i) 发烟 H_2SO_4 　　　　　　　　(j) Cl_2，Fe

(k) I_2，Fe 　　　　　　　　　　(l) C_6H_6，$AlCl_3$

(m) CH_3CH_2Cl，$AlCl_3$ 　　　　(n) 冷的 $KMnO_4$

(o) 热的 $KMnO_4$

18. 按照所指定的试剂，排列下列化合物与其反应的活性次序，最活泼的放在最前面，并写出其产物的结构。

(a) NaOH：氯苯，间硝基氯苯，邻硝基氯苯，2,4-二硝基氯苯，2,4,6-三硝基氯苯

(b) HNO_3-H_2SO_4：苯，氯苯，硝基苯，甲苯

(c) $AgNO_3$ 醇溶液：1-溴-1-丁烯，3-溴-1-丁烯，4-溴-1-丁烯

(d) KCN：氯苄，氯苯，氯乙烷

(e) $AgNO_3$ 醇溶液：1-苯基-2-溴乙烯，α-溴代乙苯，β-溴代乙苯

19. 写出苯基溴化镁和下列各化合物作用后，再用水处理所得到的产物的结构，并指出哪些是外消旋混合物，哪些有旋光性。

(a) H_2O 　　　　　　　(b) C_2H_5OH 　　　　　　　(c) 3-溴代丙烯

148

(d) HCHO   (e) CH_3CHO (f) 丙酮

(g) 3, 3-二甲基环己酮   (h) $(-)-C_6H_5COCH(CH_3)C_2H_5$ (i) 乙炔

20. 简述从异丙醇合成下列诸化合物的方法(写出反应步骤及条件)。

(a) 异丙基溴   (b) 烯丙基氯

(c) 1-氯-2-丙醇   (d) 1, 2-二溴丙烷

(e) 2, 2-二溴丙烷   (f) 2-溴丙烷

(g) 1-溴丙烯   (h) 1, 3-二氯-2-丙醇

(i) 2, 3-二溴-1-丙醇

21. 写出用实验室可行的方法,从环己醇和必要的脂肪族、芳香族或无机试剂合成下列诸化合物的各步反应。

(a) 环己基溴   (b) 环己基碘

(c) 1, 2-二溴环己烷

(d) 2-氯环己醇

(e) 3-溴环己烯

22. 试提出区别下列化合物的简单化学试验。

(a) 烯丙基氯和正丙基氯

(b) 烯丙基氯和氯苄

(c) 氯乙醇和氯化乙烯

(d) 环己基溴和环己烯

(e) 叔丁基氯和1-辛烯

(f) 氯苄和对氯甲苯

23. 测定化合物的结构: 一卤代烃 C_3H_7Br (A), (A) 与 KOH-乙醇溶液作用生成 C_3H_6 (B); 氧化 B 得到 CH_3COOH 和 CO_2; B 与 HBr 作用得到 A 的异构体 C。试写出 A, B, C 的结构和各步反应。

149

第七章 醇、酚、醚

醇、酚、醚可以看作是水分子中的氢原子被烃基取代的衍生物：水（HOH）分子中一个氢为脂肪基取代的为醇（R—OH）；被芳香基取代的叫酚（ArOH）；如果两个氢原子都被烃基取代，叫做醚（R—O—R，Ar—OR，Ar—O—Ar）。

Ⅰ. 醇

7.1 醇 的 结 构

醇是水分子中的一个氢为烷基取代的衍生物，R—O—H。醇中碳、氢、氧之间是以什么键相连的呢？氧的电子结构为 $1s^2, 2s^2, 2p_x^2, 2p_y^1, 2p_z^1$，所以氧为二价，而且这两个键应成 90°，因为 p_y, p_z 是互相垂直的。但是测得甲醇的 C—O—H 的键角为 108.9°，与 sp^3 轨道成键的键角很相近，而与 90°相差很远，所以认为氧的原子轨道也进行了 sp^3 杂化，有 2 个 sp^3 轨道充满了电子，形成了两对未成键电子，2 个 sp^3 轨道各含一个电子，分别与碳、氢成键。

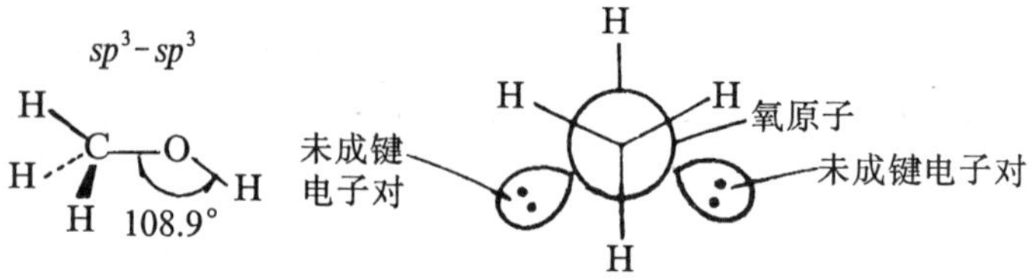

由于氧的电负性较大，醇分子中氧原子上电子云密度较高，而相连的碳、氢上电子云密度较小，所以整个分子具有极性。

7.2 醇 的 命 名

凡是烷基上连有羟基的化合物称为醇。羟基连在一级碳原子上的称为一级（1°）醇或伯醇；连于二级碳原子上的叫二级（2°）醇或仲醇；连于三级碳原子上的叫三级醇（3°）或叔醇。

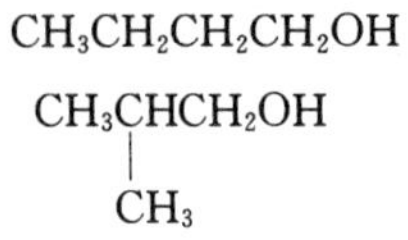

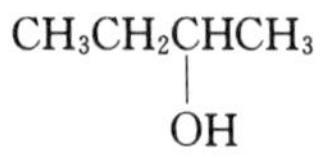

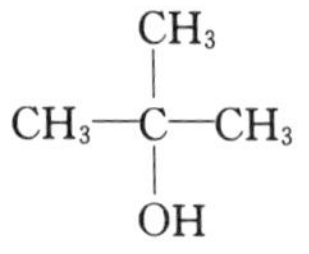

1. 系统命名

醇的系统命名是选择连有羟基最长的碳链作为主链，羟基作为官能基，其他位次比羟基低的基团作为取代基。编号从最靠近羟基的一端开始编起。如：

$$\begin{array}{c} {}^{7}CH_3 \\ | \\ {}^{6}CH_2 \quad Cl \\ | \quad | \\ CH_3-\underset{5}{C}H\underset{4}{C}H\underset{3}{C}H\underset{2}{C}H\underset{1}{C}H_3 \\ | \quad | \\ CH_3 \quad OH \end{array}$$
    4,5-二甲基-3-氯-2-庚醇

脂肪醇与环连接起来,应用连接命名法,如：

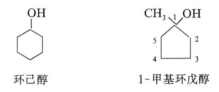

对于脂肪环上带有羟基的醇,将环与羟基组成母体,编号从羟基所连位置开始。如：

环己醇   1-甲基环戊醇

对于不饱和醇,命名也是以连有羟基最长的碳链作为主链,编号也是从最靠近羟基的一端开始编起,但双键、三键的位置写在母体名称前,羟基位置写在醇前。如：

$$\begin{array}{c} CH_3 \\ | \\ CH_3C=CHCH_2OH \end{array}$$ $$CH\equiv C-CH_2OH$$ $$\bigcirc-CH=CHCH_2OH$$
3-甲基-2-丁烯-1-醇   2-丙炔-1-醇   3-苯基-2-丙烯醇

对于带有其他官能基的醇,则看此官能基所在的命名顺序是在羟基前或后；如羧基在羟基前,则以羧基为官能团,羟基为取代基；如氨基在羟基后,则羟基仍作官能基。如：

$$\begin{array}{c} H_3\overset{3}{C}-\overset{2}{C}H-\overset{1}{C}OOH \\ | \\ OH \end{array}$$ $$\begin{array}{c} H_3\overset{3}{C}-\overset{2}{C}H-\overset{1}{C}H_2-OH \\ | \\ NH_2 \end{array}$$

2-羟基丙酸   2-氨基-1-丙醇

对于多元醇,这些羟基都作为官能基,如：

$$\begin{array}{c} CH_2-CH_2 \\ | \quad\quad | \\ OH \quad OH \end{array}$$ $$\begin{array}{c} CH_2CH_2CH_2CH_2 \\ | \quad\quad\quad\quad\quad | \\ OH \quad\quad\quad OH \end{array}$$
乙二醇   1,4-丁二醇

2. 普通命名

普通命名中的一种是以烃基名称后加醇组成醇的名称。烃基用伯、仲、叔、正、异、新等来区别它们的结构,如：

$$CH_3CH_2CH_2CH_2OH$$ $$\begin{array}{c} CH_3CH_2CHCH_3 \\ | \\ OH \end{array}$$

正丁醇   仲丁醇

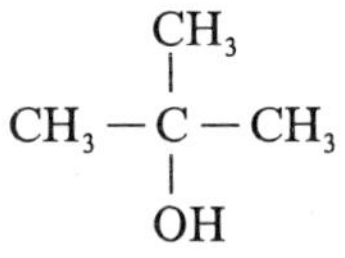

叔丁醇 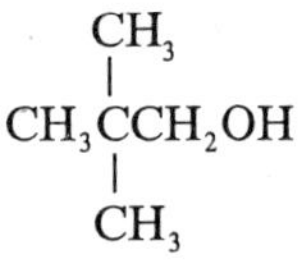　　　　　　　　　　新戊醇 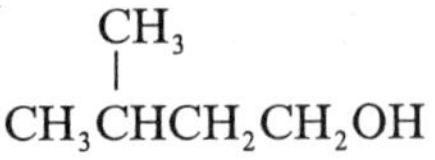　　　　　　　　　　异戊醇

但在应用这种命名时,要注意是否有其他异构体与这个名称混淆,如:

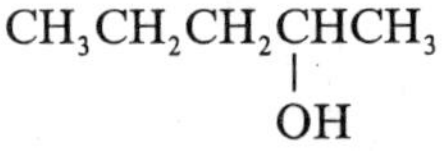

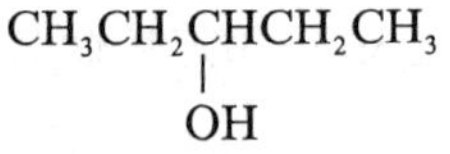

$$CH_3CH_2CH_2CHCH_3 \qquad\qquad CH_3CH_2CHCH_2CH_3$$
$$\qquad\quad | \qquad\qquad\qquad\qquad\qquad\qquad | $$
$$\qquad\quad OH \qquad\qquad\qquad\qquad\qquad\quad OH$$

都是仲戊醇,故不宜以仲戊醇命名。这种命名常用于简单醇的命名。

普通命名的另一种叫甲醇衍生物命名法,它是以甲醇为母体,其他醇视为甲基上的氢为其他烃基所取代的衍生物。有些醇以此命名比较方便清楚,如:

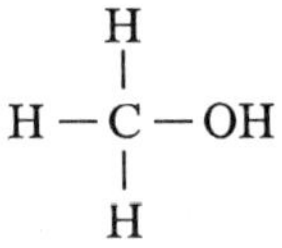

甲醇 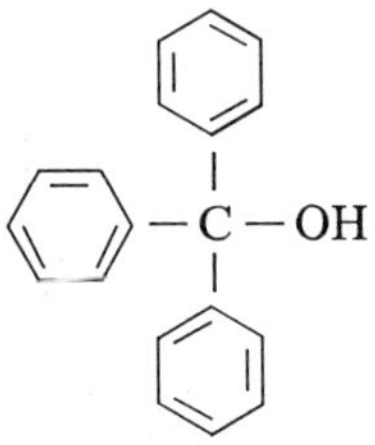　　　　　　　　　　三苯基甲醇 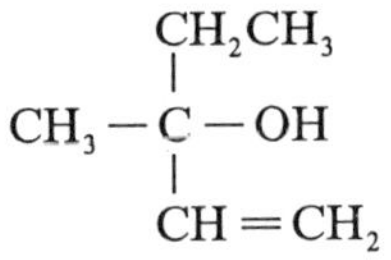　　　　　　　　甲基乙基乙烯基甲醇

7.3 醇的物理性质

12 个碳以下的饱和一元醇都是液体,高级醇是蜡状物质。低级醇具有特殊的气味和刺激的味道。有些醇存在于花果中,有特殊气味,可以作为香料的配香原料。

醇的一个特点是它的沸点比相同分子量的烷高很多。由于醇中氧电负性比较大,分子具有极性,但是仅仅偶极-偶极间作用力还不能解释为什么沸点这样高。因为氯甲烷的偶极矩与分子量都比甲醇高,但沸点却低很多。如下列数据:

化 合 物	分 子 量	沸点/℃	偶极矩/D
CH_3OH	32	65	1.94
CH_3CH_3	30	−172	0
CH_3Cl	50.5	−24.2	2.04

这是由于氧的电负性很大,氢氧键有较强的极性,同时由于氢的范德华半径很小,分子间的氢氧键可以靠得较近,而偶极间的吸引力是与正负电中心间距离的平方成反比,所以醇分子间的氢氧键间可以有较强的吸引力,这种作用力称为氢键。而氯代烷的碳氯键,由于碳的范德华半径比氢大得多,偶极间作用力就小得多。氢键是分子间的一种作用力,大约为 40 kJ/mol 的键能,虽然不大,但是醇分子间可以氢键连接,所以沸点高。这种以氢键连结起来的现象称为缔合。

当醇的烃基增大,氢键所占比例减小,沸点增高就不那么显著,醇的沸点就逐渐与相应的烃的沸点接近。

152

$$R-O-H\cdots\overset{\displaystyle R}{\underset{\displaystyle H}{|}}O-H\cdots\overset{\displaystyle R}{\underset{\displaystyle \cdot H}{|}}O-H\cdots\overset{\displaystyle R}{|}O\cdots$$

缔合的醇分子

　　醇在水中有较大的溶解度,也与氢键有关,因为醇的羟基可与水的羟基形成氢键,使得水与醇可以相互缔合而溶解。醇的烃基愈大,溶解度愈低。4 个碳以下的低级醇可以与水以任意比例混溶;4 个碳以上的醇开始部分混溶,丁醇中以正丁醇溶解度最低,叔丁醇溶解度最大,可与水无限混溶。这种现象与叔丁基较密集,所占空间较小,破坏水分子缔合较少有关。

　　醇由于有烃基,所以对于有机物有相当大的溶解度,常用来作为亲核取代反应与消除反应的溶剂,实验中常用醇与水的混合溶剂。由于水对无机盐溶解度大,对有机物溶解度小,而醇对有机物溶解度大,对无机盐溶解度小,因此可利用调节混合溶剂的比例来调节溶剂的溶解性能;水多则增加对无机盐的溶解度,降低对有机物的溶解度。利用混合溶剂来调节溶解度是实验中常用的方法,混合溶剂不仅只限于醇与水,任何相互溶解的溶剂都可能用来做混合溶剂。

　　还应指出,不仅连于氧上的氢可以形成氢键,连于电负性较大的氮与氟上的氢也可形成氢键,而氢氧、氢氮与氢氟之间也可以形成氢键。

表 7-1　醇的物理性质

化　合　物	普通命名	系统命名	熔点/℃	沸点/℃	密度/g·cm^{-3}（20℃）	溶解度（g/100g 水）
CH$_3$OH	甲醇	甲醇	−97.8	65.0	0.7914	∞
CH$_3$CH$_2$OH	乙醇	乙醇	−117	78.5	0.7893	∞
CH$_3$CH$_2$CH$_2$OH	正丙醇	1-丙醇	−126.5	97.4	0.8035	∞
CH$_3$CHOHCH$_3$	异丙醇	2-丙醇	−89.5	82.4	0.7855	∞
CH$_3$CH$_2$CH$_2$CH$_2$OH	正丁醇	1-丁醇	−89.5	117.3	0.8098	8.0
CH$_3$CH$_2$CHCH$_3$ 　　　　｜ 　　　　OH	仲丁醇	2-丁醇	−114.7	99.5	0.8063	26
CH$_3$CHCH$_2$OH 　｜ 　CH$_3$	异丁醇	2-甲基-1-丙醇		107.9	0.8021	11.1
(CH$_3$)$_3$COH	叔丁醇	2-甲基-2-丙醇	25.5	82.2	0.7887	∞
CH$_3$(CH$_2$)$_4$OH	正戊醇	1-戊醇	−79	138	0.8144	2.2
C$_2$H$_5$(CH$_3$)$_2$COH	叔戊醇	2-甲基-2-丁醇	−8.4	102	0.8059	∞
CH$_3$CH$_2$CH$_2$CHOHCH$_3$	—	2-戊醇		119.3	0.809	4.9
CH$_3$CH$_2$CHOHCH$_2$CH$_3$	—	3-戊醇		115.6	0.815	5.6
(CH$_3$)$_3$CCH$_2$OH	新戊醇	2,2-二甲基-1-丙醇	53	114	0.812	∞
CH$_3$(CH$_2$)$_5$OH	正己醇	1-己醇	−46.7	158	0.8136	0.7
CH$_2$=CHCH$_2$OH	丙烯醇	2-丙烯-1-醇	−129	97	0.855	∞
C$_6$H$_5$CH$_2$OH	苯甲醇	苯甲醇	−15	205	1.046	4
C$_6$H$_5$CHOHCH$_3$	α-苯乙醇	2-苯基乙醇		205	1.013	
C$_6$H$_5$CH$_2$CH$_2$OH	β-苯乙醇	1-苯基乙醇	−27	221	1.02	1.6
CH$_2$OHCH$_2$OH	乙二醇	1,2-乙二醇	−16	197	1.13	∞
CH$_3$CHOHCH$_2$OH		1,2-丙二醇		187	1.040	
HOCH$_2$CH$_2$CH$_2$OH	丙撑二醇	1,3-丙二醇		215	1.060	∞
HOCH$_2$CHOHCH$_2$OH	甘油	1,2,3-丙三醇	18	290	1.261	6
C(CH$_2$OH)$_4$	季戊四醇		260			

7.4 醇的化学性质

醇的反应一般涉及下式中一种或几种键的断裂：

$$
\begin{array}{l}
\text{H} \\
\cdots|\cdots \text{酸性,形成酯} \\
\text{O} \\
\cdots|\cdots \text{取代,消除,正碳离子} \\
\text{C} \\
\cdots|\cdots \text{氧化} \\
\text{H}
\end{array}
$$

下面分别就这些反应作一些介绍。

1. 醇的酸性与碱性

醇像水一样可以离解,但离解常数比水小：

$$H_2O + HOH \Longrightarrow H_3^+O + OH \qquad\qquad [H_3^+O][OH^-] = 10^{-14}$$

$$CH_3OH + CH_3OH \Longrightarrow CH_3O^+H_2 + CH_3O^- \qquad\qquad [CH_3O^+H_2][CH_3O^-] = 10^{-17}$$

因此醇遇强碱显酸性,遇强酸显碱性。

（1）醇的酸性

醇的酸性表现在可用活泼金属如钠、钾、镁、铝等反应放出氢气,可同格氏试剂反应置换出酸性较醇弱的烷烃。

$$ROH + Na \longrightarrow RO^-Na^+ + \frac{1}{2}H_2$$

$$\underset{\text{较强的酸}}{ROH} + \underset{\text{较强的碱}}{R'MgX} \longrightarrow \underset{\text{较弱的酸}}{R'H} + \underset{\text{较弱的碱}}{Mg(OR)X}$$

$$\underset{\text{较强的碱}}{HC \equiv CNa} + \underset{\text{较强的酸}}{ROH} \longrightarrow \underset{\text{较弱的碱}}{RONa} + \underset{\text{较弱的酸}}{HC \equiv C-H}$$

因为强酸可顶出弱酸,强碱可顶出弱碱,根据这个原则可以得到酸性与碱性强弱的次序：

酸性次序 $\quad H_2O > ROH > HC \equiv CH > NH_3 > RH$

碱性次序 $\quad OH^- < OR^- < HC \equiv C- < NH_2^- < R^-$

烷基使醇的酸性比水低,在一级、二级与三级醇中,三级醇的酸性最弱(见表 7-2)。

这种现象与烷基是一给电子基团有关：由于烷基给电子,使得烷氧负离子的稳定性比羟基负离子低,所以醇的酸性比水小;而叔丁醇上有 3 个甲基给电子,使叔丁氧负离子稳定性更低,所以叔丁醇酸性更弱。

$$H-OH \Longrightarrow HO^- + H^+$$

$$CH_3-CH_2-OH \Longrightarrow CH_3 \rightarrow CH_2 \rightarrow O^+ + H^+$$

醇的酸性也可因为 β 碳上带有吸电子基团而加强,如氯乙醇的酸性比乙醇强,这是由于氯吸引电子,这个影响通过 σ 键传递到氧上,因而使氧负离子上的电荷分散,稳定性增加,所以氯乙醇酸性变强(见表 7-2)。

$$Cl \leftarrow CH_2 \leftarrow CH_2 \leftarrow O^-$$

表 7-2　一些醇的 pK_a 数值

化　合　物	H_2O	C_2H_5OH	$(CH_3)_3COH$	$ClCH_2CH_2OH$	CF_3CH_2OH
pK_a	15.7	15.9	≈18	14.3	12.4

醇钠、醇钾都是很有用的试剂,是强亲核试剂与强碱。醇钠,醇钾一般是用金属钠、钾与醇反应得到,不能用醇与 NaOH,KOH 反应得到,因为 NaOH、KOH 碱性较醇钠、醇钾弱,但是只要能将此可逆反应中的 H_2O 去掉,也可得到醇钠。如在制醇钠时,可在反应混合物中加苯,利用恒沸蒸馏将水带出。

$$CH_3OH + NaOH \Longrightarrow CH_3ONa + H_2O$$

(2) 醇的碱性

醇和水相似,也是一质子接受体(碱),但它是弱的质子接受体(弱碱),只有在强酸中才能接受质子,所以醇可以溶于浓的强酸中:

$$H_2O + HCl \Longrightarrow H_3^+O + Cl^-$$

$$ROH + HCl \Longrightarrow RO^+H_2 + Cl^-$$

醇形成的 RO^+H_2 称为锌离子。由于 H_2O 是一很好的离去基团,所以锌离子常作为醇进行取代、消除反应的中间体。

醇除可具有酸性与碱性外,低级醇还可与某些盐形成络合物,如醇与氯化钙的络合物($CaCl_2 \cdot 4\,CH_3OH$ 与 $CaCl_2 \cdot 4\,CH_3CH_2OH$)就如带有结晶水的氯化钙($CaCl_2 \cdot 4\,H_2O$)一样。这种络合物中的醇叫结晶醇。因此实验中要注意不能用无水氯化钙来干燥除去低级醇中所含的水。

2. 取代反应

由于醇的 OH^- 是一极差的离去基团,不能直接进行亲核取代反应。一般都是在强酸的存在下使醇变成锌盐,或无机酸酯,或者将醇转变成磺酸酯再进行亲核取代,其目的是将一极差的离去基团转换成一较好的离去基团。

$$ROH + H^+ \longrightarrow RO^+H_2 \xrightarrow{X^-} R-X + H_2O$$

(1) 与 HX 的取代反应(X 为卤素)

2° 与 3° 醇与 HX 的取代反应按 S_N1 历程进行:

$$ROH + H^+ \Longrightarrow RO^+H_2$$

$$RO^+H_2 \Longrightarrow R^+ + H_2O$$

$$R^+ + X^- \longrightarrow R-X$$

1° 醇按 S_N2 历程进行:

$$RO^+H_2 + X^- \longrightarrow R-X + H_2O$$

HX 与醇的反应活性为 HI>HBr>HCl。由于 HCl 活性最小,当它与 1° 或 2° 醇反应时,需要

155

加入无水氯化锌才能得到相应的卤代烷。

$$CH_3CH_2CH_2CH_2OH \xrightarrow{HCl/ZnCl_2} CH_3CH_2CH_2CH_2Cl$$

烃基结构对于醇与 HX 取代反应的活性影响为：

苯甲醇、烯丙醇、3° > 2° > 1° < CH₃OH

这个规律除甲醇外,均符合 S_N1 取代反应的机制。为什么甲醇的活性反而上升?这是因为从 1°醇开始,就变成 S_N2 取代机制,由于 $CH_3\overset{+}{O}H_2$ 空间阻碍小,进行 S_N2 反应快,所以甲醇反应比其他 1° 醇快。

在浓盐酸-氯化锌试剂中,加两滴醇混合均匀,可观察到醇由可溶解的变成不溶解的卤代烷,使溶液显出混浊。而出现混浊的速度为苯甲醇与 3° 醇立即出现;2° 醇大约 5 min 内出现;1° 醇在室温时不出现混浊,需加热才能出现。苯甲醇与 3° 醇直接用浓盐酸即可出现混浊。因此这个方法可用于鉴定醇的结构,称为卢卡斯(Lucas)试验,浓盐酸与无水氯化锌组成的试剂称为卢卡斯试剂。

醇的取代反应若按 S_N1 历程进行,由于中间体形成正碳离子,取代产物就有重排的问题。所以除多数 1° 醇外,2° 与 3° 醇常有重排发生,得到的产物往往与醇的结构不同。

新戊醇   2-甲基-2-溴丁烷

(2) 与硫酸反应

当 1° 醇与 H_2SO_4 反应,产物为烷基硫酸。此反应为一可逆反应,加水可使烷基硫酸水解成醇。硫酸浓度高,反应温度低有利于反应平衡向右移动,使反应完全。

$$C_2H_5OH + H_2SO_4 \rightleftharpoons C_2H_5OSO_2OH + H_2O$$

当乙醇与浓硫酸加热,可得到乙醚:

$$C_2H_5OH + H_2SO_4 \xrightarrow{140℃} C_2H_5OC_2H_5 + H_2O$$
(95%)

此反应的历程是:乙醇本身作为一亲核试剂 $C_2H_5\overset{..}{O}H$,而乙醇锌盐中的水或乙基硫酸中的 HSO_4^- 作为离去基团发生 S_N2 取代反应得到醚。2° 醇与 3° 醇用此法得不到醚,只能得到消除产物。乙醇与硫酸在高温(170℃)反应所得产物主要是乙烯,也为消除产物。但是将乙基硫酸进行减压蒸馏,在 140℃ 则可得到硫酸二乙酯。硫酸二甲酯是一很好的甲基化试剂,可与羟基、氨基上的氢发生甲基取代。但它有剧毒,使用时要小心。

$$ROH + (CH_3)_2SO_4 \longrightarrow ROCH_3 + CH_3SO_4H$$

(3) 与氯化亚砜($SOCl_2$),三卤化磷(PX_3),五氯化磷(PCl_5)的反应

这些化合物与醇反应都得到相应的卤代烷。这些反应实际都是生成无机酸酯,由于无机酸是一强的离去基团,所以很易再与 X^- 进行亲核取代反应得到卤代烷。

氯化亚砜与醇的反应历程为:

$$CH_3CH_2CH_2CH_2OH + SOCl_2 \longrightarrow CH_3(CH_2)_2CH_2OSOCl + HCl$$

$$Cl:^- \quad \underset{\underset{CH_2CH_2CH_3}{|}}{CH_2 - O} - \overset{\overset{O}{\|}}{S} - Cl \longrightarrow CH_3(CH_2)_2CH_2Cl + SO_2 + Cl^-$$

此反应常加少量三级胺(R_3N)以促进形成 Cl^- 使取代反应加快。与 PBr_3 和 PCl_5 反应的历程与上述相似,先形成磷氧键,卤素再进行亲核取代:

$$CH_3CH_2CH_2OH + PBr_3 \longrightarrow CH_3CH_2CH_2OPBr_2 \xrightarrow{Br^-} CH_3CH_2CH_2Br + Br_2POH$$

$$ROH + PCl_5 \longrightarrow RCl + POCl_3$$

上述类型反应基本按 S_N2 历程进行,很少重排产物。醇还与三苯基磷和氯、溴反应得卤代烃。

(4) 形成磺酸后置换

醇与苯磺酰氯或对甲苯磺酰氯在三级胺存在下反应,得到磺酸酯,可与 I^-,Br^-,Cl^- 等亲核试剂发生亲核取代反应,离去基团转换成磺酸负离子。

$$ROH + Cl - \overset{\overset{O}{\uparrow}}{\underset{\underset{O}{\downarrow}}{S}} - \langle \bigcirc \rangle \xrightarrow{R_3N} RO - \overset{\overset{O}{\uparrow}}{\underset{\underset{O}{\downarrow}}{S}} - \langle \bigcirc \rangle \xrightarrow{Na^+I^-, \text{丙酮}} RI + \langle \bigcirc \rangle - SO_3^-Na^+$$

苯磺酰氯 　　　　　　　苯磺酸酯

此反应用于 $1°$ 与 $2°$ 醇时,主要按 S_N2 历程进行,因此所得产物比用氢卤酸的纯。但对于 $3°$ 醇,不能进行 S_N2 反应,主要进行消除反应。

3. 消除反应

醇进行消除反应同样需先质子化、形成镁盐,这样镁盐上的 H_2O 就是一强的离去基团。但消除反应按 E2 历程进行是很困难的,因为任何强碱都将被质子中和了,所以反应是按 E1 历程进行的。

$$-\overset{|}{\underset{H}{C}} - \overset{|}{\underset{OH}{C}} - \xrightarrow{H^+} -\overset{|}{\underset{H}{C}} - \overset{|}{\underset{^+OH_2}{C}} - \xrightarrow{-H_2O} -\overset{|}{\underset{H}{C}} - \overset{|}{\underset{+}{C}} - \xrightarrow{-H^+} -\overset{|}{C} = \overset{|}{C} -$$

醇脱水的活性与形成的正碳离子的稳定性有关,所以醇脱水的活性次序为:

$$3° > 2° > 1° \text{醇}$$

反映在 $1°$,$2°$ 与 $3°$ 醇脱水时所用硫酸浓度与温度不同,如下列反应:

$$CH_3CH_2OH \xrightarrow[170℃]{95\% \ H_2SO_4} CH_2 = CH_2$$

$$CH_3CH_2CH_2CH_2OH \xrightarrow[140℃]{75\% \ H_2SO_4} CH_3 - CH = CH - CH_3$$

$$\underset{\underset{OH}{|}}{CH_3CH_2CHCH_3} \xrightarrow[100℃]{60\% \ H_2SO_4} CH_3CH = CHCH_3$$

3°醇只用 20% H_2SO_4, 85～90℃ 则脱水生成烯烃。它们脱水的取向服从札依切夫规则，即主要得到双键上取代基多的烯烃。

$$\langle\!\!\!\bigcirc\!\!\!\rangle - CH_2\overset{\displaystyle |}{\underset{\displaystyle OH}{C}}HCH_3 \xrightarrow[\triangle]{H^+} \langle\!\!\!\bigcirc\!\!\!\rangle - CH = CHCH_3$$

唯一的产物

由于消除按 E1 历程进行，中间形成正碳离子，所以有重排现象。长碳链 1°醇用硫酸脱水往往生成复杂的混合产物。为减少重排与异构，工业上用经氨水处理过的 Al_2O_3 作为催化剂，在 350～400℃ 气相脱水。如：

$$n\text{-}C_6H_{13}CHOHCH_3 \xrightarrow[350～400℃]{Al_2O_3} n\text{-}C_5H_{11}CH = CH - CH_3$$

2-辛醇　　　　　　　　　　　　2-辛烯

4. 酯化反应

醇与酰氯、羧酸、酸酐可以形成酯。如：

$$CH_3CH_2OH + CH_3 - \langle\!\!\!\bigcirc\!\!\!\rangle - SO_2Cl \xrightarrow{碱} CH_3CH_2O - SO_2 - \langle\!\!\!\bigcirc\!\!\!\rangle - CH_3 + HCl$$

$$CH_3CH_2OH + CH_3\overset{\displaystyle O}{\overset{\displaystyle \|}{C}} - Cl \xrightarrow{碱} CH_3\overset{\displaystyle O}{\overset{\displaystyle \|}{C}} - OCH_2CH_3 + HCl$$

$$CH_3CH_2OH + CH_3COOH \underset{}{\overset{H^+}{\rightleftharpoons}} CH_3\overset{\displaystyle O}{\overset{\displaystyle \|}{C}} - OCH_2CH_3 + H_2O$$

5. 氧化反应

(1) $KMnO_4$, Cr^{+6}(如 $Na_2Cr_2O_7$, CrO_3) 与 HNO_3 的氧化

1°醇氧化成醛，醛很易继续氧化成羧酸，2°醇氧化成酮，3°醇不易被氧化。

$KMnO_4$ 在碱性溶液中，可以迅速氧化 1°醇为羧酸，2°醇为酮，但不氧化 3°醇。如用酸性 $KMnO_4$，则可氧化 3°醇，因为酸性可促使 3°醇脱水形成烯，烯可被 $KMnO_4$ 氧化。另外，$KMnO_4$ 在酸性溶液中比在碱性溶液中氧化性强，氧化产物很复杂，所以一般用碱性 $KMnO_4$ 作为氧化剂。如：

$$\langle\!\!\!\bigcirc\!\!\!\rangle - OH \xrightarrow[H_2O, NaOH, 25℃]{KMnO_4} \langle\!\!\!\bigcirc\!\!\!\rangle = O$$

环己醇　　　　　　　　　　　　环己酮(80%)

$Na_2Cr_2O_7$ 与 CrO_3 在稀硫酸或乙酸中是转化 2°醇为酮的常用氧化剂，一般产率都很高。

$$CH_3(CH_2)_5\overset{\displaystyle |}{\underset{\displaystyle OH}{C}}HCH_3 \xrightarrow[H_2SO_4, H_2O, 100℃]{Na_2Cr_2O_7} CH_3(CH_2)_5\overset{\displaystyle O}{\overset{\displaystyle \|}{C}}CH_3$$

2-辛醇　　　　　　　　　　　　2-辛酮(96%)

1°醇氧化首先得到醛，但醛很易被氧化成羧酸，所以 1°醇往往被氧化成羧酸。如：

158

$$CH_3 \!-\!\!(CH_2)_{\!3}\,CH_2OH \xrightarrow[\text{HOAc},100℃]{Na_2Cr_2O_7} CH_3 \!-\!\!(CH_2)_{\!3}\,CHO \xrightarrow{[O]} CH_3(CH_2)_3COOH$$

戊醇   戊醛   戊酸

采取适当措施,可以控制氧化 1°醇得到醛。对沸点在 100℃以下的醛,常采用在反应过程中不断蒸出醛的方法,使之不被继续氧化。也可采用铬酸的丙酮水溶液作为氧化剂。由于该溶液分为两层,上层为产物的丙酮溶液,下层为铬酸水溶液,减少了产物的进一步氧化。

$$CH_3(CH_2)_3CH_2OH \xrightarrow[H_2SO_4,\ 丙酮,\ 5\sim10℃]{CrO_3,\ H_2O} CH_3(CH_2)_3CHO$$

戊醇   戊醛(50%)

硝酸的氧化能力较强,不仅可使 1°醇氧化成羧酸,也可使 2°与 3°醇发生断键,氧化成羧酸。

(2) 脱氢氧化

1°与 2°醇在 Cu 或 Cu-Cr 的氧化物作用下,脱氢同样可以得到醛或酮,如:

$$CH_3CH_2CH_2CH_2OH \xrightarrow[300\sim350℃]{Cu-Cr\ 氧化物} CH_3CH_2CH_2CHO$$

丁醇   丁醛(62%)

(3) 高碘酸,四乙酸铅与 KMnO$_4$ 的氧化

邻位二醇或二羰基化合物用 HIO$_4$ 氧化可发生断键,醇变成醛,醛、酮变成羧酸。但非邻位的二醇或二羰基化合物则不起反应。羰基化合物中不包括羧基 —COOH。

$$\underset{\substack{| \quad |\\ OH\ OH}}{RCHCHR'} + HIO_4 \longrightarrow RCHO + R'CHO + HIO_3$$

$$\underset{\substack{| \quad \|\\ OH\ O}}{RCHCR'} + HIO_4 \longrightarrow RCHO + R'COOH + HIO_3$$

这个反应在确定二元醇、多元醇及糖的结构上是非常有用的。此反应也是定量的,可以通过测定生成醛的含量或生成 IO_3^- 的含量($Ag^+ + IO_3^- \longrightarrow AgIO_3 \downarrow$)来确定邻位二醇或二羰基的数量。

四乙酸铅 Pb(OAc)$_4$ 也有如 HIO$_4$ 同样的性质:但 Pb(OAc)$_4$ 溶于有机溶剂,不溶于水;HIO$_4$ 溶于水,不溶于有机溶剂。另外,四乙酸铅可以氧化 α-羟基酸或 α-羰基酸,所以它们在测定结构的应用上正好互相补充。

$$\underset{\substack{| \quad \|\\ OH\ O}}{RCHC\!-\!OH} + Pb(OAc)_4 \longrightarrow RCHO + CO_2$$

加热 KMnO$_4$ 的碱性水溶液也可以使邻位二醇或二羰基化合物氧化发生键断裂,生成酮或羧酸。

(4) 卤仿反应

凡是具有下列结构的醇可与卤素在 NaOH 水溶液中反应,生成羧酸和卤仿,称为卤仿反应。

$$\underset{\substack{|\\ OH}}{R\!-\!CH\!-\!CH_3} \quad (R=H,\ 烃基)$$

$$\underset{\substack{|\\ OH}}{R\!-\!CHCH_3} + X_2 + NaOH \xrightarrow{H_2O} \underset{\substack{\|\\ O}}{R\!-\!C\!-\!CH_3} \xrightarrow{X_2,\ OH^-} \underset{\substack{\|\\ O}}{R\!-\!C\!-\!CX_3} \xrightarrow[H_2O]{OH^-} RCOO^- + CHX_3$$

若所用卤素是碘,则生成黄色结晶的碘仿 CHI_3,很易识别,常用它来鉴别相应结构的醇、醛和酮。

(5) 醇的生物氧化

饮酒过量的人,常感身体不适,但过一定时间又可自动恢复。这一过程实质上是乙醇在体内完成了氧化成无毒的乙酸负离子的过程或者称为解毒的过程。

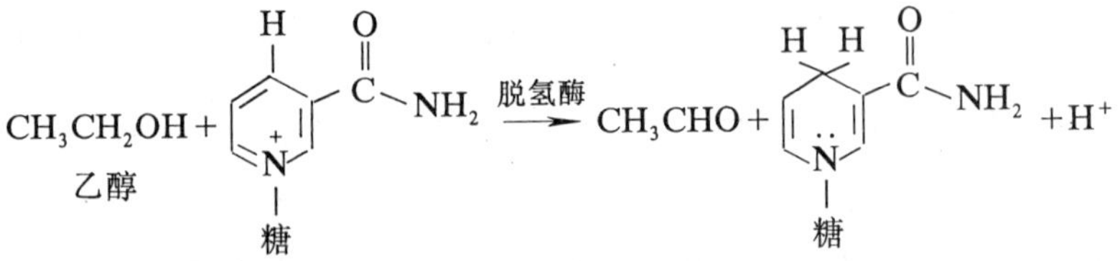

$$CH_3CH_2OH + \underset{乙醇}{\text{[烟酰胺腺嘌呤二核苷酸 (NADP)]}} \xrightarrow{\text{脱氢酶}} CH_3CHO + \text{(NADPH)} + H^+$$

烟酰胺腺嘌呤二核苷酸
(NADP)   (NADPH)

$$CH_3CHO + H_2O + NADP \xrightarrow{\text{酶}} CH_3COO^- + NADPH + 2H^+$$

6. 醇的还原

醇还原成烷烃不是常用的反应。但在某些特殊情况下,还是有它的价值。常见的还原方法有两种:一是直接用氢化铝锂与四氯化钛或三氯化铝进行还原;另一种是将醇转化成磺酸酯后,用氢化铝锂还原。最后都得到相应的烷烃。如:

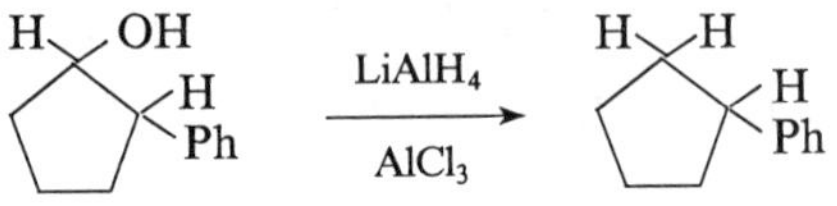

$$\underset{}{\text{(环戊基-OH-Ph)}} \xrightarrow[\text{AlCl}_3]{\text{LiAlH}_4} \underset{(78\%)}{\text{(环戊基-H-Ph)}}$$

7. 醇的核磁共振特征

醇分子内连在羟基碳上的氢,由于氧的吸电子作用使质子共振移向低场,一般化学位移比烷烃多移动2.3～2.5。

	CH_3-R	$R'CH_2-R$	$R'R''CH-R$
δ:	0.9	1.25	1.5
	CH_3-OH	$R'CH_2-OH$	$R'R''CH-OH$
δ:	3.4	3.6	3.85

羟基的质子共振情况比较复杂。纯化的醇上羟基氢与邻近碳上氢相互作用,发生正常裂分,当醇中有痕量酸或碱时,不裂分呈单峰,化学位移不变(δ: 5.2);当醇在惰性溶剂中时,随浓度变小,质子共振移向高场,为单峰。

7.5 醇的合成反应提要

(1) 烯烃的水合和羟汞化与去汞化反应。

(2) 烯烃的硼氢化与氧化。

(3) 羰基化合物的还原。

160

(4) 格氏试剂与羰基化合物和 1,2-环氧化合物的反应。

(5) 卤代烷的水解。

(6) 甲醇是化工原料,过去由木材高温干馏得到,现在工业上用一氧化碳加氢得到。甲醇的毒性很高,饮入或吸入少量可造成失明,大量可造成死亡。

$$CO + H_2 \xrightarrow[\text{压力}]{300 \sim 400\,\text{℃}, \text{ZnO-CrO}_3} CH_3OH$$

(7) 工业上乙醇大量用作溶剂和试剂。饮料中的乙醇是糖类发酵得到的,工业上大量的乙醇是由乙烯水合得到。

$$CH_2 = CH_2 + H_2O \xrightarrow{H^+} CH_3CH_2OH$$

Ⅱ. 酚

7.6 酚 的 结 构

羟基连在苯环上的化合物叫做酚。虽然所连的碳和双键上的碳都是 sp^2 杂化的,但是苯环形成了一个闭合的、十分稳定的共轭体系,若异构化将会破坏苯环的共轭体系,必然要付予较高的能量,所以酚是一个较稳定的结构。

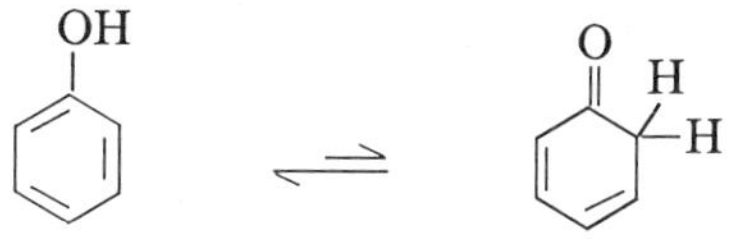

$$\Delta H \approx 66.9 \text{ kJ/mol}$$

由于酚中羟基参与了苯环的共轭,就和醇中的羟基在性质上有所不同,所以醇和酚属于两类化合物。

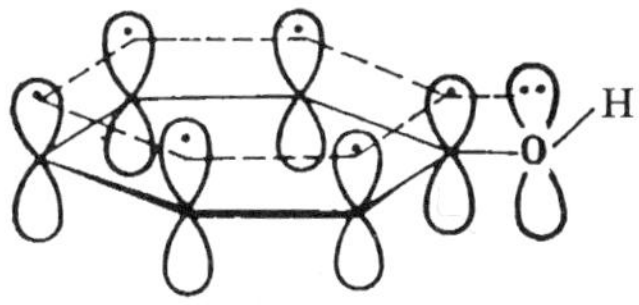

苯酚的 $p-\pi$ 共轭(此处氧的键角∠HOC$=120°$,氧为 sp^2 杂化)

7.7 酚 的 命 名

芳环上其他基团的命名级别没有比羟基更高时,羟基就作为官能基,与芳环组成母体,而其他低级别基团作为取代基;若芳环上有两个以上的羟基,则它们都作为官能基;当有其他基团的命名级别比羟基高时,则羟基作为取代基,级别最高的基团作为官能基。如:

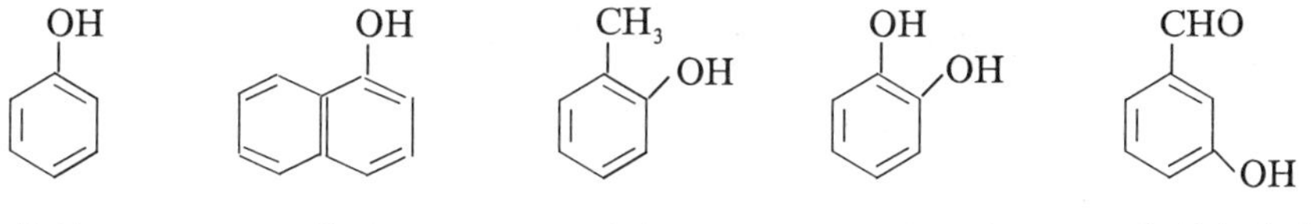

苯酚	1-萘酚	2-甲酚	1,2-苯二酚	3-羟基苯甲醛
	α-萘酚	邻甲酚	邻苯二酚	间羟基苯甲醛

7.8 酚的物理性质

简单的酚为液体或低熔点的固体。由于有氢键存在,所以酚具有相当高的沸点。苯酚在水中有一定溶解度(每100g水中可溶9g),这与酚和水形成氢键有关。酚本身是无色的,但是很易受氧化而带有颜色。

关于酚的物理性质见表7-3。

表7-3 酚的物理性质

名 称	熔点/℃	沸点/℃	溶解度 (g/100g水)	K_a
苯酚	41	182	9.3	$1.1×10^{-10}$
邻甲酚	31	191	2.5	0.63
间甲酚	11	201	2.6	0.98
对甲酚	35	202	2.3	0.67
邻氟苯酚	16	152		15
间氟苯酚	14	178		5.2
对氟苯酚	48	185		1.1
邻氯苯酚	9	173	2.8	77
间氯苯酚	33	214	2.6	16
对氯苯酚	43	220	2.7	6.3
邻溴苯酚	5	194		41
间溴苯酚	33	236		14
对溴苯酚	64	236	1.4	5.6
邻硝基苯酚	45	100 (9.34 kPa)	0.2	600
间硝基苯酚	96	194 (9.34 kPa)	1.4	50
对硝基苯酚	114	分解	1.7	690
苦味酸	122		1.4	$4.2×10^9$
对苯二酚	173	286	8	2

值得注意的是邻硝基苯酚的沸点比间、对硝基苯酚低得多,在水中溶解度也小得多,是3个异构体中唯一能用水汽蒸馏出来的。其原因是间位和对位硝基苯酚分子间可以形成氢键而缔合起来,它们与水也可以形成氢键。而邻硝基苯酚则形成了六员环状分子内氢键,不能形成分子间氢键,因此不能缔合,也不能与水形成氢键,所以它的沸点与溶解度都比较低(见右式)。

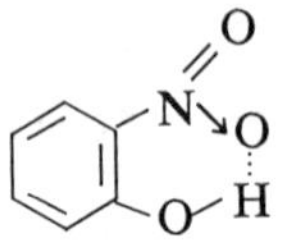

邻硝基苯酚

7.9 酚的化学性质

酚和醇虽都含有羟基,但性质上却有相当大的差异。例如酚羟基上的氢更活泼一些,所以酚是比醇强的酸。酚虽也有成醚、成酯等性质,但是酚的羟基不能像醇那样被卤原子等置换,另外酚比醇易氧化。羟基还使苯环活化,易进行亲电取代反应。

1. 酸性

苯酚的 pK_a 为 10.0,它的酸性比醇、比水($pK_a=15.7$)强,但比碳酸($pK_a=6.38$)弱。所以苯酚能溶于 NaOH 水溶液,变为酚钠。

$$C_6H_5OH + NaOH \longrightarrow C_6H_5ONa + H_2O$$
　　　较强酸　　较强碱　　　较弱碱　　较弱酸

通入 CO_2,可以使苯酚游离出来:

$$C_6H_5ONa + CO_2 + H_2O \longrightarrow C_6H_5OH + NaHCO_3$$
　　较强的碱　　较强的酸　　　较弱的酸　较弱的碱

为什么酚的酸性较醇强?对这个问题需要分析酚与醇电离的反应物与产物的位能,从而估计反应自由能大小,以此判断它们电离平衡常数的大小。为了减少其他结构因素的干扰,以苯酚与环己醇两个结构相近的酚和醇进行比较:苯氧负离子的氧上有未成键电子对,可以和苯环上的 π 键共轭,使负电荷分布均匀化,有利于提高稳定性,降低位能;但环己基氧负离子没有共轭,稳定性较低,位能较高。它们之间位能之差(即共轭能)是较大的。

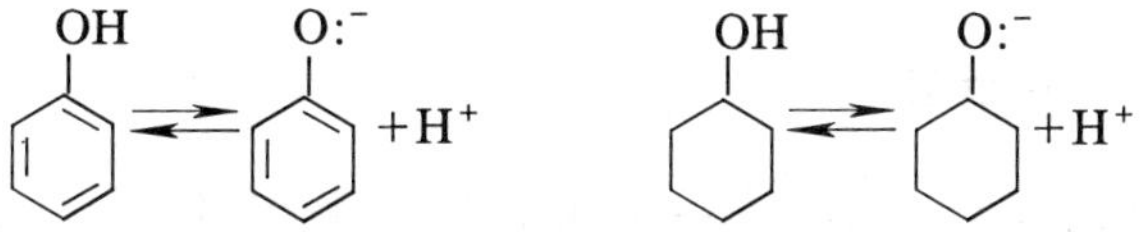

当苯酚的环上带有给电子基团时,将阻止苯氧负离子的氧上 p 电子向苯环离域,因而负电荷得不到充分分散,所以稳定性降低,位能升高,因而电离常数降低。如甲苯酚的酸性比苯酚低。

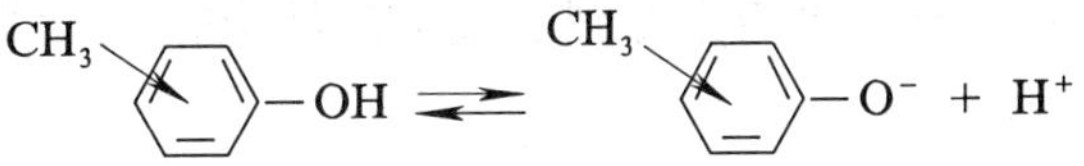

给电子基阻止氧上电荷离域

当苯酚环上带有吸电子基团时,将促使苯氧负离子氧上 p 电子向苯环离域,使负电荷得到充分分散,所以稳定性增加,位能降低,因而电离常数加大,即酸性增加,如卤代苯酚与硝基苯酚的酸性比苯酚强。表 7-4 列出了一些取代苯酚的酸性。

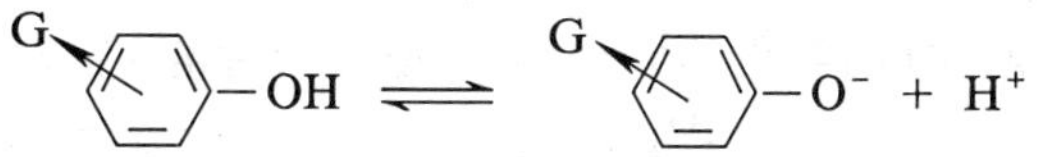

G 为吸电子基团　　　　吸电子基促进
如卤素、硝基等　　　　氧上电荷离域

表 7-4　取代苯酚的酸性

取 代 基	pK_a(25℃)		
	邻	间	对
H	10.00	10.00	10.00
CH_3-	10.29	10.09	10.26
$F-$	8.81	9.28	9.81
$Cl-$	8.48	9.02	9.38
$Br-$	8.42	8.87	9.26
$I-$	8.46	8.88	9.20
CH_3O-	9.98	9.65	10.21
$-NO_2$	7.22	8.39	7.15

163

2. 成醚反应

芳基醚不能由酚的分子间直接脱水制备,必须用间接的方法,例如由酚钠与卤代烷或硫酸二烷基酯反应得到,如:

$$\langle \text{苯} \rangle - \text{ONa} + \text{CH}_3\text{I} \longrightarrow \langle \text{苯} \rangle - \text{OCH}_3 + \text{NaI}$$

$$\langle \text{苯} \rangle - \text{ONa} + (\text{CH}_3)_2\text{SO}_4 \longrightarrow \langle \text{苯} \rangle - \text{OCH}_3 + \text{CH}_3\text{OSO}_2\text{ONa}$$

但是不能由醇钠与卤代芳烃反应得到,因为卤代芳烃的卤素不活泼。

对于受到活化的卤代芳烃仍可以同醇钠或酚钠反应得到醚,如:

$$\text{Cl} - \langle \text{苯} \rangle - \text{OH} + \text{Cl} - \langle \text{苯} \rangle - \text{NO}_2 \xrightarrow[\triangle]{\text{NaOH}} \text{Cl} - \langle \text{苯} \rangle - \text{O} - \langle \text{苯} \rangle - \text{NO}_2$$

    2,4-二氯苯酚   对硝基氯苯   除草醚

对于未受活化的卤代芳烃,需用铜粉作为催化剂,并用吡啶作为溶剂,可以和醇钠或酚钠反应得到芳醚。此反应称为乌尔曼(Ullmann)成醚反应。

3. 与三氯化铁的颜色反应

羟基连于 sp^2 杂化的碳原子上 $(-\overset{|}{C}=\overset{|}{C}-\text{OH})$ 的化合物大多能与 FeCl_3 水溶液显颜色反应,酚即属于这类物质。

不同的酚与 FeCl_3 产生不同的颜色,如苯酚、间苯二酚呈紫色,邻苯二酚与对苯二酚显绿色,甲苯酚显蓝色。这种反应可用来鉴别酚或烯醇结构的存在(见右式)。

4. 酯化反应

酚上的羟基与醇相似,也可与酸酐或酰氯反应形成酯。

$$\text{ArOH} \begin{cases} \xrightarrow{\text{RCOCl}} \text{RCOOAr} & (\text{与酰氯反应}) \\ \xrightarrow{\text{Ar'SO}_2\text{Cl}} \text{Ar'SO}_2\text{OAr} & (\text{与磺酰氯反应}) \\ \xrightarrow{(\text{AcO})_2\text{O}} \text{ArOCCH}_3 \\ \quad\quad\quad\quad\; \overset{\|}{\text{O}} & (\text{与乙酸酐反应}) \end{cases}$$

5. 氧化

酚比醇易氧化,特别是在对位上带有羟基或氨基的酚更易氧化成醌。醌式结构的物质都具有颜色。

$$\langle \text{苯} \rangle - \text{OH} \xrightarrow{[\text{O}]} \text{O} = \langle \text{苯} \rangle = \text{O} \quad (\text{氧化剂: KMnO}_4, \text{Na}_2\text{Cr}_2\text{O}_7, \text{CrO}_3)$$

         对苯醌

6. 芳环上的取代反应

在酚的芳香环上可以发生一般芳香烃的取代反应,如卤化、硝化、磺化等。羟基是邻对位定位基,并有强的活化作用,所以苯酚比苯更易发生取代反应,而且还可以进行一些苯所没有的取代反应。

(1) 卤代

苯酚的水溶液与溴立即产生四溴环烯酮白色沉淀,经亚硫酸氢钠水溶液处理,得 2,4,6- 三溴苯酚,不能得到一元取代物:

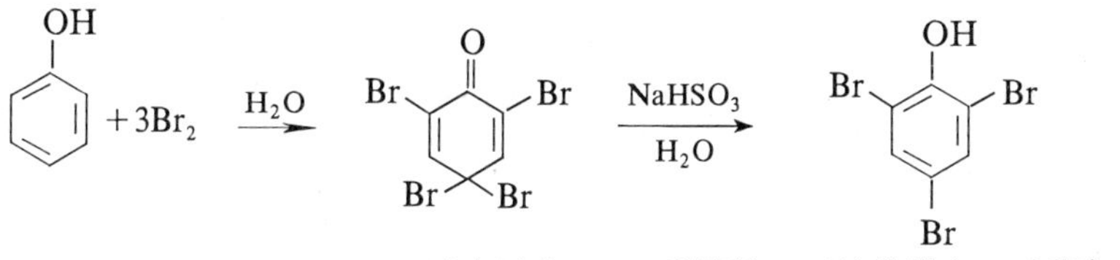

2,4,4,6-四溴环己-2,5-双烯酮　　三溴苯酚 (m.p.96℃)

此反应极为灵敏,而且是定量完成的,极稀的苯酚溶液如 $1:10^5$,也可看出明显的混浊。故此反应可用于苯酚的定性或定量测定。

在非极性溶剂如 CCl_4 或 CS_2 中,控制溴的用量,仍可得到一溴代苯酚。

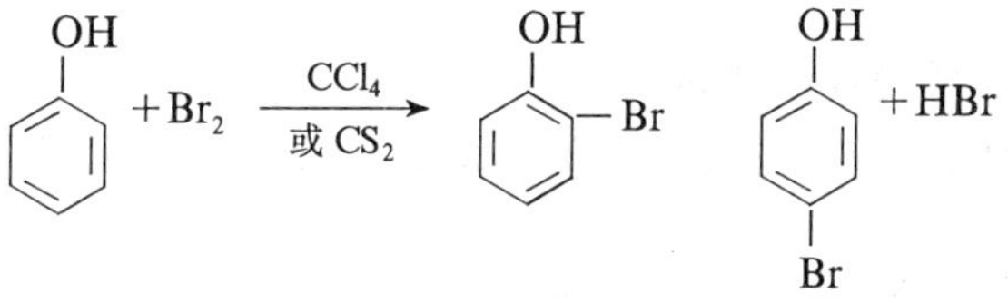

邻溴苯酚　　对溴苯酚

(2) 硝化与磺化

由于苯酚的环很活泼,又极易被氧化。在室温即可硝化与磺化。因它易被氧化,甚至用 20% 稀硝酸进行硝化产率也不高,且有焦油状物产生。用浓硝酸硝化,可得到苦味酸(即 2,4,6- 三硝基苯酚)和较多焦油状物。为了减少氧化可先进行磺化,使环稳定,再进行硝化,在较高温度时,硝基可置换磺酸基,这样产率可达 90%。

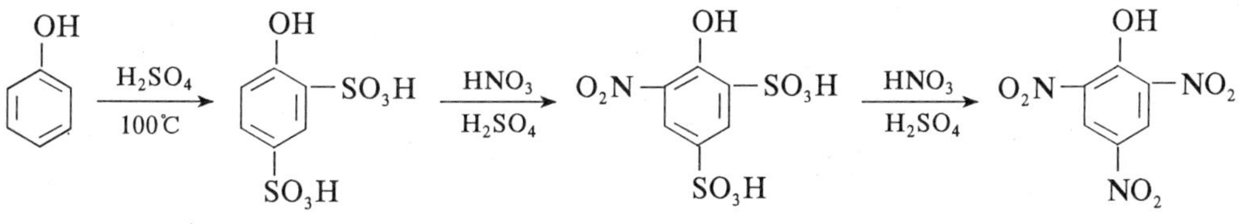

苦味酸是一烈性炸药,在300℃以上爆炸。但缺点是酸性太强,因而腐蚀性强,苦味酸为黄色结晶,熔点123℃,可以用来作为黄色染料。还可用于有机化合物的分析鉴定。苦味酸可与芳香烃、芳香胺、脂肪胺、烯烃等形成分子络合物,这些络合物都是很好的结晶,有一定的熔点,所以常用来作为分析用的衍生物。如萘与苦味酸就可形成一很好的结晶的分子络合物。在这络合物中,由于萘环上有许多 π 电子,苦味酸分子中由于硝基是强吸电子基团,使苯环上电子云密度较低,因此萘起到电子给予体作用,苦味酸起到电子接受体作用,使两个环相吸到一

起。这种络合物称之为电子给予体-电子接受体络合物。

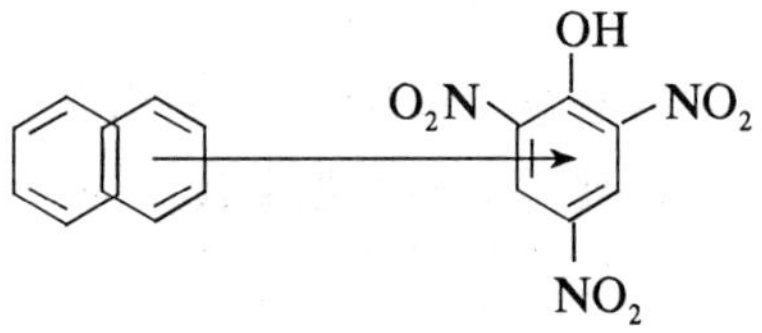

萘与苦味酸的分子络合物

苯酚磺化的邻、对位产物比例受反应温度影响较大。如：

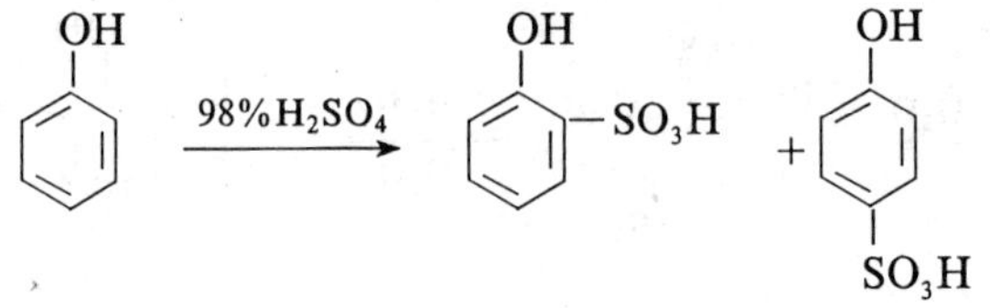

| 20℃ | (49%) | (51%) | 动力学控制 |
| 100℃ | (10%) | (90%) | 热力学控制 |

邻羟基苯磺酸　　　对羟基苯磺酸

这是因为磺化反应是一可逆反应,对位产物空间阻碍小,比邻位稳定,高温有利于生成稳定产物。

(3) 傅氏反应与福里斯(Fries)重排

由于酚的芳环较活泼,在较弱的傅氏催化剂作用下,即可进行酰基化与烷基化反应。如:

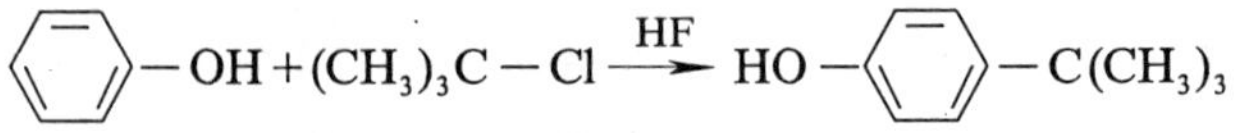

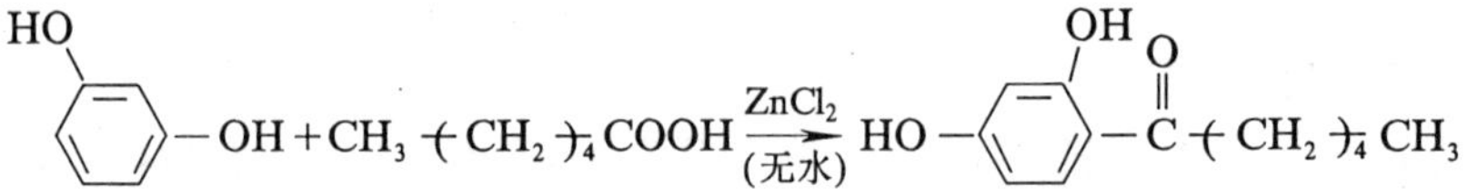

间苯二酚　　　　　　　己酸　　　　　　(2,4-二羟基苯基)己酮

但苯酚在浓硫酸或无水氯化锌的作用下与邻苯二甲酸酐不发生傅氏酰基化反应,而是酸酐与两分子酚进行缩合,得到酚酞。

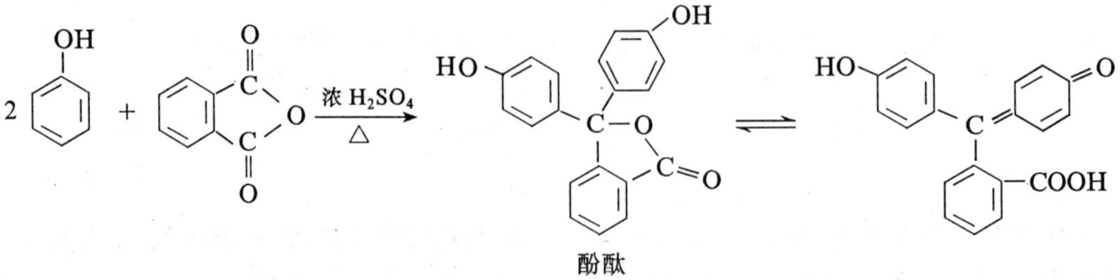

酚酞

制备酚基酮也可用酚的酯在无水 AlCl₃ 作用下进行重排得到,而且比直接酰基化好。称此反应为福里斯重排。低温重排到对位,高温重排到邻位(因为邻位羰基与羟基氢可形成氢键而稳定)。

166

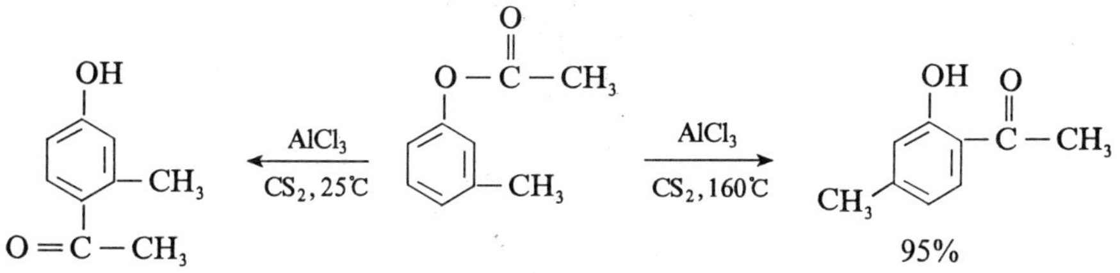

(4) 亚硝基化与偶合反应

这是两个弱亲电试剂需与高度活化的芳环才能反应。亚硝酸与苯酚作用得到对亚硝基苯酚。酚与重氮盐在弱碱性条件下发生偶合,形成有鲜艳颜色的偶氮化合物。

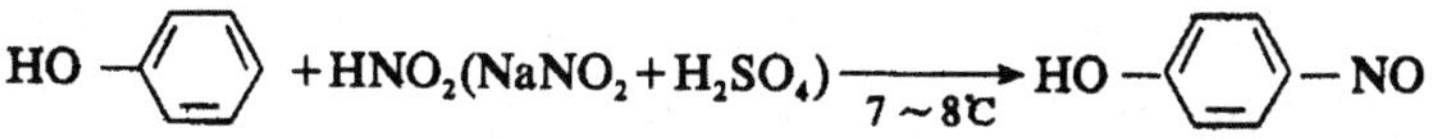

$$HO-\langle\bigcirc\rangle + HNO_2(NaNO_2+H_2SO_4) \xrightarrow{7\sim8℃} HO-\langle\bigcirc\rangle-NO$$

对亚硝基苯酚(80%)

$$HO-\langle\bigcirc\rangle + N\equiv \overset{+}{N}-\langle\bigcirc\rangle \xrightarrow{弱碱性} HO-\langle\bigcirc\rangle-N=N-\langle\bigcirc\rangle$$

苯重氮盐   4-羟基偶氮苯

(5) 柯尔白(Kolbe)反应

酚的钠盐与二氧化碳在 $400-700$ kPa 压力与 125℃ 下反应,得到水杨酸钠盐,酸化后得水杨酸。

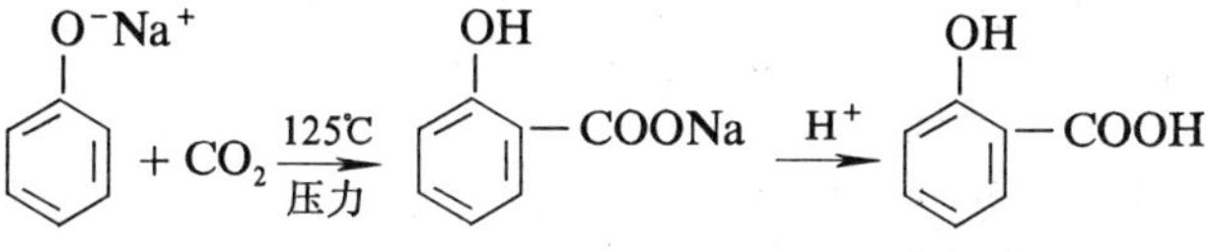

水杨酸

水杨酸是一重要药物,它的衍生物如乙酰水杨酸(阿斯匹林)、水杨酸甲酯(冬青油)等都是药物。

(6) 莱默尔-梯曼(Reimer-Tiemann)反应

苯酚与 $CHCl_3$,NaOH 水溶液反应可以在苯环上引进一个醛基,一般都在邻位。

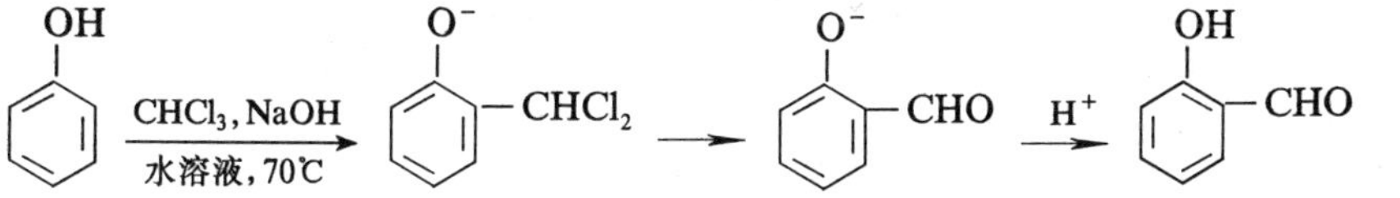

水杨醛,主要产物

此反应首先是氯仿在强碱作用下脱氯化氢形成碳原子外层只有 6 个电子的二氯卡宾($:CCl_2$)。它缺电子,相当于一亲电试剂,可与十分活泼的芳环如酚类、吡咯、吲哚等发生插入反应(插入到芳环的碳氢键之间),再经水解得到相应的醛。氯仿与苯酚反应,得水杨醛(邻羟基苯甲醛),其历程如下:

$$CHCl_3 + OH^- \rightleftharpoons H_2O + :CCl_3^-$$
$$\downarrow$$
$$Cl^- + :CCl_2 \text{ (二氯卡宾)}$$

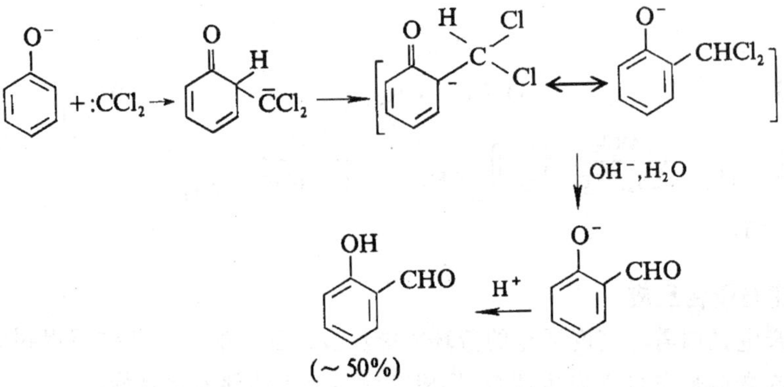

$$(\sim 50\%)$$

卡宾像正、负碳离子、自由基一样,是活泼的中间体。它的结构有两种状态:一种是碳以 sp^2 杂化存在,一对未成键的电子处于 sp^2 杂化轨道,另外还有一个空的 p 轨道,这种结构称为单线态;另一种碳以 sp 杂化存在,两个未成键电子分别分布在两个 p 轨道上,而且这两个电子的自旋是相同的,不能成对的,相当于双自由基,这种结构称为三线态。

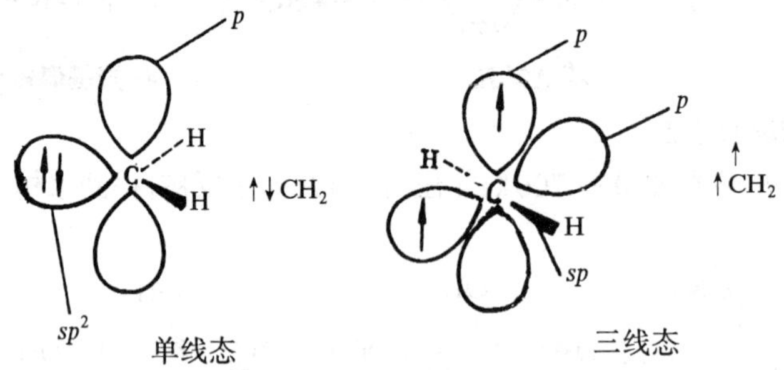

单线态　　　　　　　　三线态

卡宾刚产生时,往往以单线态存在,在液相进行反应,主要以单线态反应;在气相惰性气体稀释情况下反应,卡宾往往转化成三线态。这两种状态的反应性能不完全相同。

卡宾还可与烯烃反应形成三员环。由于卡宾两种状态的结构不同,与烯烃反应的历程也不一样,单线态与烯烃反应是一步完成,立体专一性很好;三线态与烯烃反应则是两步完成,中间可发生单键的旋转,因而立体专一性较差。如:

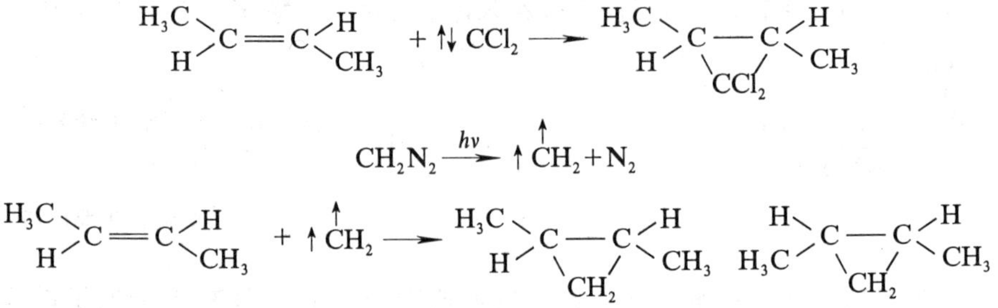

苯酚与甲醛在酸或碱作用下可得酚醛树脂。

7.10 酚的合成反应

(1) 芳烃磺酸与氢氧化钠熔融,再经酸化。

(2) 卤代芳烃在强碱存在下高温水解。

(3) 芳香族重氮盐的水解。

168

(4) 异丙苯氧化与酸分解得苯酚和丙酮：

$$\text{C}_6\text{H}_5-\text{CH(CH}_3)_2 + \text{O}_2 \xrightarrow[\text{压力}]{105\sim115\text{℃}} \text{C}_6\text{H}_5-\underset{\underset{\text{CH}_3}{|}}{\overset{\overset{\text{CH}_3}{|}}{\text{C}}}-\text{O}-\text{O}-\text{H} \xrightarrow[11\sim35\text{℃}]{\text{H}^+} \text{C}_6\text{H}_5-\text{OH} + \text{CH}_3-\overset{\overset{\text{O}}{\|}}{\text{C}}-\text{CH}_3$$

这是目前生产苯酚的主要方法。

Ⅲ. 醚

醚相当于醇或酚上羟基的氢为烃基所取代

$$\underset{\text{R}\quad\text{R}'}{\overset{\text{O}}{\diagdown}} \qquad \underset{\text{R}\quad\text{Ar}}{\overset{\text{O}}{\diagdown}} \qquad \underset{\text{Ar}\quad\text{Ar}'}{\overset{\text{O}}{\diagdown}}$$

7.11 醚的分类与命名

两个烃基相同的醚叫简单醚,不同的叫混合醚。

1. 普通命名

结构比较简单的醚常用普通命名,它是以烃基加醚字来命名的,如:

$$\text{CH}_3\text{OCH}_3 \qquad\qquad \text{CH}_3\text{CH}_2\text{OCH}_2\text{CH}_3 \qquad\qquad \text{C}_6\text{H}_5-\text{O}-\text{C}_6\text{H}_5$$

二甲醚   二乙醚   二苯醚

简称甲醚   简称乙醚

两个烃基不同时,将较小的烃基放在前面,如 $\text{CH}_3\text{OC}_2\text{H}_5$ 甲乙醚。烃基中有一个是芳香基时,芳基放在前面,如 $\text{C}_6\text{H}_5-\text{OCH}_3$ 称苯甲醚(茴香醚)。

2. 系统命名

对于烷基醚是以最长的碳链为母体,烷氧基作为取代基。对于芳醚,则以芳环作为母体。如:

$$\text{CH}_3\text{OCH}_2\text{CH}_2\text{CH}_2\text{CH}_3 \qquad\qquad \text{CH}_3\text{O}-\text{C}_6\text{H}_4-\text{CH}=\text{CHCH}_3$$

1-甲氧基丁烷   1-(1-丙烯基)-4-甲氧基-苯

对甲氧基丙烯基苯

对于环醚,系统命名是以相应的烷前加环氧与所连碳原子的编号来命名,如:

$$\underset{\overset{\diagdown\text{O}\diagup}{}}{\text{CH}_2-\text{CH}_2} \qquad\qquad \underset{\overset{\diagdown\text{O}\diagup}{}}{\text{CH}_3\text{CH}-\text{CH}_2}$$

环氧乙烷   1,2-环氧丙烷

也可用杂环的命名,如:

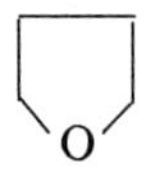

根据杂环 ⬡(呋喃的形状) 呋喃的名称,叫四氢呋喃, ⬡(O O) 1,4-二氧六环

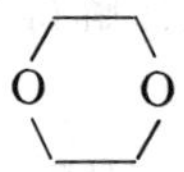

在天然界中存在有许多醚,如愈疮木酚、丁香酚、茴香脑、茴香醇、桉树脑等,这些化合物常用它们的俗名,如:

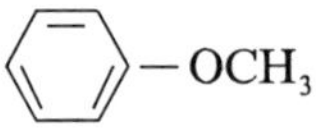

茴香醚

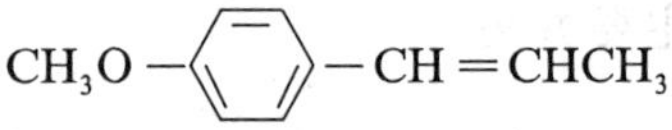

茴香脑

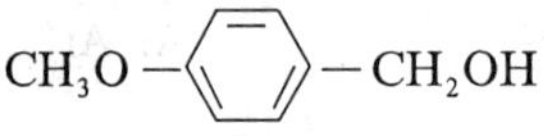

茴香醇

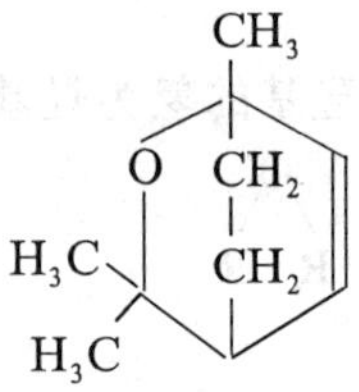

桉树脑

7.12 醚的物理性质

醚大多在室温时为液体,有香味。由于分子中没有羟基,不能产生分子间氢键,所以沸点比相应分子量的醇低,与烷烃接近。如乙醚的沸点为 34.5℃,戊烷为 36.1℃,丁醇为 118℃。在水中,不同结构的醚有不同的溶解度:如乙醚在 100g 水中可溶解 8g;而四氢呋喃(环醚)则可与水无限混溶,沸点也比乙醚高得多。四氢呋喃的沸点为 67℃。醚的物理常数见表 7-5。

表 7-5　醚的物理常数

化　合　物	名　称	熔点/℃	沸点/℃	溶解度(g/100g 水)
CH_3OCH_3	甲　醚	−138.5	−23	
$CH_3OCH_2CH_3$	甲乙醚		10.8	
$(CH_3CH_2)_2O$	乙　醚	−116.6	34.5	8
$CH_3CH_2OCH_2CH_2CH_3$	乙丙醚	−79	63.6	
$CH_3CH_2CH_2OCH_2CH_2CH_3$	正丙醚	−122	91	
$(CH_3\overset{CH_3}{\underset{\vert}{CH}})_2O$	异丙醚	−86	68	
$(CH_3CH_2CH_2CH_2)_2O$	正丁醚	−95	142	

这些醚中,乙醚是使用最广泛的有机溶剂。

7.13 醚的化学性质

除三员与四员环醚外,醚键是相当稳定的,不易进行一般的有机化学反应,如不易还原、不被 $KMnO_4$ 水溶液所氧化,是耐碱试剂等。所以在许多有机反应中,可用醚作为溶剂。但是醚仍

170

可进行反应,反应一般发生在氧上或其旁边的 α 氢上。

1. 形成过氧化物

和氧相连的碳上如有氢(α 氢)时,如乙醚 $CH_3CH_2OCH_2CH_3$ 在空气中放置,可因氧化而产生过氧化物,它的过程可能如下:

$$CH_3CH_2OCH_2CH_3 \xrightarrow{O_2} \underset{\underset{OOH}{|}}{CH_3CHOC_2H_5} \xrightarrow{H_2O} \underset{\underset{OOH}{|}}{CH_3CHOH} + C_2H_5OH$$

过氧化乙醇还可进而形成低聚物。所以在蒸馏乙醚时,必须先用淀粉试纸检查是否有过氧化物存在,如有应用还原剂如硫酸亚铁或亚硫酸钠水溶液洗涤,然后再蒸馏,防止过氧化物受热爆炸。

2. 形成𨦯盐与络合物

与醇和水相似,醚中氧原子上的未共用电子对能接受质子,形成𨦯盐:

$$R - \overset{..}{\underset{}{O}} - R + H^+ \rightleftharpoons \underset{\underset{H}{|}}{R - \overset{..}{O}^+ - R}$$

因此醚可溶于浓强酸中,用此可区别醚与烷烃和卤代烷。

醚还可以借氧原子上未共用的电子对与缺电子试剂如 BF_3,$AlCl_3$,格氏试剂等形成络合物,如 BF_3 与乙醚形成的配价键络合物甚至稳定到可以进行蒸馏。

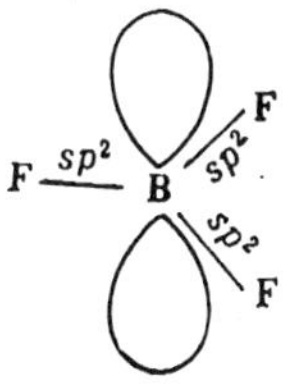

有一个空的 p 轨道

$$R_2O: + BF_3 \rightleftharpoons R_2O \rightarrow BF_3$$

$$R_2O: + AlCl_3 \rightleftharpoons R_2O \rightarrow AlCl_3$$

$$2R_2O: + R'MgX \rightleftharpoons \begin{matrix} R_2O \searrow & \nearrow R' \\ & Mg \\ R_2O \nearrow & \searrow X \end{matrix}$$

由于格氏试剂可与醚络合,所以格氏试剂可溶于乙醚中。有些难制备的格氏试剂,如由不活泼的氯苯制格氏试剂,可用络合能力更强的四氢呋喃作溶剂。

3. 醚键的断裂

醚是比较不活泼的化合物,醚键对于碱、氧化剂和还原剂都非常稳定。但是醚键在强酸与强烈条件下可发生断裂,即在浓强酸(一般为氢碘酸或氢溴酸)和高温 (120 — 130℃)可发生醚键断裂:

$$R - O - R' + HX \longrightarrow R - X + R' - OH \xrightarrow{HX} R'X + RX$$

$$Ar - O - R + HX \longrightarrow R - X + ArOH$$

HX 的反应活性为: HI > HBr > HCl。

醚键的断裂反应实质上是醚在强酸作用下,形成了𨦯盐,然后卤素负离子作为亲核试剂,进行亲核取代反应,生成卤代烷与醇。

4. 芳香醚中烷氧基对芳环的影响

烷氧基对苯环有中等活化作用，对亲电取代反应起邻、对位定位效应；增强了耐氧化能力，如对甲氧基甲苯可用高锰酸钾氧化成对甲氧基苯甲酸。

5. 环醚的化学性质

一般环醚的性质和醚相似，在此就不讨论了。但是三员环醚却有特殊的反应活性。这是由于三员环的平均键角为60°，比正常键角109.5°小得多，使得两原子轨道不能得到最大重叠，具有角张力，因此使这些醚键比通常的醚键弱，易发生开环加成反应。

三员环醚无论在工业生产上或实验室合成中都是很重要的化合物，所以下面着重讨论三员环醚。

（1）酸催化的开环加成反应

三员环醚又称环氧化合物，在酸催化下可和水、醇、酚、羧酸、卤化氢等发生开环加成。这些反应的历程是：首先 H^+ 与环醚形成锌盐；然后亲核试剂从氧的背后向环上的一个碳原子进攻，将环打开，即按反式加成的立体过程；环醚的锌盐有部分离解成正碳离子的性质，所以亲核试剂主要是进攻可以形成最稳定正碳离子的碳原子。如下列酸催化 1,2-环氧丙烷的开环加成：

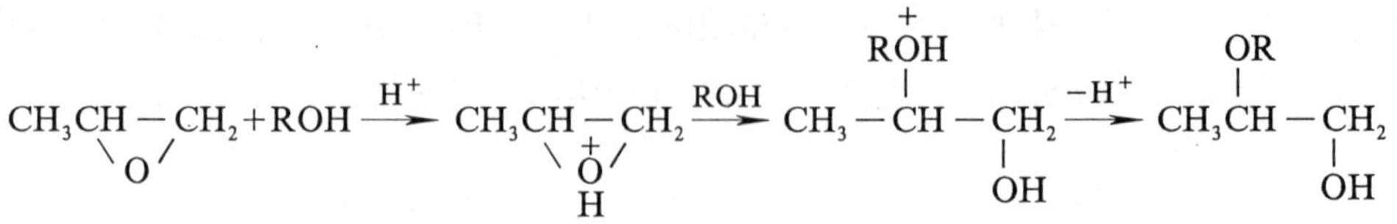

式中 $R = H$, 烃基, 芳基, $R-\overset{\overset{O}{\parallel}}{C}-$。

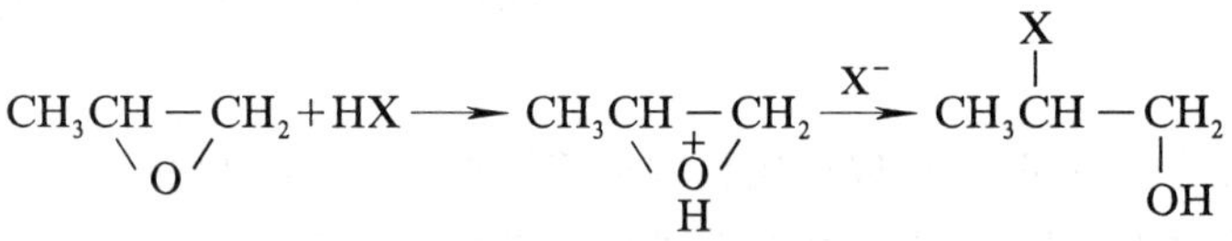

式中 $X = Cl, Br, I$。这里的开环加成与烯烃的亲电加成相似。

（2）碱催化的开环加成反应

三员环醚可用碱按 S_N2 反应历程发生开环加成反应。亲核试剂加在空间阻碍较小的碳上。这个反应也是反式加成。碱可以是 OH^-, RO^-, ArO^-, RNH_2, R_2NH, $RMgX$ 等。这些反应是立体专一的。

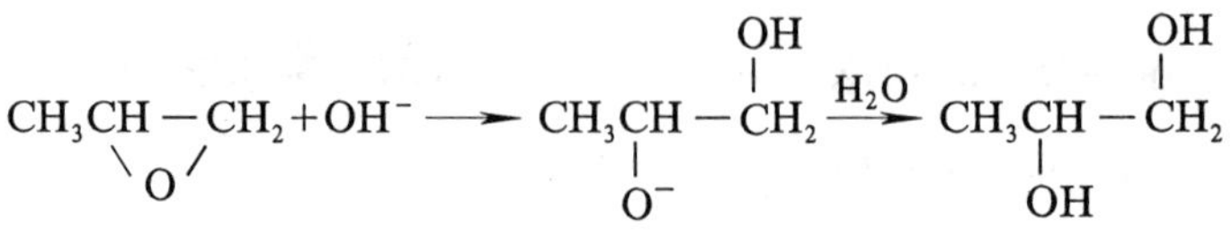

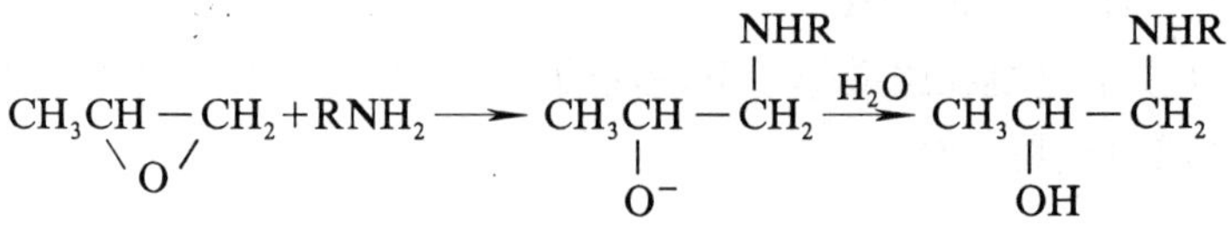

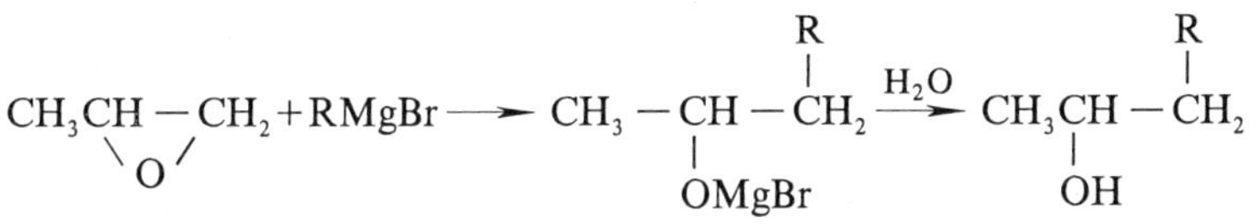

$$CH_3CH-CH_2 + RMgBr \longrightarrow CH_3-CH-CH_2 \xrightarrow{H_2O} CH_3CH-CH_2$$

（图中：左为环氧丙烷结构 O；中间产物 OMgBr，R 取代基；右产物 OH，R 取代基）

当用少量碱,而且体系内没有水,则可发生聚合。如环氧乙烷与少量十二烷基酚钠反应,可以得到聚乙二醇十二烷基苯醚。十二烷基苯是不溶于水的,聚乙二醇是水溶的,这样就得到一种表面活性剂,就是常用洗涤剂的主要成分。

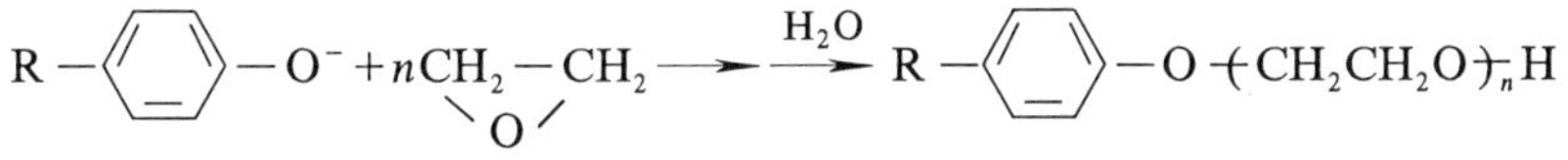

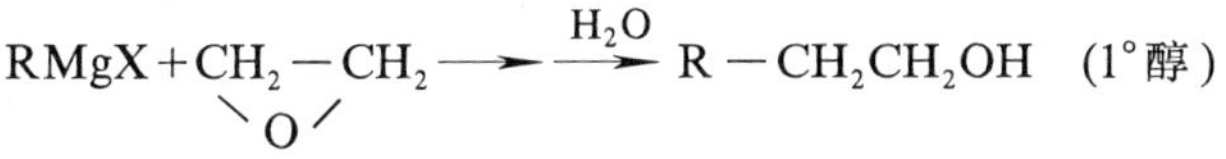

$$R-\langle\bigcirc\rangle-O^- + nCH_2-CH_2 \xrightarrow{H_2O} R-\langle\bigcirc\rangle-O{\small\text{(}}CH_2CH_2O{\small\text{)}}_nH$$

$$RMgX + CH_2-CH_2 \xrightarrow{H_2O} R-CH_2CH_2OH \quad (1°醇)$$

酸碱催化开环反应在生产上都很有用,工业上生产乙二醇、乙二醇醚、表面活性剂以及溶纤剂、喷漆等溶剂,基本上都是用环氧乙烷等环氧化合物在酸或碱催化下,与相应的醇或酚反应来制备。

7.14 醚的合成反应

(1) 醇分子间脱水反应。
(2) 醇钠或酚钠与卤代烷的亲核取代反应。
(3) 环氧化合物的制备:① 乙烯的银催化氧化; ② β-卤代醇脱卤化氢;
③ 有机过氧酸氧化烯烃。

7.15 冠醚(Crown ether)

冠醚是一个大环化合物,分子内有规则的含有好几个醚键,如 12-冠-4, 15-冠-5, 18-冠-6 等。12-冠-4 这个名称中,12 表示环上原子的数目,冠表示为冠醚,4 表示为 4 个氧。

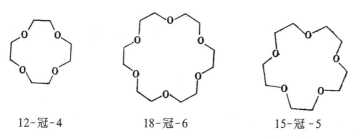

12-冠-4   18-冠-6   15-冠-5

由于醚键中的氧可以和金属离子络合,因此根据中间空隙大小,可以与不同离子络合,如 12-冠-4 可以络合 Li^+,但不能络合 K^+;而 18-冠-6 可以络合 K^+,但不络合 Li^+ 或 Na^+;可以络合 Hg^{2+},但不络合 Ca^{+2} 或 Zn^{+2}。

利用这些性质,冠醚不仅在离子分离上很有用,而且在有机合成上也很有用。因为有机合

173

成中常用无机试剂,而有机物与无机物常不能找到一个共同适合的溶剂,影响反应顺利地进行,冠醚在这种情况往往可以起到很突出的作用。如分子量较大的烯烃用 $KMnO_4$ 氧化时,产率很差,因为高级烯烃在水中溶解度很低,而 $KMnO_4$ 与水在高级烯烃中溶解也很少。但是在高级烯烃与 $KMnO_4$ 中,加一些 18-冠-6, 由于 18-冠-6 可以络合 K^+, 使 $KMnO_4$ 可溶于烯烃中,因而氧化反应速率大大加快,产率也大为提高。在这个反应中,冠醚实际上起着相转移催化剂的作用。

$KMnO_4$ + 18-冠-6 $\rightleftharpoons$

固相或水相

MnO_4^-

溶于油相

$$R_2C{=}CHR + KMnO_4 \xrightarrow[\text{18-冠-6}]{} R_2C{=}O + RCOOH$$

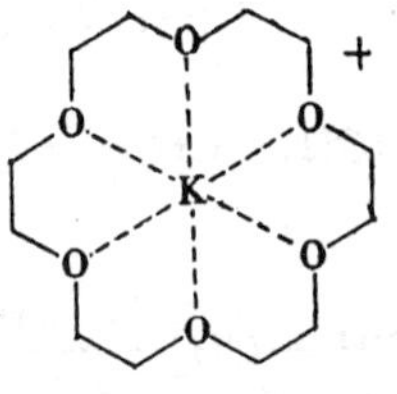

冠醚可用多缩乙二醇与多缩乙二醇的氯化物在碱的作用下关环形成冠醚。如:

$$HO{\leftarrow}CH_2CH_2O{\rightarrow}_3H + Cl{\leftarrow}CH_2CH_2O{\rightarrow}_2CH_2CH_2Cl \xrightarrow{\text{碱}}$$

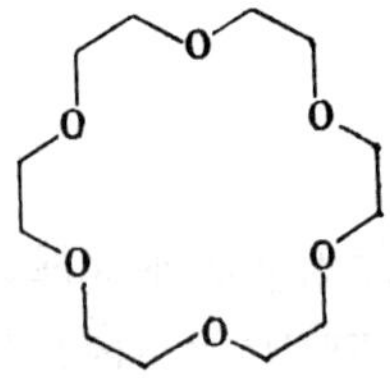

18-冠-6

近 20 余年来冠醚的合成与应用有很大发展,合成了各种类型的冠醚。如双环冠醚、含氮原子的冠醚、高分子型的冠醚等。另外适当分子量的聚乙二醇醚,由于它的分子可卷曲成环状,也可络合金属离子,起到相转移催化剂的作用。冠醚在有机合成中的应用越来越广泛,限于本课程的内容,不能作更多的介绍,有兴趣者可以阅读有关专著和研究报告。

7.16 硫醇、硫酚、硫醚

硫与氧属于同一族,具有相同的价电子数,所以几乎所有含氧有机物的种类都有相应的含硫有机物类。如硫醇、硫酚、硫醚、硫醛(酮)、硫羟酸、硫羰酸、二硫代羧酸、二硫化物、锍盐等。但是硫与氧又分属第三和第二周期,所以它们成键的轨道不同:氧为 $2s2p$ 杂化轨道,而硫则是 $3s3p$ 杂化轨道(H_2S只用两个 $3p$ 轨道与氢形成两个 σ 键),而且硫还有 $3d$ 空轨道。这就导致了它们相应有机物的稳定性与性质的差异:如硫醛、硫酮不稳定,而锍盐比鲜盐稳定得多;有高价的含硫有机物,但没有高价氧的类似物等。

1. 命名

硫醇、硫酚、硫醚的命名类似于相应的含氧有机物,只是在官能基名称前加一硫字,如:

$$CH_3-SH \qquad\qquad\qquad C_2H_5-S-C_2H_5$$

甲硫醇 　　　　　　　　　　　　　乙硫醚

$$\langle\!\!\!\!\!\!\!\!\!\!\rangle-SH \qquad\qquad\qquad C_2H_5-S-S-C_2H_5$$

苯硫酚 　　　　　　　　　　　　　二乙基二硫化物

—SH 基叫做巯基,或称氢硫基。

2. 物理性质

由于硫的电负性比氧小,而原子半径又比氧大,所以巯基不形成氢键,因此硫醇的沸点比相应醇的沸点低,而和相同分子量的硫醚的沸点相近,但比相同分子量的氯代烷高。如乙硫醇沸点为 37 ℃,甲硫醚的沸点为 38 ℃;而乙醇沸点为 78.3 ℃,甲醚为 −24 ℃。由于硫醇难与水形成氢键,所以硫醇比相应醇在水中溶解度低,如乙硫醇在水中溶解度为 1.5 g/100 g,而乙醇则可与水无限混溶。另外硫醇有极难闻的气味,人对它很敏感,所以常放在煤气中作为漏气的警戒。较低分子量的硫醚也有臭味。

3. 化学性质

(1) 硫醇、硫酚的酸性

硫醇与硫酚的酸性比相应的醇或酚强。硫醇显弱酸性,可溶于稀 NaOH 溶液中,硫酚的酸性比碳酸强,可溶于 $NaHCO_3$ 溶液中。

	pK_a		pK_a
C_2H_5OH	15.9	C_6H_5OH	10
C_2H_5SH	9.5	C_6H_5SH	7.8

硫醇、硫酚的酸性比醇、酚强,是由于硫的价电子在第三层,$3p$ 轨道较 $2p$ 轨道大,因此和氢的 $1s$ 只能小部分重叠,同时可极化性大,所以巯基中的氢易解离而显酸性。如果从硫的电负性考虑它的酸性,应该不如氧,但是它并不能抵消由于原子轨道重叠程度较差而产生的酸性。硫醇、硫酚的重金属盐,如砷、汞、铅、铜等盐都不溶于水。

$$2RSH+HgO \longrightarrow (RS)_2Hg\downarrow +H_2O$$

许多重金属盐之所以能引起人畜中毒,就是由于这些重金属盐能与机体内某些酶中的巯基结合,而使酶丧失其正常的生理作用。利用硫醇与重金属离子能形成稳定的不溶性盐,可以向体内注入含有巯基的化合物作为重金属盐类中毒的解毒剂。医药上常用的是二巯基丙醇,它可以夺取与体内酶结合的金属,形成稳定的络合物,而后从尿中排出。

$$\begin{array}{ccc} CH_2-CH-CH_2 \\ | \quad\ | \quad\ | \\ SH \quad SH \quad OH \end{array}$$

(2) 氧化

由于硫的 $3sp^3$ 轨道与氢的 $1s$ 轨道不能充分重叠,硫氢键易断裂,同时硫有空的 $3d$ 轨道,因此硫醇远比醇易被氧化,而且氧化反应发生在硫原子上,可以高价状态存在。

硫醇、硫酚在弱氧化剂如三价铁盐、碘、氧的作用下,可氧化成二硫化物;而二硫化物也很易用还原剂还原成硫醇,还原剂常用金属锂-液氨或锌-乙酸。

$$2RSH \underset{\text{还原剂}}{\overset{\text{弱氧化剂}}{\rightleftharpoons}} R-S-S-R$$

$$\text{二硫化物}$$

$$2CH_3CH_2SH + I_2 \longrightarrow CH_3CH_2SSCH_2CH_3 + 2HI$$

$$CH_3CH_2SSCH_2CH_3 \xrightarrow[NH_3]{Li} 2CH_3CH_2SH$$

硫醇与二硫化物的氧化还原在生物体内是很重要的反应。硫硫与硫氢键存在于蛋白质中,它的氧化还原在生物中起着重要作用,如脑的记忆作用就与这种反应有关。

在强氧化剂如硝酸作用下,硫醇、硫酚与二硫化物可被氧化成磺酸。硫醇、硫酚的铅盐在硝酸氧化下可得高产率的磺酸:

$$RSH \xrightarrow[\triangle]{KMnO_4-H_2O \text{ 或 } HNO_3} RSO_3H$$

$$RSSR \xrightarrow[\triangle]{KMnO_4-H_2O \text{ 或 } HNO_3} 2RSO_3H$$

$$CH_3(CH_2)_3SH \xrightarrow{Pb(NO_3)_2} [CH_3(CH_2)_3S]_2Pb \xrightarrow{HNO_3} CH_3(CH_2)_3SO_3H$$

$$\text{正丁磺酸}$$

芳香族磺酸有着广泛的应用,它具有强酸性,易溶于水,所以常代替硫酸作催化剂,引入染料分子中增加其水溶性,引入聚苯乙烯的苯环上,就是离子交换树脂。而且磺酸基中的羟基可被卤素、氨基、烷氧基等取代,生成一系列磺酸衍生物如磺酰卤、磺酰胺、磺酰酯等。

硫醚可以用强氧化剂氧化成亚砜与砜,常用的氧化剂有过氧化氢,过氧酸等:

$$CH_3SCH_3 + H_2O_2 \longrightarrow CH_3\overset{\overset{\textstyle O}{\uparrow}}{S}CH_3 \xrightarrow{RCO_3H} CH_3-\overset{\overset{\textstyle O}{\uparrow}}{\underset{\underset{\textstyle O}{\downarrow}}{S}}-CH_3$$

$$\text{二甲亚砜} \qquad\qquad \text{二甲砜}$$
$$\text{DMSO}$$

二甲亚砜是一重要的有机溶剂,它可溶解许多无机盐,以及大多数有机物,可与水无限混溶。

(3) 亲核取代反应与锍盐

二价硫化物以及硫上带有未成键电子对的硫化物都比相应的氧化物具有较强的亲核性能,较易发生亲核取代反应,而且产率较好。

HS⁻(NaSH), RS⁻(RSNa), H₂S, RSH 等可与卤代烷、磺酸酯、硫酸酯、质子化的醇发生亲核取代,得到硫醇与硫醚(R 包括脂肪族与芳香族烃基)。

$$RX + HS^- \xrightarrow{C_2H_5OH} RSH$$
$$\text{硫醇}$$

$$RX + RS^- \longrightarrow RSR$$
$$\text{硫醚}$$

$$CH_3SH + (CH_3)_2CHCH_2Br \xrightarrow{NaOH} CH_3SCH_2CH(CH_3)_2$$
$$\text{甲基异丁基硫醚}$$

H_2S, 硫醇可与酰化试剂形成硫羟酸与硫羟酸酯。

$$H_2S + Ac_2O \longrightarrow CH_3\underset{\underset{O}{\|}}{C}SH + CH_3COOH$$

乙硫羟酸

$$RSH + CH_3COCl \longrightarrow CH_3\underset{\underset{O}{\|}}{C}SR + HCl$$

乙硫羟酸酯

硫醇与醛或酮在氯化氢催化下,可以形成硫代缩醛或硫代缩酮。硫醇比醇易反应,也易逆回原来的醛、酮,只需加一些 $HgCl_2$ 的水溶液即可得到醛、酮。

硫醚与卤代烷进行 S_N2 反应,可形成稳定的锍盐。锍盐也可与亲核试剂进行 S_N2 反应,使亲核试剂烷基化:

$$RSR + R'X \longrightarrow R_2\overset{+}{S} - R'X^-$$

$$Br^- + CH_3 - \overset{+}{S}(CH_3)_2 \underset{\triangle}{\longrightarrow} CH_3Br + (CH_3)_2S$$

在生物体内也广泛存在这类亲核取代反应,如 S-腺苷蛋氨酸的作用与 CH_3I 有些类似,在酶催化下起着甲基化试剂的作用。

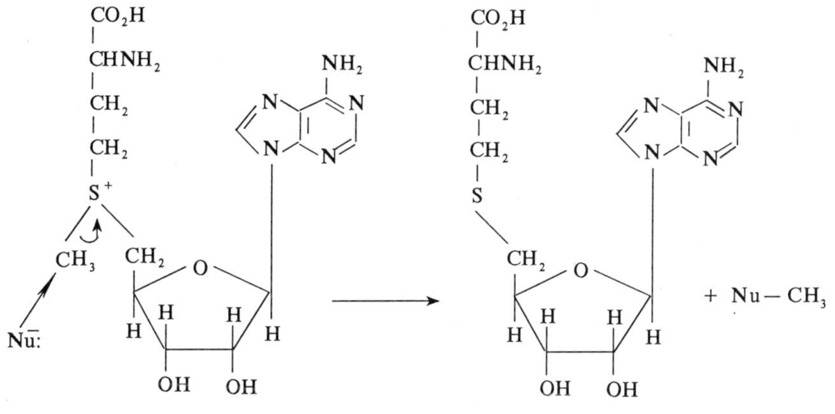

S-腺苷蛋氨酸

硫醇和硫酚在碱性条件下,可与炔烃发生亲核加成,硫醇还可与含吸电子的烯烃进行亲核加成。

$$CH_3SH + CH_2 = CH - CN \xrightarrow[CH_3OH]{CH_3ONa} CH_3SCH_2CH_2CN$$

(91%)

习　题

1. (a) 不考虑对映体,试写出 8 个戊醇异构体的结构式,并用系统命名法命名。

(b) 指出哪些是伯、仲或叔醇。

(c) 标明哪一个是异戊醇、正戊醇、叔戊醇、新戊醇?

(d) 哪些有对映体?

2. 不要查表,将下列化合物按照沸点从高到低的次序排列:

(a) 3-己醇　　　　　　(b) 正己烷　　　　　　(c) 二甲基正丙基甲醇

(d) 正辛醇　　　　　　(e) 正己醇

3. 给出环己醇与下列试剂反应的主要产物的结构:

(a) 冷的浓 H_2SO_4　　　　　(b) H_2SO_4 加热

(c) 冷的稀 $KMnO_4$　　　　　(d) CrO_3, H_2SO_4

(e) Br_2-CCl_4　　　　　　(f) 浓的 HBr 水溶液

(g) $P+I_2$　　　　　　　　(h) Na

(i) CH_3COOH, H^+　　　　(j) H_2, Ni

(k) CH_3MgBr　　　　　　(l) NaOH 水溶液

(m) (f) 的产物 $+Mg$　　　　(n) m 的产物 $+$ d 的产物

(o) $CH_3 - \langle\!\!\!=\!\!\!\rangle - SO_2Cl$, OH^-

(p) (o) 的产物 $+ t$-BuOK

4. 按对 HBr 反应活性的次序排列下列各组醇的次序:

(a) 1-苯基-1-丙醇, 3-苯基-1-丙醇, 1-苯基-2-丙醇

(b) 苯甲醇, 对氰基苯甲醇, 对羟基苯甲醇

(c) 环戊基甲醇, 1-甲基环戊醇, 反-2-甲基环戊醇

5. 写出从 A 到 E 各化合物的结构:

(a) 对-甲苯磺酰氯(A) + 环己基甲醇(B) $\xrightarrow{\text{吡啶}}$ C

(b) $C+(CH_3)_3CO^-K^+$ $\longrightarrow$ D

(c) $C+CH_3OH$ $\longrightarrow$ E

6. 用合适的格氏试剂及有关的醛或酮合成下列的醇。

(a) 3-甲基-2-丁醇　　(b) 新戊醇

(c) 2-苯基-2-丙醇　　(d) 1-甲基环己醇

(e) 环己基甲醇　　　(f) 三苯基甲醇

7. 写出由正丁醇和其他必要的无机试剂在实验室合成下列诸化合物的各步反应。

(a) 正溴丁烷　　　　(b) 1-丁烯

(c) 正丁醇钾　　　　(d) 正丁烷

(e) 1,2-二溴丁烷　　(f) 1-氯-2-丁醇

(g) 1-丁炔　　　　　(h) 1,2-丁二醇

(i) 正辛烷　　　　　(j) 3-辛炔

(k) 顺-3-辛烯　　　(l) 反-3-辛烯

(m) 4-辛醇

8. 由指定原料及其他必要无机试剂合成下列化合物:

(a) 由丙烯合成甘油

(b) 由丙酮制备第三丁醇

(c) 由正丙醇制备异丙醇

(d) 由 1-戊醇合成 2-戊炔

(e) 由甘油制备丙烯醛

9. 异丁醇与溴化氢和硫酸反应,给出溴代异丁烷,没有重排现象。3-甲基-2-丁醇在加热条件下与浓溴化氢反应,给出 2-甲基-2-溴丁烷。试说明其差别的原因。

10. 试列出能很好说明下列事实的一系列步骤:

(a) 3-甲基-1-丁烯加 HCl,生成 2-甲基-3-氯丁烷和 2-甲基-2-氯丁烷。

(b) 2-戊醇和 3-戊醇加 HCl 都得到 2-氯戊烷与 3-氯戊烷。

(c)

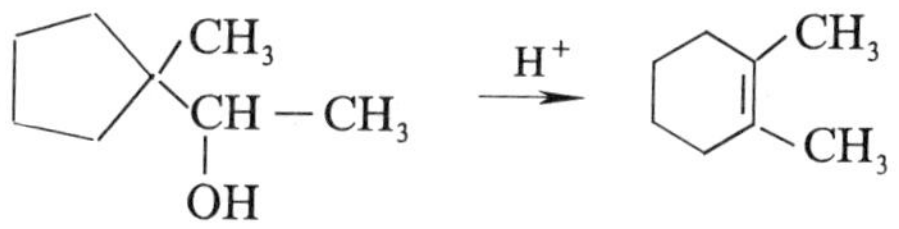

11. 用化学方法鉴别下列各组化合物:

(a) 第一、二、三级丁醇

(b) 乙二醇、氯乙醇、乙醇

(c) 二级丁醇和异丁醇

(d) 乙醇和甲醇

(e) 丙醇、丙烯醇和丙炔醇

12. 分子式为 $C_5H_{12}O$ 的化合物(A),碘仿反应显正性,铬酸氧化生成 $C_5H_{10}O$(B),(A)与浓硫酸加热生成 C_5H_{10}(C),将(C)用高锰酸钾氧化得到 C_3H_6O(D)和 $C_2H_4O_2$(E)。试推断 A,B,C,D,E 各化合物的结构。

13. 用 3 种方法由 2-辛醇转变成 2-氯辛烷(见下文所示)。说明所得结果的原因。

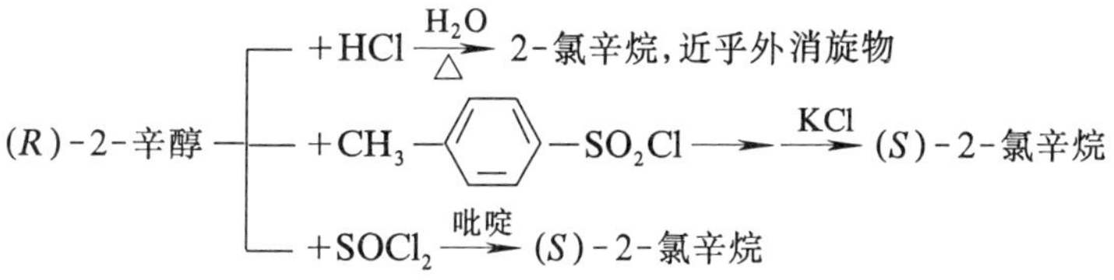

14. 写出下列诸化合物的结构式或名称。

(a) 2,4-二硝基苯酚   (b) 氢醌

(c) 苦味酸   (d) 茴香醚

(e) 水杨酸   (f) 醋酸苯酯

(g) 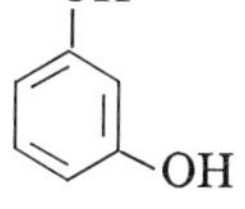   (h)

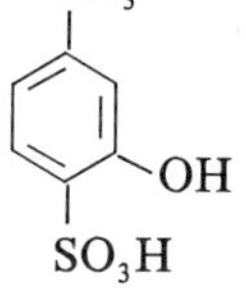

(i) 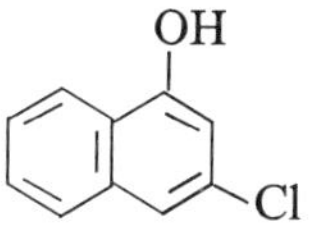   (j)

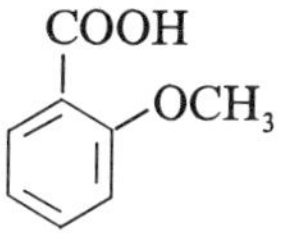

15. 写出邻甲苯酚和下列各化合物反应(如果有的话)所得主要有机产物的结构:

(a) NaOH 水溶液   (b) $NaHCO_3$ 水溶液

(c) 热而浓 HBr

(d) 溴苄和 NaOH 溶液

(e) 溴苯和 NaOH 溶液

(f) 1,3-二硝基-4-氯苯和 NaOH

(g) 乙酸酐

(h) 对硝基苯甲酰氯和吡啶

(i) 苯磺酰氯和 NaOH 水溶液

(j) g 的产物＋AlCl$_3$

(k) 冷而稀 HNO$_3$

(l) H$_2$SO$_4$，15℃

(m) 溴水

(n) Br$_2$-CS$_2$

(o) NaNO$_2$，稀 H$_2$SO$_4$

(p) CO$_2$、NaOH，125℃，5×10^5 Pa

(q) CHCl$_3$，NaOH 水溶液，70℃

(r) Na$_2$Cr$_2$O$_7$，H$_2$SO$_4$

16. 简述从下列芳香族化合物开始,可用任何需要的脂肪族和无机试剂,合成下列各化合物的可行方法步骤。

(a) 从 1,3,5-三甲苯合成 2,4,6-三甲基苯酚

(b) 从苯酚合成对叔丁基苯酚

(c) 从苯酚合成 2-苯氧基-1-溴乙烷(和 C$_6$H$_5$OCH$_2$CH$_2$OC$_6$H$_5$ 一起生成)

(d) 从间甲苯酚合成 3-甲基-4-叔丁基-2,6-二硝基茴香醚(合成麝香)

17. 阐述区别下列各组化合物的简便试验。

(a) 苯酚和邻二甲苯

(b) 乙酰水杨酸、乙酰水杨酸乙酯和水杨酸

18. 试依次写出下列各步反应的主要有机产物:

(a) $C_6H_5CH = CHCH_2Cl \xrightarrow{PhO^-} ? \xrightarrow{加热} ?$

(b)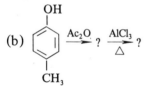

19. 化合物 Y(C$_7$H$_8$O)不溶于水、稀盐酸及 NaHCO$_3$ 水溶液,但溶于稀的 NaOH 水溶液,当用溴水处理 Y 时,它迅速转变成分子式为 C$_7$H$_5$OBr$_3$ 的化合物。试问 Y 有怎样的结构?

20. 写出下列化合物的名称或结构。

(a) CH$_3$OCH(CH$_3$)$_2$

(b) 对 - BrC$_6$H$_4$OC$_2$H$_5$

(c) ClCH$_2$CHCH$_2$
　　　　＼O／

(d) (CH$_3$)$_2$CHCH$_2$ — O — CH$_2$CH(CH$_3$)$_2$

(e) 甲基正丁基醚

(f) 异丙醚

(g) 3-甲氧基己烷

(h) 茴香醚

(i) 对 - 硝基苄基正丙基醚

(j) 1,2 - 环氧戊烷

21. 写出下列各反应产物的结构(如不发生反应则用无反应表示)。

(a) 叔丁醇钾＋碘乙烷

(b) 叔丁基碘＋乙醇钠

(c) 乙醇＋H$_2$SO$_4$ (140℃)

(d) C$_6$H$_5$OC$_2$H$_5$＋热浓的 HBr

(e) 正丁醚＋沸腾的 NaOH

(f) $C_6H_5OC_2H_5 + HNO_3$，H_2SO_4 水溶液

(g) 对-$CH_3C_6H_4OCH_3 + KMnO_4$，KOH，加热

(h) 甲乙醚＋过量 HI(热)

(i) $C_6H_5OCH_2C_6H_5 + Br_2$，Fe

(j) 甲醚＋Na

(k) 乙醚＋冷浓的 H_2SO_4

(l) 乙醚＋热浓的 H_2SO_4

22. 写出环氧乙烷与下列诸试剂反应所得产物的结构。

(a) H_2O，H^+　　　　　　(b) H_2O，OH^-　　　　　　(c) C_2H_5OH，H^+

(d) C 的产物，H^+　　　　(e) $HOCH_2CH_2OH$，H^+

(f) 无水 HBr　　　　　　　(g) C_6H_5MgBr

(h) 二乙胺　　　　　　　　(i) 苯酚，H^+

(j) 苯酚，OH^-　　　　　　(k) $HC{\equiv}C^-Na^+$·

23. 写出由醇或酚合成下列化合物的方法。

(a) 甲基叔丁基醚　　　　(b) 异丙基异丁基醚

(c) 间苯二酚二甲醚

24. 写出下列各步反应产物的结构：

(a) $CH_2{=}CH_2 + Cl_2$，$H_2O \longrightarrow K(C_2H_5OCl) \xrightarrow[\triangle]{H_2SO_4}$

　　　$L(C_4H_8OCl_2) \xrightarrow{KOH 醇溶液} M(C_4H_6O)$

(b) 顺-2-丁烯＋Cl_2＋$H_2O \longrightarrow N \xrightarrow{OH^-} O \xrightarrow{稀 HCl} P$

(c) 反-2-丁烯＋Cl_2＋$H_2O \longrightarrow Q \xrightarrow{OH^-} R \xrightarrow{稀 HCl} S$

25. 提出区别下列化合物的简单化学试验。

(a) 正丁醚和戊醇

(b) 乙醚和碘甲烷

(c) 甲基正丙基醚和 1-戊烯

(d) 茴香醚和甲苯

(e) 苯酚与环己醇

(f) 1-丁醇和 2-丁醇

(g) 氧化丙烯与四氢呋喃

(h) 3-戊醇与 2-甲基-2-丁醇

(i) 甲氧基苯与甲基环己基醚

26. 怎样实现下列转变：

(a) 1-丙醇转变成氧化丙烯

(b) 顺-3-甲基-1-氯环戊烷转变成反-3-甲基环戊醇

(c) 亚甲基环丁烷转变成 1-甲基环丁基甲基醚

(d) 环己醇转变成环己基甲基醚

27. 写出下列反应产物的立体结构式:

(a) 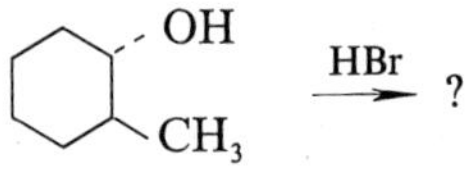 环己基 OH / CH$_3$ $\xrightarrow{\text{HBr}}$?

(b) 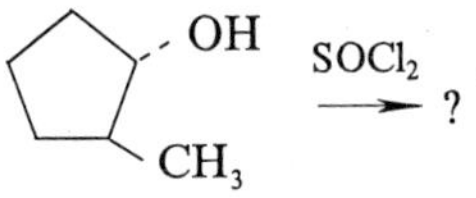 环戊基 OH / CH$_3$ $\xrightarrow{\text{SOCl}_2}$?

(c) (R)- CH$_3$CH$_2$CCH$_2$OCH$_3$ (带 CH$_3$ 和 OH 取代) $\xrightarrow{\text{PBr}_3}$?

28. 给出下列各化合物的名称:

(a) 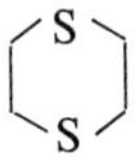 1,3-二噻烷环 (S, S)

(b) 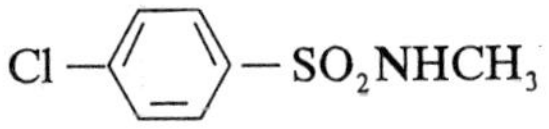 Cl—⟨苯环⟩—SO$_2$NHCH$_3$

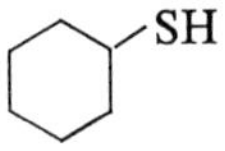

(c) CH$_3$SCH$_3$ ↓ O

(d) 环己基—SH

(e) CH$_3$—⟨苯环⟩—SH

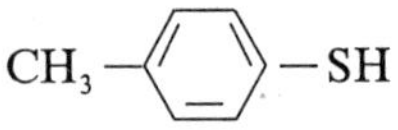

(f) 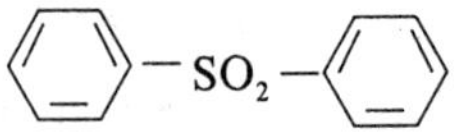 ⟨苯环⟩—SO$_2$—⟨苯环⟩

(g) C$_2$H$_5$—S—S—C$_2$H$_5$

(h) CH$_3$—C(=S)—OH

(i) CH$_3$CH$_2$C(=O)—SH

(j) 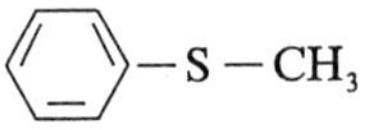 ⟨苯环⟩—S—CH$_3$

29. 写出下列反应的主要产物。

(a) S—CH$_2$CH(NH$_2$)COOH | S—CH$_2$CH(NH$_2$)COOH $\xrightarrow[\text{2) H}_3^+\text{O}]{\text{1) Na+NH}_3}$?

(b)  ⟨苯环⟩—SH + KOH ⟶ ?

(c) CH$_2$—SH | CH—SH | CH$_2$OH + HgO ⟶ ?

(d) CH$_3$CH$_2$CH$_2$CH$_2$SH + HNO$_3$ ⟶ ?

(e) 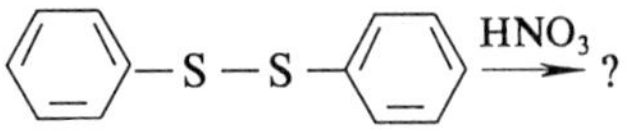 ⟨苯环⟩—S—S—⟨苯环⟩ $\xrightarrow{\text{HNO}_3}$?

(f) 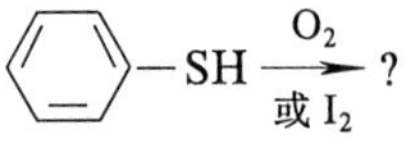 ⟨苯环⟩—SH $\xrightarrow[\text{或 I}_2]{\text{O}_2}$?

182

(g) $CH_3-\langle \underline{\bigcirc} \rangle -SO_3H \xrightarrow{PCl_5}$?

(h) $CH_3-S-CH_3+CH_3I \longrightarrow$?

(i) $CH_3\overset{+}{\underset{\underset{CH_3}{|}}{S}}-CH_3Br^- \xrightarrow[DMSO]{NaH}$?

30. 将下列化合物按酸性增强次序排列。

第八章 醛、酮、醌

Ⅰ. 醛 和 酮

醛和酮分子里都含有羰基$\left(\geq C=O \right)$,统称为羰基化合物。羰基所连的两个基团都是烃基的化合物叫酮,如:

$$R-\underset{\underset{O}{\|}}{C}-R' \qquad Ar-\underset{\underset{O}{\|}}{C}-R \qquad Ar-\underset{\underset{O}{\|}}{C}-Ar'$$

其中至少有一个是氢原子的化合物叫醛,如:

$$H-\underset{\underset{O}{\|}}{C}-H \qquad R-\underset{\underset{O}{\|}}{C}-H \qquad Ar-\underset{\underset{O}{\|}}{C}-H$$

所以也常将 $\geq C=O$ 叫做酮基,$_H\geq C=O$ 叫醛基。

羰基很活泼,可以发生多种多样的反应,所以羰基化合物在有机合成中,是极为重要的物质,同时羰基化合物也是动植物代谢过程中一个重要的中间体。

8.1 醛和酮的结构

羰基碳以 3 个 σ 键和其他原子相连,由于这些键所用的是 sp^2 轨道,所以位于同一个平面上,键角为 120°;碳原子上还有 1 个 p 轨道,和氧的 p 轨道重叠,形成一个 π 键,所以碳氧间是以双键相连。

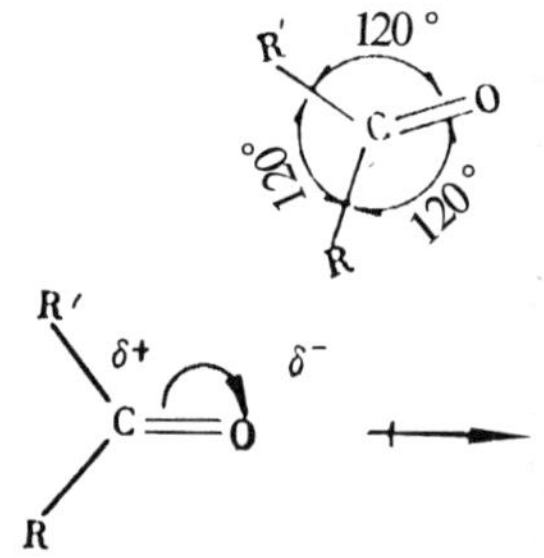

由于碳—氧间电负性差别较大,因此电子并不是均等地被共享着,特别是活动性较大的 π 电子云被强烈地拉向电负性较大的氧原子。所以醛与酮具有较高的偶极矩(2.3—2.8 D),并且在物理与化学性质上也反映出来。

8.2 醛和酮的命名

脂肪醛多用系统命名法选择含有醛基最长的碳链作为母体,编号由醛基的碳原子开始。在普通命名中,常用 α, β, γ, δ, … 如:

$\overset{4}{C}H_3\overset{3}{C}H\overset{2}{C}H_2\overset{1}{C}HO$ 3-甲基丁醛 $\overset{4}{C}H_2=\overset{3}{C}H\overset{2}{C}H_2\overset{1}{C}HO$ 3-丁烯醛
     $|$
    CH_3

$\overset{\sigma}{C}H_3\overset{\gamma}{C}H_2\overset{\beta}{C}H_2\overset{\alpha}{C}HCHO$ α-甲基戊醛
            $|$ 2-甲基戊醛   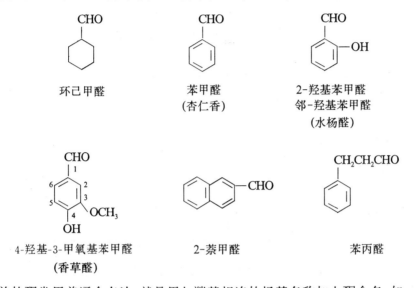 —CH=CHCHO   3-苯基-2-丙烯醛
            CH_3

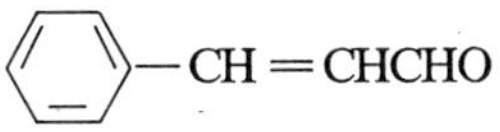

当脂肪醛与环烃相连接时,则用连接命名法,但有些常用它的俗名,如:

简单的酮常用普通命名法,就是用与羰基相连的烃基名称加上酮命名,如:

酮的系统命名是脂肪酮以带有羰基的最长链为母体,编号从最靠近羰基的一边开始,命名原则和醇相似,如:

$\overset{1}{C}H_3\overset{2}{C}\overset{3}{C}H_2\overset{4}{C}H_2\overset{5}{C}H_3$ $\overset{5}{C}H_3\overset{4}{C}H\overset{3}{C}H_2\overset{2}{C}\overset{1}{C}H_3$ —$\overset{1}{C}H_2\overset{2}{C}\overset{3}{C}H_3$
    $\|$ $|$ $\|$ $\|$
    O CH_3 O O

    2-戊酮   4-甲基-2-戊酮   1-苯基-2-丙酮

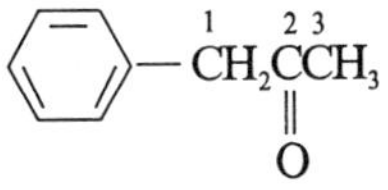

当有比醛、酮命名级别高的基团存在时,醛、酮则以氧基(=O)或甲酰基(—CH=O)、乙酰基($CH_3C=O$)、苯甲酰基($C_6H_5C=O$)等取代基命名。如:

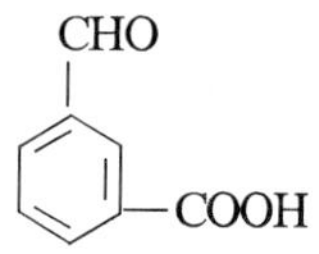

3-甲酰基苯甲酸　　　　　　　　4-氧基丁酸　　　　　　　　4-氧基戊酸

8.3　醛和酮的物理性质

由于羰基具有较强的极性,所以醛、酮比相近分子量的极性低的化合物如烷、醚、卤代烷的沸点高;由于醛酮中的氢没有和氧相连,分子间没有氢键,所以醛酮的沸点又比相同分子量的醇、羧酸低(见表 8-1)。

表 8-1　分子量相近的烷、醇、醚、醛、酮、羧酸沸点的比较

结　构　式	名　称	分　子　量	沸点/℃
$CH_3CH_2CH_2CH_2CH_3$	戊烷	72	36
$CH_3CH_2CH_2CH_2OH$	丁醇	74	118
$CH_3CH_2OCH_2CH_3$	乙醚	74	35
$CH_3CH_2CH_2CHO$	丁醛	72	76
$CH_3CCH_2CH_3$ 　‖ 　O	2-丁酮	72	80
CH_3CH_2COOH	丙酸	74	141

除甲醛为气体外,12 个碳原子以下的脂肪族醛、酮均为液体,高级脂肪族醛、酮和芳香酮多为固体。

低分子量的醛、酮在水中有相当大的溶解度,如丙酮可与水无限混溶。这是由于醛、酮可与水分子形成氢键的缘故。约在 5 个碳原子时达到边界溶解度。醛、酮能溶于一般有机溶剂中。

中等分子量的醛、酮和一些芳香族醛、酮常有特殊香味,可用于化妆品和食品工业。如:

$CH_3(CH_2)_7CHO$　　　　　　$CH_3CHCH_2C=O$　　　　　$-CH=CH-CHO$
　　　　　　　　　　　　　　　　$\backslash(CH_2)_{14}$

壬　醛　　　　　　　　　　　麝香酮 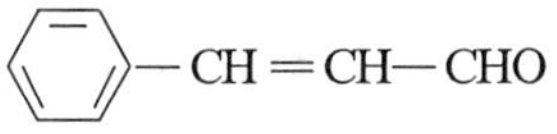　　　　　　　　　　　肉　桂　醛
(玫瑰油)

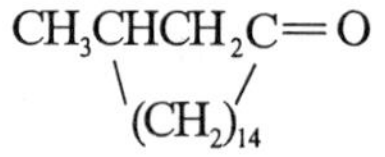

醛、酮的物理性质见表 8-2。

表 8-2　醛酮的物理性质

化　合　物	名　称	熔点/℃	沸点/℃	在水中溶解度
HCHO	甲醛	−92	−21	很大
CH_3CHO	乙醛	−125	21	∞
CH_3CH_2CHO	丙醛	−81	49	很大
$CH_3(CH_2)_2CHO$	丁醛	−99	76	溶
$CH_3(CH_2)_3CHO$	戊醛	−91.5	102	微溶

化　合　物	名　称	熔点/℃	沸点/℃	在水中溶解度
$CH_3(CH_2)_4CHO$	己醛	−56	128	微溶
C_6H_5CHO	苯甲醛	−57	178	微溶
$C_6H_5CH_2CHO$	苯乙醛	33	193	微溶
CH_3COCH_3	丙酮	−95	56.1	∞
$CH_3COCH_2CH_3$	丁酮	−86	79.6	很大
$CH_3COCH_2CH_2CH_3$	2-戊酮	−78	102	溶
$CH_3CH_2COCH_2CH_3$	3-戊酮	−42	102	溶
$C_6H_5COCH_3$	苯乙酮	21	202	不溶
$C_6H_5COC_6H_5$	二苯酮	48	306	不溶

8.4　醛和酮的化学性质

醛、酮的化学反应主要发生在两个地方：一为羰基，可发生羰基上的亲核加成、氧化、还原，歧化等反应；另一个为羰基旁的 α 碳上，可以表现为 α 氢的酸性，酮式与烯醇式的互变异构，羟醛缩合，卤化等反应。

1. 羰基亲核加成反应的历程

羰基是一极性的双键，由于碳、氧电负性差别较大，使易于流动的 π 电子大部分被拉向氧，使碳上电子云密度小，氧上电子云密度大。

因此羰基碳易受亲核试剂进攻发生亲核加成，而羰基氧易受氢质子进攻，使其质子化，促进亲核加成。所以羰基可以与 HCN，$NaHSO_3$，RMgX，RLi，$R—NH_2$，ROH，RSH，$RC≡C^-Na^+$ 等亲核试剂反应，得到相应的羟基化合物或脱水转变成相应的双键或缩醛化合物。由于亲核试剂的亲核性强弱不同，其反应历程基本上可分为两种，但决定反应速度的一步都是亲核试剂进攻羰基碳的一步。

（1）与强亲核试剂反应

在有强亲核试剂与弱亲电试剂存在时，加成反应分两步：第一步是亲核试剂加到羰基碳上，将碳氧双键打开，形成碳四面体结构的氧负离子；第二步，氧负离子与亲电试剂结合得到加成产物。

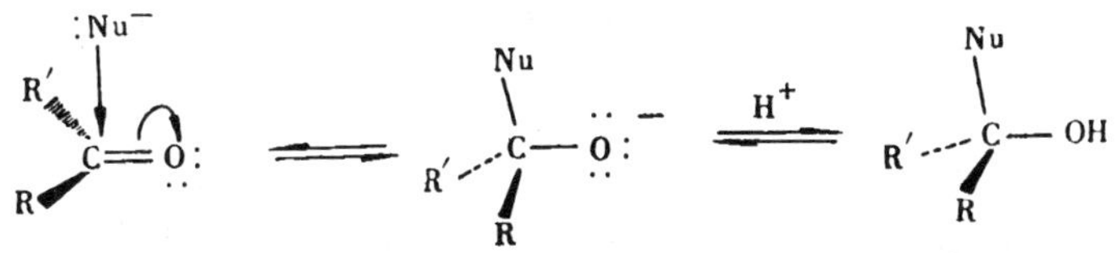

正四面体结构　　　　正四面体结构

在这两步反应中，第一步是决定反应速度的。第二步反应的过渡状态是处在由平面三角形的羰基结构转变成正四面体结构的中间状态，由于增加了一个亲核试剂，空间位阻变大，所以羰基化合物的 R′ 与 R 愈大,过渡状态的空间位阻愈大,位能愈高,反应愈慢。

另外过渡状态与中间体氧负离子的结构相近,所以氧负离子愈稳定,活化能愈低,羰基的活性愈大。因此羰基化合物上 R 与 R′ 吸电子能力强,将有利于氧负离子稳定,这种羰基的活性也就较大。

从这两点分析都可以看到醛要比酮的加成速度快,因为酮有个烷基,空间位阻较大,而且烷基具有给电子性能,使氧负离子不稳定。

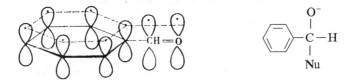

对于芳香族的醛和酮,由于芳环与羰基共轭体系稳定,但形成过渡状态时,将破坏共轭体系,使位能增高,因此活化能较高,反应较慢。

由此看出醛、酮亲核加成的活性顺序:脂肪醛 > 脂肪酮 > 芳香醛 > 芳香酮。

(2) 与弱亲核试剂反应

当有酸与弱亲核试剂存在时,亲核加成是按酸催化历程进行的:即第一步为酸进攻羰基的氧,质子化的羰基更有利于第二步亲核试剂的进攻。在这个历程中,第二步为决定反应速度的一步:

在此反应中,醛、酮结构对反应活性的影响与上述的相同。

对于强亲核试剂,酸将与其结合,使之失去亲核性能,所以酸催化历程对于强亲核试剂是不合适的。

羰基的亲核加成大多数是可逆反应,因此整个反应的产率与平衡位置有关。这种性质与碳碳双键的亲电加成及饱和碳上的亲核取代反应不同,后两种反应基本上是不可逆的,产率主要由反应速度决定。

羰基亲核加成的产物,若是稳定的,可以将其分离出来;若是不稳定的,往往还可以接着进行反应;甚至羰基加成产物是稳定的,若改变反应条件,也可使加成产物继续反应。这些接着进行的反应一般为消除反应。

2. 亲核加成反应

下面具体介绍几种主要羰基亲核加成反应。

(1) 与氢氰酸的加成

醛与大多数酮的羰基可以和 HCN 发生加成反应,得到氰醇。由于氢氰酸是一个弱酸,CN^- 是一个强亲核试剂,所以这个反应不是按酸催化的历程进行的,而是 CN^- 首先加到羰基碳上。为了增加 CN^- 的浓度,常加少量碱到氢氰酸中,这样可以大大加快加成反应。这个反应是一个可逆反应:

$$
CH_3\overset{\overset{O}{\|}}{C}-CH_3 + HCN \rightleftharpoons CH_3-\overset{\overset{O^-}{|}}{\underset{\underset{CN}{|}}{C}}-CH_3 \underset{-H^+}{\overset{H^+}{\rightleftharpoons}} CH_3-\overset{\overset{OH}{|}}{\underset{\underset{CN}{|}}{C}}-CH_3
$$

二苯基酮由于空间位阻甚至不能与 HCN 发生亲核加成。氢氰酸是一种易挥发的液体,剧毒。使用时要非常小心。为减少 HCN 挥发,常在反应时,加氰化钠,然后滴加硫酸,使产生的氢氰酸即刻反应。

氰醇是重要的有机合成中间体,酸水解氰基时,若用盐酸水溶液可得到羟基酸,若用浓硫酸水解则得到不饱和酸。如甲基丙烯酸甲酯的合成就是用丙酮氰醇与浓硫酸和甲醇一起反应,浓硫酸使氰基水解,并催化羧基与甲醇酯化,又使羟基脱水形成不饱和酸酯:

$$
CH_3-\overset{\overset{OH}{|}}{\underset{\underset{CH_3}{|}}{C}}-CN + CH_3OH \xrightarrow{\text{浓 } H_2SO_4} CH_2=\overset{\overset{CH_3}{|}}{C}-COOCH_3
$$
2-甲基丙烯酸甲酯

甲基丙烯酸甲酯是重要的高分子单体,可聚合成透明的有机玻璃。

(2) 与亚硫酸氢钠的加成

醛、甲基酮与环己酮的羰基可以和 $NaHSO_3$ 发生亲核加成。

$$
>\!C=O + {}^-\!\!:SO_3H \rightleftharpoons -\overset{\overset{\ddot{O}:^-Na^+}{|}}{\underset{|}{C}}-SO_3H \rightleftharpoons -\overset{\overset{OH}{|}}{\underset{|}{C}}-SO_3^-Na^+
$$
Na^+ 亚硫氢钠加成物

这个反应的亲核试剂为: $^-SO_3H$,比 CN^- 的体积大,所以羰基旁基团空间位阻对于加 $NaHSO_3$ 的影响比加氢氰酸的影响大,所以只有醛、甲基酮与环己酮才能和 $NaHSO_3$ 有明显的加成产物产生,如醛与等摩尔的 $NaHSO_3$ 加成得到大约 70%～90% 的加成产物,甲基酮只得到 12%～26% 的加成产物,其他高级酮则得不到产物。这个反应也是可逆反应,因此用过量的 $NaHSO_3$ 与醛或甲基酮反应可以提高加成产物的产率,一般是用浓的 $NaHSO_3$ 水溶液与醛或酮混合,加成产物以结晶状固体分出。

利用这个反应是一可逆反应的性质,在加成物中,加酸或碱来破坏 $NaHSO_3$,可使加成物逆回到原来的醛、酮。

$$\begin{array}{c} \underset{\displaystyle \underset{H}{|}}{\overset{\displaystyle \overset{OH}{|}}{R-C-SO_3Na}} \rightleftharpoons \overset{\displaystyle \overset{O}{\parallel}}{R-CH}+NaHSO_3 \end{array}\left\{ \begin{array}{l} \xrightarrow{1/2Na_2CO_3,\,H_2O} RCHO+Na_2SO_3+\dfrac{1}{2}CO_2+\dfrac{1}{2}H_2O \\[2mm] \xrightarrow{\quad HCl \quad} RCHO+NaCl+SO_2+H_2O \end{array} \right.$$

因此可利用此反应来分离醛、甲基酮、环己酮与其他化合物的混合物。

(3) 与格氏试剂的加成

格氏试剂的负碳离子作为一强亲核试剂可与醛、酮的羰基发生亲核加成，如与甲醛反应可得 1° 醇，与醛反应得 2° 醇，与酮反应得 3° 醇。如：

$$>C=O+R^-:MgX^+ \longrightarrow >C<\overset{\displaystyle O^-MgX^+}{\underset{\displaystyle R}{}} \xrightarrow{H_2O} >C<\overset{\displaystyle OH}{\underset{\displaystyle R}{}}$$

$$CH_3CHO+CH_3CH_2MgX \longrightarrow CH_3\underset{\displaystyle \underset{-OMgX^+}{|}}{\overset{\displaystyle \overset{H}{|}}{C}}-CH_2CH_3 \xrightarrow{H_2O} CH_3CH_2\underset{\displaystyle \underset{OH}{|}}{CH}-CH_3$$

若醛、酮或格氏试剂的烃基的空间位阻增加，其反应将大大减慢，同时副反应增加。

由于烷基锂的活性比格氏试剂大，可以在低温与醛、酮反应，使还原和烯醇化的副反应大大受抑制，因此与空间位阻大的酮反应，仍以加成产物为主。

$$(CH_3)_3C-\underset{\displaystyle \underset{O}{\parallel}}{C}-C(CH_3)_3+(CH_3)_3C\,Li \xrightarrow[-70\,℃]{乙醚} \xrightarrow{H_2O} [(CH_3)_3C\,]_3C-OH$$

(4) 与氨的衍生物的加成与缩合

氨及氨的某些衍生物可以和醛、酮的羰基发生加成，脱水得到含氮的化合物：

$$>C=O+H_2N-G \longrightarrow >C\underset{\displaystyle \underset{OH}{|}}{-NHG} \xrightarrow{-H_2O} >C=NG$$

式中 G 可以是： $R(Ar)-$ ， $HO-$ ， H_2N- ， C_6H_5-NH- ， $O_2N-\!\!\!\!\bigcirc\!\!\!\!\overset{\displaystyle NO_2}{-NH-}$ ， $H_2N\overset{\displaystyle \overset{O}{\parallel}}{C}-NH-$

　　　　　　　　　（胺）　　（羟胺）（肼）　　（苯肼）　　（2,4-二硝基苯肼）　（氨基脲）

等，其产物分别为西佛碱、肟、腙、苯腙、2,4-二硝基苯腙、缩氨脲等。

由于这些氨的衍生物在游离状态不稳定，易被氧化，所以常以盐酸盐形式存在。因此在使用时要加碱，如加乙酸钠将其游离出来。

这些反应需调节到合适的 pH 值才能顺利地进行，一般需在弱酸性，因为羰基的质子化有利于加成；但酸性太强将使氨成盐，失去亲核性能。所以这类反应中，有些用乙酸钠作为缓冲剂。究竟 pH 以多少为宜，取决于氨的衍生物及醛的结构。

醛、酮与 2,4-二硝基苯肼、氨基脲及羟胺反应都能得到很好的结晶，有固定熔点，所以常用来鉴定醛、酮。

2° 胺与醛、酮反应脱水后得到烯胺。这是醛、酮 α 碳上烷基化与酰基化一个重要的中间体，将在后面胺一章讨论。

190

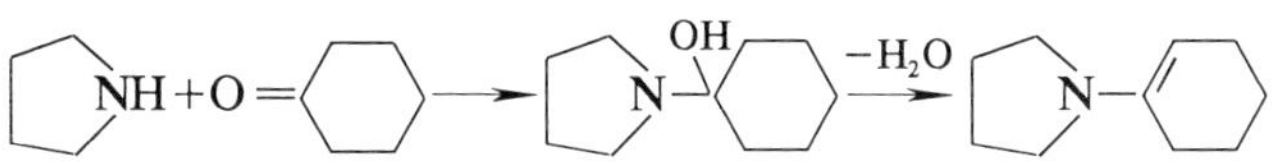

(5) 与醇的加成

醇与醛、酮在一起，可以产生半缩醛，此反应是可逆的，产物分离不出来。当有干燥氯化氢存在时，醇与醛、酮可形成缩醛(酮)。缩醛形成的历程经过醇对羰基的加成，酸催化脱水和接着加醇等步骤。

半缩醛　　　　酸催化脱水

加醇　　　　缩醛

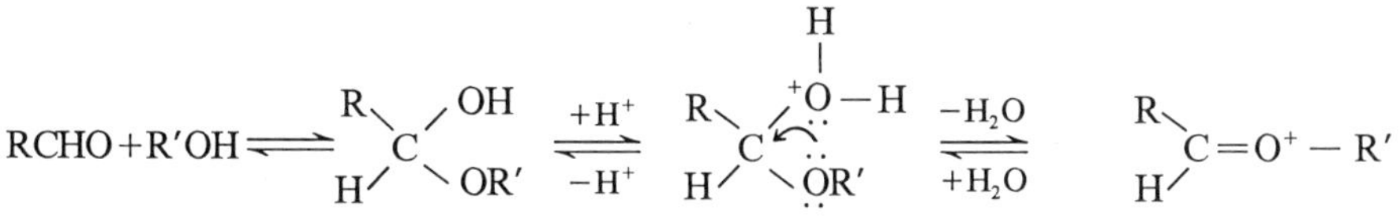

此反应也是可逆反应，醛的平衡位置一般比酮有利。为了提高产率，将平衡向右移动，需要除去生成的水。为此常加苯来进行恒沸蒸馏，带出反应生成的水。

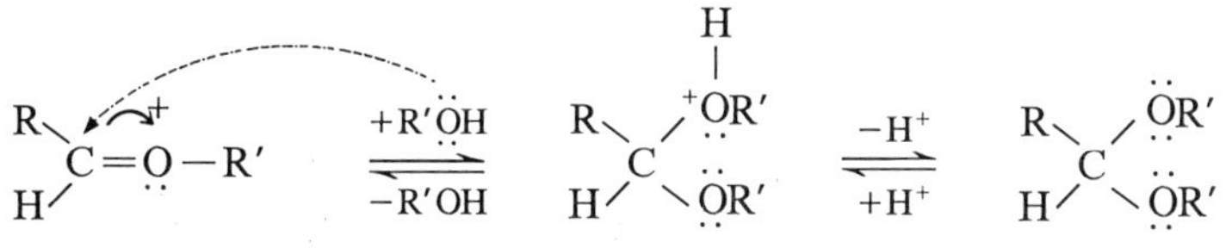

缩酮比较难以形成，但是环状的缩酮却比较容易形成。当酮与过量的乙二醇在少量酸存在下可形成环状的缩酮。

过量的乙二醇　　　　环状的缩酮

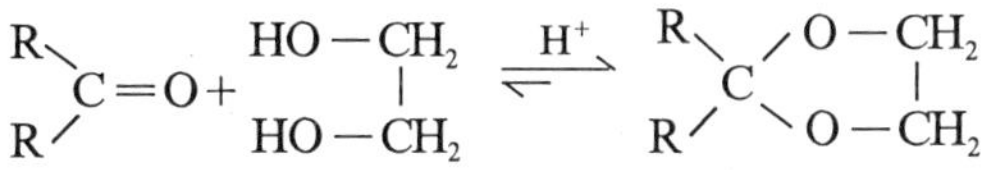

缩醛与缩酮在有酸存在下是不稳定的，可以再水解成为醛、酮。但是在中性或碱性条件下却是稳定的，它的性质和醚很相似，因此在有机合成中常用来保护羰基，使在合成中不致受到氧化剂、还原剂、格氏试剂与其他碱性试剂的破坏。

硫醇比醇更易与醛或酮在氯化氢催化下形成硫代缩醛(酮)，也易逆回原来的醛(酮)，只需加一些氯化汞的水溶液即可得到醛、酮。

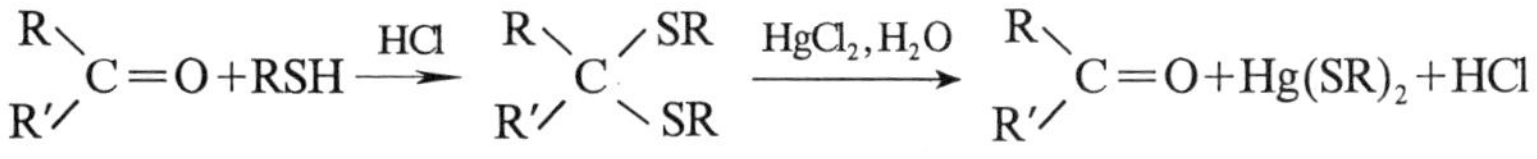

(6) 与乙炔的加成

乙炔钠化合物可以和羰基发生加成反应。如：

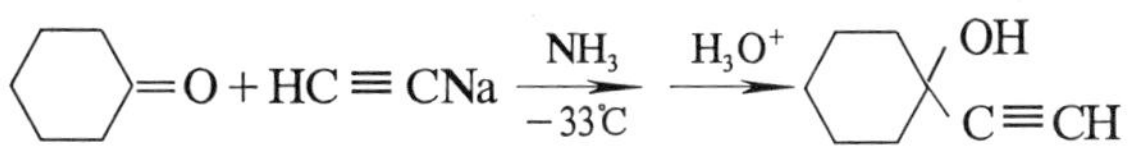

(65%～75%)
1-乙炔基环己醇

在无水乙醚中,分散固体氢氧化钾的粉末,然后通乙炔得到一种黄色粉末状沉淀,加羰基化合物如丙酮,在室温可以得到炔醇:

$$CH_3-\underset{\underset{O}{\|}}{C}-CH_3 + HC\equiv CH \xrightarrow[乙醚,20℃以下]{KOH} CH_3-\underset{\underset{OH}{|}}{\overset{\overset{CH_3}{|}}{C}}-C\equiv CH$$

这里不是生成乙炔钾,而是乙炔与氢氧化钾形成一络合物,促使反应进行;若反应温度在 30℃ 以上,可上 2 分子丙酮。LiOH, NaOH 均无此活性。

(7) 与内鎓盐的加成

内鎓盐(又称伊里德,ylide)是具有负碳离子、并有 $p-d\pi$ 键使其稳定的内盐。在合成上常用的有含磷与含硫的内鎓盐。

含磷内鎓盐是由三苯基膦与卤代烷进行亲核取代反应得膦盐,再与强碱作用,得含磷内鎓盐。反应通式如下:

$$(C_6H_5)_3P: + R_2CHX \longrightarrow (C_6H_5)_3\overset{+}{P}-CHR_2 \xrightarrow{B:^-} (C_6H_5)_3\overset{+}{P}-\overset{\overline{\overline{}}}{C}R_2 \longleftrightarrow (C_6H_5)_3P=CR_2$$

含磷内鎓盐仍具有一定负碳离子的性质,可以和醛、酮发生亲核加成,然后再脱去三苯基膦氧化物,即得到烯:

$$\langle\rangle=O + (C_6H_5)_3P=CR_2 \longrightarrow \langle\rangle\underset{\underset{P(C_6H_5)_3}{\overset{+}{|}}}{\overset{\overset{CR_2}{|}}{\underset{\overline{O}}{}}} \longrightarrow \langle\rangle=CR_2 + (C_6H_5)_3P=O$$

这是合成上制备烯的重要反应,特别是在天然产物的合成中受到重视。它操作简便、条件温和、双键位置固定,其缺点是得到的烯烃为顺反异构体的混合物。

含硫内鎓盐是由二甲硫醚或二甲亚砜与碘甲烷进行亲核取代反应,得锍盐;再用强碱处理,得含硫内鎓盐。含硫内鎓盐与醛、酮反应,得环氧化合物:

$$CH_3SCH_3 + CH_3I \longrightarrow (CH_3)_2\overset{+}{S}CH_3 \xrightarrow{B:^-} (CH_3)_2\overset{+}{S}-\overset{\overline{\overline{}}}{C}H_2 \longleftrightarrow (CH_3)_2S=CH_2$$

$$CH_3\overset{\overset{O}{\uparrow}}{S}CH_3 + CH_3I \longrightarrow (CH_3)_2\underset{\underset{O}{\downarrow}}{\overset{+}{S}}-CH_3I^- \xrightarrow{B:^-} (CH_3)_2\underset{\underset{O}{\downarrow}}{\overset{+}{S}}-\overset{\overline{\overline{}}}{C}H_2 \longleftrightarrow (CH_3)_2\underset{\underset{O}{\downarrow}}{S}=CH_2$$

与醛酮的反应:

$$\langle\rangle-CHO + CH_2=\overset{\overset{O}{\uparrow}}{S}(CH_3)_2 \longrightarrow \langle\rangle-\underset{\underset{O}{\downarrow}}{\overset{\overset{O^-}{|}}{C}H}-CH_2-\overset{+}{S}(CH_3)_2 \longrightarrow \langle\rangle-\overset{\overset{O}{\diagup\diagdown}}{CH}-CH_2 + CH_3SCH_3$$

(8) 与 PCl₅ 反应

酮与 PCl_5 在 0~5℃ 反应可得偕二氯化物与氯代烯。产物用强碱脱去 HCl,即可得到炔。所以这方法也是由酮制炔的一种方法。如:

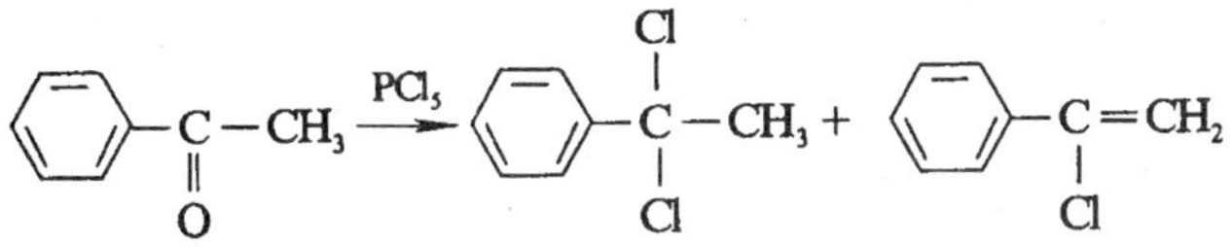

(1,1-二氯乙基)苯　1-苯基-1-氯乙烯
(偕二氯化物)

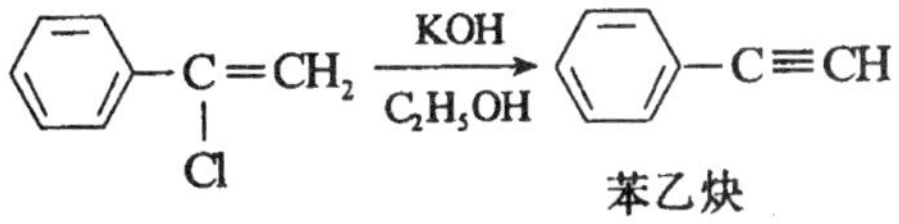

$$C_6H_5-C(Cl)=CH_2 \xrightarrow[C_2H_5OH]{KOH} C_6H_5-C\equiv CH$$
苯乙炔

3. 还原反应

醛、酮可被还原成醇,也可将其羰基还原成亚甲基。

(1) 催化氢化

醛经催化氢化可还原成 1° 醇,酮可还原成 2° 醇。

$$\begin{array}{c}R\\H\end{array}\!\!\!C=O+H_2 \xrightarrow{Ni} \begin{array}{c}R\\H\end{array}\!\!\!CH-OH \qquad 1° 醇$$

$$\begin{array}{c}R\\R'\end{array}\!\!\!C=O+H_2 \xrightarrow{Ni} \begin{array}{c}R\\R'\end{array}\!\!\!CH-OH \qquad 2° 醇$$

但是催化氢化也可把分子中的双键,三键,卤素,—NO$_2$,—CN,—COOR,—CONH$_2$,—COCl 等还原。如:

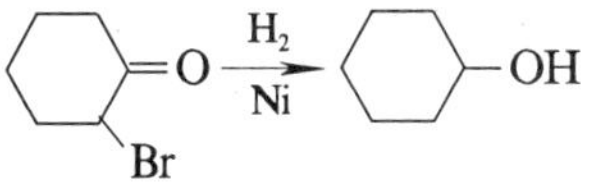

$$\text{2-溴环己酮} \xrightarrow{\frac{H_2}{Ni}} \text{环己醇(—OH)}$$

(2) LiAlH$_4$ 与 NaBH$_4$ 的还原

50 年代以后,发展了两个金属氢化物的还原剂,一为氢化锂铝 LiAlH$_4$,一为硼氢化钠 NaBH$_4$。这两个还原剂使用起来操作简单,产率高,并有选择性。前者与水、醇均反应,故不能用水与醇作溶剂;后者不与水、醇反应,所以水、醇均可作溶剂。

LiAlH$_4$ 的还原能力比 NaBH$_4$ 强,与催化氢化相近。与催化氢化相比,LiAlH$_4$ 一般不能还原碳碳双键、三键,但可以还原羰基,而催化氢化不能还原羰基。NaBH$_4$ 只能还原醛、酮与酰氯,因此不同还原剂可得不同产物。

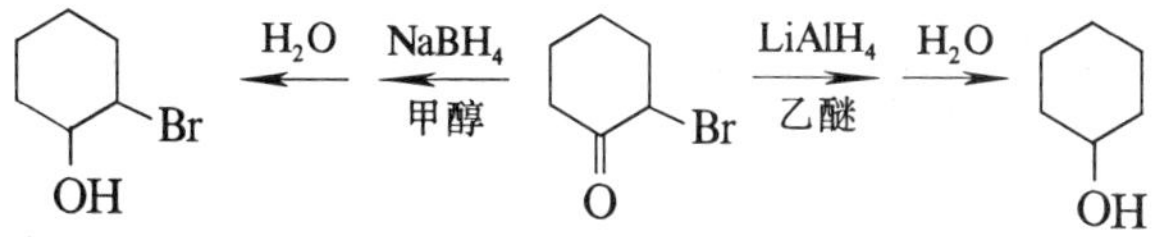

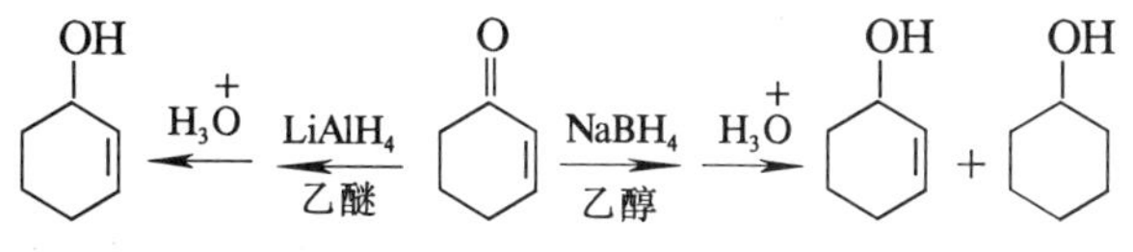

$$\text{2-溴环己醇}\underset{\text{甲醇}}{\overset{H_2O \quad NaBH_4}{\longleftarrow}} \text{2-溴环己酮} \xrightarrow[\text{乙醚}]{LiAlH_4 \quad H_2O} \text{环己醇}$$

$$\text{2-环己烯醇}\underset{\text{乙醚}}{\overset{H_3O^+ \quad LiAlH_4}{\longleftarrow}} \text{2-环己烯酮} \xrightarrow[\text{乙醇}]{NaBH_4 \quad H_3O^+} \text{2-环己烯醇 + 环己醇}$$
(97 %) 　　　　　　　　　　(59 %)　(41 %)

关于 LiAlH$_4$ 与 NaBH$_4$ 还原的历程,现认为是 H$^-$ 作为亲核试剂加到羰基上,而铝、硼化合

物作为亲电试剂连于羰基的氧上,如:

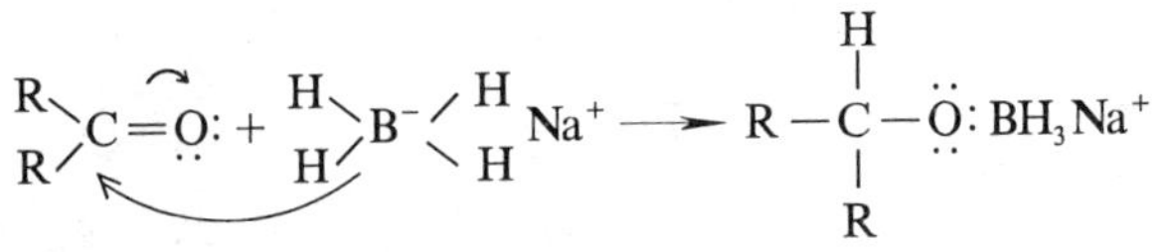

$$R_2C=\ddot{O}: + H_2B^-H_2Na^+ \longrightarrow R-\underset{\underset{R}{|}}{\overset{\overset{H}{|}}{C}}-\ddot{O}:BH_3Na^+$$

$$\longrightarrow \longrightarrow \longrightarrow (R_2CHO)_4B^-Na^+$$

$$(R_2CHO)_4B^-Na^+ + 3H_2O \longrightarrow 4R\underset{\underset{OH}{|}}{CHR} + NaH_2BO_3$$

(3) 还原醛、酮的羰基成亚甲基

常用锌汞齐与浓盐酸;肼与碱高温加热;醛和酮与硫醇先形成硫代缩醛(酮),用镍催化氢化还原等方法还原羰基为亚甲基。如:

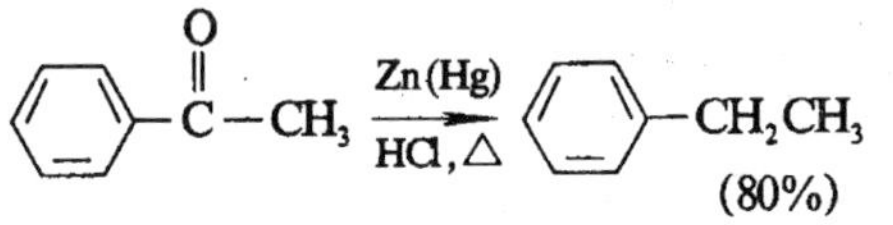

(80%) 称此为克莱门森还原

腙 (47%)

(80%)

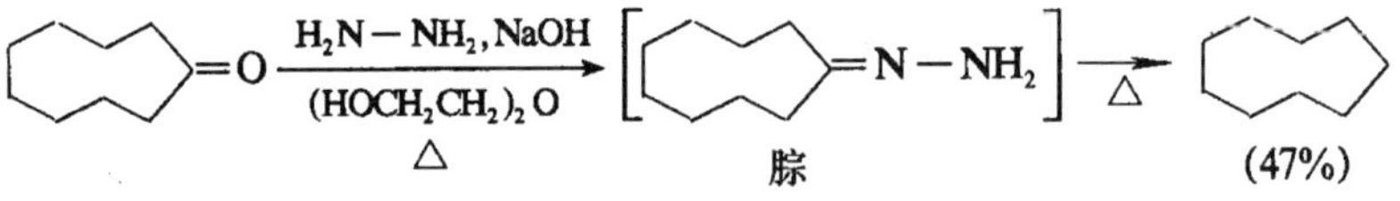

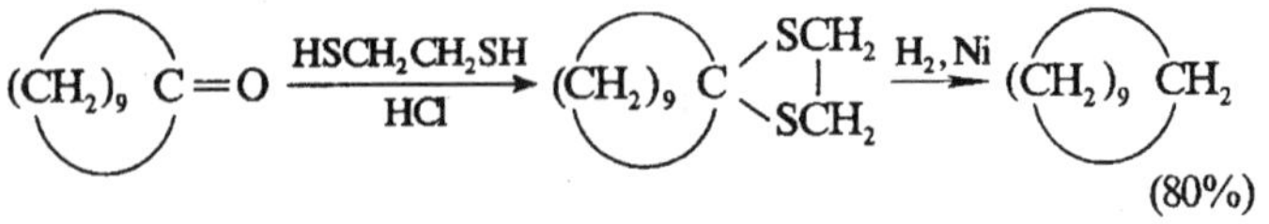

4. 氧化

(1) 托伦(Tollen)、斐林(Fehling)与本尼地(Benedict)试剂的氧化

醛和酮之间一个重要的区别是对氧化剂的敏感性不同。醛很易被氧化成相应的羧酸;而酮不易被氧化,即使在冷的 $KMnO_4$ 中性溶液中也不受影响。因此利用这种性质可以选择一较弱的氧化剂来区别醛和酮。常用的有托伦试剂、斐林溶液和本尼地溶液,它们的组成是:

托伦试剂	$AgNO_3$ 的 NH_4OH 水溶液
斐林溶液	$CuSO_4$、NaOH 和酒石酸钾钠的混合液
本尼地溶液	$CuSO_4$、Na_2CO_3 和柠檬酸钠的混合液

上述试剂中起氧化作用的分别为 Ag^+ 与 Cu^{2+},Ag^+ 被还原成银,附在洗净的试管壁上形成银镜,所以托伦试剂的反应又称银镜反应;Cu^{2+} 被还原成 Cu^+,生成砖红色的 Cu_2O 的沉淀。

$$RCHO + Ag(NH_3)_2^+ \longrightarrow RCOO^- + Ag\downarrow$$

$$RCHO + Cu^{2+} \xrightarrow{OH^-} RCOO^- + Cu_2O\downarrow$$

芳香醛只能还原托伦试剂,与斐林及本尼地试剂不起作用。甲醛可以还原托伦与斐林试剂,但不能还原本尼地试剂。所以这些试剂也可以用来区别芳香醛、甲醛与脂肪醛。

酮虽然不被弱氧化剂氧化,但在强烈氧化条件下,碳链可在羰基的两侧断裂,生成小分子

194

的羧酸,如甲乙酮用硝酸氧化可得到乙酸、丙酸和甲酸,无制备意义。但环己酮氧化可得己二酸,是工业上一个重要制备方法。

$$\text{环己酮} \xrightarrow[\triangle]{HNO_3 \text{ 或 } K_2Cr_2O_7 + H_2SO_4} HOOC\!-\!\!(CH_2)_4\!\!-\!\!COOH \quad \text{己二酸}$$

(2) 歧化 (Cannizzaro) 反应

无 α 氢的醛在浓氢氧化钠(碱)作用下发生自身氧化还原作用,一分子醛被氧化成酸,另一分子被还原成醇。

$$2\,\text{(furyl)}\!-\!CHO \xrightarrow{\text{浓 NaOH}} \text{(furyl)}\!-\!CH_2OH + \text{(furyl)}\!-\!COO^-$$

如果用两种醛,则将产生多种(4种)产物,因而在实际中没有什么用处。但是如果其中有一个醛是甲醛,由于甲醛易被氧化,产物几乎全部生成甲酸钠和另一个醛被还原生成的醇,这就使得此反应成为一有用的还原手段。工业上生产季戊四醇过程中,就利用了此反应。

$$ArCHO + HCHO \xrightarrow{\text{浓 NaOH}} ArCH_2OH + HCOONa$$

醛与 OH⁻ 反应后,使羰基碳上带有氧负离子,由于氧负离子的强给电子性质使羰基碳上的氢可以作为氢负离子转移到另一分子醛的羰基碳上,原来的醛变成羧酸,接受转移氢的醛变成醇。这种分子间氢转移的反应称为歧化反应。

5. 涉及醛、酮 α 氢的反应

羰基使 α 碳上的氢具有弱酸性。实验测得丙酮和乙醛 α 氢的 pK_a 为 19~20, 2,4-戊二酮的 pK_a 为 9.0。这是由于 α 氢以 H⁺ 离去后,形成的负碳离子的未共享电子对可与羰基上的 π 键发生共轭而分散了负碳离子上的电荷,使其变得比较稳定的缘故。同时离去的 H⁺ 逆反应时,不仅可以上到 α 碳上,也可以上到氧上,这样就产生了酮式与烯醇式的互变异构。

$$\underset{R}{\overset{CH_3}{\diagdown}}C\!=\!O \rightleftharpoons \underset{R}{\overset{\ddot{C}H_2^-}{\diagdown}}C\!=\!O + H^+ \rightleftharpoons \underset{R}{\overset{CH_2}{\diagdown}}C\!-\!OH$$

在一般醛、酮的互变异构的平衡体系中,烯醇式的比例很少,约1%左右。若分子中含有2个互为 β 位的羰基的醛、酮,如2,4-戊二酮,则烯醇式可达76%,这是由于烯醇式可以形成六员螯合环,而使烯醇稳定:

$$\underset{(24\%)}{CH_3\overset{O}{\overset{\|}{C}}\!-\!CH_2\!-\!\overset{O}{\overset{\|}{C}}\!-\!CH_3} \rightleftharpoons \underset{(76\%)}{CH_3\overset{O\cdots H}{\overset{\|}{C}}\overset{O}{\overset{}{C}}CH_3}$$

酸碱均可催化醛、酮进行互变异构,这种异构一般是不能分离的。当具有旋光性的醛、酮 α 碳为手性碳原子时,受酸、碱催化作用将会发生消旋化,使旋光度逐渐减小,甚至降为零。

195

互变异构在细胞内糖的合成与降解反应中,起着重要作用。3 个碳的酮糖与 3 个碳的醛糖的互相转变与这个反应有关,如:

$$\begin{array}{ccc}
CH_2OH & & CHO \\
| & \xrightarrow{\text{三碳糖磷酸酯异构化酶}} & | \\
C=O & \rightleftharpoons & H-C-OH \\
| & & | \\
CH_2OPO_3^{2-} & & CH_2OPO_3^{2-}
\end{array}$$

二羟基丙酮磷酸酯 (R)-甘油醛-3-磷酸酯

这个反应是受酶催化的,但是显然转化要经过烯醇式的中间体:

$$\begin{array}{ccccc}
CH_2OH & & CHOH & & CHO \\
| & & \| & & | \\
C=O & \rightleftharpoons & C-OH & \rightleftharpoons & H-C-OH \\
| & & | & & | \\
CH_2OPO_3^{2-} & & CH_2OPO_3^{2-} & & CH_2OPO_3^{2-}
\end{array}$$

烯醇式中间体

很有意思的是,这个反应是由没有旋光的二羟基丙酮变成有旋光的甘油醛,而且就只得到一种构型的 (R)-甘油醛,这与酶的作用是分不开的。

由于 α 氢的弱酸性与酮式烯醇式互变异构体产生,所以在醛、酮的 α 碳上可以进行一系列相关反应。

(1) 卤代与卤仿反应

醛、酮可以和卤素发生卤代反应。有酸存在下,卤代反应可以控制在一卤代。但有碱存在下,卤代反应不能控制在一卤代,而得到的是多卤代。三卤甲基的羰基化合物在碱作用下水解可得到三卤甲烷(卤仿)与羧酸。如:

$$\text{Br}-\langle\bigcirc\rangle-\overset{\displaystyle C}{\underset{\displaystyle \|}{}}-CH_3 \xrightarrow[20℃]{Br_2, CH_3COOH} \text{Br}-\langle\bigcirc\rangle-\overset{\displaystyle C}{\underset{\displaystyle O}{\|}}-CH_2Br+HBr$$

$$\downarrow Br_2, NaOH$$

$$\text{Br}-\langle\bigcirc\rangle-\overset{\displaystyle C}{\underset{\displaystyle O}{\|}}-CBr_3 \xrightarrow[\triangle]{NaOH} \text{Br}-\langle\bigcirc\rangle-COO^-+CHBr_3$$

溴仿

为什么在酸、碱存在下,卤代反应会有这种差别呢? 这是由于两种不同的反应历程所致。在酸存在下的卤代反应实际上是酸催化异构化,形成烯醇式后,与卤素发生亲电加成。当带上一卤原子后,再次异构化形成的烯醇式双键上有卤原子,由于卤素电负性较大,使双键上电子云密度降低,卤素亲电加成变得比较困难。所以卤代反应往往停留在一卤代。

$$RCH_2-\overset{\displaystyle O}{\overset{\displaystyle \|}{C}}-R' \rightleftharpoons RCH_2-\overset{\displaystyle {}^+OH}{\overset{\displaystyle \|}{C}}-R' \rightleftharpoons RCH=\overset{\displaystyle OH}{\overset{\displaystyle |}{C}}-R'+H^+$$

$$RCH=\overset{\displaystyle OH}{\overset{\displaystyle |}{C}}-R' \xrightarrow{X_2} R-\underset{\displaystyle X}{\overset{\displaystyle |}{CH}}-\overset{\displaystyle {}^+OH}{\overset{\displaystyle \|}{C}}-R' \rightleftharpoons RCH-\underset{\displaystyle X}{\overset{\displaystyle O}{\overset{\displaystyle \|}{C}}}-R'+H^+$$

在碱存在下卤化时,它的历程不是经过烯醇式,而是经由负碳离子与卤素进行类似亲核取代：

$$RC\overset{\text{O}}{\overset{\|}{-}}CH_3 \underset{}{\overset{B:^-}{\rightleftharpoons}} R-\overset{\text{O}}{\overset{\|}{C}}-\overset{..}{\overset{-}{C}}H_2 \overset{X_2}{\longrightarrow} R-\overset{\text{O}}{\overset{\|}{C}}-CH_2X+X^-$$

当被一个卤原子取代后,由于卤素是吸电子的,使得形成新的负碳离子更容易、更稳定。因此卤代反应加快,所以卤化很难控制在一卤代。

在有碱存在下,卤化可使甲基酮、乙醛形成三卤代化合物,进一步受碱作用发生裂解得到卤仿与羧酸。所以这一方法也是氧化制备羧酸的方法。

$$R-\overset{\|}{\underset{\text{O}}{C}}-CH_3+X_2 \overset{OH^-}{\longrightarrow} R-\overset{\|}{\underset{\text{O}}{C}}-CX_3 \overset{OH^-}{\underset{H_2O}{\longrightarrow}} RCOO^-+CHX_3$$

在碱存在下,用碘与甲基酮、乙醛、乙醇、$R-\underset{\underset{OH}{|}}{C}HCH_3$ 反应都可得到一黄色固体 —— 碘仿。这个反应称为碘仿反应,可以用来鉴别这一类化合物。当用 2,4,4,6-四溴环己-2,5-双烯酮来溴化,也可在 α-碳上得高产率的一取代产物。如：

$$C_6H_5-CH=CH-\overset{\|}{\underset{O}{C}}-CH_3+ \cdots \longrightarrow C_6H_5-CH=CH-\overset{\|}{\underset{O}{C}}-CH_2Br \quad (91\%) + \text{溴酚}$$

(2) 羟醛缩合反应

当乙醛用 NaOH 水溶液处理,可以得到 β-羟基丁醛。由于这类反应所得产物既有羟基又有醛基,所以统称为羟醛,这类反应称为羟醛缩合。

$$2CH_3CHO \overset{10\%NaOH \text{水溶液}}{\underset{5℃,\ 4\sim5\ h}{\longrightarrow}} CH_3\overset{\overset{OH}{|}}{C}HCH_2CHO$$

乙醛   3-羟丁醛 (50%)

但是若将反应温度升高或碱浓度加大,则可以发生失水,得 α,β-不饱和醛。

当用两种都具有 α 氢的醛一起用碱处理时,可得到 4 种产物,如果这些产物不好分离,则这个反应没有什么制备价值。如：

$$CH_3CHO+CH_3CH_2CHO \overset{OH^-}{\longrightarrow} CH_3\overset{\overset{OH}{|}}{C}HCH_2CHO+CH_3\overset{\overset{OH}{|}}{C}H\underset{\underset{CH_3}{|}}{C}HCHO+CH_3CH_2\overset{\overset{OH}{|}}{C}HCH_2CHO$$

$$+CH_3CH_2\overset{\overset{OH}{|}}{C}H-\underset{\underset{CH_3}{|}}{C}HCHO$$

但若是采用一个不带 α 氢的醛与另一个带有 α 氢的醛或酮进行羟醛缩合,先将不带 α 氢的醛与碱溶液混合加热,再将带有 α 氢的醛或酮缓缓加入,这样将保证始终有充分的不带 α 氢的醛与形成负碳离子的醛或酮反应,因此可以得到较单一的产物。如：

197

$$CH_3-CHCHO + CH_2O \xrightarrow{NaOH, H_2O} CH_3-\underset{\underset{CH_2OH}{|}}{\overset{\overset{CH_3}{|}}{C}}-CHO \xrightarrow{HCHO} CH_3-\underset{\underset{CH_2OH}{|}}{\overset{\overset{CH_3}{|}}{C}}-CH_2OH + HCOOH$$

有 α氢　　　　不带 α氢　　　　　2,2-二甲基-3-羟基丙醛　　　2,2-二甲基-1,3-丙二醇(90%)

又如用环己酮与苯甲醛进行缩合可得到 100% 酮上 α碳与苯甲醛的羰基碳缩合的产物。

由于酮的羰基较不活泼,但可提供负碳离子,因此和不带 α氢的醛缩合可得到较纯的产物。如:

$$CH_3\overset{\overset{O}{\|}}{C}-CH_3(过量) + C_6H_5CHO \xrightarrow[25℃]{NaOH} CH_3\overset{\overset{O}{\|}}{C}-CH=CH-C_6H_5$$

苯亚甲基丙酮(65% ~ 78%)

但酮的羟醛缩合由于羰基周围空间位阻较大,负碳离子不易进攻而变得十分困难,就是丙酮在碱作用下反应达到平衡时,羟酮也只有百分之几。

为了深入了解上述缩合反应的结果,有必要对缩合反应的历程加以讨论。缩合反应的历程实际上不仅涉及 α氢的酸性,还涉及羰基的亲核加成。缩合反应的第一步是碱脱去 α氢形成负碳离子;第二步负碳离子作为亲核试剂进攻另一分子醛的羰基,形成烷氧负离子;第三步烷氧负离子与水作用得到羟醛和 OH^-。如:

$$HO^- + CH_3CHO \rightleftharpoons H_2O + \overset{..}{:}CH_2-CHO$$

$$\overset{..}{:}CH_2CHO + CH_3\overset{\overset{O}{\|}}{CH} \rightleftharpoons CH_3\overset{\overset{O^-}{|}}{CH}-CH_2CHO \underset{H_2O}{\rightleftharpoons} CH_3\overset{\overset{OH}{|}}{CHCH_2CHO} + OH^-$$

较强的碱　　　　　　　　　　　　较弱的碱

$$HO^- + CH_3\underset{\underset{H}{|}}{\overset{\overset{OH}{|}}{CH}}-CHCHO \longrightarrow CH_3CH=CHCHO + H_2O$$

2-丁烯醛(α,β-不饱和醛)

从上述历程看到: α氢的酸性大小与碱的强弱影响形成负碳离子的快慢与多少,羰基碳的电正性大小与空间位阻的大小影响亲核加成的速度与形成烷氧负离子中间体的稳定性;反应体系中碱的浓度与温度影响产物羟醛与 α,β-不饱和醛的比例。

根据羟醛缩合反应的特征,对难于缩合的酮如丙酮的缩合,可采用将缩合产物与碱分离的办法,而只让丙酮反复与碱作用,也可得到高产率的缩合产物。

在动植物的活细胞中,有许多羟醛缩合反应发生,在生物合成葡萄糖的过程中,很重要的一步就是 D-甘油醛-3-磷酸酯与二羟基丙酮磷酸酯间的交叉缩合。它们通过醛糖酶得到 D-果糖-1,6-二磷酸酯,这个反应是高度立体专一的,并且是可逆的。在细胞内可通过此反应合成葡萄糖,也可通过此反应降解葡萄糖成 CO_2 与水。由于葡萄糖所含能量较 CO_2 与水的高,所以葡萄糖的合成起着储存能量的作用,而葡萄糖的降解起供给细胞以能量的作用。

$$\begin{array}{c} \text{CHO} \\ \text{H} - \text{OH} \\ \text{CH}_2\text{OPO}_3\text{H}^- \end{array} \quad + \quad \begin{array}{c} \text{CH}_2\text{OPO}_3\text{H}^- \\ \text{C} = \text{O} \\ \text{CH}_2\text{OH} \end{array} \quad \xrightarrow{\text{醛糖酶}} \quad \begin{array}{c} \text{CH}_2\text{OPO}_3\text{H}^- \\ \text{C} = \text{O} \\ \text{HO} - \text{H} \\ \text{H} - \text{OH} \\ \text{H} - \text{OH} \\ \text{CH}_2\text{OPO}_3\text{H}^- \end{array}$$

D-果糖-1,6-二磷酸酯

6. 安息香缩合

芳香醛与氰化钠在乙醇水溶液中反应可得安息香,称为安息香缩合。这个反应历程是 CN^- 首先进攻羰基,形成氰醇,由于氰基使 α 氢具有酸性,在碱作用下形成氰醇负碳离子,与另一分子芳香醛发生羰基加成,形成氰二醇,最后消去氰基得安息香。其过程如下式:

$$\text{ArCHO} + \text{CN}^- \underset{H_2O}{\overset{H_2O}{\rightleftharpoons}} \overset{OH}{\text{ArCHCN}} \underset{H_2O}{\overset{OH^-}{\rightleftharpoons}} \overset{OH}{\text{Ar}\overset{..}{C} - \text{CN}} \xrightarrow{\text{ArCHO}} \overset{OH \quad O^-}{\text{Ar} - \underset{CN}{C} - \text{CHAr}}$$

$$\underset{OH^-}{\overset{H_2O}{\rightleftharpoons}} \overset{OH \quad OH}{\underset{CN}{\text{ArC} - \text{CHAr}}} \underset{H_2O}{\overset{OH^-}{\rightleftharpoons}} \overset{O^- \quad OH}{\underset{CN}{\text{ArC} - \text{CHAr}}} \rightleftharpoons \overset{O \quad OH}{\text{ArC} - \text{CHAr}} + \text{CN}^-$$

安息香

总的结果是:

$$2\text{C}_6\text{H}_5\text{CHO} \xrightarrow[\text{NaCN}]{\text{CH}_3\text{CH}_2\text{OH},\text{H}_2\text{O}} \overset{O \quad OH}{\text{C}_6\text{H}_5 - \text{C} - \text{CH} - \text{C}_6\text{H}_5}$$

  苯甲醛   安息香

近来发现用维生素 B_1 可代替剧毒的 NaCN 进行上述反应。

7. 酚与羰基化合物的加成

许多酚与羰基化合物在酸或碱的催化下,可以进行类似羟醛缩合的反应。由于酚相当一烯醇,特别是酚的钠盐,将使邻、对位负荷增加,起到亲核试剂的作用,可以与羰基发生加成。如苯酚与甲醛在弱碱条件下,可以加成形成 4-(羟甲基)苯酚。

$$\text{NaO}^{+-} - \langle\bigcirc\rangle + \text{CH}_2 = \text{O} \longrightarrow \left[\text{O} = \langle\bigcirc\rangle \overset{H}{\underset{CH_2ONa}{^{-}}}^+ \right] \xrightarrow{H^+} \text{HO} - \langle\bigcirc\rangle - \text{CH}_2\text{OH}$$

8. α,β-不饱和醛、酮的加成

α,β-不饱和醛酮中含有碳碳双键和羰基,因此具有这些官能团的特征性质,如碳碳双键可以同 HX, X_2 进行亲电加成,可以加氢,氧化裂解等反应,而羰基则可进行亲核加成。

但是 α,β-不饱和醛酮中的碳碳双键和羰基是处于共轭状态,因此有 1,4-加成。由于羰基是一个强吸电子基团,使碳碳双键的亲电加成变得钝化;另一方面却使碳碳双键

对亲核试剂加成的活性增加。如 α,β-不饱和醛酮对于加 HBr,Br_2 等亲电加成的活性较简单的烯烃低,对于亲核加成较一般烯烃的活性高,一般烯烃不能进行亲核加成。

(1) 亲电加成

羰基的存在不仅降低了碳碳双键加成的活性,而且还控制了加成的取向。如:

$$CH_2=CH-CHO+HCl(气) \xrightarrow{-10℃} \underset{\underset{Cl}{|}}{CH_2}-\underset{\underset{H}{|}}{CH}-CHO$$

$$\underset{\underset{CH_3}{|}}{CH_3-C}=CH-\underset{\underset{O}{\|}}{C}-CH_3+H_2O \xrightarrow{H_2SO_4} CH_3-\underset{\underset{OH}{|}}{\overset{\overset{CH_3}{|}}{C}}-CH_2-\underset{\underset{O}{\|}}{C}-CH_3$$

这些质子酸的加成看上去像是碳碳双键的加成,实际是进行了 1,4-加成。质子必须加在共轭体系端部的氧上才能形成较稳定的正碳离子。如:

$$-\overset{|}{C}=\overset{|}{C}-\overset{|}{C}=O+H^+ \longrightarrow -\underset{\delta^+}{\overset{|}{C}}\cdots\overset{|}{C}\cdots\underset{\delta^+}{\overset{|}{C}}-OH \quad 较稳定$$

质子加在共轭体系端部氧上   I

因为氧是一强电负性的原子,氧带正荷没有碳带正荷稳定,所以 I 比较稳定。因此负离子的加成按下式进行。

$$-\underset{\delta^+}{\overset{|}{C}}\cdots\overset{|}{C}\cdots\underset{\delta^+}{\overset{|}{C}}-OH+Nu^- \longrightarrow -\overset{|}{C}-\underset{\underset{Nu}{|}}{\overset{|}{C}}=\overset{|}{C}-OH \longrightarrow -\overset{|}{C}-\underset{\underset{Nu}{|}}{\overset{|}{C}}-\overset{|}{C}=O$$

(2) 亲核加成

α,β-不饱和醛、酮可与 NaCN 水溶液、氨或氨的衍生物(胺、羟胺、苯肼)等发生亲核加成,产生 β-氰基、氨基醛、酮。

$$C_6H_5CH=CH-\underset{\overset{\|}{O}}{C}-C_6H_5 \xrightarrow{NaCN,H_2O} C_6H_5-\underset{\underset{CN}{|}}{CH}-CH_2-\underset{\overset{\|}{O}}{C}-C_6H_5$$

$$CH_3CH=CH-\underset{\overset{\|}{O}}{C}-CH_3 \xrightarrow{CH_3NH_2} CH_3-\underset{\underset{NH-CH_3}{|}}{CH}CH_2\underset{\overset{\|}{O}}{C}-CH_3$$

格氏试剂加成有 1,2-加成产物与 1,4-加成产物。对 α,β-不饱和醛主要为 1,2-加成,对 α,β-不饱和酮则有 1,2 与 1,4-加成产物,而且羰基周围空间阻碍愈大,1,4-加成愈多。如:

$$C_6H_5-CH=CH-\underset{\overset{\|}{O}}{C}-C_6H_5+C_6H_5MgX \xrightarrow{H_2O} C_6H_5-\underset{\underset{C_6H_5}{|}}{CH}-CH_2\underset{\overset{\|}{O}}{C}-C_6H_5+C_6H_5-CH=CH-\underset{\underset{C_6H_5}{|}}{\overset{\overset{OH}{|}}{C}}-C_6H_5$$

1,4-加成(96%)   1,2-加成

但是用烷基锂主要为 1,2-加成,用烷基铜锂完全为 1,4-加成。如:

$$Ar-CH=CH-\overset{\overset{\displaystyle O}{\|}}{C}-Ar+RLi \xrightarrow{H_2O} Ar-CH=CH-\overset{\overset{\displaystyle OH}{|}}{\underset{\underset{\displaystyle R}{|}}{C}}-Ar$$

1,2-加成 (75%)

$$CH_3-\overset{\overset{\displaystyle CH_3}{|}}{C}=CH-\overset{\overset{\displaystyle O}{\|}}{C}CH_3+(CH_2=CH)_2CuLi \xrightarrow{H_3^+O} CH_2=CH-\overset{\overset{\displaystyle CH_3}{|}}{\underset{\underset{\displaystyle CH_3}{|}}{C}}-CH_2-\overset{\overset{\displaystyle O}{\|}}{C}CH_3$$

1,4-加成 (72%)

1,2-与 1,4-亲核加成的历程为：1,2-加成与前面讨论过的羰基加成相同。1,4-加成的历程如下式：

$$-\overset{|}{C}=\overset{|}{C}-\overset{|}{C}=O+:Nu^- \longrightarrow -\overset{|}{C}-\overset{|}{\underset{\underset{\displaystyle Nu}{|}}{C}}\overset{\delta^-}{=}C\overset{\delta^-}{=}O \xrightarrow{H^+} -\overset{|}{C}-\overset{|}{\underset{\underset{\displaystyle Nu}{|}}{C}}=\overset{|}{C}-OH \longrightarrow -\overset{|}{C}-\overset{|}{\underset{\underset{\displaystyle Nu\ H}{|}}{C}}-\overset{|}{C}=O$$

(3) 麦克尔 (Michael) 加成

具有 α 活泼氢的化合物，在碱作用下形成负碳离子，这个负碳离子可以和 α,β-不饱和羰基化合物进行亲核加成，这种反应称为麦克尔加成。这个加成也是 1,4-加成。如：

$$\text{苯}C=C-\text{苯}+CH_2(COOC_2H_5)_2 \xrightarrow{\text{六氢吡啶}} \text{苯}CH-CH_2-C\text{苯}$$

丙二酸二乙酯

麦克尔加成的历程为：首先碱与丙二酸二乙酯反应形成负碳离子，再与 α,β-不饱和醛酮进行 1,4-亲核加成。

(4) 狄尔斯-阿德耳 (Diels-Alder) 反应

α,β-不饱和醛、酮可以和共轭双烯发生 1,4-环加成反应，形成六员环。如：

丁二烯　　丙烯醛

这个反应只需加热即可进行，产物保持亲双烯体的构型。共轭双烯必须处于顺式构象。

8.5 醛、酮的光谱性质

醛、酮的羰基在红外光谱 1665～1780 cm^{-1} 有很强的 C＝O 伸缩振动吸收带。峰的确切位置与醛、酮的结构有关(见表 8-3)。

醛的 CHO 基在红外光谱 2700～2775 与 2820～2900 cm^{-1} 有两个弱的吸收带。

醛基上的氢的核磁共振吸收峰在很低场 $\delta = 9～10$。

表 8-3　C＝O伸缩振动吸收频率

R—CHO	1720～1740 cm^{-1}	RCOR	1705～1720 cm^{-1}
Ar—CHO	1695～1715 cm^{-1}	ArCOR	1680～1700 cm^{-1}
$-\overset{\vert}{C}=\overset{\vert}{C}-CHO$	1680～1695 cm^{-1}	$-\overset{\vert}{C}=\overset{\vert}{C}-COR$	1665～1680 cm^{-1}
		环己酮	1665～1685 cm^{-1}
		环戊酮	1708～1725 cm^{-1}

8.6　醛、酮的合成反应

(1) 醇的氧化与脱氢：1°醇氧化或脱氢得醛，2°醇氧化或脱氢得酮。

(2) 傅氏酰基化反应制芳香醛、酮。

(3) 酰氯与烷基镉、烷基铜锂反应得酮。

(4) 酰氯还原(H_2-Pd(s))得醛。

(5) 炔的汞盐催化水合制醛、酮。

Ⅱ. 醌

8.7　醌的结构与命名

醌为具有 α,β-不饱和酮的环状共轭体系的化合物,按芳香族化合物的衍生物来命名。如:

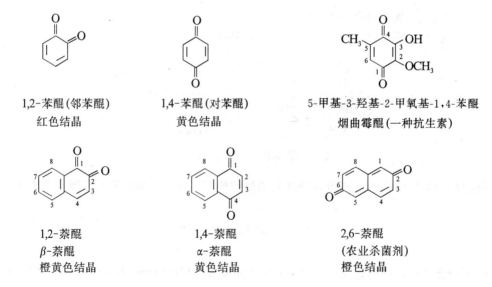

1,2-苯醌(邻苯醌)　　　　1,4-苯醌(对苯醌)　　　5-甲基-3-羟基-2-甲氧基-1,4-苯醌

红色结晶　　　　　　　　黄色结晶　　　　　　　烟曲霉醌(一种抗生素)

1,2-萘醌　　　　　　　　1,4-萘醌　　　　　　　2,6-萘醌

β-萘醌　　　　　　　　　α-萘醌　　　　　　　　(农业杀菌剂)

橙黄色结晶　　　　　　　黄色结晶　　　　　　　橙色结晶

8.8 醌的化学性质

1. 亲电与亲核加成

醌具有类似 α,β-不饱和酮的性质,可以进行亲电与亲核加成,如与亲电试剂 HX,亲核试剂 HCN, $NaHSO_3$,胺,格氏试剂等,发生加成反应。

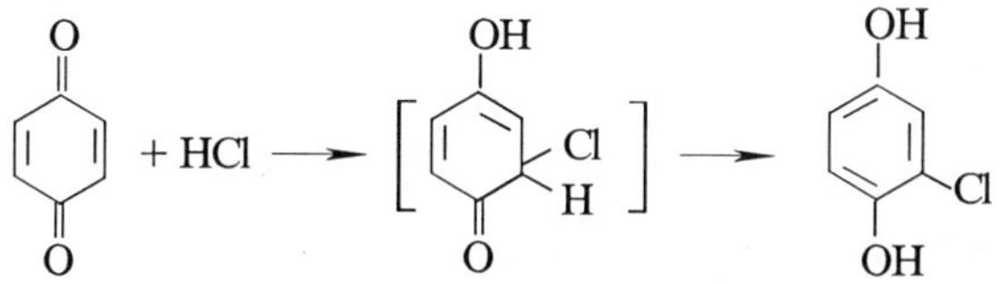

1,4-加成

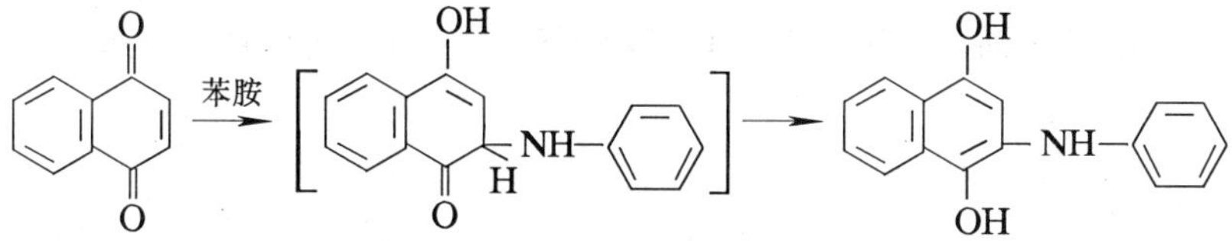

1,4-加成

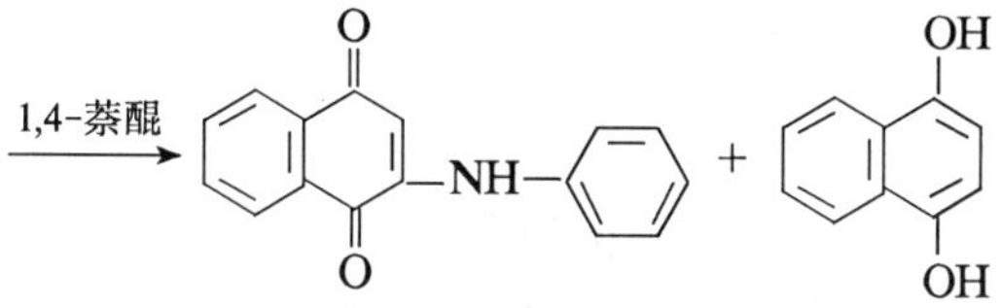

2. 狄尔斯–阿德耳反应

醌与 α,β-不饱和醛、酮一样,可作为亲双烯体与共轭双烯发生 1,4-环加成反应。

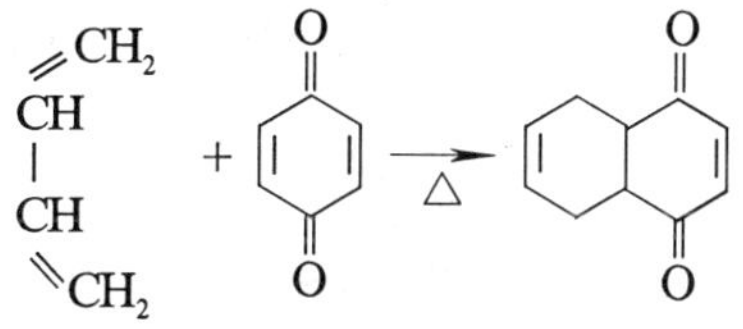

3. 氧化–还原平衡

芳香族的 1,4- 与 1,2-二羟基化合物很易被氧化成相应的醌,而醌也很容易被还原成相应的芳香族 1,4- 与 1,2-二羟基化合物(简称为氢醌)。

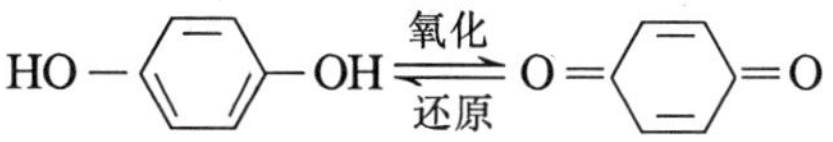

这个氧化还原反应是电化可逆的,并且是可以重复的。如醌–氢醌的半反应式如下:

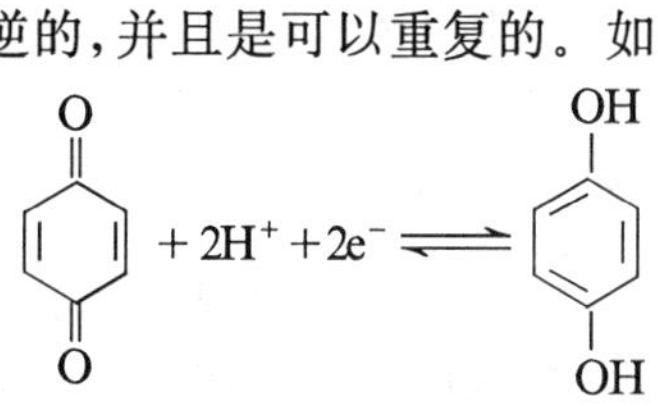

203

在一定的醌、H^+与氢醌浓度下，具有一定的还原电势。醌-氢醌的标准还原电势与醌的结构有关，对苯醌上带有给电子基团，如 CH_3—，HO—，H_2N—等降低还原电势，带有吸电子基如卤素提高还原电势。醌的还原电势高表示醌吸引电子被还原的能力强(见表 8-4)。

表 8-4 醌的标准还原电势

醌	还原电势 E_0/V(25℃)
1,4-对苯醌	0.699
2-甲基-1,4-对苯醌	0.645
2-羟基-1,4-对苯醌	0.59
2-溴-1,4-对苯醌	0.715
2-氯-1,4-对苯醌	0.713

醌的还原电势基本上反映醌与氢醌间位能之差，所以醌的还原电势愈高愈不稳定，容易被还原成氢醌。因此，根据醌的还原电势可以预测下列反应的平衡将趋向右边：

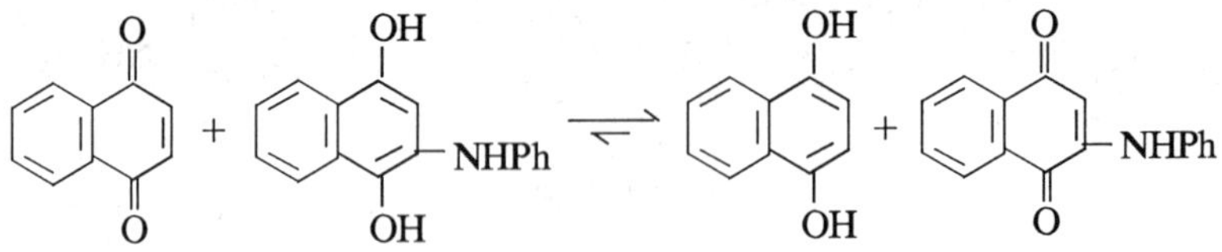

Ⅰ $E_0=0.48V$　　　　Ⅱ $E_0=0.286V$

因为Ⅰ的还原电势比Ⅱ高，所以Ⅰ不如Ⅱ稳定，因此平衡趋向右边。

醌与氢醌衍生物的氧化还原在生物的氧化还原过程中，也起着重要作用。如维生素 K 可以治疗凝血能力降低的疾病，天然维生素 K_1 存在于绿色植物中，是每天食物的一个重要组成部分。

合成的维生素 K

天然的维生素 K_1

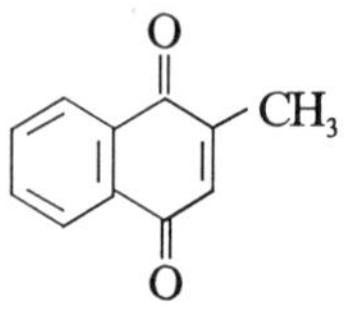

辅酶 Q 广泛存在于细胞中，在新陈代谢中起着重要的作用，脂肪的氧化代谢与辅酶 Q 有关。

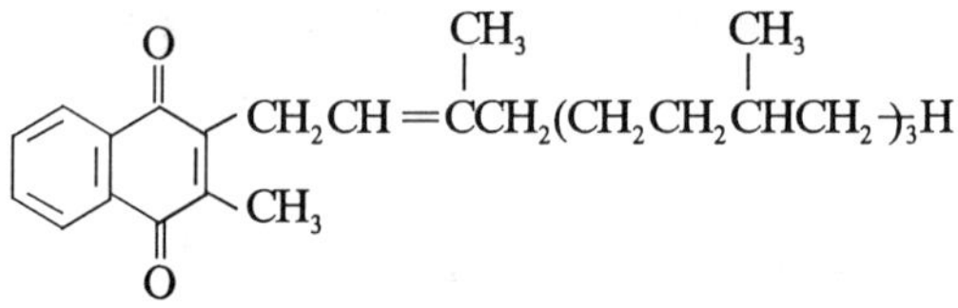

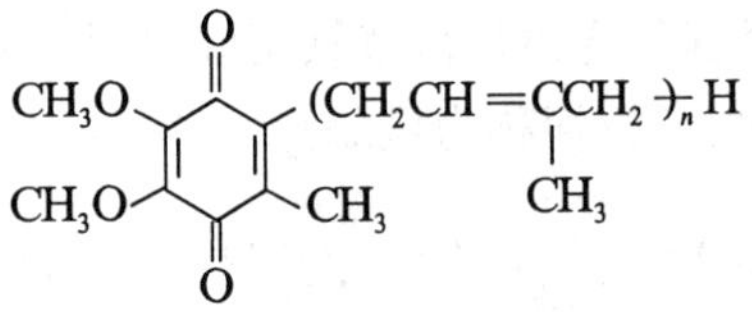

辅酶 Q

4. 电荷转移络合物(π 络合物)的形成

等摩尔的对苯醌与氢醌的混合物可形成一暗绿色的分子络合物，有一定的熔点(171℃)。此络合物可溶于热水，溶后大部分分解成原来的组成。在这个分子络合物的结晶结构中，醌与氢醌的苯环相互平行,交替重叠地排列起来。这个分子络合物在缓冲溶液中可用来作为标准参比电极。

这一类络合物是由一个富裕 π 电子的环(电子给予体)和一个带有强吸电子基而缺少 π 电子的环(电子接受体),相互吸引在一起组成的,所以称为电子给予体-电子接受体的络合物或电荷转移络合物。在醌-氢醌络合物中,氢醌是电子给予体,醌是电子接受体。电子给予体往往是在苯环上带有给电子基,如 —OH, —OCH$_3$, —N(CH$_3$)$_2$, —CH$_3$ 等的化合物;电子接受体是在苯环上带有几个强吸电子基团的化合物,如三硝基苯、苦味酸及醌类化合物等。电荷转移络合物常用下式表示:

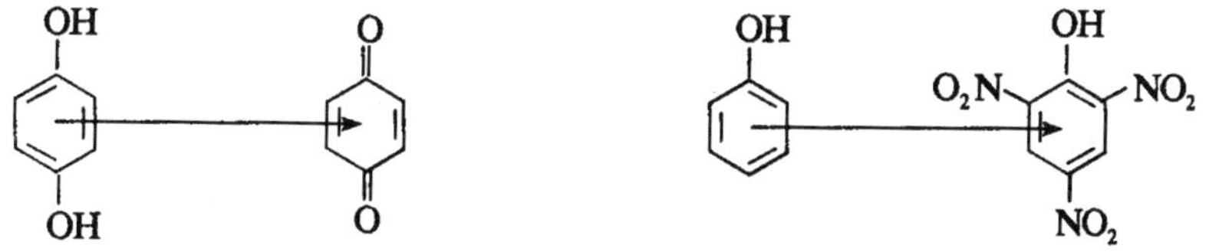

5. 自由基捕捉剂

苯醌、氢醌、氢醌单甲醚都是一种很强的自由基捕捉剂,在自由基链锁反应中,只要有少量存在就可使反应终止,这是因为自由基很易与它们反应,形成稳定的自由基并结合消失:

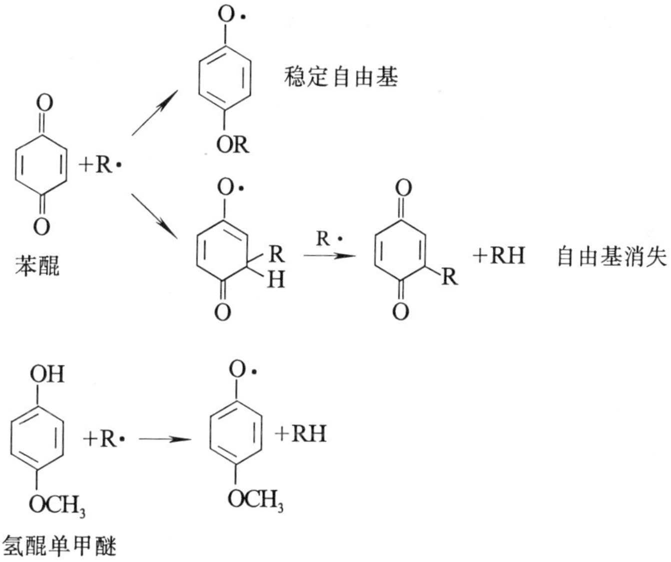

氢醌很易被氧化成苯醌。

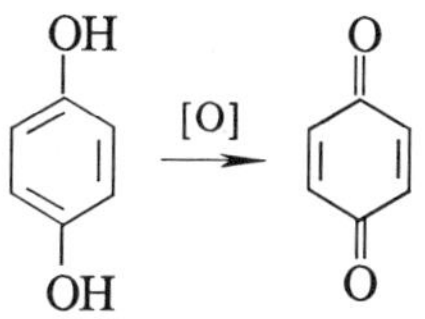

维生素 E 是一重要的维生素,它的一个功能就是起自由基捕捉剂作用,因为它的结构中就有类似氢醌单甲醚的结构。现认为某些衰老与致癌过程和自由基有关,因此维生素 E 也有一定抗衰老与保健的作用。

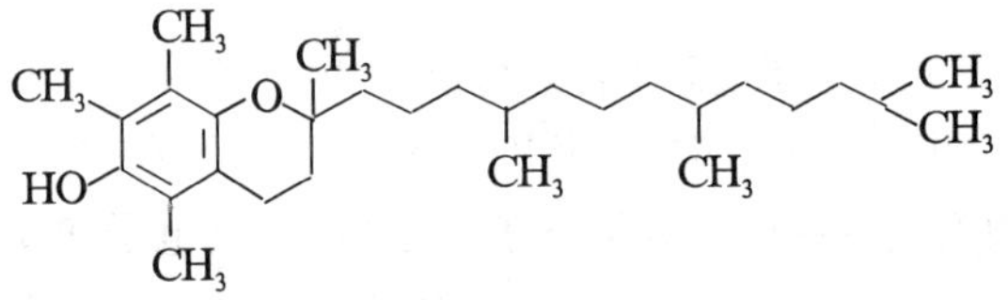

维生素 E

习 题

1. 不考虑对映体,试写出下列诸化合物的结构与系统命名:

(a) 分子式为 $C_5H_{10}O$ 的七个羰基化合物。

(b) 分子式为 C_8H_8O 并含有一个苯环的 5 个羰基化合物。

2. 写出下列化合物的结构式:

(a) 丙酮   (b) 甲基异丁基酮   (c) α,γ-二甲基己醛

(d) 2-丁烯醛   (e) 4,4′-二羟基二苯酮

3. 写出苯乙醛与环己酮分别和下列各化合物反应(如果有的话)所得产物的结构式:

(a) 土伦(Tollen)试剂   (b) CrO_3-H_2SO_4

(c) 冷的稀 $KMnO_4$ 溶液   (d) $KMnO_4$,H^+,加热

(e) H_2,Ni,$9.6×10^6\,Pa$,30℃   (f) $LiAlH_4$

(g) $NaBH_4$ (h) 苯基溴化镁,然后加水

(i) $NaHSO_3$ (j) KCN+稀 H_2SO_4

(k) 羟胺   (l) 苯肼

(m) 乙醇,干燥的 HCl(气体)   (n) 稀 $NaOH$

4. 写出苯甲醛与下列试剂反应所得产物的结构:

(a) 浓 $NaOH$ (b) 稀 $NaOH$ (c) 甲醛,浓 $NaOH$

(d) 乙醛、稀 $NaOH$ (e) 苯乙酮,$NaOH$ (f) 丙酮,稀 $NaOH$

(g) (f)中的产物,稀 $NaOH$ (h) CH_3MgBr,然后加 H_2O (i) (h)中的产物+H^+,加热

5. 写出由丙醛合成下列化合物各步的反应式,可使用任何所需要的试剂。

(a) 丙酸   (b) α-羟基丁酸   (c) 仲丁醇

(d) 1-苯基-1-丙醇   (e) 甲乙酮   (f) 2-甲基-3-戊醇

6. 写出由苯乙酮合成下列化合物的反应式,可用任何所需要的试剂。

(a) 乙苯   (b) 1-苯乙醇   (c) 苯甲酸   (d) 2-苯基-2-丁醇

7. 写出由苯或甲苯及四个碳以下的醇合成下列化合物的实验室方法的反应式。可用任何所需要的无机试剂。

(a) 苯乙醛   (b) 对溴苯甲醛   (c) 苄基甲基酮

(d) α-甲基丁醛   (e) α-羟基正戊酸   (f) 2-甲基庚烷

(g) 正丁基苯

8. 写出化合物 E~J 的费歇尔投影式:

(a)

$$\begin{array}{c} \text{CHO} \\ \text{H} \!\!-\!\!\!\!-\!\!\text{OH} \\ \text{CH}_2\text{OH} \end{array} + \text{CN}^- + \text{H}^+ \longrightarrow \text{E} + \text{F} \ (\text{E 和 F 都具有 } C_4H_7O_3N \text{ 分子式})$$

R-(+)-甘油醛

(b) E 或 F + OH$^-$, H$_2$O, 加热; 然后用 H$^+$ 处理 $\longrightarrow$ G 或 H (两者都是 C$_4$H$_8$O$_5$)

(c) G + HNO$_3$ $\longrightarrow$ I (C$_4$H$_6$O$_6$) 有旋光

(d) H + HNO$_3$ $\longrightarrow$ J (C$_4$H$_6$O$_6$) 无旋光

9. (a) 顺-1,2-环戊二醇在干燥的 HCl 存在下, 与丙酮反应时, 得到化合物 K(C$_8$H$_{14}$O$_2$)。这化合物对沸腾的碱是稳定的, 但很容易为酸的水溶液转变成起始物质。问 K 的最可能结构是什么? 它属于哪一类化合物?

(b) 反-1,2-环戊二醇不会形成类似的化合物。如何解释这一事实。

10. 说出能区分下列各组化合物的简单化学试验:

(a) 戊醛和二乙酮　　　　　　　(b) 2-戊酮与 3-戊酮

(c) 二乙基缩乙醛与正丙醚　　　(d) 2-戊醇与 2-戊酮

11. 写出从丙醛和其他必要试剂合成下列各化合物的反应式:

(a) α-甲基-β-羟基戊醛　　　(b) 2-甲基-2-戊烯醛

(c) 2-甲基-2-戊烯-1-醇　　　　(d) 2-甲基-3-苯基丙烯醛

12. 可用任何必要的试剂, 写出从苯乙酮合成下列化合物的全部反应式。

(a) 1,3-二苯基-2-丁烯-1-酮　　(b) 1,3-二苯基-2-丙烯-1-酮

13. 写出苄叉丙酮(C$_6$H$_5$CH=CHCOCH$_3$)和下列试剂反应所得有机产物的结构。

(a) H$_2$, Ni　　　(b) NaBH$_4$　　　(c) NaOI

(d) O$_3$, 然后用 Zn-H$_2$O 处理　(e) Br$_2$　　　(f) HCl

(g) HBr　　　(h) H$_2$O, H$^+$　　(i) CH$_3$OH, H$^+$　(j) NaCN 水溶液

(k) CH$_3$NH$_2$　(1) 苯胺　　(m) NH$_3$　　(n) NH$_2$OH

(o) 苯甲醛、碱　(p) 1,3-环己二烯

14. 推断下列化合物的可能结构:

(a) 一个低沸点的醇, 不和浓盐酸-氯化锌溶液反应, 但发生碘仿反应。

(b) 一个水溶化合物发生碘仿反应, 但和斐林溶液不反应, 和 CH$_3$MgBr 反应并不放出甲烷气体。

15. 给出 4,4-二甲基环己酮与下列试剂反应的主要产物。

(a) CH$_3$CO$_2$H

(b) CH$_3$C$\equiv$C$^-$Na$^+$, 在液氨中, -33℃, 随后加水

(c) NH$_2$OH + 乙酸钠和乙酸

(d) (1/2) mol H$_2$N−NH$_2$ + 乙酸钠 + 乙酸

(e) H$_2$N−NH$_2$ + NaOCH$_2$CH$_2$OCH$_2$CH$_2$OH, 200℃

(f) CH$_3$CH$_2$CH$_2$CH$_2$Li 在乙醚中, 随后加水　(g) Ph$_3$P=CHCH$_2$CH$_3$

16. 可用任何必须的有机或无机试剂, 以实验室方法完成下列转变:

(a) $CH_3CH_2CH_2CHO \longrightarrow$ $\underset{\substack{| \\ Br}}{\overset{\overset{O}{\parallel}}{CH_3CH_2CH_2C}}-CHCH_2CH_3$

(b) $\overset{\overset{O}{\parallel}}{CH_3CH_2CH_2CCH_3} \longrightarrow \underset{CH_3}{\overset{CH_3}{\diagup}}C=C\underset{CH_2CH_2CH_3}{\overset{CH_3}{\diagdown}}$

(c) $CH_3CH_2CH_2CHO \longrightarrow \underset{\substack{| \\ CH_2OH}}{CH_3CH_2CHCHCH_2CH_2CH_3}^{\overset{OH}{|}}$

(d) $CH_3CH_2CHO \longrightarrow CH_3-\underset{\substack{| \\ CH_2OH}}{\overset{\overset{CH_2OH}{|}}{C}}-CH_2OH$

(e) $CH_3CH_2CH_2CH_2Br \longrightarrow CH_3CH_2CH_2CH_2CH_2CHO$

(f) $HC \equiv CH \longrightarrow \overset{\overset{O}{\parallel}}{CH_3CH_2CH_2CCH_2CH_2CH_3}$

(g) $BrCH_2CH_2CH_2CHO \longrightarrow (CH_3)_2\overset{\overset{OH}{|}}{C}CH_2CH_2CH_2OH$

17. 哪 3 个羰基化合物与格氏试剂结合,可用来制备 3,5-二甲基-3-己醇?

18. 由丙酮和羟胺生成丙酮肟(acetoxime)的速率在 pH=5 的溶液中为最大,当溶液 pH 值比 5 高或低时都降低其速率,试解释这一现象(提示:注意各步反应中 pH 值的影响)。

19. 试提出区别下列各对化合物的简单化学试验。

(a) $CH_3(CH_2)_3CHO$ 和 $CH_3CH_2COCH_2CH_3$

(b) $PhCOCH_3$ 和 $PhCOCH_2CH_3$

(c) $PhCH_2CHO$ 和 $PhCHO$

(d) $PhCH=CHCOCH_3$ 和 $PhCH_2CH_2COCH_3$

20. 丁酮在碱性溶液中溴化给出 1-溴-2-丁酮,在酸性溶液中溴化给出 3-溴-2-丁酮。试解释这种现象,并写出反应机理。

21. 一化合物 A($C_6H_{10}O_2$),用水合乙酸铜处理形成蓝色的铜络合物;溶于非质子溶剂中,A 用碘和氢氧化钠的水溶液处理析出碘仿;A 进行碱性水解得到丙酮、丁酮、丙酸、乙酸;A 可形成二肟,若将其用氢化铝锂还原得两个外消旋的非对映体二胺的混合物($C_6H_{16}N_2$)。试逐一说明这反应的步骤和推断 A 的结构。

22. 写出产生下列狄尔斯-阿德耳反应加成物的共轭双烯和亲双烯:

(a)   (b)   (c)   (d)

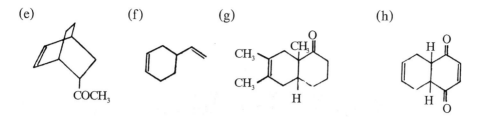

(e)　　　　(f)　　　　(g)　　　　(h)

23. 试预测下列狄尔斯–阿德耳反应的加成取向和立体化学。

(a) 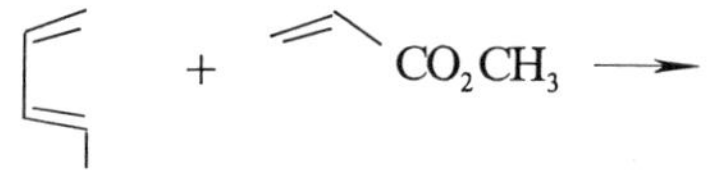 + $\diagup\!\!\!\diagdown\!\!CO_2CH_3$ ⟶

(b) 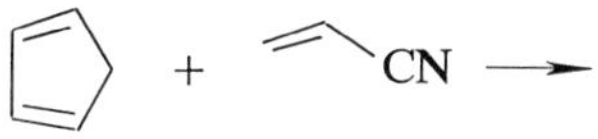 + $\diagup\!\!\!\diagdown\!\!CN$ ⟶

(c) 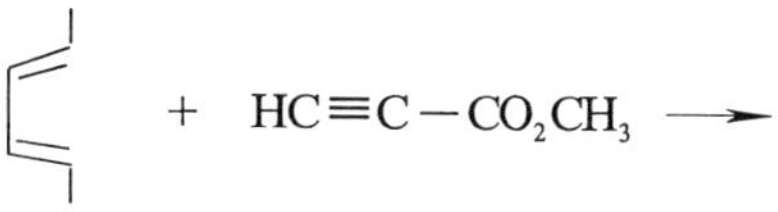 + $HC≡C-CO_2CH_3$ ⟶

24. 一外消旋的 2–甲基丁醛在碱性条件下,缩合反应后所得产物的立体化学有何特点? 是否有对映体? 如果有对映体,请写出对映体的构型。

25. 写出下列反应的产物:

(a) $PhCHO + PhCOCH_3 \xrightarrow{H^+} \xrightarrow{H_2,Pt}$?

(b) $\underset{\underset{\parallel}{}}{PhCH_2\overset{O}{C}CH_2Ph} + CH_2O \xrightarrow{H^+} \xrightarrow{H_2,Pt}$?

(c) 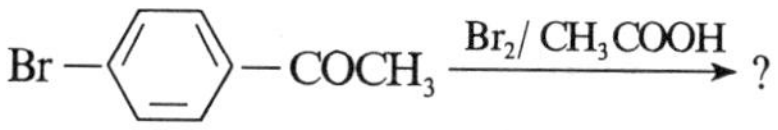 $Br-\langle\!\!\!\bigcirc\!\!\!\rangle-COCH_3 \xrightarrow{Br_2/CH_3COOH}$?

第九章　羧酸及其衍生物

Ⅰ. 羧　　酸

9.1　羧酸的结构

羧酸是分子中带有羧基 —$\overset{\text{O}}{\overset{\|}{\text{C}}}$—OH 的化合物。羧基从电子式上看,是由羰基 —$\overset{\text{O}}{\overset{\|}{\text{C}}}$— 与羟基 —OH 组成的,但是它的羰基和羟基与醛、酮的羰基和醇的羟基在性质上却有显著的差别。其原因就在于羧基中羰基的 π 键与羟基氧上的一对未共享的电子发生共轭,其结构可用下列分子轨道图示及共振式表示:

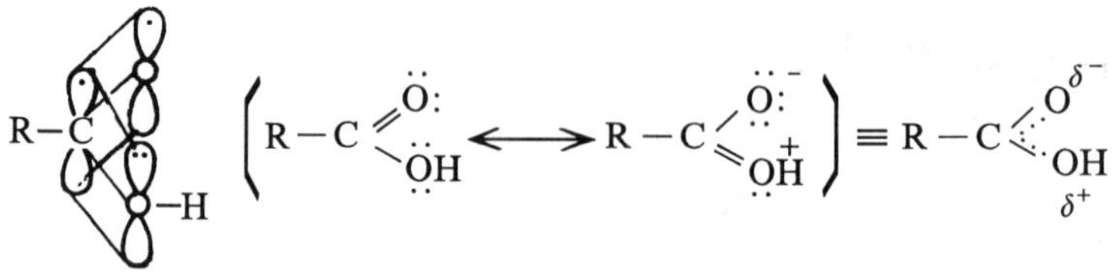

由于共轭的影响,在羧酸中,羰基 C=O 键(0.123 nm)比醛酮的羰基 C=O 键(0.122 nm)长,正如共振式表示的,它不是碳氧双键,而是在单双键之间。同样羰基碳与羟基氧的 C—O 键长为 0.136 nm,比醇、醚的 C—O 键长 0.143 nm 短,正如共振式表示的它不是单键,而是在单双键之间。另外羧酸中羰基氧上负电荷略有增加,羟基氧上负电荷略有减少,而羰基碳上的正电荷比醛酮的羰基碳上的正电荷低,这可与醛酮的共振式比较看出。

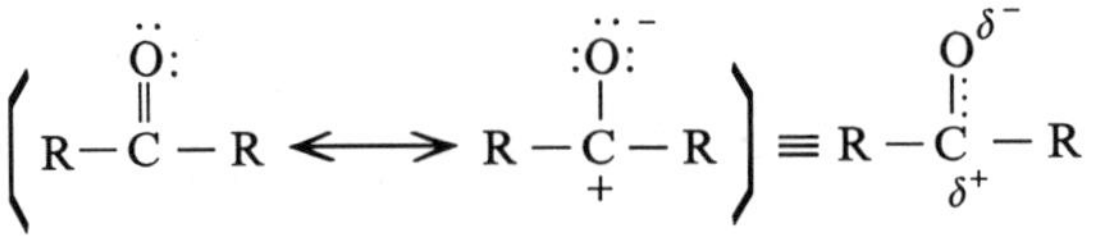

9.2　羧酸的分类与命名

根据羧基连在烃上或芳香环上,可将羧酸分为脂肪酸与芳香酸;根据羧酸分子中带的羧基的数目又可将羧酸分为一元、二元与多元羧酸。

脂肪酸的系统命名是选择分子中以羧基定位为一的最长碳链为主链,根据主链上碳原子的数目称为某酸。支链、取代基、双键及叁键的表示方法与烃类化合物相似。普通命名的定位是从邻接羧基的碳原子开始,以 $\alpha,\beta,\gamma,\delta$ 等来定位。

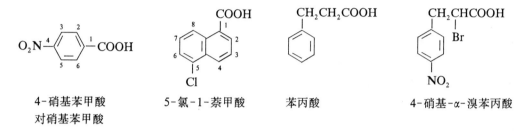

2-乙基戊酸 　　　 3-甲基-2-丁烯酸 　　　 3-苯基-2-丙烯酸
α-乙基戊酸 　　　 β-甲基-α-丁烯酸

脂肪酸与环烃连接起来的,用连接命名法命名。芳环上的取代基按芳环上定位规则命名。

4-硝基苯甲酸 　　 5-氯-1-萘甲酸 　　 苯丙酸 　　 4-硝基-α-溴苯丙酸
对硝基苯甲酸

二元羧酸的命名是将分子中的两个羧基都作为官能基来命名,只有这种命名很复杂、困难时才以一个羧基作为取代基来命名。对于脂肪族二元羧酸,常取包括两个羧基在内的两个羧基间的碳链作为主链来命名。

2,5-二甲基己二酸 　　　　　 1,4-苯二甲酸
α,α′-二甲基己二酸 　　　　 对苯二甲酸

许多从天然产物中分离得到的羧酸还具有俗名,如甲酸最初是由蚂蚁蒸馏得到的,所以又叫蚁酸。乙酸又叫醋酸,苯甲酸又叫安息香酸等。

9.3　羧酸的物理性质

羧酸具有较强的极性,羧基上具有可提供形成氢键的羟基氢和可供形成氢键的羰基氧,而且带有油溶性的烃基,这些决定了羧酸有比较广泛的溶解性能。如羧基可与水形成氢键,所以 4 个碳以下的羧酸可与水混溶;随着它的烃基碳原子数的增加,其在水中溶解度急剧下降,11 个碳以上的羧酸基本上不溶于水。羧酸可以溶于醇、醚等有机溶剂。

由于存在分子间的氢键,纯净的羧酸在固态、液态,甚至在气态都是以二聚体的形式存在所以羧酸的沸点与熔点比相同分子量的烷烃及其他极性分子的沸点与熔点都高,如乙酸 (分子量60) 沸点为 118℃,熔点为 16.6℃;丁烷 (分子量60)沸点 −0.5℃,熔点 −138.3℃;氯乙烷(分子量64)沸点 12℃,熔点 −136℃;丙醇(分子量60)沸点 97℃,熔点 −126.5℃。线型脂肪酸的沸点随分子量增加而增加,但其熔点则呈锯齿状的变化。羧酸的物理常数见表 9-1。

表 9-1 羧酸的物理性质

名　　称	结　构　式	熔　点/℃	沸点/℃ (101 kPa)	水中溶解度 g/100ml (20℃)
甲　酸	HCOOH	8.4	101	∞
乙　酸	CH_3COOH	16.6	118	∞
丙　酸	CH_3CH_2COOH	−21	141	∞
丁　酸	$CH_3(CH_2)_2COOH$	−5	164	∞
戊　酸	$CH_3(CH_2)_3COOH$	−34	186	4.97
己　酸	$CH_3(CH_2)_4COOH$	−3	205	0.968
庚　酸	$CH_3(CH_2)_5COOH$	−8	223	0.244
辛　酸	$CH_3(CH_2)_6COOH$	17	239	0.068
壬　酸	$CH_3(CH_2)_7COOH$	15	255	0.026
癸　酸	$CH_3(CH_2)_8COOH$	32	270	0.015
十 一 酸	$CH_3(CH_2)_9COOH$	29	280	0.0093
十 二 酸	$CH_3(CH_2)_{10}COOH$	44	299	0.0055
十 三 酸	$CH_3(CH_2)_{11}COOH$	42	312	0.0033
十 四 酸	$CH_3(CH_2)_{12}COOH$	54	251/13.3 kPa	0.0020
十 五 酸	$CH_3(CH_2)_{13}COOH$	53	257/13.3 kPa	0.0015
十 六 酸	$CH_3(CH_2)_{14}COOH$	63	267/13.3 kPa	0.00072
十 七 酸	$CH_3(CH_2)_{15}COOH$	63	—	0.00042
十 八 酸	$CH_3(CH_2)_{16}COOH$	72	—	0.00029
苯 甲 酸	C_6H_5COOH	122.4	249	微溶冷水 溶于热水

甲酸与乙酸都有刺激性的气味,浓的溶液对皮肤有刺激性作用,但稀的乙酸水溶液对人是无害的,食醋就是一稀的乙酸水溶液。$C_4 \sim C_{10}$ 的羧酸都具有特殊的臭味,如丁酸就有腐败的奶油臭味,许多哺乳动物皮肤上的排泄物就含有这些羧酸。而虱子就专找带有微量丁酸臭味的动物作为寄生地,这也就是长时间不洗澡、不换衣,会长虱子的一个原因。

9.4 羧酸的酸性

羧酸能与碳酸氢钠、氢氧化钠等作用生成盐,显示出明显的酸性。它们的电离平衡常数的 pK_a 在 3.5～5 之间,比碳酸(pK_a 为 6.38)、苯酚(pK_a 为 10.00)、醇(pK_a 为 15.9)的酸性都强,但相对于无机酸,为弱酸,它们的酸性都是由于氢离子电离的结果。实验测得 0.1 mol/L 乙酸水溶液中,只有 1.3% 乙酸电离,而 HCl 和 H_2SO_4 的稀水溶液几乎全部电离,所以羧酸是弱酸。但是与醇类相比,羧酸比醇的酸性约强 10^{11} 倍,其原因可从醇的 O—H 键电离能和羧酸分子中 O—H 键电离能的大小及电离后生成的氧负离子稳定性分析得到结论。

$$RC\overset{\text{O}}{-}O-H \Longleftrightarrow R-C\overset{\text{O}}{-}O^- + H^+$$

$$RCH_2-O-H \rightleftharpoons RCH_2O^- + H^+$$

实验测得乙酸的电离能为 1448 kJ/mol, 乙醇为 1586 kJ/mol。乙酸的电离能明显比醇低, 说明乙酸电离比乙醇容易得多。从电离后生成的负氧离子可以看到, 醇的烷氧基负离子 (RO^-)没有稳定的共振式, 即不存在共振, 负电荷集中在氧原子上, 强烈吸引质子。而羧基负离子中, 负电荷则平均分布在 2 个氧原子上, 可以形成 2 个能量相等的共振结构, 而且 2 个 C—O 键是一样长(为 0.126 nm)。所以它的稳定性比醇的烷氧负离子大得多。羧酸负离子的共振与共轭效应表示如下:

$$\left(R-C \underset{O^-}{\overset{O}{<}} \longleftrightarrow R-C \underset{O}{\overset{O^-}{<}} \right) \equiv R-C \underset{O^{\delta-}}{\overset{O^{\delta-}}{<}} \qquad R-C \underset{O^{\frac{1}{2}}}{\overset{O^{\frac{1}{2}}}{<}}$$

像前面介绍的取代醇与酚的酸性受取代基性质(吸电子与给电子)的影响一样, 取代羧酸的酸性也受取代基的诱导效应与共轭效应的影响。取代基吸电子有利于羧基负离子上负电荷的进一步分散, 增加其稳定性, 酸性增大; 取代基给电子则使其负电荷相应集中, 增强了吸引质子的能力, 而稳定性下降, 酸性减弱。如:

	CH_3COOH	$ClCH_2COOH$	$Cl_2CHCOOH$	Cl_3CCOOH	CH_3-CH_2COOH
pK_a	4.74	2.86	1.26	0.64	4.87

这种诱导效应的影响是通过 σ 键传递的, 随着通过的 σ 键增加, 诱导效应的影响急剧下降。如:

	$CH_3CH_2\underset{\underset{Cl}{|}}{C}HCOOH$	$CH_3\underset{\underset{Cl}{|}}{C}HCH_2COOH$	$\underset{\underset{Cl}{|}}{C}H_2CH_2CH_2COOH$	$CH_3CH_2CH_2COOH$
pK_a	2.86	4.06	4.52	4.82

对于芳香羧酸取代基不仅存在诱导效应的影响, 同时还存在共轭效应的影响, 若取代基在邻位, 还有空间位阻的影响。所以影响取代芳香酸的酸性的因素比较复杂, 需要综合分析。如被甲氧基取代的苯甲酸的酸性: 当甲氧基在对位时, 酸性降低(pK_a 4.47), 这时它显给电子作用; 当甲氧基在邻、间位时, 酸性增加, 这时它显吸电子作用。这就是由于氧的电负性比碳大, 可以产生吸电子诱导效应, 同时氧上未共享电子对以一对电子参与苯环的共轭, 又显示出给电子的作用。由于它在不同取代位置时起主导作用的因素不同, 所以同一取代基产生了不同的影响结果。但是对多数取代基来说, 一般还是吸电子取代基增强酸性, 给电子取代基降低酸性, 见表 9-2。

表 9-2　取代羧酸的酸性

取 代 基 Y	pK_a(25℃)						
	$\underset{CH_2COOH}{\overset{Y}{\underset{|}{}}}$	$Y-C_6H_4COOH$			$Y-C_6H_4CH_2COOH$		
		邻	间	对	邻	间	对
H	4.74	4.20	4.20	4.20	4.31	4.31	4.31
CH_3	4.87	3.91	4.27	4.38	4.35		4.37
C_2H_5	4.82	3.79	4.27	4.35			
CF_3	3.06		3.77	3.66			
F	2.59	3.27	3.86	4.14			4.25
Cl	2.85	2.92	3.83	3.97	4.07	4.14	4.19
Br	2.90	2.85	3.81	3.97	4.05		4.19
I	3.18	2.86	3.85	4.02	4.04	4.16	4.18
$CH_2=CH-$	4.35						
$CH\equiv C-$	3.32						
C_6H_5-	4.31	3.46	4.14	4.21			
$HO-$	3.83	2.98	4.08	4.57			
CH_3O-	3.57	4.09	4.09	4.47			4.36
CN	2.47	3.14	3.64	3.55			
NO_2	1.68	2.21	3.49	3.42	4.00	3.97	3.85

9.5 羧酸的化学反应

从羧酸的结构分析可以看出,羧酸的反应基本上发生在 4 个部位:即羧基中 O－H 键的反应;碳链上的氢,特别是 α 氢的反应;羧基中羰基的亲核加成与消除反应;失羧反应。下面分别讨论这四个方面的反应。

1. 羧基中 O－H 键的反应

(1) 与碱反应成盐

羧酸可以和碱形成盐,如与 NaOH, Na_2CO_3,甚至与 $NaHCO_3$ 形成钠盐。

羧酸盐在水中溶解度很大,但不溶于乙醚。常利用这一性质来分离羧酸与其他中性和碱性杂质。长链羧酸,如十八酸(硬脂酸)不溶于水,但它们的钠盐却可以极细小的胶束分散于水中,是一表面活性剂,也是日用肥皂的主要成分。其去污作用就是由于分子中极性和非极性基团分别与水和油污作用的结果。

(2) 羧酸负离子作为亲核试剂

羧酸钠盐是一弱亲核试剂,可与活泼的卤代烃如苯甲基氯等发生反应形成酯,也可在催化剂如四丁铵盐作用下进行亲核取代反应。如:

$$C_2H_5-\!\!\!\bigcirc\!\!\!-CH_2Cl+CH_3COONa \xrightarrow[120℃]{CH_3COOH} C_2H_5-\!\!\!\bigcirc\!\!\!-CH_2OC\overset{\displaystyle O}{\overset{\|}{}}-CH_3+NaCl$$
$$(93\%)$$

$$CH_2\!=\!\overset{\displaystyle CH_3}{\underset{\displaystyle |}{C}}-COONa+ClCH_2-CH\overset{O}{\diagdown}CH_2 \xrightarrow[C_2H_5OH]{(C_4H_9)_4\overset{+}{N}Cl^-} CH_2\!=\!\overset{\displaystyle CH_3}{\underset{\displaystyle |}{C}}-COOCH_2CH\overset{O}{\diagdown}CH_2$$

2. 碳链上氢的反应

(1) 自由基氯化反应

羧酸可以像烷烃一样在高温或紫外光照射下进行氯代反应,但是所得产物是一混合物,在实际合成应用上没有多大价值,如丁酸的氯化: 得到 α-氯代产物 5%, β-氯代产物 64%, γ-氯代产物 31%,还有多氯代物。

(2) 离子型卤化反应

当带有 α 氢的羧酸与氯或溴反应时,若加少量红磷或三卤化磷,则不需要紫外光的照射,在 100℃ 以下较低温度就可以发生卤化反应,而且专一发生在 α 位置上。当形成一卤代后,若仍有 α 氢与卤素,则可以继续卤化形成二卤代,直至 α 氢消耗完为止。没有 α 氢的羧酸就不能发生这种卤化反应。

$$CH_3CH_2COOH \xrightarrow{Br_2,\ P} CH_3\underset{\displaystyle Br}{\underset{\displaystyle |}{CHCOOH}} \xrightarrow{Br_2,\ P} CH_3CBr_2COOH$$

红磷与三卤化磷起什么作用? 红磷在卤素作用下也是变成三卤化磷。三卤化磷与羧酸反应形成酰卤。酰卤的 α 氢比羧酸的 α 氢活泼,因为 $-\overset{\displaystyle O}{\overset{\|}{C}}-X$ 比 $-\overset{\displaystyle O}{\overset{\|}{C}}-OH$ 吸电子能力强,所以酰卤

比羧酸易烯醇化。烯醇化的酰卤易和卤素发生加成转化为卤代酰卤,而卤代酰卤又和羧酸发生交换反应,形成卤代羧酸与酰卤,酰卤则可以继续进行反应。该反应历程如下:

$$RCH_2COOH + PX_3 \longrightarrow RCH_2COX$$

$$\underset{\underset{O}{\|}}{RCH_2-C-X} \rightleftharpoons \underset{\underset{OH}{|}}{RCH=C-X} \xrightarrow{X_2} \underset{\underset{X}{|}}{RCHC-X} + HX$$

$$\underset{\underset{X}{|}}{RCH-C-X} + RCH_2COOH \rightleftharpoons \underset{\underset{X}{|}}{RCHCOOH} + \underset{\underset{O}{\|}}{RCH_2C-X}$$

这个反应称为海尔-沃尔哈特-泽林斯基反应,它不能用来合成 α-碘代酸。

3. 羧基中羰基的加成与消除反应

羧酸在羰基碳上进行的反应很多,如下面将讨论的酯化、酰卤化、酰胺化、还原等反应的历程都涉及羰基的亲核加成与消除。

$$R-C\underset{O-H}{\overset{\nearrow O}{}} + :Nu-H \rightleftharpoons \underset{\underset{OH}{|}}{R-C-\overset{+Nu-H}{\ddot{O}^-}} \rightleftharpoons \underset{\underset{+OH_2}{|}}{R-C-\overset{Nu}{\ddot{O}^-}} \longrightarrow \underset{R}{\overset{Nu}{>}}C=O + H_2O$$

(1) 酯化反应

羧酸与醇在强酸催化下加热反应可以形成酯,这是一个可逆反应。强酸常用硫酸、苯磺酸等:

$$R-C\underset{OH}{\overset{\nearrow O}{}} + R'OH \underset{}{\overset{H^+}{\rightleftharpoons}} R-C\underset{OR'}{\overset{\nearrow O}{}} + H_2O$$

若用等摩尔比的乙酸与乙醇反应,达到平衡时,只有 65% 转化成乙酸乙酯。为了提高产率可以像无机反应一样,利用质量作用定律,促使反应平衡向右边移动。常用的办法有:一是提高反应物中一个的比例,如以摩尔比 1:10 的乙酸与乙醇反应,则达到平衡时,将有 97% 的乙酸转化成乙酯;另一方法是取走一种或全部产物,促使平衡向右边移动,提高产率。如合成甲酸甲酯,由于它的沸点(32℃)比甲醇和甲酸都低,采用蒸出产物的办法;合成乙酸乙酯往往采用二氯乙烷或苯带出反应生成的水的办法,因为二氯乙烷与苯可和水形成低共沸物而蒸出,加上油水分离器使水分去,蒸出的二氯乙烷或苯又可回到反应体系往复使用。关于酯化反应的历程,曾有几种不同的说法。经过使用标记元素,如以 ^{18}O 标记的甲醇和以 ^{18}O 标记羰基氧的苯甲酸乙酯分别进行酯化与水解反应,证实下列历程是正确的:

$$RC\underset{OH}{\overset{\nearrow O}{}} + H^+ \rightleftharpoons RC\underset{OH}{\overset{+OH}{\diagdown}} \xrightarrow{R'OH} \underset{\underset{HOR'}{\underset{+}{|}}}{R-C-OH} \rightleftharpoons \underset{\underset{OR'}{|}}{\overset{OH}{R-C-OH}} + H^+$$

$$\underset{\underset{OR'}{|}}{\overset{OH}{R-C-OH}} + H^+ \rightleftharpoons \underset{\underset{OR'}{|}}{\overset{OH}{R-C-\overset{+}{O}H_2}} \xrightarrow{-H_2O} R-C\underset{OR'}{\overset{+OH}{\diagdown}} \rightleftharpoons R-C\underset{OR'}{\overset{\nearrow O}{}} + H^+$$

从这一系列平衡反应可看到,强酸的 H^+ 促使酯化反应加速进行。其作用在于:H^+ 首先进攻羧基中的羰基氧使其质子化,提高了羰基碳原子的亲电能力,有利于醇羟基氧的进攻形成新的碳氧键;H^+ 与中间体上羟基氧结合,形成锌盐,使难于消除的 —OH 转变成较易消除的 H_2O,有利于中间体到产物的平衡。

在整个历程中,醇作为亲核试剂进攻羰基完成亲核加成,然后消除 1 分子水形成酯。它们分别涉及 C—O 键的形成与断裂,羰基碳经历了由 sp^2 杂化到 sp^3 杂化,又回到 sp^2 杂化。这些反应具有较高活化能,速度较慢,因而加成与消除两步对酯化有很大影响。酯化时,羧基旁的空间位阻大或醇羟基旁的空间位阻大都将大大降低反应速度。如下列羧酸与醇的酯化速度顺序为:

$$CH_3COOH > CH_3CH_2COOH > (CH_3)_2CHCOOH > (CH_3)_3C—COOH$$

相对速率　　　1　　　　0.84　　　　0.33　　　　0.037

$$CH_3OH > RCH_2OH > R_2CHOH > R_3C—OH$$

所以像 2,6-二溴苯甲酸、2,6-二甲基苯甲酸或叔丁醇等,都不能用此方法进行酯化。酚也不能直接与羧酸酯化。但它们均可用别的方法得到相应的酯。如用重氮甲烷与羧酸反应可得相应的甲酯。

酯化反应历程是有机化学中很重要的一种历程,因为许多羧酸及羧酸衍生物的反应都是按照这种羰基的亲核加成与消除反应进行的。这些内容以后我们还将叙述到。

(2) 酰卤化反应

羧酸与氯化亚砜($SOCl_2$)、三氯化磷(PCl_3)、三溴化磷(PBr_3)或五氯化磷(PCl_5)反应可以得到酰氯或酰溴。这些反应一般较易进行,产率也较好。

$$\underset{\text{苯甲酰氯}}{C_6H_5\overset{O}{\overset{\|}{C}}OH + SOCl_2 \longrightarrow C_6H_5\overset{O}{\overset{\|}{C}}Cl + SO_2 + HCl}$$

这些反应也是按照羰基的亲核加成与消除反应的历程进行的,不过先形成酰基氯亚硫酸酯、酰基氯亚磷酸酯或酰基氯磷酸酯的中间体,由于酰基上氯亚硫酸酯基等具有较强的吸电子能力,使得羰基活化,能和弱的亲核试剂 Cl^- 发生亲核加成,然后再消除氯亚硫酸酯基等而得到酰氯。下面为氯化亚砜与羧酸反应的历程:

$$R—\overset{O}{\overset{\|}{C}}—O—H + Cl—\overset{O}{\overset{\|}{S}}—Cl \longrightarrow R—\overset{O}{\overset{\|}{C}}—O—\overset{O}{\overset{\|}{S}}—Cl + HCl \longrightarrow R—\overset{OH^+}{\overset{\|}{C}}—O—\overset{O}{\overset{\|}{S}}—Cl + Cl^-$$

酰基氯亚硫酸酯

$$\longrightarrow R—\overset{OH}{\underset{Cl}{\overset{\|}{C}}}—O—\overset{O}{\overset{\|}{S}}—Cl \longrightarrow R—\overset{+OH}{C}\diagdown_{Cl} + {}^-O—\overset{O}{\overset{\|}{S}}—Cl \longrightarrow R—C\diagup^{\diagdown O}_{Cl} + SO_2 + HCl$$

(3) 酰胺化反应

羧酸与氨水反应形成铵盐。但羧酸负离子的羰基碳对亲核试剂的活性很低,不能在水溶液中发生羰基的亲核加成。但是若将水蒸干,并高温加热干的铵盐则可以脱水形成酰胺。

$$CH_3CH_2CH_2COOH + NH_3 \longrightarrow CH_3CH_2CH_2COO\overset{-}{N}H_4^{+} \overset{\triangle}{\longrightarrow} CH_3CH_2CH_2CONH_2 + H_2O$$

此反应也属于上述一类反应历程。只不过铵盐在高温时分解成氨与羧酸,然后发生氨的羰基亲核加成与消除水的反应。

（4）还原成醇

羧酸用催化氢化方法难于还原成醇。后来发现羧酸很易被 $LiAlH_4$ 与 $(BH_3)_2$ 还原成一级醇。$LiAlH_4$ 对羧酸的还原条件很温和,在室温下即可进行,产率很高。$(BH_3)_2$ 甚至可以在有碳碳双键、酮基、氰基、酯基、酰氯基、硝基、砜基等存在时,首先与羧基还原,因为羧基反应最快,酯基最慢,而酰氯基、硝基与砜基则不反应。

$$CH_3-\underset{\underset{CH_3}{|}}{\overset{\overset{CH_3}{|}}{C}}-COOH+LiAlH_4 \xrightarrow[\text{2) } H_2O]{\text{1) } Et_2O} CH_3-\underset{\underset{CH_3}{|}}{\overset{\overset{CH_3}{|}}{C}}-CH_2OH$$

三甲基乙酸   新戊醇

$$N\equiv C-\langle \rangle-COOH+(BH_3)_2 \xrightarrow[\text{2) } H_2O]{\text{1) } THF,0℃} N\equiv C-\langle \rangle-CH_2OH$$

对氰基苯甲酸   对(羟甲基)苯甲腈

$LiAlH_4$ 对羧酸的还原认为是 AlH_4^- 作为亲核试剂提供 H^-,与羧酸的羰基发生亲核加成,然后失水成醛,再继续还原成一级醇。

（5）生成酸酐

饱和一元羧酸在脱水剂,如低级羧酸酐、P_2O_5 存在下加热,分子间脱水形成酸酐。工业上常用乙酸酐作为脱水剂,反应过程中不断蒸出乙酸。

$$2RCOOH+(CH_3CO)_2O \rightleftharpoons (RCO)_2O+2CH_3COOH$$

4. 失羧反应

（1）失羧成烃

固体乙酸钠与氢氧化钠在 300℃ 以上高温时熔融,可以得到甲烷与碳酸钠。

$$CH_3CO_2Na + NaOH \xrightarrow[\text{300 ℃ 以上}]{\text{熔融}} CH_4 + Na_2CO_3$$

羧酸的钙、钡、铅盐强烈加热时,发生部分脱羧反应,生成酮:

$$(CH_3\overset{\overset{O}{\|}}{C}-O)_2Ca \xrightarrow{\triangle} CH_3\overset{\overset{O}{\|}}{C}-CH_3 + CaCO_3$$

若脂肪酸盐的 α 碳上带有吸电子基团如 —Ar,—CX_3(X 为卤原子)等时,则脱羧反应可大大降低温度,使脱羧容易而且产率好。如:

$$Cl_3C-CO\overset{+}{O}\overset{-}{Na} + H_2O \xrightarrow{50℃} CHCl_3 + NaHCO_3$$

但对于 α 碳上带有 —COOH,—CN,—NO_2,$-\overset{\overset{}{|}}{\underset{\underset{O}{\|}}{C}}-$,—$CH=CH_2$ 的脂肪酸及 α-羰基酸,稍许加热即可脱羧。现认为它们与上述反应不同,而是经过一环状六中心的过渡状态,它们本身的结构也易于形成这种六员环。

$$\underset{\text{丙二酸}}{\text{HOOC}-\text{CH}_2-\text{COOH}} \xrightarrow{\triangle} \left[\begin{array}{c} \text{HO}-\text{C} \quad \overset{\text{CH}_2}{\diagup} \quad \text{C}=\text{O} \\ \| \quad\quad | \\ \text{O} \quad \text{O} \\ \quad\quad | \\ \text{H} \end{array} \right] \longrightarrow \begin{array}{c} \text{HO}-\text{C} \overset{\text{CH}_2}{\diagup} \\ | \\ \text{O} \\ | \\ \overset{+}{\text{H}} \\ \text{CO}_2 \end{array} \longrightarrow \underset{\text{乙酸}}{\text{CH}_3\text{C} \diagup \overset{\text{O}}{\diagdown} \text{OH}}$$

环状六中心过渡状态

$$\underset{\text{3-丁烯酸}}{\text{CH}_2=\text{CH}-\text{CH}_2-\text{COOH}} \xrightarrow{\triangle} \left[\begin{array}{c} \text{CH} \quad \overset{\text{CH}_2}{\diagup} \quad \text{C}=\text{O} \\ \| \quad\quad | \\ \text{CH}_2 \quad \text{O} \\ \quad\quad | \\ \text{H} \end{array} \right] \longrightarrow \underset{\text{丙烯}}{\begin{array}{c} \text{CH}_2 \\ \| \\ \text{CH} \\ | \\ \text{CH}_3 \end{array}} + \text{CO}_2$$

芳香族甲酸在喹啉溶液中,加少许铜粉加热即可脱羧。

$$\text{C}_6\text{H}_5\text{COOH} \xrightarrow[\text{喹啉},\triangle]{\text{Cu}} \text{C}_6\text{H}_6 + \text{CO}_2$$

(2) 失羧卤化

将羧酸与 Ag_2O 反应得羧酸的银盐,然后加等摩尔的溴或碘,即可失羧,得到溴代或碘代烷。

$$\text{RCOOH} + \text{Ag}_2\text{O} \longrightarrow \text{RCOOAg} \xrightarrow{\text{Br}_2} \text{RBr} + \text{CO}_2 + \text{AgBr}$$

另一方法是将羧酸与四乙酸铅、锂的卤化物 ($LiCl$, $LiBr$ 或 LiI) 一起反应,即可失羧,得到相应的卤代烷。

$$\text{RCOOH} + \text{Pb}(\text{CH}_3\text{COO})_4 + \text{LiCl} \longrightarrow \text{RCl} + \text{LiPb}(\text{CH}_3\text{COO})_3 + \text{CO}_2 + \text{CH}_3\text{COOH}$$

这两方法可以互为补充,前一方法对于合成 1° 卤化烷的产率较好,而后一方法合成 2° 与 3° 卤代烷的产率好。

9.6 羧酸的光谱性质

羧基是由羰基与羟基组成,因此其红外光谱也反映出这两种结构单元的谱带。对于有氢键缔合的羧酸二聚体,羧基中 $O-H$ 伸缩振动在 $2500\sim3000\text{cm}^{-1}$ 内,有一强的宽带吸收。羧基中 $C=O$ 伸缩振动在 1700cm^{-1} 左右有强的很突出的吸收带,而且随羧酸结构的不同改变。

羧酸中 C=O 伸缩振动吸收带

结 构	吸收频率/cm^{-1}
$\begin{array}{c}\text{R}-\text{C}-\text{OH}\\\|\\\text{O}\end{array}$	$1700\sim1725$
$\begin{array}{c}\text{Ar}-\text{C}-\text{OH}\\\|\\\text{O}\end{array}$	$1680\sim1700$
$\begin{array}{c}-\text{C}=\text{C}-\text{C}-\text{OH}\\\|\quad\|\quad\|\\\quad\quad\quad\text{O}\end{array}$	$1680\sim1700$

羧基的羟基质子的质子磁共振在很低场吸收 (δ 10~13)。羧酸 α 氢的化学位移在 δ

$2 \sim 2.53$。

9.7 羧酸的合成反应

(1) 烯或炔烃的氧化。
(2) 1° 醇或醛的氧化。
(3) 烷基苯的侧链氧化。
(4) 甲基酮的氧化(卤仿反应)。
(5) 腈化合物的水解。
(6) 格氏试剂与二氧化碳反应。
(7) 苯酚钠盐与二氧化碳反应。

Ⅱ. 羧酸衍生物与类脂

9.8 羧酸衍生物的结构与命名

1. 羧酸衍生物的结构

羧酸衍生物是指那些经水解能转变成羧酸的化合物。它们的结构通式为 $R-C{<}^{O}_{L}$ (L 即

$-OR'$, $-NH_2$, $-NHR'$, $-NR'_2$, $-X$, $-O-\overset{O}{\overset{\|}{C}}-R'$ 等)。这些化合物都具有酰基($R-\overset{O}{\overset{\|}{C}}-$),因此又称酰基化合物。它们的结构与羧酸相似,都具有羰基的 π 键,并与 $-L$ 的一对未共享电子共轭。其电子共轭与共振式如下:

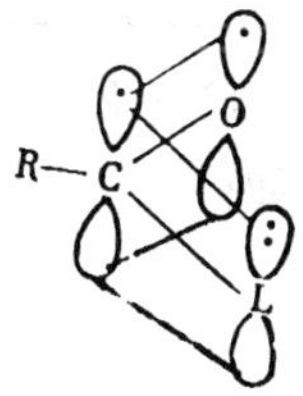

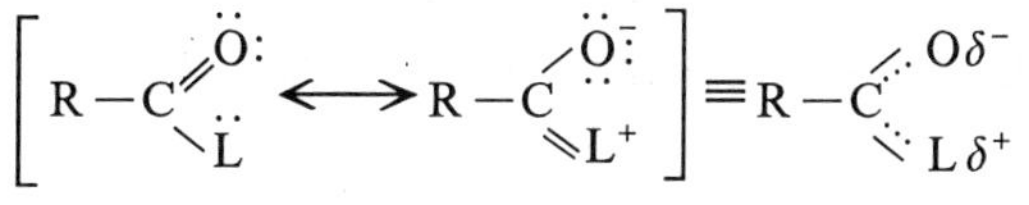

在这些羧酸衍生物中,酰胺结构显示 $R-C{<}^{\ddot{O}^-}_{NH_2^+}$ 偶极共振式参与最多,而酰氯结构显示

$R-C{<}^{\ddot{O}^-}_{Cl^+}$ 参与最少。从键长测定知道酰胺的 C—N 键明显缩短,有较大旋转障碍,而且氮上 2 个氢显示有区别,说明酰胺结构很接近于它的偶极共振式。酯的 C—O 键长变化介于中间,酰氯的 C—Cl 键没有缩短。这些情况符合前面所述 $NH_2>OR>Cl$ 的给电子共轭效应的顺序。

腈水解可以得到羧酸。根据定义,腈也是羧酸衍生物,但它不是酰基化合物。氰基是由碳

氮三键组成,所以氰基的碳与氮均为 sp 杂化,各以 1 个 sp 电子组成 σ 键,各以 2 个 p 轨道及 2 个 p 电子组成 2 个 π 键。氰基与烷基间以 C_{sp} 与 C_{sp^3} 组成的 σ 键相连,氰基的氮还有一对未成键的 sp 电子:

由于氮的电负性比碳大,所以氰基有较强的极性。

2. 羧酸衍生物的命名

羧酸衍生物在系统命名中只有羧酸、酰卤、酰胺与腈作为官能基,酯与酸酐作为羧酸的官能基衍生物,如下例:

化合物	CH_3COOH	$CH_3\overset{O}{\overset{\|}{C}}-OC_2H_5$	$CH_3\overset{O}{\overset{\|}{C}}-O-\overset{O}{\overset{\|}{C}}-CH_3$	$CH_3\overset{O}{\overset{\|}{C}}-Cl$	$CH_3-\overset{O}{\overset{\|}{C}}-NH_2$	CH_3CN
母体或索引化合物	CH_3COOH	CH_3COOH	$CH_3\overset{O}{\overset{\|}{C}}-OH$	$CH_3\overset{O}{\overset{\|}{C}}-Cl$	$CH_3\overset{O}{\overset{\|}{C}}-NH_2$	CH_3CN
系统命名	乙酸	乙酸乙酯	乙酸酐	乙酰氯	乙酰胺	乙腈

化合物	苯-CN	苯-COOH	CH_3C, CH_3CH_2-C 酸酐	$ClCH_2\overset{O}{\overset{\|}{C}}-Cl$	$ClCH_2\overset{O}{\overset{\|}{C}}-OC_2H_5$	苯-$CH_2\overset{O}{\overset{\|}{C}}-NH_2$
母体或索引化合物	苯-CN	苯-COOH	CH_3CH_2COOH	$CH_3\overset{O}{\overset{\|}{C}}-Cl$	CH_3COOH	苯-$CH_2\overset{O}{\overset{\|}{C}}-NH_2$
系统命名	苯甲腈	苯甲酸	乙酸丙酸酐	2-氯代乙酰氯	2-氯代乙酸乙酯	苯乙酰胺

官能基衍生物是将衍生物的名称放在母体后,取代衍生物是将取代基名称放在母体前。对于酯中烷基则以连接氧的碳定位为 1,取最长的链为主链来命名。如:

$$CH_3\overset{O}{\overset{\|}{C}}-O\overset{1}{C}H_2\overset{2}{C}H-\overset{3}{C}H_3 \qquad 乙酸(2-羟基丙)酯$$
$$\underset{OH}{|}$$

对于酰胺氮上取代基,在名称前加 **N** 以表示在氮上。如:

$$CH_3\overset{O}{\overset{\|}{C}}-NHCH_3 \qquad N-甲基乙酰胺$$

若化合物中,还存在命名级别高于上述基团的官能基时,则上述基团作为取代基。如:

$$HOOC-\text{苯}-COCl \qquad HOOC-\text{苯}-CONH_2 \qquad NCCH_2COOH$$

4-氯甲酰基苯甲酸   4-氨甲酰基苯甲酸   2-氰基乙酸

NCCH$_2$COOC$_2$H$_5$

2-氰基乙酸乙酯　　　　　　　　　　　1,2-苯二甲酸单乙酯

要注意:作为官能基羧酸的酸$-C\overset{O}{\underset{OH}{\diagdown}}$、酰胺$-C\overset{O}{\underset{NH_2}{\diagdown}}$、酰卤$-C\overset{O}{\underset{X}{\diagdown}}$、腈$-C\equiv N$都不包括碳,所以 CH$_3$CN 不能叫甲腈,应叫乙腈。作为取代基的 $-C\overset{O}{\underset{OH}{\diagdown}}$ 叫羟甲酰基, $-\overset{O}{\overset{\|}{C}}-NH_2$ 叫氨甲酰基, $-C\overset{O}{\underset{X}{\diagdown}}$ 卤甲酰基, $-C\equiv N$ 为氰基, $-\overset{O}{\overset{\|}{C}}-OR$ 为烷氧甲酰基,都包括了碳,要注意腈与氰基的区别。

9.9 羧酸衍生物的物理性质

相同分子量的直链脂肪酸甲酯、酰氯与酸酐的沸点与相同分子量的直链烷烃相近。这说明酯、酰氯与酸酐在液态时分子间主要以弱的范德华引力相吸。

腈和相同分子量的羧酸的沸点相近,比相同分子量的烷烃的沸点高。这说明腈与羧酸在液态时存在有较强的分子间吸引力,在腈分子间有较强的偶极吸引力,在羧酸分子间有较强的氢键缔合。

酰胺显示很高的沸点,如乙酰胺的沸点比相近分子量的乙酸、丙腈、甲酸甲酯、丁烷的都高很多。另外乙酰胺氮上的氢为甲基取代,则沸点明显下降,但是 N, N-二甲基乙酰胺的沸点仍比相近分子量的戊腈高(见表9-3)。这些情况反映酰胺在液态时,分子间不仅有强的氢键相互作用,还有分子间偶极相互吸引。这些现象符合于酰胺的结构接近于它的偶极共振式。

$$CH_3-C\overset{O}{\underset{NH_2}{\diagdown}} \longleftrightarrow CH_3-C\overset{\ddot{O}:^-}{\underset{\overset{+}{N}\overset{H}{\diagdown}_H}{\diagup}}$$

表9-3　一些羧酸衍生物的物理常数

结　　构	名　　称	分子量	熔点/℃	沸点/℃	结　　构	名　　称	分子量	熔点/℃	沸点/℃
CH$_3\overset{O}{\overset{\|}{C}}-NH_2$	乙酰胺	59	82	221	CH$_3\overset{O}{\overset{\|}{C}}-$OH	乙酸	60	16.6	118
CH$_3\overset{O}{\overset{\|}{C}}-$NH(CH$_3$)	N-甲基乙酰胺	73	28	204	H$\overset{O}{\overset{\|}{C}}-OCH_3$	甲酸甲酯	60	−99	31.5
CH$_3\overset{O}{\overset{\|}{C}}-$N(CH$_3$)$_2$	N,N-二甲基乙酰胺	87	−20	165	CH$_3$(CH$_2$)$_2$CH$_3$	丁烷	58	−138	0.5
CH$_3$(CH$_2$)$_3$CN	戊腈	83	−96	141	CH$_3$CH$_2$CN	丙腈	55	−93	97

所有低于14个碳的直链羧酸甲酯与乙酯、酰氯及腈;与所有低于9个碳的直链羧酸酐在室温时都是液体。但是酰胺除甲酰胺外都是固体,可是取代了酰胺氮上的氢,则熔点急剧下降,如 N, N-二甲基甲酰胺与 N, N-二甲基乙酰胺都是液体。

酯、酰胺、酰卤、酸酐与腈一般都溶于普通有机溶剂如乙醚、氯仿、苯等。酰胺基是一个强

的亲水基团,酰胺在水中溶解度比相同分子量的酯大得多,如 N, N-二甲基乙酰胺与甲酰胺都可在水中无限混溶,但乙酸乙酯则仅微溶于水。N, N-二甲基甲酰胺与 N, N-二甲基乙酰胺都是很好的非质子极性溶剂。乙酸乙酯也是一种常用的普通溶剂。

羧酸、酰氯、酸酐往往都有一些刺激性的气味,但是酯却常具有愉快的香味。下列一些酯就具有水果香味,并用来作为合成香料。

$$
\begin{array}{cc}
& O \\
& \| \\
CH_3COCH_2CH_2CHCH_3 & \\
& | \\
& CH_3
\end{array}
\qquad
\begin{array}{cc}
& O \\
& \| \\
CH_3CH_2COCH_2CHCH_3 & \\
& | \\
& CH_3
\end{array}
$$

乙酸异戊酯　　　　　　　　丙酸异丁酯
有香蕉的香味　　　　　常用于作为调酒的香料

9.10 羧酸衍生物的反应

羧酸衍生物的反应主要有羰基的亲核加成消除反应、涉及 α 氢的反应、酯的热裂消除反应与涉及酰胺氮上氢的反应。

1. 羧基中羰基的亲核加成与消除反应

羧酸及其衍生物(酯、酰胺、酰氯、酸酐)间不仅可以相互转化,而且可以转化成醛、酮等(见图 9-1)。

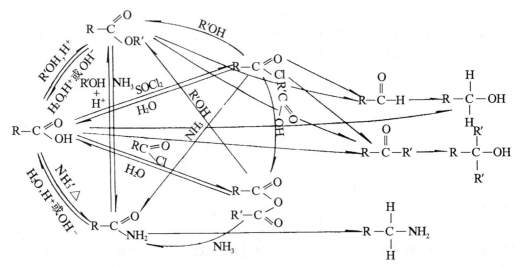

图 9-1　羧酸及其衍生物的相互转化

所有这些反应都可以归纳为羧酸及其衍生物的取代反应(或称为置换反应):

$$
\begin{array}{cc}
& O \\
& \| \\
R-C & \\
& \backslash L
\end{array}
+ HNu \longrightarrow
\begin{array}{cc}
& O \\
& \| \\
R-C & \\
& \backslash Nu
\end{array}
+ HL
$$

或

222

$$R-\overset{\displaystyle O}{\underset{L}{C}} + :Nu^- \longrightarrow R-\overset{\displaystyle O}{\underset{Nu}{C}} + :L^-$$

羧酸衍生物中羰基的亲核加成与消除反应的历程和羧酸的酯化反应历程相同。首先亲核试剂加到羰基碳上,形成含负氧离子的中间体,然后消除一个基团,得到取代(置换)产物。如:

$$R-\overset{\displaystyle O}{\underset{L}{C}} + :Nu^- \rightleftharpoons R-\overset{\displaystyle \ddot{O}:^-}{\underset{\underset{Nu}{|}}{\overset{|}{C}}-L} \rightleftharpoons R-\overset{\displaystyle O}{\underset{Nu}{C}} + :L^-$$

由于羧酸衍生物分子中存在共轭现象,而亲核加成后形成的四面体中间体无共轭,空间位阻增大,位能增高,增加了它消除一个基团,减少空间位阻,恢复共轭,趋于稳定的动力。到底消除哪一个基团?这和产物$(R-\overset{O}{\underset{Nu}{C}} + :L^-)$与反应物$(R-\overset{O}{\underset{|}{\overset{||}{C}}-L} + :Nu^-)$位能之差有关,更直接的是和离去基团$(:L)$与亲核试剂$(:Nu^-)$的稳定性与碱性有关。离去基团碱性强则稳定性高,位能低,难于离去,这就影响平衡位置。羧酸衍生物离去基团的碱性顺序是:

$$:NH_2^- > :OR^- > :OH^- > :O^- - \overset{\displaystyle O}{\overset{||}{C}} - R > :Cl^-$$

$$NH_3 > ROH, H_2O > RCOOH > HCl$$

羧酸衍生物的稳定性与L给电子共轭效应大小有关。若给电子共轭效应大,则羧酸衍生物偶极共振式的稳定性增加,化合物稳定。

$$\left[R-\overset{\displaystyle O}{\underset{L}{C}} \longleftrightarrow R-\overset{\displaystyle \ddot{O}:^-}{\underset{L^+}{C}} \right]$$

L给电子共轭效应的顺序为:

$$-O^- > -NH_2 > -OR, OH > RCOO^- > Cl$$

所以羧酸衍生物稳定性的顺序为:

$$R-\overset{\displaystyle O}{\underset{O^-}{C}} > R-\overset{\displaystyle O}{\overset{||}{C}}-NH_2 > R-\overset{\displaystyle O}{\overset{||}{C}}-OR > R-\overset{\displaystyle O}{\overset{||}{C}}-O-\overset{\displaystyle O}{\underset{||}{C}}-R' > RC-Cl$$

因此从羧酸衍生物稳定性与离去基团的碱性可以推断它的亲核加成与消除反应的活性顺序:

$$RC\overset{\displaystyle O}{\underset{Cl}{}} > R-\overset{\displaystyle O}{\underset{O-\overset{||}{\underset{O}{C}}-R'}{C}} > RC\overset{\displaystyle O}{\underset{OR'}{}} > R-\overset{\displaystyle O}{\underset{NH_2}{C}} > R-\overset{\displaystyle O}{\underset{O^-}{C}}$$

(1) 水解反应

所有羧酸衍生物都能水解成羧酸。

$$R-\overset{\overset{\displaystyle O}{\|}}{C}-X + H_2O \xrightarrow{R_3N} RCOOH + R_3\overset{+}{N}H Cl^-$$

$$\begin{array}{c} R-\overset{\overset{\displaystyle O}{\|}}{C} \\[4pt] \quad\quad O \\[4pt] R-\overset{\overset{\displaystyle O}{\|}}{C} \end{array} + H_2O \xrightarrow{R_3N} RCOOH + RCOO^- \overset{+}{N}HR_3$$

$$R-\overset{\overset{\displaystyle O}{\|}}{C}-OR' + H_2O \xrightarrow[\text{或 } OH^-]{H^+} RCOOH + R'OH\ (RCOO^- + ROH)$$

$$R\overset{\overset{\displaystyle O}{\|}}{C}-NH_2 + H_2O \xrightarrow[\text{或 } OH^-]{H^+} RCOOH + \overset{+}{N}H_4\ (RCOO^- + NH_3)$$

$$R-C\equiv N + H_2O \xrightarrow[\text{或 } OH^-]{H^+} RCONH_2 \longrightarrow RCOOH + \overset{+}{N}H_4\ (RCOO^- + NH_3)$$

酰卤和酸酐由于本身稳定性差,离去基团 X^-(I^-,Br^-,Cl^-,F^-)和 $RCOO^-$ 碱性很弱,所以都很活泼。当分子量不大时,遇水反应很激烈;随着分子量增大,在水中溶解度降低,反应逐渐减慢。必要时需加入适当溶剂(如二氧六环,四氢呋喃等),以增加其与水的接触,促使反应速度加快。

酯、酰胺、腈由于自身稳定较高,亲核试剂水的亲核性又弱,而离去基团 RO^-,NH_2^- 碱性强,所以它们的水解活性比酰氯、酸酐低得多。如乙酸乙酯与纯水反应,大约 100 年才水解一半。但在强酸或强碱作用下,可加快水解反应。这是由于强酸使羰基质子化(或 $-C\equiv N$ 形成 $-C\equiv \overset{+}{N}H$),增强了羰基(或氰基碳)亲电性的能力,因而与弱亲核试剂水有了相当快的反应速度,同时离去基团不是强碱 RO^-,NH_2^-,而是中性的 ROH 或弱碱性 NH_3(NH_3 在反应体系中形成 $\overset{+}{N}H_4X^-$),从而提高了反应速度。在强碱作用下水解时,亲核试剂由水变成亲核性强的 OH^-,而产物不是酸而 $RCOO^-\overset{+}{N}a$,使反应变成不可逆,反应平衡有利于向右边移动,同样可提高反应速度。下面简要介绍其反应历程:

强酸作用下的反应历程:

$$R-\overset{\overset{\displaystyle O}{\|}}{C}-OR' \underset{H^+}{\rightleftharpoons} R-C\underset{OR'}{\overset{\overset{+}{O}H}{\diagup}} \underset{H_2O}{\rightleftharpoons} R-\underset{\underset{+OH_2}{|}}{\overset{\overset{OH}{|}}{C}}-OR' \rightleftharpoons R-\underset{\underset{H}{|}}{\overset{\overset{OH}{|}}{C}}-OR' \rightleftharpoons R-\overset{\overset{+}{O}H}{C}-OH + R'OH$$

$$R-\overset{\overset{\displaystyle O}{\|}}{C}-OH + H^+$$

$$R-\overset{\overset{\displaystyle O}{\|}}{C}-NH_2 \underset{H^+}{\rightleftharpoons} R-C\overset{\overset{+}{O}H}{-}NH_2 \underset{H_2O}{\rightleftharpoons} R-\underset{\underset{+OH_2}{|}}{\overset{\overset{OH}{|}}{C}}-NH_2 \rightleftharpoons R-\underset{\underset{OH}{|}}{\overset{\overset{OH}{|}}{C}}-\overset{+}{N}H_3 \rightleftharpoons R-\overset{\overset{+}{O}H}{C}-OH + NH_3$$

$$RC\overset{\overset{\displaystyle O}{\|}}{}-OH + NH_4^+$$

$$R-C\equiv N \underset{H^+}{\rightleftharpoons} R-C\equiv \overset{+}{N}H \underset{H_2O}{\rightleftharpoons} R-\underset{+OH_2}{\overset{|}{C}}=NH \rightleftharpoons R-\underset{OH}{\overset{|}{C}}=NH + H^+ \rightleftharpoons R-\overset{\overset{\displaystyle O}{\|}}{C}-NH_2 + H^+$$

碱作用下的反应历程:

$$R-\overset{\overset{\displaystyle O}{\|}}{C}-OR' \underset{OH^-}{\rightleftharpoons} R\overset{\overset{\displaystyle O^-}{|}}{\underset{\underset{\displaystyle OH}{|}}{C}}-OR \rightleftharpoons R-\overset{\displaystyle O}{C}{\diagup}-OH+R'O^- \longrightarrow R-\overset{\displaystyle O}{C}{\diagup}-O^-+ROH$$

$$R-\overset{\overset{\displaystyle O}{\|}}{C}-NH_2 \underset{OH^-}{\rightleftharpoons} R-\overset{\overset{\displaystyle O^-}{|}}{\underset{\underset{\displaystyle OH}{|}}{C}}-NH_2 \rightleftharpoons R-\overset{\displaystyle O}{C}{\diagup}-OH+NH_2^- \longrightarrow R-\overset{\displaystyle O}{C}{\diagup}-O^-+NH_3$$

$$R-C\equiv N \rightleftharpoons R-\overset{\underset{\displaystyle OH}{|}}{C}=N^- \underset{OH^-}{\overset{H_2O}{\rightleftharpoons}} R\overset{\underset{\displaystyle OH}{|}}{C}=NH \rightleftharpoons R-\overset{\overset{\displaystyle O}{\|}}{C}-NH_2$$

　　酰卤与酸酐的水解反应不需酸碱作用即可迅速进行,加入 3° 胺的目的在于除去反应产生的 HX 等,减少副反应,当然也有促进反应的作用。它们的反应历程与上述相同。

　　羧酸衍生物的其他羰基加成与消除反应(如醇解、氨(胺)解、与金属氢化物、与金属有机化合物等)的历程基本上与上述历程相同或相似,在反应条件上略有差异。所以酯、酰胺、腈的水解反应历程在这类反应中具有典型性和代表性,非常重要。但是对空间位阻特别大的这类化合物如 2,4,6-三甲基苯甲酸乙酯,按一般酸碱催化水解是不行的,而是将其加在浓硫酸中,溶解后再加水水解。它不是按上述历程进行,而是按类似 S_N1 机理先形成羰基正碳离子再与水作用得羧酸。

$$CH_3-\underset{\underset{\displaystyle CH_3}{|}}{\overset{\overset{\displaystyle CH_3}{|}}{\bigcirc}}-COOC_2H_5 \underset{C_2H_5OH}{\overset{浓 H_2SO_4}{\rightleftharpoons}} CH_3-\underset{\underset{\displaystyle CH_3}{|}}{\overset{\overset{\displaystyle CH_3}{|}}{\bigcirc}}-\overset{+}{C}=O \underset{H_2SO_4}{\overset{H_2O}{\rightleftharpoons}} CH_3-\underset{\underset{\displaystyle CH_3}{|}}{\overset{\overset{\displaystyle CH_3}{|}}{\bigcirc}}-COOH$$

　　在油脂工业中常用碱(NaOH)来水解饱和的长链羧酸酯,得到饱和的长链酸钠盐用以制肥皂,所以酯的碱性水解又称为皂化。

　　腈的水解若要停留在酰胺,则需用比较温和的条件,如在室温下将腈溶于浓硫酸中,然后倒入冰水中即得酰胺。同时,腈的水解用酸或碱催化,视腈的结构以少生成副产物而定。

(2) 醇解反应

羧酸衍生物与醇反应得酯。酰氯、酸酐与醇、酚反应得到酯:

$$CH_3C{\overset{\displaystyle O}{\diagdown}}_{\underset{\displaystyle Cl}{}} +(CH_3)_3C-OH \overset{R_3N}{\underset{乙醚}{\longrightarrow}} CH_3\overset{\displaystyle O}{O}{\diagup}-O-C(CH_3)_3+R_3\overset{+}{N}HCl^-$$

$$(63\% \sim 68\%)$$

$$\begin{matrix} CH_3-C{\overset{\displaystyle O}{\diagdown}} \\ \quad\quad O \\ CH_3-C{\diagdown}_{\underset{\displaystyle O}{}} \end{matrix} + \bigcirc\!\!-OH \overset{NaOH}{\underset{水}{\longrightarrow}} CH_3C\overset{\displaystyle O}{\diagup}-O-\bigcirc +CH_3COO^-\overset{+}{N}a$$

$$(90\%)$$

　　酯与醇的反应又称为酯交换反应,这个反应也需在酸或碱催化下加热得到新的酯和新的醇。反应是可逆的,常用除去某一产物或增大其中一个反应物使平衡向右移动。这里碱催化的碱不能用碱的水溶液。如:

$$\begin{array}{c}
C_{11}H_{23}COOCH_2 \\
C_{11}H_{23}COOCH \\
C_{11}H_{23}COOCH_2
\end{array} + CH_3OH \xrightarrow{H_2SO_4} 3C_{11}H_{23}COOCH_3 + \begin{array}{c} CH_2OH \\ CHOH \\ CH_2OH \end{array}$$

$$CH_3OOC-\bigcirc-COOCH_3 + \begin{array}{c} CH_2-CH_2 \\ | \quad\quad | \\ OH \quad OH \end{array} \xrightarrow{(CH_3COO)_2Zn} HOCH_2CH_2OOC-\bigcirc-COOCH_2CH_2OH$$
$$+ CH_3OH\uparrow$$

对于 1° 醇,酯交换反应的运用是成功的,上面提及的就是工业生产中的实际例子。但该反应用于 3° 醇与酚,则不成功。

酰胺与醇的反应在强酸作用下,生成酯与铵盐。由于铵盐是稳定的,所以该反应是不可逆的。由于酰胺比酯更稳定,离去基团 NH_3 的碱性比醇强,所以

$$C_6H_5CONH_2 + C_2H_5OH \xrightarrow[75℃, 28h]{HCl} C_6H_5COOC_2H_5 + \overset{+}{NH_4}Cl^-$$
$$(52\%)$$

酰胺与醇在碱(醇钠)作用下生成酯是困难的。

许多酰胺与醇的作用在生物体内显示出重要的生理活性,如辅酶 **NADP** 中的尼古丁酰胺盐可将吸入体内的乙醇氧化成乙酸,起到解除乙醇中毒的作用。特别是环张力增加了活性的环状内酰胺衍生物的抗菌功能,常表现在与醇羟基相作用有关。如我们熟知的青霉素分子中就含有 β-丙内酰胺环,它的抗菌作用就是 β-内酰胺环的酰胺键与合成细胞壁的转肽酶活性部位上丝氨酸残基的羟基作用,使酰胺键断裂形成新的碳氧键(相当于酯),使转肽酶失活,达到抑制细胞壁的合成而使生长中的细菌死亡。其基本化学过程如下:

头孢菌素分子中也含 β-内酰胺,其抗菌过程大体与上相似。

腈与醇在浓硫酸或无水 HCl 作用下反应,可得到亚胺酯的盐,再加水,即得到酯:

$$RCH_2CN + R'OH \xrightarrow{HCl} RCH_2C\overset{\diagup NH\cdot HCl}{\diagdown OR'} \xrightarrow{H_2O} RCH_2COOR' + \overset{+}{NH_4}Cl^-$$
$$\text{亚胺酯盐酸盐}$$

(3) 与氨(胺)的反应

羧酸衍生物与 NH_3,RNH_2(1° 胺),R_2NH(2° 胺)反应生成相应的酰胺。R_3N 称为 3° 胺,与酰氯反应生成不稳定的酰三烃铵盐。

酰氯和酸酐与氨或胺(1°,2° 胺)生成酰胺和铵盐或羧酸的铵盐。为减少反应物胺的消耗量,常在反应体系中加入碱(如 NaOH,3° 胺),就可用等摩尔的胺与酰氯、酸酐反应。

226

$$\text{C}_6\text{H}_5-\overset{\overset{\displaystyle O}{\|}}{\text{C}}-\text{Cl}+(\text{C}_2\text{H}_5)_2\text{NH} \xrightarrow[\text{H}_2\text{O}]{\text{NaOH}} \text{C}_6\text{H}_5-\overset{\overset{\displaystyle O}{\|}}{\text{C}}-\text{N}(\text{C}_2\text{H}_5)_2 + \text{NaCl}$$

$$\text{CH}_3\overset{\overset{\displaystyle O}{\|}}{\text{C}}-\text{O}-\overset{\overset{\displaystyle O}{\|}}{\text{C}}-\text{CH}_3 + \text{CH}_3\text{CH}_2\text{CH}_2\text{NH}_2 \xrightarrow{\text{吡啶}} \text{CH}_3\overset{\overset{\displaystyle O}{\|}}{\text{C}}-\text{NHCH}_2\text{CH}_2\text{CH}_3 + \text{CH}_3\text{COO}^-$$

酯与氨、1°胺或2°胺反应得到酰胺和醇,反应条件比较温和,酯与浓氨水可在室温下作用得到酰胺,特别是那些难以制备酰氯或酸酐的羧酸,可用此法合成酰胺。如:

$$\underset{\overset{\displaystyle |}{\text{OH}}}{\text{CH}_3\text{CHC}}-\text{OC}_2\text{H}_5 + \text{NH}_3 \xrightarrow{\text{H}_2\text{O}} \underset{\overset{\displaystyle |}{\text{OH}}}{\text{CH}_3\text{CHC}}-\text{NH}_2 + \text{C}_2\text{H}_5\text{OH}$$
(74%)

酰胺可与1°胺,2°胺的铵盐加热发生交换反应。由于 RNH_2,R_2NH 碱性大于 NH_3,所以酰胺的交换反应可用来制备 N-取代酰胺。如:

$$\text{H}_2\text{NC}-\text{NH}_2 + 2\text{RNH}_3^+ \xrightarrow{\triangle} \text{RNHC}-\text{NHR} + 2\text{NH}_4^+$$

腈在三氯化铝作用下可与氨发生加成反应生成脒。

$$\text{R}-\text{C}\equiv\text{N} + \text{NH}_3 \xrightarrow[\triangle]{\text{AlCl}_3} \underset{\text{NH}_2}{\text{R}-\text{C}=\text{NH}} \quad (\text{脒})$$

(4) 羧酸与羧酸衍生物发生交换反应

$$\text{RC}-\text{Cl} + \text{R}'\text{COOH} \xrightarrow{\text{吡啶}} \text{RC}-\text{O}-\text{C}-\text{R}' + \text{Cl}^-$$

此反应可用来制备酸酐。

$$\text{C}_6\text{H}_5-\overset{\overset{\displaystyle O}{\|}}{\text{C}}-\text{Cl} + \text{CH}_3\text{COOH} \underset{\triangle}{\rightleftharpoons} \text{C}_6\text{H}_5\text{COOH} + \text{CH}_3\overset{\overset{\displaystyle O}{\|}}{\text{C}}-\text{Cl}\uparrow$$

此反应是由高沸点酰氯制低沸点酰氯的好方法。

$$2\text{C}_6\text{H}_5\text{COOH} + (\text{CH}_3\overset{\overset{\displaystyle O}{\|}}{\text{C}})_2\text{O} \xrightarrow{\triangle} (\text{C}_6\text{H}_5\overset{\overset{\displaystyle O}{\|}}{\text{C}})_2\text{O} + 2\text{CH}_3\text{COOH}$$

此反应可用低沸点酸酐制备高沸点酸酐。

$$\text{C}_2\text{H}_5\text{OC}(\text{CH}_2)_4\text{COC}_2\text{H}_5 + \text{HOC}(\text{CH}_2)_4\text{C}-\text{OH} \underset{}{\overset{\text{H}^+}{\rightleftharpoons}} 2\text{HOC}(\text{CH}_2)_4\text{COOC}_2\text{H}_5$$

这反应是制备纯净的二元酸单酯简单易行的方法。

羧酸与酰胺在高温下可发生交换反应,而且是可逆的。常利用酰胺或尿素来与羧酸反应制酰胺。

$$RCOOH + H_2N-\overset{\overset{O}{\|}}{C}-NH_2 \xrightarrow{\triangle} RCONH_2 + CO_2 + NH_3$$

（5）与金属氢化物的反应及其他还原反应

氢化铝锂可以还原酰氯、酸酐、酯成为 1° 醇, 还原酰胺、腈为胺:

$$RC\overset{\diagup O}{\diagdown L} + LiAlH_4 \rightleftharpoons RCHO + LiAlH_3L \xrightarrow{H_2O} RCHOH$$

$$RC\overset{\diagup O}{\diagdown NH_2} + LiAlH_4 \longrightarrow RC\overset{\diagup NH}{\diagdown H} \xrightarrow{LiAlH_4} \xrightarrow{H_2O} RCH_2NH_2$$

反应是以亲核加成与消除历程进行:

$$RC\overset{\diagup O}{\diagdown L} + LiAlH_4 \rightleftharpoons R-\overset{\diagdown O \cdots Li}{\underset{L}{C}} \quad \overset{AlH_3}{\underset{H}{}} \rightleftharpoons R-\overset{O-LiAlH_3}{\underset{L}{\overset{|}{C}-H}}$$

$$\rightleftharpoons R-\overset{O-AlH_3Li}{\underset{L}{\overset{|}{C}-H}} \rightleftharpoons R-C\overset{\diagup O}{\diagdown H} + LiAlH_3L$$

式中 L 为 Cl, $\overset{RCO}{\underset{O}{}}$, OR 或 OH。

对于酰胺, 其反应历程有些不同, 离去基团不是 NH_2^-, 而是氧化物。

$$R-C\overset{\diagup O}{\diagdown NH_2} + LiAlH_4 \rightleftharpoons R-C\overset{\diagup O}{\diagdown N\bar{H}\bar{A}lH_3Li^+} + H_2$$

$$R-C\overset{\diagup O}{\diagdown N\bar{H}\bar{A}lH_3Li^+} \rightleftharpoons R-C\overset{\diagup O\cdots AlH_3}{\diagdown NH^-Li^+} \xrightarrow{LiAlH_4} R-\overset{O-Al\bar{H}_3Li^+}{\underset{H}{\overset{|}{C}-NH^-Li^+}}$$

$$\longrightarrow R-C\overset{\diagup NH}{\diagdown H} + Li_2OAlH_3$$

$$R-C\overset{\diagup NH}{\diagdown H} + LiAlH_4 \longrightarrow \xrightarrow{H_2O} RCH_2NH_2$$

硼氢化钠 $NaBH_4$: 它的还原活性较 $LiAlH_4$ 低, 只能还原酰氯与酸酐, 不能还原羧酸与其他羧酸衍生物。

二硼烷 $(BH_3)_2$: 它不能还原最活泼的酰氯, 但却能还原羧酸与其他羧酸衍生物。$LiAlH_4$ 与 $NaBH_4$ 不能还原烯与炔, 但二硼烷却可以。

$$CH_3CH=CHCH_2COOCH_3 + LiAlH_4 \xrightarrow[\text{2) } H_2O]{\text{1) } (C_2H_5)_2O} CH_3CH=CHCH_2CH_2OH + CH_3OH$$
$$(75\%)$$

$$CH_3(CH_2)_4COOC_4H_9 + LiBH_4 \xrightarrow[\text{2) } H_2O]{\text{1) 二氧六环}} CH_3(CH_2)_4CH_2OH + C_4H_9OH$$
$$(91\%)$$

$$Cl-\text{〈}-COOH + (BH_3)_2 \xrightarrow[2)\ H_2O]{1)\ 醚} Cl-\text{〈}-CH_2OH$$
$$(88\%)$$

催化氢化可将酰氯、酸酐、酯还原成醇,将酰胺与腈还原成胺,但不如还原烯、炔等的活性高,往往需要高温高压下才能反应。实验室很少用它来还原羧酸衍生物,工业上常用它由高级脂肪酸酯制备高级脂肪醇。

$$C_6H_5-CH_2\overset{O}{\overset{\|}{C}}-OC_2H_5 + H_2 \xrightarrow[200\sim250℃,20\ MPa]{Cu/Cr\ 氧化物} C_6H_5CH_2CH_2OH$$

用部分中毒的铂催化剂,可将酰氯还原成醛而不影响酯基:

$$CH_3O\overset{O}{\overset{\|}{C}}CH_2CH_2\overset{O}{\overset{\|}{C}}-Cl + H_2 \xrightarrow[二甲苯,110℃]{Pd/BaSO_4,喹啉,S} CH_3O\overset{O}{\overset{\|}{C}}-CH_2CH_2CHO$$
$$(65\%)$$

称此为罗申孟得(Rosenmund)还原。

在实验室还可用金属钠与醇来还原酯为醇,用二氯化锡与氯化氢在乙醚或乙酸乙酯中还原芳香腈为醛。

$$n\text{-}C_{11}H_{23}COOC_2H_5 + Na \xrightarrow[\triangle]{C_2H_5OH} C_{11}H_{23}CH_2OH + C_2H_5OH$$

$$\text{〈〈}-CN \xrightarrow[2)\ H_2O]{1)\ SnCl_2,HCl,乙醚} \text{〈〈}-CHO$$

(6) 与有机金属化合物的反应

有机金属化合物是一种强亲核试剂,与羧酸衍生物可发生羰基的亲核加成与消除反应生成酮;有的金属有机化合物还可进一步反应得到醇,而且反应不可逆。常用的有机金属化合物有:格氏试剂、烃基锂、烷基镉、二烷基铜锂等,但它们与羧酸衍生物反应的活性不一样:格氏试剂和烷基锂活性高,与酰氯、酸酐、酯、酰胺、腈均可反应,经水解可得到酮。如果过量的格氏试剂或烷基锂与酰氯、酸酐、酯反应,最终经水解可得 3° 醇。而烷基镉和二烷基铜锂活性较低,前者可与酰氯和酸酐反应得到酮,后者与酰氯反应得酮。所以这是合成酮的两个较好的试剂。如下列反应:

$$(CH_3\overset{O}{\overset{\|}{C}})_2O + C_4H_9MgCl \xrightarrow[-78℃]{乙醚} CH_3\overset{O}{\overset{\|}{C}}-C_4H_9 + CH_3COO^-MgCl$$
$$(83\%)$$

$$(CH_3)_2CHCOOCH_3 + 2\ CH_3MgBr \xrightarrow{乙醚} \xrightarrow{H_2O} (CH_3)_2CH\overset{OH}{\underset{CH_3}{\overset{|}{\underset{|}{C}}}}CH_3$$
$$(92\%)$$

$$(CH_3)_3C-\overset{O}{\overset{\|}{C}}-NH_2 + C_4H_9MgBr \longrightarrow (CH_3)_3C-\overset{O}{\overset{\|}{C}}-NHMgBr \xrightarrow{C_4H_9MgBr}$$

$$(CH_3)_3C-\underset{C_4H_9}{\overset{OMgBr}{\overset{|}{\underset{|}{C}}}}-NHMgBr \xrightarrow{H_2O} (CH_3)_3C-\overset{O}{\overset{\|}{C}}-C_4H_9$$
$$(68\%)$$

$$C_6H_5CN + CH_3CH_2MgBr \xrightarrow{\text{醚}} C_6H_5\underset{\underset{NMgBr}{\|}}{C}-CH_2CH_3 \xrightarrow[H^+]{H_2O} C_6H_5\underset{\underset{O}{\|}}{C}-CH_2CH_3$$

$$(CH_3CH_2CH_2CH_2)_2Cd + 2CH_3\overset{\overset{O}{\|}}{C}-Cl \xrightarrow{\text{苯}} 2CH_3\overset{\overset{O}{\|}}{C}-CH_2CH_2CH_2CH_3 + Cd^{++} + 2Cl^-$$
$$(\sim 80\%)$$

$$(CH_3\overset{\overset{CH_3}{|}}{C}=CH_2)_2CuLi + (CH_3)_2CHCH_2\overset{\overset{O}{\|}}{C}-Cl \xrightarrow[-5℃]{\text{乙醚}} (CH_3)_2CHCH_2\overset{\overset{O}{\|}}{C}-CH=C(CH_3)_2$$
$$(70\%)$$

烃基锂还可与羧酸反应,再经水解得到酮。这是格氏试剂所不及的。

2. 羧酸衍生物 α 氢的酸性与涉及 α 氢的酰基化与烷基化

α 氢的酸性与涉及 α 氢的缩合反应是有机合成中很重要的内容,因为它可形成碳碳键,是合成碳骨架很重要的反应。

(1) 羧酸衍生物 α 氢的酸性

羧酸衍生物与醛、酮类似,它们的 α 氢也具有弱酸性。其 pK_a 值如下:

	$CH_3\overset{\overset{O}{\|}}{C}-Cl$	$CH_3COOC_2H_5$	CH_3CN	$CH_3\overset{\overset{O}{\|}}{C}-N(CH_3)_2$	$CH_3\underset{\underset{O}{\|}}{C}-CH_3$
pK_a	~ 16	25	25	~ 30	19

它们的 α 氢可以与碱发生酸碱反应,其平衡位置与碱的碱性大小密切相关。如乙酸乙酯与乙醇钠反应达到平衡时,形成的酯的烯醇负离子极少,因为反应后生成的乙醇的酸性比乙酸乙酯 α 氢的酸性大得多:

$$CH_3\overset{\overset{O}{\|}}{C}-OC_2H_5 + C_2H_5\overset{-}{O}\overset{+}{Na} \rightleftharpoons CH_2=\overset{\overset{O-Na^+}{|}}{C}-OC_2H_5 + CH_3CH_2OH$$
$$pK_a\ 25 \qquad\qquad\qquad\qquad\qquad\qquad pK_a\ 16$$

若用二异丙基胺锂(LDA)与乙酸乙酯反应,同时在低温($-78℃$)下防止酯的烯醇负离子继续反应,几乎可将酯全部转化成酯的烯醇负离子。因为反应生成的二异丙基胺的酸性(pK_a 为 40)比乙酸乙酯 α 氢的酸性小得多。

$$CH_3COOC_2H_5 + [(CH_3)_2CH]_2NLi \rightleftharpoons CH_2=\overset{\overset{O^-Li}{|}}{C}-OC_2H_5 + [(CH_3)_2CH]_2NH$$
$$pK_a\ 25 \qquad\qquad\qquad\qquad\qquad\qquad pK_a\ 40$$

(2) 克莱森(Claisen)酯缩合反应

凡含有 α 氢的酯都可以发生酯缩合反应,实现 α 碳上的酰基化。但是酯上只有一个 α 氢,若用乙醇钠作为碱参与反应则得不到缩合产物。必须用比乙醇钠更强的碱,如二异丙基胺锂,才能得到缩合产物。若酯上有两个以上 α 氢,则用乙醇钠处理,最终可得缩合产物。其原因是反应形成的中间物的 α 氢酸性比乙醇酸性还强,使平衡位置向右移动。下面介绍乙酸乙酯与乙醇钠作用的酯缩合反应历程。

a. 酸碱反应

$$CH_3CO_2C_2H_5 + C_2H_5O^- \rightleftharpoons CH_2=\overset{\underset{\displaystyle |}{\ddot{O}^-}}{C}-OC_2H_5 + C_2H_5OH$$

pK_a 25   pK_a 16

b. 亲核加成消除反应

$$CH_3\overset{\displaystyle O}{\overset{\|}{C}}\diagdown_{OC_2H_5} + CH_2=\overset{\underset{\displaystyle |}{O^-}}{C}-OC_2H_5 \rightleftharpoons CH_3\overset{\underset{\displaystyle |}{OC_2H_5}}{\overset{\displaystyle \ddot{O}{:}^-}{C}}CH_2CO_2C_2H_5$$

$$\rightleftharpoons CH_3\overset{\displaystyle O}{\underset{\|}{C}}CH_2CO_2C_2H_5 + C_2H_5O^-$$

c. 酸碱反应

$$CH_3\overset{\displaystyle O}{\underset{\|}{C}}CH_2CO_2C_2H_5 + C_2H_5O^- \rightleftharpoons CH_3\overset{\underset{\displaystyle |}{\overset{\displaystyle O^-}{\;}}\atop Na^+}{C}=CHCO_2C_2H_5 + C_2H_5OH$$

pK_a 11   pK_a 16

其中反应 (a) 与 (b) 中的平衡均不利于产物, 只有反应 (c) 中有利于产物, 这是该反应能得到相当产物的原因。 若将生成的乙醇不断蒸出, 还可使平衡向右移动, 得较高产率。

含一个 α 氢的酯用醇钠处理, 上述三步反应均不利于产物形成, 因为第三步产物中没有比乙醇酸性强的 α 氢。

若用比醇钠更强的碱, 如三苯甲基钠、钠胺、二异丙基胺锂 (LDA) 等, 则可使反应 (a) 成为有利于产物的反应, 这样异丁酸乙酯也可以进行 Claisen 酯缩合。

$$(CH_3)_2CHCO_2C_2H_5 + [(CH_3)_2CH]_2NLi \rightleftharpoons (CH_3)_2C=\overset{\underset{\displaystyle |}{O^-}\atop Li^+}{C}-OC_2H_5 + [(CH_3)_2CH]_2NH$$

pK_a ~ 25   pK_a 40

$$(CH_3)_2CH\overset{\displaystyle O}{\overset{\|}{C}}\diagdown_{OC_2H_5} + (CH_3)_2C=\overset{\underset{\displaystyle |}{O^-}\atop Li^+}{C}-OC_2H_5 \rightleftharpoons (CH_3)_2CH-\overset{\underset{\displaystyle |}{C_2H_5O}}{\overset{\displaystyle Li^+O{:}^-}{C}}-\overset{\underset{\displaystyle |}{CH_3}}{\overset{\displaystyle CH_3}{C}}-\overset{\displaystyle O}{\overset{\|}{C}}\diagdown_{OC_2H_5}$$

$$\rightleftharpoons (CH_3)_2CH\overset{\displaystyle O}{\overset{\|}{C}}-\overset{\underset{\displaystyle |}{CH_3}}{\overset{\displaystyle CH_3}{C}}-\overset{\displaystyle O}{\overset{\|}{C}}\diagdown_{OC_2H_5} + C_2H_5O^-Li^+$$

(70%)

当用两种不同的含 α 氢的酯进行克莱森酯缩合时, 得到 4 种缩合产物, 由于分离困难, 无实用价值。但可以选用一个有 α 氢的酯与另一个无 α 氢的酯进行交义酯缩合反应, 若控制得当, 可主要得到一种混合酯的缩合产物。如:

$$\underset{\substack{\parallel\\O}}{C_2H_5OCOC_2H_5} + \underset{\substack{\parallel\\O}}{RCH_2COC_2H_5} \xrightarrow[2)H_3^+O]{1)\ NaOC_2H_5} \underset{\substack{\parallel\\O}}{C_2H_5OC} - \overset{R}{\underset{\substack{\parallel\\O}}{C}H - \underset{\substack{\parallel\\O}}{C}OC_2H_5} + RCH_2C\overset{R}{\underset{\substack{\parallel\\O}}{C}H\underset{\substack{\parallel\\O}}{C}OC_2H_5}$$

碳酸二乙酯   取代丙二酸酯（主要产物）

当将具有 α 氢的酯与酮一起用强碱处理时,所得主要产物是酮的烯醇负离子与酯发生亲核加成消除反应形成 α 碳酰化的酮——β-二酮。这是由于酮的 α 氢(pK_a19)比酯的 α 氢酸性(pK_a25)大,同时生成的 β-二酮也是 4 种可能产物中酸性最大的($pK_a{\sim}9$),所以在 4 种可能的缩合方式中,按上述方式进行对平衡是最有利的。

$$\underset{\substack{\parallel\\O}}{CH_3CCH_3} + CH_3CO_2C_2H_5 \xrightarrow[2)H_3^+O]{1)\ NaH,\ C_2H_5OC_2H_5} \underset{\substack{\parallel\\O}}{CH_3C}\underset{\substack{\parallel\\O}}{CH_2C}CH_3$$

若将具有 α 氢的酯单独与强碱如 LDA 在低温($-78℃$)下处理,得到酯的烯醇负离子,然后加入酮或酰氯,可分别得到酮的亲核加成产物和酰氯的亲核加成与消除产物。如:

$$CH_3CO_2C(CH_3)_3 \xrightarrow[-78℃]{[(CH_3)_2CH]_2N^-Li^+,\ THF} Li^+CH_2=C\overset{\ddot{O}^-}{\underset{OC(CH_3)_3}{}}$$

$$\xrightarrow[2)H_3^+O]{1)\ 环戊酮}$$

(93%)

$$CH_3CO_2C_2H_5 \xrightarrow[-78℃]{[(CH_3)_2CH]_2N^-Li,\ THF} Li^+CH_2=C\overset{\ddot{O}^-}{\underset{OC_2O_5}{}}$$

$$\xrightarrow[2)H_3^+O]{1)\ CH_3CH_2COCl} \underset{\substack{\parallel\\O}}{CH_3CH_2C}CH_2CO_2C_2H_5$$

(60%)

具有 α 氢的腈、羧酸盐与 N,N-二取代酰胺在适当的强碱(如三苯甲基钠、LDA、金属钠)的作用下形成 α 负碳离子,可与酯发生亲核加成与消除反应,得到 α 碳原子上的酰基化产物。

$$CH_3CN + CH_3(CH_2)_2C\overset{O}{\underset{OC_2H_5}{}} \xrightarrow[2)H_3^+O]{1)\ (C_6H_5)_3C^-Na^+,\ 苯} \underset{\substack{\parallel\\O}}{CH_3(CH_2)_2C}CH_2CN$$

乙腈   3-氧基己腈(52%)

（3）具有 α 氢的酯、腈、羧酸盐在强碱作用下,与卤代烷发生烷基化反应

$$CH_3CH_2CH_2CN \xrightarrow[苯]{NaNH_2} CH_3CH_2\overset{\cdot\cdot-}{C}HCN \xrightarrow{CH_3CH_2Br} (CH_3CH_2)_2CHCN$$
$$\underset{Na^+}{}$$

(77%)

3. 酯的热裂消除反应

酯以气相或液相通过充填玻璃球的 $300 \sim 500℃$ 高温的反应管,可以发生消除反应,形成烯与羧酸。该反应是合成烯的一种方法。

$$\underset{乙酸丁酯}{CH_3\overset{\overset{\displaystyle O}{\|}}{C}-OCH_2CH_2CH_2CH_3} \xrightarrow{500℃} \underset{1-丁烯(100\%)}{CH_2=CHCH_2CH_3} + \underset{乙酸}{CH_3CO_2H}$$

现认为该反应历程是协同反应,经过六中心环状过渡状态。

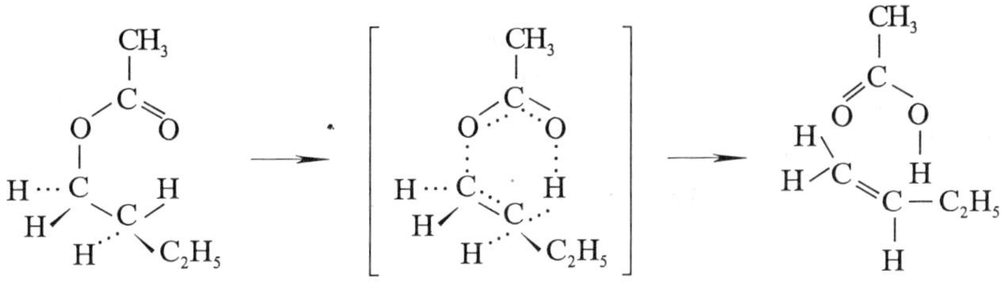

六中心环状过渡状态

若有两种以上消除反应的方向,则形成两种以上烯的比例与酯基旁两种以上 β 氢数目的比例基本相同。如:

$$\underset{乙酸(2-丁基)酯}{CH_3\overset{\overset{\displaystyle OAc}{|}}{C}HCH_2CH_3} \xrightarrow{500℃} \underset{\substack{1-丁烯 \\ (57\%)}}{CH_2=CHCH_2CH_3} + \underset{\substack{2-丁烯 \\ (43\%)}}{CH_3CH=CHCH_3}$$

该反应的立体化学与 E2 反式消除不同,它是顺式消除,即消除时反应物分子处于纽曼投影式的重叠式构象,消除的氢和羧基在同侧。这一结论被下列反应所证实:

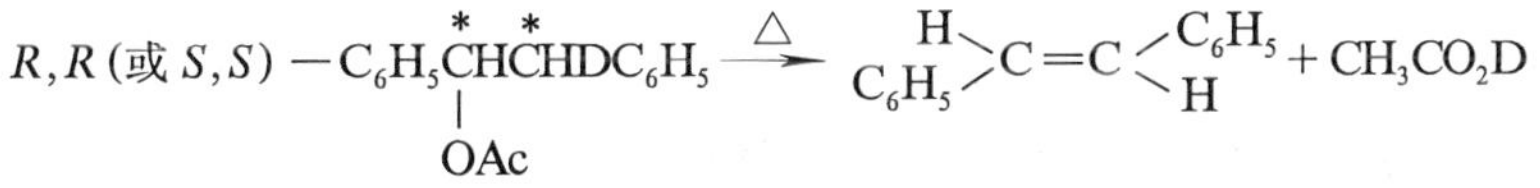

$$R,R(或 S,S)-C_6H_5\overset{*}{C}H\overset{*}{C}HDC_6H_5 \underset{OAc}{|} \xrightarrow{\triangle} \underset{C_6H_5}{\overset{H}{>}}C=C\underset{H}{\overset{C_6H_5}{<}} + CH_3CO_2D$$

乙酸(苏式-2-氘-1,2-二苯乙基)酯　　　　　　反-1,2-二苯乙烯

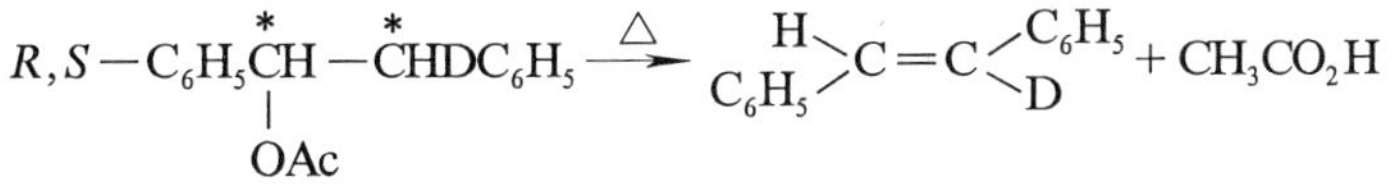

$$R,S-C_6H_5\overset{*}{C}H-\overset{*}{C}HDC_6H_5 \underset{OAc}{|} \xrightarrow{\triangle} \underset{C_6H_5}{\overset{H}{>}}C=C\underset{D}{\overset{C_6H_5}{<}} + CH_3CO_2H$$

乙酸(赤型-2-氘-1,2-二苯乙基)酯

由于两个苯环重叠在一起,空间位阻太大,必须按交错重叠顺式消除,所以得到的产物均为反-1,2-二苯乙烯,但一个消除的是 CH_3COOD,另一为 CH_3COOH。

4. 涉及酰胺氮上氢的反应

酰胺由于其羰基吸引电子,氮上氢的酸性(如乙酰胺的氮上氢的 pK_a 为 17)比氨(pK_a 34)强,与醇相近,所以酰胺可以用醇钠处理,得到酰胺盐:

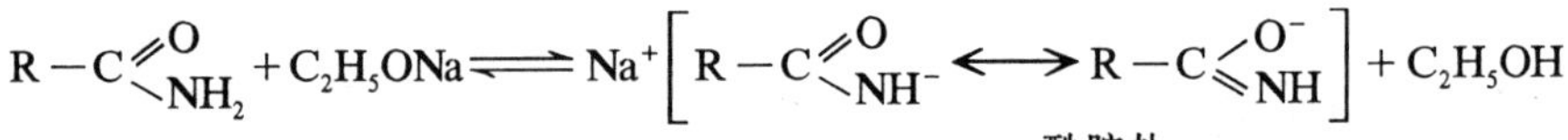

$$R-C{\overset{O}{\underset{NH_2}{\Big\langle}}} + C_2H_5ONa \rightleftharpoons Na^+\left[R-C{\overset{O}{\underset{NH^-}{\Big\langle}}} \longleftrightarrow R-C{\overset{O^-}{\underset{NH}{\Big\langle}}}\right] + C_2H_5OH$$

酰胺盐

而酰亚胺由于有 2 个羰基吸电子,氮上氢的酸性更强,比碳酸高(pK_a 6.35)。所以邻苯二甲酰亚胺可用 K_2CO_3 处理,得到邻苯二甲酰亚胺的钾盐:

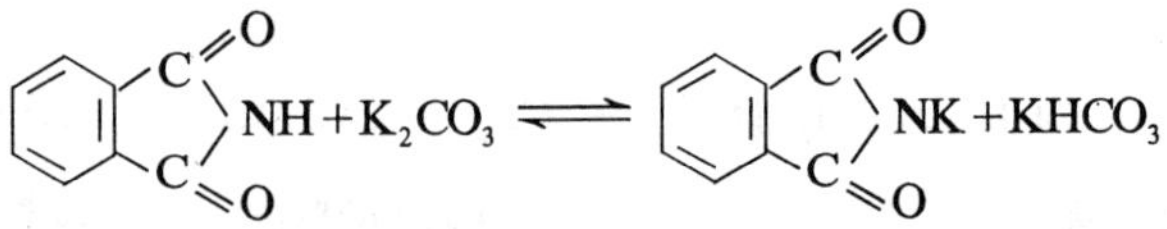

由于酰胺氮上氢的活泼性,酰胺可以用强脱水剂如 P_2O_5,$SOCl_2$ 或酸酐脱水形成腈。这是实验室制备腈的一种方法。

$$RC{\overset{O}{\underset{NH_2}{\Big\langle}}} \xrightarrow[\triangle]{P_2O_5} RCN$$

由于酰胺羰基吸电子,酰胺氨基的碱性与亲核性都比胺低,不能与强酸形成铵盐,而是质子与酰胺羰基氧结合成镁盐。也较胺难以酰基化及烷基化。但可以与酰氯发生酰化形成酰亚胺。

酰胺用醇钠处理可得到亲核性较强的酰胺氮负离子,它可与酯、卤代烷发生氮上的酰化与烷基化反应,得到 N—酰基、N—烷基的酰胺。加布里尔(Gabriel)反应就是酰胺氮上烷基化反应一典型的代表,也是实验室制备 1° 胺的重要方法。

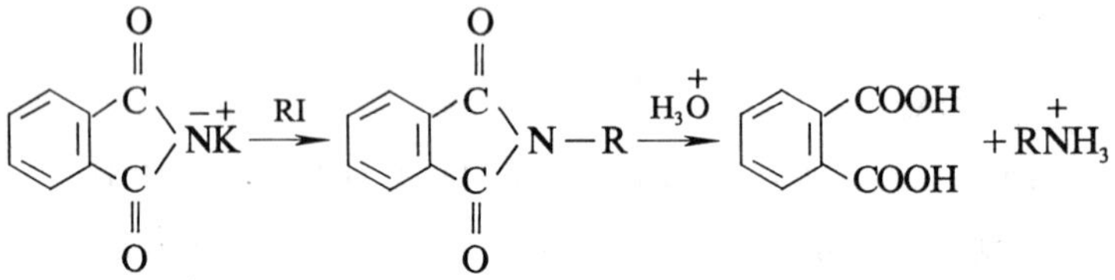

酰胺与亚硝酸反应可得相应羧酸,同时放出氮气。

酰胺用溴或氯与碱水溶液处理,可以发生降解失去羰基得到胺。称此反应为霍夫曼(Hofmann)重排。其历程如下:

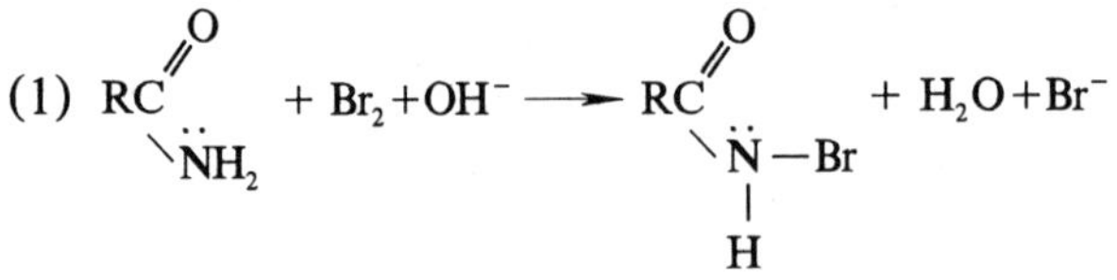

(1) $$RC{\overset{O}{\underset{\ddot{N}H_2}{\Big\langle}}} + Br_2 + OH^- \longrightarrow RC{\overset{O}{\underset{\underset{H}{\overset{|}{\ddot{N}}}-Br}{\Big\langle}}} + H_2O + Br^-$$

N-溴代酰氨

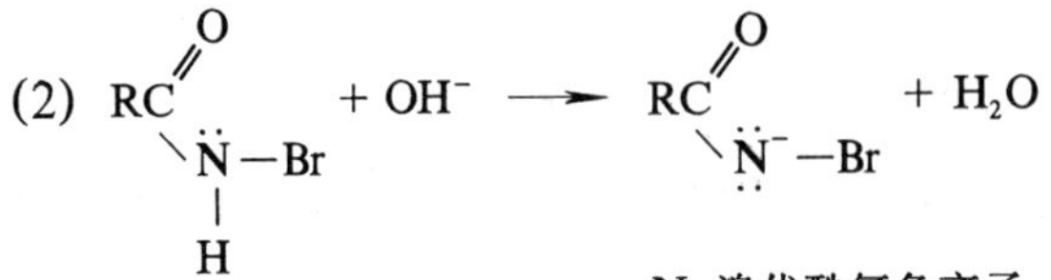

(2) $$RC{\overset{O}{\underset{\underset{H}{\overset{|}{\ddot{N}}}-Br}{\Big\langle}}} + OH^- \longrightarrow RC{\overset{O}{\underset{\ddot{N}^--Br}{\Big\langle}}} + H_2O$$

N-溴代酰氨负离子

(3) $$RC{\overset{O}{\underset{\ddot{N}^--Br}{\Big\langle}}} \longrightarrow R-\ddot{N}=C=O + Br^-$$

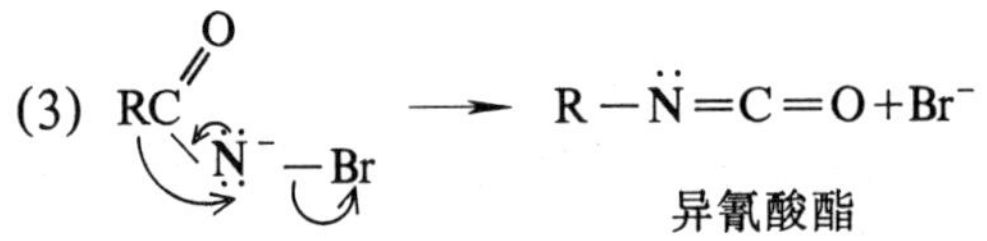

异氰酸酯

(4) $R-\overset{\cdot\cdot}{N}=C=O+2OH^- \longrightarrow RNH_2+HCO_3^-$

$\underset{\text{胺}}{}$

实验证明这一重排是分子内重排,而且 R 的迁移和 Br 的离去是协同进行的。如下面的反应:

$$C_6H_4DC\overset{\overset{\displaystyle O}{\|}}{}NH_2+C_6H_5\overset{\overset{\displaystyle O}{\|}}{C}-^{15}NH_2 \xrightarrow[\text{H}_2\text{O}]{\text{Cl}_2,\text{ NaOH}} C_6H_4DNH_2+C_6H_5{}^{15}NH_2$$

9.11 羧酸衍生物的光谱性质

1. 红外光谱

羧酸衍生物与醛、酮一样有强的羰基伸缩振动吸收带,其位置与羰基旁所连的原子或基团的不同而有明显的改变(见表 9-4)。

表 9-4 羧酸衍生物的羰基吸收带

化　　合　　物	频 率 范 围/cm^{-1}
羧酸　R—COOH	1700～1725
$-\overset{\displaystyle\|}{C}=\overset{\displaystyle\|}{C}-COOH$	1690～1715
ArCOOH	1680～1715
酰氯　$R-\overset{\overset{\displaystyle O}{\|\!\|}}{C}\diagdown_{Cl}$	1780～1850
$Ar-\overset{\overset{\displaystyle O}{\|\!\|}}{C}\diagdown_{Cl}$	1750～1780
酸酐　$R-\overset{\displaystyle C}{\underset{\displaystyle \|}{\underset{O}{}}}-O-\overset{\displaystyle C}{\underset{\displaystyle \|}{\underset{O}{}}}-R$	1800～1850 与 1740～1790
$Ar\overset{\displaystyle C}{\underset{\displaystyle \|}{\underset{O}{}}}-O-\overset{\displaystyle C}{\underset{\displaystyle \|}{\underset{O}{}}}Ar$	1780～1830 与 1730～1770
酯　$RC\underset{\displaystyle \|}{\underset{O}{}}OR$	1735～1750
$Ar\overset{\displaystyle C}{\underset{\displaystyle \|}{\underset{O}{}}}-OR$	1715～1730
酰胺　$RC\underset{\displaystyle \|}{\underset{O}{}}-NH_2$, $R-\overset{\displaystyle C}{\underset{\displaystyle \|}{\underset{O}{}}}-NHR$ 与 $R-\overset{\displaystyle C}{\underset{\displaystyle \|}{\underset{O}{}}}-NR_2$	1630～1690
$Ar\overset{\displaystyle C}{\underset{\displaystyle \|}{\underset{O}{}}}-NH_2$, $Ar\overset{\displaystyle C}{\underset{\displaystyle \|}{\underset{O}{}}}-NHR$ 与 $Ar\overset{\displaystyle C}{\underset{\displaystyle \|}{\underset{O}{}}}-NR_2$	1640～1680
羧酸盐　$RCOO^-$	1550～1630 与 1330～1420
$ArCOO^-$	1750～1680 与 1330～

除羰基吸收外,酯的 C—O 单键伸缩振动在 1050～1250 cm^{-1},酰胺的 N—H 伸缩振动在 3140～3500 cm^{-1}。腈的 C≡N 伸缩振动:R—C≡N 为 2260～2240 cm^{-1},ArC≡N 为 2240～2220 cm^{-1}。这些特征吸收带可用于羧酸衍生物的鉴定。

2. NMR 谱

所有羧酸衍生物的 α 氢的化学位移与醛、酮的 α 氢类似,都在 δ 2～3 之间,而 β 氢则在 δ 1～2 之间(见下表 9-5)。

表 9-5　α 与 β 氢的化学位移

Z	化 学 位 移 (δ)			
	CH$_3$Z	RCH$_2$Z	CH$_3$C—Z	RCH$_2$—C—Z
—CHO	2.20	2.40	1.08	1.7
—COOH	2.10	2.36	1.16	1.7
—COCl	2.67			
—COOCH$_3$	2.03	2.13	1.12	
—CONH$_2$	2.08	2.23	1.13	
—CN	2.00	2.28	1.14	1.7

酯的烷氧基上邻接氧的氢的化学位移发生在比 α 氢更低场,如 $CH_3C\langle^O_{OCH_2CH_3}$ 为 δ 3.4。酰胺氮上氢的化学位移在 δ 8.5～5.0。

9.12 类　　脂

用非极性溶剂如乙醚、氯仿、石油醚或苯等萃取生物组织时,常有部分物质被溶解,这部分被溶物(不溶于水的)统称为类脂。类脂包括有许多不同类型的化合物,如脂肪酸、油脂、磷脂、鞘类脂、蜡、萜与甾等。萜与甾将在后面章节介绍,其他几类类脂都是羧酸衍生物,介绍如下。

1. 油脂

类脂中只有很小部分是游离的脂肪酸,大部分的脂肪酸是以甘油酯——三酰甘油形式存在。动植物的油脂就是由三酰甘油组成:

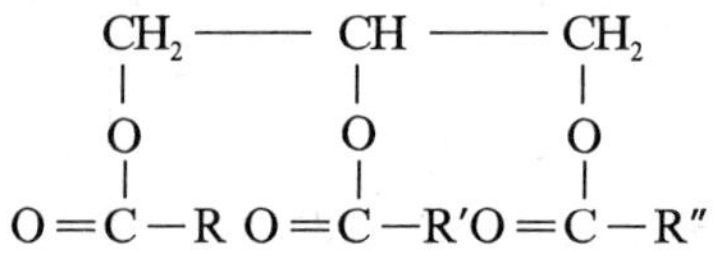

三酰甘油

油与脂的区别主要是根据它们在室温时的状态:液态为油,固态为脂。油脂经水解可以得到甘油与脂肪酸。这些脂肪酸大多数是直链的、含有偶数碳原子的羧酸,这与它们在生物体内是由乙酰基转化来的有关。这些脂肪酸大部分为 C$_{14}$,C$_{16}$ 与 C$_{18}$ 的羧酸,其中有饱和的与不饱和的,而且双键都是顺型的,还有少量为饱和的 $C_4 \sim C_{12}$ 偶数碳的羧酸。表 9-6 为常见的一些脂肪酸。不同来源的油脂其组成也是不一样的。

从表 9-6 可以看到脂肪酸随着双键的增加而熔点降低;同样油脂也随着不饱和脂肪酸酯含量增加而熔点降低,动物脂的饱和脂肪酸酯含量比液状的植物油高。因此工业上将植物油加氢可以得到硬化植物油,可以用来制造人造黄油与肥皂等。

表 9-6　常见的脂肪酸

饱 和 脂 肪 酸	俗　名	系统名称	熔点/℃
$CH_3(CH_2)_{12}COOH$	肉豆蔻酸	十四酸	54
$CH_3(CH_2)_{14}COOH$	棕榈酸	十六酸	63
$CH_3(CH_2)_{16}COOH$	硬脂酸	十八酸	70
不饱和脂肪酸			
$CH_3(CH_2)_5 \quad (CH_2)_7COOH$ $\quad\quad\quad C=C$ $\quad H \quad\quad H$	棕榈油酸	Z-9-十六烯酸	32
$CH_3(CH_2)_7 \quad (CH_2)_7COOH$ $\quad\quad\quad C=C$ $\quad H \quad\quad H$	油　酸	Z-9-十八烯酸	4
$CH_3(CH_2)_4 \quad CH_2 \quad (CH_2)_7COOH$ $\quad\quad C=C \quad C=C$ $\quad H \quad H \quad H \quad H$	亚油酸	Z,Z-9,12-十八-二烯酸	−5
$CH_3CH_2 \quad CH_2 \quad CH_2 \quad (CH_2)_7COOH$ $\quad C=C \quad C=C \quad C=C$ $\quad H \quad H \quad H \quad H \quad H$	亚麻酸	Z,Z,Z-9,12,15-十八-三烯酸	−11

油脂的生物功能主要是作为化学能源。经生化反应转化成 CO_2 与水时,每克油脂释放的能量为糖和蛋白质的两倍。

2. 磷脂

类脂的另一大类为磷脂。大多数磷脂是由磷脂酸衍生的。磷脂酸具有手征性为 R 构型的结构。

$$\begin{array}{c} O \\ \parallel \\ O \quad\quad CH_2OCR \\ \parallel \quad\quad | \\ R'CO\!-\!C\!-\!H \quad\quad\quad \text{磷脂酸} \\ \quad\quad | \\ \quad CH_2OP\,(OH)_2 \\ \quad\quad\quad \parallel \\ \quad\quad\quad O \end{array}$$

磷脂酸通过磷酸酯键与一个含氮的化合物连接,这个含氮化合物为:

$$HOCH_2CH_2\overset{+}{N}(CH_3)_3OH^- \quad\quad HOCH_2CH_2NH_2 \quad\quad HOCH_2\overset{\displaystyle |}{\underset{\displaystyle COO^-}{CHNH_3^+}}$$

胆碱　　　　　　　　氨基乙醇　　　　　　L-丝氨酸

这样构成的磷脂最重要的有:卵磷脂、脑磷脂与磷脂酰丝氨酸。它们的通式如下:

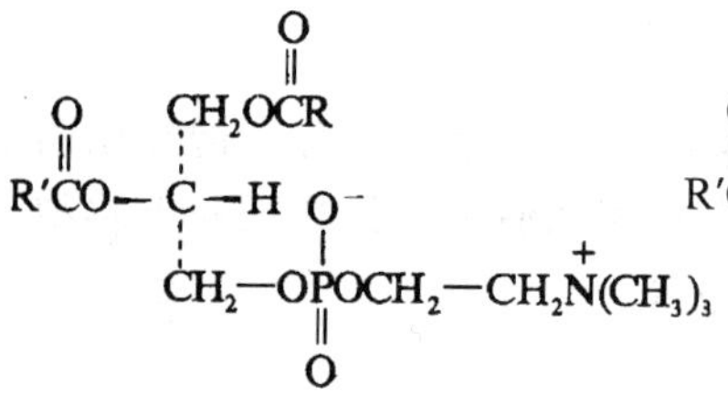

卵磷脂 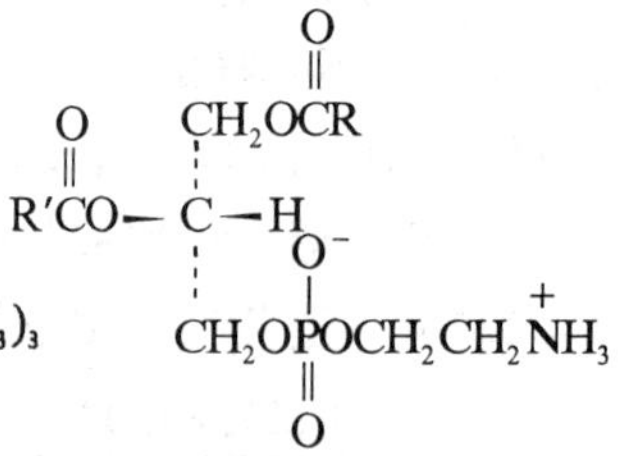　　　　　　　　　脑磷脂 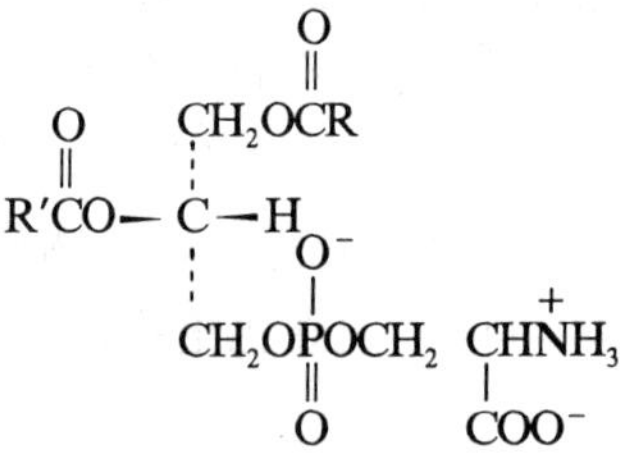　　　　　　　　　磷脂酰丝氨酸

R 与 R′ 为饱和的或不饱和的脂肪酸碳链。

　　磷脂具有两根长的非极性的脂肪酸的碳链,同时还有高度极性的磷酸负离子与铵的正离子,因此磷脂在水溶液中可以像肥皂一样分散成胶束:非极性的碳链聚集在胶束的中间,留下极性端暴露在水中,见图 9-2(a)。磷脂也可形成双分子层,特别是在两水相之间形成。在双分子层中碳氢链聚集在一起,而极性端朝着两边的水相,如图 9-2(b)。这种双分子层构成了天然的半透膜。

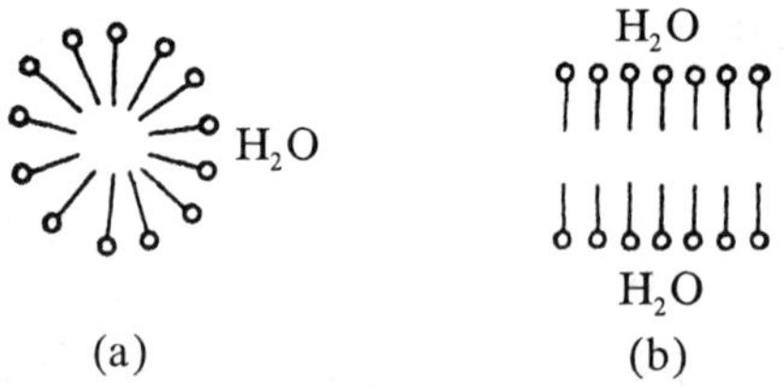

图 9-2　磷脂形成的胶束(a)与双分子层(b)

3. 鞘类脂

　　另一类重要的类脂是由鞘氨醇衍生的,称为鞘类脂。鞘磷脂与脑苷是两种典型的鞘类脂。它们的结构式如下:

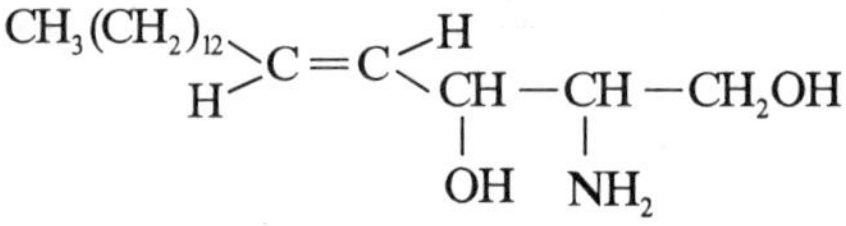

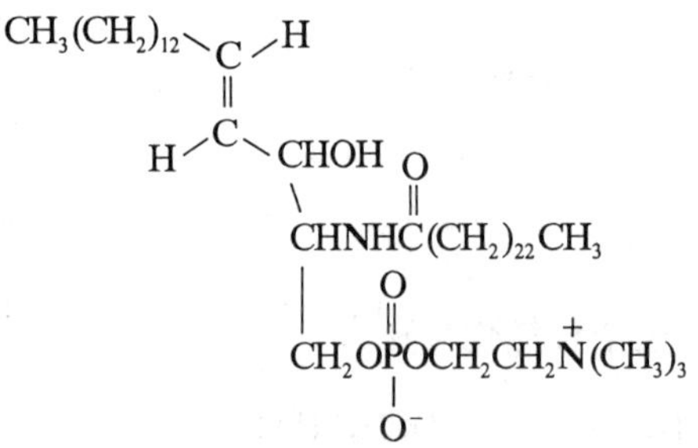

鞘磷脂 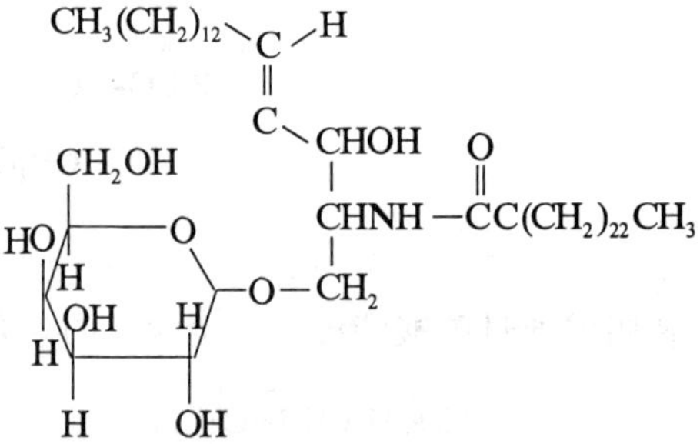　　　　　　　　　　　　　脑苷

　　鞘磷脂水解可以得到鞘氨醇、胆碱、磷酸与 24 个碳的脂肪酸。脑苷水解可以得到鞘氨醇、二十四酸与糖。它们水解都不能产生甘油。

　　鞘类脂与蛋白质及多糖一起构成髓脂质,包在神经纤维与轴突上。神经纤维与轴突传递电的神经冲动的信息,而髓脂质则好像电线的绝缘体起保护层的作用。

4. 蜡

蜡是长链脂肪酸(C_{16}以上的)与长链脂肪醇(C_{16}以上的)的酯。蜡存在于动物的皮、毛、羽毛及植物的叶、果实的外皮上,起防水保护层的作用。下列是几种由蜡中分离出的酯:

$$CH_3(CH_2)_{14}\overset{\overset{O}{\parallel}}{C}OCH_2(CH_2)_{14}CH_3 \qquad CH_3(CH_2)_n\overset{\overset{O}{\parallel}}{C}OCH_2(CH_2)_mCH_3$$

$$n=24 与 26, \; m=28 与 30$$

十六酸十六酯	蜂　蜡
由鲸蜡中分离出	是蜂做蜂窝的材料
m.p.42～47℃	m.p.60～82℃

习　题

1. 给出下列化合物的系统命名,并指出哪些化合物中含有不对称碳原子。

(a) $CH_3CH_2\overset{\overset{\textstyle CH_3}{|}}{C}HCH_2COOH$ 　　　　(b) $(CH_3)_3CCOOH$

(c) ▭—COOH 　　　　(d) $(CH_3)_2CHCH\overset{\underset{\textstyle CH_3}{|}}{}CH_2COOH$

2. 写出下列化合物的结构式,用不同的命名体系写出第二个名称:

(a) 异戊酸 　　　　(b) 三甲基乙酸 　　　　(c) α,β-二甲基己酸

(d) 2-甲基-4-乙基辛酸 　　　　(e) 苯乙酸

(f) γ-苯基丁酸 　　　　(g) 己二酸 　　　　(h) 对甲基苯甲酸

(i) 邻苯二甲酸 　　　　(j) 对羟基苯甲酸 　　　　(k) α-甲基丁酸钾

(1) 顺丁烯二酸

3. 用方程式表示下列各化合物如何转变成苯甲酸:

(a) 甲苯 　　　　(b) 溴苯 　　　　(c) 苯甲腈

(d) 苯甲醇 　　　　(e) α,α,α-三氯甲苯 　　　　(f) 苯乙酮

4. 试写出下列化合物转变成正丁酸的反应方程式:

(a) 正丁醇 　　　　(b) 正丙醇 　　　　(c) 甲基正丙基酮

5. 试写出苯甲酸和下列试剂反应所得的产物。

(a) KOH 　　　　(b) Al 　　　　(c) CaO

(d) NH_3(水溶液) 　　　　(e) $LiAlH_4$ 　　　　(f) 热的 $KMnO_4$

(g) PCl_5 　　　　(h) PCl_3 　　　　(i) $SOCl_2$

(j) Br_2-Fe 　　　　(k) HNO_3-H_2SO_4 　　　　(1) 发烟硫酸

6. 怎样将 3-甲基丁酸转变成下列化合物? 写出主要反应步骤。

(a) $(CH_3)_2CHCH_2CH_2OH$ 　　　　(b) $(CH_3)_2CHCH_2CH_2COOH$

(c) $(CH_3)_2CHCH_2CH_2CHBrCH_2Br$ 　　　　(d) $(CH_3)_2C\!=\!CHCOOCH_3$

239

(e) $(CH_3)_2CHCH_2COCH_3$ (f) $(CH_3)_2CHCH_2Br$

7. 用反应式表示由正丁醛转变成下列化合物的步骤:

(a) $CH_3CH_2CH_2COOH$ (b) $CH_3CH_2CH_2\overset{\displaystyle OH}{\overset{\displaystyle |}{C}}HCOOH$

(c) $CH_3CH_2CH_2CH=\overset{\displaystyle COOH}{\overset{\displaystyle |}{C}}CH_2CH_3$ (d) $CH_3CH_2CH_2CH_2COOH$

8. 完成下列诸反应,给出主要有机产物的结构。

(a) $C_6H_5CH=CH-COOH + KMnO_4 \xrightarrow[\triangle]{OH^-}$?

(b) $CH_3-\langle\!\bigcirc\!\rangle-COOH + HNO_3 + H_2SO_4 \longrightarrow$?

(c) $\overset{\displaystyle CH_2COOH}{\underset{\displaystyle CH_2COOH}{|}} + LiAlH_4 \longrightarrow$?

(d) $\langle\!\bigcirc\!\rangle-COOH + \langle\!\bigcirc\!\rangle-CH_2OH \xrightarrow{H^+}$?

(e) (d)的产物 $+ HNO_3 + H_2SO_4 \longrightarrow$?

(f) $\langle\!\bigcirc\!\rangle\overset{H}{\underset{MgBr}{}} + CO_2 \xrightarrow[H_2O]{H_2SO_4}$?

(g) 1,3,5-三甲苯 $+ K_2Cr_2O_7 + H_2SO_4 \longrightarrow$?

9. 简述从甲苯和任何需要的脂肪族化合物与无机试剂合成下列各化合物的实验室方法的步骤。

(a) 苯甲酸   (b) 苯乙酸   (c) 对甲基苯甲酸

(d) 间氯苯甲酸   (e) 对溴苯乙酸   (f) α-溴代苯乙酸

10. 以酸性大小为序排列下述化合物:乙酸、乙炔、氨、乙烷、乙醇、硫酸、水。
请将上述化合物的单钠盐按碱性大小再排列成序并简要说明原因。

11. 将下列各组化合物,按所述反应的反应活性次序排列:

(a) 用苯甲酸酯化: 仲丁醇,甲醇,叔丁醇,正丙醇。

(b) 用乙醇酯化: 苯甲酸,2,6-二甲基苯甲酸,邻甲基苯甲酸。

(c) 用甲醇酯化: 乙酸,甲酸,异丁酸,丙酸,三甲基乙酸。

12. 写出化合物 G → J 的结构:

(a) $HC\equiv CH + CH_3MgBr \longrightarrow G + CH_4$

(b) $G + CO_2 \longrightarrow H \xrightarrow{H^+} I(C_3H_2O_2) \xrightarrow{H_2O, H_2SO_4, HgSO_4} J(C_3H_4O_3)$

(c) $J + KMnO_4 \longrightarrow CH_2(COOH)_2$

13. 试提出可以用来区别下列化合物的简单化学实验(指示剂颜色改变除外)。

(a) 丙酸和正戊醇   (b) 异戊酸和正辛烷

(c) 正丁酸乙酯和异丁酸   (d) 丙酰氯和丙酸

(e) 对氨基苯甲酸和苯甲酰胺

(f) $C_6H_5CH=CHCOOH$ 和 $C_6H_5CH=CHCH_3$

14. 用什么实验方法可以鉴别以下羧酸的异构体?

(a) $CH_3CH_2CH(CH_3)COOH$ (b) $(CH_3)_2CHCH_2COOH$ (c) $(CH_3)_3CCOOH$

15. 给出环己基甲酸在下列条件下反应的产物。

(a) 与 B_2H_6 在乙醚中,随后加稀盐酸   (b) 加 CH_2N_2

(c) 异丙醇(过量)和少量硫酸   (d) 以苯做溶剂加异丙基锂,然后加水

(e) 加氨,升温 200℃   (f) CH_3MgBr 在乙醚中,然后加稀盐酸

(g) $Pb(OAc)_4 + LiCl$

16. 从卤代烃制备羧酸最普通的两种方法是:(1) 从卤代烃经氰化物离子(CN^-),然后水解。(2) 经格氏试剂,随后与二氧化碳羧基化。试指出下列卤代烃转化成羧酸哪一种方法最好?

(a) $(CH_3)_3CCl \longrightarrow (CH_3)_3CCOOH$

(b) $BrCH_2CH_2Br \longrightarrow$
$$\begin{array}{c} CH_2COOH \\ | \\ CH_2COOH \end{array}$$

(c) $CH_3COCH_2CH_2CH_2Br \longrightarrow CH_3COCH_2CH_2CH_2COOH$

(d) $(CH_3)_3CCH_2Br \longrightarrow (CH_3)_3CCH_2COOH$

(e) $CH_3CH_2CH_2CH_2Br \longrightarrow CH_3CH_2CH_2CH_2COOH$

(f) $HOCH_2CH_2CH_2CH_2Br \longrightarrow HOCH_2CH_2CH_2CH_2COOH$

17. 当丙酸和硫酸在含有丰富的 $H_2^{18}O$ 中回流,^{18}O 逐渐在羧酸基团出现。试提出反应的机理(用反应过程中的中间体来表示)。

18. 请用五碳以下(包括五碳)化合物为原料,合成下列羧酸,并扼要叙述你的思考方法。

(a) 2-丁基辛酸   (b) 2,2-二甲基戊酸

19. 写出正丁酰氯与下列化合物反应的产物,并命名这些产物。

(a) H_2O (b) 异丙醇   (c) 对硝基苯酚

(d) 氨   (e) 甲苯,$AlCl_3$ (f) 硝基苯,$AlCl_3$

(g) $NaHCO_3$(水溶液)   (h) $AgNO_3$,醇溶液   (i) CH_3NH_2

(j) $(CH_3)_2NH$ (k) $(CH_3)_3N$ (1) $C_6H_5NH_2$

(m) $(C_6H_5)_2Cd$ (n) C_6H_5MgBr

20. 怎样将正丁酸转变成下列化合物?试写出反应式。

(a) $(CH_3CH_2CH_2\overset{\displaystyle O}{\overset{\|}{C}}-)_2O$ (b) $CH_3CH_2CH_2CN$ (c) $CH_3CH_2CH_2NH_2$

(d) $CH_3CH_2CH_2CH_2N(C_2H_5)_2$ (e) $CH_3CH_2CH_2COCH_2CH(CH_3)_2$

(f) $CH_3CH_2CH_2\overset{\displaystyle CH_3}{\underset{\displaystyle CH_3}{\overset{|}{\underset{|}{C}}}}-OH$ (g) $CH_3CH_2CH_2CHO$

21. 用方程式表示丁二酸酐与下列化合物的作用(如果有的话)。

(a) 热的 $NaOH$ 水溶液   (b) 氨水

241

(c) 氨水，然后用冷的稀 HCl　　　　　(d) 氨水，然后高温

(e) 苯甲醇　　　　　(f) 甲苯，$AlCl_3$，加热

22. 试写出正丁酸甲酯与下列化合物反应的产物，并命名所有有机产物:

(a) 热的 H_2SO_4 水溶液　　　　　(b) 热的 KOH 水溶液

(c) 异丙醇$+H_2SO_4$　　　　　(d) 苯甲醇$+C_6H_5CH_2ONa$

(e) 氨　　　　　(f) 苯基溴化镁

(g) 异丁基溴化镁　　　　　(h) $LiAlH_4$，然后用酸

23. 试写出下列各反应或各步反应的主要有机产物。

(a) $CH_3CH_2CH_2OH+CH_3\overset{O}{\overset{\|}{C}}-Cl \longrightarrow \xrightarrow{500℃} ?$

(b) [环己基]$\overset{H}{\underset{OH}{\diagdown}}$ $\xrightarrow[NaOH]{CS_2}$ $\xrightarrow{CH_3I}$ $\xrightarrow{200℃}$?

(c) [环戊基，上 H，CH₃，下 OH，H] $\xrightarrow[NaOH]{CS_2}$ $\xrightarrow{CH_3I}$ $\xrightarrow{200℃}$?

(d) $(CH_3)_3C\overset{O}{\overset{\|}{C}}\underset{NH_2}{\diagdown}$ $\xrightarrow[25℃,\ 5\ min]{NaOD,\ D_2O}$?

(e) $(CH_3)_3C\overset{O}{\overset{\|}{C}}-N(CH_3)_2$ $\xrightarrow{LiAlH(OC_2H_5)}$?

24. (1) 预测 γ-丁内酯与 (a) 氨，(b) $LiAlH_4$，(c) $C_2H_5OH+H_2SO_4$ 作用的产物。

(2) 旋光度为 $+13.8°$ 的仲丁醇用对甲苯磺酰氯处理后，把生成的对甲苯磺酸酯与苯甲酸钠作用，得到苯甲酸仲丁酯。这个酯碱性水解时给出旋光为 $-13.4°$ 的仲丁醇。试指出构型转化发生在哪一步？你如何解释？

25. 试指出一个 (S)-构型化合物经过下列几步反应之后，其最终产物的构型是 R 还是 S 型？

$$C_6H_5CH_2\overset{CH_3}{\underset{|}{C}}HCOOH \xrightarrow{SOCl_2} \xrightarrow{NH_3} \xrightarrow{Br_2,\ OH^-} C_6H_5CH_2\overset{CH_3}{\underset{|}{C}}HNH_2$$

$$(+)S \qquad\qquad\qquad\qquad (-)$$

26. 试提出区别下列化合物的简单化学试验，并正确阐述对实验的安排及现象的观察。

(a) 丙酸与乙酸甲酯

(b) 正丁酰氯与 1-氯丁烷

(c) 对硝基苯甲酰胺与对硝基苯甲酸乙酯

(d) 三硬脂酸甘油酯与三油酸甘油酯

(e) 苯甲腈与硝基苯

(f) 醋酸酐与正丁醇

(g) 棕榈酸甘油酯与三棕榈酸甘油酯

(h) 苯甲酸铵与苯甲酰胺

(i) 对溴苯甲酸与苯甲酰溴

27. 预测下列反应的产物并说明原因。

(a) $\overset{\displaystyle O}{\underset{\displaystyle \|}{H_2N-C}}-Cl+CH_3O^- \longrightarrow$?　　　(b) $\overset{\displaystyle O}{\underset{\displaystyle \|}{CH_3O-C}}-Cl+NH_2^- \longrightarrow$?

28. 给出化合物 C 到 J 的结构(包括有关的构型)。

(a) 尿素 $(H_2N-\overset{\displaystyle O}{\overset{\displaystyle \|}{C}}-NH_2)$ + 热的稀 NaOH $\longrightarrow$ C+NH$_3$

(b) 光气 $(COCl_2)$ +1 mol C_2H_5OH, 然后 +NH$_3$ $\longrightarrow$ D $(C_3H_7O_2N)$

(c) 溴苯 +Mg(乙醚) $\longrightarrow$ E (C_6H_5MgBr)

　　E+ 环氧乙烷,接着用 H$^+$ $\longrightarrow$ F $(C_8H_{10}O)$

　　F+PBr$_3$ $\longrightarrow$ G (C_8H_9Br) $\xrightarrow{NaCN}$ H (C_9H_9N)

　　H+H$_2$SO$_4$, H$_2$O, 然后加热 $\longrightarrow$ I $(C_9H_{10}O_2)$

　　I+SOCl$_2$ $\longrightarrow$ J (C_9H_9OCl)

29. 指出下列反应能否得到预期的产物,并说明原因。

(a) $(CH_3)CHCOOCH_3 \xrightarrow[CH_3OH]{CH_3ONa} (CH_3)CHC-\overset{\displaystyle O}{\overset{\displaystyle \|}{C}}\overset{\displaystyle CH_3}{\underset{\displaystyle \underset{\displaystyle CH_3}{|}}{-\underset{|}{C}}-COOCH_3$

(b) $CH_3COOC_2H_5+C_2H_5O-\overset{\displaystyle O}{\overset{\displaystyle \|}{C}}-OC_2H_5 \xrightarrow[C_2H_5OH]{C_2H_5ONa} \xrightarrow{H_2O} C_2H_5O-\overset{\displaystyle O}{\overset{\displaystyle \|}{C}}-CH_2COOC_2H_5$

(c) $CH_3CH_2COOC_2H_5+$ ⟨苯⟩$-COOC_2H_5 \xrightarrow[C_2H_5OH]{C_2H_5ONa} \xrightarrow{H_2O}$ ⟨苯⟩$-\overset{\displaystyle O}{\overset{\displaystyle \|}{C}}-\overset{\displaystyle }{\underset{\displaystyle \underset{\displaystyle CH_3}{|}}{CH}}COOC_2H_5$

(d) $2(CH_3)_2CHCOOC_2H_5 \xrightarrow{[(CH_3)_2CH]NLi} \xrightarrow{H_2O} (CH_3)_2CHC-\overset{\displaystyle O}{\overset{\displaystyle \|}{C}}\overset{\displaystyle CH_3}{\underset{\displaystyle \underset{\displaystyle CH_3}{|}}{-\underset{|}{C}}-COOC_2H_5$

30. 试预测下列反应的产物的结构:

(a) 甲苯 + 邻苯二甲酸酐 $\xrightarrow{AlCl_3}$ A $\xrightarrow[加热]{浓 H_2SO_4}$ B

(b) $CH_3CH_2\overset{\displaystyle O}{\overset{\displaystyle \|}{C}}-OH+Cl_2 \xrightarrow[2)H_2O]{P(红)}$ 甲 $\xrightarrow{NH_3}$ 乙 + 丙

(c) 苯 + 丁二酸酐 $\xrightarrow{AlCl_3}$ A$(C_{10}H_{10}O_3)$ $\xrightarrow{Zn(Hg),HCl}$ B$(C_{10}H_{12}O_2)$

　　$\xrightarrow{SOCl_2}$ C$(C_{10}H_{11}OCl)$ $\xrightarrow{AlCl_3}$ D$(C_{10}H_{10}O)$ $\xrightarrow{H_2, Pt}$ E$(C_{10}H_{12}O)$

　　$\xrightarrow[\triangle]{H_2SO_4}$ F$(C_{10}H_{10})$ $\xrightarrow{Pt, \triangle}$ G

31. 当环己基甲酰胺在甲醇中用溴和甲醇钠处理时,得到的产物是 N-环己基氨基甲酸甲酯。试提出适当的反应机理加以说明。

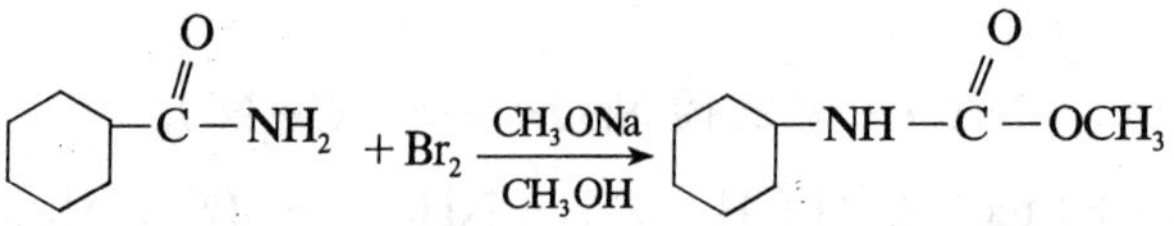

$$\underset{\text{环己基}}{\bigcirc}\!\!-\!\!\overset{\overset{\displaystyle O}{\|}}{C}\!\!-\!\!NH_2 + Br_2 \xrightarrow[\text{CH}_3\text{OH}]{\text{CH}_3\text{ONa}} \underset{\text{环己基}}{\bigcirc}\!\!-\!\!NH\!\!-\!\!\overset{\overset{\displaystyle O}{\|}}{C}\!\!-\!\!OCH_3$$

32. 当化合物 A 和 B,在酸催化水解时,发现 A 的水解产物乙酸分子中没有 ^{18}O,而 B 的水解产物乙酸分子中含有 ^{18}O。试说明其原因。

A. $CH_3\overset{\overset{\displaystyle O}{\|}}{C}\!\!-\!\!^{18}O\!\!-\!\!CH_2CH_3$ B. $CH_3\!\!-\!\!\overset{\overset{\displaystyle O}{\|}}{C}\!\!-\!\!^{18}O\!\!-\!\!C(CH_3)_3$

第十章　双官能羧酸及有机合成

Ⅰ．双官能羧酸及其衍生物

双官能羧酸及其衍生物包括有卤代酸、羟基酸、二元酸、羰基酸、α,β-不饱和酸及其衍生物等。这些化合物有的可以表现各自单官能基的性质,有的因双官能基的相互影响可以出现一些单官能基化合物所没有的性质与反应,如成环反应、聚合反应、共轭加成、活泼亚甲基及失羧等。这些是有机化学不可少的一部分内容。同时,这些化合物中有的在生理上起着重要作用,有的是有机合成上重要的试剂,有的是重要的化工原料。所以,有必要将这部分内容作为单独一章来介绍。

10.1　卤　代　酸

1.　卤代酸的合成

由于卤原子离羧基的远近位置不同,常把它们分别称为 $\alpha,\beta,\gamma,\delta,\cdots\cdots$ 等卤代酸,其合成方法与路线,也各有差异。

（1）α-卤代酸的合成

α-溴代酸可以由羧酸直接溴化得到,但直接氯化得到的往往是混合物。这是因为溴的活性比氯低,因此反应选择性较氯高。

$$CH_3CH_2COOH \xrightarrow{Br_2} \underset{\substack{| \\ Br \\ \alpha\text{-溴代丙酸}}}{CH_3CHCOOH}$$

实验室主要采用离子型卤化反应来制备 α-氯代或溴代酸。

$$RCH_2COOH \xrightarrow[\text{2) } H_2O]{\text{1) } P + Cl_2} \underset{\substack{| \\ Cl}}{R-CHCOOH}$$

（2）β-卤代酸的合成

α,β-不饱和酸与卤化氢反应得 β-卤代酸。这是由于羧基吸引电子,所以加成是反马氏规则的。

$$CH_2=CHCOOH + HBr \longrightarrow BrCH_2CH_2COOH$$
$$\text{丙烯酸} \qquad\qquad\qquad \text{β-溴代丙酸}$$

（3）γ,δ 或卤素离羧基更远的卤代酸的合成

这些卤代酸可由相应的二元酸单酯经洪赛迪克尔(Hunsdiecker)反应制得,如 γ-卤代酸可

由己二酸单甲酯合成。

$$CH_3OOC(CH_2)_4COOH \xrightarrow[KOH]{AgNO_3} CH_3OOC(CH_2)_4COOAg \xrightarrow[CCl_4]{Br_2} CH_3OOC(CH_2)_3CH_2Br$$

2. 卤代酸的化学性质

卤代酸具有卤代烷与羧酸的性质,但是由于两个官能基同时存在于一个分子中,故有一些特殊反应。

(1) 卤代酸与碱的反应

卤代酸与碱的反应可因卤素位置不同而得到不同的产物。α-卤代酸与 NaOH 水溶液反应主要得到取代产物;而与 KOH-乙醇溶液或 3° 胺反应,则可以脱卤化氢形成 α, β-不饱和酸酯。如:

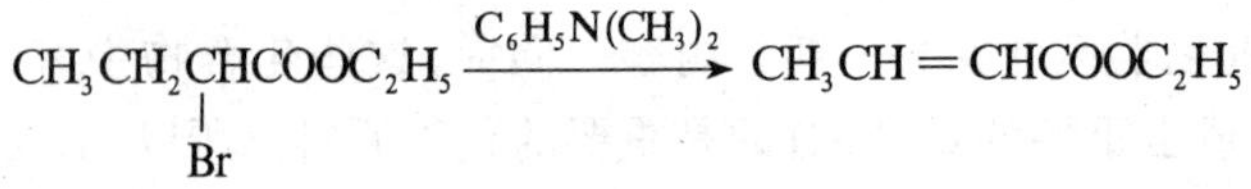

$$CH_3CH_2\underset{\underset{Br}{|}}{CH}COOC_2H_5 \xrightarrow{C_6H_5N(CH_3)_2} CH_3CH=CHCOOC_2H_5$$

β-卤代酸与 NaOH 水溶液反应形成 α, β-不饱和酸。当不含 α-氢的 β-卤代酸与 NaOH 水溶液反应时,若将产物用 CCl_4 迅速萃取出来,可以得到相应的 β-内酯; 否则,将水解成 α, α-二烃基-β-羟基丙酸。 如:

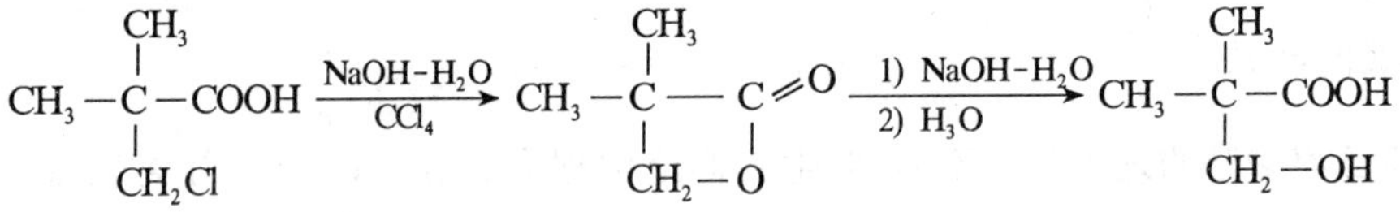

α, α-二甲基-β-羟基丙酸

γ 与 δ-卤代酸与等摩尔 NaOH 水溶液反应,转化成相应的五或六员环状内酯,若进一步与碱反应,生成羟基羧酸盐。如:

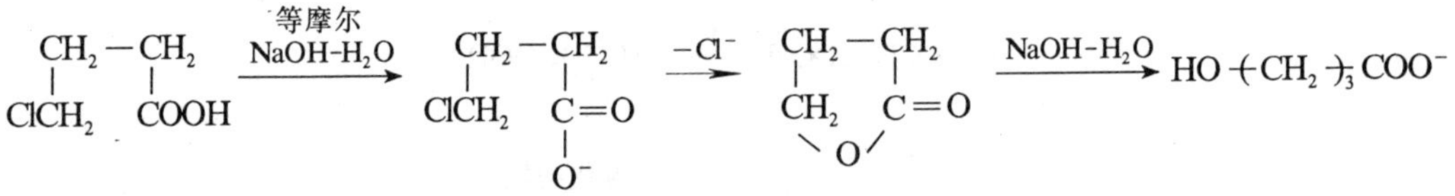

ε-卤代酸等与 NaOH 水溶液反应,得羟基羧酸盐。若在极稀溶液条件下,与等摩尔碱反应并加热,也可得到相应的内酯。如:

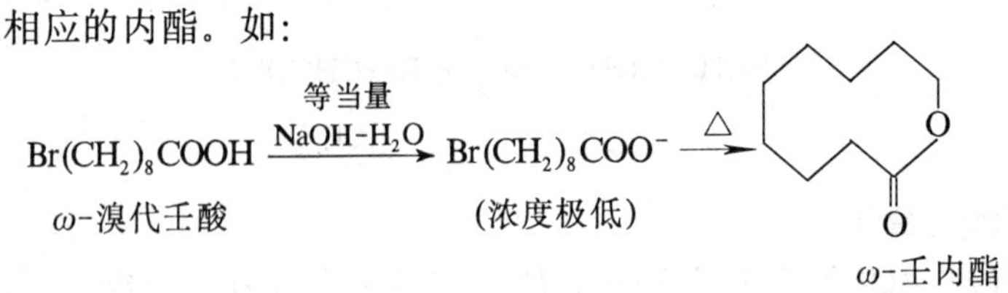

$$Br(CH_2)_8COOH \xrightarrow[\text{NaOH-H}_2O]{\text{等当量}} Br(CH_2)_8COO^-$$

ω-溴代壬酸　　　　　　(浓度极低)

ω-壬内酯

ω 表示取代基在分子链的末端。

(2) 雷福尔马斯基(Reformatsky)反应

卤代酸酯不能与镁形成格氏试剂,因为形成的格氏试剂将立即与酯反应。然而 α-卤代酸酯可与锌形成有机锌化合物,它的活性较低,不与酯反应,因此可以存在。但它可与醛、酮发生加成反应形成 β-羟基酸酯。如上所述,含有 α-氢的 β-卤代酸易脱卤化氢,生成 α, β-不饱

和酸,不易水解成 β-羟基酸,所以从 α-卤代酸酯与锌和醛、酮反应,再经水解是制备 β-羟基酸的一种好办法,称为雷福尔马斯基反应。

$$R-\underset{\underset{Br}{|}}{C}HCOOC_2H_5 \xrightarrow{+Zn} R\underset{\underset{ZnBr}{|}}{C}HCOOC_2H_5 \xrightarrow{R_2'C=O} R\underset{\underset{R_2'C-OZnBr}{|}}{C}HCOOC_2H_5 \xrightarrow{H_3^+O} R_2'\underset{\underset{OH}{|}}{C}-CHRCOOC_2H_5$$

α-卤代酸乙酯　　　　　　　　　　　　　　　　　　　　　　　　　　　β-羟基酸酯

(3) 达则斯 (Darzens) 反应

含有 α-氢的 α-卤代酸酯与醛、酮在碱的作用下 (一般用醇钠或钠氨),可以发生类似交叉克莱森酯缩合的反应。但不是形成 β-羟基酸酯,而是生成氧负离子中间体,迅速按 S_N2 反应将邻近的卤素顶去,形成 α,β-环氧酸酯。这种邻近基团促使反应迅速进行的现象,称为邻近基团参与现象。这个反应称为达则斯反应。

$$ClCH_2COOC_2H_5+CH_3\underset{\underset{O}{\|}}{C}CH_3 \xrightarrow{C_2H_5ONa} CH_3-\overset{\overset{CH_3}{|}}{\underset{O}{C}}-CHCOOC_2H_5$$

其反应历程如下:

$$ClCH_2COOC_2H_5+C_2H_5ONa \rightleftharpoons {}^-CHClCOOC_2H_5+C_2H_5OH$$

α-氯乙酸乙酯

$$^-CHClCOOC_2H_5+CH_3\underset{\underset{O}{\|}}{C}CH_3 \rightleftharpoons \left[CH_3-\overset{\overset{CH_3}{|}}{\underset{\underset{\cdot\cdot^-}{O}}{C}}-\overset{\overset{Cl}{}}{C}HCOOC_2H_5 \right] \longrightarrow CH_3-\overset{\overset{CH_3}{|}}{\underset{O}{C}}-CHCOOC_2H_5+Cl^-$$

3-甲基-2,3-环氧丁酸乙酯

α,β-环氧酸酯经碱水解可得 α,β-环氧酸盐,再经酸化 加热可以失羧得到醛或酮。这是制备醛、酮的一种方法。如:

$$CH_3\underset{\underset{Cl}{|}}{C}HCOOC_2H_5+CH_3\underset{\underset{O}{\|}}{C}-CH_3 \xrightarrow{C_2H_5ONa} CH_3-\overset{\overset{O}{}}{\underset{\underset{CH_3}{|}}{C}}-\underset{\underset{CH_3}{|}}{C}-COOC_2H_5 \xrightarrow[2)\ H_3O^+,\triangle]{1)\ OH^-} CH_3-\underset{\underset{CH_3}{|}}{C}H-\underset{\underset{O}{\|}}{C}-CH_3$$

甲基异丙基酮

10.2 羟 基 酸

许多羟基酸存在于生物体中,在生理上起着一定的作用,并各有其俗名。在生物体内存在的羟基酸大都具有手征性碳原子和光学活性,如肌肉中存在的是 L(+) 乳酸,蔗糖发酵得到的是 D(-) 乳酸,葡萄汁中含有 D(+) 酒石酸,苹果中含有 L(-) 苹果酸,血液中含有乳酸、β-羟基丁酸等。如:

$$CH_3\underset{\underset{OH}{|}}{C}HCOOH \qquad CH_3\underset{\underset{OH}{|}}{C}HCH_2COOH \qquad HOOCCH_2\overset{\overset{OH}{|}}{C}HCOOH$$

乳酸　　　　　　　　　β-羟基丁酸　　　　　　　　　苹果酸

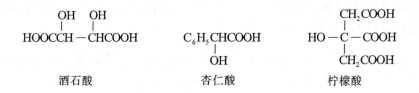

酒石酸   杏仁酸   柠檬酸

1. 羟基酸的合成

（1）α-羟基酸的合成

α-羟基酸可由醛、酮的氰醇或 α-卤代酸水解得到。如：

$$C_6H_5CHO \xrightarrow{HCN} C_6H_5\overset{\displaystyle OH}{\underset{\displaystyle |}{C}}H-CN \xrightarrow[100\,℃]{浓\ HCl} C_6H_5\overset{\displaystyle OH}{\underset{\displaystyle |}{C}}HCOOH$$

苯甲醛   苯甲醛氰醇   杏仁酸

（2）β-羟基酸的合成

β-羟基酸可由 α-卤代酸酯与醛、酮经雷福尔马斯基反应制取，也可由羟醛缩合产物经氧化得到，或由酯缩合产物经还原获得。如：

$$CH_3COOC_2H_5 \xrightarrow[2)\ H_3O^+]{1)\ C_2H_5ONa} CH_3\overset{\displaystyle O}{\overset{\displaystyle \|}{C}}-CH_2COOC_2H_5 \xrightarrow[压力,100\,℃]{H_2,Ni} CH_3\overset{\displaystyle |}{\underset{\displaystyle OH}{C}}HCH_2COOC_2H_5$$

（3）ω-羟基酸的合成

一般采用二元酸单酯经还原制得。

$$HOOC\text{（}CH_2\text{）}_{\overline{n}}COOC_2H_5 \xrightarrow[2)\ H_3O^+]{1)\ Na,C_2H_5OH} HOOC\text{（}CH_2\text{）}_{\overline{n}}CH_2OH$$

ω-羟基酸

2. 羟基酸的化学性质

羟基酸具有羟基和羧基的性质。由于羟基和羧基可相互反应，这些化合物具有成环形成内酯及聚合形成高分子化合物的特性。

（1）形成环内酯

α-羟基酸受热形成交酯。它是由两分子 α-羟基酸各以其羟基与对方的羧基酯化形成的六员环双酯。这类化合物成环的倾向很强，不加催化剂，放在保干器内就可自动缩合成交酯。如：

$$\underset{\displaystyle COOH}{\overset{\displaystyle CH_3CHOH}{|}} + \underset{\displaystyle HOCHCH_3}{\overset{\displaystyle HOOC}{|}} \xrightarrow{\triangle}$$ 丙交酯

α-羟基丙酸   丙交酯

β-羟基酸受热不能形成四员环的内酯。由于它含有 α 活泼氢，很易受热失水形成 α,β-不饱和酸，特别是在少量硫酸或碱存下下，更易失水：

$$\underset{\displaystyle\text{OH}}{\text{RCHCH}_2\text{COOH}} \xrightarrow[\triangle]{H^+\text{或}OH^-} \text{RCH}=\text{CHCOOH}+H_2O$$

但是没有 α 活泼氢的 β-羟基酸在原苯甲酸甲酯[$C_6H_5C(OCH_3)_3$]存在下，加热可以得到取代的 β-丙内酯。

γ 与 δ-羟基酸很易形成五员与六员环的内酯。这些酸的钠盐在酸化时即可自动形成内酯。所以任何能产生 γ 与 δ-羟基酸的反应，往往分离得到的不是酸而是内酯。

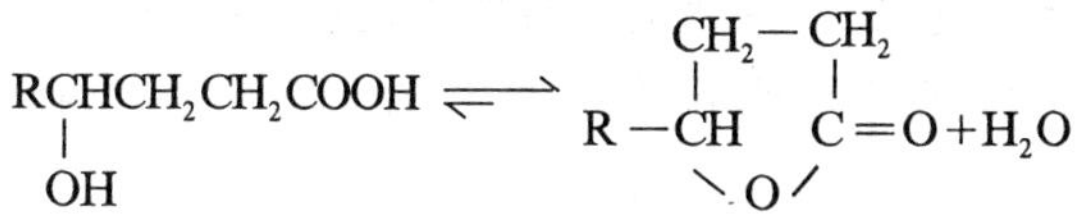

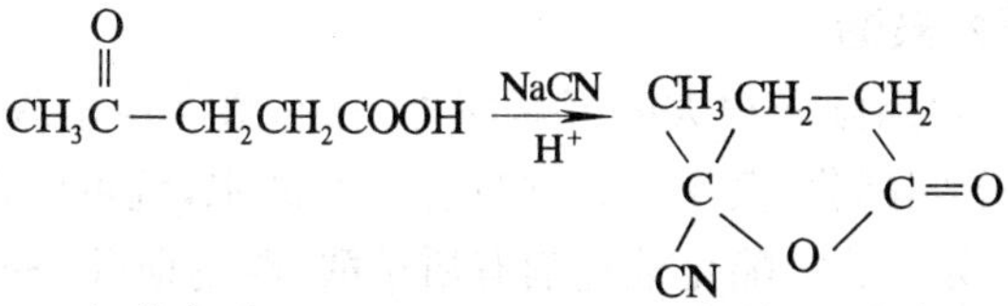

4-氧基戊酸　　　　　γ-氰基-γ-戊内酯(85%)

ε-羟基酸及羟基离羧基更远的羟基酸受热往往发生脱水形成不饱和酸或线型聚酯。在酯化催化剂存在下，加热生成线型聚酯。但在极稀的浓度下，使分子间碰撞机会减少，也就相对地增加了分子内两种官能基碰撞的机会，这样加热脱水生成的不是线型聚酯，而是大环的内酯。

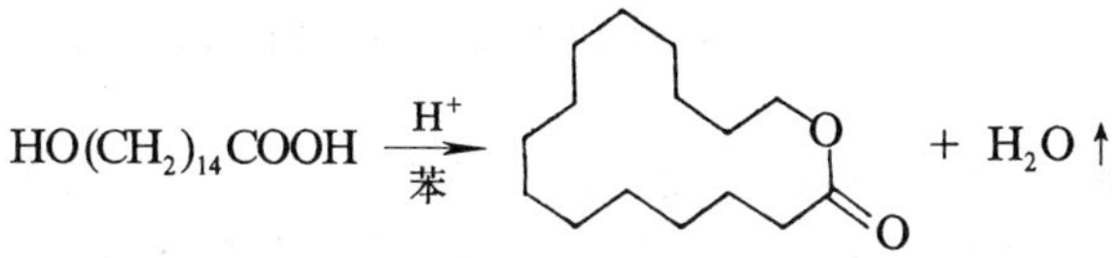

15-羟基十五酸(0.007mol)　　　　15-羟基十五酸内酯(100%)

从上述反应可以看到，羟基酸很易形成五员与六员环内酯，不易形成小于或大于五、六员环的内酯。这点可从内酯与羟基酸之间的平衡关系得到证实(见表 10-1)。

表 10-1　内酯与羟基酸的平衡关系

内　酯	平　衡　组　成	
	羟基酸(%)	内酯(%)
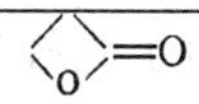	100	0
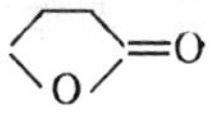	27	73
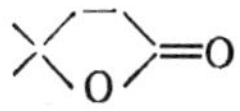	2	98
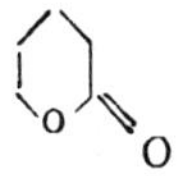	91	9
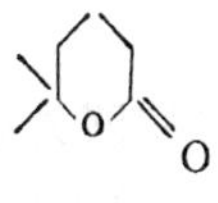	75	25
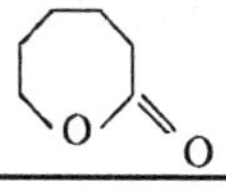	~100	~0

五员、六员环的内酯平衡有利,显然是与环的张力小有关。这里与环烷烃不同,环烷烃以六员环张力为最小,但内酯为五员环,这与键角不同有关。张力只说明了稳定性对平衡有利,但为什么 γ 与 δ-羟基酸形成内酯的速度也很快,甚至不要催化剂也能进行呢? 这是因为 γ 与 δ-羟基酸分子链不是直的,而是弯曲成类似五员、六员环的构象几率很大,所以分子内羟基与羧基相撞的机会要比分子间这两个基团相撞的机会大得多,因此分子内酯化的速度比分子间酯化的速度快得多。这种现象也是一种邻基参与现象,虽然这里羟基与羧基并不相邻,但其作用还是一样的。在有机化学中,易于形成五员、六员环的现象经常会遇到,也是合成中常应用的规律。

(2) 聚合形成高分子量的聚酯

除可形成五员与六员环内酯倾向很大的羟基酸外,在高浓度羟基酸与合适的酯化催化剂条件下,可使其连续进行分子间酯化。若不断排除反应产生的水,就可以得到高分子量的聚酯。这种分子间的连续酯化称之为聚合。酯化催化剂有质子酸、路易斯酸、Sb_2O_3、$Zn(OAc)_2$ 等,由于酸性催化剂有使羟基脱水的可能,因此常用 Sb_2O_3,$Zn(OAc)_2$ 等碱性催化剂。

$$2HO(CH_2)_8CO_2H \longrightarrow HO(CH_2)_8\overset{\overset{O}{\|}}{C}O(CH_2)_8CO_2H + H_2O \uparrow \longrightarrow \cdots\cdots$$

$$\longrightarrow HO(CH_2)_8\overset{\overset{O}{\|}}{C}\big[O(CH_2)_8\overset{\overset{O}{\|}}{C}\big]_{n-1}OH + H_2O \uparrow$$

内酯,除五员环内酯外,都可以聚合,而且比羟基酸易于聚合,可以形成更高分子量的聚合物。有些内酯在适当催化剂作用下,可发生链锁反应,聚合成高分子量的聚酯。如具有张力环的 β-丙内酯可以用弱亲核试剂羧酸的季铵盐引发,进行负离子聚合;不具张力的 ε-己内酯可以用二丁基锌引发负离子聚合。

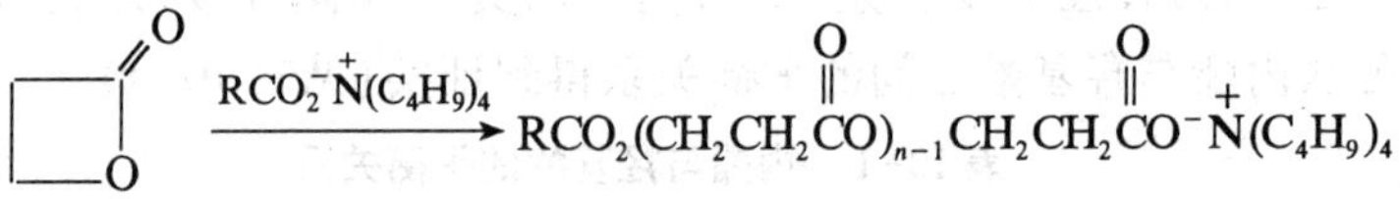

β-丙内酯   聚-β-丙内酯

丙交酯也可以开环聚合,所得聚丙交酯在体内可以缓慢分解成乳酸。由于乳酸是代谢物质的一种,对人体无害,因此用这种聚合物做的手术缝线可以在体内自动溶化,不需进行拆线,用它混合药物置入体内,可以达到缓慢均匀释放药物的功效。

10.3 二 元 羧 酸

二元羧酸广泛存在于自然界:如草酸存在于酢浆草属植物、大黄等中;丁二酸存在于琥珀、化石中,所以又称为琥珀酸;戊二酸与己二酸存在于甜菜根中。

二元羧酸在工业上具有重要作用。许多合成纤维,如的确凉是以对苯二甲酸为原料,尼纶66 是以己二酸为原料。许多塑料、油漆,如玻璃钢是以顺丁烯二酸酐为原料,醇酸树脂漆是以邻苯二甲酸酐为原料。许多有机合成是以丙二酸酯等为原料。

1. 二元羧酸的合成

（1）氰化物的水解
卤代酸、二卤化物与 α,β-不饱和酸酯的氰化水解等均可以得到二元羧酸。

$$ClCH_2COOH + NaCN + NaOH \xrightarrow{H_2O} NCCH_2COO^- \xrightarrow[H_2O]{OH^-} {}^-OOCCH_2COO^- \xrightarrow{H^+} HOOCCH_2COOH$$

丙二酸

$$CH_2 = CHCN + NaCN \xrightarrow{H_2O} NCCH_2CH_2CN \xrightarrow[H_2O]{HCl} HOOCCH_2CH_2COOH$$

丁二酸

（2）环烷烃、环烯烃及环酮的氧化开环

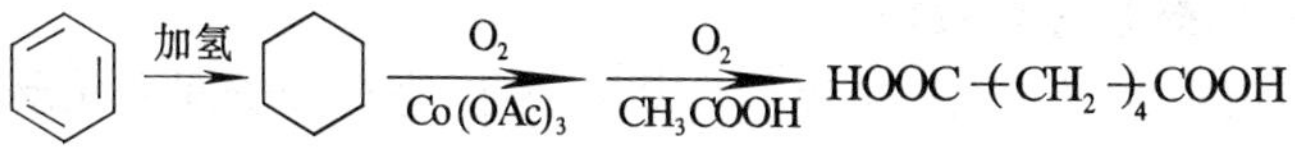

这是目前工业生产己二酸的方法。环己酮在浓硝酸与五氧化二钒的氧化下，也可得到己二酸。实验室常用高锰酸钾氧化环己烯制己二酸。

（3）芳烃氧化
芳烃氧化制备相应的二元酸，工业上多采用催化氧化的方法，常用三价钴盐、五氧化钒等为催化剂。实验室有时也用高锰酸钾氧化二甲苯制苯二甲酸。如：

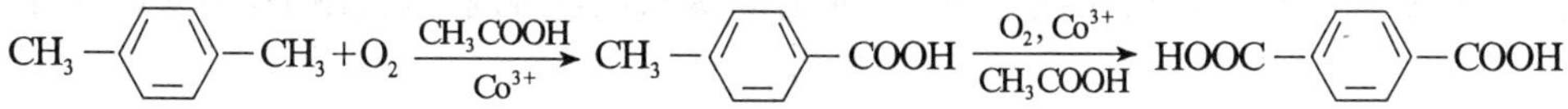

对苯二甲酸

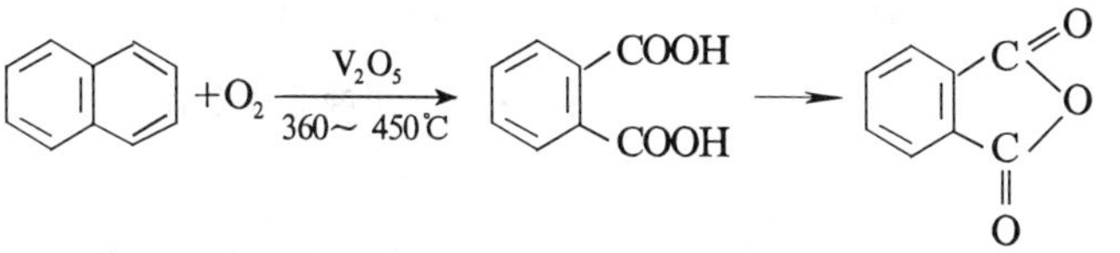

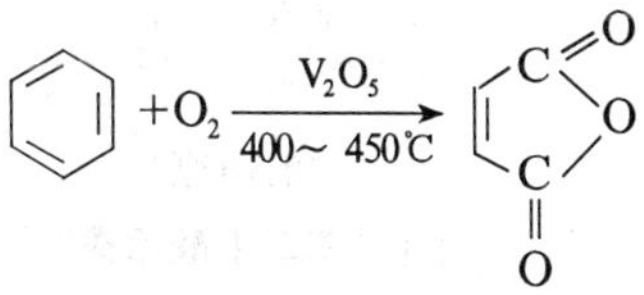

2. 二元羧酸的性质与反应

（1）酸性
二元羧酸的两个羧基酸性是不同的，第一个羧基离解的酸性强，第二个羧基离解的酸性弱，但其差别随两个羧基相隔愈远愈小（见表 10-2）。

$$HOOC-R-COOH \underset{}{\overset{K_1}{\rightleftharpoons}} HOOC-R-COO^- + H^+$$

$$HOOC-R-COO^- \underset{}{\overset{K_2}{\rightleftharpoons}} {}^-OOC-R-COO^- + H^+$$

表 10-2　二元羧酸的酸性

二 元 羧 酸	pK_1	pK_2
碳　　酸	6.35	10.33
草　　酸	1.27	4.27
丙 二 酸	2.85	5.70
丁 二 酸	4.21	5.64
戊 二 酸	4.34	5.41
己 二 酸	4.43	5.41

这种现象是由于羧基是吸电子基,而羧基负离子则为给电子基,因此第一个羧基离解形成的负离子将因为另一个羧基的存在而变得稳定,所以电离常数大;但第二个羧基离解生成的负离子将因为第一个羧基负离子的存在而变得不稳定,所以电离常数小。

（2）形成聚酯、聚酰胺等高聚物

二元羧酸及其衍生物与二元醇可以像羟基酸一样,进行分子间酯化形成高聚物。为了得到高分子量产物,需要等摩尔的二元羧酸与二元醇参与反应,任何一种成分的过量都不能得到高分子量的产物;另外,需要使用合适的酯化催化剂,同时不断排除缩合产生的小分子副产物,使酯化进行到底。

合成纤维中产量最大的"的确凉"就是由对苯二甲酸二甲酯与乙二醇在 Zn(OAc)$_2$ 催化下进行酯交换,蒸出甲醇使之完全转化成对苯二甲酸二羟乙酯;再在 Sb$_2$O$_3$ 催化下高温缩聚,同时高真空蒸出产生的乙二醇,使酯化完全,以得到高分子量的聚酯。这种聚酯制成的纺织品具有耐用、美观、不皱等优点,做成的电影胶片、录音录像磁带具有高强度、耐磨、不易燃等特性。

$$CH_3OOC- \!\!\!\!\!\bigcirc\!\!\!\!\! -COOCH_3 + 2CH_2CH_2 \xrightarrow{Zn(OAc)_2} HOCH_2CH_2OC- \!\!\!\!\!\bigcirc\!\!\!\!\! -COCH_2CH_2OH + 2CH_3OH \uparrow$$

对苯二甲酸二甲酯

对苯二甲酸二羟乙酯

$$HOCH_2CH_2OC- \!\!\!\!\!\bigcirc\!\!\!\!\! -COCH_2CH_2OH \xrightarrow[\text{高温, 高真空}]{Sb_2O_3} H\!\!-\!\!(OCH_2CH_2OC- \!\!\!\!\!\bigcirc\!\!\!\!\! -C\!\!-\!\!)_n OH + CH_2CH_2 \uparrow$$

"的确凉"

聚(对苯二甲酸乙撑酯)

二元羧酸与二元胺经高温酰胺化可以形成聚酰胺,为了保证等摩尔的配比,常采用二元羧酸与二元胺先形成盐,此盐经重结晶可以得到高度等摩尔比。如尼纶 66 就是用己二酸与己二胺的盐经高温熔融缩聚形成的。用它制成的纺织品美观、耐用,做成的绳索强度大。

$$n\text{HOOC}\!-\!(CH_2)_4\!-\!COOH \cdot H_2N(CH_2)_6NH_2 \xrightarrow{\text{高温熔融}} HO\!-\![OC(CH_2)_4C\!-\!NH(CH_2)_6\!-\!NH]_n\!H + H_2O \uparrow$$

己二酸·己二胺盐

尼纶 66

(3) 二元羧酸受热后的反应

碳酸本身不稳定,很易分解成 CO_2 与水。

$$HO-\underset{\underset{O}{\|}}{C}-OH \rightleftharpoons CO_2+H_2O$$

碳酸

草酸在高温下可以失羧成甲酸,而甲酸在相同条件下也立即分解成 CO 与水。但草酸还可以进行升华。

$$\underset{\text{草酸}}{\underset{|}{\overset{COOH}{\underset{COOH}{|}}}} \xrightarrow{\text{高温}} CO_2+HCOOH \xrightarrow[\text{高温}]{} CO+H_2O$$

丙二酸比草酸易受热分解失羧。这与 β 位置上羰基的影响有关,因为该反应经过一环状六中心过渡状态,所以不仅丙二酸、取代丙二酸,而且 β-羰基酸都很易失羧。

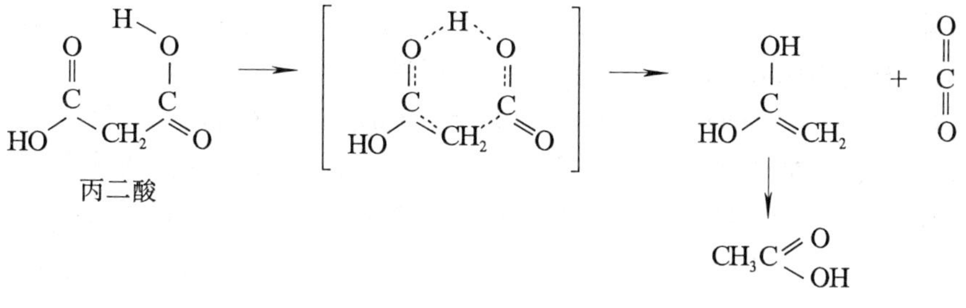

丙二酸

乙酸

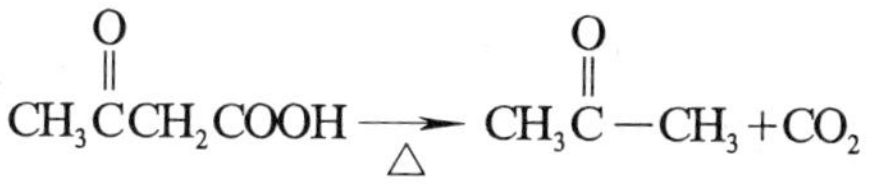

$$CH_3\overset{\overset{O}{\|}}{C}CH_2COOH \xrightarrow{\triangle} CH_3\overset{\overset{O}{\|}}{C}-CH_3+CO_2$$

丁二酸、戊二酸及凡是可以形成五员、六员酸酐的二元酸受热失水都易形成环状酸酐。此反应最好在脱水剂,如 CH_3COCl, $(CH_3CO)_2O$, P_2O_5, $SOCl_2$, PCl_5 等配合下进行蒸馏。

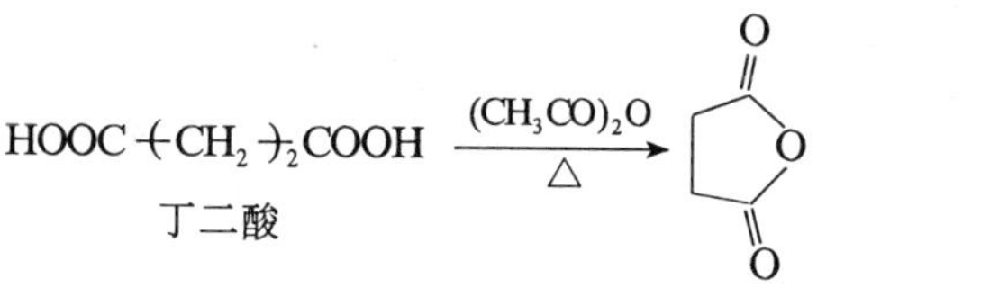

$$HOOC-(CH_2)_2-COOH \xrightarrow[\triangle]{(CH_3CO)_2O}$$

丁二酸

丁二酸酐(95%)

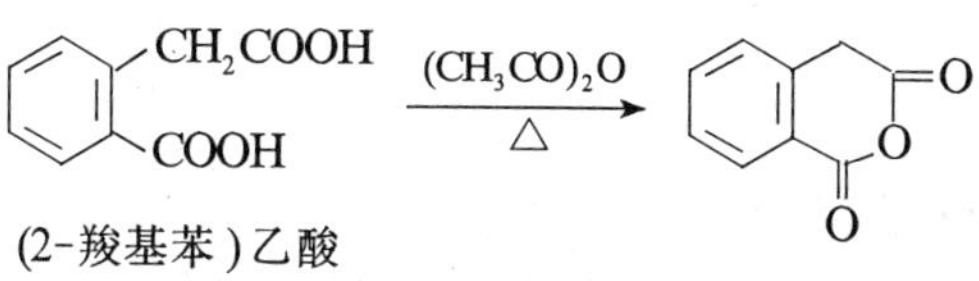

(2-羧基苯)乙酸

(88%)

同样,凡是可以形成五员环状酰亚胺的二元酸的铵盐及 1° 胺的盐经高温反应,都可得到很子产率的五员环酰亚胺:

253

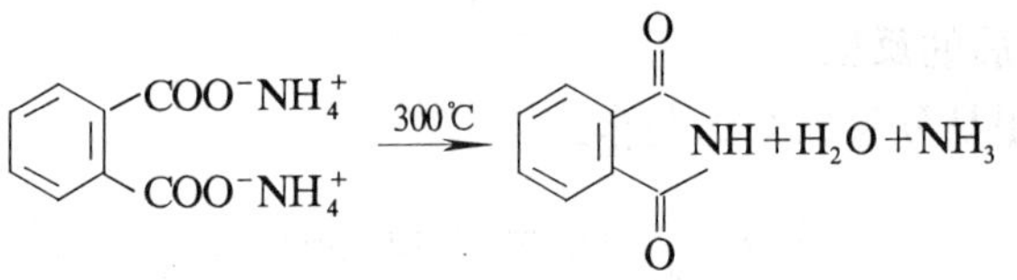

邻苯二甲酸铵盐　　　　　邻苯二甲酰亚胺(97%)

但六员环酰亚胺稍难形成，常采用二元酸的单酰胺高温反应得到。

己二酸与庚二酸在乙酸酐存在下蒸馏得不到七员与八员环状酸酐，而是分别得到五员与六员环酮。

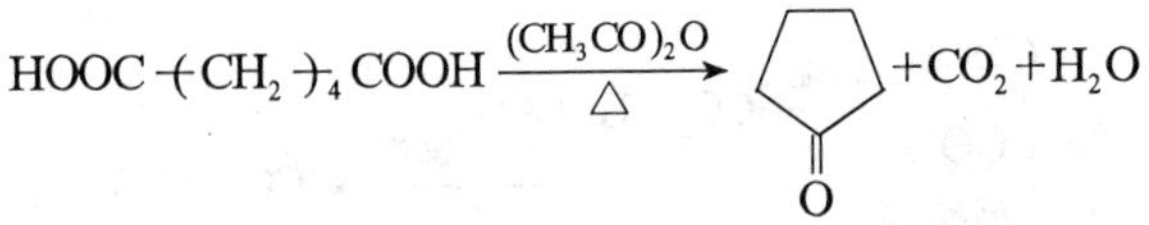

辛二酸及更高的二酸在乙酸酐作用下蒸馏，得不到环状酸酐与环酮，留在反应瓶内的是聚酐。

布兰克(G.Blanc)早在1907年发现了：在乙酸酐作用下，1,4与1,5-二酸蒸馏得到五员与六员环状酸酐，1,6与1,7-二酸得到五员与六员环酮，1,8与更高的二酸得不到环状酸酐与环酮，残留物水解仍为原来的二酸。这个规律称为布兰克规则。

易于形成五员、六员环的现象也存在于芳烃侧链上的羧基对芳环酰化的反应中。若分子内酰化可以得到五员、六员环酮，则将几乎全部进行分子内，而不进行分子间的酰化。对于侧链上为酰氯的，可以用 $AlCl_3$ 为催化剂进行酰化；对于侧链上为羧基的，可以用发烟硫酸、多聚磷酸(PPA)或液体 HF 作为催化剂进行酰化。

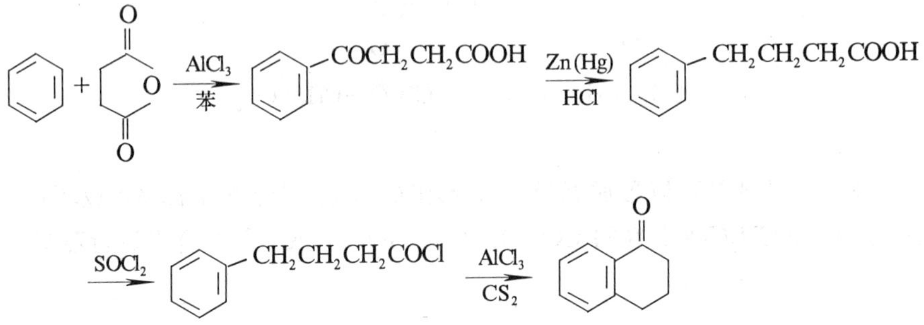

1-氧基-1,2,3,4-四氢化萘
(70% ～ 90%)

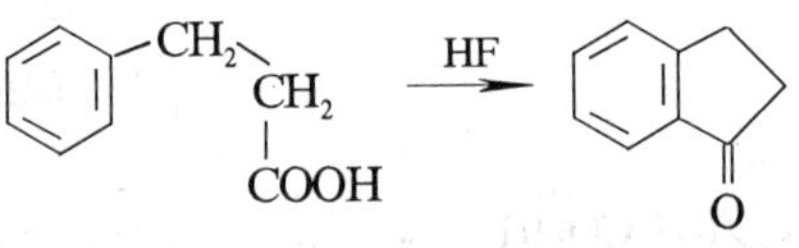

(73%)

(4) 迪克曼(Dieckmann)缩合

易于形成五员、六员环的规律在二元酸酯的克莱森酯缩合中也反映出来：己二酸酯与庚二酸酯都可以进行分子内的克莱森酯缩合，形成五员与六员环的 β-羰基酯；但低于己二酸或高于庚二酸的二元酸酯的克莱森酯缩合将主要在分子间进行。高于庚二酸的二元酸酯只有在极其稀释的条件下，才能进行分子内的酯缩合，形成大环的 β-羰基酯：

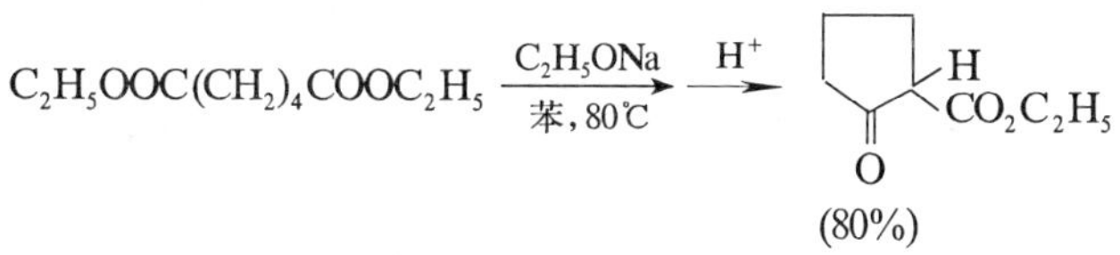

$$C_2H_5OOC(CH_2)_4COOC_2H_5 \xrightarrow[\text{苯},80℃]{C_2H_5ONa} \xrightarrow{H^+} \quad (80\%)$$

这种二元酸酯分子内的克莱森酯缩合称为迪克曼缩合。

（5）碳酸衍生物的合成与性质

碳酸的衍生物很多，其中以它的二酰氯，即光气和尿素最为重要。它们既是有机合成中很有用的试剂，又是重要的化工原料，尿素还是重要的农用氮肥。

光气在工业上是由 CO 与 Cl_2 在活性炭催化下形成的，实验室中可由 CCl_4 与发烟硫酸反应制得。光气有剧毒，需在通风橱内十分小心地操作，切勿吸入。

$$CO+Cl_2 \xrightarrow[200℃]{\text{活性炭}} Cl-\overset{\overset{O}{\|}}{C}-Cl$$
$$\text{光气 (b.p.8.3℃)}$$

$$CCl_4+2SO_3 \longrightarrow Cl-\overset{\|}{\underset{O}{C}}-Cl+S_2O_5Cl_2$$

光气可与 1 分子醇、酚形成氯代甲酸酯，与 2 分子醇、酚形成碳酸酯，与二元醇(酚)形成聚碳酸酯。氯代甲酸酯与 NH_3 反应得氨基甲酸酯。

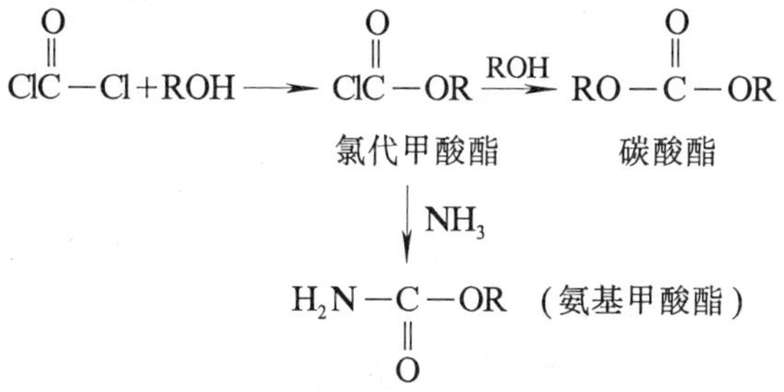

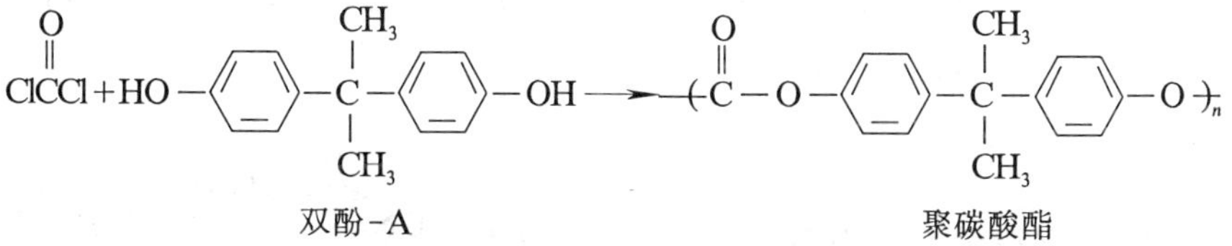

$$Cl\overset{\overset{O}{\|}}{C}-Cl+ROH \longrightarrow Cl\overset{\overset{O}{\|}}{C}-OR \xrightarrow{ROH} RO-\overset{\overset{O}{\|}}{C}-OR$$
$$\text{氯代甲酸酯} \qquad \text{碳酸酯}$$
$$\downarrow NH_3$$
$$H_2N-\overset{\overset{O}{\|}}{C}-OR \quad \text{（氨基甲酸酯）}$$

双酚-A 聚碳酸酯

光气与双酚-A反应,得到的聚碳酸酯是一种非常重要的透明材料与工程塑料。

光气可与 4 分子氨(胺)反应形成尿素(取代尿素)，与 2 分子 1° 胺加热反应得异氰酸酯：

$$Cl\overset{\|}{\underset{O}{C}}Cl+2RNH_2 \xrightarrow{-RNH_3Cl} RNH\overset{\overset{O}{\|}}{C}Cl \xrightarrow{\triangle} RNCO+HCl$$

异氰酸酯很容易与醇发生加成，形成氨基甲酸酯。二异氰酸酯与二元醇反应可以得到聚氨基甲酸酯，可用来制造人造革、弹性纤维、泡沫聚氨酯等，还可用来制造人工心脏中的某些部件，因为它有很好的耐疲劳性能与生物相容性。

$$OCN-R-NCO + HO-R'-OH \longrightarrow \overset{}{\underset{}{(CNH-R-NHC-O-R'-O)_n}}$$
$$\quad\quad\quad\quad\quad\quad\quad\quad\quad\quad\quad\quad\quad\quad\overset{\|}{O}\quad\quad\quad\quad\overset{\|}{O}$$

二异氰酸酯　　　二元醇　　　　　　　　聚氨基甲酸酯

尿素存在于尿中,是蛋白质代谢的最终产物。尿素的工业生产是由合成氨与 CO_2 在高温高压下合成得到。

$$CO_2 + 2NH_3 \xrightarrow{\text{高温高压}} H_2N-\overset{\overset{\text{O}}{\|}}{C}-NH_2$$

尿素是碳酸的二酰胺,但它的碳氧双键比一般的 $C=O$ 长,氮碳键比一般 $C-N$ 短,确切的应看成是如下共振式的叠加:

$$\left[H_2N-\overset{\overset{}{\|}}{\underset{O}{C}}-NH_2 \longleftrightarrow H_2\overset{+}{N}=\overset{}{\underset{O^-}{C}}-NH_2 \longleftrightarrow H_2N-\overset{}{\underset{O^-}{C}}=\overset{+}{NH_2} \right]$$

所以它既有酰胺的性质,又有自身特点。它具有碱性,但只能与一个质子结合,而且是在氧上,这与共振结构相符。

尿素受热放出氨,形成三聚异氰酸。三聚异氰酸进一步受热分解成异氰酸,异氰酸通过热的催化剂形成三聚氰胺(又称嘧胺),同时放出 CO_2。

$$3CO(NH_2)_2 \xrightarrow[\triangle]{-3NH_3} \text{(三聚异氰酸)} \rightleftharpoons 3HN=C=O \xrightarrow[\triangle]{\text{催化剂}} \text{(三聚氰胺)} + CO_2$$

三聚异氰酸　　　　　异氰酸　　　　　　三聚氰胺

三聚氰胺上的 3 个氨基可与甲醛进行缩合反应,得到高分子量的三聚氰胺甲醛树脂,可用来制造表面坚硬、美观、耐热与耐溶剂的贴面板等。

尿素上的氨基还可与酰氯、酸酐反应,形成酰化的尿素;与丙二酸酯反应生成巴比土酸。一些 5 位取代的巴比土酸可用来作为安眠与镇静药,如 5,5-二乙基巴比土酸;与甲醛缩合形成脲醛树脂,可用作胶合板的粘合剂。

$$\underset{C_2H_5}{\overset{C_2H_5}{\diagdown}}\!C\!\underset{COOR}{\overset{COOR}{\diagup}} + \underset{H_2N}{\overset{H_2N}{\diagdown}}\!C\!=\!O \xrightarrow[\text{2) } H_3\overset{+}{O}]{\text{1) } C_2H_5ONa} \text{(5,5-二乙基巴比土酸)} + C_2H_5OH$$

取代丙二酸酯　　　　　　　　　　　　　　　　　5,5-二乙基巴比土酸

尿素与 HNO_2 或碱性的次溴酸钠反应放出氮;与碱性次氯酸钠反应得到肼,这是制备肼的一种新方法。

$$H_2N-\overset{\overset{\text{O}}{\|}}{C}-NH_2 + HNO_2 \longrightarrow CO_2 + H_2O + N_2$$

$$H_2N-\overset{\overset{\text{O}}{\|}}{C}-NH_2 + NaOCl \xrightarrow{\text{NaOH}} N_2H_4 + NaCl + Na_2CO_3 + H_2O$$

10.4 β-羰基酸及 β-二羰基化合物

β-羰基酸及 β-二羰基化合物都具有活泼亚甲基,在反应上有其特点,合成上具有重要地位。所以将着重讨论它。

1. β-羰基酸及 β-二羰基化合物的合成

(1) β-羰基酸可由克莱森酯缩合得到

$$RCH_2COOC_2H_5 \xrightarrow[\text{2) } NH_4Cl]{\text{1) } CH_3CH_2ONa} \underset{\text{β-羰基酸乙酯}}{RCH_2\overset{\overset{O}{\|}}{C}-\overset{\overset{R}{|}}{C}HCOOC_2H_5}$$

(2) 酮酯混合酯缩合制备 β-二羰基化合物

$$CH_3\overset{\overset{O}{\|}}{C}CH_3 + CH_3COOC_2H_5 \xrightarrow[\ ]{NaH \ H_3O^+} \underset{\text{2,4-戊二酮}}{CH_3\overset{\overset{O}{\|}}{C}-CH_3\overset{\overset{O}{\|}}{C}-CH_3}$$

(3) 环状 β-二酮可由 4,5-或 6-氧基酸酯进行分子内的混合克莱森酯缩合形成

$$CH_3\overset{\overset{O}{\|}}{C}CH_2CH_2CH_2COOC_2H_5 \xrightarrow[C_2H_5OH]{C_2H_5ONa \quad H_3O^+} \text{1,3-环己二酮}$$

若用 6-氧基庚酸乙酯进行分子内缩合,则得到 2-乙酰基环戊酮。

2. β-羰基酸及 β-二羰基化合物的性质与反应

(1) 活泼亚甲基上 α 氢的酸性及酮式烯醇式互变异构

β-羰基酸酯及 β-二羰基化合物的亚甲基,由于有 2 个羰基的影响,使其 α 氢的酸性比一般醛、酮、酯的强(见表 10-3)。失去 α 氢形成的碳负离子,由于电荷可分布到 2 个羰基氧上,其稳定性也比一般醛、酮、酯形成的碳负离子稳定。这些化合物的亚甲基称为活泼亚甲基,这一类化合物称为活泼亚甲基化合物。

$$\left[CH_3\overset{\overset{O}{\|}}{C}\bar{C}H\overset{\overset{O}{\|}}{C}OC_2H_5 \longleftrightarrow CH_3\underset{\underset{O^-}{|}}{C}=CH\overset{\overset{O}{\|}}{C}OC_2H_5 \longleftrightarrow CH_3\overset{\overset{O}{\|}}{C}CH=\underset{\underset{O^-}{|}}{C}OC_2H_5 \right]$$

活泼亚甲基上有一个氢为烷基取代后,α 氢的酸性有一些降低。如下表中的 2,4-戊二酮的 pK_a 为 9,而 3-甲基-2,4-戊二酮则为 11,这与甲基给电子效应有关。

β-羰基酸酯及 β-二羰基化合物可以进行酮式与烯醇式的互变异构,而且达到平衡时烯醇式存在量大大高于一般醛、酮、酯的烯醇存在量。

$$\underset{\text{酮式}}{\overset{\text{O}}{CH_3CCH_3}} \rightleftharpoons \underset{\text{烯醇式}}{\overset{\text{OH}}{CH_3C=CH_2}} \qquad \underset{\text{酮式}}{\overset{\text{O}\quad\text{O}}{CH_3CCH_2COC_2H_5}} \rightleftharpoons \underset{\substack{\text{烯醇式}\\ \text{六员环状分子内氢键}}}{CH_3-C \diagdown CH \diagup COC_2H_5}$$

表 10-3　一些羰基化合物(亚)甲基 α-氢酸性与烯醇式含量

化合物结构式	名　称	pK_a	烯醇式含量(%)
$NC-CH_2-\overset{O}{\overset{\|}{C}}-OCH_3$	氰乙酸甲酯	9	2.5×10^{-1}
$CH_3\overset{O}{\overset{\|}{C}}-CH_2-\overset{O}{\overset{\|}{C}}-CH_3$	2,4-戊二酮	9	76.4
$CH_3\overset{O}{\overset{\|}{C}}-CH_2-\overset{O}{\overset{\|}{C}}-OCH_3$	乙酰乙酸甲酯	11	8.0
$CH_3\overset{O}{\overset{\|}{C}}-\overset{CH_3}{\overset{\|}{CH}}-\overset{O}{\overset{\|}{C}}-CH_3$	3-甲基-2,4-戊二酮	11	
$C_2H_5COOC-CH_2-COOC_2H_5$	丙二酸二乙酯	13	7.7×10^{-3}
$NC-CH_2-CN$	丙二腈	11	
$CH_3\overset{O}{\overset{\|}{C}}-CH_3$	丙　酮	20	1.5×10^{-4}
$CH_3\overset{O}{\overset{\|}{C}}-OCH_3$	乙酸甲酯	25	未检出

　　为什么 β-二羰基化合物的烯醇式含量高? 这与烯醇式可以分子内氢键形成六员环结构和有较大的共轭体系有关。

(2) 乙酰乙酸乙酯及丙二酸酯在合成上的应用

　　乙酰乙酸乙酯及丙二酸酯是合成上十分重要的试剂。它们所进行的烷基化、酰基化、脱羧及克莱森酯缩合的逆反应等一系列反应及其在合成上的应用,称为乙酰乙酸乙酯合成及丙二酸酯合成。

　　a. 乙酰乙酸乙酯合成(烷基化与酰基化)　由于乙酰乙酸乙酯活泼亚甲基 α 氢的酸性较强,可与等摩尔量的醇钠形成较稳定的负碳离子。它不会像醛、酮、酯那样与自身的羰基、酯基发生缩合,但接着与 1° 或 2° 卤代烷可发生 S_N2 反应进行烷基化,加酰氯可发生亲核加成消除反应进行酰基化:

$$\overset{O\quad\ O}{CH_3CCH_2COC_2H_5} \xrightarrow[C_2H_5OH]{C_2H_5ONa} \overset{O\quad\ O}{CH_3C\overset{\ominus}{C}HCOC_2H_5} \xrightarrow{RX} \underset{\overset{\|}{R}}{\overset{O\quad\ O}{CH_3CCHCOC_2H_5}}$$

$$\overset{O\quad\ O}{CH_3CCH_2COC_2H_5} \xrightarrow[\text{无水乙醚}]{Mg(OC_2H_5)_2} \overset{O\quad\ O}{CH_3CCHCOC_2H_5} \xrightarrow[\text{无水乙醚}]{RCOCl} \underset{O=CR}{\overset{O\quad\ O}{CH_3CCHCOC_2H_5}}$$

258

而且可以上 2 个烷基,即将所得一烷基取代乙酰乙酸乙酯再用 1 mol 的醇钠处理,然后与卤代烷反应。若上 2 个相同的烷基,可一次用 2 mol 的醇钠与 2 mol 的卤代烷反应得到。

烷基化的乙酰乙酸乙酯经稀碱或酸水解,酸化得 β-羰基酸。由于 β-羰基的存在,产物稍经加热就很易经过六中心环状过渡状态发生失羧,得到相应的酮。此过程称为酮式分解:

$$CH_3\overset{O}{\overset{\|}{C}}-\underset{R}{\overset{|}{C}}HCOOC_2H_5 \xrightarrow[2)\ H_3^+O]{1)\ 稀\ NaOH} CH_3\overset{O}{\overset{\|}{C}}-\underset{R}{\overset{|}{C}}HCOOH \xrightarrow{\triangle} CH_3\overset{O}{\overset{\|}{C}}-CH_2R + CO_2$$

因此利用此途径可以合成具有 $CH_3\overset{O}{\overset{\|}{C}}-CH_2R$,$CH_3\overset{O}{\overset{\|}{C}}-CHRR'$ 结构的酮和具有 $CH_3\overset{O}{\overset{\|}{C}}-CH_2\overset{R}{\overset{|}{C}}HCOOH$ 结构 γ-羰基酸。

$$CH_3\overset{O}{\overset{\|}{C}}CH_2COOC_2H_5 \xrightarrow[C_2H_5OH]{C_2H_5ONa} \xrightarrow{ClCH_2COOC_2H_5} CH_3\overset{O}{\overset{\|}{C}}-\underset{CH_2COOC_2H_5}{\overset{|}{C}}HCOOC_2H_5 \xrightarrow[2)\ H_3^+O]{1)\ 稀\ NaOH} CH_3\overset{O}{\overset{\|}{C}}-CH_2CH_2COOH$$

4-氧基戊酸

二烷基取代的乙酰乙酸乙酯用浓碱处理时,可以进行克莱森酯缩合的逆反应,失去乙酰基得到二烷基取代乙酸盐,经酸化得新的羧酸,所以称此为酸式分解。

$$CH_3\overset{O}{\overset{\|}{C}}-\underset{R'}{\overset{R}{\overset{|}{\underset{|}{C}}}}-COOC_2H_5 + 浓\ NaOH \longrightarrow CH_3\overset{O}{\overset{\|}{C}}-O^- + RR'CHCOO^- \xrightarrow{H^+} CH_3COOH + RR'CHCOOH$$

对于酰化的乙酰乙酸乙酯很易用碱分解,脱去乙酰基形成新的 β-羰基酸酯。

$$CH_3\overset{O}{\overset{\|}{C}}-\underset{O=CR}{\overset{|}{C}}HCOOC_2H_5 \xrightarrow[NH_4Cl]{NH_3,H_2O} R\overset{O}{\overset{\|}{C}}-CH_2COOC_2H_5 + CH_3COO^-$$

b. 乙酰乙酸乙酯末端的烷基化与酰基化 当用 2 mol 很强的碱,如 KNH_2(或 NaH、RLi)处理乙酰乙酸乙酯时,可得到共轭稳定的双负离子:

$$CH_3\overset{O}{\overset{\|}{C}}CH_2\overset{O}{\overset{\|}{C}}OC_2H_5 \xrightarrow[液氨]{2KNH_2}$$

$$\longrightarrow \left[{}^-\ddot{C}H_2-\overset{O}{\overset{\|}{C}}-\overset{..}{\overset{}{C}}H-\overset{O}{\overset{\|}{C}}-OC_2H_5 \longleftrightarrow CH_2=\overset{\overset{\ddot{O}^-}{|}}{C}-CH=\overset{\overset{\ddot{O}^-}{|}}{C}-OC_2H_5 \cdots \right]2K^+$$

然后,与 1 mol 的卤代烷或酰氯反应,烷基化或酰基化发生在末端碳上,而不是在中间。这种现象与末端 α 氢酸性不如中间的强有关,因此末端碳负离子亲核性较强,所以在末端发生反应。一取代后剩余的碳负离子可加 NH_4Cl 中和,利用此类反应可以合成新的 β-羰基酸酯。

$$2K^+\left[{}^-\ddot{C}H_2-\overset{O}{\overset{\|}{C}}-\overset{..}{\overset{}{C}}H-\overset{O}{\overset{\|}{C}}-OC_2H_5 \right] \xrightarrow[液氨]{R-X} R-CH_2-\overset{O}{\overset{\|}{C}}-\overset{..}{\overset{}{C}}H-\overset{O}{\overset{\|}{C}}-OC_2H_5$$

$$\xrightarrow{NH_4Cl} RCH_2\overset{O}{\overset{\|}{C}}CH_2\overset{O}{\overset{\|}{C}}OC_2H_5$$

c. 丙二酸酯合成　丙二酸酯可像乙酰乙酸乙酯一样进行烷基化和酰基化：

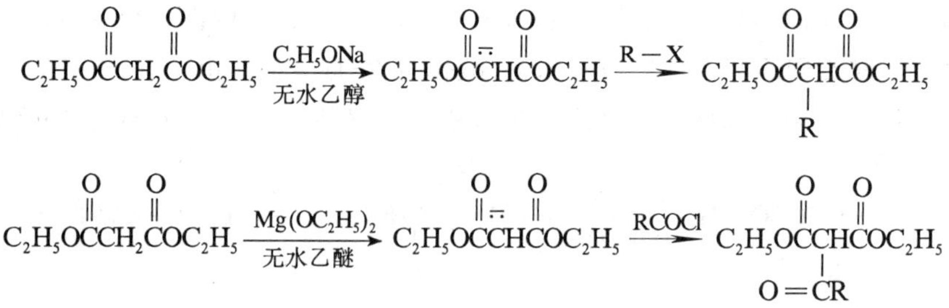

$$C_2H_5O\overset{O}{\overset{\|}{C}}CH_2\overset{O}{\overset{\|}{C}}OC_2H_5 \xrightarrow[\text{无水乙醇}]{C_2H_5ONa} C_2H_5O\overset{O}{\overset{\|}{C}}\overset{-}{C}H\overset{O}{\overset{\|}{C}}OC_2H_5 \xrightarrow{R-X} C_2H_5O\overset{O}{\overset{\|}{C}}\underset{R}{\overset{}{C}}H\overset{O}{\overset{\|}{C}}OC_2H_5$$

$$C_2H_5O\overset{O}{\overset{\|}{C}}CH_2\overset{O}{\overset{\|}{C}}OC_2H_5 \xrightarrow[\text{无水乙醚}]{Mg(OC_2H_5)_2} C_2H_5O\overset{O}{\overset{\|}{C}}\overset{-}{C}H\overset{O}{\overset{\|}{C}}OC_2H_5 \xrightarrow{RCOCl} C_2H_5O\overset{O}{\overset{\|}{C}}\underset{O=CR}{\overset{}{C}}H\overset{O}{\overset{\|}{C}}OC_2H_5$$

烷基取代的丙二酸酯可以进行类似前述的酮式分解，得到烷基取代的乙酸。所以丙二酸酯合成是一种合成羧酸的方法，如合成 2-乙基戊酸：

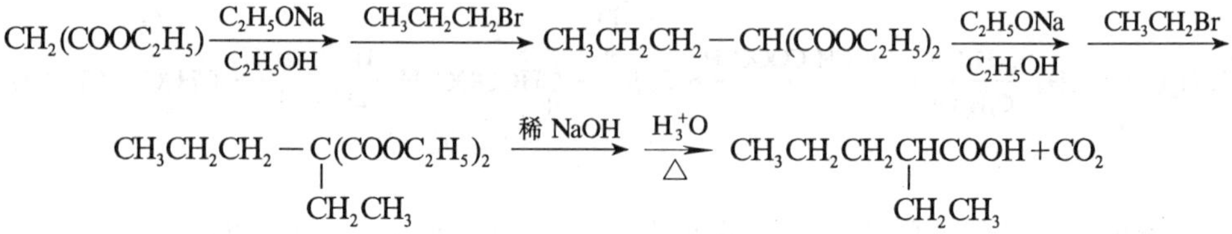

$$CH_2(COOC_2H_5)_2 \xrightarrow[C_2H_5OH]{C_2H_5ONa} \xrightarrow{CH_3CH_2CH_2Br} CH_3CH_2CH_2-CH(COOC_2H_5)_2 \xrightarrow[C_2H_5OH]{C_2H_5ONa} \xrightarrow{CH_3CH_2Br}$$

$$CH_3CH_2CH_2-\underset{CH_2CH_3}{\overset{}{C}}(COOC_2H_5)_2 \xrightarrow[\triangle]{\text{稀 NaOH}\quad H_3^+O} CH_3CH_2CH_2\underset{CH_2CH_3}{\overset{}{C}}HCOOH+CO_2$$

d. 合成脂环化合物　利用丙二酸酯可以合成三员、四员、五员、六员环的脂环化合物。当用 1 mol 的醇钠处理丙二酸酯，然后与 1 mol 的二卤代烷反应得到卤代烷基丙二酸酯，接着再用 1 mol 醇钠处理，使发生分子内烷基化，这样可以得到三员、四员、五员、六员脂环化合物。例如：

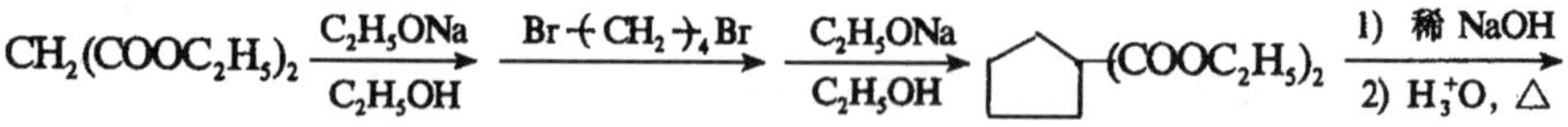

$$CH_2(COOC_2H_5)_2 \xrightarrow[C_2H_5OH]{C_2H_5ONa} \xrightarrow{Br(CH_2)_4Br} \xrightarrow[C_2H_5OH]{C_2H_5ONa} \bigcirc(COOC_2H_5)_2 \xrightarrow[2)\ H_3^+O,\ \triangle]{1)\ \text{稀 NaOH}} \bigcirc-COOH$$

e. 合成酮　酰基取代的丙二酸酯也可以进行类似前述的酮式分解得到 β-羰基酸酯或酮。但是这里的酮式分解不能采用稀碱水解，因为它将引起脱酰基而逆回丙二酸。然而可以用酸水解，并控制在仅水解其中一个酯基，这样经脱羧就可得到 β-羰基酸酯；若 2 个酯基均被水解，经脱羧就可得到酮：

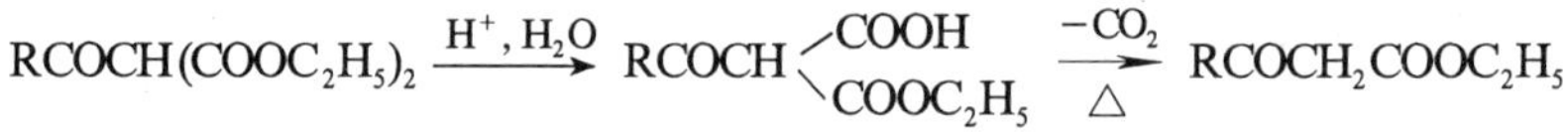

$$RCOCH(COOC_2H_5)_2 \xrightarrow{H^+,\ H_2O} RCOCH\underset{COOC_2H_5}{\overset{COOH}{<}} \xrightarrow[\triangle]{-CO_2} RCOCH_2COOC_2H_5$$

$$RCOCH(COOH)_2 \xrightarrow{H^+,\ H_2O} RCOCH(COOH)_2 \xrightarrow[\triangle]{-CO_2} RCOCH_3$$

虽然此方法看去比较麻烦，但实际上可直接由丙二酸酯与酰氯制备酮，中间不需将酰基化的丙二酸酯分出，所以操作并不费事，而且产率很好。

β-二羰基化合物也同样可以进行烷基化与酰基化，从而可得到一系列新的 β-羰基化合物。如：

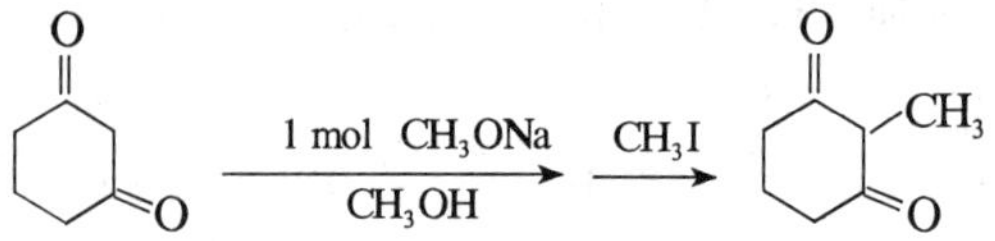

当活泼亚甲基上的氢均为烷基取代的 β-二羰基化合物时，也可以进行克莱森酯缩合的逆反应。如：

这些化合物的反应与性质,在合成上有着广泛的应用。

(3) 诺文葛耳(Knoevenagel)缩合

丙二酸酯及其他活泼亚甲基化合物可以与醛、酮在胺催化下(常用六氢吡啶),加热失水形成 α,β-不饱和的二酸酯。

$$\begin{matrix} R \\ R' \end{matrix} C{=}O + CH_2(COOC_2H_5)_2 \xrightarrow[\triangle]{\text{六氢吡啶}} \begin{matrix} R \\ R' \end{matrix} C{=}C(COOC_2H_5)_2 + H_2O$$

这里胺仅起催化作用,不像 Claisen 酯缩合中的碱要消耗在反应中,所以只需用少量的胺。该反应是一系列可逆反应平衡的结果,为使反应完全,需将生成的水除去。使用六氢吡啶这样的弱碱作为催化剂,是因为它可使活泼亚甲基化合物形成部分碳负离子,而不会使醛、酮形成碳负离子,这样有利于减少醛、酮自身缩合等副反应。如下列反应所用的有些醛虽有 α 氢,但产率仍很高。

$$CH_3CH_2CHCHO + CH_3\overset{O}{\overset{\|}{C}}{-}CH_2COOC_2H_5 \xrightarrow[\triangle]{\text{六氢吡啶}} CH_3CH_2CHCH{=}C\begin{matrix} COCH_3 \\ COOC_2H_5 \end{matrix} + H_2O$$

($\underset{CH_3}{}$ 位于醛左侧，下方)

(83%)

该反应也可用丙二酸与醛、酮在吡啶催化下,加热失水与失羧得到 α,β-不饱和酸。这是制备不饱和酸的一种方法。如:

$$CH_3{\left(CH_2\right)}_5 CHO + CH_2(COOH)_2 \xrightarrow[\triangle]{\text{吡啶} \quad -CO_2} CH_3{\left(CH_2\right)}_5 CH{=}CHCOOH$$

庚醛　　　　丙二酸　　　　　　2-壬烯酸(75%～85%)

10.5　α,β-不饱和酸及其衍生物

α,β-不饱和酸酯在碳碳双键性质上与 α,β-不饱和醛、酮相似,与烯烃有较大差别,具有共轭加成与聚合的特性。有些 α,β-不饱和酸衍生物,如丙烯酸酯、甲基丙烯酸酯及丙烯腈都是大规模工业化的产品,广泛用于高分子工业与有机合成。

1. α,β-不饱和酸酯的合成

丙烯酸酯与丙烯腈过去工业上是用乙炔与 HCN 加成得到丙烯腈,再经水解酯化成丙烯酸酯:

$$HC{\equiv}CH + HCN \longrightarrow CH_2{=}CH{-}CN \xrightarrow[H_2O]{ROH, H^+} CH_2{=}CHCOOR$$

乙炔　　　　　　　　丙烯腈　　　　　　　丙烯酸酯

随着石油化学工业的发展,现以丙烯为原料来合成。

$$CH_3CH=CH_2+O_2 \xrightarrow[\triangle]{催化剂} CH_2=CHCHO \longrightarrow CH_2=CHCOOH \xrightarrow{ROH} CH_2=CHCOOR$$

丙烯　　　　　　　　　　　　丙烯醛　　　　　　丙烯酸　　　　　　　丙烯酸酯

$$CH_3CH=CH_2+O_2+NH_3 \xrightarrow[450℃]{催化剂} CH_2=CH-CN$$

丙烯腈

2. α,β-不饱和酸衍生物的反应

（1）共轭加成

α,β-不饱和酸酯与 α,β-不饱和醛酮相似，它们的碳碳双键都不易与亲电试剂加成，但易与亲核试剂如 NaCN、胺、有机金属化合物如格氏试剂、活泼亚甲基化合物、共轭双烯等发生共轭加成。

$$CH_2=CHCOOR+NaCN+H_2O \longrightarrow NCCH_2CH_2COOR$$

$$CH_2=CHCN+NH_3 \longrightarrow H_2NCH_2CHCN \xrightarrow{CH_2=CHCN} HN(CH_2CH_2CN)_2 \longrightarrow$$

$$\xrightarrow{CH_2=CHCN} N(CH_2CH_2CN)_3$$

$$CH_2=CHCOOR+R'MgX \xrightarrow{H_3^+O} R'CH_2CH_2COOR$$

$$CH_2=CHCOOR+CH_2(COOC_2H_5)_2 \xrightarrow{NaOC_2H_5} (C_2H_5OOC)_2CHCH_2CH_2COOR$$

关于迈克尔（Michael）加成，一般需活泼亚甲基化合物与 α,β-不饱和羰基化合物在碱催化下进行加成。因为加成需要有相当浓度的碳负离子存在，同时需要有活泼的亲电性强的碳碳双键，所以有 α 氢的单酯不能与 α,β-不饱和羰基化合物发生迈克尔加成。但是有 α 氢的简单酮与活泼性较大的 α,β-不饱和酮之间，特别是与丙烯腈可以发生加成。

$$CH_3CCH_2CH_3+2CH_2=CHCN \xrightarrow{KOH}{叔丁醇} CH_3CC(CH_2CH_2CN)_2$$
$$|$$
$$CH_3$$

常见的活泼亚甲基化合物还有：β-二酮，β-酮酯、二烷基铜锂、烯胺、β-酮腈、α-硝基酮等；α,β-不饱和化合物还有：α,β-不饱和醛、酯、酰胺、腈、硝基乙烯等。

罗宾森（Robinson）成环反应　甲基烯基酮的迈克尔加成可以提供1,5-二羰基化合物，同时6位的甲基因羰基的存在而具有 α 活泼氢，因此在碱催化下，有可能接着发生1,6-位分子内的缩合而形成六员环。这个反应称为罗宾森成环反应。

甲基烯基酮

（2）聚合

不是所有 α,β-不饱和酸衍生物都能聚合，只有符合 1-一取代及 1,1-二取代乙烯结构的才能聚合成高聚物。如丙烯酸、丙烯腈、丙烯酰胺及其 α-取代的丙烯酸酯类，它们很易进行自由基与负离子聚合：

$$R\cdot + CH_2=CHCOOR' \longrightarrow RCH_2-\underset{\underset{COOR'}{|}}{CH}\cdot \xrightarrow{CH_2=CHCOOR'} RCH_2-\underset{\underset{COOR'}{|}}{CH}-CH_2-\underset{\underset{COOR'}{|}}{CH}\cdot \longrightarrow 聚合物$$

$$R^- + CH_2=\underset{\underset{COOR'}{|}}{\overset{\overset{CH_3}{|}}{C}}-COOR' \longrightarrow R-CH_2-\underset{\underset{COOR'}{|}}{\overset{\overset{CH_3}{|}}{C}}\!\!:^- \xrightarrow{CH_2=\overset{\overset{CH_3}{|}}{C}COOR'} R-CH_2\underset{\underset{COOR'}{|}}{\overset{\overset{CH_3}{|}}{C}}-CH_2-\underset{\underset{COOR'}{|}}{\overset{\overset{CH_3}{|}}{C}}\!\!:^- \longrightarrow \cdots聚合物$$

常用的自由基引发剂是过氧化苯甲酰与偶氮二异丁腈等过氧化物和偶氮化合物。负离子引发剂常用苯基格氏试剂、烷基锂等。

这类单体的聚合物在工业及日用品上有着广泛的用途。

Ⅱ．有机合成

有机合成是有机化学研究的主要课题，也是学习有机化合物结构、反应及性质等知识的一种最好的总结与深入理解及运用。在前面的章节中，我们讨论了许多类型的有机化合物的结构、性质与反应。如乙炔在汞盐作用下的水合反应产生乙醛，酮与格氏试剂作用转变成三级醇，苯与乙酰氯在三氯化铝作用下，可进行酰基化反应产生苯乙酮等等，这些都是作为炔、酮、苯类一种反应性质来讨论的。从另一角度来讲，它们又是合成乙醛、3°醇和苯乙酮的一种方法。由此可以认为，反应与合成是一个问题的两个方面。当然合成不等于反应，因为合成在许多情况下是指由一简单易得的化合物经过几步以至几十步的不同反应，得到一个较为复杂的化合物。所以进行有机合成需要运用全部有机化学的知识，灵活运用各种有机化学反应和熟练的实验技能。在这里简单介绍一些有机合成的原则。

10.6　合成设计的要求

一个好的有机合成路线应该是：
（1）原料易得、价格便宜。
（2）合成步骤少，操作方便容易。
（3）产物易分离纯化，产率高。

10.7　合成步骤的设计

1. 合成合适的碳骨架

对于所要合成的有机化合物一般可分成骨架与官能基两部分来考虑。如：

$$CH_3-\underset{\underset{CH_3}{|}}{CH}-CH_2CH_2COOH \qquad \underset{\underset{C}{|}}{C}-C-C-\overset{*}{C} \qquad COOH$$

异己酸　　　　　　　　　骨架　　　　　　官能基

式中 * 表示官能基所在的位置。

在设计合成路线时,首先要考虑合成合适的碳骨架,同时在骨架指定位置处有引入官能基的可能。为了找到合适的方法,往往从所要合成的化合物开始,逐次将其解剖成两个可以化合的化合物,一直解剖到可以得到的原料为止。解剖成的两个化合物常要求碳碳结合形成原来化合物的骨架,因此碳碳结合的反应是我们特别需要注意的反应。在这些反应中,有许多可以看成是亲核的碳给出一对电子与亲电的碳形成共价键,见表 10-4。

表 10-4 中粗线代表新生成的碳碳键, * 代表有可能通过化学反应引入官能基的位置。从这表上可以看到新生成的碳碳共价键与可以引入官能基的位置不远,所以在解剖一化合物时,往往应在靠近官能基附近解剖成两个分子,这样才有可能在化合后,于指定位置留下可以引入官能基的位置。

环状骨架是有机化合物中常见的骨架,特别是在一些天然产物中更是如此,因此合成环状骨架是有机合成中常遇到的问题。合成环的反应有:卡宾加成反应,环加成反应,狄尔斯-阿德耳(Diels-Alder)反应,罗宾森(Robinson)成环反应,烷基化(ω,ω-二卤代烷)反应,迪克曼(Dieckmann)酯缩合等反应。

还可用裂解的方法来得到所需要的骨架,如臭氧裂解碳碳重键的方法。

2. 在骨架所需要的位置上引入官能基

(1) 直接引入官能基

对于芳香环,可以利用芳香环上的取代反应与定位规则来引入官能基。这已在芳烃一章中介绍了。对于饱和碳上引入官能基,则需利用自由基的溴代反应(NBS 溴化,紫外光照溴化)与按 $\langle\!\!\!\bigcirc\!\!\!\rangle$—$CH_2$—H, CH_2=CH—CH_2—H>3°氢>2°氢>1°氢的先后选择性次序进行溴代,然后再转化成所要的基团。

(2) 将官能基转化成所需的官能基

烷、烯、炔、卤代烷、醇、醛、酮、酸、腈、酯、胺等都可以互相转化,我们应该很熟悉这些反应。

(3) 消除不必要的基团

在合成骨架时也有可能引入了不必要的基团,对这种基团可以用化学反应将其消除,下面列出一些除去基团的一般方法:

$$\genfrac{}{}{0pt}{}{RCOOH(R')}{RCHO} \xrightarrow{\text{还原}} R''-OH \longrightarrow R''-X \longrightarrow R''MgX \xrightarrow{H_2O} R''H$$

$$R-\underset{\underset{O}{\|}}{C}-R \xrightarrow[\text{Zn(Hg)/H}^+]{H_2NNH_2/OH^-} R-CH_2-R'$$

$$\genfrac{}{}{0pt}{}{>C=C<}{-C\equiv C-} \xrightarrow[\text{Pd 或 Pt}]{H_2} \genfrac{}{}{0pt}{}{>CH-CH<}{-CH_2-CH_2-}$$

264

表 10-4 亲核碳与亲电碳形成碳碳共价键的反应

亲核的碳 ＼ 亲电的碳 → 产物	卤代烃,对甲苯磺酸酯 RCH₂—X, RCH₂—OTs	环氧化合物 $\diagup\!\!\!>\!\!C\!-\!C\!<\diagdown$ ($\backslash$O$/$)	醛 酮 $>\!C\!=\!O$	不饱和羰基化合物与不饱和腈 —CH=C—C— ，—CH=CH—CN	羧酸衍生物 RCOCl, RCO₂R', RCN	二氧化碳 CO₂
有机金属化合物 $>\!C\!-\!M$ M=Li,Mg,Cu, Zn,Cd	$>\!C\!-\!CH_2R$	$>\!C\!-\!C\!-\!\overset{*}{C}\!-\!OH$	$>\!C\!-\!\overset{*}{C}\!-\!OH$	$-\!\overset{O}{\overset{\|}{C}}\!-\!CH\!-\!\overset{*}{\overset{\|}{C}}\!-$ ，$>\!C\!-\!CH\!-\!\overset{*}{CN}$	$>\!\overset{O}{\overset{\|}{C}}\!-\!R$ ，$>\!C\!\overset{*OH}{\overset{\|}{}}\!_2\!\overset{*}{C}\!-\!R$	$>\!\overset{*}{C}\!-\!CO_2H$
磷内鎓盐 $-\overset{\ominus}{C}\!\overset{\oplus}{H}\!=\!P(C_6H_5)_3$			$-\!\overset{*}{C}H\!=\!C\!<$			
烯醇负离子 $-\overset{O}{\overset{\|}{C}}\!-\!\overset{\ominus}{C}\!:$	$-\overset{O}{\overset{\|}{C}}\!-\!\overset{*}{\overset{\|}{C}}\!-$	$-\overset{O}{\overset{\|}{C}}\!-\!\overset{*}{\overset{\|}{C}}\!-\!C\!-\!OH$	$-\!\overset{O}{\overset{\|}{C}}\!-\!\overset{*}{\overset{\|}{C}}\!-\!C\!-$ ，$-\overset{O}{\overset{\|}{C}}\!-\!\overset{*}{\overset{\|}{C}}\!=\!\overset{\|}{C}\!<$	$-\!\overset{O}{\overset{\|}{C}}\!-\!\overset{*}{\overset{\|}{C}}\!-\!C\!-\!\overset{O}{\overset{\|}{C}}\!-$ ，$-\overset{O}{\overset{\|}{C}}\!-\!\overset{*}{\overset{\|}{C}}\!-\!CH\!-\!CH\!-\!CN$	$-\overset{O}{\overset{\|}{C}}\!-\!\overset{*}{\overset{\|}{C}}\!-\!\overset{O}{\overset{\|}{C}}\!-\!R$	
炔负碳离子 $-C\!\equiv\!\overset{\ominus}{C}\!:$	$-C\!\equiv\!\overset{*}{C}\!-\!CH_2R$	$-C\!\equiv\!\overset{*}{C}\!-\!C\!-\!OH$	$-C\!\equiv\!\overset{*}{C}\!-\!C\!-\!OH$	$-C\!\equiv\!\overset{*}{C}\!-\!C\!-\!\overset{O}{\overset{\|}{C}}\!-$ ，$-C\!\equiv\!\overset{*}{C}\!-\!CH\!-\!CH\!-\!CN$	$-C\!\equiv\!\overset{*}{C}\!-\!\overset{O}{\overset{\|}{C}}\!-\!R$	$-C\!\equiv\!\overset{*}{C}\!-\!CO_2H$
氰基负离子 $N\!\equiv\!\overset{\ominus}{C}\!:$	$N\!\equiv\!\overset{*}{C}\!-\!CH_2R$	$N\!\equiv\!\overset{*}{C}\!-\!C\!-\!C\!-\!OH$	$N\!\equiv\!\overset{*}{C}\!-\!\overset{OH}{\overset{\|}{C}}\!-$	$N\!\equiv\!\overset{*}{C}\!-\!CHCHC\!-$ ，$N\!\equiv\!\overset{*}{C}\!-\!CH\!-\!CH\!-\!CN$		
芳香烃 ⟨⟩—H	⟨⟩—*CH₂R	*⟨⟩—C—C—OH			$⟨⟩\!-\!\overset{O}{\overset{\|}{\overset{*}{C}}}\!-\!R$	
烯烃 $>\!C\!=\!CH$	$-\overset{H}{\overset{\|}{C}}\!-\!\overset{*}{\overset{\|}{C}}\!-\!CH_2R$				$-\overset{\|}{C}\!-\!\overset{*}{\overset{\|}{C}}\!-\!\overset{O}{\overset{\|}{C}}\!-\!R$	

265

下面以 4-甲基戊酸为例,运用上述原则来设计它的合成路线。首先,分别就不同解剖方式的合成路线进行讨论。

a. 解剖方式一

$$CH_3\underset{|}{\overset{CH_3}{CH}}CH_2CH_2\ \vdots\ COOH$$

$$CH_3\underset{|}{\overset{CH_3}{CH}}CH_2CH_2Br \xrightarrow[\text{NaCN}]{\text{Mg}} \xrightarrow{CO_2} \xrightarrow{H_3\overset{+}{O}} CH_3\underset{|}{\overset{CH_3}{CH}}CH_2CH_2COOH$$

$$\xrightarrow{H^+,H_2O} CH_3\underset{|}{\overset{CH_3}{CH}}CH_2CH_2COOH$$

b. 解剖方式二

$$CH_3\underset{|}{\overset{CH_3}{CH}}CH_2\ \vdots\ CH_2COOH$$

$$CH_3\underset{|}{\overset{CH_3}{CH}}CH_2Br \xrightarrow[HC\equiv C\bar{N}a^+]{\text{Mg}} \xrightarrow{\text{环氧乙烷}} \xrightarrow{[O]} CH_3\underset{|}{\overset{CH_3}{CH}}CH_2CH_2COOH$$

$$\xrightarrow{(BH_3)_2} \xrightarrow{H_2O_2,OH^-} \xrightarrow{[O]} CH_3\underset{|}{\overset{CH_3}{CH}}CH_2CH_2COOH$$

还可用丙二酸酯合成法与雷福尔马斯基反应来合成。

c. 解剖方式三

$$CH_3\underset{|}{\overset{CH_3}{CH}}\ \vdots\ CH_2CH_2COOH$$

$$CH_3\overset{CH_3}{\underset{|}{CH}}Br \xrightarrow{\text{Mg}} \xrightarrow[CuCl]{CH_2=CHCOOCH_3} \xrightarrow{H^+,H_2O} CH_3\underset{|}{\overset{CH_3}{CH}}CH_2CH_2COOH$$

从这里可以看到一个化合物的合成,可能有几种合成路线,用到多种反应。

3. 利用反应的选择性

合成上可以利用的选择性至少在反应速度上应相差一个数量级,即 10 倍以上。如饱和碳氢键的卤代对于 3°,2° 与 1° 碳氢键的选择性,使用溴代是可用于合成目的的,但氯代则选择性的差别太小,得到产物仍是一混合物。其他在合成上常利用的选择性有:

a. 氢化物的还原:$NaBH_4$ 一般只还原醛、酮与酰氯;而 $LiAlH_4$ 除此之外,还可还原羧酸及其衍生物。

b. 催化氢化:可氢化碳碳双键、叁键与氰基,但不影响羰基与芳环,因为后者反应慢。碳—碳叁键比双键加氢快,并可停留在双键。

c. 醇的酯化速度按下列顺序:1°>2°>3°,3° 醇几乎不能酯化。

d. 分子内形成五员与六员环的反应:一般比分子间的反应快,并且平衡也有利于形成五员与六员环。

e. 含有羰基的化合物与亲核试剂反应的活性次序:一般是按下列顺序的

$$\begin{matrix} RCOCl \\ RCHO \end{matrix} > \begin{matrix} R \\ R' \end{matrix}C=O > \begin{matrix} \diagdown C=C-CO \\ | \\ C_6H_5-CO \\ | \end{matrix} > RCO_2R' > \begin{matrix} R-CN \\ R-CONR'_2 \end{matrix} > R-COO^-$$

4. 利用保护基

为了将 5-氯-2-戊酮制成格氏试剂，则需将羰基保护起来。而这些保护基应在反应结束后不需要保护时容易除去。羰基、羟基、羧基与氨基常用下列保护基，这些保护基上、下的方式列于反应式中。

$$\underset{\text{羰基}}{-\overset{\overset{\displaystyle O}{\|}}{C}-} + HOCH_2CH_2OH \underset{H_3^+O}{\overset{H^+}{\rightleftharpoons}} \underset{\text{缩酮}}{\overset{\overset{\displaystyle O\quad\quad O}{|\quad\quad|}}{\underset{\overset{|}{C}}{}}} + H_2O$$

$$\underset{\text{醇}}{-\overset{|}{\underset{|}{C}}-\text{OH}} \begin{cases} +Ac_2O \underset{H_3^+O}{\overset{\text{吡啶}}{\rightleftharpoons}} \underset{\text{酯}}{-\overset{|}{\underset{|}{C}}-O-\overset{\overset{\displaystyle O}{\|}}{C}-CH_3} \\ +C_6H_5CH_2Br \underset{HBr}{\overset{NaOH/THF}{\rightleftharpoons}} \underset{\text{苯甲基醚}}{-\overset{|}{\underset{|}{C}}-OCH_2C_6H_5} \end{cases} \left(THF = \overset{\displaystyle \bigcirc}{O} \right)$$

$$\underset{\text{羧酸}}{-COOH} + ROH \underset{H_3^+O}{\overset{SOCl_2/NaOH}{\rightleftharpoons}} \underset{\text{酯}}{-COOR}$$

$$\underset{\text{胺}}{-\overset{|}{\underset{|}{C}}-NH_2} + Ac_2O \underset{H_3^+O}{\rightleftharpoons} \underset{\text{酰胺}}{-\overset{|}{\underset{|}{C}}-NHAc}$$

5. 导向基的应用

合成上常利用引入一基团使某一位置活化或钝化来增加反应的选择性，反应完后再将该基团除去。

（1）活化导向

芳烃的取代常利用引入氨基导向，脂肪族羰基或氰基化合物涉及 α 氢的反应常用引入羧基导向。例如合成 1,3,5-三溴苯，直接用苯溴化是得不到的；但用苯胺溴化，由于氨基使邻对位高度活化，很易就得到 2,4,6-三溴苯胺，然后用去氨基反应就可得到 1,3,5-三溴苯。又如合成 1-苯基-3-戊酮：由 2-丁酮与溴化苄进行烃基化，由于有两个 α 碳都可反应，得到的将是一混合物，而且不好分离；但是在 2-丁酮的甲基上引入一个羧基，则使该 α 氢活性大为增加，使烃基化在此位置进行，然后再用脱羧反应将此羧基脱去，即得所要产物。

$$CH_3CH_2\overset{\overset{\displaystyle O}{\|}}{C}-CH_2COOC_2H_5 \xrightarrow[\text{2) 溴化苄}]{\text{1) } C_2H_5ONa} CH_3CH_2\overset{\overset{\displaystyle O}{\|}}{C}-\underset{\underset{\displaystyle CH_2-C_6H_5}{|}}{CH}COOC_2H_5 \xrightarrow[\text{2) } H^+,\triangle]{\text{1) } OH^-,H_2O} \underset{\text{1-苯基-3-戊酮}}{CH_3CH_2\overset{\overset{\displaystyle O}{\|}}{C}CH_2CH_2-C_6H_5}$$

（2）钝化导向

例如合成对溴苯胺，苯胺溴化一上就是 3 个溴，但是将氨基乙酰化，则减弱它的活化能力,同时增加了氨基对邻位的空间位阻,因此将其溴化时可以得到对溴苯胺。

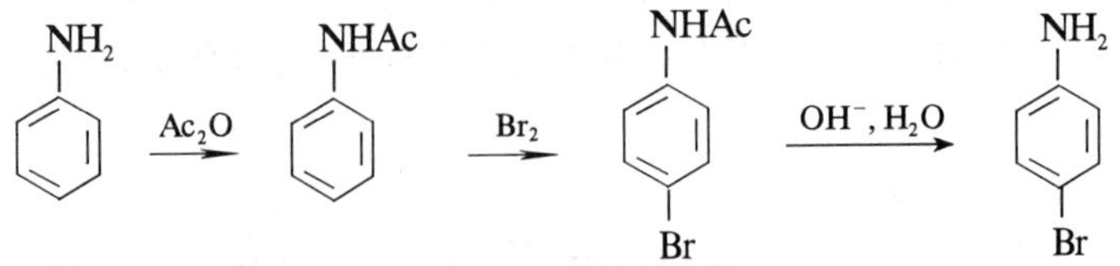

(3) 封闭某些反应位置

例如合成邻氯甲苯,直接由甲苯氯化得到邻与对氯甲苯;但如将甲苯对位磺化再氯化,则可以得到 4-甲基-3-氯苯磺酸,经水汽蒸馏即可得到邻氯甲苯。

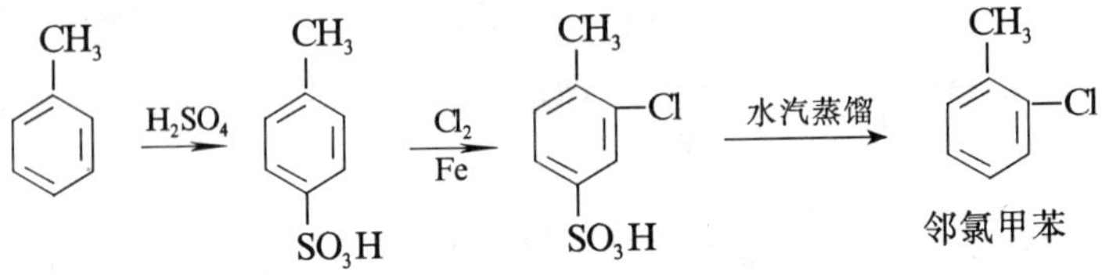

6. 立体化学的控制

当所要合成的化合物可以有多种立体异构时,则需利用立体专一的反应进行合成。

(1) 已学过的立体专一反应

a. 烯烃的反式加成:加卤素、加次卤酸、羟汞-去汞化和过氧酸氧化、水解成二醇等。

b. 烯烃的顺式加成:催化加氢、$KMnO_4$ 氧化成二醇、二硼烷加成与氧化成醇。

c. 炔烃的反式加成:加卤素、加 HBr(包括过氧化效应)、$Na+NH_3$ 加氢成烯。

d. 炔烃的顺式加成:催化加氢成烯、$(BH_3)_2$ 与 H^+、H_2/Ni_2B。

e. 其他立体专一反应:S_N2 反应的瓦尔登转换,E2 反应的反式消除,包括 β-卤化醇的反应消除形成环氧化物,环氧化合物的酸、碱催化反式开环反应,乙酸酯的顺式热裂消除反应,卡宾对双键的顺式加成成三元碳环与狄尔斯-阿德耳反应等。下面举几个例子说明立体专一反应的应用。

(2) 合成外消旋的顺式-1-甲基-2-氯环己烷

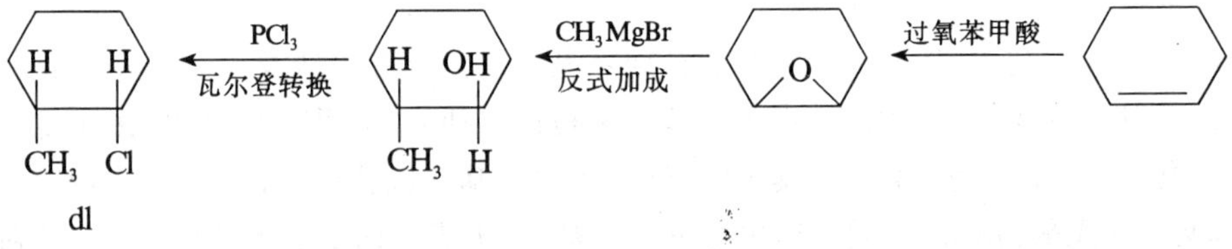

又如化合物反-10-甲基-3-十氢化萘酮:以 $NaBH_4$ 氢化,得到的是比较稳定的平键羟基异构体;但以 $R_3BH^-Li^+$ 氢化,得到的是比较不稳定的直键羟基异构体。这是由于 $R_3BH^-Li^+$ 体积较大,从直键方向进攻羰基,空间位阻太大;从平键方向进攻,位阻较小,因而得到直键羟基。前一种氢化是热力学控制,后一种为动力学控制。

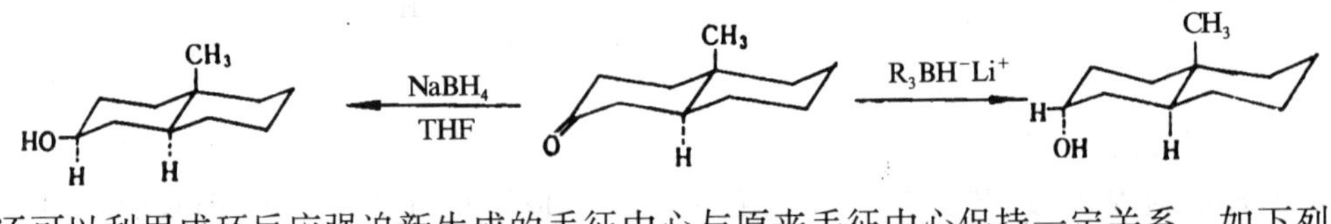

还可以利用成环反应强迫新生成的手征中心与原来手征中心保持一定关系。如下列合成

268

中,由于形成的内酯而使新生成的羟基与羧基保持顺式的构型。

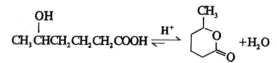

习　题

1. 给出下列化合物的系统命名,并指出哪些具有不对称碳原子?

(a) $BrCH_2CH_2CH_2COOH$　　　　　(b) ICH_2COOH

(c) $CH_3CH_2\overset{\displaystyle OH}{\underset{|}{C}}HCOOH$　　　　　(d) $CH_3OCH\overset{\displaystyle CH_3}{\underset{|}{C}}H_2COOH$ (see note)

2. 写出下列化合物的结构式:

(a) β-氯丁酸　　　　　　　　　(b) γ-甲氧基戊酸

(c) 3-苯基丙酸　　　　　　　　　(d) 4-氧基环己甲酸

(e) α-氯-β-溴丙酸　　　　　　　(f) 4-羟基戊酸

(g) 乳酸　　　　　　　　　　　　(h) 2-氧基乙酸

(i) 2-氧基丙酸　　　　　　　　　(j) 乙酰乙酸

3. 写出下列反应方程式:

(a) 苯甲酸和三氯化磷　　　　　　(b) 2-羟基戊酸和氯化亚砜

4. 以酸性大小为次序排列下列各组化合物。并说明理由。

(a) 丁酸,2-溴丁酸,3-溴丁酸,4-溴丁酸

(b) 苯甲酸,对氯苯甲酸,2,4-二氯苯甲酸,2,4,6-三氯苯甲酸

(c) 苯甲酸,对硝基苯甲酸,对甲基苯甲酸

(d) α-氯代苯乙酸,对氯苯乙酸,苯乙酸,α-甲基苯丙酸

(e) 醋酸,丙二酸,丁二酸

(f) α-氟代丙酸,α-溴代丙酸,β-溴代丙酸

5. 在下列各组化合物中哪一个碱性较强?试简要说明原因。

(a) $CH_3CH_2O^-$ 和 CH_3COO^-　　　(b) $ClCH_2CH_2COO^-$ 和 $CH_3CH_2CH_2COO^-$

(c) $ClCH_2CH_2COO^-$ 和 $CH_3\overset{\displaystyle }{\underset{\underset{Cl}{|}}{C}}HCOO^-$　　　(d) FCH_2COO^- 和 F_2CHCOO^-

(e) $HC{\equiv}CCH_2COO^-$ 和 $CH_3CH_2CH_2COO^-$　(f) Cl^{-1} 和 CH_3COO^-

6. 在苯溶液中用少量硫酸处理 5-羟基己酸时,有如下反应出现:

$CH_3\overset{\displaystyle OH}{\underset{|}{C}}HCH_2CH_2CH_2COOH \underset{H^+}{\overset{\displaystyle }{\rightleftharpoons}}$ 内酯 $+H_2O$

(a) 提出此反应的机理。

(b) 此反应的平衡常数比一般酯化反应的平衡常数大得多,试说明原因。

7. 提出下列反应的机理：

(a)
$$
\underset{\text{（β-丙内酯）}}{\boxed{}}\!\!\!\!\!\!\overset{O}{\underset{O}{}} \xrightarrow{\text{H}^+,\ \text{H}_2{}^{18}\text{O}} \text{HOCH}_2\text{CH}_2\overset{\displaystyle O_{18}}{\underset{}{\text{C}}}\!\!-\!\text{OH}
$$

(b) $\text{H}_2\text{C}=\text{CHCH}_2\text{CH}_2\text{COOH} \xrightarrow{\text{HOBr}}$ (内酯, CH$_2$Br)

8. 用方程式表示苯乙酸如何能转变成下列诸化合物,可用任何需要的试剂。

(a) 苯乙酸钠   (b) 苯乙酸乙酯   (c) 苯乙酰氯

(d) 苯乙酰胺   (e) 对溴苯乙酸   (f) 对硝基苯乙酸

(g) 2-苯乙醇   (h) α-溴代苯乙酸 (i) α-氨基苯乙酸

(j) α-羟基苯乙酸 (k) 苯基丙二酸

9. 对下列各物质在同样条件下进行加热可能发生什么变化？

(a) α-羟基酸   (b) β-羟基酸   (c) γ-羟基酸

(d) δ-羟基酸   (e) α-羰基酸   (f) β-羰基酸

(g) γ-羰基酸   (h) α-二羧酸   (i) β-二羧酸

(j) γ-二羧酸   (k) δ-二羧酸

10. 用简单化学试验区别下列各组化合物：

(a) 乙酰氯和氯乙酸

(b) 2,2-二甲基-3-氧基庚酸乙酯和 2,2-二甲基-4-氧基庚酸乙酯

(c) 顺-3-羟基环己基甲酸和反-3-羟基环己基甲酸

11. 用乙酰乙酸乙酯或丙二酸二乙酯为起始原料之一,试提出合成下列化合物的方法。

(a) 2-甲基戊酸   (b) 3,4-二甲基-2-戊酮 (c) α,β-二甲基丁二酸

(d) 环己基甲酸   (e) 5-氧基-3-苯基己酸

12. 试写出化合物 A—F 的立体化学结构式：

(a) 外消旋的 β-溴代丁酸 + 1mol Br$_2$, P $\longrightarrow$ A + B

(b) 反丁烯二酸 + HCO$_2$OH $\longrightarrow$ C(C$_4$H$_6$O$_6$)

(c) 1,4-环己二烯 + CHBr$_3$/t-BuOK $\longrightarrow$ D(C$_7$H$_8$Br$_2$) $\xrightarrow{\text{KMnO}_4}$ E(C$_7$H$_8$Br$_2$O$_4$)

  E + H$_2$, Ni(碱) $\longrightarrow$ F(C$_7$H$_{10}$O$_4$)

13. 如何实现下列转化？可用其他必要的试剂。

(a) C$_6$H$_5$CH$_3$ + 丁二酸酐 $\longrightarrow$ (环己二烯: CH$_2$CH$_2$COOH, COOH, CH$_3$)

(b) (CH$_3$)$_2$CHCH$_2$CH$_2$Br $\longrightarrow$ (CH$_3$)$_2$CHCH$_2$CH$_2$$\overset{\displaystyle \text{OH}}{\underset{\displaystyle \text{CH}_3}{\text{C}}}$COOH

14. 用反应式表示下列转化:

(a) $C_2H_5OOC\!-\!\!(CH_2)_4\!\!-\!COOC_2H_5 \xrightarrow{C_2H_5ONa}$

(b) $C_2H_5OOC\!-\!\!(CH_2)_2\!\!-\!COOC_2H_5 \xrightarrow{C_2H_5ONa}$

(c) $\underset{\displaystyle O}{CH_3\overset{\displaystyle \parallel}{C}}\!-\!CH_2\!-\!COOC_2H_5 \longrightarrow \underset{\displaystyle OH}{CH_3\overset{\displaystyle |}{C}H}\!-\!\!(CH_2)_3\!\!-\!CH_3$

(d) $\underset{\displaystyle O}{CH_3\overset{\displaystyle \parallel}{C}}\!-\!CH_2\!-\!COOC_2H_5 \longrightarrow CH_3\!-\!\underset{\displaystyle O}{\overset{\displaystyle \parallel}{C}}\!-\!\!(CH_2)_2\!\!-\!\underset{\displaystyle O}{\overset{\displaystyle \parallel}{C}}\!-\!CH_3$

(e) $\underset{\displaystyle O}{CH_3\overset{\displaystyle \parallel}{C}}\!-\!CH_2\!-\!COOC_2H_5 \longrightarrow (CH_3CH_2)_2CH\underset{\displaystyle O}{\overset{\displaystyle \parallel}{C}}\!-\!CH_3$

(f) $CH_3\overset{\displaystyle O}{\overset{\displaystyle \parallel}{C}}CH_2COOC_2H_5 \longrightarrow CH_3CH_2CH_2CH_2COOH$

15. 用克莱森型缩合实现下列转化,试提出合成方法与步骤。

(a) 由丙酮转化成 2,4-戊二酮

(b) 由丙酸乙酯转化成 α-丙酰基丙酸乙酯

(c) 由苯基乙酸乙酯转化成苯基丙二酸二乙酯

16. 如何由 $(CH_3)_2CHCHO$ 制备 $CH_3\overset{\displaystyle O}{\overset{\displaystyle \parallel}{C}}\!-\!\underset{\displaystyle CH_3}{\overset{\displaystyle CH_3}{C}}\!-\!CHO$,可用必要试剂(提示:可通过形成烯胺)。

17. 试提出由 4-甲基-3-戊烯-2-酮合成 5,5-二甲基-1,3-环己二酮的方法(用反应式表示)。

18. 设计合成下列化合物的实验方法:

(a) $C_6H_5CH\!=\!CHNO_2$

(b) $(CH_3CH_2)_2C\!=\!\underset{\displaystyle CN}{\overset{\displaystyle CN}{C}}\!-\!\underset{\displaystyle O}{\overset{\displaystyle \parallel}{C}}\!-\!OCH_2CH_3$

(c) $\langle \text{环戊基} \rangle\!=\!C\!\!\begin{smallmatrix}CN\\ \\ CN\end{smallmatrix}$

(d) $\langle \text{环戊基} \rangle\!-\!CH_2CH_2COOH$

(e) $HOOCCH_2\underset{\displaystyle CH_3}{\overset{\displaystyle |}{C}H}COOH$

(f) $C_6H_5CH_2CH_2\overset{\displaystyle O}{\overset{\displaystyle \parallel}{C}}\!-\!CH_3$

(g) $\langle \text{环戊酮基} \rangle\!-\!CH_2COOH$

19. 填充适当反应物或反应条件,完成下列反应:

(a) $(\quad\quad)+CH_3CH_2COOCH_2CH_3 \xrightarrow{(\quad)} \langle \text{呋喃基} \rangle\!-\!\underset{\displaystyle CH_3}{\overset{\displaystyle O}{\overset{\displaystyle \parallel}{C}}}\!-\!CHCOOCH_2CH_3$

(b) $C_6H_5CH\!=\!CHCOOCH_2CH_3+(\quad\quad) \xrightarrow{(\quad)} C_6H_5\!-\!\underset{\displaystyle CH_2COOH}{\overset{\displaystyle }{C}H}\!-\!CH_2COOH$

271

(c) 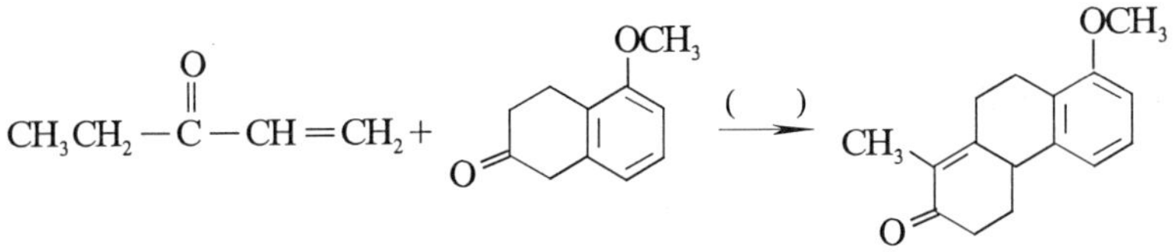 $CH_3CH_2-\overset{\displaystyle O}{\overset{\|}{C}}-CH=CH_2$ + [含OCH_3的萘酮结构] $\xrightarrow{(\quad)}$ [菲酮产物结构]

(d) 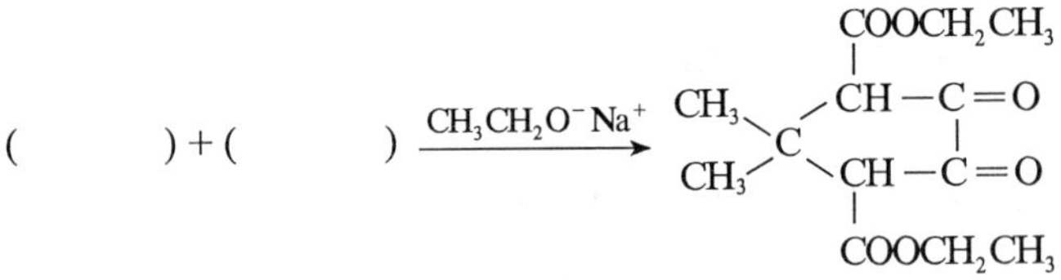 ( ) + ( ) $\xrightarrow{CH_3CH_2O^-Na^+}$ $CH_3-\underset{CH_3}{\overset{\displaystyle CH_3}{C}}\begin{matrix} CH-\overset{COOCH_2CH_3}{\underset{}{}}\\ \; \\ CH-C=O \\ | \\ COOCH_2CH_3 \end{matrix}$

(e) 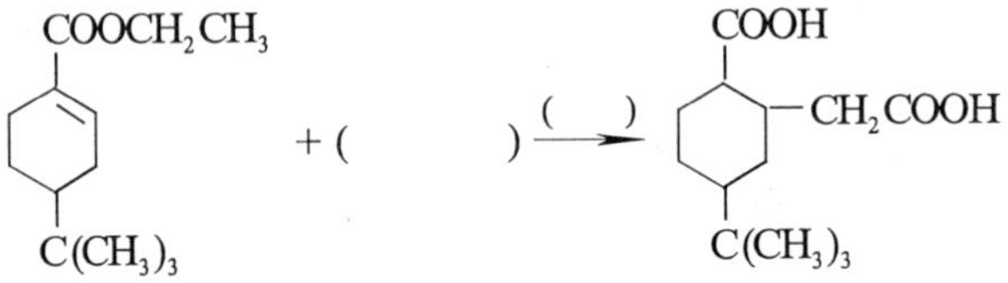 [环己烯 $COOCH_2CH_3$、$C(CH_3)_3$] + ( ) $\xrightarrow{(\quad)}$ [环己烷 $COOH$、CH_2COOH、$C(CH_3)_3$]

20. 写出下列反应的主要有机产物:

(a) $C_6H_5CH_2COOCH_2CH_3 + CH_3CH_2O-\overset{\displaystyle O}{\overset{\|}{C}}-OCH_2CH_3 \xrightarrow[\text{2) } H^+, \text{冷}]{\text{1) } CH_3CH_2ONa}$?

(b) 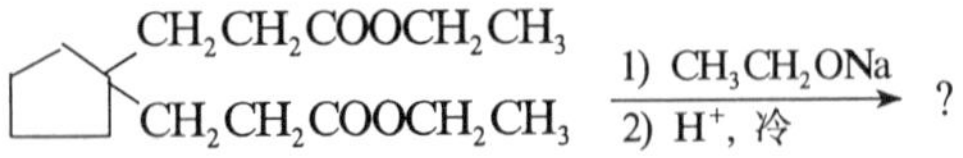 [环戊烷取代 $CH_2CH_2COOCH_2CH_3$、$CH_2CH_2COOCH_2CH_3$] $\xrightarrow[\text{2) } H^+, \text{冷}]{\text{1) } CH_3CH_2ONa}$?

(c) 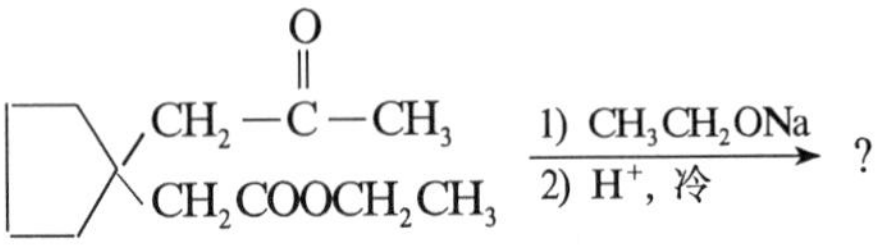 [环戊烷取代 $CH_2-\overset{\displaystyle O}{\overset{\|}{C}}-CH_3$、$CH_2COOCH_2CH_3$] $\xrightarrow[\text{2) } H^+, \text{冷}]{\text{1) } CH_3CH_2ONa}$?

(d) $2CH_2=CH-\overset{\displaystyle O}{\overset{\|}{C}}-CH_2CH_3 + CH_2(COOCH_2CH_3)_2 \xrightarrow{CH_3CH_2ONa}$?

(e) $CH_3CH=CHCOOCH_2CH_3 + C_6H_5CH_2COOCH_2CH_3 \xrightarrow{CH_3CH_2ONa}$?

21. 试说明化合物 $(R)-C_6H_5\overset{\displaystyle OH}{\overset{|}{CH}}COOCH_2CH_3$ 在碱性溶液中为什么出现消旋现象?

22. 试给出下面反应所得指定产物的结构:

过量 $CH_2(COOCH_2CH_3)_2 \xrightarrow[BrCH_2CH_2Br]{CH_3CH_2ONa} \xrightarrow{H^+} \underset{(\text{I})}{C_{16}H_{26}O_8} \xrightarrow[BrCH_2CH_2Br]{CH_3CH_2ONa} \xrightarrow{H^+} C_{18}H_{28}O_8 \xrightarrow[\triangle]{H_2O,H^+} C_8H_{12}O_4$

23. 在下列多官能团化合物中,如何保护其指定的官能团而同时使分子中另一部分实现预期的反应?

(a) $-CHO$: $ClCH_2CH_2CHO \longrightarrow HOCH_2CH(OH)CHO$

(b) $-OH$: $HO-\langle\bigcirc\rangle-Br \longrightarrow HO-\langle\bigcirc\rangle-COOH$

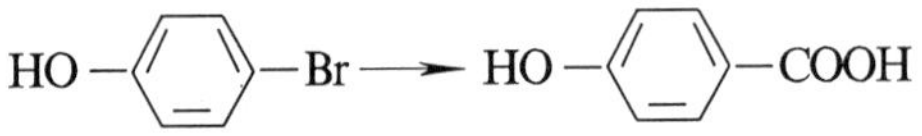

(c) —OH: HO— ⬡ ⟶ HOOCCH(OH)CH$_2$CH$_2$CH$_2$COOH

(d) —NH$_2$: H$_2$N—⬡—CH$_3$ ⟶ H$_2$N—⬡—COOH

24. 试以五碳以下(包括五碳)化合物为原料,制备下列化合物,并扼要说明你的思考方法。

(a) 5-羟基-2-己酮   (b) 1,4,7-庚三醇

(c) Z-3,3-二甲基-4-壬烯   (d) E-2-己烯

(e) 反-2-丁基环戊醇   (f) E-4-辛烯

25. 请用反应式表示出如何实现下列转变?

(a) PhCHO ⟶ PhCH$_2$NHPh

(b) HC≡CH ⟶ CH$_3$COCH$_2$CH$_2$OH

(c) ⬡OCH$_3$ ⟶ O$_2$N—⬡—OCH$_2$CH$_3$

(d) ⬠—OH ⟶ ⬠—CH$_2$OH

(e) ⬡—OH ⟶ (CH$_3$)$_3$C—⬡—OH , CH$_2$CH=CH$_2$

(f) CH$_3$COCH$_2$CH$_2$CH$_2$COCH$_3$ ⟶ ⬠ CH$_3$ CH$_3$

26. 试指出下列合成步骤中哪些正确,哪些不正确:

(a) C$_6$H$_5$C—CH$_3$+CH$_3$CHO $\xrightarrow{OH^-}$ C$_6$H$_5$CCH=CHCH$_3$ $\xrightarrow{HOBr}$ C$_6$H$_5$C CH CHCH$_3$
      ‖   ‖   ‖ | |
      O   O   O OH Br

(b) HOCH$_2$CH$_2$CH$_2$COOH $\xrightarrow{CH_3OH, H^+}$ HOCH$_2$CH$_2$CH$_2$COOCH$_3$

(c) H$_2$NCH$_2$CH$_2$CH$_2$OH $\xrightarrow[\text{吡啶}]{CH_3CCl}$ H$_2$NCH$_2$CH$_2$CH$_2$O—C—CH$_3$
                        ‖ O (上)   ‖ O

(d) CH$_3$CHCH$_2$CH$_2$CH$_2$Cl $\xrightarrow{CN^-}$ CH$_3$CHCH$_2$CH$_2$CH$_2$Cl
    | |
    Cl   CN

27. 试以下面各题限定的原料,合成下列化合物:

(a) CH$_3$—C—CH—CH$_2$CH$_2$CH=CH$_2$ 以烯丙基氯和其他 2～3 个碳的化合物为原料
        ‖ |
        O   CH$_3$

(b) $C_6H_5-CH=CH-\overset{\overset{O}{\|}}{C}CH_2CH_3$ 以苯乙烯及其他化合物为原料

(c)  $\overset{\overset{Cl}{|}}{\underset{Cl\quad CH_2}{C}}-CHCH_2CH_2COOCH_3$ 以 3 个碳以下化合物为原料

第十一章　胺

11.1　胺的分类与结构

胺是氨上的氢被烃基取代的衍生物,正如醇、醚是水的衍生物一样。

H_2O	ROH	ROR		
水	醇	醚		
NH_3	RNH_2	R_2NH	R_3N	
氨	1° 胺	2° 胺	3° 胺	
NH_4^+	RNH_3^+	$R_2NH_2^+$	R_3NH^+	R_4N^+
铵	1° 铵	2° 铵	3° 铵	4° 铵(季铵)

胺可以根据所连的烃基分为脂肪胺与芳香胺;根据氮上所连烃基数目分别称 1° 胺、2° 胺、3° 胺与 4° 铵,4° 铵又称季铵。凡是形成铵盐的铵不叫胺,叫铵。这里还要特别注意,1°、2°、3° 胺与醇、卤代烷所用 1°、2° 的意义是不同的,胺的 1°、2°、3°、4° 是指氮所连烃基的数目,而醇、卤代烷的 1°、2°、3° 是指连羟基、卤素的碳上所连烃基的数目。如叔丁醇是 3° 醇,但叔丁胺为 1° 胺。

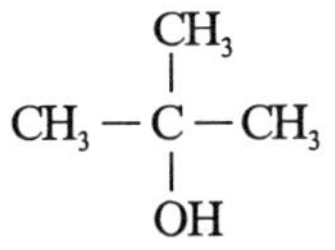

$$
\begin{array}{cc}
\underset{\substack{| \\ OH}}{\overset{\substack{CH_3 \\ |}}{CH_3-C-CH_3}} & \underset{\substack{| \\ NH_2}}{\overset{\substack{CH_3 \\ |}}{CH_3-C-CH_3}} \\
叔丁醇 & 叔丁胺 \\
3° 醇 & 1° 胺
\end{array}
$$

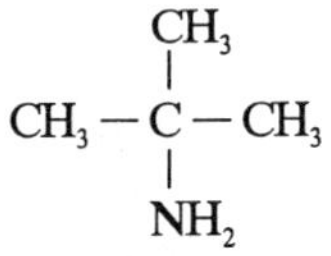

氨分子中的氮是接近 sp^3 杂化的,它以 3 个 sp^3 轨道与氢的 s 轨道形成 σ 键,留下一对未成键电子占据另一个 sp^3 轨道,HNH 的夹角为 107.3°。脂肪胺具有类似的结构。未成键电子对对于胺的化学是非常重要的,因为胺的碱性、亲核性都与它有关。

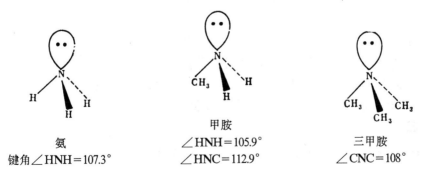

氨
键角∠HNH=107.3°

甲胺
∠HNH=105.9°
∠HNC=112.9°

三甲胺
∠CNC=108°

芳香胺的结构有些不同,由于未成键电子对与芳环的 π 电子发生共轭,使原来为 sp^3 轨道的未成键电子对的 p 性质增加,使氮由 sp^3 杂化趋向于 sp^2 杂化。如苯胺分子虽仍为棱锥体,但趋向于平面化，HNH 的平面与苯环平面间夹角为 39.4°，HNH 键角为 113.9°。

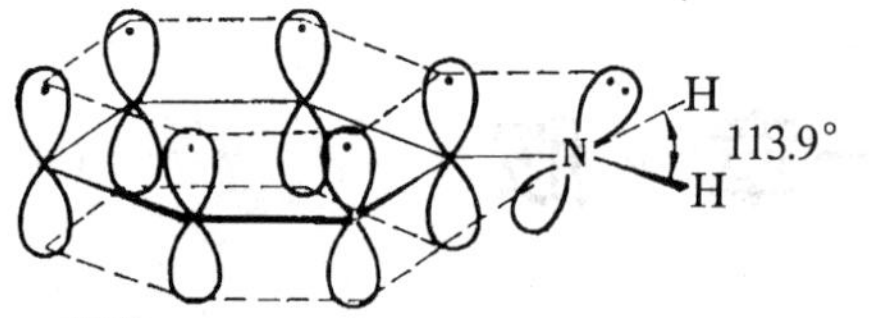

键角∠HNH＝113.9

HNH 平面与苯环夹角为 39.4°

苯胺

由于胺分子呈棱锥形，若氮所连三个基团不同，则该胺应具有手征性。但实际没有分离得到旋光异构体，这是因为这一对对映体很易相互转化。这种转化称为氮转化，所需能量很小，大约在 25.1 kJ/mol 左右，其历程如下：

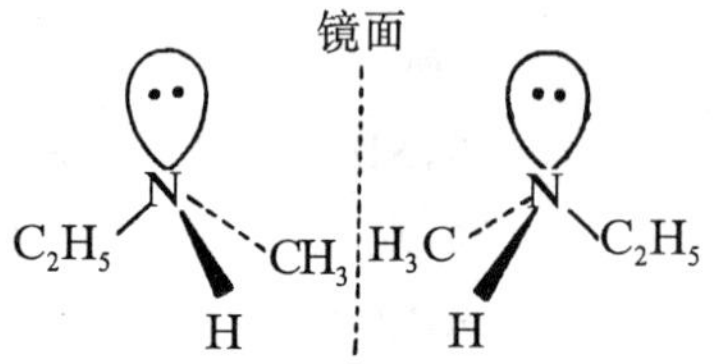

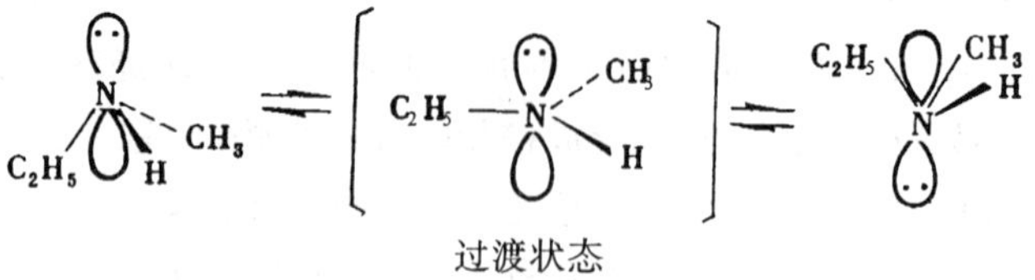

过渡状态

季铵盐不能进行氮转化，因此可以分离得到稳定的旋光异构体。

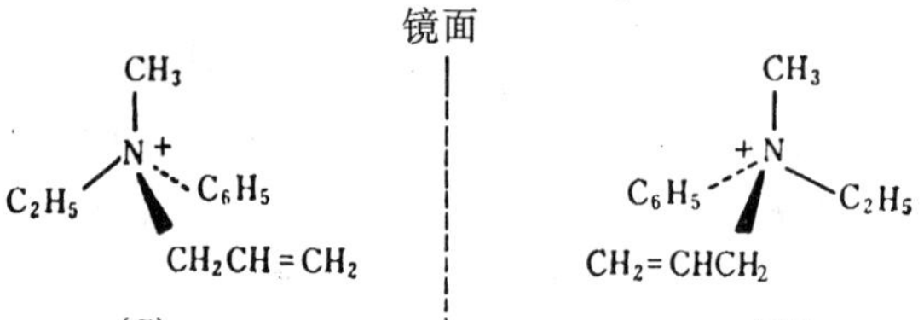

(S)　　　　　　　　　　　　　(R)

11.2 胺 的 命 名

胺的普通命名是将胺的氮上所连的烃基名称后加胺组成。对于 2° 胺与 3° 胺，若氮上所连的烃基不同，则按基团顺序由小到大写出其名称后加胺组成；若氮上所连的两个烃基相同，则在烃基名称前加二，三个烃基相同，则在烃基名称前加三。对于铵盐与季铵盐，其命名与上相同，但铵需用金字旁的铵，然后在铵的名称前加负离子的名称。

(1) 1° 胺:

$$CH_3CH_2NH_2 \qquad CH_3CHCH_2NH_2 \qquad C_6H_5CH_2NH_2 \qquad (CH_3)_3C-NH_2$$
$$\qquad\qquad\qquad |$$
$$\qquad\qquad\qquad CH_3$$

乙胺　　　　　　　异丁胺　　　　　　　苯甲胺　　　　　　　叔丁胺

（2）**2° 胺**　$CH_3NHCH_2CH_3$　　　　$(CH_3CH_2)_2NH$　　　　$C_6H_5CH_2NHCH_2CH_3$
　　　　　　　甲乙胺　　　　　　　　二乙胺　　　　　　　乙基苯甲基胺

　　　　　　　　　　　　　　　　　　　CH_2CH_3
　　　　　　　　　　　　　　　　　　　|
（3）**3° 胺**　$(CH_3CH_2)_3N$　　　$CH_3N{-}CH_2CH_2CH_3$
　　　　　　　三乙胺　　　　　　　　甲乙丙胺

（4）**4° 铵盐**　$(CH_3CH_2)_4\overset{+}{N}Br^-$　　　$C_6H_5CH_2\overset{+}{N}(CH_3)_3OH^-$
　　　　　　　溴化四乙铵　　　　　　氢氧化三甲基苯甲基铵

系统命名仍是将胺分为母体、官能基与取代基，将氮上所连烃基，按芳环、不饱和链烃、最长烷基的顺序选择优先者作为母体，以母体名称加胺组成索引化合物，氮上所连其他烃基的名称放在索引化合物前，并寇以 N 表示连在氮上。若化合物中含有位次在胺基前的基团，则胺基不作为官能基，作为取代基，叫氨基，或 N 取代氨基。

　　　CH_3
　　　|
$CH_3CH_2CH{-}NH_2$　　　　$C_6H_5CH_2NHC_6H_5$　　　　$C_6H_5CHCH_2CH_2OH$　　　$(CH_3)_3\overset{+}{N}CH_2{-}\!\bigcirc\!{-}Br^-$
　　　　　　　　　　　　　　　　　　　　　　　　|
　　　　　　　　　　　　　　　　　　　　　　　 NH_2

1-甲基丙胺　　　　　　N-苯甲基苯胺　　　　3-苯基-3-氨基丙醇　　　　溴化 N,N,N-三甲基苯甲铵

11.3　胺的物理性质

胺是中等极性的物质。1° 胺与 2° 胺分子间可以形成氢键；3° 胺因氮上无氢，自身分子间不能形成氢键。所以，相同分子量间化合物的沸点是 1° 胺＞2° 胺＞3° 胺＞烷烃。但胺的氮氢间的氢键不如醇、羧酸的氧氢间氢键强，所以，相同分子量胺的沸点比醇、羧酸低。

较低分子量的胺都易溶于水，因为它们都可与水形成氢键。3° 胺虽然不能提供氢键的氢，但可以提供形成氢键的氮，所以仍可与水形成氢键。关于胺的物理性质与比较，见表 11-1。

表 11-1　胺的物理性质

名　　称	结　　构	分子量	熔点/℃	沸点/℃	溶解度 (g/100 g 水)	K_b (25℃)
1° 胺						
甲胺	CH_3NH_2	31	−94	−6	很溶	4.4×10^{-4}
乙胺	$CH_3CH_2NH_2$	45	−84	17	很溶	5.6×10^{-4}
丙胺	$CH_3CH_2CH_2NH_2$	59	−83	49	很溶	4.7×10^{-4}
异丙胺	$(CH_3)_2CHNH_2$	59	−101	33	很溶	5.3×10^{-4}
丁胺	$CH_3(CH_2)_3NH_2$	73	−51	78	很溶	4.1×10^{-4}
叔丁胺	$(CH_3)_3CNH_2$	73	−68	45	很溶	2.8×10^{-4}
环己胺	$C_6H_{11}NH_2$	99		134	微溶	4.4×10^{-4}
苯胺	$C_6H_5NH_2$	93	−6	184	3.7g/100g	3.8×10^{-10}
对甲基苯胺	$p\text{-}CH_3C_6H_4NH_2$	107	44	200	微溶	1.2×10^{-9}
对甲氧基苯胺	$p\text{-}CH_3OC_6H_4NH_2$	123	57	244	很微溶	2.0×10^{-9}

277

名　称	结　构	分子量	熔点/℃	沸点/℃	溶解度 (g/100g 水)	K_b (25℃)
对氯苯胺	$p\text{-}ClC_6H_4NH_2$	127.5	70	232	不溶	1.0×10^{-10}
对硝基苯胺	$p\text{-}O_2NC_6H_4NH_2$	138	148	232	不溶	1.0×10^{-13}
2° 胺						
二甲胺	$(CH_3)_2NH$	45	−96	7	很溶	5.2×10^{-4}
二乙胺	$(CH_3CH_2)_2NH$	73	−48	56	很溶	9.6×10^{-4}
二丙胺	$(CH_3CH_2CH_2)_2NH$	101	−40	110	很溶	9.5×10^{-4}
N-甲基苯胺	$C_6H_5NHCH_3$	107	−57	196	微溶	5.0×10^{-10}
二苯胺	$(C_6H_5)_2NH$	169	53	302	不溶	6.0×10^{-14}
3° 胺						
三甲胺	$(CH_3)_3N$	59	−117	3.5	很溶	5.0×10^{-5}
三乙胺	$(CH_3CH_2)_3N$	101	−115	90	14g/100g	5.7×10^{-4}
三丙胺	$(CH_3CH_2CH_2)_3N$	143	−90	156	微溶	4.4×10^{-4}
N,N-二甲苯胺	$C_6H_5N(CH_3)_2$	121	3	194	微溶	11.5×10^{-10}

胺有难闻的气味。许多脂肪胺有鱼腥臭。已二胺与戊二胺有腐烂肉的臭味,所以它们又分别称为腐胺与尸胺。

许多胺有一定生理作用。气态胺对中枢神经系统有轻微抑制作用。苯胺是有毒的,可引起皮肤起疹、恶心、视力不清、精神不安,使用时要小心。有些芳香胺是致癌物质。

11.4　胺的化学性质

胺的氮上有未成键电子对,因而显碱性与亲核性,可以成盐、烷基化、酰基化,与羰基及亚硝酸等反应; 胺可与氧化剂发生氧化反应; 1° 胺与 2° 胺具有弱酸性,可与强碱发生酸碱反应; 芳香胺与烯胺的氨基具有强的给电子共轭效应,使邻、对位与烯键活化,可以进行许多反应; 季铵可以进行消除反应。

1. 胺的碱性与弱酸性

(1) 胺的碱性

如醇、醚的氧上一样,胺的氮上有未成键电子对,可以与质子结合,所以显碱性。由于氮的电负性比氧小,氮对未成键电子对的吸引力比氧小,因此易给出电子与质子结合,所以胺的碱性比醇、醚大。

如何表示其碱性强弱? 一般常用胺在水中的碱离解常数 K_b 表示:

$$RNH_2 + H_2O \rightleftharpoons RNH_3^+ + OH^- \qquad K_b = \frac{[RNH_3^+][OH^-]}{[RNH_2]}$$

K_b 大,表明胺由水中接受质子的倾向大,生成 OH^- 的浓度大,碱性就强。也可用 pK_b 表示, $pK_b = -\log K_b$,但 pK_b 大,则表示碱性弱。有时,也用它的共轭酸的 K_a 与 pK_a 来表示。即:

$$\text{RNH}_3^+ + \text{H}_2\text{O} \rightleftharpoons \text{RNH}_2 + \text{H}_3\text{O}^+ \qquad K_a = \frac{[\text{RNH}_2][\text{H}_3^+\text{O}]}{[\text{RNH}_3^+]}$$

胺的共轭酸

$$pK_a = -\log K_a$$

胺的共轭酸的 K_a 大,则碱性弱;pK_a 大则碱性强。

从表 11-1 中可以看到脂肪胺的碱性比氨大,而芳香胺的碱性比氨小。这是因为脂肪胺的烷基起推电子作用,使脂肪铵离子稳定性增加,K_b 增大。而芳香胺的氨基氮上未共享电子对可与芳香环上的 π 键发生共轭,使电子部分离域到芳香环上,使芳香胺的稳定性增加。因此,芳香胺形成芳香铵离子还需要克服未共享电子对与芳香环共轭的能量,所以比氨与质子结合需更多的能量,致使碱离解常数 K_b 降低。

取代苯胺的碱性受取代基的影响。间、对位取代苯胺的碱性受取代基电子效应的影响:给电子效应增强碱性,吸电子效应降低碱性。如间与对位甲基取代苯胺都增强了碱性,间与对位卤代苯胺都降低了碱性,但间位甲氧基苯胺则降低了碱性,对位则增强了碱性。这是因为甲氧基电子效应是 $-I$(吸电子诱导效应)与 $+C$(给电子共轭效应),而且 $+C$ 影响比 $-I$ 大,所以对位的碱性增强;间位 $+C$ 效应传递不到氨基所在的碳,只有 $-I$ 影响,所以碱性降低。间、对位硝基苯胺碱性都下降,但对位下降得特别多,这是由于硝基与氨基可以直接相互作用而加强了影响。

邻位取代苯胺的碱性不仅受到电子效应的影响,还受到空间位阻的影响。由于邻位取代基阻碍质子与氨基结合,因而使取代苯胺的碱性都比苯胺低。这与邻位取代苯甲酸的酸性比苯甲酸高的原因相似,见表 11-2。

表 11-2　取代苯胺的 pK_b

取　代　基	pK_b(25℃)		
	邻	间	对
H	9.40	9.40	9.40
F	10.80	10.43	9.35
Cl	11.35	10.48	10.02
Br	11.47	10.42	10.14
I	11.40	10.40	10.22
CH_3	9.56	9.28	8.90
CH_3O	9.48	9.77	8.66
CN	13.05	11.25	12.26
NO_2	14.26	11.53	13.00

胺的碱性还表现为与酸形成盐,降低了在有机溶剂中的溶解度,而大大增加了在水中的溶解性。如苯胺与盐酸成盐后,可溶于水中,但当加入 NaOH,苯胺又可分层出来。所以常利用此性质来分离胺与中性烃类化合物。

(2)1° 胺与 2° 胺的酸性

1° 胺与 2° 胺不仅是一个碱,而且也是一很弱的酸。在强碱作用下可失去质子形成氮的负离子,或称胺的共轭碱。

$$[(CH_3)_2CH]_2NH + C_4H_9Li \longrightarrow [(CH_3)_2CH]_2N^-Li^+ + C_4H_{10}$$

$$\underset{pK_a \sim 40}{LDA} \qquad\qquad\qquad\qquad pK_a \sim 50$$

LDA 是一个比烷基锂弱的碱,但仍是一强碱,可用作酯缩合的催化剂。胺的酸性强弱次序与胺的碱性次序正相反,为芳香胺>氨>脂肪胺。

2. 胺的烷基化

氨,1° 胺,2° 胺与 3° 胺可与 1° 及 2° 卤代烷发生 S_N2 反应,得到相应的 1°,2°,3° 胺与 4° 铵盐。

$$CH_3CH_2Br + NH_3 \longrightarrow CH_3CH_2NH_2 + HBr \rightleftharpoons CH_3CH_2\overset{+}{N}H_3\overset{-}{B}r \overset{NH_3}{\rightleftharpoons} CH_3CH_2NH_2 + \overset{+}{N}H_4\overset{-}{B}r$$

$$CH_3CH_2NH_2 + CH_3CH_2Br \longrightarrow (CH_3CH_2)_2\overset{+}{N}H_2\overset{-}{B}r \overset{NH_3}{\rightleftharpoons} (CH_3CH_2)_2NH + \overset{+}{N}H_4\overset{-}{B}r$$

$$(CH_3CH_2)_3N + CH_3CH_2Br \longrightarrow (CH_3CH_2)_4\overset{+}{N}\overset{-}{B}r$$

从上面反应看到,由于氨与脂肪胺的碱性差别不大,所以在反应中不仅进行 S_N2 取代反应,还有酸碱反应,因而使产物变得复杂化,给产物分离带来困难。这就是合成 1° 胺很少使用此方法的原因。当然若用大大过量的氨与卤代烷反应,可以减少多烷基化产物,同时副产物又易于除去,这个方法在合成上仍是可用的。如由 2-溴丙酸合成丙氨酸就是采用此方法。

$$\underset{\underset{1mol}{Br}}{\overset{CH_3CHCOOH}{|}} + \underset{70mol}{NH_3} \longrightarrow \underset{\underset{丙氨酸(65\% \sim 70\%)}{\overset{+}{N}H_3}}{\overset{CH_3CHCOO^-NH_4^+}{|}}$$

1°,2° 与 3° 铵盐与 NaOH 反应都可得到相应的胺,但 4° 铵盐与 NaOH 反应得不到相应的胺。若用 Ag_2O 反应,将生成的卤化银沉淀除去,则可得 4° 铵碱,它是与氢氧化钠一样强的有机碱。

$$RNH_3^+ + OH^- \longrightarrow RNH_2 + H_2O$$
$$R_4\overset{+}{N}\overset{-}{B}r + OH^- \longrightarrow 无反应$$
$$R_4\overset{+}{N}\overset{-}{B}r + Ag_2O \longrightarrow R_4\overset{+}{N}OH^- + AgBr \downarrow$$

实质上胺的烷基化反应是胺作为亲核试剂进行的取代反应,所以亲核性(碱性)弱或空间位阻大都很难使反应正常进行。

在烷基化反应中,卤代烷只能用 1° 与 2° 卤代烷,3° 卤代烷几乎全部进行消除反应;一般芳基卤化物不能反应,但邻、对位有强吸电子基的芳基卤化物仍可反应,如对硝基溴苯可以与胺反应。烷基化试剂除卤代烷外,还可用硫酸酯,如硫酸二甲酯及对甲苯磺酸酯等。

Gabriel 合成方法制备 1° 胺。为了避免卤代烷与氨反应时出现多烷基化的麻烦,可用如下方法制备 1° 胺:

邻苯二甲酰亚胺   N-烷基邻苯二甲酰亚胺

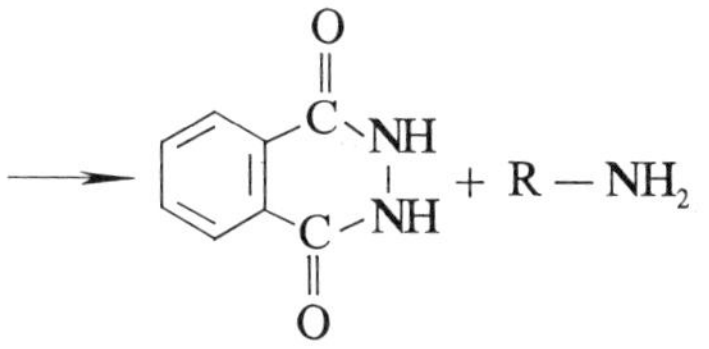

2,3-二氮杂萘-1,4-二酮   1°胺

由于邻苯二甲酰亚胺氮上的氢受 2 个酰基影响,酸性较强 ($K_a \sim 10^{-9}$),用 KOH 可使其转化成邻苯二甲酰亚胺钾。邻苯二甲酰亚胺负离子是一个强亲核试剂,与卤代烷反应得 N-烷基邻苯二甲酰亚胺,用碱水解得到胺与邻苯二甲酸盐;难以水解的,用肼的乙醇溶液在回流中处理产物,得 1°胺与 2,3-二氮杂萘-1,4-二酮。

3. 胺的磺酰化与酰化及胺与醛、酮的反应

胺与酰氯、酸酐、酯、羧酸及 1°胺与醛、酮的反应在前面有关章节已作介绍,这里不再赘述。

1°胺与 2°胺可与苯磺酰氯反应,得到 N-取代与 N,N-二取代苯磺酰胺。3°胺与苯磺酰氯形成盐,它很易与 KOH 水溶液反应又变回胺:

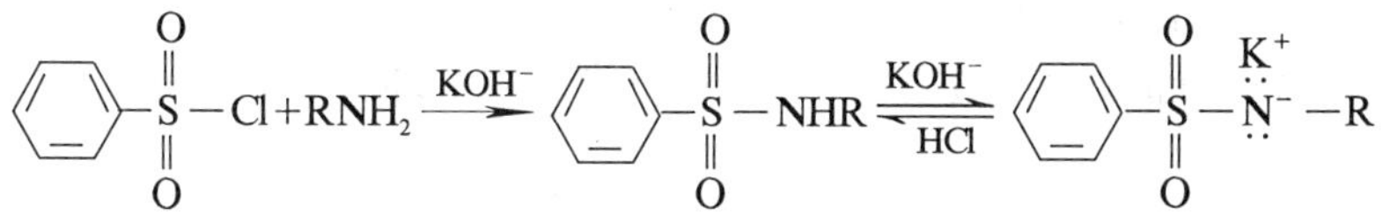

水不溶的磺酰胺   水溶的钾盐

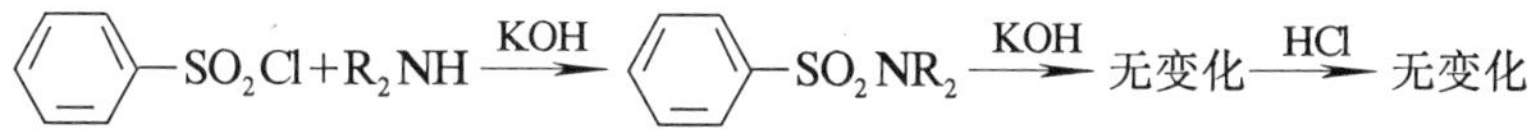

水不溶磺酰胺

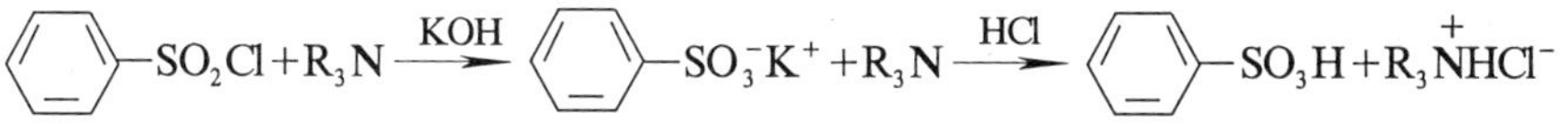

水溶液   油状   均溶于水

上述反应常用来鉴别与分离 1°胺,2°胺与 3°胺。此反应称为欣斯堡 (Hinsberg) 测试法。从反应中看到,1°胺与苯磺酰氯反应得到的 N-取代磺酰胺不溶于水,但溶于 KOH 水溶液中;若酸化,它又可回到水不溶的 N-取代磺酰胺白色沉淀。2°胺与苯磺酰氯反应生成既不溶于 KOH 水溶液,也不溶于 HCl 水溶液的 N,N-二取代磺酰胺。3°胺与苯磺酰氯则形成盐,酸化此反应物,可得一溶液。N-取代磺酰胺能溶于 KOH 水溶液中,是因氮上的氢受磺酰基影响而显酸性,可与 KOH 反应形成水溶的钾盐。

运用此方法时,一定要仔细操作,否则会引起误解。如反应物之间振荡、反应不够而留下不溶物,或苯磺酰氯用得过多过少,或 KOH 用量不够都可留下不溶物。另外,8 个碳以上 1°胺形成的磺酰胺本身就不溶于 KOH 水溶液。

4. 胺与亚硝酸的反应

（1）1° 胺与亚硝酸反应形成重氮盐

1° 胺作为亲核试剂与亚硝酸失水形成的 N_2O_3 反应，得 N-亚硝基胺，再经互变异构及失水，形成重氮盐。

$$2HNO_2 \rightleftharpoons O=N-O-N=O+H_2O$$

$$R\overset{..}{N}H_2+O=N-O-N=O \longrightarrow R\overset{+}{N}H_2-N=O+NO_2^-$$

$$R\overset{+}{N}H_2-NO \rightleftharpoons RNH-N=O+H^+$$

$$RNH-N=O \rightleftharpoons RN=N-OH \rightleftharpoons R-N=N-\overset{+}{O}H_2 \xrightarrow{H^+} R-\overset{+}{N}\equiv N+H_2O$$

重氮盐

脂肪族重氮盐不稳定，甚至在低温也不能稳定存在。由于氮（N_2）十分稳定，它是一很好的离去基团，所以 1° 脂肪胺的重氮盐易于发生 S_N1、E1 与 S_N2 反应；同时伴随 S_N1 反应，还有正碳离子重排，得到一复杂的混合物，因此在合成上用途不大。如丁胺与亚硝钠和盐酸反应，形成重氮盐后，很快在该体系内分解形成：1-丁烯、2-丁烯；1-丁醇、2-丁醇；1-氯丁烷与 2-氯丁烷等 6 个产物。但是可以利用正碳离子重排的性质，进行扩环或缩环的反应。如：

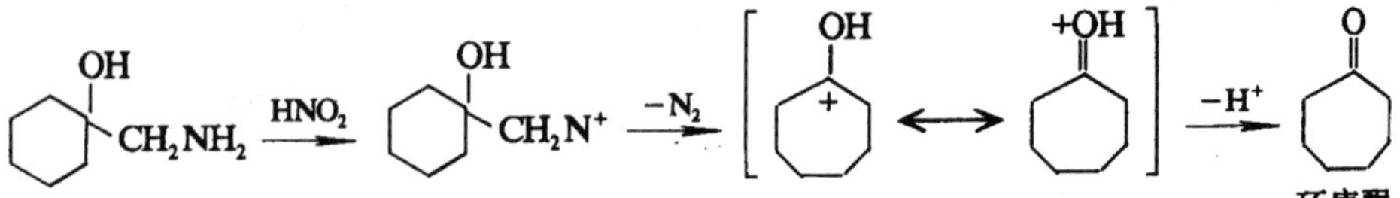

芳香族重氮盐在低温（5℃以下）的强酸水溶液中是稳定的，所以它可以进行许多取代反应。近 10 多年来，发现带适当取代基团的芳香族重氮盐，可以作成高分子树脂而稳定保存，可用它作成感光树脂，制成阴涂感光印刷版用于印刷行业，很受人们重视。

（2）2° 胺与亚硝酸反应生成 N-亚硝基胺

它是一种黄色、中性、水不溶的油状物。可用还原方法将亚硝基除掉，得到原来的胺。

$$R_2NH+NaNO_2+HCl \longrightarrow R_2N-NO \xrightarrow[2)\ NaOH]{1)\ SnCl_2,HCl} R_2NH$$

2° 胺   N-亚硝基 2° 胺

许多 N-亚硝基胺具有强烈的致癌作用。现认为它在生物体内可以转化成活泼的烷基化试剂并可与核酸发生反应，这是它致癌作用的原因。

$$(CH_3)_2N-NO \xrightarrow{\text{酶}} HOCH_2\overset{\overset{\displaystyle CH_3}{|}}{N}-NO \longrightarrow HCHO+CH_3N=N-OH$$

$$CH_3N=N-OH \longrightarrow [CH_3^+]+N_2+OH^-$$

过去腌制腊肉、火腿常加少量 $NaNO_2$，以防腐并保持色泽鲜艳，但它可以产生亚硝胺，所以现已禁止使用。

（3）3° 脂肪胺与亚硝酸生成 3° 铵盐与 N-亚硝基铵盐的混合物

在低温时，N-亚硝基铵盐是稳定的；在较高温时，于酸性水溶液中分解成醛与N-亚硝基胺。这些反应没有什么合成价值。

$$2R_3N: + HCl + NaNO_2 \rightleftharpoons R_3N^+HCl^- + R_3N^+ - N = OCl^-$$

$\quad$ 3°胺 $\qquad\qquad\qquad\qquad$ 3°铵盐 $\qquad$ N-亚硝基铵盐

$$(RCH_2)_3N^+ - N = O + H_2O \longrightarrow (RCH_2)_2N - N = O + RCHO$$

$\qquad$ N-亚硝基铵盐 $\qquad\qquad\qquad\qquad$ N-亚硝基胺 $\qquad\quad$ 醛

$\quad$ 3°芳香胺与亚硝酸反应可在芳香环上进行亚硝基化,因为胺基是使芳环活化的强活化基团。对于 3°苯胺,由于胺基使苯环邻对位活化,但邻位因 N,N-二取代胺基空间位阻大,因此亚硝基上对位;若对位不空,则仍进行上述 3°脂肪胺的反应,形成醛与 N-亚硝基胺。

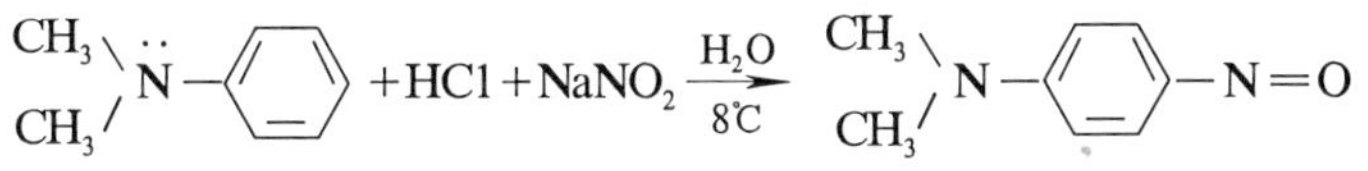

$\quad$ N,N-二甲苯胺 $\qquad\qquad\qquad\qquad$ N,N-二甲基-4-亚硝基苯胺

5. 胺的氧化

$\quad$ 胺很容易被氧化,也是合成上经常防止它产生的一个副反应。但是选择适当的氧化剂,它又是一个可利用的反应。1°胺的氧化反应比较复杂,一般情况下没有多少使用价值。若使用过氧三氟乙酸,可将 1°胺氧化成硝基化合物。这是制备特殊硝基化合物的一种方法:

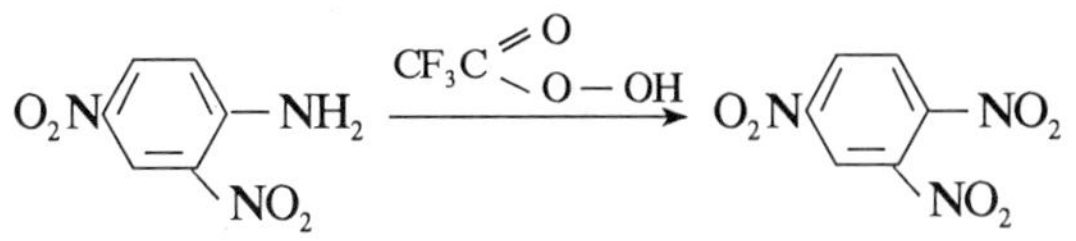

2°胺与 H_2O_2 反应形成羟胺,有些产率较高,可在合成中应用。如:

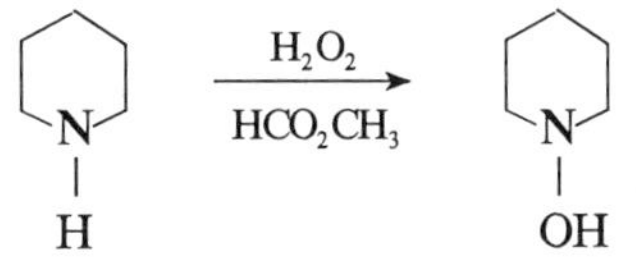

$\quad$ 六氢吡啶 $\qquad\qquad\qquad\qquad$ N-羟基六氢吡啶 ($\sim$78%)

3°胺与 H_2O_2 或过氧乙酸反应,可以得到高产率的 N-氧化物。

$$(CH_3)_3N \xrightarrow{H_2O_2} (CH_3)_2\overset{+}{N} - O^-$$

$\qquad\qquad\qquad\qquad$ 三甲胺-N-氧化物 ($>$90%)

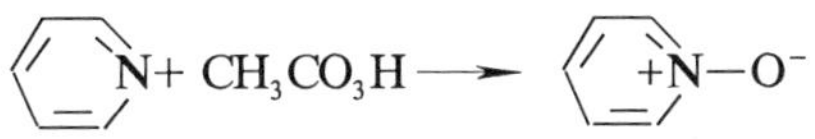

$\qquad\qquad\qquad\qquad\qquad\qquad$ 吡啶N-氧化物

6. 胺的消除反应

$\quad$ 胺本身不能发生消除反应,因为它的离去基团是一种很强的碱——:NH_2^-。但是季铵碱与 3°胺的 N-氧化物可以在 100℃ 以上温度发生消除反应,因为它们的离去基团分别是弱碱 $R_3\ddot{N}$ 和 R_2NOH。

$\quad$ 季铵碱的消除反应又称为霍夫曼(Hofmann)消除反应,它属 E2 反应,但消除取向不同于

卤代烷的 E2 反应,即所得主要产物具有最少取代的烯键。如:

$$CH_3CH_2CHCH_3 + C_2H_5ONa \xrightarrow[25℃]{C_2H_5OH} CH_3CH=CHCH_3 + CH_3CH_2CH=CH_2 + NaBr + C_2H_5OH$$

$$\underset{Br}{|}$$

(75%)　　　　(25%)

$$\overset{4}{C}H_3\overset{3}{C}H_2\overset{2}{C}HCH_3 + OH^- \xrightarrow{150℃} CH_3CH=CHCH_3 + CH_3CH_2CH=CH_2 + R_3N + H_2O$$

$$\underset{+NR_3}{|}$$

(5%)　　　　(95%)

为什么霍夫曼消除反应取向是这样呢? 现在认为是由于 $-NR_3$ 的体积比卤素大得多的缘故。因为 E2 反应要求消除的 $-NR_3$ 与 H 处在反式构象,上例中 C_1-C_2 间 3 种交叉式构象都符合反式构象,而且是最稳定的,所以 C_1-C_2 间处于反式构象的几率比 C_2-C_3 间的大得多。因此消除反应主要在 C_1-C_2 间发生,即在含氢最多的 β-碳上发生(见图 11-1)。

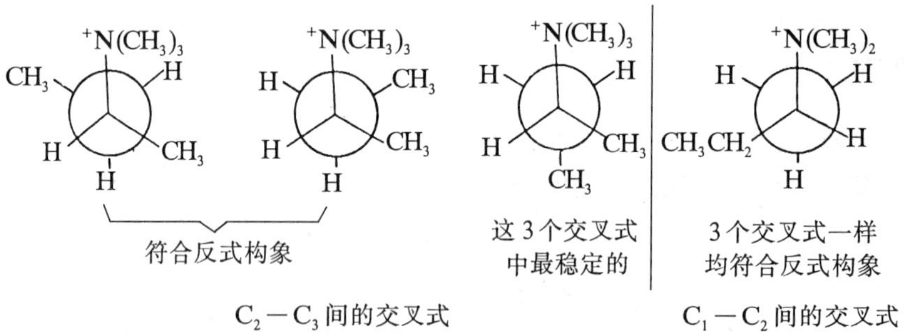

符合反式构象　　　　　　　　　这3个交叉式　　3个交叉式一样
　　　　　　　　　　　　　　　　中最稳定的　　均符合反式构象

C_2-C_3 间的交叉式　　　　　　　　C_1-C_2 间的交叉式

图 11-1 $\overset{4}{C}H_3\overset{3}{C}H_2\overset{2}{C}HCH_3$ 分子中 C_1-C_2 与 C_2-C_3 间的纽曼投影式

$$\underset{+N(CH_3)_3}{|}$$

还有一种看法认为季铵碱的消除取向与胺的 β-碳上氢的酸性大小有关。如上例中 C_1 上的氢为甲基氢,C_3 上氢为亚甲基氢,受 C_4 甲基给电子的影响,因此它的酸性比 C_1 上氢小,所以 C_1 上氢较易被 OH^- 夺取,得含取代基少的烯键。当 β-碳上有吸电子基团时,β-碳上的氢酸性增加,更利于被 OH^- 夺取。如:

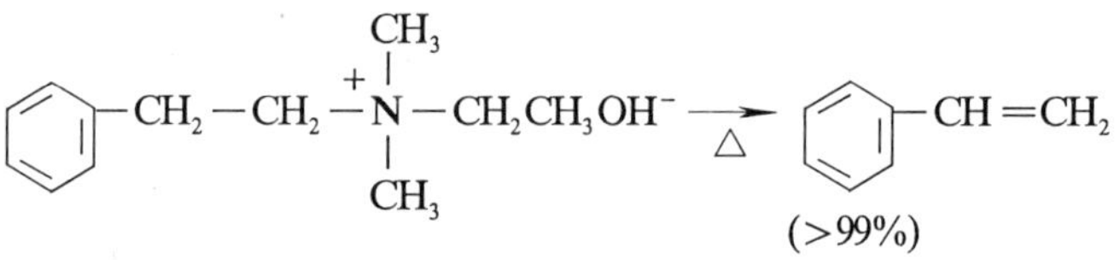

(>99%)

此时霍夫曼规则不适用。

根据霍夫曼消除反应的次数、生成产物双键的位置,可以判断原来胺的结构。这是一种测定含氮化合物结构的方法。

3° 胺 N-氧化物加热可以消除二烷基羟胺,形成烯。称此为科普(Cope)消除反应:

$$RCH_2CH_2\overset{..}{N}(CH_3)_2 \xrightarrow{H_2O_2} RCH_2CH_2\overset{\overset{O^-}{|+}}{N}(CH_3)_2 \xrightarrow{\triangle} RCH=CH_2 + (CH_3)_2NOH$$

3° 胺　　　　　　　　　3° 胺 N-氧化物　　　　烯　　　二甲基羟胺

该反应比霍夫曼消除反应所需温度稍低一些,不需在强碱条件下进行,因此副反应与重排少一些。消除反应速度与 α,β 碳上取代基大小有关,大有利于消除。该反应可以打开含氮的 5

与 7～10 员的环，但不能打开含氮的 6 员环。该反应为顺式消除，现认为它通过一环状过渡状态，与酯的消除相似。同时，β-H 酸性强的易消除。

$$R-\overset{\displaystyle H}{\underset{\displaystyle}{C}}H-CH_2\overset{\curvearrowright}{}\overset{+}{N}\overset{\nearrow CH_3}{\underset{\searrow CH_3}{}} \longrightarrow RCH=CH_2+HO-N(CH_3)_2$$
$$\overset{:\ddot{O}:^-}{}$$

环状过渡状态

$$\begin{array}{c} \text{H} \\ \text{CH}_3\!-\!\!+\!\!-\!C_6H_5 \\ \text{CH}_3\!-\!\!+\!\!-\!H \\ \overset{+}{N}(CH_3)_2 \\ \overset{|}{O^-} \end{array} \xrightarrow{\;\triangle\;} \underset{H}{\overset{CH_3}{}}C=C\underset{C_6H_5}{\overset{CH_3}{}}+(CH_3)_2N-OH$$

(90%～97%)

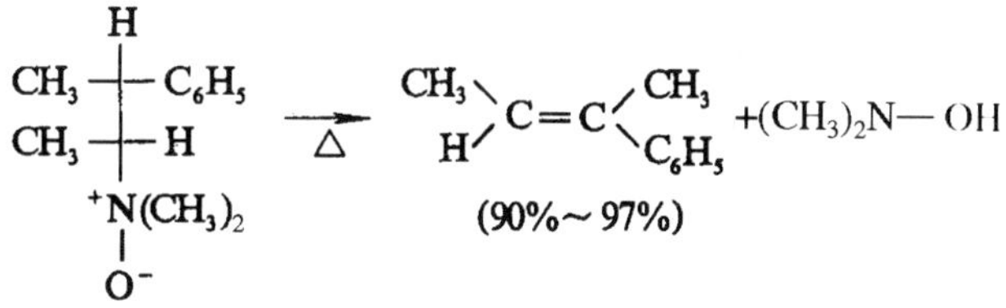

7. 芳香胺环上的亲电取代反应

氨基(—NH$_2$，—NHR，—NR$_2$)具有强的给电子共轭效应，活化芳香环，使其邻、对位电子云密度大大增加。如芳烃一章所述，在邻、对位取代所形成的中间体很稳定。所以胺基对亲电取代反应起活化作用与邻、对位的定位效应。加之氨基自身的特性，使得苯胺及其衍生物的亲电取代反应又有其特点：

(1) 芳香环被活化，使亲电取代反应易于发生。如卤代反应不用催化剂，苯胺在稀盐酸水溶液中用氯或溴卤化，即可得到三卤代苯胺。

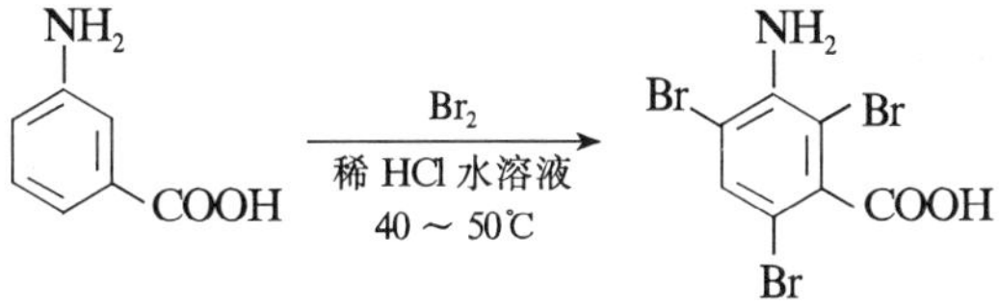

(2) 胺易被氧化。为减少副产物，苯胺硝化前(硝酸是一氧化剂)需要先将氨基保护起来，硝化后再去保护基，得硝基苯胺。

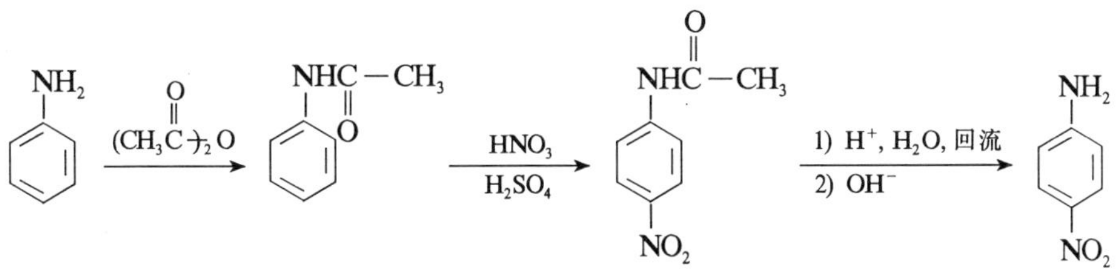

但 N,N-二甲基苯胺在无水乙酸中进行硝化，也能得到较好产率的邻、对位硝基取代产物。

(3) 苯胺的磺化需经较长时加热可得很好产率的对氨基苯磺酸：

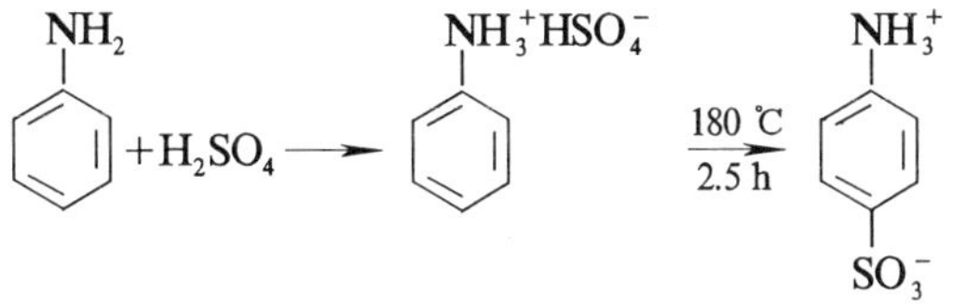

这里为什么得到的不是间位产物？这与磺化反应是可逆反应有关，而且对位产物最稳定，所以长时间高温处理使平衡控制占主导，因此得对位产物。由于苯胺是弱碱，所以在稀盐酸和弱酸中仍有游离苯胺或 N-取代苯胺存在，如卤化、硝化时，仍得邻、对位产物。

(4) 酰化反应中由于苯胺可进行 C-酰化，也可进行 N-酰化，因而酰化反应产率很低。但 N,N-二取代苯胺与乙酰苯胺不能进行 N-酰化，可用温和条件进行 C-酰化。而且，N,N-二烷基苯胺可用二甲基甲酰胺与 POCl₃ 进行酰化，在苯环上引入醛基。但此反应在一般苯环上是不进行的，因为它需强活化的苯环。此反应叫维尔斯迈尔 (Vilsmeier) 反应：

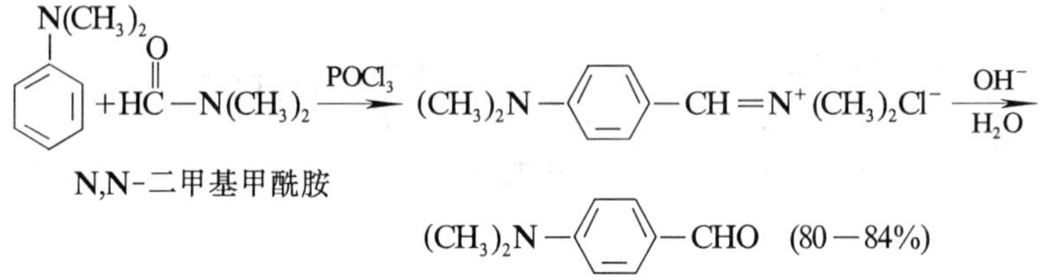

N,N-二甲基甲酰胺

$(CH_3)_2N-\langle\ \rangle-CHO$ (80—84%)

此反应的亲电试剂实际上是二甲基甲酰胺与三氯氧磷作用后生成的氯代亚甲基亚铵离子。

$$(CH_3)_2\overset{+}{N}-\overset{..}{C}HCl\ OPOCl_2^- \longleftrightarrow (CH_3)_2\overset{+}{N}=CHCl\ OPOCl_2^-$$

8. 烯胺的反应

氨基可使苯环邻对位活化。同理，它也可使烯键的 β-碳原子活化，使其具有较强亲核能力，可以与活泼的卤代烷发生烷基化，与酰氯发生酰基化，与 α,β-不饱和酸酯、酮等发生共轭加成。将其产物经酸水解可得到醛、酮的烷基化、酰基化及迈克尔 (Michael) 加成产物。从烯胺的共振式，可以了解其反应的根由：

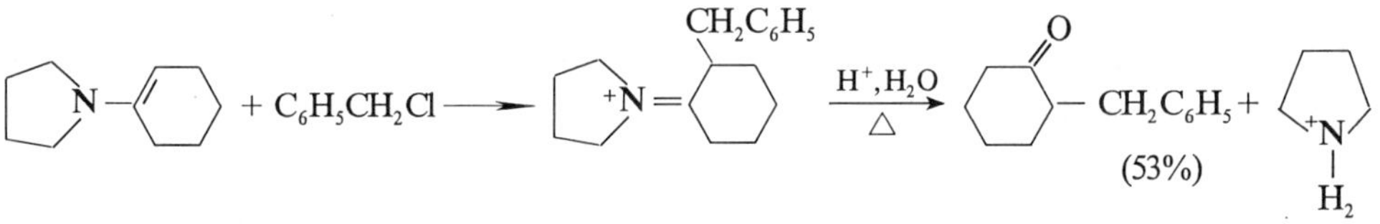

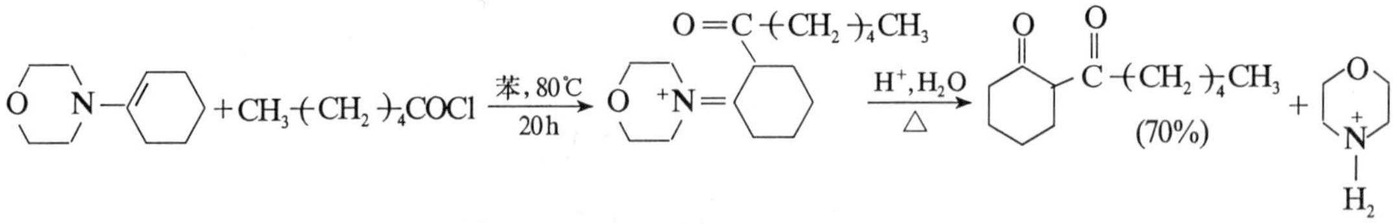

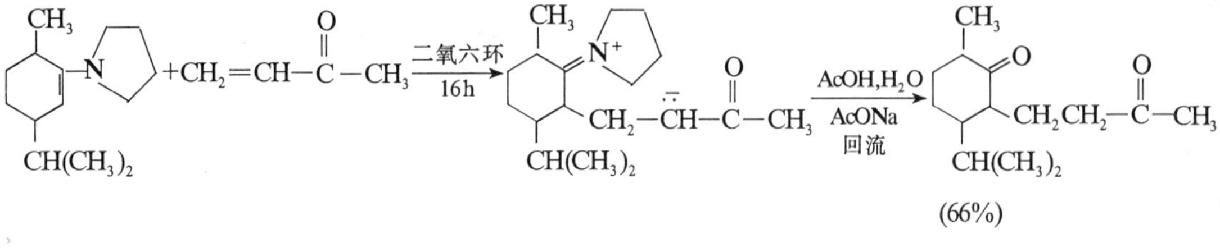

(66%)

286

这一反应对醛、酮的烷基化、酰基化与 Michael 加成具有重要意义。因为它不用强碱而达到了用强碱的目的，所以合成上很有用。

烯胺是 2° 胺（常用环状 2° 胺）与醛、酮反应脱水后得到。如：

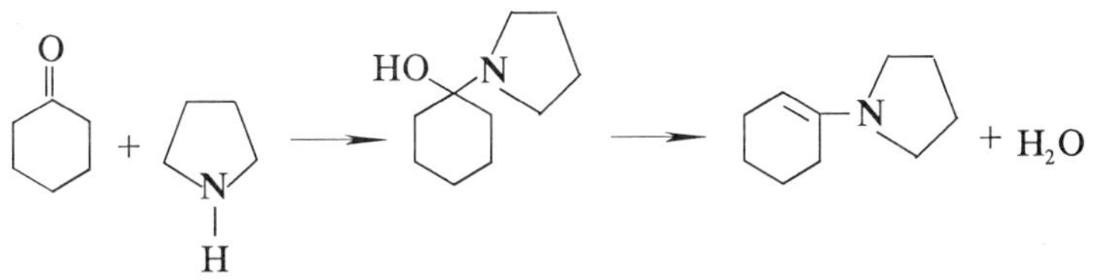

曼尼期（Mannich）反应： 烯胺可以起亲核试剂的作用，而 2° 胺与甲醛在强酸存在下形成的亚铵离子可以起亲电试剂作用，它们都可以形成碳碳键。

$$CH_2=O + R_2NH \xrightarrow{H^+} R_2\overset{+}{N}CH_2OH \underset{\overset{|}{H}}{\rightleftharpoons} R_2\overset{+}{N}CH_2\overset{+}{OH_2} \xrightarrow{-H_2O} R_2\overset{+}{N}=CH_2$$

甲醛　　　2° 胺　　　　　　　　　　　　　　　　　　　亚铵离子

当将 2° 胺、甲醛及可以烯醇化的醛或酮在浓盐酸存在下，于水浴上加热可以得到 β-胺基酮，该反应称为曼尼期（Mannich）反应。

$$\underset{\overset{\|}{O}}{C_6H_5CCH_3} + CH_2O + (CH_3)_2NH \xrightarrow{\text{浓 HCl}} \underset{\overset{\|}{O}}{C_6H_5CCH_2CH_2N(CH_3)_2}$$

苯乙酮　　　甲醛　　二甲胺　　　　1-苯基-3-(二甲氨基)1-丙酮

该反应历程实际是甲醛与二甲胺先形成亚铵离子，然后亚铵离子加到苯乙酮烯醇式的双键上。最后得到 β-氨基酮，又称曼尼期碱，是很有用的合成中间体，它经加热蒸馏可得乙烯基酮与 2° 胺：

$$\underset{\overset{\|}{O}}{C_6H_5C} - CH_2CH_2N(CH_3)_2 \xrightarrow{\text{蒸馏}} \underset{\overset{\|}{O}}{C_6H_5-C} -CH=CH_2 + (CH_3)_2NH$$

若将酮与曼尼期碱共热，再经酸水解可得酮与 α,β-不饱和酮的迈克尔加成产物。

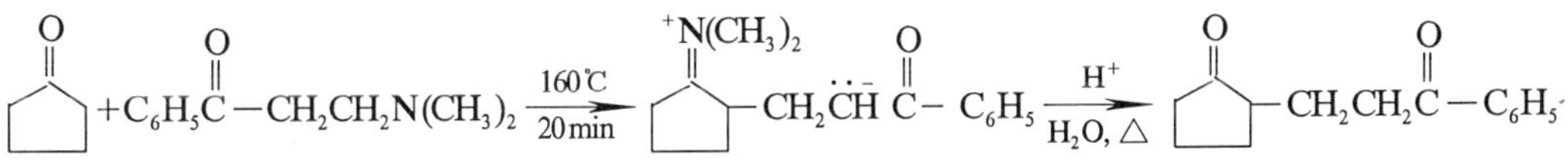

11.5 芳香族重氮盐、重氮甲烷与叠氮化合物的反应

1. 芳香族重氮盐的反应

芳香族重氮盐是由 1° 芳香胺在强酸溶液中，与 $NaNO_2$（立即产生 HNO_2）在 5℃ 以下低温反应制得。由于重氮基与芳环发生共轭，所以它比脂肪族重氮盐稳定。重氮盐溶于水，并完全电离。干的重氮盐极易爆炸，但水溶液无此危险，所以在水溶液中制得的重氮盐就不再分离，直接用于下步反应。

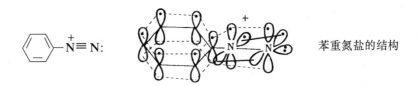

苯重氮盐的结构

芳香族重氮盐是重要的合成中间体,它最重要的两类反应是置换反应与偶合反应。

(1) 芳香族重氮盐的置换反应

芳香族重氮盐的重氮基可以为一系列基团置换,如下列反应所示:

$$Ar-NH_2 \xrightarrow[\text{HX, 5℃以下}]{NaNO_2} ArN_2^+X^-$$

$$\begin{aligned}
&\xrightarrow[\triangle]{H_2O} ArOH \\
&\xrightarrow{KI} ArI \\
&\xrightarrow{HBF_4} ArN_2^+BF_4^- \xrightarrow{\triangle} ArF \\
&\xrightarrow{HS^-} ArSH \\
&\xrightarrow{SCN^-} ArSCN \\
&\xrightarrow{CuCl} ArCl \\
&\xrightarrow{CuBr} ArBr \\
&\xrightarrow{CuCN} ArCN \\
&\xrightarrow{H_3PO_2} ArH
\end{aligned}$$

在这些反应中,基本上是两种历程:

a. S_N1 历程:由于 N_2 是很好的离去基团,因此重氮盐很易放出 N_2,生成芳基正碳离子,然后与亲核试剂反应得置换产物,如被 OH,I,F,SH 及 SCN 等置换均属此类反应。

$$Ar\overset{+}{N}\equiv N \longrightarrow Ar^+ + N_2$$
$$Ar^+ + :Nu^- \longrightarrow ArNu$$

式中 Nu^- 为:H_2O,I^-,BF_4^-,HS^-,SCN^- 等。

b. 自由基反应历程:重氮盐与亚铜离子发生单电子转移的氧化还原反应,形成芳基自由基中间体,芳基自由基再夺取卤化铜、氰化铜的卤素、氰基而得到卤代芳烃、芳甲腈。

$$Ar\overset{+}{N}\equiv NX^- + CuX \longrightarrow Ar\cdot + N_2 + CuX_2$$
$$CuX_2 + Ar\cdot \longrightarrow ArX + CuX$$

式中 X 为:Cl,Br,CN。

重氮盐与 H_3PO_2 反应也是自由基反应历程。在实际应用芳香族重氮盐的置换反应时,特别是按 S_N1 历程进行的反应,要尽可能选择重氮盐的负离子的亲核性越弱越好,这样可以减少副反应。如制备羟基或碘置换的重氮盐往往用硫酸,因 HSO_4^- 负离子亲核性极弱。

因为 Cl^-,NO_2^- 等的亲核性均比 HSO_4^- 强。

与氟的置换需通过重氮硼氟酸盐，加热分解得到氟代芳烃。同样，通过重氮硼氯(溴)酸盐，也可制得氯(溴)代芳烃。

$$\mathrm{Ar}\overset{+}{\mathrm{N}}_2\mathrm{X}^- + \mathrm{HBBr}_4 \longrightarrow \mathrm{Ar}\overset{+}{\mathrm{N}}_2\mathrm{BBr}_4^- \xrightarrow[\triangle]{} \mathrm{Ar\text{-}Br}$$

$$\mathrm{Ar}\overset{+}{\mathrm{N}}_2\mathrm{X}^- + \mathrm{HBCl}_4 \longrightarrow \mathrm{Ar}\overset{+}{\mathrm{N}}_2\mathrm{BCl}_4^- \xrightarrow[\triangle]{} \mathrm{Ar\text{-}Cl}$$

重氮盐在铜作用下，还可与 $NaNO_2$，Na_2SO_3 置换，得到硝基代芳烃和芳烃磺酸盐。

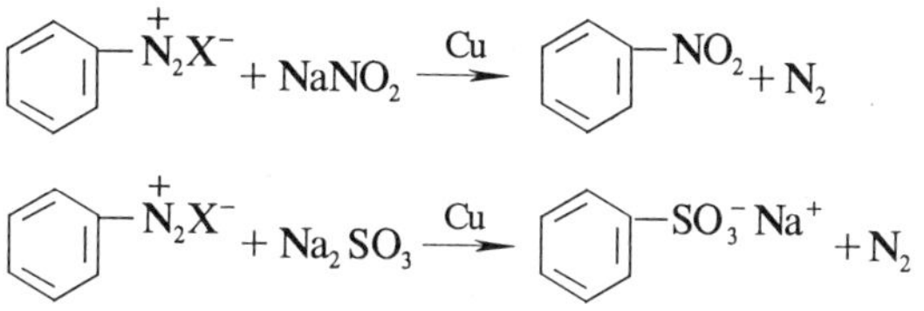

重氮盐与氢的置换实际上是去胺化反应，它在合成上极为重要。例如，由苯合成 1,3,5-三溴苯，直接溴化是得不到的。但由苯胺进行溴化得 2,4,6-三溴苯胺，再进行去胺化，则很容易得到：

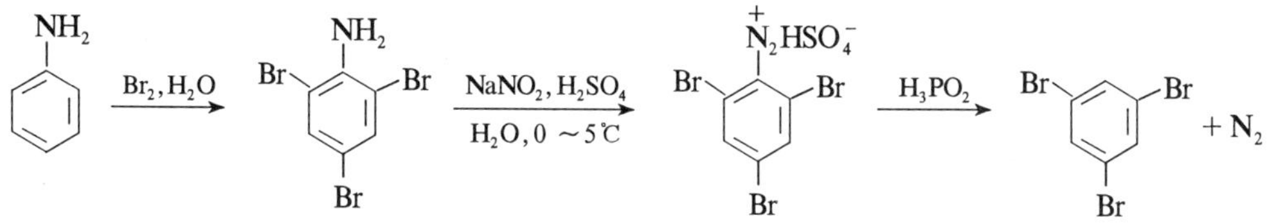

与氢置换反应，也可用乙醇，但效果不如次磷酸好。因为醇会产生一些醚的副产物。

重氮盐还可还原形成肼。如：

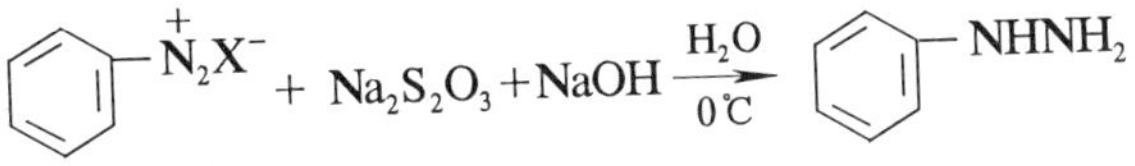

(2) 重氮偶合反应

芳香族重氮盐是弱的亲电试剂，它们可以和高度活化的芳香族化合物发生偶合得到偶氮化合物。这种反应称为重氮偶合反应。高度活化的芳香族化合物一般为酚与 3° 芳胺。

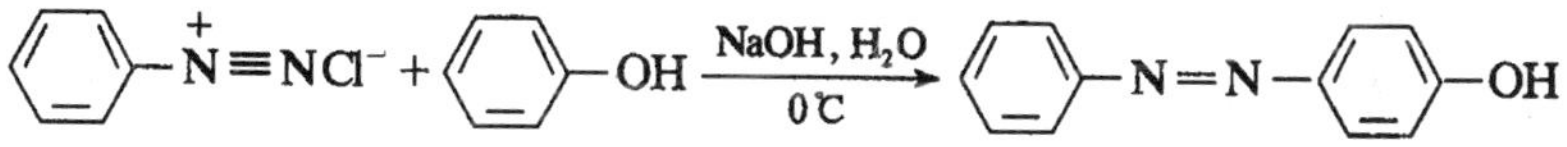

苯酚　　　　对羟基偶氮苯
橙色固体

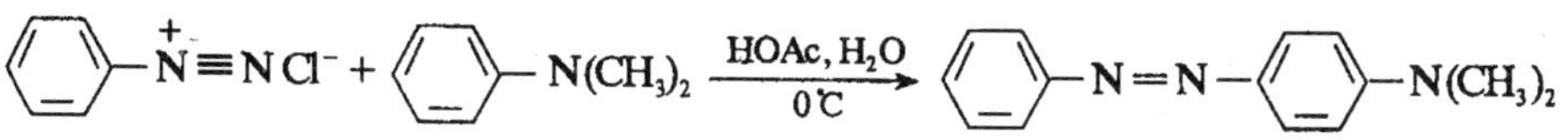

N,N-二甲苯胺　　　　对(二甲氨基)偶氮苯
黄色固体

重氮盐与酚的偶合在微碱性溶液中进行较快，因为在这种条件下，有相当数量的酚转变为 ArO^-。由于—O^-给电子效应比—OH 强，所以 ArO^- 比酚活泼，因此反应较快。但是若溶液碱性太强(pH>10)，重氮盐将与 OH^- 结合形成不能偶合的偶氮氢氧化物与偶氮酸盐，使偶合速度反而降低，甚至不能进行。

$$Ar-OH \underset{H^+}{\overset{OH^-}{\rightleftharpoons}} ArO^-$$

偶合慢　　　　　偶合快

$$Ar-\overset{+}{N}\equiv N \underset{H^+}{\overset{OH^-}{\rightleftharpoons}} Ar-N=N-OH \underset{H^+}{\overset{OH^-}{\rightleftharpoons}} Ar-N=N-O^-$$

重氮离子　　　　　偶氮氢氧化物　　　　偶氮酸离子
可偶合　　　　　　不能偶合　　　　　　不能偶合

重氮盐与胺的偶合在微酸性溶液中进行较快(pH 5~7),因为在这种条件下,重氮离子浓度较高,同时胺没有全部变成不活泼的铵盐,所以反应速度较快。但是若溶液的酸性增加(pH<5),则胺大部变成铵盐,偶合速度反而变慢,甚至不能进行。所以,pH 的选择在重氮偶合反应中是很重要的。在这两个偶合反应中,酚与胺都是在碱性强的条件下有利于偶合,而重氮盐则在酸性强的条件下有利。两种矛盾的因素同时存在的现象在有机化学反应中是经常可以看到的,这就需要我们选择一适中的条件来进行反应。

1° 与 2° 芳香胺与重氮盐偶合反应主要发生 N-偶联,得到重氮氨基芳烃,但它在芳胺盐酸盐催化下,温和加热可使其重排为氨基偶氮芳烃。

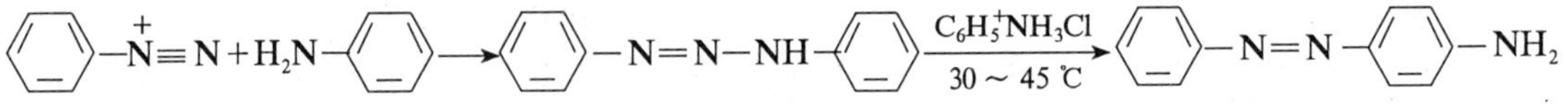

重氮氨基苯(82% ~ 85%)　　　　　　氨基偶氮苯

偶氮芳烃有着鲜艳的颜色,所以被广泛用来作为染料。如迎春红:

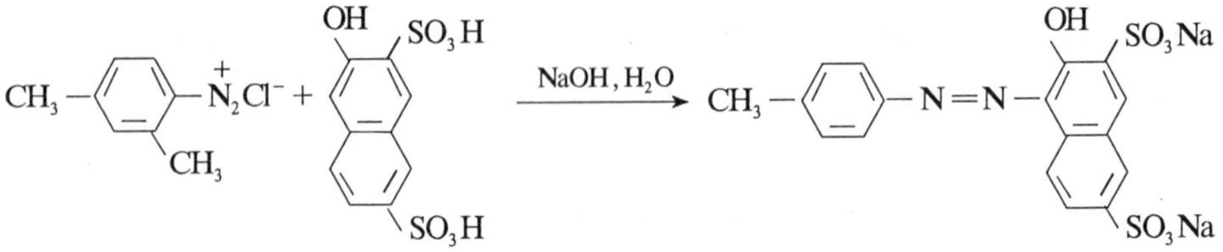

迎春红

2. 重氮甲烷

重氮甲烷是重氮烷系列中最低的一个,它是一种黄色、有毒、易爆炸的气体。它的乙醚溶液比较安全,但操作时仍需小心,因为在玻璃间的摩擦即可引起爆炸。但由于它高度专一的活性,仍广泛应用于合成中。

重氮甲烷是一偶极化合物,具有强的亲核性。它的共振结构为: $[:\overset{\cdot\cdot}{C}H_2-\overset{+}{N}\equiv N:\longleftrightarrow$ $CH_2=\overset{\cdot\cdot}{\overset{+}{N}}=\overset{\cdot\cdot}{N}:^- \longleftrightarrow :\overset{\cdot\cdot}{C}H_2-N=N:^+]$, CH_2N_2。它可在温和条件下与醇、酚形成醚;与羧酸形成酯;与酰氯可以得到 α-重氮酮;再水解,可得比酰氯多一碳的酸;与烯键可进行环加成反应,得杂环化合物。受热或光照,产生卡宾。

醇、酚、酸与 CH_2N_2 反应历程基本一样。即:

$$ROH+CH_2N_2 \longrightarrow RO^- + CH_3\overset{+}{N_2} \overset{S_N1\ 或\ S_N2}{\longrightarrow} ROCH_3 + N_2$$

而与酰氯反应则稍有不同。

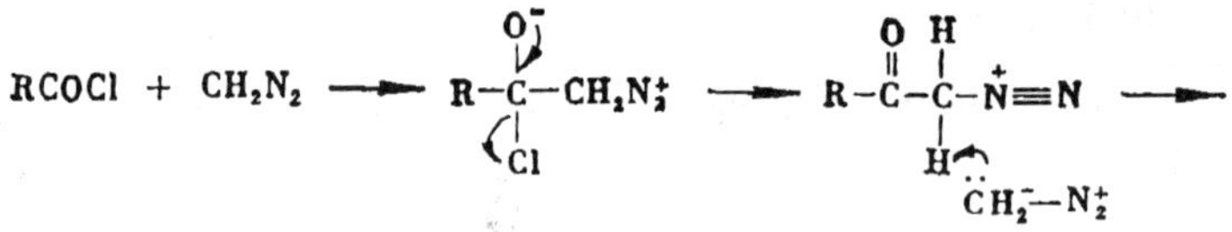

RCOCl + CH₂N₂ ⟶ 结构式反应

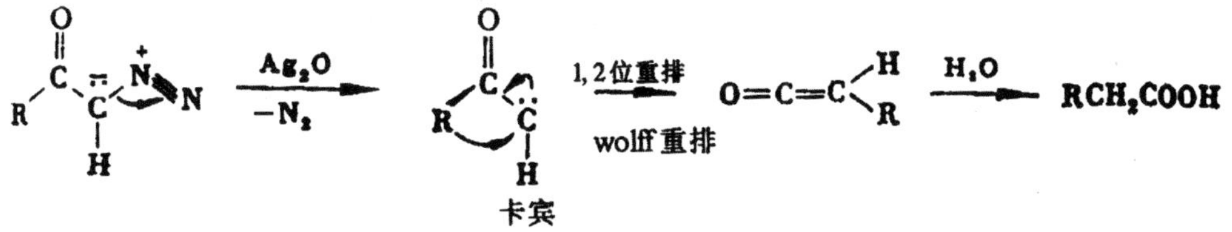

重氮甲烷可由 N-甲基-N-亚硝基酰胺或磺酰胺与浓的 KOH 水溶液在乙醚与水溶液的两相体系中反应得到,产物溶于乙醚中。

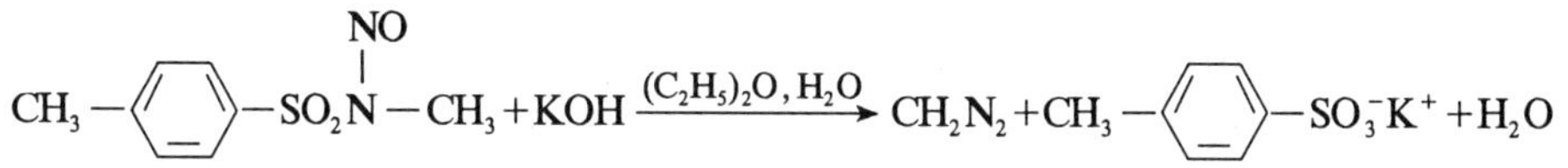

3. 叠氮化合物

叠氮化合物 RH_3 是具有 4π 电子的 1,3-偶极化合物,其共振结构为:$[R-\overset{..}{\underset{..}{N}}{}^- -N^+\equiv N:$ $\longleftrightarrow R-\overset{..}{N}=N=\overset{+}{N}:{}^-]$。它与重氮乙烷结构相似,$[CH_3-\overset{..}{\overset{-}{C}}H-\overset{+}{N}\equiv N: \longleftrightarrow CH_3-\overset{.}{C}H=\overset{+}{N}=\overset{..}{N}:{}^-]$。$N_3^-$ 是很好的亲核试剂,与卤代烷反应经还原可得 1° 胺,放出 N_2。

NaN_3 与酰氯反应可以得到酰基叠氮化物。加热分解放出氮并形成异氰酸酯,加水形成胺;或直接在水中加热分解得到胺。此反应称为库尔提斯(Curtius)反应。

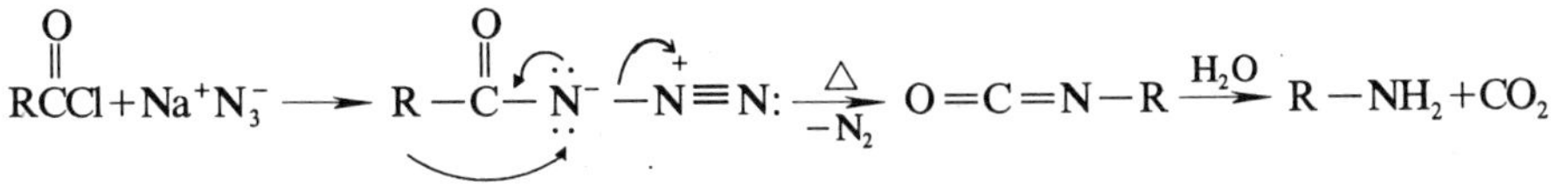

叠氮酸与羧酸反应可直接得到异氰酸酯,如有水存在可直接得到胺。此反应称为施密特反应。如:

$$CH_3 \overset{}{\underset{}{(CH_2)_{16}}} COOH + HN_3(NaN_3 + H_2SO_4) \xrightarrow{H_2O} CH_3 \overset{}{\underset{}{(CH_2)_{16}}} NH_2 + CO_2 + N_2$$

11.6 胺的制备反应提要

(1) 氨、胺的烷基化反应。

$$RX + NH_3 \longrightarrow RNH_2 \xrightarrow{RX} R_2NH \xrightarrow{RX} R_3N \xrightarrow{RX} R_4\overset{+}{N}X^-$$

(2) 酰胺、腈的还原。

$$\overset{O}{\underset{\|}{RC}}-NH_2 + LiAlH_4 \longrightarrow RCH_2NH_2$$

(3) 硝基化合物的还原。常用催化氢化,强酸与 Fe,Zn,Sn 等。

(4) 还原胺化。醛酮与氨或 1° 胺反应后经催化氢化或化学还原得到 1° 胺或 2° 胺。1° 胺或 2° 胺与甲醛和甲酸反应可得到 2° 胺或 3° 胺。

$$(CH_3)_3C-NH_2 + 2CH_2O + 2HCOOH \xrightarrow{100℃} (CH_3)_3C-N(CH_3)_2 + CO_2 + H_2O$$

(5) 酰胺的霍夫曼重排。

$$CH_3 \!\!\leftarrow\!\! CH_2 \!\!\overset{}{\rightarrow}_{\!4} \!\! \overset{\overset{\displaystyle O}{\|}}{C} \!\!-\!\! NH_2 + Br_2 \xrightarrow[\text{H}_2\text{O}]{\text{NaOH}} CH_3 \!\!\leftarrow\!\! CH_2 \!\!\overset{}{\rightarrow}_{\!4} \!\! NH_2 + NaBr + Na_2CO_3$$

(88%)

(6) Gabriel 合成法制 1° 胺。

11.7　含磷有机化合物

像一切生物体内都含氮一样,一切生物体内都含有磷,而且在生物的生命发展变化过程中起着重要作用。

1. 含磷有机化合物的结构

磷与氮是同族元素,有相同数目的外层电子(价电子)数。但它们不属同一期的元素即氮属第二周期,磷属第三周期。它们原子核外的电子构型如下:

氮为 $1s^2\,2s^2\,2p_x^1\,2p_y^1\,2p_z^1$。

磷为 $1s^2\,2s^2\,2p_x^2\,2p_y^2\,2p_z^2\,3s^2\,3p_x^1\,3p_y^1\,3p_z^1\,3d_{x^2-y^2}^0\,3d_{z^2}^0\,3d_{xy}^0\,3d_{xz}^0\,3d_{y^2}^0$。

所以它们可以形成结构相似的化合物,但许多相应化合物在某些方面又有明显的区别。形成与氮相似的化合物有:

PH_3	RPH_2	R_2PH	R_3P	$[R_4P]^+I^-$
磷化氢	一级	二级	三级	四级鏻化合物
NH_3	RNH_2	R_2NH	R_3N	$[R_4N]^+I^-$

磷与碳直接相连的化合物叫膦化合物,四级膦化合物叫鏻化合物。

在这些化合物中,膦的键角接近 90°,铵的键角为 107°,膦的 3 个 σ 键似乎是磷以 3 个 p 轨道与其他原子相连组成。其实这是由于磷的未成键电子对受到的束缚力小,轨道体积大,因此压迫另外 3 个 σ 键,使键角被压缩成 93.5°。

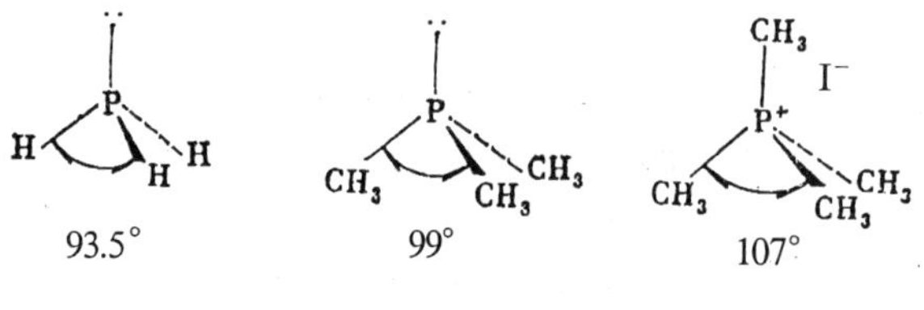

另外,膦和胺不同,可以稳定的构型存在,因而可以有旋光异构。如:

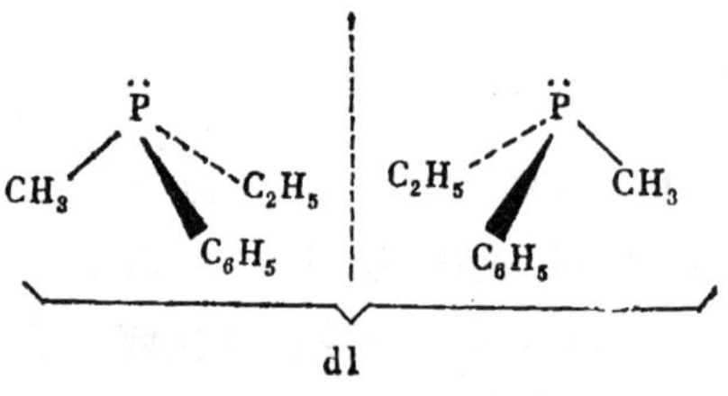

磷化合物上,磷的未共享电子对可与氧形成配价键 $P^+ \!-\! O^-$,同时由于磷具有与 $3p$ 轨道能量相近的空 $3d$ 轨道,因此可与硫一样,形成 $p-d\pi$ 的回转键,而 $p-d\pi$ 键并不改变配价键的位置。所以膦氧化物与膦一样,以四面体结构存在,并且可以具有旋光性。如:

甲基乙基苯基膦氧化物

$[\alpha]_0 = \pm 22.8°$

磷还可以和卤原子相连,形成稳定存在的磷卤化合物,常用来作为一活泼的试剂。如:

$$\ddot{P}Cl_3 \qquad \ddot{P}Br_3 \qquad C_6H_5\ddot{P}Cl_2 \qquad (C_6H_5)_2\ddot{P}Cl$$

三氯化磷　　　三溴化磷　　　苯基二氯化磷　　　二苯基氯化磷

磷还可以共价键与氧相连,磷上连了 3 个羟基就是亚磷酸;羟基上的氢为烃基置换,就成为亚磷酸酯。

$$\ddot{P}(OH)_3 = H_3PO_3 \qquad\qquad \ddot{P}(OC_6H_5)_3$$

亚磷酸　　　　　　　　　亚磷酸三苯酯

当亚磷酸磷上的未共享电子对与氧结合,就成为磷酸。

磷酸

磷酸分子中的羟基被烃基取代的衍生物叫膦酸。如:

烷基膦酸　　　　　　二烷基膦酸　　　　　　三烷基膦氧化物

磷酸分子中羟基上的氢被烃基取代的衍生物叫磷酸酯。氢被取代的数目不同分别叫磷酸烃基酯、磷酸二烃基酯和磷酸三烃基酯。磷酸分子中的羟基也可被卤素取代,它相当于羧酸的酰氯。当 3 个羟基全部为氯取代,称为三氯氧磷($POCl_3$)。

不仅磷氧配价键之间可形成 $p-d\pi$ 键,磷与碳负离子间也可形成 $p-d\pi$ 键。如鏻盐在强碱作用下,可使与磷相连碳上的 α 氢脱去,形成碳负离子。碳负离子的 p 电子可与磷的 d 轨道形成 $p-d\pi$ 键,成为较稳定的内鎓盐。如:

$$Ph_3P + CH_3Br \longrightarrow Ph_3\overset{+}{P} - CH_3 \quad Br^-$$

$$\underset{Br^-}{Ph_3\overset{+}{P} - CH_3} \xrightarrow[\text{四氢呋喃}]{Li} Ph_3\overset{+}{P} - \overset{..}{C}H_2^- \longrightarrow Ph_3P \overset{p-d\pi \text{键}}{=} CH_2$$

内鎓盐

磷可以五价形成五卤化磷与五苯基化磷。在这些化合物中,磷是以 dsp^3 杂化形成 5 个轨道与卤原子、苯基相连。五氯化磷的形状是一双棱锥体,而五苯基化磷是一四方的棱锥体,这可能与它们使用的 d 轨道不同有关。五氯化磷用的是 d_{z^2} 轨道,五苯基化磷用的是 $d_{x^2-y^2}$ 轨道。

2. 含磷有机物的化学性质

(1) 膦与胺的比较

膦的碱性比胺弱,不能使石蕊试纸变蓝(石蕊试纸变色范围为 pH 5～8);膦的亲核性比胺强,是一个强的亲核试剂;膦比胺容易被氧化,在空气中就能自动氧化成氧化膦或磷酸。

$$(C_6H_5)_3P: +O_2 \longrightarrow (C_6H_5)_3\overset{+}{P}-O^-$$

$$PH_3 +O_2 \longrightarrow H_3PO_4$$

(2) 亚磷酸酯的阿尔布卓夫(Arbuzov)反应

亚磷酸三烷基酯与卤代烷在 200℃ 高温下反应可以得到很好产率的烷基膦酸二烷基酯与新的卤代烷,这个反应的第一步是亚磷酸酯作为亲核试剂与卤代烷发生 S_N2 反应;第二步为卤离子作为亲核试剂去进攻上步生成的烷基膦酸三烷基酯的一个酯基,而烷基膦酸酯作为离去基团。如:

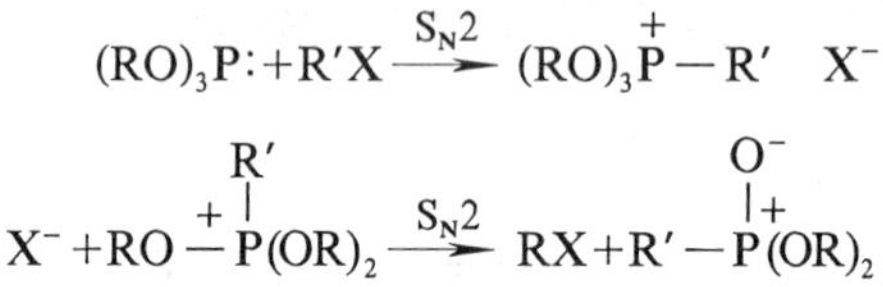

$$(RO)_3P: +R'X \xrightarrow{S_N2} (RO)_3\overset{+}{P}-R' \quad X^-$$

$$X^- +RO\overset{\overset{R'}{|}}{\underset{}{\overset{+}{P}}}(OR)_2 \xrightarrow{S_N2} RX+R'-\overset{\overset{O^-}{|+}}{\underset{}{P}}(OR)_2$$

(3) 磷卤化合物的亲核取代反应

磷卤化物的卤素比碳卤化物的卤素活泼得多:可与水、醇、酚发生水解、醇解、酚解;可与醇钠、酚钠、羧酸钠盐、格氏试剂等发生置换;可被氢化铝锂还原;可与芳烃在三氯化铝催化下发生取代反应。所以,磷卤化合物是合成磷有机化合物的重要中间体。如:

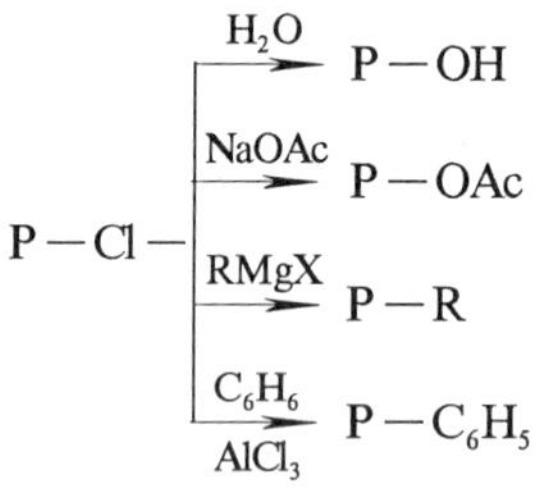

$$P-Cl \begin{cases} \xrightarrow{H_2O} P-OH \\ \xrightarrow{NaOAc} P-OAc \\ \xrightarrow{RMgX} P-R \\ \xrightarrow[AlCl_3]{C_6H_6} P-C_6H_5 \end{cases}$$

(4) 磷酸及其衍生物

磷酸为三元酸,它的单酯与双酯仍具有酸性,而且比磷酸还强,其 pK_a 值分别为 1.54 和 1.29,而磷酸的 pK_{a1} 为 2.15。

加热可使磷酸分子间失水形成二聚磷酸(焦磷酸),磷酸与五氧化二磷加热可形成多聚磷酸,其中主要为三聚磷酸,其余为磷酸与较高级的多聚磷酸。

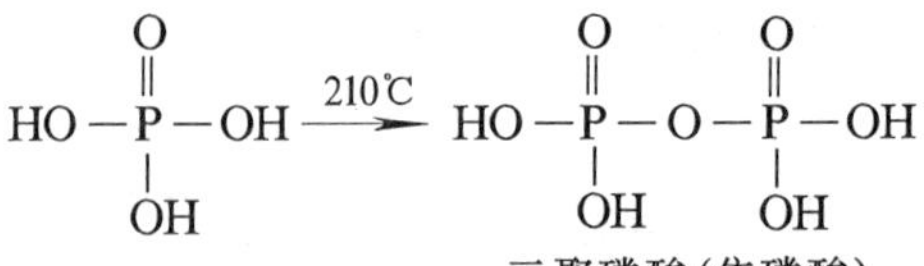

二聚磷酸(焦磷酸)

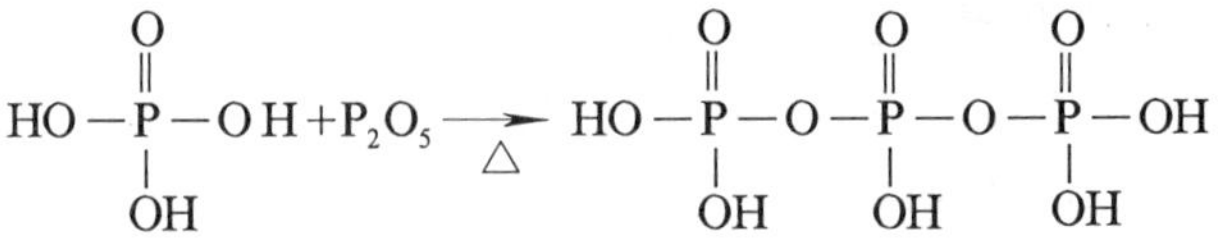

三聚磷酸

$$+H_3PO_4+ HO-\overset{\displaystyle O}{\underset{\displaystyle OH}{P}}\underset{n-2}{(O-\overset{\displaystyle O}{\underset{\displaystyle OH}{P}})}O-\overset{\displaystyle O}{\underset{\displaystyle OH}{P}}-OH$$

一切生物体中都含有磷,但不是以膦的形式存在,而是以磷酸、二聚磷酸、三聚磷酸的单酯与双酯存在,如在生理上起重要作用的辅酶腺苷单磷酸酯(AMP)、腺苷二聚磷酸酯(ADP)与腺苷三聚磷酸酯(ATP)。这些磷酸酯在生理条件 pH=7 时,都是如下式,以负离子存在。

$$腺苷-O-\overset{\displaystyle O^-}{\underset{\displaystyle O^-}{P^+}}-O^- \qquad 腺苷-O-\overset{\displaystyle O^-}{\underset{\displaystyle \mid}{P^+}}-O-\overset{\displaystyle O^-}{\underset{\displaystyle \mid}{P^+}}-O^-$$

AMP   **ADP**

$$腺苷-O-\overset{\displaystyle O^-}{\underset{\displaystyle O^-}{P^+}}-O-\overset{\displaystyle O^-}{\underset{\displaystyle O^-}{P^+}}-O-\overset{\displaystyle O^-}{\underset{\displaystyle O^-}{P^+}}-O^-$$

ATP

生物体内的有机物在进行生物氧化过程中,要释放出大量的能量,这些能量便以"高能键"的形式贮存在上述三磷酸酯与二磷酸酯的化学键中,这种"高能键"以"~"表示:

$$腺苷-O-\overset{\displaystyle O^-}{\underset{\displaystyle O^-}{P^+}}-O\sim\overset{\displaystyle O^-}{\underset{\displaystyle O^-}{P^+}}-O\sim\overset{\displaystyle O^-}{\underset{\displaystyle O^-}{P^+}}-O^- \qquad 腺苷-O-\overset{\displaystyle O^-}{\underset{\displaystyle O^-}{P^+}}-O\sim\overset{\displaystyle O^-}{\underset{\displaystyle O^-}{P^+}}-O^-$$

ATP   **ADP**

这种高能键的水解要比一般磷酸酯的水解放出的能量多,一般磷酸酯水解放出的能量为 $8.4\sim16.8$ kJ/mol,而高能键水解放出 $33.5\sim54.4$ kJ/mol。

$$ATP+H_2O \rightleftharpoons ADP+H_3PO_4+能量$$

为什么同样的 P—O 键水解,放出的能量会有这样大的差别?这与 ATP 以负离子存在有关。因为三聚磷酸链上氧负离子互相排斥,使得 P—O 键不稳定,但水解后这种排斥降低,变得比较稳定,因此放出较多能量。许多生化过程都需依赖这些能量来完成,如光合作用、肌肉的收缩、蛋白质的合成、萤火虫的发光等。

磷酸酯还存在于核酸、磷脂类化合物中。这类化合物在生理上都起着重要作用,特别是核酸,这在以后章节还要介绍。

3. 有机磷杀虫剂

有机磷杀虫剂有磷酸酯类、膦酸酯类、硫代磷酸酯类及磷酰胺类 $[(RO)_2-\overset{\displaystyle O}{\underset{}{P}}-NHR]$ 等,其中以磷酸酯类和硫代磷酸酯类最多。这些有机磷杀虫剂遇到碱易水解而失去毒性,在使用及保存时应注意。

有机磷杀虫剂的药效比其他杀虫剂高、品种多、范围广。而且许多有机磷杀虫剂有内吸性,即可被植物吸收,这样只要害虫吃进含有杀虫剂的植物即可毒死,而不一定需要害虫直接与杀虫剂接触。此外,有机磷杀虫剂在植物体内可以水解而失去毒性,所以不会因残留于作物中而引起人畜中毒。

动物神经受刺激后可分泌乙酰胆碱给神经节,促使肌肉收缩。而胆碱酯酶可催化水解乙酰胆碱,使刺激消除。但有机磷杀虫剂可破坏胆碱酯酶的正常生理功能,使乙酰胆碱不能水解,刺激无法消除,造成麻痹,以致死亡。下面列举几个常见的有机磷杀虫剂。

(1) 敌百虫(0,0-二甲基-(2,2,2-三氯-1-羟乙基)磷酸酯。

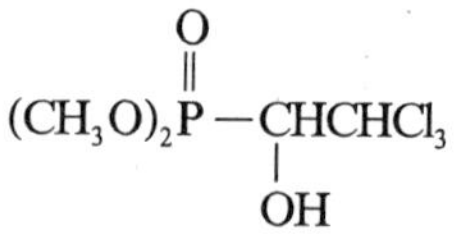

$$(CH_3O)_2 \overset{\overset{O}{\|}}{P} - \underset{\underset{OH}{|}}{C}HCHCCl_3$$

(2) 敌敌畏(0,0-二甲基-(2,2-二氯乙烯基)磷酸酯)

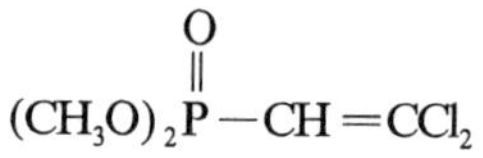

$$(CH_3O)_2 \overset{\overset{O}{\|}}{P} - CH = CCl_2$$

(3) 对硫磷(1605)(0,0-二乙基-O-(对硝基苯基)硫羰磷酸酯)

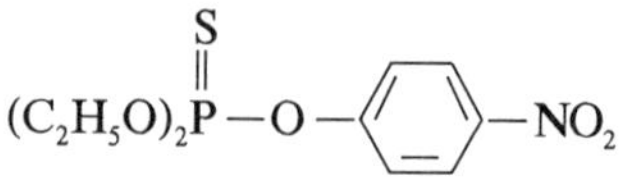

$$(C_2H_5O)_2 \overset{\overset{S}{\|}}{P} - O - \langle\bigcirc\rangle - NO_2$$

(4) 乐果(0,0-二甲基-S-(甲胺基甲酰)甲基二硫代磷酸酯)

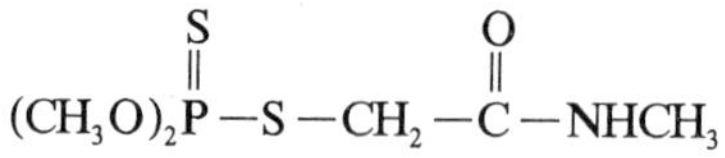

$$(CH_3O)_2 \overset{\overset{S}{\|}}{P} - S - CH_2 - \overset{\overset{O}{\|}}{C} - NHCH_3$$

习 题

1. 写出下列化合物的结构,并写出它们的名称,再按伯、仲、叔分类。

(a) 分子式为 $C_4H_{11}N$ 的 9 个胺的异构体(包括旋光异构体)。

(b) 分子式为 C_7H_9N 的 5 个含有苯环的胺的异构体。

2. 试写出下列化合物的结构式:

(a) 仲丁胺   (b) 邻甲苯胺   (c) 氯化苯铵

(d) 二乙胺   (e) 对氨基苯甲酸   (f) 苄胺

(g) 苯甲酸异丙铵   (h) 邻苯二胺   (i) N,N-二甲基苯胺

(j) 2-氨基乙醇   (k) β-苯基乙胺

3. 试由五碳以下醇合成下列化合物:

(a) $CH_3CH_2CH_2CH_2CH_2NH_2$ (b) $(CH_3CH_2CH_2)_2NCH_3$

(c) $CH_3CH_2CH_2CH_2CH_2N(CH_3)_2$ (d) $(CH_3)_2CHCH_2CH_2NHCH_2CH_3$

4. 试简述从苯、甲苯和四碳以下的醇合成下列各化合物的实验室方法的步骤,可用任何必须的无机试剂(用反应式表示)。

(a) 异丙胺   (b) 正戊胺   (c) 对甲苯胺

(d) 乙基异丙基胺   (e) α-甲基苯甲胺   (f) 苯乙胺

(g) 间氯苯胺   (h) 对氨基苯甲酸   (i) 1-乙基戊胺

(j) N-乙基苯胺　　　　　(k) 2,4-二硝基苯胺　　　　　(1) 对硝基苄胺

(m) 1-苯基-2-氨基乙醇

5. 使用模型,画出结构式以表明下列化合物可能的立体异构形式,并指出哪些异构体在与其他化合物分离后,会具有旋光性? 哪些没有旋光性?

(a) α-甲基苯甲胺　　　　　(b) N-甲基-N-乙基苯胺

(c) 溴化甲基乙基正丙基苯基铵

(d) N-甲基-N-乙基苯胺-N-氧化物$[(CH_3)(C_2H_5)(C_6H_5)\overset{+}{N}-O^-]$

6. 试提出下列反应的立体专一的转变方法:

(a) (R)-2-辛醇转变成(S)-2-辛胺

(b) (R)-2-辛醇转变成(R)-2-辛胺

7. (a) 试给出化合物 A 到 D 的结构式:

$$A+CH_3CH_2CH_2Br \xrightarrow{\text{加热}} B(C_{11}H_{11}O_2N) \xrightarrow[\text{加热}]{H_2O, OH^-} C(C_3H_9N)+D$$

(b) 这个反应序列说明了 Gabriel 合成,它生成了哪一类化合物? 对于这种化合物的生产来说,它比其他方法有何特殊的优点? 这个合成取决 (a) 中化合物 A 的什么特殊性质?

8. 按碱性强弱次序排列下列各组中的化合物。

(a) 氨,苯胺,环己胺

(b) 乙胺, 2-氨基乙醇, 3-氨基-1-丙醇

(c) 苯胺,对甲氧基苯胺,对硝基苯胺

(d) 苄胺,间氯苄胺,间乙基苄胺

(e) 对氯-N-甲基苯胺, 2,4-氯-N-甲基苯胺, 2,4,6-三氯-N-甲基苯胺

9. 试预测哌啶(六氢吡啶)经下列各步反应后的主要产物。

(a) 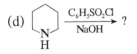　　　(b) 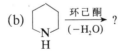　　　(c)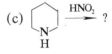

(d)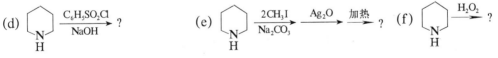

10. 试比较 3 种胺: 苯胺, N-甲基苯胺和 N,N-二甲基苯胺对下列试剂的反应:

(a) 稀 HCl　　　　　(b) $NaNO_2$+HCl(水溶液)　　　　　(c) 碘甲烷

(d) 苯磺酰氯+KOH(水溶液)　(e) 醋酐　　　　　(f) 苯甲酰氯 + 吡啶

(g) 溴水

11. 试写出亚硝酸钠和盐酸与下列诸化合物作用(如果有的话)的主要有机产物的结构。

(a) 对甲苯胺　　　　　(b) N,N-二乙基苯胺　　　　　(c) 正丙胺

(d) 对氨基苯磺酸　　　(e) N-甲基苯胺　　　　　(f) 1,2-二甲基丙胺

(g) 联苯胺(4,4′-二氨基联苯)　(h) 苄胺

12. 试写出对硝基苯重氮硫酸盐与下列化合物的反应方程式:

(a) 间苯二胺　　　　　(b) 热的稀 H_2SO_4　　　　　(c) HBr+Cu

(d) 对甲酚　　　　　(e) KI　　　　　(f) CuCl

(g) CuCN　　　　　　　　　(h) HBF$_4$,然后加热　　　(i) H$_3$PO$_2$

13. 写出下列反应生成物的结构:

(a) 二甲胺与亚硝酸　　　　　　　　　(b) 苯胺与 1,3-二硝基-4-氯苯

(c) 2,3-丁二酮与邻苯二胺　　　　　　(d) 苯甲胺与苯磺酰氯

14. 试指出怎样实现下列转变?写出必要的转变步骤。

(a) 顺-2-甲基-1-氨基环己烷转变成 1-甲基环己烯

(b) 顺-2-甲基-1-氨基环己烷转变成 3-甲基环己烯

(c) 3-硝基甲苯转变成 2,2'-二甲基-4,4'-二硝基联苯

(d) 硝基苯转变成 4-氯硝基苯

(e) 甲苯转变成 3-溴-4-碘代甲苯

15. 试写出下列反应的所有的有机产物:

(a) 正丁酰氯+甲胺　　　　　　　　　(b) 醋酐+N-甲基苯胺

(c) 氢氧化四正丙铵+加热　　　　　　(d) 氢氧化四甲铵+加热

(e) N,N-二甲基乙酰胺+沸腾的稀 HCl　(f) 苯甲酰苯胺+沸腾的 KOH 水溶液

(g) 甲酸甲酯+苯胺　　　　　　　　　(h) 过量的甲胺+光气

(i) m-O$_2$N—C$_6$H$_4$NHCH$_3$+NaNO$_2$+H$_2$SO$_4$　(j) 苯胺+过量的 Br$_2$(水溶液)

(k) 对甲苯胺+NaNO$_2$+HCl　　　　　(l) p-C$_2$H$_5$C$_6$H$_4$NH$_2$+大大过量的 CH$_3$I

(m) 苯甲酰苯胺+Br$_2$+Fe

16. 试提出从苯或甲苯开始,制备下列化合物的实验室方法:

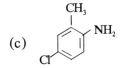

(d) H$_2$N—⟨⟩—N(CH$_3$)$_2$　　(e) CH$_3$—⟨⟩—NH$_2$ (带 Br)

17. 用亚硝酸处理 2-丁烯胺得到 2-丁烯醇和 1-甲基-2-丙烯醇的混合物。试解释其实验结果,并预测用类似的方法处理 1-甲基-2-丙烯胺的产物。

18. 当己二酸与 1,6-己二胺混合时,得到一种盐,这种盐加热时便转变成尼龙 66,它的分子式为(C$_{12}$H$_{22}$O$_2$N$_2$)$_n$。

(a) 试写出尼龙 66 的结构式,它是属于什么类型的化合物?

(b) 试写出"一滴盐酸把尼龙 66 袜弄成一个小洞"所包含的化学方程式。

19. 试描述一些能用于把下列各组中的化合物区分开来的简单的化学试验(除使用指示剂的颜色反应以外),并正确阐述对实验的设计及现象的观察。

(a) 苯胺和环己胺　　　　　　　　　(b) n-C$_4$H$_9$NH$_2$ 和 (n-C$_4$H$_9$)$_2$NH

(c) (n-C$_4$H$_9$)$_2$NH 和 (n-C$_4$H$_9$)$_3$N　(d) (CH$_3$)$_3$$\overset{+}{N}HCl^-$ 和 (CH$_3$)$_4$$\overset{+}{N}Cl^-$

(e) C$_6$H$_5$$\overset{+}{N}H_3Cl^-$ 和 o-ClC$_6$H$_4$NH$_2$　(f) (C$_2$H$_5$)$_2$NCH$_2$CH$_2$OH 和 (C$_2$H$_5$)$_4$$\overset{+}{N}$OH

(g) 苯胺和乙酰苯胺　　　　　　　　(h) (C$_6$H$_5$$\overset{+}{N}H_3$)$_2^{+2}SO_4^{-2}$ 和 p-H$_3$$\overset{+}{N}C_6H_4SO_3^-$

20. 怎样用霍夫曼降解来测定下面环型碱的结构(如右式):

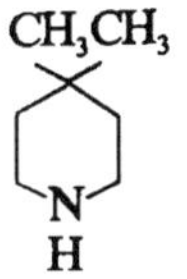

21. 胆碱是磷脂(类脂肪的磷碱酯有很重要的生理作用)的一个组分,其分子式为 $C_5H_{15}O_2N$。它易溶于水形成强碱性的水溶液,它在水的存在下,通过环氧乙烷与三甲胺的作用来制备。

(a) 胆碱的可能结构是什么?

(b) 它的乙酰衍生物——乙酰胆碱($C_7H_{17}O_3N$)在神经活动中很重要,它的可能结构是什么?

22. 一个碱性物质 A($C_5H_{11}N$),它被臭氧分解给出甲醛(还有其他物质),经催化氢化变成化合物 B($C_5H_{13}N$),B 也可以由己酰胺加溴和氢氧化钠溶液处理而得到。用过量碘甲烷处理 A 转变成一个盐 C($C_8H_{18}IN$),C 用湿的氧化银处理,随后热解给出双烯 D(C_5H_8),D 与丁炔二酸二甲酯反应给出 E($C_{11}H_{14}O_4$),E 经钯脱氢,得 3-甲基苯二酸二甲酯。试确定 A 到 E 各化合物,并写出由 C 到 D 的反应机制。

23. 如何实现下列合成反应,试用反应式表示:

(a) $(CH_3)_2C{=}C(CH_3)_2 \longrightarrow$ CH₃—C—C—CH₃ (带 CH₃, CH₃ 及 NOH)

(b) $CH_2{=}CHCH_3 \longrightarrow CH_3CH_2NHCH_2CH{-}CH_3$ (带 OH)

(c) 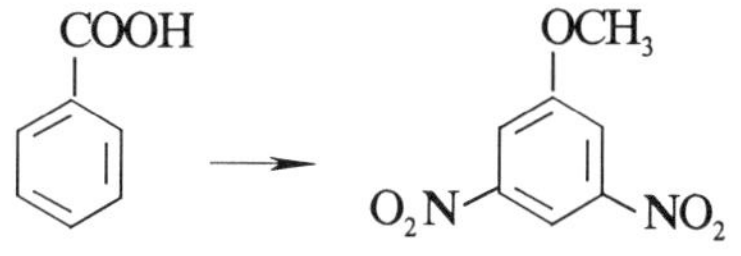 (苯环 COOH) $\longrightarrow$ (苯环 OCH₃, O_2N, NO_2)

(d) 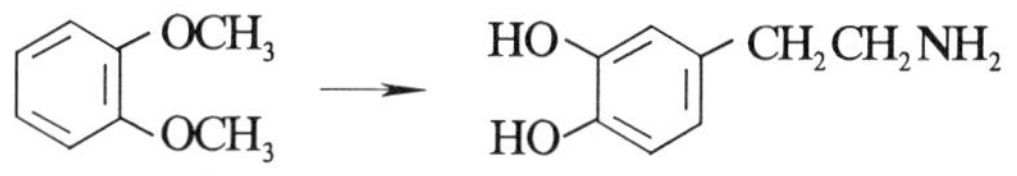 (苯环 OCH₃ OCH₃) $\longrightarrow$ (HO, HO, $CH_2CH_2NH_2$)

24. 写出下列反应的主要产物:

(a) $(CH_3CH_2CH_2CH_2O)_3P + CH_3CH_2CH_2CH_2Br \xrightarrow{200℃} ?$

(b) $(C_2H_5O)_2\overset{\text{O}}{\overset{\|}{P}}Cl + (CH_3)_2CHCH_2CH_2OH \longrightarrow ?$

(c) $POCl_3 + 过量 CH_3OH \longrightarrow ?$

(d) 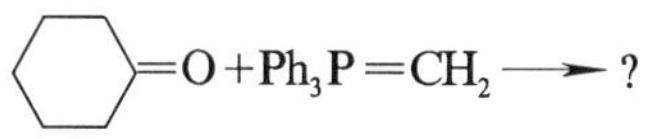 (环己酮)$=O + Ph_3P{=}CH_2 \longrightarrow ?$

(e) $PhCH{=}CHCH_2P^+Ph_3Cl^- + PhCHO \xrightarrow{C_2H_5OLi} ?$

(f) $Ph_3P + ClCH_2COCH_3 \longrightarrow \xrightarrow{Na_2CO_3} ? \xrightarrow{PhCHO} ?$

(g) $Ph_3P + (CH_3CH_2)_3N \to O \longrightarrow ?$

(h) $CH_2{-}CH_2 + Ph_3P \longrightarrow ?$ (带 O)

(i) $? + PCl_3 \longrightarrow R_3P + 3MgClBr$

第十二章 杂环化合物

在环状化合物的环中,含有碳以外的其他原子(如氧、氮、硫、硒、碲、磷等)时,这类化合物统称为杂环化合物,称这些非碳原子为杂原子。最常见的杂原子是氧、硫和氮。这类化合物广泛存在于自然界中。

12.1 杂环化合物的分类与命名

杂环化合物的种类很多。除了根据其是否具有芳香性分为非芳香性杂环与芳香性杂环化合物外,还可根据环的大小、杂原子的种类以及单环与稠环来分类。最常见的是五员杂环、六员杂环和稠杂环。

非芳香性杂环化合物,如四氢呋喃、四氢吡咯、六氢吡啶、内酯、内酰胺等,由于它们的物理与化学性能与相应的脂肪族非环状化合物相类似,在这里我们将不赘述。

芳香性杂环化合物,即环外缘的 π 电子数符合休克尔 (Hückel) 的 $4n+2$ 规则,具有芳香性,如吡啶、吡咯、噁唑、吲哚、嘌呤等:

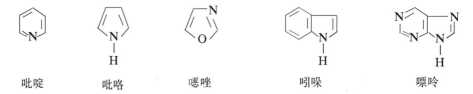

| 吡啶 | 吡咯 | 噁唑 | 吲哚 | 嘌呤 |

它们与非环状的胺、醚及共轭多烯烃在性能上有很大的差别,所以将在本章着重讨论。

杂环化合物是天然产物的重要组成部分,如核酸、生物碱、血红素、叶绿素等都具有很重要的生理作用,而且杂环化合物在医药、染料、高聚物、生物模拟材料、有机导体与超导材料、贮能材料等领域都有广泛应用。所以杂环化合物化学在有机化学中占有相当大的领域,在理论与实践中均有重要意义。

杂环化合物有两种命名方法:一种是按外文名称译音,并以一口字旁表示是环状化合物,如呋喃 (Furan)、噻吩 (Thiophene)、吡咯 (Pyrrole);另一种方法是以相应于杂环的碳环命名,将杂环看作是碳环中碳原子被杂原子取代而成的产物。现习惯上还是多采用译音的方法,并且在 1980 年命名修订建议中,建议取消后一种命名。

(1) 五员杂环

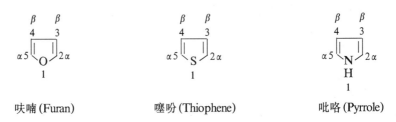

呋喃 (Furan)　　　　　噻吩 (Thiophene)　　　　　吡咯 (Pyrrole)

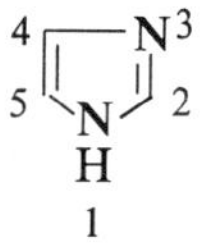

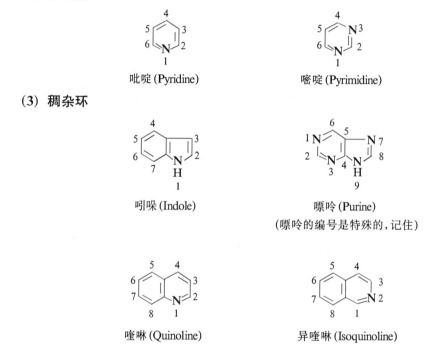

咪唑 (Imidazole) 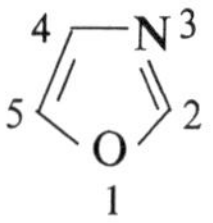　　　　噁唑 (Oxazole) 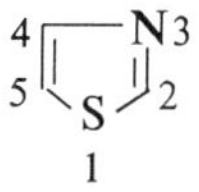　　　　噻唑 (Thiazole)

环上各原子的编号总是把杂原子作为1；若环中有一个以上杂原子时，也是由一个杂原子开始，编号应取编号数之和最小的编号。如上列咪唑环的编号。

若环中所含杂原子不同时，应按照氧、硫、氮的顺序编号，如噻唑的硫应编为1号(如上列噻唑的编号)，把氮编为1号是错误的。

(2) 六员杂环

吡啶 (Pyridine)　　　　　嘧啶 (Pyrimidine)

(3) 稠杂环

吲哚 (Indole)　　　　　　嘌呤 (Purine)
　　　　　　　　　　　(嘌呤的编号是特殊的，记住)

喹啉 (Quinoline)　　　　　异喹啉 (Isoquinoline)

Ⅰ. 五员杂环化合物

12.2 呋喃、噻吩、吡咯

1. 呋喃、噻吩、吡咯的结构与物理性质

这3个杂环化合物均呈平面结构，碳与杂原子(氧、硫、氮)均以 sp^2 杂化连接成 σ 键；而4个碳和杂原子的 p 轨道均互相平行，4个碳各以1个 p 电子、杂原子以一对 p 电子形成一个环闭的共轭体系。其 π 电子数共有6个，符合休克尔(Hückel)的 $4n+2$ 规则，所以这3个杂环均具有芳香性。同时从核磁共振谱上亦显示有类似苯环的环电流影响，使环上氢质子的吸收峰移向低场，化学位移一般在7左右(见表12-1)。

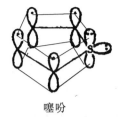

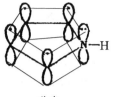

呋喃　　　　　　　　　噻吩　　　　　　　　　吡咯

表 12-1　五员芳杂环的物理性质

化　合　物	沸　点 / ℃	熔　点 / ℃	(NMR)质子吸收
呋喃  $\boxed{O}$	31	−86	6.37　(β-H) 7.42　(α-H)
噻吩  $\boxed{S}$	84	−38	7.10　(β-H) 7.30　(α-H)
吡咯 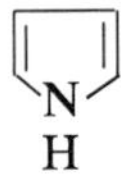 $\boxed{N\atop H}$	131	—	6.22　(β-H) 6.68　(α-H)
硒吩  $\boxed{Se}$	110	—	7.23　(β-H) 7.88　(α-H)

从上图可以看到,杂原子以一对 p 电子参与环闭的共轭体系,而碳原子只以一个电子参与共轭。所以在共轭体系中,杂原子电子云密度较高,因此电子由杂原子向环上移动,使 π 电子分布均匀化,从而抵消由于杂原子电负性较大产生的极性,使偶极矩要比相应的非芳香性的杂环化合物低,见表 12-2。所以这些杂环化合物中的杂原子,从共轭效应讲相当一给电子基团。

表 12-2　五员芳杂环与非芳香性五员杂环偶极矩的比较

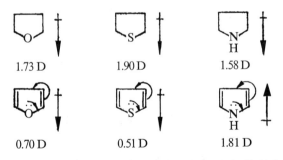

从键长数据来看,这些化合物环上的电荷分布和键长的均匀化程度远不如苯,所以它们的芳香性不如苯强。因而在化学性质上,既有与苯相似之处,又呈现一些差别。

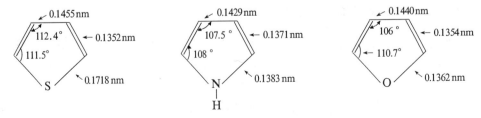

五员杂环的键长(nm)与键角(°)

2. 呋喃、噻吩、吡咯的化学性质

由于这些化合物具有与苯相似的芳香性,其杂原子又有给电子作用,犹如苯胺、苯酚中的氨基、羟基使环活化,易于进行亲电取代反应,呋喃与吡咯也易被氧化将环破坏;由于这些杂环上电荷分布和键长均匀化程度不如苯,又具有一定双键性质,可以发生加成反应;它们的碱性都比相应饱和的杂环大大降低,而且吡咯还具有弱酸性,可以成盐与进行烷基化;可能由于杂原子与碳原子之间键长不同的影响(键长 $C-S > C-N > C-O$),使得它们满足 sp^2 杂化,120° 键角的程度不同,噻吩偏差最小。所以这些环的稳定性(指耐氧化、不易被强酸破坏、不易加成等性质)次序为:

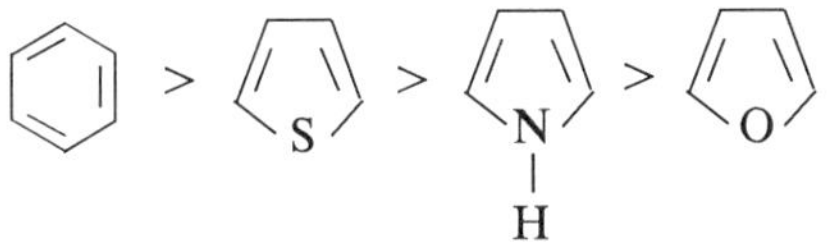

(1) 亲电取代反应

这些杂环化合物进行亲电取代反应的活性都比苯大,顺序见表 12-3。

表 12-3 亲电取代反应活性比较

相对速度 反应 \ 底物	苯	噻吩	呋喃	吡咯
酰化:三氟乙酸酐,二氯乙烷,70℃	1	1.2×10^2	5.5×10^7	
溴化:Br_2	1	5×10^9	6×10^{11}	3×10^{18}

它们的亲电取代反应主要上 2 位。如噻吩室温氯化时,2 位的活性为苯的 3.2×10^7 倍,而 3 位只有苯的 1.9×10^4 倍。由于环的强活化及环对强酸的敏感性,所以在进行取代反应时,应严格控制反应条件与试剂的选择。如硝化时要避免直接用硝酸,而是用硝酸乙酰基酯 $CH_3\overset{O}{\overset{\|}{C}}-ONO_2$(乙酸酐加硝酸制得)。

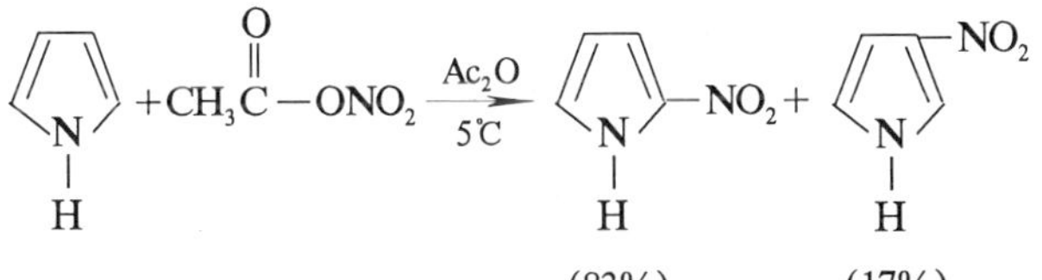

吡咯、呋喃的磺化也要避免直接用硫酸。常用吡啶与三氧化硫的加成物作为磺化试剂:

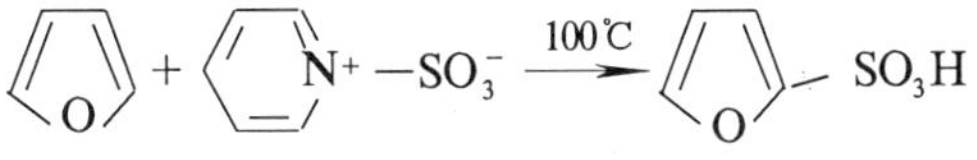

但噻吩可在室温下直接用浓硫酸磺化。此反应常用来除去苯中的噻吩、制取无噻吩苯:

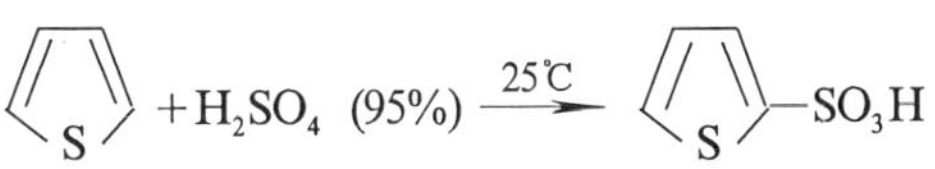

它们的酰化反应不能用强的傅氏催化剂(如三氯化铝),常用较弱的四氯化锡、三氟化硼等作催化剂。对于活性最大的吡咯,不用催化剂,直接用乙酸酐(简写 Ac₂O)即可酰化。

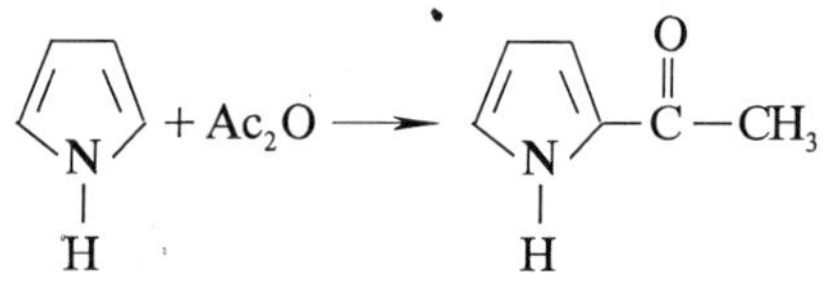

吡咯像苯胺、苯酚可以进行与重氮盐的偶联反应和与氯仿、氢氧化钾(钠)的 Reimer-Tiemann 反应。

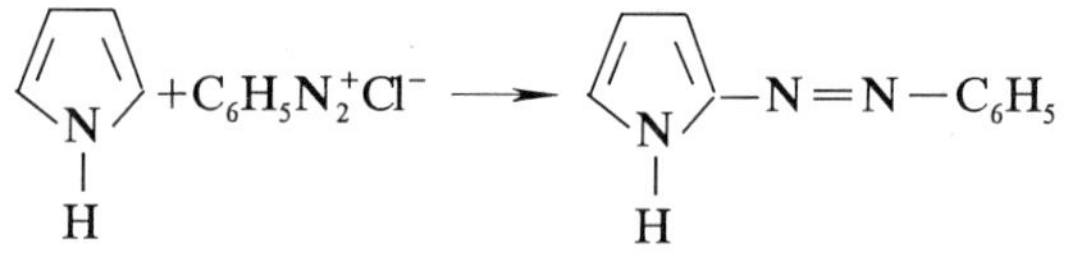

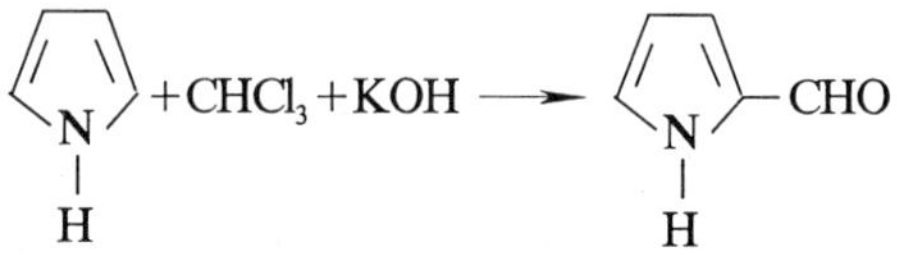

为什么取代反应主要上 2 位呢? 这是由于上 2 位形成的正碳离子中间体可以有 3 个较稳定的共振式,而上 3 位形成的正碳离子中间体只有两个较稳定的共振式。所以上 2 位形成的中间体比较稳定,它形成的过渡状态位能较低,所以活化能低,反应较上 3 位快。

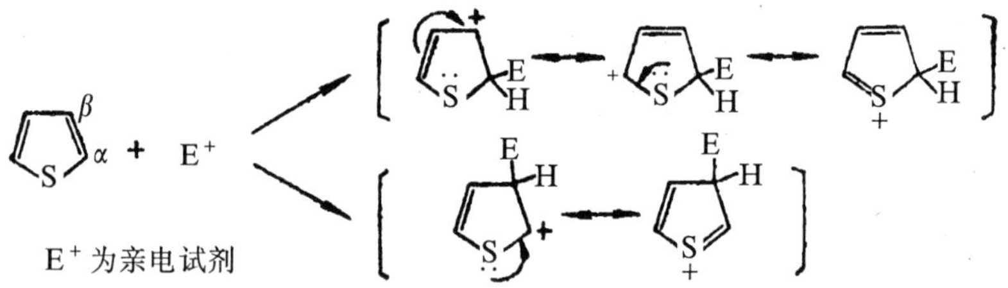

E^+ 为亲电试剂

对一取代呋喃、噻吩与吡咯再进行取代时,其定位往往为原来取代基定位效应与杂原子的定位效应影响的综合。如:

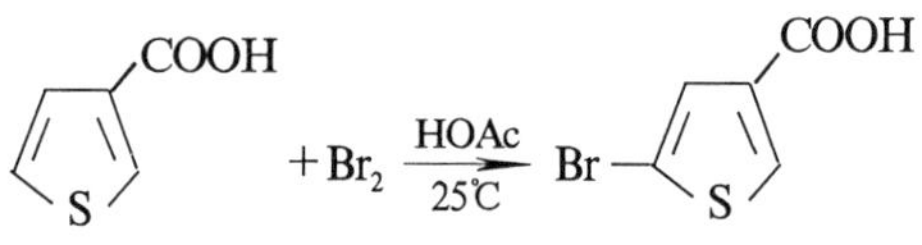

(69%)

(2) 氧化

吡咯与呋喃其性质像苯胺、苯酚,很易被氧化,甚至将环破坏。噻吩相对比较稳定,但在双氧水氧化下可以生成亚砜。

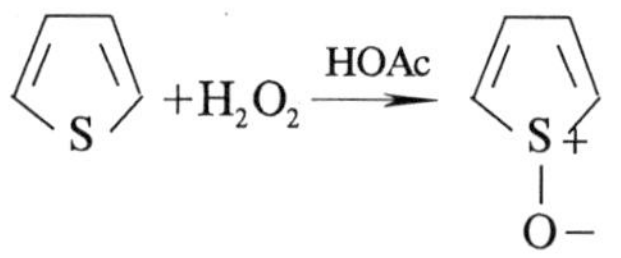

(3) 加成

这些杂环化合物具有相当多的双键性质,可以与卤素发生加成反应,但加成物遇热即分解

304

出卤化氢,变成取代产物。加氢可以得饱和杂环化合物,呋喃、N-烷基吡咯、噻吩-1-氧化物可与顺丁烯二酸酐等发生狄尔斯-阿德耳反应。

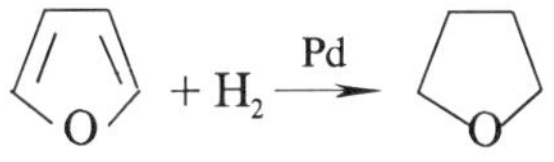

四氢呋喃

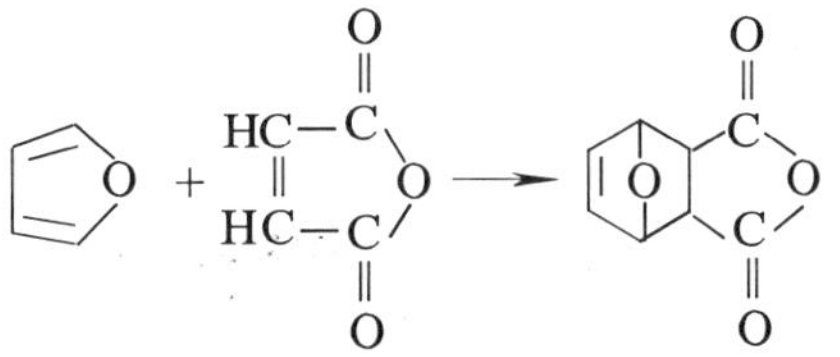

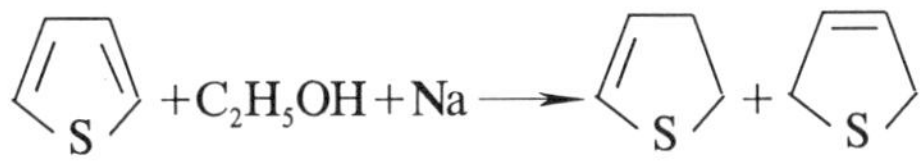

（4）与酸、碱的作用

这些杂环化合物的杂原子由于都提供了一对未成键电子与环共轭,使环上电子云密度增加。如吡咯氮上的氢还显一定酸性;而噻吩和呋喃的杂原子上虽然还有一对未参与共轭的未成键电子,由于它处于 sp^2 杂化轨道,自身吸引得较紧,与 H^+ 结合的能力大大减弱,所以它们与酸作用时,H^+ 不是与杂原子结合,而是上到环上,形成正碳离子中间体。因此吡咯在强酸作用下,可以发生正离子聚合;呋喃在强酸的作用下发生水解开环;噻吩相对比较稳定,不发生水解。

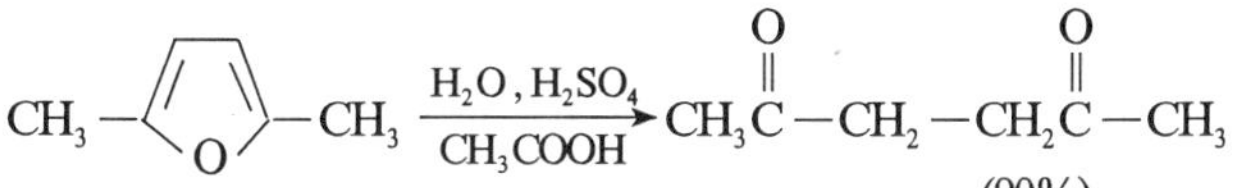

吡咯氮上氢的酸性比四氢吡咯、苯胺都强,可以与 $NaNH_2$、格氏试剂等强碱形成盐。这些盐可以与卤代烷或酰氯发生反应。

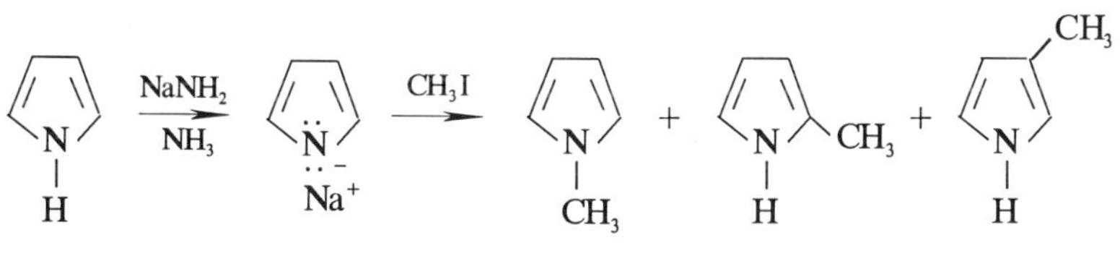

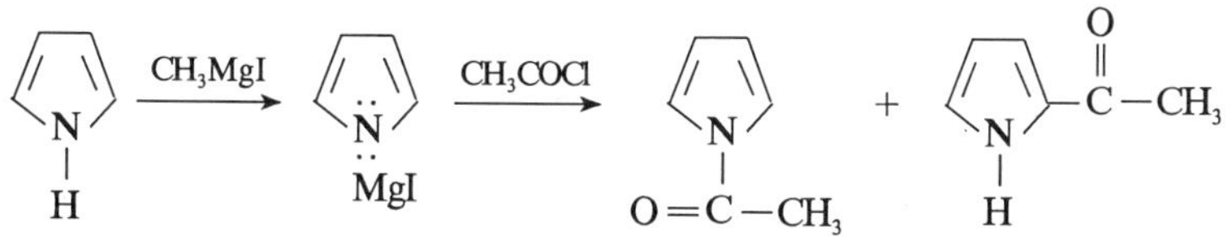

3. 天然存在的吡咯、呋喃、噻吩衍生物

这类衍生物在自然界广泛存在,而且许多都具有生理活性,尤以吡咯环系化合物最为突出,在生物体的发育、生长、能量贮存与转换、生物之间各种信息传递和自身防御以至死亡腐烂

等各个过程几乎都有它参与。这里只能介绍几种。

叶绿素和血红素是分别存在于植物叶、茎和人体红血球中的重要多吡咯类化合物。叶绿素是植物进行光合作用所必需的光敏剂,它利用卟啉环的多共轭体系,易吸收紫外光成为激发状态来促进光合作用。血红素利用卟啉环中结合的过渡元素 Fe^{2+} 的空 d 轨道,可逆的络合氧,起到输送氧气的作用。在化合物结构上,都具有共同的基本骨架——卟啉环系。卟啉环系是由 4 个吡咯环的 α 碳原子通过次甲基(—CH=)相连形成的复杂共轭体系。在环的中间空隙里可以共价键、配价键和不同金属结合,在叶绿素中结合的是镁,在血红素中结合的是铁。它们的结构如下:

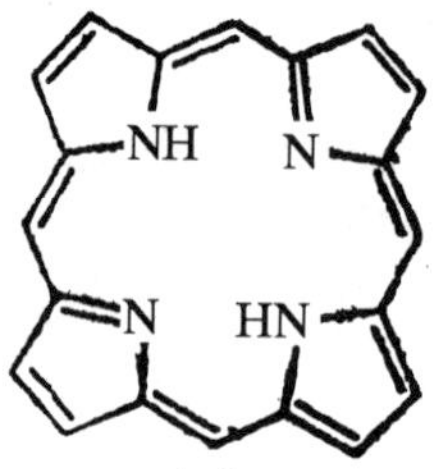

卟啉

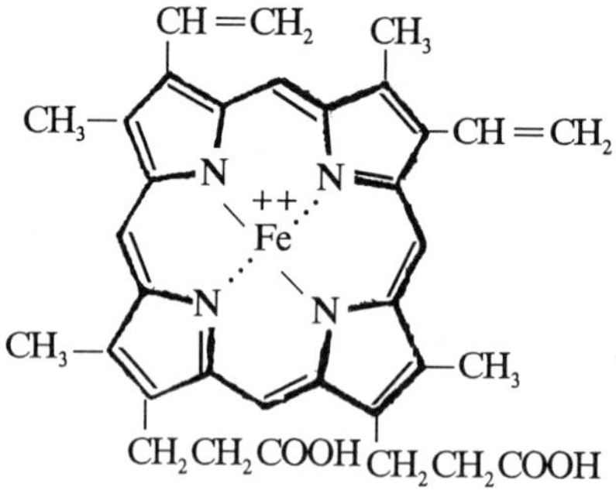

血红素

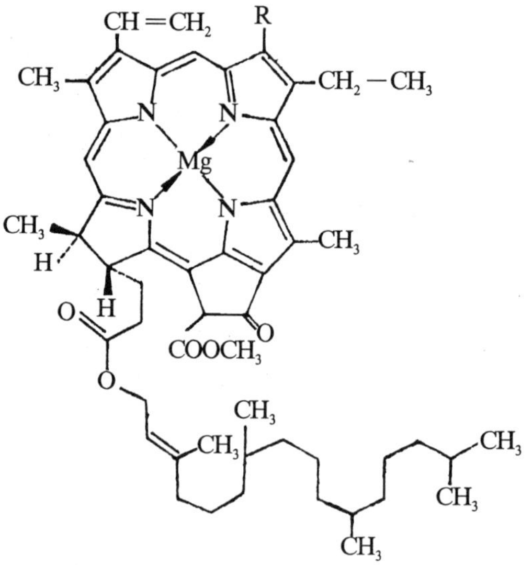

叶绿素(R=CH₃, 叶绿素 a; R=CHO, 叶绿素 b)

还有许多单吡咯化合物,同样具有重要的生理活性。如从海洋细菌中得到的溴代吡咯衍生物,具有抗真菌活性,其结构如下图(1);又如切叶蚁激素,是蚂蚁外出行动的信息标记,这种激素结构极为简单,如下图(2);也有含呋喃环系和噻吩环系的化合物。如抗毒素单萜巴他酸和具有杀线虫作用的三噻嗯等,如下图(3),(4)。

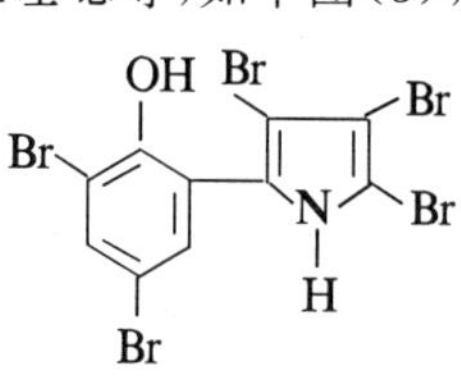

(1) 溴代吡咯衍生物

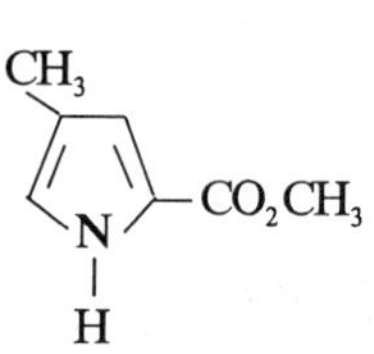

(2) 切叶蚁激素

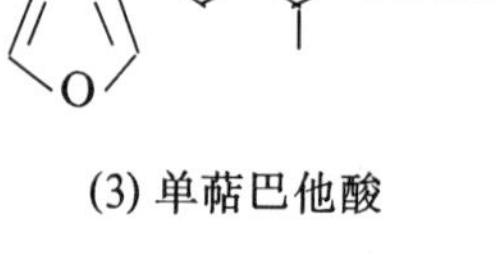

(3) 单萜巴他酸

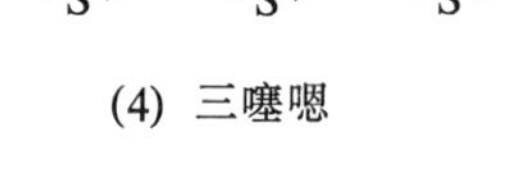

(4) 三噻嗯

12.3 唑

1. 唑的结构与命名

呋喃、噻吩、吡咯环上一个 CH 为氮所取代的杂环化合物统称唑。它们的命名与物理性质见表 12-4。

表 12-4   唑的命名与物理性质

化合物 及命名	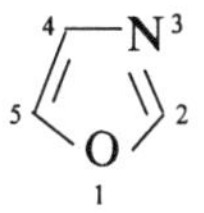 噁唑 (Oxazole)	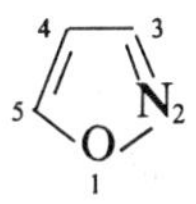 异噁唑 (Isoxazole)	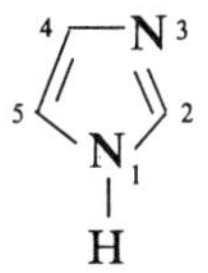 咪唑 (Imidazole)	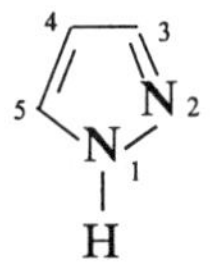 吡唑 (Pyrazole)	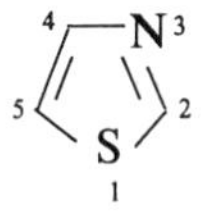 噻唑 (Thiazole)	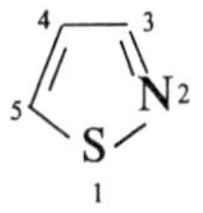 异噻唑 (Isothiazole)
沸点/℃	70	95	263	188	117	113
熔点/℃			90	70		
共轭酸 pK_a	1.3		7.0	2.5	2.4	

取代呋喃、噻吩、吡咯环上 CH 的氮也以 sp^2 杂化轨道成键,但与吡咯的氮不同:前者以一对 p 电子参与共轭;而后者以一个 p 电子参与共轭,如咪唑就是其中有一个氮以一个 p 电子参与共轭,另一个氮以一对 p 电子参与共轭。这些杂环也具有 6 个 π 电子环闭的共轭体系,所以有芳香性。

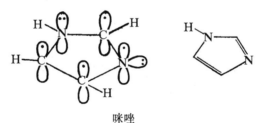

咪唑

这些唑上有一个氮具有一对未参与共轭的 sp^2 电子,可以和氢质子结合,所以唑具有碱性;而吡咯上的氮具有一对参与共轭的 p 电子,不能和氢质子结合,吡咯没有碱性,相反地却有些酸性。

但是唑的碱性比一般的胺弱,这是因为唑的一对未参与共轭的电子处于 sp^2 杂化轨道,而胺的一对未成键电子处于 sp^3 杂化轨道。前者比后者的 s 轨道特征多,因而电子更靠近核,抓得更牢些,因此结合氢质子能力差,所以显得碱性较弱。这种 s 特征强、碱性弱的现象比较常见。如:

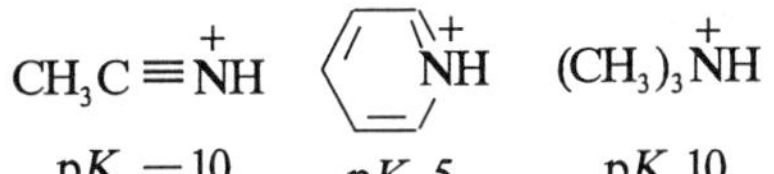

$$CH_3C \equiv \overset{+}{N}H \qquad \overset{+}{N}H \qquad (CH_3)_3\overset{+}{N}H$$

$$pK_a \; -10 \qquad pK_a \; 5 \qquad pK_a \; 10$$

这里值得注意的是咪唑的碱性比吡啶还强,它的共轭酸 pK_a 为 7。这可能是由于它可形成两个共振结构的共轭酸,使正电荷得以均匀分布而稳定性提高有关。

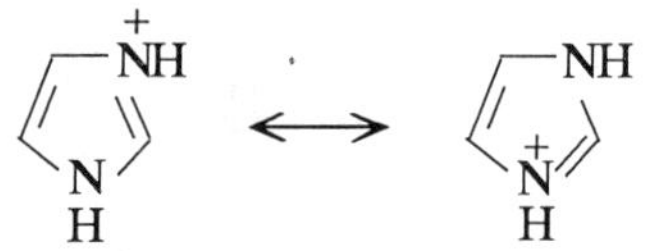

从表 12-4 中,看到咪唑和吡唑具有反常高的沸点,在室温为固体。这是由于这两个唑可以在分子间形成氢键的缘故。

2. 唑的化学性质

(1) 亲电取代反应

唑上的一个氮,因为只有一个 p 电子参与共轭,而氮的电负性比碳大,所以不仅不给电子,还要吸电子,使环变稳定,亲电取代反应活性明显比呋喃、吡咯和噻吩低。而且它们亲电取代反应的活性顺序也有自身特征。

1,2-唑的活性顺序为: 吡唑 > 异噻唑 > 异噁唑。

1,3-唑的活性顺序为: 咪唑 > 噻唑 > 噁唑。

这一顺序与环中氧、硫、氮三原子对电子的亲和力顺序 O>S>N 有关。它们亲电取代反应定位为 1,2-唑在 4 位,1,3-唑在 5 位(咪唑在 5 位或 4 位)。如:

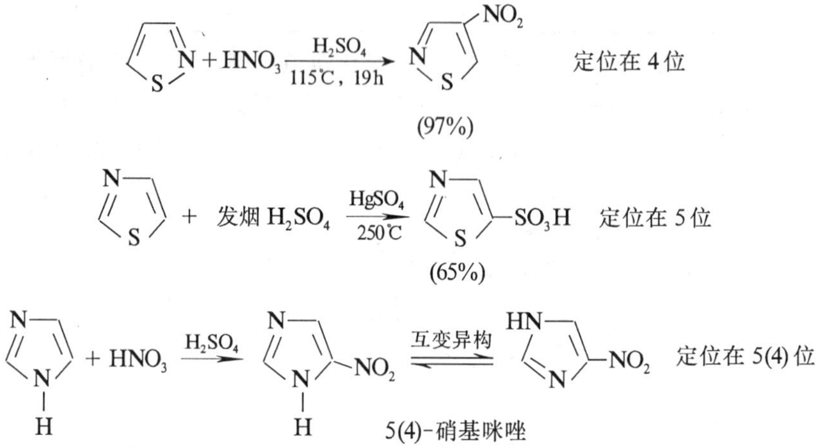

1,2-唑亲电取代反应定位在 4 位,是由于在 4 位取代的中间体没有特别不稳定的六电子氮正离子的共振结构(在 3 位或 5 位均有这种结构),所以在 4 位取代的中间体比较稳定,因此定位在 4 位。

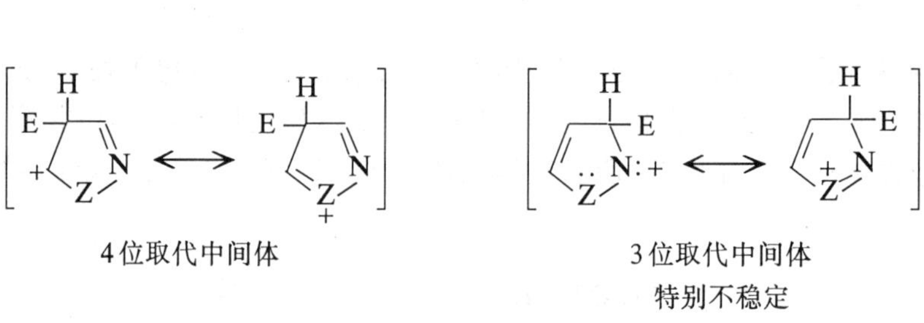

1,3-唑亲电取代反应只有 2 位取代的中间体有特别不稳定的、具有六电子的氮正离子结构的共振式,而在 4 位与 5 位取代的中间体均没有此种特别不稳定的共振式。但在 5 位取代的中间体有 3 个共振式,而在 4 位取代的中间体只有 2 个共振式,因此在 5 位取代的中间体更稳

定,所以亲电取代反应定位在 5 位。由于咪唑可以发生互变异构,4 位与 5 位可以互相转化,所以 4 位与 5 位也就分不清了。

唑与卤素的反应情况比较复杂,随着所用试剂、卤素和反应条件的不同,发生反应的类型和产物也各异。如:

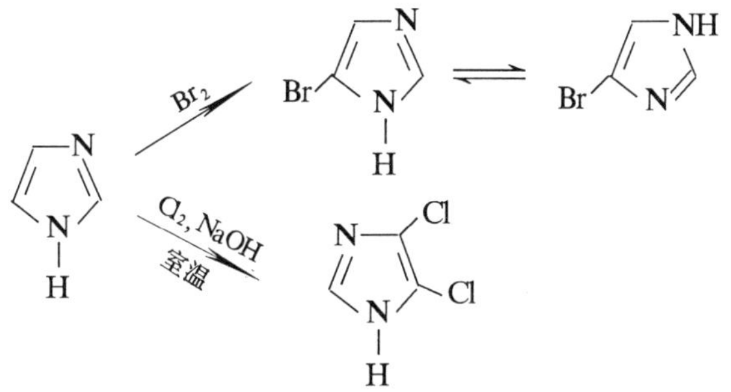

(2) 亲核取代反应

由于环上提供一个 p 电子与环共轭的氮原子的吸电子作用,唑环上电子云密度降低,使其可以进行亲核取代反应。

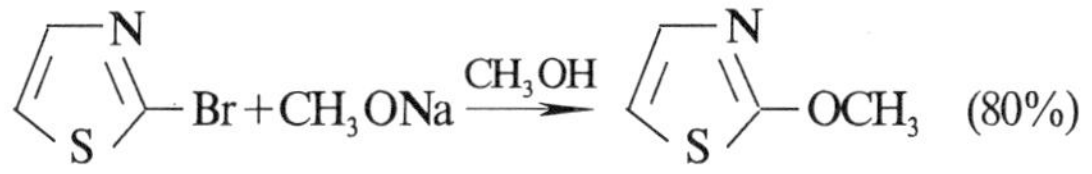

(3) 烷基化反应

唑与卤代烷反应,不是在环碳上进行,而是在三级氮原子上生成四级铵盐。如:

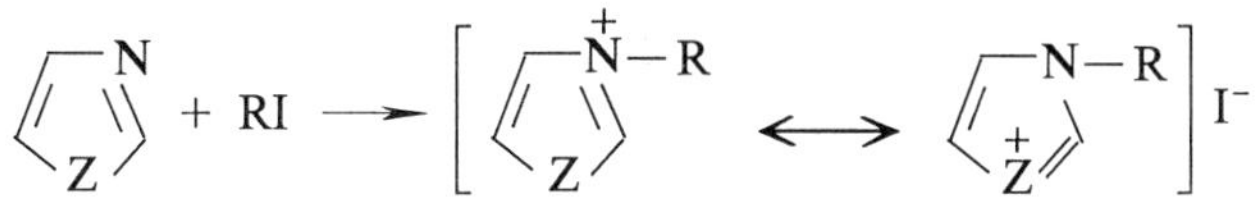

形成季铵盐后,唑上这个氮吸电子能力更强,使得 α 碳上的氢具有弱酸性。当唑中杂原子 Z 为硫时,形成的 α 负碳离子可与硫形成内镦盐而变得稳定,因此 α 氢更易以质子离去,同时形成的内镦盐可以作为亲核试剂发生许多反应。在生理上起着重要作用的维生素 B_1 就带有噻唑季铵盐,它可以与酶结合使丙酮酸脱羧,这是糖新陈代谢过程中的一个重要反应。它还可以代替剧毒的氰化钠催化苯甲醛进行安息香缩合。

维生素 B_1

它使丙酮酸脱羧的大体过程为:

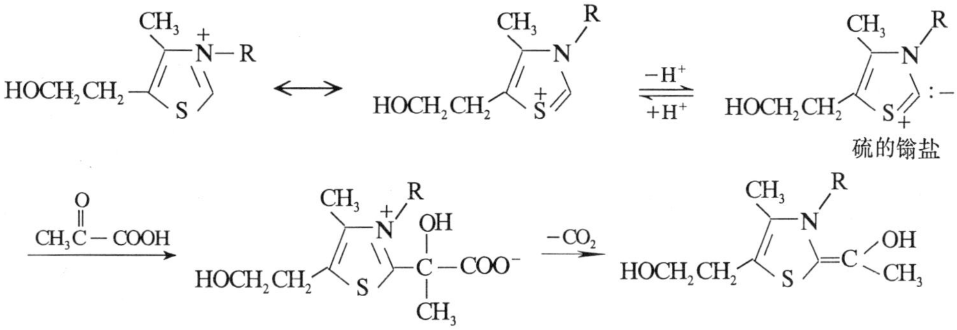

309

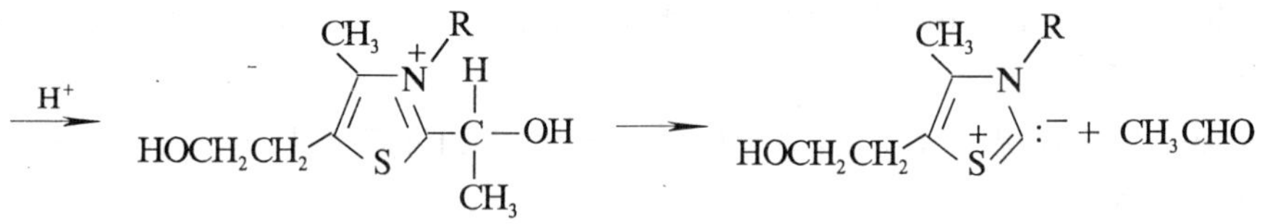

它催化苯甲醛进行安息香缩合的过程与上述反应过程大体相似。只不过当它与苯甲醛作用后形成上述烯醇式中间体后，此烯醇式中间体再进攻另一分子苯甲醛的羰基，最后脱下安息香，催化剂复原。即为：

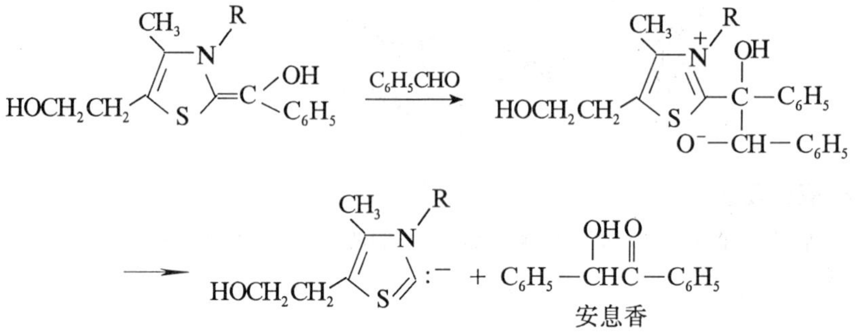

Ⅱ. 六员杂环化合物

12.4 吡　　啶

吡啶环广泛存在于生物碱中，在煤焦油中可分离出吡啶与许多简单的烷基吡啶。

1. 吡啶的结构与物理性质

吡啶相当于苯的一个 CH 为氮所取代。吡啶环上的氮也以 sp^2 杂化成键，并以一个 p 电子参与共轭，所以有 6 个环闭的 π 电子，具有芳香性。

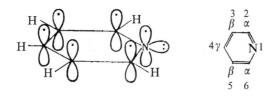

吡啶 (Pyridine)，b.p. 115℃，pK_a 5.2

吡啶的核磁共振谱表示有环电流的影响，它使吡啶环上的氢的化学位移移向低场，如 α 氢的化学位移为 8.50，β 氢为 6.98，γ 氢为 7.36，这也证明吡啶环具有芳香环的特点。

吡啶环上的氮还有一对未成键的 sp^2 电子，因此具有碱性，但是碱性较弱，pK_a 为 5.2。

吡啶的偶极矩比六氢吡啶(非芳香环)高，这是由于 π 电子的移动方向(共轭效应)和 σ 电子的移动方向(诱导效应)一致的缘故。

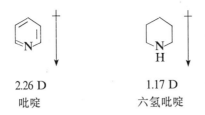

2.26 D　　　　　1.17 D
吡啶　　　　　六氢吡啶

吡啶为无色稳定的液体,有恶臭,与水可以无限混溶。

2. 吡啶的化学性质

(1) 成盐

由于吡啶环上的氮带有未成键的电子对,所以具有碱性与亲核性能。吡啶与酸可以成盐,与一级卤代烷反应生成 N-烷基吡啶盐,与路易斯酸形成配价键的化合物。

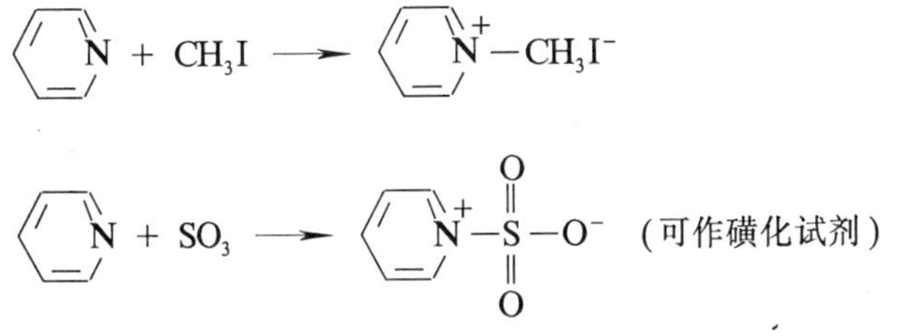

(2) 氧化

吡啶环上的氮具有吸电子性能,使环稳定,不易被氧化。当用高锰酸钾氧化喹啉或烷基吡啶时,往往是苯环或侧链烃被氧化:

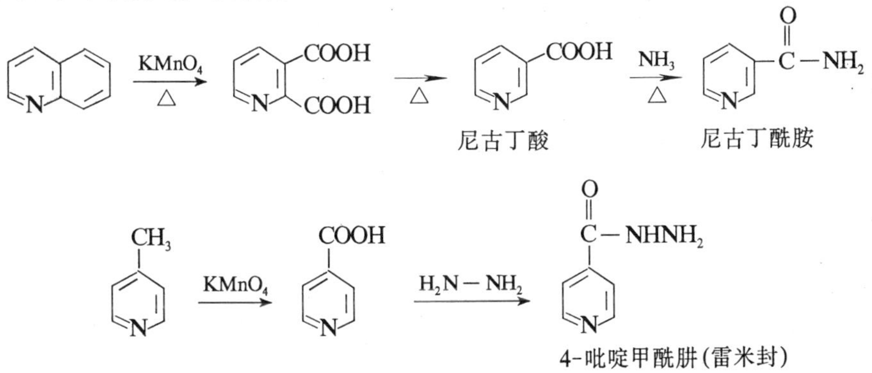

尼古丁酸　　　　　尼古丁酰胺

4-吡啶甲酰肼(雷米封)

当用过氧酸氧化时,则生成 N-氧化物。

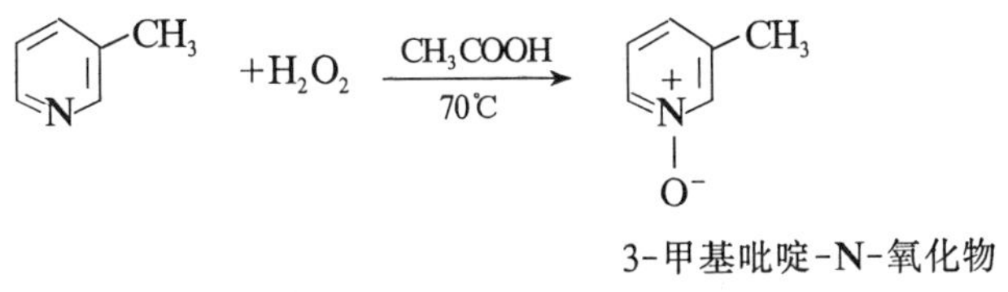

3-甲基吡啶-N-氧化物

尼古丁酸与尼古丁酰胺在生理上具有重要作用,如辅酶 NADP 中含有尼古丁酰胺盐的结构。尼古丁酸与尼古丁酰胺组成维生素 PP,它参与机体的氧化还原过程,能促进组织新陈代谢,降低血中胆固醇,体内缺乏维生素 PP 时能引起糙皮病,所以维生素 PP 又称为抗糙皮病维生素。4-吡啶甲酰肼,又叫雷米封,是抗结核病的药物。治疗矽肺的药物——克矽平中含吡啶N-氧化物结构。

（3）亲电取代反应

由于吡啶环上的氮是吸电子的,特别与氢质子或与其他路易斯酸结合后,氮的吸电子作用更为加强,所以吡啶很难进行亲电取代反应。它的活性比 N,N,N-三甲基苯铵盐的活性还低,所以不能进行傅氏烷基化和酰基化反应,只有在非常强烈的条件下才能进行磺化、硝化和卤化。如:

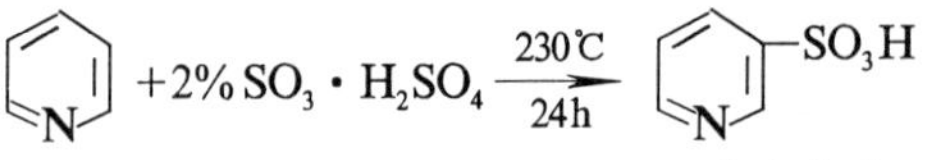

3-吡啶磺酸

吡啶亲电取代反应像硝基苯一样,定位在氮的间位,因为它取代的中间体没有很不稳定的六电子氮正离子共振式。但是吡啶 N-氧化物进行亲电取代反应却比较容易,而且定位在氮的邻、对位,主要上对位。这与在邻、对位取代的中间体具有全部满足八电子结构的稳定的共振式有关。如:

全部满足八电子结构,很稳定

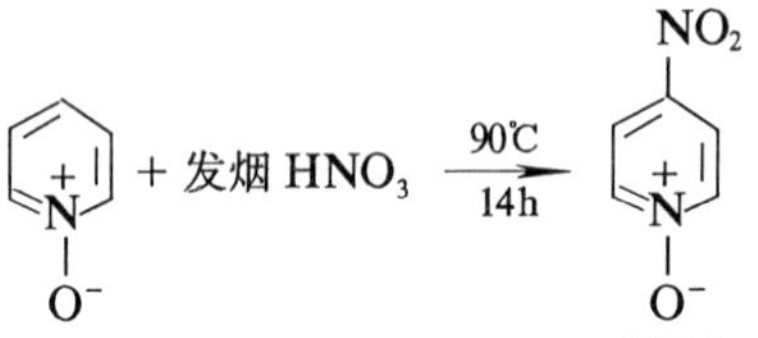

(90%)

吡啶 N-氧化物可用三氯化磷脱去氧,回复吡啶。

（4）亲核取代

由于氮吸电子使环上电子云密度降低,不利于亲电取代反应,却有利于亲核取代反应。像邻与对位卤代硝基苯一样,在 2,4 位与 6 位的卤代吡啶也可以用较弱的碱进行取代反应(如 NH_3,CN^-,RO^-),但是 3 位卤代吡啶的卤素却是不活泼的,它的活性和卤代苯差不多,用这些碱不能进行取代反应。

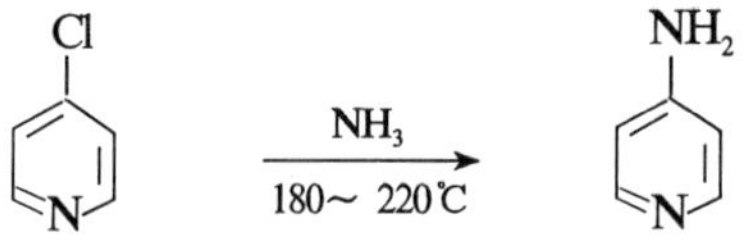

4-氯吡啶   4-氨基吡啶

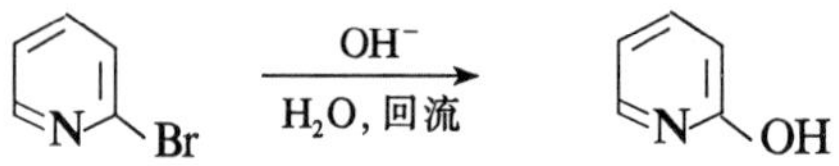

2-溴吡啶   2-羟基吡啶

不仅吡啶环上的卤素可以被碱所取代,吡啶环上的氢也可被碱所取代,由于置换的是碱性很强的氢负离子($H:^-$),所以需用强碱,如 $NaNH_2$、烃基锂等。取代定位在 2 位与 6 位,即吡啶氮的邻位。

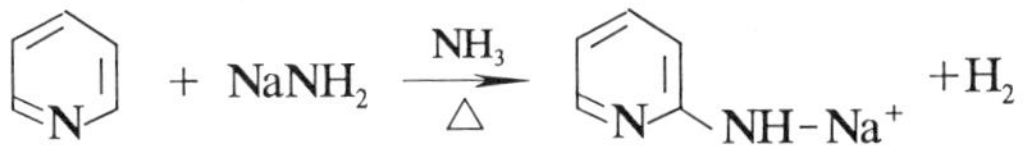

2-氨基吡啶的钠盐

亲核取代定位在 2,4 位与 6 位或 2 位与 6 位是因在这几个位数上取代的中间体具有特别稳定的八电子负氮离子共振式，3 位则没有。所以在 2 位与 4 位取代中间体活化能低，较易进行。取代环上氢时往往在 2 与 6 位，这可能与氮的诱导效应对 2 位与 6 位影响大有关。

取代形成的中间体结构：

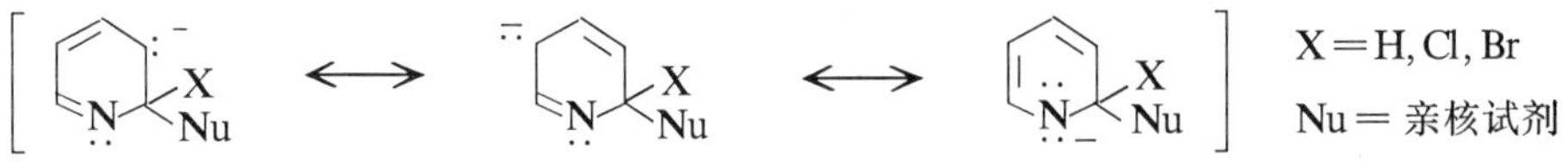

X＝H, Cl, Br
Nu＝亲核试剂

八电子氮负离子

由于氮的电负性比碳大，所以负氮离子比负碳离子稳定。

(5) 侧链 α 氢的反应

像硝基苯一样，吡啶影响 2,4,6 位的侧链烷基上的 α 氢，使 α 氢变得更活泼，其酸性可与甲基酮的 α 氢相当，在强碱催化下可烷基化，也可进行缩合。如：

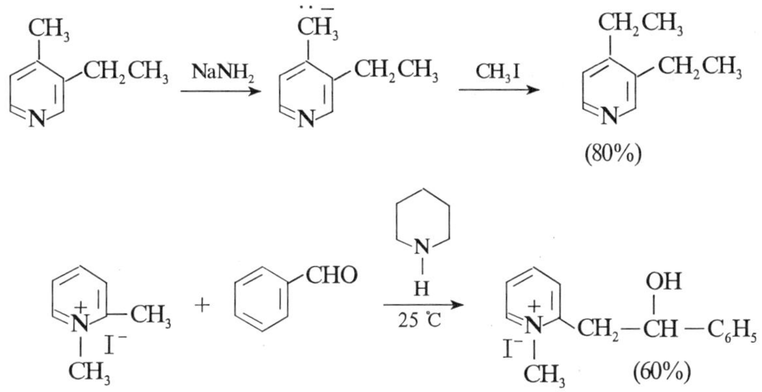

(80%)

(60%)

这一实验结果以 4-甲基吡啶的甲基脱去 α 氢形成的中间体稳定性分析为例来说明：

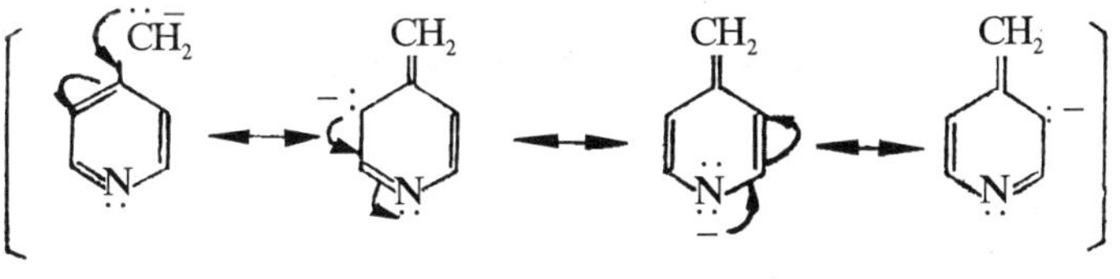

八电子氮负离
子特别稳定

在 2,4 位与 6 位侧链形成的负碳离子中间体有特别稳定的八电子氮负离子共振式，而 3 位的没有，因此 2,4 位与 6 位侧链形成的负碳离子中间体比 3 位形成的稳定，所以 2,4 位与 6 位侧链的 α 氢酸性强。

(6) 还原

吡啶易还原，经催化氢化可以得到六氢吡啶，用乙醇与金属钠还原可得四氢吡啶。

313

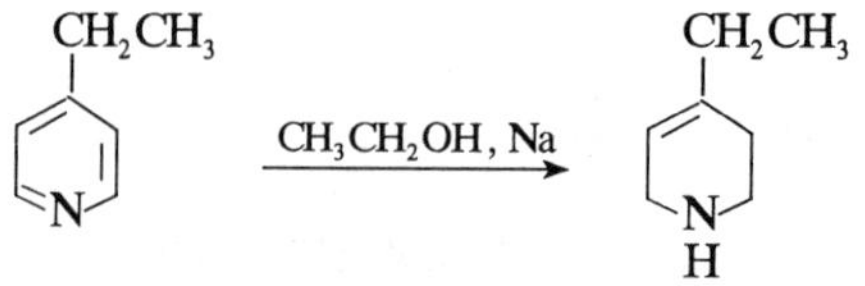

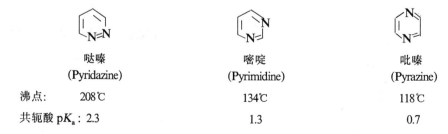

$$\text{4-乙基-1,2,3,6-四氢吡啶}$$

吡啶季铵盐与吡啶一样,还原不能停留在二氢吡啶阶段。但吡啶季铵盐在 C_3 上带有吸电子基团,则可以稳定 1,4-二氢吡啶盐,并使还原停留在此阶段:

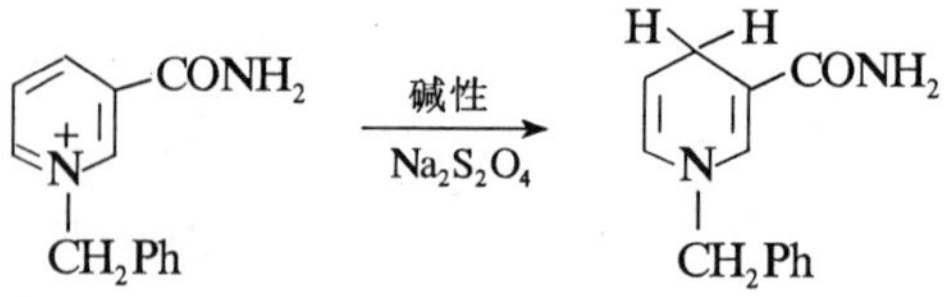

烟酰胺盐　　　　　　　　　　　1,4-二氢烟酰胺盐

1,4-二氢烟酰胺的盐可以通过释放一个氢负离子而起还原作用:

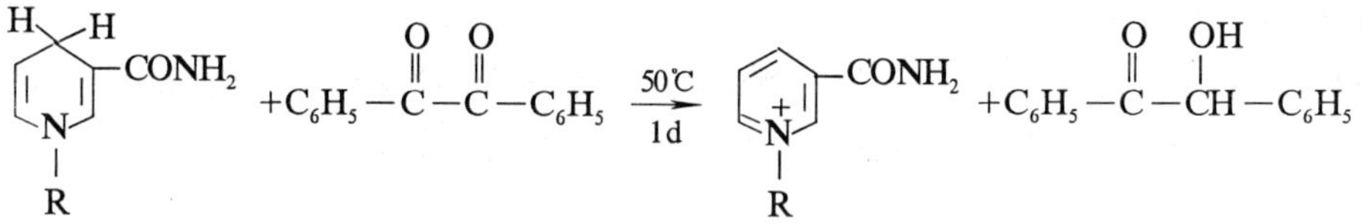

目前这个反应很受重视,因为在生理上起氧化还原作用的辅酶 NADPH 中就含有 1,4-二氢烟酰的盐。它的还原作用就是通过释放氢负离子进行的:

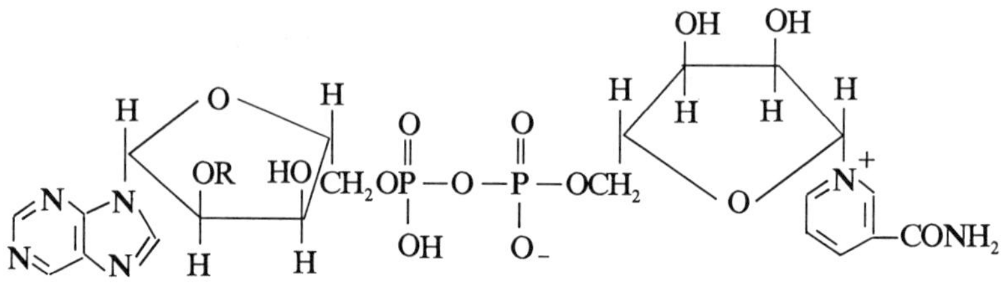

式中, R=H 称为 NAD; R=PO$_3$H$_2$, 称为 NADP; 将 NADP 中烟酰胺盐改为 1,4-二氢烟酰胺盐,则称为 NADPH。

12.5　二　　嗪 (Diazines)

1. 二嗪的结构与存在

含有 2 个氮原子的六员芳杂环统称为二嗪。二嗪有 3 个异构体:

哒嗪	嘧啶	吡嗪
(Pyridazine)	(Pyrimidine)	(Pyrazine)
沸点: 208℃	134℃	118℃
共轭酸 pK_a: 2.3	1.3	0.7

二嗪环中的 2 个氮与吡啶环中的氮一样，都是 sp^2 杂化，并都以一个 p 电子参与共轭。它们的性质和吡啶很相似，都是无色、稳定的液体，溶于水。它们的沸点随着 2 个氮在分子中的对称性降低而升高，哒嗪沸点最高，这显然与分子的偶极矩有关，因为哒嗪分子中 2 个氮集中在一块，偶极矩最大。它们都具有碱性，但碱性比吡啶小(吡啶共轭酸的 pK_a 为 5.2)，这是由于二嗪中第二个氮具有吸电子性质，因此使第一个氮结合氢质子能力降低。

二嗪中以嘧啶环系最重要，特别是氨基、羟基取代的嘧啶环系广泛存在于生物体中，在新陈代谢中起着重要作用，如核酸中有 3 个碱基就属于嘧啶环系：

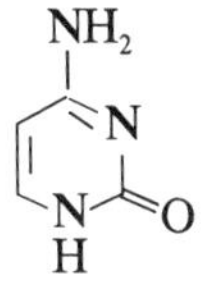

胞嘧啶　　　　　　　　　　胸腺嘧啶　　　　　　　　　尿嘧啶
(Cytosine)　　　　　　　　(Thymine)　　　　　　　　(Uracil)

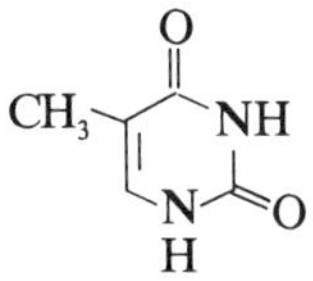

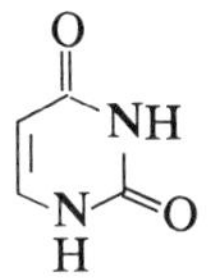

在维生素与药物中也有许多含有嘧啶环系，如维生素 B_1、磺胺药、安眠药等。

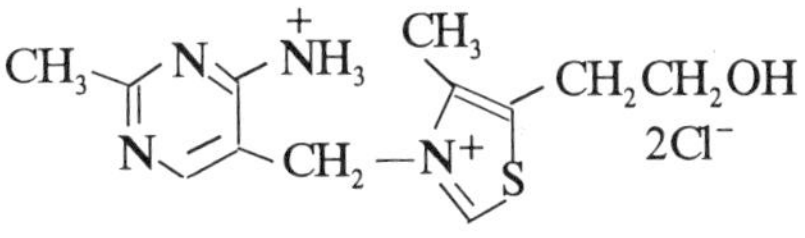

维生素 B_1(盐酸硫胺)　　　　　磺胺嘧啶 (SD)　　　　　　　　(安眠药，鲁米那)
(缺少会患脚气病)　　　　　(治疗肺炎、脑炎等炎症)

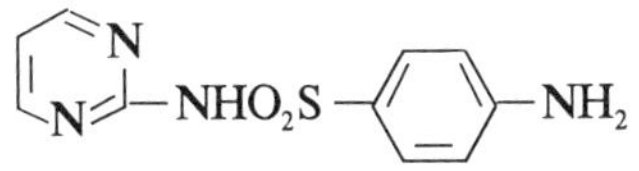

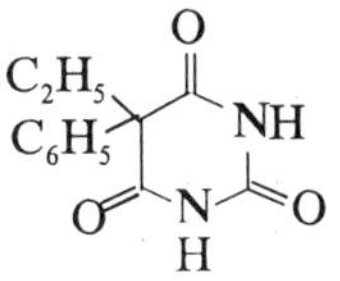

吡嗪存在真菌的代谢产物中，哒嗪环系在天然产物中尚未发现，但在合成药物中含有哒嗪环系，如长效磺胺药。

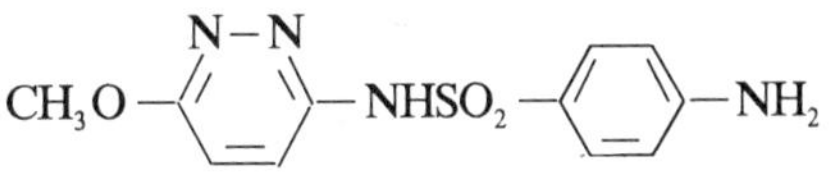

2. 二嗪的化学性质

二嗪在化学性质上与吡啶有些类似，但由于环中多了一个具有吸电子性质的氮原子相互影响，所以在性质上也有它们的特点。

(1) 碱性

二嗪具有 2 个带有未成键电子对的氮，它们都具有吸电子性能而相互作用，所以二嗪的碱性比吡啶弱。当环上有给电子基团如氨基、烷氧基、甲基等，其碱性可增强。如：

共轭酸 pK_a:　　　　3.65　　　　　　　　1.98　　　　　　　　1.30

(2) 环氮上的烷基化与氧化

二嗪可与卤代烷反应生成相应的季铵盐，与过氧酸作用生成与吡啶相似的 **N-氧化物**。

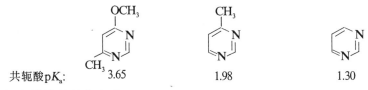

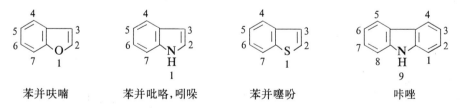

$$\text{(略图)} + CH_3I \longrightarrow \text{(略图)} \overset{+}{N}-CH_3 \quad I^-$$

(3) 亲电取代反应

由于带有两个吸电子的氮,它比吡啶更难进行亲电取代反应,当环上带有给电子基如氨基等时,则亲电取代活性增加。

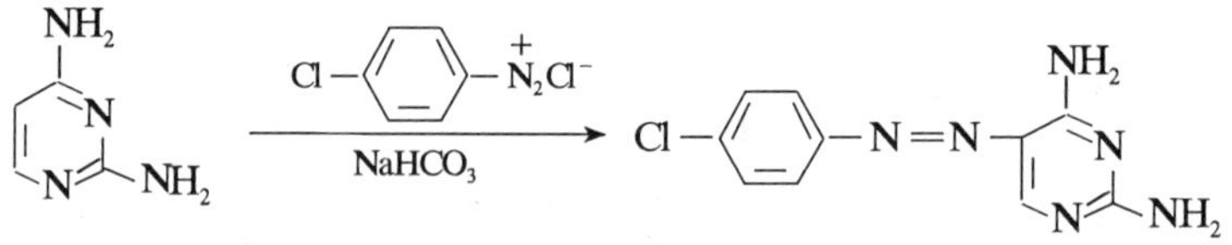

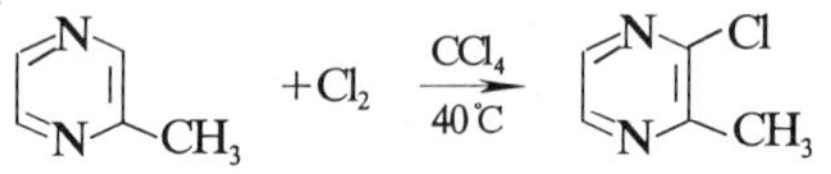

(4) 亲核取代反应

二嗪环上氮的邻位或对位易进行亲核取代反应:

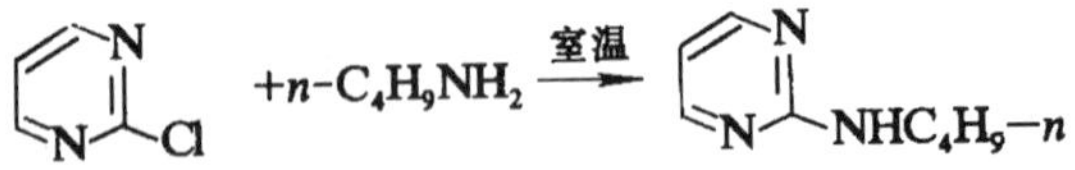

与烷基锂或格氏试剂易发生亲核加成,得到烷基取代的二氢型二嗪中间体,再经氧化剂作用,得到烷基取代的二嗪。

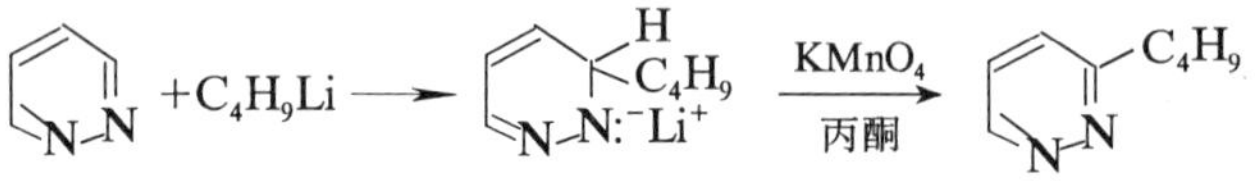

Ⅲ. 稠杂环化合物

12.6 苯并呋喃、噻吩、吡咯

苯并呋喃　　　苯并吡咯,吲哚　　　苯并噻吩　　　咔唑

这4个杂环化合物中吲哚最重要,在许多天然产物中都含有它的骨架结构,主要以各种类型的衍生物存在于许多生物碱中,具有重要的生理作用。如 β-吲哚乙酸(一种植物生长刺激素)、色氨酸(重要天然氨基酸之一)、芦竹碱(从大麦芽中分离出来的)等。

316

色氨酸   β-吲哚乙酸   芦竹碱

吲哚有粪臭味,在粪便中含有它,但在配香精时,常需用少量吲哚。

这些稠杂环的稳定性都比相应的简单杂环高,由于简单杂环亲电活性比苯高,所以它们的亲电取代反应都是在杂环上进行,但活性比未稠合的低,而且定位也有一些变化:苯并呋喃主要是 2 位;苯并噻吩为 2 位与 3 位,但 3 位更活泼些;苯并吡咯(吲哚)则是 3 位。

为什么这 3 个稠杂环的定位不一样?通过对取代的中间体正碳离子稳定性的分析,认为是由于苯并后杂原子(氧、硫、氮)对电子亲和能力不同的影响被突出出来的缘故。杂原子对电子亲和能力的顺序为氧 > 硫 > 氮。

12.7 喹啉与异喹啉

喹啉环类化合物常以生物碱的形式广泛存在于植物界中,其中许多具有重要的药用价值,如抗癌药、杀虫药和心血管药等。喹啉环的结构相当于萘上有一个 CH 为氮所取代,氮的结构与吡啶环中氮相似,也是 sp^2 杂化,并以一个 p 电子参与共轭,具有弱碱性,其共轭酸的 pK_a 和吡啶的共轭酸相似。

喹啉 (Quinoline)   异喹啉 (Isoquinoline)   喹啉
pK_a 4.8 b.p. 238℃ pK_a 5.4 b.p. 243℃ π 电子云密度

喹啉与异喹啉的化学性质和吡啶有些相似。它们环上的氮与卤代烷反应都能得季铵盐,与过氧酸作用均可得到 N- 氧化物;可发生亲核取代反应,喹啉在 2 位或 4 位,异喹啉在 1 位;侧链 α 氢显酸性。喹啉在 2 位或 4 位的侧链与异喹啉在 1 位的侧链具有活泼的 α 氢,可以进行缩合(与酯、酮及醛)反应。

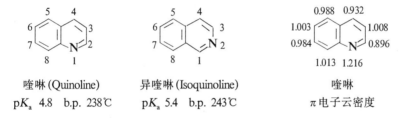

由于苯环的骈合使喹啉与异喹啉的性质和吡啶又有差异。亲电取代反应的活性增大了,但取代发生在骈合的苯环上,即 5 位与 8 位。

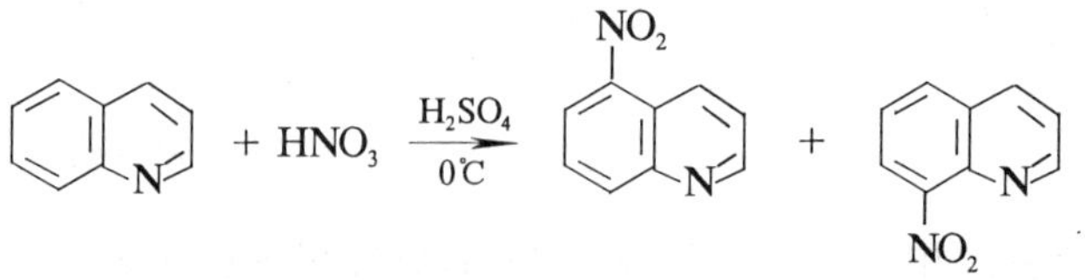

喹啉 N-氧化物亲电取代主要在吡啶环上,即 4 位。

12.8 嘌 呤 环

嘌呤是由一个嘧啶与一个咪唑骈联成的,它以各种衍生物的形式存在于生物体中,并在生物的生命发展过程中起着重要作用。其结构式为:

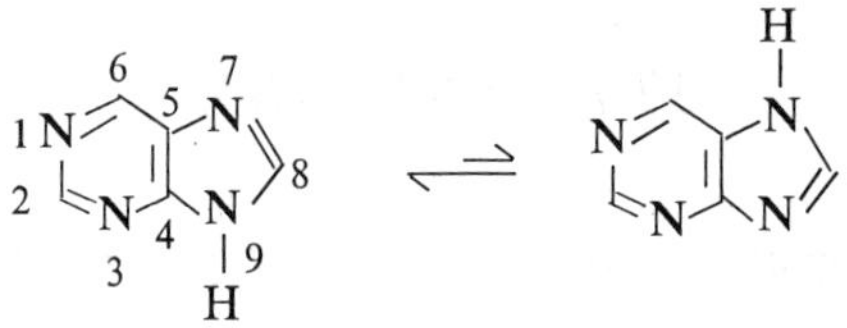

9 H-嘌呤 (purine)   7 H-嘌呤

这两个互变异构体中,主要以 9 H-嘌呤存在。

嘌呤环中有 3 个氮和吡啶环中的氮一样,都是以一个 p 电子参与共轭;另一个氮(一般在 9 位)和吡咯环中氮一样,以一对 p 电子参与共轭。因此嘌呤像吡啶一样,具有弱碱性(其共轭酸的 pK_a 为 2.5),但碱性比吡啶弱;嘌呤也像吡咯一样具有弱酸性(pK_a 为 8.9),而酸性比吡咯、咪唑、苯酚都强。酸性强是由于嘌呤的氮负离子可以受到较多的共振稳定。

嘌呤特别是带有氨基、羟基的嘌呤,如腺嘌呤与鸟嘌呤是组成核酸的两个重要的碱基:

腺嘌呤 (Adenine)   鸟嘌呤 (Guanine)

嘌呤的许多衍生物常见于一些重要辅酶之中,如起磷酸化试剂与储存能量作用的腺苷三磷酸酯(ATP),起氧化还原作用的 NADPH,起转移乙酰基的辅酶 A 与起甲基化试剂作用的 S-腺苷-L-蛋氨酸等。

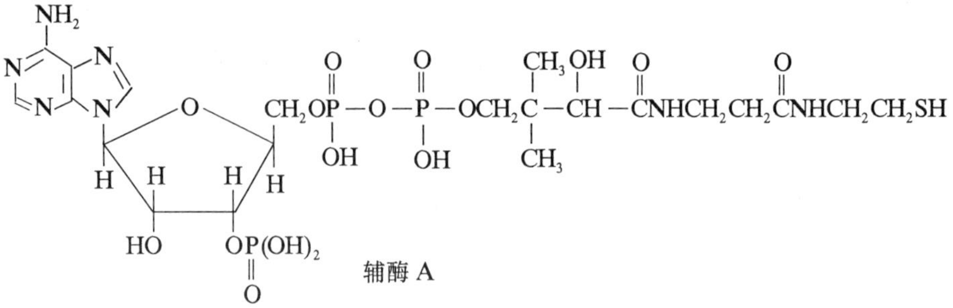

辅酶 A

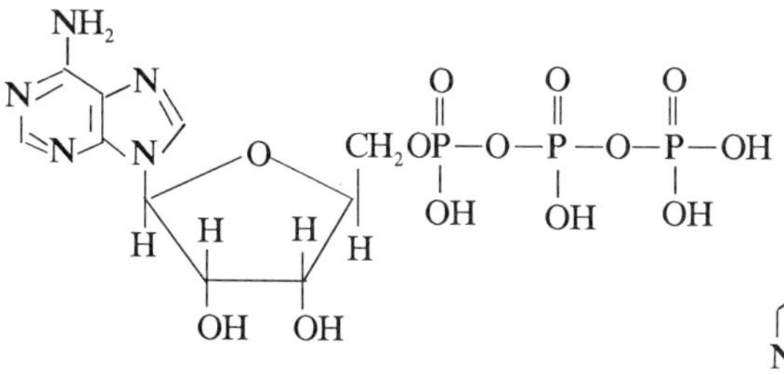

ATP

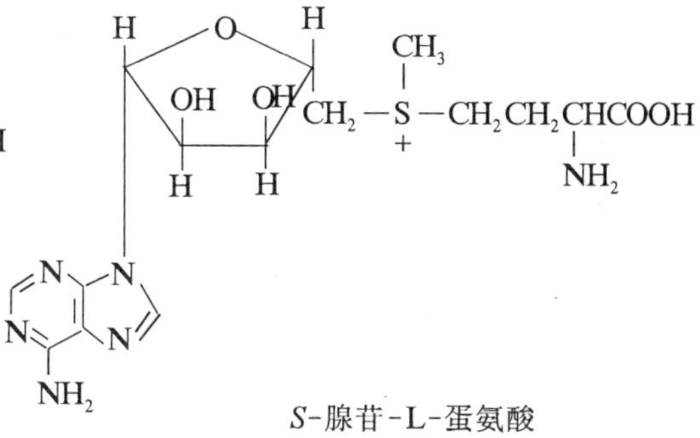

S-腺苷-L-蛋氨酸

又如尿酸、咖啡碱、可可碱等都是嘌呤环骨架,它们有重要生理作用。

嘌呤和羟基取代的嘌呤可以与卤代烷或硫酸二甲酯在碱的作用下在 9 位或 1,3 位与 9 位氮上发生烷基化反应。

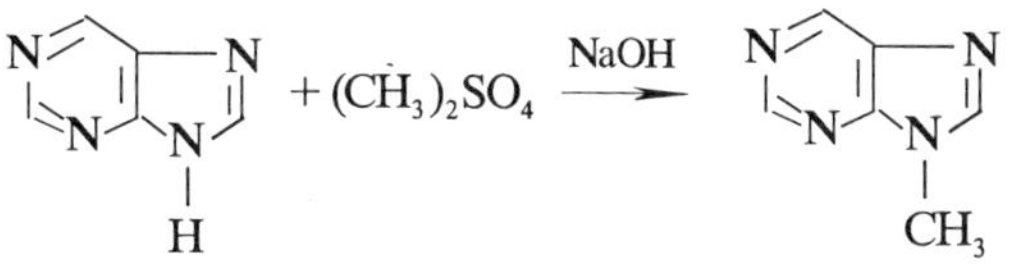

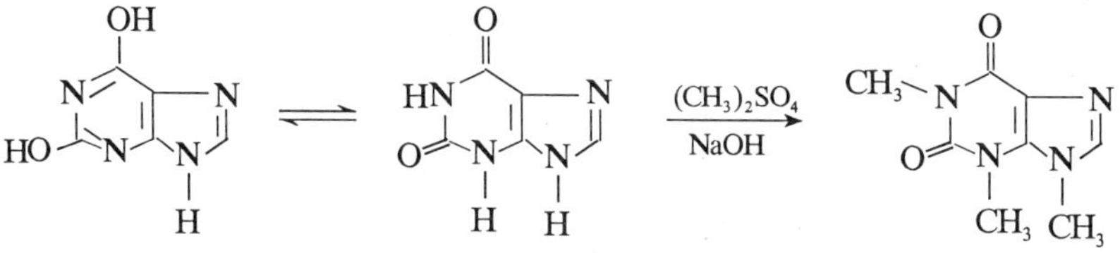

$$+(CH_3)_2SO_4 \xrightarrow{NaOH}$$

$$\xrightarrow{(CH_3)_2SO_4 \atop NaOH}$$

嘌呤环上氮的邻位或对位取代的卤素都很活泼,易为亲核试剂所取代。

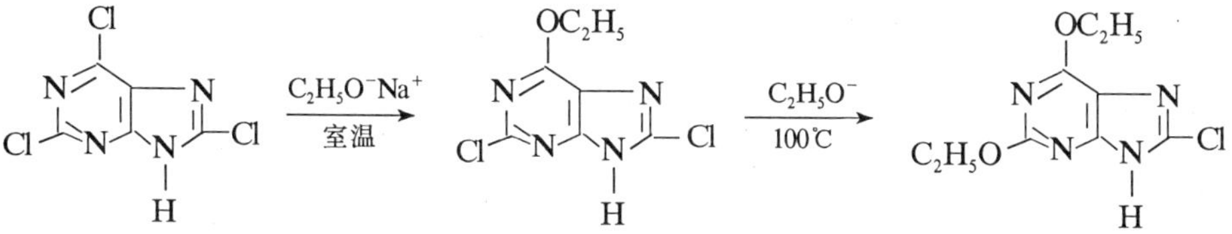

$$\xrightarrow[\text{室温}]{C_2H_5O^-Na^+} \qquad \xrightarrow[100℃]{C_2H_5O^-}$$

12.9 杂环化合物的合成

杂环化合物种类很多,合成方法也不少,本节只对最基础的杂环合成知识作一扼要介绍。

多数情况下,杂环化合物的合成采用开链化合物进行关环,这里既要考虑碳碳键的形成,又要有利于碳与杂原子间键的形成,同时,照顾到取代基或官能团的引入。碳碳键的形成常利用烯醇(含酚)或烯胺(含芳香胺)的 β 碳原子作为亲核试剂与羰基或 α,β-不饱和羰基化合物的 β 碳发生缩合以及适当含卤原子化合物的取代;而碳与杂原子键的形成常采用适当化合物中的杂原子作为亲核试剂(如胺、醇、硫醇中的杂原子)与羰基碳或 α,β-不饱和羰基化合物的 β 碳发生缩合;原料化合物的选择要根据对目标化合物的解剖而定,当然要选择易得价廉的原料。下面以解剖两种常见的杂环的方式为主进行讨论。

(1) 第一种

从这种解剖可以看到，合成五员杂环可以用 1,4-二羰基化合物；合成六员杂环，则可以用 1, 5-二羰基化合物。它们与氨[$(NH_4)_2CO_3$]，P_2O_5，P_2S_5 缩合关环，分别得到含氮、氧、硫的杂环。

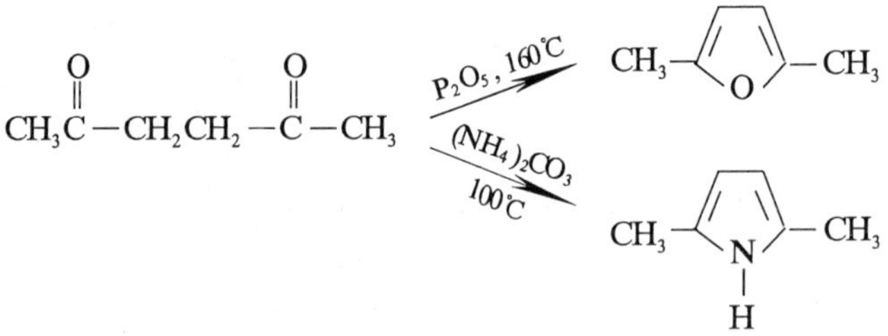

2,5-二甲基呋喃

2,5-二甲基吡咯

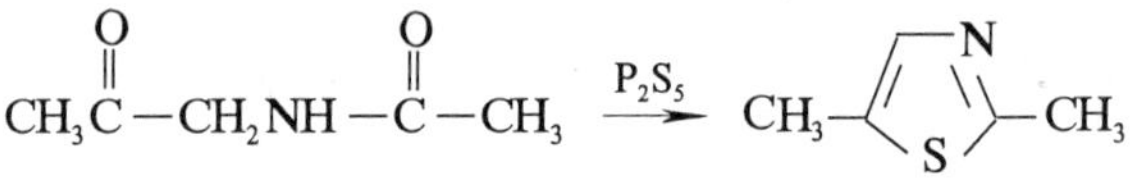

2,5-二甲基噻唑

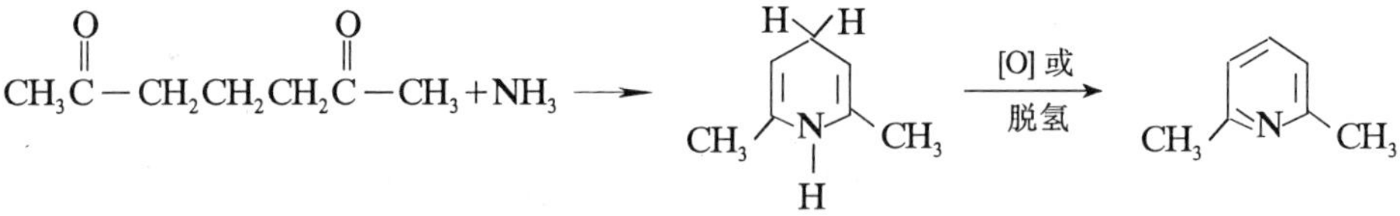

(2) 第二种

按这种解剖所用的试剂进行关环时涉及有碳碳键及碳与杂原子键的形成。因此试剂中要有形成这两种键的基团。如：

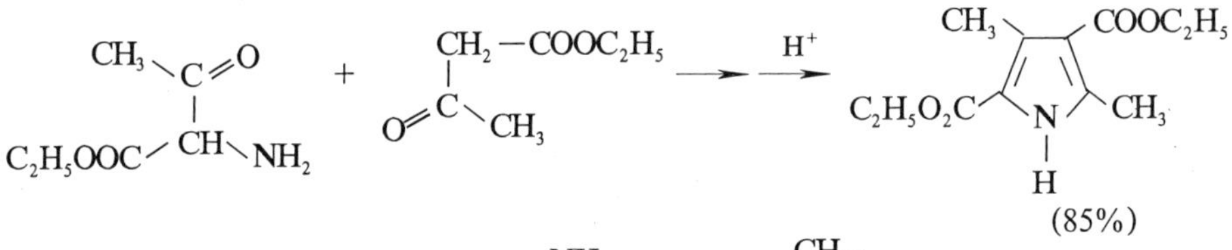

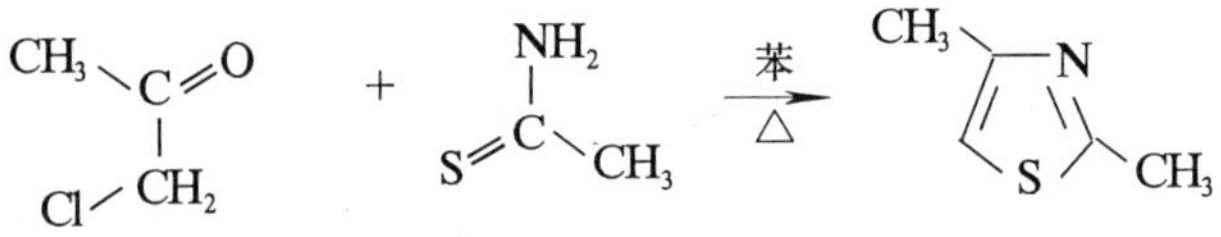

对于六员杂环化合物，常采用 1,3-二羰基化合物与烯醇或烯胺为试剂。如合成维生素 B_6 中的一个中间产物：

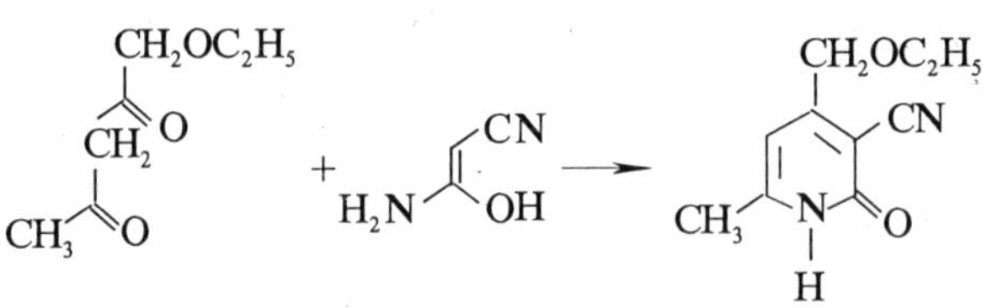

又如合成安眠药 4-丁基巴比妥酸：

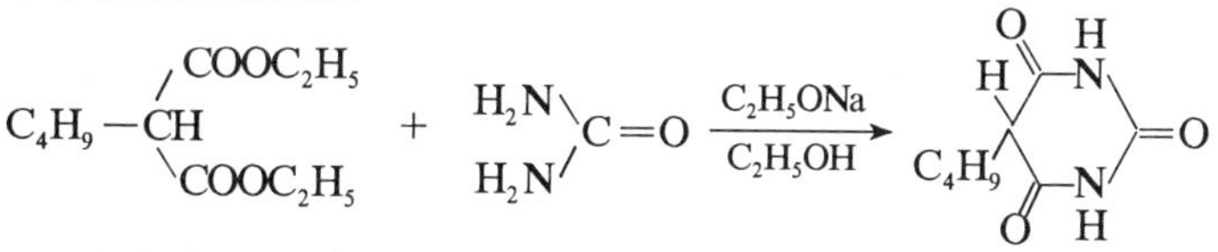

合成苯并杂环时,用苯胺代替烯胺。如喹啉的合成：

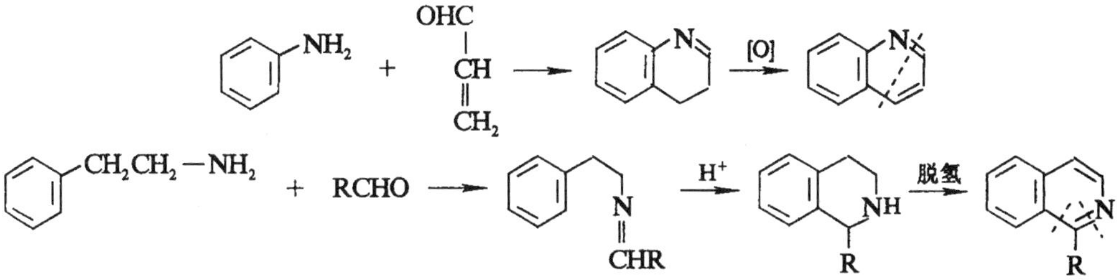

有时也可根据原料难易情况,采取另外的解剖方法。如合成化学发光剂鲁米诺：

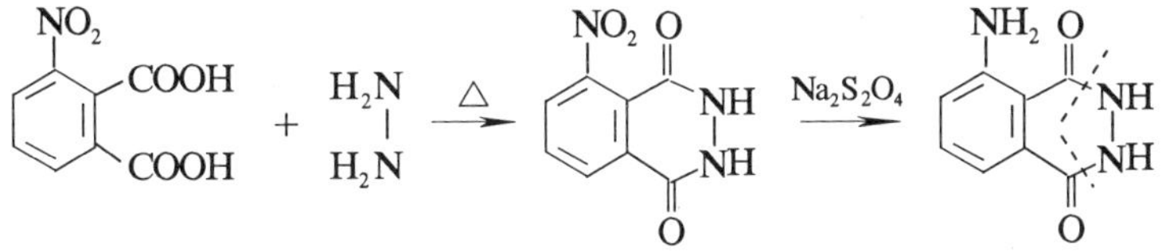

Ⅳ. 核酸与生物碱简介

12.10 核　酸

　　核酸是非常重要的生物高分子,它起着储存、复制与转录遗传信息和控制各种酶的合成的功能。酶是一种蛋白质,是生物体内各种化学反应的催化剂。核酸经完全水解可得到磷酸、糖与杂环碱三部分。

$$核酸 \xrightarrow[H_2O]{H^+} H_3PO_4 + 糖 + 杂环碱$$

核酸水解得到的杂环碱为嘧啶环系与嘌呤环系的化合物。属于嘧啶环系的化合物有 3 个：

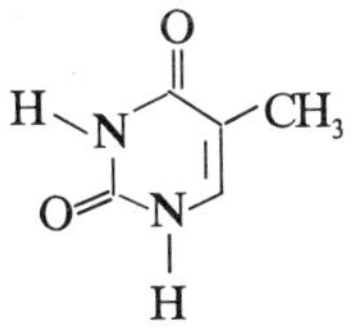

胸腺嘧啶
(Thymine)

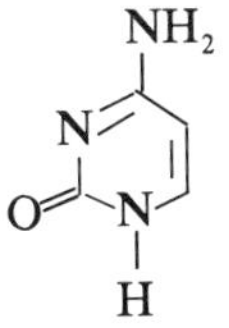

胞嘧啶
(Cytosine)

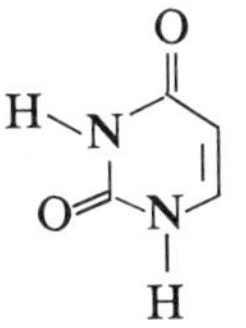

尿嘧啶
(Uracil)

嘌呤环系有两个化合物：

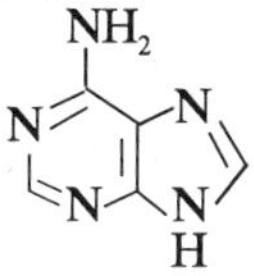

腺嘌呤 (Adenine)

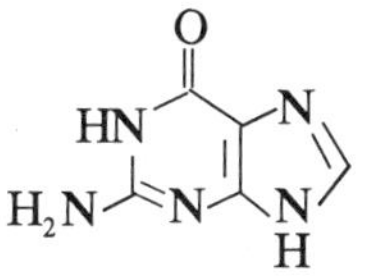

鸟嘌呤 (Guanine)

水解得到的糖为 D-核糖与 2-去氧-D-核糖。这些糖都形成五员环,在 β-1' 位与嘧啶碱的

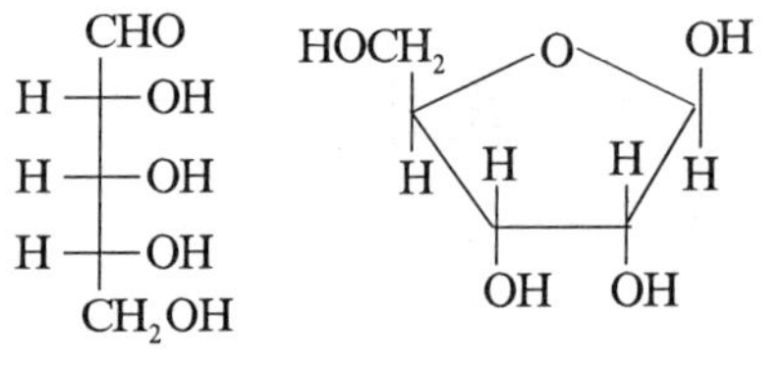

D-核糖
(核糖)

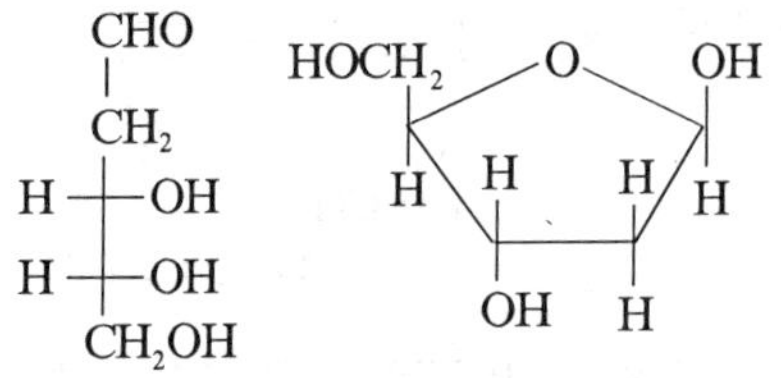

2-去氧-D-核糖
(去氧核糖)

1 位氮结合,或与嘌呤碱的 9 位氮结合。

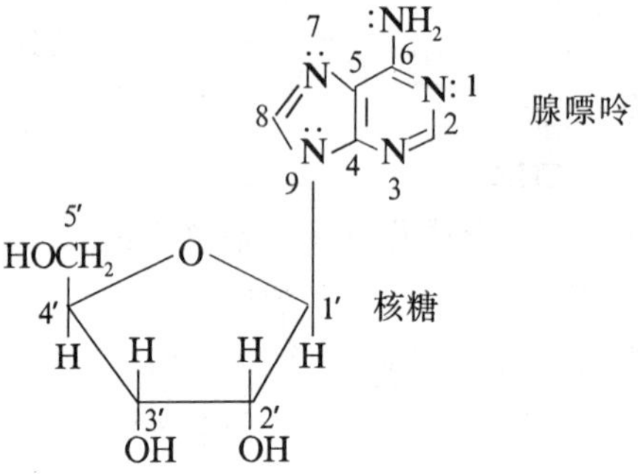

腺嘌呤

胞嘧啶

核糖

去氧核糖

腺嘌呤核苷(腺苷)

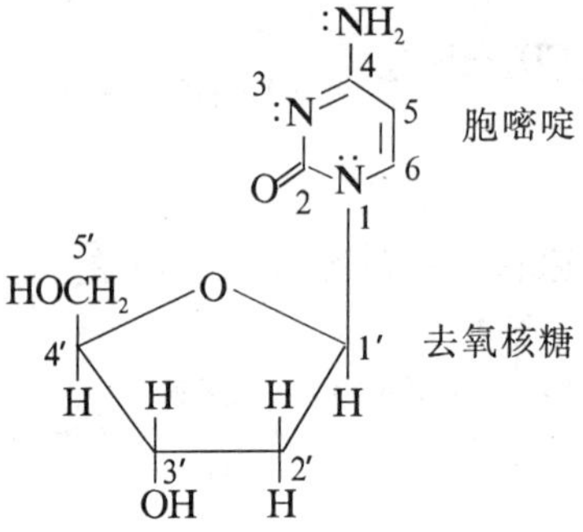

胞嘧啶去氧核苷(去氧胞苷)

这些糖与嘧啶系或嘌呤系碱结合的化合物统称为核苷(nucleoside)。核苷的磷酸酯统称为核苷酸(nucleotide)。磷酸连于核苷上糖的 3' 或 5' 位。

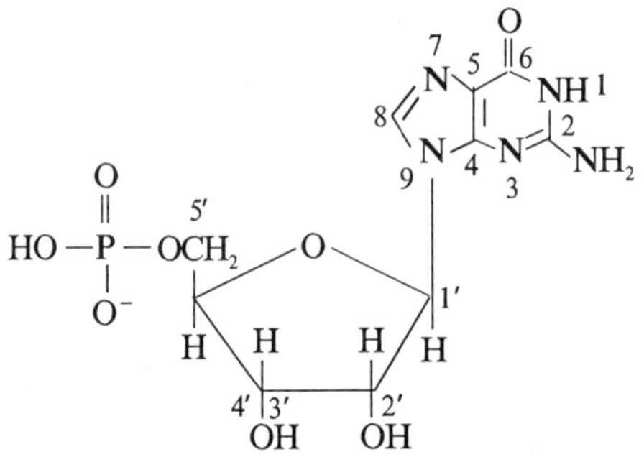

鸟苷-5'-磷酸酯
GMP

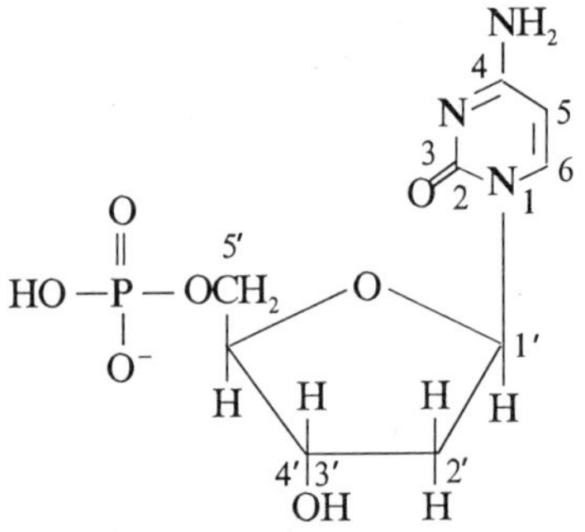

去氧胞苷-5'-磷酸酯
dCMP

核苷酸常用英文的缩写,它是以去氧、碱基与磷酸酯的第一个字母组成。如鸟苷-5'-磷酸酯缩写为 GMP, G 为鸟嘌呤, MP 为单磷酸酯(双磷酸酯为 DP,三磷酸酯为 TP)。去氧胞苷-5'-磷酸酯缩写为 dCMP,d 为去氧,C 为胞嘧啶,MP 为单磷酸酯。由于核酸中只有去氧胸腺苷-5'-磷酸酯,因此缩写就用 TMP,前面不加 d(表 12-5)。

正如氨基酸是蛋白质的结构单元,核苷酸是核酸的结构单元。核酸是由核苷酸分子间糖的 3' 位与 5' 位形成磷酸酯聚合而成。核酸可以分为两大类:一由核糖苷酸组成,简称 RNA; 一由去氧核糖苷酸组成,简称 DNA。虽然核酸的主链是由核糖或去氧核糖与磷酸形成有规则的

酯,但糖上连接的嘌呤环系碱与嘧啶环系碱的排列却有千差万别。

表 12-5　核苷酸的缩写

碱	核糖	去氧核糖
尿嘧啶(uracil)	UMP	—
胸腺嘧啶(thymine)	—	TMP
胞嘧啶(cytosine)	CMP	dCMP
腺嘌呤(adenine)	AMP	dAMP
鸟嘌呤(guanine)	GMP	dGMP

DNA 存在于所有细胞核中,起着遗传信息的储存、复制与转录的作用。核酸上连接的各种碱基的排列顺序就带有遗传的信息。DNA 是由 2 个链上的碱基相互以氢键连接形成双带螺旋体,而且 2 个链上的碱基不是任意结合都能形成强的氢键。只有 a 链碱基腺嘌呤(A)与 b 链碱基胸腺嘧啶(T)、a 链上的鸟嘌呤(G)与 b 链上的胞嘧啶(C)之间才能形成强的氢键,所以 DNA 的 2 个交织着的链有着完全互补的结构。如一个链碱基的顺序如图 12-1 中的 DNA_1,则交织的另一个链碱基的顺序必然为图中的 DNA_2。由此看出,所有碱基都是在双螺旋体的中心部位。

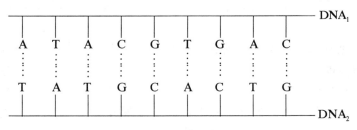

图 12-1　DNA 的双螺带

遗传信息是靠 DNA 复制遗传下去的。DNA 的复制过程首先为 DNA 双螺带分开,每个链作为一个模板产生与其互补的两个链。这样,一个 DNA 双螺带就变成两个 DNA 双螺带。因此当细胞核分裂时,细胞核中的 DNA 就将遗传信息复制遗传下去。

RNA 是通过转录 DNA 中局部链段产生的,不过在转录过程中,去氧核糖换成了核糖,胸腺嘧啶(T)换成了尿嘧啶(U)。RNA 的分子量比 DNA 小,含有 DNA 中局部的遗传信息(见图 12-2)。

RNA 与 DNA 不同,它不是以双螺带存在。RNA 有 3 种类型:核糖体 RNA(γ-RNA)占 RNA 中主要数量,起结构的功用;传令 RNA(m-RNA)在蛋白质合成中起模板的作用,因此 m-RNA 可以按由 DNA 得到的部分遗传信息进行蛋白质合成。m-RNA 位于 γ-RNA 中。可溶性的与可转移的 RNA(t-RNA)起着运输氨基酸到 m-RNA 指定位置的作用,然后在酶的作用下,使在 m-RNA 上的氨基酸按一定顺序连成蛋白质。 模板与传输作用也与 m-RNA 及 t-RNA 上碱基排

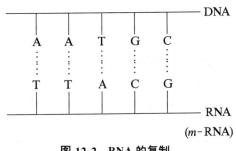

图 12-2　RNA 的复制

列的顺序(遗传密码)和互补形成氢键有关。

近十几年来,从事核酸研究工作的科学家多次获得诺贝尔奖金,说明核酸研究是一个有较大突破的重要科学领域。限于本课程范围,只能提供简单介绍。

12.11 生　物　碱

生物碱是存在于植物体内的一类碱性含氮有机化合物,其种类很多。1957年出版的"生物碱大全"中就收集了4000余种,到今天就更多了。生物碱大多具有明显的生理作用,许多中草药的有效成分是生物碱,因此从植物中提取、分离生物碱,测定其结构与药理性能,并进行人工合成,是有机化学与医药学重要的一部分。

生物碱在植物体内是由氨基酸转化来的,它们的结构一般都比较复杂,具有环状或开链胺的结构。生物碱多与酸,如乳酸、酒石酸、苹果酸、柠檬酸、琥珀酸、乙酸、磷酸等,结合成盐而存在于植物中,也有以糖苷、酯或酰胺的形式存在,以游离碱形式存在较少。

生物碱多为固体,难溶于水,而易溶于乙醇等有机溶剂。由于存在环状或开链胺的结构,所以常用彻底甲基化与霍夫曼消除反应来测定氮原子的结合状态与基本骨架。

许多试剂能与生物碱生成不溶性的沉淀,如丹宁、苦味酸、磷钨酸、磷钼酸、碘化汞钾($HgI_2 + KI$)等。它们可使生物碱由水溶液中沉淀出来。还有一些试剂能与生物碱产生颜色反应,如硫酸、硝酸、甲醛及氨水等。这些试剂叫做生物碱试剂,可以用它们检出生物碱。

生物碱常根据其来源命名,根据所含杂环系来分类,下面举几个生物碱作为例子。

(1) 伪石榴皮碱

是由石榴皮中提取出的一种生物碱,可作为打虫药,除去肠中的绦虫。伪石榴皮碱具有如右的结构式。伪石榴皮碱的结构就是用彻底甲基化与霍夫曼消除反应测定的。

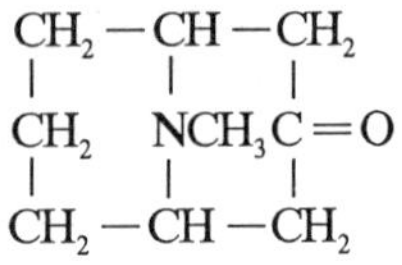

$$
\begin{array}{ccc}
CH_2 - CH - CH_2 & & \\
| & | & \\
CH_2 & NCH_3 & C=O \\
| & | & \\
CH_2 - CH - CH_2 & &
\end{array}
$$

伪石榴皮碱(又称颠茄酮)

(2) 烟碱

又名尼古丁,属于吡啶族。烟碱是烟草中的一种生物碱,有旋光性,天然存在的为左旋体。烟碱有剧毒,少量有兴奋中枢神经,增高血压的作用;大量则抑制中枢神经系统,使心脏麻痹以致死亡。烟碱也可作为农业杀虫剂,杀蚜虫等。

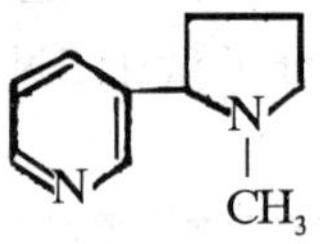

烟碱(尼古丁)

(3) 金鸡纳碱

又名奎宁,属于喹啉族。金鸡纳碱存在于金鸡纳树皮中的一种主要生物碱,为无色晶体,微溶于水,易溶于乙醇、乙醚。奎宁有抑制疟原虫繁殖的能力,并有退热作用。但多吃有引起耳聋的副作用。

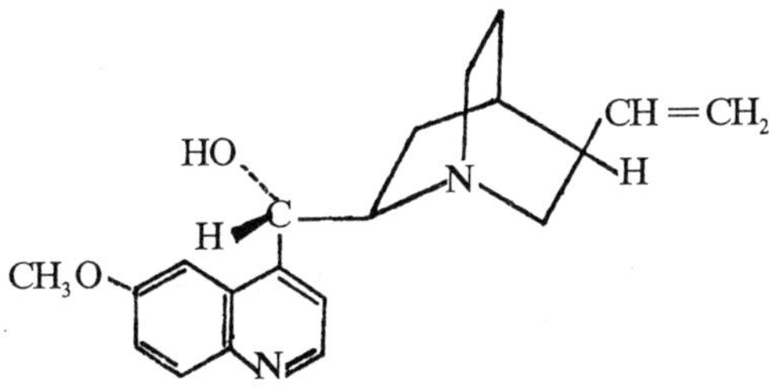

金鸡纳碱(奎宁)

(4) 吗啡碱

吗啡碱属于异喹啉族。存在于罂粟科植物提出的鸦片中,它是最早(1803年)提纯的第一个生物碱,但其结构到1952年才确定。吗啡碱是微溶于水的结晶,对中枢神经有麻醉作用,有强镇痛效力,医药上常用于局部麻醉。

吗啡碱

(5) 颠茄碱

又叫阿托平,含于茄科植物,如颠茄、曼陀罗、天仙子等中。

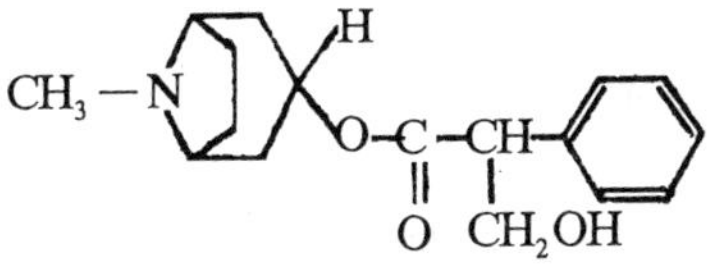

颠茄碱

分子中含的氮杂环叫托烷(或莨菪烷),属于托烷族生物碱。

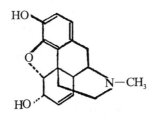

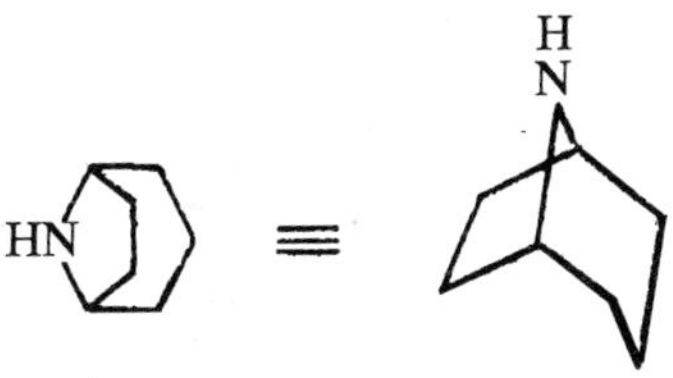

托烷

颠茄碱在医药上用作抗胆碱药,能抑制汗腺、唾液、泪腺、胃液等的分泌,并能扩散瞳孔,用于治疗平滑肌痉挛、胃痛与肠绞痛,也可用作有机磷与锑剂中毒的解毒剂。

(6) 麻黄碱

又称麻黄素,含于中草药麻黄中。

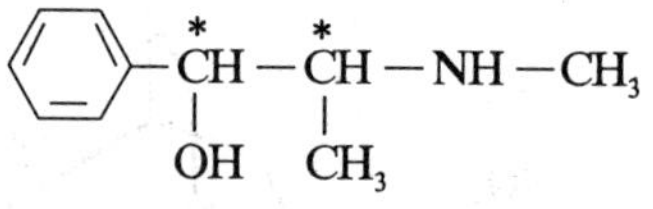

麻黄碱

麻黄碱有两对对映体,一对叫麻黄碱,一对叫假麻黄碱。我国出产的麻黄含 D-(−)- 麻黄碱最多,质量最好。

麻黄碱在结构上与肾上腺素相似,生理作用上也相近,有兴奋交感神经,增高血压,扩张气管等作用,用于支气管哮喘症。

(7) 小檗碱

又叫黄连素,是存在于黄连、黄柏中的一种异喹啉族生物碱。

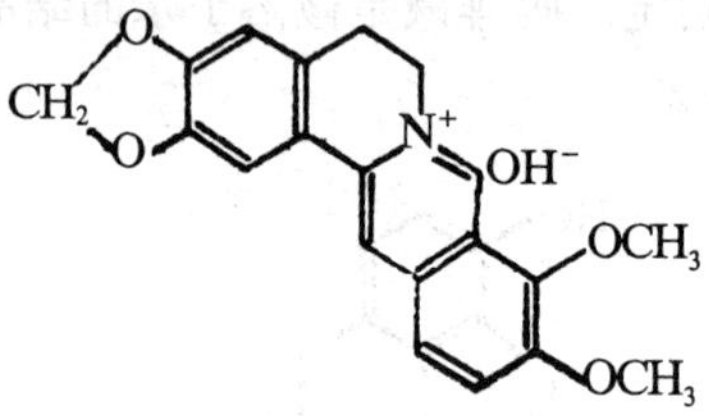

小檗碱(黄连素)

黄连素有抑制痢疾杆菌、链球菌及葡萄球菌的作用,是一种抗菌药物。我国东北制药总厂已完成了此药的全合成工作。

习　题

1. 写出下列化合物的名称。

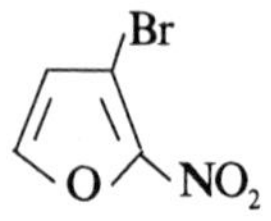

(a) 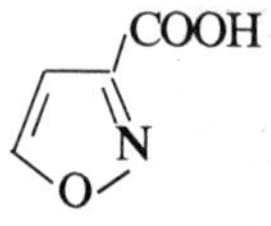　　　　(b) 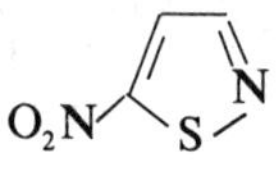　　　　(c) 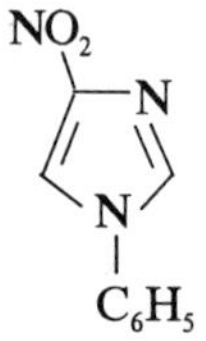　　　　(d) 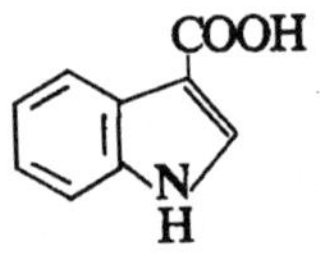　　　　(e)

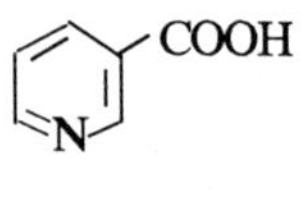

(f) 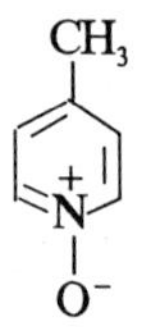　　　　(g) 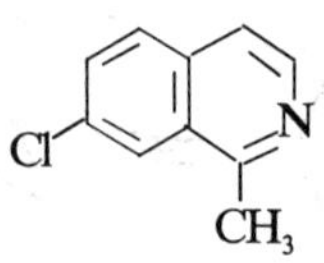　　　　(h) 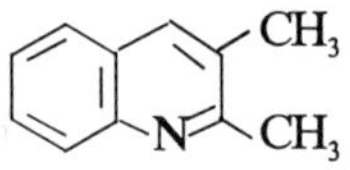　　　　(i)

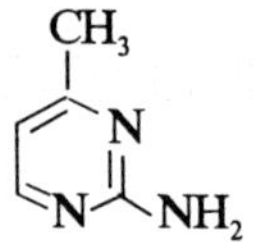

(j) 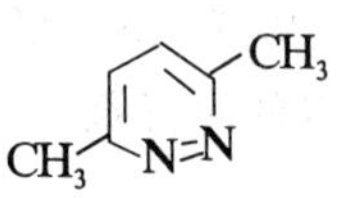　　　　(k)

2. 写出吡啶与下列试剂反应的主要产物的结构（若有反应发生）：

(a) Br_2，300℃浮石　　　　　　　　(b) H_2SO_4，350℃

(c) 乙酰氯，$AlCl_3$　　　　　　　　　(d) KNO_3，H_2SO_4，300℃

(e) $NaNH_2$，加热　　　　　　　　　(f) C_6H_5Li

(g) 稀 HCl　　　　　　　　　　　　　(h) 稀 NaOH

(i) 醋酸酐　　　　　　　　　　　　　(j) 苯磺酰氯

(k) 溴代乙烷　　　　　　　　　　　　(l) 苯甲基氯

(m) H_2O_2＋CH_3COOH　　　　　　(n) H_2O_2＋CH_3COOH，然后 HNO_3＋H_2SO_4

(o) H_2，Pt

3. 写出下列反应的主要产物的结构：

(a) 噻吩＋浓 H_2SO_4　　　　　　　　(b) 噻吩＋醋酸酐，$ZnCl_2$

(c) 噻吩＋乙酰氯，$TiCl_4$　　　　　　(d) 噻吩＋发烟 HNO_3 在醋酸酐中

(e) (d)的产物＋Sn，HCl　　　　　　　(f) 噻吩＋1 摩尔 Br_2

(g) (f)的产物＋Mg，然后加 CO_2，再酸化

(h) 吡咯＋$\begin{array}{c}\\ \text{N}^+\!-\!\text{SO}_3^-\end{array}$　　　　　(i) 吡咯＋重氮化的对氨基苯磺酸

(j) (i)的产物加 $SnCl_2$　　　　　　　(k) 吡咯＋H_2，Ni

(l) 糠醛＋丙酮＋碱　　　　　　　　　(m) 喹啉＋HNO_3/H_2SO_4

(n) 喹啉-N-氧化物＋HNO_3/H_2SO_4　　(o) 异喹啉＋丁基锂

4. 试写出完成下列合成所需的其它试剂及主要合成步骤。

(a) 由 3-甲基吡啶合成 β-氰基吡啶　　　(b) 由吡啶合成 2-甲基六氢吡啶

(c) 由喹啉合成 5-氨基喹啉　　　　　　(d) 由糠醛合成 5-硝基呋喃-2-甲酸乙酯

(e) 由糠醛合成呋喃丙烯酸　　　　　　(f) 由糠醛合成 1,2,5-三氯戊烷

(g) 由吲哚合成 3-吲哚甲醛

5. 试提出合成苯基-3-吡啶酮的方法 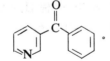 。

6. 写出下列杂环合成产物的结构：

(a) 丙二酸二乙酯＋尿素，碱，加热$\longrightarrow C_4H_4O_3N_2$，嘧啶环系

(b) 2,5-己二酮＋$H_2N\!-\!NH_2 \longrightarrow C_6H_{10}N_2 \xrightarrow{O_2} C_6H_8N_2$，达嗪环

(c) 2,4-戊二酮＋$H_2N\!-\!NH_2 \longrightarrow C_5H_8N_2$，吡唑环

(d) 邻氨基苯甲酸＋氯代乙酸$\longrightarrow C_9H_9O_4N \xrightarrow{\text{碱强热}}$吲哚环 C_8H_7ON

(e) 3-甲基-1,2-苯二胺＋甘油$\xrightarrow{\text{Skraup 合成}} C_{10}H_{10}N_2$ 喹啉环

(f) 邻苯二胺＋甘油$\xrightarrow{\text{Skraup 合成}} C_9H_8N_2$

7. 预测下列反应的主要产物:

(a) 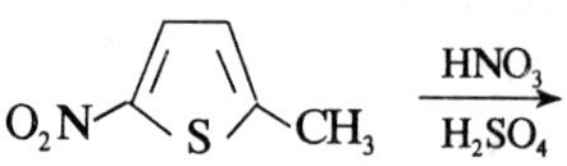 O_2N 连接噻吩环，环上连 CH_3 $\xrightarrow[\text{H}_2\text{SO}_4]{\text{HNO}_3}$

(b) 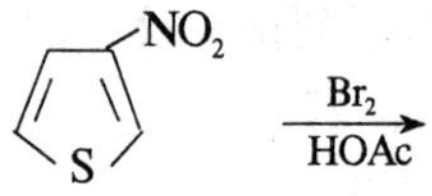 噻吩环上连 NO_2 $\xrightarrow[\text{HOAc}]{\text{Br}_2}$

(c) 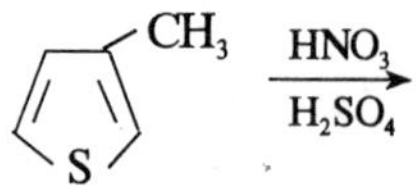 噻吩环上连 CH_3 $\xrightarrow[\text{H}_2\text{SO}_4]{\text{HNO}_3}$

(d) 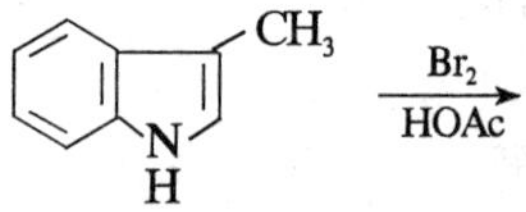 吲哚环上连 CH_3 $\xrightarrow[\text{HOAc}]{\text{Br}_2}$

(e) 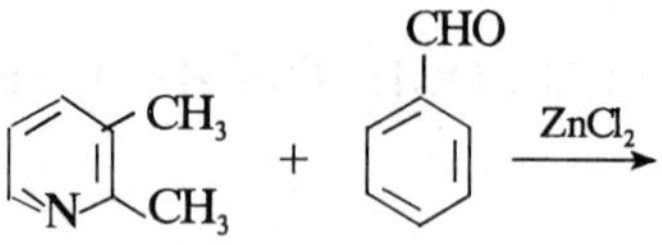 吡啶环上连 CH_3, CH_3 + 苯甲醛 CHO $\xrightarrow{\text{ZnCl}_2}$

(f) 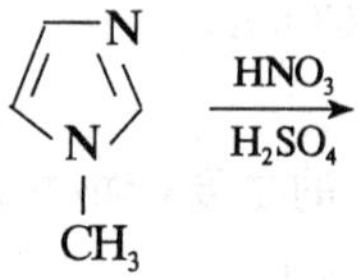 咪唑环 N上连 CH_3 $\xrightarrow[\text{H}_2\text{SO}_4]{\text{HNO}_3}$

8. (a) 吡咯先与 C_2H_5MgBr，继之与 CH_3I 反应得到 2- 与 3- 甲基吡咯的混合物，试解释其原因。

(b) 有吡咯、喹啉、吡啶与 咪唑环上连 $CH_2CH_2NH_2$ ，试比较它们碱性强弱的顺序。

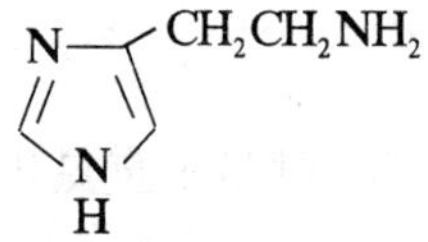

9. 喹啉、喹啉 N-氧化物与吲哚硝化时，各主要产物上何位(写出反应)，扼要说明原因。

10. 如何由吡啶制备 3-吡啶甲酸?

11. 吡咯可以被锌及醋酸还原成吡咯啉 (Pyrroline)，C_4H_7N。

(a) 吡咯啉的可能结构是什么?　　　　(b) 根据下列现象，吡咯啉应有何结构?

吡咯啉 + O_3, 后加 H_2O, 然后加 H_2O_2 ⟶ A($C_4H_7O_4N$)

氯乙酸 + NH_3 ⟶ B($C_2H_5O_2N$) $\xrightarrow{\text{氯乙酸}}$ A

12. 呋喃及其衍生物对于质子酸很敏感，下列反应说明发生了什么变化?

2,5-二甲基呋喃 + 稀 H_2SO_4 ⟶ C($C_6H_{10}O_2$)

C + NaOI ⟶ 丁二酸

(a) C 为何物?

(b) 试述自 2,5-二甲基呋喃制备 C 的步骤?

13. 间甲苯胺 + 甘油 $\xrightarrow{\text{Skraup 合成}}$ G($C_{10}H_9N$)

(a) G 可能的结构是什么?　　　　(b) 根据下列事实，G 应有何结构?

3-甲基 1,2-苯二胺 + 甘油 $\xrightarrow{\text{Skraup 合成}}$ H($C_{10}H_{10}N_2$)

H_2 + $NaNO_2$ + HCl; 后加 H_3PO_2 ⟶ G

14. 吡啶很难硝化，而 N-氧化吡啶为什么容易被硝化呢?

15. 写出下列反应的产物:

(a)  苯环上连 CH_3O 及 $-CH_2CH_2NHCOCH_2-$ 连苯环 $\xrightarrow{\text{微热}}$?

(b)  ![pyridine-2,3-dicarboxylic acid] $\xrightarrow{\triangle}$?

16. 邻氨基苯甲醛是喹啉的 Friedländer 合成中的基本原料。

(a) 从最方便的原料合成这个化合物。

(b) 以邻-氨基苯甲醛为原料合成下列化合物(可用其他必须试剂)。

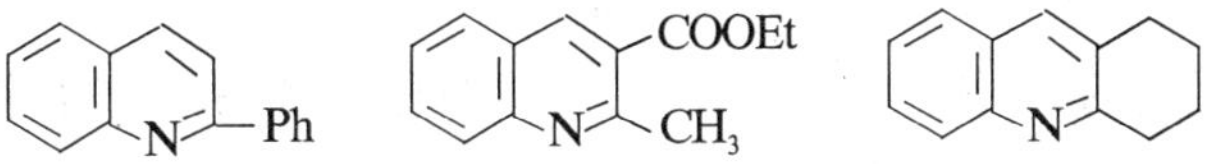

(c) 写出下述 Friedländer 合成反应的机理:

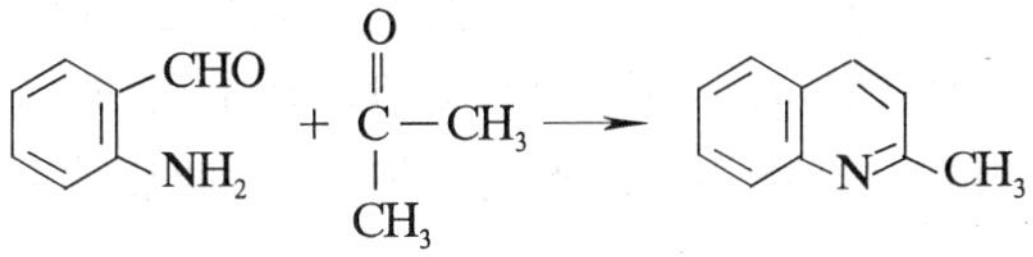

17. 吡啶的 N-氧化物与苯甲基溴反应给出 N-苯甲氧基吡啶盐的溴化物,用强碱处理这个盐得苯甲醛(92%)和吡啶。试提出恰当的机理加以说明。

18. 突变可以由化学上原因造成,而亚硝酸就是一最强的化学诱变剂,它的诱变作用被认为是由于亚硝酸与核酸的嘌呤与嘧啶上的氨基发生去氨化反应。例如,AMP 用亚硝酸处理转变成下列化合物:

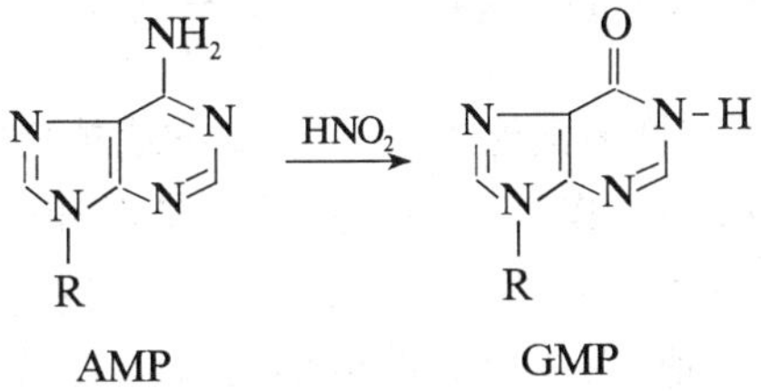

AMP   GMP

问: (a) 这种转变是什么反应?

(b) 在 DNA 中 A 与 T 互补,而 G 与 C 互补,试表示 G 与 C 之间氢键的关系。

(c) 在 DNA 中由于 A 转变成 G,经过两次复制将产生什么错误?

19. 以脂肪族和苯类化合物为原料,试提出合成下列化合物的方法(用反应式表示):

(a) 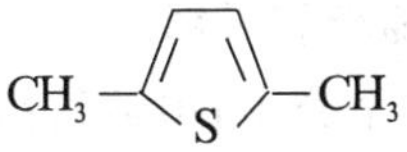 CH_3—⟨S⟩—CH_3 (b) 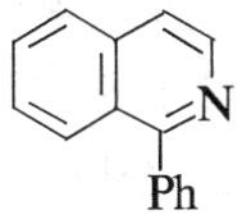 [isoquinoline-Ph]

20. 芦竹碱可用吲哚、甲醛与二甲胺混合物加热得到。

问:

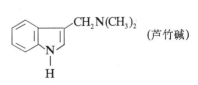
(芦竹碱)

(a) 这里涉及的是什么反应

(b) 写出一个合理的反应历程

第十三章　碳水化合物

碳水化合物是天然界中存在最多的一类有机化合物,如葡萄糖、淀粉、纤维素等。从化学结构讲,它们都是多羟基的醛、酮 $\underset{\text{CH}_2\text{OH}}{\overset{\text{CHO}}{(\text{CHOH})_n}}$ $\underset{\text{CH}_2\text{OH}}{\overset{\text{CH}_2\text{OH}}{\underset{(\text{CHOH})_n}{\text{C}=\text{O}}}}$ 或多羟基醛、酮的缩合物。由于最初发现这一类物质的碳、氢、氧比例为 $C_n(H_2O)_m$,所以把它们叫做碳水化合物。但后来发现有些结构上应属于糖的化合物,如鼠李糖 $(C_6H_{12}O_5)$ 并不符合 $C_n(H_2O)_m$ 的通式;而有些符合这个通式的化合物,如乙酸 $(C_2H_4O_2)$ 在结构上并不属于碳水化合物,所以叫碳水化合物并不很合适。现在普遍把这类物质叫做糖。

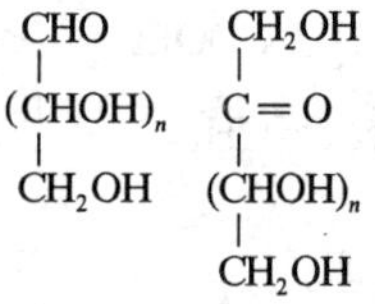

碳水化合物是植物通过光合作用将 CO_2 与水转变成的,并将太阳能转变成键能储存在碳水化合物中。动物摄取碳水化合物作为食物,又将其逐步氧化成 CO_2 与水,并供给生命活动所需的能量,所以这些能量实际是由太阳能来的。因此碳水化合物在生命现象中起着能量供给与储存的中间体作用,同时也是生物体合成其他化合物的基本原料。

$$6CO_2+6H_2O+\text{能量} \underset{\text{动物呼吸作用}}{\overset{\text{植物光合作用}}{\rightleftharpoons}} C_6H_{12}O_6+6O_2$$

不仅如此,糖类化合物还有许多其他生理作用:如构成植物的支撑组织,特别是糖蛋白和糖脂都是细胞膜的重要组成部分;作为生物信息的携带者和传递者,对细胞的生长发育、分化、代谢、识别反应和免疫反应都有重要作用。由于糖的特殊结构,由 3 个不同单糖组成的寡糖可以存在 1056 种异构体;相应地,由 3 种不同单体组成的寡肽或寡聚核酸,则仅存在 6 种结构形式。所以科学家们认为,从生物进化的角度看,与蛋白质和核酸相比,糖应该是生命过程中最理想的信息载体,因为它能以最小的结构单元负载最大的生物信息量。所以碳水化合物是化学家和生物学家都非常重视的一类化合物。根据它能否水解和水解后生成的物质,可以分为以下 4 类:

(1) 单糖为不能水解的多羟基醛、酮。

(2) 双糖为 1 分子可水解成 2 分子单糖的糖,如蔗糖水解成葡萄糖和果糖。

(3) 低聚糖(寡糖)为 1 分子可水解成 3～10 个(最多不超过 20 个分子)单糖的糖。

(4) 多糖为 1 分子可水解成 20 个以上分子单糖的糖。

Ⅰ. 单　糖

13.1　单糖的结构

1. 单糖的分类

根据单糖中所含羰基为醛基或酮基,分为醛糖或酮糖;根据单糖碳链的碳原子数目,叫某醛糖或某酮糖。如：

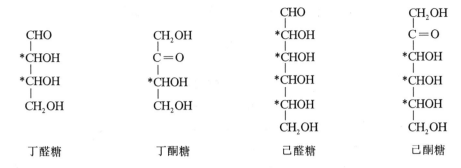

| | 丁醛糖 | 丁酮糖 | 己醛糖 | 己酮糖 |

在天然界中，以含 4～6 个碳原子的单糖最普遍。

2. 单糖的构型

单糖分子中都含有手征性碳原子。如己醛糖由于分子两头不同，有 4 个不同的手征性碳原子，因此可以有 $2^4=16$ 个旋光异构体。这些己醛糖都可以由甘油醛逐步增加碳原子导出。如 D-甘油醛与 HCN 加成后即可增加一个碳原子，得到羟基腈，将氰基水解成为羧基，经转化为内酯后，再还原成醛基即得到丁醛糖。

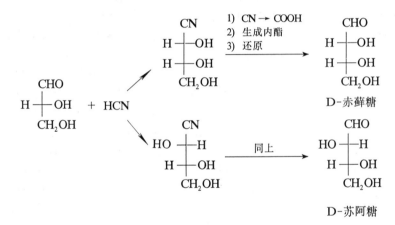

在这两个丁醛糖中离羰基最远的手征性碳原子的构型必定和 D-甘油醛的构型一样，都是 D 构型。所以都叫做 D 构型糖。生物体内存在的糖大多为 D 构型糖，L 构型的糖极少。

利用这种方法可以把 8 个 D 构型的己醛糖全部合成出来(见表 13-1)。

同样，由 L-甘油醛可以导出 8 个 L-己醛糖，分别和上述 8 个 D-己醛糖成为对映体。对于酮糖，也是以离羰基最远的手征性碳原子确定其构型。

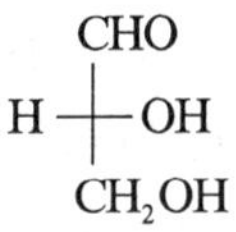

CHO
H——OH
CH₂OH

D-甘油醛

CH₂OH
C=O
(CHOH)ₙ
H——OH
CH₂OH

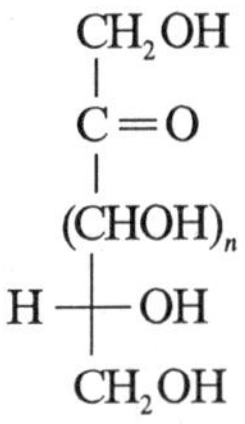

D-酮糖

表 13-1　由 D(+)-甘油醛衍生的 8 个 D-己醛糖

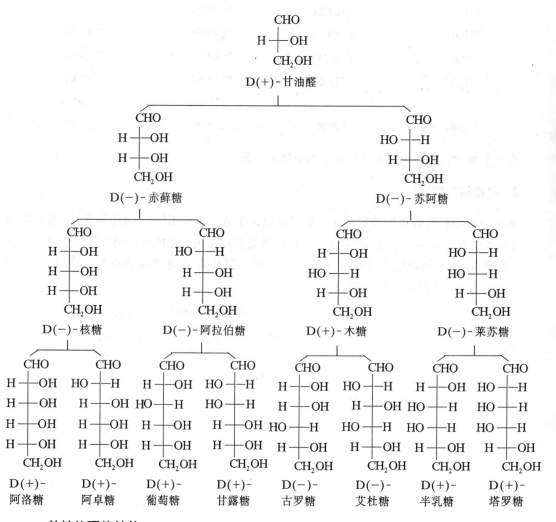

3. 单糖的环状结构

　　第八章已介绍醇与醛、酮可以形成半缩醛、酮。对于羟基醛、酮,若可以形成五员或六员环状半缩醛、酮,则在成环与开链的平衡中将有利于成环。因单糖分子中也同时含有羟基与羰基,所以单糖主要以环状半缩醛、酮存在:

$$HOCH_2CH_2CH_2CH_2CHO \Longrightarrow$$

(94%)

戊醛糖与己醛糖虽然可以形成五员或六员环,但绝大多数的单糖都是以六员半缩醛环存在。

　　由于形成半缩醛,原来没有手征性的羰基变成手征性碳原子,因此可以有两种环状半缩醛。这种仅仅端基不同的异构体称为端基差向异构(anomers)。如 D(+)-葡萄糖有 α,β 两种端基差向异构体。

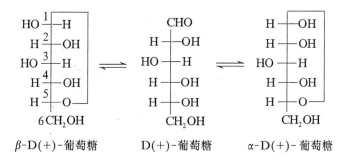

β-D(+)-葡萄糖   D(+)-葡萄糖   α-D(+)-葡萄糖

α异构体是指在环上 C_1 处新形成的 —OH 与 C_5 上原来的 —OH 相互处于顺式位置，β异构体则相互处于反式位置。

从乙醇中结晶 D-葡萄糖可得 α-D-葡萄糖，从吡啶中结晶可得 β-D-葡萄糖。当纯的 α 或 β 异构体溶于水中，会逐渐变化，达到平衡。而它的旋光度也会逐渐变化，最后达到一稳定的平衡值 +53°。这种现象叫变旋现象。

β$[\alpha]_D = +18.7°$，m.p. 150℃   链式   α$[\alpha]_D = +112°$，m.p. 146℃
平衡时 (63.6%)   (0.1%)   (36.4%)

果糖也是六员环，有 α 及 β 两种异构体，在水溶液中也同样有 α，β 及链式的平衡。在蔗糖中，果糖部分以五员环的形式存在。α 及 β 异构体仍以前述原则来定。

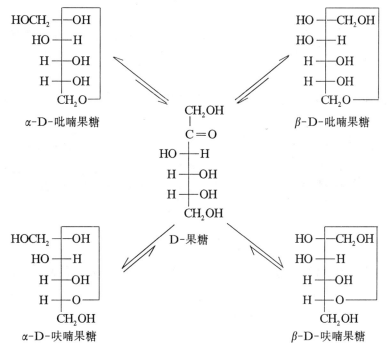

α-D-吡喃果糖   β-D-吡喃果糖
D-果糖
α-D-呋喃果糖   β-D-呋喃果糖

形成六员环的半缩醛和杂环化合物中的吡喃环 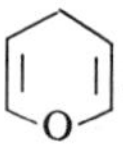 相当,所以叫吡喃糖。形成五员环的半缩醛和杂环呋喃环相当,所以叫呋喃糖。

费歇尔投影式在表示链式结构时比较清楚,但表示环式的立体结构时则不很清楚。以透视式[又称霍沃斯(Haworth)式]表示则比较好。把费歇尔投影式转变成透视式时要遵循: (1)费歇尔投影式上手征性碳原子右边所连的羟基都放在透视环的下面。而左边的羟基都放在环的上面。(2) D 构型的末端 —CH_2OH 都放在环的上面,L 构型的放在环的下面。

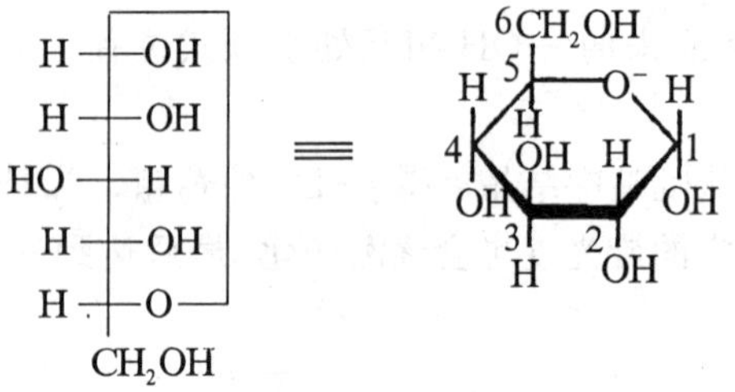

α-D(+)-吡喃葡萄糖

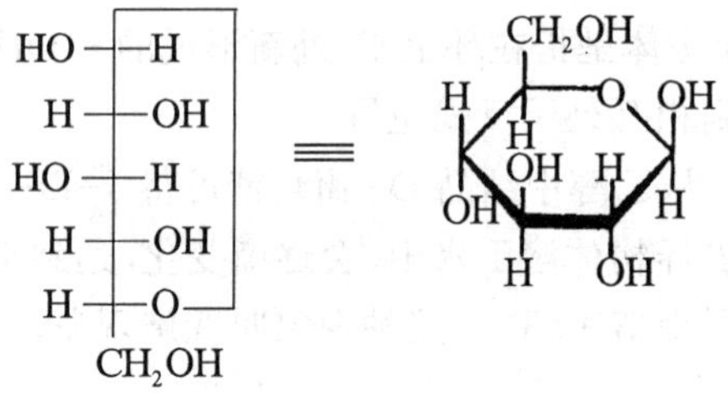

β-D(+)-吡喃葡萄糖

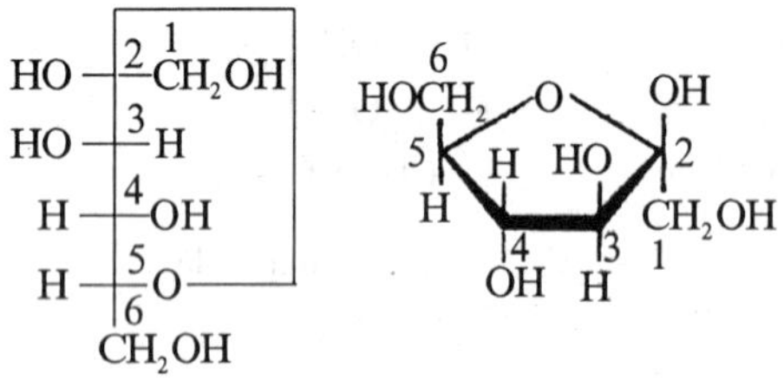

β-D(−)-呋喃果糖

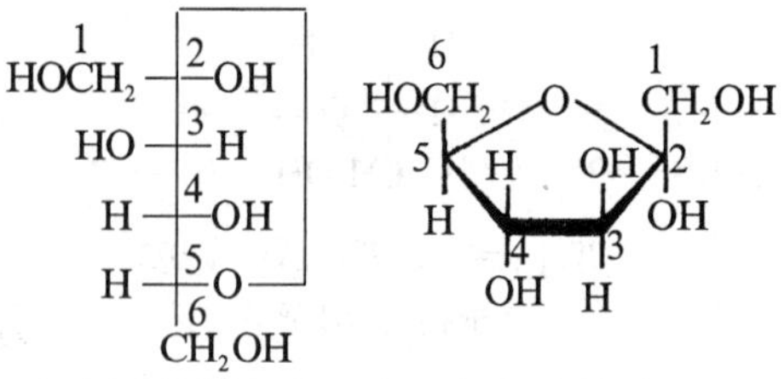

α-D(−)-呋喃果糖

但是透视式也并未完全反映环式半缩醛的空间结构,因为六员环也像环己烷一样有船式、椅式,而椅式比较稳定,所以主要以椅式存在。因此,在环上所连基团有平键(e)与直键(a)两种形式。

β-D-葡萄糖可以两种构象存在,如下式Ⅰ和Ⅱ:

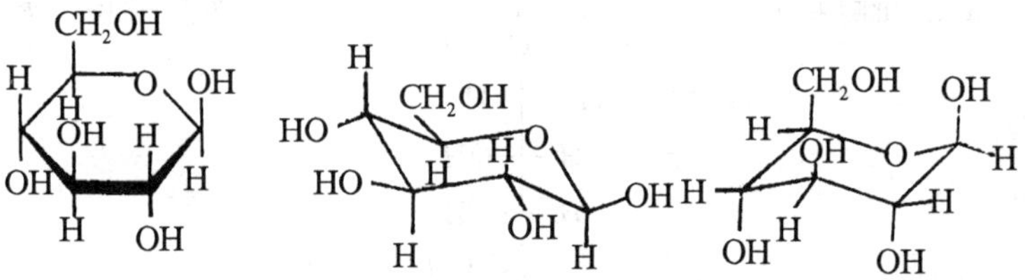

Ⅰ

Ⅱ

β-D-葡萄糖Ⅰ环上的取代基全部为平键, Ⅱ环上取代基全部为直键。显然,Ⅰ式比Ⅱ式位能低,因此主要以Ⅰ式存在。而 α-D-葡萄糖的两种构象为Ⅲ与Ⅳ,Ⅲ式只有一个取代基处在直键,其余取代基均为平键,而Ⅳ式只有一个取代基在平键。

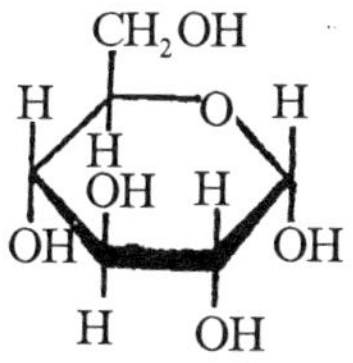

| α-D-葡萄糖 | Ⅲ 有一个 —OH 在直键 | Ⅳ 只有一个 —OH 在平键 |

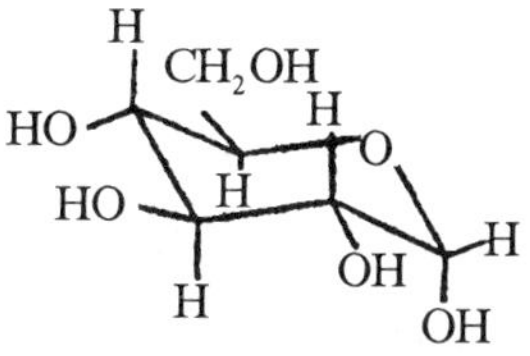

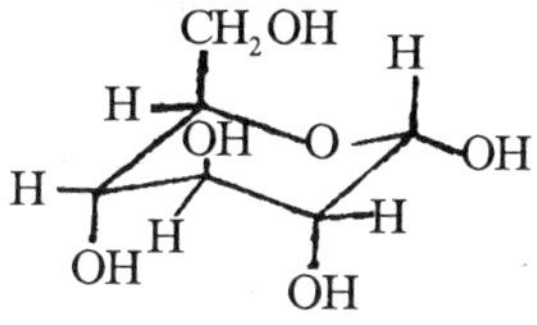

所以Ⅲ式比Ⅳ式稳定；但Ⅲ式不如Ⅰ式稳定,所以葡萄糖的平衡混合物中 β 异构体要比 α 异构体多。

β-D-吡喃葡萄糖除氢外全部为平键,所以在 D-己醛糖中也是最稳定的,这也许是为什么 β-D-葡萄糖在世界上存在最多的原因。

13.2 单糖的物理性质

由于单糖有好几个羟基,所以单糖可溶于水,而不溶于非极性溶剂,如不溶于己烷。单糖在水中溶解度很大,而且易形成过饱和溶液——糖浆。

由于糖分子间氢键多,所以单糖的沸点、熔点都很高。 如最小的 D-甘油醛,其沸点就达 150℃(1.06 kPa),常压蒸馏会发生分解。α-D-葡萄糖的熔点为 146℃,而 β-D-葡萄糖为 150℃。

单糖溶于水后可发生变旋现象,如 β-D-葡萄糖的比旋光度逐渐上升,达 53° 即不再变。此时,α, β 及开链 3 种异构体处于平衡状态。许多糖都有变旋现象(见表 13-2)。

表 13-2　一些糖的比旋光度

糖	比 旋 光 度		
	纯 α	纯 β	变旋后平衡值
D-葡萄糖	+112°	+19°	+53°
D-果糖	−21°	−133°	−92°
D-半乳糖	+151°	−53°	+84°
D-甘露糖	+30°	−17°	+14°
D-乳糖	+90°	+35°	+55°

13.3 单糖的化学性质

糖是一多羟基醛酮,因此可进行许多羟基与醛酮的反应,但是也有许多特点。

1. 形成缩醛与缩酮 —— 糖苷

将糖溶于醇,并加少量无机酸催化剂(如无水氯化氢),糖与醇可以形成环状缩醛。在糖化学中,这种环状缩醛称为糖苷。由葡萄糖衍生的糖苷叫葡萄糖苷,由甘露糖衍生的叫甘露糖苷。这些糖苷也可像单糖一样,有 α 与 β 差向异构。

$$
\begin{array}{cccc}
\text{HO——H} & \left[\text{CHO}\right. & & \text{CH}_3\text{O——H} \quad \text{H——OCH}_3 \\
\text{HO——H} & \text{HO——H} & & \text{HO——H} \quad\quad \text{HO——H} \\
\text{HO——H} & \text{HO——H} & +\ \text{CH}_3\text{OH} \xrightleftharpoons{\text{HCl}} & \text{HO——H} \quad\quad \text{HO——H} \quad +\ \text{H}_2\text{O} \\
\text{H——OH} & \text{H——OH} & & \text{H——OH} \quad\quad \text{H——OH} \\
\text{H——O} & \left.\text{H——OH}\right] & & \text{H——O} \quad\quad\ \text{H——O} \\
\text{CH}_2\text{OH} & \text{CH}_2\text{OH} & & \text{CH}_2\text{OH} \quad\quad \text{CH}_2\text{OH}
\end{array}
$$

D-甘露糖　　　　　　　　　　　　　　甲基 β-D-甘露　　甲基 α-D-甘露
　　　　　　　　　　　　　　　　　　吡喃糖苷　　　　吡喃糖苷

这个反应与第八章醛酮形成缩醛的反应历程一样,由于半缩醛的羟基质子化后,再加氧的影响很易失水形成正碳离子,因此亲核试剂甲醇与它反应成缩醛。所以当与其他亲核试剂在一起时,也可以发生其他亲核取代反应,如与 HBr 在冰醋酸溶液中反应,可以形成溴化物。核糖与嘌呤环系和嘧啶环系形成的糖苷叫做相应的核苷。上式中甲醇中氧与碳之间形成的键称为苷键。

在酸催化下,形成糖苷是一可逆反应。若将糖苷水溶液用酸催化剂处理,可使平衡移动,发生水解,形成差向异构的混合物。

$$
\begin{array}{cccc}
\text{CH}_3\text{O——H} & \text{HO——H} & \text{H——OH} & \text{CHO} \\
\text{HO——H} & \text{HO——H} & \text{HO——H} & \text{HO——H} \\
\text{HO——H} \quad +\ \text{H}_2\text{O} \xrightarrow{\text{H}^+} & \text{HO——H} & \text{HO——H} & \text{HO——H} \\
\text{H——OH} & \text{H——OH} & \text{H——OH} & \text{H——OH} \quad +\ \text{CH}_3\text{OH} \\
\text{H——O} & \text{H——O} & \text{H——O} & \text{H——OH} \\
\text{CH}_2\text{OH} & \text{CH}_2\text{OH} & \text{CH}_2\text{OH} & \text{CH}_2\text{OH}
\end{array}
$$

甲基-β-D-甘露　　　β-D-甘露　　α-D-甘露　　D-甘露糖
吡喃糖苷　　　　　　吡喃糖　　　吡喃糖

糖苷不易被碱水解。这是由于糖苷相当于缩醛,而缩醛在碱中稳定,因为缩醛、糖苷与醚在进行亲核取代反应时,离去基团为碱性很强的烷氧负离子,所以不能进行反应;但在酸催化时,H^+ 与氧形成锌离子,这样离去基团为中性的醇,较易进行亲核取代,所以缩醛、糖苷与醚在中性或碱性条件下稳定,在酸性条件下不稳定。

糖苷也可用某些酶催化水解,催化效率高,立体专一性好。如 α-甲基-D-葡萄糖苷可被 α-D-葡萄糖苷酶水解,得到 α-D-葡萄糖,这个酶只水解 α-D-葡萄糖苷。而 β-D-葡萄糖苷酶则相反,它只水解 β-D-葡萄糖苷,得 β-D-葡萄糖。它们催化水解得到的产物单一,不像酸催化水解得差向异构的混合物。

当然还有水解其他糖苷的苷键的酶,这些酶对于测定糖与多糖中糖苷键的立体化学是很有用的。

2. 成醚

糖与醇用酸催化进行反应只能使糖的半缩醛羟基形成醚键,但用威廉森(Williamson)反应可使糖上所有的羟基,包括半缩醛羟基形成醚。最普通的醚是甲醚,是由糖同 30% NaOH 水溶液与 $(CH_3)_2SO_4$ 或同 Ag_2O 与 CH_3I 反应得到的。

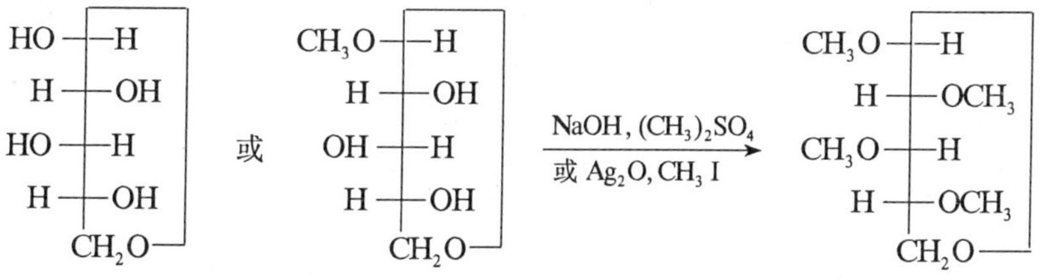

β-D-木糖　　　　甲基-β-D-木糖苷　　　　甲基-2,3,4-三-O-甲基-β-D-木糖苷

苷键可用温和的酸水解,但其他醚键在这种条件下则是稳定的。这种性质可以用来测定糖苷环的大小。如上述甲基-β-D-木糖苷经甲基化后再水解,只有成苷的甲基被水解去掉,其他的甲基仍保留着。半缩醛可以开环形成醛与羟基,用硝酸氧化可变成二元羧酸,因此从所得的二元酸可以判断成苷时所用羟基的位置。若这个糖所得的二元酸为 2,3,4-三甲氧基戊二酸,则可以判断是用的 C_5 上羟基形成环的,所以可以知道甲基 β-D-木糖苷是吡喃糖苷。

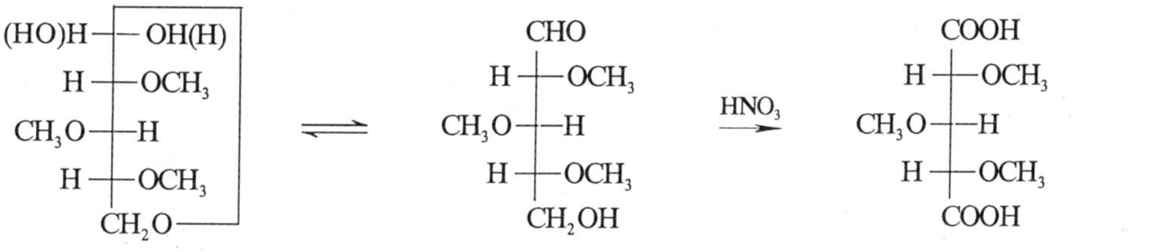

2,3,4-三-O-甲基-α(β)-D-木糖　　　2,3,4-三-O-甲基-D 木糖　　　2,3,4-三甲氧基戊二酸

3. 与醛、酮形成环状的缩醛与缩酮

醛与酮可以和糖分子中邻位顺式羟基缩合形成环状的缩醛与缩酮。

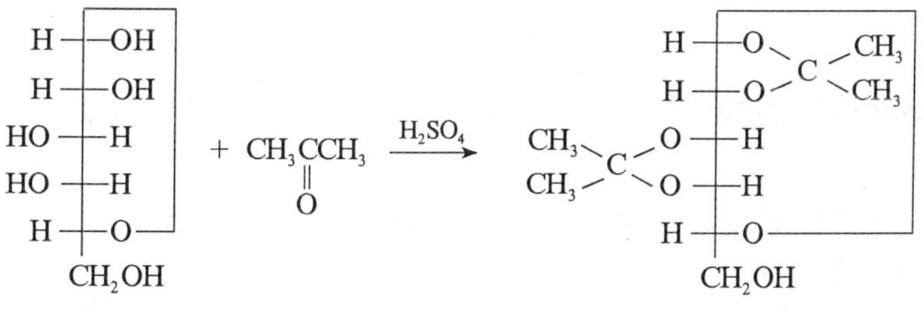

α-D-半乳糖　　　　　　　　　　1,2,3,4-二-O-异亚丙基α-D-半乳吡喃糖苷

如果较稳定的吡喃式没有顺式邻位羟基,则往往异构化为呋喃式进行缩醛化。这种环状缩醛(酮)常在反应中用来保护羟基。

4. 酯化

糖中的羟基可以用一般的酯化方法进行酯化。常用乙酸酐与弱碱作为催化剂来形成乙酸酯,所用的弱碱有乙酸钠或吡啶。葡萄糖在低温与高温进行乙酰化反应时所得产物不完全一样:在低温时乙酰化的速度比葡萄糖的 α, β 异构体间的相互转化快,所以在 0℃ 时可以分别由 α 与 β 异构体得到 α-D 与 β-D-葡萄糖的五乙酸酯,或由 α, β-葡萄糖的混合物得到 α, β-葡萄糖五乙酸酯的混合物;在较高温度时(100℃),葡萄糖的 α, β 异构体转化的速度比乙酰化快,由于葡萄糖的 β 异构体比 α 异构体稳定,而且 β 异构体上的羟基都是处于平键,酯化速度比直键的快,所以产物主要是 β-葡萄糖的五乙酸酯。

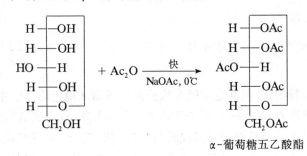

在反应液中不用碱催化剂,而用无水氯化锌作催化剂,可以得 α-葡萄糖五乙酸酯。不仅如此,在 β-葡萄糖五乙酸酯中,加乙酸酐与无水氯化锌,进行加热回流,也可转化成 α-葡萄糖五乙酸酯。

5. 酸碱的作用

(1) 酸的作用

戊糖与强酸共热可得糠醛(呋喃甲醛);已糖与强酸共热可发生分解,同时生成少量 α-羟甲基糠醛。

糠醛、α-羟甲基糠醛与 α-萘酚在浓硫酸作用下,可形成一紫色的产物,因此利用这个反应可以鉴别糖。方法是在糖的水溶液中加入 α-萘酚,然后沿管壁小心地注入浓硫酸,不要摇动试管,在两层液面之间能形成一紫色的环。所有戊糖,已糖及其低聚糖、多糖都有此颜色反应。此法叫莫里息(Molisch)反应。紫色产物认为是由醛糖的醛基与 2 分子 α-萘酚在酸的作用下形成的缩合物。

(2) 碱的作用

单糖由于有羰基和 α 氢,所以具有弱酸性和烯醇式、酮式的互变异构现象。

在碱的作用下,葡萄糖、果糖和甘露糖可以通过烯醇式而相互转化。在体内酶的作用下,也能进行类似的转化。

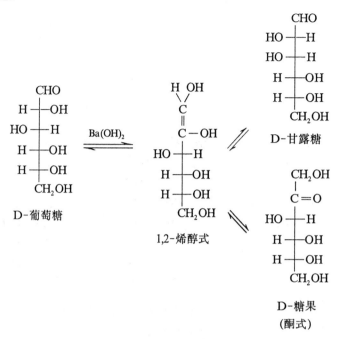

6. 还原与氧化

(1) 还原

单糖分子中的醛或酮羰基可以被金属氢化物(LiAlH$_4$,NaBH$_4$)或催化氢化还原成多元醇,称为糖醇。D-葡萄糖可以还原成D-葡萄糖醇。

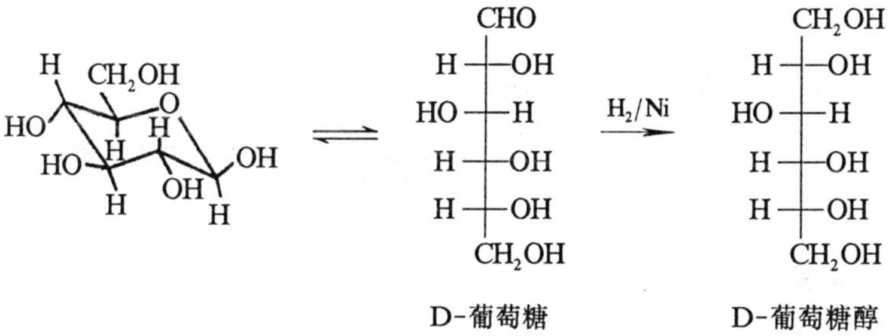

葡萄糖醇具有和蔗糖同样的热量(6.7 kJ/g)和甜味,但不会损坏牙齿,可能是因为它发酵缓慢,达到损坏牙齿的酸度时已被刷洗掉。

(2) 氧化

托伦、菲林与本尼地试剂是区别醛、酮的试剂,但是它们对于醛糖和酮糖都显正反应。这是因为醛糖和酮糖以及它们的半缩醛在碱性条件下,可以发生相互转化,形成醛基,所以都能被氧化,形成相应的糖酸。

凡是对托伦、菲林与本尼地试剂显正反应的糖称为还原糖,显负反应的称为非还原糖。非还原糖加酸水解后,可变成还原糖。

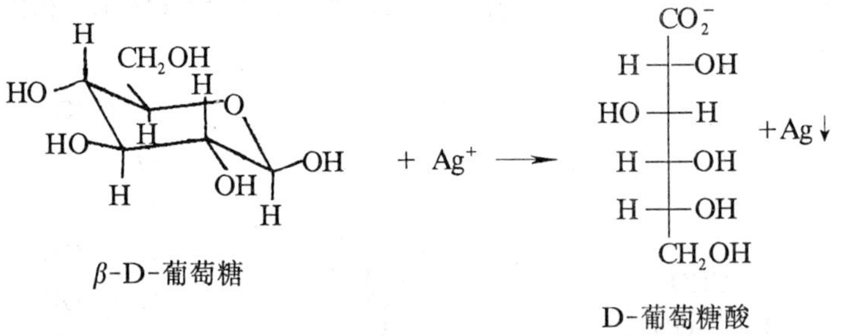

β-D-葡萄糖 $\quad + Ag^+ \longrightarrow \quad$ D-葡萄糖酸 $\quad + Ag\downarrow$

溴水和硝酸可将醛糖分别氧化成糖酸和糖二酸（1°羟基最易被氧化）。

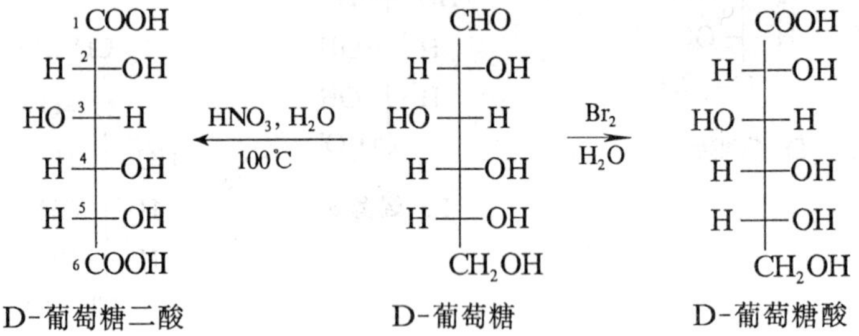

D-葡萄糖二酸 $\quad$ D-葡萄糖 $\quad$ D-葡萄糖酸

葡萄糖酸很容易形成五员环的内酯，葡萄糖二酸很容易形成五员环的双内酯。值得注意的是溴水只能氧化醛糖而不能氧化酮糖，所以可用溴水来区别酮糖与醛糖。

糖像邻位二醇一样，可被 HIO_4 氧化断键。这在研究糖的结构中是极为有用的反应。如用来测定糖苷是呋喃结构还是吡喃结构，确定与吡喃糖苷差向异构碳原子的构型。

糖在微生物的作用下氧化，是制备食用酒精的工业生产方法，同时放出二氧化碳。糖在酶的催化下，氧化放出二氧化碳、水和能量，此过程是维持正常生命活动的重要代谢。这种生化氧化大致过程是：

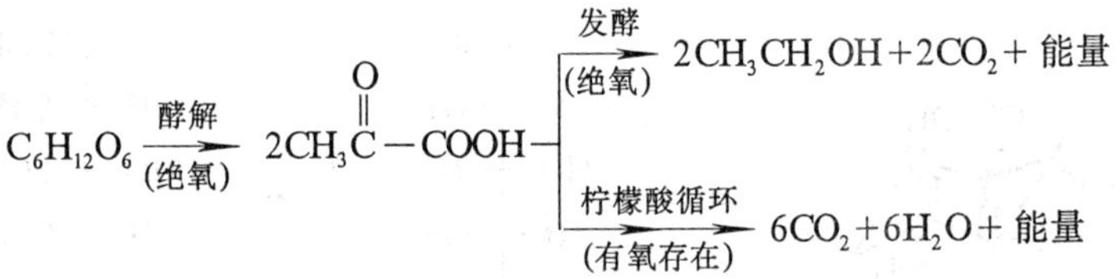

7. 形成苯腙与脎

单糖与苯肼作用，先是羰基与苯肼在乙酸存在下生成苯腙，若苯肼过量还可在 α 羟基位置继续反应得到脎。苯腙与脎都可以形成很好的结晶，这为糖化学研究提供了方便。

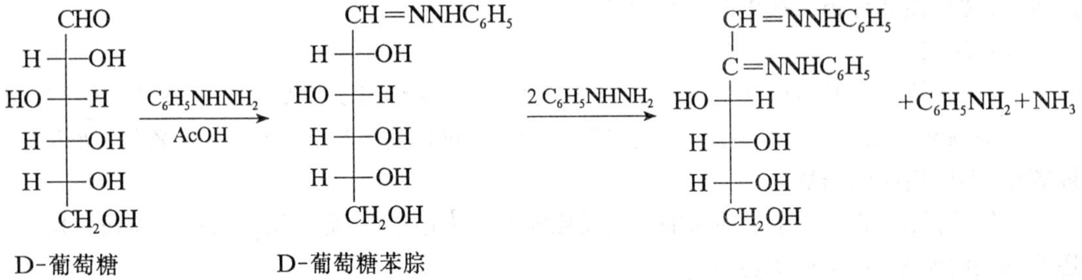

D-葡萄糖 $\quad$ D-葡萄糖苯腙

这个反应的历程还不很清楚,由腙到脎中间,可能经历了腙异构化后脱 1 分子苯胺,形成了 $R-\overset{O}{\overset{\|}{C}}-\overset{NH}{\overset{\|}{C}}$ 结构的中间体,再与 2 分子苯肼反应,脱去 NH_3 和水,形成结晶产物脎析出

$$\left(R = -\overset{H}{\underset{OH}{\overset{|}{\underset{|}{C}}}}-\overset{OH}{\underset{H}{\overset{|}{\underset{|}{C}}}}-\overset{OH}{\underset{H}{\overset{|}{\underset{|}{C}}}}-CH_2OH\right)$$

脎是一黄色结晶,具有一定的熔点。脎常用于分析鉴定。形成脎时只丧失了 C_2 的手征性,而不影响其他手征性碳原子。如 D-葡萄糖、D-甘露糖与 D-果糖形成同样结构的脎,因此也证实这 3 个糖在 C_3,C_4,C_5 有同样的立体结构。

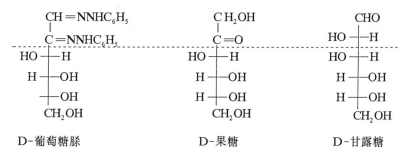

D-葡萄糖脎   D-果糖   D-甘露糖

8. 增长与缩短碳链的方法

(1) 增长碳链

醛糖可与氢氰酸加成得氰醇,水解得糖酸,加热形成内酯,再用 $NaBH_4$ 在 pH 3~4 的水溶液中还原,可得到比原来的糖多 1 个碳原子的醛糖。重复上述操作,可使碳链逐步增长。

(2) 碳链的缩短

先将醛糖用溴水氧化成糖酸,经氢氧化钙处理得糖酸的钙盐,再用 H_2O_2 在三价铁离子催化下,发生降解,得到比原来的糖少 1 个碳原子的醛糖。此反应称为卢夫(Ruff)降解法。

$$\underset{\text{己醛糖}}{\overset{CHO}{\underset{CH_2OH}{\overset{|}{\underset{|}{(CHOH)_4}}}}} \xrightarrow[\text{2) Ca(OH)}_2]{\text{1) Br}_2, H_2O} \underset{\text{己糖酸钙}}{\overset{COO^{-}\frac{1}{2}Ca^{2+}}{\underset{CH_2OH}{\overset{|}{\underset{|}{(CHOH)_4}}}}} \xrightarrow[Fe^{3+}]{H_2O_2} \underset{\text{戊醛糖}}{\overset{CHO}{\underset{CH_2OH}{\overset{|}{\underset{|}{(CHOH)_3}}}}} + CO_2^{2-}$$

沃尔(Wohl)用羟胺与醛糖反应转化成肟,然后与乙酸酐和乙酸钠共热,使肟脱水变成腈,再在碱性条件下水解脱去氢氰酸,得到比原来的糖少 1 个碳原子的醛糖。

13.4 葡萄糖立体结构的测定

较早就知道葡萄糖的分子式为 2,3,4,5,6-五羟基己醛,但它的立体结构是在 19 世纪末由费歇尔测定的。当时碳的四面体结构理论仅提出 12 年,他完全运用化学方法与逻辑推理测定了糖的立体结构。由于他对糖化学的这一重要贡献,因此在 1902 年获得诺贝尔奖金。他的方法至今仍很有意义,其步骤如下:

(1) 通过 D-甘油醛的链增长可以合成葡萄糖,所以葡萄糖的 C_5 是 D 构型的。但是由 D-甘油醛可以合成得到 8 个六碳糖的立体异构体,究竟哪一个是 D-葡萄糖?8 个 D-己醛糖为:

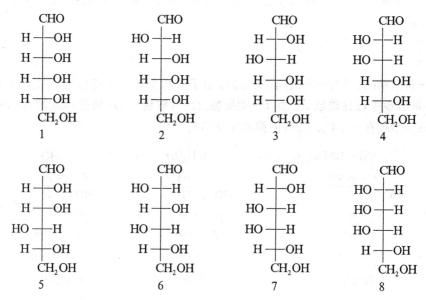

(2) 已知由 D-葡萄糖与 D-甘露糖得到相同的脎,因此这两个糖在 C_3, C_4 与 C_5 有相同的构型,仅在 C_2 上不同。所以这两个糖可能是 1 与 2, 3 与 4, 5 与 6 或 7 与 8 中的一对。

(3) D-葡萄糖与 D-甘露糖用硝酸氧化都得到有旋光的糖二酸。1 与 7 的结构氧化得到的是内消旋的糖二酸,因此 D-葡萄糖与 D-甘露糖可能是 3 与 4 或 5 与 6 中的一对。

(4) 用 D-阿拉伯糖(戊醛糖)链增长得 D-葡萄糖与 D-甘露糖。因此 D-阿拉伯糖的 C_2, C_3 与 C_4 和 D-葡萄糖与 D-甘露糖的 C_3, C_4 与 C_5 相同。所以 D-阿拉伯糖可能是下列结构之一:

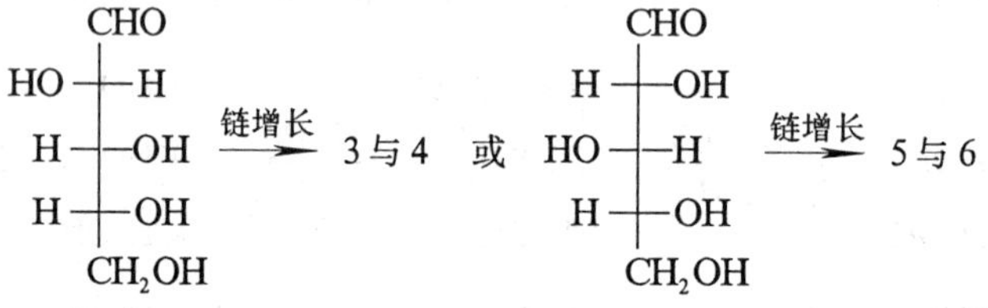

然而 D-阿拉伯糖氧化得到有旋光性的糖二酸。从 10 氧化成内消旋的糖二酸,所以 D-阿拉伯糖必定是 9, D-葡萄糖与 D-甘露糖必定是 3 与 4。

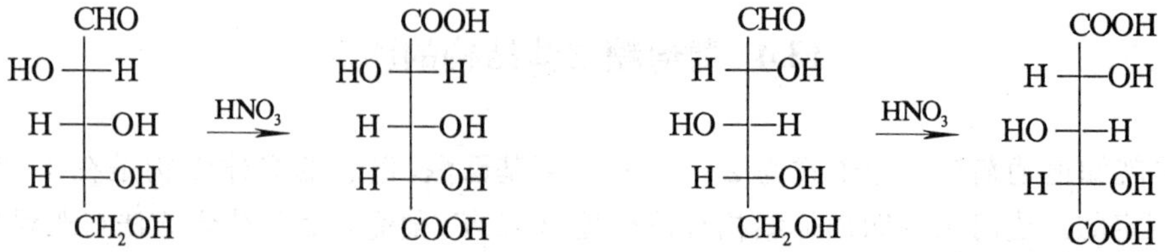

342

(5) D-葡萄糖究竟是结构 3 还是 4? 费歇尔发展了一种将醛糖头尾对调的方法,步骤如下:

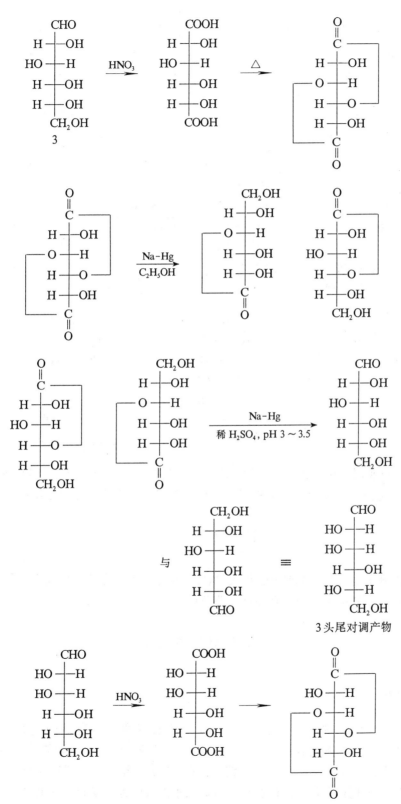

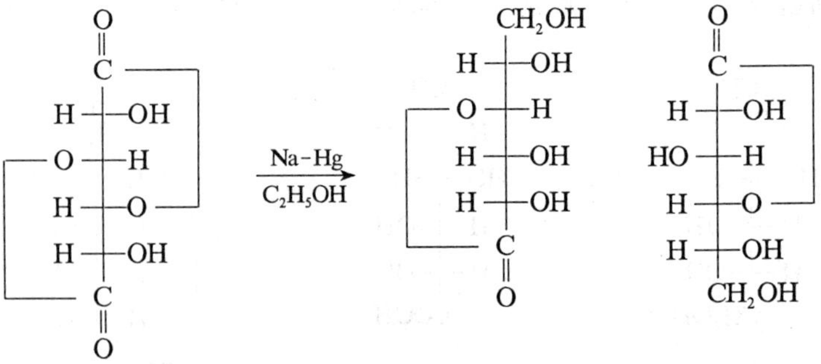

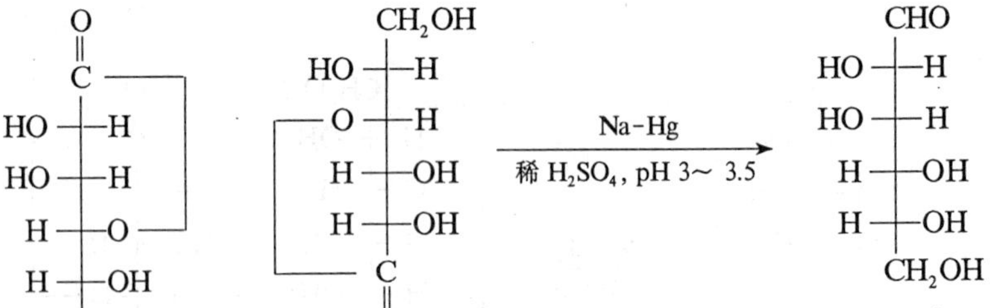

结构 3 进行头尾对调应得一不同的己醛糖,而结构 4 得相同的化合物。D-葡萄糖头尾对调得到不同的化合物,所以 D-葡萄糖必然为结构 3; D-甘露糖必然为结构 4。

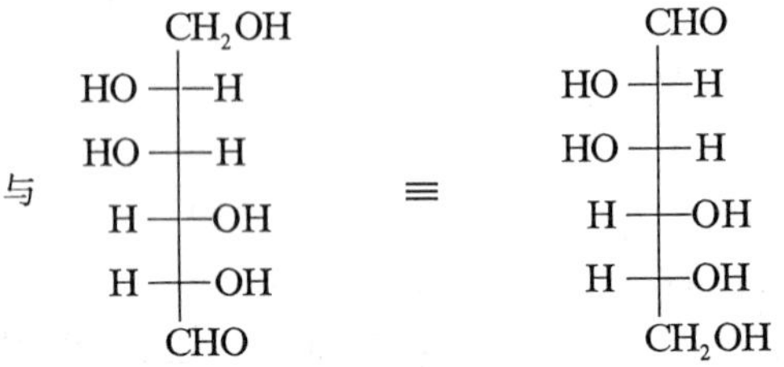

Ⅱ. 双　　糖

一个双糖分子是由 2 个单糖分子组成,这 2 个糖分子可以是相同的或不相同的,它们之间以苷键连结起来。它们也可分为还原糖与非还原糖。

13.5 还原性双糖

1. 麦芽糖

还原双糖中较简单的一个是麦芽糖,它是由淀粉经酶水解得到的。麦芽糖含有 2 个 D-葡萄糖单元,都以吡喃式存在。一个葡萄糖的 C_4 羟基同另一葡萄糖的羰基碳原子以 α 苷键相连,所以这 2 个葡萄糖单元,一个以糖苷存在(叫成苷部分),一个以半缩醛存在(叫未成苷部分)。未成苷部分可以 α 或 β 式存在,因此在水溶液中也有变旋的现象。

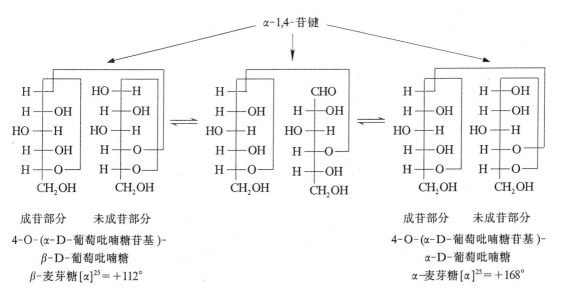

成苷部分　　未成苷部分

4-O-(α-D-葡萄吡喃糖苷基)-
β-D-葡萄吡喃糖

β-麦芽糖 $[\alpha]^{25} = +112°$

成苷部分　　未成苷部分

4-O-(α-D-葡萄吡喃糖苷基)-
α-D-葡萄吡喃糖

α-麦芽糖 $[\alpha]^{25} = +168°$

由于有一个葡萄糖单元是以半缩醛形式存在,所以可被托伦、本尼地、菲林试剂氧化,因此是一还原糖。它也可以进行许多单糖的反应,如能与苯肼成脎,能为溴水氧化成糖酸,有变旋现象。

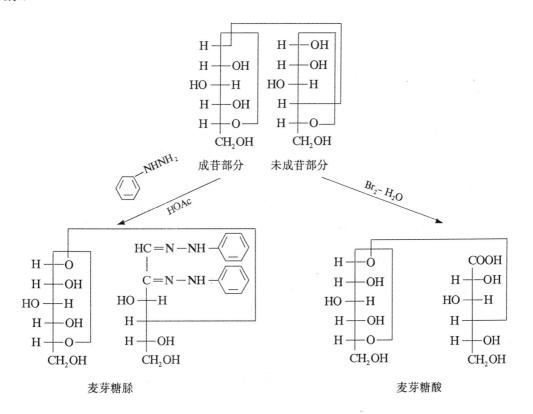

麦芽糖脎　　　　　　　　　　　麦芽糖酸

麦芽糖的 α-1,4-苷键可由下列实验证实: 先用溴水氧化,未成苷部分可氧化成糖酸; 再进行甲基化,成苷的基团不能甲基化;然后水解,得 2,3,4,6-四-O-甲基-β-D-葡萄糖与 2,3,5,6-四-O-甲基-D-葡萄糖酸。从所得产物可以知道未被氧化部分是成苷部分,被氧化成糖酸部分是未成苷部分。

从未被氧化部分在 C_1 没有甲基化,被氧化成糖酸部分在 C_4 没有甲基化,可以知道 2 个葡萄糖单元是以 1,4-苷键相连。从未被氧化部分在 C_5 处没有甲基化,可以知道成苷部分的葡萄糖是以六员环存在。麦芽糖可被 α-葡萄糖苷酶水解,但不被 β-葡萄糖苷酶水解,由此可以知道 2 个葡萄糖间是以 α-1,4-苷键相连。

2. 其他还原性双糖

纤维二糖是由纤维素部分水解得到,是由 2 个葡萄糖以 β-1,4-苷键连接起来的。

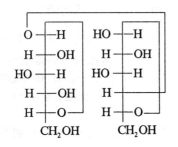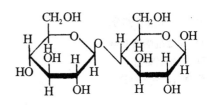

β-纤维二糖
4-O-(β-D-葡萄吡喃糖苷基)-β-D-
葡萄吡喃糖

乳糖存在于乳清中,是由 2 个不同的单糖组成:一个为葡萄糖,一个为半乳糖,二者以 β-1, 4-苷键相连,半乳糖为成苷部分,葡萄糖为非成苷部分。

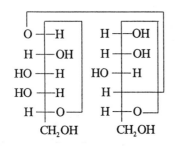

α-乳糖
4-O-(β-D-半乳吡喃糖苷基)-α-D-
葡萄吡喃糖

它们都是还原糖,可以进行许多单糖的反应如成脎等。

13.6 非还原性双糖

蔗糖是自然界中存在最广的双糖,它是由 D-葡萄糖与 D-果糖组成的双糖。在这两个单糖的羰基碳原子间,通过氧原子以苷键连接起来:葡萄糖单元是以吡喃形式存在,果糖是以呋喃形式存在。

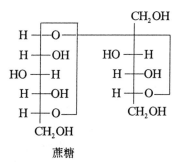

蔗糖

α-D-葡萄吡喃糖苷基-β-D-果呋喃糖苷

由于蔗糖中两个糖都以糖苷存在,没有醛基和半缩醛基,所以是一非还原糖,没有变旋现象,也不成脎。

蔗糖是右旋的$[\alpha]_D = +66°$,但水解后产生等摩尔的葡萄糖与果糖,则成为左旋的$[\alpha]_D = -20°$,这种混合物称为转化糖。蜜蜂含有一种可使蔗糖水解的酶,称为转化酶,而且是专一水解 β-D-果呋喃糖苷键,蜂蜜含有葡萄糖、果糖与蔗糖,就是转化糖与蔗糖的混合物。

海藻糖也是自然界广泛存在的一种非还原双糖,它是由 2 个 α-D-葡萄糖以 α-1,1 苷键连接起来的双糖,所以分子中没有半缩醛羟基。

Ⅲ. 多 糖

多糖是由 10 个以上单糖以苷键相连形成的高聚体。天然界存在的多糖的组分大部分是很简单的,有些多糖是由一种单糖组成的,如淀粉、纤维素都是由葡萄糖组成的。

多糖在生物界分布很广。植物的骨架——纤维素,植物储藏的养分——淀粉,动物体内储藏的养分——糖元以及昆虫的甲壳、植物的树胶等大多为多糖构成。在生物体内发挥重要生理作用的糖蛋白、糖脂、糖肽等中均含有多糖或寡糖部分。

多糖与单糖、低聚糖在性质上有较大区别。多糖没有还原性和变旋现象,也没有甜味,而且大多不溶于水,个别能与水形成胶体溶液。

13.7 淀 粉

淀粉经淀粉酶催化水解可得麦芽糖,在盐酸水解下能水解成葡萄糖。淀粉是无色粉末,由直链淀粉(淀粉颗粒)与支链淀粉(淀粉皮质)两部分组成。

直链淀粉在淀粉中含量约为 10% ～ 30%,能溶于热水而不成糊,分子量比支链淀粉小,是由葡萄糖以 α-1,4-糖苷键结合成链状化合物。

直链淀粉并不是一根直线型的,而是由分子内的氢键使链卷曲成螺旋状的(见图 13-1),碘分子可钻入螺旋中的空隙,形成一复合物,显深蓝色。因此利用这一性质可以鉴定淀粉或碘的存在。

支链淀粉在淀粉中含量约占 70% ～ 90%,不溶于水,与热水作用则膨胀成糊状。支链淀粉与直链淀粉所不同之处是除葡萄糖分子间以 α-1,4-糖苷键相连外,还有以 α-1,6-糖苷键相连,所以支链淀粉带有分支。大约每隔 25～ 30 个葡萄糖单元有一个分支。

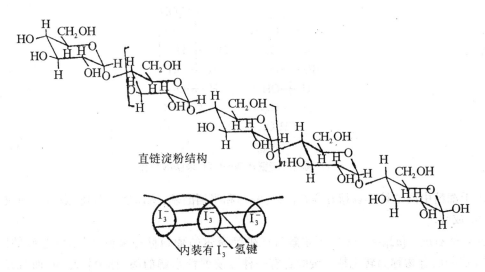

直链淀粉结构

内装有 I_3^- 氢键

图 13-1　直链淀粉的螺旋状示意图

淀粉的部分水解产物叫糊精,分子量虽比淀粉小,但仍是多糖。分子量较大的糊精遇碘显红色,叫红糊精;再水解变成无色的糊精,无色糊精有还原性。淀粉水解过程大致为:

淀粉 ── 红糊精 ── 无色糊精 ── 麦芽糖 ── 葡萄糖

糖元主要存在于肝脏与肌肉中,因此有肝糖元与肌糖元之分。糖元的结构与支链淀粉相似,不过分支程度更高些,约隔 3~ 4 个葡萄糖单元就有一个分支。糖元易溶于水而不呈糊状,遇碘显红色。

13.8　纤　维　素

纤维素是天然界中存在最多的一种多糖。纤维素经浓盐酸水解成葡萄糖。纤维素和直链淀粉一样,没有支链,但连接葡萄糖单元的是 β-1,4-苷键,而不是 α-1,4-苷键。纤维素是高度结晶的高分子化合物,分子链间很有规律地扭在一起(见图 13-2),这样可使分子链间有充分的氢键结合在一起。纤维素一般分子量都很高,如棉纤维是由 3000 个以上的葡萄糖单元组成。

β-1,4-糖苷键纤维素的结构式

图 13-2　扭在一起的纤维素链

淀粉酶只能水解 α-1,4-糖苷键,而不能水解 β-1,4-糖苷键,因此纤维素虽然为葡萄糖组

成,但不能成为人的食物。然而食草动物的消化道中有一些微生物能分泌出可以水解 β-1,4-糖苷的酶,可以消化纤维素。还有些微生物可以转化纤维素成为蛋白质,现已用于饲料,但在人的食用上还有一些问题。在今后人口不断增长、粮食不足的情况下,设法利用纤维素转化成为有用的食物是一个很有希望的途径。

纤维素在工业上有很广的用途,可做纺织品、纸张,可制造人造丝、塑料、薄膜、油漆、炸药等。如: 低度硝化的硝酸纤维素酯可用来作塑料,即赛璐珞;中等硝化程度的硝酸纤维素酯可用作油漆,即市售的硝基漆; 高度硝化的硝酸纤维素酯,即无烟火药,可作枪弹的推进剂。乙酸纤维素可制成高质量的人造丝、塑料与电影胶片。通过磺原酸酯可制成人造纤维,即市售的粘胶纤维,也可用来制玻璃纸等。目前化工原料主要来源于石油与煤炭,而这些原料终有一天要用完,但纤维素却可以不断地生长;而且它的制品仍可为微生物分解,不会像目前由石油、煤为原料生产的塑料、纤维那样,不能参加生态循环,以致造成垃圾公害。所以纤维素有可能成为今后重要的化工原料来源。现在保护及建设森林与绿色植物世界,也就是建立未来的原料"仓库"。

13.9　具有生理功能的多糖

这类多糖目前主要是从天然动植物中提取分离得到,大致包括植物多糖、动物多糖、微生物多糖三大类。其中从植物提取得到的水溶性多糖尤为重要,它们对防治肿瘤及增强免疫功能都有重要作用。已发现其中有代表性的如: 香菇多糖、人参多糖、云芝多糖、红藻多糖、茯苓多糖、灵芝多糖、黄花多糖、当归多糖、红花多糖、党参多糖、酵母多糖、银耳多糖等。

寡糖是生物体内一种重要信息物质。它们在生物信息传递、细胞间的识别及相互作用中起着重要作用,它们多与其他生物大分子以共价键连接的形式存在于生物体组织中,如糖蛋白、糖肽及糖脂等。也有以游离形式直接参与生命过程的活动。近年来,发现的豆科植物固氮因子便是一类低聚(4～6聚)寡糖。

这类化合物近年来吸引了众多的化学家与生物学家的关注。

13.10　维 生 素　C

维生素 C 又叫抗坏血酸,是 L-己糖的衍生物。它并不是羧酸,而是 γ-内酯,它的酸性是由分子中的烯二醇结构产生的。

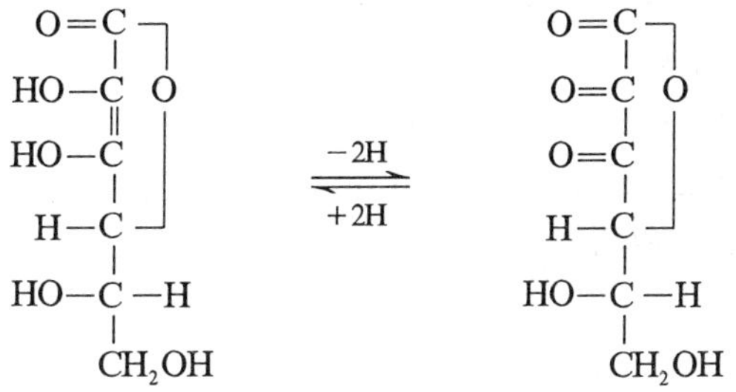

L-抗坏血酸(维生素 C)　　　　　L-去氢抗坏血酸

它是一很好的还原剂,很易被氧化成去氢抗坏血酸,而弱的还原剂又可使氧化产物还原。对它的生化作用机理还不很清楚,但肯定与它的还原性能有关。它的 γ-内酯环在中性或碱性水溶液中加热时,很易被水解,所以在烹制过程中,会使维生素 C 含量降低。

维生素 C 存在于许多新鲜的水果与蔬菜中,许多动物也能自己合成它,但是人类却失去了这种能力,完全要靠食物供给。缺少维生素 C 会发生坏血病。不仅如此,著名科学家鲍林等认为它还有增强抵抗力、抑制癌症、减缓衰老等作用,而且每天需要量很大。所以近年来在糖果、饼干中都加维生素 C,目前维生素 C 已经是以年产千吨计的大规模工业产品了。

习　题

1. (a) 写出下列各六碳糖的吡喃环式与链式异构体的互变异构平衡体系。

　　　　甘露糖　　　葡萄糖　　　果糖　　　半乳糖

(b) 写出果糖的呋喃环式与链式异构体的互变异构平衡体系。

(c) 写出蔗糖和麦芽糖的吡喃环结构式。

2. 试指出在下列双糖中哪一部分单糖是成苷的,苷键的类型是什么(α 或 β)?

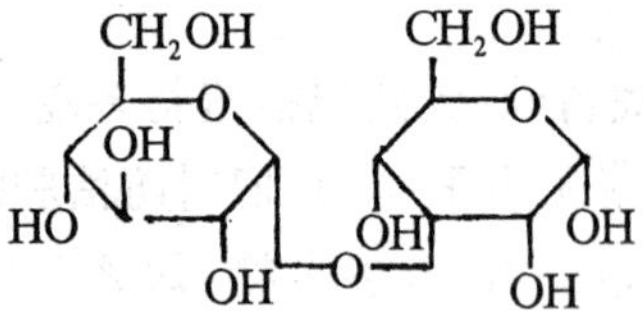

　　　　　　　(a) 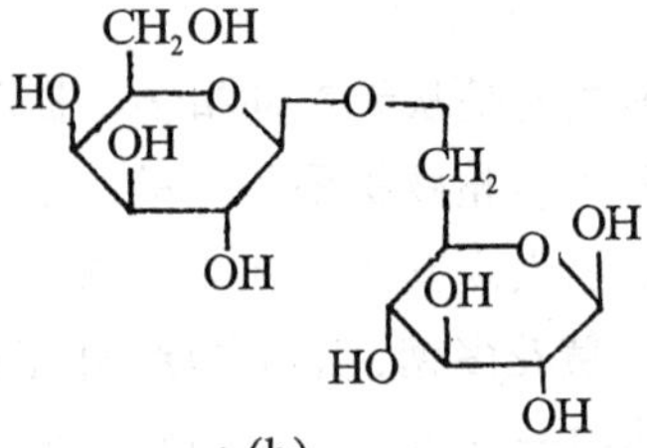　　　　　　　　　　　　　　　(b)

3. 写出 D-(+)-半乳糖与下列试剂反应所得主要产物的结构。

(a) 苯肼　　　　　　(b) 溴水　　　　　　(c) HNO_3

(d) HIO_4　　　　　(e) Ac_2O　　　　　(f)

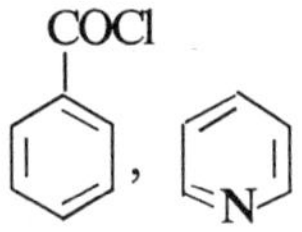

(g) CH_3OH, HCl　　(h) CH_3OH, HCl 然后 $(CH_3)_2SO_4$, NaOH

(i) $NaBH_4$　　　　　(j) CN^-, N^+,然后水解,再用 1mol $NaBH_4$

(k) Br_2 水,然后 $CaCO_3$,再 H_2O_2, Fe^{3+}　　　　(l) CH_3OH, HCl,然后 HIO_4

4. 试写出将 D-(+)-葡萄糖转化成下列化合物的反应式。

(a) 甲基 β-D-葡萄糖苷

(b) 甲基 β-2,3,4,6-四-O-甲基-D-葡萄糖苷

(c) 2,3,4,6-四-O-甲基-D-葡萄糖

(d) 六-O-乙酰基-D-葡萄糖醇

(e) D-果糖

5. 5-羟基庚醛存在着两种环状的半缩醛形式:

(a) 写出这两种形式的立体结构,并指出哪一种稳定。

(b) 写出在酸和碱催化条件下两种立体结构互相转化的机理。

6. 写出 D-葡萄糖在酸性条件下,加苯甲醛生成的产物、名称、构象式。

7. 指出下列化合物中,哪一个能还原菲林溶液,哪个不能。

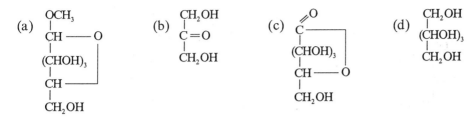

8. 用简单化学方法鉴别下列各组化合物。

(a) 葡萄糖和蔗糖　　　　(b) 纤维素和淀粉　　　　(c) 麦芽糖和淀粉

9. 某 D-己醛糖(A)氧化得到有旋光的二酸(B),将(A)递降为 D-戊醛糖后再氧化得无旋光的二酸(C)。与(A)生成相同糖脎的另一个己醛糖(D)氧化得到无旋光的二酸(E)。试推测 A, B, C, D 和 E 的结构,并用反应式表示变化过程。

10. 蜜二糖是一还原性糖,有变旋现象,也能生成脎。用酸或 α-半乳糖苷糖酶水解生成 D-半乳糖和 D-葡萄糖,用溴水氧化生成蜜二糖酸,将该糖酸水解时,生成 D-半乳糖和 D-葡萄糖酸;蜜二糖酸甲基化后再水解,生成 2,3,4,6-四-O-甲基-D-半乳糖和 2,3,4,5-四-O-甲基-D-葡萄糖酸;蜜二糖甲基化后水解,生成 2,3,4,6-四-O-甲基-D-半乳糖和 2,3,4-三-O-甲基-D-葡萄糖。试推测蜜二糖的结构。

11. 某戊糖生成的一个四醋酸酯,与氢氰酸缩合的产物经水解和 HI+P 还原所产生的酸与由 $CH_3CH_2CH_2I$ 和 $CH_3CH(COOC_2H_5)_2$ 合成的产物相同。这个戊糖的结构是怎样的?

12. 试提出鉴别 2-去氧己糖和 3-去氧己糖的方法:

$$CH_2-CH-CHCHCH_2CHO \quad 与 \quad CH_2CH\ CHCH_2\ CHCHO$$
$$\ \ \ OH\ \ \ OH\ \ OHOH \qquad\qquad\quad OH\ OHOH\qquad OH$$

13. 用什么方法可以鉴别异构体 (a), (b), (c)。

(a) $HOCH_2CHCHOHCHOHCHOHCHOCH_3$
　　　　　　└────────O────────┘

(b) $HOCH_2CHCHOHCHOHCH(OCH_3)CHOH$
　　　　　　└────────O────────┘

(c) $HOCH_2CHCHOHCH(OCH_3)CHOHCHOH$
　　　　　　└────────O────────┘

14. 试推定下列糖的衍生物和高碘酸反应的产物。

(a)

```
        H  OCH₃
         \ /
          C
   H—C—OH
  HO—C—H
   H—C—OH
   H—C————O
         |
        CH₂OH
```

(b)

```
         COOH
   H—C—OH
         CH
   H—C—OH
   H—C—OH
   O——C=O
```

(c)

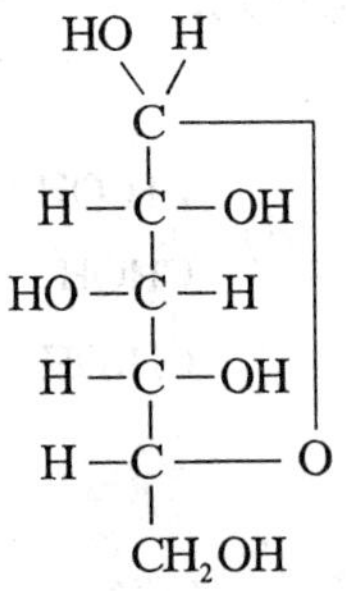

```
    HO  H
     \  /
      C
   H—C—OH
  HO—C—H      
   H—C—OH
   H—C——O
      |
     CH₂OH
```

(d)

```
        HO  H
         \  /
          C
  CH₃   O—C—H
    \C      
  CH₃/  O—C—H
       H—C—OH     O
       H—C——
          |
         CH₂OH
```

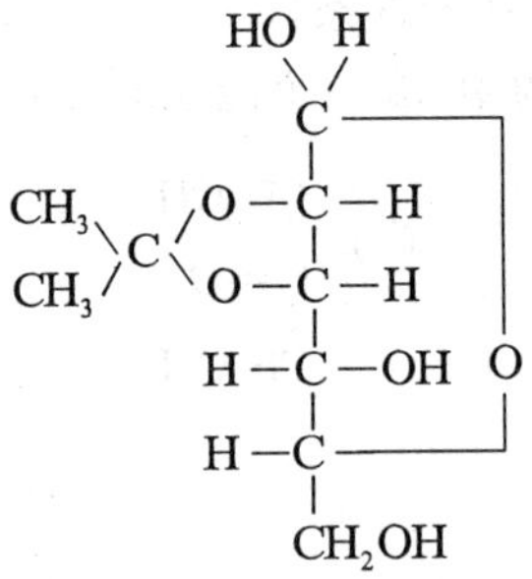

15. 如己酮糖的 $(-)$-果糖用苯肼处理,所产生的脎和由 $(+)$-葡萄糖或 $(+)$-甘露糖所制备的脎是相同的。请问 $(-)$-果糖的结构与 $(+)$-葡萄糖及 $(+)$-甘露糖的关系如何?

16. 写出甲基 β-D-半乳糖苷的费歇尔(Fischer)投影式、霍沃斯(Haworth)透视式与最稳定的构象式。

17. 有一 D-构型糖的衍生物 I,分子式为 $C_7H_{14}O_6$,它不能被斐林试剂所氧化。经稀盐酸水解得另一糖 II,分子式为 $C_6H_{12}O_6$,它可以被斐林试剂氧化。II 经硝酸氧化得一个没有旋光的二元酸 III,分子式为 $C_6H_{10}O_8$;II 经降解得一个新的还原糖 IV,分子式为 $C_5H_{10}O_5$;IV 经硝酸氧化得一具有旋光活性的二元酸 V;I 与 2 分子 HIO_4 反应得 1 分子甲酸和 1 分子二醛,所有产物和用甲基 β-D-葡萄吡喃糖苷与 HIO_4 氧化的产物完全一样。写出 I,II,III,IV,V 的结构式。

18. 用酸或碱水解一核酸,产生一 D-戊醛糖 A、磷酸、嘌呤和嘧啶碱。硝酸氧化 A 产生一内消旋的二酸 B,用羟胺处理 A 形成肟 C,用乙酸酐处理 C 转化成乙酰化氰醇 D,化合物 D 水解并降解得四碳糖 E,氧化 E 产生一内消旋的二酸 F。试给出化合物 A 到 F 的结构。

第十四章 氨基酸、肽与蛋白质

蛋白质是生物体尤其是动物体的基本组成物质,它几乎在所有生物过程中,起着非常重要和广泛的作用。蛋白质由一个或几个相同或不同的多肽链组成,其多肽链间通过非共价键或二硫键结合起来形成具有特定结构与功能的蛋白质分子。肽链则是许多个氨基酸中氨基与羧基由酰胺键(蛋白质中称为肽键)连接起来而形成的。所以氨基酸是蛋白质的基本结构单元。植物可由碳水化合物和吸收的铵盐及硝酸盐来合成氨基酸,进而合成肽与蛋白质。动物包括人在内,不能自行合成氨基酸,必须依赖植物供给,再进而改造为自身需要的蛋白质。

14.1 氨基酸的结构

自然界中组成蛋白质、多肽的氨基酸都是 α-氨基酸。一些重要的氨基酸及其缩写名称列于表 14-1 中。由表中可见,有的氨基酸中含有第二个羧基,如天冬氨酸和谷氨酸,这些属

表 14-1 普通氨基酸 $\overset{\overset{+}{N}H_3}{R-CHCOO^-}$

$\overset{\overset{+}{N}H_3}{R-CHCOO^-}$	名称 (英文名称)	缩　写
$\overset{\overset{+}{N}H_3}{H-CHCOO^-}$	甘氨酸 (Glycine)	Gly (甘)
$\overset{\overset{+}{N}H_3}{CH_3-CHCOO^-}$	丙氨酸 (Alanine)	Ala (丙)
$CH_3-\overset{\overset{CH_3}{\vert}}{CH}-\overset{\overset{+}{N}H_3}{CHCOO^-}$	缬氨酸 (Valine)	Val (缬)
$CH_3\overset{\overset{CH_3}{\vert}}{CH}CH_2-\overset{\overset{+}{N}H_3}{CHCOO^-}$	亮氨酸 (Leucine)	Leu (亮)
$CH_3CH_2\overset{\overset{CH_3}{\vert}}{CH}-\overset{\overset{+}{N}H_3}{CHCOO^-}$	异亮氨酸 (Isoleucine)	Ile (异亮)
$CH_3SCH_2CH_2-\overset{\overset{+}{N}H_3}{CHCOO^-}$	蛋氨酸 (Methionine)	Met (蛋)
$\overset{CH_2}{\underset{CH_2}{}}\diagup\overset{CH_2-NH_2}{\underset{CH_2-CHCOO^-}{}}$	脯氨酸 (Proline)	Pro (脯)

$\overset{+}{\underset{R-CHCOO^-}{NH_3}}$	名称（英文名称）	缩　写
$\overset{+}{\underset{-CH_2-CHCOO^-}{NH_3}}$ 苯环	苯丙氨酸（Phenylalanine）	Phe（苯丙）
$\overset{+}{\underset{-CH_2-CHCOO^-}{NH_3}}$ 吲哚	色氨酸（Tryptophan）	Trp（色）
$\overset{+}{\underset{HOCH_2-CHCOO^-}{NH_3}}$	丝氨酸（Serine）	Ser（丝）
$\underset{CH_3-CH-CHCOO^-}{\overset{OH\ \ \ \overset{+}{NH_3}}{}}$	酥氨酸（Threonine）	Thr（酥）
$\overset{+}{\underset{HSCH_2-CHCOO^-}{NH_3}}$	半胱氨酸（Cysteine）	Cys（半胱）
$\overset{+}{\underset{HO-\phi-CH_2-CHCOO^-}{NH_3}}$	酪氨酸（Tyrosine）	Tyr（酪）
$\underset{H_2NCCH_2-CHCOO^-}{\overset{O\quad\ \ \overset{+}{NH_3}}{}}$	天冬酰胺（Asparagine）	Asn（天冬）(NH$_2$)
$\underset{H_2NCCH_2CH_2-CHCOO^-}{\overset{O\qquad\ \ \overset{+}{NH_3}}{}}$	谷氨酰胺（Glutamine）	Gln（谷氨）(NH$_2$)
$\underset{HO-C-CH_2-CHCOO^-}{\overset{O\qquad\ \ \overset{+}{NH_3}}{}}$	天冬氨酸（Aspartic acid）	Asp（天冬）
$\underset{HO-C-CH_2CH_2CHCOO^-}{\overset{O\qquad\ \ \overset{+}{NH_3}}{}}$	谷氨酸（Glutamic acid）	Glu（谷）
$\overset{+}{\underset{H_3NCH_2CH_2CH_2CH_2-CHCOO^-}{NH_2}}$	赖氨酸（Lysine）	Lys（赖）
$\underset{H_2N-CNHCH_2CH_2CH_2-CHCOO^-}{\overset{\overset{+}{NH_2}\qquad\qquad\quad NH_2}{}}$	精氨酸（Arginine）	Arg（精）
$\overset{+}{\underset{-CH_2-CHCOO^-}{NH_3}}$ 咪唑	组氨酸（Histidine）	His（组）

于酸性氨基酸;有的氨基酸含有第二个碱基(可以是氨基、胍基、咪唑环),如赖氨酸、精氨酸、组氨酸,这些属于碱性氨基酸;大多数氨基酸只含一个羧基和一个氨基,属于中性氨基酸。

由于氨基酸中的两个官能团(氨基和羧基)分别是碱性和酸性的,所以氨基酸为偶极离子(或者称为内盐)。例如氨基乙酸(又叫甘氨酸,$H_3N^+CH_2COO^-$)。

基于氨基酸具有这种内盐的性质,所以其物理性质与一般有机化合物不同。氨基酸的这种偶极离子极性很高。由于分子间静电吸引,所以氨基酸的熔点很高,多数氨基酸受热分解而不熔融。常见氨基酸的分解点列于表14-2中。由表14-2的数据可见,除甘氨酸、丙氨酸、脯氨酸、赖氨酸和精氨酸溶解度较大外,大多数氨基酸只是微溶于水,这是由于晶格中分子间存在强作用力的结果。

天然的 α-氨基酸除甘氨酸外,均含有至少一个手征性碳原子,都有旋光性。对这些天然氨基酸的立体化学研究证明,所有带 α-氨基的碳原子都具有相同的构型,而且这些构型和 L-(一)甘油醛相同(见图14-1)。

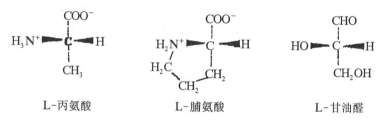

图 14-1　L-丙,L-脯,L-甘油醛的构型

天然的 L-氨基酸的旋光度列于表14-2中。

表 14-2　氨基酸的物理性质

氨 基 酸	分解点/℃	溶解度(25℃) g/100 g 水	$[\alpha]_D^{25}$	pK_1	pK_2	pK_3	等电点(pI)
甘氨酸	233	25		2.35	9.78		6.07
丙氨酸	297	16.7	+8.5	2.35	9.87		6.00
缬氨酸	315	8.9	+13.9	2.29	9.72		5.96
亮氨酸	293	2.4	−10.8	2.33	9.74		6.02
异亮氨酸	284	4.1	+11.3	2.32	9.76		5.98
蛋氨酸	280	3.4	−8.2	2.17	9.27		5.74
脯氨酸	220	162	−85.0	1.95	10.64		6.30
苯丙氨酸	283	3.0	−35.1	2.58	9.24		5.48
色氨酸	289	1.1	−31.5	2.43	9.44		5.89
丝氨酸	228	5.0	−6.8	2.19	9.44		5.68
酥氨酸	225	很大	−28.3	2.09	9.10		5.6
半胱氨酸			+6.5	1.86	8.35	10.34	5.07
酪氨酸	342	0.04	−10.6	2.20	9.11	10.07	5.66
天冬酰胺	234	3.5	−5.4	2.02	8.80		2.77
谷氨酰胺	185	3.7	+6.1	2.17	9.13		5.65

氨 基 酸	分解点/℃	溶解度(25℃) g/100 g水	$[\alpha]_D^{25}$	pK_1	pK_2	pK_3	等电点(pI)
天冬氨酸	270	0.54	+25.0	1.99	3.90	10.00	2.77
谷氨酸	247	0.86	+31.4	2.13	4.32	9.95	3.22
赖氨酸	225	很大	+14.6	2.16	9.20	10.80	9.74
精氨酸	244	15	+12.5	1.82	8.99	13.20	10.76
组氨酸	287	4.2	−39.7	1.81	6.05	9.15	7.59

14.2 氨基酸的酸碱性和等电点

如上所述,氨基酸含有弱酸性的羧基和弱碱性的氨基,因而在分子内形成盐。它是一个偶极离子,既能与较强的酸、也能与较强的碱反应,形成稳定的盐,显两性化合物的特征。它与盐酸及与氢氧化钠水溶液反应的过程表示如下:

$$\underset{\overset{+}{N}H_3}{\underset{|}{R-CH-COOH}} \underset{H^+}{\overset{OH^-}{\rightleftharpoons}} \underset{\overset{+}{N}H_3}{\underset{|}{R-CH-COO^-}} \underset{H^+}{\overset{OH^-}{\rightleftharpoons}} \underset{NH_2}{\underset{|}{R-CH-COO^-}}$$
(偶极离子)

甘氨酸盐酸盐的行为像一个典型的二元酸。它的电离平衡如下式:

$$H_3\overset{+}{N}CH_2COOH \overset{K_1}{\rightleftharpoons} H^+ + H_3\overset{+}{N}CH_2COO^-$$

$$H_3\overset{+}{N}CH_2COO^- \overset{K_2}{\rightleftharpoons} H^+ + H_2NCH_2COO^-$$

$$K_1 = \frac{[H^+][H_3\overset{+}{N}CH_2COO^-]}{[H_3\overset{+}{N}CH_2COOH]} \qquad K_2 = \frac{[H^+][H_2NCH_2COO^-]}{[H_3\overset{+}{N}CH_2COO^-]}$$

甘氨酸盐酸盐的滴定曲线(见图 14-2)。当甘氨酸盐酸盐(Ⅰ)的水溶液中有一半盐酸被中和时,则

$$[H_3\overset{+}{N}CH_2COOH] = [H_3\overset{+}{N}CH_2COO^-]$$

这时溶液的 pH 就等于 pK_1,为 2.35。

当用碱将剩下的一半盐酸中和时,溶液的 pH 在图 14-2 滴定曲线的突跃区,pH 值为 6.07。此时溶液中,主要以氨基酸的偶极离子存在($H_3\overset{+}{N}CH_2COO^-$),离子(Ⅰ)和(Ⅱ)的浓度均达到最低,而且相等。此时溶液的 pH 值称为等电点,pH 6.07 就是甘氨酸的等电点。在等电点时,在电场作用下没有离子转移,而且溶解度比在其他 pH 值时都低。

当继续用中和一半盐酸的碱中和时,则溶液中

$$[H_3\overset{+}{N}CH_2COO^-] = [H_2NCH_2COO^-]$$

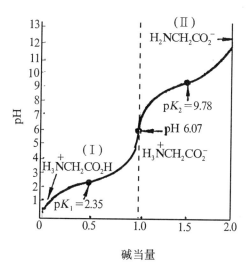

图 14-2　甘氨酸盐酸盐的滴定曲线

这时溶液的 pH 就等于 pK_2，为 9.8。其值小于甲胺盐酸盐 $(CH_3\overset{+}{N}H_3Cl^-)$ 的 pK_a 10.4，说明甘氨酸是比甲铵离子稍强的酸。

$$\overset{+}{H_3}NCH_2COO^- \rightleftharpoons H^+ + H_2NCH_2COO^- \qquad pK_a = 9.8$$

$$\overset{+}{H_3}NCH_3 \rightleftharpoons H^+ + H_2NCH_3 \qquad pK_a = 10.4$$

由于各种氨基酸中,含有的酸性基团和碱性基团数目不等,以及两种基团的离解程度不同,所以这些氨基酸的等电点、pK_1 与 pK_2 都是不同的,如表 14-2 所示。在该表中, pK_3 一项主要是有些氨基酸有 3 个酸与碱性的官能团,例如天冬氨酸和谷氨酸中,每个分子都增加了一个羧基,3 个基团的 pK 值图示如下:

$$pK_2 = 3.90 \longrightarrow \underset{\substack{| \\ \text{天冬氨酸}}}{\overset{\overset{+}{NH_3} \longleftarrow pK_3 = 10.00}{HOOCCH_2CHCOOH}} \longleftarrow pK_1 = 1.99$$

又如赖氨酸中有 2 个氨基,它们具有 pK_a = 9.20 和 10.8。赖氨酸的偶极离子形式可能是:

$$\overset{+}{H_3}NCH_2CH_2CH_2CH_2\overset{\overset{NH_2}{|}}{C}HCOO^-$$

精氨酸含有强碱性的胍基,其 pK_a = 13.2,它的偶极离子形式可能是:

$$H_2N\overset{\overset{+}{NH_2}}{\overset{\|}{C}}NHCH_2CH_2CH_2\overset{\overset{NH_2}{|}}{C}HCOO^-$$

14.3　氨基酸的反应

氨基酸分子中的氨基和羧基分别具有胺和羧酸的基本反应性质。氨基像 1°胺一样,可以与酰卤、酸酐、甲醛、亚硝酸等反应,形成相应的酰胺、亚胺结构或放出氮气;羧基可以酯化与失羧等;由于氨基与羧基同在一分子上,它们相互影响,也呈现一些特殊的反应。

1. 与酰氯和酸酐反应

氨基酸与酰氯和酸酐的反应需要在弱碱性条件下进行,得到氨基被酰化的产物。例如:

$$C_6H_5CH_2OCCl + H_2NCHCO_2Na \xrightarrow[2) H_3^+O, pH\ 1]{1) H_2O, pH\ 9,0\ ℃} C_6H_5CH_2OCNHCHCO_2H$$

苄氧羰基氯   苄氧羰基氨基酸

$$[(CH_3)_3COC]_2O + H_2NCHCO_2Na \xrightarrow[2) H_3^+O, pH\ 2]{1) H_2O, pH\ 9} (CH_3)_3COCNHCHCO_2H$$

叔丁氧基碳酸酐   叔丁氧羰基氨基酸

这两个氨酯都是合成多肽中保护氨基的保护基。

2. 与亚硝酸和甲醛反应

氨基酸中氨基与亚硝酸作用放出氮气,反应可定量完成。通过测定放出氮气的量,可计算出氨基酸分子中氨基的含量,是一种测定氨基的方法。

$$R-CHCOOH + HNO_2 \longrightarrow RCHCOOH + N_2 + H_2O$$

$$NH_2 \qquad\qquad\qquad\qquad OH$$

氨基酸与甲醛反应形成一亚胺结构,使氨基的碱性消失,这样就可以用碱来滴定羧基的含量。

$$RCHCOOH + CH_2O \longrightarrow RCHCOOH + H_2O$$

$$NH_2 \qquad\qquad\qquad\qquad N=CH_2$$

3. 氨基酸的酯化

氨基酸的羧基可用一般方法进行酯化,其甲酯、乙酯和苄酯是多肽合成过程中广泛使用的中间体。

$$CH_3 \quad {}^+NH_3$$
$$CH_3CHCH_2CHCOO^- \xrightarrow[2) 浓缩,加醚]{1) CH_3OH, HCl(气)} CH_3CHCH_2CHCOOCH_3$$
$$CH_3 \quad {}^+NH_3Cl^-$$

亮氨酸   亮氨酸甲酯盐酸盐(70%)

苄酯是用苯磺酸作催化剂制取的。

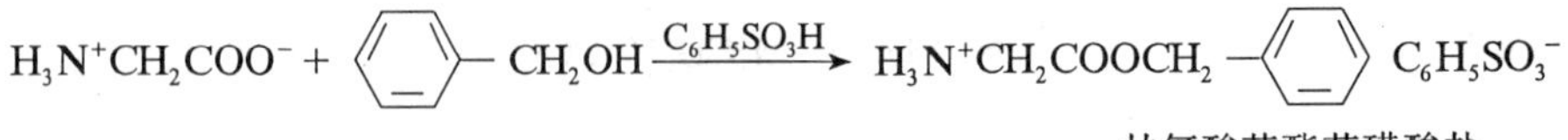

$$H_3N^+CH_2COO^- + \langle \rangle - CH_2OH \xrightarrow{C_6H_5SO_3H} H_3N^+CH_2COOCH_2 - \langle \rangle\ C_6H_5SO_3^-$$

甘氨酸苄酯苯磺酸盐

4. 失羧反应

将氨基酸小心加热或在高沸点溶剂中回流,可失去二氧化碳而得到胺。例如赖氨酸失羧,

得到戊二胺(尸胺):

$$\overset{+}{H_3}NCH_2CH_2CH_2CHCOO^- \xrightarrow{\triangle} H_2NCH_2CH_2CH_2CH_2NH_2$$
$$\underset{NH_2}{|}$$
戊二胺

5. 茚三酮反应

α-氨基酸与茚三酮的水溶液作用,则生成红紫色物质,这是鉴别 α-氨基酸常用的方法。该反应的历程现还不是很清楚,可能是水合茚三酮与氨基酸缩合,经失羧脱水得到亚胺,再经水解得到醛与氨基茚三酮,另一分子水合茚三酮再与氨基茚三酮缩合得到红紫色反应产物。

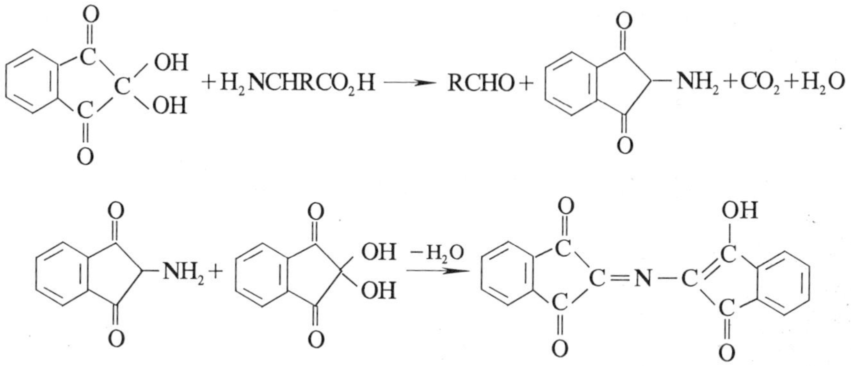

茚三酮反应可用来鉴定与定量测定氨基酸。所有的 α-氨基酸,除 N-取代氨基酸如脯氨酸及 β-氨基酸外,都可显紫红色反应。

6. 热分解反应

氨基酸受热分解的情况与羟基酸类似。产物也随氨基和羧基的距离不同而异。

α-氨基酸加热时,其羧基与氨基进行双分子失水形成哌嗪二酮的衍生物。

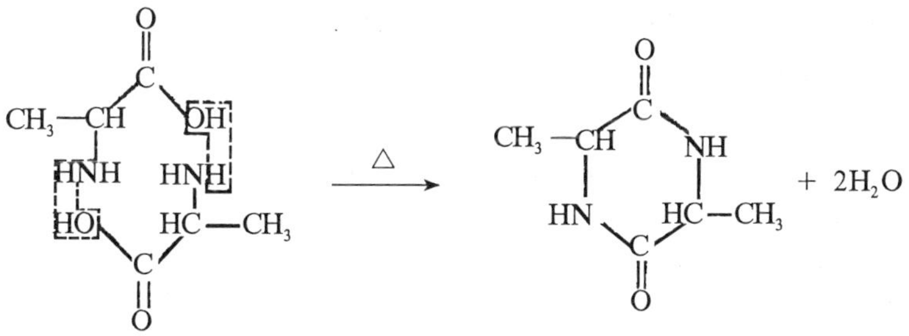

3,6-二甲基-2,5-哌嗪二酮

β-氨基酸受热时失氨形成 α,β-不饱和酸:

$$R-\underset{\underset{+NH_3}{|}}{C}HCH_2COO^- \xrightarrow{\triangle} R-CH=CH-COO^- + NH_4^+$$

β-氨基酸　　　　　　α,β-不饱和酸

γ-或 δ-氨基酸加热时,则分子内氨基和羧基失水生成五员或六员环内酰胺:

$$R-\overset{\underset{|}{+NH_3}}{CH}-CH_2-CH_2-COO^- \overset{\triangle}{\longrightarrow} R-\overset{}{CH}\overset{\overset{CH_2}{\diagup\diagdown}}{\underset{NH-C=O}{}}CH_2+H_2O$$

γ-氨基酸   戊内酰胺

如果氨基与羧基相距更远时,受热后则分子间氨基与羧基失水而生成聚酰胺:

$$nH_3^+N{+CH_2\rightarrow}_m COO^- \overset{\triangle}{\longrightarrow} H_3^+N{+CH_2\rightarrow}_m\overset{\overset{O}{\parallel}}{C}{+NH{+CH_2\rightarrow}_m\overset{\overset{O}{\parallel}}{C}}_{n-2}NH{+CH_2\rightarrow}_m COO^-$$

聚酰胺

由 ω-氨基己酸生成的聚酰胺叫尼龙 6,这是一种优良的高分子材料,可用于制做袜子、衬衣、降落伞、渔网和刷子等。

7. 消旋作用

由于氨基酸与多肽的手征碳原子都具有 α 氢,因此可以通过烯醇式发生消旋化:

$$\underset{\underset{H}{|}}{N}\overset{\overset{H\cdots}{}}{\underset{\underset{O}{\parallel}}{C}}\overset{R}{\underset{}{C}} \rightleftharpoons \underset{\underset{H}{|}}{N}\overset{\overset{R}{|}}{\underset{\underset{\underset{H^+}{+}}{O^-}}{C}}C \rightleftharpoons \underset{\underset{H}{|}}{N}\overset{\overset{R\cdots}{}}{\underset{\underset{O}{\parallel}}{C}}\overset{H}{\underset{}{C}}$$

加热或强碱的存在都可大大加快这个过程。例如在 20 ℃、pH 7 时,一般氨基酸消旋化半寿期大约为 $2\times10^5 a$；在 100 ℃时,则为 600 d；在 200 ℃时,则为 2h。所以在使用氨基酸时,应避免强碱与高温。

氨基酸受某些微生物中酶的作用,可同时失羧又失氨得到醇。例如亮氨酸被转化成异戊醇:

$$(CH_3)_2CHCH_2\overset{\overset{+NH_3}{|}}{CH}COO^-+H_2O \overset{酶}{\longrightarrow} (CH_3)_2CHCH_2CH_2OH+CO_2+NH_3$$

用发酵法制乙醇时,发酵液中的杂醇油就是这样生成的。

14.4 氨基酸的合成反应

1. α-卤代酸的氨解

以相应的 α-卤代酸与氨水(大大过量)反应或与六亚甲基四胺反应后,水溶液加热处理,得到 α-氨基酸。

2. 经由丙二酸酯合成的方法

(1) 邻苯二甲酰亚胺合成法

一溴代丙二酸酯与邻苯二甲酰亚胺钾反应,得 N-邻苯二甲酰亚胺丙二酸酯,再经碱处理,并与相应卤代烷或 α,β-不饱和羰基化合物发生烷基化反应,然后水解得 α-氨基酸:

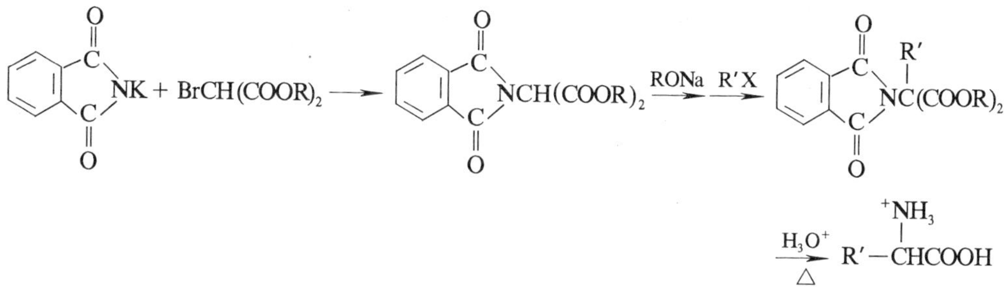

R′可为：$—CH_2COOH$，$—CH_2C_6H_5$，$—CH_2CH_2COOH$，$—CH_2SH$ 等。

（2）N-乙酰氨基丙二酸酯合成法

$$CH_3\overset{O}{\overset{\|}{C}}NHCH(COOC_2H_5) \xrightarrow{碱} \xrightarrow{RX} CH_3\overset{O}{\overset{\|}{C}}-NH\overset{R}{\overset{|}{C}}(COOC_2H_5) \xrightarrow[\triangle]{H_3O^+} R-\overset{\overset{+}{N}H_3}{\overset{|}{C}}HCOOH$$

（3）利用丙二酸叠氮化合物的合成法

$$RCH\begin{cases}COO^-K^+\\COOC_2H_5\end{cases} \xrightarrow{H_2NNH_2} \xrightarrow{HNO_2} RCH\begin{cases}COO^-K^+\\CON_3\end{cases} \xrightarrow[\triangle]{C_2H_5OH} RCH\begin{cases}COO^-K\\NHCOOC_2H_5\end{cases} \xrightarrow[H_2O]{HCl} R-\overset{\overset{+}{N}H_3}{\overset{|}{C}}HCOOH$$

3. 斯特瑞克（A. Strecker）合成法

该合成法是由醛与氨和氢氰酸反应得到 α-氨基腈，再经水解得到 α-氨基酸。

$$RCHO+NH_4Cl+KCN \xrightarrow[20℃]{H_2O} R\overset{NH_2}{\overset{|}{C}}HCN \xrightarrow[2)\ 中和]{1)\ HCl,\ H_2O,\ \triangle} R-\overset{\overset{+}{N}H_3}{\overset{|}{C}}HCOO^-$$

这些方法合成的氨基酸都是外消旋的，需要具有旋光性的氨基酸，还必须进行拆分。

14.5 肽的结构和命名

肽也称为多肽，是含有 2 个到近百个氨基酸单元的聚合物。氨基酸之间的氨基和羧基相互作用生成的酰胺键—NHCO—常称为肽键。根据肽分子中氨基酸单元的数目可以称为二肽、三肽、四肽、……多肽。例如：

$$H_3\overset{+}{N}CH_2\overset{O}{\overset{\|}{C}}-NH\underset{CH_3}{\underset{|}{C}}HCOO^-$$

甘・丙（二肽）
甘氨酰丙氨酸

$$H_3\overset{+}{N}CH_2\overset{O}{\overset{\|}{C}}-NH\underset{CH_2C_6H_5}{\underset{|}{C}}H\overset{O}{\overset{\|}{C}}-NHCH_2COO^-$$

甘・苯丙・甘（三肽）
甘氨酰苯丙氨酰甘氨酸

$$H_3\overset{+}{N}CH_2\overset{O}{\overset{\|}{C}}-NH\underset{CH_2OH}{\underset{|}{C}}H\overset{O}{\overset{\|}{C}}-NH\underset{CH_2C_6H_5}{\underset{|}{C}}H\overset{O}{\overset{\|}{C}}-NHCH_2COO^-$$

甘・丝・苯丙・甘（四肽）
甘氨酰丝氨酰苯丙氨酰甘氨酸

这里使用了标准缩写法来表示肽结构(见表 14-1)。按照惯例,命名时, N-端氨基酸残基(含有游离铵基者)写在左边, C-端氨基酸残基(含有游离羧基者)写在右边。图示如下:

N-端氨基酸残基
(含有游离铵基者)
C-端氨基酸残基
(含有游离羧基者)

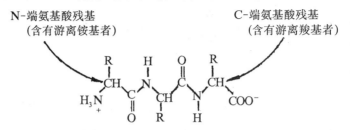

氨基酸和二肽类的 X 衍射研究表明:酰胺基是共平面的,即羰基碳、氮以及相连接的氧、氢 4 个原子都处于一个平面中,碳氮键长较短 (0.137 nm, 通常的碳氮单键是 0.147 nm),表明碳氮键具有明显的双键特征,因此,氮的键角接近于 sp^2 碳原子的键角,如图 14-3 所示。

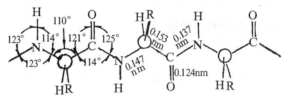

图 14-3 肽键的几何形状

蛋白质部分水解可以得到肽的混合物。有些多肽也是重要的天然产物。例如,九肽(舒缓激肽)(精·脯·脯·甘·苯丙·丝·脯·苯丙·精)是在血浆中发现的,其作用是调整血压。又如催产素是由 9 个氨基酸组成的激素,它存在于垂体后叶腺中,具有能使子宫收缩的功能。图 14-4 是牛催产素的结构。又如由胰腺 β 细胞所产生的胰岛素是由 51 个氨基酸组成的

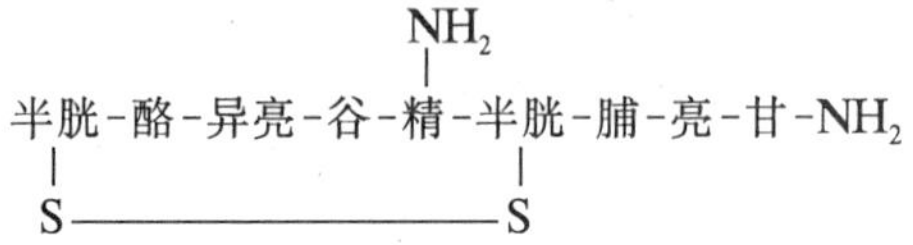

NH2
半胱-酪-异亮-谷-精-半胱-脯-亮-甘-NH2
S S

图 14-4 牛催产素的结构

多肽类激素,它是控制碳水化合物正常代谢所必需的物质。胰岛素是由 A 链和 B 链通过两个 —S—S— 键连接而形成的。A 链由 21 个氨基酸组成,B 链由 30 个氨基酸组成。我国于 1965 年人工合成了牛胰岛素,图 14-5 是牛胰岛素的结构。

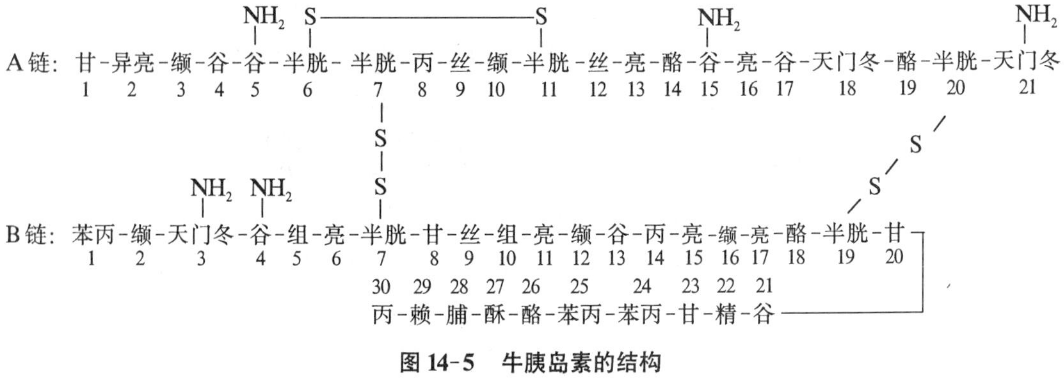

A链: 甘-异亮-缬-谷-谷-半胱-半胱-丙-丝-缬-半胱-丝-亮-酪-谷-亮-谷-天门冬-酪-半胱-天门冬
1 2 3 4 5 6 7 8 9 10 11 12 13 14 15 16 17 18 19 20 21
B链: 苯丙-缬-天门冬-谷-组-亮-半胱-甘-丝-组-亮-缬-谷-丙-亮-缬-亮-酪-半胱-甘
1 2 3 4 5 6 7 8 9 10 11 12 13 14 15 16 17 18 19 20
30 29 28 27 26 25 24 23 22 21
丙-赖-脯-酥-酪-苯丙-苯丙-甘-精-谷

图 14-5 牛胰岛素的结构

简单的肽和氨基酸一样,所含的游离氨基和羧基也以偶极离子形式存在。

14.6 肽 的 合 成

1. 缩合聚合方法

氨基酸的缩合聚合反应是合成多肽最简单的方法。但是,得到的聚合物是不同链长多肽的混合物,这种合成的聚合物在天然界是没有的,但是从合成的多肽可了解蛋白质的物理和光谱的性质。

$$H_3N^+CH_2COO^- \longrightarrow H_3N^+CH_2\overset{\displaystyle O}{\overset{\|}{C}}+NHCH_2\overset{\displaystyle O}{\overset{\|}{C}}\rangle_n NHCH_2COO^-$$

聚甘氨酸

α-氨基酸及其酯与 α-羟基酸一样,加热易形成六员环状二聚物。若将其中一个酰胺键水解,则是制备简单二肽的一种方法。如:

$$2H_3\overset{+}{N}CH_2COO^- \xrightarrow{\triangle} \text{(环状结构)} \xrightarrow[100℃]{浓\ HCl} H_3\overset{+}{N}CH_2\overset{\displaystyle O}{\overset{\|}{C}}-NHCH_2COOH+Cl^-$$

这种方法只能用于相同氨基酸的缩合。

2. 天然多肽的合成

天然多肽是由多种氨基酸按一定序列结合而成。因此,合成中碰到的主要问题是如何分别让两种氨基酸(或小分子多肽)中指定的氨基与羧基缩合,同时使氨基与羧基在温和条件下反应,生成肽键而不影响其他官能团。下面就此两方面的解决方法进行介绍。

(1) 保护基的应用

为了使一种氨基酸的羧基和另一种不同氨基酸的氨基之间相互作用,必须防止同一种氨基酸中羧基和氨基之间的相互作用。例如,在制备甘氨酰丙氨酸时,必须防止同时生成甘氨酰甘氨酸、丙氨酰甘氨酸、丙氨酰丙氨酸:

$$甘 + 丙 \xrightarrow{-H_2O} 甘·甘 + 丙·丙 + 甘·丙 + 丙·甘$$

因此,必须找到合适的保护基团。这种保护基团必须满足以下条件: 第一,保护基团必须很易引入氨基酸分子中; 第二,在生成肽键的条件下,必须能保护官能团; 第三,在除去保护基团的情况下,肽键不发生变化。氨基酸的羧基的保护通常采用将羧基转换成酯基来实现,如转换成甲酯、乙酯、苄酯等。因为酯比酰胺易水解,所以保护基可用碱水解除去。苄酯还可用,氢解(催化氢化)方法断键除去苄基。

$$\sim\overset{\displaystyle O}{\overset{\|}{C}}NHCHCOOCH_2C_6H_5 \xrightarrow{H_2,\ Pd/C} \sim\overset{\displaystyle O}{\overset{\|}{C}}NHCHCOOH+C_6H_5-CH_3$$
$$\underset{R}{|} \qquad\qquad\qquad\qquad\qquad\qquad \underset{R}{|}$$

氨基的保护基有许多种,现只讨论其中的两种: 一种是苄氧羰基,另一种是叔丁氧羰基。

苄氧羰基是由苄氧羰基氯同氨基酸在碱性溶液中反应，引入氨基酸分子中的；而叔丁氧羰基可用叔丁氧羰基叠氮化合物、叔丁氧基碳酸酐等与氨基酸反应，引入到氨基酸分子中。

$$(CH_3)_3C-O-\overset{O}{\overset{\|}{C}}-N_3+H_3\overset{+}{N}CH(CH_3)COO^- \xrightarrow{3^\circ 胺} (CH_3)_3C-O\overset{O}{\overset{\|}{C}}-NHCH(CH_3)COOH$$

叔丁氧羰基叠氮　　　　叔丁氧羰基丙氨酸

苄氧羰基的除去，仍可用催化氢解的方法先得到不稳定的氨基甲酸，再脱羧，即恢复氨基。叔丁氧羰基的除去较为容易、可将被其保护的氨基酸或多肽在乙酸（或乙醚、乙酸乙酯、硝基甲烷等）中，用氯化氢处理，也是先形成不稳定的氨基甲酸，脱羧后给出氨基。

$$t\text{-BuO}\overset{O}{\overset{\|}{C}}NHCH(R)COOH \xrightarrow[AcOH]{HCl} \left[HOOCNHCH(R)COOH\right] \xrightarrow{-CO_2} H_3\overset{+}{N}CH(R)COOH+Cl^-$$

苄基还常用来保护一些氨基酸上的羟基和巯基。保护基的种类很多，上述仅介绍几例。

(2) 接肽的方法

如何将两种保护了的氨基酸（或小分子多肽）的指定氨基与羧基以温和的方法进行反应形成肽键，而又不影响保护的基团与其他肽键，是合成中接着需要解决的问题。将氨基酸的氨基与羧基反应，形成肽键，在多肽合成的术语中称为接肽。

接肽过程中常用活化羧基的办法来保证在温和条件下形成新的肽键，而不影响其他键的稳定性。活化羧基的方法大致有 3 种：

a. 用二环已基碳二亚胺（简写 DCC）作为接肽促进试剂（又称缩合剂），DCC 极易与氨基酸的羧基反应形成一个异脲的酯。这是一活性较高的中间体，它易与胺（氨基）进行亲核取代反应，生成酰胺和二烷基脲：

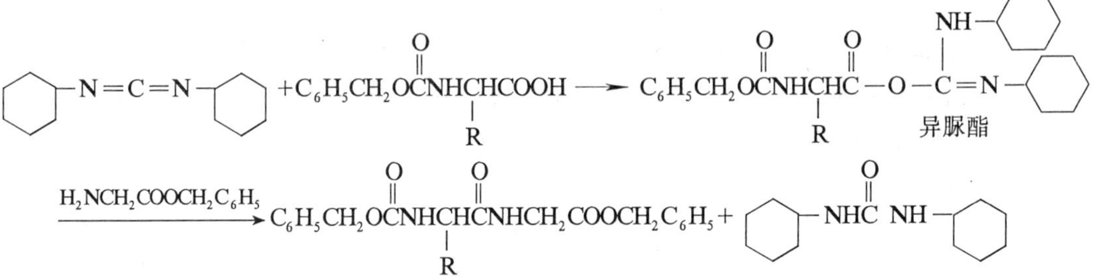

b. 将羧基转化成活泼的叠氮化合物或酰氧甲酸酯，再与另一分子氨基酸反应，形成肽键：

$$C_6H_5CH_2O\overset{O}{\overset{\|}{C}}NHCH(R)COOH+ClCOOC_2H_5 \longrightarrow C_6H_5CH_2O\overset{O}{\overset{\|}{C}}NHCH(R)\overset{O}{\overset{\|}{C}}-O-\overset{O}{\overset{\|}{C}}-OC_2H_5 \xrightarrow{H_2NCH_2COOH}$$

$$\longrightarrow C_6H_5CH_2O\overset{O}{\overset{\|}{C}}NHCH(R)\overset{O}{\overset{\|}{C}}NHCH_2COOH$$

$$C_6H_5CH_2O\overset{O}{\overset{\|}{C}}NHCH(R)COOCH_3 \xrightarrow{H_2NNH_2} \xrightarrow{HNO_2} C_6H_5CH_2O\overset{O}{\overset{\|}{C}}NHCH(R)\overset{O}{\overset{\|}{C}}-N_3 \xrightarrow{H_2NCH_2COO^-}$$

$$\longrightarrow C_6H_5CH_2O\overset{O}{\overset{\|}{C}}NHCH(R)\overset{O}{\overset{\|}{C}}NHCH_2COOH$$

c. 将氨基酸与光气反应,转化成 N-酸酐(简写 NCA)后,与氨基酸反应,形成肽键:

$$\underset{\text{丙氨酸 NCA}}{\underset{|}{\overset{\displaystyle CH_3}{\underset{NH-C\diagdown O}{\overset{\displaystyle }{CH-C}}}}\diagup\overset{\displaystyle O}{\underset{\displaystyle O}{\diagdown}}} + H_2NCHCOO^- \longrightarrow \left[\underset{\displaystyle }{\overset{\displaystyle CH_3\,O\quad R}{HOOCNHCH\,CNHCHCOO^-}}\right] \xrightarrow{-CO_2} \underset{\underset{\displaystyle NH_2}{|}}{\overset{\displaystyle O\quad R}{CH_3CHC-NHCHCOO^-}}$$

上述几种接肽方式,每步都需经过繁杂的分离纯化和去保护基或带上保护基或活化羧基,操作极不方便,而且收率不高。1964 年梅里菲尔德(R.A.Merrifield)提出了固相合成技术并获得成功。

(3) 固相合成技术

该技术又称梅里菲尔德合成方法。其原理是:先将所要合成肽链的末端氨基酸的羧基以共价键与一个不溶性(固相)高分子树脂相连,形成一个以高分子树脂为酯基的氨基酸酯;其氨基在 DCC 促进下,与另一分子有氨基保护基的氨基酸反应,形成肽键;经脱去氨基保护基后,重复前步反应,增长肽链;最后肽链从固相上断裂下来,得到纯净的多肽。

固相高分子树脂常采用 2% 二乙烯基苯交联的聚苯乙烯,其中一些苯环上带有氯甲基,聚合物的结构式如:

简写 Ⓟ–CH₂Cl。此方法接肽过程大致示意如下:

氨基酸聚合物酯的形成

$$t\text{-}BuOCNHCHCOO^- + ClCH_2\text{-}Ⓟ \longrightarrow t\text{-}BuOCNHCHCOOCH_2\text{-}Ⓟ \quad\cdots\cdots\cdots(1)$$

去 N-保护基

$$t\text{-}BuOCNHCHCOOCH_2\text{-}Ⓟ \xrightarrow{CF_3COOH} H_2N-CHCOOCH_2\text{-}Ⓟ \quad\cdots\cdots(2)$$

与第二个 N-保护的氨基酸缩合形成肽键

$$t\text{-}BuOCNHCHCOOH + NH_2CHCOOCH_2\text{-}Ⓟ \xrightarrow{DCC} t\text{-}BuOCNHCHCNHCHCOOCH_2\text{-}Ⓟ \quad\cdots\cdots(3)$$

去 N-保护基

$$t\text{-}BuOCNHCHCNHCHCOOCH_2\text{-}Ⓟ \xrightarrow{CF_3COOH} H_2NCHCNHCHCOOCH_2\text{-}Ⓟ \quad\cdots\cdots\cdots(4)$$

这种过程可重复进行,加入第三个氨基酸、第四个氨基酸 ……,最后将得到的多肽从聚合物上断裂下来(用无水氟化氢处理聚合物)。在断键时要注意不得影响多肽的酰胺键。

固相技术的突出优点是操作容易、产率高；由于增长的多肽连接在高度不溶解的聚苯乙烯树脂上，所以在分离、纯化过程中没有损耗；而且该法反复使用几个类似的操作，所以容易实现自动化。目前，许多肽的合成都是用固相技术完成的。梅里菲尔德用此法曾合成了有124个氨基酸单元组成的蛋白质——牛胰核糖核酸酶(见图14-6)。

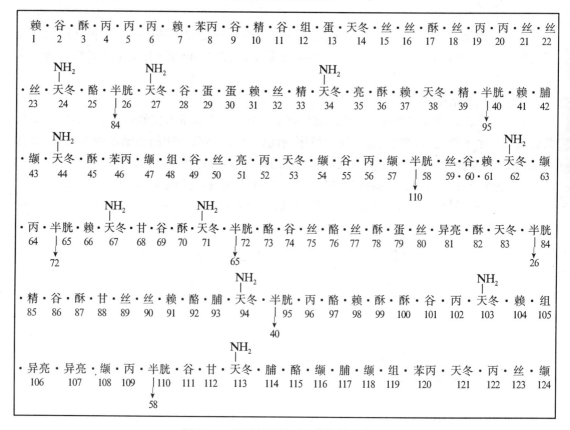

图 14- 6 牛胰核糖核酸酶的氨基酸序列

其中有4个二硫键位于26～84,40～95,58～110与65～72的半胱氨酸之间。

现在使用的"多肽合成仪"就是根据这一原理设计制造的。

14.7 肽结构的测定

肽结构的测定是要了解肽分子是由哪些氨基酸所组成的,每种有多少以及它们在肽链中排列的顺序等。

1. 氨基酸的分析

测定肽结构的第一步是断开二硫桥键,这个反应可以用过氧甲酸氧化来实现。如果肽中没有二硫桥键,这一步就不需要了。过氧甲酸可将二硫桥键转变成磺酸基。

第二步是测定全部氨基酸组成。一般采用 6mol/L 盐酸在 100～120 ℃水解 10～24 h,将肽键全部水解,然后用色层分离法分析。

2. 肽链中氨基酸残基序列的测定

在知道肽是由哪几种氨基酸组成以后，要测定这些氨基酸在肽链中的排列顺序，这项工作是比较困难的。人们常用端基分析及部分水解等方法来完成。

端基分析就是测定肽链末端的氨基酸残基。肽链两端的残基是不同的：一端是 N-端残基，含有一个游离的 α-铵基；另一端是 C-端残基，含有一个游离的 α-羧基。可用不同的方法分别测定 N-端和 C-端是什么氨基酸。

(1) N-端氨基酸的鉴定(或称氨端)

鉴定氨端的方法有两种：

a. 第一种由弗雷德里克·桑格(Frederick Sanger)提出，称为桑格(Sanger)法。这个方法是用 2,4-二硝基氟苯(简写为 DNFB)同 N-端游离氨基发生亲核取代反应，产生一个黄色的 N-(二硝基苯基)衍生物，然后将这个取代肽水解成各种氨基酸组分。这样，通过鉴定 2, 4-二硝基苯基所标记的氨基酸，就可以知道肽的 N-端氨基酸是什么。

N-(2,4-二硝基苯基)氨基酸　未标记氨基酸等

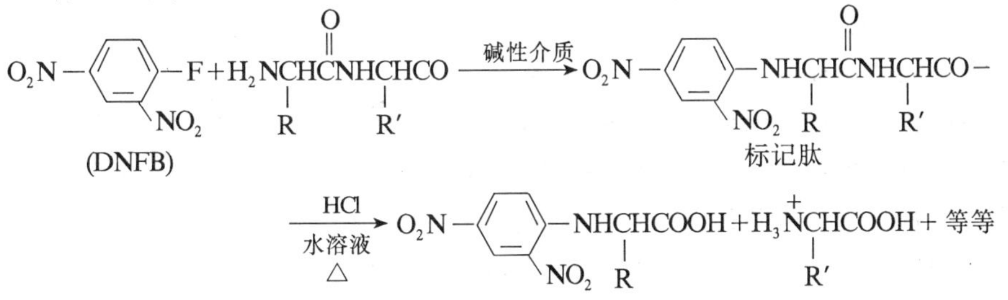

b. 第二种由埃德曼(Pehr Edman)首先提出，称为埃德曼(Edman)降解法。这个方法是依据 N-端氨基和异硫氰酸苯酯作用生成取代硫脲，在有机溶剂中用氯化氢处理，可选择性地将 N-端氨基酸以乙内酰苯硫脲的形式分解出来，然后通过色谱法与已知物比较而得到。该法比上一方法有用，是许多改良法中使用最广的。它最突出的优点是肽链的其余部分不被破坏，仍然保留下来。因此，降解后的肽链中新的端基又可再作鉴定。如此重复进行，即可将氨基酸的序列测出。这个方法已经自动化，其反应过程大致如下：

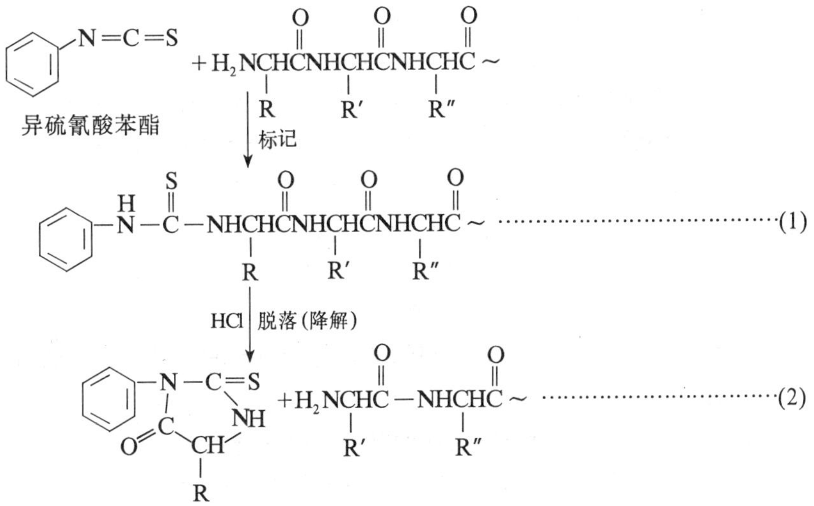

乙内酰苯硫脲(PTH-氨基酸)

一种自动测定氨基酸顺序的分析仪就是在上述原理的基础上发展出来的。它是将待测定的蛋白质的薄膜在一个旋转的圆柱形杯中受到 Edman 降解,试剂和抽提溶剂流过蛋白质的固化膜,而脱下来的乙内酰苯硫脲(PTH-氨基酸)通过高压液相色谱来鉴定。每一轮埃德曼降解可在不到 2 h 中完成。已成功地鉴定了鲸肌红蛋白(含有 153 个氨基酸的蛋白质链)中,前 60 个氨基酸的序列。

(2) C-端氨基酸的鉴定(或称羧端)

测定 C-端氨基酸最成功的方法是酶催化法,而不是化学法,例如用羧肽酶可以有选择地切下 C-端氨基酸。因羧肽酶只断裂多肽链中与游离的 α-羧基相邻的肽键,如下虚线所示:

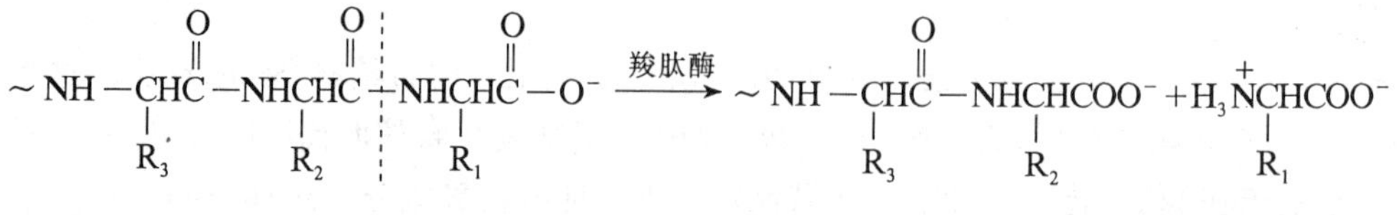

$$\sim NH-CHC-NHCHC+NHCHC-O^- \xrightarrow{\text{羧肽酶}} \sim NH-CHC-NHCHCOO^- + H_3^+NCHCOO^-$$

降解的肽的 C-端可以继续为羧肽酶水解,因此通过测定氨基酸在水解过程中出现的速度,可以鉴定 C-端氨基酸及其序列。

(3) 肽链的部分水解

用专一的化学或酶催化水解生成较小的肽(或称碎片),再用端基分析法鉴定,也是测定氨基酸顺序的一种有效方法。如溴化氰 (BrCN) 试剂,它只能使蛋氨酸的羧基位置上的肽键断裂;胰蛋白酶催化水解只断裂精氨酸和赖氨酸残基的羧基一侧的肽键。类似作用的酶还很多,如胰凝蛋白酶、胃蛋白酶、糜蛋白酶和葡萄球菌蛋白酶等,它们都有各自的选择性水解断键的作用。

14.8 蛋白质的分类、分子形状、功能和变性

蛋白质有两个主要的生物功能:一是作为动物组织的结构材料,这类蛋白质属于纤维状蛋白质。它的分子像一条条长线,呈纤维束状并列在一起,并通过氢键相互联结起来。因此溶解纤维状蛋白质,需要克服分子间很大的作用力。由于它的不溶性以及形成纤维的倾向,使其成为动物组织的主要结构材料,如皮肤、头发、指甲、羊毛、角以及羽毛中的角蛋白,鞭中的胶原蛋白,肌肉中的肌球蛋白,丝中的丝蛋白等都属于纤维状蛋白。另一是在动物体内起着维护和调节生命过程中的各种有关功能的蛋白质,属于球状蛋白质。这些生理功能需要流动性和可溶性,球状蛋白质可溶于水。球状蛋白质分子常常折叠成接近于球形的单元:折叠时一般是其疏水部分向里聚集在一起;亲水部分(带电荷的基团)则倾向于分布在表面上。球状蛋白质主要是在分子内形成氢键,分子间接触面积很小。因此,分子间作用力较弱,这就是球状蛋白质溶于水的原因。动物体内由球状蛋白质构成的物质有:所有的酶与许多激素如胰岛素、甲状腺球蛋白、促肾上腺皮质激素(ACTH)等,抵御外来有机体的抗体,储存营养的蛋中的蛋白,将氧气从肺部转移到各个组织的血红蛋白及能使血浆凝结的血纤蛋白等等。所以蛋白质在生理上起着十分重要的作用。

蛋白质的结构十分复杂,因此像其他有机化合物那样,从结构上对其分类是困难的。现在比较一致的分类方法是把蛋白质分为简单蛋白质和结合蛋白质两类。

a. 简单蛋白质是指完全由氨基酸组成的蛋白质。根据它的溶解行为又分为:白蛋白、球蛋

白、谷蛋白、醇溶蛋白、硬蛋白、鱼精蛋白和组蛋白等。

b. 结合蛋白质是由一个蛋白质部分和一个称为辅基的非蛋白质部分所组成的。因此,根据非蛋白质部分可分为 5 类: (1) 核蛋白: 辅基为核酸; (2) 糖蛋白: 辅基为多糖; (3) 脂蛋白: 辅基为磷脂; (4) 色蛋白: 辅基为有色的金属络合物; (5) 磷蛋白: 辅基为磷酸。

蛋白质有一个共同的特性就是当温度或 pH 变化超过某一范围时,可发生不可逆的沉淀现象,这种现象叫变性(denaturation)。蛋白质一旦变性就失去了原来的生理功能,溶解度大大下降以及由可以结晶变为不能结晶等。如鸡蛋经蒸煮后,鸡蛋白由流体变为固体就是最典型的变性过程。

14.9 蛋白质的结构

蛋白质和多肽一样是由氨基酸以酰胺键形成的高分子化合物。它与多肽的区别在于蛋白质可以由几个肽链组成,多肽的肽链比蛋白质的短,分子量比蛋白质的低,一般在10000以上的才称为蛋白质。

对于蛋白质结构的认识可分 3 个阶段: 首先是蛋白质分子的氨基酸的排列顺序,这是蛋白质最基本的结构,称为初级结构或一级结构;第二阶段认识到肽链的局部在空间的排布(构象)关系,称为二级结构;第三阶段认识整个蛋白质分子的构象。蛋白质的肽链是非常长的,许多肽链是折叠着的或缠绕在一起的,这种整个分子的形状、构象称为三级结构,一级结构在前面已经介绍了,下面分别就二级与三级结构进行讨论。

1. 二级结构

肽键所连接的羰基碳、氧和氮及氮上所连的氢 4 个原子在共平面上,而且羰基碳与氮之间的键是不能旋转的。在肽的主链中,可以旋转的是 α 碳与氮及 α 碳与羰基碳之间的单键(见图14-7, 14-8)。

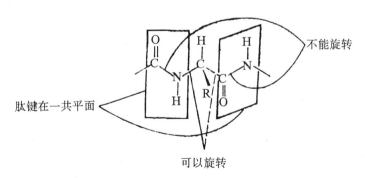

图 14-7 构象 a 示意图

由于这两个键的旋转角度不同可以产生各种构象,但在蛋白质中最常见的是 α-螺旋与 β-褶皱片状的结构。

(1) α-螺旋
当肽链以如下构象 b 连接时:

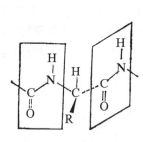

图 14-8　构象 b 示意图

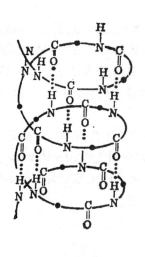

图 14-9　α-螺旋及氢键示意图

所有羧基氧都在链的下侧,而氮上氢都在链的上侧,链则以右旋下降,每圈螺旋间则以羧基氧与氮上氢的氢键相互作用使螺旋稳定。这就是 α-螺旋结构(见图 14-9)。由于氢键的存在,使螺旋的刚性大大增加,组成毛、发的 α-角蛋白就具有这种结构。

(2) β-褶皱片状结构

当肽链以如上构象 a 连接时,多肽链以伸展褶皱状平行或反平行排列在一起,链之间以氢键连接,因此看去像瓦楞板一样呈褶皱片状。这就是 β-褶皱片状结构(见图 14-10)。组成蚕丝的丝纤蛋白就是由这种结构以反平行组成。

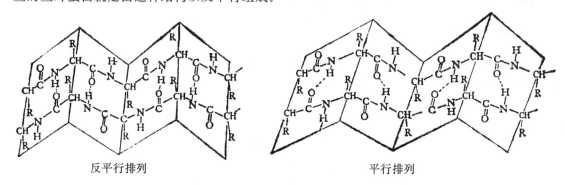

反平行排列　　　　　　　　　　平行排列

图 14-10　β-褶皱片状结构

(3) β-转向

当肽链中有脯氨酸残基,由于脯氨酸是一个 2° 胺,并且是成环的,所以形成肽键的氮上没有氢,不能形成氢键,另外由于是一个环。碳氮键不能旋转,构象被固定,肽链转向如下:

所以 α-螺旋与 β-褶皱片状结构中,遇到脯氨酸残基将会发生弯曲转向。这种转向称为 β-

转向。

2. 三级结构

蛋白质主要以两种形态存在,一为纤维状蛋白,一为球状蛋白。纤维状蛋白质为几条 α-螺旋扭在一起,如 α-角蛋白(见图 14-11);或 β-褶皱片状结构堆砌在一起形成纤维状,如蚕丝的丝纤蛋白。球状蛋白质为蛋白质分子中部分 α-螺旋或 β-褶皱片状结构,经 β-转向折叠成球形。这些褶皱除依靠链间氢键稳定外,还依靠化学键、静电引力和范德瓦尔力,特别是形成硫硫键的化学键力。如前面讲到的牛胰核糖核酸酶(124 个氨基酸组成)的肽链中第 26, 40, 58, 65, 72, 84, 95 及 110 的氨基酸都是半胱氨酸,它们通过 —S—S— 键相连,卷曲成如图 14-12 的三级结构。

 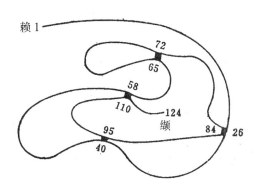

图 14-11　一束纤维蛋白示意图　　图 14-12　牛胰核糖核酸酶的三级结构示意图

球形蛋白质的结构中常留下一些空穴,成为催化与运输功能的活性中心。如血红蛋白构象中留下一个水的空穴,可以正好装下血红素,而血红蛋白外层为亲水的基团,使其可溶于水,这样通过血红素吸附氧,血红蛋白将其通过血液输送到机体需要的地方。

蛋白质的三级结构是蛋白质在生理条件下最稳定的构象。当改变温度、pH 等条件时,也可以改变它的构象。因为 pH 的大小可以影响链间的氢键,温度可以改变不同构象间的平衡常数。由于构象的改变,原来蛋白质分子中的空穴——活性中心,可以消失,因之失去了生理活性;原来亲水基团在表面,现在不在了,因之失去水溶性等。这些现象就是蛋白质的变性。

蛋白质的二级与三级结构同蛋白质的氨基酸组成及序列,即一级结构有着密切的关系。

习　题

1. 熟记表 14-1 中 20 种普通氨基酸的名称、结构及缩写。

2. 写出下列氨基酸的结构式:
(a) α-氨基丙酸(Ala)　　　　　　(b) 质子化的甘氨酸
(c) 蛋氨酸(Met)　　　　　　　　(d) 丝氨酸(Ser)
(e) 半胱氨酸(Cys)　　　　　　　(f) 组氨酸(His)

3. 写出下列化合物在 pH 为 2, 7, 12 的水溶液中呈现的主要解离形式的结构。

(a) 异亮氨酸(Ile) (b) 天冬氨酸(Asp)

(c) 赖氨酸(Lys) (d) 甘氨酰甘氨酸(Gly·Gly)

(e) 赖氨酰甘氨酸(Lys·Gly) (f) 丙氨酰天冬氨酰缬氨酸(Ala·Asp·Val)

4. 画出下列氨基酸的立体构型：

(a) 丙氨酸(Ala) (b) 丝氨酸(Ser)

(c) 组氨酸(His) (d) 半胱氨酸(Cys)

5. 怎样表示由 pK_1 和 pK_2 计算氨基酸的等电点？

6. 试举出每一种下列天然界中氨基酸的例子，并写出其结构式。

(a) 含硫的氨基酸 (b) 具有苯环的氨基酸

(c) 具有羟基的氨基酸 (d) 无旋光的氨基酸

(e) 具有胍基的氨基酸 (f) 碱性的氨基酸

(g) 酸性的氨基酸 (h) 具有含氮杂环的氨基酸

7. 试提出下列氨基酸的制备方法及步骤(用反应式表示)。

(a) $CH_3CH_2CH_2\underset{\underset{NH_2}{|}}{CH}COOH$ (b) $(CH_3)_3C\underset{\underset{NH_2}{|}}{CH}COOH$ (c) $ph\underset{\underset{NH_2}{|}}{CH}COOH$

(d) $CH_3CH_2-\overset{\overset{CH_3}{|}}{\underset{\underset{NH_2}{|}}{C}}-COOH$ (e)   (f) ![pyridine structure] $\underset{N \atop H}{\qquad}COO^-$

8. 用同位素标记氨基酸，对于生物化学研究工作是很有用的。试提出制备下列同位素标记的氨基酸的方法。以 $Ba^{14}CO_3$ 和 $Na^{14}CN$ 为 ^{14}C 的来源，以 D_2O，$LiAlD_4$ 或 D_2 为重氢来源。

(a) $CH_3-\overset{\overset{NH_2}{|}}{\underset{14}{C}H}COOH$ (b) $\overset{14}{C}H_3\underset{\underset{NH_2}{|}}{CH}COOH$ (c) $CD_3\underset{\underset{NH_2}{|}}{CH}COOH$

(d) $phCH_2-\overset{\overset{NH_2}{|}}{C}DCOOH$ (e) $(CD_3)_2CH\underset{\underset{NH_2}{|}}{CH}COOH$ (f) $HOO\overset{14}{C}CH_2\underset{\underset{NH_2}{|}}{CH}COOH$

9. 实验得知在酸催化条件下，氨基乙酸的酯化速度比丙酸慢，试说明原因。

10. 试说明在缩氨酸(肽)的合成中，为什么苯甲酰基不能用来作 N 保护基团？例如 N-苯甲酰基氨基乙酸(phCONHCH₂COOH)。

11. 试提出用蛋氨酸甲酯 $(CH_3SCH_2CH_2\underset{\underset{NH_2}{|}}{CH}COOCH_3)$ 和其他必要化合物合成 Gly·Ala·Met(甘氨酰丙氨酰蛋氨酸)所必须的反应程序。

12. 假定由光学纯的缬氨酸(Val·)(L-型)和外消旋的丝氨酸(Ser·)制备二缩氨基酸，即缬氨酰丝氨酸。试写出其立体结构式，并用 $R，S$ 标定其构型，同时指出异构体间构型的关系。

13. 用反应式表示一个 α-氨基酸与下列试剂所发生的反应:

(a) CH_2O (b) HNO_2 (c) $CH_3CH_2OH+HCl$ (d) Ac_2O

14. (a) 试写出用 2,4-二硝基氟苯识别缬氨酰丙氨酰甘氨酸(Val·Ala·Gly)的 N-末端氨基酸的反应式。

(b) 当缬氨酰赖氨酰甘氨酸与 2,4-二硝基氟苯作用后水解时,你预期其产物是什么?

15. 有一个三肽与 2,4-二硝基氟苯作用后,再水解得到下列化合物: N-(2,4-二硝基苯基)-丙氨酸,N-(2,4-二硝基苯基)-丙氨酰苯丙氨酸和苯丙氨酰甘氨酸,苯丙氨酸,甘氨酸。试据上述结果,写出此三肽的结构式。

第十五章 萜类与甾族化合物

萜和甾族化合物是相当重要的两类天然产物,广泛地存在于动植物体内。萜和甾族化合物从结构上看是完全不同的,但是它们在生物体内却是由同样的原始物质乙酰基生成的,由于这些物质在生物合成(Biosynthesis)上的共同点,所以常把它们归为乙酰构成物。

Ⅰ. 萜

15.1 萜与异戊二烯规则

萜类化合物广泛分布于植物、昆虫、微生物及海洋生物等生物体中,有着广泛的用途,它们中很多种类都有重要的生理活性。这类化合物的共同特点是分子中的碳原子都是5的整数倍,而且可以看出是由5个碳原子的异戊二烯单位主要以头尾相连组成,这个现象叫异戊二烯规则。如:

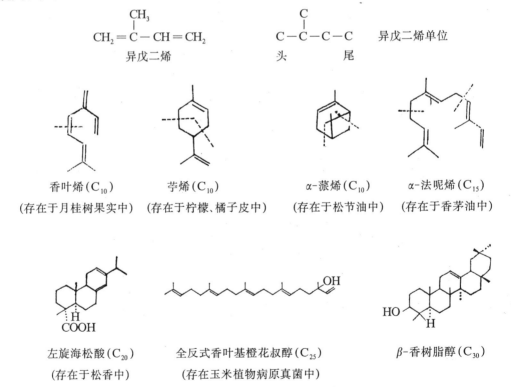

异戊二烯 单位

异戊二烯　　　　　　　　　头　　尾　　异戊二烯单位

香叶烯(C_{10})　　　苧烯(C_{10})　　　α-蒎烯(C_{10})　　　α-法呢烯(C_{15})

(存在于月桂树果实中) (存在于柠檬、橘子皮中) (存在于松节油中) (存在于香茅油中)

左旋海松酸(C_{20})　　全反式香叶基橙花叔醇(C_{25})　　β-香树脂醇(C_{30})

(存在于松香中)　　(存在玉米植物病原真菌中)

异戊二烯可以连成链,也可以连成环。萜类化合物常根据组成分子中异戊二烯单位的数目分为:

单萜：2个异戊二烯单位	C_{10}	二倍半萜：5个异戊二烯单位	C_{25}
倍半萜：3个异戊二烯单位	C_{15}	三萜：6个异戊二烯单位	C_{30}
双萜：4个异戊二烯单位	C_{20}	四萜：8个异戊二烯单位	C_{40}

15.2 单　萜

单萜是由 2 个异戊二烯单位组成的化合物,是植物香精油的主要成分。单萜根据其碳链可以分为开链萜、单环萜与双环萜三类。

1. 开链萜

开链萜中有许多是珍贵的香料,如橙花醇、牻牛儿醇、柠檬醛等。

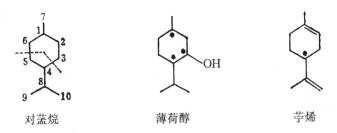

橙花醇	牻牛儿醇	柠檬醛 a	柠檬醛 b
(存在于玫瑰油、香茅油中)		(存在于柠檬油中)	

当蜜蜂发现食物时,便分泌牻牛儿醇以吸引其他蜜蜂,因此牻牛儿醇也是一种昆虫的体外激素。

2. 单环萜

这一类化合物的分子里都含有一个六员碳环,它们是以椅式构象存在,其中较重要的有:对䓝烷碳架的薄荷醇与苧烯。

对䓝烷	薄荷醇	苧烯

苧烯有一个手征性碳原子,因此有一对对映体。左旋苧烯存在于松针油、薄荷油中,右旋体存在于柠檬油、橘皮油中,外消旋体则存在于香茅油中。它们都具有柠檬的香味,可以用来作为香料、溶剂等。

薄荷醇是薄荷油的主要成分。薄荷醇中有 3 个不同的手征性碳原子,有 4 对外消旋体,分别叫做(±)薄荷醇、(±)新薄荷醇、(±)异薄荷醇及(±)新异薄荷醇。薄荷醇有芳香清凉气味,有杀菌防腐作用,并有局部止痛效力,用于医药、化妆品及食品工业。

3. 双环萜

双环萜的骨架是由一个六员环分别和三员、四员或五员环共用 2 个碳原子构成的,属于桥环化

375

合物。由于有桥的限制使得有些分子中的六员环只能以船式存在,以蒎、莰骨架最常见。

蒎   莰

双环萜的编号是由两个环共用的一个碳原子开始,先绕大环,再至小环。所以蒎可以称为
2,6,6-三甲基双环[3.1.1]庚烷,而莰称为1,7,7-三甲基双环[2.2.1]庚烷。有的也把这些甲基进
行编号。

天然界存在较多的双环萜有下列化合物:

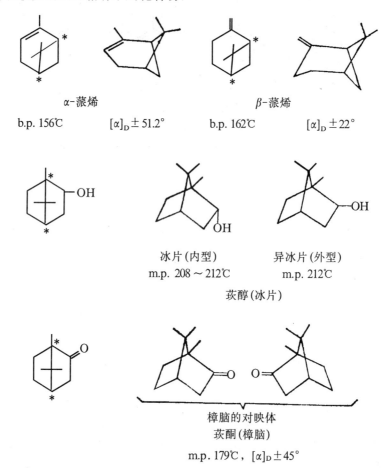

α-蒎烯
b.p. 156℃   [α]$_D$±51.2°

β-蒎烯
b.p. 162℃   [α]$_D$±22°

冰片(内型)
m.p. 208~212℃

异冰片(外型)
m.p. 212℃

莰醇(冰片)

樟脑的对映体
莰酮(樟脑)
m.p. 179℃,[α]$_D$±45°

蒎烯有 α 及 β 两种异构体,共存于松节油中,其中 α-蒎烯含量最大,可达 90% 以上。
α-蒎烯可用于合成冰片、樟脑等莰族化合物。

莰醇又名冰片或龙脑,莰醇的羟基有内型与外型两种取向,天然产的为内型,存在于植物
的精油中。冰片(内型的)有薄荷香,但杂有辛辣味,是一种中药,它的酯是一种香料。外型的
莰醇在天然界尚未发现,是由合成得到的,称为异冰片,也用于香料工业中。

莰醇氧化即得樟脑。樟脑有 2 个不相同的手征性碳原子,理论上应有 2 对对映体,但由于碳

桥只能在环的一侧,所以桥的存在限制了桥头 2 个手征性碳原子的构型,因此樟脑只有一对对映体。存在于樟树中的樟脑是右旋体。樟脑为无色结晶,易升华,有愉快的香味,医药上用做强心剂、清凉油,有驱虫作用,可作衣物防蛀剂;在塑料工业上,可用来作为赛璐珞的增塑剂;在有机实验中,常用来作为测定有机化合物分子量的溶剂。以前樟脑的来源主要是从樟脑树中收集的,此树大量生长在台湾省。由于樟脑在医药、工业上的重要性,天然产量已不能满足需要,现在主要靠合成来得到。它是由 α-蒎烯经过如下的步骤合成的。

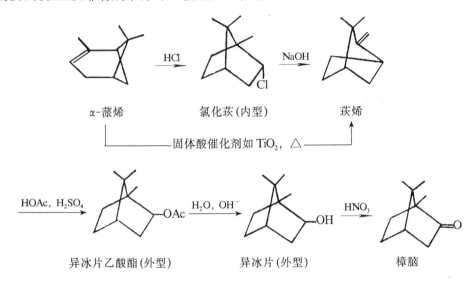

4. 1,2-位重排与邻基的促进作用

从 α-蒎烯合成异冰片与樟脑的反应中可以看到有 3 步重排反应,仔细分析这些反应,可以发现一些共同点: (1) 这些重排反应都是发生在相邻 2 个碳原子上取代基的重排,即所谓 1, 2-位重排。(2) 它们所得产物都是立体专一的,如 α-蒎烯与氯化氢加成所得产物为内型的冰片基氯化物(氯化莰),而莰烯加乙酸所得产物为外型的异冰片乙酸酯。为什么会有这种现象? 现认为这些反应都与经过三员环的正碳离子有关。

α-蒎烯与氯化氢加成形成氯化莰的历程为:

三员环状正碳离子

α-蒎烯与氯化氢反应先在 C_2 生成正碳离子;然后发生 1,2-位重排,$C_1 \sim C_6$ 键部分断裂,产生部分 $C_2 \sim C_6$ 键,这样形成由 3 个碳原子环状的正碳离子,正电荷分布在 C_1, C_2 上,这种正碳离子称为非经典的正碳离子;然后 Cl^- 从背后进攻 C_1,将 C_6 顶开,得到重排的、内型的氯化莰。Cl^- 也可从背后进攻 C_2,将 C_6 顶开,这样得到的是没有重排的产物。在 0℃ 以上,由于未重排产物带有不稳定的四员环,重排后形成较稳定的五员环,所以根据热力学控制,主要得到重排产物。但在 0℃ 以下,由于 C_2 为 3° 正碳离子,比较稳定,所以在三员环正碳离子中,正荷分布较多,因此 Cl^- 进攻 C_2 比进攻 C_1 快,所以根据动力学控制,主要得到未重排产物。

这种经过三员环正碳离子的过程，也可以解释氯化莰用强碱脱氯化氢形成莰烯，及莰烯加乙酸形成异冰片乙酸酯的重排反应。它们的反应历程如下：

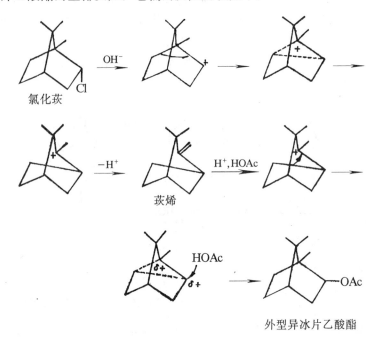

还有一很有意思的现象，就是异冰片基氯化物在冰醋酸内进行溶剂解(即在大量冰醋酸内进行取代反应)，要比叔丁基氯化物快 6000 倍。为什么 2° 的异冰片基氯化物比 3° 的叔丁基氯化物溶剂解还快，现认为这是邻近基团的促进作用。异冰片基氯化物的 C_6 从 C_2 的背后将氯顶去，形成三员环的非经典正碳离子，然后再与冰醋酸反应开环，形成取代产物，所以溶剂解的速度快。

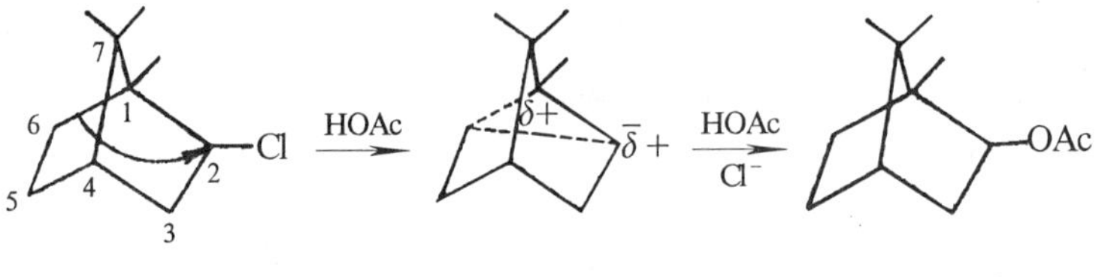

异冰片基氯化物(外型)

但叔丁基氯化物没有邻近基团的促进作用，所以溶剂解较异冰片基氯化物慢。

$$CH_3—\underset{\underset{CH_3}{|}}{\overset{\overset{CH_3}{|}}{C}}—Cl \longrightarrow CH_3—\underset{\underset{CH_3}{|}}{\overset{\overset{CH_3}{|}}{C}}{}^{+} + Cl^{-} \xrightarrow{HOAc} CH_3—\underset{\underset{CH_3}{|}}{\overset{\overset{CH_3}{|}}{C}}—OAc$$

这种促进作用只对异冰片基氯化物有效，对内型的冰片基氯化物则无促进作用。从此例可以看到，离去基团(Cl^-)的构象也要符合邻近基团可以从背面按 S_N2 历程进攻的取向，才能有邻近基团效应。

上面所讨论的 3 个重排反应又称为瓦格纳-梅尔文(Wagner-Meerwein)反应。

378

事实上,这种经过三员环正碳离子中间体或过渡状态(三员环中不一定全都是碳原子)进行 1,2-位重排的机制,可以解释许多涉及正碳离子或缺电子原子的重排反应。因为当形成或正在形成正碳离子或缺电子原子时,C_2 上的基团(邻近基团)往往处于比游离的亲核试剂更有利于接近正碳离子(C_1)或缺电子原子,以补充它们电荷不足的地位,因此很自然地通过三员环碳正离子中间体或过渡状态发生重排。

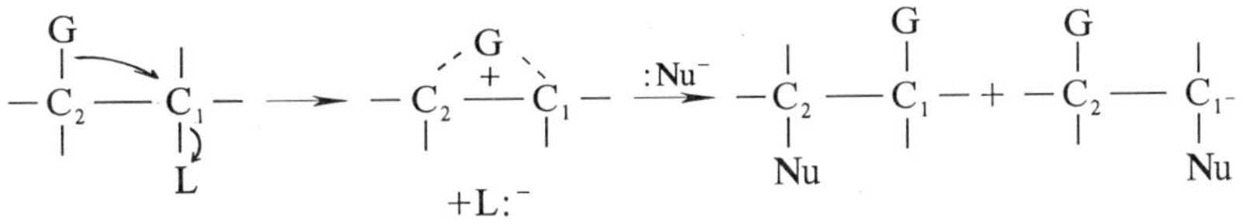

G 为邻近基团, L 为离去基团, $:Nu^-$ 为亲核试剂。下面列出一些 1,2-位重排反应的例子。

(1) 正碳离子的重排

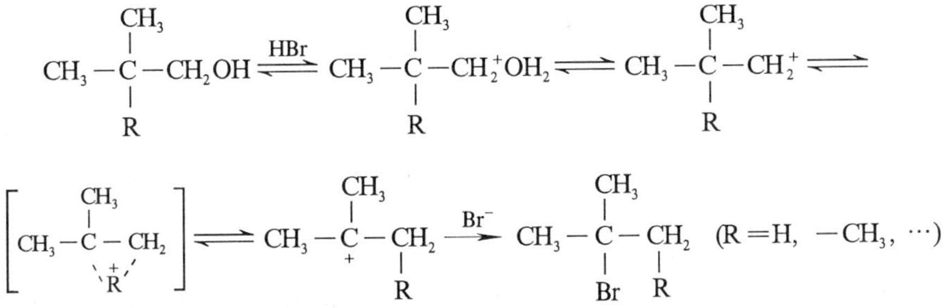

(2) 烃基过氧化氢的重排

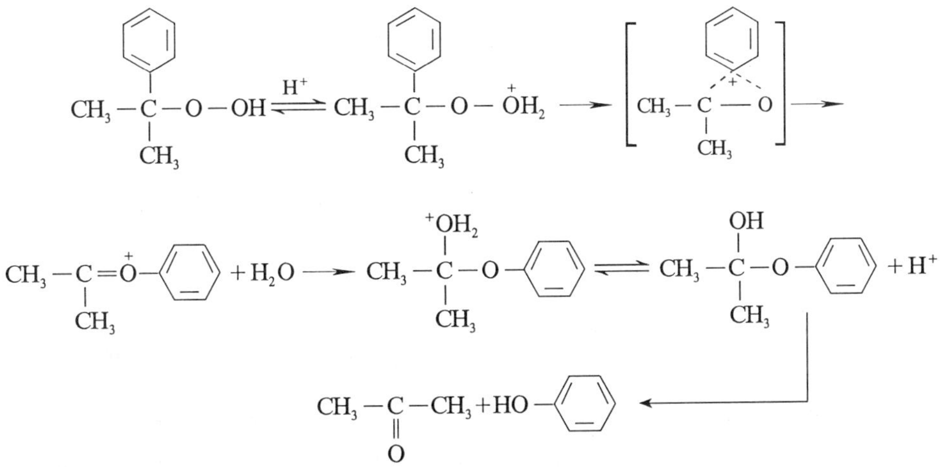

(3) 呐哢重排

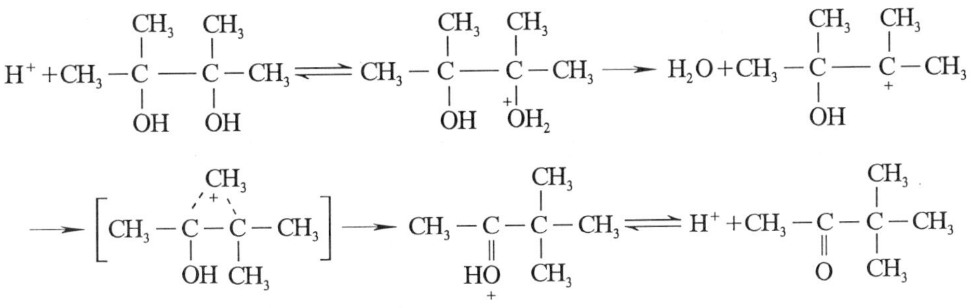

(4) 霍夫曼重排

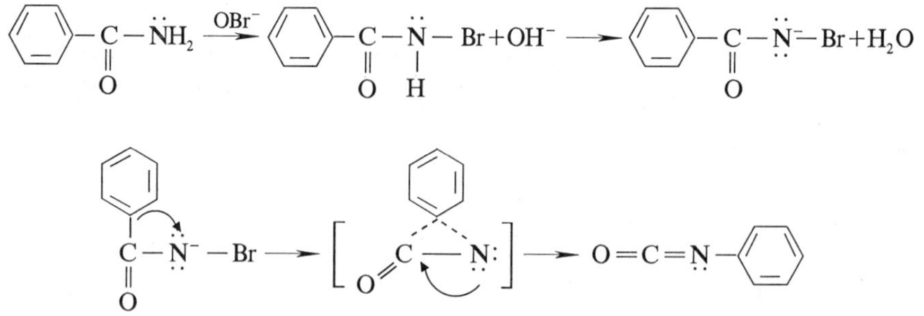

(5) 拜克曼(Beckmann, E.)重排

这一重排是肟重排得到酰胺。

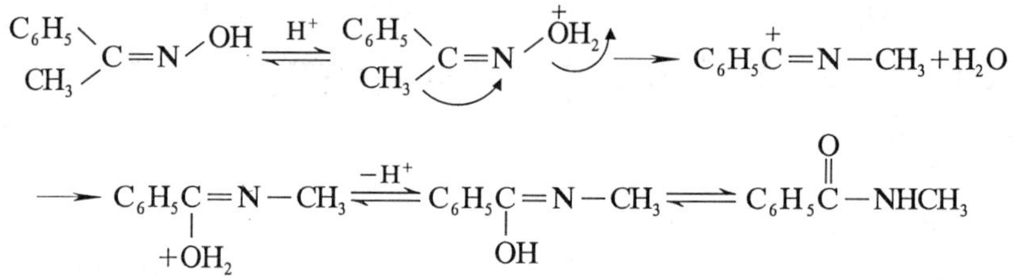

该重排反应的特点：酸催化的,重排(迁移)基团与离去基团处于反式位置,离去与迁移是同步的,迁移基团保持构型不变。

15.3 倍 半 萜

倍半萜是由 3 个异戊二烯单位所组成,如法尼醇、山道年与杜鹃酮都属于倍半萜。

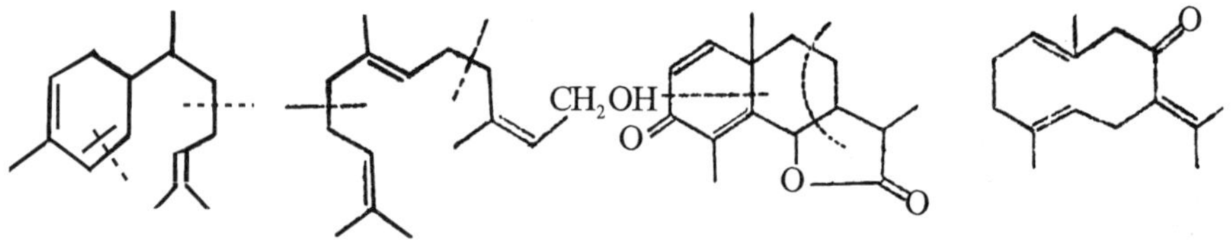

姜油烯　　　　法尼醇　　　　　　山道年　　　　　杜鹃酮

法尼醇存在于玫瑰油、茉莉油等中,有铃蓝香味,是一珍贵的香料。山道年是由山道年花蕾中提取的无色结晶,医药上用作驱蛔虫药,是宝塔糖的主要成分。杜鹃酮是由我国东北兴安杜鹃叶中提取出的一种萜类化合物,具有平喘止咳的疗效。

中草药中有许多有效成分是萜类化合物,所以研究中草药中萜类化合物也是中草药研究的一个重要方面。

15.4 二 萜

二萜是由 4 个异戊二烯单位组成,广泛存在于动植物界。如:

叶绿醇   枞酸   维生素 A (A_1)

叶绿醇是叶绿素的一个组成部分。用碱水解叶绿素可得叶绿醇,它是合成维生素 K 及 E 的原料。

枞酸是松香的主要组分,不溶于水,溶于醇、醚、酮等有机溶剂。枞酸及松香中其他酸(统称松香酸)的钠盐或钾盐有乳化剂作用,常加在肥皂中以增加起泡的作用,还用于造纸上胶、制清漆等。

维生素 A 主要存在于鱼肝油、蛋黄等中,是哺乳动物正常生长发育所必需的物质。体内缺乏维生素 A 则发育不健全,并能引起角膜硬化症,初期症状就是夜盲。

维生素 A 是全反式构型,经体内氧化成醛,在酶的作用下, C_{11} 的双键异构成顺式,即新视黄醛-b, 它与一种蛋白质结合成视网膜中的光敏色素 —— 视玫红质。眼睛对光的反应实

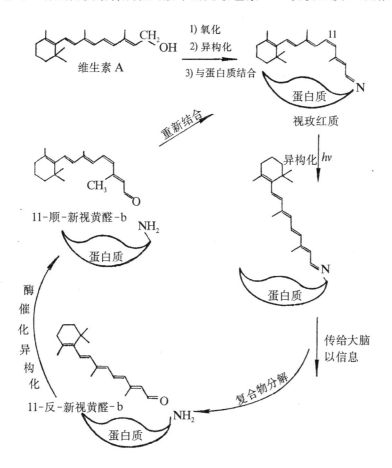

图 15-1 视网膜杆状体中视玫红质的视觉循环

381

际是视玫红质的光化学变化过程。视玫红质受到光的作用(接受了光能),在 C_{11} 处的双键异构化为反式,分子成为线型,不能与蛋白质紧密的复合,从而与蛋白质分离,并同时传递给大脑以视觉;然后在体内酶的催化下,C_{11} 处的双键又异构化为顺式,生成顺新视黄醛 -b,再与蛋白质结合重新生成视玫红质,这就是视网膜中视觉的循环。瓦尔德(G.Wald)由于在这方面的贡献,1967 年获得了诺贝尔医药奖。

15.5 二倍半萜

二倍半萜到 60 年代中期,人们才认识第一个这类化合物,所以它是萜类化合物家族中最新、最少(不到 100 种)的成员。已发现的二倍半萜主要是从羊齿植物、海洋生物(海绵、地衣)以及昆虫分泌物中分离出来的。如:

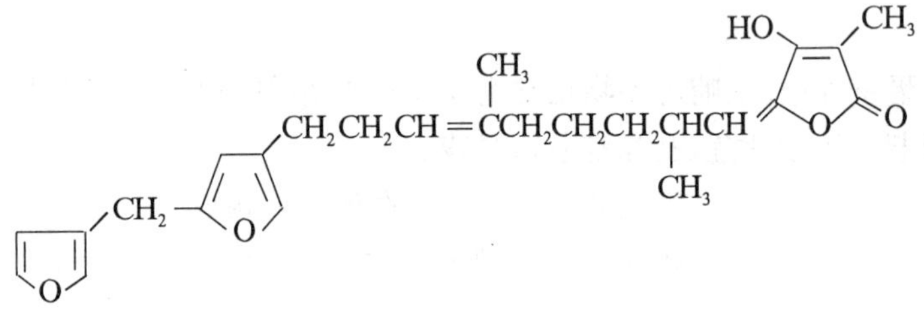

(Ircinin,存在海绵中) 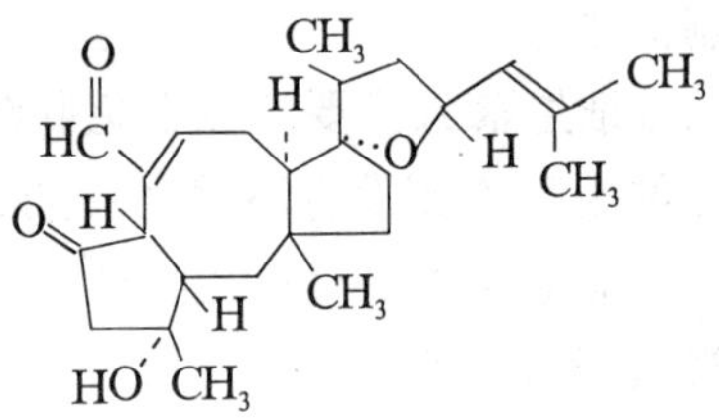　　　　　　　　长蠕孢素(存在真菌中)

15.6 三　　萜

角鲨烯是很重要的一个三萜,为不溶于水的油状液体。在天然界分布很广,如酵母、麦芽、鲨鱼的肝中都含有角鲨烯。角鲨烯相当于 2 个法呢醇去掉羟基连接起来的化合物,现已证实它是由法呢醇二磷酸酯在酶的作用下结合起来的。角鲨烯经氧化、环化及甲基重排形成羊毛甾醇,而它本身又可以转化成甾族化合物。

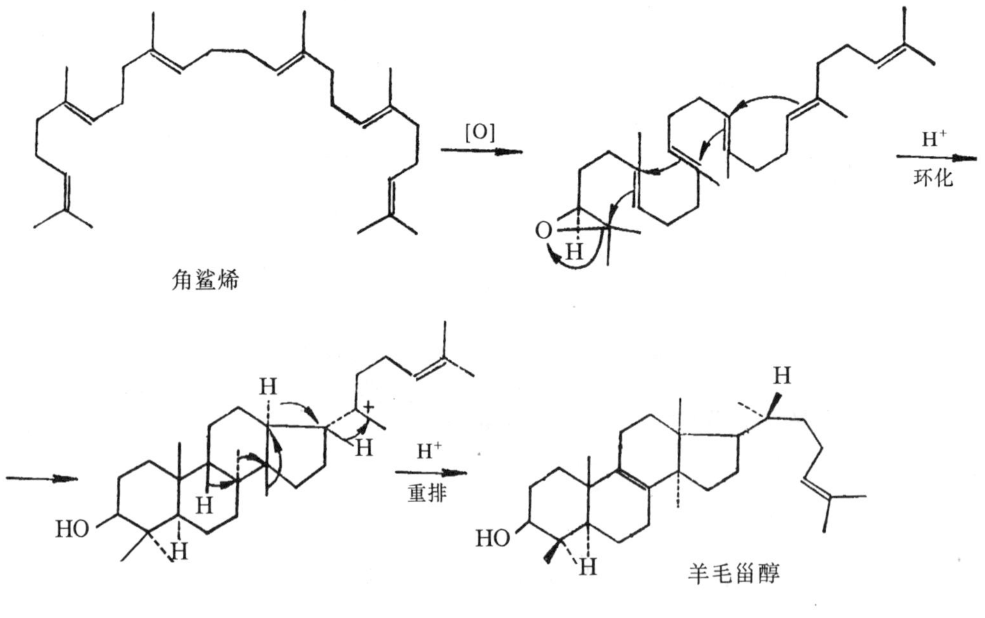

角鲨烯

羊毛甾醇

15.7 四　　萜

四萜在天然界分布很广,这一类化合物分子中都含有一较长的碳碳双键的共轭体系,所以它们多带有由黄至红的颜色,因此叫多烯色素。由于这类化合物最早被发现的是胡萝卜素,以后又发现了许多结构类似的化合物,所以又叫胡萝卜色素类化合物(见表 15-1)。

表 15-1　胡萝卜色素类化合物的结构

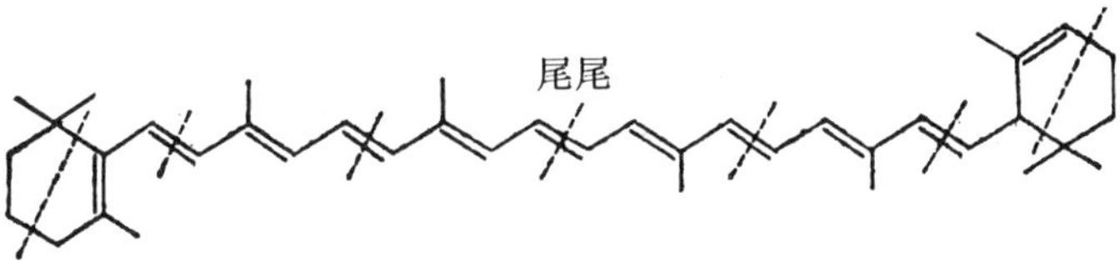

尾尾

α-胡萝卜色素

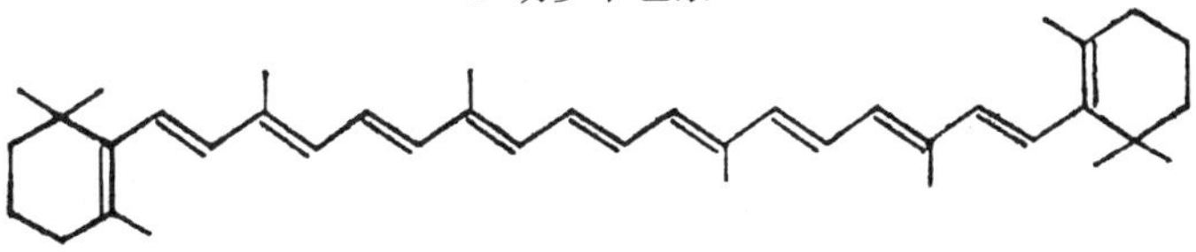

β-胡萝卜色素

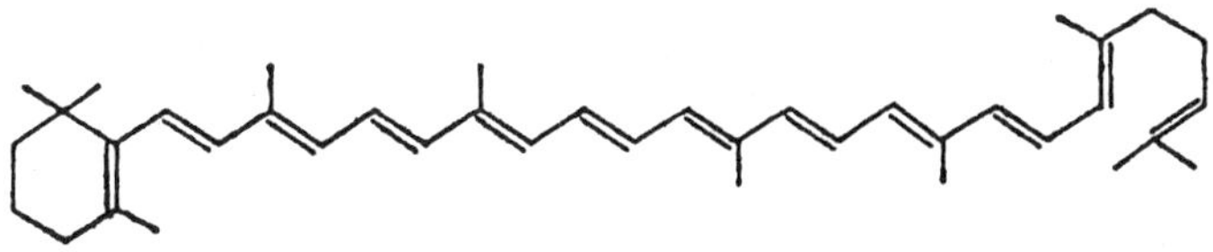

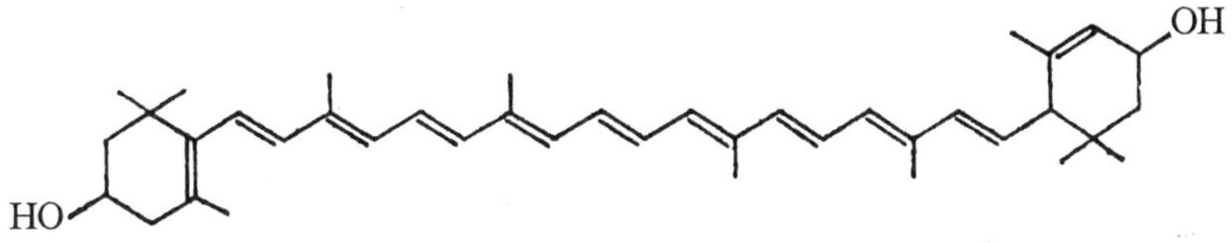

γ-胡萝卜色素

叶黄素

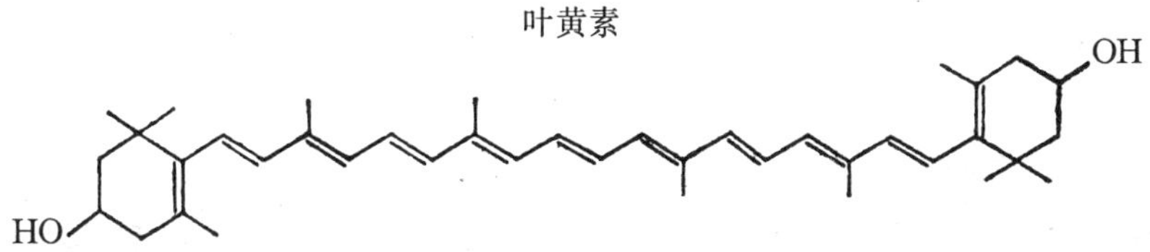

玉米黄质

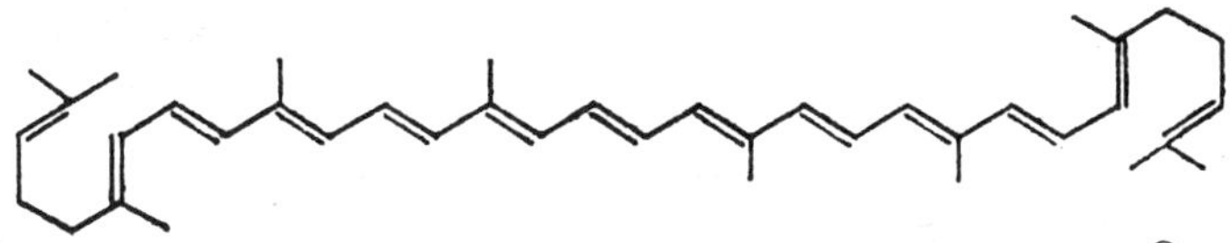

番茄红素

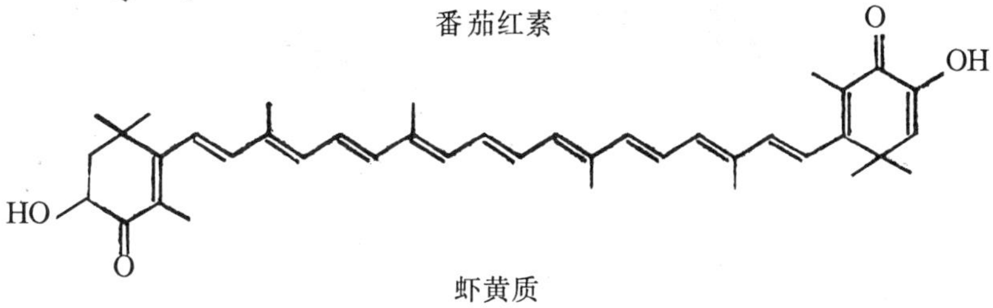

虾黄质

这类化合物难溶于水,而易溶于有机溶剂。遇浓硫酸或 $SbCl_3$ 的 $CHCl_3$ 溶液都显深蓝色,因此这两个颜色反应常用来作为这类化合物的鉴定。

　　胡萝卜色素类化合物的特点是分子中间部分的 2 个异戊二烯单位是以尾尾相连,并且碳碳双键都以反式存在。这种现象与它们生物合成过程及反式构型较稳定有关。

　　胡萝卜素不仅含于胡萝卜中,也广泛存在于植物的叶、果实以及动物的乳汁、脂肪中。它有 3 种异构体 α, β, γ, 其中以 β 含量最多。在动物体中的胡萝卜素可以转化为维生素 A, 所以称作维生素A元, 它的生理作用也与维生素 A 相同。由于胡萝卜色素类化合物具有由黄到红的颜色,而且对人体有益无害,所以也可用作食品的色素。

Ⅱ. 甾族化合物

15.8　甾族化合物的结构与命名

　　甾族化合物是一类很重要的天然产物,广泛存在于动植物界中。这一类化合物的特点是都含有一个由 4 个环组成的环戊稠全氢化菲的骨架,环上的碳原子按如下顺序编号。并且一般在 C_{10}, C_{13} 各有一个甲基, 在 C_{17} 有一个烷基取代基。这类化合物叫甾族化合物, 甾字是一象形字,其中"田"字形如 4 个环,"〈〈〈"象征 2 个甲基与 1 个烷基取代基:

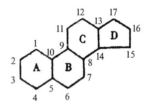

环戊稠全氢化菲(甾环)

这 4 个环, A 与 B 环可以以反式或顺式并联,而 B 与 C 及 C 与 D 环都是以反式并联。

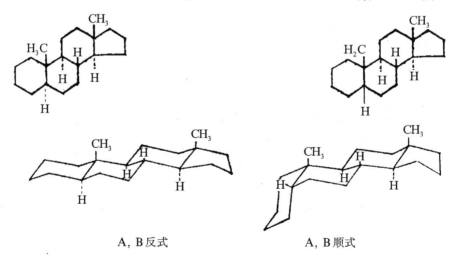

A, B 反式　　　　　　　　　　A, B 顺式

　　实线"|"表示在环平面上方;　虚线"┊"表示在环平面下方。

　　这类化合物的命名是以甾环加官能团作为母体,和取代基组成命名。天然存在的甾

环一般在 C_{10} 及 C_{13} 处各带一个甲基,称之为角甲基,分别编号为 19, 18; 在 C_{17} 处带有一支链,而支链主要有以下几种,所以甾环主要有以下几种(见表 15-2)。

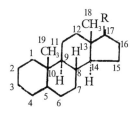

在甾环平面上的基团用 β 表示,在平面下的基团用 α 表示。因此对于 A, B 环为顺式的甾环,由于 5 位的氢在平面上,用 5β 表示; A, B 环为反式的甾环,用 5α 表示。如下列化合物的系统命名:

5-胆甾烯-3β-醇
(胆固醇)

5α-孕-3-酮

表 15-2　几种主要甾环的名称

R	甾　环　名　称
H	雄甾烷 (androstane)
H, C_{10} 上甲基也为 H 取代	雌烷 (estrane)
$\overset{20}{-}CH_2\overset{21}{CH_3}$	孕烷 (pregnane)
$-\overset{20}{C}H\overset{22}{C}H_2\overset{23}{C}H_2\overset{24}{C}H_3$ $\quad\mid$ $\quad\overset{21}{C}H_3$	胆烷 (cholane)
$-\overset{20}{C}H\overset{22}{C}H_2\overset{23}{C}H_2\overset{24}{C}H_2\overset{25}{C}H\overset{26}{C}H_3$ $\overset{21}{\mid}\qquad\qquad\mid$ $\ CH_3\qquad\quad\overset{27}{C}H_3$	胆甾烷 (cholestane)

15.9　甾族化合物的举例

1. 胆固醇

胆固醇是最早发现的一个甾族化合物,存在于动物的血液、脂肪、脑髓以及神经组织等中,在成人体中,大约含有 240g 胆固醇。它在人体中的作用还不很清楚,但在老年人体中,胆固醇过高是有害的,例如可以引起胆结石、动脉硬化症。

2. 7-脱氢胆固醇与维生素 D

7-脱氢胆固醇也是一种动物固醇,在人体皮肤中就有其存在。它经紫外线照射,使 B 环开环转化为维生素 D_3,所以多晒日光是获得维生素 D_3 最简易的方法。

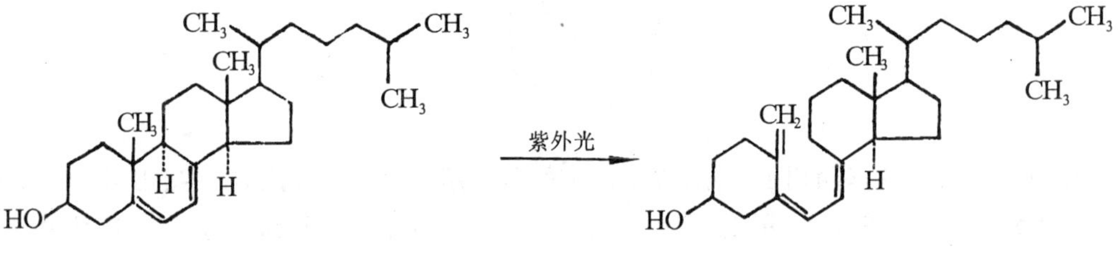

7-脱氢胆固醇　　　　　　　　　　　　　　　　维生素 D_3

维生素 D 也叫抗佝偻病维生素,因为缺乏时儿童便得佝偻病,成人则患软骨症。维生素 D 广泛存在于动物体中,含量最丰富的是鱼类的肝脏,也存在于牛奶、蛋黄中。

3. 胆酸

在动物胆汁中,含有几种结构与胆固醇有些类似的酸,其中最重要的是胆酸。胆酸大多与甘氨酸或牛磺酸($H_2NCH_2CH_2CH_2SO_3H$)结合成酰胺,即胆汁盐。

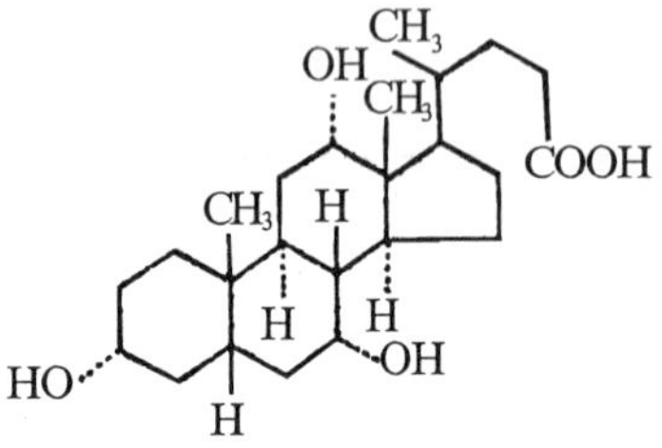

3α, 7α, 12α-三羟基-5β-胆-24-酸
（胆酸）　　　　　　　　　　　　　　　　　　　　　　胆汁盐

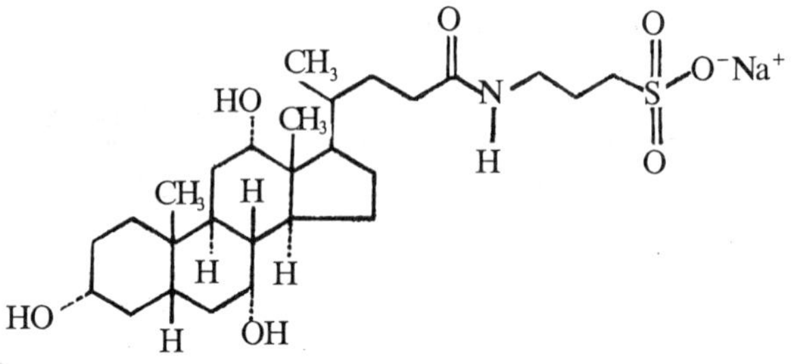

胆汁盐分子有大的烷基与离子两部分,所以具有乳化剂的作用,可以使脂肪乳化,促进对脂肪的吸收与消化。

4. 甾体激素

根据来源分为肾上腺皮质激素及性激素两类。

(1) 肾上腺皮质激素

肾上腺皮质激素是产生于肾上腺皮质部分的一类激素。现已由肾上腺皮质部分分离出 30 种甾族化合物,其中有几种具有激素的性质,如皮质甾酮、皮质酮、11-去氧皮质甾酮、皮质醇等。它们在结构上有些类似,在 C_{17} 上都有 $-\overset{\overset{\text{O}}{\|}}{\text{C}}CH_2OH$ 基团, C_3 为酮基, $C_4 \sim C_5$ 间为双键。

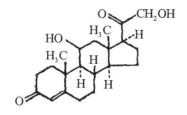

11β, 21-二羟基-4-孕烯-3, 20-二酮
(皮质甾酮)

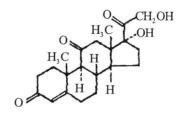

17α, 21-二羟基-4-孕烯-3, 11,20-三酮
(皮质酮(可的松))

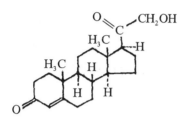

21-羟基-4-孕烯-3, 20-二酮
(11-去氧皮质甾酮)

11β, 17α, 21-三羟基-4-孕烯-3, 20-二酮
(皮质醇(氢化可的松))

　　肾上腺皮质激素有调节糖、蛋白质、脂肪代谢的功能。但更重要的是发现皮质酮与皮质醇具有治疗风湿性关节炎、支气管哮喘、皮肤炎症、过敏等作用,是一类重要药物。由于从天然提取数量有限,而且比较困难,现已改用工业合成的方法制造,并且还合成了疗效更好、副作用小的,如 6α-氟-1-去氢皮质醇等。

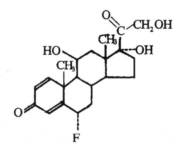

6α-氟-11β, 17α, 21-三羟基-1,4-孕二烯-3,20-二酮
6α-氟-1-去氢皮质醇

(2) 性激素

　　性激素主要有 3 种:雌性激素、雄性激素与妊娠激素。它们是性腺的分泌物,雌性与雄性激素有促进动物发育、发情及维持第二性征的作用,妊娠激素有保胎、抑制排卵的作用。它们的生理作用很强,很少量就能产生极大影响。

　　雌酮是雌性激素中的一种,睾丸酮是雄性激素中的一种。孕甾酮又叫黄体酮,是妊娠激素中的一种。它们的结构式如下:

387

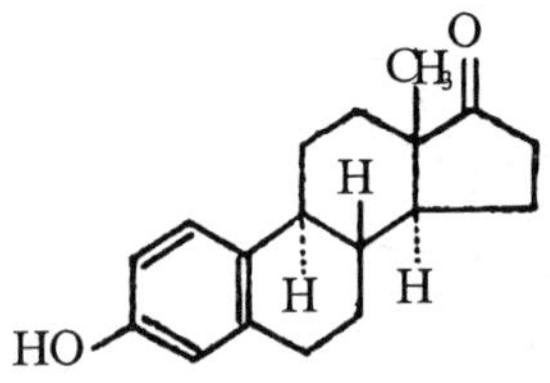

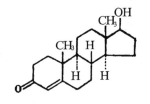

3-羟基-1,3,5-雌三烯-17-酮
雌酮

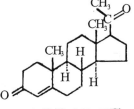

17β-羟基-4-雄甾烯-3-酮
睾丸酮

4-孕烯-3,20-二酮
孕甾酮(黄体酮)

人口控制是当前世界十分受到重视的一个问题。妊娠激素有抑制排卵、防止再孕的作用,因此人们想到利用它来作为避孕药。但是孕甾酮不能作为口服避孕药,口服需要很大的剂量,所以在使用上很不方便。于是科学家们进行研究改造,发现将孕甾酮 C_{17} 上的乙酰基改成乙炔基,将 19-角甲基去掉,可以提高口服避孕的效果,这就是现在广泛运用的炔诺酮。还发现和雌性激素配合使用,有增强避孕的效果,所以现在避孕用的是两种激素的混合物,它们的结构式如下:

17α-乙炔基-1,3,5-雌三烯-3,17β-二醇
炔雌二醇(起雌性激素作用)

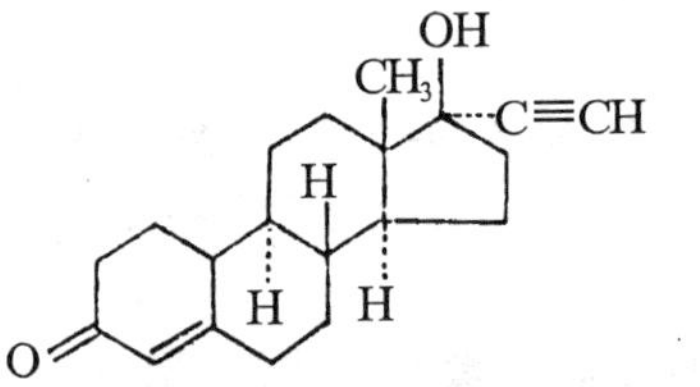

17α-乙炔基-17β-羟基-4-雌烯-3-酮
炔诺酮(起妊娠激素作用)

5. 强心苷与皂角苷

这是一类以配质的形式与糖结合成苷的甾体化合物。存在于动植物体中。如:

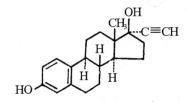

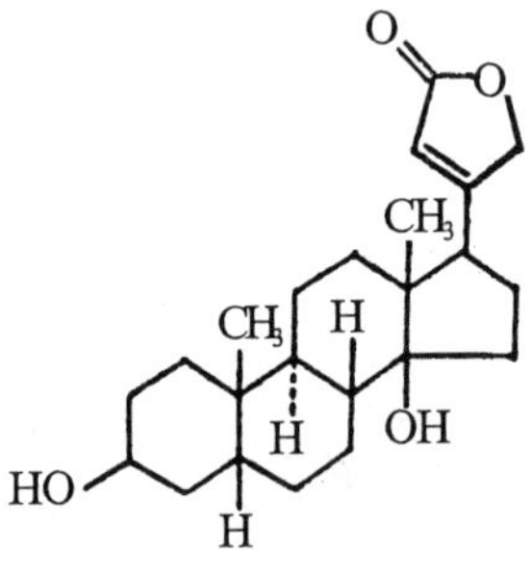

毛地黄毒苷配质
(医药上用作强心剂)

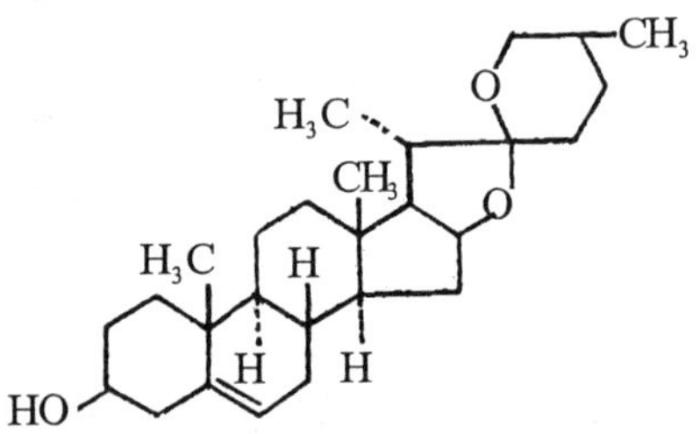

薯蓣皂苷配质

存在于玄参科与百合科植物中的强心苷,有使心跳减慢、强度增加的功能,医药上用作强心剂。但这类化合物有剧毒,用量大则能使心脏停止跳动。强心苷中最重要的是由紫花毛地黄中得到的毛地黄毒素。将毛地黄毒素水解,则得糖与几种甾族化合物。在苷中非糖的部分称为配质,毛地黄毒苷配质就是其中一种。强心苷的生理活性与配质中 C_{17} 上连的丁烯内酯与 C, D 环按顺型骈联的结构特征有关。

皂角苷是存在于皂荚、薯蓣等植物中的一类以甾族化合物或多环的三萜为配质(基)与糖

388

形成的苷。由于它能像皂荚水、肥皂一样使水乳化产生泡沫,所以称为皂苷。薯蓣皂苷配质便是皂苷中众多甾体化合物之一。它的结构最适宜化学改造合成甾体激素,所以它是合成孕甾酮、氢化可的松、肤轻松等激素的重要原料。

Ⅲ. 萜与甾族化合物的生物合成

15.10　萜与甾族化合物的生物合成

天然产物具有很复杂的结构,但是在生物体内,往往是由比较简单的小分子化合物形成的,这种小分子化合物可以称为生物合成的先驱者。若在生物体内,饲入用同位素标记的这种小分子化合物,就可在生物合成的每步产物中,观察到标记原子的踪迹,并且可以了解标记原子是如何结合在产物中的。这样,就可了解生物合成中每步的产物与它们是如何化合的。进一步将每步反应所需的酶分离出,并在体外进行模拟合成,就可以得到天然产物的生物合成过程。生物合成过程的研究不仅丰富了生物化学,也为天然产物的结构测定与人工合成提供了依据和启发。

1. 酶与辅酶的作用

生物合成中每步反应都需要酶的催化。酶是一种蛋白质,有很高的催化活性,可使反应速度加快几个数量级,使反应在温和的生理条件下进行(如在中性及体温的条件下),而在这种条件下,实验室里一般是不能进行反应的;并且具有很高的专一性,一种酶往往只适应某一类反应,甚至某一个化合物;酶还具有很高的立体专一性,往往只能和某一种构型的反应物反应,只能得到某一种构型的产物。

为什么酶具有这种功能? 它的反应机制如何? 现认为酶首先与反应物形成一络合物,它们之间是靠范德华引力、静电引力、氢键或共价键(很少)连接起来。络合是可逆的,并进行得很快,反应后产物立即分出,接着可以继续反应。络合是在酶的活性中心形成,它也是促进反应的中心。活性中心具有适于络合与催化的基团以及合适的构型(见图 15-2)。

图 15-2　酶的作用模型

酶反应的专一性可用图 15-2 酶催化的锁与钥匙的模型来解释。而且这种关系是立体的,所以对反应物某一种对映体是活泼的,对另一种对映体则是不活泼的。现证明酶与反应物间锁与钥匙的关系不需要完全准确,在络合时,还可以互相诱导适应。

酶的催化活性是与酶同反应物形成的络合物提供了进行反应的最佳取向和构象有关。在前面已多次提到,反应与反应物的构象及试剂进攻的取向有关,如反式加成、反式消除、邻基的促进作用等,即反应速度不仅与温度、浓度有关,还与反应的取向及反应物的构象有关。

但蛋白质只有 20 余种氨基酸,不可能提供适应所有生物合成反应所需的基团。因此有许多酶的活性中心需络合带有专门功能的小分子化合物,这些化合物称为辅酶。在图 15-2 酶的活性中心浅灰色部分,即为络合的辅酶。维生素就是通常由食物提供的辅酶,而这些辅酶是人体自身不能制造的。辅酶可以同多种酶配合作用,并且也可以同许多不同化合物反应,所以可以把辅酶看成是生物体内的试剂。

2. 萜的生物合成

萜与甾族化合物的生物合成是天然产物中了解较多的一部分,它们都是由乙酰辅酶 A 转化来的。乙酰辅酶 A 是由糖、氨基酸、脂肪新陈代谢产生的,或者是由光合作用产生的。

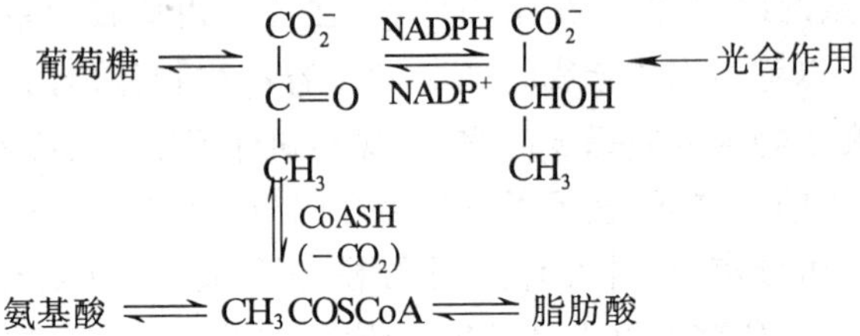

$$
葡萄糖 \rightleftharpoons \begin{array}{c} CO_2^- \\ | \\ C=O \\ | \\ CH_3 \end{array} \underset{NADP^+}{\overset{NADPH}{\rightleftharpoons}} \begin{array}{c} CO_2^- \\ | \\ CHOH \\ | \\ CH_3 \end{array} \leftarrow 光合作用
$$

$$
\left\Vert \begin{array}{c} CoASH \\ (-CO_2) \end{array} \right.
$$

$$
氨基酸 \rightleftharpoons CH_3COSCoA \rightleftharpoons 脂肪酸
$$

乙酰辅酶 A 是一个硫酯,具有如下结构式:

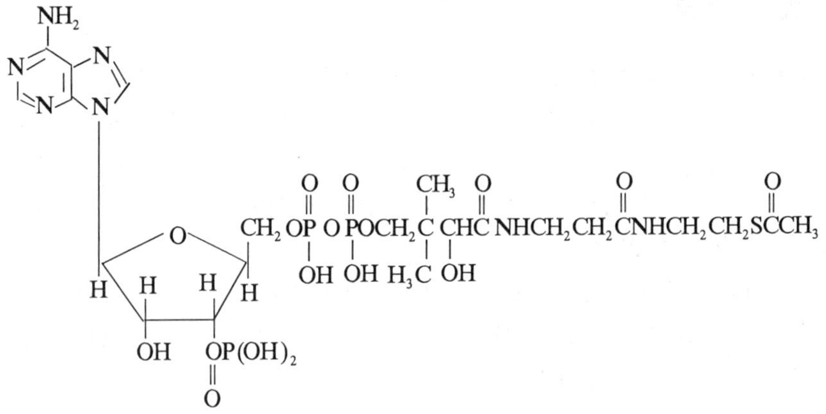

简写为 $CH_3COSCoA$,辅酶 A 简写为 $CoASH$。

乙酰辅酶 A 是一很重要的辅酶。它相当于 $CH_3\overset{O}{\overset{\|}{C}}-SR$。由于 —SR 基的存在,一方面起到活化乙酰基,使易与亲核试剂反应,起到乙酰化试剂作用;另外使 α 氢的酸性增强,起到亲核试剂的作用。

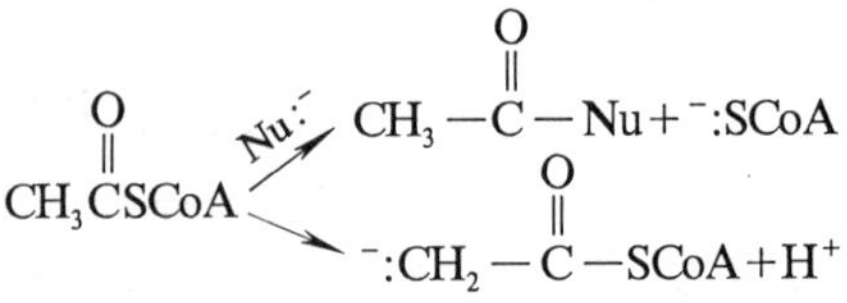

$$
CH_3CSCoA \overset{Nu:^-}{\underset{}{\nearrow}} CH_3-\overset{O}{\overset{\|}{C}}-Nu+^-:SCoA
$$
$$
\searrow {}^-:CH_2-\overset{O}{\overset{\|}{C}}-SCoA+H^+
$$

当 2 分子乙酰辅酶 A 进行类似酯缩合时,一分子乙酰辅酶 A 起亲核试剂的作用;另一分子起到乙酰化试剂的作用,可以得到乙酰基乙酰辅酶 A。

$$2CH_3\overset{O}{\overset{\|}{C}}SCoA \rightleftharpoons CH_3\overset{O}{\overset{\|}{C}}CH_2\overset{O}{\overset{\|}{C}}SCoA + CoASH$$

乙酰基乙酰辅酶 A

乙酰基乙酰辅酶 A 再与 1 分子乙酰辅酶 A 进行类似羟醛缩合,得到 β-羟基-β-甲基戊二酰二辅酶 A;再经水解一个硫酯,得 β-羟基-β-甲基戊二酰辅酶 A;再经辅酶 NADPH 还原,最后得到 (R)-3-甲基-3,5-二羟基戊酸。

$$CH_3\overset{O}{\overset{\|}{C}}CH_2\overset{O}{\overset{\|}{C}}SCoA + CH_3\overset{O}{\overset{\|}{C}}SCoA \longrightarrow CH_3\overset{OH}{\overset{|}{C}}CH_2\overset{O}{\overset{\|}{C}}SCoA \xrightarrow{H_2O} HO\overset{O}{\overset{\|}{C}}CH_2\overset{CH_3}{\overset{|}{C}}CH_2\overset{O}{\overset{\|}{C}}SCoA$$

$$\xrightarrow[\text{NADPH} \quad \text{NADP}^+]{\text{还原}} HO\overset{O}{\overset{\|}{C}}CH_2\overset{CH_3}{\underset{OH}{\overset{|}{C}}}CH_2CHO \xrightarrow[\text{NADPH} \quad \text{NADP}^+]{\text{还原}} HO\overset{O}{\overset{\|}{C}}CH_2\overset{CH_3}{\underset{OH}{\overset{|}{C}}}CH_2CH_2OH$$

3-甲基-3,5-二羟基戊酸与 3 分子 ATP 进行磷酸化反应,得二羟酸的磷酸与焦磷酸酯;经失羧与脱磷酸,得异戊烯基焦磷酸酯。异戊烯基焦磷酸酯是异戊二烯单元的提供者。

$$HO\overset{O}{\overset{\|}{C}}CH_2\overset{CH_3}{\underset{OH}{\overset{|}{C}}}CH_2CH_2OH \xrightarrow[\quad]{3ATP \quad 3ADP} HO\overset{O}{\overset{\|}{C}}CH_2\underset{\underset{OH}{\overset{|}{O=POH}}}{\overset{CH_3}{\overset{|}{C}}}-CH_2CH_2O\overset{O}{\overset{\|}{P}}O\overset{O}{\overset{\|}{P}}OH$$

$$\longrightarrow \underset{CH_2}{\overset{CH_3}{>}}CCH_2CH_2O\overset{O}{\overset{\|}{P}}O\overset{O}{\overset{\|}{P}}OH + CO_2 + H_3PO_4$$

异戊烯基焦磷酸酯

ATP 为腺苷三磷酸酯,也是一重要的辅酶,它起着磷酸化试剂的作用,同时 ATP 与 ADP 的相互转化也成为生化过程能量的主要供给来源。

异戊烯基焦磷酸酯进行异构化,得 3,3-二甲基烯丙基焦磷酸酯。由于它具有烯丙基的结构与强的离去基团,所以对于 S_N1 与 S_N2 反应都是非常活泼的。它与异戊烯基焦磷酸酯偶合得单萜焦磷酸酯,水解得单萜醇。

异戊烯基 焦磷酸酯   3,3-二甲基烯丙 基焦磷酸酯

单萜醇   单萜焦磷酸酯

单萜焦磷酸酯再加异戊烯基焦磷酸酯,得倍半萜焦磷酸酯;再加1分子异戊烯基焦磷酸

酯,得双萜焦磷酸酯。它们水解得倍半萜醇与双萜醇。

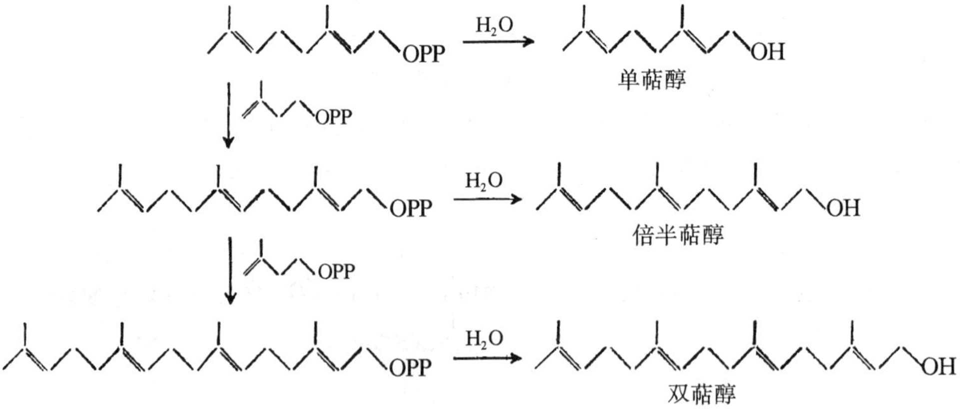

这 3 个开链萜的焦磷酸酯可在酶催化下,环化得环状的单萜、倍半萜、双萜。如单萜焦磷酸酯在酶催化下环化可得苧烯、α-蒎烯。

倍半萜的焦磷酸酯在辅酶 NADPH 的作用下,进行还原偶联可以得到角鲨烯。角鲨烯是整个甾族化合物的先驱者:

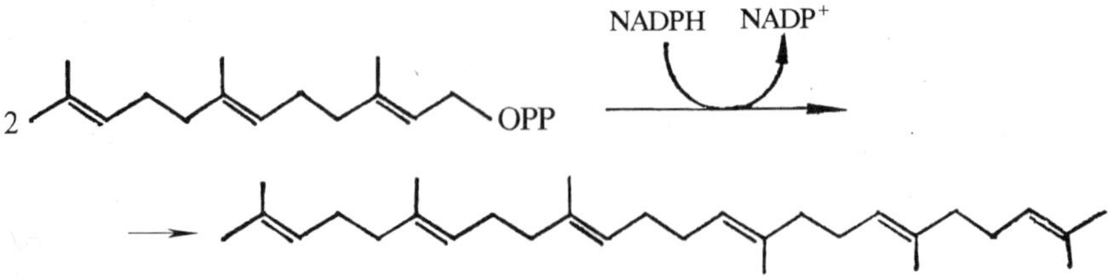

尾尾相连
三萜(C_{30})角鲨烯

很有趣的是所有的三萜、四萜的异戊二烯单元都不是始终以头尾相连,显然它们也是以倍半萜、双萜尾尾相连而成的。

3. 甾族化合物的生物合成

角鲨烯经氧化成 2,3-角鲨烯环氧化物,经酶催化环化聚合、重排甲基与脱去 H^+ 得羊毛甾醇。羊毛甾醇经过一系列酶催化反应脱去在 C_4 与 C_{14} 上的 3 个甲基,将环 B 上的双键异构化到 C_5,还原侧链上的双键,最后得到胆固醇。

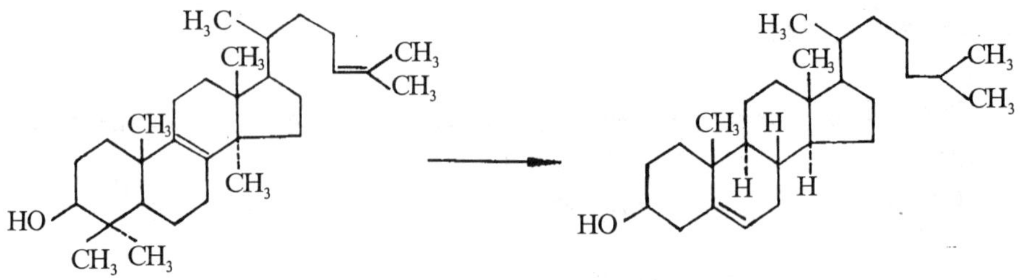

羊毛甾醇　　　　　　　　　　　胆固醇

上述历程已用示踪原子的方法证实,胆固醇的生物合成是经由乙酰辅酶 A → 角鲨烯 →

角鲨烯环氧化物→羊毛甾醇→胆固醇。

习　题

1. 有一单萜 A 分子式为 $C_{10}H_{18}$，经催化氢化后得分子式为 $C_{10}H_{22}$ 的化合物，用 $KMnO_4$ 氧化 A，得到 $CH_3\overset{O}{\overset{\|}{C}}CH_2CH_2COOH$，$CH_3COOH$ 及 $CH_3\overset{O}{\overset{\|}{C}}CH_3$，试推测 A 的结构。

2. 划出下列各化合物中的异戊二烯单位，并指出它们各属于哪一类萜(如单萜、双萜等)。

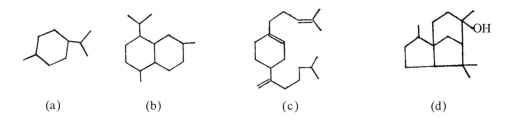

| (a) | (b) | (c) | (d) |

3. 试写出甾族化合物的基本骨架，并标出碳原子的编号顺序。今有:

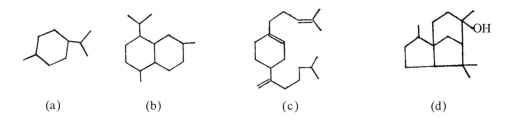

试给出其命名。

4. 将下列萜类化合物用臭氧氧化后，接着用锌与水处理，问得到什么产物？若用高锰酸钾处理，得到什么产物？

(a) 牻牛儿醇 ( )　(b) 苧烯 ( )　(c) 角鲨烯

5. 写出下面胆甾烷的衍生物的命名和构象式，并指出羟基与溴是处于平键还是直键，A 与 B 环是反式还是顺式骈联？

6. 写出下面反应的历程，并说明氯成内型的原因。

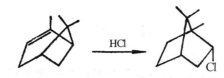

7. 写出下列反应产物的结构式。并标明所上基团是在环上或环下，并扼要说明其原因。

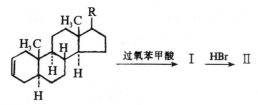

8. 试将胆甾醇转变成下列化合物。

(a) $5\alpha,6\beta$-二溴胆甾-3β-醇

(b) 胆甾-$3\beta,5\alpha,6\beta$-三醇

(c) 5α-胆甾-3-酮

(d) 6α-氘-5α-胆甾-3β-醇

(e) 5α-胆甾-$3\beta,6\alpha$-二醇

(f) 6β-溴胆甾-$3\beta,5\alpha$-二醇

用溴的四氯化碳溶液处理胆甾醇时，开始得到的产物是 $5\alpha,6\beta$-二溴胆甾-3β-醇；如果将产物继续停留在四氯化碳（或氯仿）中，它慢慢变成与 $5\beta,6\alpha$-二溴胆甾-3β-醇的平衡体系。已知该平衡混合物中，$5\beta,6\alpha$-二溴胆甾-3β-醇占 85%，而开始的产物仅占 15%。试写出其反应历程，并扼要说明产生这种现象的原因。

9. 解释下列现象，并写出其历程：

(a) $CH_3CH_2CH_2CD_2NH_2 \xrightarrow{HNO_2} CH_3CH_2CH_2CD_2OH + CH_3CH_2\underset{\overset{|}{OH}}{C}HCD_2H + CH_3\underset{\overset{|}{OH}}{C}HCH_2CD_2H$

(b)

(c) $\underset{Ph}{\overset{Ph}{>}}C=N\diagdown OH \xrightarrow{H^+} Ph-\underset{\overset{||}{O}}{C}-\overset{H}{N}-Ph$

(d) $CH_3-\underset{\overset{|}{OH}}{\overset{\overset{|}{Ph}}{C}}-\underset{\overset{|}{OH}}{\overset{\overset{|}{Ph}}{C}}-CH_3 \xrightarrow{H^+} CH_3-\underset{}{\overset{\overset{O}{||}}{C}}-\underset{\overset{|}{Ph}}{\overset{\overset{|}{Ph}}{C}}-CH_3$

(e) [结构式] $\xrightarrow{HOAc}$ [结构式] 比 [结构式] $\xrightarrow{HOAc}$ [结构式] 快 10^{11}

倍，为什么？

(f) 顺与反 [结构式] $-OH \xrightarrow{HBr}$ 反 [结构式]

394

10. 试指出下列反应所产生的 1,2-环癸二醇的立体化学。

(a) 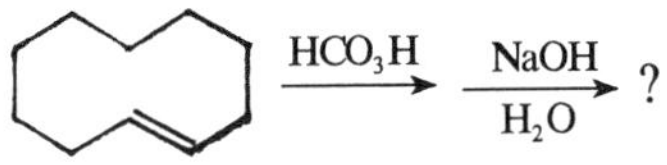 $\xrightarrow{HCO_3H}$ $\xrightarrow[H_2O]{NaOH}$? (b) 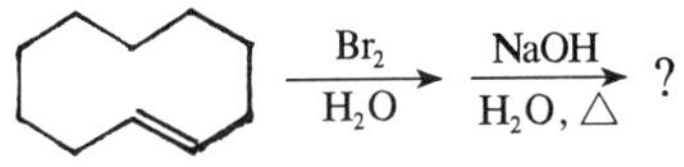 $\xrightarrow[H_2O]{Br_2}$ $\xrightarrow[H_2O,\triangle]{NaOH}$?

(c) 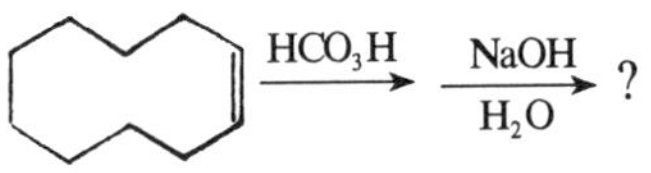 $\xrightarrow{HCO_3H}$ $\xrightarrow[H_2O]{NaOH}$? (d) 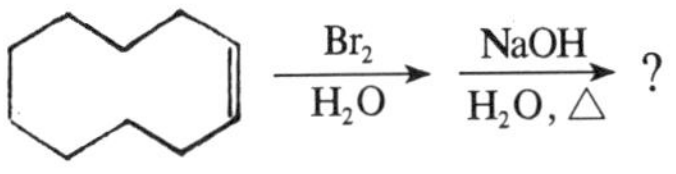 $\xrightarrow[H_2O]{Br_2}$ $\xrightarrow[H_2O,\triangle]{NaOH}$?

11. 试对下述反应结果提出合理的机制，并加以说明。

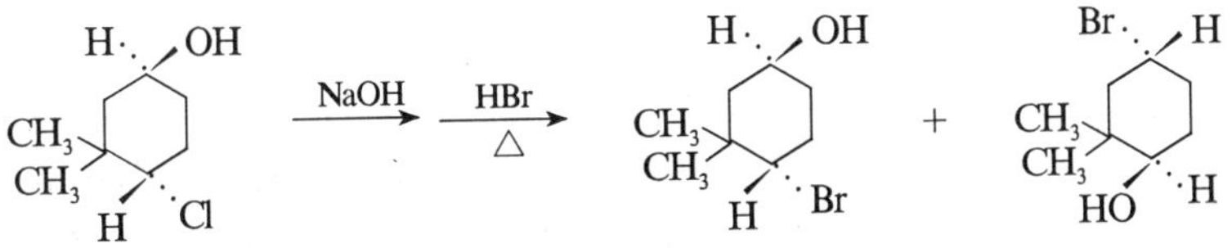

12. 对于下列正碳离子的重排，试提出合理的机制。

(a) 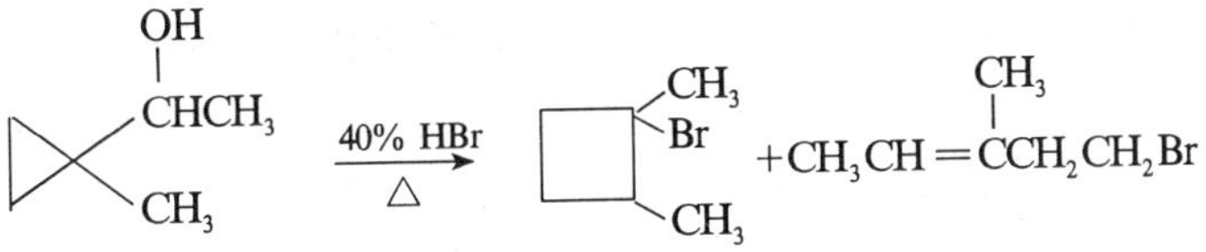 $\xrightarrow[\triangle]{40\% \ HBr}$ $+CH_3CH=CCH_2CH_2Br$

(b) 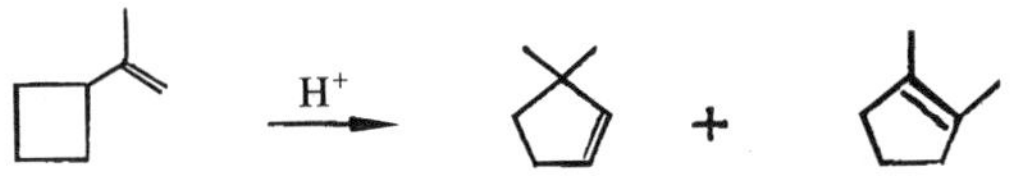 $\xrightarrow{H^+}$ $+$

(c) 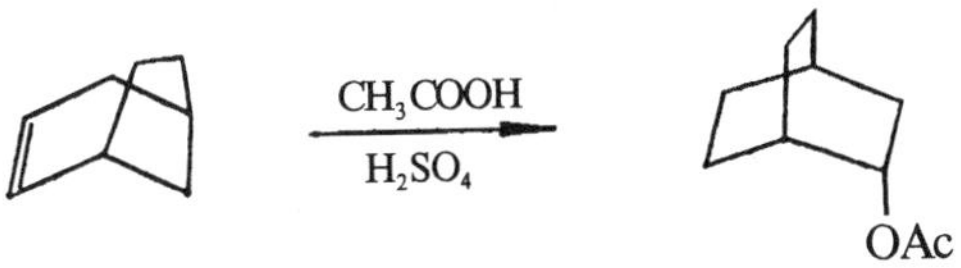 $\xrightarrow[H_2SO_4]{CH_3COOH}$

13. 在下列反应中有两种环化方式，请预计其主要产物是什么？

(a) $BrCH_2CH_2CH_2\overset{\overset{\displaystyle CH_3}{|}}{N}CH_2CH_2CH_2Br \xrightarrow{\triangle}$?

(b) 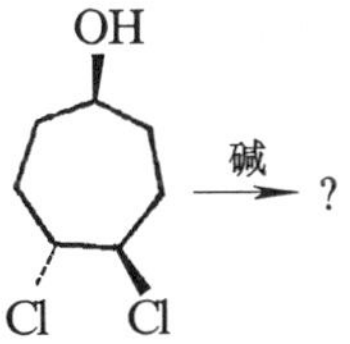 $\xrightarrow{\text{碱}}$?   (c) $HOCH_2CH_2CH_2\overset{\overset{\displaystyle Cl\ Cl}{|\ |}}{CHCHCH_3} \xrightarrow[H_2O]{NaOH}$?

14. 2-甲基-5-氯-2-戊烯在水中水解产生 2-环丙基-2-丙醇。试写出此反应的机理。

15. 试对下列反应提出恰当的说明：

(a) 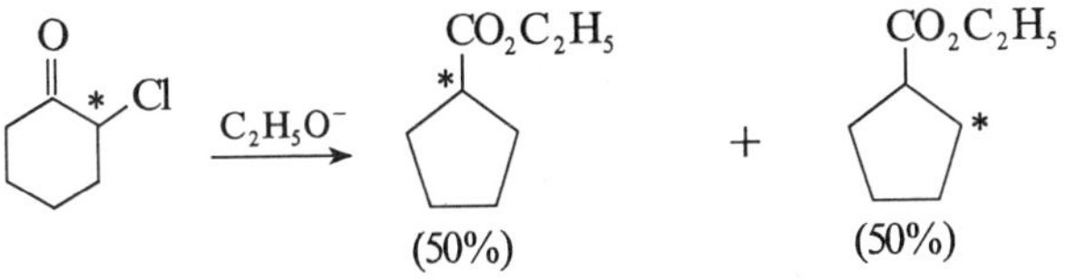 $\xrightarrow{C_2H_5O^-}$ (50%) $+$ (50%)

(b) $phCH_2CD_2OTs \xrightarrow{CF_3COO^-} phCH_2CD_2OCOCF_3 + phCD_2CH_2OCOCF_3$
   (50%)   (50%)

16. 当采用 ^{14}C 标记的 $CH_3{}^{14}COOH$ 进行生物合成单萜焦磷酸酯时，试推测 ^{14}C 将位于其中哪些位置？

第十六章　周环反应与光化学

Ⅰ. 周 环 反 应

周环反应是一类通过环状过渡状态进行的协同反应。协同反应是指旧的键断裂与新的键生成是同时完成的,亦即在同一个过渡状态内完成的反应。这类反应不经过离子、自由基等任何活性中间体,所以不受酸碱催化剂、自由基引发剂、阻聚剂以及溶剂极性的影响。它只需要光或热的引发,而且随着形成环状过渡状态 π 电子数不同,对光或热有很强的选择性,同时产物具有立体专一性。

在 1960 年以前人们对周环反应了解得还很少,这以后伍德沃德(R.B.Woodward)、霍夫曼(R.Hofmann)、福井谦一等运用分子轨道理论,特别是轨道的对称性与同相轨道重叠才能成键的原则,解释了这一类反应的机理,提出了这一类反应的一些规律,并得到实验证实。这是有机化学理论的一个重大发展。

周环反应在有机化学中主要有 3 类: (1)电环化反应,(2)环加成反应,(3) σ 迁移反应。关于这些反应,本章采用了前线轨道理论进行解释。

16.1　电环化反应

共轭多烯烃转变成环烯烃或它的逆反应——环烯烃开环变成共轭多烯烃,这些反应都叫电环化反应。如下列反应:

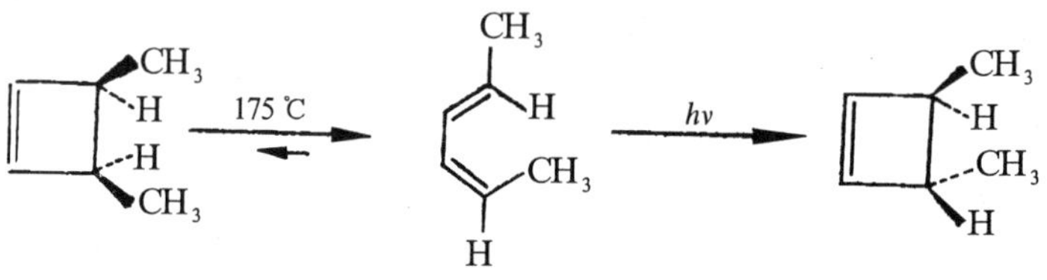

顺-3,4-二甲基环丁烯　　　(Z,E)-2,4-己二烯　　　反-3,4-二甲基环丁烯

(E,Z,Z)-2,4,6-辛三烯　　　反-5,6-二甲基-1,3-环己二烯

从这些反应可以看到共轭多烯的两端与双键连接的碳原子之间有一个 π 键转变成环中的 σ 键或其逆反应,并且其余的 π 键进行了重排。这些反应也是高度立体专一的,而立体专一的特征是与共轭多烯的 π 电子数及引发方法——光或热引发有关。

下面就具有不同 π 电子数的共轭多烯的环化反应进行分析。

1. 含有 4n 个 π 电子的体系

2,4-己二烯有 4 个 π 电子,是属于 4n 个 π 电子体系的。如上例 (E,Z)-2,4-己二烯受热得到顺-3,4 二甲基环丁烯,而光照得到反-3,4-二甲基环丁烯。

为什么光照与加热引发所得产物的立体结构不一样? π 键如何转化成 σ 键? 对这些问题,需从 2,4-己二烯的分子轨道来分析。2,4-己二烯的分子轨道与 1,3-丁二烯的分子轨道相同,都是由 4 个 p 轨道线性组合成 4 个不同能级的 π 分子轨道。根据量子力学,开链共轭多烯的 π 分子轨道的波函数可以由柯尔逊方程求得:

$$\Psi_i = \sqrt{\frac{2}{n+1}} \sum_{r=1}^{n} \sin \frac{r_i\pi}{n+1} \cdot \Psi_r \quad (i=1,2,\cdots,n)$$

式中 Ψ_i 为第 i 个能级的 π 分子轨道的波函数,n 为参与共轭的原子数目,Ψ_r 为参与共轭的第 r 个原子轨道的波函数。可以应用这个公式略去各原子轨道系数的数值,只需算出这些系数的正负号,因为这里的正负号就代表该原子轨道的位相。因此只需要计算:

$$\sin \frac{r_i\pi}{n+1}$$

是正、负或为零即可以了。如 2,4-己二烯的 4 个 π 分子轨道的原子轨道线性组合位相情况就可由此公式得到。下面我们以 π_2 轨道为例计算如下:

π_2 的原子轨道线性组合为:

参与共轭的第一个碳原子 $r=1$, $i=2$, $n=4$, $\sin \dfrac{1\times 2\pi}{4+1}$ 为 +

参与共轭的第二个碳原子 $r=2$, $i=2$, $n=4$, $\sin \dfrac{2\times 2\pi}{4+1}$ 为 +

参与共轭的第三个碳原子 $r=3$, $i=2$, $n=4$, $\sin \dfrac{3\times 2\pi}{4+1}$ 为 −

参与共轭的第四个碳原子 $r=4$, $i=2$, $n=4$, $\sin \dfrac{4\times 2\pi}{4+1}$ 为 −

因此 π_2 为:

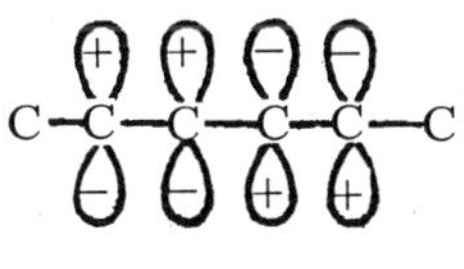

根据这个方法,可以得到 2,4-己二烯的 4 个 π 分子轨道的原子轨道线性组合位相,如图 16-1。

这 4 个轨道以 π_1 能级最低,π_4^* 最高。电子在其中的分布服从泡利(Pauli)、洪特(Hund)与首先充满能量最低轨道的原理。所以 2,4-己二烯的基态在 π_1 与 π_2 各有一对自旋相反的电子,在 π_3^* 与 π_4^* 没有电子。当受光照后,由于每个光子能量较高,2,4-己二烯吸收一个光子,能量增加较多,使 π_2 上一个电子跃迁到 π_3^* 轨道上,这种状态称为激发状态。但是加热仅使每个分子运动的动能增加,对于一个分子来讲,并不如吸收了一个光子能量增加得多,所以没有发生电子跃迁,如图 16-2。

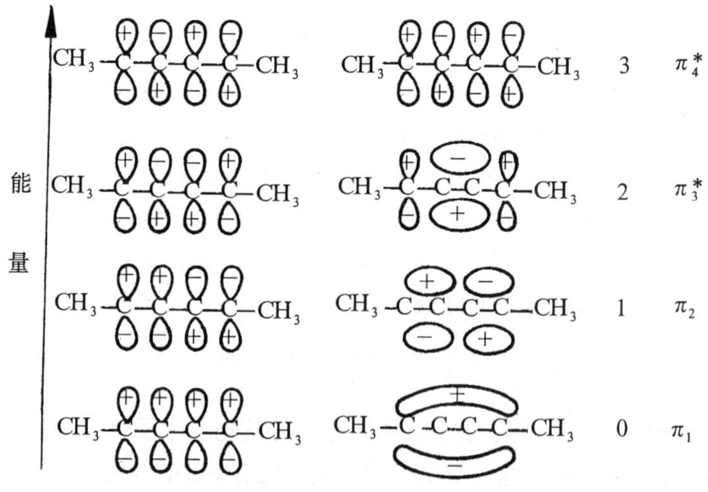

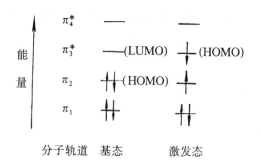

图 16-1 2,4-己二烯的 π 分子轨道

图中标注：原子轨道的线性组合　　　　分子轨道　　　节点数

能量（纵轴）

π_4^* —— 3
π_3^* —— 2
π_2 —— 1
π_1 —— 0

图 16-2 2,4-己二烯在基态与激发态的 π 电子排布

能量（纵轴）

π_4^* —— ——
π_3^* ——(LUMO) —↓—(HOMO)
π_2 —↑↓—(HOMO) —↑↓—
π_1 —↑↓— —↑↓—

分子轨道　基态　　　激发态

　　2,4-己二烯究竟使用什么 π 分子轨道的电子来形成 σ 键？根据前线轨道理论：当最高已占轨道（简称 HOMO）与最低未占轨道（简称 LUMO）重叠，或 HOMO 与 HOMO 重叠，在电子只够充满成键轨道时，由于反键轨道内没有电子，因此高能量的反键轨道并不影响体系的能量；而原来能量最高的 HOMO 中的电子变成能量较低的成键轨道中的电子，这样对于体系能量降低最为有利，所以成键往往用的是 HOMO 与 LUMO 或 HOMO 与 HOMO 的重叠。

　　2,4-己二烯的电环化反应用的就是共轭双键的 HOMO 上的电子进行环化。加热环化时分子仍处于基态，用的 HOMO 为 π_2 轨道；光照环化时分子处于激发态，用的 HOMO 为 π_3^* 轨道。

　　根据 π 分子轨道在每个原子部分仍具有原子轨道线性组合前的位相，即分子轨道仍保有原子轨道的对称性，以及相同位相的轨道相互重叠才能成键这两点，2,4-己二烯的 π_2 轨道两端的碳原子必须发生顺旋，这样两端碳原子的 p 轨道才能以同相和相同的轴对称重叠形成 σ 键（或断裂），而 π_3^* 轨道两端的碳原子必须发生对旋才能形成 σ 键（或断裂）。所以 (Z,E)-2,4-己二烯加热环化时共轭双烯两端的碳原子将发生顺旋，所得产物为顺-3,4-二甲基环己烯；而 (Z,E)-2,4-己二烯光照环化将发生对旋，所得产物为反-3,4-二甲基环丁烯。

π_2 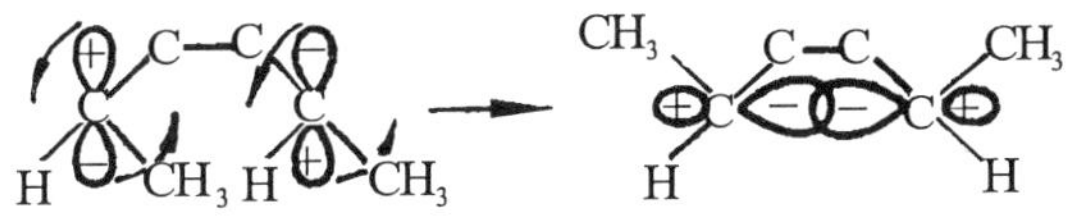 顺旋

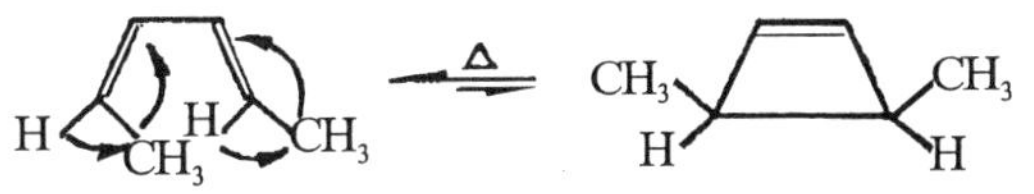 顺旋

顺-3,4-二甲基环丁烯

π_3^* 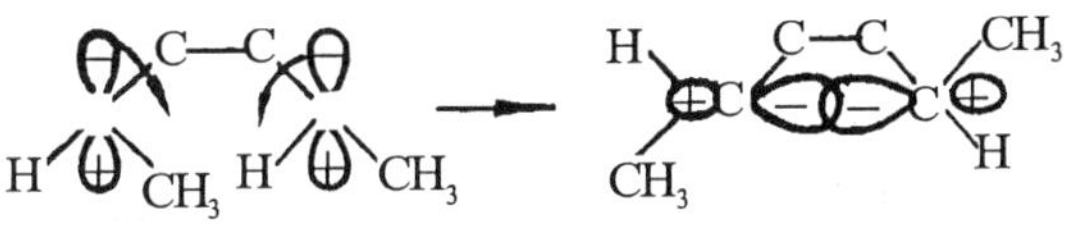 对旋

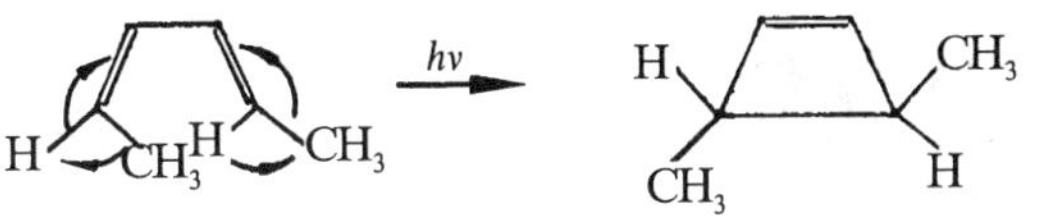 对旋

反-3,4-二甲基环丁烯

电环化反应的逆反应与正反应的历程相同，都经过同样的环状过渡状态，只不过方向相反，所以环丁烯加热开环是顺旋，光照开环为对旋。如：

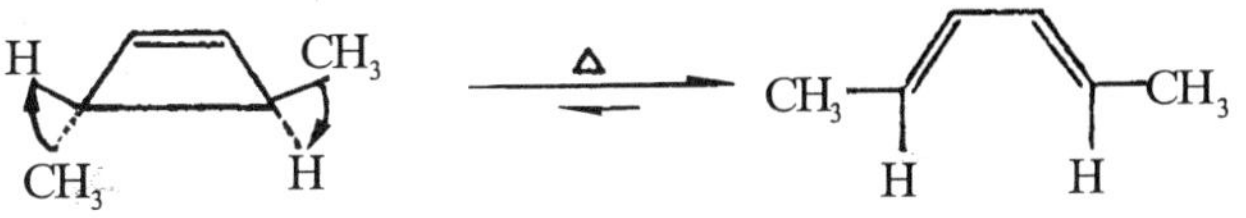 顺旋

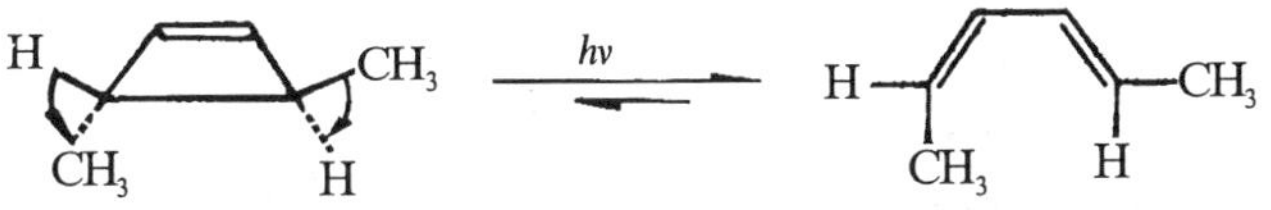 对旋

其他 π 电子数为 4*n* 的共轭多烯烃的 π 分子轨道的 HOMO 中，两端碳的 *p* 轨道位相排布(对称性)与丁二烯相似，因此可以归纳出一条选择规律，即含 4*n* 个 π 电子的共轭体系的电环化反应，加热反应按顺旋方式进行，光照反应按对旋方式进行。如：

对旋 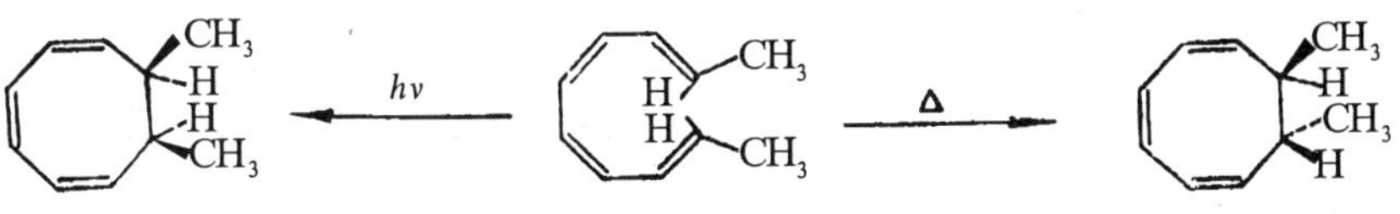 顺旋

2. 含有 4*n*+2 个 π 电子的体系

2,4,6-辛三烯有 6 个 π 电子，属于 4*n*+2 个 π 电子体系。2,4,6-辛三烯的 π 分子轨道是由 6 个 *p* 轨道组成，因此有 6 个 π 分子轨道，用柯尔逊方程同样可算出其 *p* 轨道线性组合位相的情况。在基态时，6 个 π 电子分别占据 π_1，π_2 与 π_3，因此其最高已占轨道(HOMO)为 π_3。

在激发态时，π_3 轨道 上有一电子跃迁到 π_4^*，所以 HOMO 为 π_4^*(见图 16-3)。

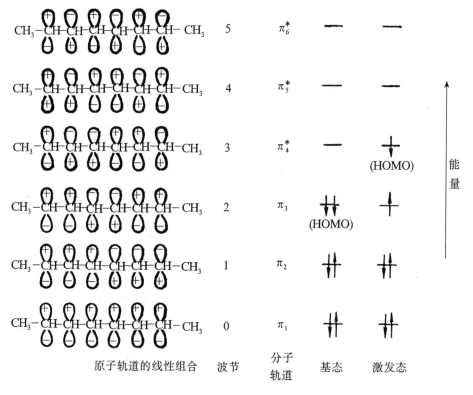

图16-3　2,4,6-辛三烯的 π 分子轨道

2,4,6-辛三烯加热环化用的是 π_3 轨道两端碳原子的 p 轨道上电子,需要对旋才能形成 σ 键(或断裂);而光照环化用的是 π_4^* 轨道两端碳原子的 p 轨道上电子,需要顺旋才能形成 σ 键(或断裂)。

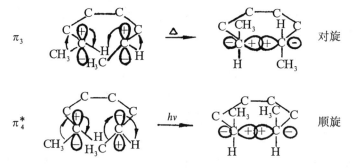

因此 (E,Z,Z)-2,4,6-辛三烯加热环化得到反-5,6-二甲基-1,3-环己二烯,而此产物用光照开环得到 (E,Z,E)-2,4,6-辛三烯。

(E,Z,Z)-2,4,6-辛三烯 　　反-5,6-二甲基 　　(E,Z,E)-2,4,6-辛三烯
　　　　　　　　　　　-1,3-环己二烯

对于其他 π 电子数为 $4n+2$ 的共轭多烯烃,其 π 分子轨道的 HOMO 中,两端碳的 p 轨道位相与 2,4,6-辛三烯相似。因此可以归纳出一条选择规律,即含 $4n+2$ 个 π 电子共轭体系的电环化反应,加热按对旋方式进行,光照按顺旋方式进行。总结起来,电环化反应的规律如表 16-1。

表 16-1 共轭多烯 π 电子数与电环化反应的规律

共 轭 烯 烃 π 电 子 数	反 应 条 件	
	加 热	光 照
$4n$	顺 旋	对 旋
$4n+2$	对 旋	顺 旋

16.2 环化加成反应

烯烃与共轭多烯烃加成产生环状化合物,这些反应称为环化加成反应。如乙烯与乙烯加成形成环丁烷、乙烯与丁二烯加成形成环己烯都是环化加成反应。

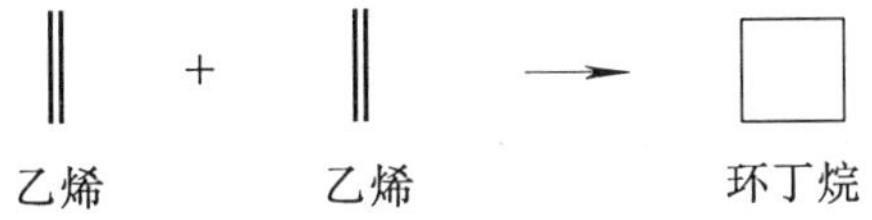

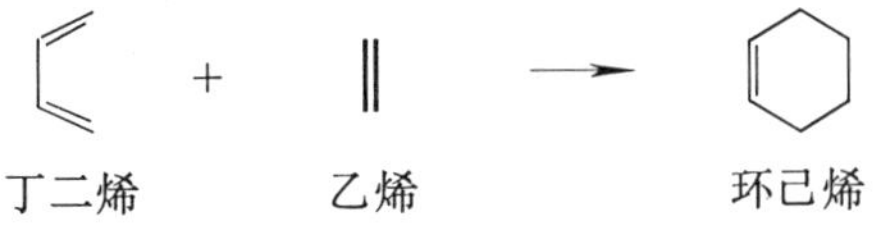

环化加成反应基本类似于电环化反应,所不同的是环化加成是指共轭烯烃与烯烃(涉及两个分子)的反应,所以常根据参与反应的 π 电子数来分类。如按共轭多烯与烯烃的 π 电子数,可分为[2+2]与[4+2]两类;也可按共轭多烯烃与烯烃总的 π 电子数,分为 $4n$ 与 $4n+2$ 两类。本书按前一种分类进行讨论。

1. [2+2]体系的环化加成反应

烯烃与烯烃的环化加成叫[2+2]体系的环化加成,如 2 分子乙烯之间的环化加成。这一反应在光照下极易发生,而加热则不能进行环化加成反应。

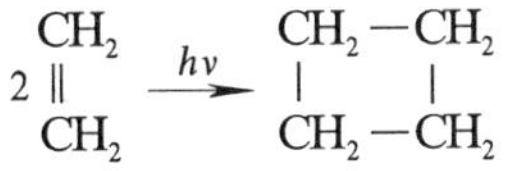

这个反应中 2 个 π 键转化成 2 个 σ 键,它们是如何转化的? 为什么加热不能进行环化加成反应,而光照则极易发生? 我们仍运用前一节讲到的成键原则(特别是轨道的对称性与同相轨道重叠才能成键的原则)来分析乙烯分子中 π 电子在基态(加热)和激发态(光照)时所处轨道的状况,尤其是前线轨道(HOMO 与 LUMO),见图 16-4。

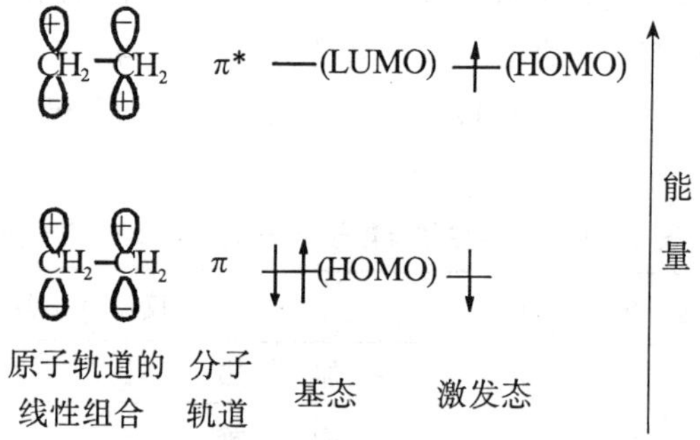

图 16-4 乙烯的 π 分子轨道

因此乙烯的加热环化加成反应必然是其基态的 HOMO, 即 π 轨道, 与另一乙烯分子的最低未占轨道 (LUMO) π* 重叠。但乙烯的 π 与 π* 不具备同相叠加条件, 术语称为对称性禁阻。所以乙烯不能用加热进行协同的环化加成反应。

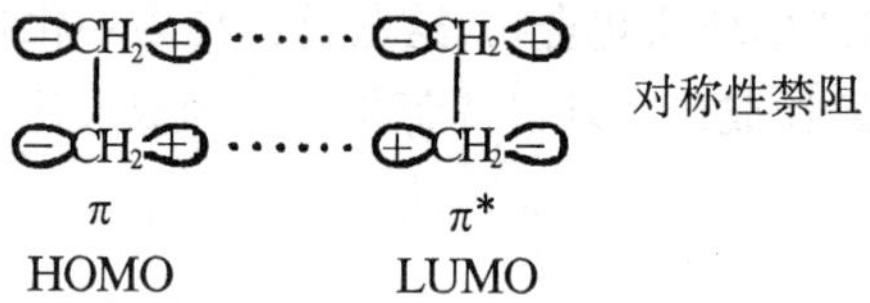

当乙烯受光照后, 则有一部分乙烯处于激发态, 它的 HOMO 就是基态的 LUMO, 即 π*, 可以同相叠加形成 σ 键, 术语称为对称性许可。所以乙烯很易用光照引发进行环化加成反应。

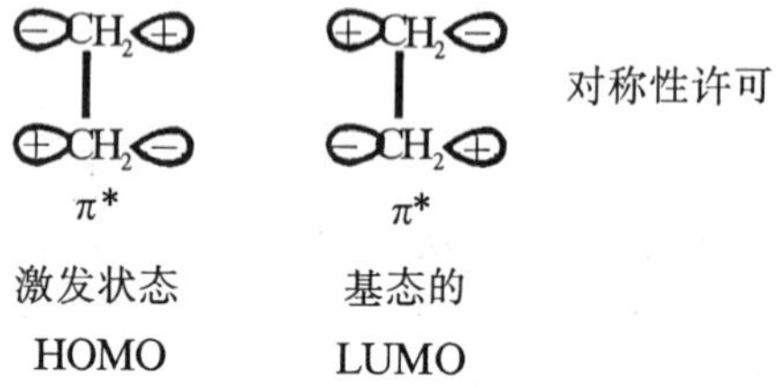

对于烷基取代的烯烃, 按此历程可以保持原来烯烃的构型。如顺-2-丁烯光照环化加成, 可以得到 1β,2β,3β,4β-四甲基环丁烷与 1β,2β,3α,4α-四甲基环丁烷。

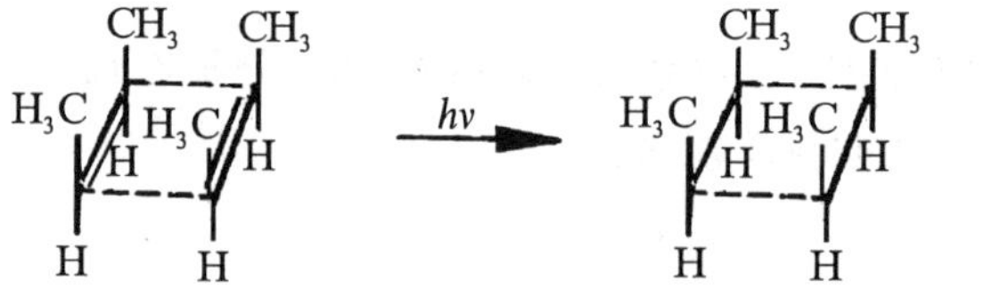

1β,2β,3β,4β-四甲基环丁烷

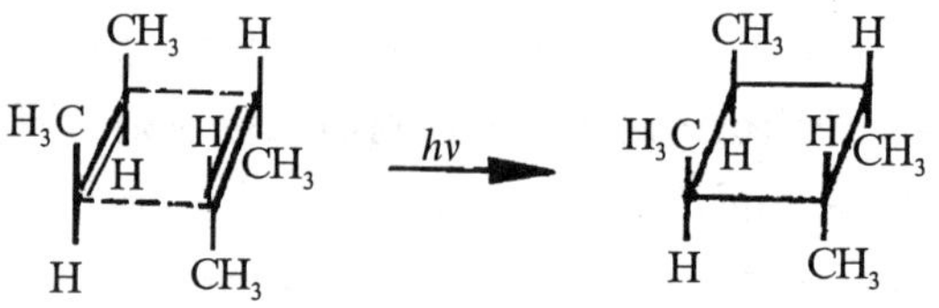

1β,2β,3α,4α-四甲基环丁烷

2. [4+2] 体系的环化加成反应

共轭双烯与烯烃的环化加成是[4+2]体系的环化加成。因为共轭双烯有 4 个 π 电子，烯烃有 2 个 π 电子，所以叫[4+2]体系的环化加成反应。前面讨论过的狄尔斯-阿德耳反应就属此类反应。

按前述道理，[4+2]体系的协同的热环化加成反应应该是共轭双烯的 HOMO（即 π_2 轨道）与烯烃的 LUMO（即 π^* 轨道）重叠，或共轭双烯的 LUMO（即 π_3^* 轨道）与烯烃的 HOMO（即 π 轨道）重叠。这两种结合都是对称性允许的，所得产物也是一样的。所以狄尔斯-阿德耳反应加热即可进行，不需要光照。反应产物仍保持着烯烃与共轭双烯烃的构型。

对称性允许　　对称性允许

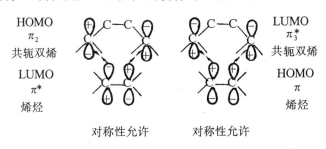

3. 大的环加成反应

在这类协同反应中，若一个组分的两根键都是在同一面上形成（或断裂），则这种过程称为同面的；若这两根键是在相反的两面上形成（或断裂），则这种过程称为异面的。

异面　　同面

同面-同面
对称禁阻

同面-异面
对称允许

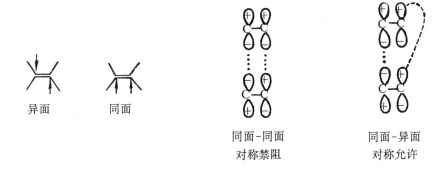

从轨道示意图中看到，对于大的环化加成反应，轨道对称所决定的不是环化加成反应能否发生，而是如何发生（即是同面或异面）。这是因为在形成大环时，几何形状（张力）对成键的影响可以忽略的缘故。如下例：

(1)

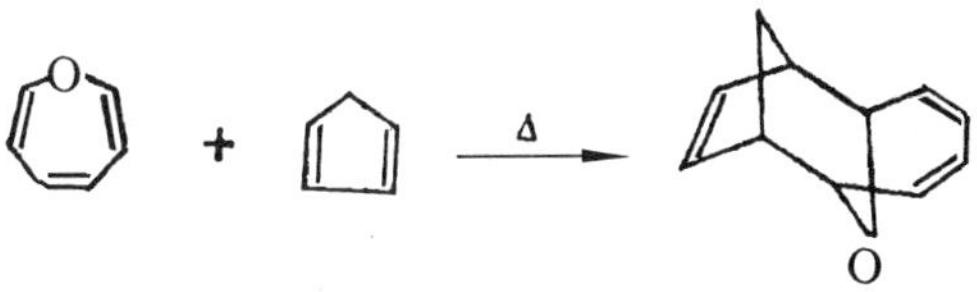

这 2 个共轭多烯烃两端碳原子之间的 π 电子数分别为 6 与 4，所以反应为[6+4]的热环化加成反应，属于 $4n+2$ 体系。在基态时，2 个共轭多烯烃两端碳原子处于 HOMO 与 LUMO 轨道的位相都对应相同，故加成为同面-同面加成。

(2) 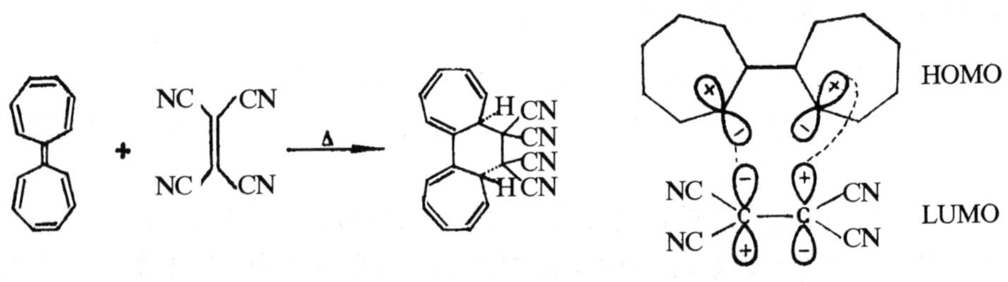

这反应为[14+2]的热环化加成反应，属于 $4n$ 体系，为同面-异面加成，所以烯烃双键上 1 个碳加在多烯环上，1 个加在多烯环下。

环化加成反应也是可逆反应。因为它们都经过同样协同的环状过渡状态，所以逆反应也服从同样的对称规律。

16.3 σ 迁移反应

σ 迁移反应是一个以 σ 键相连的基团或原子从共轭体系一端的 α 碳上迁移到共轭体系另一端的协同反应。如下式：

$$\overset{\displaystyle G}{\underset{|}{}}\!\!\!\!\text{C}\!-\!(\text{C}=\text{C})_n \longrightarrow (\text{C}=\text{C})_n\!-\!\overset{\displaystyle G}{\text{C}}$$

反应也经过协同的环状过渡态，它不需要酸、碱催化剂，也不受溶剂极性影响，它只需热或光的引发。

这类反应常根据迁移基团(G)迁移后产生新 σ 键的原子原来的位置和迁移基团迁到的位置来分类，如[1,3]，[1,5]，[3,3]等迁移反应。它们的环状过渡状态举例示意如下：

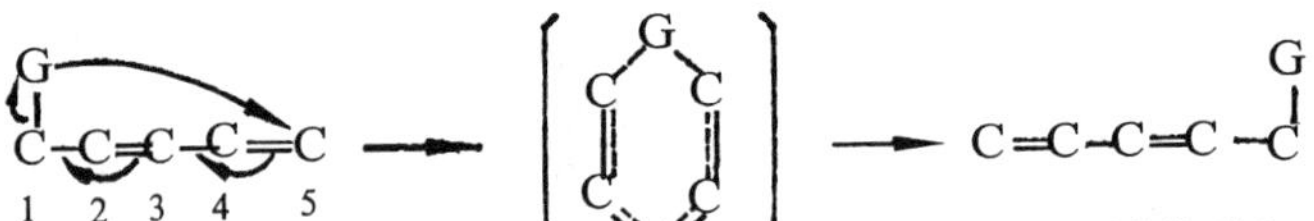

[1,5]σ 迁移反应

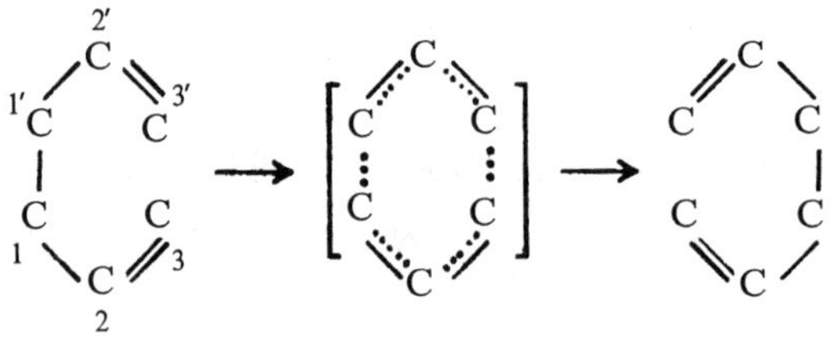

[3,3]σ 迁移反应

由此看出，这类反应的过渡状态是迁移基团在迁移的起点与终点都部分连接时形成的环状体。可以认为这种连接是由 1 个原子或自由基的(迁移基团的)轨道和 1 个烯丙基自由基的(共轭体系骨架的)轨道重叠而成。它们都用 HOMO 重叠，由于自由基的 HOMO 只有 1 个电子，所以不违背泡利原理，因此我们注意的是 2 个末端碳原子的 p 轨道。对于链长为 3，5，7 个碳原子的共轭体系自由基，其 HOMO 两端碳原子的对称性是有规则更迭着的，其原子轨道的位相也可通过柯尔逊方程求得，见图 16-5。

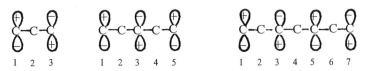

**图 16-5　共轭体系链长为 3, 5, 7 个碳原子自由基的
HOMO 的原子轨道线性组合图**

迁移基团自由基的 HOMO 是如何与烯丙基等共轭体系自由基的 HOMO 结合? 下面分别就一些情况进行讨论。

1. 氢原子参加的 $[i, j]$ 迁移

用重氢标记的戊二烯加热时, C_1 上 1 个氢迁移到 C_5 上, π 键也随着移动。这个反应称为 1,5 氢迁移反应。

$$\underset{5\quad 4\quad 3\quad 2\quad 1}{CD_2=CH-CH=CH-CH_2} \xrightarrow{\triangle} CD_2-\overset{H}{\underset{|}{CH}}=CH-CH=CH_2$$

这个反应的过渡态为氢的 s 轨道与 C_1, C_5 的 p 轨道重叠形成环。因为戊二烯基自由基的 HOMO 两端碳原子为对称的, 所以氢可以同面重叠, 这在几何上也是允许的。因此戊二烯可以热引发进行 [1,5] 氢迁移。但 [1,3] 迁移轨道不对称, 不能同面迁移; 而异面迁移, 几何上不允许, 所有热引发 [1,3] 氢迁移反应极为困难。

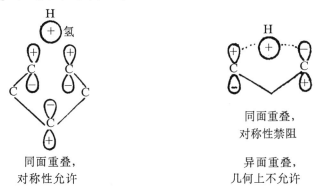

同面重叠,　　　　　　　同面重叠,
对称性允许　　　　　　对称性禁阻

　　　　　　　　　　异面重叠,
　　　　　　　　　　几何上不允许

然而对于 [1,7] 氢迁移反应, 虽然 HOMO 两端碳原子轨道是不对称的, 与氢不能发生同面重叠; 但却可发生异面重叠, 因为环较大, 几何上是允许的, 所以可以进行加热引发的 [1,7] 氢迁移反应。若用光照来引发 [1,3], [1,7] 氢迁移反应, 则可顺利进行同面迁移。

2. 碳原子参加的 $[i, j]$ 迁移

在 [1,3] 迁移反应中, 如果迁移的是碳原子, 则在过渡态中, 碳的 p 轨道和 C_1 与 C_3 的 p 轨道重叠。由于烯丙基自由基的 HOMO 的 C_1 与 C_3 p 轨道是对称性相反的, 但迁移的碳可以它自身的 p 轨道的一瓣与 C_1 重叠, 另一瓣与 C_3 重叠。这样, 对称性与几何条件都是允许的。迁移后, 迁移的碳原子构型将发生转换。但在碳原子参加的 [1,5] 迁移反应中, 过渡态是由迁移基团的碳原子 p 轨道中的一瓣与戊二烯基自由基的 HOMO 中的 C_1 与 C_5 重叠。这样, 对称性与几何条件也是允许的。迁移后, 迁移的碳原子构型没有发生转化。

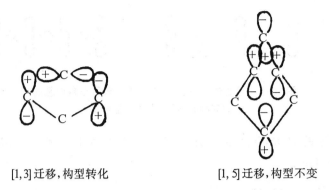

[1,3]迁移,构型转化   [1,5]迁移,构型不变

实验事实与理论推测一致,如下列反应:

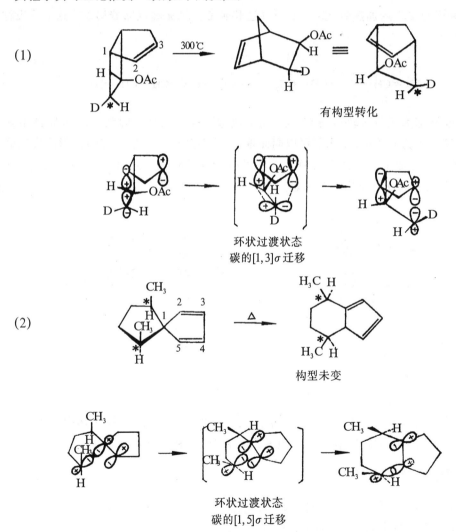

(1)

有构型转化

环状过渡状态
碳的[1,3]σ迁移

(2)

构型未变

环状过渡状态
碳的[1,5]σ迁移

3. [3,3]迁移

[3,3]迁移是σ迁移反应中遇见得最多,应用最广的反应。科普重排与克莱森重排都属于这一类反应。如:

406

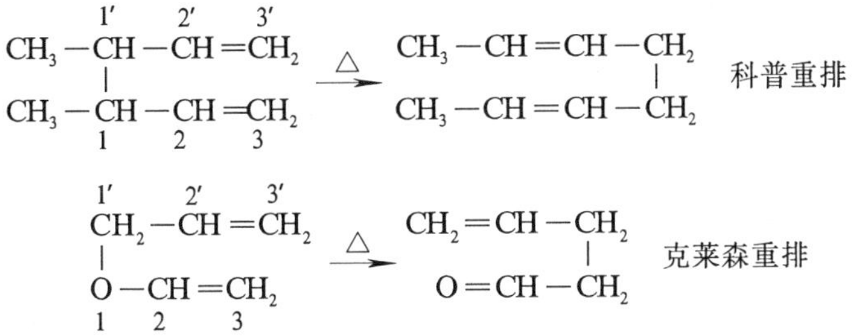

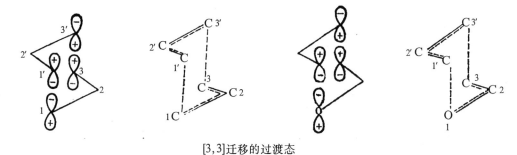

$$CH_3-CH-CH=CH_2 \xrightarrow{\triangle} CH_3-CH=CH-CH_2$$
科普重排

克莱森重排

克莱森重排与科普重排的差别就在于烯丙基的 C_1 为氧所取代。

科普重排的过渡态是 2 个烯丙基自由基的 HOMO 中 C_1 与 C_1' 重叠，C_3 与 C_3' 重叠，形成椅式六员环，对称性与几何条件都是允许的；克莱森重排的过渡态只是 C_1 改成氧而已，所以它们加热都可发生[3,3]迁移反应。

[3,3]迁移的过渡态

苯基烯丙基醚加热时，烯丙基可迁移到邻位上，此反应也是克莱森重排。它也是形成协同的六员环过渡状态，属于[3,3]迁移反应。

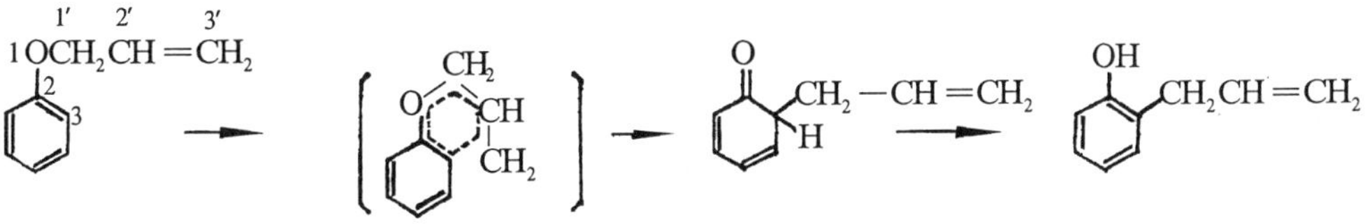

当苯基烯丙基醚的邻位全部被取代时，烯丙基可迁移到对位。现认为它经过了两次重排：第一次为克莱森重排到邻位，然后科普重排到对位。其过程如下：

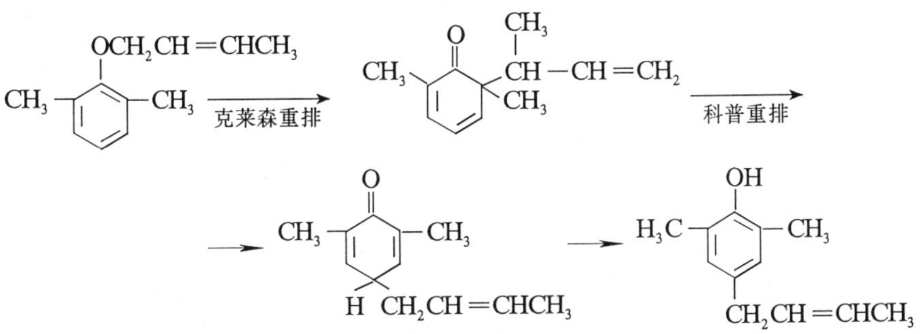

前面的章节中，我们还讨论了许多 1,2-位重排反应，重排过程中均经过一个三员环状过渡状态，这与本章讨论的周环反应相似。只不过前面讨论的 1,2 位重排是先经过形成正碳离子或其他缺电子中间体，然后进行 1,2-位重排（或迁移）。如瓦格涅-麦尔外英重排、片呐醇重排、

霍夫曼重排等。它们的过渡状态都具有如下周环：

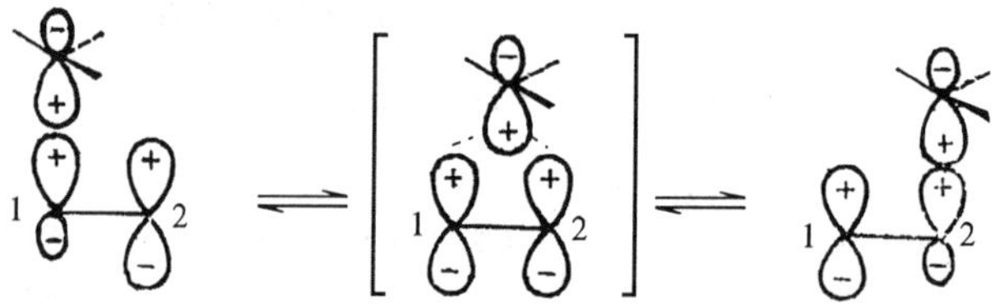

C_2 为正碳离子或缺电子原子，将提供一个 p 轨道，而 C_1 和迁移基团同样视为发生均裂，C_1 与迁移基团的碳都将形成自由基提供一个 p 轨道，因此 C_1 与 C_2 间将形成 π 键，热引发将允许用 π 轨道与迁移基团如上图方式重叠，所以这些反应将保持迁移基团碳原来的构型。

Ⅱ. 光 化 学

光化学是人类赖以生存的自然界的基础。围绕着太阳，光化学作用提供着生物体生长、繁衍等过程所必须的条件。但伴随着高空大气层的变化(特别是臭氧层)，也将给生物体带来危害。如何预防这种危害，如何将太阳能转换与储存，这将是光化学研究的重要任务。虽然光化学的作用早为人们所知，但对有机光化学和生物反应光化学等机理和控制的了解从 60 年代以来才逐渐增多，这是得益于可见与紫外吸收光谱的发展。要真正认识各种光化学现象，还必须集中物理学、化学、生物学诸方面的知识。我们在这里仅扼要介绍一些光化学反应的初步知识。

光化学反应一般涉及下列 3 步：吸收可见与紫外光产生电子激发态，激发态能量转化与基本光化物的形成，基本光化产物转化成稳定产物。下面将分别进行讨论。

16.4 电子激发与能量的转化

1. 电子激发

有机分子一般都具有自旋相反的成对电子，在每对电子中，由于自旋相反而使电子自旋产生的磁矩相互抵消。这种电子结构称为单线态。当处于单线态基态(基态就是处于最低能级的状态)的分子吸收一个能量足够的光子后，将转化成处于单线态激发态的分子。其吸收反应为：

$$A + h\nu \longrightarrow A'^*$$

式中 A'^* 可以是一个在 S_i 态内具有过量振动能的电子激发态分子或者是一个被激发到更高单线态 S_2、S_3 等态的分子。其位能变化见图 16-6。

图 16-6 是简化的，以一个单键键长为横坐标的能级关系图，但真实的分子有好几个键，因此所得能级图将是很复杂的。另外一个分子根据它的分子轨道可以产生好几个单线态的激发态，因为电子可以跃迁到更高能级的反键轨道上，这些单线态激发态总的可以 S_i 表示，而能量最低的单线态激发态以 S_1 表示，单线态基态以 S_0 表示。每一个 S_0 或 S_i 态中还有不同能级的振动态。

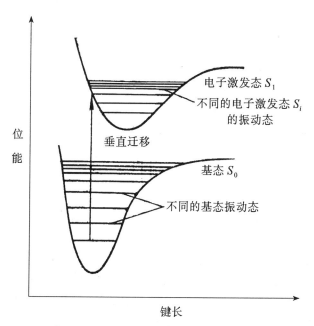

图 16-6　基态与电子激发态的位能图

2. 能量的转化

各种电子激发态的能量转化途径见示意图 16-7。图中还标明了不同激发态存在的时间。

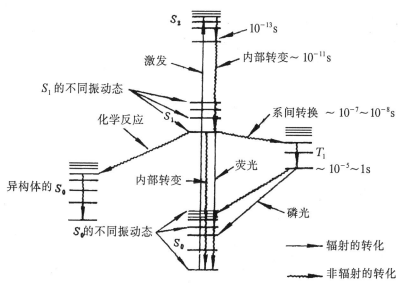

图 16-7　能量转化图

由图中归纳其能量转化途径大致有下列几种：

$$A'^* \longrightarrow A^* - 热能 \quad S_i \rightsquigarrow S_1 \quad 内转换 \quad (1)$$

$$A^* \longrightarrow A - 热能 \quad S_1 \rightsquigarrow S_0 \quad 内转换 \quad (2)$$

$$A^* \longrightarrow A - h\nu \quad S_1 \longrightarrow S_0 \quad 荧光发射 \quad (3)$$

$$A^* \longrightarrow {}^3A - \text{热能} \qquad S_1 \rightsquigarrow T_i \qquad \text{系间转换} \qquad (4)$$

$${}^3A \longrightarrow A - h\nu \qquad T_1 \longrightarrow S_0 \qquad \text{磷光发射} \qquad (5)$$

$${}^3A \longrightarrow A - \text{热能} \qquad T_1 \rightsquigarrow S_0 \qquad \text{系间转换} \qquad (6)$$

$${}^3A + B \longrightarrow A + {}^3B \qquad T_1 + S_0' \longrightarrow S_0 + T_1' \qquad \text{电子量能转移} \qquad (7)$$

图中 T_1 代表三线态激发态,它的能量比 S_1 低,比 S_0 高。三线态与单线态不同,它有一对电子,不是自旋相反,而是相同的,因此不能处于同一轨道。所以单线态的一对电子可用 S: 或 $S\uparrow\downarrow$ 表示,而三线态则用 $\dot{T}\cdot$ 或 $\uparrow\uparrow T$ 表示。具有基态三线态 T_0 的化合物很少。从光化学反应的角度来看,在上述途径中 (4) 与 (7) 特别引人注目。其原因是: 它是反应物转变成三线态激发态的主要途径,因为一般光照不能直接得到电子激发的三线态; T_1 寿命(存在时间)比 S_1 长得多,它有充分的机会进行异构化或与其他碰撞发生反应,所以 T_1 比 S_1 进行光化学反应的几率大得多,是最重要的光化学基本产物。

系间变换根据量子力学是比较困难的,而系间变换的速度,很大程度上依赖 S_1 与 T_1 间能量的差别,即差别越小变换越快。所以并不是所有化合物都能自身系间变换成 T_1,如萘 S_1 的能量为 385 kJ/mol,T_1 为 255 kJ/mol,相差较大,所以不能自身变换为 T_1。但是一些羰基化合物的 $n-\pi^*$ 跃迁、多环芳烃的 $\pi-\pi^*$ 跃迁可以很容易地由 S_1 变换成 T_1,因为这些化合物的 S_1 与 T_1 间能量差别小,如二苯酮的 S_1 为 310 kJ/mol,T_1 为 289 kJ/mol,能量差别小,S_1 几乎可全部变换成 T_1。

3. 光敏剂

许多有机化合物经紫外光照射不能激发得到 T_1,因而不能进行光化学反应。但是可以通过添加另一有机化合物,经紫外光激发后产生三线态;再经上述能量转移,使所欲进行反应的化合物产生三线态,然后进行化学反应。对这种添加的有机化合物称为光敏剂,或称三线态光敏剂。它们的能量转换过程如前述 (7)。

$$T_1 + S_0' \longrightarrow S_0 + T_1' \qquad (\text{能量 } T_1 > T_1')$$

表 16-2　几个常用光敏剂与有机化合物三线态的能量

化 合 物	$E_S/(\text{kJ} \cdot \text{mol}^{-1})$	$E_T/(\text{kJ} \cdot \text{mol}^{-1})$
丙 酮	368	331—343
对二甲苯	435	336
苯 乙 酮	329	310
氧杂蒽酮	—	310
二 苯 酮	315	290
苯 稠 菲	—	278
1,2-二苯乙二酮	247	223
萘	385	255
顺二苯乙烯	397	238
反二苯乙烯	394	209
1,3-丁二烯	—	250
乙 烯	—	343
苯	460	353

什么样的有机化合物可以作为光敏剂？前面已提到，酮与多环芳烃都可作为光敏剂，它要求光敏剂三线态的能量高于欲进行反应的化合物的三线态的能量，这样才能进行有效的能量转移。如萘，用二苯酮作为光敏剂是很合适的，因为二苯酮的三线态能量为 289 kJ/mol，而萘的三线态能量为 255 kJ/mol。但苯用二苯酮作为光敏剂则是无效的，因为苯的三线态能量为 353 kJ/mol，比二苯酮的三线态能量高。不同的化合物的 S_1 与 T_1 的能量是不同的，这些在有关光化学手册中已积累了大量的数据，可以去查阅。应选择光敏剂的 S_1 的能量是在可见与汞灯波长范围内可激发的，T_1 的能量应高于反应物三线态的能量。表 16-2 列出几个常用光敏剂与有机化合物三线态能量的数据。此外，汞的蒸气也可作为光敏剂，这些光敏剂的光敏作用都属能量转移型。

16.5 光化学反应

光化产物 S_1 和 T_1 的反应与一般反应一样，有单分子与双分子反应。单分子反应就是 T_1 或 S_1 自身发生变化，而与其他分子无关，如光解与分子内的重排等反应。双分子反应为 T_1 或 S_1 与基态分子反应，而基态分子可以是其他分子，也可以是未被激发的原来的分子。2 个激发态分子间的反应是不多的，因为激发态分子浓度是很小的。下面就几种主要类型的光化反应作一简单介绍。

1. 光还原

醛与酮的羰基可以吸收紫外光使羰基氧上未成键的电子对，称为 n 电子，跃迁到反键 π^* 上去。这种跃迁称为 $n-\pi^*$ 跃迁。形成的 S_1 再进行系间转换成 T_1：

$$\begin{array}{c} R \\ R \end{array}\!\!\! C = \ddot{O}: \xrightarrow{h\nu} \begin{array}{c} R \\ R \end{array}\!\!\! C = \dot{O}:^{*1} \xrightarrow{\text{系间转换}} \begin{array}{c} R \\ R \end{array}\!\!\! C = \dot{O}:^{*3}$$

式中"*"表示激发状态，"1"表示为单线态，"3"表示为三线态，"↑↓"表示电子自旋方向相反，"↑↑"表示电子自旋方向相同。

醛与酮的三线态激发态 T_1 是一个很好的氢的抽提剂。如二苯酮与异丙醇的溶液在紫外光照射下可以得到很好产率的四苯基乙二醇(苯帒哪醇)与丙酮，就是由于二苯酮的 T_1 抽提异丙醇分子上 α 氢的结果。该反应的历程如下：

$$(C_6H_5)_2C = O \xrightarrow{h\nu} (C_6H_5)_2C = O^{*3}$$

$$(C_6H_5)_2C = O^{*3} + (CH_3)_2CHOH \longrightarrow (C_6H_5)_2\dot{C} - OH + (CH_3)_2\dot{C} - OH$$

$$(C_6H_5)_2C = O + (CH_3)_2\dot{C} - OH \longrightarrow (C_6H_5)_2\dot{C} - OH + (CH_3)_2C = O$$
$$\text{丙酮}$$

$$2(C_6H_5)_2\dot{C} - OH \longrightarrow (C_6H_5)_2 \underset{\underset{HO}{|}}{C} - \underset{\underset{OH}{|}}{C}(C_6H_5)_2$$
$$\text{四苯基乙二醇}$$

当然二苯酮的 T_1 不仅可以从异丙醇上抽提氢，也可以从其他具有活泼氢的化合物，如甲苯、胺、酰胺等上,抽提氢。

$$2(C_6H_5)_2C{=}O + RCH_2NHR' \xrightarrow{h\nu} (C_6H_5)_2\!\!\overset{\overset{\displaystyle OH}{|}}{C}\!-\!\overset{\overset{\displaystyle OH}{|}}{C}\!(C_6H_5)_2 + RCH{=}NR'$$

$$(C_6H_5)_2C{=}O + CH_3\overset{\overset{\displaystyle O}{\|}}{C}\!-\!N(CH_3)_2 \xrightarrow{h\nu} (C_6H_5)_2\underset{\underset{\displaystyle OH}{|}}{C}\!-\!CH_2\overset{\overset{\displaystyle O}{\|}}{C}\!-\!N(CH_3)_2$$

2. 光解

有些有机化合物在光照下可导致键的均裂,并产生自由基中间体。酮的光解是研究得较多的一种反应。例如丙酮在光照下,可在羰基旁 α 位置发生碳碳键断裂,这类反应称为诺里息(R.Norrish)Ⅰ型裂解。此反应在室温以下按下式进行,裂解生成的自由基再进行双基结合:

$$CH_3\overset{\overset{\displaystyle O}{\|}}{C}CH_3 \xrightarrow[\text{室温以下}]{h\nu} CH_3\overset{\overset{\displaystyle O}{\|}}{C}\cdot + \cdot CH_3 \longrightarrow CH_3\overset{\overset{\displaystyle O}{\|}}{C}\!-\!\overset{\overset{\displaystyle O}{\|}}{C}\!-\!CH_3 + CH_3\!-\!CH_3$$

该反应若在气相 100℃ 以上进行,还可继续发生去羰基化反应,产物主要是一氧化碳与乙烷。

不对称酮的光解总是倾向于形成两种烷基自由基中比较稳定的一种,如下列裂解方式:

$$CH_3\overset{\overset{\displaystyle O}{\|}}{C}CH_2CH_3 \xrightarrow{h\nu} CH_3\overset{\overset{\displaystyle O}{\|}}{C}\cdot + \cdot CH_2CH_3$$

因为乙基自由基比甲基自由基稳定。

另一类为 γ 碳上带有氢的酮的光解和上述酮的光解不同。由于这种酮的分子有易于弯曲成六员环的趋势,γ 氢很易和羰基的氧接触,因此受激发的羰基氧可以夺取 γ 氢形成双自由基;然后再在 α 与 β 碳之间发生断键,形成酮与烯。这类反应称为诺里息Ⅱ型裂解反应。

$$CH_3\overset{\overset{\displaystyle O}{\|}}{C}CH_2CH_2CH_2CH_3 \xrightarrow{h\nu} \cdots$$

$$CH_3\overset{\overset{\displaystyle O}{\|}}{C}CH_3 \rightleftharpoons CH_3\underset{\underset{\displaystyle OH}{|}}{C}{=}CH_2 + CH_2{=}CHCH_3$$

在羰基旁 γ 碳上带有氢的酯也可以进行诺里息Ⅱ型裂解反应,如下列反应:

$$RO\overset{\overset{\displaystyle O}{\|}}{C}CH_2CH_2CH_3 \xrightarrow{h\nu} \cdots \longrightarrow RO\overset{\overset{\displaystyle O}{\|}}{C}\!-\!CH_3 + CH_2{=}CH_2$$

$$R\overset{\overset{\displaystyle O}{\|}}{C}OCH_2CH_3 \xrightarrow{h\nu} \cdots \longrightarrow R\!-\!\overset{\overset{\displaystyle O}{\|}}{C}\!-\!OH + CH_2{=}CH_2$$

412

具有较弱键的化合物可以进行光解产生自由基。如卤素、过氧化物、偶氮化合物均可光解产生自由基。这些自由基常用来引发自由基链锁反应。

$$Cl_2 \xrightarrow{h\nu} 2Cl\cdot$$

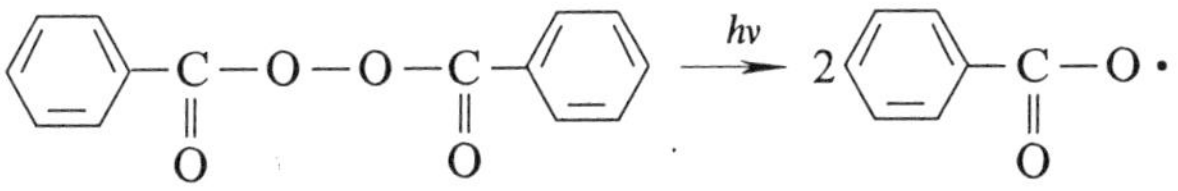

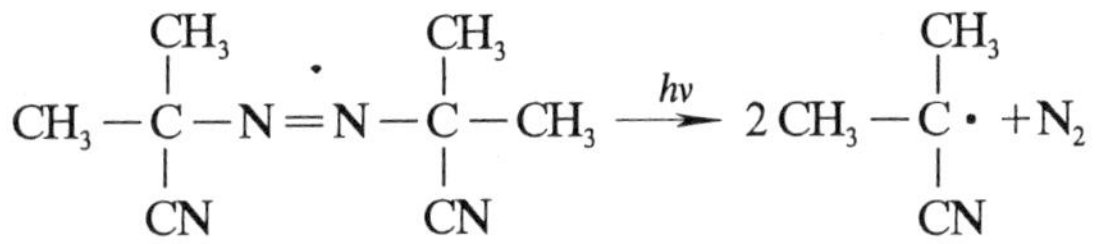

重氮甲烷的光解是合成上的一个重要反应，它光解生成卡宾与氮气。卡宾可以有两种电子激发态存在，即单线态与三线态两种光化产物。

$$CH_2N_2 \xrightarrow{h\nu} \uparrow\downarrow:CH_2^{*1} \xrightarrow[\text{分子碰撞}]{\text{与惰性气体}} \uparrow\cdot\ \overset{\uparrow\cdot}{C}H_2^{*3}$$

由于单线态与三线态在电子结构与能量上的差异，与烯烃反应时显示立体专一性不同，前面已作介绍，这里不再赘述。

3. 环加成反应

烯烃在光照下可以进行双键与双键的环加成反应，形成四员环。这种反应称为[2+2]的环加成反应(参看本章 I 周环反应 16.2 节环加成反应)。简单烯烃吸收的光处于远紫外区域，这使得实验比较困难，但可以选择适当的光敏剂来克服。共轭双烯烃、α,β-不饱和酮、酸、酯的衍生物及醌等对光的吸收是在较长波长的区域，而且可以形成三线态，因此比较容易进行[2+2]的环加成反应。它们可以进行二聚，也可以是两种烯烃的混合环加成。下面举几个例子来说明。

例如二环[2.2.1]庚-2-烯直接光照不能进行[2+2]的环加成，但在以少量苯乙酮作为光敏剂时则可以进行：

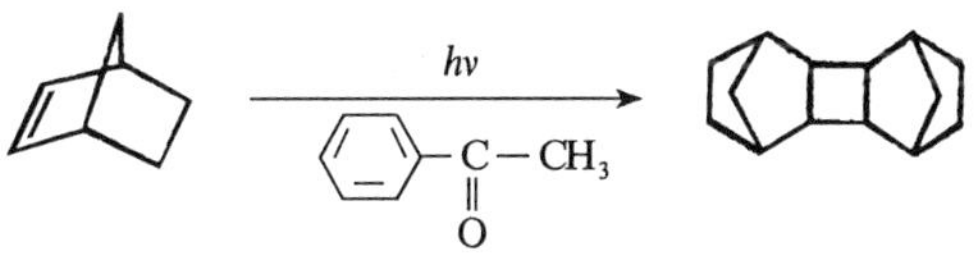

但是以二苯酮作为光敏剂则不是在庚烯间发生环加成，而是在庚烯与二苯酮间发生环加成：

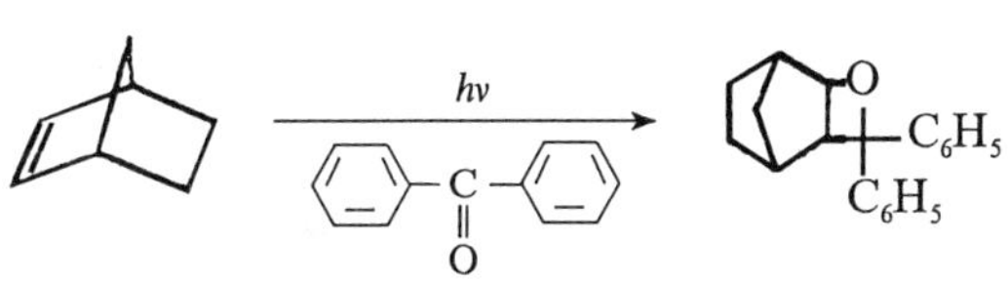

这是因为苯乙酮的 T_1 能量比二苯酮的 T_1 高，而二环[2.2.1]庚-2-烯的 T_1 能量处于这两者之间，因此苯乙酮的 T_1 可使庚烯产生 T_1，因而可以进行庚烯间的环加成。但二苯酮的 T_1 不能使庚烯产生 T_1，所以只能进行庚烯与二苯酮间的环加成。

其他 α,β-不饱和羰基化合物由于可直接光照产生 T_1，因此不需要光敏剂就可进行[2+2]

的环加成。

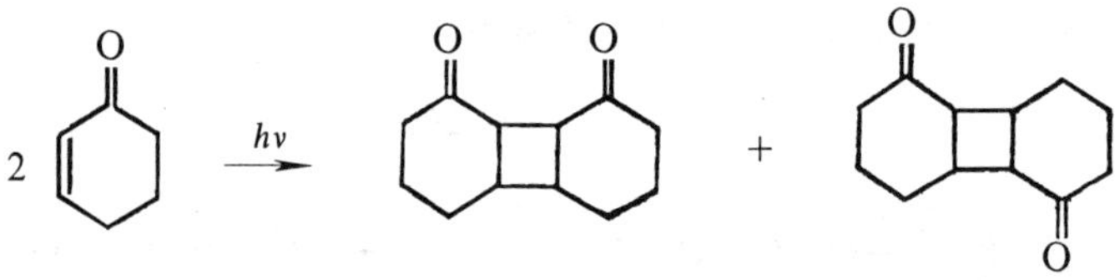

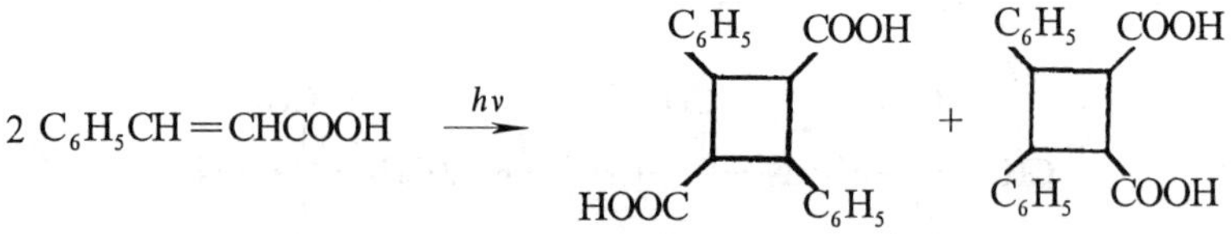

$$2\ C_6H_5CH=CHCOOH \xrightarrow{h\nu}$$

当 1 分子内含有 2 个双键,而且位置合适,也可在光照下,发生分子内的[2+2]的环加成反应。如二环[2.2.1]庚-2,5-二烯在光敏剂苯乙酮存在下,可以用日光照射发生环加成反应,形成四棱烷:

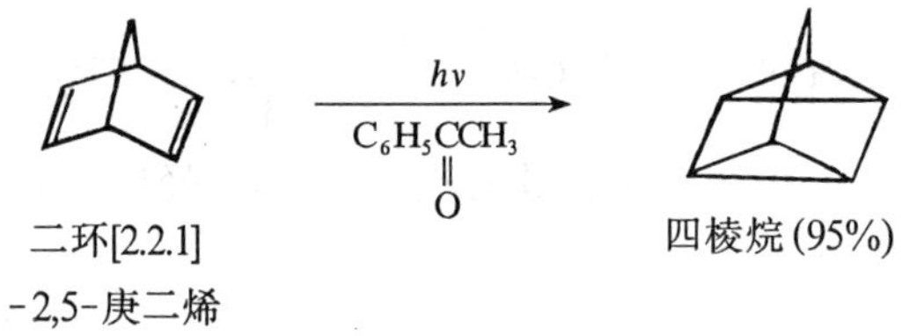

二环[2.2.1]
-2,5-庚二烯

四棱烷 (95%)

四棱烷具有 2 个张力很大的三员环,所以分子的位能很高。若能用催化剂将 2 个三员环打开,并恢复到原来的双烯,估计可以释放出 88.7 kJ/mol 以上的能量。这将可以成为一种储存光能和将光能转变为热能的方法。若这种方法得以实现,对太阳能的利用将会有重大的发展。

再介绍一类光敏剂,它本身被光激发后,可以与反应物分子发生单电子转移,形成离子自由基,促进了化学反应。如苯基乙烯基醚的光化环加成反应,可以用1,4-苯二甲腈作为光敏剂。苯基乙烯基醚可与1,4-苯二甲腈形成π络合物,光照很易形成受激发的络合物,促进了单电子转移。其反应历程如下:

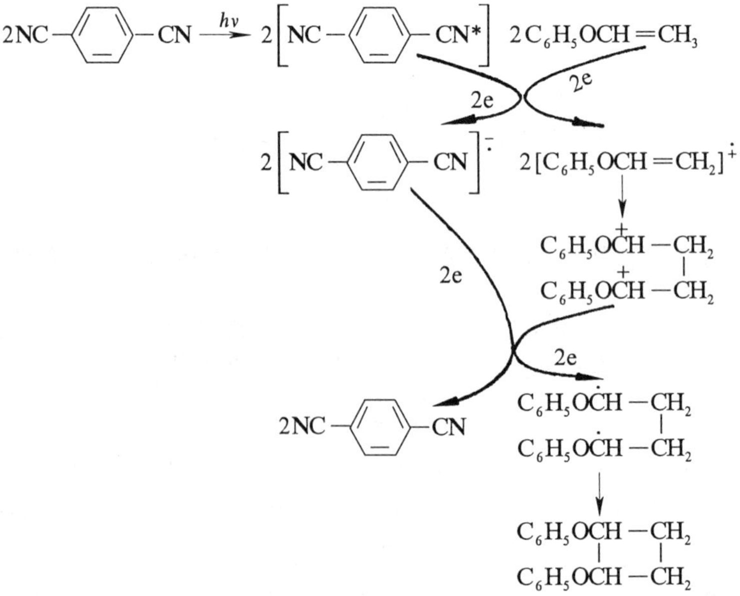

4. 光加成反应

对烯烃的加成反应,前面章节中已作了较详细讨论。这里主要介绍一些在光的作用下,烯烃与醇、胺、酰胺等的反应实例及特点。

醇与烯烃在光照射下加成反应多数得较高级醇,少部分反应得醚。例如:

$$CH_3CH_2OH + \underset{\displaystyle \overset{H}{\underset{H}{C}}\!\!-\!\!COOH}{\overset{\displaystyle \overset{H}{\underset{}{C}}\!\!-\!\!COOH}{\|}} \xrightarrow[\text{二苯酮}]{hv} CH_3\overset{OH}{\underset{|}{CH}}-\overset{COOH}{\underset{}{CH}}CH_2COOH$$

$$(CH_3)_2CHOH + \underset{}{\text{环戊烯酮}} \xrightarrow[\text{光敏剂}]{hv} (CH_3)_2\overset{}{\underset{\cdot}{C}}-OH + \underset{}{\text{环戊烯醇}} \longrightarrow \underset{}{\text{环戊酮}}\overset{}{\underset{\underset{OH}{|}}{C}}(CH_3)_2$$

$$CH_3OH + \underset{}{\text{烯}} \xrightarrow[\text{甲苯}]{hv} \underset{}{\overset{CH_3}{\underset{}{}}}\!\!OCH_3 + \underset{}{\overset{CH_2}{\underset{}{}}}$$

胺与酰胺和烯烃的光照加成反应,其产物主要是与氮相连的碳加在烯烃双键上。例如:

$$CH_3CH_2CH_2CH_2NH_2 + C_6H_{13}CH=CH_2 \xrightarrow[\text{光敏剂}]{hv} C_3H_7\overset{NH_2}{\underset{|}{CH}}CH_2C_7H_{15}$$

$$CH_3CONHCH_3 + RCH=CH_2 \xrightarrow[\text{二苯酮}]{hv} \underset{\text{主要的}}{CH_3CONHCH_2CH_2CH_2R} + \underset{\text{次要的}}{RCH_2CH_2CH_2CONHCH_3}$$

$$\underset{}{\text{吡咯烷酮}} + RCH=CH_2 \xrightarrow[\text{光敏剂}]{hv} \underset{\text{主要的}}{\text{吡咯烷酮-CH}_2CH_2R} + \underset{\text{次要的}}{\text{吡咯烷酮-CH}_2CH_2R}$$

若甲酰胺与烯烃光照反应,则得高度均匀的氨基化合物。如:

$$RCH=CH_2 + HCONH_2 \xrightarrow{hv} RCH_2CH_2CONH_2$$

$$\underset{}{\text{环己烯乙烯}} + HCONH_2 \xrightarrow[\text{丙酮}]{hv} \underset{}{\text{环己烯}}CH_2CONH_2$$

5. 异构化与重排

烯烃在光照下可进行反、顺异构化。烯烃的顺、反异构体光激发后,其产生的激发态 S_1 或 T_1 可形成同样扭曲的双键。此时双键的 2 个 p 轨道互相垂直,它们以相同的几率形成顺、反异构体。但是反式异构体吸收光能的效率比顺式高，如反-1,2-二苯乙烯的消光系数 ε 为 1.9×10^4，顺式则常为 3×10^3，反比顺几乎大一个数量级。因此光照主要使反式异构体激发，最终转化成顺式异构体。再者，顺、反异构体吸收光的波长也不完全一样，形成三线态的能量也不完全一样。若仅仅只用反式异构体能吸收的波长的光，或用仅仅能使反式形成三线态的光敏剂，将可使反式异构体全部转化为顺式。

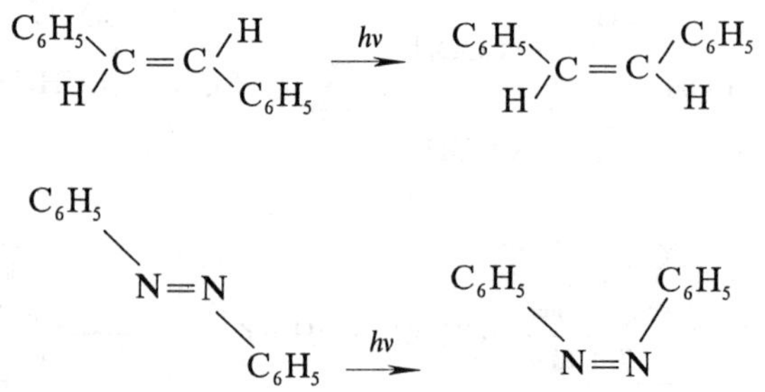

有些重排反应也可用光来促进，如苯酚的酯就可用光来促进重排(光化的福里斯(Fries)重排)：

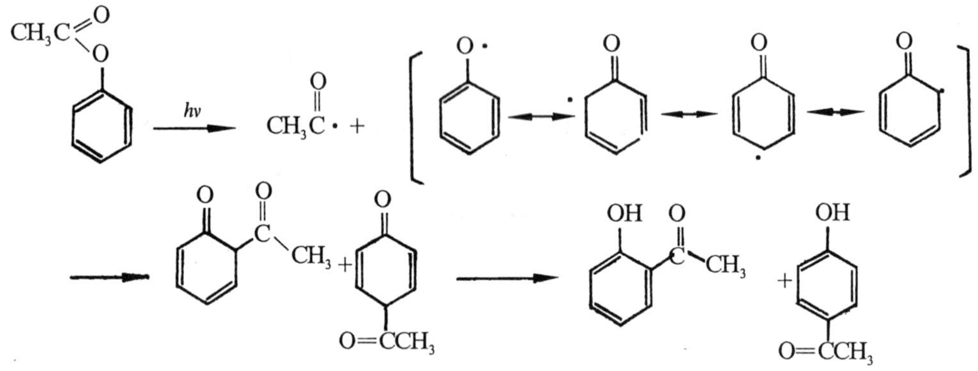

光化学反应涉及的面很广，有的在工业上被大规模运用，特别是高分子化学领域里的光聚合反应，如印刷业的感光印刷版、油漆行业的光固化涂料、集成电路上用的光刻胶等等。限于本课内容，不能详述。

16.6 光化生物学

1. 维生素 D 的形成

光化学在生物界是很重要的，如大家知道的光合作用。光化学对人体的健康也是不可少的，如维生素 D 就是由人体内的麦角甾醇经日光照射后产生的。在该反应中，麦角甾醇的环己二烯经光照发生电环化开环反应，得到预维生素 D_2；接着进行热的 σ 迁移反应，得到维生素 D_2。

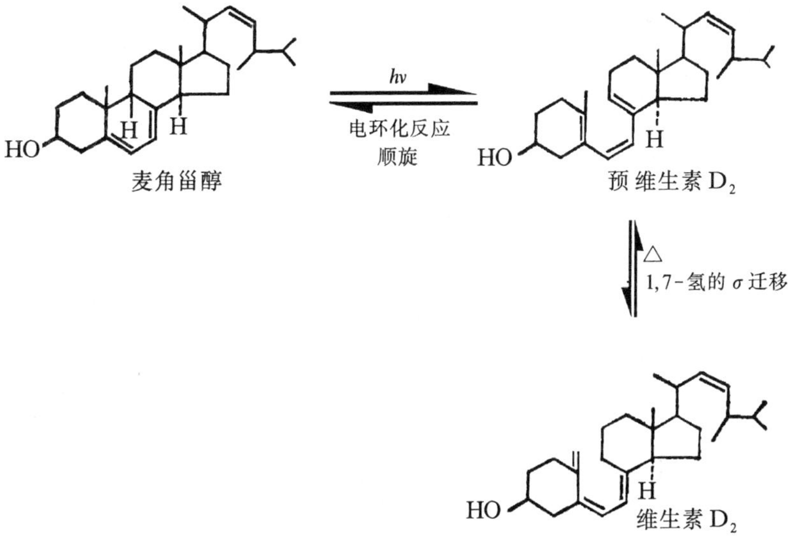
hν
电环化反应
顺旋
HO
H
H
麦角甾醇
预维生素 D2
△
1,7-氢的 σ 迁移
维生素 D2

2. 紫外光对核酸的影响

长时间曝晒在紫外光下可以破坏细胞组织，甚至引起皮肤癌。近年来，这些现象引起人们对生物光化学的注意。一个重要的发现是核酸中的嘧啶碱(如尿嘧啶、胞嘧啶、胸腺嘧啶)在紫外光照射下可发生[2+2]的环加成反应，如下式：

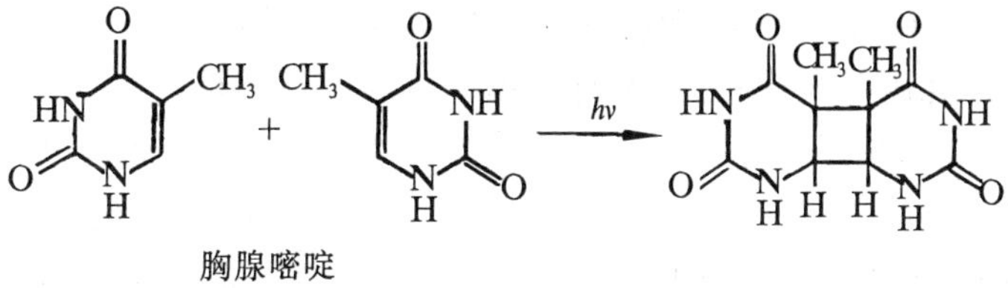
hν
CH3
胸腺嘧啶

同时还发现，胞苷、胞苷酸、尿核苷和尿苷在水溶液中，经光照射发生加成反应，但可部分可逆。如：

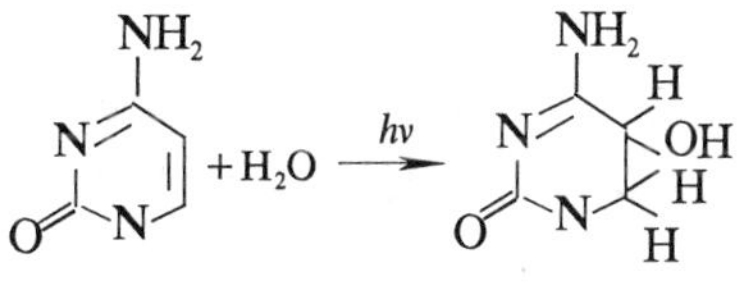
NH2
+H2O
hν
OH

这种环加成可导致核酸链的交连，这对 DNA 的功能是十分有害的。但是至今还不清楚究竟是什么原因使动植物减轻了紫外线的破坏性影响，是什么机制部分修复了被破坏的核酸。

3. 单线态氧

氧的光敏氧化作用是近年来生物学中受到重视的一个问题。氧的基态是以三线态存在的(T_0)，即有 2 个 π 电子分别处在 2 个能量相同的 π 轨道中，并以相同的自旋存在，所以氧具有一定的双自由基性质，易和自由基结合：

$$\uparrow \cdot \ddot{\underset{..}{O}} - \ddot{\underset{..}{O}} \cdot \uparrow$$

基态三线态氧的电子构型

$$R\cdot + O_2 \longrightarrow R-O-O\cdot$$

氧也是其他分子三线态激发态(T_1)的有效淬灭剂(淬灭剂即能将激发态能量迅速转移除去的化合物)。由于氧就处于T_0,所以氧易接受三线态的能量,使氧转化成激发的单线态(S_1),即在 2 个 π 键轨道中的 2 个电子的自旋由相同变为相反,其能量比 T_0 高 100 kJ/mol。

$$T_0 + T_1' \longrightarrow S_1 + S_0'$$

单线态氧 S_1 的电子构型

另外三线态氧在荧光黄、亚甲基蓝、叶绿素等作为光敏剂时,光照也可产生激发单线态氧。

激发单线态氧是很活泼的,可以和许多有机分子形成氧的加成物或取代产物。例如共轭双烯可同单线态氧进行狄尔斯-阿德耳反应,得到环状的过氧化物。

带有 α 氢的烯烃可以和单线态氧形成过氧化氢:

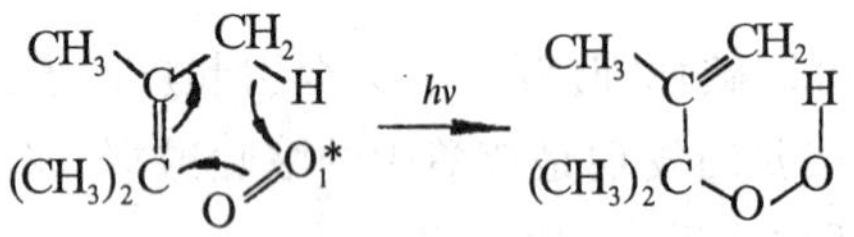

单线态氧可以氧化破坏氨基酸、蛋白质与核酸,破坏有机体。但是绿色植物的叶绿素本身就是单线态氧很好的光敏剂,它们为何未使机体受单线态氧的破坏? 现了解单线态氧可很快地被其他植物色素,如胡罗卜色素类淬灭,即激发的单线态氧很易把能量转移给植物色素,使氧恢复基态,活性大大降低。人们发现,不能合成胡罗卜色素的变异植物很快就被氧和光杀死,这就是一个证明。近来发现胡罗卜色素类化合物有预防癌症,特别是肺癌的作用。

16.7 化学发光与生物发光

化学发光是通过非光化学反应而使分子激发,然后由被激发的分子放出可见光,或转移能量给其他分子,然后放出光。许多化学发光反应的光能是通过形成高能环状过氧化物产生的。

鲁米诺(氨基苯二酰肼)的发光就是化学发光的一个例子。将鲁米诺溶于二甲亚砜,并加一些固体氢氧化钾,盖严,激烈摇动使空气混入溶液,这时在暗处就可观察到蓝白色的光。若加进一些荧光染料作为能量转移剂,可以改变发光的颜色。它的反应过程如下:

鲁米诺

418

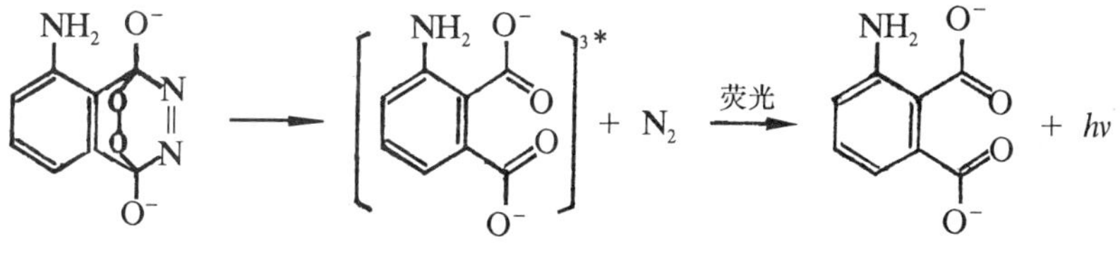

环状过氧化物　　　　T_1　　　　S_0

$$T_1+S_0'(\text{荧光染料}) \longrightarrow S_0+T_1'$$
$$T_1' \longrightarrow S_0'+h\nu'$$

在此反应中,鲁米诺被氧化成高能的环状过氧化物,分解后形成激发的二羧酸负离子,然后放出光回到基态。

有些生物机体也可进行化学发光,这种现象称为生物发光。萤火虫的发光就是由萤火虫体内的荧光素在荧光素酶的催化氧化下,形成高能环状过氧内酯中间体,然后失去 CO_2 产生激发的产物,最后由受激发的产物放出光。有些海藻和鱼类也可以化学发光。荧光素发光过程如下:

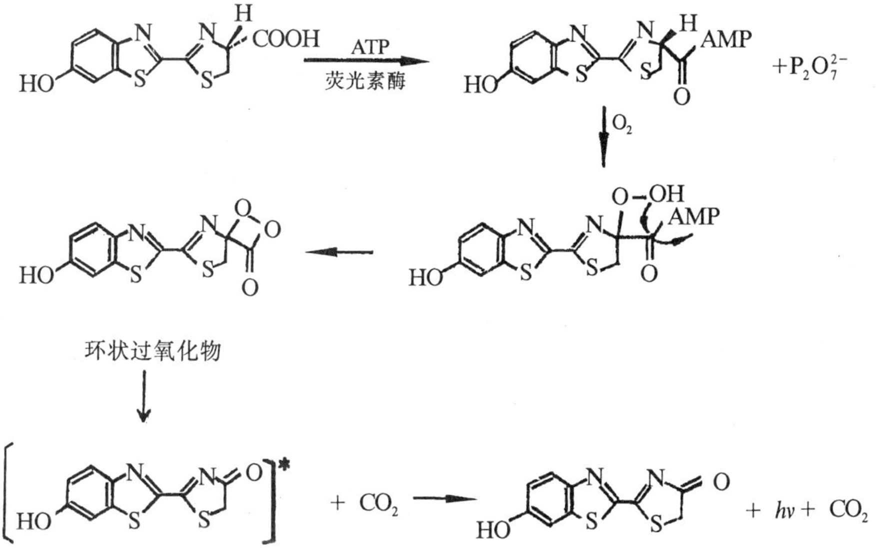

习　　题

1. 试述在二苯基甲醇存在下,光化还原二苯酮的反应历程。并预测该反应产物 1,1,2,2-四苯基-1,2-乙二醇的最高产率。

2. 光照二叔丁基酮的四氯化碳溶液,产生 2,2-二甲基丙醛、氯仿、异丁烯、叔丁基氯和一氧化碳。试提出一个产生这些化合物的历程。

3. 2-戊酮的气相光照射时,产生约 90% 丙酮、乙烯,同时还产生 10% 的 1-甲基环丁醇。试说明形成这 3 个光化学产物的原因。

4. 试提出下列化合物的光化学裂解(光解)的历程:

(a) 丁酸甲酯　　　　(b) 乙酸乙酯

5. 试预测下列光化学反应的主要产物:

(a) (对 $CH_3C_6H_4)_2C=O \xrightarrow[(CH_3)_2CHOH]{h\nu}$?

(b) $(CH_3)_3\overset{\overset{O}{\|}}{C}C(CH_3)_3 \xrightarrow{h\nu}$?

(c) $CH_2N_2 +$ 反-$CH_3-CH_2CH=CHCH_3 \xrightarrow{h\nu}$?

(d) $C_6H_5\overset{\overset{O}{\|}}{C}CH_2CH_2CH_3 \xrightarrow{h\nu}$?

(e) 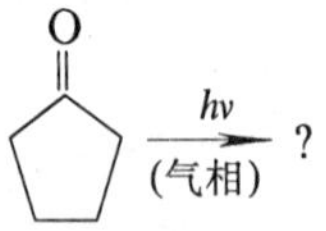 $\xrightarrow[\text{(气相)}]{h\nu}$?

6. 双环[2.2.1]庚-2-烯和苯乙酮激发到三线态需要约 310 kJ/mol 能量,该庚烯与二苯酮达到三线态只需约 289 kJ/mol 的能量。试用这些数据来说明双环庚烯的下列反应事实。

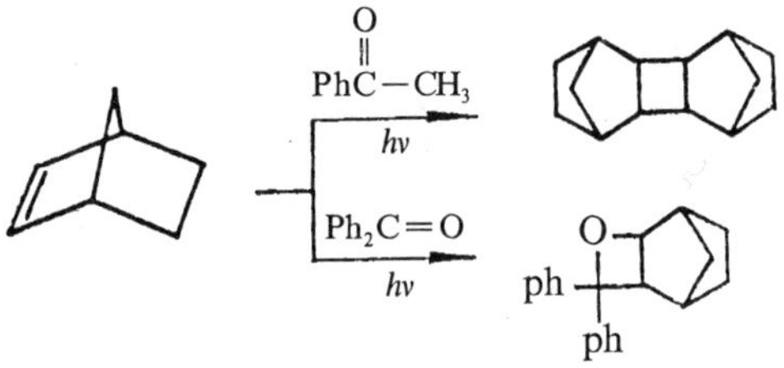

7. 试写出下列反应的机理:

(a) 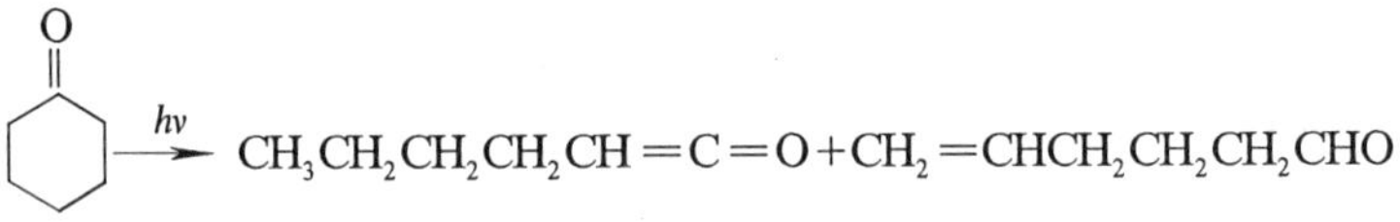 $\xrightarrow{h\nu}$ $CH_3CH_2CH_2CH_2CH=C=O+CH_2=CHCH_2CH_2CH_2CHO$

(b) 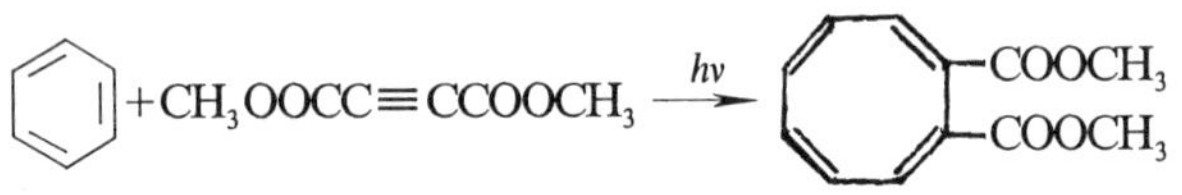 $+CH_3OOCC\equiv CCOOCH_3 \xrightarrow{h\nu}$

8. (a) 以分子轨道表示下列热电环反应:

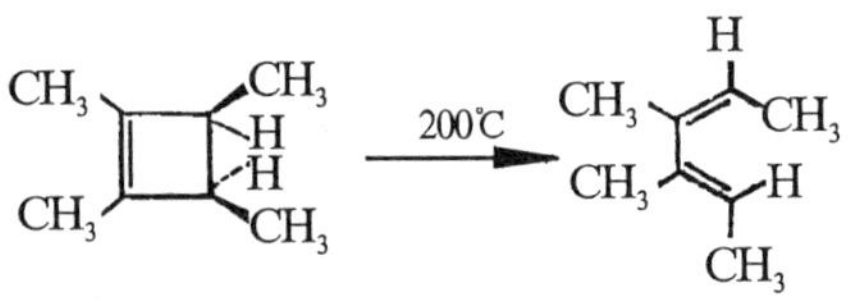

(b) 基团的旋转是顺旋,还是对旋?

9. 试提出实现由 E,E-2,4-己二烯转变成 Z,E-2,4,-己二烯的途径?

10. 2,4,6,8-癸四烯经加热而关环形成二甲基环辛三烯。请预测下面各反应可能生成什么产物?

(a) 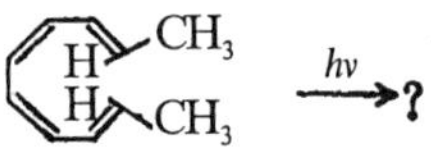 $\xrightarrow{h\nu}$? (b) 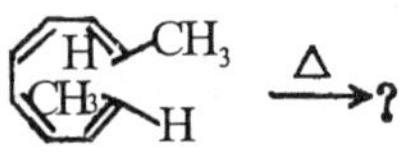 $\xrightarrow{\triangle}$?

420

11. 对于下列各反应的结果：(1) 基团是顺旋还是对旋移动？(2) 预测是在"光"还是"热"的作用下实现？

(a) 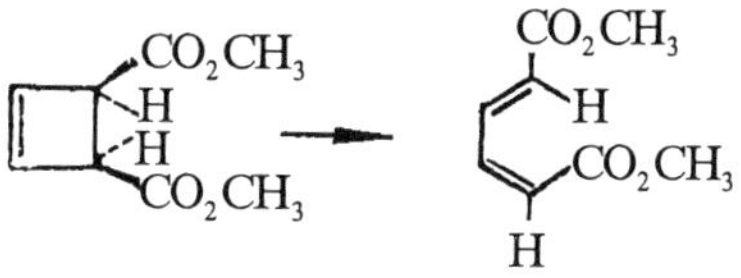 略

(b)  略

(c) 略

12. 试预测下列电环化反应产物的立体化学：

(a) 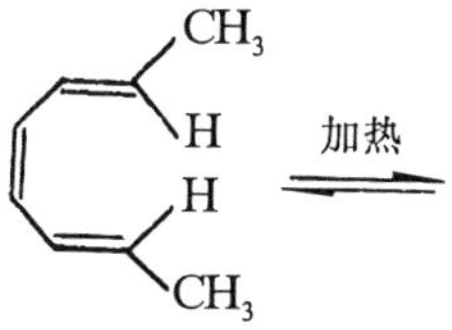 $\xrightarrow{\text{加热}}$ ⇌

(b) 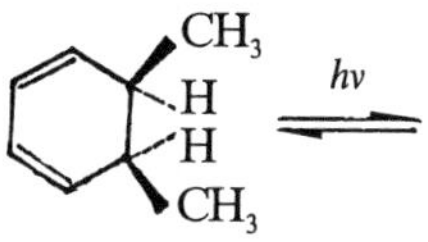 $\xrightarrow{hv}$ ⇌

13. 请提出一种将反-5,6-二甲基-1,3-环己二烯转变成顺-5,6-二甲基-1,3-环己二烯的立体专一的方法。

14. 环丙基正离子受热时迅速进行对旋开环反应。一般示例表示如下：

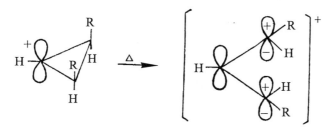

(a) 在这反应中，π 体系属于 $4n\pi$ 和 $(4n+2)\pi$ 中的哪一种？

(b) 形成的正离子是属于哪一种？

(c) 你预测环丙基负离子在热反应中显示是顺旋，还是对旋中的哪一种？

15. 请预测下列反应是在光还是热的作用下发生？

(a)

(b)

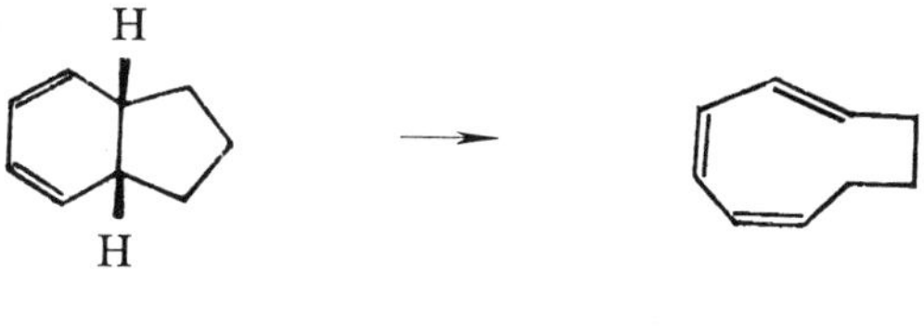

421

(c)

(d)

16. 下面化合物 1 和 2 的结构是什么?

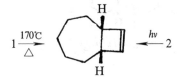

17. 请预测下列各协同环化加成反应的产物。

(a) 顺-2-丁烯 $\xrightarrow{hv}$?   (b) 反-2-丁烯 $\xrightarrow{hv}$?

18. 指出在下面反应中发生了什么变化?

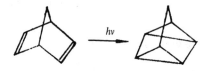

19. 当丙二烯加热 150℃时,它经历头-头环化加成,得到 1,2-二甲基环丁烷:

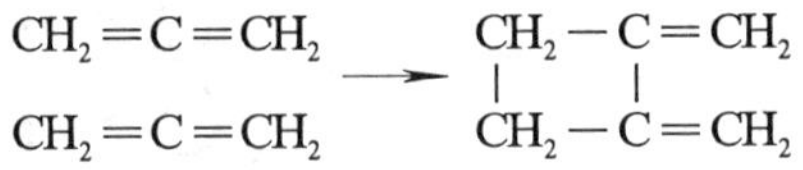

$$
\begin{array}{l}
CH_2{=}C{=}CH_2 \\
CH_2{=}C{=}CH_2
\end{array}
\xrightarrow{}
\begin{array}{l}
CH_2{-}C{=}CH_2 \\
\;\;|\qquad\;\; | \\
CH_2{-}C{=}CH_2
\end{array}
$$

头-头

(a) 该反应是协同反应历程吗?

(b) 对这样一个反应,请提出一个自由基机制,以解释为什么许多产物是头-头加成,而不是头-尾加成的结果吗。

20. 请预测下列反应的产物是什么?

(a)

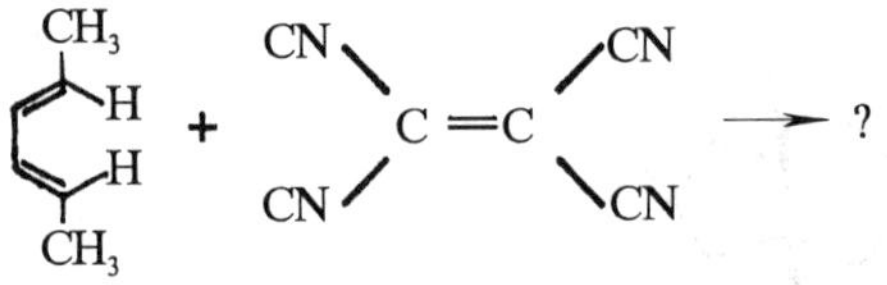

(b)

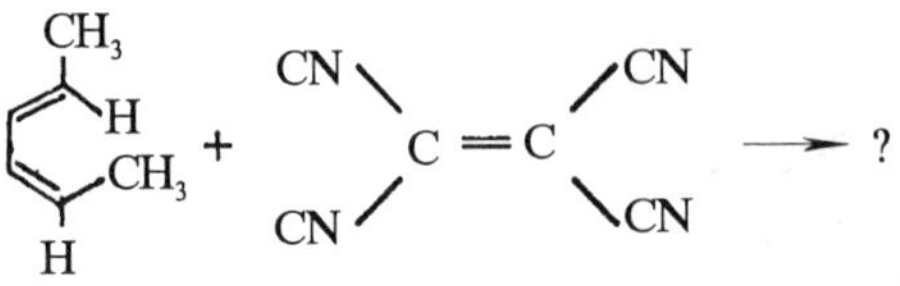

21. 在下列反应程序中,化合物 3~5 是什么?

422

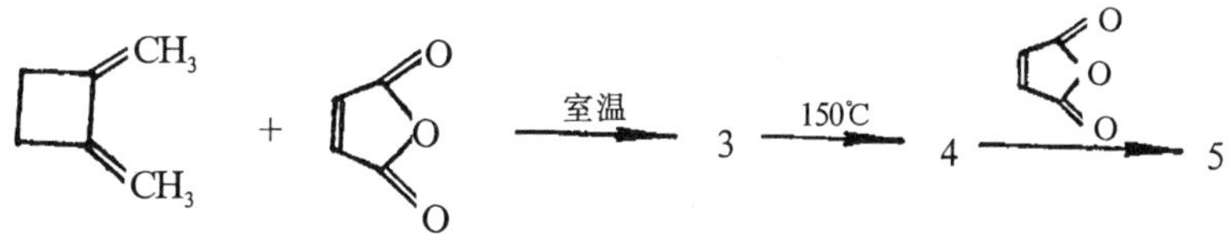

22. 在下列反应进程中, 化合物 7 是什么?

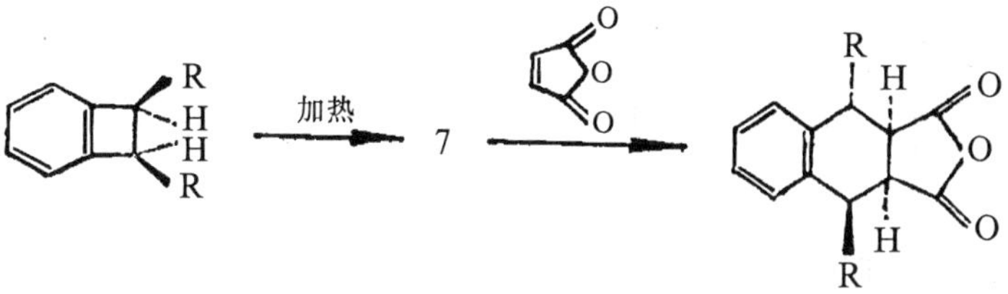

23. 下面所示的各种转变, 都被认为包括一个协同反应。试说明, 在各例中究竟发生了什么协同反应。

(a)

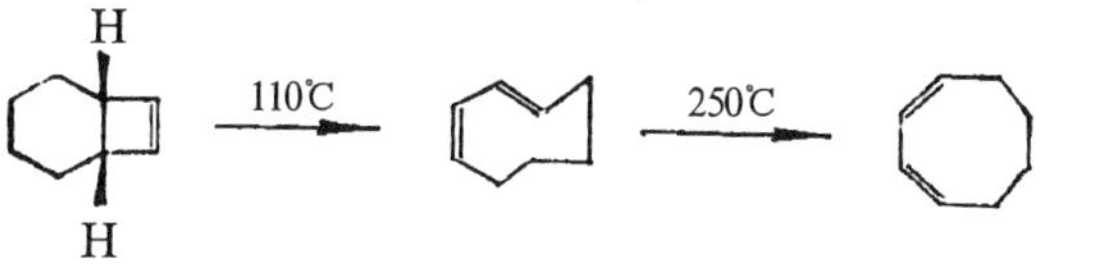

Z-二环[4.2.0]-   Z,E-1,3-环   Z,Z-1,3-环
辛-7-烯   辛二烯   辛二烯

(b)

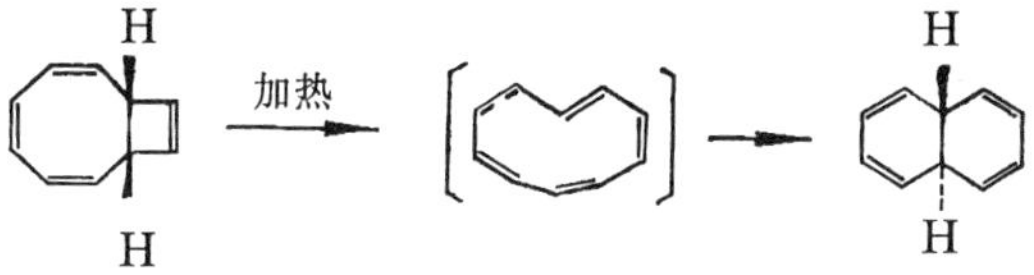

Z-二环[6.2.0]-   Z,Z,Z,Z,E-   反-9,10-二氢萘
癸-2,4,6,9-四烯   1,3,5,7,9-环癸五烯

(c)

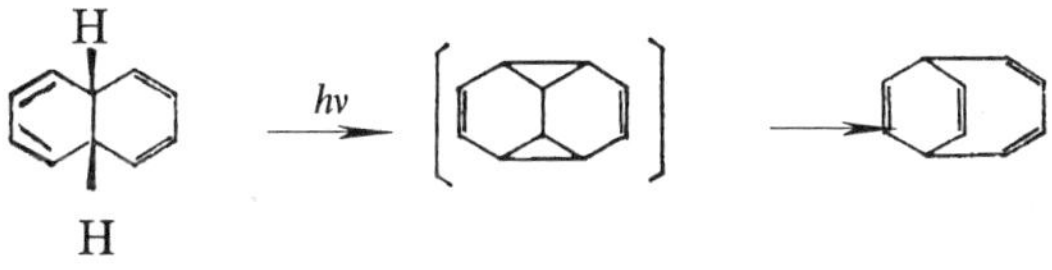

Z-9,10-二氢萘

(d)

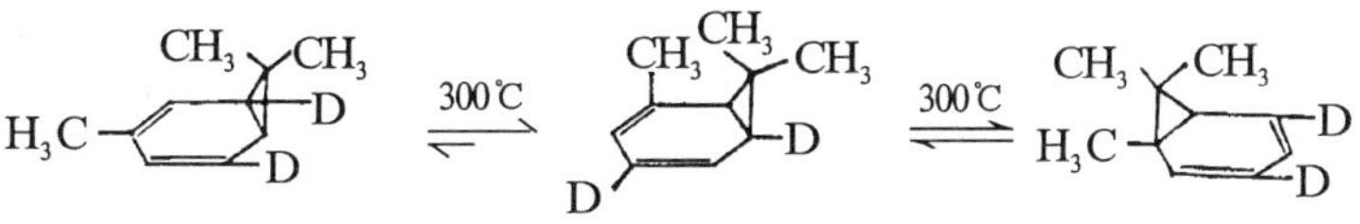

24. 下面各转变都认为是通过所述的协同反应顺序而进行的。试说明各步中, 究竟包含什么, 并写出化合物 A 到 J 的结构。

(a) 电环型闭环:

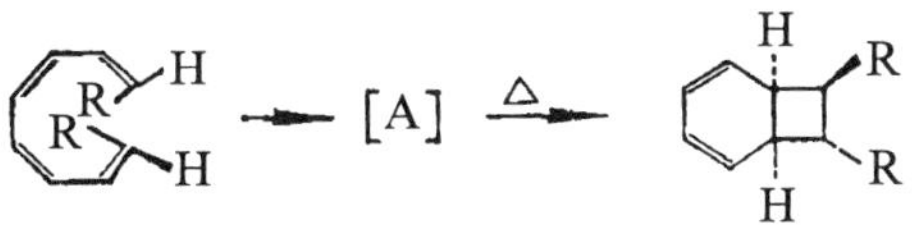

(b) [1, 5]-H 迁移(电环型开环):

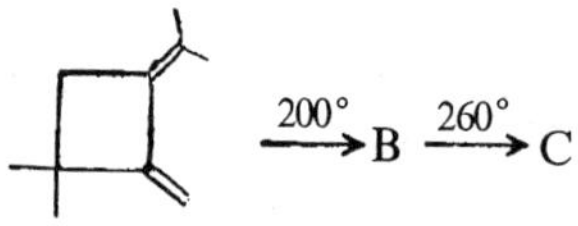

$$\xrightarrow{200°} B \xrightarrow{260°} C$$

(c) 电环型开环、电环型闭环,最后的 2 个产物不能互变。试对此加以说明。

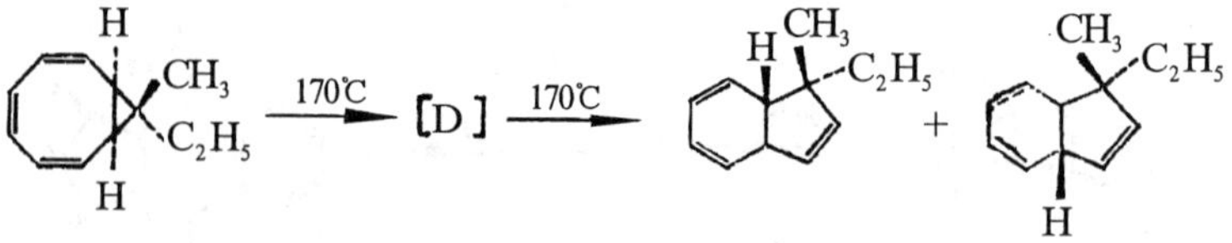

$$\xrightarrow{170℃} [D] \xrightarrow{170℃}$$

(d) 三个电环型闭环:

$$\xrightarrow{hv} E \xleftarrow{175°} F \xrightarrow{hv} G$$

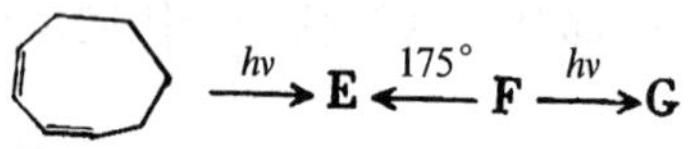

Z, Z-1,3,-环壬二烯

25. 写出下列反应的产物:

(a)

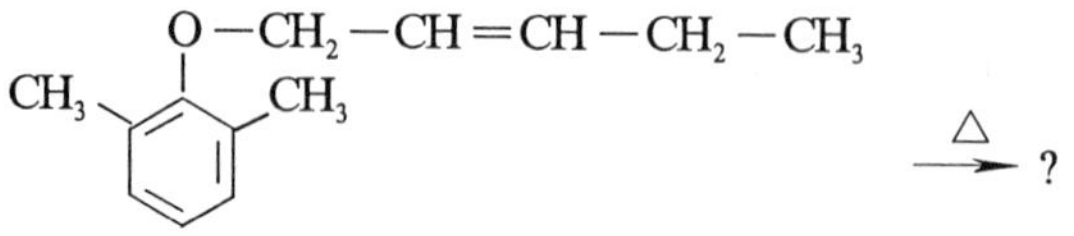

$$\xrightarrow{\triangle} ?$$

(b)

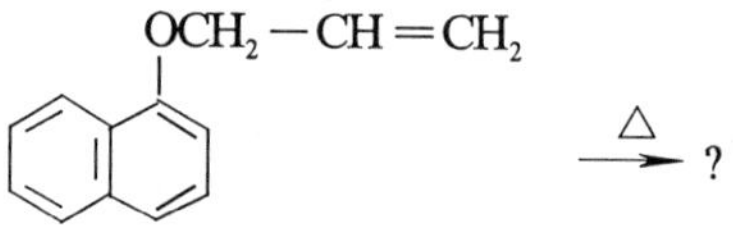

$$\xrightarrow{\triangle} ?$$

(c)

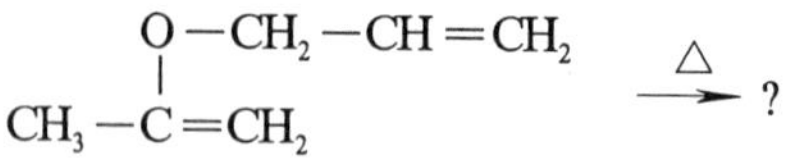

$$\xrightarrow{\triangle} ?$$

第十七章　光谱分析在有机化学中的应用

光谱学是研究光(或电磁波)与原子、分子相互作用的一门科学。自 50 年代以来,由于它的迅速发展,给有机化学研究带来了极大的方便,特别是为有机化合物的结构分析提供了简便、准确的方法。使用最普遍的是核磁共振谱、红外光谱、紫外光谱与质谱,它们可以提供分子中不同方面的结构信息。将不同光谱配合使用,就可得到化合物分子中比较全面的结构信息,使有机化合物结构测定这一繁杂的工作变得简单而快速了。

本章将扼要介绍核磁共振谱、红外光谱和紫外光谱所提供的有机化合物的结构方面的信息,顺便也涉足质谱的一些最简单的概念。

分子在不同波长的光(或电磁波)照射下,获得不同的能量,当分子吸收某一量子化的能量后,将引起分子中某些能级的变迁,产生不同的吸收光谱。

光(或电磁波)按其波长范围可分为几个光谱区,如无线电波、微波、红外线,可见光与紫外光和 X 射线,其中每个区域的波长、波数、频率及能量表示如下:

	无线电波	微　波	红　外　线		可见光	紫外线	X射线
$(1/\lambda)/cm^{-1}$	0.2	1.0	10	10^2	10^4	10^5	10^6
λ/nm	10^8	10^7	10^6	10^5	10^3	10^2	10
ν/s^{-1}	3×10^9	3×10^{10}	3×10^{11}	3×10^{12}	3×10^{14}	3×10^{15}	3×10^{16}
E/J	2×10^{-24}	2×10^{-23}	2×10^{-22}	2×10^{-21}	2×10^{-19}	2×10^{-18}	2×10^{-17}

从上列数据看到,随着光(或电磁波)的波长增加,其相应波长的能量与波的频率则依次下降,所以它们引起分子中某些能量变化各不相同。如波长在$(3.3\times10^7\sim10^{10})$nm 时,将引起原子核的自旋跃迁(核磁共振谱); 波长在$(2.5\times10^3\sim3.5\times10^5)$nm 时,将引起分子中原子间键的振动增加(红外光谱); 波长在$(10^2\sim8\times10^2)$nm 时,可使价电子激发到较高能级(可见、紫外光谱)。下面分别进行简要的讨论。

17.1　核磁共振谱

1. 核磁共振的基本原理

在原子和分子体系内,电子的轨道运动、电子的自旋运动、核的自旋运动以及整个分子的旋转运动都会产生闭合的环电流,因此都应当有某种磁现象产生。核磁共振主要是由核的自旋运动引起的。实验证明不是所有元素的原子核自旋运动都能引起核磁共振,只有那些质量数和原子序数均为奇数或者其中之一为奇数的元素的原子核自旋运动才能引起,因为它们的自旋量子数(I)都大于零。如 ^1H, ^{19}F, ^{13}C, ^{31}P 等核的 $I=\dfrac{1}{2}$; ^{35}Cl, ^{37}Cl, ^{79}Br, ^{81}Br 等核的 $I=$

$\dfrac{3}{2}$；^{14}N，^{2}H 等核的 $I=1$；^{10}B 核的 $I=3$。这些核具有核磁矩，自旋中产生磁场。上述自旋量子数的数值决定着该核在外磁场中可能出现的取向的数目。具有核自旋量子数 I 的原子核，在外磁场中，只能有 $(2I+1)$ 个取向。如 ^{1}H 的 $I=\dfrac{1}{2}$，在外磁场中有两种取向：一种与外磁场方向一致，称为顺磁取向；另一种与外磁场方向相反，称为反磁取向。这两种取向相当于质子 ^{1}H 核在外磁场中裂分为两个不同的能量（能级）状态。如图 17-1 所示。反磁取向能量（$+\mu H_0$）较顺磁取向能量（$-\mu H_0$）高，二者能量之差 $\Delta E=2\mu H_0$（μ 为核磁矩、H_0 为外磁场强度）。当外电磁波的频率 ν 正好和 ΔE 相当时，即 $\Delta E=h\nu$，此时顺磁取向的核吸收 $h\nu$ 能量，出现能级跃迁变为反磁取向，这就是产生核磁共振的原因。对质子而言，就是质子共振（PMR）。

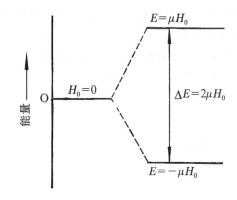

图 17-1　在磁场 H_0 中顺反两种核磁矩的能级

有机化合物主要含碳、氢、氧、氮等元素，而 ^{12}C 和 ^{16}O 的核自旋量子数为零，没有磁性，不发生核磁共振。氢的同位素 ^{1}H 的天然含量（丰度）大，磁性也较强，容易测定，所以 ^{1}H（质子）共振的研究最多，应用最普遍，也是我们要讨论的。

2. 化学位移

化学位移是指有机化合物中质子（^{1}H）共振吸收峰出现的位置。为使化学位移这一物理数据不因所用仪器的磁场强度或电磁波频率不同而异，采用了以四甲基硅烷（TMS）为参比物质。因为它的质子比所有一般的有机化合物中的质子能在高场达到共振，将其质子共振吸收峰的化学位移 δ 定为零。相对于 TMS 来说，任何一个在低场共振的质子其化学位移 δ 均大于零。其表达式如下：

$$\delta=\frac{\nu_{\text{样品}}-\nu_{\text{TMS}}}{\nu_0}\times10^6$$

式中 δ 为化学位移；ν_0，$\nu_{\text{样品}}$，ν_{TMS} 分别为仪器所用电磁波频率、使样品发生质子共振吸收峰的频率、使标准 TMS 发生质子共振吸收峰的频率。也可用相应的磁场强度差值的比值来表示化学位移。

有机化合物中不同质子会有不同的化学位移，这为有机物结构分析提供了必要条件。为什么会出现不同化学位移呢？这是因为化合物质子的周（外）围总是有电子云与其他结构或运动而产生的第二磁场（或感生磁场），它的方向可与外加磁场方向一致或相反，使质子真实感

426

表 17-1　质子核磁共振谱的化学位移

化　合　物	δ	12	11	10	9	8	7	6	5	4	3	2	1	0
$(CH_3)_4Si$														■
CH_3-C													■	
$-CH_2-C$												■		
$>CH-C$												■		
$CH_3-C=C$												■	■	
$CH_3-C\equiv N$											■			
CH_3-Ar											■			
$-CH_2-Ar, >CH-Ar$										■	■			
$CH_3-\overset{\vert}{C}O, -CH_2-\overset{\vert}{C}O$										■				
$CH\equiv C-$										■				
$CH_3-C-C-Y$												■		
CH_3-C-Y											■	■		
$CH_3-N, -CH_2-N, >CH-N$										■	■			
$CH_3-O, -CH_2-O, >CH-O$								■	■	■				
$CH_3-X, -CH_2-X, >CH-X$								■	■					
$CH_3-NO_2, -CH_2-NO_2$								■						
$-CH=\overset{\vert}{C}-R$									■	■				
$-CH=\overset{\vert}{C}-\overset{\vert}{C}O$							■	■						
$-CH=\overset{\vert}{C}-Ar$							■	■						
$>C=CH-R$								■	■					
$>C=CH-\overset{\vert}{C}O$							■	■						
$>C=CH-Ar$						■	■	■						
$Ar-H$						■	■	■						
$R-CHO$					■									
$Ar-CHO$				■										
$R-COOH$ 二聚物		■	■	■										
$Ar-COOH$														
$R-NH_2, R_2NH$													■	■
$ArNHR$									■	■				
$RCONHR'$						■	■							
$R-OH$								■	■	■	■	■	■	■
$Ar-OH$						■	■	■	■	■				
	δ	12	11	10	9	8	7	6	5	4	3	2	1	0

427

受到的磁场强度与外加磁场强度不一致:若比外加磁场强度小,就是受屏蔽作用;若比外加磁场强度大,就是受到去屏蔽作用。所以受屏蔽作用大的质子共振往往发生在高磁场一边,而受去屏蔽作用大的质子共振则发生在低磁场一边。从表 17-1 中所列化学位移数据,可以看出影响化学位移的结构因素大致有: 诱导效应(电负性大的原子或基团的影响)、π电子云屏蔽作用的各向异性(环电流引起的感生磁场方向各向异性)、氢键、范德华力等。 常见的影响化学位移的因素还有溶剂与温度。

3. 质子的等性与不等性

在实验中发现,甲醚、丙酮、2,2-二氯丙烷、对二甲苯上的 2 个甲基中的 6 个氢在核磁共振谱图上只有 1 个峰,而乙醇、甲乙醚则有 3 组峰出现。这是因为具有相同电磁环境的质子有相同的化学位移,因此只有 1 个(或组)核磁信号,这几个质子被称为等性质子。具有不同电磁环境的质子,由于受到不同的屏蔽作用,因而在不同磁场强度下发生共振,所以有不同的化学位移,这样的质子为非等性质子。

4. 自旋偶合与偶合常数

从 1,1,2-三溴乙烷的核磁共振谱图(见图 17-2)看到有两组峰,而且一组裂分为二重峰;一组裂分为三重峰。这是由于邻近质子在外磁场影响下它也可以有顺磁 (α) 与反磁 (β) 两种取向,这些取向质子自旋的磁矩通过成键电子传递可影响所测质子周围的磁场,使之有微小的增加或减少: 若磁场强度有所增加,则可在稍低场发生共振;若磁场强度有所减小,则在稍高场发生共振。这样就产生了峰的裂分。具体分析如下:

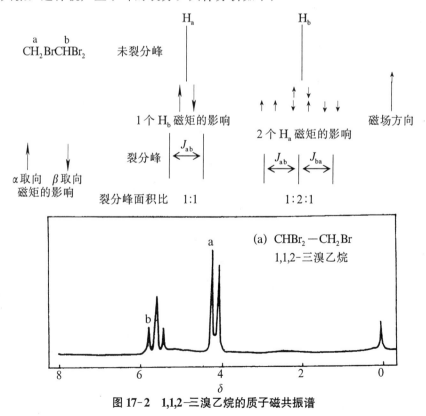

图 17-2 **1,1,2-三溴乙烷的质子磁共振谱**

428

α 与 β 的磁矩影响只不过方向相反,数量相同; 同时 H_a 对 H_b 的影响与 H_b 对 H_a 的影响因为磁矩相等,传递的途径相同,它们的影响也是相等的,所以 H_a 裂分的二重峰的面积比为 1:1, 而 H_b 裂分的三重峰的面积比为 1:2:1。H_a 二重峰的间距 J_{ab} 与 H_b 三重峰间的间距 J_{ba} 是相等的,即相互的偶合常数相等。概括地说,裂分数与邻近质子数 n 的关系为 $n+1$。

若邻近的质子是两种不等性的质子,则不能用简单的 $n+1$ 的关系来估计裂分数,而应是 $(n'+1)(n''+1)$ 的关系。例如 $-\overset{|}{\underset{H_a}{C}}-\overset{|}{\underset{H_b}{C}}-\overset{|}{\underset{H_c}{C}}-$ 体系里, H_a, H_b, H_c 是 3 种非等性质子,而且 $J_{ab} \neq J_{cb}$, 则 H_b 的裂分数为 $(1+1)(1+1)=4$ 而不是 3。如下图所分析的情况:

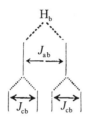

所以乙醇 $\overset{a}{C}H_3\overset{b}{C}H_2\overset{c}{O}H$ 高分辨的 PMR 谱显示 CH_2 的质子裂分成 $(3+1)(1+1)=8$ 重峰。但是这种裂分由于有重叠,有些峰太弱表现不出来,不一定都能符合 $(n'+1)(n''+1)$ 的裂分数。

若在上述体系中, $J_{ab} \simeq J_{cb}$, 则 H_b 的裂分数仍为 $n+1$ 或 $(n'+n''+1)$。例如正丙基苯中 H_b 的裂

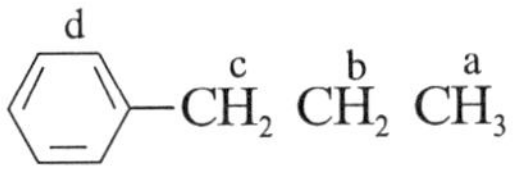

$$\underset{d}{\bigcirc}-\overset{c}{C}H_2\overset{b}{C}H_2\overset{a}{C}H_3$$

分数就等于 $(3+2+1)=6$。常见质子类型的偶合常数列于表17-2中。偶合常数的单位为 Hz。

表 17-2 一些类型质子的偶合常数

质 子 类 型	偶合常数 J/Hz	质 子 类 型	偶合常数 J/Hz
CH_4^*	12.4	$\overset{H}{\diagup}C=C\overset{}{\diagdown}_H$	13~18
$\diagdown C\overset{H}{\underset{H}{\diagup}}$	12~15	$\diagdown C=C\overset{H}{\underset{C-H}{\diagup}}$	4~10
$\diagdown CH-C\diagup H$	2~9	$\overset{H}{\diagdown}C=C\overset{C\diagup H}{\diagup}$	0.5~2.5
$-\overset{|}{\underset{H}{C}}-(-\overset{|}{C}-)_n-\overset{|}{\underset{H}{C}}-$	~0	$\overset{H}{\diagup}C=C\overset{C\diagup H}{\diagdown}$	~0
CH_3-CH_2-X	6.5~7.5	$\diagdown C=CH-CH=C\diagup$	9~13
$\overset{CH_3}{\underset{CH_3}{\diagdown}}CH-X$	5.5~7.0	$H-C\equiv C-H^*$	9.1
$H-\overset{\bigcirc}{\underset{X \quad Y}{C-C}}-H$	$\begin{cases} a, a \ 5\sim12 \\ a, e \ 2\sim5 \\ e, e \ 2\sim3 \end{cases}$	$\diagdown CH-C\equiv C-H$	2~3
		$\diagdown CH-C\overset{H}{\underset{O}{\diagup}}$	1~3
$\diagdown C=C\overset{H}{\underset{H}{\diagup}}$	0.5~3	$\diagdown C=C\overset{H}{\underset{C\diagdown H}{\diagup}\underset{O}{}}$	6~18
$\overset{H}{\underset{H}{\diagdown}}C=C\overset{H}{\diagup}$	7~12		

429

质 子 类 型	偶合常数 J/Hz	质 子 类 型	偶合常数 J/Hz
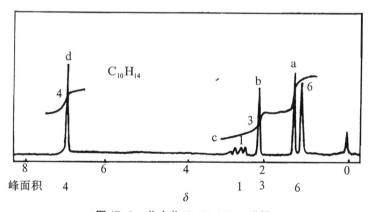	o-$6 \sim 9$ m-$1 \sim 3$ p-$0 \sim 1$		$\alpha, \beta \ 4.6 \sim 5.8$ $\alpha, \beta' \ 1.0 \sim 1.8$ $\alpha, \alpha' \ 2.1 \sim 3.3$ $\beta, \beta' \ 3.0 \sim 4.2$
	$\alpha, \beta \ 1.6 \sim 2.0$ $\alpha, \beta' \ 0.6 \sim 1.0$ $\alpha, \alpha' \ 1.3 \sim 1.8$ $\beta, \beta' \ 3.2 \sim 3.8$		$\alpha, \beta \ 4.9 \sim 5.7$ $\alpha, \gamma \ 1.6 \sim 2.6$ $\alpha, \beta' \ 0.7 \sim 1.1$ $\alpha, \alpha' \ 0.2 \sim 0.5$ $\beta, \gamma \ 7.2 \sim 8.5$ $\beta, \beta' \ 1.4 \sim 1.9$
	$\alpha, \beta \ 2.0 \sim 2.6$ $\alpha, \beta' \ 1.3 \sim 2.2$ $\alpha, \alpha' \ 1.8 \sim 2.3$ $\beta, \beta' \ 2.8 \sim 4.0$		

* 这些只包括等性质子化合物的偶合常数是由同位素光谱测定。

从表中数值看到,偶合常数受到分子的构型、构象、两质子相隔的化学键数目等许多因素的影响,但它不像化学位移,不随外磁场变化,所以偶合常数在测定顺反异构及构象时有极重要的作用。

5. 谱图分析实例

【例1】 有一烃类化合物,分子式为 $C_{10}H_{14}$,测得它的质子核磁共振谱图见图17-3,试分析推断它的结构。

图17-3 化合物 $C_{10}H_{14}$ NMR谱图

【解析】

$$不饱和度 = \frac{2+2n_4+n_3-n_1}{2}$$

式中,n_4, n_3 与 n_1 分别代表分子式中四价、三价和一价元素的数目。式中,$2+2n_4+n_3$ 代表达到饱和程度所需一价元素的数目,所以减去一价元素数目除以 2 即为不饱和程度。不饱和程度可为我们提供以下可能的信息:苯环不饱和度为4,脂环不饱和度为1,三键不饱和度为 2,双键为 1,饱和链状化合物不饱和度为 0。

该化合物分子式为 $C_{10}H_{14}$,按上式计算结果不饱和度为 4。因此分子中可能有苯环。谱图中有 4 组质子峰,从峰的积分面积判断:a 有 6 个氢,b 有 3 个氢,c 有 1 个氢,d 有 4 个氢。进而得到如下推断(见下表):

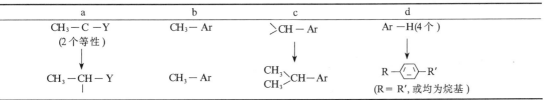

a	b	c	d
CH_3-C-Y (2 个等性)	CH_3-Ar	$>CH-Ar$	$Ar-H(4 个)$
↓		↓	↓
CH_3-CH-Y	CH_3-Ar	$\begin{matrix}CH_3\\CH_3\end{matrix}>CH-Ar$	$R-\langle\rangle-R'$ (R = R', 或均为烷基)

根据这些组合单元的共同点与分子式的限制,可将其连成如下结构 $CH_3-\langle\rangle-CH<\begin{smallmatrix}CH_3\\CH_3\end{smallmatrix}$。

根据此结构推断其图谱,a, b 与 c 都是符合的,d 按此结构应出现两组苯环上的质子,但甲基与异丙基的碳电负性相差不大,所以只显一个峰。查此结构的标准图谱也与实际相符,因此可以肯定此结构。

【例 2】 分子式为 $C_4H_8O_2$ 的酯类化合物,其质子核磁共振谱图见图 17-4,试推断其结构。

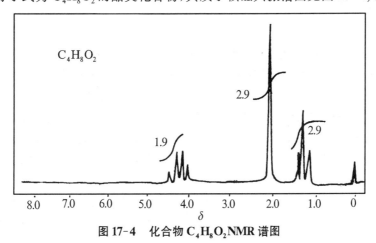

图 17-4 化合物 $C_4H_8O_2$ NMR 谱图

【解析】

$$不饱和度 = \frac{2+2\times4-8}{2} = 1$$

这可能是酯羰基所致。谱图中有三组峰,峰面为 3:3:2,三组峰的化学位移及对应的氢质子分别为: $\delta \sim 1.3$(三重峰,3H),可能为 CH_3-CH_2- 结构单元中的甲基; $\delta 2.0$(单峰,3H),可能 $-\overset{O}{\overset{\|}{C}}-CH_3$ 结构单元中的甲基; $\delta \sim 4.2$(四重峰,2H),可能为 $-OCH_2CH_3$ 结构单元中亚甲基(从表 17-1 中查对)。这样也符合裂分数目。因此化合物 $C_4H_8O_2$ 的结构应是 $CH_3\overset{O}{\overset{\|}{C}}-OCH_2CH_3$。

核磁共振碳谱、磷谱本章不作介绍。

17.2 红 外 光 谱

红外光谱是研究波数在 $4000 \sim 400cm^{-1}$ 范围内不同波数(或不同波长)的红外光通过化

合物后被吸收的谱图。谱图是波长(λ，nm)或波数($1/\lambda$，cm^{-1})为横坐标，以透光度 $T\%$(即 $T = I_{透过光}/I_{\lambda射光} \times 100\%$) 为纵坐标而形成的。波数与频率成正比。波数 $\bar{v} = 1/\lambda$，而频率 $v = C/\lambda$(C 为光速)，所以在红外光谱学中，波数即意味着频率。

1. 基本原理——分子的振动与红外吸收

分子的红外光谱是由于分子吸收红外光引起 2 个不同的振动能级之间跃迁的结果。分子中原子间的振动运动，对双原子分子而言，就像具有一定质量的 2 个小球连接在一弹簧上发生简谐振动一样，它服从虎克(Hooke)定律，振动频率符合如下关系式：

$$\bar{v} = \frac{1}{2\pi C}\sqrt{\frac{k}{u}} \qquad u = \frac{m_1 m_2}{m_1 + m_2}$$

式中，$\bar{v}$ = 振动频率，cm^{-1}(波数)；m_1，m_2 = 原子 1 与 2 的质量，g；光速 $C = 2.998 \times 10^{10}$cm/s；k = 力常数，g/s^2。力常数为简谐振动中弹簧的恢复力，相当于化学键的键强，对于单、双、叁键的力常数大致分别为 5×10^5，10×10^5 与 15×10^5 g/s^2。

从此公式可看到：键强愈大，振动频率愈高；原子质量愈小，振动频率愈高。也就是讲，这种分子吸收的红外频率愈高。

但是要注意的是：在分子水平以下尺度的运动是量子化的，振动能级的跃迁也是量子化的，所以它只能从 E_0 跃到 E_1 或 E_2，因此只有符合 $E_1 - E_0 = hv$ 或 $E_2 - E_0 = hv$ 频率的光子才能被吸收；就像不是所有元素的原子都有核磁共振一样，不是所有分子(特别是双原子分子)及振动都显红外光谱，只有那些能引起分子偶极矩变化的振动才能观察到振动(红外)光谱，如 N_2，H_2 等振动过程中没有偶极矩的变化，观察不到红外光谱，CO 振动过程中有偶极矩变化，呈现红外吸收光谱。对于多原子分子来说，分子(如 CO_2)中有些振动(如不对称伸缩振动与弯曲振动)使分子产生偶极矩变化，出现红外吸收；有些振动(CO_2 的对称伸缩振动)就不出现偶极矩变化，也观察不到红外吸收。

多原子分子的振动情况比双原子分子复杂得多，但可分解成许多简单的基本振动，又称简正振动。一个含有 n 个原子组成的分子有 $3n-6$ 种(直线型分子为 $3n-5$ 种)振动方式，这些振动方式可分为两大类：一是振动时键长发生变化，称为伸缩振动；二是振动时键角发生变化而键长不变，称为弯曲振动(或称变形振动)。再细分，则有对称伸缩、不对称伸缩、面内弯曲、面外弯曲；剪动、扭动、摇动等。见图 17-5,6。

甲基也有 6 种振动方式。多原子分子具有多种振动方式，这些正是产生复杂谱图的原因。

对于有些分子的伸缩振动，可以从一个键的伸缩振动来考虑，因此也可用虎克定律来近似地计算其伸缩振动的频率。例如 C—H 的伸缩振动频率计算如下：

$$\bar{v} = \frac{1}{2\pi \times 2.998 \times 10^{10}\text{cm/s}}\sqrt{\frac{5 \times 10^5 \text{g/s}\left(\frac{12}{6.023} + \frac{1}{6.023}\right) \times 10^{-23}\text{g}}{\left(\frac{12}{6.023} \times 10^{-23}\text{g}\right)\left(\frac{1}{6.023} \times 10^{-23}\text{g}\right)}} = 3032 \text{ cm}^{-1}$$

C—H 伸缩振动的实测吸收范围是 2850～3000cm^{-1}。

利用这种方法可以算出各种键的伸缩振动频率，可以帮助我们鉴定各种键的伸缩振动的红外吸收区域。现归纳于表 17-3。

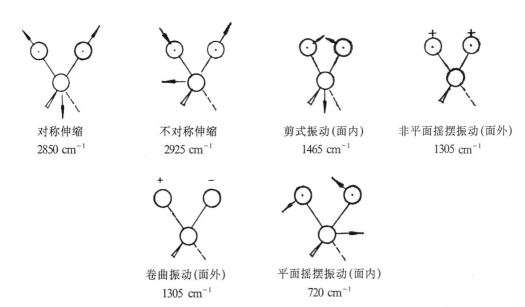

对称伸缩	不对称伸缩	剪式振动(面内)	非平面摇摆振动(面外)
2850 cm^{-1}	2925 cm^{-1}	1465 cm^{-1}	1305 cm^{-1}

卷曲振动(面外)	平面摇摆振动(面内)
1305 cm^{-1}	720 cm^{-1}

图 17-5 亚甲基的 6 种振动方式

对称伸缩	不对称伸缩	面内弯曲(剪式)	面外弯曲(剪式)
1340 cm^{-1}	2350 cm^{-1}	666 cm^{-1}	666 cm^{-1}

图 17-6 二氧化碳(直线型分子)的几种振动方式

表 17-3 各种键的伸缩振动红外吸收区域

键	一般吸收区域 $\bar{v}/\text{cm}^{-1}$
C—C, C—N, C—O	800 ~ 1300
C=C, C=N, C=O	1500 ~ 1900
C≡C, C≡N	2000 ~ 2300
C—H, N—H, O—H	2850 ~ 3650

从这些结果可以看到各种键的伸缩振动吸收区域首先依赖键上是否连有氢,其次依赖于键的形式(单键、双键或叁键)。

2. 影响谱带位移的因素

从上表看到,决定谱带位置主要因素是键型和成键原子的质量。同时受到周围基团或环境的影响,谱带也会或多或少发生变化。影响因素大致有:

(1) 成键轨道类型的影响

由于邻近原子或基团影响了成键轨道的类型,因而影响键的力常数,使谱带发生位移。例如同样 C—H 伸缩振动的频率,但饱和 C—H 与不饱和 C—H 就不一样,如下所示:

C—C—H	C=C—H	C≡C—H
3000 ~ 2850 cm^{-1}	3100 ~ 3000 cm^{-1}	~ 3300 cm^{-1}

(2) 诱导效应的影响

由于邻近原子或基团的诱导效应影响,使基团中电荷分布发生变化,从而改变了键的力常数,使振动频率发生变化。如下列 4 个卤素取代的羰基化合物,随着取代基电负性增强,使羰基伸缩振动频率增加。

$$CH_3\overset{O}{\overset{\|}{C}}CH_3 \qquad CH_3\overset{O}{\overset{\|}{C}}Cl \qquad Cl\overset{O}{\overset{\|}{C}}Cl \qquad Cl\overset{O}{\overset{\|}{C}}F \qquad F\overset{O}{\overset{\|}{C}}F$$

$$1715\ cm^{-1} \qquad 1780\ cm^{-1} \qquad 1827\ cm^{-1} \qquad 1876\ cm^{-1} \qquad 1942\ cm^{-1}$$

(3) 共轭效应的影响

由于邻近原子或基团的共轭效应使原来基团中双键性质减弱,从而使力常数降低,使伸缩振动频率降低。如 1-丁烯的 $C=C$ 的伸缩振动频率为 $1650cm^{-1}$,而 1,3-丁二烯的 $C=C$ 伸缩振动频率降为 $1597cm^{-1}$,就是由于 1,3-丁二烯的共轭效应使碳碳双键性质减弱。

$$CH_2=CH-CH=CH_2 \longleftrightarrow \overset{+}{C}H_2-CH=CH-\overset{-}{C}H_2 \longleftrightarrow \overset{-}{C}H_2-CH=CH-\overset{+}{C}H_2$$

(4) 键张力的影响

由于环的大小使键角有所变化,因而影响键的力常数,使环内的基团或环上所连基团的振动频率发生变化。如饱和 $C-H$ 伸缩振动频率一般在 $3000cm^{-1}$ 以下,而环丙烷的 $C-H$ 则在 $3030cm^{-1}$。又如环戊酮与环丁酮的 $C=O$ 伸缩振动频率分别为 $1745cm^{-1}$ 与 $1784cm^{-1}$。这些是由于环的张力使 $C-H$ 与 $C=O$ 中碳的运动变得很困难,所以伸缩振动频率增加。但是在环内的双键却因为环的张力增加而使 $C=C$ 伸缩振动频率降低,如环己烯的 $C=C$ 伸缩振动频率为 $1650cm^{-1}$,环戊烯降到 $1611cm^{-1}$,环丁烯降到 $1566cm^{-1}$,这些是由于张力环键角的改变使 $C=C$ 不能形成完整的双键,因而力常数降低,所以 $C=C$ 的伸缩振动频率降低。

(5) 氢键的影响

对于伸缩振动基团,如 $-OH$,$-NH_2$,$-COOH$ 等,形成的氢键愈强,基团的振动频率向低频方向位移愈大,谱带越宽,吸收强度愈大。但是对于弯曲振动,氢键则引起谱带变窄,同时向高频方向位移。如乙醇的自由羟基的伸缩振动频率为 $3640cm^{-1}$,在稀的 CCl_4 溶液中,这个吸收峰很明显。乙醇的缔合聚合物的 $O-H$ 伸缩振动频率在 $3350cm^{-1}$;当乙醇浓度增加时,这个吸收峰变得很突出,很宽,强度很大,而乙醇自由羟基的伸缩振动吸收峰逐渐减弱。

(6) 振动的耦合

若分子内的 2 个基团位置很靠近,而且它们的振动频率相近,则可能发生振动耦合,使谱带分裂为二,在原谱带高频与低频一侧各出现一条谱带。如丙二烯基中 2 个双键耦合很强,$C=C$ 振动频率峰($\sim 1650cm^{-1}$)消失,变为在 $1050cm^{-1}$ 和 $1950cm^{-1}$ 有 2 个吸收峰。又如乙酸酐的 2 个羰基间隔一氧原子,它们耦合,羰基的伸缩振动频率分裂为 2 个;一个在 $1818cm^{-1}$,比羧酸的羰基 $1760cm^{-1}$ 高;另一个在 $1750cm^{-1}$,比 $1760cm^{-1}$ 低。

弯曲振动也可以发生耦合。如芳环上的 $C-H$ 面外弯曲振动可与环上相邻 $C-H$ 的弯曲振动发生耦合,所以芳环上 $C-H$ 面外弯曲振动频率与相邻氢原子数有关。

(7) 物态变化的影响

一般气态测得的特征频率较高,液态和固态的较低。如丙酮羰基的特征频率,在气态下测得为 $1738cm^{-1}$,液态下为 $1715cm^{-1}$。这是因为液态丙酮分子羰基的偶极相互吸引,使羰基的碳氧双键变弱,力常数减小,故特征频率稍低。固态的吸收带较尖锐,溶液有时受溶剂的影响,吸收频率出现位移。

3. 有机分子的基团特征频率

在大量红外光谱实验基础上,发现同一种化学键或基团,在不同化合物的红外光谱中,往往表现出大致相同的(变动范围较窄)吸收峰位置,称为化学键或基团的特征振动频率。如像含氢原子的键的伸缩振动频率在 3000 cm^{-1} 左右高频区,具有特征频率:O—H 在 3650～3200 cm^{-1},N—H 在 3500～3100 cm^{-1},C—H 在 3000 cm^{-1} 左右;多重键的伸缩振动,也在较高频区具有特征频率:C≡C,C≡N 约在 2150 cm^{-1},C=O～1700 cm^{-1} 左右,C=C,C=N～1600 cm^{-1}。所以在红外光谱仪测定的范围中,1500～3600 cm^{-1} 高频区是化学键或功能基的特征频率区。在 1500～650 cm^{-1} 内的谱带为弯曲振动及不含氢的单键基团的伸缩振动的谱带,谱带数目很多,常难于给予明确的归属,但总有一定的区别,如同人的指纹一样,人各有异,所以这个区域称为指纹区,对最后肯定一个化合物结构起重要作用。现将特征区和指纹区各种键的振动频率范围简单归纳于图 17-7。

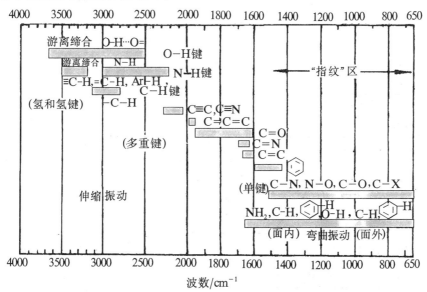

图 17-7 键和吸收峰的位置

由于基团有多种振动方式,相应也有多种相关的特征频率范围,称为相关频率。现将常见的化学键或基团的特征频率与相关频率分别归纳如下:

（1）用于初步鉴别红外光谱的几个频率段

波数($\bar{\nu}$)/cm^{-1}	引 起 吸 收 的 键
3700～3000	O—H,N—H 伸缩振动
3300～3010	—C≡C—H, C=C<^{H} ,Ar—H(C—H 伸缩)
3000～2700	—CH₃,>CH₂,≥C—H, —C—H (C—H 伸缩)
2400～2100	C≡C,C≡N 伸缩振动
1900～1650	C=O(酸、醛、酮、酰胺、酯、酸酐)伸缩振动
1675～1500	>C=C<(脂肪族和芳香族),>C=N 伸缩振动
1475～1300	≥C—H 弯曲振动
1000～650	>C=C<^{H} ,Ar—H 弯曲振动(面外)

(2) 不同类型基团中 C—H 伸缩振动频率

C—H 类型	$\tilde{v}/cm^{-1}$	谱带强度
Ar—H	3030	中等
C≡C—H	3300	很强
C=C—H	3040 ~ 3010	中等
—CH₃	2960 和 2870	很强
—CH₂—	2930 和 2850	很强
⟩C—H	2890	弱
—C—H ‖ O	2820	中等

(3) 三键伸缩振动频率范围

三 键 类 型	$\tilde{v}/cm^{-1}$	谱带强度
H—C≡C—R	2140 ~ 2100	弱
R—C≡C—R′	2260 ~ 2190	可变强度
RC≡CR	没有吸收	
RC≡N*	2260 ~ 2240	强

* 当 R 为芳基将引起向低波数稍微位移。

(4) 双键伸缩振动频率范围

双 键 类 型	$\tilde{v}/cm^{-1}$	谱带强度
⟩C=C⟨	1680 ~ 1620	可变
⟩C=N—	1690 ~ 1640	可变
—N=N—	1630 ~ 1575	可变

对于比较对称的双键、谱带很弱。芳香体系在 1600 ~ 1450 cm⁻¹ 范围有 1 ~ 4 个强谱带。

(5) 不同类型羰基的伸缩振动频率

羰 基 类 型	$\tilde{v}/cm^{-1}$	谱带强度
RC(=O)—H(饱和的)	1740 ~ 1720	强
—C(=O)—OH(饱和的)	1725 ~ 1700	强
R—C(=O)—R(饱和的)	1725 ~ 1705	强
RC(=O)—OR (6员和7员环内酯)	1750 ~ 1730	强
五员环内酯	1780 ~ 1760	强
酯(非环状的)	1740 ~ 1710	强
酰卤	1815 ~ 1720	强
酸酐	1850 ~ 1800 和 1780 ~ 1740*	强
酰胺	1700 ~ 1640	强

* 有两个谱带。

共轭使所有吸收带向低波数位移,环张力使吸收谱带向高频移动。

(6) 不同类型乙烯的 C—H 弯曲振动频率

乙 烯 类 型	$\tilde{v}/cm^{-1}$	谱带强度
$RCH=CH_2$	990 和 910 ~ 905	强
$RCH=CHR$(顺式)	690(730 ~ 650)	中等,可变
$RCH=CHR$(反式)	970	中到强
$R_2C=CH_2$	890	中到强
$R_2C=CHR$	840 ~ 790	中到强
取代苯:		
单取代苯(5 个 H 邻接)	750 和 700	中到强
邻位取代苯(4H 邻接)	750(770 ~ 735)	中到强
间位取代苯(3H 邻接)	810 ~ 780 和 710 ~ 690	中到强
对位取代苯(2H 邻接)	850 ~ 800	中到强

(7) 碳卤键伸缩振动频率

C—X	$\tilde{v}/cm^{-1}$	谱带强度
C—F	1210 ~ 1000	很强
C—Cl	800 ~ 600	强
C—Br	700 ~ 500	强 ⎫ 一般无法测定
C—I	500 ~ 200	强 ⎭

4. 谱图分析实例

【例题】 某一无色透明液体有机化合物,沸点为 142.7℃,分子式 C_8H_{10},红外谱图为图17-8。试判断其结构。

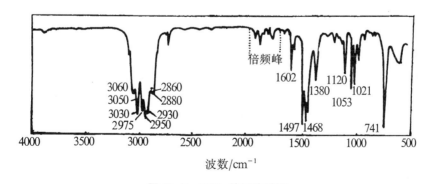

图 17-8 C_8H_{10} 的红外谱图

【解析】 第一步先计算其不饱和度

$$不饱和度 = \frac{2+2\times 8-10}{2} = 4$$

估计可能有苯环。

第二步先识别特征区第一强峰 1497cm⁻¹。先查图 17-7 及相关数据,知可能有苯环的骨架振动。然后根据苯基的特征峰细找,它们均可在谱图中找到,如:

Ar—H 的伸缩振动频率　　　　　　3050, 3060cm⁻¹

Ar—H 面外弯曲振动的倍频　　　　2000～1667cm⁻¹

苯环骨架伸缩振动频率　　　　　　1602, 1497cm⁻¹

Ar—H 面外弯曲振动频率　　　　　741cm⁻¹

因此可以肯定有苯环存在,同时根据 Ar—H 面外弯曲振动 741cm⁻¹,应为邻位二取代苯。然后识别特征区第二强峰 1468cm⁻¹:先查图 17-7,知其可能是 C—H 面内弯曲振动与苯环骨架振动频率。由于苯环已定,因此应着重考察是否为烷基的 C—H 面内弯曲振动频率。然后根据烷基特征峰,知 1468cm⁻¹ 可能是甲基或亚甲基的面内弯曲振动频率,而且它的相关峰可从谱图上找到:甲基或亚甲基的伸缩振动频率 (2975, 2950, 2930, 2880, 2860)cm⁻¹,甲基的弯曲振动 1380cm⁻¹,因此可以肯定有甲基存在。根据前述结果,已知为邻位二取代苯和分子式 C_8H_{10},因此烷基应为 $C_8H_{10} - C_6H_4 = C_2H_6$,故可以判断为邻二甲苯。

第三步查 Sadtler 标准图谱集,标准邻二甲苯的谱图与该谱图相同,沸点也相同,因此可以肯定该化合物为邻二甲苯。

17.3 紫 外 光 谱

紫外光谱是由于分子的 2 个不同电子能级之间跃迁引起的。一般电子跃迁有 4 种类型,即 $\sigma \rightarrow \sigma^*$, $n \rightarrow \sigma^*$, $\pi \rightarrow \pi^*$, $n \rightarrow \pi^*$。它们吸收相应波长的紫外光光子,在谱图的不同波长位置出现不同吸收强度的峰。

1. 谱图的一般特征

紫外光的波长范围为 (4～400)nm, 其中 (200～400)nm 称近紫外区, (4～200)nm 为远紫外区。一般紫外光谱仪都是用来研究近紫外区与可见光区 (400～800)nm 的吸收。其谱图特征如图 17-9 所示。

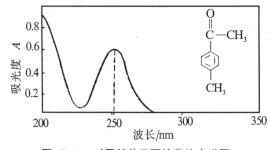

$c = 2.32 \times 10^{-4}$ mol/L(溶液浓度)

$\lambda_{max} = 252$nm(最大吸收峰的波长)

$\varepsilon = 12,300$(摩尔吸光系数)

$l = 0.2$cm(溶液厚度)

图 17-9　对甲基苯乙酮的紫外光谱图

上图为对甲基苯乙酮的紫外光谱图,横坐标为波长 (nm),纵坐标为吸光度 A。A 定义为:

$$A = \log \frac{I_0}{I}$$

I_0 为入射单色光强度,I 为透射单色光强度。ε 定义为: $\varepsilon = A / c \cdot L$。

有机化合物中常见各种类型的官能团,它们对光的吸收也各异。在光谱学中,我们常把能吸收可见光及紫外光(200～800)nm的孤立官能团叫做发色团。如表 17-4 所列。有些官能团在(200～800)nm 波长区域里没有吸收带,但当把它们引入到某些化合物中的共轭体系时,它们可以使原体系的 π 电子跃迁吸收带向长波方向移动,并使吸收程度增加,称这种官能团为助色团。如表 17-5 所列例子。

表 17-4　常见发色基团的最大吸收峰

发 色 基 团	实 例	λ_{max}/nm	ε	溶 液
$>C=O$（酮）	CH_3COCH_3	270.6	15.8	C_2H_5OH
$>C=O$	CH_3CHO	293.4	11.8	C_2H_5OH
$-COOH$	CH_3COOH	204.0	40	H_2O
$-CONH_2$	CH_3CONH_2	208.0	—	—
$-N=N-$	CH_2N_2	~410.0	~1200	蒸气
$-N=O$	C_4H_9NO	300.0	100	$C_2H_5OC_2H_5$
$-NO_2$	CH_3NO_2	271.0	18.6	C_2H_5OH
$-O-NO_2$	$C_2H_5ONO_2$	270.0	12	二氧六环
$-O-NO$	$C_8H_{17}ONO$	230.0	2200	己烷
$-C=S$	$C_6H_5CSC_6H_5$	620.0	70	$C_2H_5OC_2H_5$

表 17-5　助色团 $-R$ 在 ⟨苯环⟩$-R$ 中对吸收峰的影响

R 类型	取 代 基 R	K 吸收带 λ_{max}/nm	K 吸收带 ε	B 吸收带 λ_{max}/nm	B 吸收带 ε	溶 剂
	H	202	7400	255	204	2% CH_3OH
给电子取代基	CH_3	206.5	7000	261	225	2% CH_3OH
	Cl	209.5	7400	263.5	190	2% CH_3OH
	Br	210	7900	261	192	2% CH_3OH
	OH	210.5	6200	270	1450	2% CH_3OH
	OCH_3	217	6400	269	1480	2% CH_3OH
	NH_2	230	8600	280	1430	2% CH_3OH
吸电子取代基	$C\equiv N$	224	13000	271	1000	
	COOH	230	11600	273	970	
	$C\equiv CH$	236	12500	278	650	正庚烷
	$COCH_3$	240	13000	278	1100	正庚烷
	$CH=CH_2$	244	12000	282	450	乙醇
	NO_2	268.5	7800	—	—	2%甲醇溶液
	$N=N-$⟨苯环⟩	319	19500	—	—	氯仿

2. 基本原理

有机分子在紫外可见光照射下,吸收一定能量的光子,电子 (主要是价电子) 能级发生跃迁而得到相应的紫外可见光谱。价电子一般分为 3 种: 形成 σ 键的 σ 电子; 形成 π 键的 π 电子; 未成键的孤对电子, 也叫 n 电子 (如氧、硫、氮及卤原子上的孤对电子)。伴随电子能级跃迁, 总有各种转动和振动能级的跃迁, 它们的吸收线合并成了波形的吸收带。不同价电子的能量关系与跃迁如示意图 17-10。从图中看到价电子跃迁的情况与能量关系。

图 17-10　价电子的基态与激发态

(1) $\sigma \rightarrow \sigma^*$ 跃迁是只有 σ 电子的饱和烃, 电子从 σ 成键轨道跃迁到反键轨道 (σ^*), 需要较高的能量。它们的吸收峰波长 (λ_{max}) 一般均小于 150 nm, 如甲烷为 125 nm, 乙烷为 135 nm。超出了仪器检测范围。

(2) $\pi \rightarrow \pi^*$ 跃迁是 π 电子从 π 成键轨道跃迁到 π^* 反键轨道, 需要的能量比 $\sigma \rightarrow \sigma^*$ 跃迁小, 吸收系数大, 如乙烯和丁二烯 λ_{max} 分别为 165 nm 与 217 nm, ε 在 10^4。这种跃迁的吸收谱带, 对共轭烯烃属 K 带, 对于芳香烃则属 B 带和 E 带。

(3) $n \rightarrow \sigma^*$ 跃迁, 这种跃迁一般在分子中含有羟基、氨基、卤素及硫等基团时, 在紫外光照射下发生。杂原子上的 n 电子跃迁到 σ^* 反键轨道上。所需能量与 $\pi \rightarrow \pi^*$ 跃迁接近, 但吸收系数较低。如甲醇和三甲胺 λ_{max} 分别为 183 nm 与 227 nm, ε 分别为 150 和 900。

(4) $n \rightarrow \pi^*$ 跃迁, 对于含有碳氧、碳氮、氮氧、氮氮等双键基团的化合物, 在紫外光照射下, 氧 (氮) 上孤对电子 (n 电子) 吸收能量后可跃迁到 π^* 轨道。这种跃迁需能量较小, 但吸收较弱, ε 值小。如丙酮 λ_{max} 为 280 nm, ε 为 $10 \sim 30$。相应的吸收带属于 R 带。

3. 紫外吸收峰的长移与短移

吸收峰向长波移动的现象为长移或红移; 向短波移动的现象称为短移或紫移。吸收强度增加或减弱分别称为浓色效应或减色效应。

共轭体系中参与共轭的双键增加, 吸收峰向长波移动 (长移)。增加的双键不共轭, 则长移不明显。见表 17-6。

表 17-6　不同 n 值 ⬡(CH＝CH)$_n$⬡ 的吸收带

⬡(CH＝CH)$_n$⬡	颜 色	λ_{max}/nm	ε
$n=1$	无	322	24000
$n=2$	淡黄	352	43500
$n=3$	黄绿	377	62400
$n=4$	棕绿	404	85200
$n=5$	橙黄	424	91300

続表

$\langle\rangle\text{(CH=CH)}_n\langle\rangle$	颜 色	$\lambda_{\max}/\text{nm}$	ε
$n=6$	橙棕	443	113000
$n=7$	绿棕	465	130400
$CH_3\text{(CH=CH)}_3COOH$		303	
$CH_3\text{(CH=CH)}_3\text{(CH}_2\text{)}_2COOH$		265	
$CH_3\text{(CH=CH)}_2COOH$		261	

极性溶剂使 $\pi\to\pi^*$ 跃迁长移，使 $n\to\pi^*$ 短移。见表 17-7 列出的 4-甲基-3-戊烯-2-酮的溶剂效应。选择溶剂要注意溶剂本身的吸收峰波长是否与溶质的吸收峰重叠。

表 17-7　溶剂对吸收带的影响

吸收带	正己烷	氯仿	甲醇	水	迁移
$\pi\to\pi^*$	230 nm	238 nm	237 nm	243 nm	长移
$n\to\pi^*$	329 nm	315 nm	309 nm	305 nm	短移

在一些大的共轭体系中，有时因取代基的空间阻碍或酸碱作用使共轭体系受到破坏或影响，将出现吸收峰短移，如酚酞在稀碱中显红色，而酸或浓碱中则呈无色。

4. 谱图分析实例

(1) 推断官能基

一个化合物在 $(220\sim800)$ nm 范围内透明（即 $\varepsilon<1$），它可能是脂肪族烃、胺、腈、醇、羧酸、氯代烃、氟代烃，并且不含有双键或环状共轭体系，没有醛、酮或溴、碘等基团。

如果在 $(210\sim250)$ nm 有强吸收带，可能含有 2 个双键的共轭单位；在 $(260\sim300)$ nm 有强吸收带表示有 3～5 个双键的共轭单位；在 $(250\sim300)$ nm 有弱吸收带，表示有羰基存在；在 $(250\sim300)$ nm 有中强吸收带，而且谱图有一定的精细结构，表示有苯环的特征吸收。

(2) 异构体的判断

可根据不同异构体的光谱不同来判断何种异构体的存在。

【例1】 酮式和烯醇式　如苯甲酰丙酮有 2 个异构体，烯醇式共轭体系较大，$\lambda_{\max}$ 波长较长。可利用此特点区分何为酮式，何为烯醇式。

酮式
$\lambda_{\max}$ 247nm（水中，$\varepsilon\sim100$）

烯醇式
$\lambda_{\max}$ 310nm（乙醚中）

【例2】 顺式和反式　如 1,2-二苯乙烯有顺反异构，在 $(280\sim320)$ nm 范围内，反式的吸收峰较多，吸收强度也较大。由此可以判断何为顺式，何为反式。

441

                    H   H   ⬡   H
                     \   /   \   /
                      C = C   C = C
                     /   \   /   \
                   ⬡   ⬡   H   ⬡

                     顺 式   反 式

         λ_{max} 220 nm ε 25000 λ_{max} 229 nm ε 15800
                  283 nm   12300   295 nm   25000
                                                           308 nm   25000
                                                           320 nm   15800

(3) 分子结构的推断

水合氯醛结构的确定：水合氯醛是由三氯乙醛水合而成。三氯乙醛在己烷中最大吸收是 290 nm(ε ~ 33)，这是羰基 $(-\overset{|}{C}=O)$ 的典型吸收；而三氯乙醛于水中，在 290 nm 处却无最大吸收。从而可以断定三氯乙醛的水合物结构中已无羰基，所以其结构应为 $CCl_3-CH(OH)_2$。

共轭双烯、α, β-不饱和醛酮与苯甲酰类化合物的伍德瓦德(Woodward)规则的有关数据列于表 17-8 中，可用来计算相应化合物的吸收峰 λ_{max} 值。

表 17-8　在乙醇溶液中共轭体系 $\pi \rightarrow \pi^*$ 跃迁 λ_{max} 的经验规则

母 体 系 统	λ_{max}/nm	取代基校正值/nm	
多烯			
〜〜〜	217	双键	+30
		烷基	+5
⬡(环己二烯)	253	环外 C=C 双键	+5
		OR(R 为烷基),	+5
		OOCR	0
		SR	+30
		Cl, Br	+5
		NR₂ (R 为烷基)	+60
α, β-不饱和酮		双键	+30
〜〜C(R)(=O) (含六员环酮)	215	烷基(α, β, γ 位)	+10(12, 18)
		环外双键	+5
α, β-不饱和五员环酮	202	同环共轭二烯	+39
		羟基：α	+35
α, β-不饱和醛	207	β	+30
		δ	+50
		烷氧甲酰基 α, β, δ	+6
		甲氧基：α	+35
		β	+30
		γ	+17
		δ	+31

母 体 系 统	λ_{max}/nm	取代基校正值/nm	
		SR	+85
		Cl $(\alpha,\ \beta)$	+15, +12
		Br $(\alpha,\ \beta)$	+25, +30
		NR$_2$ (β)	95
苯甲酰类			
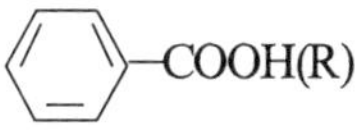 ⬡—COOH(R)	230	烷基　邻、间	+3
		对	+10
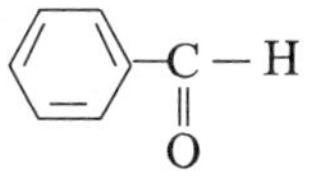 ⬡—C—H（=O）	250	OH, OR 邻、间	+7
		对	+25
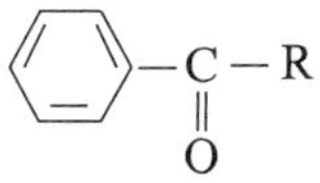 ⬡—C—R（=O）	246	Cl　　邻、间	0
		对	+10
		Br　　邻、间	+2
		对	+15
		—NH$_2$　邻、间	+13
		对	+58
		—NHAc 邻、间	+20
		对	+45
		—NHCH$_3$ 对	+73
		—N(CH$_3$)$_2$ 邻、间	+20
		对	+85

表 17-8 中数据应用实例:

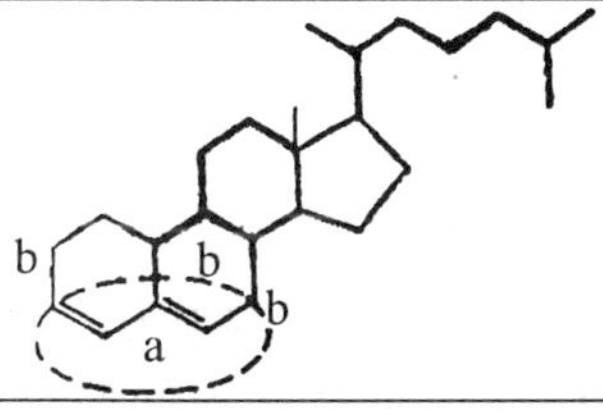	母体(虚线圈内的)	217 nm
	1 个环外双键(a)	+ 5
	3 个烷基(b)	+ 15
	计算 λ_{max} 值 =	237 nm
	实测 λ_{max} 值 =	234 nm
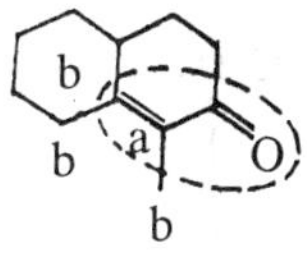	母体(虚线圈内的)	215 nm
	1 个环外双键(a)	+ 5
	3 个烷基(b)	+ 30
	计算 λ_{max} 值 =	250 nm
	实测 λ_{max} 值 =	251 nm
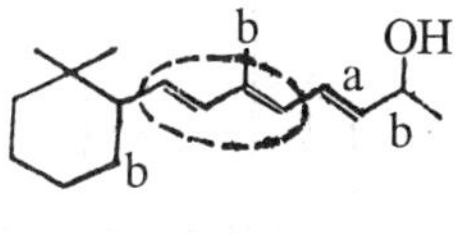	母体(虚线圈内的)	217 nm
	双键(a)	+ 30
	3 个烷基(b)	+ 15
	计算 λ_{max} 值 =	262 nm
	实测 λ_{max} 值 =	263 nm
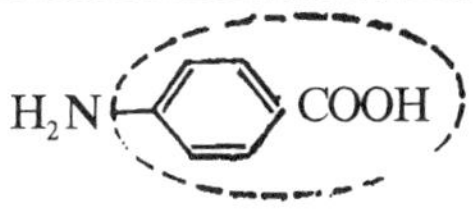	母体(虚线圈内的)	230 nm
	NH$_2$(对位)	+ 58
	计算 λ_{max} 值 =	288 nm
	实测 λ_{max} 值 =	288 nm

443

17.4 质　　谱

1. 基本原理

在高真空下,气态有机分子受到高能电子束(70 eV 左右)轰击后,分子中最容易失去的电子首先解离,而成为带单位正电荷的分子离子($M^{\ddagger}$);同时分子离子具有较高能量,进一步发生碎裂反应,形成一系列质量不同的碎片,它们可能带正电荷,也可能带负电荷,也可能是中性的。在这里主要讨论带正电荷的分子离子及有关碎片,如丁酮的电解:

$$\begin{array}{l}\dfrac{CH_3}{CH_3CH_2}C{=}O+e \longrightarrow \dfrac{CH_3}{CH_3CH_2}C{=}O^{\ddagger}+2e \qquad m/z{=}72\\[4mm]\dfrac{CH_3}{CH_3CH_2}C{=}O^{+} \longrightarrow CH_3C{\equiv}O^{+}+CH_3CH_2\cdot \qquad m/z{=}43\\[4mm]\dfrac{H_3C}{CH_3CH_2}C{=}O^{+} \longrightarrow CH_3C{\equiv}O^{\cdot}+CH_3CH_2^{+} \qquad m/z{=}29\\[4mm]\dfrac{H_3C}{CH_3CH_2}C{=}O^{\cdot} \longrightarrow CH_3CH_2C{\equiv}O^{\cdot}+CH_3^{+} \qquad m/z{=}15\\[4mm]\dfrac{H_3C}{CH_3CH_2}C{=}O^{+} \longrightarrow CH_3CH_2C{\equiv}O^{+}+CH_3\cdot \qquad m/z{=}57\end{array}$$

m/e 称为质荷比,现在统一写成 m/z,对于带单位正电荷的离子,$z{=}1$,这时质荷比就是质量值。

将分子离子和碎片离子引入到一个正电场中,使之加速成具有几乎相同动能的离子束,然后将其送入磁场区,离子依质荷比不同而被磁场不同程度的偏转。例如 $CH_3CH_2^{+}$ 离子比 CH_3^{+} 离子偏转得小些。离子束就这样地被分成为不同质荷比值的组分。每束离子依次经过收集器,并依质荷比值记录下来,每个峰的大小表示每束离子相对离子数目的量度,每个峰的位置表示质荷比。

2. 质谱图的特征

以质荷比值(m/z)的大小为横坐标,以每束离子的相对离子数目(相对强度或相对丰度)为纵坐标画的图,即质谱图。如图17-11所示。图谱中最强的一个峰称为基峰,将它的强

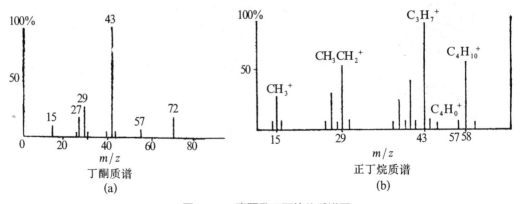

图 17-11　丁酮及正丁烷的质谱图

度定为 100%，其他峰的强度为基峰的百分比值。图(a)，(b)中最右边的峰 72 与 58 分别为丁酮和正丁烷的母体峰，它是分子失去 1 个价电子后形成的分子离子峰。此峰的质荷比值即为测定物质的分子量。因此质谱可用来测定有机化合物分子量。

在质谱图中，除分子离子峰(或称母体峰)外，还有碎片离子峰、同位素峰、亚稳峰以及多电子峰等，它们在结构分析中都有重要作用。

碎片离子峰是由分子离子中化学键的裂解而分裂出来的，这种裂解(化学键断裂)情况比较复杂，但也可归纳出一些规律。部分不同类型化合物一般裂解过程总结于表 17-9 中。

表 17-9　不同分子离子裂解过程总结

烷基 C—C 键常在分支的位置上裂解：

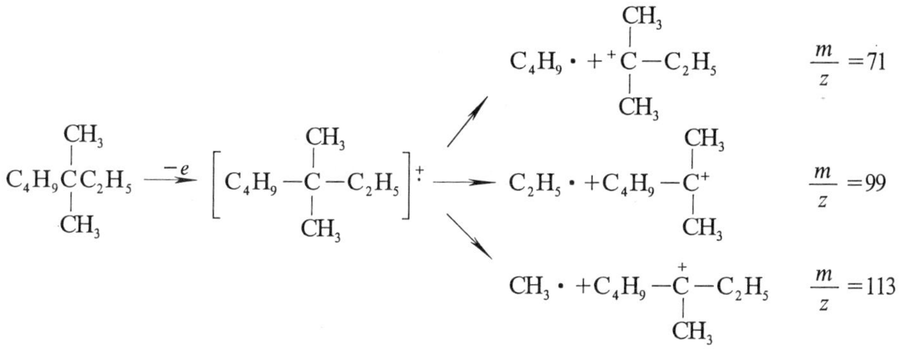

$$C_4H_9\cdot + {}^+\!\!\underset{CH_3}{\overset{CH_3}{C}}\!\!-C_2H_5 \qquad \frac{m}{z}=71$$

$$C_4H_9\underset{CH_3}{\overset{CH_3}{C}}C_2H_5 \xrightarrow{-e} \left[C_4H_9-\underset{CH_3}{\overset{CH_3}{C}}-C_2H_5\right]^{+\cdot} \longrightarrow C_2H_5\cdot + C_4H_9-\underset{CH_3}{\overset{CH_3}{C^+}} \qquad \frac{m}{z}=99$$

$$CH_3\cdot + C_4H_9-\underset{CH_3}{\overset{+}{C}}-C_2H_5 \qquad \frac{m}{z}=113$$

环烷烃倾向于失去支链及(或)排除中性的链烯部分

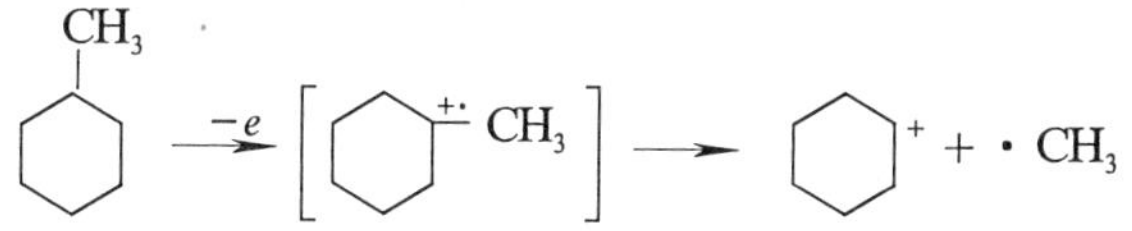

$$\text{(cyclohexane-CH}_3\text{)} \xrightarrow{-e} \left[\text{(cyclohexane)}^{+\cdot} CH_3\right] \longrightarrow \text{(cyclohexane)}^+ + \cdot CH_3$$

烯烃类：

(1) 简单的烯丙基开裂(乙烯基开裂很少见)

$$[CH_2{\overset{\cdot +}{=}}CH-CH_2-CH_2R] \longrightarrow {}^+CH_2CH=CH_2 + \cdot CH_2R$$

(2) McLafferty 重排(倘若有 γ-H 原子)

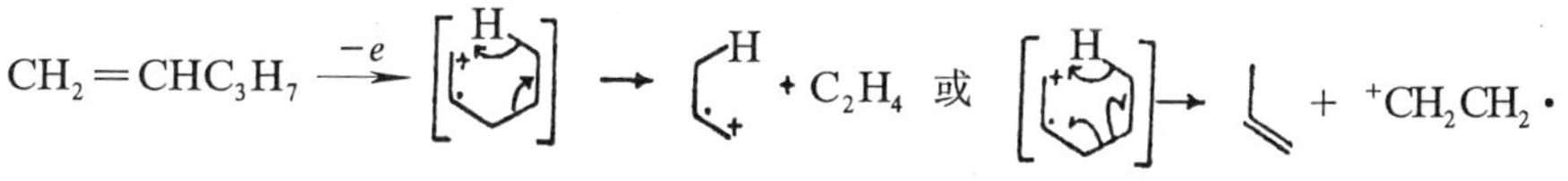

$$CH_2=CHC_3H_7 \xrightarrow{-e} \left[\text{(ring with H)}\right] \longrightarrow \text{(H)} + C_2H_4 \quad 或 \quad \left[\text{(ring with H)}\right] \longrightarrow \text{(diene)} + {}^+CH_2CH_2\cdot$$

(3) 逆-Diels Alder 开裂

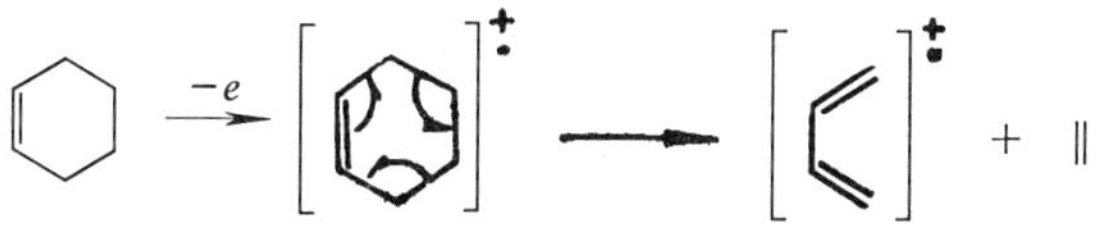

$$\text{(cyclohexene)} \xrightarrow{-e} \left[\text{(cyclohexene)}\right]^{+\cdot} \longrightarrow \left[\text{(butadiene)}\right]^{+\cdot} + \|$$

芳香烃类：

(1) 苄基开裂伴随着环扩张成䓬鎓离子

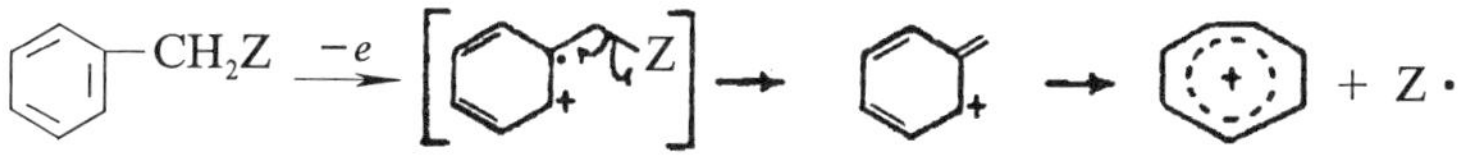

$$\text{(benzene)}-CH_2Z \xrightarrow{-e} \left[\text{(benzene)}-CH_2\cdots Z\right] \longrightarrow \text{(benzyl)}^+ \longrightarrow \text{(tropylium)}^+ + Z\cdot \quad Z=\text{烷基、芳基、或杂原子}$$

445

(2) 乙烯基开裂

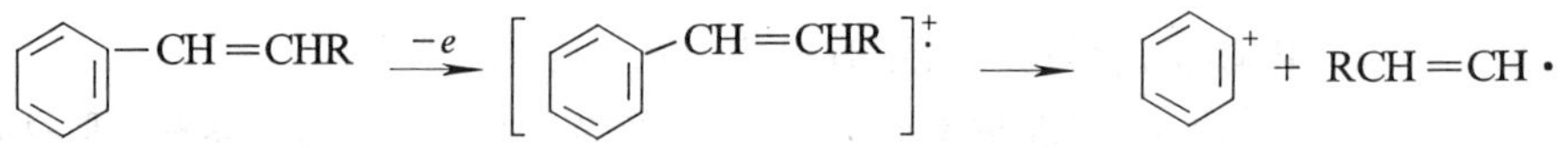

$$\text{C}_6\text{H}_5{-}\text{CH}{=}\text{CHR} \xrightarrow{-e} \left[\text{C}_6\text{H}_5{-}\text{CH}{=}\text{CHR}\right]^{+} \longrightarrow \text{C}_6\text{H}_5^{+} + \text{RCH}{=}\text{CH}\cdot$$

醇类:

(1) 醇脱水的裂解

$$\text{R}'(\text{CH}_2)_4\text{OH} \xrightarrow{-e} \left[\begin{array}{c}\text{H} \quad \overset{+}{\text{OH}} \\ \text{R}'{-}\text{CH} \quad \text{CH}_2 \\ \text{CH}_2{-}\text{CH}_2\end{array}\right] \xrightarrow{-\text{H}_2\text{O}} \left[\begin{array}{c}\text{R}'{-}\overset{\cdot}{\text{CH}} \quad \overset{+}{\text{CH}_2} \\ \text{CH}_2{-}\text{CH}_2\end{array}\right]$$

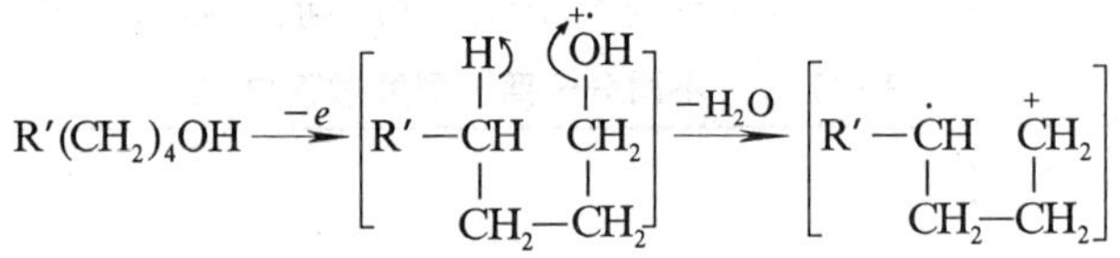

(2) 在环醇中,伴有 H 转移的复杂开裂

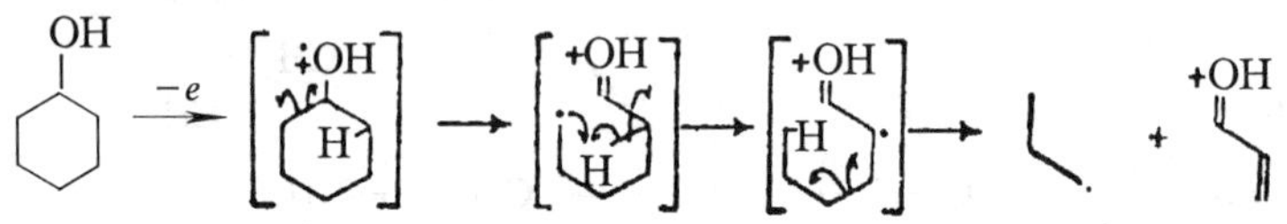

脂肪胺(β-裂解):

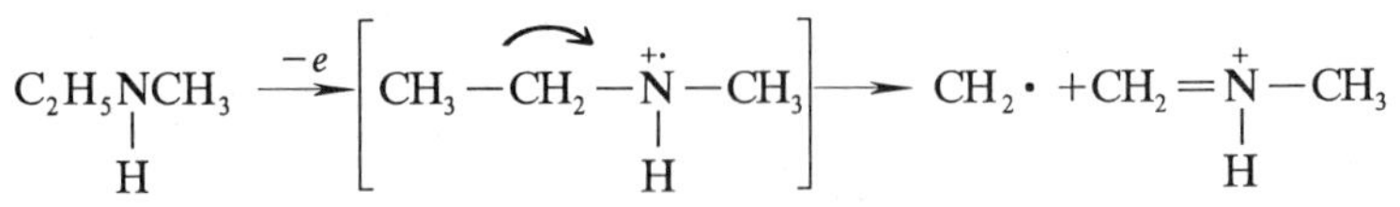

$$\text{C}_2\text{H}_5\overset{\underset{\displaystyle \text{H}}{\big|}}{\text{N}}\text{CH}_3 \xrightarrow{-e} \left[\text{CH}_3{-}\text{CH}_2{-}\overset{+\cdot}{\underset{\underset{\displaystyle \text{H}}{\big|}}{\text{N}}}{-}\text{CH}_3\right] \longrightarrow \text{CH}_2\cdot + \text{CH}_2{=}\overset{+}{\underset{\underset{\displaystyle \text{H}}{\big|}}{\text{N}}}{-}\text{CH}_3$$

脂肪醚:

(1) 烷氧开裂,电荷常留在烷基部分

$$\text{CH}_3\text{OCH}_3 \xrightarrow{-e} [\text{CH}_3{-}\overset{+\cdot}{\text{O}}{-}\text{CH}_3] \longrightarrow \text{CH}_3^{+} + \text{CH}_3\text{O}\cdot$$

(2) 1,2-环氧化合物脱中性分子烯

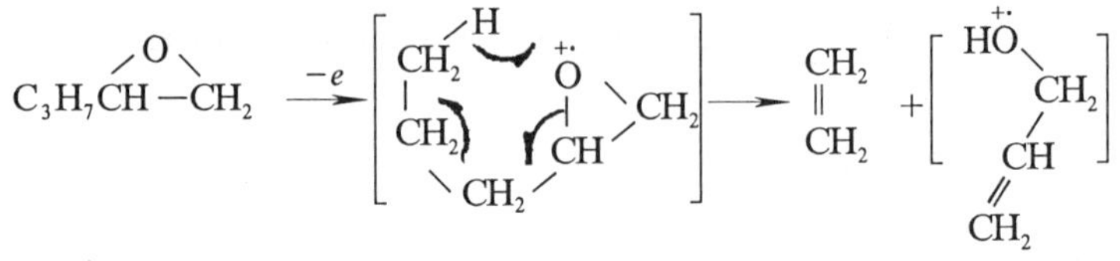

酚类(酚和醌脱 CO 的裂解):

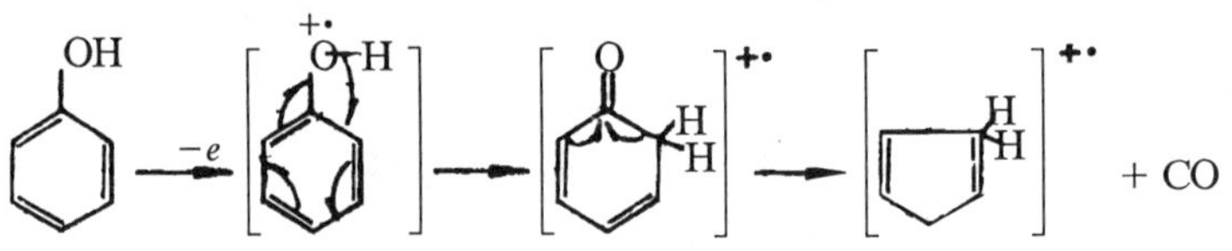

酮类:

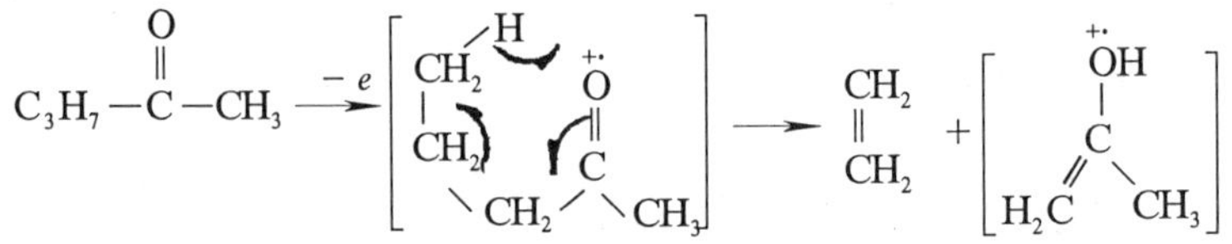

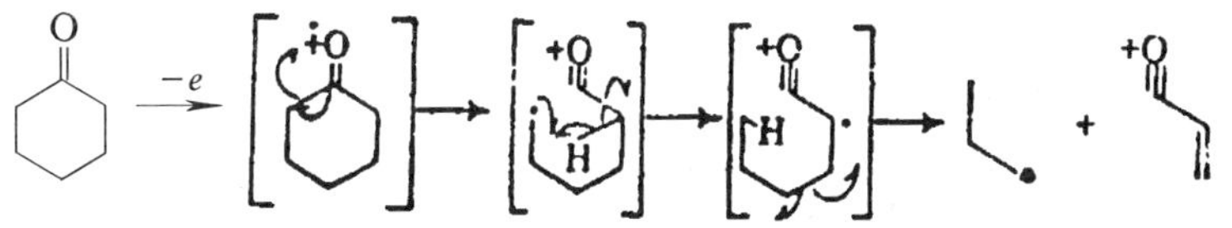

酯类:

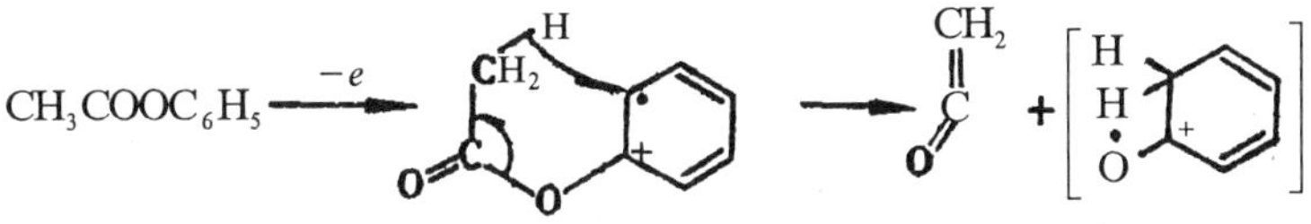

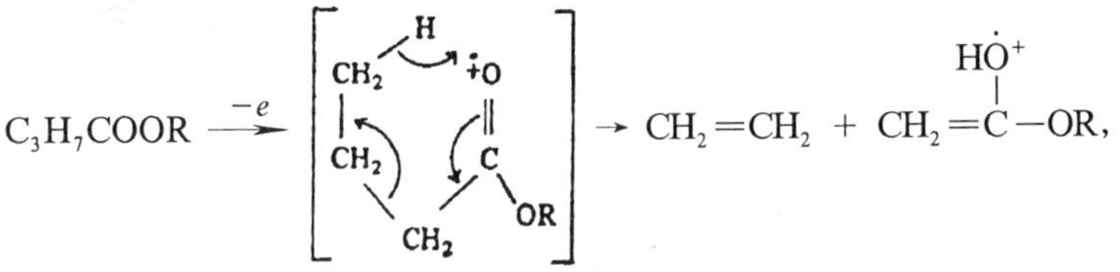

$$CH_3COOC_6H_5 \xrightarrow{-e}$$

酰胺(脱烯酮裂解):

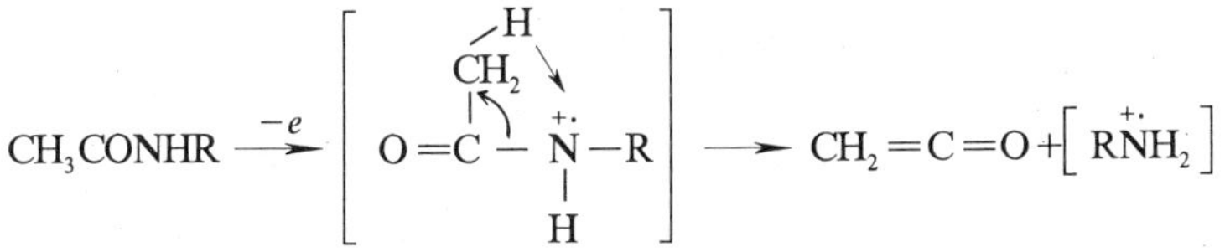

$$CH_3CONHR \xrightarrow{-e} [O=C-N-R] \longrightarrow CH_2=C=O + [\overset{+}{R}NH_2]$$

卤代烃(C—X 键的开裂):

$$CH_3-X \longrightarrow$$

$$[CH_3 \quad \ddot{X}:] \longrightarrow CH_3 \cdot + :\overset{+}{\ddot{X}}:$$

$$[CH_3 \quad \overset{+}{X}:] \longrightarrow CH_3^+ + :\ddot{X} \cdot$$

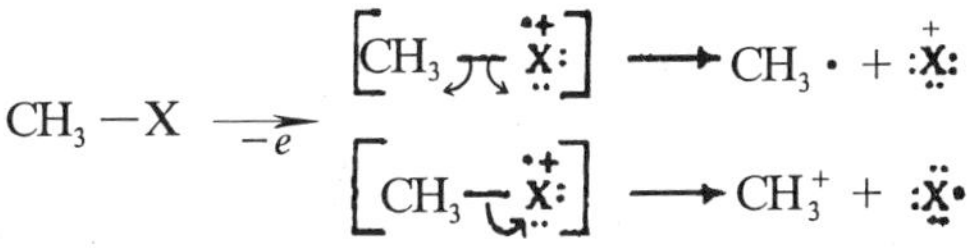

有机化合物一般由 C, H, O, N, S, Cl, Br 等元素组成。这些元素都有稳定同位素,因此,在质谱上会出现由不同质量的同位素形成的离子峰。这些离子峰的强度比与同位素的丰度比是相当的,所以比较容易识别。表 17-10 为丰度最大的低质量的同位素与高质量同位素的丰度比。

表 17-10 一些同位素的丰度比

同位素	$^{13}C/^{12}C$	$^{2}H/^{1}H$	$^{17}O/^{16}O$	$^{18}O/^{16}O$	$^{15}N/^{14}N$	$^{33}S/^{32}S$	$^{34}S/^{32}S$	$^{37}Cl/^{35}Cl$	$^{81}Br/^{79}Br$
丰度比%	1.08	0.016	0.04	0.20	0.38	0.78	4.40	32.5	98.0

表 17-10 中的 ^{2}H, ^{17}O, ^{18}O, ^{15}N, ^{33}S 这几个同位素的丰度比是很小的,产生的离子峰很小,一般很少考虑。而 ^{34}S, ^{37}Cl 和 ^{81}Br 的丰度比相当大,因此含有 S, Cl 和 Br 的分子离子或碎片离子, $M+2$ 峰的强度相当大。所以,通过 M 与 $(M+2)$ 两个峰强度比就很容易判断化合物中是否含有 S, Cl 和 Br 的元素及多少。

3. 谱图分析实例

【例1】 图 17-12 是 $C_3H_7-\overset{\overset{O}{\|}}{C}-C_4H_9$ 的质谱图,试解析图上各主要峰所代表的碎片。

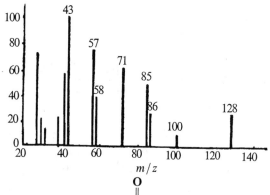

图 17-12 $C_3H_7\overset{\overset{\displaystyle O}{\|}}{C}C_4H_9$ 的质谱图

【解析】

$$m/z=128 \quad C_3H_7-\overset{\overset{\displaystyle \overset{+}{\cdot}O}{\|}}{C}-C_4H_9 \quad \xleftarrow{-e} \quad C_3H_7-\overset{\overset{\displaystyle O}{\|}}{C}-C_4H_9 \text{ 是分子离子峰}$$

$m/z=71 \quad C_3H_7C\equiv O^+ \quad \xrightarrow{\alpha-裂}$

$m/z=85 \quad C_4H_9C\equiv O^+ \quad \xrightarrow{\alpha-裂}$

$-C_3H_7-\overset{\overset{\displaystyle \overset{+}{\cdot}O}{\|}}{C}-C_4H_9$

$m/z=43 \quad C_3H_7^+ \quad \xrightarrow{-CO} \quad C_3H_7 \overset{\frown}{C}\equiv O^+$

$m/z=57 \quad C_4H_9^+ \quad \xrightarrow{-CO} \quad C_4H_9 \overset{\frown}{C}\equiv O^+$

$m/z=100 \quad \overset{\overset{+}{\cdot}OH}{\underset{CH_2 \quad C_4H_9}{C}} \xleftarrow{-CH_2=CH_2}$

$m/z=86 \quad \overset{\overset{+}{\cdot}OH}{\underset{CH_2 \quad C_3H_7}{C}} \xleftarrow{-CH_2=CH-CH_3}$

【例2】 试根据图 17-13 显示的一未知物的质谱,推测该未知物的结构式。

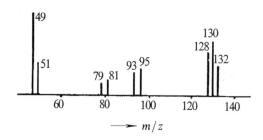

图 17-13 一个未知物的质谱

448

【解析】 查丰度表对照谱图

从 $\dfrac{m}{z}93 : \dfrac{m}{z}95 \approx 1:1$ } 推测:可能含有1个Br,减去 1个Br,余下为93−79＝14,相当于1个 CH_2。

$\dfrac{m}{z}79 : \dfrac{m}{z}81 \approx 1:1$

从 $\dfrac{m}{z}49 : \dfrac{m}{z}51 \approx 3:1$ 可能含有 1 个Cl,减去 1 个Cl,余下为 49−35＝14,也相当于1个 CH_2。

因此推测分子结构式可能为 $BrCH_2Cl$ 分子量为128,所以 $m/z=128$ 为分子离子峰。

$m/z=130,\ 132$ 为分子离子的同位素峰。下列为碎片峰:

$m/z=49 \quad CH_2\overset{+}{=}\overset{}{C}l\ +\ \dot{B}r\ \longleftarrow\ Br\overset{\frown}{-}CH_2-\overset{}{C}l$

$m/z=93 \quad CH_2\overset{+}{=}\overset{}{B}r\ +\ \dot{C}l\ \longleftarrow\ \overset{}{B}r\overset{\frown}{-}CH_2-Cl$

$m/z=79 \quad Br^+ +\ \cdot CH_2-Cl\ \longleftarrow\ \overset{+\cdot}{B}r\overset{}{\mid}CH_2-Cl$

上述结构能解释各主要峰,所以推测是合理的。

17.5 光谱分析在有机物结构分析中的应用实例

【例1】 有一化合物分子式为 $C_{10}H_{12}O_2$,测得红外光谱中有酯的吸收峰,测得核磁共振谱图如图 17-14,试分析该化合物的结构。

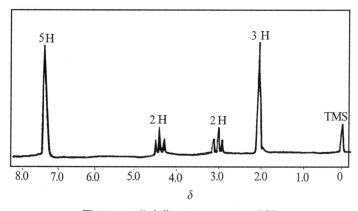

图 17-14 化合物 $C_{10}H_{12}O_2$ NMR 谱图

【解析】 化合物的不饱和度 $=\dfrac{2+2\times10-12}{2}=5$。从红外光谱中知道该化合物是一个酯,它应存在 $\diagup C=O$ 的双键,还有 4 个不饱和度可能存在苯环或四辛烯结构单元。 从核磁谱上看到该化合物有4种类型的质子(5:2:2:3),计12个,与化合物中含氢原子数相同:它们的化学位移为 $\delta \sim 7.3$ 处显单峰(5 H),可能存在一取代苯环;在 $\delta \sim 7.3$ 处还出现烯烃上氢的吸峰,但从峰的形状与质子数判断,此处的峰不像烯烃质子的吸收峰;$\delta \sim 2.0$ 处为单峰(3H),可能存在 $-\overset{\overset{O}{\|}}{C}-CH_3$ 的结构单位;$\delta \sim 2.9$ 和 $\delta 4.3$ 两处出现三重峰 (2 H),它可能是

449

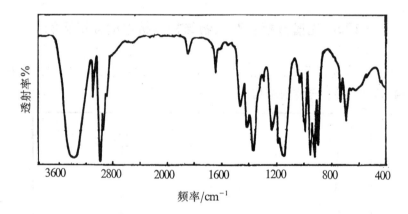

—CH$_2$CH$_2$—O— 结构单元。综上分析,该化合物的结构应是 CH$_3$$\overset{\overset{\displaystyle O}{\|}}{C}$—OCH$_2CH_2$—。

【例2】 某化合物分子式为 C$_4$H$_8$O$_2$,在 IR 谱图中的重要特征是在 1730 cm^{-1}处有强吸收带。在 NMR 谱图上有 3 个讯号: δ 3.6(单峰,3 H); δ 2.3(四重峰,2 H); δ 1.15(三重峰,3 H)。这化合物是什么?

【解析】 化合物不饱和度 $= \dfrac{2+2\times4-8}{2} = 1$,红外光谱中 1730 cm^{-1}强吸收峰为脂肪酸酯的羰基吸收特征峰。不饱和度为 1,可能是指示 $\diagdown$C$=$O 存在。核磁谱中 δ 3.6 处单峰(3 H),可能存在 CH$_3$—O—结构单元;δ 2.3 处四重峰(2H),表明可能存在 $-\overset{\overset{\displaystyle O}{\|}}{C}$—CH$_2CH_3$ 结构单元;而 δ 1.15 处三重峰(3H),说明存在 —CH$_2$—CH$_3$ 结构。综合上述分析结果,该化合物结构为:CH$_3$CH$_2$$\overset{\overset{\displaystyle O}{\|}}{C}$—OCH$_3$。

【例3】 从图 17-15 未知物的 IR 和 NMR 谱图,推测识别该化合物。

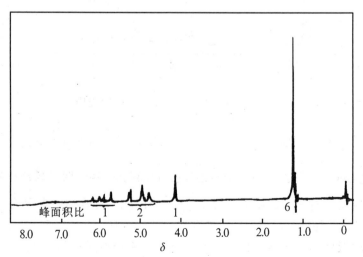

图 17-15 未知物的 IR 和 NMR 谱图

【解析】 3400 cm^{-1}处吸收带表明存在 OH 基团，3100 cm^{-1}，1830 cm^{-1}和 1650 cm^{-1}说明可能有双键存在。虽然 C—H 在平面外面吸收带的位置是复杂的，但在 NMR 谱图中明显地是由于 RCH＝CH$_2$ 的结果。同时还有两个等性的甲基(δ 1.3 单峰，6 H)。OH 基团在 δ 4.2 处为单峰，所

以化合物为 $(CH_3)_2\overset{\overset{\displaystyle OH}{|}}{C}CH=CH_2$。

【例4】 具有分子式为 C$_2$H$_4$O 的化合物，有下述光谱特征：NMR 有一个讯号，单峰；IR 在 2950 cm^{-1}处有强吸收带，在 1470 cm^{-1} 以上没有另外的吸收带；UV 在 210 nm 以上没有吸收峰。由上述光谱启示，试写出可能有的几种异构体的结构。

【解析】 C$_2$H$_4$O 可能的几种结构：CH$_3$CHO，CH$_2$＝CHOH，$\underset{\diagdown O \diagup}{CH_2-CH_2}$，从光谱中没有强的 C＝O 吸收带，排除了 CH$_3$CHO；没有强的 OH 吸收带，排除了 CH$_2$＝CHOH。但在 NMR 中只有一讯号，化合物最可能的结构是 $\underset{\diagdown O \diagup}{CH_2-CH_2}$。

【例5】 有一化合物不含卤素、氮、硫，其分子离子峰的 m/z 为 108。在 UV 光谱的 (240～260) nm 处有吸收带。IR 光谱显示在 3400 cm^{-1}和 1600 cm^{-1}有较强吸收峰，NMR 谱图显示 δ 7.1(单峰，5 H)、δ 5.1(单峰，1 H)、δ 4.3(单峰，2 H)。试推测此化合物的结构。

【解析】 UV 光谱在 (240～260) nm 的吸收带，指出存在共轭系统(共轭烯或芳环)。IR 光谱在 1600 cm^{-1}处吸收峰可能是苯环的碳碳双键伸缩振动，3400 cm^{-1}处吸收峰为羟基的伸缩振动特征峰，化合物可能含羟基。NMR 谱指化合物含 8 个氢，有羟基，还含 1 个或多个氧。据此首先推算它可能的分子式：

$$n \times 12 + 8 \times 1 + m \times 16 = 108 \quad (n, m\ 分别为碳、氧原子个数)$$

$$n = \frac{108 - 8 \times 1 - m \times 16}{12} \quad (碳原子数目)$$

假设 $m = 1, 2, 3, 4, 5$，估算碳原子数目：

$$n = \frac{108 - 8 - 16}{12} = 7.0 \quad C_7H_8O$$

$$n = \frac{108 - 8 - 32}{12} = 5.66 \quad (不是整数)$$

$$n = \frac{108 - 8 - 48}{12} = 4.33 \quad (不是整数)$$

$$n = \frac{108 - 8 - 64}{12} = 3.0 \quad C_3H_8O$$

$$n = \frac{108 - 8 - 80}{12} = 1.66 \quad (不是整数，也没有存在的分子式)$$

这个化合物的分子式可能是 C$_7$H$_8$O 或 C$_3$H$_8$O。

NMR 谱中，δ 7.1(单峰，5 H)。加上 UV 光谱中 (240～260) nm 处显示为共轭芳环，IR 谱中 1600 cm^{-1}苯环特征峰，这些说明化合物中含有 ⬡— 单元结构；NMR 谱中 δ 5.1(单峰，1 H) 为羟基质子峰，IR 谱中 3400 cm^{-1}吸收也显示为羟基峰，化合物含 —OH；NMR 谱

中 δ 4.3(单峰，2 H)，说明 $-\overset{\underset{\displaystyle H}{|}}{\underset{\underset{\displaystyle H}{|}}{C}}-$ 峰不裂分，表明它与不引起裂分的原子相连；δ 值偏低磁场，表明可能与电负性强的基相连，即 $-\overset{\underset{\displaystyle H}{|}}{\underset{\underset{\displaystyle H}{|}}{C}}-O-$。化合物的结构单元应该是 $-CH_2-O^-$，$-OH$，

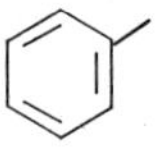

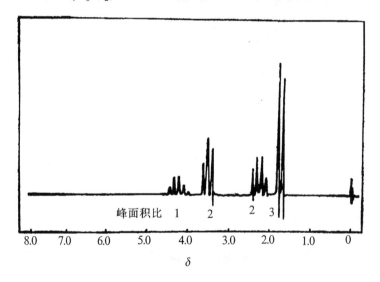。这就排除了 C_3H_8O 分子式，则化合物的结构式为：（$C_6H_5CH_2OH$）。

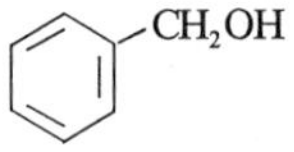

习　题

1. 只有一个 NMR 谱图讯号和特定分子式的下列化合物，可能的结构是什么？

(a) C_2H_6O　　(b) $C_3H_6Cl_2$　　(c) C_3H_6O（在 IR 谱中 1715 cm^{-1} 处有强吸收带）

2. 下列这些化合物在 NMR 谱图中有几个讯号出现？

(a) $CH_3OCH_2CH_3$　　(b) $\overset{\displaystyle O}{\overset{\|}{HC}}-O-\overset{\underset{\displaystyle CH_3}{|}}{CHCH_3}$　　(c) $Cl_2CHCH\underset{\underset{\displaystyle Cl}{|}}{CHCl_2}$

3. 化合物 $C_4H_8Br_2$ 有几种可能的异构体，其中两个有如下 NMR 谱图数据，试推测其结构，并简要说明理由。

(a) δ 1.7(二重峰，6 H)，4.4(四重峰，2 H)

(b) δ 1.7(二重峰，3 H)，2.3(四重峰，2 H)，3.5(三重峰，2 H)，4.2(多重峰，1 H)

4. 化合物分子式为 $C_4H_8Br_2$，测得核磁谱图如下，试推测其结构式。

峰面积比　1　　2　　2　3

δ

5. 测得分子式为 $C_{10}H_{12}O_2$ 的化合物的核磁共振数据：δ 7.6(近似单峰，5 H)，δ 4.9(单峰，2 H)，δ 2.5(四重峰，2 H)，δ 1.0(三重峰，3 H)。试分析其结构。

6. 在 1-辛炔中，乙炔基的 C—H 伸缩振动出现在 3350 cm^{-1}，估算 1-重氢-1-辛炔中 C—D 的伸缩振动出现的位置，并与 $CH_3(CH_2)_5C\equiv\overset{13}{C}-H$ 中 ^{13}C—H 的伸缩振动比较。

7. 给出符合下列红外谱图的化合物的结构：

(a) C_5H_{10}: 3100 cm^{-1}, 2900 cm^{-1}, 1650 cm^{-1}, 1470 cm^{-1}, 1375 cm^{-1}

(b) C_5H_8: 3300 cm^{-1}, 2900 cm^{-1}, 2100 cm^{-1}, 1470 cm^{-1}, 1375 cm^{-1}

8. 化合物 $C_4H_{10}O$ 在 NMR 谱图中呈现 3 个讯号: δ 4.1(七重峰, 1 H); δ 3.1(单峰, 3 H); δ 1.55(双重峰, 6H)。在 IR 谱图中, 2000 cm^{-1} 以上只有一个谱带在 2950 cm^{-1} 处。试给出此化合物的结构。

9. 下面两个化合物在 IR 谱图中有什么相似之处? 又如何从它们的 NMR 谱图讯号特征峰中区别它们?

$HOCH_2CHO$ 羟基乙醛 CH_3COOH 乙酸

10. 推测化合物 C_7H_7Br 的结构, 其熔点 28.5℃, 红外谱图如下:

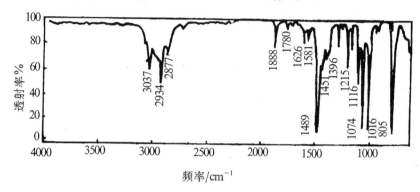

11. 化合物 C_7H_9N 的红外谱图如下, 试推测其结构。

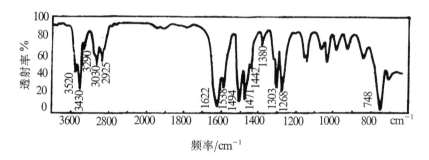

12. 化合物 A 的 IR 和 NMR 谱图如下, 推测识别化合物 A。

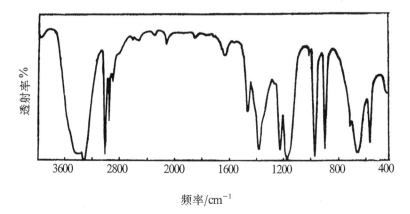

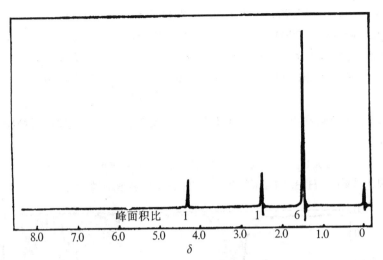

13. 有 4 个装着酮的瓶子，标签脱落。已知 4 个酮的结构如下，现在分别测得 4 个瓶子里酮的紫外光谱为 λ_{max}: 221, 223, 249 和 258nm，推测其相应的酮。

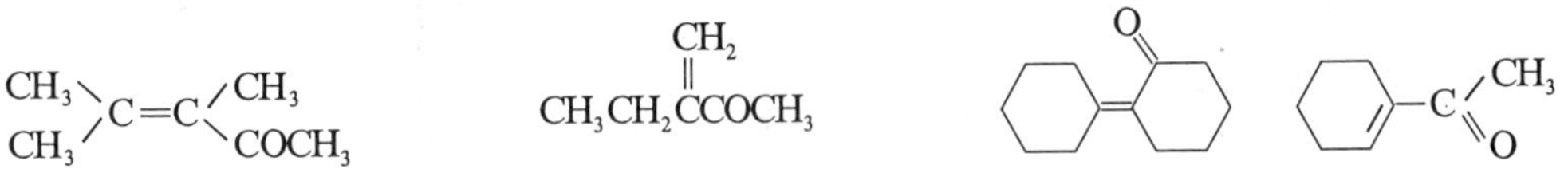

$$\begin{array}{c} CH_3 \\ \diagdown \\ CH_3 \end{array} C=C \begin{array}{c} CH_3 \\ \diagup \\ COCH_3 \end{array} \qquad\qquad \begin{array}{c} CH_2 \\ \| \\ CH_3CH_2CCOCH_3 \end{array}$$

14. α-莎草(萜)酮(α-cyperone) 早先已推测出的结构表示如下。根据紫外光谱发现吸收峰在 λ_{max} 为 251nm 处。据你推测早先测得的结构是否合理，如果不合理，试提出一个同样骨架的结构来代替。

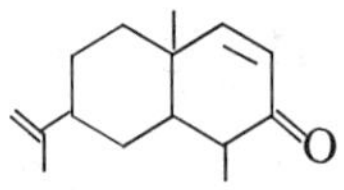

15. 化合物 A 和 B 是开链异构体，分子式为 C_3H_6O：化合物 A 的紫外光谱显示在 $\lambda_{max}=280nm$ 和 $\varepsilon=15$ 处有弱的光带，化合物 B 的紫外光谱显示出在 210nm 以上没有吸收带。试写出这化合物可能的结构。

16. 环己二烯的两个异构体 N 和 M，根据它们的紫外光谱数据写出化合物 N 和 M 的结构。N 在 $\lambda_{max}=256$ nm，$\varepsilon \sim 104$ 有吸收光带；M 的 λ_{max} 在 210 nm 以上没有吸收光带。

17. 用质谱仪测定有机化合物结构时，如果固定磁场强度调节加速电压，试推测检测器接收到的离子的质荷比大小的顺序。并说明理由。

18. 一不含氮的有机化合物，在质谱图中显示出的分子离子峰的相对强度如下，试推测其分子式。

m/z:	58	59	60
强度:	100	4.5	0.08

第十八章　过渡金属有机化合物简介

过渡金属有机化合物是近几十年新发展起来的一个领域。许多过渡金属有机化合物是有机合成中重要的催化剂与试剂，并且有些已在工业中起着重大的作用，如齐格勒-纳塔(Ziegler-Natta)的配位络合聚合催化剂就是一个例子。而且今天这类新的催化剂与试剂仍在继续迅速地增长，特别是近年发展了具有高度不对称合成的催化剂，它不仅在理论上有重要意义，在生产上也有重大价值。过渡金属有机化合物的化学是介于有机与无机化学之间的学科。本节中只是作一简单的基础性介绍。

18.1　16 与 18 电子规则与过渡金属有机化合物

过渡金属是指周期表中副族(B族)与第Ⅷ族的元素,其电子结构均具有部分充满的 d 轨道,所以又称为 d 区元素(见表 18-1)。

表 18-1　过渡元素与周期表

族 外 层 电 子 数	ⅠA 1	ⅡA 2	ⅢB 3	ⅣB 4	ⅤB 5	ⅥB 6	ⅦB 7	Ⅷ 8	 9	 10	ⅠB 11	ⅡB 12
第一周期	H											
第二周期	Li	Be										
第三周期	Na	Mg										
第四周期	K	Ca	Sc	Ti	V	Cr	Mn	Fe	Co	Ni	Cu	Zn
第五周期	Rb	Sr	Y	Zr	Nb	Mo	Tc	Ru	Rh	Pd	Ag	Cd
第六周期	Cs	Ba	La	Hf	Ta	W	Re	Os	Ir	Pt	Au	Hg

框内为过渡金属元素,虚线框外的元素服从 16 与 18 电子规则差一些。

这些元素有一共同特点,易于形成配位络合物,若这些配位络合物带有有机基团,就称为过渡金属有机化合物。当这些过渡金属有机化合物中,中心金属的外层满足 18 电子时,就具有惰性气体的结构,如第四周期过渡金属外层电子数满足 $4s^2 4p^6 3d^{10} = 18$ 时,就是惰性气体氪(Kr)的电子结构;同样,第五周期过渡金属外层电子满足 $5s^2 5p^6 4d^{10} = 18$ 时,就是氙(Xe)的电子结构;第六周期过渡金属外层电子满足 $6s^2 6p^6 5d^{10} = 18$ 时,就是氡(Rn)的电子结构。正如第二、三周期元素的有机化合物在满足外层八电子时,就具有惰性气体的电子结构,这时才能形成稳定的有机化合物,即这些化合物服从八电子规则;同样,对于过渡金属有机化合物则有 16 与 18 电子规则。这规则有两个要点:

(1) 对于具有反磁性(具有成对电子)的过渡金属有机化合物,只有在金属外层电子含有 16 与 18 电子时才能稳定存在。所谓稳定存在,是指过渡金属有机化合物可以有明显浓度存在。

(2) 对于过渡金属有机化合物的反应(包括催化反应),按基元反应分析时,这些基元反应只涉及具有 16 与 18 电子的过渡金属有机化合物的中间体。

这两点对于判断过渡金属有机化合物的结构、分析过渡金属有机化合物的反应是具有重要意义的。

为了运用这一规则,分析过渡金属有机化合物的反应时,首先需要搞清楚如何计算过渡金属的外层电子数、所带电荷数以及氧化态。这些计算与一般有机化合物相同,它的特点是过渡金属有机化合物具有许多配价键,而配价的这一对电子都计算到过渡金属外层电子中,但是不计算在过渡金属所带的电荷中。在计算氧化态时,只考虑与过渡金属所连的 σ 键,不需考虑配价键,而每一个 σ 键氧化数作为 +1。氧化态等于氧化数之和减去过渡金属所带负荷,或加上所带正荷。过渡金属有机化合物的配位体(即能与过渡金属形成配价键,提供电子对的化合物)很多:一类为可以提供未成键电子对的化合物,如 $H_2O:$, $R_2O:$, $R_3N:$, $R_3P:$, $:CO$ 等;一类为碳碳双键、叁键,它们可以提供 1 对 π 电子;一类为烯丙基负碳离子,它们可以提供 4 个 π 电子;另外还有环戊二烯基负碳离子、苯环等,它们可以提供 6 个 π 电子。

下面以几个过渡金属有机化合物为例,分析它们中心过渡金属的电子数、电荷数与氧化态。

当过渡金属有机化合物的过渡金属满足 18 电子时,称这种状态为配位饱和,即不能再增加配位体。

(1)

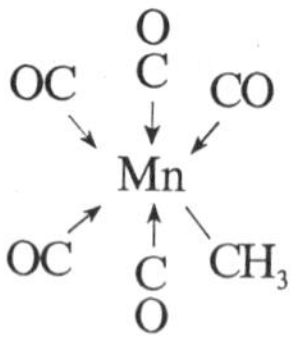

五羰基甲基锰

电子数
Mn 上原有电子数	7
Mn—CH_3 提供	1
5 个 CO 配位体	5×2
	18

电荷数
化合物未带电荷
配价键与 σ 键均未改变
Mn 上电荷
0

氧化态
Mn 上原来无电荷
有一个 σ 键　+1
+1

(2)

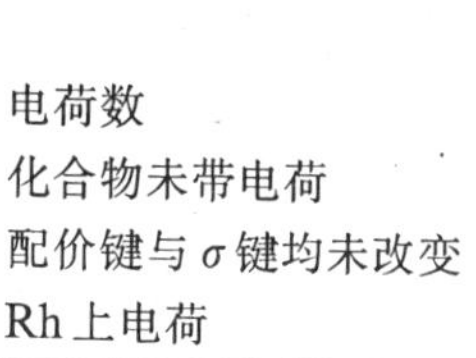

电子数
Rh 上原有电子数	9
Rh—H 提供	1
2 个 $(C_6H_5)_3P$ 配位体	2×2
1 个 CO 配位体	1×2
1 个乙烯配位体	1×2
	18

电荷数
化合物未带电荷
配价键与 σ 键均未改变
Rh 上电荷
0

氧化态
Rh 上原来无电荷
有一个 σ 键　+1
+1

456

(3)

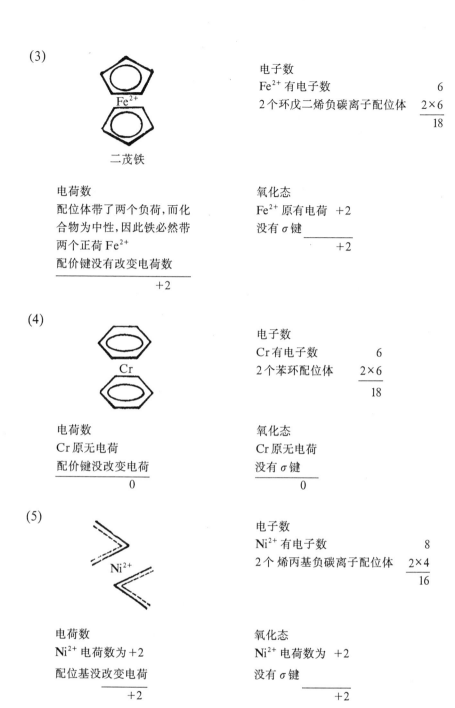

二茂铁

电子数	
Fe^{2+} 有电子数	6
2 个环戊二烯负碳离子配位体	2×6
	18

电荷数

配位体带了两个负荷,而化合物为中性,因此铁必然带两个正荷 Fe^{2+}

配价键没有改变电荷数
$$+2$$

氧化态

Fe^{2+} 原有电荷 +2

没有 σ 键
$$+2$$

(4)

电子数	
Cr 有电子数	6
2 个苯环配位体	2×6
	18

电荷数

Cr 原无电荷

配价键没改变电荷
$$0$$

氧化态

Cr 原无电荷

没有 σ 键
$$0$$

(5)

电子数	
Ni^{2+} 有电子数	8
2 个烯丙基负碳离子配位体	2×4
	16

电荷数

Ni^{2+} 电荷数为 +2

配位基没改变电荷
$$+2$$

氧化态

Ni^{2+} 电荷数为 +2

没有 σ 键
$$+2$$

过渡金属有机化合物中的过渡金属没有满足 18 电子时,称这种状态为配位不饱和,它还可以继续与配位体络合。

周期表中 VB 到Ⅷ族的元素服从 16 与 18 电子规则比较好,但对于周期表两头的过渡金属,即ⅢB,ⅣB 与ⅠB,ⅡB 的元素适应情况就差一些。在有些文献中,常有报道不满 16 个电子的过渡金属有机化合物,这些不符 16 与 18 电子规则的结构往往是不正确的,经仔细研究,常常是与溶剂络合或形成双金属的络合物,所以过渡金属有机化合物的结构与反应性质和溶剂有着密切关系。下面举一个铑的化合物为例,它以双金属络合物存在就满足了 16 电子。

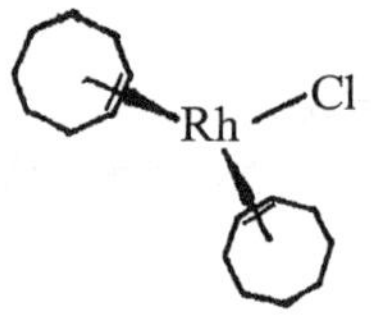

(14电子)

这个结构不对

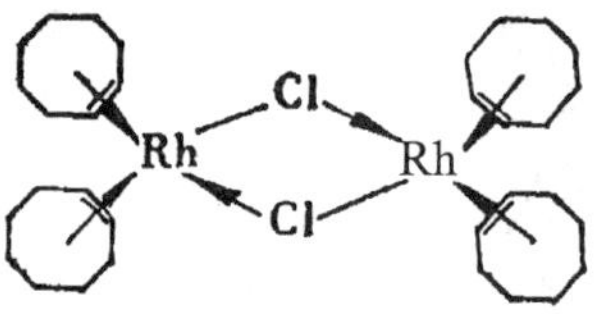

(16电子)

实际为双金属的络合物

18.2 过渡金属有机化合物的基元反应

过渡金属有机化合物的反应很多,但是它们反应历程中的基元反应却并不多,也就只有5～6种,而且它们都服从16与18电子规则。

1. 路易斯酸的结合与解离

金属正离子一般都是作为路易斯酸与路易斯碱结合,但过渡金属的络合物由于有几个配位体给与电子,因而使金属的性质有很大的改变,具有碱性,可与氢质子结合,具有亲核性,可与卤代烷进行S_N2反应。

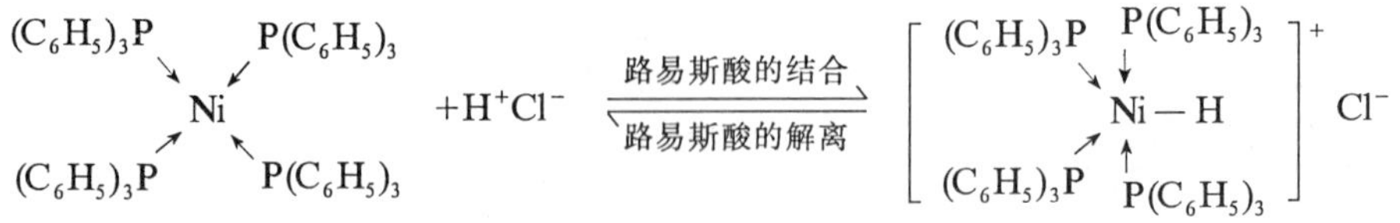

(18电子)　　　　(18电子)

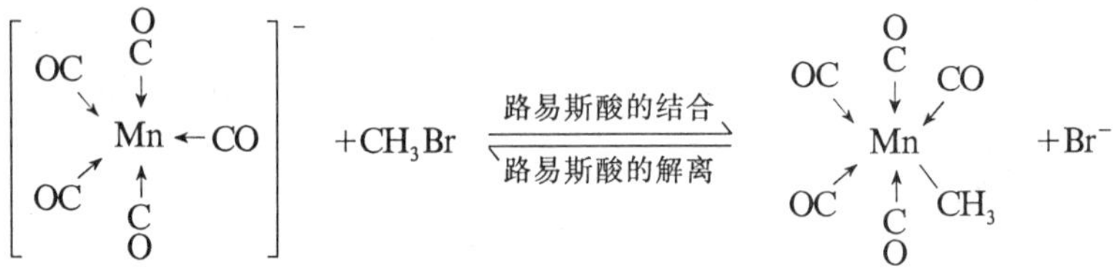

(18电子)

(18电子)

在与CH_3Br的反应中,可以看成是CH_3^+的结合与解离,而CH_3^+缺少一对电子,所以可以视为是路易斯酸。

在这类反应中,过渡金属的电子数没有改变,因此无论具有16个电子或18个电子的过渡金属有机化合物都有可能进行这类反应。

2. 路易斯碱的结合与解离

配位体可以给出电子对,因此可以视为路易斯碱。配位体的结合与解离是过渡金属有机化合物中很普遍的反应。如四羰基镍与三苯基膦的反应就包括了两步反应:第一步为配位体CO的解离,即路易斯碱的解离,得配位不饱和的16电子的三羰基镍;第二步为三羰基镍与三苯基膦进行结合,即路易斯碱的结合,得配位饱和的18电子的产物。

$$Ni(CO)_4 \xrightarrow{\text{路易斯碱的解离}} Ni(CO)_3 + CO$$

（18电子）　　　　　　　　　　　（16电子）

$$Ni(CO)_3 + P(C_6H_5)_3 \xrightarrow{\text{路易斯碱的结合}} (C_6H_5)_3PNi(CO)_3$$

（16电子）　　　　　　　　　　　　　　（18电子）

　　在路易斯碱的结合与解离中,过渡金属的电子数变化为 ±2,因此具有 18 电子的过渡金属有机化合物则不能进行路易斯碱的结合,但可以进行路易斯碱的解离;而具有 16 电子的过渡金属有机化合物则不能进行路易斯碱的解离,但可以进行路易斯碱的结合。

3. 氧化加成与还原消除

　　许多过渡金属有机化合物的反应涉及加 σ 键到过渡金属上,因此增加了氧化数,所以叫氧化加成;而其逆反应则降低氧化态,并消除 2 个 σ 键上所连的原子或基团,所以叫还原消除。如下列反应:

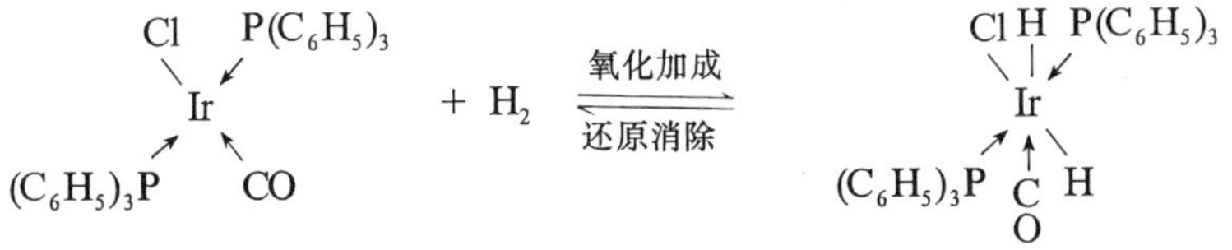

（16电子）　　　　　　　　　　　　　　　　（18电子）

氧化态　 +1　　　　　　　　　　　　　　　　　　+3

　　在氧化加成与还原消除反应中,过渡金属的电子数变化为 ±2。所以具有 18 电子的过渡金属有机化合物可以进行还原消除,但不能进行氧化加成;而具有 16 电子的过渡金属有机化合物则可以进行氧化加成,但不能进行还原消除。

4. 插入与去插入反应

　　有些反应中,配位体可以插入到过渡金属与其他原子 σ 键之间,使原来的一个配价键与一个 σ 键转变成一个新的 σ 键,这类反应称为插入反应;而其逆反应称为去插入反应。如下例:

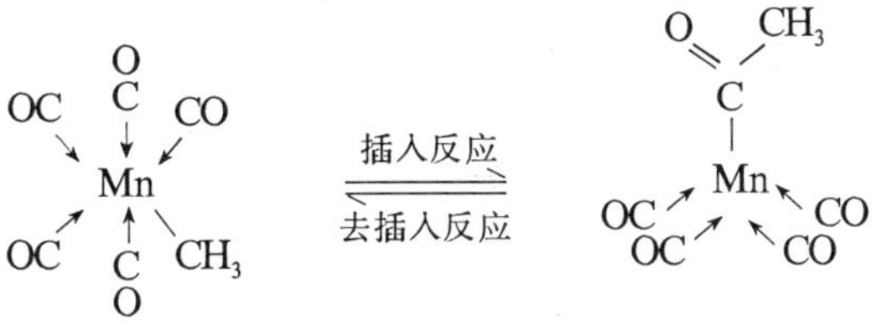

（18电子）　　　　　　　　　　　　　（16电子）

　　在插入反应中,过渡金属电子数减少 2;而在去插入反应中,过渡金属电子数增加 2。因此具有 18 电子的过渡金属有机化合物不可能进行去插入反应,但可进行插入反应;而具有 16 电子的过渡金属有机化合物可以进行去插入反应,但不能进行插入反应。

18.3 过渡金属有机化合物在有机合成上的应用

过渡金属有机化合物近年来在有机合成上有广泛的运用，下面就几个重要方面略加叙述:

1. 羰基化

四羰基铁的二钠盐是一个重要的、比较便宜的羰基化试剂，它是由五羰基铁与金属钠反应得到。三氯化铁是一强亲电试剂，但它却是一强的亲核试剂，甚至被称为超强的亲核试剂，从这里可以看到配位体 CO 络合后对铁的性质起了多么大的影响。它可使卤代烷与 CO 在不同的反应条件下得到醛、酰氯、酸、酯、酰胺，它可使卤代烷与酰氯反应生成酮。

$$Fe(CO)_5 + 2Na \longrightarrow Na_2Fe(CO)_4 + CO$$

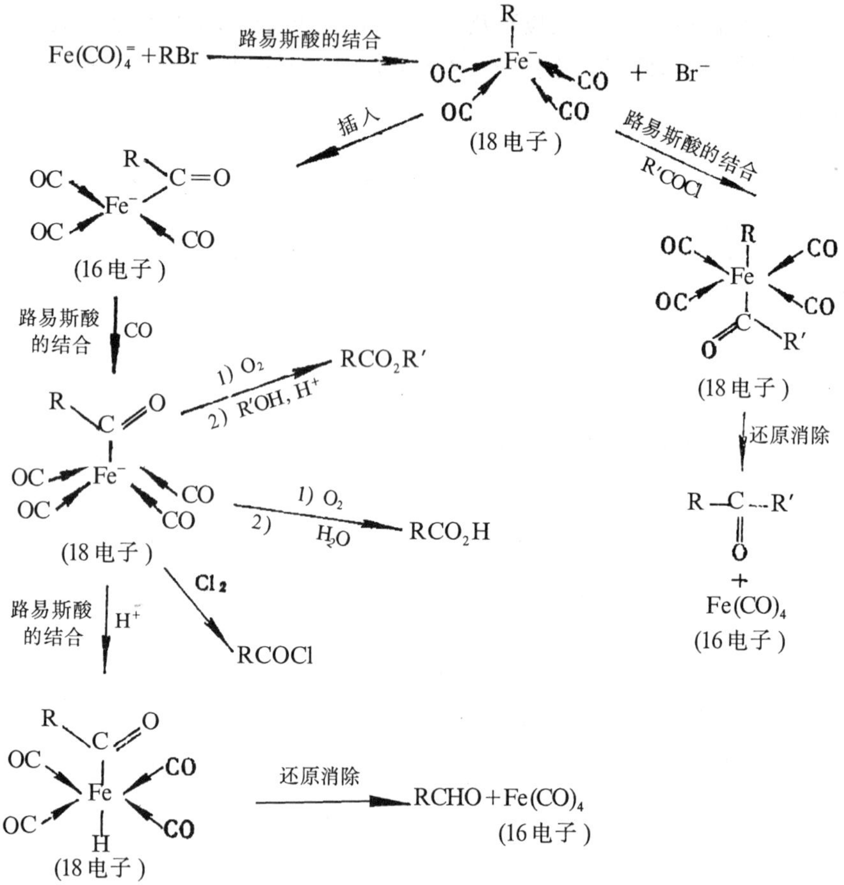

2. 去羰基化

三(三苯基膦)铑氯化物，又称为威尔金逊(Wilkinson)催化剂，是一用途广、性能好的催化剂。威尔金逊催化剂虽只有 16 电子，但由于三苯基膦配位基的空间位阻很大，所以仍可稳定的存在。当它与醛或酰氯共同加热时，可以失去羰基，分别得到相应的烃或卤代烃。

$$RCHO \xrightarrow[\triangle]{(Ph_3P)_3RhCl} RH + CO$$

$$RCOCl \xrightarrow[\triangle]{(Ph_3P)_3RhCl} RCl + CO$$

它们的反应历程也可用前述的基元反应来分析,现以醛去羰基形成烃为例,图示说明如下:

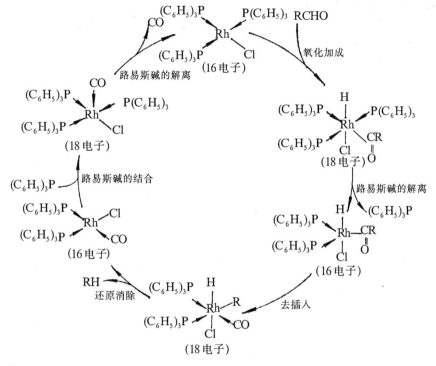

3. 氢化

一般催化氢化都是异相催化,但威尔金逊催化剂却可进行均相催化,而且活性很高。它催化烯烃成烷烃的过程也可用上述的基元反应分析。

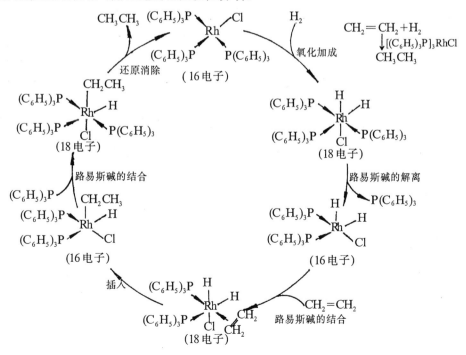

461

4. 均相催化的不对称合成

在实验室内，一般没有旋光性的物质只能合成得到没有旋光的产物。但在生物体内，却大量地进行着各种不对称的合成，这是因为生物体内的反应是在酶催化下进行的。酶是一种蛋白质，具有光活性，它作为反应的活性载体，使反应物按一定的空间取向在酶上反应，所以可以得到具有光活性的产物。过渡金属有机化合物所催化的反应，实际上也可看成是在过渡金属络合物的活性载体上进行的反应；如果过渡金属络合物具有光活性，应该也可以进行不对称合成。因此人们用具有光活性的配位体，如光活性的膦 (R″R′R) P* 合成具有光活性的络合物，证实这种络合物的确可以进行不对称合成。但是这种光活性的膦化物比较难合成，于是进一步改进用具有光活性的烷基引进膦化合物中，用这种光活性的膦化合物合成的络合物同样可以进行不对称合成。这种光活性膦化物可以利用一些便宜的、光活性的天然产物，如酒石酸、乳酸、樟脑、薄荷醇、糖等来合成，这样就经济方便得多。下面举一个从 (*S*) - 乳酸合成光活性膦化合物及光活性铑催化剂用于合成氨基酸的实例:

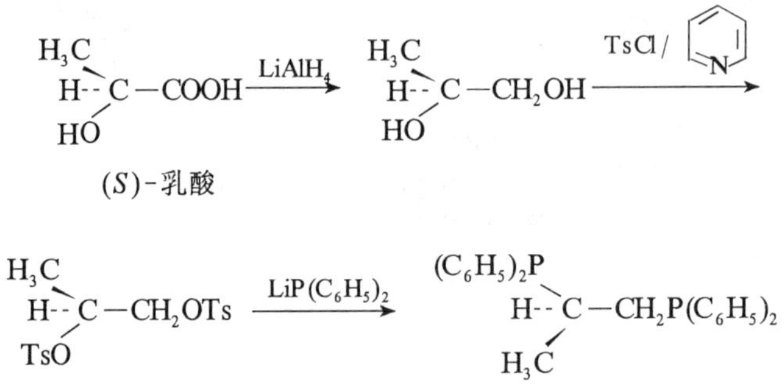

(*S*)-乳酸

R-PROPHOS
(PROPHOS 为此化合物的简称)

将 $[Rh(NBD)_2]^+ClO_4^-$ 与 (*R*) - PROPHOS 反应，可以得到 $[Rh(R)PROPHOS(NBD)]^+ClO_4^-$ (NBD 为降冰片二烯 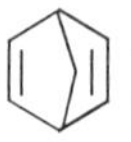)。这个催化剂是合成氨基酸的高效不对称氢化催化剂，得到的氨基酸的光活纯度达到 (90±3)%，往往不需分离即可使用。氨基酸是通过对下列不同取代的不饱和酸酯氢化、水解得到，产率都是在 90% 以上，所得各种氨基酸的光活纯度列于表 18-2。

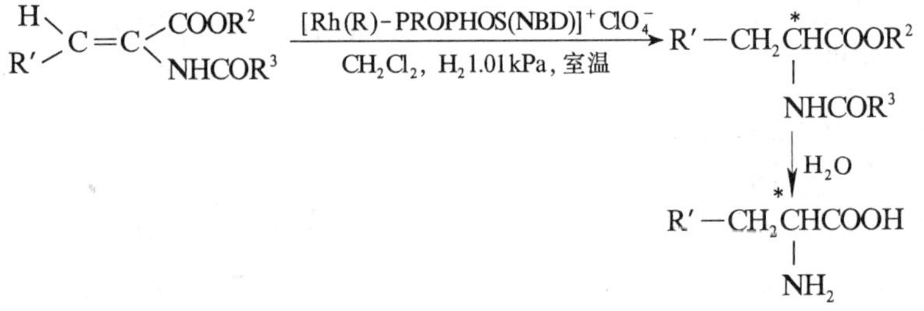

从本章的介绍可以看到，过渡金属有机化合物的化学有着广阔的发展前景，如通过改变过渡金属、配位体与引进不同光活性的配位体，有可能发展出新的更好性能的合成试剂、催化剂与不对称合成的试剂与催化剂。可以预期，在这一领域会有更多的成果涌现。

表 18-2 各种 $\underset{R'}{\overset{H}{\diagdown}}C=C\underset{NHCOR^3}{\overset{COOR^2}{\diagup}}$ 用 $[Rh(R)-PROPHOS(NBD)]^+ClO_4^-$ 为

催化剂,进行催化氢化所得氨基酸的光活性纯度

R'	−NHCOR³	R²	产　　物	光活性纯度(%)	
				在 THF 中加氢	在乙醇中加氢
H	−NHCOCH₃	H	丙 氨 酸	87	90
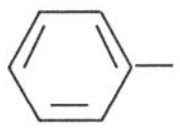 ◯−	−NHCO−◯ 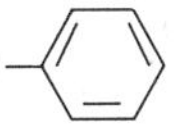	H	苯丙氨酸	93	91
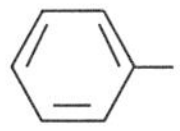 ◯−	−NHCOCH₃	H	苯丙氨酸	91	90
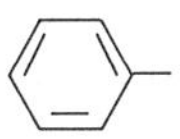 ◯−	−NHCO−◯ 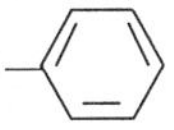	−C₂H₅	苯丙氨酸	88	87
i-C₃H₇−	−NHCOCH₃	H	亮 氨 酸	87	87
HO−◯− 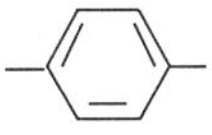	−NHCOCH₃	H	酪 氨 酸	92	89
AcO−◯− 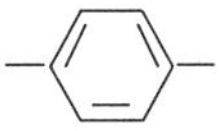	−NHCOCH₃	H	酪 氨 酸	89	89

18.4 生物体内的过渡金属有机化合物

　　生物体内有一类过渡金属络合卟啉环的化合物,如络合铁的血红素、络合钴的维生素 B_{12},络合镁的叶绿素(镁不是过渡金属)。其他络合锌、镍、铜等的化合物也已从生物体内分离得到。这些化合物在生物体内都起着重要的作用。

　　卟啉环是由䏭环上带有不同取代基衍生的,如血红素就带有 4 个甲基、2 个乙烯基与 2 个丙酸基。䏭环是由 4 个吡咯环组成。过渡金属取代䏭环中的 2 个氮上的氢形成 2 个 σ 键,再与另 2 个氮形成配价键。对于铁,2 个 σ 键与 2 个配价键总共只有 14 个电子,所以铁还可以结合 2 个配价键,而且至少必须再结合 1 个配价键才能达到 16 电子,这个配位体就是血红蛋白,它以多肽链上的组氨酸与铁络合。

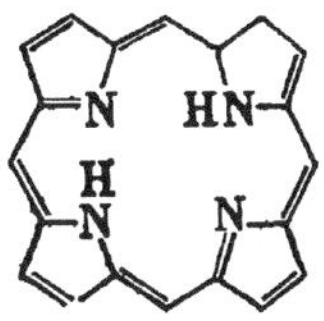

䏭环

多肽链中组氨酸作为配位体

(16电子)　可以配位络合氧分子
血红素(去氧的)

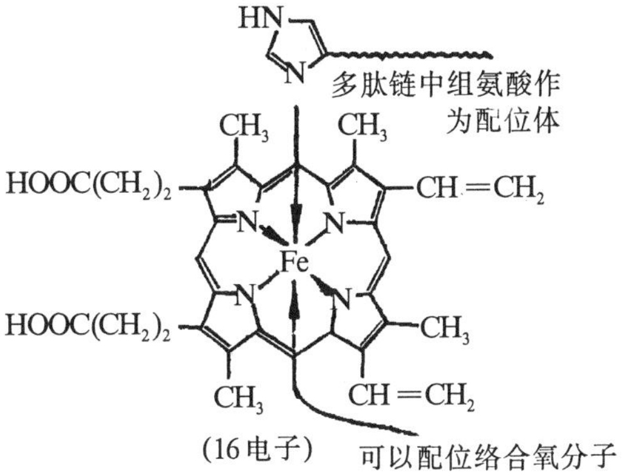

血红素(去氧的)的铁有 16 个电子,因此还可以再形成一个配价键。血红素对氧的传输作用,正是靠血红素上的铁可与氧分子发生可逆的配位络合作用的结果。CO 的毒性,也正是因为它可与血红素上的铁形成很稳定的配价键,因此阻止了对氧的配位络合,妨碍了血红素对氧的传输,造成缺氧,以致死亡。

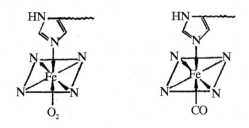

过渡金属有机化合物化学的发展有助于进一步了解生物体内过渡金属有机化合物的作用与作用的机制。所以过渡金属有机化学的迅猛发展也必然会促进生物化学相应领域的发展。

附录 有机化合物英文命名简介

目前英文的化学文献约占化学文献总量的 60%,而且与俄、德、法、日文在化合物命名的拼音上有某些类似,所以掌握有机化合物的英文命名是查阅国外化学文献资料的重要条件。由于过去没有进行这方面的教学,使得不少学生学完有机化学后想查阅手册、字典仍感到困难。

这篇简介是期望学生在学习有机化学的过程中,通过自学与做练习,力求掌握有机化合物英文命名最基本的知识与词汇,但这篇简介不是命名原则的系统讲解。

有机化合物的英文命名很不统一,有普通命名、衍生命名、系统命名及 CA 系统命名等。对一般较简单的有机化合物常采用普通命名,而对复杂的有机化合物常采用系统命名,或系统命名与普通命名的结合。系统命名由于照顾了历史的情况和使用的简便,保留了相当多的简单化合物与基团的普通命名。但在美国化学文摘的化学物质索引与分子式索引中以及化学物理手册中,为了便于编排索引,希望一个化合物只有一个名称,所以几乎将系统命名中的普通命名全部取消,因此会感到和一般书上的命名不完全一样。在这方面,简介中也作了一些介绍。以下所指 CA(Chemical Abstracts)上的命名都是 CA 化学物质索引上所用的命名。

CA 系统命名与系统命名基本相似,是将化合物分成骨架、取代基、官能基、官能基衍生物、定位与立体化学标志等部分。在有官能基或官能基衍生物存在时,骨架与官能基组成索引化合物;在无官能基时,骨架组成索引化合物。CA 的化学物质索引与一些手册中,首先以索引化合物将化合物分类,然后再按其取代基、官能衍生物进行编排。因此不知索引化合物,将查不到该化合物。在系统命名栏中,我们把 CA 系统命名中的索引化合物名称放在前,其后打一",",然后写取代基名,并在其后加"−",或为官能基衍生物名,但其后无"−"。正常 CA 系统命名取代基名称应放在索引化合物名称前,官能基衍生物名放在索引化合物名称后。系统命名仍按一般书写。在后面名称表格的系统英文名栏中,为区分 CA 名与系统名,我们将 CA 名的索引化合物后,不管是否有取代基或官能基衍生物,都加","。系统英文名栏中若只有 CA 名,则表示系统名与 CA 名相同。

1. 烷(Alkanes)

烷的英文名称字尾都有 -ane。下面列出 $C_{1\sim20}$ 烷的命名。因为许多有机化合物的命名都是由此衍生的,因此这些烷的名称特别是 $C_{1\sim10}$ 的名称应该记住。

直链烷的普通命名前加 **n** 字,如正辛烷 $CH_3(CH_2)_6CH_3$ 叫 n-octane。在碳的直链的末端具有 $CH_3\overset{\underset{|}{CH_3}}{CH}-$ 时,这类烷的普通命名是在相应烷的英文名称前加 **iso**(异),如 $CH_3-\overset{\underset{|}{CH_3}}{CH}-CH_3$ 称为异丁烷 isobutane。而新戊烷 $CH_3-\overset{\underset{|}{C}}{\underset{\underset{|}{CH_2}}{|}}-CH_3$ 叫 neopentane。

分子式	中文名	系统英文名	分子式	中文名	系统英文名
CH_4	甲烷	methane,	$C_{11}H_{24}$	十一烷	undecane,
C_2H_6	乙烷	ethane,	$C_{12}H_{26}$	十二烷	dodecane,
C_3H_8	丙烷	propane,	$C_{18}H_{28}$	十三烷	tridecane,
C_4H_{10}	丁烷	butane,	$C_{14}H_{30}$	十四烷	tetradecane,
C_5H_{12}	戊烷	pentane,	$C_{15}H_{32}$	十五烷	pentadecane,
C_6H_{14}	己烷	hexane,	$C_{16}H_{34}$	十六烷	hexadecane,
C_7H_{16}	庚烷	heptane,	$C_{17}H_{36}$	十七烷	heptadecane,
C_8H_{18}	辛烷	octane,	$C_{18}H_{38}$	十八烷	octadecane,
C_9H_{20}	壬烷	nonane,	$C_{19}H_{49}$	十九烷	nonadecane,
$C_{10}H_{22}$	癸烷	decane,	$C_{20}H_{42}$	二十烷	eicosane,

习题一 写出下列化合物的英文名称:

(1) $CH_3(CH_2)_4CH_3$　　(2) 正庚烷　　(3) 异戊烷　　(4) 新己烷

烷去掉一个氢称为烷基 alkyl。将相应烷的英文字尾的 -ane 改为 -**yl** 即为基的名称。系统命名将去掉一个氢的碳原子编号定位为1。

烷基的名称

分子式	中文名	普通英文名	系统英文名
CH_3-	甲 基	methyl	methyl
CH_3CH_2-	乙 基	ethyl	ethyl
$CH_3CH_2CH_2-$	正丙基	n-propyl	propyl
CH_3CHCH_3 丨	异丙基	isopropyl	(1-methyl ethyl)
$CH_3CH_2CH_2CH_2-$ 丨	正丁基	n-butyl	butyl
$CH_3CH_2CHCH_3$	第二丁基	sec-butyl	(1-methyl propyl)
CH_3 丨 CH_3CCH_3 丨	第三丁基	tert-butyl	(1,1-dimethyl ethyl)
$CH_3(CH_2)_3CH_2-$	正戊基	n-pentyl 或 n-amyl	pentyl
CH_3 丨 $CH_3CHCH_2CH_2-$	异戊基	isopentyl 或 isoamyl	(3-methyl butyl)
CH_3 丨 CH_3CH_2C- 丨 CH_3	第三戊基	tert-pentyl 或 tert-amyl	(1,1-dimethyl propyl)
CH_3 丨 CH_3-C-CH_2- 丨 CH_3	新戊基	neopentyl	(2,2-dimethyl propyl)

在系统命名中,上列简单烷基仍保留普通命名。5个碳以上的烷基往往用系统命名。CA全部用系统命名。

习题二 写出下列烷基的英文普通名称或系统名称:

(1) 正己基

$$(2)\ CH_3\overset{\underset{\displaystyle CH_3}{\displaystyle |}}{CH}CH_2-$$

$$(3)\ CH_3\overset{\underset{\displaystyle CH_3}{\displaystyle |}}{CH}CH_2CH_2-$$

$$(4)\ CH_3CH_2\overset{\underset{\displaystyle CH_2CH_3}{\displaystyle |}}{CH}-$$

具有支链的烷的系统命名是以最长链作为母体,其他支链作为取代基,取代基定位采取最小数定位;在英文名称中取代基按字顺排,如:

$$CH_3CH_2CH_2\underset{8\quad 7\quad 6\quad 5}{\overset{\overset{\displaystyle CH_3}{\displaystyle |}}{C}}\underset{4}{\overset{\underset{\displaystyle CH_3}{\displaystyle |}}{C}}H_2\underset{3}{\overset{\overset{\displaystyle CH_2CH_3}{\displaystyle |}}{C}}HCH_3\underset{2\quad 1}{}$$

3 - ethyl - 5,5 - dimethyl octane
5,5 - 二甲基 - 3 - 乙基辛烷

$$\overset{1\quad 2\quad 3\quad 4\quad 5\quad 6\quad 7\quad 8}{CH_3CH_2CH_2CHCH_2CH_2CH_2CH_3}$$
$$CH_3-\overset{\underset{\displaystyle CH_3}{\displaystyle |}}{C}-CH_3$$

4 - tert - butyl octane
octane, 4 - (1,1 - dimethyl ethyl) -
4 - 叔丁基辛烷

习题三 写出下列化合物的英文名称:

$$(1)\ CH_3\overset{\overset{\displaystyle CH_3}{\displaystyle |}}{\underset{\underset{\displaystyle CH_3}{\displaystyle |}}{C}}CH_2CH_3$$

$$(2)\ CH_3CH_2\overset{\overset{\displaystyle CH_3}{\displaystyle |}}{\underset{\underset{\displaystyle CH_2CH_2CH_2CH_3}{\displaystyle |}}{C}}CH_3$$

2. 烯(Alkenes 或 Olefins)

将相应烷的字尾 -ane 改成 -ene 即为烯,双烯字尾为 -adiene, 三烯为 -atriene。

系统命名是以带有碳碳双键最长的链为母体,其他支链作为取代基,双键及取代基定位以数字表示。简单烯烃可用普通命名,CA全部采用系统命名。

烯类化合物的名称

分 子 式	中 文 名	英文普通名	英文系统命名
$CH_2=CH_2$	乙 烯	ethylene	ethylene,
$CH_3CH=CH_2$	丙 烯	propylene	propene,
$\underset{4\quad 3\quad 2\quad 1}{CH_3CH_2CH=CH_2}$	1-丁烯	1- butylene	1- butene,
$\underset{4\quad 3\quad 2\quad 1}{CH_3CH=CHCH_3}$	2-丁烯	2- butylene	2- butene,
$(CH_3)_2C=CH_2$	异丁烯	isobutylene	propene, 2- methyl -
$CH_3CH_2CH_2CH=CH_2$	1-戊烯	1- amylene	1- pentene,
$\overset{\overset{\displaystyle CH_3}{\displaystyle |}}{CH_3CH}CH=CH_2$	3-甲基-1-丁烯		1- butene, 3- methyl -

467

分 子 式	中 文 名	英文普通名	英文系统命名
$\underset{\underset{CH_3CH_2CH_2CHCH=CH_2}{\mid}}{CH_2CH_2CH_3}$	3-丙基-1-己烯		1-hexene, 3-propyl-
$\underset{4\quad3\quad2\quad1}{CH_2=CH-CH=CH_2}$	1,3-丁二烯	butadiene	1,3-butadiene,
$\underset{\underset{CH_2=CH-C=CH_2}{\mid}}{CH_3}$	异戊二烯	isoprene	1,3-butadiene, 2-methyl-

习题四 写出下列化合物的英文名称:

(1) 乙烯   (2) 丙烯   (3) $CH_3CH_2CH_2CH_2CH=CH_2$

(4) $\underset{\underset{CH_2CH_3}{\mid}}{\overset{\overset{CH_3}{\mid}}{CH_3CH_2CHCHCH=CH_2}}$ (5) $\underset{\underset{CH_3}{\mid}\quad\underset{CH_3}{\mid}}{CH_2=C-C=CH_2}$

烯基(alkenyl)是将烯的字尾-**ene**改为-**enyl**。在系统命名中,简单的烯基仍保留了普通命名。但 CA 全部采用系统命名。

烯基的名称

分 子 式	中 文 名	英文普通名	英文系统名
$CH_2=CH-$	乙烯基	vinyl	ethenyl
$\underset{3\quad2\quad1}{CH_2=CHCH_2-}$	烯丙基	allyl	(2-propenyl)
$\underset{3\quad2\quad1}{CH_3CH=CH-}$	丙烯基	propenyl	(1-propenyl)
$\underset{4\quad3\quad2\quad1}{CH_3CH=CHCH-}$	2-丁烯基		(2-butenyl)

习题五 写出下列基的英文名称:

(1) $CH_3CH=CHCH_2CH_2-$ (2) $CH_3CH_2CH=CHCH_2-$

3. 炔(Alkynes)

炔的命名:一种采用乙炔 Acetylene 的衍生命名法;另一种采用系统命名法,即将相应烯的字尾-**ene**改为-**yne**。

炔类化合物的名称

分 子 式	中 文 名	英文乙炔衍生命名	英文系统命名
$HC\equiv CH$	乙 炔	acetylene	ethyne,
$CH_3C\equiv CH$	丙 炔	methyl acetylene	propyne,
$\underset{4\quad3\quad2\,1}{CH_3C\equiv CCH_3}$	2-丁炔	dimethyl acetylene	2-butyne,
$\underset{5\quad4\quad3\quad2\quad1}{CH_3CH=CH-C\equiv CH}$	丙烯基乙炔	propenyl acetylene	3-penten-1-yne,
$\underset{6\quad5\quad4\quad3\quad2\quad1}{\underset{\underset{CH_3CHCH_2CH_2C\equiv CH}{\mid}}{CH_3}}$	异戊基乙炔	isoamyl acetylene	1-hexyne, 5-methyl-

468

习题六 写出下列化合物的英文名称:

(1) $CH_3CH_2C \equiv CH$ 　　　(2) $CH_3\overset{\underset{\displaystyle CH_3}{|}}{CH}C \equiv CH$ 　　　(3) $CH_2 = CH - C \equiv CH$

炔基(alkynyl)的名称为相应炔的字尾 -yne 改为 **-ynyl**,如 $CH \equiv C -$ 乙炔基称为 ethynyl。

4. 脂环族化合物(Alicyclic compounds)

将相应的烷或烯的名称前加 **cyclo**。

脂环族化合物名称

化 合 物	中 文 名	英 文 名
	环己烷	cyclohexane,
	环己烯	cyclohexene,
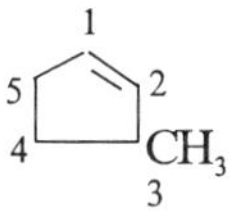	3-甲基环戊烯	cyclopentene, 3-methyl-

对于双环的桥环化合物,在母体名称前加 bicyclo, 命名如下:

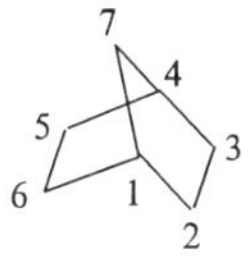

双环[2.2.1]庚烷　　bicyclo[2.2.1]heptane,

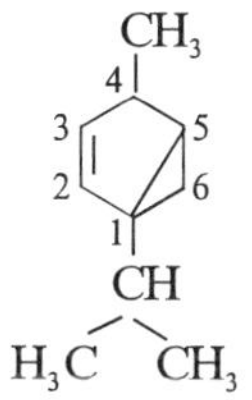

1-异丙基-4-甲基 —
双环[3.1.0]己-2-烯　　bicyclo[3.1.0]hex-2-ene, 1-(1-methyl ethyl)-4-methyl-

螺环[3.4]辛烷　　spiro[3.4]octane,

习题七 写出下列化合物的英文名称:

(1) $\begin{array}{c} CH_2 - CH_2 \\ | \qquad | \\ CH_2 - CH_2 \end{array}$ 　　(2) 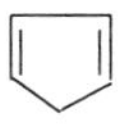 　　(3) 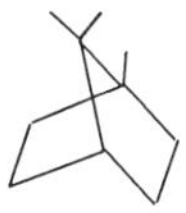 　　(4)

5. 芳香族碳氢化合物(Aromatic hydrocarbon compounds)

简单的芳香族碳氢化合物**一般都有普通名称**,许多芳香族化合物的系统命名也是以这些

469

名称为基础。系统命名是以芳香环为母体,取代基根据环上的位置而定位,苯环上表示 2 个基团的相对位置普通命名常用邻 *o*-, 对 *p*-, 间 *m*- 表示。

芳香族碳氢化合物的名称

化 合 物	中 文 名	英文普通命名	英文系统命名
 (苯结构)	苯	benzene	benzene,
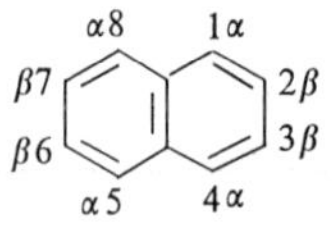 (萘结构 α8 1α β7 2β β6 3β α5 4α)	萘	naphthalene	naphthalene,
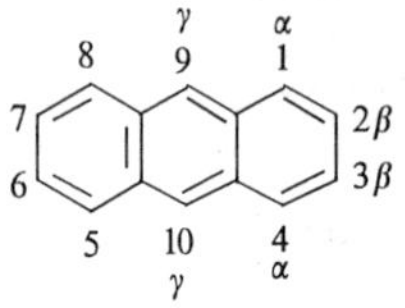 (蒽结构 γ9 α1 8 7 2β 6 3β 5 10γ 4α)	蒽	anthracene	anthracene,
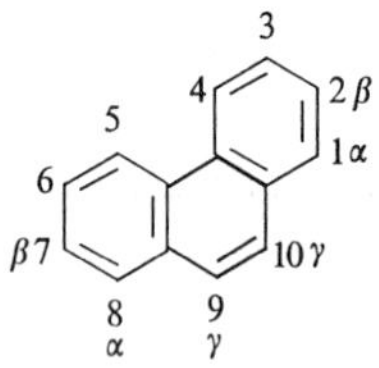 (菲结构 3 2β 5 4 1α 6 7β 10γ 8α 9γ)	菲	phenanthrene	phenanthrene,
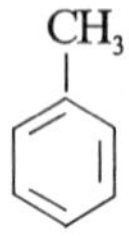 CH_3 (甲苯结构)	甲苯	toluene	toluene benzene, methyl-
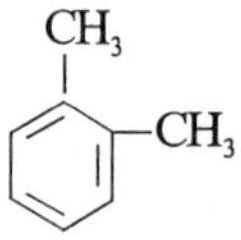 CH_3 CH_3 (邻二甲苯结构)	邻二甲苯	*o*-xylene	benzene, 1,2-dimethyl-
 CH_3—⬡—CH_3	对二甲苯	*p*-xylene	benzene, 1,4-dimethyl-
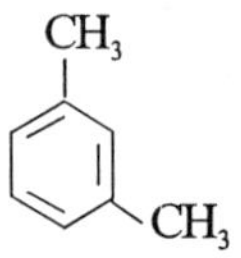 CH_3 CH_3 (间二甲苯结构)	间二甲苯	*m*-xylene	benzene, 1,3-dimethyl-
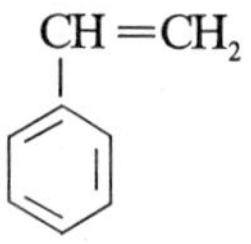 $CH=CH_2$ (苯乙烯结构)	苯乙烯	styrene	styrene benzene, ethenyl-
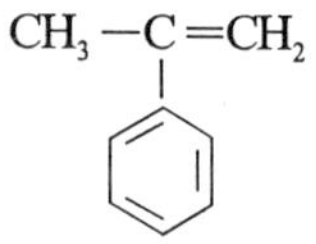 $CH_3-C=CH_2$ (α-甲基苯乙烯结构)	α-甲基苯乙烯	α-methyl styrene	α-methyl styrene benzene, (1-methyl ethenyl)-

470

化　合　物	中　文　名	英文普通命名	英文系统命名
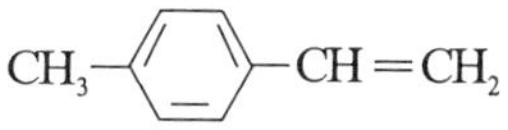 CH_3—◯—$CH=CH_2$	对甲基苯乙烯	*p*-methyl styrene	4-methyl styrene benzene, 4-methyl-1-ethenyl-
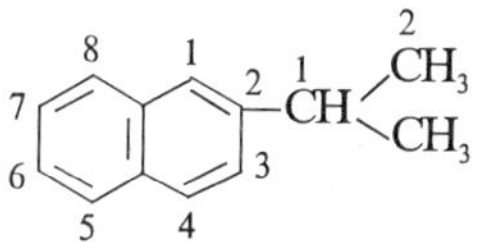 ◯◯—$CH{<}^{CH_3}_{CH_3}$	β-异丙基萘	β-isopropyl naphthalene	naphthalene, 2-(1-methylethyl)-

当芳香环上带有脂肪链时,按杂环、芳香环、脂环、脂链的骨架优先顺序,CA 系统命名应以芳环作为骨架,脂链作为取代基,如:

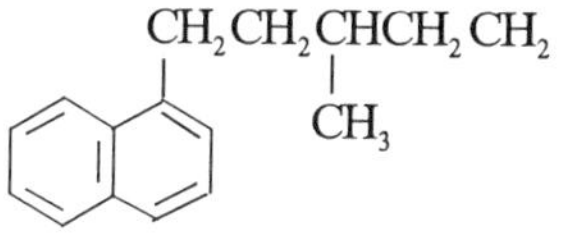

$$CH_2CH_2CHCH_2CH_3 \quad \text{naphthalene, 1-(3-methylpentyl)-}$$

1-(3-甲基戊基)-萘

在英文命名中取代基是按字顺排列的,在中文命名中,是按基团大小顺序排列,小的放在前。芳基(-aryl)字尾也有 **-yl**。

芳基的名称

分子式	中　文　名	英　文　名	英文系统命名
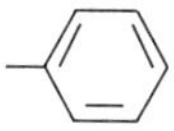 —◯	苯　基	phenyl	phenyl
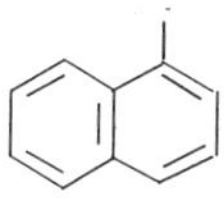 ◯◯	α-萘基	α-naphthyl	α-naphthyl (1-naphthalenyl)
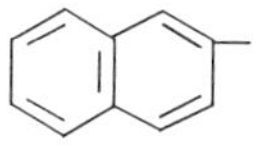 ◯◯	β-萘基	β-naphthyl	β-naphthyl (2-naphthalenyl)
 ◯—CH_2—	苯甲基	benzyl	benzyl (phenylmethyl)
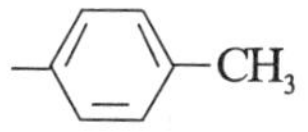 —◯—CH_3	对甲苯基	*p*-tolyl	*p*-tolyl (4-methyl phenyl)

习题八 写出下列化合物的英文名称:

(1) 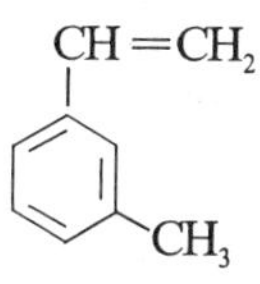
$CH=CH_2$
CH_3

(2)
◯◯—$CH{<}^{CH_3}_{CH_2CH_2CH_2CH_3}$

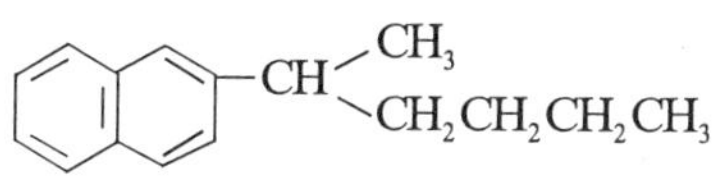

6. 有机卤化物 (Organic halides)

简单的卤化物常用普通命名。普通命名是将相应的烃基与卤化物的英文名称结合起来,即为有机卤化物的名称。如氯甲烷 CH_3Cl,称为 methyl chloride。系统命名是将卤素作为主

链的取代基,如 CH_3Cl 称为 chloromethane

卤 素	作为取代基英文名	作为卤化物英文名
F—	fluoro—	fluoride
Cl—	chloro—	chloride
Br—	bromo—	bromide
I—	iodo—	iodide

关于不在一个碳上的双基是在相应的烷基字尾-yl后加-ene, 如 1,2-亚乙基 $-CH_2CH_2-$ 叫 ethylene; 在一个碳上的双基是在相应烷基字尾-yl后加-idene,三基是相应烷基字尾后加-idyne。CA 系统命名对于不在一个碳上的双基是将相应烷后加-diyl, 前面标上定位号; 在一个碳上的双基与三基与前同。使用这些命名时,要求所连基团是相同的。

多价基的名称

分子式	中文名	英文普通名	系统命名
$-CH_2-$	亚甲基	methylene	methylene
			methylidene
$-CH_3CH_2-$	1,2-亚乙基	ethylene	dimethylene
			1,2-ethandiyl
$-(CH_2)_3-$	三亚甲基	trimethylene	trimethylene
			1,3-propandiyl
苯环	对亚苯基	p-phenylene	1,4-phenylene
$CH_3CH{<}$	亚乙基	ethylidene	ethylidene
$CH_3CH_2CH{<}$	亚丙基	propylidene	propylidene
$[CH_3]_2C{<}$	亚异丙基	isopropylidene	1-methylethylidene
$H_2C=C{<}$	亚乙烯基	vinylidene	vinylidene
			ethenylidene
$C_5H_5CH{<}$	苯亚甲基	benzal	benzal
			phenylmethylene
$C_6H_5C\equiv$	苯次甲基	benzylidyne	benzylidyne
			phenylmethylidyne

有机卤化物英文名称

化 合 物	中 文 名	普通英文名	系统英文名
CH_3Cl	氯甲烷	methyl chloride	methane, chloro-
CH_2Cl_2	二氯甲烷	methylene dichloride	methane, dichloro-
$CHCl_3$	三氯甲烷(氯仿)	chloroform	methane, trichloro-
CCl_4	四氯化碳	carbon tetrachloride	methane, tetrachloro-
CH_3CH_2Br	溴乙烷	ethyl bromide	ethane, bromo-
$\begin{matrix}CH_2CH_2\\ \mid \quad \mid \\ Br \ Br\end{matrix}$	1,2-二溴乙烷	ethylene dibromide	ethane, 1,2-dibromo-
$CH_2=CHCl$	氯乙烯	vinyl chloride	ethylene, chloro-
$CH_2=CH-CH_2Cl$	烯丙基氯	allyl chloride	1-propene, 3-chloro-

化 合 物	中 文 名	普通英文名	系统英文名
	氯　苯	phenyl chloride	benzene, chloro-
	对二氯苯	*p*-phenylene dichloride	benzene, 1,4-dichloro-*p*-dichlorobenzene

mono 为一、di 为二、tri 为三、tetra 为四、penta 为五、hexa 为六、hepta 为七、octa 为八、nona 为九、deca 为十。若一分子中,存在两相同的索引化合物,用 bis 表示双;存在三个相同的索引化合物,用 tris 表示三。

习题九　写出下列化合物的英文名称:

(1) $\underset{\underset{Br}{|}}{CH_2CHCH}=CHCH_3$　　(2) 　　(3) $H_2C=C\begin{smallmatrix}Cl\\Cl\end{smallmatrix}$　　(4)

7. 醇 (Alcohols)

醇一般采用普通命名,衍生命名及系统命名。

普通命名是将相应的烃基与 **alcohol** 组成醇的英文名称,如乙醇叫 ethyl alcohol。一般使用于简单醇的命名。

衍生命名是将醇看作甲醇 **carbinol** 的取代衍生物。如乙醇叫 methyl carbinol。这种命名现只用在一些特殊的,使用这种命名比较方便的化合物上,如三苯基甲醇。

系统命名是将相应烃的字尾 -e 改为 -ol,如为二元醇则在字尾加 -diol,三元醇为 -triol,羟基 (—OH) 的定位用数字表示。具有支链的醇以取带有羟基最长链的醇作为母体。如乙醇叫 ethanol, $\underset{5\ \ \ \ 4\ \ \ \ 3\ \ \ \ 2\ \ \ \ 1}{CH_3CH_2\overset{\overset{CH_3}{|}}{CH}CH_2CH_2OH}$ 叫 3-methyl-1-pentanol。

当环与脂链连接,并在脂链末端有官能基时,在 CA 系统命名中,将环与脂链连接在一起作为骨架,与官能基组成索引化合物。这种命名称连接命名。但脂链中不得间以重链或杂原子。

醇的英文名称

分 子 式	中 文 名	普通命名	衍生命名	系统命名
CH_3OH	甲　醇	methyl alcohol	carbinol	methanol,
C_2H_5OH	乙　醇	ethyl alcohol	methyl carbinol	ethanol,
$CH_3CH_2CH_2OH$	正 丙 醇	*n*-propyl alcohol	ethyl carbinol	1-propanol,
$\underset{\underset{OH}{|}}{CH_3CHCH_3}$	异 丙 醇	isopropyl alcohol	dimethyl carbinol	2-propanol,
$CH_3(CH_2)_3OH$	正 丁 醇	*n*-butyl alcohol	propyl carbinol	1-butanol,

分子式	中文名	普通命名	衍生命名	系统命名
$CH_3CH_2CHCH_3$ $\quad\quad\quad$	$\overset{\displaystyle}{OH}$ 第二丁醇	sec- butyl alcohol	ethyl methyl carbinol	2- butanol,
$CH_3-\overset{\displaystyle CH_3}{\underset{\displaystyle OH}{C}}-CH_3$	第三丁醇	tert- butyl alcohol	trimethyl carbinol	2- propanol, 2- methyl-
$CH_3-\overset{\displaystyle CH_3}{C}=CHCH_2OH$	3-甲基-2-丁烯-1-醇			2- buten-1-ol, 3- methyl-
⬡—CH_2OH	苯甲醇 苄醇	benzyl alcohol		benzenemethanol,

简单的醇常用普通命名。高级与复杂的醇主要用系统命名。CA上全部用系统命名。

习题十 写出下列化合物的英文名称:

(1) ⬡—CH_2CH_2OH

(2) $CH_3\overset{\displaystyle CH_3}{\underset{\displaystyle}{CH}}CH_2CH_2OH$

(3) $CH_3CH=CH-\overset{\displaystyle CH_3}{\underset{\displaystyle OH}{C}}-CH_3$

(4) (⬡)$_3$—$C-OH$

二元醇的普通命名以二价的烃基后加 **glycol** 组成。多元醇常用俗名。CA采用系统命名。

二元醇的英文命名

分子式	中文名	普通命名	系统命名
$\overset{\displaystyle CH_2-CH_2}{\underset{\displaystyle OH\quad OH}{}}$	乙二醇	ethylene glycol	1,2-ethanediol,
$HO(CH_2)_3OH$	1,3-丙二醇	trimethylene glycol	1,3- propanediol,
$\overset{\displaystyle CH_2CHCH_2}{\underset{\displaystyle OH\ OHOH}{}}$	甘油	glycerol	1,2,3- propanetriol,

习题十一 写出下列化合物的英文名称:

(1) $CH_3\overset{\displaystyle}{\underset{\displaystyle OH}{CH}}-\overset{\displaystyle}{\underset{\displaystyle OH}{CH_2}}$

(2) $\overset{\displaystyle CH_2(CH_2)_2CH_2}{\underset{\displaystyle OH\quad\quad\quad OH}{}}$

8. 酚 (Phenols)

简单的酚一般采用普通命名。复杂的酚采用系统命名,或普通命名与系统命名相结合。CA除苯酚外均采用CA系统命名。CA系统命名是将相应芳烃名称后的 –e 去掉加 –ol,前面加上羟基的编号组成。

化 合 物	中 文 名	普 通 命 名	系 统 命 名
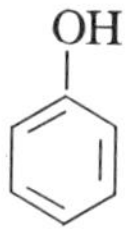 OH	苯 酚	phenol	phenol,
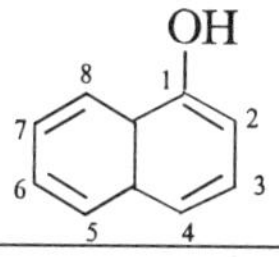 OH	α-萘酚	α- naphthol	1- naphthol 1- naphthalenol,
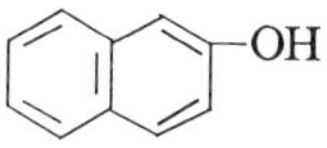 OH	β-萘酚	β- naphthol	2- naphthol 2- naphthalenol,
 CH_3—◯—OH	对甲苯酚	p- cresol	phenol, 4- methyl-
 HO—◯—OH	对苯二酚	· p- hydroquinone	1,4- hydroquinone 1,4- benzenediol,
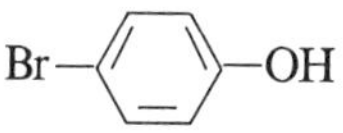 Br—◯—OH	对溴代苯酚	p- bromophenol	phenol, 4- bromo-
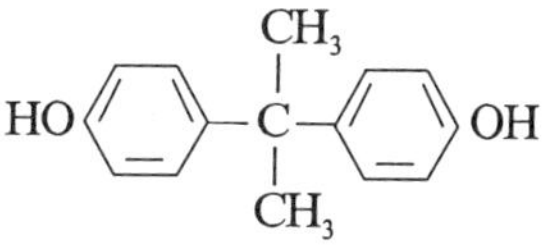 HO—◯—$\overset{CH_3}{\underset{CH_3}{C}}$—◯—OH	双酚 A	bisphenol A	phenol, 1-methylethylidene bis-

习题十二 写出下列化合物的英文名称:

(1) 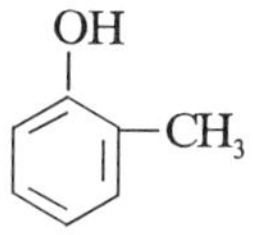 　　(2) 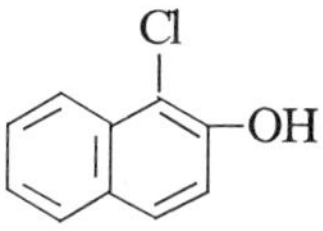 　　(3) 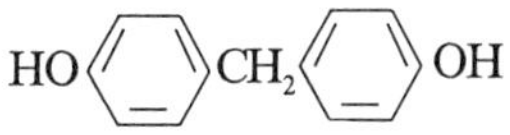 HO—◯—CH_2—◯—OH

9. 醚 (Ethers)

普通命名是以组成醚的 2 个烃基加 **ether** 组成。此种命名多用于简单的醚,如 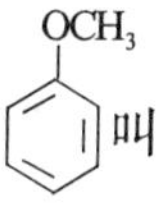 叫 (methyl phenyl ether)。俗名叫茴香醚 (anisole)。

系统命名是以最长的链为母体,烷氧基作为取代基。如 CH_3O—◯ 叫 methoxy benzene。

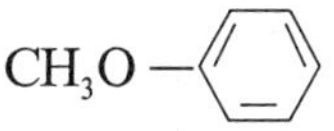

化 合 物	中 文 名	普 通 命 名	系 统 命 名
$CH_3CH_2OCH_2CH_3$	乙 醚	diethyl ether 或 ethyl ether	ethane, 1,1'- oxybis-
$CH_3OCH_2CH_2CH_2CH_3$	甲丁醚	n-butyl methyl ether	butane, 1- methoxy-
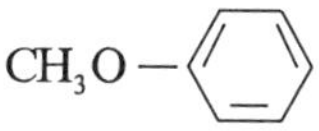 CH_3O—◯	苯甲醚	methyl phenyl ether 或 anisole	benzene, methoxy-

烷氧基是将相应烷基字尾 -yl 改为 -oxy。

烷氧基的英文名称

分　子　式	中　文　名	英　文　名
CH_3O-	甲氧基	methoxy
C_2H_5O-	乙氧基	ethoxy
C_3H_7O-	丙氧基	propoxy
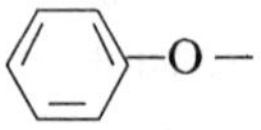 ⬡—O—	苯氧基	phenoxy

习题十三　写出下列化合物的英文名称:

(1) CH_3OCH_3　　(2) $CH_3OC_2H_5$　　(3) 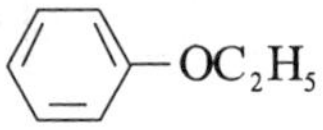 ⬡—OC_2H_5　　(4) $CH_2=CH-OCH_3$

10.　环醚 (Cyclic ethers)

环醚可采用普通命名、系统命名以及杂环系统命名。普通命名是以相应的二价烃基加

oxide 组成。如 $\begin{matrix}CH_2-CH_2\\ |\qquad\\ CH_2-O\end{matrix}$ 叫 trimethylene oxide。

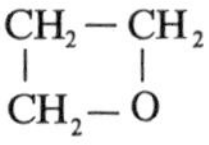

系统命名是以相应的烃前加 **epoxy-**,注上定位号。如 $\begin{matrix}CH_2-CH_2\\ |\qquad |\\ CH_2-O\end{matrix}$ 叫 1,3-epoxypropane。

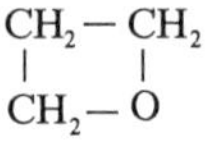

杂环系统命名是根据含氧的杂环系统命名,如 ▷O 叫 oxirane, ☐O 叫 oxetane; ⬠O

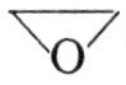

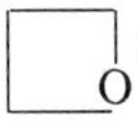

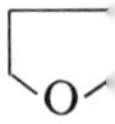

叫 tetrahydrofuran 或叫 oxolane; ⬡O 叫 oxane。

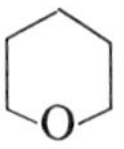

环醚的英文名称

化　合　物	中　文　名	普通命名	系统命名	杂环系统名
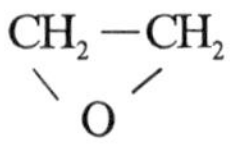 CH_2-CH_2 \ O /	环氧乙烷	ethylene oxide	1,2-epoxyethane	oxirane,
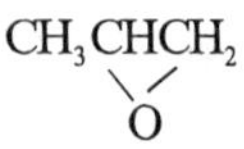 CH_3CHCH_2 \ O /	1,2-环氧丙烷	propylene oxide	1,2-epoxypropane	oxirane, methyl-
 CH_2CHCH_2OH \ O /	缩水甘油	glycidol	2,3-epoxy-1-propanol	oxiranemethanol,
 ⬠O	呋　喃	furan	furan	furan,

习题十四　写出下列化合物的英文名称:

(1) 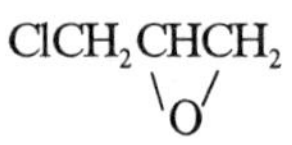 $ClCH_2CHCH_2$ \ O /　　　　(2) $CH_3CH_2CHCH_2$ \ O /

476

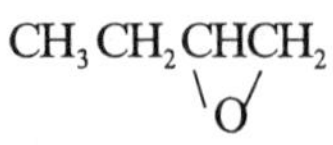

11. 过氧化物(Peroxides)

—O—OH 称 **hydroperoxide,** —O—O— 称 **peroxide**。烃基过氧化氢的命名是将烃基后加 **hydroperoxide** 组成。烃基过氧化物的命名是将相应的两个烃基后加 **peroxide** 组成。过氧化羧酸与酯是在相应的羧酸与酯前加 **peroxy**-或 **per**-组成。但在 CA 的系统命名中,过氧化羧基 $-\overset{\text{O}}{\overset{\|}{\text{C}}}-\text{O}-\text{OH}$ 叫 **carboperoxoic acid,** $-\overset{\text{O}}{\overset{\|}{(\text{C})}}-\text{O}-\text{OH}$(不包括此碳) 叫 **peroxoic acid**。所以过氧苯甲酸 $\overset{\text{O}}{\overset{\|}{\text{C}}}-\text{O}-\text{OH}$ 叫 benzenecarboperoxoic acid, 过氧乙酸 $\text{CH}_3\text{C}\overset{\text{O}}{\underset{\text{O}-\text{OH}}{\Big\langle}}$ 叫 ethaneperoxoic acid。

有机过氧化物的英文名称

化 合 物	中 文 名	普通与系统命名	CA 系统命名
$(\text{CH}_3)_3\text{C}-\text{O}-\text{OH}$	第三丁基过氧化氢	tert-butyl hydroperoxide	hydroperoxide, 1,1-dimethyl ethyl
$(\text{CH}_2)_3\text{C}-\text{O}-\text{O}-\text{C}(\text{CH}_3)_3$	第三丁基过氧化物	di tert-butyl peroxide	peroxide, di(1,1-dimethyl ethyl)
⬡—C(=O)—O—O—C(=O)—⬡	过氧化二苯甲酰	dibenzoyl peroxide	peroxide, dibenzoyl
⬡—C(=O)—O—OH	过氧苯甲酸	peroxybenzoic acid	benzenecarboperoxoic acid,
⬡—C(=O)—O—O—C(CH₃)₃	过氧苯甲酸第三丁基酯	tert-butyl perbenzoate	benzenecarboperoxoic acid, (1,1-dimethyl ethyl) ester
$\text{CH}_3\text{C}(=O)-\text{O}-\text{O}-\text{H}$	过氧乙酸	peroxyacetic acid	ethaneperoxoic acid,

习题十五 写出下列化合物的英文名称:

(1) $\text{CH}_3\overset{\text{O}}{\underset{\|}{\text{C}}}-\text{O}-\text{O}-\text{C}(\text{CH}_3)_3$

(2) $\text{CH}_3\text{CH}_2-\overset{\text{CH}_3}{\underset{\text{CH}_3}{\text{C}}}-\text{O}-\text{O}-\overset{\text{CH}_3}{\underset{\text{CH}_3}{\text{C}}}-\text{CH}_2\text{CH}_3$

12. 硫醇(Mercaptans)、硫醚(Sulfides)及其氧化物(Oxides)

硫醇命名与醇相似。普通命名是将相应烃基后加 **mercaptan,** 如 $(\text{CH}_3)_2\text{CHCH}_2\text{SH}$ 叫 isobutyl mercaptan; 系统命名是将相应烃的字尾加-**thiol**, 如上化合物叫 2-methyl propanethiol。

硫醚命名与醚相似。普通命名以相应两个烃基后加 **sulfide**, 即为硫醚名称。如 $C_2H_5SCH_3$ 叫 ethyl methyl sulfide。系统命名以最长碳链为母体,烷硫基为取代基组成。烷硫基是烷基的名称后加 **-thio** 组成,如甲硫基叫 methylthio, 因此上述化合物叫 methylthio ethane。$C_2H_5SC_2H_5$ 普通命名叫 diethyl sulfide, 系统命名叫 thiobis ethane。

习题十六 写出下列化合物英文名称:

(1) CH_3SCH_3 (2) 正十二烷基硫醇

硫醇与硫醚的氧化衍生物

亚砜 $R-\overset{\downarrow}{\underset{O}{S}}-R$, 普通命名以相应烃基后加 **sulfoxide** 命名,如二甲亚砜 $CH_3\overset{\downarrow}{\underset{O}{S}}CH_3$ 叫 dimethyl sulfoxide。系统命名是把亚砜作为烃的取代基,叫 **sulfinylidene** bismethane。

砜 $R-\overset{\uparrow O}{\underset{\downarrow O}{S}}-R$, 普通命名以相应烃基后加 **sulfone** 命名,如二甲砜 $CH_3-\overset{\uparrow O}{\underset{\downarrow O}{S}}-CH_3$ 叫 dimethyl sulfone。系统命名也是把砜作为烃的取代基,叫 **sulfonylidene** bismethane。

磺酸化合物一般以相应烃后(注意: 不是用烃基)加定位号与 **sulfonic acid** 命名如:

$CH_3-\langle\bigcirc\rangle-SO_3H$ 对甲苯磺酸叫 toluene-4-sulfonic acid 或 4-methyl benzene sulfonic acid。

$CH_3CH_2\underset{\underset{SO_3H}{|}}{CH}CH_3$ 叫丁烷-2-磺酸 butane-2-sulfonic acid。

习题十七 写出下列化合物的英文名称:

(1)   (2)

(3)   (4)

13. 胺(Amines)

胺的普通命名是把胺作为氨的烃基取代衍生物来看待,因此命名用相应的烃基后加 **amine** 或 **ammonium** 组成,对于苯胺、甲苯胺有俗名,至今仍普遍应用。

系统命名是将胺基作为官能团,用带有胺基的最长碳链或苯环作为主链,在主链烃的名称后加 **-amine** 即为母体名称,然后加上取代基名称即为该化合物的名称。如果胺上带有取代基,则在该取代基名称前加 **N** 以表示在氮上取代。

普通命名多用于简单胺的命名,后一种命名多用在复杂胺的命名。CA 用系统命名,并且不用苯胺、甲苯胺的俗名,但在一般系统命名中仍保留了这两个俗名。

478

胺类化合物的英文名称

化 合 物	中 文 名	普 通 命 名	系 统 命 名
CH_3NH_2	甲 胺	methyl amine	methanamine
$CH_3NHC_2H_5$	甲乙胺	ethyl methyl amine	ethanamine, N-methyl-
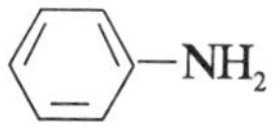 ⟨⟩—NH_2	苯 胺	aniline	benzenamine, aniline
$(CH_3)_4\overset{+}{N}Cl^-$	氯化四甲基铵	tetramethyl ammonium chloride	methanaminium, N,N,N-trimethyl-, chloride
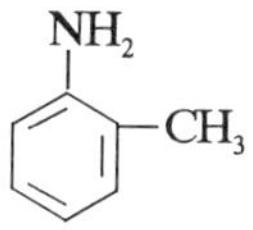 NH_2 ⟨⟩—CH_3	邻甲苯胺	o-toluidine	benzenamine, 2-methyl- o-toluidine
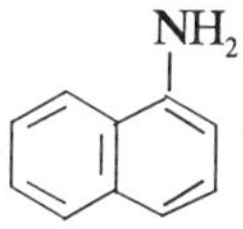 NH_2 (萘)	α-萘胺	α-naphthyl amine	1-naphthalenamine
$H_2N(CH_2)_3NH_2$	丙二胺	trimethylene diamine	1,3-propanediamine
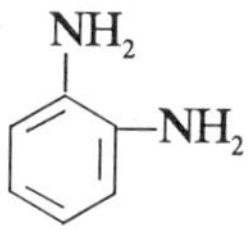 NH_2 ⟨⟩—NH_2	邻苯二胺	o-phenylene diamine	1,2-benzenediamine
 ⟨⟩$CH_2CH_2NH_2$	苯乙胺	(2-phenyl ethyl) amine	benzeneethanamine
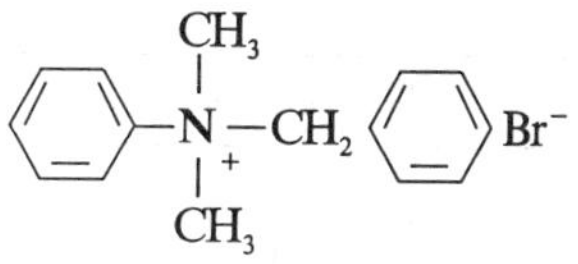 CH_3 ⟨⟩—$\overset{+}{N}$—CH_2⟨⟩ Br^- / CH_3	溴化二甲基苯甲基苯铵	dimethyl phenyl phenylmethyl ammonium bromide	benzenemethanaminium, N,N-dimethyl-N-phenyl- bromide

习题十八 写出下列化合物的英文名称:

(1) 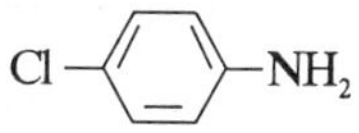 Cl—⟨⟩—NH_2　　　(2) $(C_2H_5)_3N$　　　(3) CH_2—CH_2 / NH_2　NH_2

14. 硝基化合物 (Nitro compounds)

一般在相应烃前加定位编号与 **nitro** 即为硝基化合物的英文名称。

硝基化合物的英文名称

化 合 物	中 文 名	系 统 英 文 名
$CH_3CH_2\underset{NO_2}{CHCH_3}$	2-硝基丁烷	butane, 2-nitro-
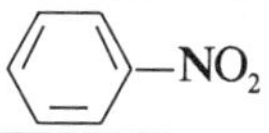 ⟨⟩—NO_2	硝基苯	benzene, nitro-

化　　合　　物	中 文 名	系 统 英 文 名
O_2N—苯环(CH₃, NO₂, NO₂)—NO_2	三硝基甲苯	benzene, 1-methyl-2,4,6-trinitro- 2,4,6-trinitrotoluene

习题十九　写出下列化合物英文名称:

(1) CH_3NO_2　　　　　　(2) H_2N——NO_2

15.　偶氮化合物(Azo compounds)

偶氮化合物是将偶氮基作为取代基,因此在 **azo**-后加上相应的母体,在 azo-前加上定位编号即为该化合物的命名。如偶氮异丁腈 $CH_3\underset{CN}{\overset{CH_3}{\underset{|}{\overset{|}{C}}}}-N=N-\underset{CN}{\overset{CH_3}{\underset{|}{\overset{|}{C}}}}-CH_3$ 可看成异丁腈 α 位置上取代了偶氮基,所以叫 α, α'-azobisisobutyronitrile。若化合物中无官能基,而偶氮作为骨架级别又高于碳环、碳链,CA 系统命名中,则以偶氮作为骨架,叫 diazene。如 ⬡—N=N—⬡, CA 系统命名叫 diazene, diphenyl-。

偶氮化合物的英文名称

化　　合　　物	中 文 名	普 通 命 名	系 统 命 名
$CH_3-\underset{CN}{\overset{CH_3}{\underset{|}{\overset{|}{C}}}}-N=N-\underset{CN}{\overset{CH_3}{\underset{|}{\overset{|}{C}}}}-CH_3$	偶氮异丁腈	α, α'-azobis isobutyronitrile	propanenitrile, 2-methyl-, 2,2'-azobis-
⬡—N=N—⬡	偶氮苯	azobisbenzene	diazene, diphenyl-

习题二十　写出下列化合物的英文名称:

$$CH_3CH_2\underset{CN}{\overset{CH_3}{\underset{|}{\overset{|}{C}}}}-N=N-\underset{CN}{\overset{CH_3}{\underset{|}{\overset{|}{C}}}}CH_2CH_3$$

16.　醛(Aldehydes)

普通命名将醛看作由相应的羧酸衍生而来,因此,将相应羧酸名称后的 ic 去掉,加 **aldehyde** 即为醛的普通命名。如乙醛看成由乙酸 acetic acid 衍生,因此叫 acetaldehyde。

系统命名是将相应烃后的 -e 改为 -**al**。如丁醛 $CH_3CH_2CH_2CHO$ 叫 butanal。CA 系统命名

中,仅保留了甲醛、乙醛与苯甲醛的普通命名。

醛的英文名称

化 合 物	中文名	普 通 命 名	系 统 命 名
CH_2O	甲　醛	formaldehyde	formaldehyde,
CH_3CHO	乙　醛	acetaldehyde	acetaldehyde,
CH_3CH_2CHO	丙　醛	propionaldehyde	propanal,
$CH_3CH_2CH_2CHO$	正丁醛	n- butyraldehyde	butanal,
$\overset{\displaystyle CH_3}{\underset{3\quad 2}{CH_3CHCHO}}$	异丁醛	isobutyraldehyde	propanal, 2-methyl-
$CH_3(CH_2)_3CHO$	正戊醛	n- valeraldehyde	pentanal,
$\overset{\displaystyle CH_3}{\underset{}{CH_3CH_2CHCHO}}$	α-甲基丁醛	α- methyl butyraldehyde	butanal, 2-methyl-
$CH_2=CHCHO$	丙烯醛	acrolein	2- propenal,
⬡CHO	苯甲醛	benzaldehyde	benzaldehyde,

习题二十一　写出下列化合物的英文名称:

(1) $\overset{\displaystyle CH_3}{\underset{}{CH_3CHCH_2CHO}}$ 　　　(2) O_2N-⬡$-CHO$ 　　　(3) $CH_2=C\overset{\diagup Cl}{\diagdown CHO}$

17.　酮(Ketones)

普通命名是以联于羰基 $\diagup C=O$ 旁的烃基名称后加 **ketone** 即为酮的名称。如 $CH_3\overset{}{\underset{O}{\overset{\|}{C}}CH_2CH_3}$ 叫 ethyl methyl ketone。

系统命名是将相应烃后的 –e 改为 **-one**,并在前加上羰基的定位编号。如:

$$\underset{O}{\overset{1\quad 2\quad 3\quad 4}{CH_3\overset{\|}{C}CH_2CH_3}} \text{叫 } 2\text{- butanone}$$

酮的英文名称

化 合 物	中文名	普 通 命 名	系 统 命 名
$\underset{O}{\overset{\|}{CH_3\overset{}{C}CH_3}}$	丙　酮	acetone	2- propanone, acetone
$\underset{O}{\overset{\|}{CH_3\overset{}{C}CH_2CH_2CH_3}}$	2-戊酮	methyl propyl ketone	2- pentanone,
⬡$=O$	环己酮	cyclohexanone	cyclohexanone,

化　合　物	中文名	普　通　命　名	系　统　命　名
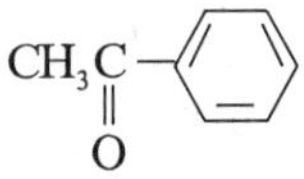 CH_3C—⟨benzene⟩ ‖ O	苯　乙　酮	methyl phenyl ketone acetophenone	ethanone, 1-phenyl-
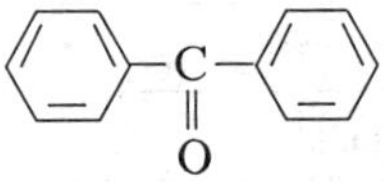 ⟨benzene⟩—C—⟨benzene⟩ ‖ O	二　苯　酮	diphenyl ketone benzophenone	methanone, diphenyl-

习题二十二　写出下列化合物的英文名称：

(1)　$CH_2{=}CH{-}\underset{\underset{O}{\|}}{C}{-}CH_3$　　　　(2)　$CH_3CH_2\underset{\underset{O}{\|}}{C}CH_2CH_2CH_2$　　　　(3)　$C_6H_5\underset{\underset{O}{\|}}{C}CH_2CH_2CH_3$

18.　羧酸 (Carboxylic acids)

普通命名：简单的一元酸与二元酸都有俗名，由这些俗名可以衍生为相应醛的名称和其他衍生物的名称。在实际使用中多用俗名，因此，这些名称应该记住。在羧酸链上的取代基用 **α**, **β**, **γ** 表示定位。如：

$$\overset{\delta}{C}H_3\overset{\gamma}{C}H_2\overset{\beta}{C}H_2\overset{\alpha}{C}\underset{\underset{Cl}{|}}{H}COOH \quad 叫\ \alpha\text{-chlorovaleric acid}.$$

脂肪族羧酸的系统命名是将连有羧基最长碳链作为主链，将相应于主链烃的字尾 **-e** 改为 **-oic acid** 即为该羧酸的名称。如丙酸叫 propanoic acid。对于羧基在环上的羧酸的系统命名是将相应环烃名称后加 **carboxylic acid**。如 ⟨naphthalene⟩—COOH 叫 2-naphthalene carboxylic acid。

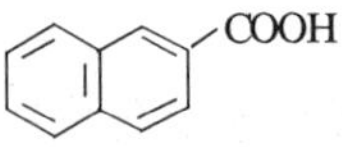

CA 系统命名保留了甲酸、乙酸、苯甲酸的普通命名。

羧酸的英文命名

化　合　物	中文名	普　通　命　名	系　统　命　名
HCOOH	甲　酸	formic acid	formic acid,
CH_3COOH	乙　酸	acetic acid	acetic acid,
CH_3CH_2COOH	丙　酸	propionic acid	propanoic acid,
$CH_3(CH_2)_2COOH$	正丁酸	n-butyric acid	butanoic acid,
$CH_3(CH_2)_3COOH$	正戊酸	n-valeric acid	pentanoic acid,
$CH_3(CH_2)_4COOH$	正己酸	n-caproic acid	hexanoic acid,
$CH_3\underset{\underset{OH}{|}}{C}HCOOH$	乳　酸	lactic acid	propanoic acid, 2-hydroxy-
$CH_2{=}CHCOOH$	丙烯酸	acrylic acid	2-propenoic acid,
$\underset{COOH}{\overset{COOH}{|}}$	草　酸	oxalic acid	ethanedioic acid,

化 合 物	中文名	普 通 命 名	系 统 命 名
$CH_2\begin{smallmatrix}COOH\\COOH\end{smallmatrix}$	丙 二 酸	malonic acid	propanedioic acid
$(CH_2)_4\begin{smallmatrix}COOH\\COOH\end{smallmatrix}$	己 二 酸	adipic acid	hexanedioic acid
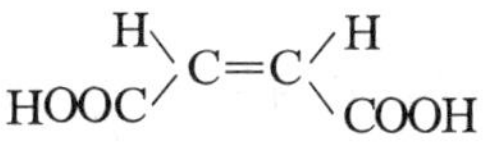 $\begin{smallmatrix}H\\HOOC\end{smallmatrix}C=C\begin{smallmatrix}H\\COOH\end{smallmatrix}$	顺丁烯二酸	maleic acid	2-butenedioic acid, Z-
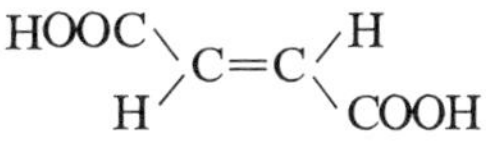 $\begin{smallmatrix}HOOC\\H\end{smallmatrix}C=C\begin{smallmatrix}H\\COOH\end{smallmatrix}$	反丁烯二酸	fumaric acid	2-butenedioic acid, E-
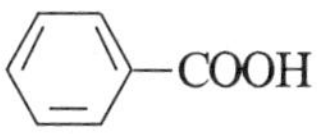 ⬡—COOH	苯 甲 酸	benzoic acid	benzoic acid
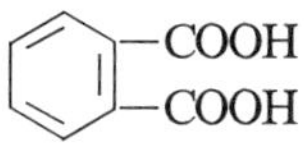 ⬡$\begin{smallmatrix}COOH\\COOH\end{smallmatrix}$	邻苯二甲酸	phthalic acid	1,2-benzene-dicarboxylic acid
 HOOC—⬡—COOH	对苯二甲酸	terephthalic acid	1,4-benzene-dicarboxylic acid
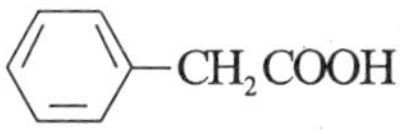 ⬡—CH$_2$COOH	苯 乙 酸	2-phenyl acetic acid	benzeneethanoic acid
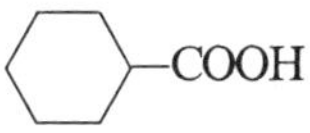 ⬡—COOH	环己甲酸	cyclohexane carboxylic acid	cyclohexanecarboxylic acid

习题二十三 写出下列化合物的英文名称:

(1) $CH_2=C\begin{smallmatrix}Cl\\COOH\end{smallmatrix}$

(2) $ClCH_2COOH$

(3) 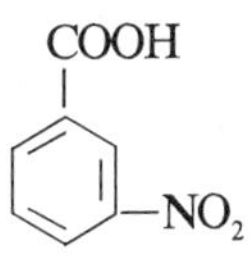
$\begin{smallmatrix}COOH\end{smallmatrix}$
⬡—NO$_2$

(4) $HOOC(CH_2)_8COOH$

(5) 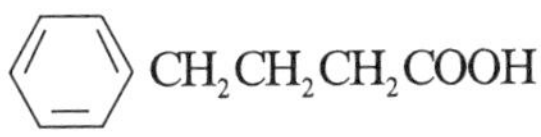 ⬡—CH$_2$CH$_2$CH$_2$COOH

19. 酰卤 (Acyl halides)

酰卤是将相应羧酸名称的字尾-ic 改为-**yl**, 即为酰基的名称,再加上相应的卤化物的英文名称,即为酰卤的英文名称。

化　合　物	中　文　名	普　通　命　名	系　统　命　名
CH_3COCl	乙　酰　氯	acetyl chloride	ethanoyl chloride, acetyl chloride
$CH_3CH_2CH_2COF$	丁　酰　氟	butyryl fluoride	butanoyl fluoride
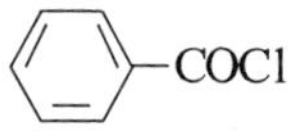 —COCl (苯环)	苯甲酰氯	benzoyl chloride	benzoyl chloride

习题二十四 写出下列化合物的英文名称:

(1) $ClOC—(CH_2)_4—COCl$　　(2) $ClCH_2COCl$　　(3) $CH_2=CHCOCl$　　(4) 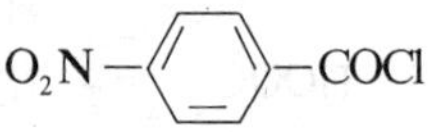 $O_2N—$（苯环）$—COCl$

20. 酸酐(Acid anhydrides)

将相应羧酸名称后的 acid 去掉,加上 **anhydride** 即为酸酐的命名。CA 系统命名是在羧酸名称后加上 **anhydride** 组成; 若二元酸的酸酐为一个氧杂环,在 CA 系统命名中,按杂环系统命名。酸酐是羧酸的官能基衍生物。

酸酐的英文名称

化　合　物	中　文　名	英文普通名	系　统　命　名
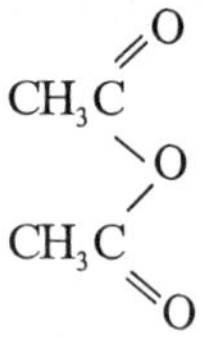 CH_3C（O,O）CH_3C（O）	乙　酸　酐	acetic anhydride	acetic acid, anhydride
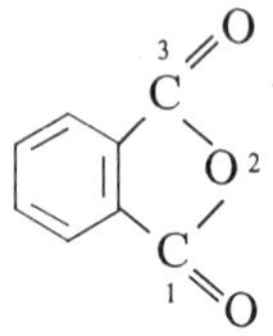 （邻苯二甲酸酐结构）	邻苯二甲酸酐	phthalic anhydride	1,3- benzofurandione, phthalic acid anhydride; 1,2- benzene dicarboxylic acid anhydride
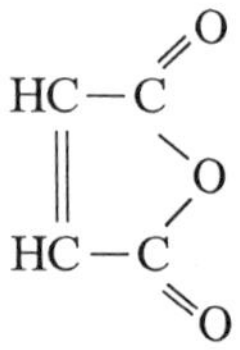 （顺丁烯二酸酐结构）HC—C / HC—C	顺丁烯二酸酐	maleic anhydride	2,5- furandione, maleic acid anhydride; Z-2- butendioic acid anhydride

习题二十五 写出下列化合物的英文名称:

(1) 正丁酸酐　　(2) 甲基丙烯酸酐　　(3) 苯甲酸酐　　(4) 丁二酸酐（结构）

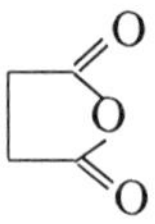

21. 酯(Esters)

将相应羧酸字尾 -ic 或 -oic 改为 **-ate**, 前面加上取代羧基上氢的烃基名称,即为酯的英文名称。CA 上的系统命名是将相应的羧酸名称后加上相应烃基名称与 **ester**。酯为相应羧酸的官能衍生物。

酯的英文名称

化　合　物	中 文 名	英 文 名	CA 系统命名
$CH_3COOC_2H_5$	乙酸乙酯	ethyl acetate	acetic acid, ethyl ester
⬡—$COOC_6H_5$	苯甲酸苯酯	phenyl benzoate	benzoic acid, phenyl ester
$CH_3CHCH_2CH_2COOCHCH_2CH_3$ 两侧 CH_3	4-甲基戊酸 2-丁酯	sec-butyl isohexanoate	pentanoic acid, 4-methyl-, (1-methylpropyl)ester

习题二十六 写出下列化合物的英文名称:

(1) CH_3OOC—⬡—$COOCH_3$　　(2) $CH_3COOCH_2CH_2CHCH_3$（上方 CH_3）　　(3) $CH_2{=}\overset{\overset{\displaystyle CH_3}{|}}{\underset{\underset{\displaystyle COOCH_3}{}}{C}}$

(4) $CH_2(CO_2C_2H_5)_2$　　(5) $CH_2{=}CHO\underset{\underset{\displaystyle O}{\parallel}}{C}CH_3$　　(6) $CH_2{=}CHCO_2CH_2\underset{\underset{\displaystyle CH_2CH_3}{|}}{CH}CH_2CH_2CH_3$

22. 酰胺(Amides)

将相应羧酸字尾 -ic 或 -oic 改成 **-amide**，即为酰胺的英文名称。在氮上的取代基用 **N** 表示。

酰胺的英文名称

化　合　物	中　文　名	英 文 系 统 名
CH_3CONH_2	乙　酰　胺	acetamide,
⬡—$CONH_2$	苯　甲　酰　胺	benzamide,
$CH_3CON(CH_3)_2$	N,N-二甲基乙酰胺	acetamide, N,N-dimethyl-
$H_2N\underset{\underset{\displaystyle O}{\parallel}}{C}NH_2$	尿　素	urea,
$CH_3CH_2CH_2CONH_2$	丁　酰　胺	butyramide butanamide,

习题二十七 写出下列化合物的英文名称:
(1) $HCON(CH_3)_2$　　　　(2) $CH_3CH_2CONH_2$

23. 内酰胺(Lactams)与内酯(Lactones)

将相应羧酸字尾 -ic 改为 **-lactam**，在前标上胺基的定位号即为内酰胺的英文命名。CA 系统命名是按所生成的氮杂环命名。

内酰胺的英文名称

化 合 物	中 文 名	英 文 名	CA 系统命名
$\overset{\delta}{C}H_2\overset{\gamma}{C}H_2\overset{\beta}{C}H_2\overset{\alpha}{C}H_2C=O$ | NH———————┘	δ-戊内酰胺	δ- valerolactam 5- pentanolactam	2- piperidinone,
$\overset{\varepsilon}{C}H_2CH_2CH_2CH_2CH_2C=O$ | NH————————————┘	ε-己内酰胺	ε- caprolactam 6- hexanolactam	2H- azepin- 2- one, hexahydro-

同样将相应羧酸字尾 -ic 改为 - **lactone,** 在前标上氧的定位编号即为内酯的英文命名。也可按所生成的氧杂环命名。

内酯的英文名称

化 合 物	中 文 名	英 文 名	CA 系统命名
$CH_3CHCH_2CH_2C=O$ | O————————┘	γ- 戊 内 酯	γ- valerolactone 4- pentanolactone	oxolan- 2- one, 4- methyl-

习题二十八 写出下列化合物英文名称:

(1) γ-丁内酰胺   (2) γ-丁内酯

24. 酰亚胺 (Imides)

将相应的羧酸字尾 -ic 去掉,加 - **imide** 即为酰亚胺的英文名称。如果产生氮杂环,CA 系统命名按氮杂环命名。

酰亚胺的英文名称

化 合 物	中 文 名	英 文 系 统 名
$CH_3C \overset{\diagup O}{\underset{\diagdown}{}}$ NH $CH_3C \underset{\diagdown O}{\overset{}{}}$	乙 酰 亚 胺	acetimide,
苯并结构 C=O, NH, C=O	苯二甲酰亚胺	phthalimide 1H- isoindole- 1,3 (2H)- dione,

习题二十九 写出下列化合物的英文名称:

(1) 丁二酰亚胺   (2) 丁酰亚胺

25. 腈 (Nitriles)

腈是羧酸的衍生物,其命名系将相应的羧酸名称的字尾 –ic 改为 –nitrile 或 –onitrile。

普通命名也有用相应烷基与腈化物 **cyanide** 组成腈的英文名称。CA 系统命名将相应烃后加 –**nitrile**。

腈的英文名称

化　合　物	中　文　名	英　文　普　通　名	英　文　系　统　名
CH₃CN	乙　腈	methyl cyanide	acetonitrile,
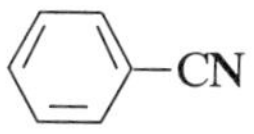 ⬡—CN	苯　甲　腈	phenyl cyanide	benzonitrile,
CH₂＝CHCN	丙　烯　腈	vinyl cyanide	acrylonitrile
CH₂＝C〈CN,CN	偏氰乙烯	vinylidene cyanide	2-propenenitrile, propanedinitrile, methylene
CH₃CH₂CN	丙　腈	ethyl cyanide	propanenitrile,

习题三十 写出下列化合物的英文名称:

(1) CH₂＝C(CH₃)CN　　　(2) NCCH₂CN　　　(3) ClCH₂CN

26. 多官能基化合物 (Polyfunctional compounds)

多官能基化合物命名时,首先要确定一个官能基,官能基与所在骨架组成索引化合物,其他官能基与骨架均作为取代基。

当有几个官能基同时存在于一个化合物时,如何确定哪个为官能基? CA 系统命名按下列顺序优先者作为官能基,其余作为取代基。该顺序为: (1) 自由基。(2) 正离子化合物。(3) 中性配位化合物。(4) 负离子化合物。(5) 酸: 过氧酸、酸,均按含碳、硫、硒、碲的顺序;酸的官能基作为骨架时,按含碳、硫属、氮、磷、砷、锑、硅、硼的顺序。(6) 酰卤与相关化合物:首先按 (5) 酸的顺序,然后对每种酸按含 —F,—Cl,—Br,—I,—N₃,—NCO,—NCS,—NC,—CN 的顺序。(7) 酰胺: 按 (5) 酸的顺序。(8) 腈。(9) 醛: 按含氧、硫、硒、碲顺序。(10) 酮: 按含氧、硫、硒、碲顺序。(11) 醇、酚 (相同等级): 按含氧、硫、硒、碲顺序。(12) 过氧化氢。(13) 胺。(14) 亚胺。如 H₂N—⬡—OH, 有 2 个官能基,但 —OH 位于 —NH₂ 前,所以—OH 作为官能基, —NH₂ 作为取代基,应叫 phenol, 4-amino-, 即 phenol 作为索引化合物,氨基为取代基。因此我们应了解一些官能基作为官能基时与作为取代基时的叫法,它们之间是不同的。下面列出官能基与取代基的英文名称。

功能基与取代基的英文名称

基 团	功 能 基 名	取 代 基 名
R_4N^+	ammonium	
R_4P^+	phosphonium	
R_3O^+	oxonium	
R_3S^+	sulfonium	
—COOH	—carboxylic acid	carboxy —
—(C)OOH	—oic acid	
—SO$_3$H	—sulfonic acid	sulfo —
—COOR	—carboxylic acid R —ester	R —oxycarbonyl —
—(C)OOR	—oic acid R —ester	
—COX	—carboxyl halide	haloformyl —
—(C)OX	—oyl halide	
—CONH$_2$	—carboxamide	aminocarbonyl —
—(C)ONH$_2$	—amide	
—CN	—carbonitrile	cyano —
—(C)N	—nitrile	nitrilo —
—CHO	—carbaldehyde	formyl —
—(C)HO	—al	oxo —
$\rangle$(C)=O	—one	oxo —
—OH	—ol	hydroxy —
—SH	—thiol	mercapto —
—O—O—H	—hydroperoxide	hydroperoxy —
—NH$_2$	—amine	amino —
=NH	—imine	imino —

要注意官能基只限于上述范围,有些基团是不能作为官能基,只能作为取代基,如下表:

一些取代基的英文名称

—X	卤 代	halo —
—NO$_2$	硝 基	nitro —
—NCO	异氰酸基	isocyanato —
—N=N—	偶 氮 基	diazo —
—OR	烷 氧 基	R —oxy —
—SR	烷 硫 基	R —thio —
—S—	硫 代	thio —
—O—	氧 代	oxy —
—SO$_2$—	砜 代	sulfonylidene —
—SO—	亚 砜 代	sulfinylidene —
CH$_3$CO—	乙 酰 基	acetyl —
CH$_3$C—O— ‖ O	乙酰氧基	acetyloxy —

官能基衍生物可将原官能基作为官能基。官能基衍生物有：酸酐(anhydride)、酯(ester)、酰肼(hydrazide)均为酸的官能基衍生物，腙(hydrazone)、肟(oxime)为醛、酮的官能基衍生物，N-胺氧化物(N-oxide)为胺的官能基衍生物,聚合物(polymer)为其单体的官能基衍生物。

官能基衍生物的英文名称

化　合　物	中　文　名	英文系统命名
OH $CH_3CO_2CH_2CHCH_3$	乙酸(2-羟丙)酯	acetic acid, (2-hydroxypropyl) ester
 $CH_3CH_2CH_2CONHNH$⬡	丁酸苯酰肼	butanoic acid, phenylhydrazide
NOH $CH_3CCH_2CH_2CH_3$	2-戊酮肟	2-pentanone, oxime
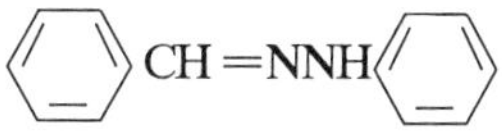 ⬡CH＝NNH⬡	苯甲醛苯腙	benzaldehyde, phenylhydrazone
 ⬡N→O	吡啶 N-氧化物	pyridine, N-oxide
C_6H_5 $＋CH_2CH＋_n$	聚苯乙烯	benzene, ethenyl-, polymer

若化合物无官能基,但有几个骨架时,则以优先骨架作为索引化合物。骨架的先后顺序为：(1)氮化物：杂环、非环(—NHNH—，—N＝N—)等，(2)磷(以下均将化物略去)，(3)砷，(4)锑，(5)铋，(6)硼，(7)硅，(8)锗，(9)铅，(10)氧：杂环、非环、—O—O—等,(11)硫：杂环、非环及氧化物等,(12)硒，(13)碲，(14)碳：碳环、非环碳氢化物。

无官能基多骨架化合物的英文命名

化　合　物	中　文　名	英文系统命名
$C_6H_5CH＝CH_2$	苯　乙　烯	benzene, ethenyl-
$C_6H_5N＝NC_6H_5$	偶　氮　苯	diazene, diphenyl-
$C_6H_5CO—OCC_6H_5$ ‖　　‖ O　　O	过氧化苯甲酰	peroxide, dibenzoyl
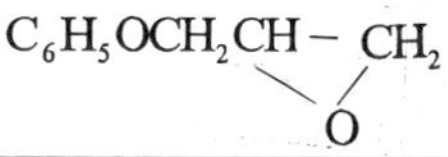 $C_6H_5OCH_2CH－CH_2$ _O_/	苯氧甲基环氧乙烷	oxirane, (phenoxymethyl)-

若化合物中有几个骨架可以作为索引化合物,则取含官能基最多的作为索引化合物；若含有相同数目的官能基,则以优先骨架组成的作为索引化合物；若含有多个相同骨架与官能基,则用此骨架与官能基组成的化合物为索引化合物,用多重命名法命名。

化 合 物	中 文 名	英 文 系 统 命 名
 HO₂C⟨⟩CHCH₂CO₂H 　　　　　COOH	2-(4-羧苯基)-1,4-丁二酸	1,4-butanedioic acid, 2-(4-carboxyphenyl)-
 HO⟨⟩OCH₂CH₂OH	4-[(2-羟乙)氧基]苯酚	phenol, 4-[2-hydroxyethyl)oxy]-
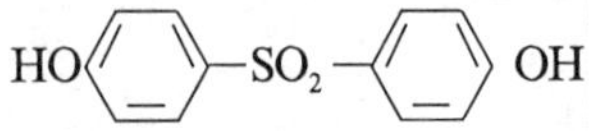 HO⟨⟩—SO₂—⟨⟩OH	双酚-S	phenol, 4,4′-sulfonylidene bis-
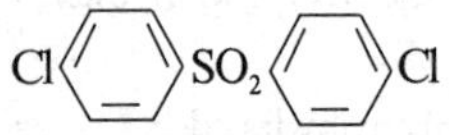 Cl⟨⟩SO₂⟨⟩Cl	4,4′-二氯二苯砜	benzene, 1,1′-sulfonylidene bis(4-chloro-
CH₃CCH₂CO₂C₂H₅ 　　‖ 　　O	乙酰乙酸乙酯	butanoic acid, 3-oxo-, ethyl ester

习题三十一　写出下列化合物的英文名称:

(1)  HO⟨⟩CH=NOH

(2) 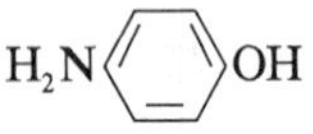 H₂N⟨⟩OH

(3)  H₂N⟨⟩OCCH₃
　　　　　　　‖
　　　　　　　O

(4) 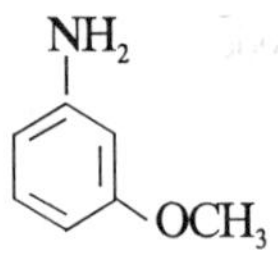　　NH₂
　　　⟨⟩
　　　　OCH₃

(5) S(CH₂CH₂CO₂C₁₂H₂₅)₂

(6) 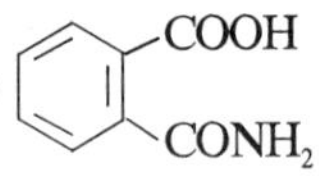 ⟨⟩COOH
　　　CONH₂

27. 杂环化合物(Heterocyclic compounds)

杂环化合物可分为五员、六员及稠杂环等,每一种杂环都有其特定的名称,并为系统及 CA 系统命名采用。其衍生物命名是以杂环为母体,取代基的定位编号总是从杂原子开始; 一个环里若有几个杂原子时,应使杂原子的号数保持最小;若有几个不同的杂原子,则按 O, S, N 的次序最先进行编号,因此在母体名称前加取代基的定位编号与名称即为该衍生物的名称。

在 CA 系统命名中还使用 Hantzsch-Widman 单环杂环的命名系统。除上述已被采用作为 CA 系统命名以外的杂环常用此命名,如三、四员杂环等。这种命名是用词头表示杂原子,词干表示环大小。所用词头如下表:

Hantzsch-Widman 单环杂环命名的词头

氧	ox
氮	az
硫	thi
磷	phosph
硅	sil

词干根据环大小分含氮与不含氮的,饱和的(不带双键)与不饱和的(带有最高共轭双键数的)。所用词干如下表:

环 大 小	含 有 氮 的 环		不 含 氮 的 环	
	不饱和的	饱和的	不饱和的	饱和的
3	-irine	-iridine	-irene	-irane
4	-ete	-etidine	-ete	-etane
5	-ole	-olidine	-ole	-olane
6	-ine	*	-in	-ane
7	-epine	*	-epin	-epane
8	-ocine	*	-ocin	-ocane
9	-onine	*	-onin	-onane
10	-ecine	*	-ecin	-ecane

* 在不饱和环的名称前加 perhydro 即为饱和的环。

若杂环处在中间的饱和程度,可在不饱和环的命名前加 **dihydro, tetrahydro** 等。

五员杂环化合物的英文名称

化 合 物	中 文 名	英 文 名	Hantzsch-Widman 命名
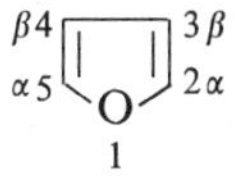	呋 喃	furan,	oxole
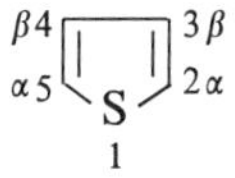	噻 吩	thiophene,	thiole
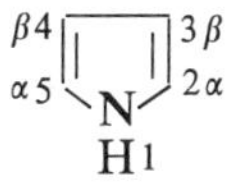	吡 咯	pyrrole,	azole
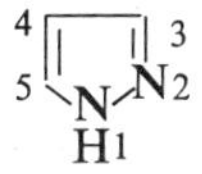	吡 唑	pyrazole,	1,2-diazole
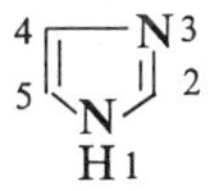	咪 唑	imidazole,	1,3-diazole
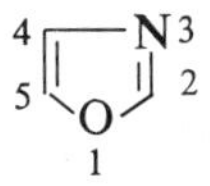	噁 唑	oxazole,	1,3-oxazole
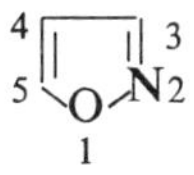	异噁唑	isoxazole,	1,2-oxazole
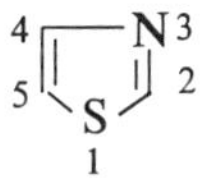	噻 唑	thiazole,	1,3-thiazole
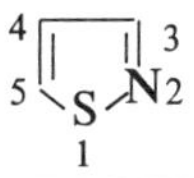	异噻唑	isothiazole,	1,2-thiazole

六员杂环的英文名称

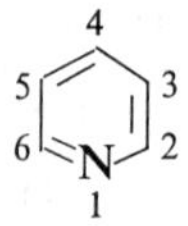	吡 啶	pyridine,	azine
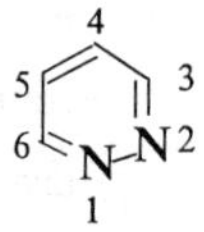	哒 嗪	pyridazine,	1,2- diazine
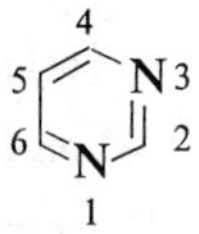	嘧 啶	pyrimidine,	1,3- diazine
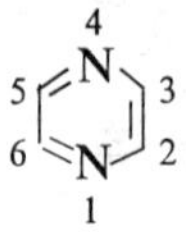	吡 嗪	pyrazine,	1,4- diazine

稠杂环的英文名称

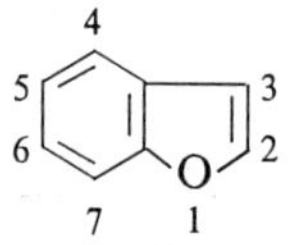	苯并呋喃	benzofuran,
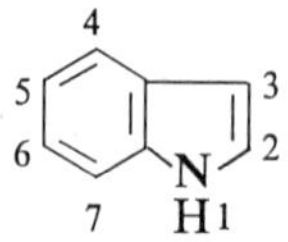	吲 哚	indole,
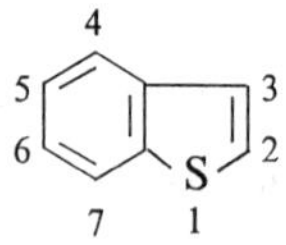	苯并噻吩	benzothiophene,
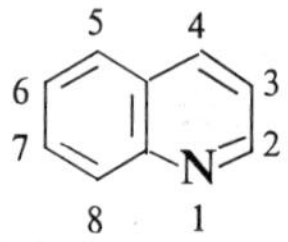	喹 啉	quinoline,
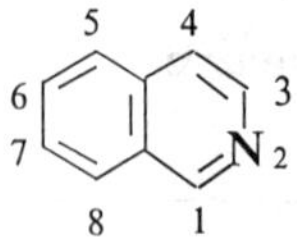	异喹 啉	isoquinoline,
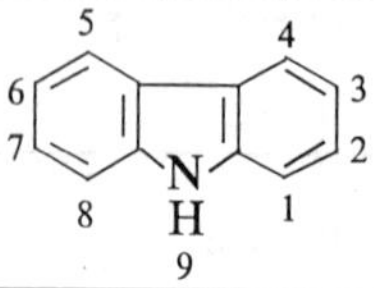	咔 唑	carbazole,
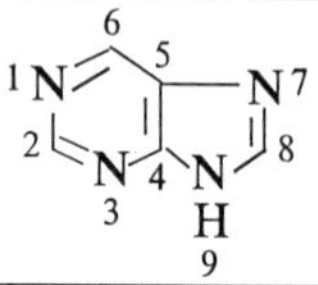	嘌 呤	purine,

杂环衍生物的英文名称

化 合 物	中 文 名	英 文 名
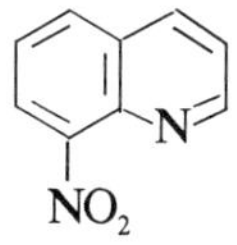 ![8-硝基喹啉结构式]	8-硝基喹啉	quinoline, 8-nitro-
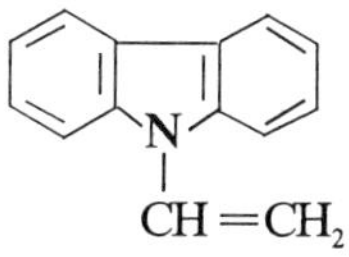 ![N-乙烯咔唑结构式]	N-乙烯咔唑	carbazole, N-ethenyl-
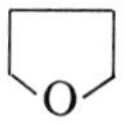 ![四氢呋喃结构式]	四氢呋喃	tetrahydrofuran,

习题三十二 写出下列化合物英文名称:

(1)

(2)

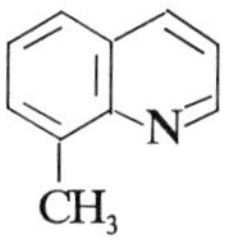

(3) 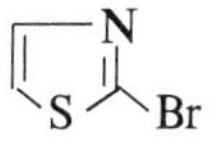 ![噻唑衍生物结构式] S N Br

写出下列化合物的 Hantzsch-Widman 名称:

(4) 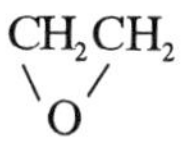 CH_2CH_2 O

(5)  ⬜ S

(6)  ![哌啶结构式] N H